Energieversorgungssicherheit im Europarecht mittels der Förderung erneuerbarer Energien und der Interkonnektion der Netze

Veröffentlichungen des Instituts für Energie- und Regulierungsrecht Berlin
Herausgegeben von Franz Jürgen Säcker

Band 64

PETER LANG

Lucas Noura de Moraes Rêgo Guimarães

Energieversorgungssicherheit im Europarecht mittels der Förderung erneuerbarer Energien und der Interkonnektion der Netze

PETER LANG

Bibliografische Information der Deutschen Nationalbibliothek
Die Deutsche Nationalbibliothek verzeichnet diese Publikation in der Deutschen Nationalbibliografie; detaillierte bibliografische Daten sind im Internet über http://dnb.d-nb.de abrufbar.

Zugl.: Berlin, Freie Univ., Diss., 2017

D 188
ISSN 2363-684X
ISBN 978-3-631-73500-8 (Print)
E-ISBN 978-3-631-73696-8 (E-PDF)
E-ISBN 978-3-631-73697-5 (EPUB)
E-ISBN 978-3-631-73698-2 (MOBI)
DOI 10.3726/ b12112

Peter Lang – Berlin · Bern · Bruxelles · New York · Oxford · Warszawa · Wien

Diese Publikation wurde begutachtet.

www.peterlang.com

Meinen Eltern und meiner Schwester

Vorwort

Die vorliegende Arbeit wurde im Sommersemester 2016 vom Fachbereich Rechtswissenschaft der Freien Universität Berlin als Dissertation angenommen. Literatur und Vorschriften konnten bis einschließlich Juni 2016 berücksichtigt werden.

Mein besonderer Dank gilt zunächst meinem Doktorvater em. Professor Dr. iur. Dr. rer. pol. Dres. h.c. Franz Jürgen Säcker für seine zielgerichtete Betreuung und konstruktive Anregungen bei der Erstellung dieser Arbeit. Ebenfalls bedanken möchte ich mich bei Frau Professor Dr. Heike Krieger für die freundliche Übernahme des Zweitgutachtens. Ferner danke ich Herrn Mario Schönwälder vom Promotionsbüro für seine Geduld und ständige Bereitschaft, meine tausende Fragen und Zweifel zu beantworten.

Ein herzlicher Dank gebührt weiterhin meiner wunderbaren Frau Carolina de Castro Lemos, die mich stets ermutigt hat, meinen eigenen Weg zu gehen. Ihre bedingungslose Unterstützung war für die Entstehung der Arbeit von unschätzbarer Bedeutung.

Meinen Freunden Herrn Dr. Phillipo Lappicy, Herrn Dr. Igor Karim, Herrn Patrick Wahl und Freundinnen Frau Christiane Weber und Frau Talita Vilela danke ich für die heiteren Momente und motivierenden Worte. Ich werde meine Promotionszeit in schöner Erinnerung behalten.

Schließlich möchte ich dem Conselho Nacional de Desenvolvimento Científico e Tecnológico – CNPq für das Stipendium danken.

Berlin, im Juli 2017.

Inhaltsverzeichnis

Abkürzungsverzeichnis

a.A.	anderer Ansicht
ABl.	Amtsblatt
AbLaV	Verordnung über Vereinbarungen zu abschaltbaren Lasten
Abs.	Absatz
ACER	*Agency for the Cooperation of Energy Regulators* (Agentur für die Zusammenarbeit der Energieregulierungsbehörden)
AETR	*Accord Européen sur les Transports Routiers* (Europäisches Übereinkommen über die Arbeit des im internationalen Straßenverkehr beschäftigten Fahrpersonals)
AEUV	Vertrag über die Arbeitsweise der Europäischen Union
a.F.	alte Fassung
AG	Aktiengesellschaft
AÖR	Archiv des Öffentlichen Rechts
ApuZ	Aus Politik und Zeitgeschichte (Zeitschrift)
Art.	Artikel
Aufl.	Auflage
AtG	Gesetz über die friedliche Verwendung der Kernenergie und den Schutz gegen ihre Gefahren (Atomgesetz)
ATSOI	*Association of the Transmission System Operators of Ireland*
AWZ	Ausschließliche Wirtschaftszone
BALTSO	*Baltic Transmission System Operators*
BASREC	*Baltic Sea Region Energy Co-Operation*
Bd.	Band
BIP	Bruttoinlandsprodukt
BMU	Bundesministerium für Umwelt, Naturschutz und Reaktorsicherheit
BMUB	Bundesministerium für Umwelt, Naturschutz, Bau und Reaktorsicherheit
BMWi	Bundesministerium für Wirtschaft und Energie
BT-Drs.	Bundestagdrucksache
BverfGE	Bundesverfassungsgerichtentscheidung
bzw.	beziehungsweise
ca.	*zirka*
CCS	*Carbon Capture and Storage* (Kohlendioxidabscheidung und -speicherung)
CCTS	*Carbon Capture, Transport and Storage* (Kohlendioxidabscheidung, -transport und -speicherung)
CEF	*Connecting Europe Facility*
CEER	*Council of European Energy Regulators*
CEPS	*Centre for European Policy Studies*

CIEP	*Clingendael International Energy Programme*
CNA	*Center for Naval Analysis*
d.h.	das heißt
ders.	derselbe
DII	Desertec Industrie Initiative
DIW	Deutsche Institut für Wirtschaftsforschung
DLR	Deutsches Zentrum für Luft- und Raumfahrt e.V.
DVBl	Deutsches Verwaltungsblatt
e&i	Elektrotechnik und Informationstechnik (Zeitschrift)
EAGV	Vertrag zur die Gründung der Europäischen Atomgemeinschaft
EBRD	*European Bank for Reconstruction and Development*
EEA	Einheitliche Europäische Akte
EEG	Gesetz für den Ausbau erneuerbarer Energien
EEPR	*European Energy Programme for Recovery* (Europäisches Energieprogramm zur Konjunkturbelebung)
EFRE	Europäische Fonds für regionale Entwicklung
EG	Europäische Gemeinschaft
EGKSV	Vertrag über die Gründung der Europäischen Gemeinschaft für Kohle und Stahl
EIB	*European Investment Bank*
EIF	Europäischen Investitionsfond
EltRL	Elektrizitätsbinnenmarkt-Richtlinie
endg.	endgültig
EN	Europanorm
ENP	Europäische Nachbarschaftspolitik
EnSiG	Energiesicherungsgesetz
ENTSO-E	*European Network of Transmission System Operators for Electricity* (Verband Europäischer Übertragungsnetzbetreiber)
EnWG	Energiewirtschaftsgesetz
EnWZ	Zeitschrift für das gesamte Recht der Energiewirtschaft
EPRG	*Energy Policy Research Group*
ER	Energierecht (Zeitschrift)
ERGEG	*European Regulators Group for Electricity and Gas*
ESPAI	*Energy Security Physical Availability Index*
ESPI	*Energy Security Price Index*
et	Energiewirtschaftliche Tagesfragen (Zeitschrift)
ETS	*Emissions Trading System*
ETSO	*European Transmission System Operators*
EU	Europäische Union
EU-MENA	*Europe, Middle East and North Africa*
EuGH	Der Gerichtshof der Europäischen Union
EUI	*European University Institute (Working Papers)*
EUR	Euro
EuR	Zeitschrift Europarecht

EURATOM	Europäische Atomgemeinschaft
EUROMED	*Euro-Mediterranean Partnership*
EurUP	Zeitschrift für Europäisches Umwelt- und Planungsrecht
EUV	Vertrag über die Europäische Union
e.V.	eingetragener Verein
EVV	Europäischer Verfassungsvertrag
ew	Magazin für die Energiewirtschaft
EWeRK	Zeitschrift des Instituts für Energie- und Wettbewerbsrecht in der Kommunalen Wirtschafft e.V.
EWG	Europäische Wirtschaftsgemeinschaft
EWGV	Vertrag zur Gründung der Europäischen Wirtschaftsgemeinschaft
EWR	Europäischer Wirtschaftsraum
EWSA	Europäischer Wirtschafts- und Sozialausschuss
F&E	Forschung & Entwicklung
ff.	und die Folgenden
GASP	Gemeinsame Außen- und Sicherheitspolitik
GmbH	Gesellschaft mit beschränkter Haftung
GW	Gigawatt
GWP	Gesellschaft – Wirtschaft – Politik (Zeitschrift)
HGÜ	Hochspannungs-Gleichstromübertragungsnetze
Hrsg., hrsg.	Herausgeber; herausgegeben
Hz	Hertz
IAEW	Institut für Elektrische Anlagen und Energiewirtschaft
IATE	*InterActive Terminology for Europe*
IEA	*International Energy Agency*
IEEE	*Institute of Electrical and Electronics Engineers*
IEP	Übereinkommen über ein Internationales Energieprogramm
INDES	*Insuring Against Disruptions of Energy Supply (Working Papers)*
i.d.R.	in der Regel
i.H.v.	in Höhe von
IKT	Informations- und Kommunikationstechnologien
IPG	Internationale Politik und Gesellschaft (Zeitschrift)
IR	Infrastrukturrecht (Zeitschrift)
IRENA	*International Renewable Energy Agency*
i.S.d.	im Sinne des; im Sinne der
ISO	*Independent System Operator* (unabhängiger Netzbetreiber)
i.S.v.	im Sinne von
ITO	*Independent Transmission Operator* (unabhängiger Übertragungsnetzbetreiber)
i.V.m.	in Verbindung mit
i.w.S.	im weiteren Sinne
JZ	Juristenzeitung
Kap.	Kapitel
KOM	Kommission

kV	Kilovolt
kW	Kilowatt
kWh/a	Kilowattstunden *per anno* (pro Jahr)
KWK	Kraft-Wärme-Kopplung
lit.	*Litera*
LNG	*liquefied natural gas* (Flüssigerdgas)
m	Meter
Min.	Minuten
Mrd.	Milliarde
MW	Megawatt
N&R	Netzwirtschaften & Recht (Zeitschrift)
n.F.	neue Fassung
NRO	Nichtregierungsorganisation
NSCOGI	*North Seas Countries Offshore Grid Initiative*
NSOG	*North Seas Offshore Grid*
NuR	Natur und Recht (Zeitschrift)
Nr.	Nummer
NVwZ	Neue Zeitschrift für Verwaltungsrecht
OLG	Oberlandesgericht
OPIC	*Organization of Petroleum Importing Countries*
OPEC	*Organization of Petroleum Exporting Countries*
PCCE	*Professional Consultative Committee on Electricity*
PHIUZ	Physik in Unserer Zeit (Zeitschrift)
PV	Photovoltaik
RdE	Recht der Energiewirtschaft (Zeitschrift)
REES	*Risky External Energy Supply Index*
Rn.	Randnummer
Rs.	Rechtssache
RSCAS	*Robert Schuman Centre for Advanced Studies (Working Papers)*
Rz.	Randziffer
s.	siehe
S.	Satz
S.	Seite
SAIDI	*System Average Interruption Duration Index*
SAIFI	*System Average Interruption Frequency Index*
SEFEP	*Smart Energy for Europe Platform* GmbH
Slg.	Amtliche Sammlung der Entscheidungen des Europäischen Gerichtshofes
s.o.	siehe oben
sog.	sogenannt; sogenannter
s.u.	siehe unten
SysStabV	Systemstabilitätsverordnung
TEN-E	Transeuropäische Netze-Strom
THG	Treibhausgasemissionen

TREC	*Trans-Mediterranean Renewable Energy Cooperation*
TWh/a	Terawattstunde *per anno* (pro Jahr)
Tz.	Teilziffer
u.a.	unter anderem
UAbs.	Unterabsatz
UBA	Umweltbundesamt
UCPTE	*Union for the Coordination of Production and Transmission of Electricity*
UCTE	*Union for the Coordination of the Transmission of Electricity*
UKTSOA	*UK Transmission System Operators Association*
usw.	und so weiter
u.U.	unter Umständen
v.	vom
VGI	Vorhaben von gemeinsamem Interesse
vgl.	vergleiche
Vol.	*Volume*
WTO	*World Trade Organisation* (Welthandelsorganisation)
WUV	Wiener Universitätsverlag
z. B.	zum Beispiel
ZBJI	Zusammenarbeit in den Bereichen Justiz und Inneres
ZeuS	Zeitschrift für Europarechtliche Studien
ZfKE	Zeitschrift für KMU (kleine und mittelständische Unternehmen) und Entrepreneuership
ZfU	Zeitschrift für Umweltpolitik & Umweltrecht
Ziff.	Ziffer
ZNER	Zeitschrift für Neues Energierecht
ZUR	Zeitschrift für Umweltrecht

Einleitung

1. Relevanz der Untersuchung

Das Interesse an der europäischen Energieversorgungssicherheit ist heute so groß wie nie. Die Menschheit steht vor einer Energie- und Umweltkrise, in der einerseits menschliche Tätigkeiten mehr Ressourcen benötigen, als die Natur beschaffen kann, und andererseits die Klimaveränderung einen radikalen Paradigmenwechsel des Energiesystems verlangt. Nach einer Ideologie, die von der Existenz des Staates als Monopolisten und einzigem Verantwortlichen für die Gewährleistung der Energieversorgungssicherheit geprägt wird, erschien die Ideologie der liberalisierten Energiemärkte, laut der eine erschwingliche Energieversorgung mittels der wirtschaftlichen Marktregeln geschafft wird. Es wird jedoch zunehmend deutlich, dass Energie und Energieinvestitionen sich nicht dahin bewegt haben, wo die höchsten Preise gezahlt wurden. Das Interesse an Energieversorgungssicherheit sowie die Sorge darum befinden sich somit in der gegenwärtigen mangelnden Leistungsfähigkeit eines rein marktbasierten Ansatzes, eine sichere Energieversorgung zu gewährleisten[1].

Trotz der Tatsache, dass die Gewährleistung der Energieversorgungssicherheit immer das mittelbare oder unmittelbare Ziel der Verträge der Europäischen Gemeinschaft bzw. der Europäischen Union darstellte und trotz der Betonung bezüglich der Maßnahmen zur Sicherstellung der Energieversorgung im Laufe der Erdölkrise der Siebzigerjahre gewann die Energieversorgungssicherheit erst in den letzten zwei Jahrzehnten und erst nach der Priorisierung der Maßnahmen hinsichtlich der Liberalisierung der Energiemärkte und der darauffolgenden (noch ungenügenden) Maßnahmen zum Umweltschutz die verdiente Aufmerksamkeit[2]. Nach diesen zwei Jahrzehnten nahm das Interesse nicht ab, sondern vielmehr zu. Die steigende Aufmerksamkeit fing mit den Stromausfällen und Versorgungsunterbrechungen (2003, 2006, 2007 und 2009, s. u.) an, wurde durch die Mitteilungen der Kommission[3] anerkannt und kam mittels der Gründung einer Energieunion[4] voran.

---

1 *Talus*, EU Energy Law and Policy, 2013, S. 99. Ebenso, *Weizsäcker*, In: *Löwer*, Wettbewerb und Versorgungssicherheit, 2007, S. 11–12.

2 *Percebois*, In: *Koopmann/Martens* (Hrsg.). Das kommende Europa, 2008, S. 335; Ebenso, *Clingendael International Energy Programme*, Security of supply in the run-up to the post-2020 period, 2014, S. 21–22.

3 Mitteilung der Kommission „Ein Rahmen für die Klima- und Energiepolitik im Zeitraum 2020–2030“ v. 22.01.2014. KOM (2014) 15 final; Mitteilung der Kommission „Strategie für eine sichere europäische Energieversorgung“ v. 28.05.2014. KOM (2014) 330 final.

4 Mitteilung der Kommission „Paket zur Energieunion – Rahmenstrategie für eine krisenfeste Energieunion mit einer zukunftsorientierten Klimaschutzstrategie“ v. 25.02.2015. KOM (2015) 80 final; Mitteilung der Kommission „Bericht zur Lage der Energieunion 2015“ v. 18.11.2015. KOM (2015) 572 final.

Elektrizität ist ein wesentliches Gut, welches das Wohlbefinden der Personen fördert sowie die industrielle Herstellung von Ausstattung und Werkzeugen ermöglicht. Ohne Strom gibt es keinen Markt. Seit der industriellen Revolution sind die Menschen „elektrizitätsabhängig". Fast alles um uns herum funktioniert auf Grund von Elektrizität. Deswegen ist die elektrische Energie für die Entwicklung der Menschheit hervorragend. Sie ist das Mittel, durch das viele Ziele erreicht werden, wie z.B. soziale Grundrechte und wirtschaftliche Entwicklung. Die Frage nach der Gewährleistung einer dauerhaften, sicheren Energieversorgung ist eine Frage des modernen Überlebens. Die Umweltproblematik erzeugt noch mehr Druck auf die Beantwortung dieser Frage, da der Klimawandel eine Anpassung der Maßnahmen zur Gewährleistung der Energieversorgungssicherheit erfordert[5]. Diese Arbeit beschäftigt sich mit der Frage, wie sie europarechtlich zu sichern ist.

Trotz der Bedeutung der Energieversorgungssicherheit für moderne Gesellschaften und trotz der Entstehungsgeschichte der Europäischen Union existiert heute noch keine gemeinsame, umfassende Politik für das Thema[6]. Im Bereich der Energieversorgungssicherheit praktiziert die Kommission keinen handfesten politischen Diskurs und entfernt sich von der alleingängigen Realpolitik der Mitgliedstaaten. Die Gewährleistung der Energieversorgungssicherheit ist von nationalistischen Vorgehensweisen geprägt, die auf der Souveränität über die natürlichen Ressourcen basieren. Art. 194 Abs. 2 UAbs. 2 AEUV (Solidaritätsvorbehaltsklausel) konkretisiert einen solchen Ansatz rechtlich. Nach außen spricht die EU nicht mit einer einzigen Stimme, so dass tatsächlich keine „europäische Energieversorgungssicherheit" vorliegt. Aus rechtswissenschaftlicher Sicht besteht auf europäische Ebene noch kein strukturiertes, umfassendes „Recht der Energieversorgungssicherheit". Die rechtsregulatorischen Vorschriften, die sich auf die Energieversorgungssicherheit beziehen, sind auf mehrere Verordnungen und Richtlinien verstreut[7]. Die Richtlinie 2005/89/EG über Maßnahmen zur Gewährleistung der Sicherheit der Elektrizitätsversorgung und von Infrastrukturinvestitionen[8] beinhaltet keine konkrete Maßnahme im Hinblick auf eine solidarische und mitgliedstaatlich koordinierte Vorgehensweise, ist veraltet und muss an die neuen Herausforderungen der Energiepolitik angepasst

---

5 *Fischer*, Energiesicherheit im Klimawandel, Zeitschrift für Internationale Politik, 2010, S. 75.

6 Ein Teil der Literatur erwähnt die Energieversorgungssicherheit und die mangelnde europäische Politik in diesem Bereich als das größte Manko des europäischen Energiesystems, *Andoura/Vinois*, From the European Energy Community to the Energy Union, 2015, S. 57.

7 Ebenso, *Andoura/Vinois*, From the European Energy Community to the Energy Union, 2015, S. 15.

8 ABl. L 33 v. 04.02.2006, S. 22.

werden[9], wie es für den Gasbereich mittels der Verordnung 994/2010/EU[10] durchgeführt wurde.

Angesichts dessen muss eine Untersuchung vorgenommen werden, um genau zu präzisieren und zu bewerten, welche zur Verfügung stehenden rechtlichen Maßnahmen des Europarechts zur Gewährleistung der europäischen Energieversorgungssicherheit beitragen und welche nicht, sowie in welchem Maß ein solcher Beitrag geleistet wird. Kurzgefasst ist zu untersuchen, wie die Energieversorgungssicherheit im Europarecht sicherzustellen ist.

Schwerpunkt dieser Arbeit ist mehr der Beitrag der Erzeugung, Übertragung und Verteilung von Elektrizität als der von Erdgas oder Erdöl, zur Gewährleistung der Energieversorgungssicherheit. Eine Betrachtung mehrerer Energiequellen würde das Ausmaß der Arbeit deutlich überschreiten und zu einem Verlust des Fokus führen. Hauptbereich dieser Arbeit ist zwar die Elektrizität und die Probleme bezüglich der Infrastrukturen des Stromsektors, im Hintergrund steht aber die Nutzung von Energie in Form der Verbrennung fossiler Rohstoffe, die noch relevanter für die Sicherstellung der Energieversorgungssicherheit ist. Fragen hinsichtlich der Abhängigkeit der Energieeinfuhr[11] Europas[12] sowie der Diversifizierung der Energiequellen und -routen der fossilen Brennstoffe werden jedoch hier betrachtet, da sie in enger Verbindung mit der (europäischen) Förderung erneuerbarer Energien stehen.

---

9 Eine Überprüfung der Richtlinie 2005/89/EG ist für 2016 geplant, Mitteilung der Kommission „Paket zur Energieunion – Rahmenstrategie für eine krisenfeste Energieunion mit einer zukunftsorientierten Klimaschutzstrategie" v. 25.02.2015. KOM (2015) 80 final; Mitteilung der Kommission „Bericht zur Lage der Energieunion 2015" v. 18.11.2015. KOM (2015) 572 final, S. 14.

10 Verordnung (EU) Nr. 994/2010 des Europäischen Parlaments und des Rates v. 20. Oktober 2010 über Maßnahmen zur Gewährleistung der sicheren Erdgasversorgung und zur Aufhebung der Richtlinie 2004/67/EG des Rates. ABl. L 295 v. 12.11.2010, S. 1. Eine zweite Revision des Rechtsrahmens für die Gasversorgungssicherheit wurde mittels des Vorschlages für eine Verordnung des Europäischen Parlaments und des Rates über Maßnahmen zur Gewährleistung der sicheren Gasversorgung und zur Aufhebung der Verordnung (EU) Nr. 994/2010 vorgeschlagen, KOM (2016) 52 final v. 16.02.2016.

11 Der Grad der Energieabhängigkeit eines Mitgliedstaats entspricht dem Verhältnis zwischen Nettoenergieimporten und Bruttoenergieverbrauch im Inneren, *Percebois*, In: *Koopmann/Martens* (Hrsg.), Das kommende Europa, 2008, S. 336.

12 Ein solches Problem und die entsprechenden Auswirkungen auf die Energieversorgungssicherheit wurden mehrmals in der politischen Rede betont, vgl. beispielsweise im Grünbuch „Hin zu einer europäischen Strategie für Energieversorgungssicherheit". KOM (2000) 769 endg.; Mitteilung der Kommission „Zweite Überprüfung der Energiestrategie" – EU-Aktionsplan für Energieversorgungssicherheit und -solidarität v. 13.11.2008. KOM (2008) 781 endg.; Mitteilung der Kommission „Strategie für eine sichere europäische Energieversorgung" v. 28.05.2014. KOM (2014) 330 final; vgl. auch *Moselle*, In: *Moselle/Padilla/Schmalensee* (Hrsg.), Harnessing renewable energy in electric power systems – Theory, practice, policy, 2010, S. 52–58.

2. Gewährleistung der Energieversorgungssicherheit als Herausforderung der europäischen Energiepolitik

Es kann noch nicht bestätigt werden, dass Europa über eine ausreichend sichere Energieversorgung verfügt. Hier sind drei Problemen zu nennen, die sich mit der Frage der Energieversorgungssicherheit in Europa befassen: die Schaffung eines EU-weiten sicheren Netzbetriebs, die höhere Energieeinfuhrabhängigkeit und die Erreichung einer Diversifizierung der Energiequellen. Einige Beispiele der vergangenen Jahre machen deutlich, wie derartige Probleme zu schweren Energieversorgungsunterbrechungen und zur Gefährdung des Wohlstands der Bürger führen können.

Die Anfälligkeit des europäischen Energiesystems wurde mehrmals demonstriert. Beispiele sind die Stromausfälle in Italien (2003)[13] und Norddeutschland (November 2006), die auch negative Auswirkungen auf Teile Ost-Europas hatten[14]. Ein höherer Grad an Energieversorgungssicherheit, insbesondere an technischer Sicherheit, könnte Stromausfällen entgegenwirken. Die negativen Auswirkungen einer höheren Energieeinfuhrabhängigkeit wurden durch die Entscheidung der russischen Regierung um das Abschalten der weißrussischen Gasleitung in Januar 2007[15] sowie durch die russisch-ukrainische Gaskrise Januar 2006[16] und Januar 2009[17] offenbar[18]. Damit ist deutlich geworden, dass die EU erstens ihre Energieaußenpolitik besser ausarbeiten und zweitens die Wege der Energielieferungen diversifizieren musste[19]. Zudem sind die Detonationen auf einem Marinestützpunkt in Zypern

---

13 Abrufbar unter: http://www.faz.net/aktuell/gesellschaft/blackout-stromausfall-fast-ganz-italien-im-dunkeln-1117694.html (Stand: 11.11.2015)

14 Abrufbar unter: http://www.zeit.de/online/2006/45/Stromausfall (Stand: 11.11.2015).

15 Abrufbar unter: http://www.spiegel.de/wirtschaft/unternehmen/transit-blockade-weissrussland-stoppt-gaslieferung-in-die-eu-a-702125.html (Stand: 11.11.2015).

16 Mehr dazu, vgl. *Stern*, The Russian-Ukrainian gas crisis of January 2006, Oxford Institute for Energy Studies, 2006.

17 Abrufbar unter: http://www.spiegel.de/wirtschaft/energiekonflikt-russische-gasliefe rungen-ueber-ukraine-komplett-gestoppt-a-599858.html (Stand: 11.11.2015); S. auch Commission Staff Working Document „*The January 2009 gas supply disruption to the EU: an assessment*" v. 16.07.2009. SEK (2009) 977 final; *Pirani/Stern/Yafimava*, The Russo-Ukrainian gas dispute of January 2009: a comprehensive assessment, Oxford Institute for Energy Studies, 2009.

18 *Baumann/Turek*, In: *Weidenfled* (Hrsg.), Lissabon in der Analyse. Der Reformvertrag der Europäischen Union, 2008, S. 161. Die Gaskrise hat zur Folge, dass eine Verordnung über Maßnahmen zur Erdgasversorgungssicherheit (Verordnung 994/2010/EU) bearbeitet und verabschiedet wurde, s. Vorschlag für eine Verordnung des Europäischen Parlaments und des Rates über Maßnahmen zur Gewährleistung der sicheren Erdgasversorgung und zur Aufhebung der Richtlinie 2004/67/EG v. 16.07.2009. KOM (2009) 363 endg., S. 2.

19 *Vinois*, In: ders (Hrsg.), EU Energy Law – Volume VI – The security of energy supply in the European Union, 2012, S. 28.

im Juli 2011[20] zu nennen, die (u.a. schwerwiegenden Konsequenzen, wie Wasserprobleme, zwölf Todesfälle) zu einem enormen Stromausfall führten und Fragen im Hinblick auf das Problem der europäischen Energieinseln (Malta, iberische Halbinsel und die baltischen Länder[21]) aufwarfen, die erst mittels einer diversifizierten Energieversorgung überwunden werden können.

Eine Herausforderung ist zudem die Schaffung einer sicheren Energieversorgung in Verbindung mit der Anpassung des Energiesystems an den Klimawandel. Die EU verfolgt strengere Ziele bezüglich der Minderung der Treibhausgasemissionen, und die Energie- und Klimapolitik muss dann immer mehr gekoppelt werden, damit die Gewährleistung der Energieversorgungssicherheit dem Klimaschutz entspricht. Unter Berücksichtigung dieser Aspekte beschäftigt sich diese Arbeit mit einer nachhaltigen Energieversorgungssicherheit.

3. Energieversorgungssicherheit als Rechtsproblem

Das Problem der Gewährleistung der Energieversorgungssicherheit kann auf verschiedene Weisen analysiert werden. Nicht nur Rechtswissenschaftler, sondern auch Politik-, Ingenieur-, Wirtschafts- und teilweise auch Umweltwissenschaftler beschäftigen sich mit dem Thema, das in der rechtswissenschaftlichen Literatur als Querschnittsmaterie[22] bezeichnet wird. Inwieweit die rechtlichen Instrumente

20 Abrufbar unter: http://www.spiegel.de/panorama/marinestuetzpunkt-auf-zypern-buschbrand-soll-explosionsserie-ausgeloest-haben-a-773720.html (Stand: 11.11.2015).

21 Die Frage der Energieinseln ist langsam gelöst. Im April 2015 endete die Isolation des maltesischen Stromnetzes mit der Einweihung der Stromleitung zwischen Italien und Malta. Dank der Vollendung des Eastlink zwischen Finnland und Estland und der NordBalt-Verbindungsleitung zwischen Litauen und Schweden können die baltischen Staaten seit 2015 am NordPool-Strommarkt teilnehmen. Zudem wurde die LitPolLink-Initiative für einen Verbund zwischen Litauen und Polen im Dezember 2015 in Betrieb genommen. Ferner wurde 2015 die neue Verbindungsleitung Frankreich-Spanien in Betrieb genommen, mit der sich die Übertragungskapazität zwischen den beiden Ländern verdoppelt, vgl. Mitteilung der Kommission „Bericht zur Lage der Energieunion 2015" v. 18.11.2015. KOM (2015) 572 final, S. 7–8.

22 *Koch*, In: *Gesellschaft für Umweltrecht*, Dokumentation zur 34. Wissenschaftlichen Fachtagung der Gesellschaft für Umwelt e.V. Leipzg 2010, 2011, S. 41–104; *Schlacke*, In: *dies.* (Hrsg.), Umwelt- und Planungsrecht im Wandel – Die Verwaltung. Beiheft 11, 2010, S. 121; *Schulze-Fielitz/Müller*, In: *dies.* (Hrsg.), Europäisches Klimaschutzrecht, 2009, S. 9; *Ehricke*, In: *Frenz/Müggenborg*, EEG – Erneuerbare-Energien-Gesetz – Kommentar, 2013; *Müller* (Hrsg.), 20 Jahre Recht der Erneuerbaren Energien, 2012. Nach *Kahl*, Die Kompetenzen der EU in der Energiepolitik nach Lissabon, EuR, Heft 5, 2009, S. 618, ist die erneuerbaren Energie eine Querschnittmaterie, die zwischen Energie- und Umweltrecht steht; *Pielow*, In: *Gesellschaft für Umweltrecht*, Umweltschutz im Energierecht, 2006, S. 163 ff. Klimaschutzrecht als Querschnittmaterie, vgl. *Kahl*, In: *Schulze-Fielitz/Müller* (Hrsg.), Europäisches Klimaschutzrecht, 2009, S. 53; *Schulze-Fielitz/Müller*, In: *dies.* (Hrsg.), Europäisches Klimaschutzrecht, 2009, S. 10.

in der Lage sind, als Basis für die Schaffung der Energieversorgungssicherheit zu dienen, wurde aber noch nicht völlig geprüft. Vielmehr versucht die EU, mittels *Monitoring*-Maßnahmen, regulatorischer Tätigkeiten sowie der politischen Auseinandersetzung, die Akteure des Energiemarkts für die Wichtigkeit einer sicheren Energieversorgung zu sensibilisieren[23].

Angesichts der Wichtigkeit der sicheren Versorgung mit Strom für die Bürger stellt die Energieversorgungssicherheit einen Bereich dar, die von der Rechtswissenschaft eine – oder mehrere – Antworten fordert. Je komplexer die Energieversorgung wird, desto signifikanter wird das Recht für die Energiesicherheit. Da die Energiequellen in einer globalisierten Welt[24] von einem Staat zum anderen transportiert werden, setzt der internationale Stromhandel einen ausgebauten Rechtsrahmen voraus; auch soll der Wettbewerb der Energiemärkte, die Rechte und Pflichten der Energiekonzerne, die die verschiedenen Teile der Energiekette betreiben, sowie der Schutz der Stromkunden und die Grundversorgung rechtlich reguliert werden; die Umsetzung der Energieindustrie hin zur Schaffung einer sauberen, CO_2-armen und von der Nutzung erneuerbarer Energien geprägten Energiematrix wirft zudem rechtsregulatorische Fragen auf. Die Rechtswissenschaft muss dann eine befriedigende Antwort liefern, mittels der der Betrieb der Stromindustrie zum sozialen und wirtschaftlichen Wohlbefinden sowie zur Gewährleistung der Energieversorgungssicherheit führt.

In diesem Sinn könnte auch von einem „Recht auf Energieversorgungssicherheit" sowie einem Prinzip der Energiesicherheit[25] die Rede sein, die alle für die Gewährleistung der Energieversorgungssicherheit rechtsrelevanten Aspekte der Energiewirtschaft umfassen. Ziel dieser Arbeit besteht aber nicht darin, ein „europäisches Recht der Energieversorgungssicherheit" als Bereich der Rechtswissenschaft zu systematisieren. Vielmehr geht es hier darum zu untersuchen, welche rechtlichen Mittel zur Gewährleistung der Energieversorgungssicherheit zur Verfügung stehen und wie sie im Hinblick auf ihre Effektivität zu bewerten sind. Die Maßnahmen, die hier untersucht werden, beschränken sich auf das europäische Primär- und Sekundärrecht (auch Tertiärrecht hinsichtlich der Ausarbeitung von Netzkodizes durch

---

23 *Cameron*, In: *Antoniadis/Schütze/Spaventa* (Hrsg.), The European Union and global emergencies – A Law and Policy analysis, 2011, S. 126.

24 Diese Arbeit bezieht sich nur auf die Frage der europäischen Energieversorgungssicherheit. Auführlich zur weltweiten Energieversorgungssicherheit, vgl. *Umbach*, Globale Energiesicherheit: strategische Herausforderung für die europäische und deutsche Außenpolitik, 2003; *Müller-Kraenner*, Energiesicherheit – Die neue Vermessung der Welt, 2007, sowie zum Verhältnis zwischen weltweiter und europäischer Energieversorgungssicherheit, vgl. *Youngs*, Energy security – Europe's new foreign policy challenge, 2009.

25 *Lippert*, In: *Leible/dies/Walter*, Die Sicherung der Energieversorgung auf globalisierten Märkten, 2007, S. 9.

Komitologieverfahren). Internationale Abkommen für den Stromhandel einerseits und nationales Recht[26] andererseits sind somit von dieser Analyse ausgeschlossen.

Auch kommt einer rechtswissenschaftlichen Analyse der Energieversorgungssicherheit konkrete Relevanz zu, da dies erstens als Ziel der Energiepolitik im Art. 194 Abs. 1 lit. b AEUV positiviert wird und sich auf andere Ziele der Energiepolitik bezieht, sie zweitens eine Beschränkung des Wettbewerbs gemäß Art. 36 (öffentliche Sicherheit) und Art. 106 Abs. 2 (Dienstleistung von allgemeinem wirtschaftlichem Interesse) AEUV rechtfertigen kann, und sie drittens als Kriterium für Durchführung bzw. Evaluierung von rechtlichen Maßnahmen gewählt wird. Beispielsweise müssen die Vorhaben von gemeinsamem Interesse gemäß der Verordnung 347/2013/EU im Einklang mit der Energieversorgungssicherheit stehen; aufgrund der Energieversorgungssicherheit dürfen die Finanzierungssätze für Energieprojekte gemäß Art. 10 Abs. 3 der Verordnung 1316/2013/EU erhöht werden; zugunsten der Energieversorgungssicherheit müssen die Übertragungsnetzbetreiber in das Netz investieren.

Für diese Arbeit wird untersucht, welche Lösungen das Europarecht auf die Frage der Energieversorgungssicherheit anbietet. Als Hypothese wurde angenommen, dass für eine dauerhafte und ununterbrochene Sicherstellung der europäischen Energieversorgung zwei größere Maßnahmen erforderlich sind, nämlich die Förderung erneuerbarer Energien und die Förderung der Interkonnektion der Energienetze. Beide sind rechtlich reguliert und verfügen zumindest über das Potenzial, die Energieversorgung zu gewährleisten. Warum sie als Lösung für die europäische Energieversorgungssicherheit betrachtet werden sollten, wird weiter unten erklärt.

4. Förderung erneuerbarer Energien als Maßnahme zur langfristigen Energieversorgungssicherheit

Wie oben erwähnt, muss Energieversorgungssicherheit so weitgehend wie möglich gewährleistet werden, ohne dass die Umwelt für die Erreichung eines solches Ziels beeinträchtigt wird. Eine Energieversorgung, die grundsätzlich mittels der Ausbeutung fossiler Brennstoffe sichergestellt wird, ist nicht mehr erwünscht und auf längere Sicht unmöglich. Die Energiepolitik soll gemäß Art. 194 Abs. 1 AEUV „unter Berücksichtigung der Notwendigkeit der Erhaltung und Verbesserung der Umwelt" verfolgt werden. Während die Antwort auf die Energiekrise der Siebzigerjahre die (notfallmäßige) Etablierung von Mindesterdölvorräten war, stellt sich heute die Frage nach einer dauerhaften, umweltfreundlichen Energieversorgungssicherheit, die erst durch die Förderung erneuerbarer Energien geschafft werden kann.

Die erneuerbaren Energien sind für die Gewährleistung der Energieversorgungssicherheit derart wichtig, dass die Kommission von einer „neue[n] industrielle[n] Revolution" spricht, wenn es darum geht, das europäische Energiesystem hin zu einer auf hohem Maße energieeffizienten und CO_2-armen Energiewirtschaft

26 Ausgenommen das Kapitel 6 um die Unterbrechbarkeit der Energieversorgung am Beispiel des deutschen Energierechts.

umzusetzen[27]. Die Förderung erneuerbarer Energien garantiert die europäische Energieversorgungssicherheit dreifach. Erstens verringert die Erzeugung von Strom aus erneuerbaren Energien die europäische Energieeinfuhrabhängigkeit. Fast alle EU-Mitgliedstaaten sind auf die Importe von Energierohstoffen aus Drittländern angewiesen[28]. Die EU strebt keine komplette Unabhängigkeit der Energieeinfuhr an, will aber vermeiden, von Lieferländern erpressbar zu sein. Zweitens tritt die Förderung erneuerbarer Energien dem Problem der begrenzten Verfügbarkeit fossiler Brennstoffe[29] entgegen. Nicht nur werden die fossilen Energiequellen immer knapper, sondern der Wettbewerb um die Ressourcen ist wegen des Appetites der Entwicklungsländer ebenso gestiegen. Eine solche Lage drückt die Energiepreise nach oben und stellt die Frage nach der Erschwinglichkeit der Energieversorgungssicherheit. Die Förderung erneuerbarer Energien erlaubt Europa, von einer solchen Lage geringstmöglich beeinflusst zu werden und die Energieversorgung trotzdem sichergestellt zu wissen. Drittens sind die Erwärmung der Erdatmosphäre und die Anforderungen des Klimaschutzes zu nennen. Die erneuerbaren Energien sind diesbezüglich in der Lage, fossile Brennstoffe zu ersetzen und damit zum Umweltschutz beizutragen.

Zu beachten ist andererseits, dass die größten erneuerbaren Energiequellen, nämlich Wind- und Sonnenenergie, schwankend sind, was die Energieversorgungssicherheit beeinträchtigt, wenn keine Maßnahmen eingeführt werden, um die Unregelmäßigkeit der Erzeugung von Strom aus solchen Energiequellen zu kompensieren. Ob die Maßnahmen, die europarechtlich eingeführt wurden, für die Lösung eines solchen Spannungsverhältnisses ausreichen, wird in dieser Arbeit auch untersucht.

Ebenso rechtsproblematisch, wenn es um die Förderung erneuerbarer Energien geht, sind die Alleingänge der Mitgliedstaaten. Da die Mitgliedstaaten über ihre Ressourcen und ihre Energiesysteme noch souverän verfügen, können sie Entscheidungen treffen, die andere Mitgliedstaaten beeinträchtigen. In den letzten Jahren sind einseitige Maßnahmen bezüglich der Ressourcen erweitert[30] worden. Beispiel

---

27 Mitteilung der Kommission „Eine Energiepolitik für Europa“ v. 10.01.2007. KOM (2007) 1 endg., S. 6.

28 *Baumann/Turek*, In: *Weidenfeld* (Hrsg.), Lissabon in der Analyse. Der Reformvertrag der Europäischen Union, 2008, S. 158.

29 Die Frage um das *Peak-Oil*, d. h., die Frage um den zeitlichen Punkt, ab dem mehr Erdöl ausgebeutet wurde als das Erdöl, das noch unter der Erde liegt und auszubeuten ist, ist in der Literatur erkannt und weit diskutiert. Es ist noch fraglich, wann das Ölfördermaximum passieren wird. Mehr dazu, s. *Heinberg*, The party's over: oil, war, and the fate of industrial societies, 2003; *Youngquist*, Geodestinies: the inevitable control of Earth resources over nations and individuals, 1997; *Leggett*, Peak oil. Die globale Energiekrise, die Klimakatastrophe und das Ende des Ölzeitalters, 2006; *Deffeyes*, Hubbert's Peak: the impending world oil shortage, 2001. Kritisch darüber, *Mills*, The myth of the oil crisis: overcoming the challenges of depletion, geopolitics and global warming, 2008; *Lomborg*, The skeptical environmentalist: measuring the real state of the world, 2007.

30 *Andoura/Vinois*, From the European Energy Community to the Energy Union, 2015, S. 69–70.

ist die deutsche Entscheidung zum Atomausstieg[31]. Nach der Fukushimakatastrophe im März 2011 hat die deutsche Regierung sich für einen Atomausstieg entschieden, in dem sieben Atomreaktoren sofort abgeschaltet wurden und bis 2022 alle verbleibenden Atomreaktoren stillgelegen werden müssen. Es gab hier keine Debatte auf europäischer Ebene, sondern es war ein Alleingang der deutschen Regierung, ohne situationsgerechte Rücksprachen mit den Nachbarländern[32]. Obwohl zu Recht vermutet werden kann, dass es wegen der niedrigeren Energiepreise von erneuerbaren Energien und der unbefriedigenden Lösung bezüglich der Atommülllagerung zukünftig weniger Platz für die Stromerzeugung aus Atomenergie geben wird, so ist doch auch wahr, dass die souveränen Entscheidungen der Mitgliedstaaten hinsichtlich des Energiesystems *spill-over* Effekte in ein vernetztes Europa mit sich bringen, deren Vermeidung eine gemeinsame Vorgehensweise erfordert. Andererseits sind Alleingänge im Hinblick auf Fördermaßnahmen für erneuerbare Energien kontraproduktiv i.S.d. Ziels der Vollendung des Energiebinnenmarkts und der Gewährleistung der Energieversorgungssicherheit, da der im Ausland erzeugte Strom in solchen Fördersystemen diskriminiert wird und Effizienzgewinne nicht ausgenutzt werden.

Kurzgefasst wird in dieser Arbeit untersucht, wie sich erneuerbare Energien und Energieversorgungssicherheit aufeinander beziehen, welche Spannungsverhältnisse zwischen diesen Zielen zu finden sind und welche Lösungen das Europäische Recht dafür anbietet. Ziel ist, rechtlich zu bewerten, inwieweit die Vorschriften bezüglich der Förderung erneuerbarer Energien zur Energieversorgungssicherheit beitragen.

5. Förderung der Interkonnektion der Netze als Maßnahme für eine auf Zusammenarbeit basierende Energieversorgungssicherheit

Um das Ziel der Vollendung des Energiebinnenmarkts[33] zu erreichen, ist es erforderlich, dass Strom durch die Mitgliedstaaten fließen kann. Der alleingängige Ausbau der Energiesysteme durch die Mitgliedstaaten ermöglicht eine europäische Energieversorgungssicherheit gerade nicht. Ein vernetztes System erlaubt mehrere

31 Auch Belgien und Schweden haben eine solche Entscheidung getroffen. Österreich und Italien verzichten zwar völlig auf den Einsatz von Kernenergie, beziehen jedoch Atomstrom.

32 *Vinois*, In: *ders.* (Hrsg.), EU Energy Law – Volume VI – The security of energy supply in the European Union, 2012, S. 32–33; *Andoura/Vinois*, From the European Energy Community to the Energy Union, 2015, S. 37–38.

33 Ziel trotz der Setzung einer Frist – 2014 – noch nicht erreicht, vgl. Schlussfolgerungen des Europäischen Rates v. 04.02.2011; Mitteilung der Kommission „Fortschritte auf dem Weg zur Vollendung des Energiebinnenmarktes" v. 13.10.2014. KOM (2014) 634 final; Mitteilung der Kommission „Paket zur Energieunion – Rahmenstrategie für eine krisenfeste Energieunion mit einer zukunftsorientierten Klimaschutzstrategie" v. 25.02.2015. KOM (2015) 80 final, S. 9.

Synergien und ist aus verschiedenen Gründen vorteilhaft für die Mitgliedstaaten, selbst wenn die Ausgestaltung des Energiesystems dadurch komplexer wird. Ein vernetztes Europa schafft ein hohes Niveau an Zuverlässigkeit und Sicherheit der Energienetze und ermöglicht gleichzeitig, dass die von der Stromerzeugung aus erneuerbaren Energien abgeleiteten Schwankungen geglättet und die Kosten für den Ausgleich von Mengenabweichungen gesenkt werden können. Ein großes geographisches Gebiet und ein von mehreren Stromnetzen geprägtes Energiesystem tragen zur Stabilität des Systems bei[34]. Der Hauptzweck der Interkonnektion der Energienetze besteht darin, dass das Netz mittels des Auf- und Ausbaus anderer Stromwege nicht ausgelastet wird, was zu Versorgungsunterbrechungen führt und darauffolgend verhindert, dass die Nachfrage befriedigt wird.

Trotz der erkannten Vorteile eines vernetzten Europas zur Energieversorgungssicherheit und trotz des Zustandes der Interkonnektion der Netze als unentbehrliche Voraussetzung zur Vollendung des Energiebinnenmarkts liegt der Stromverbundgrad zwischen den Mitgliedstaaten durchschnittlich unter 10 %[35]. Viel muss getan werden, damit die Energieversorgungssicherheit von der Förderung der Interkonnektion der Netze profitieren kann.

Angesichts der unterschiedlichen Ausgestaltung jedes mitgliedstaatlichen Energiesystems muss der Betrieb der grenzüberschreitenden Energienetze harmonisiert werden, um die technische Energieversorgungssicherheit nicht zu gefährden. Andererseits erfordern die grenzüberschreitenden Energienetze, deren Auf- und Ausbau mehrere Jahre dauert, von kostspielige Investitionen. Aus diesen Gründen muss die Realisierung solcher Investitionen optimiert werden, damit die Schaffung der Energieversorgungssicherheit noch erschwinglich bleibt. Die Sicherheit der Energieversorgung darf nicht um jeden Preis verfolgt werden.

Der Bedarf an Optimierung verlangt, dass Mitgliedstaaten miteinander kooperieren und ihre Tätigkeiten bezüglich des Betriebs und Ausbaus der Energienetze koordinieren. Eine solche Zusammenarbeit muss solidaritätsfordernd sein (Art. 194 Abs. 1 AEUV spricht von einer Verfolgung der Ziele der Energiepolitik „im Geiste der Solidarität"). Die Reihe europarechtlicher Maßnahmen bezüglich der Interkonnektion der Netze, die zur Erreichung des Ziels der Gewährleistung der Energieversorgungssicherheit dient, konstituiert den Bereich *par excellence*, wo sich Energiesolidarität und Zusammenarbeit treffen. Diese Zusammenarbeit zwischen Mitgliedstaaten im Bereich der Förderung der Interkonnektion der Netze manifestiert sich in verschiedenen Aspekten, wie z.B. der Harmonisierung von

34 *Bernaerts*, In: *Vinois* (Hrsg.), EU Energy Law – Volume VIII – The energy infrastructure policy of the European Union, 2014, S. 25.

35 Mitteilung der Kommission „Erreichung des Stromverbundziels von 10 % – Vorbereitung des europäischen Stromnetzes auf 2020" v. 25.02.2015. KOM (2015) 82 final. Portugal, Spanien, Italien, Großbritannien, Irland, Polen, Litauen, Estland, Lettland, Rumänien und Zypern sind noch unter dem 10%-Verbundziel für 2020, Mitteilung der Kommission „Bericht zur Lage der Energieunion 2015" v. 18.11.2015. KOM (2015) 572 final, S. 11.

Netzbetriebsregeln (Ausarbeitung von Netzkodizes) und der Ausarbeitung von Netzplänen, deren Interaktion und Beitrag zur Energieversorgungssicherheit in dieser Arbeit untersucht werden.

Die Vernetzung Europas wird nicht nur durch Zusammenarbeit und Planung geschaffen. Sekundärrechtlich wird festgelegt, dass die Mitgliedstaaten und die Übertragungsnetzbetreiber in den Netzausbau investieren müssen. In dieser Arbeit soll dann überprüft werden, ob es wirklich um eine Netzausbaupflicht geht, einschließlich und insbesondere für grenzüberschreitende Netze. Zudem wurde ein System für die Ausweisung von Vorhaben von gemeinsamem Interesse für Energieinfrastrukturprojekte rechtlich etabliert, das für die Beschleunigung der Implementierung solcher Projekte und zur Erreichung eines vernetzten Europas vorteilhaft sein kann. Der Beitrag eines solchen Systems zur Energieversorgungssicherheit ist vielversprechend und muss hier eingehend betrachtet werden.

Daneben ist zu untersuchen, ob der rechtsregulatorische Rahmen hinsichtlich der Finanzierungsmittel der EU für den Auf- und Ausbau grenzüberschreitender Netze ausreicht, um die richtigen Signale an die Marktakteure zu senden, damit die Investitionen durchgeführt werden.

Als allgemeine Hypothese der Arbeit wird -zusammen mit der These des Beitrags der Förderung erneuerbarer Energien zur Energieversorgungssicherheit- angenommen, dass die Förderung der Interkonnektion der Netze einen Beitrag zur Aufrechterhaltung und Gewährleistung der Energieversorgungssicherheit leistet.

6. Gang der Untersuchung

Die Untersuchung der sich auf die Förderung erneuerbarer Energien und die Interkonnektion der Netze beziehenden europarechtlichen Maßnahmen zur Gewährleistung der Energieversorgungssicherheit teilt sich in sieben Kapitel. Wie oben erwähnt, wird die Gaswirtschaft nicht untersucht. Auch eine Rechtsmäßigkeitsanalyse des Primär- und Sekundärrechts *vis-à-vis* nationales Recht werden hier nicht durchgeführt. Die Arbeit begrenzt sich auf das europäische Recht und auf mehrere Verhältnisse zwischen Energieversorgungssicherheit einerseits und erneuerbaren Energien und Interkonnektion der Netze andererseits.

Das erste Kapitel soll daher zunächst einleitend die im Schrifttum gefundenen verschiedenen Begriffsbestimmungen der Energieversorgungssicherheit sowie das Verständnis des Begriffs laut der politischen Auseinandersetzung und des Unionsrechts darstellen.

Das zweite Kapitel befasst sich anschließend mit der unions- bzw. gemeinschaftsrechtlichen Entwicklung der Regulierung der Energieversorgungssicherheit. Eine Kartierung des Primär- und Sekundärrechts wird unternommen, um zu überprüfen, ob sich die Entwicklungsgeschichte der europäischen Energiepolitik selbst mit der Entwicklungsgeschichte rund um die Gewährleistung der Energieversorgung mischt, sowie um herauszufinden, ob und inwieweit das Ziel der Energieversorgungssicherheit sich mit den für dieses Ziel erforderlichen Zielen der Interkonnektion der Netze und der Förderung erneuerbarer Energien verbinden lässt.

Im dritten Kapitel wird das durch den Vertrag von Lissabon neu eingeführte Energiekapitel (Art. 194 AEUV) dargestellt, damit das Ziel der Energieversorgungssicherheit kontextuell verstanden wird. Nach der erforderlichen Erklärung einiger Fragen der Energiekompetenz des Art. 194 AEUV werden die Verhältnisse zwischen dem Ziel der Gewährleistung der Energieversorgungssicherheit und den anderen Zielen und Leitprinzipien der Energiepolitik sowie die auf die Energieversorgungssicherheit bezogenen Überschneidungen zwischen Art. 194 Abs. 1 lit. b AEUV und anderen Vorschriften des AEUVs untersucht. Das dienende Verhältnis zwischen den Zielen der Energiepolitik wird hier überprüft und leitet über zu den nächsten zwei Kapiteln.

Das vierte Kapitel widmet sich sodann den Fragen, ob und wie die Förderung erneuerbarer Energien zur Gewährleistung der Energieversorgungssicherheit beiträgt sowie welche europarechtlichen Mittel zur Verfügung stehen, damit dies Verhältnis eine *Win-win*-Situation erzeugt. Analysiert werden die Regelungen bezüglich des Prinzips des Vorrangs der Einspeisung erneuerbarer Energien, der Speichersysteme, der CCS-Technologie und der nachfrageseitigen Maßnahmen, sowie der Fördersysteme erneuerbarer Energien und der gemeinsamen Projekte der Richtlinie 2009/28/EG. Spezielle Aufmerksamkeit wird auch dem rechtsregulatorischen Rahmen zentralisierter Energieprojekte für die Erzeugung erneuerbarer Energien (Desertec und Nordsee Initiativen) geschenkt werden.

Für die Interkonnektion der Netze wird die gleiche Logik im fünften Kapitel durchgeführt, d. h. welche europarechtlichen Maßnahmen zur Verfügung stehen, damit die Verfolgung des Ziels der Interkonnektion der Netze als treibende Kraft zugunsten der Aufrechterhaltung und Gewährleistung der Energieversorgungssicherheit angenommen wird. Die Analyse der Maßnahmen umfasst die Netzausbaupflicht, Engpassmanagement, Vorhaben von gemeinsamem Interesse aufgrund der Energieversorgungssicherheit sowie die Dimensionen der Zusammenarbeit, Planung und Finanzierung hinsichtlich der grenzüberschreitenden Energienetze.

Das Kapitel sechs bietet am Beispiel des deutschen Energierechts einen Ausblick bezüglich möglichen Auswirkungen einer durch nachfrageseitige Flexibilisierungsmaßnahmen erlaubten Unterbrechbarkeit der Stromversorgung auf die europarechtliche Definition der Energieversorgungssicherheit an. Es wird untersucht, ob die Vorschriften des EnWG, die die Verträge über zu- und abschaltbare Lasten sowie die Vereinbarungen über unterbrechbare Verbrauchseinrichtungen regeln, europarechtkonform sind.

In dem abschließenden siebten Kapitel wird die Zusammenfassung der gefundenen Ergebnisse sowie ein kurzer Ausblick bezüglich der erforderlichen Entwicklung des Unionsrechts hin zur Schaffung einer nachhaltigen, EU-weit vernetzten Energieversorgungssicherheit vorgelegt.

1. Kapitel: Begriffsbestimmung Energieversorgungssicherheit

Die sichere Versorgung mit Energie ist eine der wichtigsten – wenn nicht die wichtigste – Voraussetzung für das Gemeinwohl der Bürger und das Funktionieren der Volkswirtschaft in der Europäischen Union. In einer modernen Gesellschaft hängt die Sicherung der menschenwürdigen Existenz der Bürger davon ab. Ohne Energie existiert kein Markt, die Produkte und Dienstleistungen können nicht hergestellt bzw. angeboten werden, Arbeitsplätze werden nicht geschaffen. Sogar kurze Unterbrechungen in der Energieversorgung können zu großen Schäden und großem wirtschaftlichem Aufwand führen. Die europäische Energieinfrastruktur ist das zentrale Nervensystem der europäischen Wirtschaft[36]. Das Interesse an einer Stromversorgung ist heute so allgemein wie das Interesse am täglichen Brot[37]. Die Gewährleistung einer ununterbrochenen Stromversorgung wurde vom EuGH wegen der existentiellen Bedeutung dieses Gutes in Bezug auf die Zugehörigkeit zum Gemeinwesen als Dienstleistung von allgemeinem wirtschaftlichem Interesse anerkannt[38], so dass dem Staat die Verpflichtung zukommt, deren Bereitstellung zu gewährleisten[39]. Es besteht überall Einigkeit, dass Energieversorgungssicherheit, Gemeinwohlaufgabe *par excellence*[40], höchste Priorität in der modernen Gesellschaft bekommen soll.

Die Kommission erkannte die Energieversorgungssicherheit als zentrale Voraussetzung für Wachstum, Arbeitsplätze und Sicherheit[41] einerseits und die „immer größere Abhängigkeit von Importen aus instabilen Regionen und durch unzuverlässige Lieferanten" als „ein ernsthaftes Risiko"[42] andererseits an. Auch durch Naturkatastrophen, terroristische Bedrohungen und politische Risiken könnte die

---

36 Mitteilung der Kommission „Energieinfrastrukturprioritäten bis 2020 und danach – ein Konzept für ein integriertes europäisches Energienetz" v. 17.11.2010. KOM (2010) 677 endg., S. 4.

37 BVerfGE 91, 186 (206) – Kohlepfennig. Ähnlich, BverfGE 30, 292 (323f.) – Erdölbevorratung; EuGH, Rs. 72/83, Slg. 1984, 2727 Tz. 34 – Campus Oil; EuGH, Slg. 2002, I-4809 Tz. 46 – Kommission/Belgien.

38 EuGH, Rs. C-393/92, Slg. 1994, I-1477 (Rn. 47–49) – Almelo.

39 *Böske*, Zur Ökonomie der Versorgungssicherheit in der Energiewirtschaft, 2007, S. 13.

40 *Schmidt-Preuß*, In: *Isensee/Kirchhof* (Hrsg.), Handbuch des Staatsrechts – Band IV – Aufgaben des Staates, 2006, S. 922.

41 Grünbuch „Eine europäische Strategie für nachhaltige, wettbewerbsfähige und sichere Energie" v. 8.3.2006. KOM (2006) 105 endg., S. 4.

42 Papier der Kommission und des Generalsekretärs/Hohen Vertreters für den Europäischen Rat „Eine Außenpolitik zur Förderung der EU-Interessen im Energiebereich" (S160/06). 2006, S. 1; *Rat der Europäischen Union*, Europäische Sicherheitsstrategie. Ein sicheres Europa in einer besseren Welt, 2009, S. 14.

Sicherheit der Energieinfrastruktur[43] gefährdet werden[44]. Das Ziel, „das Recht der Haushalte auf Versorgung zu angemessenen Bedingungen“ zu gewährleisten, ist ein grundlegendes gemeinwirtschaftliches Ziel[45]. Das Ziel der Energieversorgungssicherheit bezieht sich nicht nur auf die anderen Ziele der Energiepolitik, sondern stellt vielmehr eine erhebliche Voraussetzung für die Schaffung der allerhöchsten Ziele der EU dar.

Allerdings ist nicht klar, was unter dem Begriff Energieversorgungssicherheit zu verstehen ist. Die Erläuterung ist relevant, da das gewünschte Niveau an Energieversorgungssicherheit oder die Evaluierung, ob ein Energiesystem und eine rechtliche Rahmenbedingung das Ziel der Energieversorgungssicherheit gewährleisten, vom gewählten Begriff und den gewählten Kriterien abhängen. Außerdem ist eine Definition für Energieversorgungssicherheit aus rechtswissenschaftlicher Sicht wichtig, da Energieversorgungssicherheit Ausnahme oder Derogation[46] von anwendbaren Vorschriften rechtfertigen kann.

Die Begriffe variieren untereinander nicht nur hinsichtlich der Wahl der benutzten Kriterien, sondern auch im Hinblick auf die Bedeutung der gewählten Kriterien[47]. Die Palette von Kriterien und der fehlende Konsens um den Begriff, wenn es um die Definition für Energieversorgungssicherheit geht, erlaubt die Instrumentalisierung des Konzepts durch Regierungen, die beispielweise ein Mehr an Infrastrukturinvestitionen aufgrund eines niedrigen Niveaus an Energieversorgungssicherheit oder die Abschaffung einer Prämie für Endkunden, die Energieeinsparungsmaßnahmen anwenden, aufgrund eines höheren Niveaus an Energieversorgungssicherheit rechtfertigen können.

Der Einfluss der Energieversorgungssicherheit erstreckt sich auf eine Vielfalt von Faktoren, die sich mehr oder weniger auf die aus dem Handeln der Energiemarktakteure geborenen Risiken beziehen, was eine weitgehende Definition praktisch unmöglich macht. Das Spektrum der Energieversorgungssicherheit reicht von kurzfristigen, technischen Betriebsstörungen über funktionierende Wettbewerbsmärkte bis hin zur langfristigen Sicherheit des Bestandes ausreichender Energiekapazitäten sowie Infrastrukturen[48]. Ferner variiert und entwickelt sich die Idee einer sicheren

---

43 In dieser Arbeit wird für „Energieinfrastruktur“ die Begriffsbestimmung gemäß Art. 2 1. Spiegelstrich der Verordnung 347/2013/EU benutzt: „Energieinfrastruktur bezeichnet jede materielle Ausrüstung oder Anlage, die unter die Energieinfrastrukturkategorien fällt und sich in der Union befindet oder die Union mit einem oder mehr als einem Drittland verbindet“.

44 Grünbuch „eine europäische Strategie für nachhaltige, wettbewerbsfähige und sichere Energie“ v. 08.03.2006. KOM (2006) 105 endg., S. 9.

45 Mitteilung der Kommission zur „Vollendung des Energiebinnenmarktes“ v. 13.03.2001. KOM (2001) 125 endg., S. 22.

46 3.3.2.1.2.

47 *Winzer*, Conceptualizing energy security, 2011, S. 17.

48 *Moser*, Versorgungssicherheit im liberalisierten Energiemarkt, 2006, S. 49–50.

Energieversorgung im Laufe der Zeit und gemäß des geopolitischen Kontexts[49]. Energieversorgungssicherheit ist prozessbestimmt und ihre Gewährleistung steht in kontinuierlicher Wechselwirkung mit zahlreichen Prozessen bzw. Trends, wie beispielweise Ressourcen- und Umweltentwicklungen sowie wissenschaftlich-technologische und wirtschaftliche Entwicklungen[50].

Trotz der Wichtigkeit der Energieversorgungssicherheit – oder interessanterweise genau aus diesem Grund – und trotz der nur scheinbaren Offensichtlichkeit des Begriffes besteht keine Einigkeit hinsichtlich des Konzepts der Energieversorgungssicherheit. Vielmehr ist von einer Mehrdimensionalität des Themas Energiesicherheit die Rede, das u.a. geostrategische, außenwirtschaftliche, politische, technische, wirtschaftliche und rechtliche Komponenten umfasst[51]. Um die Untersuchung dieser Arbeit einzugrenzen, ist es sinnvoll, den Begriff zu durchleuchten. Ziel dieses Kapitels ist es nicht, alle sich in der Literatur befindlichen Begriffe ausführlich zu betrachten und einen allgemeinen Begriff für Energieversorgungssicherheit vorzuschlagen, sondern vielmehr die wichtigsten, häufig wiederholten Kriterien zu durchsuchen, die für eine Studie der europarechtlichen Aspekte der europäischen Energieversorgungssicherheit (insbesondere Elektrizität[52]) nutzbar sein können.

1.1 Begriff im Schrifttum

Die Literatur um den Begriff für Energieversorgungssicherheit[53] ist vielfältig und völlig umstritten. Der Begriff bezieht sich auf mehreren Bereichen, wie Energiepolitik,

---

49 *Glachant/Ahner*, In: *Vinois* (Hrsg.), EU Energy Law – Volume VI – The security of energy supply in the European Union, 2012, S. 8.

50 *Mükusch*, Vernetzte Energiesicherheit, 2011, S. 27.

51 *Müller*, In: *Leible/Lippert/Walter*, Die Sicherung der Energieversorgung auf globalisierten Märkten, 2007, S. 31ff; *Glachant/Ahner*, In: *Vinois* (Hrsg.), EU Energy Law – Volume VI – The security of energy supply in the European Union, 2012, S. 8.

52 Zur Gasversorgungssicherheit, vgl. *Kopp*, Politics, markets and EU gas supply security: case studies of the UK and Germany, 2015.

53 Der Ausdruck lässt sich in drei Teilen spalten: Energie, Versorgung und Sicherheit. Es ist nicht Absicht dieser Arbeit, die drei Elemente im Einzelnen und ausführlich zu bearbeiten. Das würde den Rahmen der Arbeit deutlich sprengen. Laut der Physik ist Energie die Fähigkeit, Arbeit zu verrichten. Laut der Thermodynamischen Gesetze wird aber Energie weder erzeugt noch vernichtet, sondern umgewandelt (transformiert). Elektrizität und Energie sind nicht dasselbe, sondern Elektrizität ist ein Energieträger. Mehr zum Begriff Energie, vgl. *Sieferle*, Der unterirdische Wald: Energiekrise und Industrielle Revolution, 1982, S. 18; *Cottrell*, Energy and society – the relation between energy, social change and economic development, 1955, S. 15; *Rebhan* (Hrsg.), Energiehandbuch: Gewinnung, Wandlung und Nutzung von Energie, 2002, S. 3. Andererseits hängt der Begriff Versorgung davon ab, welche nationalstaatliche, verwaltungsrechtliche Rahmenbedingung für die öffentliche Dienstleistung analysiert wird. Es geht um das Niveau staatlicher Gewährleistungsverantwortung. Die Idee einer öffentlichen Dienstleistung liegt in der Fähigkeit des Staates, die

gesellschaftliche Studien, Ökonomie, Politikwissenschaft u.a. Es geht um einen transdisziplinären und komplexen Begriff, dessen Definition schwierig ist. Weder auf nationaler noch auf internationaler Ebene hat sich eine einheitliche Definition der Energieversorgungssicherheit durchgesetzt[54]. Angesichts der unterschiedlichen Lage jedes Mitgliedstaates der EU ist eine einheitliche, europäische Definition für Energieversorgungssicherheit schwierig. Die Tatsache, dass Polen beispielweise energieunsicher ist, bedeutet nicht, dass Frankreich oder Spanien sich in derselben Lage befinden. Die Territorialität der Energieversorgungssicherheit ist extrem komplex.

Problematisch ist die Tatsache, dass ein großer Teil der sich mit diesem Bereich befassenden Experten immer noch einen nur eindimensionalen Blick auf die Gestaltung von Energieversorgungssicherheit wirft, die vielmehr von geopolitischen Elementen und einem hohen Maß an Politisierung geprägt wird[55], was die Erreichung eines Konsens in der Literatur erschwert. Auf der anderen Seite und wegen der Komplexität des Themas erschwert eine multidimensionale Definition,

---

für das Gemeinwohl notwendigen Güter und Leistungen bereitzustellen, da der moderne Bürger nicht mehr ausreichend in der Lage wäre, sich selbst zu versorgen. Die staatliche Aufgabe der Versorgung von Elektrizität ist als ein absolutes, von der jeweiligen Politik des Gemeinwesens unabhängiges Gemeinschaftsgut höchsten Ranges allgemein anerkannt. Vgl. am Beispiel Deutschlands, BVerfGE 25, 1 (16), BVerfGE 66, 248 (258) und BVerfGE 91, 186ff. – Kohlepfennig. In Deutschland geht der Begriff Daseinvorsorge zurück auf *Forsthoff*, Die Verwaltung als Leistungsträger, 1938. Etwas unterschiedlich ist die französische Theorie des *service public*, wo der Staat mittels staatlicher Unternehmen die Güter und Leistungen direkt bereitstellt. Vgl. *Pielow*, Grundstrukturen öffentlicher Versorgung, 2001, s. 111–266; *Schweitzer*, Daseinvorsorge, service public, Universaldienst, 2002; *Aubin*, Daseinvorsorge und Universaldienst, 2013. Zur Erfahrung einiger Mitgliedstaaten mit der Regulierung ihrer entsprechenden Energieversorgungsstruktur, vgl. *Tettinger* (Hrsg.), Strukturen der Versorgungswirtschaft in Europa, 1996. Letztlich ist der Begriff der Sicherheit in der Theorie der internationalen Beziehungen und in Sicherheitsstudien zu finden. Es gibt mehrere Schulen (Realismus, Liberalismus, Konstruktivismus der Kopenhagener Schule, menschliche Sicherheit), die den einen oder anderen Aspekt der Sicherheit berücksichtigen. Vgl. *Williams* (Hrsg.), Security studies: an introduction, 2012; *Kurze*, Europas fragile Energiesicherheit, 2009.

54 *Danner/Theobald*, Energierecht – Kommentar. Band 1. § 1 EnWG, Rn. 15, 2014; *Checchi/Behrens/Egenhofer*, Long-term energy security risks for Europe: a sector-specific approach, 2009, S. 1; *Löschel/Moslener/Rübbelke*, Indicators of energy security in industrialised countries, Energy Policy, Vol. 38, 2010, S. 1665; *Kruyt/Vuuren/Vries/Groenenberg*, Indicators for energy security, Energy Policy, Vol. 37, 2009, S. 2167; *Mitchell*, Renewing energy security, 2002, S. 13.

55 *Fischer*, Energieversorgungssicherheit: Was kann Europa leisten?, GWP, Heft 4, 2008, S. 507; Ähnliche Ansicht, *Hackländer*, Die allgemeine Energiekompetenz im Primärrecht der Europäischen Union, 2010, S. 160; *Cameron*, in: *Antoniadis/Schütze/Spaventa* (Hrsg.), The European Union and global emergencies – A Law and Policy analysis, 2011, S. 125.

die mehrere Faktoren berücksichtigt, die Schaffung eines Konsenses rund um einen funktionsfähigen Begriff.

Zusammenfassend lassen sich drei Faktoren bestimmen, die eine Definition der Energieversorgungssicherheit erschweren: einseitige Fokussierung (nur auf die geopolitische Dimension), Politisierung des Themas (Manipulation und Anwendung des Begriffes gemäß willkürlicher politischer Zweckmäßigkeit)[56] und Transdisziplinarität des Themas[57].

Für einige Länder bedeutet Energieversorgungssicherheit lediglich Energieunabhängigkeit (z.B. USA[58]), während es für andere um die Schaffung von Verbindungen und Kooperationen mit anderen Ländern (z.B. Japan) geht. Energieversorgungssicherheit kann sich auf die Förderung erneuerbarer Energien oder auf das Gegenteil, die Ausbeutung fossiler Energieträger beziehen. Ferner bezieht sich die Energieversorgungssicherheit auf andere Bereiche, wie die Governance der Energie und transnationales und internationales Engagement, Entwicklung der Volkswirtschaft, Energiearmut, Klimawandel, Wasser- und Bodennutzung usw[59].

Relevant für diese Arbeit ist die europäische Energieversorgungssicherheit. In Europa führte bereits die Idee der Energieversorgungssicherheit aus Sorge um die nationale Sicherheit zu einer Art Abwehrhaltung, die die Zurückhaltung der Mitgliedstaaten im Hinblick auf die Europäisierung der Regulierung energiepolitischen Bereiche rechtfertigte[60]. Mit der Einführung des Solidaritätsprinzips im Art. 194 AEUV und mit der Gaskrise zwischen Russland und Ukraine, welche die Anfälligkeit eines mit geteilter Stimme sprechenden europäischen Energiesystems aufgezeigt hat, gibt es Hoffnung – und eine europarechtliche Grundlage –, dass diese Lage geändert wird und sich die Idee, bzw. wenigstens die Definition der europäischen Energieversorgungssicherheit durchsetzen kann. Auf der anderen Seite spielt der Souveranitätsvorbehalt des Art. 194 Abs. 2 UAbs. 2 AEUV eine Rolle.

Um die Vielfältigkeit und den mangelnden Konsens rund um den Begriff aufzuzeigen, werden die in der Literatur gefundenen Begriffe (1.1.1) und Einteilungen (1.1.3)

---

56 Kritisch darüber *Joskow*, The U.S. energy sector: prospects and challenges, 1972–2009, Dialogue, Vol. 17, Nr. 2, 2009, S. 11; Ebenso *Fermann*, In: *Moe/Midford*, The political economy of renewable energy and energy security, 2014, S. 25.

57 Ein anderer Teil des Schrifttums hält die Dichotomie zwischen der Handlung von Marktversagen, Messung der Energieunsicherheit und Quantifizierung der Risiken einerseits, und der Umwandlung der Energiedebatte in ein Sicherheitsthema andererseits für die Verarmung der Debatte um die Energieversorgungssicherheit verantwortlich, vgl. *Dyer/Trombetta*, In: *ders.* (Hrsg.), International Handbook of Energy Security, 2013, S. 4.

58 *Klaue/Loo*, Sicherheit der Energieversorgung der EU, et, Special 1, 2006, S. 8.

59 *Goldthau/Sovacool*, The uniqueness of the energy security, justice and governance problem, Energy Policy, Vol. 41, 2012, S. 233.

60 *Cameron*, In: *Dougan/Currie* (Hrsg.), 50 years of the European Treaties. Looking back and thinking forward, 2009, S. 258.

dargestellt. Zu unterscheiden ist zwischen Energiesicherung und Energiesicherheit (1.1.2). Hervorzuheben ist der Versuch von Teilen der Literatur, einen Index für Energieversorgungssicherheit – mehr als eine Definition – zu erstellen, die sich mit einer ökonomistischen Sicht der Energieversorgungssicherheit eng verbindet (1.1.4). Da die Energieversorgungssicherheit nur ein Ziel der Energiepolitik darstellt (s. Kapitel 3), ist es relevant zu untersuchen, welche Beiträge die Ziele der Wirtschaftlichkeit und des Umweltschutzes, die wegen der These der nicht-hierarchische Betrachtung der Ziele der Energiepolitik berücksichtigt werden müssen, zum Begriff der Energieversorgungssicherheit leisten (1.1.5). Zuletzt werden Zwischenergebnisse präsentiert (1.1.6).

1.1.1 Darstellung der Begriffe

Wie erwähnt wurde, sind die Begriffe für Energieversorgungssicherheit vielfältig und von a priori gewählten Kriterien abhängig. Allgemein formuliert enthielte ein Begriff die folgenden Elemente: Regelmäßigkeit und/oder Kontinuität, Zugang, Kostengünstigkeit und Betriebssicherheit[61]. Eine Definition für Energieversorgungssicherheit könnte auf Teilmarktbetrachtungen, distributiven Aspekten, Risikomanagement, Umweltaspekten, nationalstaatlichen Abgrenzungen der Problemstellung, der physischen Verfügbarkeit von Energie sowie auf Preiskomponenten basieren[62]. Definitionen, die eine oder andere Ideologie berücksichtigen, sind auch in der Literatur zu finden[63]. Normalerweise tendieren die Definitionen dazu, mehrere Kriterien zu beachten, was rechtswissenschaftlich kontraproduktiv ist, da ein Mindestniveau an Bestimmtheit notwendig ist, um in der rechtlichen Analyse genau zu messen, wie eine vorgeschlagene Maßnahme Energieversorgungssicherheit sicherstellt oder fördert[64].

Einerseits wird Energieversorgungsicherheit beispielweise beschrieben als die Fähigkeit des Energiesystems, den Endkunden mit Elektrizität gemäß gegebenen Niveaus an Qualität und Dauer nachhaltig zu versorgen[65] oder allgemein als

61 *Cameron*, Competition in energy markets: law and regulation in the European Union, 2007, S. 518.
62 *Böske*, Zur Ökonomie der Versorgungssicherheit in der Energiewirtschaft, 2007, S. 19–20.
63 Beispielweise die Definition in *Cameron*, Competition in energy markets: law and regulation in the European Union, 2007, S. 518: „We may define ‚energy security' as the ability of energy industries, primarily in electricity and gas, to provide their respective services throughout the EU to a high standard and at a reasonable cost in a competitive, **fully liberalized**, pan-European market".
64 *Johnston/Block*, EU Energy Law, 2012, S. 238. Diesselbe Kritik, aber für messende Zwecke, vgl. *Winzer*, Conceptualizing energy security. EPRG Working Paper 1123, 2011, S. 6.
65 *Eurelectric*, Security of electricity supply, 2004, S. 5.

jederzeitige Verfügbarkeit von Energie zu angemessenen Preisen[66] oder einfacher als die jederzeitige physische Verfügbarkeit von Endenergiemengen. Andererseits könnte Energieversorgungssicherheit umfassend als „*the way to equitably provide available, affordable, reliable, efficient, environmentally benign, proactively governed, and socially acceptable energy services to end-users*" beschrieben werden[67]. Zu beachten ist die Nutzung mehrerer subjektiver und unbestimmter Ausdrücke wie „nachhaltig", „verfügbar", „effizient" und „angemessen", einerseits, und die rein technisch-physischen Definitionen andererseits, die für eine abklärende, für eine rechtswissenschaftliche Behandlung sinnvollen Definition der Energieversorgungssicherheit, welche die anderen Ziele der europäischen Energiepolitik berücksichtigt, nicht hinreichend bestimmt sind.

Eine Reihe von Autoren beschreiben Energieversorgungssicherheit *vis-à-vis* der **Preiskomponente**, da Preissteigerungen von Strom zu Energiearmut und zu negativen Auswirkungen auf die industrielle Produktion von Gütern, insbesondere auf den energieintensiven Sektor der Industrie, führen können. Wenn der Preis für Energie dauerhaft hoch ist, ist sie nicht mehr bezahlbar und die Versorgung des Verbrauchers ebenso gefährdet wie durch physischen Ausfall der Versorgung[68]. Da die Versorgungssicherheit gewünscht wird, wird für ihre Gewährleistung, einschließlich eines Mindestmengenangebots, ein Preis geformt[69]. Im Hinblick darauf tauchen in der Literatur Ausdrücke wie „erschwinglicher Preis", „preisgünstige Energieversorgung", „angemessene" oder „verkraftbare" Preise (oder *reasonable prices* auf Englisch) auf. Nach einem Teil der Literatur ist *reasonable price* als ein Preis zu verstehen, der so weit wie möglich grenzkostenbasiert ist und sich aus Angebot und Nachfrage bildet[70]. Die Annahme ist hier, dass Energieversorgungssicherheit nur beeinträchtigt wird, wenn die Energieknappheit zu Preisen führt, die höher als eine gewisse Schwelle sind. Eine Definition, die diesen Aspekt hervorhebt, lautet: „*Security is impaired when supplies are reduced or interrupted in some places to an extent that causes a sudden, significant and sustained increase in prevailing*

---

66 Abrufbar unter: http://www.iea.org/topics/energysecurity/subtopics/whatisenergysecurity/ (Stand: 06.05.2015).

67 *Goldthau/Sovacool*, The uniqueness of the energy security, justice and governance problem, Energy Policy, Vol. 41, 2012, S. 235.

68 *Hackländer*, Die allgemeine Energiekompetenz im Primärrecht der Europäischen Union, 2010, S. 164.

69 Mehr dazu, s. 1.1.4.

70 *Chevalier*, Security of energy supply for the European Union, European Review of Energy Markets, Vol. 1, issue 3, 2006, S. 3; *Bielecki*, Energy security – Is the wolf at the door?, The Quarterly Review of Economics and Finance, Vol. 42, Issue 2, 2002, S. 237. Aber zur Definition der Energieversorgungssicherheit, die sich auf die garantiert verfügbare Angebotsmenge bezieht und nicht auf das Treffen zwischen Angebot und Nachfrage, vgl. *Böske*, Zur Ökonomie der Versorgungssicherheit in der Energiewirtschaft, 2007, S. 31.

prices"[71] oder „*a guarantee that all the energy volumes demanded will be available at a reasonable price*"[72].

Die **physische Verfügbarkeit** von Energie, die den geopolitischen Aspekt der Energieversorgungssicherheit in unveränderlicher Form berücksichtigt, lässt sich auch in mehreren Definitionen der Literatur finden. Laut dieser Sicht ist Energieversorgungssicherheit die physische Verfügbarkeit von Angebotsmengen zur Befriedigung der Nachfrage[73]. Hier sind sowohl die langfristige Verfügbarkeit von Energieressourcen (*security of energy supply*) gemeint als auch die kurzfristige Versorgung mit Energie (*security of delivery of energy resources*)[74]. Eine solche Definition, die Energiesicherheit nur als Energieversorgungssicherheit versteht, ist zu eng und bezieht sich auf den veralteten Diskurs des Kalten Kriegs, bei dem sich ein Staat gegenüber militärischen Aktionen verteidigen musste[75].

Definitionen der Energieversorgungssicherheit, die sich mit dem **Risikomanagement** verbinden und das Ziel der EU auf reinen „Schutz gegen Risiken" reduzieren, sind auch in der Literatur häufig. Nach dieser Ansicht wird angenommen, dass „*more secure systems are those with lower risk of system interruption*"[76]. Energieversorgungssicherheit wird dann gewährleistet, wenn ein Staat ohne das Risiko einer großen Unterbrechung der Dienstleistung Zugang zu den ausreichenden Energieressourcen haben[77]. Energiesicherheit stellt dann einen Zustand dar, „bei dem keine Risiken und Bedrohungen für den Zugang, Bezug und Transport der Energierohstoffe Erdöl und Erdgas zu jeder Zeit, in ausreichendem Maß und zu erschwinglichen Preisen bestehen"[78]. Stichwort hier ist die Anfälligkeit eines Energiesystems. Der Risikomanagementansatz macht die Energieversorgungssicherheit von der Risikowidrigkeit der Verbraucher abhängig, da der Schwerpunkt nicht auf den absoluten Energiepreisen liegt, sondern auf Größe und Auswirkungen der

---

71 *Mabro*, On the security of oil supplies, oil weapons, oil nationalism and all that, OPEC Energy Review, Vol. 32, Nr. 1, 2008, S. 3.

72 *Le Coq/Paltseva*, Common energy policy in the EU: the moral hazard of the security of external supply, 2008, S. 19.

73 Ressourcenverfügbarkeit und Kosten waren die größten Befürchtungen der IEA in der World Energy Outlook 2001, vgl. *International Energy Agency*, World Energy Outlook – Assessing today's supplies to fuel tomorrow's growth, 2001.

74 *Klare*, In: *Williams* (Hrsg.), Security studies: an introduction, 2012, S. 484–485.

75 Fermann, In: *Moe/Midford*, The political economy of renewable energy and energy security, 2014, S. 31.

76 *Lieb-Dóczy/Börner/Mackeron*, Who secures the security of supply? European perspectives on security, competition and liability, The Electricity Journal, 2003, S. 11. Auf ähnliche Weise, *Ölz/Sims/Kirchner*, Contribution of renewables to energy security, 2007, S. 13.

77 *Barton/Redgwell/Rønne/Zillman*, Energy security: managing risk in a dynamic legal and regulatory environment, 2004, S. 5.

78 *Mükusch*, Vernetzte Energiesicherheit, 2011, S. 53.

Änderungen der Energiepreise[79]. Die Risiken, die die Energieversorgungssicherheit beeinträchtigen können, können in fünf Gruppen geteilt werden: technische Risiken (Systemausfälle), politische, bzw. menschliche Risiken (Zusammenbruch bzw. Auseinandersetzungen der Importmöglichkeiten, Sabotage und Terrorismus, Nachfrageschwankungen), regulatorische Risiken (fehlende Anreize für Kapazitätsausbau, Unterinvestition), ökonomische Risiken (Verschlechterung der wirtschaftlichen Lage eines Staates) und ökologische Risiken (Naturkatastrophen, Erschöpfung fossiler Energieträger, ökologische Schäden bei der Ressourcenausbeutung oder unakzeptable CO_2-Emissionen)[80]. Diese Vorgehensweise zielt darauf, die Reichweite der mit den verschiedenen Aspekten der Energieversorgungssicherheit verbundenen relevanten Risiken zu identifizieren, um die Wahrscheinlichkeit ihres Auftretens und die Reichweite ihrer Auswirkungen zu beurteilen[81].

Bei einer allgemeinen und zusammenfassenden Betrachtung der Literatur tendiert die Definition der Energieversorgungssicherheit dahin, die Aspekte der Verfügbarkeit (i.w.S., d.h. nicht nur die ausreichende Lieferung von Primärenergieträgern, sondern auch die Lieferung von Energieprodukten zur Befriedigung der Nachfrage), der Preise der Energie sowie die Betrachtung eines oder mehrerer Risiken zu berücksichtigen.

1.1.2 Energiesicherung und Energiesicherheit

Im Schrifttum ist häufig nicht zu finden, was unter den Ausdrücken „Energiesicherung" und „Energiesicherheit" zu verstehen ist und wie sie sich voneinander unterscheiden lassen. Sie stehen aber in einem engen Verhältnis zueinander, und eine Betrachtung der Ausdrücke ist deswegen sinnvoll.

Sicherung der Energieversorgung bedeutet die Reihe von Maßnahmen, die für die Schaffung einer sicheren Energieversorgung erforderlich ist. Derartige Maßnahmen erstrecken sich von Planungs- bis zu Durchführungsmaßnahmen, einschließlich Steuerungsmaßnahmen, deren Implementierung vermeidet, dass die Sicherheit der Energieversorgung gefährdet wird. Beispiele solcher Maßnahmen sind die Planungen zur Vorbeugung bzw. Bewältigung von kurz- und langfristigen

---

79 *Kepler*, International relations and security of energy supply: risks to continuity and geopolitical risks, 2007, S. 20.

80 *Böske*, Zur Ökonomie der Versorgungssicherheit in der Energiewirtschaft, 2007, S. 25–26. Zu einer anderen Teilung der Risiken, vgl. *Winzer*, Conceptualizing energy security, 2011, S. 7–8; 10. Die Kommission ordnet die Risiken in vier Kategorien zu: physische Risiken, wirtschaftliche Risiken, gesellschaftliche Risiken und ökologische Risiken. Europäische Kommission: Hin zu einer europäischen Strategie für Energieversorgungssicherheit (KOM 2000/769 endg.), S. 73.

81 *Johnston/Block*, EU Energy Law, 2012, S. 237. Mit der Implementierung von Stresstests hinsichtlich der Erdgasversorgungssicherheit nimmt die Kommission Rücksicht auf eine solche Vorgehensweise. Mitteilung der Kommission „Strategie für eine sichere europäische Energieversorgung" v. 28.05.2014. KOM (2014) 330 final, S. 5.

Störungen, Vorkehrungen für Maßnahmen im Krisen- sowie Notstandsfall[82], Vorschriften hinsichtlich der Etablierung eines Mindestanteils an Erdölvorräten oder einer Meldepflicht bei einer Versorgungskrise, oder hinsichtlich der Förderung erneuerbarer Energien wegen der Erdölknappheit, Kooperationsinstrumente mit Wirtschaftssubjekten usw.

Energiesicherung bezieht sich somit mit der Frage der Risiken für die Gewährleistung und Aufrechterhaltung der Energieversorgungssicherheit. Das Ziel der Energiesicherung ist die Energiesicherheit.

Energiesicherheit ist jedoch das allgemeine Ziel, das die Staaten für das Gemeinwohl ihrer Bürger und für die Volkswirtschaft verfolgen.

In dieser Arbeit werden Energiesicherheit (*energy security*) und Energieversorgungssicherheit (*security of energy supply*) als Synonyme benutzt, obwohl in der Literatur normalerweise angenommen wird, dass Energiesicherheit die Energieversorgungssicherheit umfasst. Energiesicherheit umfasste die Zieltrias der Energiepolitik: Energieversorgungssicherheit, Wettbewerbsfähigkeit und Nachhaltigkeit[83]. Die Nutzung beider Ausdrucke als Synonyme ist aber nicht absurd und häufig in der politischen Auseinandersetzung und teilweise in der Literatur[84] zu finden. Die Tatsache, dass die Terminologie[85] schnell und in dynamischer Weise variiert und dass es unklar ist, inwieweit alle Bemühungen im Bereich Energie letztendlich zur Sicherung der Energieversorgung dienen, erlaubt eine solche Betrachtung der Begriffe. Ferner besteht das allererste Ziel der Energiepolitik darin, die Endkunden mit Energie zu versorgen.

1.1.3 Vielfältige Einteilungen

Wie oben gezeigt, definieren die Autoren den Begriff der Energieversorgungssicherheit gemäß unterschiedlicher Kriterien, was keine Festlegung eines einheitlichen Konzepts erlaubt. Vielmehr hängt der Begriff von den gewählten Kriterien ab, die

---

82 *Lippert*, Energiewirtschaftsrecht – Gesamtdarstellung für Wissenschaft und Praxis, 2002, S. 675.

83 *Vinois*, In: *ders* (Hrsg.), EU Energy Law – Volume VI – The security of energy supply in the European Union, 2012, S. 23.

84 Zum Beispiel *Löschel/Moslener/Rübbelke*, Indicators of energy security in industrialised countries, Energy Policy, Vol. 38, 2010, S. 1665; *Winzer*, Conceptualizing energy security, 2011, S. 1; *Clingendael International Energy Programme*, Security of supply in the run-up to the post-2020 period, 2014, S. 15; *Kruyt/Vuuren/Vries/Groenenberg*, Indicators for energy security, Energy Policy, Vol. 37, 2009, S. 2167. Energieversorgungssicherheit als eine Frage der Verfügbarkeit, vgl. *Joskow*, Energy Policies and their consequences after 25 years, The Energy Journal, Heft 24, 2003, S. 25.

85 Laut des *InterActive Terminology for Europe – IATE* „stellt ‘energy security’ nicht auf ‘sichere’, d.h. ungefährliche Energie ab, sondern auf die Sicherheit der Verfügbarkeit von Energie“ und der Ausdruck „Energieversorgungssicherheit“ ist zu bevorzugen, wenn es darum geht, „*energy security*“ zu übersetzen. Abrufbar unter: http://iate.europa.eu/FindTermsByLilId.do?lilId=911103&langId=de (Stand: 18.05.2015).

den einen oder anderen Aspekt der Energieversorgungssicherheit hervorheben. Die Kriterien können sich auf das Entwicklungsniveau des Staates, die Zeitdimension, die Risiken, die Sichtweise der Untersuchung (beispielsweise aus individueller, regionaler, nationaler oder multinationaler Sicht) und auf die Aufgaben des Staates beziehen[86].

Normalerweise enthält der Begriff der Energieversorgungsicherheit politische, wirtschaftliche und technische Komponenten, aber auch Versorgungsqualität, Energieeffizienz und umweltschutzbezogene Aspekte können einen Teil des Begriffes darstellen[87]. Auch zwischen verschiedenen Energieträgern (Öl, Erdgas, Elektrizität, Kohle) kann eine Einteilung skizziert werden[88]. Geographische und zeitliche Kriterien werden auch benutzt, um zwischen globaler, internationaler, regionaler[89], europäischer[90], nationaler[91] und lokaler Energieversorgungssicherheit einerseits und zwischen kurz-, mittel- und langfristiger Energieversorgungssicherheit andererseits zu unterscheiden. Eine Trennung zwischen der externen Dimension (Außenpolitik und das Problem der mangelnden Einstimmigkeit der EU im Hinblick auf den Energiebereich) und der internen Dimension der Energieversorgungssicherheit (von sekundärrechtlichen Vorschriften geprägt, wie die Verordnung 994/2010 über die Erdgasversorgungssicherheit[92]) kann auch durchgeführt werden[93]. Auch eine Betrachtung des Themas, die die Energieversorgungssicherheit zwischen angebots- (Beschaffung von Rohstoffen) und nachfrageseitiger (Grundversorgung) Aspekte trennt, wurde schon unternommen[94].

---

86 *Barton/Redgwell/Rønne/Zillman*, Energy security: managing risk in a dynamic legal and regulatory environment, 2004, S. 8–10.

87 *Lippert*, In: *Leible/dies/Walter*, Die Sicherung der Energieversorgung auf globalisierten Märkten, 2007, S. 4.

88 Beispielweise in *Haghighi*, Energy security: the external legal relations of the European Union with major oil and gas supplying countries, 2007; *Bohi/Toman/Walls*, The economics of energy security, 1996.

89 Vgl. *Len/Chew* (hrsg.), Energy and security cooperation in Asia, 2009.

90 Vgl. *Marín-Quemada/García-Verdugo/Escribano* (hrsg.), Energy security for the EU in the 21st century. Markets, geopolitics and corridors, 2012.

91 Vgl. *Esukova*, European energy security. Analysing the EU-Russia energy security regime in terms of interdependence theory, 2012; *Perovic/Orttung/Wenger* (hrsg.), Russian energy power and foreign relations. Implications for conflict and cooperation, 2009; *Bastian*, Die Europäische Union und Russland. Multilaterale und bilaterale Dimensionen in der europäischen Außenpolitik, 2006. Mehr zur EU-Russland Beziehung, vgl. *Vinois*, In: *ders.* (Hrsg.), EU Energy Law – Volume VI – The security of energy supply in the European Union, 2012, S. 34–35.

92 ABl. L 295 v. 12.11.2010, S. 1.

93 *Glachant/Ahner*, In: *Vinois* (Hrsg.), EU Energy Law – Volume VI – The security of energy supply in the European Union, 2012, S. 17–18.

94 *Böske*, Zur Ökonomie der Versorgungssicherheit in der Energiewirtschaft, 2007, S. 7.

Ganz häufig tauchen in der Literatur[95] zwei Ebenen des Begriffes auf: Versorgungssicherheit (im engeren Sinne oder i.S.d. Sicherung der Bedarfsdeckung) und technische Sicherheit[96]. Ohne sich anmaßen zu wollen, die beste oder adäquateste Einteilung zu präsentieren, wurde in dieser Arbeit diese erste Teilung zwischen Bedarfsdeckungssicherheit (1.1.3.1) und technischer Sicherheit (1.1.3.2) zur Begriffserklärung benutzt. Diese Arbeit geht von der These aus, eine Konkretisierung beider Elemente ermögliche die Realisierung des Ziels der Gewährleistung der Energieversorgungssicherheit. Wegen der Erdölknappheit und der Förderung der erneuerbaren Energien ist ferner aber auch eine Teilung gemäß der zeitlichen Dimension der Energieversorgungssicherheit, d.h. kurze und längere Energieversorgungssicherheit, relevant (1.1.3.3).

1.1.3.1 Bedarfsdeckungssicherheit

Die Bedarfsdeckungssicherheit bestimmt, dass die Energieversorgungssicherheit immer dann gewährleistet wird, wenn „eine ausreichende Deckung des jeweiligen Bedarfs der Energieverbraucher"[97] vorhanden ist. Es handelt sich um die Sicherheit, dass zu jeder Zeit die nachgefragte Menge an Energie verfügbar ist[98]. Nicht nur ausreichend, sondern auch kontinuierlich, also ununterbrochen ist die Energieversorgungssicherheit zu verstehen[99]. Die Frage nach der Deckung des Bedarfs wird oft als wirtschaftliche oder politische Energieversorgungssicherheit bezeichnet; sie ist von der technischen Sicherheit zu trennen.

Faktoren, die berücksichtigt werden müssen, um die Bedarfsdeckungssicherheit zu gewährleisten, beziehen sich auf die Leistungsgebundenheit der Belieferung (nicht mit der Leistungsfähigkeit der Transportnetze zu verwechseln, die Sache der technischen Sicherheit ist), die noch zu entwickelnde Speicherbarkeit des Gases bzw. der Elektrizität, die hohen Investitionskosten sowie die Ausweitung erneuerbarer

95 *Tettinger, Zum Thema „Sicherheit" im Energierecht*, RdE, Heft 9, 2002, S. 226; *Vergoßen*, Das Einspeisemanagement nach dem Erneuerbare-Energien-Gesetz, 2011, S. 27; *Kahle*, Die Elektrizitätsversorgung zwischen Versorgungssicherheit und Umweltverträglichkeit, 2009, S. 99; *Säcker/König*, In: *Säcker* (Hrsg.), Berliner Kommentar zum Energierecht, 2014, S. 2590; *Kühne*, In: *Pielow* (Hrsg.), Sicherheit in der Energiewirtschaft, 2007, S. 130; *Johnston/Block*, EU Energy Law, 2012, S. 239.

96 In der Literatur ist auch die Einteilung zwischen dem zeitlichen (ausreichende, nachhaltige und zuverlässige Versorgung) und dem technischen Aspekt (lediglich Betriebssicherheit) der Energieversorgungssicherheit zu finden. *Danner/Theobald*, Energierecht – Kommentar, Band 1. § 1 EnWG, Rn. 15–16, 2014.

97 *Ehricke*, Der europäische Regelungsansatz zur Versorgungssicherheit in Bezug auf Stromnetze – zum Richtlinienvorschlag für die Sicherung der Elektrizitätsversorgung, ZNER, Heft 3, 2004, S. 212.

98 *Kühne*, In: *Pielow* (Hrsg.), Sicherheit in der Energiewirtschaft, 2007, S. 131; *Mittendorf*, Begriffe im Zentrum der Versorgungssicherheit, ew, Heft 14–15, 2005, S. 55.

99 *Lippert*, Energiewirtschaftsrecht – Gesamtdarstellung für Wissenschaft und Praxis, 2002, S. 194.

Energien und die Verringerung des Energieverbrauchs mittels Energieeffizienz- und Energieeinsparungsmaßnahmen[100]. Ein erhebliches Problem für die Bedarfsdeckungssicherheit stellen auch die rasch alternden Energieinfrastrukturen dar, die wegen technischer Obsoleszenz und der Einführung neuer Politiken ersetzt werden müssen[101].

Nicht nur angebotsseitig kann die Bedarfsdeckungssicherheit durch Zugang zu den Primärenergieträgermärkten und Ausweitung des Stromangebots mittels der Förderung der erneuerbaren Energien gewährleistet werden, sondern auch nachfrageseitig, da sich die Bedarfsdeckungssicherheit mittels Regelungen zur Energieeinsparung und Stromverbrauchflexibilisierung erhöht. In Krisenfällen kann der Staat sowohl auf der Angebotsseite, beispielsweise durch Vorgaben über die Vorratshaltung, als auch auf der Nachfrageseite, z. B. durch Verwendungsbeschränkungen, eingreifen[102].

Beispiel einer rechtlichen Maßnahme, die als Ziel hat, die Bedarfsdeckungssicherheit zu gewährleisten, ist die Richtlinie 2009/119/EG „zur Verpflichtung der Mitgliedstaaten, Mindestvorräte an Erdöl und/oder Erdölerzeugnissen zu halten"[103], die die Mitgliedstaaten angesichts der Solidarität (Art. 1) verpflichtet, Erdölvorräte für 90 Tage zu halten (Art. 3 Abs. 1).

1.1.3.1.1 Energieversorgungssicherheit als geopolitisches Problem

Das geopolitische Element der Energieversorgungssicherheit nimmt Rücksicht auf die Tatsache, dass ein Verhältnis zwischen der tatsächlichen Verfügbarkeit der Energiequellen und den strategischen Maßnahmen der Staaten mit dem Ziel eines Zugangs zur Energiequelle existiert. Das *Campus Oil*-Urteil stellt ein Beispiel dar, das die Wichtigkeit geopolitischer Aspekte für die Energieversorgungssicherheit illustriert[104]. Die verfügbaren Ressourcen und Reserven[105] der benötigten Energieträger sind traditionelle Bestimmungsfaktoren für den Grad der Energieversorgungssicherheit[106]. Da in der EU das Problem der Abhängigkeit vom Ausland auftritt, sind die Lösungen im Rahmen der Geopolitik zur Sicherung der Verfügbarkeit von Primärenergie von erheblicher Bedeutung.

100 *Tettinger*, Zum Thema „Sicherheit" im Energierecht, RdE, Heft 9, 2002, S. 228.
101 *International Energy Agency*, World Energy Outlook, 2010, S. 235–237.
102 *Kühne*, In: *Pielow* (Hrsg.), Sicherheit in der Energiewirtschaft, 2007, S. 131.
103 ABl. L 265 v. 09.10.2009, S. 9.
104 Mehr dazu, s. 3.3.2.1.2.1.
105 Die natürlichen Vorkommen, die nach dem heutigen Stand der Technik wirtschaftlich abbaubar sind, werden Reserven benannt. Andererseits sind Ressourcen Vorkommen, die zwar nachweislich vorhanden sind, aber gegenwärtig noch nicht wirtschaftlich gefördert werden können.
106 *Oschmann*, Strom aus erneuerbaren Energiem im Europarecht. Die Richtlinie 2001/77/EG des Europäischen Parlaments und des Rates zur Förderung der Stromerzeugung aus erneuerbaren Energiequellen im Elektrizitätsbinnenmarkt, 2002, S. 34.

Das geopolitische Element der Energieversorgungssicherheit hat zwei Seiten: einerseits kommt die Gewährleistung der Energieversorgung für energieeinfuhrabhängige Länder in Betracht (*security of supply*), aber andererseits soll auch die Gewährleistung der Energielieferung für die energieausfuhrabhängigen Länder berücksichtigt werden (*security of demand*)[107]. Deswegen besteht beispielweise für die Förderung erneuerbarer Energien und die Nutzung CO_2-freier Technologien in den Mitgliedstaaten der EU eine größere Gefahr, und sie ist eine Ursache für politische Instabilität in Ländern wie Russland, Iran, Aserbaidschan, Nigeria und Venezuela, die zur Ankurbelung ihrer Volkswirtschaften von Ausfuhren fossiler Energieträger abhängig sind. Die Länder, die Energie importieren und exportieren, stehen in gegenseitiger Abhängigkeit (Interdependenz), daher entsprechen sich die Interessen der Einfuhr- und Ausfuhrländer. Obwohl diese Verflechtung mehrere Jahre lang ignoriert wurde und die EU nur auf die internen Aspekte der Energieversorgungssicherheit achtete, erkennt die EU heute die Bedeutung der Entwicklung der Außenpolitik im Energiebereich und die Stabilisierung ihrer Beziehungen für die Gewährleistung und Aufrechterhaltung der Energieversorgungssicherheit an, beispielweise wenn bestätigt wird, dass „der EU-Energiebinnenmarkt ohne Energieimportnetze nicht funktionieren [würde]“[108], oder dass „die Sicherung der Versorgung keineswegs darauf [abzielt], ein Höchstmaß an Energieautarkie zu erzielen oder die Abhängigkeit auf das geringstmögliche Niveau zu drosseln“[109]. Laut der Energiestrategie 2020 der Kommission stützt sich die Energiepolitik der EU u.a. auf die Stärkung der externen Dimension des EU-Energiemarkts[110].

---

107 *Fermann*, In: *Moe/Midford*, The political economy of renewable energy and energy security, 2014, S. 33–35. S. beispielweise die These für die Gründung eine OPIC (*Organization of Petroleum Importing Countries*) gegenüber OPEC, *Deshpande*, OPEC vs OPIC – A case for formation of Organization of Petroleum Importing Countries (OPIC). Abrufbar unter: http://ssrn.com/abstract=439680 (Stand: 24.06.2015), sowie die Etablierung eines *European Gas Purchasing Group*, *Andoura/Hancher/Van der Woude*, Towards a European Energy Community: a policy proposal, 2010, S. 115, und eines *Caspian Gas Purchasing Group*, *IHS Cera*, Caspian Development Corporation, 2010, S. 11.

108 Grünbuch „Hin zu einem sicheren, nachhaltigen und wettbewerbsfähigen Europäischen Energienetz“ v. 13.11.2008. KOM (2008) 782 endg., S. 4.

109 Grünbuch „Hin zu einer europäischen Strategie für Energieversorgungssicherheit“. KOM (2000) 769 endg., S. 3.

110 Mitteilung der Kommission „Energie 2020 – Eine Strategie für wettbewerbsfähige, nachhaltige und sichere Energie“ v. 10.11.2010. KOM (2010) 639 endg., S. 6. Kritisch aber zur in der Energieaußenpolitik mangelnden Betonung der klimabezogenen Probleme und zum kurzsichtigen Handel der Union, wenn es um die Gewährleistung der Sicherheit der Erdöl- und -gasversorgung geht, vgl. Youngs, Climate change and European security, 2015, S. 66–70.

Die geopolitische Ansicht der Versorgungsproblematik[111] wird wegen ihrer Identifizierung mit kriegerischen und militärischen Handlungen kritisiert. In der Tat wird hier eine (absichtliche) Verwechselung des versorgungssicherheitlichen Aspektes der Energiepolitik mit der nationalen Sicherheit unternommen, die speziell für die ausreichende Verfügbarkeit von Kohle und Erdöl effektiv ist. Aufgrund der nationalen Sicherheit wäre dann alles erlaubt, so lautete der politische Diskurs einiger Staaten, wie beispielweise die Carter Doktrin[112]. Es wurde (und wird immer noch) eine reduzierte Begriffsbestimmung benutzt, um Zugriff auf Ölreserven mittels kriegerischer Mittel zu rechtfertigen. Diese kurzsichtige Vision der Energieversorgungssicherheit wurde dank der Literatur um die Ressourcenverfügbarkeit[113] und die Grenzen des wirtschaftlichen Wachstums[114] sowie dank der Entwicklung der Umweltschutzbewegung erst nach der Ölkrise der Siebzigerjahre abgemildert. Ein laufender Einsatz von nicht erneuerbaren Ressourcen kann kein ewiges Wachstum hervorbringen. Zurzeit findet die Diskussion um das *Peak Oil* im Bereich der Verfügbarkeit von Erdöl[115] statt, während Politiken und Vorstellungen, die sich auf die umweltnachhaltigen Aspekte der Energieversorgungssicherheit und auf die menschliche Sicherheit[116] gründen, an Bedeutung gewinnen.

---

111 Vgl. beispielweise die Darstellung von Energieversorgungssicherheit in Youngs, Energy security – Europe's new foreign policy challenge, 2009; *Roggenkamp/Redgwell/Del Guayo/Rønne*, Energy Law in Europe. National, EU and International Regulation, 2007, S. 104–110; *Kalicki/Goldwyn* (Hrsg.), Energy & Security. Toward a new foreign policy strategy, 2005. Zu den Ansichten, die Energieversorgungssicherheit mit einer militärischen Sicht der Energiefrage verknüpfen, vgl. *CNA*, Powering America's defense: energy and the risks to national security, 2009; *Nagy*, The additional benefits of setting up an energy security centre, Energy, Vol. 34, 2009, S. 1717; *Triola*, Energy & national security: an exploration of threats, solutions and alternative futures, 2008.

112 Mehr dazu, s. *Klare*, In: *Williams* (Hrsg.), Security studies: an introduction, 2012, S. 487.

113 S. beispielweise *Georgescu-Roegen*, The entropy law and the economic process, 1971; *Georgescu-Roegen*, Energy and economic myths, Southern Economic Journal, vol. 41, n° 3, 1975.

114 S. beispielweise *Meadows/Meadows/Zuhn/Milling*, Die Grenzen des Wachstums. Bericht des Club of Rome zur Lage der Menschheit, 1972.

115 Betrachtet man die heutigen geprüften Reserven und Produktionen, wäre die Welt noch 43 Jahre mit Erdöl zu versorgen, *Goldthau/Sovacool*, The uniqueness of the energy security, justice and governance problem, Energy Policy, Vol. 41, 2012, S. 234.

116 *United Nations Development Programme*, Human development report 1994, 1994; *United Nations*, Human security now, 2003; *Karlsson-Vinkhuyzen/Jollands*, In: *Dyer/Trombetta*, International Handbook of Energy Security, 2013, S. 507ff.; *Acharya*, Human security: east vs. west, International Journal, Vol. 56, Nr. 3, 2001, S. 442–460.

Trotz solcher Gegenbewegungen, die einen Beitrag zu einer tieferen und weiterreichenden Definition für Energieversorgungssicherheit leisten, soll hervorgehoben werden, dass bei einer erheblichen Bedrohung der Energieversorgungssicherheit eines Landes immer noch das Konzept einen kriegerischen, mit der nationalen Sicherheit verbundenen Charakter erlangt, wie es beispielweise nach dem Zweiten Weltkrieg und während der Ölkrise der Siebzigerjahre der Fall war, was auch durch einige gegenwärtigen Ansichten aufgezeigt wird[117]. Die Dynamizität und Instrumentalisierung des Begriffes zeigt sich hier stärker als in anderen Situationen.

Mehr als 60% der Öl- und Gasreserven befinden sich in politisch und/oder wirtschaftlich instabilen Regionen (Persischer Golf, Kaspische Region, Russland, Venezuela und Nord- und Westafrika). Oft sind die energieeinfuhrabhängigen Länder erpressbar. Unklar ist auch der genaue Umfang der vorhandenen Reserven und Ressourcen, dessen Zahlen aus Gründen der politischen Zweckmäßigkeit manipuliert werden. Die ungerechte Instrumentalisierung einer lebenswichtigen Ware führt zu erheblichen Unsicherheiten, die die Preise drücken und das Gemeinwohl erschweren. Hervorzuheben ist aber, dass sich diese Sorge auf zwei Energieträger, nämlich Öl und Erdgas, eingrenzen lässt[118], obwohl die Solarenergie aus der sich in politisch instabilen, nordafrikanischen Ländern befindlichen Wüste zukünftig auch einen Grund für Sorge abgeben kann[119]. Da der Großteil der europäischen Energiematrix aus Öl und Erdgas besteht, ist die Energieversorgungssicherheit wegen mangelhafter Infrastruktur bei Gas einerseits und wegen mangelhaften Bedingungen für die Etablierung von Instrumenten der regionalen Stabilisierung und der Konfliktregulierung sowie für die Etablierung von Spielregeln bei Öl andererseits gefährdet[120].

Was die Angebotslage weiterhin betrifft, so ist noch das Verhältnis zwischen Industrieländern und Entwicklungsländern in Bezug auf den jeweiligen Anteil am Weltnachfragebedarf hervorzuheben. Seit Mitte der Siebzigerjahre und immer noch sind die Entwicklungsländer für einen Großteil des Nachfragewachstums an Primärenergie verantwortlich, was die Verfügbarkeit von Energieressourcen in Frage stellt[121].

---

117 *Nagy*, The additional benefits of setting up an energy security centre, Energy, Vol. 34, 2009, S. 1717; *Triola, Energy & national security: an exploration of threats, solutions and alternative futures*, 2008.

118 *Müller*, In: *Leible/Lippert/Walter*, Die Sicherung der Energieversorgung auf globalisierten Märkten, 2007, S. 29.

119 Mehr dazu, s. 4.1.2.3.2.1 dieser Arbeit.

120 *Müller*, In: *Leible/Lippert/Walter*, Die Sicherung der Energieversorgung auf globalisierten Märkten, 2007, S. 45.

121 *Steeg*, Risiken in der Energieversorgungssicherheit – Ursachen und Strategien zu ihrer Minderung, RdE, Heft 9, 2002, S. 239; *Goldthau/Sovacool*, The uniqueness of the energy security, justice and governance problem, Energy Policy, Vol. 41, 2012, S. 235.

Zusammenfassend trägt die geopolitische Dimension der Energieversorgungssicherheit einerseits zum Aspekt des Risikomanagements in der Definition des Begriffs bei sowie auch zur Evaluierung und Messung solcher Risiken. Andererseits bezieht sich die Frage, die im Rahmen der geopolitischen Energieversorgungssicherheit gestellt werden muss, auf die Schaffung einer besseren Diversifizierung nicht nur die Öl- und Erdgaslieferländer und entsprechenden Transportwege, sondern auch auf die Schaffung einer besseren Diversifizierung der Energieträger selbst. In diesem Sinn leistet die Förderung erneuerbarer Energien einen wichtigen Beitrag zur europäischen Energieversorgungssicherheit, da die negativen Auswirkungen der Abhängigkeit von instabilen Ländern, die begrenzte Ressourcen exportieren, vermindert werden.

1.1.3.1.2 Spitzenbedarfsdeckungssicherheit

Es soll nicht außer Acht gelassen werden, dass die Energieversorgungssicherheit erst gewährleistet wird, wenn auch der Spitzenbedarf an Elektrizität und Gas gedeckt und Spannungsabfälle (*brownouts*) vermieden werden können. Unter Energieversorgungssicherheit ist dann nicht nur die Gewährleistung der durchschnittlichen, sondern auch der maximal auftretenden Verbrauchsmenge zu verstehen[122].

Das Verbraucherverhalten ist bei der Bereitstellung der Leistung sehr wichtig[123], da Elektrizität praktisch noch nicht und Gas nur in begrenztem Umfang speicherfähig sind[124].

1.1.3.2 Technische Energieversorgungssicherheit

Auf der anderen Seite bezieht sich der technische Aspekt der Energieversorgungssicherheit auf die „Sicherheit der Energietechnik zum Schutz der Allgemeinheit und der Belegschaft von Energieversorgungsunternehmen vor Schäden“[125]. Hier geht es um die Ungefährlichkeit der Erzeugungs-, Transport- und Verteilungsanlagen für Menschen und Sachen[126]. Der Staat als Gewährleistungsverantwortlicher und die Energieunternehmen als Erfüllungsverantwortliche[127] der Gewährleistung der

---

122 *Moser*, Versorgungssicherheit im liberalisierten Energiemarkt, 2006, S. 52.

123 Zur Flexibilisierung des Stromverbrauchs wegen der Unregelmäßigkeit der Stromerzeugung aus erneuerbaren Energien und die dazu dienenden Maßnahme, s. 4.1.1.2.2.3.

124 *Danner/Theobald*, Energierecht – Kommentar, Band 1. § 1 EnWG, Rn. 15, 2014.

125 Ehricke, Der europäische Regelungsansatz zur Versorgungssicherheit in Bezug auf Stromnetze – zum Richtlinienvorschlag für die Sicherung der Elektrizitätsversorgung, ZNER, Heft 3, 2004, S. 212.

126 *Danner/Theobald*, Energierecht – Kommentar, Band 1. § 1 EnWG, Rn. 16, 2014; Kühne, In: *Pielow* (Hrsg.), Sicherheit in der Energiewirtschaft, 2007, S. 147.

127 Heute wird angenommen, dass die Effizienzverbesserung und Kostensenkung für gemeinwohlorientierte Dienstleistungen von Privaten und nicht mehr vom Staat zu erwarten sind. Der Staat übernimmt eine Steuerungs- und Auffangverantwortung,

Energieversorgungssicherheit müssen dann alles tun, um Gefährdungen von Menschen oder Sachen bei der Erzeugung und Verteilung von Energie zu vermeiden[128], obwohl ein 100-prozentig sicheres und gefährdungsfreies Energiesystem nicht vorhanden ist und vielmehr von einer Minimierung des Schadenrisikos die Rede ist.

Technische Energieversorgungssicherheit ist aber mehr, da die Zuverlässigkeit eines Energiesystems, Elektrizität nicht nur gefährdungsfrei, sondern auch unterbrechungsfrei zu liefern, als technische Energieversorgungssicherheit verstanden wird. Das Ziel der technischen Energieversorgungssicherheit besteht darin, jegliche Störeinflüsse auf die Energiekette sicher zu beherrschen[129].

Diese technische Komponente bezieht sich sowohl auf die sog. Anlagensicherheit, einschließlich ihres aktuellen Aspektes des Schutzes vor terroristischen Anschlägen[130], als auch auf den Schutz vor Cyberangriffe[131] und Gesundheitsgefahren (einschließlich der Sicherheit der Nuklearreaktoren[132]), die von der Anlage ausgehen. Sie erstreckt sich von der Errichtung bis zum Betrieb von Energieanlagen.

---

die immer noch relevant wird, wenn ein gemeinwohlabträgliches Ergebnis droht. Der moderne Staat wird zum Gewährleistungsstaat, *Säcker*, Das Regulierungsrecht im Spannungsfeld von öffentlichem und privatem Recht, AÖR, Band 130, Nr. 2, 2005, S. 186–187. Dem Markt wurde eine stärkere Rolle bei der Bereitstellung der Güter, einschließlich Elektrizität, zugebilligt, ohne dass der Staat die Aufgabe, die Gewährleistung der Versorgungssicherheit sicherzustellen, verloren hat, *Böske*, Zur Ökonomie der Versorgungssicherheit in der Energiewirtschaft, 2007, S. 16. Zur EU als Gewährleistungsverantworter für die Energieversorgungssicherheit, vgl. Grünbuch „Hin zu einem sicheren, nachhaltigen und wettbewerbsfähigen europäischen Energienetz" v. 13.11.2008. KOM (2008) 782 endg., S. 14.

128 *Lippert*, Energiewirtschaftsrecht – Gesamtdarstellung für Wissenschaft und Praxis, 2002, S. 194.

129 *Mittendorf*, Begriffe im Zentrum der Versorgungssicherheit, ew, Heft 14–15, 2005, S. 54.

130 Vgl. Mitteilung der Kommission „Schutz kritischer Infrastrukturen im Rahmen der Terrorismusbekämpfung" v. 20.10.2004, die die Energieinfrastrukturen und -netze in der Kategorie der „kritischen Infrastrukturen" einschließt. KOM (2004) 702 endg. Vgl. auch die Richtlinie 2008/114/EG des Rates v. 8.12.2008 „über die Ermittlung und Ausweisung europäischer kritischer Infrastrukturen und die Bewertung der Notwendigkeit, ihren Schutz zu verbessern", die im Anhang I die Infrastrukturen und Anlagen zur Stromerzeugung und -übertragung in Bezug auf die Stromversorgung als „europäische kritische Infrastruktur" einordnet. ABl. L 345 v. 23.12.2008, S. 75. Ausführlich zum Schutz der kritischen Energieinfrastruktur, vgl. *Pérez*, In: Vinois (Hrsg.), EU Energy Law – Volume VI – The security of energy supply in the European Union, 2012, S. 75ff; *Roggenkamp*, In: *dies/Barrera-Hernandéz/Zillman/Del Guayo* (Hrsg.), Energy networks and the Law, 2012, S. 119ff.

131 *Zeniewski/Martínez-Anido/Pearson*, In: *Dyer/Trombetta*, International Handbook of Energy Security, 2013, S. 55–65; *Clingendael International Energy Programme*, Security of supply in the run-up to the post-2020 period, 2014, S. 31–34.

132 S. Art. 2 lit. b, Art. 30 und Art. 31 EAGV und die Richtlinie 2009/71/EURATOM DES RATES v. 25.06.2009 über einen Gemeinschaftsrahmen für die nukleare Sicherheit

Gefährdung der Sicherheit und Zuverlässigkeit des Versorgungssystems liegen dann vor, wenn örtliche Ausfälle des Übertragungsnetzes oder kurzfristige Netzengpässe zu befürchten sind und wenn abzusehen ist, dass die Aufrechterhaltung von Frequenz[133], Spannung[134] oder Stabilität durch die Übertragungsnetzbetreiber nicht gewährleistet werden kann[135]. Stichwort hier ist die Versorgungsqualität[136].

Ursprünglich wurde das Ziel der technischen Sicherheit erst mittels erlassener Maßnahmen zur Gewährleistung des sicheren Betriebsablaufs und zum Schutz von Rechtsgütern Dritter realisiert[137], aber angesichts der steigenden Wahrnehmung der Wichtigkeit der Umweltverträglichkeit und der entsprechenden Studien sowie deren Zusammenhang mit der Energiepolitik, bzw. mit der Energieversorgungssicherheit sind dann nicht nur die Beeinträchtigungen des äußeren Erscheinungsbildes von Natur und Landschaft und die dort lebenden Tiere und Pflanzen mitinbegriffen, sondern auch die von Energieanlagen regelmäßig ausgehenden Emissionen[138].

Im EU-Recht wird die technische Energieversorgungssicherheit etwa im Art. 5 der Richtlinie 2009/72/EG und Art. 8 der Richtlinie 2009/73/EG berücksichtigt, die die Mitgliedstaaten bzw. die Regulierungsbehörden verpflichten, Kriterien für die

---

kerntechnischer Anlagen. ABl. L 172 v. 02.07.2009, S. 18, geändert durch die Richtlinie 2014/87/EURATOM v. 08.07.2014. ABl. L 219 v. 25.07.2014, S. 42.

133 Die Netzfrequenz im westeuropäischen Verbundnetz beträgt 50 Hz. Es ist technisch erforderlich, dass alle Energissystemkomponenten mit identischer Netzfrequenz betrieben werden. Wenn die Frequenz in bestimmeten Komponenten, wie Stromnetze, von der 50-Hertz-Frequenz abweicht, kann Störungen von Netz und Anlagen auftretten. Die Netzfrequenz steigt oder fällt, wenn Ein- und Ausspeisung in ein Ungleichgewicht geraten. Zu- und Abschaltungen von Erzeugungs- und Verbrauchanlagen sind technische Maßnahmen, die als Ziel haben, die Netzfrequenz stabil zu halten, *Held/Seidel*, Die Systemstabilitätsverordnung (SysStabV) – Mit Systembruch zu mehr Stromversorgungssicherheit?, RdE, Heft 1, 2013, S. 8; *Praktiknjo*, Sicherheit der Elektrizitätsversorgung, 2013, S. 13.

134 Da die Spannungsbelastbarkeit der Betriebsmittel im Übertragungsnetz begrenz ist, führt eine Überschreitung der maximal zulässigen Betriebsspannung zu Beschädigungen an den Betriebsmitteln und zu deren Ausfall. Ferner stellt andererseits eine Unterschreitung des vorgegebenen Spannungsbandes ein Risiko für die Sicherheit der Energieversorgung dar, da sie zu steigenden Strömen im Übertragungsnetz führt und die Übertragungskapazität der Betriebsmittel reduziert, *Erbring/Kuring/Ruge*, In: *Säcker* (Hrsg.), Handbuch zum deutsch-russischen Energierecht, 2010, Rn. 167, S. 113.

135 *Moser*, Versorgungssicherheit im liberalisierten Energiemarkt, 2006, S. 53.

136 Zu einer Darstellung der Versorgungsqualität, die sich auf die Säulen der Servicequalität, Versorgungszuverlässigkeit und Spannungsqualität stützt, vgl. *Mittendorf*, Begriffe im Zentrum der Versorgungssicherheit, ew, Heft 14–15, 2005, S. 54.

137 *Lippert*, In: *Leible/dies/Walter*, Die Sicherung der Energieversorgung auf globalisierten Märkten, 2007, S. 16.

138 *Büdenbender/Heinegg/Rosin*, Energierecht I – Recht der Energieanlagen, 1999, S. 10; *Danner/Theobald*, Energierecht – Kommentar, Band 1. § 1 EnWG, Rn. 16, 2014.

technische Betriebssicherheit von Elektrizitäts- bzw. Gasanlagen festzulegen. Ferner legt Art. 4 Abs. 1 lit. a der Richtlinie 2005/89/EG Pflichten gegenüber den Mitgliedstaaten zur Gewährleistung und Aufrechterhaltung der Betriebssicherheit von Elektrizitätsversorgungsnetzen fest[139]. Zudem ist auch die Richtlinie 2008/114/EG relevant, da sie das Ziel hat, kritische Infrastrukturen zu schützen.

Die technische Energieversorgungssicherheit lässt sich dann auf zwei Komponenten aufteilen: die Zuverlässigkeit des Energiesystems (1.1.3.2.1) und die Sicherheit der Personen, Tiere und Pflanzen (1.1.3.2.2), die unten detaillierend dargestellt werden.

1.1.3.2.1 Zuverlässigkeit des Energiesystems

Ein Energiesystem ist zuverlässig, wenn es eine möglichst unterbrechungsfreie Versorgung gewährleisten kann. Es ist kaum sinnvoll, dass ein Begriff für Energieversorgungssicherheit nur die Erzeugung und Bereitstellung von Strom bzw. Gas berücksichtigt, ohne Rücksicht auf den Transport und die technische Fähigkeit eines Energiesystems, eine sichere und unterbrechungsfreie Energieversorgung zu gewährleisten. Die Zuverlässigkeit des Energiesystems betrifft dann die Versorgung mit Energie, denn der Ausfall technisch mangelhafter Anlagen kann zu Versorgungsengpässen führen[140]. Es geht dann auch um eine Frage der Erhaltung der Qualität der Ware Energie und den entsprechenden Transport. Essenziell für die Zuverlässigkeit der Energieversorgung ist somit das Vorhandensein mengenmäßig ausreichender, hinreichend verknüpfter und qualitativ hochwertiger Übertragungskapazitäten[141].

Wenn keine ausreichenden Übertragungskapazitäten vorhanden sind, kann es zu Netzengpässe kommen. Ein Netzengpass ist eine Situation, in der ein Bestandteil des Stromnetzes wegen unzureichender Kapazitäten nicht alle Stromflüsse im Rahmen des von den Marktteilnehmern gewünschten Handels bewältigen kann[142]. Netzengpässe können zur Netzbelastungen und zur Instabilität der Netze führen, wenn keine Maßnahmen für ein Engpassmanagement implementiert wurden[143]. Um zu vermeiden, dass die technische Sicherheit gefährdet wird, findet das (n-1)-Kriterium Anwendung, das besagt, dass das Netz seine bestimmungsgemäße Aufgabe weiterhin erfüllen muss, selbst wenn ein störungsbedingter Ausfall eines

---

139 Mehr dazu, s. Kapitel 2.

140 *Walter*, In: *Leible/Lippert/dies*, Die Sicherung der Energieversorgung auf globalisierten Märkten, 2007, S. 51.

141 *Ehricke*, Der europäische Regelungsansatz zur Versorgungssicherheit in Bezug auf Stromnetze – zum Richtlinienvorschlag für die Sicherung der Elektrizitätsversorgung, ZNER, Heft 3, 2004, S. 212.

142 *König*, In: *Säcker* (Hrsg.), Berliner Kommentar zum Energierecht, 2014, S. 962.

143 Mehr dazu, s. 5.3.1.2. Ausführlich, *König*, Engpassmanagement in der deutschen und europäischen Elektrizitätsversorgung, 2013.

beliebigen Betriebsmittels geschieht[144]. Wenn das (n-1)-Kriterium nicht eingehalten wird, besteht danach ein Engpass. Der sichere Netzbetrieb muss selbst dann noch gewährleistet werden, wenn andere Betriebsmittel überlastet sind[145].

Theoretisch ist es zwar möglich, die Zuverlässigkeit eines Energiesystems bis 100% zu verbessern, damit eine völlig unterbrechungsfreie Elektrizitätsversorgung gewährleistet wird, jedoch ist eine hundertprozentige Zuverlässigkeit wirtschaftlich undurchführbar. Infolgedessen setzen nicht nur die technischen Einzelheiten, sondern auch die Wirtschaftlichkeit Grenzen und Möglichkeiten für die Zuverlässigkeit des Energiesystems.

Zur Messung der Zuverlässigkeit eines Energiesystems kommen drei Komponenten in Betracht: die Unterbrechungshäufigkeit (wie oft geschieht eine Unterbrechung), die Unterbrechungsdauer (wie lange dauert jede Unterbrechung) und die Nichtverfügbarkeit von Strom (wie viele Minuten pro Jahr geschieht keine Stromversorgung). Häufig benutzt in den quantitativen Studien für Energieversorgungssicherheit sind der *System Average Interruption Duration Index – SAIDI* und der *System Average Interruption Frequency Index – SAIFI*[146]. Wie viele Unterbrechungen akzeptabel sind und wann noch von einer gesicherten Energieversorgung gesprochen werden kann, hängt von den Ländern ab[147]. Unionale Einstimmigkeit im Hinblick auf das „beste“ oder „akzeptablere“ Niveau an Unterbrechungszeiten und infolgedessen auf die konkrete Realisierung des Ziels der Energieversorgungssicherheit ist somit erschwert. Europatechnische Normierung hinsichtlich der Versorgungsunterbrechungen bietet die Europanorm EN 50160 von 1994, deren Zweck es ist, „die Netzqualitätskriterien hinsichtlich Höhe, Kurvenform, Frequenz und Symmetrie der drei Leiterspannungen zu definieren und zu beschreiben“. Dort wird Versorgungsunterbrechung als ein Zustand beschrieben, in dem die Spannung an der Übergabestelle weniger als 1% der vereinbarten Spannung beträgt[148].

---

144 *VDN*, Transmission Code 2007 – Netz- und Systemregeln der deutschen Übertragungsnetzbetreiber, 2007, S. 48; *König*, Engpassmanagement in der deutschen und europäischen Elektrizitätsversorgung, 2013, S. 39; *Moser*, Versorgungssicherheit im liberalisierten Energiemarkt, 2006, S. 51.

145 *Erbring/Kuring/Ruge*, In: *Säcker* (Hrsg.), Handbuch zum deutsch-russischen Energierecht, 2010, S. 107; *Praktiknjo*, Sicherheit der Elektrizitätsversorgung, 2013, S. 9.

146 *Winzer*, Conceptualizing energy security, 2011, S. 14ff.

147 Es besteht ein riesiger Unterschied zwischen einigen EU-Ländern im Hinblick auf die Unterbrechungszeiten bei der Stromversorgung (Stand 2012): Finnland – 193 Min. pro Kunde/Jahr, Portugal – 173 Min. pro Kunde/Jahr, Irland – 82 Min. pro Kunde/Jahr, Schweden – 78,9 Min. pro Kunde/Jahr, Frankreich – 62,9 Min. pro Kunde/Jahr, Italien – 47,8 Min. pro Kunde/Jahr, Österreich – 34,7 Min. pro Kunde/Jahr, Niederlande – 33,7 Min. pro Kunde/Jahr, Dänemark – 17 Min. pro Kunde/Jahr und Deutschland – 15,3 Min. pro Kunde/Jahr. Abrufbar unter: http://de.statista.com/statistik/daten/studie/37960/umfrage/dauer-der-unterbrechung-der-strom versorgung-in-europa-im-jahr-2008/ (Stand: 07.04.2015).

148 *Moser*, Versorgungssicherheit im liberalisierten Energiemarkt, 2006, S. 53.

Zudem wurde im Rahmen der Zusammenarbeit der Mitgliedstaaten und angesichts der Notwendigkeit, technische Sicherheitsstandards festzustellen, die Netzbetreiberorganisation *Union for the Coordination of the Transmission of Electricity* gegründet, deren Aufgabe es ist, die Zuverlässigkeit der grenzüberschreitenden Stromübertragung zu erhöhen, was 2009 dem *European Network of Transmission System Operators for Electricity* (ENTSO-E) übertragen wurde[149-150].

Europarechtlich wurde z.B. die Richtlinie 2014/30/EU[151] erlassen, damit die technische Sicherheit der Stromversorgungsnetze sowie der an die Netze angeschlossenen Geräte gegen elektromagnetische Störungen geschützt wird[152], sowie der beim ENTSO-E erlassene Netzkodex *operational security*, der gemeinsame Prinzipien hinsichtlich der Betriebssicherheit etabliert[153].

1.1.3.2.2 Sicherheit der Personen, Tiere und Pflanzen

Während das Ziel der Zuverlässigkeit des Systems sich mit dem Verhältnis zwischen dem Gut Energie und der für deren Erzeugung, Übertragung, Verteilung und der für ihren Verbrauch notwendigen Infrastruktur bezieht, geht es bei der anderen Facette der technischen Energieversorgungssicherheit um die Gefahrenvorsorge und Gefahrenabwehr gegenüber Personen, Tieren und Pflanzen. Das Verhältnis hier ist zwischen diesen und dem Gut Energie. Das Thema der Sicherheit der Personen[154], Tieren und Pflanzen beinhaltet die Frage hinsichtlich der Schutzpflicht des Staates in Hinblick auf das lebende Wesen. So wichtig ist diese Ebene der Sicherheit, dass Vorschriften „zum Schutze der Gesundheit und des Lebens von Menschen, Tieren oder Pflanzen" die Warenverkehrsfreiheit gemäß Art. 36 AEUV ohne weiteres einschränken dürfen. In Betracht kommen die Interessen der Allgemeinheit an einer ungefährlichen Energieversorgung, die der unternehmerischen Freiheit des Anlagenbetreibers gegenübersteht[155].

Nicht nur die Versorgung muss möglichst unterbrechungsfrei sein, sondern sie darf auch keine Risiken für lebende Wesen darstellen. Eine sichere, technische

---

149 *Secretariat of UCTE*, UCPTE – UCTE. The 50 Year Success Story – Evolution of a European Interconnected Grid, 2009, S. 44.

150 Mehr dazu, s. 5..3.2.1.

151 Richtlinie 2014/30/EU des Europäischen Parlaments und des Rates v. 26. Februar 2014 zur Harmonisierung der Rechtsvorschriften der Mitgliedstaaten über die elektromagnetische Verträglichkeit (Neufassung). ABl. L 96 v. 29.3.2014, S. 79.

152 Erwägungsgrund 4 der Richtlinie 2014/30/EU.

153 Abrufbar unter: https://www.entsoe.eu/major-projects/network-code-development/operational-security/Pages/default.aspx (Stand: 22.07.2015).

154 Auf Englisch wird der Begriff „*safety*" vom Begriff „*security*" getrennt. „Safety" wird oft beschrieben als das Ausbleiben unannehmbarer Risiken im Hinblick auf Personen- oder Gesundheitsschäden, die direkt oder indirekt aus Sach- oder Umweltschäden resultieren.

155 *Säcker/König*, In: *Säcker* (Hrsg.), Berliner Kommentar zum Energierecht, 2014, S. 2601.

Energieversorgungssicherheit liegt dann vor, wenn sichergestellt wird (oder werden könnte), dass von Energieanlagen (möglichst) keine Gefahren für Menschen und Sachen ausgehen[156].

Beispiele der Regulierung dieses Themas stellen die Richtlinie 2013/30/EU[157] dar, die in ihren Erwägungsgrund 2 feststellt, dass das Ziel der Richtlinie u.a. ist, „die Häufigkeit von schweren Unfällen im Zusammenhang mit Offshore-Erdöl- und -Erdgasaktivitäten so weit wie möglich zu verringern und ihre Folgen zu begrenzen, um den Schutz der Meeresumwelt und der Wirtschaft in Küstenregionen vor Umweltverschmutzung zu erhöhen", sowie die Richtlinie 2012/18/EU[158] und Art. 42 der Richtlinie 2009/72/EG[159].

1.1.3.3 Kurze und längere Energieversorgungssicherheit

Die Einteilung zwischen kurze und längere Energieversorgungssicherheit beachtet hingegen vielmehr die Art der Risiken, die zu Lasten der Energieversorgungssicherheit auftreten können. Sie zu bekämpfen, ist Aufgabe des Rechtes der Energiesicherung (s. oben 1.1.2).

Ein kurzfristiges Risiko liegt dann vor, wenn beispielweise ein Ungleichgewicht bei Öl wegen politischer Auseinandersetzungen in den Exportländern zu Knappheit in der EU führt. Solche kurzfristigen Energieprobleme können mehrere Tage oder mehrere Monate das Energiesystem beeinträchtigen und sind von möglichen langfristigen Entwicklungen des Öl- und Gasdefizites zu unterscheiden.

Angebotsseitig gesehen bezieht sich die kurze Energieversorgungssicherheit dann auf die Maßnahmen, die erlassen werden müssen, um Notstände, Krisenfälle und kurzfristige vertretende Versorgungsdefizite zu bekämpfen. Zur Anwendung kommt beispielweise das sog. Notstandprogramm der IEA von 1974[160], die Etablierung von Pflichtvorräten für nicht erneuerbare Energieträger wie Öl[161] oder die Bemühungen hin zur Zusammenarbeit zwischen den Ländern[162].

---

156 Ebenda, S. 2591.

157 Richtlinie 2013/30/EU des Europäischen Parlaments und des Rates v. 12. Juni 2013 über die Sicherheit von Offshore-Erdöl- und -Erdgasaktivitäten und zur Änderung der Richtlinie 2004/35/EG. ABl. L 178 v. 28.06.2013, S. 66.

158 Anhang I, Teil 2, der Richtlinie 2012/18/EU listet Erdölerzeugnisse als „gefährliche Stoffe" auf, Richtlinie 2012/18/EU zur Beherrschung der Gefahren schwerer Unfälle mit gefährlichen Stoffen, zur Änderung und anschließenden Aufhebung der Richtlinie 96/82/EG des Rates. ABl. L 197 v. 24.07.2012, S. 1.

159 Art. 42 lautet: „Treten plötzliche Marktkrisen im Energiesektor auf oder ist die Sicherheit von Personen, Geräten oder Anlagen oder die Unversehrtheit des Netzes gefährdet, so kann ein Mitgliedstaat vorübergehend die notwendigen Schutzmaßnahmen treffen".

160 Übereinkommen über ein Internationales Energieprogramm (IEP).

161 S. 2.1.2.1.1.

162 Wie der Energie Charta Vertrag.

Außer dem angebotsseitigen Aspekt der kurzen Energieversorgungssicherheit spricht ein Teil der Literatur[163] von einer technischen, kurzen Energieversorgungssicherheit, um die Aufgabe der Energieversorgungsunternehmen zu beschreiben, die Energie zu jeder benötigten Zeit abnehmen zu können und dies nicht durch Versorgungsunterbrechungen einzuschränken. Die Energieversorgung muss der Nachfrage durchgängig zur Verfügung stehen. Demgemäß spiegelt die kurze Energieversorgungssicherheit etwa die technische Sicherheit bzw. die Betriebssicherheit wider. Maßnahmen hinsichtlich des Einspeisemanagements haben beispielweise das Ziel, eine aus technischer Sicht unterbrechungsfreie Energieversorgung zu gewährleisten[164]. Sie dienen jedoch nicht dazu, eine kurzfristige Knappheit eines Primärträgers (also angebotsseitig kurze Energieversorgungssicherheit) zu bekämpfen, sondern vielmehr kurzfristigen Netzengpässen entgegenzutreten.

Die kurze Energieversorgungssicherheit hat dann einen doppelseitigen Charakter: angebotsseitig beschreibt der Ausdruck die unvorhergesehenen Ressourcenknappheiten[165], wenn die Art des Risikos berücksichtigt wird (kurzes Risiko), und aus technischer Sicht bedeutet der Ausdruck ein zu jeder Zeit unterbrechungsfreies Bedienen der Nachfrage.

Auf der anderen Seite liegt ein langfristiges Risiko vor, wenn die Produktionskapazitäten von Erdöl nicht oder nicht ausreichend den Nachfragebedarf decken können[166] oder wenn es an Angemessenheit (*adequacy*) im Hinblick auf die grenzüberschreitenden Netze mangelt[167]. Die Stichworte hier sind Verfügbarkeit, Lieferbarkeit und Zugang zu den Ressourcen sowie zu den Energieerzeugungs- und Netzkapazitäten. Hier ist die sog. *system* bzw. *supply adequacy*, welche die Investitionstätigkeit und die Fähigkeit eines Energiesystems, ausreichende Energie bereitzustellen, beschreibt, vom *system* bzw. *supply security* bzw. Betriebssicherheit zu unterscheiden, die sich hingegen auf die Fähigkeit eines Systems, unvorhergesehenen Störungen zu widerstehen, bezieht[168] (kurze Energieversorgungssicherheit).

Dringend wären somit eine Diversifizierung der Energieträger sowie die Verfügbarkeit ausreichender Netzinfrastrukturen, um eine stetige Gefährdung der Energieversorgungssicherheit zu vermeiden. In der Tat kommen mehrere Faktoren

---

163 *Vergoßen*, Das Einspeisemanagement nach dem Erneuerbare-Energien-Gesetz, 2011, S. 28; *Hackländer*, Die allgemeine Energiekompetenz im Primärrecht der Europäischen Union, 2010, S. 162; *Eurelectric*, Security of electricity supply, 2004, S. 5.

164 *Vergoßen*, Das Einspeisemanagement nach dem Erneuerbare-Energien-Gesetz, 2011, S. 28.

165 *Markandya/Costantini/Gracceva/Vicini*, Security of energy supply: comparing scenarios from a European perspective, 2005, S. 1.

166 *Lippert*, Energiewirtschaftsrecht – Gesamtdarstellung für Wissenschaft und Praxis, 2002, S. 675

167 *Eurelectric*, Security of electricity supply, 2004, S. 10

168 *Böske*, Zur Ökonomie der Versorgungssicherheit in der Energiewirtschaft, 2007, S. 24.

bei der Analyse der langfristigen Energieversorgungssicherheit in Betracht, wie die weltweite Entwicklung von Angebot und Nachfrage für die einzelnen Energieträger, die jeweilige Reservesituation der Energien und ihr rechtzeitiger Aufschluss, die Entwicklung und Anwendung neuer Energietechnologien, die Rollenverteilung von Markt und Politik in der globalisierten Welt sowie der Einfluss von Umweltpolitiken[169]. Wichtig bei der längeren Energieversorgungssicherheit ist die Angemessenheit des Zugangs zu Brennstoffen, Erzeugung, Netzen und Märkten[170].

Die längere Energieversorgungssicherheit bezieht sich auf eine dauerhafte und ausreichende, sichere Energieversorgung, die eine nachhaltige Wirtschaftsentwicklung erlaubt[171], und ist somit eng mit der Bedarfsdeckungssicherheit verbunden.

1.1.3.4 Fazit

Die Aspekte der Energieversorgungssicherheit sind untrennbar miteinander verbunden. Eine ausreichende Energieversorgung allein garantiert nicht die Energieversorgungssicherheit, wenn die Funktionsfähigkeit des Netzes und das Bestehen ausreichender Netzkapazitäten nicht vorhanden sind[172]. Die Sicherstellung konstanter und stetiger Flüsse von Primärenergieträgern (Bedarfsdeckungssicherheit) bedarf vielmehr eines sicheren, stabilen und fähigen Netzes (technische Energieversorgungssicherheit), damit die Nachfrage befriedigend gedeckt werden kann und das Gemeinwohl und die Volkswirtschaft aufrechterhalten werden.

Aspekte von Lieferbarkeit, Ressourcenverfügbarkeit, Energiehandel und -investitionen und Energiemarktausgestaltung sowie Technik, Qualität des Übertragungs- und Verteilungsnetzes, Strompreisen und Umweltverträglichkeit der Ressourcen und des Ausbaus des Energiesystems sollen alle ihren Beitrag zum eher komplexen und dynamischen Begriff der Energieversorgungssicherheit leisten.

1.1.4 Indexierung der Energieversorgungssicherheit

Die Wichtigkeit der Gewährleistung und Aufrechterhaltung der Energieversorgungssicherheit für die Volkswirtschaft wurde schon aufgezeigt. Eine mangelnde Stromversorgung behindert in erheblichem Maß die industrielle Herstellung von Gütern. Das wirtschaftliche Element der Energieversorgungssicherheit ist somit für die Energiepolitik von Bedeutung. Energieunsicherheit kann dann als *„the*

169 *Steeg*, Risiken in der Energieversorgungssicherheit – Ursachen und Strategien zu ihrer Minderung, RdE, Heft 9, 2002, S. 238.

170 *Eurelectric*, Security of electricity supply, 2004, S. 5; *Johnston/Block*, EU Energy Law, 2012, S. 234.

171 *Markandya/Costantini/Gracceva/Vicini*, Security of energy supply: comparing scenarios from a European perspective, 2005, S. 1.

172 *Vergoßen*, Das Einspeisemanagement nach dem Erneuerbare-Energien-Gesetz, 2011, S. 29.

loss of welfare that may occur as a result of a change in the price or availability of energy"[173] beschrieben werden. In diesem Sinne ist Energieversorgungssicherheit „*a system's ability to provide a flow of energy to meet demand in an economy in a manner and price that does not disrupt the course of the economy*"[174]. Aus ökonomischer Sicht bezieht sich das Konzept der Energieversorgungssicherheit ~~mit der~~ auf die Frage, wie effizient ein Energiesystem ist, um dem Endverbraucher Energie zu liefern[175].

Energieversorgungssicherheit liegt dann nicht vor, wenn die Energiepreise in einem Maß steigen, das für einen substantiellen Anteil der Bevölkerung nicht nachhaltig bezahlbar ist. Eine rein technisch zufriedenstellende Energieversorgungssicherheit reicht jedoch nicht aus, wenn die Versorgerpreise eine Inanspruchnahme der Leistung faktisch kaum erschwinglich machen[176].

Angesichts dessen und angesichts der aus volkswirtschaftlicher Sicht unzureichenden Definitionen von „angemessenen Preisen" – und von anderen energiebezogenen Ausdrücken – beschäftigen sich Wissenschaftler mit der Übersetzung eines solchen politischen und von zahlreichen Komponenten geprägten Konzepts hin zu einem Prozentsatz oder Mindestanteil an Energieversorgungssicherheit. Spezifisch für die Beziehung zwischen Energieversorgungssicherheit und Wirtschaftlichkeit hat die Gewichtung der Auswirkungen verschiedener Umstände auf die Energieversorgungssicherheit gemäß ihres Geldwertes das Ziel, Informationen bereitzustellen, die ökonomische Entscheidungen ermöglichen.

Laut Teilen der Literatur ist der optimale Grad an Energieversorgungssicherheit mittels der Hilfe einer Kosten-Nutzen-Analyse erreicht, wenn die Kosten der Sicherstellung gleich den Kosten eines Ausfalls der Versorgung, gewichtet mit deren Eintrittswahrscheinlichkeiten für eine zu betrachtende Periode sind[177]. Mit Hilfe von ökonomischen Berechnungen, die die Daten im Hinblick auf verschiedene Elemente, wie die physische Verfügbarkeit, Preise und die Wahrscheinlichkeit bestimmter Ereignisse (z. B. Energiekrise) berücksichtigen, werden Indizes festgesetzt, wie beispielweise „*the energy security price index (ESPI)*", „*the energy security physical availability index (ESPAI)*" und *the index of energy vulnerability, the supply/demand index* und *the risky external energy supply (REES) index*[178].

---

173 *Bohi/Toman/Walls*, The economics of energy security, 1996, S. 1.

174 *Grubb/Butler/Tworney*, Diversity and security in UK electricity generation-the influence of low-carbon objectives, Energy Policy, Vol. 34, 2006, S. 4051.

175 *Mulder/Cate/Zwart*, The economics of promoting security of energy supply, 2007, S. 1.

176 *Danner/Theobald*, Energierecht – Kommentar, Band 1. § 1 EnWG, Rn. 18, 2014.

177 *Böske*, Zur Ökonomie der Versorgungssicherheit in der Energiewirtschaft, 2007, S. 29.

178 *Lefèvre*, Measuring the energy security implications of fossil fuel resource concentration, Energy Policy, Vol. 38, 2010; *Gnansounou*, Assessing the energy vulnerability: case of industrialised countries, Energy Policy, Vol. 36, 2008; *Scheepers/Seebregts/Jong/Maters*, EU standards for energy security of supply, 2006; *Le Coq/Paltseva*, Measuring the security of external energy supply in the European Union, Energy Policy, Vol. 37, 2009.

Allerdings geht die Arbeit dieses Teils der Literatur weit über die Betrachtung ökonomischer Aspekte hinaus. Vielmehr wird wegen der gegenwärtigen Wichtigkeit der Energieversorgungssicherheit und der Sorge darum versucht, einen Index zu erstellen, der den multidimensionalen Charakter der Energieversorgungssicherheit berücksichtigt. Zur Messung, Evaluierung und Einstufung dieses Ziels wurde eine riesige Datenerfassung unternommen, die mehrere Dimensionen und die ihr entsprechenden Eigenschaften für Energieversorgungssicherheit beinhaltet. Eine Studie[179] identifizierte 11 Dimensionen und 44 Eigenschaften für Energieversorgungssicherheit, die aber danach von einer anderen Studie[180] auf 20 Dimensionen und 200 Eigenschaften bzw. Metriken erweitert wurde. Die Dimensionen umfassen Verfügbarkeit, Abhängigkeit, Diversifizierung, Dezentralität, Innovation, Investition, Handel, Produktion, Preisstabilität, Erschwinglichkeit, Governance, Dienstleistungszugang, Zuverlässigkeit, Bildung (Wissen um Energiethemen), Belastbarkeit des Energiesystems, Bodennutzung, Wassernutzung, Umweltverschmutzung, Effizienz und Treibhausgasemissionen. Diese Dimensionen, die national begrenzt sind, wurden gemessen (Prozentsatz, Durchschnittspreis, metrische Tonnen, Kosten usw.) und zusammengefasst, um den Index zu erstellen.

Laut dieses Teils des Schrifttums ermöglicht eine solche auf Metriken und Indikatoren basierende Vorgehensweise die Findung der besten energiepolitischen Lösungen aus unterschiedlichen Optionen und konkurrierenden Zielen[181] sowie die Bereitstellung von Informationen hinsichtlich der Risiken einer Versorgungsunterbrechung, die den Weg für eine politische Einigung bahnt[182]. Mit der Erstellung eines Indexes wird versucht, einen multidimensionalen Ansatz anzuwenden und gleichzeitig eine enge Darstellung des Konzepts zu vermeiden, das sich beispielweise nur auf die Verfügbarkeit eines Energieträgers oder die Erschwinglichkeit stützt, um Energieversorgungssicherheit zu konzipieren. Zudem erlaubt ein Index für Energieversorgungssicherheit die Evaluierung der Leistung eines Staates im Hinblick auf die Energieversorgungssicherheit im Laufe der Zeit. Letztlich wäre ein Index sinnvoll, da er die *tradeoffs* zwischen verschiedenen Dimensionen des Konzepts besser identifizieren könnte[183].

---

179 *Vivoda*, Evaluating energy security in the Asia Pacific region: A novel methodological approach, Energy Policy, Vol. 38, 2010, S. 5258–5263.

180 *Sovacool*, Evaluating energy security in the Asia pacific: towards a more comprehensive approach, Energy Policy, Vol. 39, 2011, S. 7472–7479; *Sovacool*, An international assessment of energy security performance, Ecological Economics, Vol. 88, 2013, S. 148–158.

181 *Sovacool*, Evaluating energy security in the Asia pacific: towards a more comprehensive approach, Energy Policy, Vol. 39, 2011, S. 7478.

182 *Jansen/Seebregts*, Long-term energy services security: what is it and how can it be measured and valued?, Energy Policy, Vol. 38, 2010, S. 1655.

183 *Sovacool*, The methodological challenges of creating a comprehensive energy security index, Energy Policy, Vol. 48, 2012, S. 835–836.

Obwohl ein solches Bestreben vielversprechend ist, stellen einige Kritiker dieses Projekt in Frage. Zum einen ist der Index auf nationale Dateien hinsichtlich der Dimensionen der Energieversorgungssicherheit begrenzt. Wie die regionalen und transnationalen Initiativen mittels der Nutzung des vorgeschlagenen Indexes bewertet werden können, ist somit fraglich. Zum anderen nutzt der Index Eigenschaften, die qualitativ und nicht messbar sind, wie z. B. die Diversifizierung der Energieressourcen, die positiv oder negativ sein kann[184], die Erschwinglichkeit, die damit verbunden ist, in welchem Ausmaß ein Endkunde für die Elektrizität zahlungswillig ist, oder die politischen Aspekte in Ausfuhrländern, die die Energieeinfuhrabhängigkeit der europäischen Mitgliedstaaten beeinflussen. Drittens ist die Qualität der Dateien zwischen Ländern aufgrund politischen Manipulationen und fehlenden Informationen usw. unterschiedlich, was einen Vergleich und eine Einstufung erschwert.

Im Hinblick auf den wirtschaftlichen Aspekt lässt sich argumentieren, dass nicht nur die Energieversorgungssicherheit die Grundvoraussetzung für die ökonomischen Aktivitäten darstellt, sondern die Energieversorgungssicherheit mittels der Logik des Gewinns derselben Aktivitäten gefährdet werden kann. Da die Energiesysteme allgemein betrachtet auf Kostensenkungen basieren, um höhere Gewinne zu schaffen, kann die von Kosten abhängige Erhaltung der Energieversorgungssicherheit gedrückt werden. Ein Spannungsverhältnis zwischen den durch Wettbewerb gedrückten Effizienzsteigerungen und der technischen Energieversorgungssicherheit liegt somit vor, da die technischen Erfordernisse wegen rigorosen Kostendruckes vernachlässigt werden können[185]. Eine reine „Ökonomisierung bzw. Monetarisierung der Energieversorgungssicherheit“, die die Energieversorgungssicherheit lediglich von Gewinnen abhängig macht und die ein für das Gemeinwohl lebenswichtiges Gut instrumentalisiert, kann zur Verschlechterung der Energieversorgungsqualität führen. Der Staat als Gewährleistungsverantwortlicher hat die Aufgabe, die Energieversorgungsunternehmen zu überwachen und Qualitätsregulierungen (z. B. das Modell der Anreizregulierung mit Qualitätsvorgaben) zu implementieren, damit ein angemessenes, zufriedenes Maß an Sicherheit, Zuverlässigkeit und Produktqualität im Hinblick auf eine nachhaltige Energieversorgungssicherheit gewahrt bleibt.

Dasselbe gilt für eine Reduzierung der Energieversorgungssicherheit auf einen Prozentsatz, ohne dass energiebezogene, qualitative und unmessbare Aspekte miteinbezogen werden. Noch abzuwarten ist der Beitrag einer derartigen Vorgehensweise zur Energiepolitik der EU und zum Europarecht. Bis zum heutigen Stand

---

184 Um der REES index zu erstellen, wurde einfach angenommen, dass Energieeinfuhrabhängigkeit negativ zu bewerten ist, so dass Länder, die energieeinfuhrabhängiger sind, mehr Risiken zur europäischen Energiversorgungssicherheit darstellen. *Le Coq/Paltseva*, Measuring the security of external energy supply in the European Union, Energy Policy, Vol. 37, 2009, S. 4475.

185 *Schmidt-Preuß*, In: *Isensee/Kirchhof* (Hrsg.), Handbuch des Staatsrechts – Band IV – Aufgaben des Staates, 2006, S. 928.

gehen die Organe der EU davon aus, dass eine Indexierung des hochwertigsten Ziels der Energiepolitik nicht notwendig ist, obwohl Risikobewertungen und Stresstests im Bereich Erdgas durchgeführt wurden, um die Anfälligkeit der EU für Versorgungsstörungen zu überprüfen[186], und obwohl die EU die Absicht hat, „faktengestützte Bewertungsmethode für die Sicherheit der Stromversorgung in den Mitgliedstaaten festzulegen“[187].

1.1.5 Berücksichtigung der anderen Ziele der europäischen Energiepolitik

Obwohl das Ziel der Gewährleistung der Energieversorgungssicherheit von Anfang an den Hauptgrund für die europäische Integration darstellte und es sich sogar mit der Geschichte der Europäischen Union vermengt[188], kommen noch zwei Ziele in Betracht, wenn es um die Energiepolitik geht: Wirtschaftlichkeit (1.1.5.1) und Umweltschutz (1.1.5.2). Die drei Ziele sind eng miteinander verbunden und schränken sich gegenseitig ein[189]. In diesem Sinne wird der Begriff der Energieversorgungssicherheit von den anderen Zielen der Energiepolitik beeinflusst und muss wegen der Ziele beschränkt werden. Praktisch bedeutet es, dass das Ziel der Energieversorgungssicherheit immer als systembezogen betrachtet und daher nur in Bezug auf das gesamte Energiesystem ausgelegt werden soll[190]. Allerdings wird keine deutliche Definition für jedes Ziel der Energiepolitik gegeben, und Überschneidungen sind häufig.

1.1.5.1 Wirtschaftlichkeit

Die Wirtschaftlichkeit der Energiepolitik wird oft im EU-Recht als Preisgünstigkeit übersetzt. Wie oben gezeigt, hat die Gewährleistung eines sicheren Niveaus an Energieversorgung einen Preis. Die Energieimporte der EU allein kosten mehr als 1 Mrd. EUR pro Tag[191]. Eine erhebliche Frage ist dann, wieviel die europäische Gesellschaft für eine sichere Energieversorgung bezahlen kann oder will. Ein Mehr an Energieversorgungssicherheit entspricht normalerweise einem Mehr an dem

---

186 Vgl. Mitteilung der Kommission „Strategie für eine sichere europäische Energieversorgung“ v. 28.05.2014. KOM (2014) 330 final, S. 4–5.

187 Mitteilung der Kommission „Paket zur Energieunion – Rahmenstrategie für eine krisenfeste Energieunion mit einer zukunftsorientierten Klimaschutzstrategie“ v. 25.02.2015. KOM (2015) 80 final, S. 7.

188 S. Kapitel 2.

189 Eine detaillierte Analyse der Beziehungen zwischen den Zielen wird im Kapitel 3 untergenommen.

190 *Kühne*, In: *Pielow* (Hrsg.), Sicherheit in der Energiewirtschaft, 2007, S. 137.

191 Mitteilung der Kommission „Strategie für eine sichere europäische Energieversorgung“ v. 28.05.2014. KOM (2014) 330 final, S. 2.

Betrag, der ausgegeben werden muss, um die für die Sicherstellung der Energieversorgung notwendigen Infrastrukturen auszubauen.

Trotz der geringeren Preiselastizität und Ersetzbarkeit der Elektrizität ist es nicht vorstellbar, dass die Gesellschaft sich Elektrizität „um jeden Preis" leisten kann. Auf der anderen Seite ist es auch nicht nachhaltig, immer die Niedrigstpreise sicherzustellen. Das bedeutet, dass das Ziel der Energieversorgungssicherheit keinen absoluten Begriff darstellt und es vielmehr darum geht, einen für die Gewährleistung der Versorgungssicherheit ausreichenden günstigen Preis zu ermitteln[192]. Eine begriffliche Überschneidung zwischen Energieversorgungssicherheit und Wirtschaftlichkeit liegt dann vor, wenn es um die Preisbildung des Dauerniveaus der Stromversorgung handelt – wie es der Fall zwischen Wirtschaftlichkeit und Umweltschutz für die Preisbildung von Umweltexternalitäten ist.

1.1.5.2 Umweltschutz

Das Ziel des Umweltschutzes bzw. der Umweltverträglichkeit limitiert und beeinflusst auch das Ziel der Energieversorgungssicherheit. Das bedeutet, dass eine nachhaltige und umweltfreundliche Energieversorgungssicherheit verfolgt werden soll, die die Umwelt mittels rationellen und sparsamen Umgangs mit Energie möglichst wenig belastet. Eine Maximierung der Energieversorgungssicherheit mittels der Erhöhung des Anteils der konventionellen Anlagen zur Stromerzeugung ist dann mit dem Ziel des Umweltschutzes nicht vereinbar. In diesem Sinne spielen die Stromerzeugung aus erneuerbaren Energien sowie die Energieeffizienz und -einsparung für die Schaffung einer mit der Umwelt vereinbarten Energieversorgungssicherheit eine erhebliche Rolle. In Betracht käme die Förderung einheimischer erneuerbarer Energien. Auf der anderen Seite könnte eine strikte Verfolgung des Umweltschutzes die Energieversorgungssicherheit beeinträchtigen, wenn beispielweise die Unregelmäßigkeit der Stromerzeugung aus erneuerbaren Energien nicht beherrscht wird. Eine Erhöhung des Erdgasanteils könnte auch zur Steigerung der Umweltverträglichkeit führen, ist aber wegen der Erhöhung der Energieeinfuhrabhängigkeit für die Energieversorgungssicherheit problematisch.[193] Es besteht somit kein einfaches Verhältnis zwischen Umweltschutz und Energieversorgungssicherheit, und eine europäische Energiepolitik soll so weit wie möglich eine nachhaltige, aber auch unterbrechungsfreie und dauerhafte Energieversorgung sicherstellen. Der Umweltschutz und die mit der Klimaveränderung verbundenen Risiken verdeutlichen die langfristige Dimension der Energieversorgungssicherheit und fördern einen kooperierenden Ansatz der verschiedenen Akteure[194].

---

192 Vergoßen, Das Einspeisemanagement nach dem Erneuerbare-Energien-Gesetz, 2011, S. 31.

193 *Kahle*, Die Elektrizitätsversorgung zwischen Versorgungssicherheit und Umweltverträglichkeit, 2009, S. 126–127.

194 *Fermann*, In: *Moe/Midford*, The political economy of renewable energy and energy security, 2014, S. 39.

Begriffliche Überschneidung liegt bei der Bemessung von Risiken vor, die die Energieversorgungssicherheit und den Umweltschutz gleichmäßig beeinträchtigen, wie z. B. CO_2-Emissionen, Reaktorunfall oder Feuer auf einer Ölbohrplattform.

Die Wichtigkeit des Umweltschutzes wurde im Art. 194 AEUV anerkannt, als der Gemeinschaftsgesetzgeber festlegte, dass die Ziele der Energiepolitik, u.a. die Energieversorgungssicherheit, „unter Berücksichtigung der Notwendigkeit der Erhaltung und Verbesserung der Umwelt“ verfolgt werden müssen[195]. In diesem Sinn ist ein Begriff für Energieversorgungssicherheit, der zur Art der Ressourcen keine Stellung nimmt oder der sich nur auf eine Verfügbarkeit von fossilen, knappen Ressourcen stützt und nur den geopolitischen Aspekt der Energiepolitik hervorhebt, nicht langfristig nachhaltig und kaum vorstellbar. Energieversorgungssicherheit liegt dann nicht vor, wenn für ihre Gewährleistung die Umwelt und die künftigen Generationen mittels einer Ausbeutung fossiler Energieträger gefährdet werden. Problematisch ist in diesem Sinne die europäische Energieaußenpolitik, die sich viel zu viel auf eine traditionelle, geopolitisch bezogene Vorgehensweise fokussiert, die als Ziel hat, nur sichere Erdöllieferwege zu gewährleisten, ohne die klimarelevante Dimension miteinzubeziehen[196].

1.1.5.3 Fazit

Laut der Kommission „ist die Versorgungssicherheit untrennbar mit der Notwendigkeit eines Übergangs zu einer wettbewerbsfähigen CO_2-armen Wirtschaft mit einer geringeren Nutzung importierter fossiler Brennstoffen verbunden, und diese Notwendigkeit trägt erheblich zur Versorgungssicherheit bei“[197]. Angesichts der Verflechtung zwischen den Zielen der Energiepolitik ist eine europarechtliche Definition für Energieversorgungssicherheit erst dann operativ und brauchbar, wenn sie zwei Elemente – aber nicht unbedingt nur diese – berücksichtigt: Preisgünstigkeit und Nachhaltigkeit. Dies bedeutet einerseits, dass Energieversorgungssicherheit nicht um jeden Preis verfolgt werden darf und die Mitgliedstaaten zusammen mit den Organen der EU dann alles tun müssen, um eine Energieversorgung sicherzustellen, die so günstig wie möglich ist. Andererseits muss die Energieversorgungssicherheit dauerhaft sein, damit die heutige Energieversorgungssicherheit eine künftige ermöglicht. Eine nachhaltige Energieversorgungssicherheit spiegelt in diesem Zusammenhang Aspekte der technischen Energieversorgungssicherheit wider.

---

195 Mehr dazu, s. 3.2.1.3.

196 *Youngs*, Climate change and European security, 2015, S. 67.

197 Mitteilung der Kommission „Strategie für eine sichere europäische Energieversorgung“ v. 28.05.2014. KOM (2014) 330 final, S. 3.

1.1.6 Zwischenergebnisse: keine Einigkeit über den Begriff

Wie oben gezeigt wurde, besteht hinsichtlich des Begriffs der Energieversorgungssicherheit keine Einigkeit. Die Autoren, die sich mit dem Thema der Definition beschäftigen, nutzen verschiedene Kriterien und berücksichtigen mehrere Faktoren und Ereignisse, um ihren Beitrag zur Diskussion vorzulegen.

Ein Kriterium, das rechtswissenschaftlich operativ sein kann, betrifft die Aufteilung zwischen der Energieversorgungssicherheit im engeren Sinne (Bedarfsdeckungssicherheit), was die geopolitischen Aspekte und die Spitzenbedarfsdeckungssicherheit umfasst, einerseits, und der technischen Sicherheit andererseits, die sich in die Zuverlässigkeit des Systems und die Sicherheit der Personen, Tiere, Pflanzen und Sachen aufteilt. Diese Aufteilung stimmt mit der Aufteilung zwischen längerer bzw. kurzer Energieversorgungssicherheit überein. Ein europarechtlicher Begriff für Energieversorgungssicherheit muss diese beiden Aspekte berücksichtigen.

Da das Ziel der Energieversorgungssicherheit nur einen Teil der europäischen Energiepolitik darstellt und sich mit ihren anderen Zielen verschränkt, kommen zudem noch zwei Adjektive in Betracht: Erschwinglichkeit und Nachhaltigkeit. Angesichts dessen und angesichts der Tatsache, dass der Großteil energiepolitischer Maßnahmen normalerweise zur Realisierung mehrerer Ziele beiträgt, macht eine Definition für Energieversorgungssicherheit im europäischen Zusammenhang nur Sinn, wenn sie die zwei anderen Ziele berücksichtigt.

1.2 Begriffsbestimmungen im EU-Recht

Während die Diskussionen um den Begriff für Energieversorgungssicherheit reichhaltig sind und von verschiedenen Meinungen geprägt werden, gab es im Europarecht kaum Versuche, eine rechtliche Definition von Energieversorgungssicherheit anzubieten[198]. Trotzdem sind Definitionen in der politischen Auseinandersetzung (1.2.1) und Teildefinitionen bzw. -begriffe in sekundärrechtlichen Vorschriften (1.2.2) zu finden, die für die europarechtliche Analyse der Energieversorgungssicherheit hilfreich sein können.

1.2.1 Aus politischer Sicht

Die politische Auseinandersetzung in der Europäischen Union behandelt das Problem hinsichtlich der Etablierung einer funktionsfähigen Definition für Energieversorgungssicherheit kaum. Vielmehr beschäftigen sich die Organe der EU mit einer Reihe von Maßnahmen, die im Rahmen des Europarechts ausgeführt werden müssen, damit das Ziel der Energieversorgungssicherheit verwirklicht wird[199]. Erst in drei Dokumenten, die weiter unten vorgelegt werden, ist ein Versuch zu finden, Energieversorgungssicherheit zu definieren.

198 *Johnston/Block*, EU Energy Law, 2012, S. 239.
199 S. 3.3.3.2.

1.2.1.1 Stellungnahme des Wirtschafts- und Sozialausschusses vom 1993

Die Stellungnahme des Wirtschafts- und Sozialausschusses der Kommission zu „dem Vorschlag für eine Richtlinie des Rates betreffend gemeinsame Vorschriften für den Elektrizitätsbinnenmarkt"[200] ist im Hinblick auf den Richtlinienvorschlag der Kommission sehr kritisch. Relevant in diesem Punkt der Arbeit[201] ist die Definition für Energieversorgungssicherheit, die der Ausschuss wegen fehlender Definition im Richtlinienvorschlag vorlegte.

Laut Ausschuss ist Energieversorgungssicherheit „sowohl in Bezug auf die regelmäßige Versorgung mit Primärenergie zu verstehen, als auch in Bezug auf die Qualität und die Gewährleistung des Dienstes am Endverbraucher"[202]. Bei „regelmäßiger Versorgung mit Primärenergie" nimmt der Ausschuss Rücksicht auf die Bedarfsdeckungssicherheit, während „die Qualität und die Gewährleistung des Dienstes" sich mit der technischen Energieversorgungssicherheit beschäftigen. Nach Ansicht des Ausschusses bedeutet der Ausdruck sowohl die kontinuierliche Lieferung von Primärenergieträgern als auch die ununterbrochene, hochqualitative, gefahrenfreie Versorgung von Elektrizität am Endkunden. Eine längere Energieversorgungssicherheit, die künftige Generationen und die Erdölknappheit berücksichtigt und dauerhaft ist, ist in der vorgeschlagenen Definition nicht inbegriffen. Dieses Nichtvorhandensein der nachhaltigen Dimension lässt sich wegen der optimistischen Lage hinsichtlich der Ölpreise und der Entwicklung der Ölindustrie sowie der damalig neuen Umweltschutzbewegung rechtfertigen.

Hervorzuheben ist der Anhang II der Stellungnahme des Ausschusses[203]. Es wurde vorgeschlagen (aber abgelehnt), dass die Stellungnahme einen Begriff für Versorgungssicherheit liefert, und zwar, dass „elektrische Energie – außer unter sehr außergewöhnlichen Umständen – immer zur Verfügung steht, wenn jemand, der sie nutzen will, sie einschaltet". Also wird Versorgungssicherheit in dem abgelehnten Änderungsantrag der Stellungnahme des Ausschusses als Regelmäßigkeit der Versorgung verstanden, ohne Rücksicht auf die Energiequellen, Preise oder die Umweltbedingungen der Versorgung.

Die Definition des Ausschusses beinhaltet keine ausdrückliche Erwähnung der ökonomischen Dimension der Energieversorgungssicherheit. Die Zielverschränktheit wurde aber nicht außer Acht gelassen, da hervorgehoben wurde, dass „zwischen dem freien Spiel der Marktkräfte und der Versorgungssicherheit ein Gleichgewicht gefunden werden [muss], so dass keine Entscheidungen getroffen werden, die ausschließlich auf wirtschaftlichen und finanziellen Umständen beruhen"[204]. Für das Ziel besteht ein besonders hohes Risiko, das die Energieversorgungssicherheit sich wegen der Liberalisierung des Energiemarkts verschlechtert.

200 ABl. C 73 v. 15.3.1993, S. 31.
201 Detaillierend, s. 2.2.2.1.1.
202 ABl. C 73 v. 15.3.1993, S. 34.
203 Ebenda, S. 43 ff.
204 Ebenda, S. 34.

Der Vorschlag des Wirtschafts- und Sozialausschusses der Kommission hat sich aber nicht durchgesetzt. Die Richtlinie 1996/92/EG brachte im Art. 2 Ziff. 16 nur die Definition für „Versorgung".

1.2.1.2 Grünbuch „Hin zu einer europäischen Strategie für Energieversorgungssicherheit" – KOM (2000) 769 endg

Ein umfassender Begriff für Energieversorgungssicherheit liegt im Grünbuch „Hin zu einer europäischen Strategie für Energieversorgungssicherheit"[205] vor. Ziel hinsichtlich der Gewährleistung der Energieversorgungssicherheit ist „die kurz- und längerfristige Verfügbarkeit eines breiten Spektrums von Energieprodukten für alle Verbraucher (Industrie und Privathaushalte) innerhalb der EU zu erschwinglichen Preisen und unter Berücksichtigung des Umweltschutzes"[206].

Vier Elemente lassen sich hier identifizieren, die eine funktionsfähige Definition bilden: (i) kurze Verfügbarkeit von Energie; (ii) längere Verfügbarkeit von Energie; (iii) Preisgünstigkeit der Energie bzw. Erschwinglichkeit; und (iv) Nachhaltigkeit. Die kurze Verfügbarkeit von Energie bezieht sich auf die Zuverlässigkeit des Energiesystems, die mit einer ununterbrochenen und dauerhaften Versorgung handelt (s. 1.1.3.2.1). Längere Verfügbarkeit beschreibt andererseits die Angemessenheit eines Systems, bzw. einer Systemausgestaltung, einschließlich des Ausbaus neuer Technologien und zusätzlicher Anlagen und Kapazitäten, Energie langfristig zu liefern und versorgen. Die zwei anderen Elemente verdeutlichen die Beziehung zwischen Energieversorgungssicherheit und den anderen Zielen der europäischen Energiepolitik. Erschwinglichkeit verlangt, dass Strom und Stromzugang gesellschaftlich bezahlbar werden. Nachhaltigkeit erkennt an, dass Energie eine erschöpfbare Quelle ist und ihre Erzeugung nachteilige Auswirkungen auf die Umwelt haben kann[207].

Im Grünbuch hervorgehoben wird auch die Dynamizität des Begriffes. Die Kommission vertritt die Ansicht, dass die Energieversorgungssicherheit nicht nur mittels einer sicheren Verfügbarkeit irgendwelcher Energiequellen zu gewährleisten ist, sondern mittels des Gleichgewichts der verschiedenen Energiemärkte und mittels der Fähigkeit des Energiesystems, eine Energiequelle gegebenenfalls durch eine andere oder durch ein anderes energiepolitisches Instrument zu ersetzen[208].

---

205 KOM (2000) 769 endg. v. 29.11.2000. Detaillierend dazu, s. 3.3.3.2.2.

206 Ebenda, S. 89.

207 *Glachant/Ahner*, In: *Vinois* (Hrsg.), EU Energy Law – Volume VI – The security of energy supply in the European Union, 2012, S. 9.

208 KOM (2000) 769 endg., S. 90.

1.2.1.3 Mitteilung der Kommission „Ein Rahmen für die Klima- und Energiepolitik im Zeitraum 2020–2030“ – KOM (2014) 15 final

Überraschend zurückhaltender ist die in der neuesten Mitteilung der Kommission vorhandene Definition für Energieversorgungssicherheit. Laut der Kommission bedeutet Energieversorgungssicherheit, dass „für alle Nutzer eine kontinuierliche und angemessene Versorgung mit Energie aus allen Quellen sichergestellt wird“[209]. Obwohl die Bedarfsdeckungssicherheit und die technische Sicherheit sich auf den Ausdruck „kontinuierliche und angemessene Versorgung“ nicht so detaillierend wie im Grünbuch 2000 subsumieren lassen, fehlt die Erwähnung im Hinblick auf die Erschwinglichkeit und die Nachhaltigkeit, den zwei anderen Ziele der Energiepolitik (die weit mehr als vorher miteinander verbunden sind). Ganz im Gegensatz zum Ziel des Umweltschutzes erwähnt die Kommission, dass Energie „aus allen Quellen“ sichergestellt sein muss, ohne Rücksicht auf die Erdölknappheit, die negativen Auswirkungen der Ausbeutung fossiler Energieträger für die Umwelt und die internationalen Übereinkünfte hinsichtlich des Umweltschutzes. Zudem wurde auch die Zielverschränktheit der europäischen Energiepolitik ignoriert.

Erst nach der Lektüre der restlichen Mitteilung wird klar, dass der Begriff unvollständig und etwas irreführend ist. Die Kommission ist der Meinung, dass eine weitere Erschließung nachhaltiger, einheimischer Energiequellen wegen der rückläufigen Öl- und Gasförderung in der EU notwendig ist und die Versorgungswege für importierte fossile Brennstoffe diversifiziert und Energieeinsparungen herbeigeführt werden müssen[210]. Trotz dieser Erklärungen, die die Meinung der Kommission verdeutlichen, ist der Begriff der Energieversorgungssicherheit allein betrachtet zurückhaltender als die sich im Grünbuch 2000 befindliche Definition.

1.2.2 Aus europarechtlicher Sicht

Europarechtlich bietet weder die Elektrizitätsbinnenmarktrichtlinie noch die Erdgasbinnenmarktrichtlinie einen Begriff für Energieversorgungssicherheit an. Allerdings definieren sie die Teilbegriffe „Versorgung“ (1.2.2.1) und „Sicherheit“ (1.2.2.2). Erst in der für die Energieversorgungssicherheit spezifischen Richtlinie 2005/89/EG wird versucht, die „Sicherheit der Elektrizitätsversorgung“ zu definieren (1.2.2.3).

Wie schon erwähnt, stellt die Energieversorgungssicherheit auf europäischer Ebene Dienstleistungen von allgemeinem wirtschaftlichem Interesse dar, die von den Mitgliedstaaten mit speziellen Gemeinwohlverpflichtungen belegt werden können, wozu insbesondere die Verpflichtung eines Leistungsanbieters zur Erbringung von Universaldienstleistungen gehört[211]. Das bedeutet, dass der Mitgliedstaat in

209 Mitteilung der Kommission „Ein Rahmen für die Klima- und Energiepolitik im Zeitraum 2020–2030“ v. 22.01.2014. KOM (2014) 15 final, S. 13.

210 Ebenda, S. 14.

211 *Böske*, Zur Ökonomie der Versorgungssicherheit in der Energiewirtschaft, 2007, S. 15.

letzter Instanz ein von einer Mindestqualität, Kontinuität, Erschwinglichkeit und Verbraucherschutz geprägtes Mindestangebot an Energieversorgung anzubieten hat. Derartiges Gedankengut wurde schon im Art. 3 Abs. 2 der Richtlinie 96/92/EG anerkannt, der für die Mitgliedstaaten die Möglichkeit einräumt, den Elektrizitätsunternehmen gemeinwirtschaftliche Verpflichtungen im Allgemeininteresse aufzuerlegen, weil der Wettbewerb allein nicht in der Lage ist, ein angemessenes Niveau von Versorgungssicherheit zu gewährleisten. Die Charakterisierung der Energieversorgungssicherheit als Dienstleistung von allgemeinwirtschaftlichem Interesse liefert aber keine konkrete Antwort im Hinblick auf die Begriffsbestimmung der Energieversorgungssicherheit, sondern bezieht sich vielmehr auf die Etablierung der rechtlichen Natur des Gutes Elektrizität in der EU. Eine ausführliche Betrachtung der rechtswissenschaftlichen Debatte um die Dienstleistungen von allgemeinem wirtschaftlichem Interesse ist nicht das Ziel dieses Kapitels, das sich auf die begrifflichen Aspekte der Energieversorgungssicherheit eingrenzen lässt. Die Begriffsbestimmungen werden weiter unten skizziert.

1.2.2.1 Teilbegriff „Versorgung" gemäß Art. 2 Ziff. 19 der Richtlinie 2009/72/EG

Europarechtlich wird „Versorgung" in zwei Vorschriften definiert: in der Elektrizitätsbinnenmarktrichtlinie und in der Erdgasbinnenmarktrichtlinie.

In der Richtlinie 2009/72/EG wird „Versorgung" als der „Verkauf einschließlich des Weiterverkaufs von Elektrizität an Kunden" (Art. 2 Ziff. 19) definiert. Die Betonung hier liegt in der Vorsorge bzw. Aufbringung von elektrischer Energie an Kunden[212], die aber von dem Ausdruck „Verteilung" (Art. 2 Ziff. 5) zu trennen ist, da „Verteilung" nur den „Transport von Elektrizität mit hoher, mittlerer oder niedriger Spannung über Verteilernetze" beschreibt. Wenn dieser Transport von Elektrizität über Verteilernetze die Kunden erreicht, dann liegt eine Versorgung vor.

Hervorzuheben ist auch die Tatsache, dass der Begriff „Versorgung" mittels des Ausdruckes „Verkauf" den kommerziellen Aspekt mehr betont als den physischen Aspekt, wie es der Fall bei der Begriffsbestimmung „Verteilung" ist.

Ähnlich wie der Begriff „Versorgung" im Art. 2 Ziff. 19 der Richtlinie 2009/72/EG bestimmt die Erdgasbinnenmarktrichtlinie (Richtlinie 2009/73/EG) „Versorgung" als „den Verkauf einschließlich des Weiterverkaufs von Erdgas, einschließlich verflüssigtem Erdgas, an Kunden" (Art. 2 Ziff. 7). Zudem ist „Versorgung" als „Lieferung" im Fall von Erdgas zu verstehen.

Gemäß Art. 2 der Verordnung 994/2010 „über Maßnahmen zur Gewährleistung der sicheren Erdgasversorgung und zur Aufhebung der Richtlinie 2004/67/EG des Rates"[213] gilt die Begriffsbestimmungen der Richtlinie 2009/73/EG auch zu dieser Verordnung.

---

212 *Sternig*, Versorgungssicherheit im Elektrizitäts- und Erdgasmarkt, 2009, S. 7.
213 ABl. L 295 v. 12.11.2010, S. 1.

1.2.2.2 Teilbegriff „Sicherheit" gemäß Art. 2 Ziff. 28 der Richtlinie 2009/72/EG

Gemäß Art. 2 Ziff. 28 der Richtlinie 2009/72/EG bedeutet „Sicherheit" „sowohl die Sicherheit der Elektrizitätsversorgung und -bereitstellung als auch die Betriebssicherheit". Obwohl nur der Teil „Sicherheit" des Ausdrucks „Energieversorgungssicherheit" definiert wird, und angesichts der Tatsache, dass sich solcher Teilbegriff in einer Richtlinie befindet, deren Hauptthema die Elektrizität ist, liegt hier eher ein ausreichender Begriff vor, da die beiden wichtigsten Aspekte der Energieversorgungssicherheit berücksichtigt wurden.

Aus der Begriffsbestimmung lässt sich offenbar entnehmen, dass bei „Sicherheit" nicht nur das Energieaufkommen gemeint ist, sondern auch die Sicherheit der für die Energielieferungen notwendigen Infrastruktureinrichtungen[214], wie die Mehrzahl der Literatur den Begriff ordnet. Die Ungefährlichkeit der Anlagen für Menschen, Tiere und Pflanzen ist somit im rechtlichen Begriff gemäß der Richtlinie 2009/72/EG mitinbegriffen. Selbstverständlich sind die Einzelheiten solcher doppelten Dimensionen nicht in der Begriffsbestimmung zu finden, aber als ein Teilbegriff, der in seinem Kontext ausgelegt werden soll, ist er zu begrüßen.

Auch bei der Erdgasbinnenmarktrichtlinie liegt ein ausreichender Begriff für „Sicherheit" vor, der sich auch in seinen doppelten Aspekt – Lieferungs- und Betriebssicherheit – aufspalten lässt (Art. 2 Ziff. 32 der Richtlinie 2009/73/EG).

1.2.2.3 Art. 2 lit. b und lit. c der Richtlinie 2005/89/EG

Im Vergleich zu anderen Rechtsvorschriften bringt die Versorgungssicherheitsrichtlinie[215] in ihrem Art. 2 lit. b keinen Teilbegriff, sondern eine Begriffsbestimmung für die „Sicherheit der Elektrizitätsversorgung", die Energieversorgungssicherheit als die „Fähigkeit eines Elektrizitätssystems, die Endverbraucher gemäß dieser Richtlinie mit Elektrizität zu versorgen" definiert. Zu beachten ist aber, dass die Vorschrift keine wichtigen Elemente beinhaltet, die ein wahres Konzept für Energieversorgungssicherheit errichten. Betrachtet wurden nur die Endverbraucher, was die Sorge um die Grundversorgung demonstriert, obwohl die Richtlinie nicht erklärt, was unter „Endverbraucher" zu verstehen ist[216]. Die Begriffsbestimmung für „Sicherheit der Elektrizitätsversorgung" weist den anderen Vorschriften der Richtlinie („gemäß dieser Richtlinie...") die Aufgabe zu, den Begriff zu „füllen", was den Auslegungsprozess erschwert und die Bestimmung in Frage stellt, statt sie zu verdeutlichen. Fraglich

---

214 *Sternig*, Versorgungssicherheit im Elektrizitäts- und Erdgasmarkt, 2009, S. 7–8.

215 Richtlinie 2005/89/EG des Europäischen Parlaments und des Rates v. 18. Januar 2006 „über Maßnahmen zur Gewährleistung der Sicherheit der Elektrizitätsversorgung und von Infrastrukturinvestitionen". ABl. L 33 v. 04.02.2006, S. 33. Detaillierend dazu, s. 2.2.4.

216 Gemäß Art. 2 Ziff. 9 der Richtlinie 2009/72/EG sind „Endkunden" „einen Kunden, der Elektrizität für den eigenen Verbrauch kauft".

ist zudem, ob die in den anderen Richtlinien und Gründungsverträgen beinhalteten Erwähnungen und Vorschriften bezüglich der Energieversorgungssicherheit von dem Aufbau eines rechtlichen Begriffes nun ausgeschlossen sind. Nach dem Lesen des Art. 2 lit. b der Richtlinie 2005/89/EG käme zum Ausdruck, dass die Sicherheit der Elektrizitätsversorgung „gemäß dieser Richtlinie“ (und keiner anderen) zu verstehen wäre.

Etwas präziser ist die Begriffsbestimmung des Art. 2 lit. c, welche die technische Energieversorgungssicherheit beschreibt. Die Richtlinie definiert „Betriebssicherheit des Netzes“ als den „unterbrechungsfreien Betrieb des Übertragungs- und, gegebenenfalls, des Verteilungsnetzes unter vorhersehbaren Bedingungen“. Drei Aspekte der Definition verdienen Kommentare. Erstens bezieht sich die Begriffsbestimmung nur auf die Sicherheit der Netze. Die Anlagensicherheit und die Sicherheit der Versorgungseinrichtungen, ausschließlich der Netze, wurden hier nicht betrachtet. Zweitens steht zwar die Zuverlässigkeit des Energiesystems zur Debatte, aber nicht die Gefahrlosigkeit der energiebezogenen Infrastrukturen gegenüber Menschen, Tieren und Pflanzen. Die technische Energieversorgungssicherheit ist in der Richtlinie eng definiert, und eine gefahrenfreie Energieversorgung stellt kein Element der Definition dar. Drittens lässt die Richtlinie mittels des Ausdruckes „unter vorhersehbaren Bedingungen“ offen, welches Niveau an Betriebssicherheit akzeptabel ist.

Laut Art. 2 lit. b sollen dann die Elemente der Energieversorgungssicherheit in der Richtlinie 2005/89/EG durchsucht werden. Art. 3 Abs. 1 erwähnt eine „hohe Sicherheit der Elektrizitätsversorgung“, die die Mitgliedstaaten gewährleisten müssen. Ferner müssen die Mitgliedstaaten die Bedeutung der Gewährleistung einer unterbrechungsfreien Versorgung berücksichtigen (Art. 3 Abs. 2 lit. a), müssen aber laut der Richtlinie keine unterbrechungsfreie Versorgung gewährleisten. Ob eine „hohe Sicherheit“ mit einem entsprechenden Niveau an Dauer übereinstimmt, lässt die Richtlinie offen. Der Befehl richtet sich an die Berücksichtigung der Bedeutung einer unterbrechungsfreien Versorgung. Da die Richtlinie diesbezüglich zurückhaltend ist, bleibt noch Raum für eine Auslegung, die „hohe Sicherheit“ als erreicht zu berücksichtigen, selbst wenn die „Bedeutung der Gewährleistung einer unterbrechungsfreien Versorgung“ berücksichtigt wird, ohne dass ein zufriedenstellendes Niveau an Unterbrechungshäufigkeit und -dauer, somit an fehlender Verfügbarkeit von Strom erreicht wird.

Die Mitgliedstaaten müssen noch „berücksichtigen“: die Notwendigkeit einer regelmäßigen Wartung und erforderlichenfalls Erneuerung der Übertragungs- und Verteilungsnetze zur Erhaltung der Leistungsfähigkeit des Netzes (Art. 3 Abs. 2 lit. d); die Notwendigkeit der Gewährleistung ausreichender Übertragungs- und Erzeugungskapazitätsreserven für einen stabilen Betrieb (Art. 3 Abs. 2 lit. f). Die Bewertung der Kommission, ob ein Mitgliedstaat eine „hohe Sicherheit“ gewährleistet oder nicht und ob ein Mitgliedstaat die oben zitierten Aspekte der Energieversorgungssicherheit berücksichtigt, ist etwa subjektiv und bleibt dem konkreten Fall überlassen.

Außerdem geht Art. 3 der Richtlinie 2005/89/EG davon aus, dass die notwendigen Maßnahmen, die die Mitgliedstaaten implementieren sollen, um ein stabiles Investitionsklima zu fördern und um die Aufgaben und Zuständigkeiten der Behörden gegebenenfalls einschließlich der Regulierungsbehörden und aller relevanten Marktteilnehmer festzulegen (Art. 3 Abs. 1), automatisch zu einer höheren

Sicherheit der Elektrizitätsversorgung führen, ohne diese Befehle detaillierter auszuführen.

Art. 3 Abs. 4 der Richtlinie 2005/89/EG bringt den Aspekt der Preisgünstigkeit zum Vorschein, wenn betont wird, dass die Mitgliedstaaten „die Auswirkungen der Maßnahmen auf die Kosten von Elektrizität für den Endverbraucher" berücksichtigen müssen.

Der Aspekt der Nachhaltigkeit der Energieversorgungssicherheit lässt sich auf zurückhaltende Weise im Art. 3 Abs. 3 der Richtlinie 2005/89/EG übersetzen. Um eine höhere Sicherheit der Elektrizitätsversorgung zu gewährleisten, können (müssen aber nicht) die Mitgliedstaaten „das Ausmaß der Diversifizierung bei der Elektrizitätserzeugung auf der nationalen oder relevanten regionalen Ebene" (lit. a) und „die Bedeutung der Förderung der Energieeffizienz und die Einführung neuer Technologien, insbesondere für die Bedarfssteuerung, zur Nutzung erneuerbarer Energietechnologien sowie für die dezentrale Erzeugung" (lit. c) berücksichtigen.

Die Richtlinie setzt mehrere Maßnahmen fest, die implementiert werden müssen, damit das Ziel der Energieversorgungssicherheit erreicht wird. In diesem Sinne ist die Richtlinie selbstverständlich zu begrüßen. Zwar liefert sie keinen umfassenden und operationellen Begriff für Energieversorgungssicherheit; dennoch kann aus der Richtlinie entnommen werden, dass Energieversorgungssicherheit etwa wie unterbrechungsfreie, ausreichende und stabile Elektrizitätsversorgung zu erschwinglichen Preisen für den Endverbraucher zu verstehen ist.

1.2.3 Zwischenergebnisse

Nicht nur der politischen Auseinandersetzung der Kommission, sondern auch den Rechtsvorschriften lässt sich entnehmen, dass der Begriff „Energieversorgungssicherheit" sowohl das Vorhandensein einer mengenmäßig ausreichenden Verbrauchsmenge von Energie (Bedarfsdeckung) als auch die Einrichtung von für die Aufrechterhaltung eines unterbrechungsfreien und von Qualität geprägten Energieflusses notwendigen Infrastrukturen (Betriebssicherheit) umfasst, die den technischen Standards entsprechen[217]. Die Absicht der Kommission und der Sinn und Zweck des europäischen Rechts im Bereich Energieversorgungssicherheit ist, die ganze Energiekette zu berücksichtigen, von der Lieferung vom Primärenergieträger bis zur Versorgung von Endkunden, einschließlich der Erzeugung, Übertragung und Verteilung von Strom, bzw. Erdgas. Es fehlt aber die Klarheit (mehr in den europarechtlichen Vorschriften als im politischen Diskurs), diese Absicht zu verdeutlichen.

Zu beachten ist zudem, dass keine rechtliche Begriffsbestimmung den ökonomischen und nachhaltigen Aspekt der Energieversorgungssicherheit berücksichtigt. Eine solche Betrachtung ist nur in der politischen Auseinandersetzung (und in der Literatur) zu finden. Aus diesem Grund gewinnt die Zieltrias und ihre ausgeglichene Betrachtung an Bedeutung, wobei berücksichtigt wird, dass die

217 *Sternig*, Versorgungssicherheit im Elektrizitäts- und Erdgasmarkt, 2009, S. 8.

Versorgungssicherheit nicht nur einen Mindeststandard hat, sondern auch einen auf ökonomischen und ökologischen Kriterien basierenden „Maximalstandard“. Energieversorgungssicherheit soll dann nicht „um jeden Preis“ und ohne Rücksicht auf die Umwelt verfolgt werden, selbst wenn Wirtschaftlichkeit bzw. Preisgünstigkeit und Umweltschutz keine Bestandteile der für die Erklärung der Energieversorgungssicherheit relevanten sekundärrechtlichen Begriffsbestimmungen darstellen.

1.3 Zusammenfassung

Zusammenfassend ist in dieser Arbeit eine für die Analyse der europarechtlichen Aspekte der Energieversorgungssicherheit funktionsfähige Definition sinnvoll, insbesondere für die Elektrizität, die Energieversorgungssicherheit wie folgt beschreibt: „Energieversorgungssicherheit ist die möglichst dauerhafte, unterbrechungs-, gefahrenfreie Versorgung von Elektrizität zum Endverbraucher, die aus kurzer und langfristiger Sicht umweltfreundlich und erschwinglich ist“.

Die vorgeschlagene Definition nimmt Rücksicht sowohl auf die beiden bearbeiteten Dimensionen der Energieversorgungssicherheit (Sicherung der Bedarfsdeckung und technische Energieversorgungssicherheit) als auch auf die Elemente der europäischen Energiepolitik. Obwohl die vorgeschlagene Definition mehrere Elemente beinhaltet, sind die Dauerhaftigkeit, die Dauer der Unterbrechungszeit und etwa das Niveau, das zur Sicherstellung einer gefahrenfreien Versorgung erreicht werden soll, messbar. Die wahre Herausforderung besteht darin, eine europäische Einigkeit in Bezug auf diese Zahlen zu erreichen.

Hervorzuheben ist dann der nachhaltige Aspekt des Konzepts. Energieversorgungssicherheit soll nicht nur dauerhaft sein, sondern auch umweltfreundlich. Diese Definition berücksichtigt die Erdölknappheit und lädt zum Umdenken von auf rein geopolitischen Aspekten und fossilen Energieträgern beruhenden Konzepten ein. Eine Energieversorgungssicherheit ohne Umweltverträglichkeit ist nach dem derzeitigen Stand von Forschung und Technik nicht denkbar[218].

Diversifizierung der Ressourcen ist hier und soll im Laufe der Arbeit als Maßnahme zur Erhöhung des Energieversorgungssicherheitsniveaus betrachtet werden, nicht aber als Teil irgendeiner Definition für Energieversorgungssicherheit. Die Energieeinfuhrabhängigkeit stellt *per se* kein Sicherheitsproblem dar[219]. Nach Ansicht der Kommission scheint es vielmehr problematisch zu sein, von bestimmten Ländern oder von wenigen Ländern abzuhängen. Das ist aber eine Frage für die Politikwissenschaft und hat nur mittelbare Auswirkungen auf eine Definition für Energieversorgungssicherheit.

---

218 *Kahle*, Die Elektrizitätsversorgung zwischen Versorgungssicherheit und Umweltverträglichkeit, 2009, S. 131.

219 *Stern*, Security of European natural gas supplies: the impact of import dependence and liberalization, 2002, S. 4; *Luciani*, Security of Supply for Natural Gas Markets – What is it and what is it not?, 2004, S. 5.

2. Kapitel: Entstehungsgeschichte der Energieversorgungssicherheit

In diesem Kapitel wird eine Kartierung der Rechtsregeln des Europarechts, die mit der Energiesicherheit zusammenhängen, unternommen. Ziel dieses Kapitels ist es einerseits aufzuweisen, dass die Entwicklungsgeschichte der europäischen Energiepolitik selbst die Entwicklungsgeschichte rund um die Gewährleistung der Energieversorgung darstellt, und andererseits zu untersuchen, ob und wie präzise die europäischen Gesetzgeber im Laufe der vielen Vertragsabschlüsse versucht haben, die Idee einer Energiesicherheit festzustellen, und ob und inwieweit das Ziel der Energieversorgungssicherheit sich mit den für dieses Ziel erforderlichen Zielen der „Energieintegration“ und der Entwicklung der „erneuerbaren Energien“ verbinden lässt.

Zuerst wird das Primärrecht der Europäischen Union (2.1) analysiert, was die Grundverträge und die Verträge, die Energie als zentrales Thema der Regulierung haben, betrifft, und des Weiteren das Sekundärrecht und seine Richtlinien und Verordnungen (2.2). Die Grenze dieses Kapitels findet sich im Verständnis der nur auf die Energieversorgungssicherheit (und in kleinem Umfang auf Energiepolitik) bezogenen Regeln. Dieses Kapitel bezweckt weder die Untersuchung allgemeiner energierechtlicher Regelungen noch die Festsetzung eines Energiepolitikkapitels, sondern nur die Untersuchung eines sog. „europäischen Rechts auf Energieversorgungssicherheit“.

2.1 Recht auf Energieversorgungssicherheit im europäischen Primärrecht

Das Primärrecht besteht aus den Gründungsverträgen und den entsprechenden Änderungs- und Ergänzungsrechtsakten, die die Rechtsnormen über die Ziele, Organisation und Arbeitsweise der Gemeinschaften bestimmen[220]. Zudem gehören zum europäischen Primärrecht auch die den Verträgen beigefügten Protokolle und Anhänge, Gewohnheits- und Richterrecht sowie die europäische Grundrechtecharta. Seit dem Vertrag von Lissabon sind der EUV und der AEUV, die gemäß Art. 1 Abs. 1 AEUV gleichrangig sind, die Grundlage einer einheitlichen Europäischen Union[221].

220 *Fischer*, Europarecht, 2001, S. 69; *Lippert*, Energiewirtschaftsrecht – Gesamtdarstellung für Wissenschaft und Praxis, 2002, S. 123.

221 *Schwartz*, Die Wahl der Rechtsgrundlage im Recht der Europäischen Union, 2013, S. 44.

2.1.1 Rechtliche Vorgeschichte

Die Gründung einer europäischen Gemeinschaft beruht auf der Ausbeutung natürlicher Ressourcen in Europa, da Energie ein Basisprodukt für die gesamte Wirtschaft und eine ausreichende Versorgungsvoraussetzung für ihr Florieren ist[222]. Ohne Übertreibung kann man sagen, dass **Energie(versorgungs)sicherheit den ersten Anlass für eine europäische Integration bildete und von Anfang an die Europäische Gemeinschaft prägte**[223]. In diesem Sinne stellte die Energieversorgungssicherheit, d.h. die dauerhafte, unterbrechungs-, gefahrenfreie Versorgung von Elektrizität für den Endverbraucher, die aus kurzer und langfristiger Sicht umweltfreundlich und erschwinglich ist[224], das allererste Ziel einer europäischen Integration dar. In zwei Teilbereichen ist diese Tatsache deutlich: Kohle im Vertrag über die Gründung der Europäischen Gemeinschaft für Kohle und Stahl (EGKSV) (2.1.1.1) und Kernenergie im Vertrag zur Gründung der Europäischen Atomgemeinschaft (EAGV) (2.1.1.2)[225]. Trotzdem existiert kaum ein anderer Bereich gemeinschaftlicher Politik, bei dem eine Gesamtkonzeption wie die der Energiepolitik so vielen Schwierigkeiten und einem so langen Weg zu einer Einigung gegenüberstand. Oft wird im Schrifttum die Energiepolitik als ein „Mischgebiet" oder eine „Sonderstellung" bezeichnet, die von „Besonderheiten" geprägt wird[226].

Tatsächlich handelt die Energiepolitik von den Fragen der Versorgungssicherheit, des freien Warenverkehrs, des Wettbewerbs, der Umwelt und der Forschung, um einige der Besonderheiten zu nennen. Außerdem ist die Energie keine „typische Ware". Letztlich zeigen die europäischen Länder größere Gegensätze hinsichtlich

---

222 *Oppermann/Classen/Nettesheim*, Europarecht – Ein Studienbuch, 2011, S. 410.

223 *Baumann/Turek*, In: *Weidenfeld* (Hrsg.), Lissabon in der Analyse. Der Reformvertrag der Europäischen Union, 2008, S. 160; *Lippert*, In: *Leible/ders/Walter* (Hrsg.), Die Sicherung der Energieversorgung auf globalisierten Märkten, 2007, S. 9; *Maichel*, In: *Hendler/Ibler/Soria* (Hrsg.), Für Sicherheit, für Europa – Festschrift für Volkmar Götz zum 70. Geburtstag, 2005, S. 56; etwa ähnlich Vinois, In: *ders* (Hrsg.), EU Energy Law – Volume VI – The security of energy supply in the European Union, 2012, S. 24.

224 S. Kapitel 1.

225 *Grunwald*, In: *Röttinger/Weyringer* (Hrsg.), Handbuch der europäischen Integration: Strategie – Struktur – Politik der Europäischen Union, 1996, S. 942; *Jarass*, Europäisches Energierecht: Bestand – Fortentwicklung – Umweltschutz, 1996, S. 13. Laut dem Grünbuch „Hin zu einer europäischen Strategie für Energieversorgungssicherheit" bestand das Ziel des Euratom-Vertrags darin, „der Europäischen Gemeinschaft eine alternative Quelle für die Versorgung mit heimischer Energie zu eröffnen, um der wachsenden Abhängigkeit von Erdöleinfuhren aus dem Nahen Osten entgegenzuwirken". KOM (2000) 769 endg., S. 33.

226 Um die Komplexität des Bereiches Energie besser zu verstehen, vgl. *Goldthau/Sovacool*, The uniqueness of the energy security, justice and governance problem, Energy Policy, Vol. 41, 2012; *Cottrell*, Energy and society – the relation between energy, social change and economic development, 1955.

der Menge an Energiequellen und geographische Unterschiede, was Auswirkungen auf die nationale Energiepolitik jedes Mitgliedstaates und Schwierigkeiten für die europäische energetische Integration mit sich bringt[227].

Außer dem EGKSV und dem EAGV setzt sich das primäre Energierecht aus dem Vertrag zur Gründung der Europäischen Wirtschaftsgemeinschaft (EWGV) (2.1.1.3) und dem Vertrag zur Gründung der Europäischen Union (EUV) (2.1.2) zusammen.

2.1.1.1 Vertrag über die Gründung der Europäischen Gemeinschaft für Kohle und Stahl (1951)

Am 18. April 1951 unterzeichneten Deutschland, Frankreich, Italien und die drei Benelux-Staaten den EGKS-Vertrag (auch als Montanunion bezeichnet)[228], um den freien Verkehr, die Ausbeutung und den Zugang zu Kohle und Stahl zu sichern. Hauptzweck war die Gründung eines gemeinsamen Markts durch die Verstärkung des Wettbewerbs sowie der Transparenz und Homogenität der Wettbewerbsregeln. Dem EGKS-Vertrag entspricht somit die Anwendung marktwirtschaftlicher Prinzipien auf dem Gebiet der Kohle- und Stahlindustrie[229]. Erwähnenswert ist auch die Tatsache, dass ein gemeinsamer Kohlemarkt einen Beitrag zu einer ausreichenden und sicheren Versorgung mit dem damaligen Hauptenergieträger leistete[230]. Da der Gegenstand des Vertrags sachlich begrenzt war (nur Kohle und Stahl und keine anderen Güter), verwirklichte er erst eine Teilintegration[231].

Damals stellte Kohle eine wichtige Energiequelle dar. Problematisch war erstens die steigende Abhängigkeit der EGKS-Länder von Brennstoffen aus Drittländern[232], da sich in diesem Ausmaß von 1929 bis 1958 fast verdoppelt hat. Die Einfuhr von Öl und Kohle aus Drittländern erhöhten sich zwischen 1950 bis 1957 von 12% auf 27%. Zweitens stieg die Steinkohle-Förderung der Gemeinschaft von 1929 bis 1958

---

227 *Grunwald*, In: *Röttinger/Weyringer* (Hrsg.), Handbuch der europäischen Integration: Strategie – Struktur – Politik der Europäischen Union, 1996, S. 942; *Scholz*, In: *Groeben/Boeckh/Thiesing/Ehlermann* (Hrsg.), Kommentar zum EWG-Vertrag, 1983, S. 1502.

228 Der Vertrag tritt am 23. Juli 1952 in Kraft und seine Laufzeit war gemäß Art. 97 auf fünfzig Jahre begrenzt. Der Vertrag ist am 23. Juli 2002 ausgelaufen. Die Materien der EGKS sind in den EGV einbezogen. *Schweitzer/Hummer*, Europarecht: Das Recht der Europäischen Gemeinschaften (EGKS, EWG, EAG) – mit Schwerpunkt EWG, 1993, S. 22.

229 *Beckerath*, Ordnungspolitik in der Montanunion – erläutert am Beispiel der Kohlenwirtschaft, 1960, S. 23; *Jerusalem*, Das Recht der Montanunion, 1954, S. 7.

230 *Baumann/Turek*, In: *Weidenfeld* (Hrsg.), Lissabon in der Analyse. Der Reformvertrag der Europäischen Union, 2008, S. 160.

231 *Beckerath*, Ordnungspolitik in der Montanunion – erläutert am Beispiel der Kohlenwirtschaft, 1960, S. 12; *Constantinesco*, Das Recht der Europäischen Gemeinschaften I, 1977, S. 150.

232 Die Einführabhängigkeit im Energiebereich ist bis heute als die größte Gefährdung zu der europäischen Energieversorgungssicherheit erkannt.

nur um 4%[233]. Diese zwei Probleme führten zur Notwendigkeit einer gemeinsamen Ausformulierung einer Industriepolitik für die heimische Rohenergie, damit die Versorgung mit Kohle gesichert würde.

Obwohl die Energieversorgungssicherheit das „versteckte“ Hauptthema des Vertrages bildete, bestand die Sicherung der Kohleproduktion, die als „Wettbewerbsfähigkeit der Kohle“ verstanden werden kann, aus dem „eindeutigen“ Hauptgrund, den Vertrag abzuschließen. Wichtig waren die politischen und wirtschaftlichen Gründe, da diese zwei Rohstoffe – Kohle und Stahl – die Macht Deutschlands und Frankreichs und den Motor der Industrie repräsentierten. Der Steinkohlebergbau stellte damals eine der Schlüsselindustrien für die Erzeugung des wirtschaftlichen Wachstums dar. Von extremer Bedeutung war auch die Notwendigkeit, die wegen des Krieges gescheiterte deutsch-französische Solidarität wiederherzustellen[234]. Die sog. Schuman-Erklärung vom 9. Mai 1950[235] und die Präambel des EGKS-Vertrags[236] sowie die entsprechende Literatur[237] machten deutlich, dass die wirtschaftliche Integration und das Friedensideal in den Vordergrund traten, und

---

233 *Beckerath*, Ordnungspolitik in der Montanunion – erläutert am Beispiel der Kohlenwirtschaft, 1960, S. 28.

234 Zur politischen Geschichte der früheren europäischen Integration, vgl. *Dichgans*, Montanunion – Menschen und Institutionen, 1980, S. 25–75; *Fischer*, Europarecht, 2001, S. 7–16; *Haltern*, Europarecht – Dogmatik im Kontext, 2005, S. 30–36.

235 „(...) Die französische Regierung schlägt vor, die Gesamtheit der französisch-deutschen Kohle- und Stahlproduktion einer gemeinsamen Hohen Behörde zu unterstellen, in einer Organisation, die den anderen europäischen Ländern zum Beitritt offensteht. Die Zusammenlegung der Kohle- und Stahlproduktion wird sofort die Schaffung gemeinsamer Grundlagen für die wirtschaftliche Entwicklung sichern. (...) Die Solidarität der Produktion, die so geschaffen wird, wird bekunden, daβ jeder Krieg zwischen Frankreich und Deutschland nicht nur undenkbar, sondern materiell unmöglich ist. Abrufbar unter: http://europa.eu/about-eu/basic-information/symbols/europe-day/schuman-declaration/index_de.htm. (Stand: 15.07.2015).

236 „(...) in der Erwägung, daß der Weltfriede nur durch schöpferische, den drohenden Gefahren angemessene Anstrengungen gesichert werden kann, in der Überzeugung, daß der Beitrag, den ein organisiertes und lebendiges Europa für die Zivilisation leisten kann, zur Aufrechterhaltung friedlicher Beziehungen unerläßlich ist, (...) in dem Bemühen, durch die Ausweitung ihrer Grundproduktionen zur Hebung des Lebensstandards und zum Fortschritt der Werke des Friedens beizutragen, entschlossen, an die Stelle der jahrhundertealten Rivalitäten einen Zusammenschluß ihrer wesentlichen Interessen zu setzen, durch die Errichtung einer wirtschaftlichen Gemeinschaft den ersten Grundstein für eine weitere und vertiefte Gemeinschaft unter Völkern zu legen, (...)“. *Gaedke*, Das Recht der Europäischen Gemeinschaft für Kohle und Stahl, 1954, S. 1–2.

237 *Constantinesco*, Das Recht der Europäischen Gemeinschaften I, 1977, S. 150; *Haltern*, Europarecht – Dogmatik im Kontext, 2005, S. 37; *Jerusalem, Das Recht der Montanunion*, 1954, S. 2–3; *Europäische Kommission*, 1952–2002: 50 Jahre Kohleforschung der EGKS. 2002, S. 7.

die Energieversorgungssicherheit die Grundvoraussetzung dafür darstellte. Mit der Durchführung der wirtschaftlichen Aufgaben wurde ein politischer Zweck verfolgt[238].

Der Fokus bestand darin, die Sicherung des Handels und Verkehrs von Kohle und Stahl, d. h. die Erhöhung der Wettbewerbsfähigkeit auf dem Markt dieser zwei Rohstoffe, die als Wirtschaftsgüter gesehen wurden, zu gewährleisten. Energieversorgungssicherheit wurde dann verstanden als die Sicherung der Stahlindustrie durch die Ausbeutung von Kohle. In einer Broschüre der Presse- und Informationsstelle der Hohen Behörde der EGKS wurde erklärt, dass das wichtigste Ziel sein müsse, „die Erzeugung sämtlicher Energieformen rasch auszuweiten, um zu vermeiden, dass Europa seinen Lebensstandard herabsetzen muss und zu sehr von außerhalb der Gemeinschaft liegenden Energiequellen abhängig wird"[239]. Außerdem bestätigte sie, „Europa muss den Kampf um die Sicherstellung seiner Energieversorgung aufnehmen und erfolgreich zu Ende führen, denn sein wirtschaftlicher Fortschritt steht auf dem Spiel"[240]. Es gab hier eine enge Beziehung zwischen der europäischen Energieversorgungssicherheit und der Erhaltung der Wettbewerbsfähigkeit der Kohle- und Stahlindustrie in der europäischen Wirtschaft. Zudem ist zu beachten, dass Energieversorgungsicherheit als relativ hohe Energieeinfuhrunabhängigkeit verstanden wurde.

Die Errichtung eines gemeinsamen Markts zeichnete sich zuerst durch den freien Warenverkehr aus, in einer frei von diskriminierenden Praktiken und Maßnahmen und mit stabilen Preisen ausgestatteten Umgebung. Kurz gesagt: Es ging mehr um eine Industriepolitik (wirtschaftliche und politische Mechanismen für die Sicherheit der Versorgung der Kohle für die Stahlindustrie) als um eine Energiepolitik.

Die Programme zur Förderung der (technischen und ökonomischen) Forschung, die als Ziel hatten, dem Art. 55 des EGKS-Vertrags zu entsprechen, dienten der Versorgung der Stahlindustrie und der Erfindung neuer Märkte und Anwendungen für Kohle. Die Einführung dieser Programme stellte Antworten auf den wirtschaftlichen Druck dar. Der Forschungsbereich war mit den Wirtschaftlichkeitsaspekten verbunden[241].

Der Art. 3 Abs. a des EGKS-Vertrags soll gemäß den oben erwähnten Betrachtungen ausgelegt werden. Er stellt fest, dass die Organe der Gemeinschaft eine geordnete Versorgung des gemeinsamen Marktes im Einklang mit dem Bedarf dritter Länder berücksichtigen müssen. Die Versorgung des gemeinsamen Marktes soll planmäßig erfolgen und sich auch an die Verbraucher außerhalb des gemeinsamen Marktes richten[242]. Gleichermaßen gilt Art. 55 § 1, aus dem geschlossen werden kann, dass die Hohe Behörde die technische und wirtschaftliche Forschung für die

238 *Jerusalem*, Das Recht der Montanunion, 1954, S. 85.

239 *Europäische Gemeinschaft für Kohle und Stahl*, Kohle und Energie in Europa, 1958, S. 1.

240 Ebenda, S. 1.

241 *Europäische Kommission*, 1952–2002: 50 Jahre Kohleforschung der EGKS. 2002, S. 9.

242 *Jerusalem*, Das Recht der Montanunion, 1954, S. 91.

Erzeugung und die Steigerung des Verbrauchs von Kohle und Stahl sowie für die Betriebssicherheit in diesen Industrien fördern muss. Hier sind „Versorgung" und „Versorgungssicherheit" mit der Stahlindustrie und entsprechenden wirtschaftlichen Auswirkungen direkt und nur indirekt mit den sozialen und/oder nichtwirtschaftlichen Aspekten der Anwendung der Kohle verbunden.

Auch in Art. 58 und 59 kommt die Frage der Sicherung der Versorgung zum Tragen. Die Rede hier ist von dem Rückgang der Nachfrage im Fall einer Krise, bei der die Regierung eines Mitgliedstaates in den Markt eingreifen darf. Hier war nochmal die Wirtschaftlichkeit der heimischen Kohle und der Stahlindustrie zu schützen und nicht (als erster Grund) die ständige Energieversorgung für den Wohlstand der Gesellschaft.

Hinsichtlich der Begrifflichkeiten der Energieversorgungssicherheit liefern die Unterlagen und Publikationen, die den EGKS-Vertrag erklärten, keinen deutlichen Begriff für die Energieversorgungssicherheit, sondern stellen fest, dass eine Gemeinschaft erforderlich ist, um die Wettbewerbsfähigkeit der Kohle und der Stahlindustrie zu erhöhen und um den Frieden in Europa wiederherzustellen. Ob und wie diese zwei Ziele die Energieversorgung sichern können, lässt sich aus dem EGKS-Vertrag nicht herauslesen. Man ging davon aus, dass die Energieversorgungssicherheit notwendig war, ohne eine vertraglich rechtliche Verbindung mit den verfolgten Zielen zu erstellen. Allerdings ist ableitbar, dass **die Unabhängigkeit von importierten Energiequellen ein wichtiger Bestandteil der Energieversorgungssicherheit ist**.

2.1.1.2 Vertrag zur Gründung der Europäischen Atomgemeinschaft – EAGV

Wie die EGKS ist die EURATOM sowohl hinsichtlich des Anteils der Mitglieder als auch sachlich begrenzt, da sie die Kernenergie und nur die sechs Mitgliedstaaten betrifft[243]. Es geht noch um eine Teilintegration.

Der Vertrag zur Gründung der Europäischen Atomgemeinschaft – EAG[244] – ist einer der sog. „Römischen Verträge", die am 25. März 1957 unterzeichnet wurden.

---

243 *Constantinesco*, Das Recht der Europäischen Gemeinschaften I, 1977, S. 151; *Scheimann*, Euratom: nuclear integration in Europe, 1967, S. 11.

244 Auch als EURATOM (Vertrag über die Errichtung der Europäischen Gemeinschaft für Atomenergie) bezeichnet. In dieser Arbeit wird die konsolidierte Fassung des Vertrags zur Gründung der Europäischen Atomgemeinschaft, die in dem Amtsblatt Nr. C 84 v. 30. März 2010 veröffentlicht wurde, benutzt. Zu den vertraglichen Änderungsvorschlägen und ihren entsprechenden Entwürfen von 1964, 1971, 1974 und 1982, die als Hauptgrund hatten, die Vorschriften des Kapitels VI des EAG-Vertrages, insbesondere das Handelsmonopol der Versorgungsagentur und das Prinzip des gleichen Zugangs zu den Ressourcen zu ändern, vgl. *Manig*, Die Änderung der Versorgungs- und Sicherheitsvorschriften des Euratom-Vertrages durch die nachfolgende Praxis, 1993; *Nickel*, In: *Bieber/ders.* (Hrsg.), Das Europa

Sowohl der EAG-Vertrag als auch der Vertrag zur Gründung der Europäischen Wirtschaftsgemeinschaft – EWGV – traten am 1. Januar 1958 problemlos in Kraft.

Ziel der EURATOM ist es, die Erdölabhängigkeit vom Mittleren Osten[245], d.h. die Sicherstellung der Energieversorgungssicherheit, und vom nordamerikanischen *Know-how*[246] zu verringern[247]. Die Suezkrise (1956) stellte den historischen Ausgangspunkt dar, um die Ausnutzung der Kernenergie zu verteidigen. Die Ölabhängigkeit vom Mittleren Osten, wo die politische Instabilität und die Anwendung des Erdöls als ein Instrument eingesetzt wurden, um auf diese Länder aufmerksam zu machen, wurde als ein wachsendes Risiko für den wirtschaftlichen Fortschritt Europas ausgelegt. Damals waren die *Three Wise Men*[248] gemäß Projektionen über den künftigen Energiebedarf der Mitgliedstaaten der Gemeinschaft der Meinung, dass es eine als „europäisches Energieproblem" beschriebene Energielücke gab, die den wirtschaftlichen Fortschritt Europas hemmen könnte[249]. Die Erhöhung des Wirtschaftlichkeits- und Wettbewerbsfähigkeitsniveaus der Kernenergie diente als Lösung für das Energieproblem. Um dieses Ziel zu erreichen, waren wissenschaftliche und technische Kenntnisse, die Erleichterung der Investitionen und somit die gleichberechtigte Versorgung der Mitgliedstaaten mit Kernbrennstoffen notwendige

---

der zweiten Generation: Gedächtnisschrift für Christoph Sasse, 1981; *Nottebohm*, Die rechtlichen Mittel des Kapitel VI „Versorgung" im Euratom-Vertrag, 1990.

245 Schon 1956 mussten die Mitgliedstaaten fast 25% ihres Energiebedarfs durch Energieeinfuhren decken.

246 *Deubner, Die Atompolitik der westdeutschen Industrie und die Gründung von Euratom*, 1977, S. 2–4; *Nottebohm*, Die rechtlichen Mittel des Kapitel VI „Versorgung" im Euratom-Vertrag, 1990, S. 13–14; *Scheimann*, Euratom: nuclear integration in Europe, 1967, S. 44.

247 *Constantinesco*, Das Recht der Europäischen Gemeinschaften I, 1977, S. 151. Zur Vorgeschichte der Euratom, vgl. *Kramer*, Nuklearpolitik in Westeuropa und die Forschungspolitik der Euratom, 1976; *Weilemann*, Die Anfänge der Europäischen Atomgemeinschaft – Zur Gründungsgeschichte von Euratom 1955–1957, 1983.

248 Louis Armand, Franz Etzel und Francesco Giordani, die am 16. November 1956 von den Mitgliedstaaten der Euratom eingeladen wurden, einen Bericht „über die Menge an Kernenergie, die in naher Zukunft in unseren sechs Ländern erzeugt werden kann und die für diesen Zweck erforderlichen Mittel" auszuarbeiten. *Armand/Etzel/Giordani*, Ziele und Aufgaben für Euratom, Bericht im Auftrag der Regierungen Belgiens, der Bundesrepublik Deutschlands, Frankreichs, Italiens, Luxemburgs und der Niederlande, 1957, S. 13.

249 Ebenda, S. 15; *Weilemann*, Die Anfänge der Europäischen Atomgemeinschaft – Zur Gründungsgeschichte von Euratom 1955–1957, 1983, S. 151. Für Max Kohnstamm handelte es sich nicht um eine Energielücke im Sinne des Abwesendseins der Energie in den Mitgliedstaaten, sondern vielmehr um ein Ansteigen des Energiebedarfs und eine immer größere Energieeinfuhr, *Kohnstamm*, In: *Europa-Union Deutschland* (Hrsg.), Euratom – Wirtschaftliche, politische und ethische Probleme der Atomenergie, 1957, S. 55.

Voraussetzungen dafür; deren Ausführungsformen werden in dem EURATOM-Vertrag behandelt.

Wie bei dem EGKS-Vertrag kann auch dem EAG-Vertrag entnommen werden, dass die Energieversorgungssicherheit als Unabhängigkeit von der Energieeinfuhr und Sicherheit des wirtschaftlichen Fortschritts Europas verstanden wurde. Energieversorgungssicherheit bedeutete die Schaffung des Baus von Atomkraftwerken mit einer Gesamtleistung von 15 GW bis Ende 1967, so dass die Energieeinfuhren sich stabilisierten[250].

Die Notwendigkeit, die europäische Energieeinfuhr zu verringern, zusammen mit der Tatsache, dass kein Land in der Lage war, allein den damaligen außerordentlichen Aufwand für die Entwicklung der Kernenergieindustrie zu schaffen, ebneten den Weg für die Nutzung der Atomenergie als Grund für die Integration[251]. Die Teilung des Aufwands für Forschung und Entwicklung der Atomenergietechnik zwischen den Mitgliedstaaten war von besonderer Bedeutung für Frankreich, das das führende Atomland war und seine militärischen Interessen zu verwirklichen versuchte[252].

Aber letztlich soll zu den geschichtlichen Anmerkungen das Folgende unterstrichen werden: Obwohl die Suezkrise und die vielleicht nur scheinbare Energielücke zur Entwicklung einer einheimischen Atomindustrie führte, verlor die EURATOM wegen des Wechsels eines Energiedefizits zu einem Kohleüberfluss 1959 und wegen des Rückgangs der Aufwände der Importbrennstoffe einen Teil ihrer Legitimität, da einer der Hauptgründe – Energieknappheit – für die Kooperation der sechs Länder durch die Gründung einer Atomgemeinschaft nicht mehr vorhanden war und die Erzeugung der Atomenergie ihre Wettbewerbsfähigkeit verlor[253].

---

250 *Armand/Etzel/Giordani*, Ziele und Aufgaben für Euratom, Bericht im Auftrag der Regierungen Belgiens, der Bundesrepublik Deutschlands, Frankreichs, Italiens, Luxemburgs und der Niederlande, 1957, S. 45; *Scheimann*, Euratom: nuclear integration in Europe, 1967, S. 10.

251 *Armand/Etzel/Giordani*, Ziele und Aufgaben für Euratom, Bericht im Auftrag der Regierungen Belgiens, der Bundesrepublik Deutschlands, Frankreichs, Italiens, Luxemburgs und der Niederlande, 1957, S. 24–25. Zu einer Kritik in Bezug auf die Schaffung einer Integration, die die Atomenergie als Grund hat, vgl. *Scheimann*, Euratom: nuclear integration in Europe, 1967; *Weilemann*, Die Anfänge der Europäischen Atomgemeinschaft – Zur Gründungsgeschichte von Euratom 1955–1957, 1983, S. 189–191.

252 *Kramer*, Nuklearpolitik in Westeuropa und die Forschungspolitik der Euratom, 1976, S. 42; *Papenkort*, Der Euratom-Vertrag im Lichte des Vertrags über eine Verfassung für Europa, 2008, S. 23; *Scheimann*, Euratom: nuclear integration in Europe, 1967, S. 8–9; *Weilemann*, Die Anfänge der Europäischen Atomgemeinschaft – Zur Gründungsgeschichte von Euratom 1955–1957, 1983, S. 39–42.

253 *Scheimann*, Euratom: nuclear integration in Europe, 1967, S. 27–28; *Weilemann*, Die Anfänge der Europäischen Atomgemeinschaft – Zur Gründungsgeschichte von Euratom 1955–1957, 1983, S. 153.

2.1.1.2.1 Die mit Energieversorgungssicherheit verbundenen Rechtsregeln

Der wesentliche Charakter der Zusammenarbeit der Mitgliedstaaten wird schon in der Präambel des Vertrages deutlich gemacht, wo „nur ein gemeinsames Vorgehen, ohne Verzug unternommen, Aussicht bietet, die Leistungen zu verwirklichen, die der schöpferischen Kraft ihrer Länder entsprechen". Daher beschlossen die Mitgliedstaaten, „die Voraussetzungen für die Entwicklung einer mächtigen Kernindustrie zu schaffen, welche die Energieerzeugung erweitert, die Technik modernisiert und auf zahlreichen anderen Gebieten zum Wohlstand ihrer Völker beiträgt".

Allgemeine (administrative)[254] Aufgabe der EURATOM ist die Erstellung der politischen und wirtschaftlichen Voraussetzungen für die friedliche Nutzung der Kernenergie in den Mitgliedstaaten[255]. Konkret koordiniert die EURATOM mehrere nationale Atomforschungsprogramme und führt ihr eigenes Forschungsprogramm durch[256]. Die Aufgaben- und Regelungsbereiche der Atomgemeinschaft sind in Art. 2 des EAG-Vertrages niedergeschrieben und sie gliedern sich in: Förderung der Forschung, Verbreitung der Kenntnisse, Gesundheitsschutz, Investitionen, gemeinsame Unternehmen, Versorgung, Überwachung der Sicherheit, Eigentum, gemeinsamer Markt auf dem Kerngebiet und Außenbeziehungen.

2.1.1.2.1.1 Prinzip des gleichen Zugangs zu den Versorgungsquellen gemäß Art. 52 ff.

Die für diese Arbeit wichtigen Rechtsklauseln sind in Art. 52 ff. des Vertrages zu finden, die im Kapitel 6 – Versorgung – beschrieben werden. Art. 52 Abs. 1 und 2 setzten den Grundsatz des gleichen Zugangs zu den Versorgungsquellen fest, der durch eine gemeinsame Versorgungspolitik sicherzustellen ist. Der Zweck dieser Norm bestand darin, den gerechten Zugang und eine angemessene Versorgung von nuklearen Stoffen und Grundmaterialen zu gewährleisten, da zum Zeitpunkt der Ausarbeitung des EURATOM-Vertrages ein Ansteigen des Energiebedarfs und eine immer größere Energieeinfuhr stattfanden[257]. Zweck ist auch zu vermeiden, dass ein an Mineralien reicher Mitgliedstaat und die dort etablierten Unternehmen größere wirtschaftliche Vorteile gewinnen, so dass dieser Zusammenhang zu einer Ungleichheit zwischen den Mitgliedstaaten führt. Aber letztlich dienen dieser Grundsatz und sein entsprechendes Versorgungssystem als Garantie einer Integration der Mitgliedstaaten, da ein Zusammenhalt der Mitgliedstaaten notwendig ist, um den

254 *Nicolaysen*, Europarecht I – Die Europäische Integrationsverfassung, 2002, S. 44.

255 *Fischer*, Europarecht, 2001, S. 6; *Scheimann*, Euratom: nuclear integration in Europe, 1967, S. 12.

256 *Mathijsen*, Problems connected with the creation of Euratom, Law and Contemporary Problems, vol. 26, Nr. 3, 1961, S. 439; *Meyer-Cording*, In: *Europa-Union Deutschland* (Hrsg.), Euratom – Wirtschaftliche, politische und ethische Probleme der Atomenergie. Experten-Vorträge der Informationstagungen in Königswinter, Hamburg und Nürnberg einberufen von der Europa-Union, 1957, S. 70.

257 *Scheimann*, Euratom: nuclear integration in Europe, 1967, S. 16.

Nuklearsektor zu sichern. Demnach ist dieser Grundsatz Ausdruck des Gemeinschaftsgeistes[258].

Obwohl das Prinzip des gleichen Zugangs nicht im EAG-Vertrag definiert ist, sind die gleichen Zugangsmöglichkeiten zu den Ressourcen außer- und innerhalb Europas zu verstehen, die ein Verbot unterschiedlicher Belieferung der Verbraucher und damit deren Diskriminierung bedeuten. Art. 52 Abs. 2 UAbs. 2 EAGV bestimmt ein ausdrückliches Verbot der Ungleichbehandlung[259].

Dieser Gegenstand war so wichtig, dass dem Thema ein ganzes Kapitel gewidmet und eine spezielle Agentur mit einem Bezugsrecht über die im Gebiet der Mitgliedstaaten erzeugten Stoffe sowie dem ausschließlichen Recht, Verträge über die Lieferung von Erzen, Ausgangsstoffen oder besonderen spaltbaren Stoffen aus Ländern innerhalb oder außerhalb der Gemeinschaft abzuschließen (Art. 52 Abs. 2 lit. b i.V.m. Art. 64), gegründet wurde. Die Zentralisierung des Handels durch die Agentur durch das ausschließliche Recht erlaubt die Gewährleistung des Prinzips des gleichen Zugangs, da sie die einzige Einrichtung darstellt, die in der Lage ist, den Markt mit Transparenz zu behandeln und nichtdiskriminierende Bedingungen und Preise zu gestalten.

Die Agentur bildet eine hochspezialisierte Einrichtung der EURATOM, die eine Rechtspersönlichkeit – aber keine Völkerrechtspersönlichkeit[260] – somit Finanzautonomie (Art. 54 Abs. 1) besitzt und die primäre Aufgabe hat, die Versorgung der Gemeinschaft mit Mineralien, Rohstoffen und anderen spaltbaren Stoffen zu gewährleisten. Sie ist kein verfassungsmäßiges Organ der Gemeinschaft, da sie in Art. 3 des EAG-Vertrages nicht aufgeführt wird, und ihre Persönlichkeit ist gemäß ihrem hoheitlichen Aufgabenbereich eine des öffentlichen Rechts[261].

Art. 52 und sein Grundsatz des gleichen Zugangs zu den Versorgungsquellen und einer gemeinsamen Versorgungspolitik bilden zusammen mit der Gründung einer solchen Agentur die Umstände, durch die die im Art. 2 lit. d zitierten Programmziele der Gemeinschaft, eine regelmäßige und gerechte Versorgung mit Erzen und Kernbrennstoffen zu gewährleisten, erreicht werden können.

Das Prinzip des gleichen Zugangs wird durch die Agentur gewahrt, die die Aufgabe hat, erklärtes Angebot und Nachfrage einander gegenüberzustellen und zu publizieren (Art. 60). In diesem Zusammenhang spielt die Agentur eine marktwirtschaftliche Koordinierungsrolle. Außerdem wird das Prinzip des gleichen Zugangs durch die Regulierung des Markts verwirklicht. In diesem Zusammenhang ist die

---

258 *Errera/Symon/Van der Meulen/Vernaeve*, Euratom – Analyse et commentaires du Traité, 1958, S. 116; *Weilemann*, Die Anfänge der Europäischen Atomgemeinschaft – Zur Gründungsgeschichte von Euratom 1955–1957, 1983, S. 171.

259 *Manig*, Die Änderung der Versorgungs- und Sicherheitsvorschriften des Euratom-Vertrages durch die nachfolgende Praxis, 1993, S. 32.

260 *Lippert*, Energiewirtschaftsrecht – Gesamtdarstellung für Wissenschaft und Praxis, 2002, S. 132.

261 *Nottebohm*, Die rechtlichen Mittel des Kapitel VI „Versorgung“ im Euratom-Vertrag, 1990, S. 26.

Agentur u. U. berechtigt, Handelsbestände einzurichten (Art. 72); ein Preisgebaren, das gegen das Prinzip des gleichen Zugangs verstößt, kann die Kommission anzeigen (Art. 68) und den Herkunftsort der Stoffe bestimmen (Art. 65)[262].

Hier ist zu verstehen, dass im Rahmen des EAG-Vertrags die Energieversorgungssicherheit nur erreicht wird, wenn der gleiche Zugang zu diesen natürlichen Ressourcen – Uran und anderen nuklearen Stoffen – gewährleistet ist.

2.1.1.2.1.2 Versorgungspolitik gemäß Art. 70 ff.

Auch relevant ist die Sorge, die die Mitgliedstaaten dahingehend hatten, eine Versorgungspolitik einzuführen (Art. 70 ff.). Obwohl der Abschnitt V des Kapitels VI des EAG-Vertrages kein umfassendes versorgungspolitisches Konzept darstellt, da es 1957/58 noch keine politischen Elementen für eine selbstständige Energiepolitik gab[263], werden in Art. 70 einzelne versorgungspolitische Maßnahmen festgelegt. Natürlich geht es nicht um eine umfassende Energiepolitik, sondern nur um eine Politik ausschließlich für die Versorgung mit Uran.

Gemäß Art. 70 kann sich die Kommission an der Finanzierung der Schürfungsvorhaben der Gemeinschaft beteiligen und dazu Empfehlungen für die Mitgliedstaaten in Bezug auf die mineralische Ausbeutung anbieten. Dieses Beteiligungsrecht der Kommission ermöglicht es auch einem Mitgliedstaat, der über keine finanziellen Mittel verfügt, seine eigenen Uranerzlagerstätten abzubauen, an dem wirtschaftlichen Entwicklungsprozess der Gemeinschaft teilzunehmen. Diese Regel vermeidet, dass wirtschaftliche Unterschiede zwischen den Mitgliedstaaten die Erfüllung des Prinzips des gleichen Zugangs hemmen.

Auf der anderen Seite müssen die Mitgliedstaaten der Kommission jährlich einen Bericht vorlegen. Teil der Versorgungspolitik ist auch die Zuständigkeit der Agentur, Handelsbestände, und der Kommission, Sicherheitsbestände, einzurichten (Art. 72). Der praktische Unterschied zwischen beiden Arten von Beständen liegt darin, dass die Handelsbestände kurzfristige Versorgungsverträge abdecken können, während die Sicherheitsbestände erstellt werden, um eine Energieknappheit zu vermeiden[264].

Das Prinzip des gleichen Zugangs und die gemeinsame Versorgungspolitik sind beide Marktregeln, die ihre entsprechenden Anwendungen im Kurz- und Langzeitbereich finden. Während das Prinzip des gleichen Zugangs die Art und Weise der Zuteilung des Kernmaterials festsetzt, legt eine gemeinsame Versorgungspolitik die

262 *Errera/Symon/Van der Meulen/Vernaeve*, Euratom – Analyse et commentaires du Traité, 1958 , S. 121.

263 *Manig*, Die Änderung der Versorgungs- und Sicherheitsvorschriften des Euratom-Vertrages durch die nachfolgende Praxis, 1993, S. 36.

264 *Errera/Symon/Van der Meulen/Vernaeve*, Euratom – Analyse et commentaires du Traité, 1958 , S. 146.

Mittel, die die Versorgung des Marktes sicherstellen sollen, fest. Zusammen sichern sie die Versorgung mit Kernbrennstoffen[265].

2.1.1.2.2 Einheimisches Uran für die Energieversorgungssicherheit

Im Vergleich zu dem EGKS-Vertrag brachte der EAG-Vertrag viel mehr wichtige Elemente, die helfen, eine Idee der Energieversorgungssicherheit zu erstellen.

Auch in diesem Zusammenhang wurde die Energieversorgungssicherheit als das Erreichen eines höheren Unabhängigkeitsniveaus von Erdöl aus dem Mittleren Osten ausgelegt (**Energieunabhängigkeit**). Die Wirtschaftlichkeit Europas und die Wettbewerbsfähigkeit des europäischen Urans in Bezug auf den bei den USA monopolisierten Uranmarkt gewannen im EAG-Vertrag Gewicht, aber es ist nicht davon auszugehen, dass ein Spannungsverhältnis zwischen Wettbewerb und Versorgungssicherheit formuliert werden kann. Vielmehr sind die Regelmäßigkeit und Gerechtigkeit der Versorgung (Art. 2 lit. d) im EAG-Vertrag erheblich, selbst wenn die Gemeinschaft höheren Preisen gegenübersteht.

Außerdem wurde bei dem EAG-Vertrag folgende Idee eingeführt: Um die Energieversorgungssicherheit zu erreichen und die Programmziele, eine regelmäßige und gerechte Versorgung mit Erzen und Kernbrennstoffen zu gewährleisten, war es notwendig, den **gleichen Zugang der Mitgliedstaaten zu den Versorgungsquellen** zu sichern und eine **gemeinsame Versorgungspolitik** zu implementieren. Unter dem Prinzip des gleichen Zugangs zu den Versorgungsquellen ist die Forderung nach gleicher Behandlung der Unternehmen und der Mitgliedstaaten zu verstehen. Dieser Grundsatz ist sowohl ein wettbewerbsregelndes Diskriminierungsverbot als auch Ausdruck des Gleichheitssatzes. Auf der anderen Seite bedeutet eine gemeinsame Versorgungspolitik die langfristige Planung, die die Mitgliedstaaten durch eine genaue Marktkenntnis der Gemeinschaft ausführen müssen, um Versorgungsengpässe und unvorhergesehene Energieknappheit zu vermeiden und die Versorgung der Kernbrennstoffe sicherzustellen. Erst hinsichtlich dieser zwei Regeln ist die Energieversorgungssicherheit zu verstehen.

Die Agentur ist als Inhaberin eines Versorgungsmonopols charakterisiert geworden. Außerdem erfüllt sie ihre hoheitlichen Aufgaben durch eine Regulierung und Koordinierung des Marktes. Die Leistung der Agentur zusammen mit dem Prinzip des gleichen Zugangs zu den Versorgungsquellen könnte in Frage stellen, inwieweit ein Mitgliedstaat über seine Ressourcen noch souverän verfügen kann. Die Frage ist ebenso relevant, da z. B. der Rechtsakt eines Staates, der in Ausübung seiner Souveränität über seine Ressourcen sich weigert, den Abbau einer Uranerzlagerstätte zu genehmigen, als ein Verstoß des Art. 2 lit. d EAGV (Forderung nach einer regelmäßigen und gerechten Versorgung) und sowohl als eine Diskriminierung als auch als eine Dringlichkeit der Nachfrage im Rahmen des EAG-Vertrages ausgelegt werden kann. Die Souveränität über Ressourcen und der Grad eines Widerrufs

265 *Nottebohm*, Die rechtlichen Mittel des Kapitel VI „Versorgung" im Euratom-Vertrag, 1990, S. 36–37.

dieser Souveränität zu Gunsten einer echten Integration mit gerechtem Zugang zu Ressourcen sind wichtige Aspekte für ein Verständnis der Energieversorgungssicherheit.

2.1.1.3 Vertrag zur Gründung der Europäischen Wirtschaftsgemeinschaft – EWGV

Nach dem Vertrag über die Gründung der Europäischen Gemeinschaft für Kohle und Stahl – EGKS –, der den ersten Versuch für eine europäische Integration auf wirtschaftlichem Gebiet darstellte, probierten die Mitgliedstaaten die Integration auf anderen Gebieten aus. Da noch kein Raum für eine europäische Verteidigungs- oder politische Gemeinschaft bestand, wurden die Bemühungen dahin gelenkt, eine gesamte Wirtschaft zu schaffen[266]. Wie schon erwähnt, wurde am 25. März 1957 in Rom der Vertrag zur Gründung der Europäischen Wirtschaftsgemeinschaft – EWGV – unterzeichnet.

Im Gegensatz zu den zwei oben analysierten Verträgen beschränkt sich der EWG-Vertrag auf nicht die Regelung in bestimmten Bereichen. Ziel des EWG-Vertrags ist somit die Gründung eines umfassenden Wirtschaftraumes, der von freiem Warenverkehr ohne Zölle und Kontingente geprägt werden soll. Kurz gesagt versuchte der EWG-Vertrag, eine Zollunion herzustellen. Die anderen Mechanismen und Maßnahmen, die im EWG-Vertrag enthalten sind und erhebliche Schritte für eine wirtschaftliche Integration darstellen, dienen der Schaffung der Zollunion. Beispiele dieser Maßnahmen sind die Einigung über Agrar- (Art. 39 ff. EWGV) und Verkehrspolitik (Art. 74 ff. EWGV), obwohl die Vorschriften sich auf die Grundsätze beschränken und sich nicht zu der Konkretisierung dieser Politiken erweitern.

Gleiche Politiken für den Energiesektor oder sogar bloße Zuständigkeitsregelungen oder rechtliche Erwägungen bezüglich der Energieversorgungssicherheit sind im EWG-Vertrag nicht zu finden. Es gibt überhaupt keine spezifischen Vorschriften für den Energiebereich[267].

Die Gründe dafür sind vielfältig und mischen sich mit den erwähnten Besonderheiten der Energie als Ware und der Sonderstellung der Energiepolitik. Erstens entwickelten sich die nationalen staatlichen Regelungen hinsichtlich Produktion, Handel, Genehmigungsverfahren, Steuern und Einfuhr so unterschiedlich, dass die Einrichtung eines gemeinsamen Marktes für Energie im Rahmen des EWG-Vertrages – d. h. die Erstellung einer Energiepolitik – eine anzustrebende Angleichung oder einen Verzicht auf diese Regeln notwendig machte. Zweitens war auch die Interessenlage zwischen den Verbraucherländern und den Mitgliedstaaten, die Kohle produzieren, unterschiedlich. Auch die Reichweite der Regelungen – welche

266 *Berié/Miller*, Gemeinsamer Markt und Euratom. Die Verträge von Rom v. 25. März 1957 mit sämtlichen Anhängen und Anlagen, 1959, S. 3.

267 *Lippert*, Energiewirtschaftsrecht – Gesamtdarstellung für Wissenschaft und Praxis, 2002, S. 133.

Energieart und wie weit das Niveau des Eingriffs reglementiert werden sollen – provozierte Uneinigkeit. Drittens waren die Regierungen der Mitgliedstaaten von der Erfahrung mit dem EGKS-Vertrag nicht überzeugt, so dass es besser erschien, die konkreten Ergebnisse der Institutionen der EWG abzuwarten, bevor eine europäische Energiepolitik reglementiert wurde. Viertens gab es Widerstand seitens der Hohen Behörde der Montanunion, die die Zuständigkeiten der Institutionen der EWG als eine mögliche Beeinträchtigung ihrer Befugnisse sah[268-269].

Es gelten somit für den Energiesektor die allgemeinen Regelungen des Vertrages, wie z. B. die im Art. 92 geregelten staatlichen Beihilfen und Subventionen, das allgemeine Diskriminierungsverbot des Art. 7 und Art. 37 sowie das Kartell- und Monopolverbot im Handel zwischen Mitgliedstaaten sowie die Maßnahmen gegen Dumpingpraktiken, deren Ziel es ist, den freien Wettbewerb innerhalb des gemeinsamen Marktes für Waren, Dienstleistungen und Produktionsfaktoren zu beeinträchtigen[270]. Zudem könnte auch Art. 103 Abs. 4 EWGV für Energieversorgungssicherheit anwendbar sein, da dort geregelt wurde, dass das im Art. 103 (Konjunkturpolitik) geregelte Verfahren auch für Schwierigkeiten mit bestimmten Waren gelten könnte[271].

Während sowohl für die Primärenergie Erdöl und Erdgas als auch für die Sekundärenergie dieser allgemeine Ordnungsrahmen des EWG-Vertrages gilt, bleiben die Sonderbestimmungen des EGKSV für Kohle und des EAGV für Kernenergie unberührt und noch anwendbar (Art. 232 EWGV). Dieser zweifache Charakter der Regelungen für den Energiesektor, der von der Ordnungs- und Eingriffspolitik für Kohle und Kernenergie und der Beschränkung auf eine gemeinschaftliche Ordnungspolitik für die anderen Energiearten geprägt wird, ist kaum kohärent[272].

Der einzige verträgliche Ansatzpunkt für den Versuch einer Schaffung der europäischen Energiepolitik liegt im Art. 235 EWGV. Dieser stellt fest, dass die

268 Deswegen wurde Art. 232 des Vertrages eingefügt: „Abs. 1 Dieser Vertrag ändert nicht die Bestimmungen des Vertrags über die Gründung der Europäischen Gemeinschaft für Kohle und Stahl, insbesondere hinsichtlich der Rechte und Pflichten der Mitgliedstaaten, der Befugnisse der Organe dieser Gemeinschaft und der Vorschriften des genannten Vertrags für das Funktionieren des Gemeinsamen Marktes für Kohle und Stahl. Abs. 2 Dieser Vertrag beeinträchtigt nicht die Vorschriften des Vertrags zur Gründung der Europäischen Atomgemeinschaft“.

269 *Groeben*, Aufbaujahre der Europäischen Gemeinschaft. Das Ringen um den Gemeinsamen Markt und die Politische Union (1958–1966), 1982, S. 114; *Küsters*, Die Gründung der Europäischen Wirtschaftsgemeinschaft, 1982, S. 194–196.

270 *Berié/Miller*, Gemeinsamer Markt und Euratom. Die Verträge von Rom v. 25. März 1957 mit sämtlichen Anhängen und Anlagen, 1959, S. 8; *Scholz*, In: *Groeben/Boeckh/Thiesing/Ehlermann* (Hrsg.), Kommentar zum EWG-Vertrag, 1983, S. 1505.

271 *Haghighi*, Energy security and the division of competences between the European Community and its Member States, European Law Journal, Vol. 14, Nr. 4, 2008.

272 *Groeben*, Aufbaujahre der Europäischen Gemeinschaft. Das Ringen um den Gemeinsamen Markt und die Politische Union (1958–1966), 1982, S. 112–113.

Kommission dem Rat Vorschriften vorschlagen kann, die erforderlich sind, um im Rahmen des Gemeinsamen Marktes eines der Ziele der Gemeinschaft zu verwirklichen, wenn die erforderlichen Befugnisse im EWG-Vertrag nicht vorgesehen sind. Offengeblieben waren, in welchem Fall eine Energiepolitik notwendig für die Erreichung der Ziele war und, wenn bejaht, welche Institutionen durch welches Instrumentarium die Koordinierung der (Energie-)Politik schaffen könnte.

Trotz dieser Inkohärenz und der Uneinigkeit rund um eine künftige Gesamtenergiepolitik versuchten die Mitgliedstaaten schon vor Inkrafttreten des EWG- und des EAG-Vertrages durch eine Vereinbarung zwischen dem Ministerrat und der Hohen Behörde vom 8. Oktober 1957 diese Probleme zu lösen und die Voraussetzungen für eine koordinierte Energiepolitik zu schaffen[273]. Im Laufe der folgenden Jahre wurden eine Reihe von Maßnahmen (Richtlinien, Verordnungen, Beschlüsse des Rates und Mitteilungen der Kommission) bezüglich der Mindestvorräte von Erdöl und Erdölerzeugnissen, der Einfuhr von Kohle und des Falles von Versorgungsschwierigkeiten veröffentlicht worden, um sich von den höheren Preisen des eingeführten Erdöls loszureißen und später die Erdölkrise der Siebzigerjahre zu bekämpfen.

Aber dem EWG-Vertrag können ein oder mehrere Merkmale im Rahmen der Energieversorgungssicherheit, die in dieser Dissertation ausgearbeitet werden sollen, nicht entnommen werden.

2.1.2 Vertrag zur Gründung der Europäischen Union – EUV

Der Vertrag zur Gründung der Europäischen Union – EUV –, der 1992 in Maastricht unterzeichnet wurde, markierte den Höhepunkt der Phase neuer Supranationalität und Politisierung, die mit der Einheitlichen Europäischen Akte – EEA[274] – in den 1980er Jahren begann und die zwei vorherigen Phasen – die Gründungs- (1952–1975) und die Stagnationsphase (1975–1985) – ersetzte[275]. Das Drei-Säulen-Modell[276] wurde mittels einer Einigung auf eine Gemeinsame Außen- und Sicherheitspolitik – GASP –, die Zusammenarbeit in den Bereichen Justiz und Inneres – ZBJI – und die

273 *Grunwald*, In: *Röttinger/Weyringer* (Hrsg.), Handbuch der europäischen Integration: Strategie – Struktur – Politik der Europäischen Union, 1996, S. 943. Zur nachfolgenden politischen Entfaltung, die zu einer gemeinsamen Energiepolitik führte und die bezüglich der Versorgungssicherheit immer klarstellte, dass die Sicherheit der Versorgung erst erreicht werden könnte, wenn die heimischen Energiequellen stärker ausgebeutet wurden und die Abhängigkeit von dem Erdöl des Nahen Ostens sich reduzierte, vgl. *Groeben*, Aufbaujahre der Europäischen Gemeinschaft. Das Ringen um den Gemeinsamen Markt und die Politische Union (1958–1966), 1982, S. 326–329; *Scholz*, In: *Groeben/Boeckh/Thiesing/Ehlermann* (Hrsg.), Kommentar zum EWG-Vertrag, 1983, S. 1506 ff.

274 Die EEA wurde im Februar 1986 unterzeichnet und trat am 01.07.1987 in Kraft.

275 *Haltern*, Europarecht – Dogmatik im Kontext, 2005, S. 39.

276 Zum Drei-Säulen-Modell, vgl. z. B. *Fischer*, Europarecht, 2001, S. 17–18; *Haltern*, Europarecht – Dogmatik im Kontext, 2005, S. 55–56; *Nicolaysen*, Europarecht I – Die Europäische Integrationsverfassung, 2002, S. 59–61.

Gründung der Europäischen Gemeinschaft, die von der Wirtschafts- und Währungsunion geprägt wird, implementiert.

Bezüglich des Energiebereichs beinhaltete schon vorher der EU-Vertrag viele Vorschriften[277] (2.1.2.1), deren Veröffentlichung und Inkrafttreten auf die Notwendigkeit eines primärrechtlichen Mechanismus für die Entwicklung einer Energiepolitik hindeuteten. Auch hier werden die energierechtlichen Vorschriften der Verträge von Maastricht (2.1.2.2), über eine Verfassung für Europa (2.1.2.3) und von Lissabon (2.1.2.4), die sich mit Energieversorgungssicherheit befassen, untersucht, um zu der Errichtung einer Idee der Energieversorgungssicherheit zu verhelfen[278].

2.1.2.1 Ölkrise als antreibende Kraft hin zur Gründung einer europäischen Energiepolitik

Da nach Inkrafttreten des EGKS-Vertrages eine Energieknappheit und eine Energielücke nicht in Betracht kamen und da es keine Einigung im Hinblick auf die von der Europäischen Kommission vorgelegten Dokumente „Orientierungen und vordringliche Maßnahmen auf dem Gebiet der gemeinschaftlichen Energiepolitik" gab, entwickelte die Europäische Gemeinschaft im Energiebereich bis zur Ölkrise von 1973 eine geringe Aktivität[279]. Unabhängig von der Gesamtenergieversorgung der Gemeinschaften, gab es für den Steinkohlebergbau das Problem der Verringerung des Versorgungsanteils an Kohle. Um dies zu lösen, erließen die drei Exekutivorgane der Gemeinschaft am 25.06.1962 ein Memorandum, das die ersten Grundsätze einer gemeinsamen Energiepolitik umfasste. Bezüglich der Energieversorgungssicherheit[280] bestand eines der Ziele in einer gemeinsamen Vorratspolitik (2.1.2.1.1)[281], die

---

277 Die zitierten Vorschriften sind Teile des Sekundärrechts, die aber aus chronologischer Gründe in diesem Teil der Arbeit betrachtet werden.

278 Da der Vertrag von Amsterdam, der am 02.10.1997 unterzeichnet wurde und am 01.05.1999 in Kraft trat, und der Vertrag von Nizza, der am 26.02.2001 unterzeichnet wurde und am 01.02.2003 in Kraft trat, nichts zu den mit dem Energiebereich verwandten Änderungen, Umnummerierungen und Konsolidierungen der EU- und EWG-Verträgen, zu einem transparenteren Entscheidungsprozess sowie zu Bestimmungen über eine geänderte Zusammensetzung der Kommission und eine neue Stimmengewichtung im Rat beiträgt, werden sie in dieser Arbeit nicht analysiert.

279 *Maichel*, In: *Hendler/Ibler/Soria* (Hrsg.), Für Sicherheit, für Europa – Festschrift für Volkmar Götz zum 70. Geburtstag, 2005, S. 57.

280 Hier sind nur die Vorschriften zu erwähnen, die in irgendeiner Form in Verbindung mit der Energieversorgungssicherheit stehen. Zu der kompletten Liste der rechtlichen Akten dieses Zeitraumes, vgl. *Comission des Communautés Europénnes*, Recueil des textes législatifs et des actes relatifs au domaine de l'Energie, 1988.

281 *Groeben*, Aufbaujahre der Europäischen Gemeinschaft. Das Ringen um den Gemeinsamen Markt udn die Politische Union (1958–1966), 1982, S. 326; *Scholz*, In:

aber später im Rahmen der Ölkrise der Siebzigerjahre[282] zum Keim einer echten Energiepolitik wird (2.1.2.1.2).

2.1.2.1.1 „Energiepolitik" als Vorratspolitik

Diese Vorratspolitik, die aus einer Antwort auf die wachsende Erdölimportabhängigkeit und die steigenden Rohölpreise und somit zu Gunsten einer vom Erdöl abhängigen Gesellschaft besteht, wurde durch eine Richtlinie und eine Entscheidung des Rates konkretisiert. Die auf den Art. 103 des EWG-Vertrages[283] gestützte Richtlinie des Rates vom 20. Dezember 1968 „zur Verpflichtung der Mitgliedstaaten der EWG, Mindestvorräte an Erdöl und/oder Erdölerzeugnissen zu halten"[284], stellte in seinem Art. 1 eine Erdölvorratspflicht von 65 Verbrauchstagen fest, um die Energieversorgungssicherheit zu gewährleisten, so dass die Wirtschaftstätigkeit und die Produktionsbedingungen in der Gemeinschaft durch eine eventuelle Versorgungskrise nicht beeinträchtigt werden. Dazu reglementierte die Entscheidung des Rates vom 20. Dezember 1968 „über den Abschluss und die Ausführung von besonderen zwischenstaatlichen Übereinkünften betreffend die Verpflichtung der Mitgliedstatten der EWG, Mindestvorräte an Erdöl und/oder Erdölerzeugnissen zu halten"[285], den Art. 6 Abs. 2 der genannten Richtlinie. Kurz vor dem Erdölschock erließ der Rat am 19. Dezember 1972 eine Richtlinie[286], die den Erdölmindestvorrat auf 90 Verbrauchstage erhöhte.

Groeben/Boeckh/Thiesing/Ehlermann (Hrsg.), Kommentar zum EWG-Vertrag, 1983, S. 1507.

282 Hildingsson/Stripple/Jordan, In: *Jordan/Huitema/Asselt/Rayner/Berkhout* (Hrsg.), Climate Change Policy in the European Union, 2010, S. 105.

283 „Art. 103 1. Die Mitgliedstaaten betrachten ihre Konjunkturpolitik als eine Angelegenheit von gemeinsamem Interesse. Sie setzen sich miteinander und mit der Kommission über die unter den jeweiligen Umständen zu ergreifenden Maßnahmen ins Benehmen. 2. Auf Vorschlag der Kommission kann der Rat unbeschadet der sonstigen, in diesem Vertrag vorgesehenen Verfahren einstimmig über die der Lage entsprechenden Maßnahmen entscheiden. 3. Der Rat erläßt mit qualifizierter Mehrheit auf Vorschlag der Kommission gegebenenfalls die erforderlichen Richtlinien zur Durchführung der gemäß Absatz 2 getroffenen Entscheidungen. 4. Das in diesem Artikel vorgesehene Verfahren gilt auch für den Fall, daß Schwierigkeiten in der Versorgung mit bestimmten Waren auftreten".

284 ABl. L 308 v. 23.12.68, S. 14–16.

285 ABl. L 308 v. 23.12.1968, S. 19.

286 ABl. L 291 v. 28.12.1972, S. 154. Auch zu erwähnen ist die Richtlinie des Rates v. 20.05.1975 „zur Verpflichtung der Mitgliedstaaten, Mindestvorräte an fossilen Brennstoffen bei den Wärmekraftwerken zu halten" (Bevorratungsrichtlinie). ABl. L 153 v. 13.6.1975, S. 35. Sie wurde durch die Entscheidung des Rates v. 20.12.1996 aufgehoben. ABl. L 3 v. 1997, S. 67.

2.1.2.1.2 *Gesetzgebende Keime einer gemeinsamen Energiepolitik*

Aufgrund der veränderten Lage gewann das Thema Energiepolitik in der Öffentlichkeit an Bedeutung, und die Kommission versuchte, neue rechtliche Instrumente zu erlassen, um die Erdölkrise zu bekämpfen und die sichere Energieversorgung zu gewährleisten[287]. Zu nennen ist beispielsweise die Richtlinie des Rates vom 24.07.1973 „über Maßnahmen zur Abschwächung der Auswirkungen von Schwierigkeiten bei der Versorgung mit Erdöl und Erdölerzeugnissen"[288], die im Erwägungsgrund die Notwendigkeit vorausgehender und gemeinsamer Verfahren und Instrumente bezüglich der Bekämpfung künftiger Versorgungsschwierigkeiten betonte und in ihren Artikeln, die für die Mitgliedstaaten Pflichten mit sich brachten und bestimmte Organe für die Durchführung der Maßnahmen gegen Versorgungsschwierigkeiten benannte (Art. 2 Abs. 1), betonte, dass Interventionspläne vorzubereiten seien (Art. 2 Abs. 2). Die Mitteilung an die Kommission war, im Falle von Versorgungsschwierigkeiten eine Gruppe für die Koordinierung der notwendigen Maßnahmen einzuberufen, um das Problem rechtzeitig zu lösen, (Art. 3).

Die Erstellung einer gemeinsamen Energiepolitik für Europa schien dringend, und am 30.01.1974 beschloss der Rat die Schaffung eines Energieausschusses, der die Aufgabe hatte, sich mit den wesentlichen Fragen der Energiepolitik zu beschäftigen und die Kommission zu beraten. Die Erkenntnis, dass nur eine gemeinschaftliche, dauerhafte und geplante Energiepolitik die Energieversorgungssicherheit gewährleisten könne, wurde durch zwei Entschließungen des Rates konkretisiert: die Entschließung des Rates vom 17.09.1974 „betreffend eine neue energiepolitische Strategie für die Gemeinschaft"[289] und die Entschließung des Rates vom 17.12.1974 „betreffend Ziele der gemeinschaftlichen Energiepolitik für 1985"[290].

Die erste Entschließung legte die Verbesserung der Sicherheit der Energieversorgung als Ziel fest und stellte dar, dass die Versorgungssicherheit durch die Ausbeutung der Kernenergieerzeugung, das Vorkommen der Gemeinschaft an Kohlenwasserstoffen, die diversifizierte und sichere Versorgung von außen, somit

287 *Jarass*, Europäisches Energierecht: Bestand – Fortentwicklung – Umweltschutz, 1996, S. 17; *Lippert*, Energiewirtschaftsrecht – Gesamtdarstellung für Wissenschaft und Praxis, 2002, S. 134.

288 ABl. L 228 v. 16.8.1973, S. 1.

289 ABl. C 153 v. 9.7.1975, S. 1.

290 ABl. C 153 v. 9.7.1975, S. 2. Aktualisiert durch die Entschließung des Rates v. 9.7.1980 „über die energiepolitischen Ziele der Gemeinschaft für 1990 und die Konvergenz der Politik der Mitgliedstaaten" (ABl. C 149 v. 18.6.1980, S. 1) und später durch die Entschließung des Rates v. 16.9.1986 „über neue energiepolitische Ziele der Gemeinschaft für 1995 und die Konvergenz der Politik der Mitgliedstaaten" (ABl. C 241 v. 25.9.1986, S. 1). In dieser letzten Entschließung wies der Rat auf die Notwendigkeit einer „besseren Integration des von Handelshemmnissen befreiten Energiebinnenmarktes mit dem Ziel, die Versorgungssicherheit zu erhöhen, die Kosten zu verringern und die wirtschaftliche Wettbewerfähigkeit zu verstärken", hin.

Bemühungen um die technologische Forschung und Entwicklung, verstärkt werden muss. Die zweite Entschließung umfasst konkrete Ziele – Anteil der Erdöleinfuhren, Kernkraftanlagen, Steinkohleförderung, die verringert bzw. installiert oder beibehalten werden müssen –, die bis 1985 erreicht werden sollen.

Es ist das erste Mal, dass die Europäische Gemeinschaft die Energieversorgungssicherheit mit der Planung einer dauerhaften und langfristigen Energiepolitik verbindet. Davor gab es nur für die Versorgungssicherheit punktuelle und dringende Maßnahmen, wie z. B. die Richtlinien für Mindestvorräte. Die Ölkrise machte deutlich, dass eine gemeinschaftliche Energieversorgungssicherheit langfristige und geplante Maßnahmen und rechtliche Instrumente erfordert. Was das Erdöl betrifft, wurde eine Verringerung seiner Abhängigkeit durch die Erhöhung des Energiemixes bewiesen.

Über die einheitlichen und gemeinschaftlichen Aspekte der Energiepolitik – und dementsprechende Energieversorgungssicherheit – erließ der Rat die Verordnung Nr. 273 vom 30.01.1974 „betreffend die für die Aufstellung umfassender Energiebilanzen für die Gemeinschaft bestimmten Informationen“[291], die bei der Verordnung Nr. 1.729 vom 21.06.1976[292] aufgehoben wurden. Die Gründe hinter diesen Verordnungen liegen in der Tatsache, dass eine rasche Antwort zu den Versorgungsschwierigkeiten nur gegeben werden kann, wenn eine höhere Koordinierung und Behandlung der Auskünfte der Energielage in jedem Mitgliedstaat besteht.

Auf der Seite der realen Übertragung von Energie zwischen den Mitgliedstaaten wurde die Entscheidung des Rates vom 14.02.1977 „über die Ausfuhr von Erdöl und Erdölerzeugnissen von einem Mitgliedstaaten nach einem anderen bei Versorgungsschwierigkeiten“[293] veröffentlicht. Diese Entscheidung basiert u. a. auf dem Solidaritätsprinzip und gemäß der Erwägung der Entscheidung bildet sie eine der Grundlage einer gemeinsamen Energiepolitik[294]. Eine der Erwägungen bestätigt, dass gemäß dem Solidaritätsprinzip und dem Grundsatz der Nichtdiskriminierung die Belastung auf Grund des Defizits der Versorgung auf die Mitgliedstaaten zu verteilen ist. Außerdem sagt die Entscheidung der Kommission vom 28.09.1978 „zur Durchführung der Entscheidung 77/186/EWG des Rates“[295] aus, dass das Entstehen einer echten Solidarität, die versucht, eine optimale Energieversorgung der gesamten Gemeinschaft und eine gerechte Verteilung der Belastungen und Folgen der Krise aufzubauen, das Hauptziel der Entscheidung 77/186/EWG des Rates bildet.

291 ABl. L 32 v. 5.2.1974, S. 1.

292 ABL. L 198 v. 23.7.1976, S. 1.

293 ABl. L 61 v. 5.3.1977, S. 23. Geändert durch die Entscheidung des Rates v. 22.10.1979. ABl. L 270 v. 27.10.1979, S. 58.

294 Derselbe Grund kommt auch auf die Entscheidung des Rates v. 7.11.1977 „zur Festsetzung eines gemeinsamen Richtwerts für die Einschränkung des Primärenergieverbrauchs bei Schwierigkeiten in der Versorgung mit Erdöl und Erdölerzeugnissen“ vor. ABl. L 292 v. 16.11.1977, S. 9.

295 KOM (78) 890/EWG; ABl. L 311 v. 4.11.1978, S. 13.

Umstritten ist, inwieweit sich das Solidaritätsprinzip auf die Energieversorgungssicherheit bezieht und in welchen Situationen es berufen werden kann. Eine rasche buchstäbliche Auslegung der Erwägungen könnte zu dem Ergebnis führen, dass das Solidaritätsprinzip nur bei Energieversorgungsschwierigkeiten anwendbar ist und nicht auch unter „normalen" Umständen der Energieversorgung. Eine solche Auslegung findet immer noch Befürworter, selbst im Fall vom Art. 194 AEUV[296].

Die Verfügung über Informationen und das entsprechende Integrationsniveau der Mitgliedstaaten unter normalen Umständen und auch im Laufe einer Versorgungskrise sind somit ein wesentlicher Teil der Energiepolitik und dienen dazu, Störungen zu vermeiden und die Energieversorgungssicherheit sicherzustellen. Wichtige Merkmale der Versorgungssicherheit sind somit das **Integrationsniveau** (oder der bessere, spezifizierte Ausdruck **energetische Integration**) einer Gemeinschaft, wodurch die **Solidarität** der Mitgliedstaaten im Energiebereich zu realisieren ist. Welche Rolle diese Merkmale bezüglich der Energieversorgungssicherheit spielen können, ist in folgenden Kapiteln auszuwerten.

Erwähnenswert ist Art. 3 der Entscheidung der Kommission vom 28.09.1978 „zur Durchführung der Entscheidung 77/186/EWG des Rates", der bestätigt, welche Faktoren bei einer Versorgungskrise die Kommission bei ihrer Entscheidung über die Aussetzung der Erteilung von Ausfuhrgenehmigungen eines Mitgliedstaates berücksichtigen muss, und hervorhebt, welche Elemente beobachtet werden müssen, um die Versorgungssicherheit – innerhalb der energetischen Planung – zu gewährleisten. Gemäß Art. 3 sind die Elemente die Folgenden: die Gesamtsituation der Erdölversorgung, die Versorgungssituation in den betreffenden Mitgliedstaaten, Defizite in der Erdöleinfuhr der betreffenden Mitgliedstaaten, Maßnahmen zur Einschränkung des Verbrauchs in den betreffenden Mitgliedstaaten und auf Gemeinschaftsebene und internationale Verpflichtungen der Mitgliedstaaten.

Die Bekämpfung der Erdölkrise der Siebzigerjahre verlangte nicht nur rechtspolitische Maßnahmen, die direkt mit der Erdöleinfuhr und dem Erdölverbrauch verknüpft sind. Die Entwicklung einer verschiedenartigen Energiematrix wurde auch als ein wesentlicher Teil der Energiepolitik verstanden und diente als Gegengewicht zur Einschränkung des Energieverbrauchs, was die wirtschaftliche Entfaltung der Gemeinschaft hemmen könnte.

Am 15.10.1980 wurde die Verordnung Nr. 2.618/80 des Rates vom 07.10.1980 „zur Einführung einer spezifischen Gemeinschaftsmaßnahme zur regionalen Entwicklung im Hinblick auf die Verbesserung der Sicherheit der Energieversorgung in einigen Gebieten der Gemeinschaft durch eine stärkere Nutzung neuer Technologien im Bereich der Stromgewinnung aus Wasserkraft und den Ausbau alternativer Energiequellen"[297] veröffentlicht. Praktisch geht es um eine Regulierung, welche

---

296 S. 3.2.1.1.

297 ABl. L 271 v. 15.10.1980, S. 23. Geändert durch die Verordnung Nr. 218/84 des Rates v. 18.01.1984, um die griechischen Inseln in das entwickelnde Programm einzubeziehen. ABl. L 27 v. 18.1.1984, S. 19.

spezifischen Maßnahmen die Berggebiete des Mezzogiorno in Italien betreffen, wo neue örtliche Stromerzeugungskapazitäten gefördert werden müssten, um die Energieversorgungssicherheit der Gebiete zu gewährleisten. Es wird deutlich, dass die im Art. 3 Abs. 2 der Verordnung Nr. 2.618/80 erwähnte Energieversorgungssicherheit der wirtschaftlichen Entwicklung dieser Gebiete diente.

Der Rat offenbarte am 16.12.1983 die Mitteilung 83/3470[298] „über die Rolle der Energiepolitik in der Gemeinschaft", in der die Mitgliedstaaten die Notwendigkeit vereinbarten, die Anwendung der erneuerbaren Energiequellen zu ermutigen, um die Energieversorgungssicherheit der Gemeinschaft zu sichern.

Außerdem wurde die Entschließung des Rates vom 26.11.1986 „über eine Orientierung der Gemeinschaft für die Weiterentwicklung der neuen und erneuerbaren Energiequellen"[299] veröffentlicht. Diese Orientierung ist Teil der energiepolitischen Strategie der Gemeinschaft für die Entwicklung solcher Energiequellen unter Berücksichtigung der Potenz, die die erneuerbaren Energien aufweisen, um zu einer langfristigen Sicherung der Energieversorgung beizutragen. Der gemeinschaftsorientierte Aspekt der Entschließung zu einer optimalen Nutzung der Energiequellen charakterisiert auch das Dokument, indem das Ziel darin besteht, eine Kooperation und ein höheres Koordinierungsniveau zwischen den Mitgliedstaaten zu errichten, so dass Doppelarbeit und verspätete Lösungen hinsichtlich eventueller Versorgungsprobleme vermieden werden. Schon hier erscheinen die **Entfaltung und Anwendung erneuerbaren Energien** als ein erhebliches Instrument, um das Energieversorgungssicherheitsniveau zu erhöhen.

Letztes erwähnenswertes Dokument dieses Zeitraumes ist der Bericht vom 02.05.1988 „Der Binnenmarkt für Energie", in dem aufgezählt wurde, „welche Ergebnisse von einem Binnenmarkt für Energie erwartet werden können und welche wesentlichen Prioritäten gesetzt werden müssen, um die Hindernisse auf dem Wege zu seiner Verwirklichung zu beseitigen"[300]. „Hindernisse" bestanden aus Exklusivrechten in der Gesamtheit und/oder in Teilbereichen des Energiesektors, aus der begrenzten Kapazität für Austauschtransaktionen zwischen den Mitgliedstaaten und Unklarheiten hinsichtlich der Tariffestsetzung in jedem Land und der entsprechend gezahlten Preise.

Der Bericht erkannte die **Integration des Energiemarktes** als einen gewichtigen Faktor der Versorgungssicherheit an. Eine höhere energiewirtschaftliche Integration zwischen den Mitgliedstaaten vollendet nicht nur die Solidarität, sondern es bleiben dadurch auch die Flexibilität der Energieversorgungsunternehmen und mehr Handelsmöglichkeiten bestehen, was zu einer stabilen Energieversorgung besonders im Krisenfall führen kann.

---

298 Im Amtsblatt nicht veröffentlicht.

299 ABl. C 316 v. 9.12.1986, S. 1.

300 *Kommission der Europäischen Gemeinschaften*, Energie in Europa. Der Binnenmarkt für Energie, 1988 , S. 3.

2.1.2.1.3 Energieversorgungssicherheit als Erdöleinfuhrunabhängigkeit

Die Siebziger- und Achtzigerjahre waren trotz des niedrigen Fortschrittes hinsichtlich der europäischen Integration von einer Verstärkung der Verfolgung der Entwicklung einer Energiestrategie für die Gemeinschaft geprägt, die von den in die Höhe schießenden Erdölpreisen und dem hohen Anteil des Erdölimports weniger unabhängig machen sollte. Die Förderung der Kernenergieprogramme, die Anreize in Bezug auf die erneuerbaren Energien und auf die technologische Entwicklung der Energieeinsparmaßnahmen waren (und sind noch) Aktionen gegen die europäische Erdöl(einfuhr)abhängigkeit. Versorgungssicherheit bedeutet hier sogar mehr als vorher Erdölunabhängigkeit. Die Anwendung der **Solidarität** in der Gemeinschaft, die Erhöhung der Verschiedenheit der energetischen Matrix durch die Nutzung der **erneuerbaren Energien** und der Versuch, einen **integrierten gemeinschaftlichen Energiemarkt** zu errichten, stellten Maßnahmen dar, die dazu dienten, die Energieversorgungssicherheit der Mitgliedstaaten der Gemeinschaft zu gewährleisten.

2.1.2.2 Vertrag von Maastricht

Der Maastricht-Vertrag, EUV, trat am 01.11.1993 in Kraft und gründete die Europäische Union – EU. Mit dem EUV wurde die EWG in die EG umgewandelt. Mit Unterstützung des Drei-Säulen-Modelles machte die EU es möglich, die Ziele der Integration auf verschiedenen Gebieten in unterschiedlicher Form und Intensität zu verwirklichen[301].

Wie erwähnt, enthielt der EG-Vertrag keine speziellen Normen für den Bereich des Energierechts. Diese Lage hat sich durch den 1993 in Kraft getretenen EUV geändert, obwohl die in der Maastricht-Regierungskonferenz vorgeschlagene Einfügung des Titels „Energie" im EU-Vertrag nicht aufgegriffen wurde[302]. Zum Ersten änderte der Art. G Nr. 3 des EU-Vertrages den Art. 3 des EG-Vertrages, um lit. t (Art. 3 Abs. 1 lit. u in der konsolidierten Fassung von Athen) zu ergänzen, was bedeutete, dass die Tätigkeit der Gemeinschaft auch „Maßnahmen in den Bereichen Energie, Katastrophenschutz und Fremdenverkehr" umfasst. Es geht um keine Befugnisübertragung, da der Wortlaut der Norm deutlich macht, dass die Tätigkeit der Gemeinschaft „nach Maßgabe dieses Vertrags" die entsprechenden Maßnahmen umfasst[303]. Seitdem entwickelten sich die Bereiche Umwelt und Energie unterschiedlich. Laut dem Art. 3 lit. k EGV (Art. 3 Abs. 1 lit. l in der konsolidierten Fassung von Athen)

---

301 *Nicolaysen*, Europarecht I – Die Europäische Integrationsverfassung, 2002, S. 32.

302 *Grunwald*, In: *Röttinger/Weyringer* (Hrsg.), Handbuch der europäischen Integration: Strategie – Struktur – Politik der Europäischen Union, 1996, S. 966.

303 *Jarass*, Europäisches Energierecht: Bestand – Fortentwicklung – Umweltschutz, 1996, S. 15; *Lippert*, Energiewirtschaftsrecht – Gesamtdarstellung für Wissenschaft und Praxis, 2002, S. 133; *Steinberg/Britz*, Die Energiepolitik im Spannungsfeld nationaler und europäischer Regelungskompetenzen, Die Öffentliche Verwaltung, Heft 8, April 1993, S. 314.

ist die Gemeinschaft für „eine Politik auf dem Gebiet der Umwelt" verantwortlich, während für den Bereich Energie nur von „Maßnahmen" die Rede ist. Auch zu den Vertragszielen gehört „die Förderung des Auf- und Ausbaus transeuropäischer Netze" (Art. 3 lit. n EGV; Art. 3 Abs. 1 lit. o in der konsolidierten Fassung von Athen).

Zum Zweiten wurde durch den Art. G Nr. 38 EUV der „Titel XII. Transeuropäische Netze" („Titel XVI" in der konsolidierten Fassung von Athen) in den EG-Vertrag eingefügt. Die Vorschriften des Titels (Art. 129b, 129c und 129d EGV; in der konsolidierten Fassung von Athen bzw. Art. 154, 155 und 156) bestehen aus einem gemeinschaftlichen Versuch, die Probleme des internationalen Austauschs von Dienstleistungen – Energielücken und Energieengpässe, voneinander abweichende technische Normen, Rechtsregelungen und Benutzungsbedingungen – zu überwinden. Vorher (z. B. durch die Verordnung 3359/90/EWG über ein mehrjähriges Aktionsprogramm auf dem Gebiet der Verkehrsinfrastruktur[304]) konzentrierte sich der Beitrag der Gemeinschaft zur Verwirklichung von Vorhaben nur auf finanzielle Unterstützung. Die Begründung des Titels unterstreicht nun die Bedeutung von Infrastrukturnetzen für den Binnenmarkt[305]. Ziel dieser Normen (Art. 129b Abs. 1 und 2 EGV) ist, durch die Verbesserung der grenzüberschreitenden Infrastruktur den Binnenmarkt zu vollenden (Art. 7a EGV) und die Regionalpolitik zu stärken (Art. 130a EGV)[306]. Dieses Ziel soll „im Rahmen eines Systems offener und wettbewerbsorientierter Märkte" (Art. 129b Abs. 2 EGV) erreicht werden.

Gemäß der systematischen Auslegung und nach dem Subsidiaritätsprinzip nach Art. 3b EGV verfügt die Gemeinschaft hier über keine gesonderten Rechtsetzungskompetenzen, sondern leistet einen bloßen Beitrag zu dieser Tätigkeit, da sie einfach nur Maßnahmen im Bereich Energie, der den Bereich Transeuropäische Netze einschließt, erlassen kann (Art. 3 lit. t EGV). Es geht nicht um eine Energiepolitik der Gemeinschaft, so dass Planung, Bau und Betrieb der Netze gemäß dem EGV in der Kompetenz der Mitgliedstaaten verbleiben[307]. Die Gemeinschaft verfügt erst über die Zuständigkeit für solche Maßnahmen, wenn die in Art. 129b EGV festgeschriebenen Ziele auf der Ebene der Mitgliedstaaten nicht ausreichend erreicht werden können. Außerdem bildet der EG-Vertrag ausdrücklich keine Verbindung zwischen dem Auf- und Ausbau transeuropäischer Netze und der Garantie eines ausreichenden Energieversorgungssicherheitsniveaus.

---

304 Verordnung (EWG) Nr. 3359/90 des Rates v. 20. November 1990 zur Durchführung eines Aktionsprogramms auf dem Gebiet der Verkehrsinfrastruktur im Hinblick auf die Vollendung des integrierten Verkehrsmarktes bis 1992. ABl. L 326 v. 24.11.1990, S. 1.

305 *Calliess*, In: *ders/Ruffert*, EUV/AEUV Kommentar, 4. Aufl. 2011, Art. 170, Rn. 1–2, S. 1838–1839.

306 *Geiger*, EG-Vertrag – Kommentar zu dem Vertrag zur Gründung der Europäischen Gemeinschaft, 1993, S. 437.

307 Frohnmeyer, In: *Grabitz/Hilf*, Das Recht der Europäischen Union, Art. 129b-d Rdnr. 3, 1999; *Schneider*, In: *ders/Theobald* (Hrsg.), Recht der Energiewirtschaft – Praxishandbuch, 2008, S. 49.

Zum Dritten sieht Art. 130s Abs. 2 S. 3 EGV (Art. 175 Abs. 2 lit. c in der konsolidierten Fassung von Athen) auch eine Vorschrift für den Energiebereich vor. Im Bereich des Umweltschutzes hat der Rat eine Rechtssetzungskompetenz, Maßnahmen zu erlassen, die „die Wahl eines Mitgliedstaates zwischen verschiedenen Energiequellen und die allgemeine Struktur seiner Energieerzeugung erheblich berühren".

Obwohl der Maastrichter Vertrag das erste Mal spezielle Vorschriften bezüglich des Energiesektors erbrachte, sieht er weder eine gemeinschaftliche Energiepolitik noch eine bestimmte oder auch nur ungefähre Auffassung der Energieversorgungssicherheit im Primärrecht vor.

2.1.2.3 Gescheiterter Vertrag über eine Verfassung für Europa

Der Europäische Konvent, dessen Aufgabe aus einer umfassenden Vertragsrevision mit einer Gesamtintegration der unterschiedlichen Verträge bestand[308], beschloss am 13.06.2003 und 10.07.2003 seinen Entwurf für eine Verfassung für Europa (Europäische Verfassungsvertrag – EVV), der am 29.10.2004 unterzeichnet wurde[309]. Er besteht aus vier Teilen: Allgemeine Regelungen, Definitionen, Ziele und Zuständigkeiten der Union bilden den ersten Teil; der zweite Teil enthält die Charta der Grundrechte; der geänderte EG-Vertrag mit den einzelnen Politikbereichen und die Arbeitsweise der Union befinden sich im dritten Teil; und Teil 4 enthält die Schlussvorschriften[310]. Für das Inkrafttreten des EV-Vertrages ist gemäß Art. IV-447 Abs. 2 EVV notwendig, dass alle Ratifikationsurkunden hinterlegt sind. In Frankreich und den Niederlanden lehnte die Bevölkerung 2005 den Verfassungsvertrag im Wege des Referendums ab. Der Vertrag über eine Verfassung für Europa scheiterte.

Trotz der Unmöglichkeit des Inkrafttretens des Verfassungsvertrages lohnt es sich, eine Analyse der europäischen Verfassung durchzuführen, da sie Vorschriften im Bereich Energie enthält.

Die erste Vorschrift im Bereich Energie ist Art. I-14 Abs. 2 lit. i EVV, wo festgelegt ist, dass der Union eine mit den Mitgliedstaaten geteilte Kompetenz[311] zukommt, Regelungen betreffend Energie zu erlassen. Diese Festschreibung stellt die

---

308 *Neveling*, Der europäische Verfassungsentwurf – Grundlage für eine erweiterte Energiepolitik der Europäischen Union?, et, Heft 5, 2004, S. 340.

309 Zum Konventsverfahren, vgl. *Möstl*, Verfassung für Europa. Einführung und Kommentierung mit vollständigem Verfassungstext, 2005, S. 21–26.

310 *Haltern*, Europarecht – Dogmatik im Kontext, 2005, S. 63; *Jasper*, Der Verfassungsentwurf des europäischen Konvents und mögliche Konsequenzen für das Energie- bzw. Atomrecht, ZNER, Heft 3, 2003, S. 210.

311 Die geteilte Kompetenz wird in Art. I-12 Abs. 2 des Verfassungsvertrages reguliert: „Überträgt die Verfassung der Union für einen bestimmten Bereich eine mit den Mitgliedstaaten geteilte Zuständigkeit, so können die Union und die Mitgliedstaaten in diesem Bereich gesetzgeberisch tätig werden und verbindliche Rechtsakte erlassen. Die Mitgliedstaaten nehmen ihre Zuständigkeit wahr, sofern und

erstmalig vorgesehene europäische Regelungskompetenz für den Energiebereich dar. Bisher konnten lediglich Maßnahmen hinsichtlich der Energiepolitik erlassen werden, um die Ziele des Vertrages zu realisieren (Art. 3 lit. u EGV). Doch setzt der EV-Vertrag eine Kompetenz der Gemeinschaft für den entsprechenden Bereich voraus.

Da die allgemeine Zuweisung in Teil 1 der Verfassung nicht kompetenzbegründend ist[312] und da diese Kompetenz, wie die anderen Kompetenzen der Union, nicht gegenständlich-materiell, sondern final-funktional definiert[313] ist, ist fraglich, was mit dem Ausdruck „Energie“ im Art. I-14 Abs. 2 lit. i EVV gemeint war.

Im Teil 3, Abschnitt 10 EVV, befindet sich zum ersten Mal ein autonomes Kapitel über die Energiepolitik der Union. Art. III-256 EVV setzt die Rahmen, innerhalb derer die Ziele der Energiepolitik der Union realisiert werden müssen. Die Verwirklichung und das Funktionieren des Binnenmarkts sowie die Erhaltung und Verbesserung der Umwelt sind durch die Sicherstellung des Funktionierens des Energiemarkts (Art. III-256 Abs. 1 lit. a EVV), die Gewährleistung der Energieversorgungssicherheit in der Union (lit. b), die Förderung der Energieeffizienz und durch Energieeinsparungen sowie die Entwicklung neuer und erneuerbarer Energiequellen (lit. c) vollendet. Also bilden die Ziele auch sozusagen die Themenbereiche der Zuständigkeit der Union. Nur zur Vollendung dieser Ziele darf die Union ihre Kompetenz ausüben, mit Rücksicht darauf, dass sie „das Recht eines Mitgliedstaats, die Bedingungen für die Nutzung seiner Energieressourcen, seine Wahl zwischen verschiedenen Energiequellen und die allgemeine Struktur seiner Energieversorgung zu bestimmen“ (Art. III-256 Abs. 2 S. 2 EVV), nicht berührt[314], obwohl diese Trennung eine schwere Aufgabe darstellt, da die energiepolitischen Ziele sehr weit formuliert sind[315].

Diese Beziehung zwischen den Kompetenzartikeln (Art. I – 13 und I – 14 EVV) und die Regelungen in den Politikbereichen (Kapitel 3, Art. III-225 für Landwirtschaft und Fischerei oder Art. III-256 für Energie EEV z. B.) stellen eine Regelungstechnik

---

soweit die Union ihre Zuständigkeit nicht ausgeübt hat oder entschieden hat, diese nicht mehr auszuüben“.

312 *Jasper*, Der Verfassungsentwurf des europäischen Konvents und mögliche Konsequenzen für das Energie- bzw. Atomrecht, ZNER, Heft 3, 2003, S. 210–211.

313 *Möstl*, Verfassung für Europa. Einführung und Kommentierung mit vollständigem Verfassungstext, 2005, S. 95.

314 Mehr zur Zuständigkeit der Union im Bereich Energie und rechtliche Fragen, vgl. *Jasper*, Der Verfassungsentwurf des europäischen Konvents und mögliche Konsequenzen für das Energie- bzw. Atomrecht, ZNER, Heft 3, 2003; *Mombaur*, In: *Stern/Tettinger* (Hrsg.), Europäische Verfassung im Werden, 2006, S. 123 ff.

315 *Jasper*, Der Verfassungsentwurf des europäischen Konvents und mögliche Konsequenzen für das Energie- bzw. Atomrecht, ZNER, Heft 3, 2003, S. 211; *Schmidt-Preuß*, Energiepolitik – jetzt in Brüsseler Hand?, et, Heft 12, 2003, S. 776.

der Verfassung für Europa dar, die die Union an bestimmte Ziele bindet und es ermöglicht, ihre Maßnahmen rechtlich messen zu lassen[316].

Erheblich für diese Arbeit ist die Tatsache, dass in der gescheiterten europäischen Verfassung die Energieversorgungssicherheit zusammen mit der Entwicklung erneuerbarer Energien und unter Berücksichtigung der Umwelt[317] eines der höchsten Ziele der Union in dem energiepolitischen Bereich darstellt. Es wird auch deutlich, dass ohne eine gesicherte Energieversorgung und ein entwickeltes, auf den erneuerbaren Energien basierendes System keine Vollendung des europäischen Binnenmarkts möglich ist. Ohne diese zwei – und natürlich viele anderen – Bedingungen kann die Union „ihren Bürgerinnen und Bürgern einen Raum der Freiheit, der Sicherheit und des Rechts ohne Binnengrenzen und einen Binnenmarkt mit freiem und unverfälschtem Wettbewerb" (Art. I – 3 Abs. 2 EVV) nicht bieten.

Die Wichtigkeit dieser Vorschriften besteht darin, dass zum ersten Mal die Energieversorgungssicherheit mit der Realisierung einer wirklichen Europäischen Union verbunden ist. Die Wesentlichkeit und Unverzichtbarkeit einer gesicherten Energieversorgung für die moderne Gesellschaft wurden vom Verfassungsvertrag anerkannt. Gleichermaßen kann in Bezug auf die erneuerbaren Energien argumentiert werden.

Außer dem Kompetenzartikel (Art. I – 14 Abs. 2 lit. i EVV) und dem Energiekapitel (Art. III-256 EVV) reguliert die Verfassung für Europa noch in Art. III-246 und III-247 EVV die transeuropäischen Netze, deren Kompetenz zu ihrer Regulierung auch unter die geteilte Zuständigkeit der Union fällt (Art. I – 14 Abs. 2 lit. h EVV).

Die Regulierung dieses Themas ist nicht neu (s. Art. 154, 155 und 156 EUV an 2.1.2.2 dieses Kapitels) und inhaltlich liegt somit keine Änderung vor. Allerdings sind in dem europäischen Verfassungsvertrag die ehemals drei Vorschriften zu nur zwei verschmolzen worden[318]. Gemäß dem Text[319] des Art. III-246 Abs. 1 EVV sind der Auf- und Ausbau transeuropäischer Netze erheblichen Maßnahmen für die

---

316 *Möstl*, Verfassung für Europa. Einführung und Kommentierung mit vollständigem Verfassungstext, 2005, S. 96.

317 Erwähnenswert ist auch Art. III-233 AbS. 1 lit. c EVV, wo festgelegt ist, dass die Umweltpolitik der Union zur Verfolgung der umsichtigen und rationellen Verwendung der natürlichen Ressourcen (u. a.) beiträgt.

318 *Metz*, Die Außenbeziehungen der Europäischen Union nach dem Vertrag über eine Verfassung für Europa. Eine Untersuchung aus kompetenzrechtlicher Sicht – mit Erläuterungen zu den Außenkompetenzen nach dem Vertrag von Nizza, 2007, S. 321.

319 Art. III-246 Abs. 1 lautet: „Um einen Beitrag zur Verwirklichung der Ziele der Artikel III-130 und III-220 zu leisten und den Unionsbürgerinnen und Unionsbürgern, den Wirtschaftsbeteiligten sowie den regionalen und lokalen Gebietskörperschaften in vollem Umfang die Vorteile zugute kommen [sic!] zu lassen, die sich aus der Schaffung eines Raumes ohne Binnengrenzen ergeben, trägt die Union zum Auf- [sic!] und Ausbau transeuropäischer Netze in den Bereichen der Verkehrs-, Telekommunikations- und Energieinfrastruktur bei".

Verwirklichung des Binnenmarkts bzw. die Gewährleistung seines Funktionierens unterworfen (Art. III-130 EVV). Dazu dient die Entwicklung der transeuropäischen Netze dem wirtschaftlichen, sozialen und territorialen Zusammenhalt der Union, so dass eine harmonische Entwicklung der Mitgliedstaaten folgt (Art. III-220 EVV).

Der Auf- und Ausbau der transeuropäischen Energieinfrastruktur, d. h. der energetischen Integration, umfasst Instrumente, die dazu beitragen, den Unionsbürgern die Vorteile eines integrierten Europas in vollem Umfang zu gewährleisten. Sie sind auch politisch gewählte Elemente, um die Ungleichheit des Entwicklungsniveaus der europäischen Staaten zu verringern.

Somit gelangt man zu dem Ergebnis, dass die **energetische Integration**[320], zusammen mit der **Energieversorgungssicherheit** und der Ausbeutung **erneuerbarer Energien**, gemäß der gescheiterten Verfassung für Europa rechtsverbindliche **Voraussetzungen** für die Vollendung des Binnenmarktes und die Erfüllung der Grundsätze der Freiheit und Sicherheit innerhalb des europäischen Raums darstellen.

2.1.2.4 Vertrag von Lissabon

Der Vertrag von Lissabon, der den Vertrag über die Europäische Union – EUV –, somit den Vertrag über die Arbeitsweise der Europäischen Union – AEUV – ändert, wurde am 13.12.2007 unterzeichnet und trat am 01.12.2009 in Kraft.

In dem Energiebereich ist die in dem gescheiterten europäischen Verfassungsvertrag geteilte Kompetenz der Union auf den AEU-Vertrag übertragen (Art. 4 Abs. 2 lit. i AEUV)[321]. Bislang fehlten im Primärrecht ein Kapitel über „Energiepolitik" sowie eine energiespezifische Zuständigkeit der Union. Während der Union bisher keine bestimmte energierechtliche Kompetenz zur Verfügung stand, fügte der neue Vertrag von Lissabon eine im Energiesektor bereichsspezifische Zuständigkeit ein, die ein umfassendes und kohärentes Vorgehen ermöglicht[322].

Art. 170 ff. beruhen auf den transeuropäischen Netzen. Der Titel XVI – Transeuropäische Netze ist trotz der Beschränkung der Tätigkeit der Union auf einen „Beitrag" Ausdruck des Wunsches und der Dringlichkeit nach einer stärkeren Rolle der Union in der Infrastrukturpolitik[323]. Dieser Beitrag der Union umfasst im Wesentlichen eine Rahmenplanung, die Ausweisung und Verwirklichung von Vorhaben von gemeinsamem Interesse, die Herstellung und Sicherstellung des Verbunds und der Interoperabilität der nationalen Netze und die finanziellen

320 Hier gemeint ist die energetische Integration gemäß den Vorschriften des Art. III-246 und Art. III-247 EVV, da die gescheiterte Verfassung für Europa noch kein Ziel der Interkonnektion der Netze i.S.v. der Art. 194 Abs. 1 lit. d AEUV brachte.

321 Zudem auch die Kompetenz der Union bezüglich Umwelt (Art. 4. Abs. 2 lit. e) und transeuropäischer Netze (Art. 4 Abs. 2 lit. h).

322 *Frenz*, Handbuch Europarecht. Band 6 Institutionen und Politiken, 2011, S. 1353; *Oppermann,/Classen/Nettesheim*, Europarecht – Ein Studienbuch, 2011, S. 410.

323 *Schäfer/Schröder*, In: *Streinz*, EUV/AEUV, 2. Aufl., 2012, Art. 170, Rn. 1, S. 1739.

Unterstützungsmaßnahmen[324]. Hervorzuheben ist daneben die Nennung der (teilweise) **technischen Dimension der Energieversorgungssicherheit**, die sowohl physisch-technische als auch regulatorische Komponenten[325] umfasst, als Ziel des Auf- und Ausbaus der transeuropäischen Netze, da die Union gemäß Art. 170 Abs. 2 AEUV zur **Förderung der Interoperabilität** zusammen mit der **Förderung des Verbunds** beizutragen hat. Solche Förderung zielt auf die Sicherung der Funktionsfähigkeit des Gesamtsystems ab und bedeutet praktisch, dass die Union mittels der Schließung von Lücken zwischen bestehenden Netze einerseits und mittels der Harmonisierung der technischen Normen oder Entwicklung spezieller technischer Einrichtungen andererseits zur Vollendung des Energiebinnenmarkts und zur Vereinheitlichung oder zumindest zur Vereinbarung der technischen Zugangs- und Betriebsbedingungen beiträgt[326]. Angesichts der Tatsache, dass der Wortlaut nicht geändert wurde, gilt hier, was zum Thema in den vorherigen Punkten dieser Arbeit erklärt wurde. Hinzugefügt werden soll noch, dass der freie und gleichberechtigte Netzzugang im Sinne eines subjektiv-öffentlichen Rechts auf Netzzugang vom Art. 170 Abs. 2 AEUV nicht erfasst wird, obwohl die Rede von einer Regelung des infrastrukturellen und physischen Netzzugangs ist[327].

Bedeutungsvoll ist auch der Titel XXI – Energie des AEU-Vertrages, in dem Art. 194 AEUV die Ziele der Energiepolitik der Union präsentiert: Sicherstellung des Funktionierens des Energiemarkts, Gewährleistung der Energieversorgungssicherheit in der Union, Förderung der Energieeffizienz, Energieeinsparungen sowie Entwicklung neuer und erneuerbarer Energiequellen und Förderung der Interkonnektion der Energienetze (Art. 194 Abs. 1 AEUV). Die Ziele der Energiepolitik des Art. 194 Abs. 1 AEUV sind kompetenzbegründend. Sie sind im Geiste der Solidarität zu verfolgen und dienen der Verwirklichung oder dem Funktionieren des Binnenmarkts und der Erhaltung und Verbesserung der Umwelt (drei allgemeine Leitprinzipien).

---

324 *Lecheler*, In: *Grabitz/Hilf/Nettesheim*, Das Recht der Europäischen Union – Band II EUV/AEUV, 2014, Art. 170, Rn. 8, S. 3.

325 Diese regulatorische Komponente erstreckt sich lediglich auf die Durchsetzung der organisatorischen Erfordernisse eines wirtschaftlich optimalen und möglichst sicheren Netzbetriebs. *Vormizeele*, In: *Schwarze*, EU-Kommentar, 3. Aufl., 2012, Art. 171, Rn. 8, S. 1779.

326 *Calliess*, In: *ders/Ruffert*, EUV/AEUV Kommentar, 4. Aufl., 2011, Art. 170, Rn. 20, S. 1842; *Schäfer/Schröder*, In: *Streinz*, EUV/AEUV, 2. Aufl., 2012, Art. 170, Rn. 20, S. 1742; *Vormizeele*, In: *Schwarze*, EU-Kommentar, 3. Aufl., 2012, Art. 170, Rn. 15, S. 1776.

327 *Calliess*, In: *ders/Ruffert*, EUV/AEUV Kommentar, 4. Aufl., 2011, Art. 170, Rn. 22, S. 1843; *Schäfer/Schröder*, In: *Streinz*, EUV/AEUV, 2. Aufl., 2012, Art. 170, Rn. 23, S. 1743; *Ehicke*, In: *Schulze-Fielitz/Müller* (Hrsg.), Europäisches Klimaschutzrecht, 2009, S. 103; *Lecheler*, In: *Grabitz/Hilf/Nettesheim*, Das Recht der Europäischen Union – Band II EUV/AEUV, 2014, Art. 170, Rn. 25, S. 6; Vormizeele, In: *Schwarze*, EU-Kommentar, 3. Aufl., 2012, Art. 170, Rn. 16, S. 1776.

Die Sicherstellung des Funktionierens des Energiemarkts bedeutet die Möglichkeit des freien Verkehrs von Energiestoffen innerhalb des Binnenmarkts gemäß einem angemessenen Energiepreisniveau, so dass die Wettbewerbsfähigkeit der europäischen Waren erreicht wird. Die Energieversorgung zu gewährleisten heißt manchmal für Europa – wo wichtige Energiequellen nur in geringerem Umfang gefördert werden können – die Gestaltung einer Handelspolitik, die eine Balance zwischen Importen und den Auswirkungen dieser Importabhängigkeit findet. Die Entwicklungen der Energieeffizienz, Energieeinsparungen und neuer und erneuerbarer Energiequellen verbinden sich mit einem sachgerechten Ausgleich im Bereich Umwelt- und Klimaschutz. Und letztlich bedeutet die Interkonnektion der Energienetze eine sichere und stabile Energieversorgung zwischen den Mitgliedstaaten[328].

Bezüglich der Solidarität enthielt das europäische Primärrecht eine solche Vorschrift im Energiebereich noch nicht, obgleich die Verbindung zwischen der solidarischen Idee und anderen Vorschriften bereits in anderen primärrechtlichen Normen vorliegt. Die explizite **Nennung des Prinzips der Solidarität im Energiebereich** stellt einen erheblichen Wechsel im Vergleich zu Art. III-256 EVV dar und hat die hohe Importabhängigkeit Europas von Russland sowie die Konflikte zwischen Russland und dem Transitstaat Ukraine (2006 und 2009) als Hauptgründe angeführt. Es wird mit der Aufnahme des Solidaritätsprinzips im Energiebereich deutlich gemacht, dass der Energiesektor ein gemeinsames Interesse der Mitgliedstaaten erfährt[329]. Hinsichtlich der Energieversorgungssicherheit bedeutet die „energetische Solidarität" eine Wende vom Verständnis der Versorgungssicherheit als nationale Aufgabe zu einer gemeinschaftlichen Aufgabe[330]. Allerdings steht die Schaffung eines solchen Kompromisses im Vertrag, in dem ein Mitgliedstaat seine eigenen Energieressourcen zugunsten der Union nutzen muss, selbst aufgrund der Energieversorgungssicherheit und/oder der Solidarität, nicht dem Solidaritätsprinzip entgegen[331]. Die Union darf zwar präventive Maßnahmen erlassen, um Sicherheitsbedrohungen zu vermeiden, dabei bleibt aber die nationale Souveränität um die Energieressourcen unberührt.

Die rechtlichen Maßnahmen, die erforderlich sind, um die genannten Ziele zu verwirklichen, liegen dahingehend beim Europäischen Parlament und dem Rat, diese gemäß dem ordentlichen Gesetzgebungsverfahren (Art. 289 AEUV) zu erlassen (Art. 4 Abs. 2 lit. i i. V. m. Art. 194 Abs. 2 UAbs. 1 AEUV). Erstmalig hat die Union diesen Regelungsbereich für sich beansprucht, obwohl schon eine Vielzahl energiepolitischer Regelungen vor dem Vertrag von Lissabon laut Art. 95, 175 und 156 EG und dem EAG-Vertrag getroffen werden konnten.

---

328 *Oppermann/Classen/Nettesheim*, Europarecht – Ein Studienbuch, 2011, S. 411.

329 *Calliess*, In: *Joost/Oetker/Paschke* (Hrsg.), Festschrift für Franz Jürgen Säcker zum 70. Geburtstag, 2011, S. 600.

330 Ebenda, S. 601.

331 *Hancher/Salerno*, In: *Biondi/Eeckhout/Ripley*, EU Law after Lisbon, 2012, S. 372.

Auf der anderen Seite bleibt die Kompetenz der Mitgliedstaaten hinsichtlich des Rechts eines Mitgliedstaats, „die Bedingungen für die Nutzung seiner Energieressourcen, seine Wahl zwischen verschiedenen Energiequellen und die allgemeine Struktur seiner Energieversorgung zu bestimmen", gemäß Art. 194 Abs. 2 UAbs. 2 AEUV unberührt, solange sich diese rechtlichen Maßnahmen nicht auf eine umweltrechtliche Grundlage stützen, wenn Art. 192 Abs. 2 lit. c AEUV[332] Anwendung findet. Das vorbehaltene Recht der Mitgliedstaaten (die Souveränitätsvorbehalte der Mitgliedstaaten) könnte eine Hürde für eine effektive europäische Energiepolitik darstellen, da die verschiedenen Energiequellen nicht immer untereinander kombinierbar sind. Zum Beispiel sind die Wind- und Sonnenenergie, die erst in einer flexiblen Energieversorgung als passend zu bewerten sind, unregelmäßig und verlangen somit riesige Investitionen in die Speicherungstechniken. Die Politik für dieses Szenario ist nur in geringerem Maße mit der wenig flexiblen Kernkraft kombinierbar. Bei der Frage, wie energetisch integriert Europa sein soll, kommt es auch auf die Wahl der Energiearten an. Ein europäischer Ansatz ist dann erforderlich, um das europäische Energiesystem hin zu einem sauberen umzuwandeln. Auch hinsichtlich der Schaffung eines energieintegriertes Europa ist fraglich, ob der Souveranitätsvorbehalt noch in die Zeit passt, da energiepolitische Alleingänge der Mitgliedstaaten negative Auswirkungen auf angrenzende Mitgliedstaaten haben können. Als Korrektiv gegenüber einem unbegrenzten Souveranitätsvorbehalt funktionieren das Energiesolidaritätsprinzip des Art. 194 Abs. 1 AEUV sowie die Loyalitätspflicht der Mitgliedstaaten gemäß Art. 4 Abs. 3 UAbs. 2 EUV[333].

Zweifelhaft ist die **Anwendungsweite des Solidaritätsprinzips** besonders im Falle einer Energieversorgungskrise, wo ein Mitgliedstaat die souveräne Zuständigkeit innehat, um zu entscheiden, ob er seine Reserven ausschließlich den eigenen Bürgern zur Verfügung stellen („allgemeine Struktur seiner Energieversorgung") sowie Strom aus schmutzigen Energieressourcen gewinnen möchte

---

332 Art. 192 Abs. 2 AEUV betreffend Umweltpolitik: Abweichend von dem Beschlussverfahren des Absatzes 1 und unbeschadet des Artikels 114 erlässt der Rat gemäß einem besonderen Gesetzgebungsverfahren nach Anhörung des Europäischen Parlaments, des Wirtschafts- und Sozialausschusses sowie des Ausschusses der Regionen einstimmig (...) c) Maßnahmen, welche die Wahl eines Mitgliedstaats zwischen verschiedenen Energiequellen und die allgemeine Struktur seiner Energieversorgung erheblich berühren.

333 *Pielow*, In: *Faßbender/Köck* (Hrsg.), Versorgungssicherheit in der Energiewende – Anforderungen des Energie-, Umwelt- und Planungsrechts, 2014, S. 67–68. Zu keiner auf Art. 194 Abs. 2 UAbs. 2 AEUV stützenden Rechtfertigung für eine Beschränkung der Grundfreiheiten, wie z. B. eine Berufung auf diese Vorschrift, um den Import von erneuerbaren Energien und dementsprechend den freien Stromhandel zwischen den Mitgliedstaaten zu beschränken, s. *Gross*, In: Ehricke (Hrsg.), Hürden und Grenzen der Liberalisierung im Energiesektor, 2013, S. 36.

(„Wahl verschiedener Energiequellen")[334]. Diese Vorschrift muss mit Art. 122 Abs. 1 AEUV, der festlegt, dass im Falle von gravierenden „Schwierigkeiten in der Versorgung mit bestimmten Waren, vor allem im Energiebereich", der Rat im Geiste der Solidarität zwischen den Mitgliedstaaten angemessene Maßnahmen beschließen kann, ausgeglichen werden. Ob der Fall einer Energieversorgungskrise eine Ausnahme der Betrachtung des Solidaritätsprinzips darstellt oder ob nur die Union, wenn sie in Bezug auf ihre Zuständigkeiten tätig ist, dieses Prinzip berücksichtigen muss und die Mitgliedstaaten es außer Acht lassen dürfen, sind umstrittene Fragen[335].

Die vier konkreten Ziele der Energiepolitik werden von der Absicht der Verwirklichung des Binnenmarkts (Art. 3 Abs. 3 UAbs. 1 S. 1 EUV[336]) und von der Notwendigkeit der Erhaltung und Verbesserung der Umwelt eingerahmt. Zudem umfassen diese vier Leitprinzipien auch die Anforderungen des Umwelt- und Klimaschutzes (Art. 191 Abs. 1 4. Spiegelstrich AEUV). Letztlich findet auch Art. 11 AEUV im Energiebereich Anwendung, wo festgelegt ist, dass die Unionspolitiken und -maßnahmen – darunter die Energiepolitik des Art. 194 AEUV – die Förderung einer nachhaltigen Entwicklung in Bezug auf den Umweltschutz verfolgen müssen. Klar ist, dass **die Energiepolitik sich innerhalb der Einrahmung der Verwirklichung des Binnenmarkts und des Umweltschutzes befindet**[337].

Es existiert keine Hierarchie oder vorrangige Anwendung der vier Ziele in der Energiepolitik[338]. Sie stehen gleichrangig nebeneinander, was bedeutet, dass die Ziele unabhängig voneinander verfolgt werden könnten. Trotzdem sollen die Maßnahmen im Energiebereich gemäß dem kohärenten und umfassenden Vorgehen des Art. 194 AEUV eine „präventive Rechtsangleichung" bieten, so dass sie zu im Energiesektor notwendigen langfristigen Konzeptionen und Strategien führen. Natürlich können Konflikte zwischen den energiepolitischen Zielen zutage treten, die gelöst werden müssen. Zum Beispiel könnten die Entwicklung erneuerbarer Energien und der Ausstieg aus der Kernenergie ein Risiko für die Energieversorgungssicherheit beinhalten; oder umgekehrt könnte die Ausbeutung des begrenzten Erdöls, die trotzdem das Funktionieren des Binnenmarkts sicherstellt, zu einer Energieknappheit führen, die die langfristige Energieversorgungssicherheit beeinträchtigt. Aber soll eine Politik oder Maßnahme soll so weit wie möglich die vier Ziele in Betracht

334 *Frenz*, Handbuch Europarecht. Band 6 Institutionen und Politiken, 2011, S. 1348–1349.

335 Mehr dazu, s. 3.2.1.1.

336 Art. 3 Abs. 3 UAbs. 1 S. 1 EUV: „Die Union errichtet einen Binnenmarkt. Sie wirkt auf die nachhaltige Entwicklung Europas auf der Grundlage eines ausgewogenen Wirtschaftswachstums und von Preisstabilität, eine in hohem Maße wettbewerbsfähige soziale Marktwirtschaft, die auf Vollbeschäftigung und sozialen Fortschritt abzielt, sowie ein hohes Maß an Umweltschutz und Verbesserung der Umweltqualität hin. Sie fördert den wissenschaftlichen und technischen Fortschritt".

337 Zu der Beudeutung dieser Einrahmung, s. 3.2.1.2.

338 Dieser Punkt wird im Punkt 3.3.3 ausführlich bearbeitet.

ziehen, so dass kein Ziel zu großen Lasten eines anderen erfüllt wird – was logischerweise bedeutet, dass das „vergessene" Ziel nicht erfüllt wird[339].

Obwohl keine Hierarchie zwischen den energiepolitischen Zielen besteht, muss anerkannt werden, dass der Energieversorgungssicherheit eine besondere Aktualität zukommt, die eventuell ermöglicht, dass sie die anderen Ziele konsequenterweise sicherstellen kann. Nicht selten steht die Erhöhung des Energieversorgungssicherheitsniveaus durch die Förderung der erneuerbaren Energien hinter der Förderung der Interkonnektion der Energienetze der Mitgliedstaaten oder der Umwandlung der energetischen Matrix zu einer Matrix, die von finiten Energiequellen nicht abhängig ist. Aufgrund der Tatsache der Relevanz der Energieversorgungssicherheit könnte manchmal eine Instrumentalisierung der anderen Ziele des Art. 194 Abs. 1 AEUV vorliegen[340].

Die in Lissabon unterzeichneten EU- und AEU-Verträge bringen zum ersten Mal eine Reihe gültiger Vorschriften hervor, die die Energiepolitik für die Europäische Union begründen. Zugleich stellt der gescheiterte europäische Verfassungsvertrag die Energieversorgungssicherheit als ein Ziel dar, das verfolgt werden muss, um den europäischen Binnenmarkt zu vollenden. Außerdem sind die **energetische Integration** und die Ausbeutung **erneuerbarer Energien** wichtigen Voraussetzungen dafür.

2.1.2.5 Energieversorgungssicherheit: Vom Ziel einer Vorratspolitik zum Ziel der Energiepolitik

Die Supranationalitätsphase der europäischen Integration, die mit der EEA anfing, stellt erhebliche primärrechtliche Entwicklungen im Energiebereich dar. Die geteilte Kompetenz der Union, somit die Einführung eines energiepolitischen Kapitels in der AEUV, markierte diese neue Phase.

Trotzdem waren schon vorher im EU-Vertrag viele Vorschriften vorhanden, die die Energie als Hauptthema hatten und von bestimmten und einfachen Regulierungen geprägt wurden. Beispiele sind die Richtlinie und die Entscheidung des Rates im Hinblick auf eine Vorratspolitik für Erdöl. Obwohl Ziel dieser Regulierungen die Versorgungssicherheit der Mitgliedstaaten war, handelte sie von dringenden rechtlichen Maßnahmen, die versuchten, sich mit der Erdölkrise der Siebzigerjahre zu befassen. Positiver Effekt dieser Maßnahmen war allerdings die Tatsache, dass das Thema Energiepolitik mehr Aufmerksamkeit erregte.

In der Siebziger- und Achtzigerjahren fand somit eine Verstärkung der Verfolgung einer Festlegung bezüglich der Energiepolitik für die Gemeinschaft statt.

---

339 *Calliess*, In: *Joost/Oetker/Paschke* (Hrsg.), Festschrift für Franz Jürgen Säcker zum 70. Geburtstag, 2011, S. 590–591.

340 Zu einer Instrumentalisierung der Interkonnektion der Netze zu Gunsten der Herstellung des Binnenmarkts und der Sicherung der stabilen Versorgung, vgl. *Oppermann/Classen/Nettesheim*, Europarecht – Ein Studienbuch, 2011, S. 411.

Die Energieversorgungssicherheit steht immer im Vordergrund der Bestrebungen und Bemühungen der Gemeinschaft in dieser Richtung. Die Versorgungssicherheit war von Anfang an mit der Erdölabhängigkeit verbunden. Folglich entstanden die Förderung der Kernenergieprogramme, die Anreize der Entwicklung der erneuerbaren Energien und der Energieeinsparmaßnahmen, um diese Abhängigkeit zu bekämpfen.

Das Solidaritätsprinzip im Falle einer Energiekrise kam erst mit dem energetischen Sekundärrecht. Die Nutzung der erneuerbaren Energien und der Versuch einer Errichtung eines integrierten gemeinschaftlichen Energiemarkts bilden Maßnahmen, deren Realisierung der Erhöhung des Energieversorgungssicherheitsniveaus innerhalb der Gemeinschaft diente.

Diese drei Merkmale – **Solidarität, erneuerbare Energien und integrierter Energiemarkt** –, die den Weg für ein Energiekapitel im Primärrecht ebnen, prägen die sekundärrechtlichen Vorschriften hinsichtlich der Energieversorgungssicherheit dieser Phase.

Schon 1993 brachte der Maastrichter Vertrag zum ersten Mal spezielle Vorschriften bezüglich des Energiesektors hervor. Von nun an konnte die Gemeinschaft die sich darauf gestützten Maßnahmen im Bereich Energie erlassen und die Verbesserung der grenzüberschreitenden Infrastruktur des Binnenmarkts verfolgen. Hier liegt somit weder eine gemeinschaftliche Energiepolitik noch eine bestimmte oder sogar ungefähre Auffassung der Energieversorgungssicherheit im Primärrecht vor.

Die gescheiterte Verfassung für Europa verbindet durch ihre Vorschriften die **energetische Integration**, die **Energieversorgungssicherheit** und die Ausbeutung **erneuerbarer Energien** mit der Vollendung des Binnenmarktes und der Erfüllung der Grundsätze der Freiheit und Sicherheit innerhalb des europäischen Raums. Zum ersten Mal erreichten die energierechtlichen Regelungen eine solche Wichtigkeit. Es wurde rechtlich verstanden, dass in einer Gesellschaft, die langsam, aber in hohem Maße von exosomatischer Energie abhängig geworden ist, Freiheit und Sicherheit der Bevölkerung erst vorliegen, wenn die Energieversorgung gewährleistet ist.

Dies Verständnis des europäischen Verfassungsvertrages wurde auf die in Lissabon unterzeichneten EU- und AEU-Verträge übertragen. Neben der geteilten Kompetenz der Union im Energiebereich bringen sie – besonders der AEUV – zum ersten Mal eine Reihe gültiger Vorschriften, die die Energiepolitik der Europäischen Union begründen. Die Energieversorgungssicherheit bildet eines der wichtigen Ziele, die verfolgt werden müssen, um den europäischen Binnenmarkt zu vollenden. Aber während in den sekundärrechtlichen Vorschriften die energetische Integration und die Ausbeutung erneuerbarer Energien Maßnahmen für die Energieversorgungssicherheit darstellten, wird diese Beziehung gemäß Art. 194 Abs. 1 AEUV geändert. Theoretisch gibt es kein Abhängigkeitsverhältnis zwischen Energieversorgungssicherheit, erneuerbaren Energien, energetischer Integration und der Sicherstellung des Funktionierens des Energiemarkts. Da der Energieversorgungssicherheit aktuell wesentliche Bedeutung zukommt, ist es umstritten, inwieweit diese vier Merkmale der Energiepolitik miteinander verknüpft sind.

Zwei andere wichtige Punkte des Lissaboner Vertrages beruhen auf der Einrahmung der Energiepolitik bezogen auf den **Umweltschutz** und die explizite **Nennung des Prinzips der Solidarität im Energiebereich**.

2.1.3 Fazit: Gründung der Energiepolitik für die Gewährleistung der Energieversorgungssicherheit

Obwohl sich die Gründung der europäischen Gemeinschaft mit der Ausbeutung natürlicher Ressourcen mischt, gibt es wie schon erwähnt kaum einen anderen Bereich gemeinschaftlicher Politik, wo eine Gesamtkonzeption so vielen Schwierigkeiten und einem derart langen Weg bis zur Einigkeit gegenüberstand.

Im Laufe mehrerer Gründungsverträge – und einiger Richtlinien, Entscheidungen und Entschließungen des Rates in den Zeiten der Erdölkrise – entstanden langsam die Merkmale, die die Energiepolitik im europäischen Primärrecht prägen. Innerhalb der Energiepolitik spielt die Energieversorgungssicherheit immer eine erhebliche Rolle. Ihre Gewährleistung führte zu einem großen Teil der Arbeit zu Gunsten einer europäischen Integration. Mehr als bei einer europäischen Energiepolitik, die die Energieversorgungssicherheit als eines der Ziele verfolgt, kann von damals gesagt werden, dass die Energiepolitik für die Sicherstellung der Energieversorgung gegründet wurde.

Kohle war das Hauptthema des ersten Vertrages bezüglich der europäischen Integration. Allerdings diente die Versorgung mit ihr hauptsächlich der Energiesicherheit, aber auch der Erhöhung der Wettbewerbsfähigkeit der Kohle und der Stahlindustrie, somit der Wiederherstellung des Friedens in Europa. Aus dem EGKS-Vertrag ist nicht extrahierbar, ob und wie diese zwei Ziele die Energieversorgung sichern könnten. Von Bedeutung sind somit die Wirtschaftlichkeit dieses Rohstoffes (und der anderen Energiequellen) und die von importierten Energiequellen bestehende **Energieabhängigkeit**, von der die Gemeinschaft versuchte, sich zu befreien.

Andererseits brachte der EAG-Vertrag wichtige Elemente, die helfen konnten, eine Idee hinsichtlich der Energieversorgungssicherheit zu erstellen. Die Suche nach der **Energieunabhängigkeit** von dem Erdöl aus dem Mittleren Osten besteht noch. Hinzu aber kam das Prinzip der **Regelmäßigkeit und Gerechtigkeit der Versorgung**, das Vorrang vor z .B. der Bekämpfung höherer Preise hat. Es liegt kein Spannungsverhältnis zwischen der Gewährleistung der Versorgung mit Uran und seiner Wettbewerbsfähigkeit und Wirtschaftlichkeit vor, da sie in zwei verschiedenen Anwendungsstufen stehen. Um die Energieversorgungssicherheit zu erreichen und das obengenannte Prinzip zu verwirklichen, war es unverzichtbar, dass den Mitgliedstaaten ein gleicher Zugang zu den Versorgungsquellen gesichert und eine gemeinsame Versorgungspolitik (langfristige Planung) implementiert wurde. Erst hinsichtlich dieser zwei Regeln ist die Energieversorgungssicherheit gemäß dem EAG-Vertrag zu verstehen.

Außerdem traten die **Souveränität über die Ressourcen** und das Niveau eines Widerrufs dieser Souveränität zu Gunsten einer echten Integration mit gerechtem

Zugang zu Ressourcen nach der Erstellung einer Agentur mit Versorgungsmonopol in die Debatte.

Der EWG-Vertrag regulierte im Gegensatz zu den EGKS- und EAG-Verträgen keinen bestimmten Bereich. Er gründet einen umfassenden Wirtschaftsraum für den freien Warenverkehr ohne Zölle und Kontingente. Der EWG-Vertrag enthielt keine relevanten Vorschriften im Rahmen der Energieversorgungssicherheit.

Nach dem EWG-Vertrag entwickelten sich die primärrechtlichen Regelungen hinsichtlich des Energierechts in höherem Maße. Im Zuge dieser Entwicklung finden sich die sekundärrechtlichen Richtlinien, Entscheidungen und Entschließungen des Rates im Laufe der Siebzigerjahre. Die Vorratspolitik und die Bekämpfung der Erdölabhängigkeit verstärkten sich wegen der Erdölkrise; dazu kamen neue Bestrebungen bezüglich der Errichtung einer Energiepolitik für Europa. Diese Bestrebungen wurden bei der Förderung der Kernenergieprogramme, bei Anreizen zur **Entwicklung der erneuerbaren Energien** und bei Energieeinsparmaßnahmen umgesetzt. Im Sekundärrecht wurde auch das **Solidaritätsprinzip** im Falle einer Energiekrise etabliert. Zudem sind auch die Bemühungen um einen integrierten gemeinschaftlichen Energiemarkt zu erwähnen.

Solidarität, erneuerbare Energien und integrierter Energiemarkt bilden zuerst sekundärrechtliche Maßnahmen, deren Realisierung der Erhöhung des Energieversorgungssicherheitsniveaus der Gemeinschaft diente. Sie bereiteten die rechtlichen und politischen Umstände vor, so dass ein Energiekapitel im Primärrecht erstellt werden konnte.

Relevant für diese Arbeit ist die bei der gescheiterten Verfassung für Europa hergestellte Verbindung zwischen **energetischer Integration**, **Energieversorgungssicherheit** und **erneuerbaren Energien** mit der Vollendung des Binnenmarktes und der Erfüllung der Grundsätze der Freiheit und Sicherheit. Erstmalig erreichten die energierechtlichen Regelungen eine solche Wichtigkeit. Diese Verbindung liegt auch in den EU- und AEU-Verträgen vor. Die Einbindung der Energiepolitik in den **Umweltschutz** und die Vorschriften bezüglich der nachhaltigen Entwicklung untermauern die Beziehung zwischen Energie und Umwelt.

Die Maßnahmen im Bereich der **erneuerbaren Energien und des integrierten Energiemarkts** wurden zu Zielen der Energiepolitik nach dem AEU-Vertrag. Das **Solidaritätsprinzip** verbindet sich enger mit den energiepolitischen Vorschriften, da es im Energiebereich im AEU-Vertrag explizit benannt wird.

Gemäß Art. 194 Abs. 1 AEUV sind die Ziele der Energiepolitik – Sicherstellung des Funktionierens des Energiemarkts, Gewährleistung der Energieversorgungssicherheit in der Union, Förderung der Energieeffizienz und von Energieeinsparungen sowie Entwicklung neuer und erneuerbarer Energiequellen sowie Förderung der Interkonnektion der Energienetze – gleichrangig. Trotzdem ist es im Hinblick auf die Wesentlichkeit der Energieversorgungssicherheit umstritten, inwieweit diese vier Merkmale der Energiepolitik miteinander verknüpft sind.

2.2 Recht auf Energieversorgungssicherheit im europäischen Sekundärrecht

Die Energie und ihre verschiedenen Arten zeigen somit im Energiesektor zahlreiche Besonderheiten, die die Energie als Ware (Elektrizität) nicht so einfach auf dem Markt internalisieren lassen. Es handelt sich nicht um „typische Waren", so dass ihre Einbeziehung in den Binnenmarkt in erheblichem Maße auf das Sekundärrecht angewiesen ist[341].

Die auf der Grundlage der Gründungsverträge erlassenen Rechtsakte der Gemeinschaftsorgane, vor allem des Rates und der Kommission, bilden das Sekundärrecht, das die Aufgabe hat, die unterschiedlichen und ungleichen wirtschaftlichen, sozialen und ökologischen Bedingungen in den Mitgliedstaaten auszugleichen[342]. Das Sekundärrecht besteht aus Rechtshandlungen, die in unterschiedlicher Weise auf die nationalen Rechtsordnungen einwirken können. Die häufigsten Akte sind die Verordnungen (Art. 288 UAbs. 2 AEUV) – die Gemeinschaft kann am weitesten eingreifen, da sie in allen ihren Teilen verbindlich sind und unmittelbar in den Mitgliedstaaten gelten –, Richtlinien (Art. 288 UAbs. 3 AEUV) – erst das Ziel ist verbindlich und die Wahl von Form und Mittel wird den Mitgliedstaaten überlassen[343] –, Beschlüsse (Art. 288 UAbs. 4 AEUV), Empfehlungen und Stellungnahmen (Art. 288 UAbs. 5 AEUV) – sind unverbindlich[344].

Hier werden die Verordnungen um die europäischen Netze (Stromhandelverordnung und Verordnung zu Leitlinien für die transeuropäische Energieinfrastruktur) (2.2.1), die Elektrizitätsbinnenmarktrichtlinien (2.2.2), die Richtlinien zur Förderung der erneuerbaren Energien (2.2.3) und die Richtlinie über Maßnahmen zur Gewährleistung der Sicherheit der Elektrizitätsversorgung und von Infrastrukturinvestitionen (Versorgungssicherheitsrichtlinie) (2.2.4) analysiert. Am Ende werden Schlussfolgerungen skizziert (2.2.5).

2.2.1 Verordnungen um die europäischen Netze

Die europäischen Netze stellt den wichtigsten Bestandteil des Energiebinnenmarkts dar. Da Strom eine lebenswichtige Ware ist, ohne den es überhaupt keinen Markt gibt, muss seine Bereitstellung überall garantiert wird. Dazu ist ein integriertes

---

341 *Oppermann/Classen/Nettesheim*, Europarecht – Ein Studienbuch, 2011, S. 413.

342 *Lippert*, Energiewirtschaftsrecht – Gesamtdarstellung für Wissenschaft und Praxis, 2002, S. 123–124.

343 Zum Bedeutungswandel der Richtlinien, der immer weniger Gestaltungsspielraum für die Mitgliedstaaten lässt, vgl. *Steinberg/Britz*, Die Energiepolitik im Spannungsfeld nationaler und europäischer Regelungskompetenzen, Die Öffentliche Verwaltung, Heft 8, April 1993, S. 318.

344 *Lippert*, Energiewirtschaftsrecht – Gesamtdarstellung für Wissenschaft und Praxis, 2002, S. 124–125; *Schmidt-Preuß*, In: *Säcker* (Hrsg.), Berliner Kommentar zum Energierecht, 2014, S. 62; *Schwartz*, Die Wahl der Rechtsgrundlage im Recht der Europäischen Union, 2013, S. 44–47.

Stromnetzwerk notwendig, damit Strom reibungslos und rechtzeitig fließen kann. Ein Energiesystem, das über sichere, fehlerfreie Netze verfügt, kann dann die Energieversorgungssicherheit sicherstellen. Erst mit integrierten Stromnetzen existiert ein Markt.

Im europäischen Fall taucht eine zusätzliche Schwierigkeit auf, da es eines der Ziele der Energiepolitik ist, den europäischen Energiebinnenmarkt zu vollenden, was praktisch bedeutet, dass die Mitgliedstaaten miteinander verbunden sein müssen, damit seine Güter, einschließlich Strom, marktverzerrend- und diskriminierungsfrei gehandelt werden können. Die Integration der europäischen Energienetze trägt nicht nur zur Gewährleistung der Energieversorgungssicherheit bei, sondern auch zur Vollendung des Energiebinnenmarkts.

In zwei verschieden Verordnungen nimmt der europäische Gesetzgeber Rücksicht auf die Wichtigkeit der europäischen Netze zur Realisierung der Energiepolitik: Verordnung 714/2009/EG über die Netzzugangsbedingungen für den grenzüberschreitenden Stromhandel (2.2.1.1) und Verordnung 347/2013/EU zu Leitlinien für die transeuropäische Energieinfrastruktur (2.2.1.2).

2.2.1.1 Verordnung 714/2009/EG über die Netzzugangsbedingungen für den grenzüberschreitenden Stromhandel

Die Verordnung 714/2009[345] vom 13.07.2009 ist Teil des dritten Energie-Legislativpakets, das sich mit den Hindernissen bezüglich deren Vollendung des Energiebinnenmarktes beschäftigt und versucht, dem noch fragmentierten und nicht immer kontrollierten Monopolunternehmen im europäischen Energiemarkt einen einheitlichen gemeinschaftlichen regulatorischen Rahmen anzubieten. Die Notwendigkeit gemeinsamer Regulierung erstreckt sich auch auf die Vorschriften betreffend der Netzzugangsbedingungen für den grenzüberschreitenden Stromhandel, wo eine Harmonisierung von erheblicher Bedeutung ist. „Kooperation" und „Zusammenarbeit" (und im geringeren Maße „Solidarität") sind die Begriffe, die ab dem dritten Energie-Legislativpaket immer häufiger deklamiert werden, womit die Vollendung des Energiebinnenmarktes erreicht werden soll. Zudem ist die mangelhafte und freiwillige Zusammenarbeit dafür verantwortlich, dass ungenügende Ergebnisse im Falle einer Netzstörung oder von Stromausfällen erbracht wurden. Die Verordnung über die Netzzugangsbedingungen für den grenzüberschreitenden Stromhandel findet ihren Sinn und Zweck in der Verbindung der nationalen Energiemärkte, während Sinn und Zweck der Richtlinie 2009/72/EG (s. 2.2.2) die Öffnung solcher Märkte ist[346].

---

345 ABl. L 211 v. 14.8.2009, S. 15. Sie ist noch gültig, da die Verordnung 347/2013/EU hat sie nur geändert, aber nicht aufgehoben.

346 *Kaiser*, Verordnete Regulierung? Die Bedeutung der Stromhandelsverordnung – Verordnung (EG) Nr. 1228/2003 – und der Gashandelverordnung – Verordnung (EG) Nr. 1775/2005 – für den europäischen Energiebinnenmarkt, 2007, S. 57.

Hier werden nur die Aspekte der Energieversorgungssicherheit untersucht, die sich auf die Netzzugangsbedingungen beziehen. Die detaillierte Beziehung zwischen dem Auf- und Ausbau der transeuropäischen Energienetze und der Gewährleistung der Energieversorgungssicherheit sowie die mit der Verordnung 714/2009/EG koexistierende Verordnung 347/2013/EU werden unter (2.2.1.2) und im Kapitel 5 bearbeitet.

2.2.1.1.1 Verordnung 1228/2003/EG

Die erste Verordnung über die Netzzugangsbedingungen für den grenzüberschreitenden Stromhandel ist einer der drei Rechtsakte, die die sog. Reform des Energiebinnenmarktes von 2003/4 bilden[347]. Da die Beschleunigungsrichtlinien (s. 2.2.2.1.2) nach Ansicht der Kommission nur eine notwendige, aber noch keine hinreichende Bedingung für die Entwicklung und Konsolidierung der grenzüberschreitenden Stromhandel darstellen, umfasste das Reformpaket zusätzlich diese Verordnung[348].

Drei wichtige Dokumente vor dem Erlass der Verordnung 1228/2003/EG sind der Vorschlag „für eine Verordnung des Europäischen Parlaments und des Rates über die Netzzugangsbedingungen für den grenzüberschreitenden Stromhandel"[349] und die entsprechende Stellungnahme des Wirtschafts- und Sozialausschusses[350] sowie der geänderte Vorschlag[351].

Die Verordnung 1228/2003/EG[352] richtete sich an drei größere Maßnahmen: die Festlegung von Ausgleichmechanismen für Stromtransitflüsse, die Definition harmonisierter Grundsätze für die Tarife zur grenzüberschreitenden Übertragung und die Zuweisung der auf den Verbindungsleitungen zwischen nationalen Übertragungsnetzen verfügbaren Kapazitäten (Art. 1). Das allerhöchste Ziel bestand darin, Marktverzerrungen zu vermeiden, um die Grundprinzipien des freien Marktes und der Nichtdiskriminierung nicht zu beeinträchtigen. Es wurde bewiesen, dass die unzureichenden Verbindungskapazitäten zwischen den Mitgliedstaaten ein Haupthindernis der Stromintegration darstellten und der Bau neuer Verbindungsleitungen nötig war, um die nationalen Monopolmärkte zu bekämpfen. Je mehr Verbindungsmöglichkeiten und -unterschiede existieren, desto kleiner und schwächer werden die Monopole.

Die Verordnung trägt somit zusammen mit den Elektrizitätsbinnenmarktrichtlinien zu der Vollendung des Energiebinnenmarktes bei, die mittels einer Ankurbelung des internationalen Elektrizitätshandelns zu realisieren ist (Erwägungsgrund 3 der Verordnung 1228/2003/EG).

---

347 Die andere zwei sind die Richtlinie 2003/54/EG und die Richtlinie 2003/55/EG („Beschleunigungsrichtlinien").

348 *Schneider*, In: *ders/Theobald* (Hrsg.), Recht der Energiewirtschaft – Praxishandbuch, 2008, S. 68–69.

349 ABl. C 240/E v. 28.8.2001, S. 72.

350 ABl. C 36 v. 8.2.2002, S. 10.

351 KOM (2002) 304 endg. ABl. C 227/E v. 24.9.2002, S. 393.

352 ABl. L 176 v. 15.7.2003, S. 1.

Hervorzuheben ist die Wahl der Verordnung als Rechtsinstrument für den Energiebinnenmarkt statt der Richtlinie. Gründe dafür waren die Erfahrung mit den Schwierigkeiten bei der Umsetzung der durch Richtlinien implementierten Regelungen des ersten Liberalisierungspakets sowie die Erfahrung aus dem Florenz-Forum, die zeigte, dass unverbindliche Abkommen zur Beseitigung von Hindernissen für den grenzüberschreitenden Energiehandel nicht zielführend sind[353].

Die Vorschriften der Verordnung 1228/2003/EG, in denen die Energieversorgungssicherheit erwähnt wurde, sind die folgenden: Art. 3 Abs. 6, über die Notwendigkeit, die Gewährleistung der Energieversorgungssicherheit bei der infolge der Durchleitung grenzüberschreitender Stromflüsse entstandene Kosten zu berücksichtigen; Art. 5 Abs. 1, der von der Vermeidung von Engpässen, die die Netzsicherheit beeinträchtigen könnten, durch die Einrichtung von Verfahren für die Koordinierung und den Informationsaustausch handelt; Art. 6 Abs. 3 und Abs. 5, über allgemeine Grundsätze für das Engpassmanagement und die Sicherung des Netzbetriebs; und Art. 14, in dem es um den Bericht der Kommission geht, der die positiven Auswirkungen einer langfristigen Versorgungssicherheit dank der Implementierung der Verordnung analysieren und messen muss.

2.2.1.1.2 Verordnung 714/2009/EG und die mit Energieversorgungssicherheit verbundenen Rechtsregeln

Gemäß der Stellungnahme des Europäischen Wirtschafts- und Sozialausschusses zu dem Vorschlag „für eine Verordnung des Europäischen Parlaments und des Rates zur Änderung der Verordnung (EG) Nr. 1228/2003 über die Netzzugangsbedingungen für den grenzüberschreitenden Stromhandel“[354] trägt die Kooperation auf regionaler Ebene bei: zur Erarbeitung eines kohärenten und international anerkannten technischen Kodizes und Marktkodizes; zur Förderung der Marktintegration und zur Ermöglichung der Konvergenz der Preise; zur Stimulierung der Liquidität und zur Zerstreuung der Sorgen hinsichtlich der Marktkonzentration; und zur Förderung der Finanzierung und Gestaltung von Forschung und Innovation[355]. Der Ausschuss ist auch der fortschrittlichen Auffassung, dass ein völlig innovatives Übertragungssystem gefördert werden könnte, das die Nutzung von Elektrizität europaweit über ein interaktives, intelligentes Netz ermöglicht und **für die Bürger** offen bleibt, so dass der Slogan *power to the people* endlich verwirklicht würde. Dies würde den „Austausch von Energie im Einklang mit dem individuellen Bedarf über für alle zugängliche Netze und mit einheitlichen, in allen EU-Mitgliedstaaten angewandten

353 *Schneider*, EU-Kompetenzen einer Europäischen Energiepolitik, 2010, S. 53.
354 ABl. C 211 v. 19.8.2008, S. 23.
355 Stellungnahme des Europäischen Wirtschafts- und Sozialausschusses zu dem Vorschlag „für eine Verordnung des Europäischen Parlaments und des Rates zur Änderung der Verordnung (EG) Nr. 1228/2003 über die Netzzugangsbedingungen für den grenzüberschreitenden Stromhandel. ABl. C 211 v. 19.8.2008, S. 28.

Regelungen [bedeuten], wobei (wie beim Internet) keine Ausnahmen gemacht werden“[356].

Hinsichtlich der Verordnung 714/2009 wird die Energieversorgungssicherheit in folgenden Vorschriften erwähnt: Erwägungsgrund 9 über die Notwendigkeit, dass der „gemeinschaftsweite Netzentwicklungsplan“ des Europäischen Verbunds der Übertragungsnetzbetreiber (Strom) („ENTSO (Strom)“) die für den Handel und die Versorgungssicherheit notwendigen regionalen Verbindungen beinhaltet; Art. 1, der die Ziele der Verordnung regelt und feststellt, dass ein reibungslos funktionierender und transparenter Handelsmarkt mit einem hohen Maß an Stromversorgungssicherheit aufgebaut werden soll, und Art. 24, der die Kommission verpflichtet, einen Bericht vorzulegen, wie ihn Art. 14 der Verordnung 1228/2003 regelte (s. 2.2.1.1.1). Energieversorgungssicherheitlich relevant ist zudem auch der Art. 17, der die neuen Verbindungsleitungen von den Vorschriften über den Drittzugang (Art. 16 Abs. 6 der Verordnung 714/2009 und Art. 9, Art. 32 und Art. 37 Abs. 6 und Abs. 10 der Richtlinie 2009/72/EG) im Interesse des Binnenmarkts und der Energieversorgungssicherheit ausnehmen darf, damit die notwendigen Anreize für Investitionen gesetzt werden, die sonst wegen der finanziellen Risiken nicht getätigt würden[357].

Obwohl wenige Erwähnungen bezogen auf die Energieversorgungssicherheit existieren, ist klar, dass die Mitgliedstaaten nicht aufgeben dürfen, die Zusammenarbeit der Übertragungsnetzbetreiber durchzusetzen, um die Energieversorgung der EU mittels der Entwicklung des grenzüberschreitenden Stromhandelns sicherzustellen. Art. 12 i.V.m. Art. 1 der Verordnung 714/2009 bildet ein Ursache-und-Wirkung-Verhältnis, wodurch die **Energieversorgungssicherheit** erst erreicht werden kann, wenn eine **regionale Zusammenarbeit** implementiert wird.

2.2.1.2 Verordnung 347/2013/EU zu Leitlinien für die transeuropäische Energieinfrastruktur

Während die Verordnung 714/2009/EG mehr im Einklang mit der Vollendung des Energiebinnenmarkts mittels einer Harmonisierung von Regeln, die die Liberalisierung des Energiemarkts vereinfacht, steht, bezieht sich die Verordnung 347/2013/EU auf die Koordinierung und Optimierung der Netzentwicklung europaweit. Stichworte sind hier vielmehr als im Fall der Verordnung 714/2009/EG Kooperation bzw. Zusammenarbeit. Ein zweiter Unterscheidungspunkt betrifft die Sorge um Finanzierungsrahmen bzw. -mittel, die für den Auf- und Ausbau der transeuropäischen Energienetze (TEN-E) erheblich sind. Diese Sorge existiert aber seit mehreren Jahren

---

356 Stellungnahme des Europäischen Wirtschafts- und Sozialausschusses zu dem Vorschlag „für eine Verordnung des Europäischen Parlaments und des Rates zur Änderung der Verordnung (EG) Nr. 1228/2003 über die Netzzugangsbedingungen für den grenzüberschreitenden Stromhandel. ABl. C 211 v. 19.8.2008, S. 28.

357 *Däuper*, In: *Danner/Theobald* (Hrsg.), Energierecht Kommentar – Band 2, 2013, S. 32.

und spiegelt sich in den Entscheidungen des Europäischen Parlaments und des Rates (2.2.1.2.1), die sich den Weg für die Verordnung 347/2013/EU (2.2.1.2.2) bahnten.

2.2.1.2.1 Rechtliche Vorgeschichte

Immer auf die Vorschriften hinsichtlich der TEN-E gestützt (Art. 129d Abs. 1 EGV – Fassung von Maastricht, Art. 156 Abs. 1 EGV – Fassung von Nizza und Art. 156 EGV – Fassung von Athen[358]), obwohl der Begriff des „Beitrags" in den Vorschriften deutlich macht, dass Titel XVI des AEUVs keine Kompetenz für eine eigenständige Infrastrukturpolitik der EU eröffnet[359], hat die EU mittels des Erlasses von Entscheidungen Leitlinien festgelegt, um den Auf- und Ausbau der TEN-E zu fördern[360]. Gemäß Art. 171 Abs. 1 1. Spiegelstrich AEUV (vorher Art. 155 EGV) stellt die Union „eine Reihe von Leitlinien auf, in denen die Ziele, die Prioritäten und die Grundzüge der im Bereich der transeuropäischen Netze in Betracht gezogenen Aktionen erfasst werden; in diesen Leitlinien werden Vorhaben von gemeinsamem Interesse ausgewiesen".

Der Begriff der Leitlinien, die die Organe der EU erlassen dürfen, sind im Vertrag nicht definiert. Die herrschende Meinung geht davon aus, dass sie wegen des Rechts zur Prioritätensetzung einerseits und der Förderfähigkeit von Vorhaben von gemeinsamem Interesse andererseits rechtliche Verbindlichkeit haben. Leitlinien sind dann verbindliche Rahmenvorgaben, auf deren Umsetzung die Mitgliedstaaten hinzuwirken haben[361]. Andererseits sind sie von „Aktionen" gemäß Art. 171 Abs. 1 2. Spiegelstrich zu unterscheiden, die „sich gegebenenfalls als notwendig erweis[en], um die Interoperabilität der Netze zu gewährleisten, insbesondere im Bereich der Harmonisierung der technischen Normen".

Vor dem Erlass der Verordnung 347/2013/EU hat die Union dreimal Nutzung von dieser Kompetenzzuweisung gemacht: Entscheidung Nr. 1254/96/EG (2.2.1.2.1.1), Entscheidung Nr. 1229/2003/EG (2.2.1.2.1.2) und Entscheidung Nr. 1364/2006/EG (2.2.1.2.1.3).

---

358 Art. 156 EGV lautete (jetzt Art. 172 AEUV): „Die Leitlinien und die übrigen Maßnahmen nach Artikel 155 Absatz 1 werden v. Rat gemäß dem Verfahren des Artikels 251 und nach Anhörung des Wirtschafts- und Sozialausschusses und des Ausschusses der Regionen festgelegt.
Leitlinien und Vorhaben von gemeinsamem Interesse, die das Hoheitsgebiet eines Mitgliedstaats betreffen, bedürfen der Billigung des betroffenen Mitgliedstaats".

359 *Calliess*, In: *ders/Ruffert*, EUV/AEUV Kommentar, 4. Aufl., 2011, Art. 170, Rn. 3, S. 1839.

360 Zur Abgrenzung zwischen Art. 194 Abs. 1 lit. d AEUV und Art. 170ff. AEUV, s. 3.1.4.

361 *Calliess*, In: *ders/Ruffert*, EUV/AEUV Kommentar, 4. Aufl., 2011, Art. 171, Rn. 2–4, S. 1846; *Schäfer/Schröder*, In: *Streinz*, EUV/AEUV, 2. Aufl., 2012, Art. 171, Rn. 7, S. 1747; *Vormizeele*, In: *Schwarze*, EU-Kommentar, 3. Aufl., 2012, Art. 171, Rn. 6, S. 1778; *Lecheler*, In: *Grabitz/Hilf/Nettesheim*, Das Recht der Europäischen Union – Band II EUV/AEUV, 2014, Art. 171, Rn. 3, S. 2; *Zeleny*, In: *Mayer*, Kommentar zu EUV und AEUV, 2010, Art. 171, Rn. 17, S. 26.

2.2.1.2.1.1 Entscheidung Nr. 1254/96/EG

Am 29.06.1996 wurde die Entscheidung Nr. 1254/96/EG des Europäischen Parlaments und des Rates vom 05.06.1996 „über eine Reihe von Leitlinien betreffend die transeuropäischen Netze im Energiebereich"[362] veröffentlicht. In dem Erwägungsgrund 3 wurde die Wichtigkeit des Auf- und Ausbaus der transeuropäischen Netze im gesamten Gemeinschaftsgebiet für die Energieversorgungssicherheit sowie das Funktionieren des Energiebinnenmarktes und die Erhöhung der Wettbewerbsfähigkeit anerkannt. Zudem ist die Angleichung der Vorhaben von gemeinsamem Interesse zur Schaffung des Aufbaus und der Interoperabilität der transeuropäischen Netze von erheblicher Bedeutung (Erwägungsgrund 9). Das Konzept der Lebensfähigkeit wurde eingeführt, um zu erklären, dass das gemeinsame Interesse nicht nur Projekte, die betriebswirtschaftlich rentabel sind, berücksichtigen muss, sondern auch Projekte, die weitere Elemente wie **die Zuverlässigkeit und Sicherheit der Energieversorgung**, die Stärkung des wirtschaftlichen und sozialen Zusammenhalts und den Umweltschutz berücksichtigen (Erwägungsgrund 10).

Ziele der Leitlinien waren gemäß Art. 3 der Entscheidung Nr. 1254/96/EG, durch die Förderung (a) des Verbundes, (b) der Interoperationabilität und (c) des Ausbaus der transeuropäischen Energienetze, (i) den Energiebinnenmarkt zu verwirklichen (mit Rücksicht auf eine rationelle Erzeugung, Verteilung und Nutzung der Energie und die Erschließung der erneuerbaren Energien), (ii) die Entwicklung und Integration der weniger begünstigten Regionen zu erleichtern und (iii) **die Energieversorgungssicherheit zu erhöhen**. Die Prioritäten des Auf- und Ausbaus der Netze folgten einem Konzept, das die Richtung der Investitionen von innen nach außen festlegte, d. h., zuerst sollten die isolierten Elektrizitätsnetze an die europäischen Verbundnetze angebunden werden, danach der Verbund zwischen Mitgliedstaaten und letztlich der Verbund zwischen einem Mitgliedstaat und den Drittländern Europas oder/und des Mittelmeerraums umgesetzt werden (Art. 4 der Entscheidung Nr. 1254/96/EG).

2.2.1.2.1.2 Entscheidung Nr. 1229/2003/EG

Die Entscheidung Nr. 1254/96/EG wurde durch die Entscheidung Nr. 1229/2003/EG[363] vom 26.06.2003 aufgehoben. Es gab eine Aktualisierung der Prioritäten, um einen offeneren und von mehr Wettbewerb geprägten Energiebinnenmarkt zu schaffen. Die Menge von Projekten wurde im Vergleich zur vorherigen Entscheidung deutlich erhöht, um die Erweiterung der EU zu berücksichtigen. Die Notwendigkeit einer neuen Leitlinie war auch aufgrund „der zunehmenden Bedeutung der transeuropäischen Energienetze für die Diversifizierung der Gasversorgung der Gemeinschaft, für die Einbeziehung der Energienetze der beitrittswilligen Länder und für

362 ABl. L 161 v. 29.6.1996, S. 147.
363 ABl. L 176 v. 15.7.2003, S. 11.

die Gewährleistung eines koordinierten Betriebs der Elektrizitätsnetze Europas und des Mittelmeer- und Schwarzmeerraums" (Erwägungsgrund 4) berechtigt.

Auch in der Entscheidung Nr. 1229/2003/EG waren die Interoperabilität und der Ausbau der transeuropäischen Energienetze ein Mittel für die Gewährleistung einer sicheren Energieversorgung, was wiederum beispielsweise durch die Vertiefung der Beziehungen mit Drittländern zu erreichen war (Art. 3 lit. c). Vorrangig waren (und sind noch) in den Bereichen der Elektrizitätsnetze und der Erdgasnetze die Überwindung von grenzüberschreitenden Engpässen, die Behebung von Überlastungsproblemen, die Errichtung fehlender Teilstücke einerseits und die Errichtung von Energienetzen in isolierten energetischen Systemen unter Förderung der Diversifizierung der Energiequellen (mit Rücksicht auf erneuerbare Energiequellen) andererseits (Art. 4 Abs. 1).

Letztlich bedeutungsvoll und vorrangig war die Wahl der Stärkung der Energieversorgungssicherheit als entscheidendes Kriterium für die Einstufung eines Vorhabens (Art. 7 Abs. 3 lit. b). Das andere Kriterium betraf die positive Auswirkung auf das Funktionieren des Wettbewerbs im Binnenmarkt (Art. 7 Abs. 3 lit. a). Die Erfüllung dieser Kriterien musste unter Berücksichtigung einer nachhaltigen Entwicklung ausgeführt werden.

2.2.1.2.1.3 Entscheidung Nr. 1364/2006/EG

Die Entscheidung Nr. 1229/2003/EG wurde durch die Entscheidung Nr. 1364/2006/EG[364] vom 06.09.2006 aufgehoben. Der Grund für eine neue Entscheidung lag in der Tatsache, dass einerseits die zehn neuen Mitgliedstaaten, die Beitrittsländer und die Bewerberländer in vollem Umfang in die Leitlinien einbezogen werden mussten, und dass andererseits die Leitlinien an die neue Nachbarschaftspolitik der EU angepasst werden mussten (Erwägungsgrund 1). Ferner sollte die Sicherung und Diversifizierung der Versorgung priorisiert werden (Erwägungsgrund 7). Prioritäre Maßnahmen hinsichtlich der Energieversorgungssicherheit im Bereich der Elektrizitätsnetze betrafen die „Lösung von Problemen durch Engpässe, vor allem grenzüberschreitende Engpässen, Überlastung und fehlende Teilstücke", „die Errichtung von Energienetzen in Inselregionen" (Art. 4 1. Spiegelstrich lit. a und b.) und „die Interoperabilität der Elektrizitätsnetze (Art. 4 2. Spiegelstrich lit. b).

Hauptziele der Entscheidung bestanden darin, die Zuverlässigkeit und die Integrität der Netze zu verbessern sowie die Versorgungssicherheit und das einwandfreie Funktionieren des Binnenmarkts zu gewährleisten (Erwägungsgrund 3). Neu war die Einfügung des Beitrags der transeuropäischen Energienetze für die nachhaltige Entwicklung und den Umweltschutz als Ziel der Entscheidung (Art. 3 lit. d). Vorhaben von gemeinsamem Interesse, die für das Funktionieren des Energiebinnenmarkts oder die Energieversorgungssicherheit besonders wichtig sind, sollten bevorzugt werden (Erwägungsgrund 8). Die Entscheidung unterscheidet zwischen

364 ABl. L 262 v. 22.09.2006, S. 1.

„Vorhaben von gemeinsamem Interesse“ (Art. 6), vorrangigen Vorhaben (Art. 7) und Vorhaben von europäischem Interesse (Art. 8).

Zu betonen ist hier die Relevanz der Integration der Netze nicht nur für die Vollendung des Energiebinnenmarkts, sondern für den Binnenmarkt selbst. Das dienende Verhältnis[365] zwischen dem Elektrizitätsverbund und der Energieversorgungssicherheit (in seiner doppelten Dimension[366]) ist hier auch deutlich gemacht.

Die Energieversorgungssicherheit bleibt (zusammen mit der Verwirklichung des Energiebinnenmarkts) immer noch das relevanteste Kriterium für eine prioritäre Implementierung der transeuropäischen Netze in der EU und mit Drittländern. Das ergibt sich aus den Erwägungsgründen 7 und 8 der Entscheidung Nr. 1364/2006/EG sowie aus Art. 3 lit. c und Art. 7 Abs. 2 und Abs. 4 lit. b. Art. 3 benannte die Verbesserung der Sicherheit der Energieversorgung als Ziel der Förderung des Verbundes, der Interoperabilität und des Ausbaus der transeuropäischen Energienetze. Der Vertrag über die Energiecharta und die von der Gemeinschaft geschlossenen Kooperationsabkommen konnten zur Realisierung des Ziels eine Rolle spielen.

Die Grundzüge der Maßnahmen der Gemeinschaft im Bereich der transeuropäischen Netze sind die Ermittlung von Vorhaben von gemeinsamem Interesse und vorrangiger Vorhaben, einschließlich derjenigen von europäischem Interesse – neue Kategorie – und die Schaffung günstigerer Rahmenbedingungen für den Ausbau dieser Netze (Art. 5 lit. a und b der Entscheidung Nr. 1364/2006/EG). Gemäß Art. 7 Abs. 2 und in Bezug auf grenzüberschreitende Investitionsvorhaben mussten die Mitgliedstaaten die erforderlichen Schritte unternehmen, damit die Erhöhung und Stärkung der europäischen Energieversorgungssicherheit als Beurteilungskriterium von den nationalen Behörden im Rahmen der nationalen Genehmigungsverfahren herangezogen wurde. Gemäß Art. 7 Abs. 4 lit. b mussten die vorrangigen Vorhaben u.a. die Versorgungssicherheit stärken. Auf der anderen Seite mussten die Kosten im Hinblick auf die Energieversorgungssicherheit bei der Bewertung der wirtschaftlichen Tragfähigkeit des Vorhabens von gemeinsamem Interesse berücksichtigt werden (Art. 6 Abs. 1 UAbs. 2 der Entscheidung Nr. 1364/2006/EG). Letztlich waren bei der Prüfung der Vorhaben den Auswirkungen auf den Wettbewerb und auf die Energieversorgungssicherheit Rechnung zu tragen (Art. 12 der Entscheidung Nr. 1364/2006/EG).

Die Entscheidung Nr. 1364/2006/EG versuchte, die bedeutsame Wichtigkeit der technischen Kooperation zu betonen, insbesondere für die grenzüberschreitenden Projekten, und das Genehmigungsverfahren zu erleichtern[367]. Bei der Entscheidung Nr. 1364/2006/EG fehlte es aber an einer Ausbauaufsicht, die für die Förderung

365 Mehr dazu, S. 3.3.3.

366 Technische Sicherheit und Bedarfsdeckungssicherheit, S. 1.1.3.

367 *Sikow-Magny*, In: *Vinois* (Hrsg.), EU Energy Law – Volume VI – The security of energy supply in the European Union, 2012, S. 65.

von einzelnen Netzbedürfnissen notwendig war, sowie an Sanktionen wegen eines Unterlassens der mitgliedstaatlichen Verpflichtung[368] zu verbesserten Ausbaubedingungen[369].

2.2.1.2.2 Verordnung 347/2013/EU und die mit Energieversorgungssicherheit verbundenen Rechtsregeln

Trotz der vorherigen Bemühungen und regulatorischen Initiativen der EU, den europäischen Energiebinnenmarkt mittels des Auf- und Ausbaus der Interkonnektion der Netze zu integrieren, lag der Stromverbundgrad immer noch unter 10 % der Gesamterzeugungskapazität in der EU. Die auf Solidarität basierende Koordinierung war noch mangelhaft und musste praktiziert bzw. optimiert werden, damit die Netzentwicklung folgen konnte. Im Zusammenhang mit der Genehmigungserteilung, der Regulierung und der Finanzierung existierten jedoch noch weitere Hürden[370]. Eine Evaluierung über die Realisierung der transeuropäischen Netze im Zeitraum nach der Entscheidung Nr. 1364/2006/EG[371] zeigte, dass es der Umsetzung des TEN-E-Rahmens an Fokussierung (550 Projekte wurden in den Entscheidung Nr. 1364/2006/EG aufgeführt), Flexibilität und einem *Top-down*-Ansatz fehlte[372]. Nur 21 % der TEN-E-Projekte von europäischem Interesse wurden bis Ende 2009 vervollständigt. In der Mitteilung der Kommission vom 17.11.2010[373] wurde dann gefordert, „dass die bestehende Politik im Bereich der transeuropäischen Energienetze (TEN-E) sowie der dazugehörige Finanzierungsrahmen überarbeitet werden müsse“[374].

---

368 Adressaten der Entscheidung Nr. 1364/2006/EG waren nur die Mitgliedstaaten und gegenüber den Übertragungsnetzbetreibern entfaltete die Entscheidung keine Rechtswirkung. *Mätzig*, Das Recht der Elektrizitätsversorgungsnetze – Netzbetreiberpflichten zwischen unternehmerischer Eigenverantwortung und staatlicher Steuerung, 2012, S. 86.

369 *Vrana*, Interkonnektoren im Europäischen Binnenmarkt, 2012, S. 50–52.

370 Vorschlag für Verordnung des Europäischen Parlaments und des Rates zu Leitlinien für die transeuropäische Energieinfrastruktur und zur Aufhebung der Entscheidung Nr. 1364/2006/EG v. 19.10.2011. KOM (2011) 658 endg., S. 4.

371 Bericht der Kommission über die Realisierung der transeuropäischen Energienetze im Zeitraum 2007–2009 v. 04.05.2010. KOM (2010) 203 endg.

372 Vorschlag für Verordnung des Europäischen Parlaments und des Rates zu Leitlinien für die transeuropäische Energieinfrastruktur und zur Aufhebung der Entscheidung Nr. 1364/2006/EG v. 19.10.2011. KOM (2011) 658 endg., S. 5; Bericht der Kommission über die Realisierung der transeuropäischen Energienetze im Zeitraum 2007–2009 v. 04.05.2010. KOM (2010) 203 endg.

373 Mitteilung der Kommission „Energieinfrastrukturprioritäten bis 2020 und danach – ein Konzept für ein integriertes europäisches Energienetz“ v. 17.11.2010. KOM (2010) 677 endg.

374 Vorschlag für Verordnung des Europäischen Parlaments und des Rates zu Leitlinien für die transeuropäische Energieinfrastruktur und zur Aufhebung der Entscheidung Nr. 1364/2006/EG v. 19.10.2011. KOM (2011) 658 endg., S. 2.

Die Hauptziele der Verordnung bestehen darin, dass kein Mitgliedstaat vom europäischen Netz isoliert ist, sowie dass ein echter Beitrag zur Energieversorgungssicherheit, Verringerung der Treibhausgasemissionen um 20 %, Verbesserung der Energieeffizienz um 20 % und Erhöhung des Anteils erneuerbarer Energien am Endenergieverbrauch um 20 % bis 2020 mittels der Verordnung geleistet werden kann.

Um diese Ziele zu realisieren, wurde eine begrenzte Zahl (vier) vorrangiger transeuropäischer Korridore und Gebiete für die Strom- und Gasnetze sowie für die Erdöl- und CO_2-Transportinfrastruktur ausgewiesen. Gemäß dem Anhang I der Verordnung 347/2013/EU sind die vier vorrangigen Stromkorridore: das Offshore-Netz der nördlichen Meere, die Nord-Süd-Stromverbindungsleitungen in Westeuropa, die Nord-Süd-Stromverbindungsleitungen in Mittelosteuropa und Südosteuropa und der Stromverbundplan für den Energiemarkt im Ostseeraum. Die thematischen Gebiete beziehen sich auf die Realisierung intelligenter Netze, Stromautobahnen und das grenzüberschreitende Kohlendioxidnetz.

Mittel für die Umsetzung dieser Prioritäten, die im Art. 1 Abs. 2 der Verordnung 347/2013/EU vorgesehen werden, erfolgen durch die Straffung der Genehmigungsverfahren („*One-Stop-Shop*"-Ansatz, wenn möglich – Art. 8, Benennung eines europäischen Koordinators, wenn notwendig – Art. 6, Beteiligung der Öffentlichkeit – Art. 9, Dauer und Durchführung des Genehmigungsverfahrens – Art. 10), die Erleichterung der Regulierung von Vorhaben von gemeinsamem Interesse (Implementierung der Kosten-Nutzen-Analyse – Art. 11, Ermöglichung von Investitionen – Art. 12, Gewährung von angemessenen Anreizen – Art. 13) und das Sicherstellen der Durchführung von Vorhaben von gemeinsamem Interesse (Unionsliste der Vorhaben – Art. 3, Durchführung und Überwachung – Art. 5, „Vorrangstatus" von Vorhaben – Art. 7, finanzielle Unterstützung der Union – Art. 14 und die Berichterstattungspflicht der Kommission – Art. 17).

Die Verordnung 347/2013/EU stützt sich auf Art. 172 AEUV[375] und ist im Vergleich zur Entscheidung Nr. 1364/2006/EG viel detaillierter. Der Anwendungsbereich wurde

375 Kritisch im Hinblick auf die Regelungsdichte der Verordnung, die mit weitreichenden Eingriffen in das nationale Verwaltungsorganisations- und Verfahrensrecht einhergeht und kaum mehr als „Leitlinie" im Sinne des Art. 171 AEUV betrachtet werden können, *Vogt/Maaß*, Leitlinien für die transeuropäische Energieinfrastruktur – Netzausbau die Zweite, RdE, Heft 4–5, 2013, S. 159. Ebenso, *Strobel*, Die Verordnung zu Leitlinien für die transeuropäische Energieinfrastruktur: Primärrechtliche Einordnung und genehmigungsrechtliche Implikationen, ZEuS, Heft, 2, 2013, S. 212–214; *Armbrecht*, Infrastrukturplanung auf europäischer Ebene – Entwurf einer Verordnung zu Leitlinien für die transeuropäische Energieinfrastruktur, DVBl., Heft 8, 2013, S. 483; *Giesberts/Tiedge*, Die Verordnung zu Leitlinien für die transeuropäische Energieinfrastruktur, NVwZ, Heft 13, 2013, S. 840. Skeptisch zur bei der Kommission festgelegten Dauer des Genehmigungsverfahrens, *Frey*, Grundrechtliche Probleme bei einem beschleunigten Ausbau der transeuropäischen Energienetze, ZeuS, Heft 1, 2013, S. 34–35. Die Leitlinien müssen die Balance

auch mittels des neuen Rechtsakts ausgeweitet, da jede Ausrüstung oder Anlage aus den Bereichen Strom, Gas, Erdöl und CO_2, die sich in der Union befindet oder diese mit Drittstaaten verbindet, als Energieinfrastruktur i.S.d. Verordnung beschrieben werden kann[376]. Die Erwägungsgründe 3 und 4 erwähnen die Energieversorgungssicherheit und die Solidarität u.a. als Ziele der Verordnung. Ein Funktionieren der Solidarität in der Praxis trägt dazu bei, dass die Energieversorgungssicherheit eines Mitgliedstaats, insbesondere der isolierten Mitgliedstaaten, durch einen Mangel an angemessenen Verbindungen nicht gefährdet ist. Wenn Erwägungsgrund 9 erwähnt, dass „die Energieinfrastruktur der Union aufgerüstet werden [sollte], um technisch bedingten Ausfällen vorzubeugen und die Belastbarkeit der Infrastruktur [...] zu stärken"[377], nimmt er Rücksicht auf die technische Energieversorgungssicherheit, genauso wie im Erwägungsgrund 14, der erklärt, dass das europäische Stromnetz stabil bleiben muss, um die Spannungs- und Frequenzstabilität sicherzustellen. Die technische Energieversorgungssicherheit soll nicht nur im Regelfall beachtet werden, sondern auch insbesondere im Fall einer Verzögerung bei der Inbetriebnahme eines Vorhabens von gemeinsamem Interesse, wenn für die „Sicherheit, Zuverlässigkeit und Effizienz beim Betrieb und bei der Instandhaltung des Vorhabens von gemeinsamem Interesse" gesorgt sein muss (Art. 5 Abs. 7 lit. e der Verordnung 347/2013/EU).

Die Vorschriften, die für das Verhältnis zwischen Energieversorgungssicherheit und Interkonnektion der Netze relevant sind, beziehen sich auf die Vorhaben von gemeinsamem Interesse (Art. 3 und Art. 4 der Verordnung 347/2013/EU). Wie bei der aufgehobenen Entscheidung Nr. 1364/2006/EG stellt die Versorgungssicherheit eines der Kriterien für die Benennung einer Energieinfrastruktur als Vorhaben von gemeinsamem Interesse (Art. 4 Abs. 2 lit. a iii) für Stromübertragungs- und -speichervorhaben dar, Art. 4 Abs. 2 lit. b ii) für Gasvorhaben, Art. 4 Abs. 2 lit. c iii) für Vorhaben für intelligente Stromnetze, Art 4 Abs. 2 lit. d i) für Erdöltransportvorhaben und Art. 4 Abs. 2 lit. e i) für Kohlendioxidtransportvorhaben). Die Vorhaben von gemeinsamem Interesse aufgrund der Gewährleistung der Energieversorgungssicherheit tragen erheblich zum Ziel der Interkonnektion der Netze gemäß Art. 194 Abs. 1 lit. d AEUV bei und werden deswegen im Kapitel 5 in Einzelheiten bearbeitet.

Zudem spielt die Sicherstellung der Energieversorgungssicherheit beim Auf- und Ausbau der transeuropäischen Energienetze im Hinblick auf die Erstellung der energiesystemweiten Kosten-Nutzen-Analyse gemäß Art. 11 und Anhang V eine Rolle. Während die Kosten hinsichtlich der Energieversorgungssicherheit bei der Bewertung der wirtschaftlichen Tragfähigkeit des Vorhabens von gemeinsamem

---

zwischen Verbindlichkeit und der auf einen „Beitrag" (Art. 170 Abs. 1 AEUV) beschränkten Rolle der Union wahren, *Schäfer/Schröder*, In: *Streinz*, EUV/AEUV, 2. Aufl., 2012, Art. 171, Rn. 6, S. 1747.

376 *Giesberts/Tiedge*, Die Verordnung zu Leitlinien für die transeuropäische Energieinfrastruktur, NVwZ, Heft 13, 2013, S. 837.

377 Erwägungsgrund 9 der Verordnung 347/2013/EU v. 17.04.2013. ABl. L 115 v. 25.04.2013, S. 40.

Interesse im Art. 6 Abs. 1 UAbs. 2 der aufgehobenen Entscheidung Nr. 1364/2006/EG explizit erwähnt wurden, überlässt die Verordnung 347/2013/EU die Einzelheiten der Kosten-Nutzen-Analyse ihrem Anhang V, der festlegt, dass die Netzbelastbarkeit und die Netzsicherheit bei der Stromübertragung und -speicherung einerseits, und die Netzsicherheit und die Engpässe im Gasnetz u.a. bei Gas andererseits im Rahmen der Kosten-Nutzen-Analyse berücksichtigt werden müssen.

Letztlich sollen erheblich positive Effekte für die Energieversorgungssicherheit und die Solidarität u.a. demonstriert werden, damit ein Vorhaben von gemeinsamem Interesse, das unter die in Anhang II Nummer 1 Buchstaben a bis d und Nummer 2 genannten Kategorien[378] fällt, eine finanzielle Unterstützung der Union in Form von Finanzhilfen bekommen darf (Art. 14 Abs. 2 lit. a der Verordnung 347/2013/EU). Ein Vorhaben von gemeinsamem Interesse, das unter die in Anhang II Nummer 1 Buchstabe c genannte Kategorie fällt und nicht für eine Entscheidung über die grenzüberschreitende Kostenaufteilung in Frage kommt, muss gemäß Art. 14 Abs. 2 lit. b der Verordnung 347/2013/EU auf die Gewährleistung eines sicheren grenzüberschreitenden Netzbetriebs u.a. ausgerichtet sein, um die unionale Finanzhilfe zu bekommen. Die EU verdeutlicht mit diesen Vorschriften, dass ihre (finanzielle) Hilfe für den Auf- und Ausbau der transeuropäischen Energienetze in engem Zusammenhang mit dem Ziel der Energieversorgungssicherheit steht und ihre Unterstützung von der Gewährleistung dieses Ziels abhängt.

2.2.1.3 Fazit

Die Entwicklung von grenzüberschreitenden Stromnetzen bzw. -handel, die mit der nachhaltigen Entwicklung vereinbar ist und sich so weit wie möglich auf die Anwendung erneuerbarer Energiequellen stützt, sowie die Implementierung der auf das Prinzip der Solidarität basierenden Zusammenarbeit stellen ein erhebliches und unverzichtbares Mittel für die Erhöhung und Gewährleistung der Energieversorgungssicherheit dar.

Die Verordnung über die Netzzugangsbedingungen für den grenzüberschreitenden Stromhandel stellt – insbesondere die noch in Kraft befindliche Verordnung 714/2009 – wichtige Aspekte der Energiepolitik vor, die sich mit der Energieversorgungssicherheit verbinden. Diese Aspekte sind die **regionale Zusammenarbeit (Kooperation)** und die **Eröffnung der Netze für die Bürger**.

---

378 Anhang II der Verordnung 347/2013/EU zählt die Energieinfrastrukturkategorien auf, die zur Realisierung der in Anhang I aufgeführten Energieinfrastrukturprioritäten entwickelt werden müssen. Die Energieinfrastrukturkategorien im Bereich Strom sind: Hochspannungsfreileitungen, materielle Ausrüstung bei Stromautobahnen, Stromspeicheranlagen, jede Ausrüstung oder Anlage, die für die vorher benannten Infrastrukturen unentbehrlich sind, und jede Ausrüstung oder Anlage, die unter den Begriff des intelligenten Stromnetzes fällt (Nummer 1 Buchstaben a bis d).

Der erste Aspekt stellt in Frage, wie die Kooperation zwischen nationaler Regulierungsbehörde und Netzbetreibern in einem Umfeld, in dem der Wettbewerb den allerhöchsten Grundsatz bildet, zu realisieren ist. Der zweite Aspekt handelt von der Nutzung der Elektrizität – einer lebenswichtigen Ware – als ein Instrument, das die wahre Demokratie konkretisieren und die Bürger von der Abhängigkeit der Unternehmensmacht und -kraft emanzipieren kann.

Die andere auf grenzüberschreitenden Stromhandel bezogenen Vorschrift des Europarechts, die Verordnung 347/2013/EU, verkörpert eines der wichtigsten Mittel für den Schub hin zu einem energieintegrierten Europa: die Vorhaben von gemeinsamem Interesse zusammen mit den Rahmenbedingungen für ihre Finanzierung, Durchführung und Genehmigungsverfahren. Die Art und Weise der Implementierung der Vorhaben, die wie in der Verordnung 347/2013/EU durchzuführen sind, verstärkt die Solidarität zwischen den Mitgliedstaaten, die mittels ihrer regulatorischen Organe miteinander kooperativ handeln müssen. Zu beachten ist aber, dass die Verordnung mit der Benennung der Korridore und der transeuropäischen Energieinfrastrukturprioritäten keine konkreten Netzverbindungen festlegt, sondern nur den Rahmen für ein Bedarfsermittlungsverfahren auf europäischer Ebene eröffnet[379].

2.2.2 Richtlinie 2009/72/EG über gemeinsame Vorschriften für den Elektrizitätsbinnenmarkt

Wie erwähnt, fingen schon im Jahre 1988 (mit der Veröffentlichung des Berichtes „Der Binnenmarkt für Energie") die ersten Bemühungen der Kommission an, den Energiebereich zu vergemeinschaften. Aber erst am 21.02.1992 legte die Kommission zwei Richtlinienvorschläge – Elektrizitäts- und Erdgasbinnenmarkt – vor.

Die Elektrizitätsbinnenmarktrichtlinie von 1996 bildet den zweiten Teil eines Drei-Phasen-Konzepts. Die erste Stufe dieses Konzepts besteht aus den Richtlinien über den Transit von Strom (Richtlinie 90/547/EWG) und den Transit von Gas (Richtlinie 91/296/EWG) sowie die Richtlinie über die Preistransparenz im Elektrizitäts- und Gasbereich (Richtlinie 90/377/EWG). Diese Richtlinien nehmen sich die Probleme der leitungsgebundenen Energiewirtschaft vor. Die zweite Stufe ist auf die Beseitigung der Monopole bei der Stromerzeugung und der Errichtung von Leitungen gerichtet. Die dritte Stufe umfasst die Vollendung des Energiemarkts[380]. Das Drei-Phasen-Konzept dient der Verfolgung dreier Ziele, die mittels eines freien, öffnen Binnenmarkts zu realisieren sind: des freien Verkehrs von Elektrizität und Gas, der Versorgungssicherheit und Förderung der Wettbewerbsfähigkeit der strom- und gasverbrauchenden Unternehmen[381].

---

379 *Vogt/Maaß*, Leitlinien für die transeuropäische Energieinfrastruktur – Netzausbau die Zweite, RdE, Heft 4–5, 2013, S. 152.

380 *Jarass*, Europäisches Energierecht: Bestand – Fortentwicklung – Umweltschutz, 1996, S. 30; *Schneider*, In: *ders/Theobald*, (Hrsg.), Recht der Energiewirtschaft – Praxishandbuch, 2008, S. 59.

381 *Jarass*, Europäisches Energierecht: Bestand – Fortentwicklung – Umweltschutz, 1996, S. 30.

2.2.2.1 *Rechtliche Vorgeschichte*

Bis heute hat die Kommission drei Richtlinien hinsichtlich des Elektrizitätsbinnenmarkts erlassen: die Richtlinie 96/92/EG (2.2.2.1.1), die Richtlinie 2003/54/EG (2.2.2.1.2) und die Richtlinie 2009/72/EG (2.2.2.2).

2.2.2.1.1 *Richtlinie 96/92/EG*

Die Richtlinie 96/92/EG „betreffend gemeinsame Vorschriften für den Elektrizitätsbinnenmarkt"[382] vom 19.12.96 wurde am 30.01.97 veröffentlicht. Sie stellt eine erhebliche Stufe für die Vollendung des Elektrizitätsbinnenmarkts dar, obwohl das Liberalisierungspotential der Richtlinie nicht besonders hoch[383] und die ambivalente Grundausrichtung der Richtlinie, die zwischen Wettbewerb und dem öffentlichen Dienstleistungscharakter der Stromversorgung oszillierte, auffällig war[384], wie Erwägungsgrund 13 der Richtlinie 1996/92/EG demonstriert[385].

Das Verfahren zur Verabschiedung der Richtlinie 96/92/EG (EltRL 1996) wurde von Widerständen zwischen dem Vorschlag der Kommission, den Meinungen des Rates und des Wirtschafts- und Sozialausschusses geprägt. Den Kern der Diskussionen und Uneinigkeit bildete der Grad der Liberalisierung bzw. die Harmonisierung eines Netzzugangssystems und die Organisation der *Unbundling*[386].

Vor der Veröffentlichung der Richtlinie 96/92/EG legte die Kommission am 24.02.1992 den Vorschlag „für eine Richtlinie des Rates betreffend gemeinsame Vorschriften für den Elektrizitätsbinnenmarkt"[387] vor. Das Ziel der geplanten Richtlinie besteht aus einer echten Marktöffnung im energetischen Bereich, und dafür war die Einführung harmonisierter Kriterien und Verfahren für den Bau und Betrieb von Produktionsanlagen zur Stromerzeugung notwendig, sodass für die Industrie eine gleichzeitige Energieversorgung der Mitgliedstaaten und eine gleiche Grundlage gesichert waren und eine Wettbewerbsverzerrung bei den Abnehmerindustrien vermieden wird. Praktisch versuchte die Kommission, den Erlass gemeinsamer Vorschriften für die Erteilung von Genehmigungen zum Bau und Betrieb von Produktionsanlagen sowie Übertragungs- und Verteilerleitungen durch die Mitgliedstaaten und weitere Maßnahmen vorzuschlagen.

---

382 ABl. L 27 v. 30.1.97, S. 20.

383 *Schneider*, In: *ders/Theobald* (Hrsg.), Recht der Energiewirtschaft – Praxishandbuch, 2008, S. 62–63.

384 *Danwitz*, In: *Löwer* (Hrsg.), Wettbewerb und Versorgungssicherheit, 2007, S. 21.

385 Erwägungsgrund 13 lautete: „Die Auflage gemeinwirtschaftlicher Verpflichtungen kann in einigen Mitgliedstaaten erforderlich sein, um Versorgungssicherheit sowie Verbraucher- und Umweltschutz zu gewährleisten, die der freie Wettbewerb allein ihres Erachtens nicht unbedingt garantieren kann".

386 *Herrmann*, Europäische Vorgaben zur Regulierung der Energienetze – Eine Analyse der „Beschleunigungsrichtlinien" zur Vollendung des Energiebinnenmarktes, 2005, S. 49.

387 KOM (91) 548 endg. ABl. C 65 v. 14.3.1992, S. 4.

Nach der Vorlegung des Vorschlages hat das Europäische Parlament 1993 eine Reihe von Änderungsanträgen vorgelegt und die beratenden Ausschüsse PCCE und CCEME wurden gehört. Deswegen legte die Kommission am 07.12.1993 einen geänderten Vorschlag „für eine Richtlinie des Europäischen Parlaments und des Rates betreffend gemeinsame Vorschriften für den Elektrizitätsbinnenmarkt“[388] vor.

Erwähnenswert ist die Stellungnahme des Wirtschafts- und Sozialausschusses der Kommission zu „dem Vorschlag für eine Richtlinie des Rates betreffend gemeinsame Vorschriften für den Elektrizitätsbinnenmarkt“[389], die „nur in einigen“ Aspekte den Vorschlag der Kommission befürwortete (S. 33). Absolut wichtig ist die Kritik, „die Versorgungssicherheit wird in den Richtlinienvorschlägen nicht zuverlässig geregelt“[390]. Zudem kritisierte der Ausschuss die Abwesenheit eines Begriffes für Energieversorgungssicherheit in der Liste der Begriffsbestimmungen des Art. 2 des Richtlinienvorschlags[391].

Der Ausschuss war der Auffassung, dass Versorgungssicherheit „sowohl in Bezug auf die regelmäßige Versorgung mit Primärenergie zu verstehen ist als auch in Bezug auf die Qualität und die Gewährleistung des Dienstes am Endverbraucher“[392]. Diese Kriterien dienen der Findung eines Gleichgewichtes zwischen dem freien Spiel der Marktkräfte und der Versorgungsicherheit. Die Liberalisierung des Energiebinnenmarkts muss nach der Auffassung des Ausschusses mit Versorgungssicherheit und Umweltschutz vereinbar sein.

Der Ausschuss betonte auch in seiner Stellungnahme, dass der Zweck des Binnenmarkts nicht aus einer bloßen Intensivierung des Wettbewerbs an sich bestehe, sondern aus der Schaffung vergleichbarer Disponibilitäts- und Preisbedingungen und eines gleichzeitigen Sicherheits- und Qualitätsniveaus der Energieversorgung.

Der Gegenstand der Richtlinie ist, wie Art. 1 der Elektrizitätsbinnenmarkt-Richtlinie – EltRL entnommen werden kann, die Elektrizitätserzeugung, -übertragung und -verteilung. Ferner regelt die EltRL 1996 die Organisation und Funktionsweise des Elektrizitätssektors, den Marktzugang, die Kriterien und Verfahren für die Ausschreibungen und die Vergabe von Genehmigungen sowie den Betrieb der Netze. Allerdings liegt der Schwerpunkt der Regelungen im Bereich der Elektrizitätsübertragung[393]. Art. 3 EltRL 1996 machte deutlich, dass die Mitgliedstaaten den Wettbewerb zwischen Elektrizitätsunternehmen innerhalb einer Umgebung, die von

388 KOM (93) 643 endg. ABl. C 123 v. 4.5.1994, S. 1.

389 ABl. C 73 v. 15.3.1993, S. 31.

390 ABl. C 73 v. 15.3.1993, S. 34. Betont wurden auch die Abwesenheit ausreichend detaillierter und aussagefähiger Daten über die Kapazität der Hochspannungsleitungen, die erforderlich wäre, um ein sicheres transeuropäische Netz aufzubauen, sowie die Notwendigkeit eines höheren und umfassenden Koordinierungsniveaus der Mitgliedstaaten.

391 S. 1.2.1.1.

392 ABl. C 73 v. 15.3.1993, S. 34.

393 *Jarass*, Europäisches Energierecht: Bestand – Fortentwicklung – Umweltschutz, 1996, S. 33.

marktwirtschaftlichen Prinzipien geprägt wird, ermöglichen und verstärken sollen. Es geht um eine Liberalisierung bzw. Öffnung der Märkte.

In den Erwägungen der Richtlinie steht, dass die Verwirklichung des Elektrizitätsbinnenmarktes mittels einer gleichzeitigen Stärkung der Versorgungssicherheit und der Wettbewerbsfähigkeit sowie einer Wahrung des Umweltschutzes die Effizienz bei der Erzeugung, Übertragung und Verteilung der Elektrizität verbessert (Erwägungsgründe 4 und 9). Hinter dieser Logik gilt das Verständnis der Liberalisierung des Marktes als allergrößtes Ziel und nicht als Mittel für die Erreichung eines höheren Sicherheitsniveaus der Energieversorgung oder für die Verwirklichung der Umweltschutzprinzipien. Die Versorgungssicherheit wird nicht als ein strukturierendes Element des Energiesektors und als ein Vektor für die energiepolitischen Maßnahmen der Gemeinschaft anerkannt, wie die Entstehungsgeschichte des europäischen Primärrechts zeigt, sondern vielmehr als eine Folge der Liberalisierung des Marktes.

Dieses Verhältnis ist in Art. 3 Abs. 2 S. 1 EltRL 1996 geregelt. Gemäß der Vorschrift darf ein Mitgliedstaat gemeinwirtschaftliche Verpflichtungen (*public service obligations*) im Allgemeininteresse festsetzen, wenn der freie Wettbewerb allein die Versorgungssicherheit sowie den Verbraucher- und Umweltschutz – insbesondere die Regelmäßigkeit, Qualität und Preis der Lieferungen – nicht gewährleisten kann[394].

Neben Art. 3 Abs. 2 EltRL 1996 wird die Versorgungssicherheit auch in den folgenden Vorschriften erwähnt: Art. 7 Abs. 1 legt fest, dass die Mitgliedstaaten einen Netzbetreiber benennen sollen, der für den Betrieb, die Wartung sowie den Ausbau des Übertragungsnetzes verantwortlich ist, um die Versorgungssicherheit zu gewährleisten[395], während Art. 7 Abs. 3, der die Aufgabe des Betreibers des

394 Art. 3 Abs. 2 EltRL 1996: „Die Mitgliedstaaten können bei uneingeschränkter Beachtung der einschlägigen Bestimmungen des Vertrags, insbesondere des Artikels 90, den Elektrizitätsunternehmen gemeinwirtschaftliche Verpflichtungen im Allgemeininteresse auferlegen, die sich auf die Sicherheit, einschließlich der Versorgungssicherheit, die Regelmäßigkeit, die Qualität und den Preis der Lieferungen sowie auf den Umweltschutz beziehen können. Diese Verpflichtungen müssen klar definiert, transparent, nichtdiskriminierend und überprüfbar sein; diese gemeinwirtschaftlichen Verpflichtungen sowie deren etwaige Änderungen werden veröffentlicht und der Kommission von den Mitgliedstaaten unverzüglich mitgeteilt. Als Mittel zur Erfüllung der genannten gemeinwirtschaftlichen Verpflichtungen können die Mitgliedstaaten, die dies wünschen, eine langfristige Planung vorsehen".

395 Art. 7 Abs. 2 EltRL 1996 hebt die Notwendigkeit hervor, die bei den Mitgliedstaaten festgelegte, technische Anforderung der Interoperabilität der Netze sicherzustellen, und dem Netzbetreiber obliegt es, die Energieübertragung durch das Netz unter Berücksichtigung des Austauschs mit anderen Verbundnetzen zu regeln (Art. 7 Abs. 3 EltRL 1996), was für das erwähnte Verhältnis zwischen Energieversorgungssicherheit und energetischer Integration bedeutungsvoll ist.

Übertragungsnetzes etabliert, „ein sicheres, zuverlässiges und leistungsfähiges Elektrizitätsnetz zu unterhalten", die technische Sicherheit berücksichtigt; Art. 8 Abs. 4 regelt ausnahmsweise[396], dass ein Mitgliedstaat aus Gründen der Versorgungssicherheit Vorrang gegenüber Erzeugungsanlagen, die einheimische Primärenergieträger als Brennstoffe einsetzen, gewährt werden kann.

Diese zwei Vorschriften bilden eine schwache Verbindung zwischen der Energieversorgungssicherheit einerseits und der Nutzung erneuerbarer Energien und grenzüberschreitender Verbundnetze andererseits – selbst im Vergleich zu den oben zitierten primärrechtlichen Normen –, die keinen Fortschritt bezüglich der Regulierung der Energieversorgungssicherheit erlauben. Die Richtlinie 96/92/EG definiert auch nicht, was Energieversorgungssicherheit ist. Vielmehr wird die Versorgungssicherheit als reine Folge der Liberalisierung des Marktes verstanden.

2.2.2.1.2 Richtlinie 2003/54/EG

Die Richtlinie 2003/54/EG „über gemeinsame Vorschriften für den Elektrizitätsbinnenmarkt und zur Aufhebung der Richtlinie 96/92/EG"[397] vom 26.06.2003 wurde am 15.07.2003 veröffentlicht und gehört zu dem sog. „Zweiten Paket". Er leitet die dritte Stufe zu einer Vollendung des Energiebinnenmarkts ein. Die EltRL 1996 wurde durch die sogenannte „Beschleunigungsrichtlinie" mit Wirkung zum 01.07.2004 aufgehoben bzw. abgelöst (Art. 29 Abs. 2 EltRL 2003).

Was den Grad der Marktöffnung zwischen den Mitgliedstaaten und weitere Maßnahmen, die für den Liberalisierungsprozess ergriffen werden mussten, betrifft, gab es damals einen großen Unterschied insbesondere in komplexen Bereichen wie Entflechtung der Unternehmensaktivitäten, Netzzugang Dritter, Engpassmanagement, Uniformierung von Tarifen und Preisen, Tarifstrukturen der Mitgliedstaaten usw. Problematisch waren auch die niedrigen 8% des grenzüberschreitenden Stromhandels in der Gesamtstromerzeugung. Es gab ca. 15 liberalisierte Energiemärkte, die aber kaum integriert waren[398].

Wichtige Vorschriften der Beschleunigungsrichtlinie sind die Öffnung aller Strommärkte für Haushaltkunden ab dem 01.07.2007 und für alle anderen Kunden ab dem 01.07.2004, die Errichtung nationaler Regulierungsbehörden, Entflechtungsregelungen zur Vermeidung von Quersubventionierungen und Diskriminierungen Dritter[399].

---

396 Erwartet wird, dass der Mitgliedstaat bei der Inanspruchnahme von Erzeugungsanlagen denen Vorrang gibt, in denen erneuerbare Energieträger oder Abfälle eingesetzt werden, gemäß Art. 8 Abs. 3 EltRL 1996.

397 ABl. L 176 v. 15.7.2003, S. 37.

398 *Schneider*, In: *ders/Theobald* (Hrsg.), Recht der Energiewirtschaft – Praxishandbuch, 2008, S. 64.

399 *Frenz*, Handbuch Europarecht. Band 6 Institutionen und Politiken, 2011, S. 1363.

Der Europäische Rat entschied auf seiner Tagung am 23. und 24.03.2000, dass die Liberalisierung des Energiebinnenmarktes beschleunigt werden musste[400]. Der Bericht des Europäischen Parlaments vom 22.06.2000 wies sieben Aufgaben auf, die die Kommission, den Rat und die Mitgliedstaaten im Rahmen ihrer Befugnisse lösen müssen, um die Liberalisierung im Bereich Energie (Gas und Strom) zu beschleunigen. Die Aufgaben sind die folgenden: Einräumung voller Wahlfreiheit aller Verbraucher, Trennung der Funktionen (Erzeugung, Übertragung und Verteilung), Preispolitik, die die tatsächlichen Kosten der Netznutzung erfasst, Verbesserung der Systematik betreffend die grenzüberschreitenden Preise und Tarife, Behandlung der Engpass-Probleme, den Umweltstandards für die Stromerzeugung Rechnung tragen, um faire Wettbewerbsbedingungen zu schaffen, und Annäherung der Steuersätze der Mitgliedstaaten[401]. Am 06.07.2000 rief das Europäische Parlament in seiner Entschließung auf, diese Aufgaben zu verwirklichen[402]. In Punkt 18 der Entschließung wurde betont, dass „die Mitgliedstaaten Vorsorge treffen müssen, dass der Wettbewerb nicht zu Lasten der Versorgungssicherheit geht".

Schon am 28.08.2001 veröffentlichte die Kommission den Vorschlag „für eine Richtlinie des Europäischen Parlaments und des Rates zur Änderung der Richtlinien 96/92/EG und 98/30/EG über gemeinsame Vorschriften für den Elektrizitätsbinnenmarkt und den Erdgasbinnenmarkt" vom 13.03.2001[403], der ein in sich stringentes Liberalisierungskonzept verfolgt, das von der *Ex-ante*-Regulierung durch die nationalen Regulierungsbehörden und strengen Formen des Unbundling geprägt wurde[404].

---

400 Vorher fanden das Forum von Florenz (1998) und das Forum von Madrid (2000) statt, die das Ziel hatten, durch *Soft Law* eine einheitlichere Regulierungspraxis zu erarbeiten und die Weiterentwicklung des Energiebinnenmarktes zu fördern. Trotz der mangelnden Beschlussfähigkeit der Foren nutzte die Kommission die Diskussionen und die gesammelten Daten, um Lösungen für die Implementierung des Elektrizitätsbinnenmarktes zu finden und um die Teilnehmer auf eine binnenmarktkonforme Regulierungspolitik festzulegen. Zu einer detaillierten Entstehungsgeschichte der Beschleunigungsrichtlinien, vgl. *Herrmann*, Europäische Vorgaben zur Regulierung der Energienetze – Eine Analyse der „Beschleunigungsrichtlinien" zur Vollendung des Energiebinnenmarktes, 2005, S. 65–80.

401 Bericht des Europäischen Parlaments über den Zweiten Bericht der Kommission an den Rat und das Europäische Parlament über den Stand der Liberalisierung der Energiemärkte v. 22.7.2000, A5–0180/2000 endg., PE 286.082.

402 Entschließung des Europäischen Parlaments zum Zweiten Bericht der Kommission an den Rat und das Europäische Parlament über den Stand der Liberalisierung der Energiemärkte v. 6.7.2000, A5–0180/2000 endg., PE 286.082.

403 KOM (2001) 125 endg. ABl. C 240/E v. 28.8.2001, S. 60.

404 *Herrmann*, Europäische Vorgaben zur Regulierung der Energienetze – Eine Analyse der „Beschleunigungsrichtlinien" zur Vollendung des Energiebinnenmarktes, 2005, S. 70.

Anschließend legte der Wirtschafts- und Sozialausschuss seine Stellungnahme zum Vorschlag vor[405]. Im Vergleich zur EltRL 1996 nahm der Ausschuss „mit Zufriedenheit" die von der Kommission vorgeschlagenen Schutzmaßnahmen zur Gewährleistung der Versorgungssicherheit zur Kenntnis, da die meisten Maßnahmen in dem vom Ausschuss unterstützten[406] Grünbuch über die Sicherheit der Energieversorgung ausgearbeitet wurden. Am 07.06.2002 legte die Kommission ihren geänderten Vorschlag „für eine Richtlinie des Europäischen Parlaments und des Rates zur Änderung der Richtlinien 96/92/EG und 98/30/EG über Vorschriften für den Elektrizitätsbinnenmarkt und den Erdgasbinnenmarkt"[407] vor.

Die EltRL 2003 bilden zusammen mit der GasRL 2003, den Stromhandelsverordnungen und den Leitlinien für die transeuropäischen Strom- und Gasnetze die sog. Reform des Energiebinnenmarktrechts von 2003 und 2004.

Wie schon erwähnt, versuchte die EltRL 2003, die Liberalisierung des Energiebinnenmarktes zu vertiefen. Die größten Hürden waren der Netzzugang Dritter, die Tarifierung und die unterschiedliche Marktöffnung zwischen den Mitgliedstaaten.

Hinsichtlich der Versorgungssicherheit stellt eine der Erwägungen fest, dass auch die Kleinunternehmen in den Genuss gemeinwirtschaftlicher Leistungen kommen können sollten, insbesondere in Bezug auf Versorgungssicherheit und angemessene Tarife. Eine andere hervorhebt, dass die Mitgliedstaaten im Interesse der Versorgungssicherheit das Gleichgewicht zwischen Angebot und Nachfrage überwachen sollen und der Aufbau und der Erhalt der Netzinfrastruktur einschließlich der grenzüberschreitenden Netze dabei helfen könnte, diese Aufgabe zu vollenden. Aber neuer ist die Erkenntnis der dezentralen Energieerzeugung (zusammen mit den Verbundmöglichkeiten) als ein wichtiger Faktor, um eine stabile Energieversorgung sicherzustellen, die bis zu diesem Zeitpunkt nicht bestanden hatte. Somit ist auch die **Dezentralität der Energieversorgung** als ein Merkmal der Energieversorgungssicherheit zu verstehen, die im Laufe dieser Arbeit analysiert wird.

Erwähnt wird in den Erwägungen der EltRL 2003 auch die Notwendigkeit, einzuhaltende gemeinsame Mindestnormen, die u. a. dem Ziel der Versorgungssicherheit Rechnung tragen, festzulegen.

Art. 3 Abs. 2 S. 1 EltRL 1996 wird im Art. 3 Abs. 2 S. 1 EltRL 2003, mit dem Unterschied wiederholt, dass nicht nur „Umwelt" das Thema der Festsetzung einer gemeinwirtschaftlichen Verpflichtung sein könnte, sondern auch Energieeffizienz und Klimaschutz. Außerdem wurde die Möglichkeit hinzugefügt, dass die Mitgliedstaaten eine langfristige Planung bezüglich der Versorgungssicherheit, der Energieeffizienz/Nachfragesteuerung sowie zur Erreichung der Umweltziele vorsehen

405 ABl. C 36 v. 8.2.2002, S. 10.

406 Stellungnahme des Wirtschafts- und Sozialausschusses zum dem „Grünbuch Hin zu einer europäischen Strategie für Energieversorgungssicherheit" (ABl. C 221 v. 7.8.2001, S. 45).

407 KOM (2002) 304 endg. ABl. C 227/E v. 24.9.2002, S. 393.

(Art. 3 Abs. 2 S. 3 EltRL 2003). Die letzte Innovation des Art. 3 Abs. 2 EltRL 2003 betrifft den gleichberechtigten Zugang zu den Verbrauchern, der auch für Elektrizitätsunternehmen anderer Mitgliedstaaten sichergestellt werden muss (S. 2), so dass die Verpflichtung öffentlicher Dienstleistungen nicht in einer für nichtnationale Elektrizitätsunternehmen wettbewerbsverzerrenden und diskriminierenden Weise konkretisiert werden darf[408]. Im Vergleich zur Richtlinie 1996/92/EG gab es hier sogar eine deutliche Erweiterung der gemeinschaftsrechtlichen Ermächtigungen an die Mitgliedstaaten, gemeinwirtschaftliche Verpflichtungen aufzuerlegen, so dass die ambivalente Grundausrichtung des europäischen Energierechts hier weiterhin bestehen blieb[409].

Hinsichtlich des Verhältnisses zwischen Versorgungssicherheit und Netzinfrastruktur legte Art. 3 Abs. 7 EltRL 2003 fest, dass die Mitgliedstaaten Maßnahmen, die die „Schaffung geeigneter wirtschaftlicher Anreize für den Aufbau und den Erhalt der erforderlichen Netzinfrastruktur einschließlich der Verbindungsleitungskapazitäten" beabsichtigen, ergreifen sollen, um die Versorgungssicherheit zu gewährleisten.

Andere wichtige Vorschriften der EltRL 2003, die sich an die Energieversorgungssicherheit richten, sind die Folgenden: Art. 4 hinsichtlich des *Monitoring* der Versorgungssicherheit[410]; Art. 7 Abs. 1 regelt die Ausschreibung neuer Kapazitäten im Interesse der Versorgungssicherheit; Art. 9 ordnet die Aufgaben der Übertragungsnetzbetreiber zu und in lit. b geht es um die Verantwortung der Betreiber für die Versorgungssicherheit, die durch entsprechende Übertragungskapazität und Zuverlässigkeit des Netzes zu erreichen ist; Art. 11 Abs. 4 wiederholt Art. 8 Abs. 4 EltRL 1996 (s. oben 2.2.2.1.1); Art. 24 regelt die Möglichkeit, im Falle von Marktkrisen im Energiesektor oder Gefährdung der Sicherheit von Personen, Geräten oder Anlagen oder der Unversehrtheit des Netzes mitgliedstaatliche (nationale) Schutzmaßnahmen anzuwenden; Art. 28 regelt den Gesamtbericht, der der Kommission

---

408 *Mombaur/Balke*, EU-Binnenmarkt für Strom und Gas: Ursprung und wirklicher Inhalt des jetzt verabschiedeten neuen Gemeinschaftsrechts, RdE, Heft 7, 2003, S. 162; *Schneider*, In: *ders/Theobald* (Hrsg.), Recht der Energiewirtschaft – Praxishandbuch, 2008, S. 73.

409 *Danwitz*, In: *Löwer* (Hrsg.), Wettbewerb und Versorgungssicherheit, 2007, S. 27.

410 Kritisch zur zweijährlichen Notifizierung einschlägiger Maßnahmen bei der Kommission, die eine „schwache prozedurale Steuerung zugunsten der Versorgungssicherheit in Form der behördlichen Beobachtung" darstellt, vgl. *Schneider*, In: *ders/Theobald* (Hrsg.), Recht der Energiewirtschaft – Praxishandbuch, 2008, S. 73. Art. 4 – und die entsprechende Pflicht, die Versorgungssicherheit zu beobachten –, ist die in den EltRL 2003 beinhaltete größte Beeinträchtigung hinsichtlich der Rechtsordnung der Mitgliedstaaten. Die EltRL 2003 belässt die Ausgestaltung eines Konzepts der Versorgungssicherheit als Angelegenheit der Mitgliedstaaten, *Herrmann*, Europäische Vorgaben zur Regulierung der Energienetze – Eine Analyse der „Beschleunigungsrichtlinien" zur Vollendung des Energiebinnenmarktes, 2005, S. 262.

des Europäischen Parlaments und dem Rat vorliegt, und gemäß Abs. 1 lit. c ist die Sicherheit der Versorgung in der Gemeinschaft eines des Themen des Gesamtberichtes.

Die „Beschleunigungsrichtlinie 2003" verfolgt die gleichen Ziele und übernimmt die gleichen rechtspolitischen Maßnahmen der EltRL 1996, um die Liberalisierung des Energiebinnenmarktes zu vollenden[411]. Hervorzuheben sind die Erwähnung der Dezentralität der Energieerzeugung für eine sichere Energieversorgung und die Tatsache, dass der Umwelt(-schutz) an Bedeutung gewann. Neben der schwachen Verbindung zwischen der Energieversorgungssicherheit einerseits und der Nutzung erneuerbarer Energien und den grenzüberschreitenden Verbundnetzen andererseits brachte die EltRL 2003 die (auch noch schwache) Verbindung zwischen Energieversorgungssicherheit und Umweltschutz hervor. Beispiele, in denen die beiden Ziele zusammen erscheinen, sind Art. 2 lit. 29 (Begriffsbestimmung für Energieeffizienz/Nachfragesteuerung), Art. 3 Abs. 2 (Gemeinwirtschaftliche Verpflichtungen), Art. 3 Abs. 7 (Schutz der Kunden) und Art. 7 Abs. 1 und 2 (Ausschreibung neuer Kapazitäten).

Der Grund für die mangelnde Regulierung der Energieversorgungssicherheit durch die EltRL 2003 könnte in den Versorgungssicherheitsrichtlinien liegen, deren Verabschiedung die Kommission auch vorgeschlagen hat[412]. Allerdings ist klar, dass die bis hier bestehenden EU-Regelungen vorrangig der Liberalisierung des Energiemarkts dienen und nur eingeschränkt oder indirekt der Energieversorgungssicherheit[413].

2.2.2.2 Richtlinie 2009/72/EG

Die Richtlinie 2009/72/EG „über gemeinsame Vorschriften für den Elektrizitätsbinnenmarkt und zur Aufhebung der Richtlinie 2003/54/EG"[414] vom 13.07.2009 wurde am 14.08.2009 veröffentlicht und gehört zu dem dritten Energie-Legislativpaket[415].

---

411 *Lecheler/Gundel*, Ein weiterer Schritt zur Vollendung des Energie-Binnenmarktes: Die Beschleunigungs-Rechtsakte für den Binnenmarkt für Strom und Gas, Europäische Zeitschrift für Wirtschaftsrecht, Heft 20, 2003, S. 621; und Befürworter einer Verbesserung eigener entscheidenden Punkte, vgl. *Herrmann*, Europäische Vorgaben zur Regulierung der Energienetze – Eine Analyse der „Beschleunigungsrichtlinien" zur Vollendung des Energiebinnenmarktes, 2005, S. 79. Laut *Kühne*, In: *Pielow* (Hrsg.), Sicherheit in der Energiewirtschaft, 2007, S. 132, ist ein Betrachtungswandel hin zur Sorge um die Energieversorgungssicherheit in der Beschleunigungsrichtlinie zu merken.

412 KOM (2003) 740 endg. Ferner analysiert.

413 *Klaue/Loo*, Sicherheit der Energieversorgung der EU, et, Special 1, 2006, S. 10.

414 ABl. L 211 v. 14.8.2009, S. 55.

415 Bilden das dritte Energie-Legislativpaket: die Richtlinie des Europäischen Parlaments und des Rates zur Änderung der Richtlinie 2003/54/EG über gemeinsame Vorschriften für den Elektrizitätsbinnenmarkt; die Richtlinie des Europäischen Parlaments und des Rates zur Änderung der Richtlinie 2003/55/EG über gemeinsame Vorschriften für den

Sie stellt eine vertiefende Stufe für die Verwirklichung des Elektrizitätsbinnenmarkts dar, da herausgefunden wurde, dass in vielen Mitgliedstaaten kein echter Wettbewerb besteht[416]. Die Wahlfreiheit der Kunden bezüglich der Energielieferanten, die schon ab Mitte 2004 wegen der EltRL 2003 verpflichtend war, musste faktisch durchgesetzt und die grenzüberschreitenden Verbindungen sollten verbessert werden, um die noch existierenden traditionellen Versorgungsmonopole weiter aufzubrechen. Dabei gewann die Energieversorgungssicherheit in der EltRL 2009 ein stärkeres Gewicht als zuvor[417]. Das Dritte Energiepaket verfolgt insgesamt die Verstärkung der europäischen Zusammenarbeit der Übertragungsnetzbetreiber zur Verbesserung der europäischen Energieversorgungssicherheit[418].

2.2.2.2.1 Unvollendeter Energiebinnenmarkt

Die selbst nach der EltRL 2003 bestehenden Wettbewerbshemmnisse veranlassten die Kommission, eine Untersuchung der Funktionsweise des europäischen Elektrizitätsmarktes gemäß Art. 17 der Verordnung Nr. 1/2003[419] zur Durchführung der EG-Wettbewerbsregeln[420] einzuleiten, deren Ergebnisse in dem Abschlussbericht der Mitteilung der Kommission „Untersuchung der europäischen Gas- und Elektrizitätssektoren gemäß Artikel 17 der Verordnung (EG) Nr. 1/2003“[421] vom

---

Erdgasbinnenmarkt; die Verordnung des Europäischen Parlaments und des Rates zur Gründung einer Agentur für die Zusammenarbeit der Energieregulierungsbehörden; die Verordnung des Europäischen Parlaments und des Rates zur Änderung der Verordnung (EG) Nr. 1228/2003 über die Netzzugangsbedingungen für den grenzüberschreitenden Stromhandel; und die Verordnung des Europäischen Parlaments und des Rates zur Änderung der Verordnung (EG) Nr. 1775/2005 über die Bedingungen für den Zugang zu den Erdgasfernleitungsnetzen.

416 KOM (2006) 841 endg. Mitteilung der Kommission an den Rat und das Europäische Parlament v. 10.1.2007. Aussichten für den Erdgas- und den Elektrizitätsbinnenmarkt.

417 *Oppermann/Classen/Nettesheim*, Europarecht – Ein Studienbuch, 2011, S. 414.

418 *Säcker*, Das Dritte Energiepaket für den Elektrizitätsbereich, 2009, S. 3.

419 Art. 17 Abs. 1: „Lassen die Entwicklung des Handels zwischen Mitgliedstaaten, Preisstarrheiten oder andere Umstände vermuten, dass der Wettbewerb im Gemeinsamen Markt möglicherweise eingeschränkt oder verfälscht ist, so kann die Kommission die Untersuchung eines bestimmten Wirtschaftszweigs oder — sektorübergreifend — eine bestimmte Art von Vereinbarungen durchführen. Im Rahmen dieser Untersuchung kann die Kommission von den betreffenden Unternehmen oder Unternehmensvereinigungen die Auskünfte verlangen, die zur Durchsetzung von Artikel 81 und 82 des Vertrags notwendig sind, und die dazu notwendigen Nachprüfungen vornehmen“.

420 Verordnung (EG) Nr. 1/2003 des Rates v. 16. Dezember 2002 zur Durchführung der in den Artikeln 81 und 82 des Vertrags niedergelegten Wettbewerbsregeln. ABl. L 1 v. 4.1.2003, S. 1.

421 Mitteilung der Kommission „Untersuchung der europäischen Gas- und Elektrizitätssektoren gemäß Artikel 17 der Verordnung (EG) Nr. 1/2003“. KOM (2006) 851 endg.

10.01.2007 zu finden sind. Unter den herausgefundenen Hemmnissen bestand bei den vier folgenden Bereichen dringender Handlungsbedarf: „(i) Durchsetzung einer effektiven Entflechtung von Netz- und Versorgungstätigkeiten; (ii) Schließung von regulatorischen Lücken (vor allem in Bezug auf grenzübergreifende Aspekte); (iii) Reduzierung der Marktkonzentration und Beseitigung von Marktzutrittsschranken; [sic!] sowie (iv) Erhöhung der Transparenz der Marktvorgänge“[422].

Es wird berichtet, dass sowohl die Marktkonzentration, die genauso hoch wie vor der Liberalisierung war, als auch die vertikale Integration der Unternehmen, die zu der Lage führt, in der die Investitionsentscheidungen zu Gunsten der Lieferinteressen der integrierten Gesellschaft und nicht im Interesse des Netz- bzw. Infrastrukturbetriebs getroffen werden, die Versorgungssicherheit bedrohen.

Auch am 10.01.2007 präsentierte die Kommission ihre Mitteilung an den Rat und das Europäische Parlament betreffend Aussichten für den Erdgas- und den Elektrizitätsbinnenmarkt. Die Idee einer Erhöhung des Energieversorgungssicherheitsniveaus als Konsequenz der Liberalisierung bleibt bestehen. Außerdem betont die Mitteilung, dass die Versorgungssicherheit nicht mehr als rein nationale Angelegenheit betrachtet werden kann und dass die Entwicklung europäischer Netze künftig mindestens auf regionaler Ebene koordiniert werden muss, was damals nicht der Fall war. Die Notwendigkeit dieser Koordinierung zeigte sich deutlich am 04.11.2006, als ein Stromausfall die Anfälligkeit der europäischen Netze demonstrierte.

Noch zu den grenzüberschreitenden Netzen sagte die Mitteilung aus, dass „Engpässe in einigen Staaten an die nationalen Grenzen verlagert und die grenzüberschreitenden Kapazitäten als erstes [sic!] beschränkt werden“[423], was **die wahre Bedeutung der energetischen Solidarität in Frage stellt**. Die **Koordinierung zwischen den Übertragungsnetzbetreibern** stellt einen der erheblichen Punkte der Mitteilung dar, da der freie Elektrizitätsfluss zusammen mit einer gemeinsamen Planung des Netzausbaus und der Verteilung der Kosten und Risiken die Versorgungssicherheit gewährleisten kann. Demzufolge wurde die schrittweise Entwicklung regionaler Übertragungsnetzbetreiber vorgeschlagen, so dass nationale Interessen die Versorgungssicherheit nicht beeinträchtigen.

Vom gleichen Datum ist auch die Mitteilung der Kommission an den Europäischen Rat und das Europäische Parlament bezogen auf „eine Energiepolitik für Europa“[424]. Die Versorgungssicherheit stellt eine der Herausforderungen der europäischen Energiepolitik dar, und die wachsende Erdöleinfuhrabhängigkeit und die noch rückständigen Solidaritätsmechanismen bilden Hürden gegen den Erfolg des Zieles einer sicheren Energieversorgung.

---

422 Ebenda, S. 3.

423 Mitteilung der Komission an den Rat und das Europäische Parlament v. 10.1.2007. Aussichten für den Erdgas- und den Elektrizitätsbinnenmarkt. KOM (2006) 841 endg., S. 8.

424 Mitteilung der Kommission an den Europäischen Rat und das Europäische Parlament „eine Energiepolitik für Europa“. KOM (2007) 1 endg.

Die Energiepolitik besteht aus drei Ausgangspunkten: „Bekämpfung des Klimawandels, Verringerung der durch die Abhängigkeit von importierten Kohlenwasserstoffen bedingten externen Verwundbarkeit der EU und Förderung von Beschäftigung und Wachstum“[425]. Die Schaffung dieser drei Punkte erlaubt Europa, seiner Bevölkerung sichere und günstige Energie anzubieten.

Innerhalb des vorgeschlagenen Aktionsplans verbindet die Kommission die Solidarität zwischen den Mitgliedstaaten mit der Energieversorgungssicherheit, obwohl diese Solidarität erst im Falle einer Energiekrise angerufen wird. Maßnahmen für die Förderung der Energieversorgungssicherheit umfassen die Diversifizierung der Energiequellen, der Lieferanten, des Transportwegs und der Art und Weise des Transports, die Erhaltung strategischer Ölvorratsmechanismen und die Zusammenschaltung von Stromnetzen.

Erneuerbare Energien wurden auch als ein Mittel hervorgehoben, Energieversorgungssicherheit zu schaffen, da mit erneuerbaren Energien der Anteil der EU-eigenen Produktion erhöht, der Kraftstoffmix und die Herkunft der Energieimporte diversifiziert und somit der Anteil der Einfuhren aus politisch stabilen Regionen gesteigert und neue Arbeitsplätze in Europa geschafft werden[426].

Es geht deutlich um eine Instrumentalisierung der Anwendung der erneuerbaren Energien zu Gunsten der Energieversorgungssicherheit, was die in der Literatur häufig gefundene Behauptung, dass es keine Hierarchie zwischen den Zielen des Art. 194 AEUV (hier zwischen lit. b und c des Absatzes 1 des Art. 194 AEUV, s. 3.3.2.2) gebe, in Frage stellt[427].

Zwei weitere Dokumente sind hinsichtlich des Dritten Pakets von Bedeutung: die Stellungnahme des Europäischen Wirtschafts- und Sozialausschusses – EWSA zu dem „Vorschlag für eine Richtlinie des Europäischen Parlaments und des Rates zur Änderung der Richtlinie 2003/54/EG über gemeinsame Vorschriften für den Elektrizitätsbinnenmarkt“[428] und die Stellungnahme des Ausschusses der Regionen „Der europäische Elektrizitäts- und Erdgasbinnenmarkt: drittes Legislativpaket“[429].

Die Stellungnahme des EWSAs betonte die absolute Notwendigkeit einer kooperativen Zusammenarbeit zwischen Mitgliedstaaten, Regulierungsbehörden und Übertragungsnetzbetreibern, um die Integration von Netzbetrieb und Netzentwicklung auf regionaler Ebene vornehmen zu können. Ein Teil dieser Zusammenarbeit besteht aus der Schaffung einer Agentur, die die nationalen Regulierungsbehörden koordinieren muss und die gleichen Bedingungen für die Unternehmen bieten kann, damit der grenzüberschreitende Handel vereinfacht werden und echte europäische Netze aufgebaut werden, um die Energieversorgungssicherheit sicherzustellen.

425 Ebenda, S. 5.
426 Ebenda, S. 16.
427 S. 3.3.3.1.
428 ABl. C 211 v. 19.8.2008, S. 23.
429 ABl. C 172 v. 5.7.2008, S. 55.

Auf der anderen Seite vertrat der Ausschuss der Regionen u. a. in Bezug auf die Investitionen zur Sicherstellung der Energieversorgungssicherheit folgende Auffassung: Obwohl die grenzüberschreitende Energieübertragung angetrieben werden kann, sollte vielmehr die lokale und regionale Energieerzeugung aus erneuerbaren Energieträgern gefördert werden, da sie „mit den Umweltbedingungen des betroffenen Gebiets im Einklang stehen und gleichzeitig zur Senkung der Energieübertragungskosten und der Emissionen in der gesamten Europäischen Union beitragen" kann[430]. Diese Lage ist durch regionale Energiepläne, die auf nationaler und EU-Ebene koordiniert und integriert sein müssen, zu erreichen.

Die EltRL 2009 ist somit Produkt der Defizitanalysen der Kommission dahingehend, als identifiziert wurde, dass Maßnahmen bezüglich der folgenden Bereiche notwendig waren: Noch weitergehende eigentumsrechtliche Entflechtung der Übertragungsnetzbetreiber und/oder die Einrichtung unabhängiger Übertragungsnetzbetreiber; Stärkung der Unabhängigkeit der nationalen Regulierungsbehörden und des europäischen Regulierungsverbunds und somit die Einrichtung einer europäischen Regulierungsagentur insbesondere für Fragen des grenzüberschreitenden Netzzugangs; Verstärkung der Kooperation zwischen Übertragungsnetzbetreibern; Verbesserung der Investitionsanreize für Erzeugungsanlagen und grenzüberschreitende Netzinfrastrukturen[431].

Die Energieversorgungssicherheit ist mehrmals aufgerufen, um die Notwendigkeit einer Intensivierung des grenzüberschreitenden Energiehandels und die Entwicklung der erneuerbaren Energien zu rechtfertigen. Schon die erste Erwägungsbestimmung der EltRL 2009 setzt die Verbindung zwischen grenzüberschreitendem Handel und Energieversorgungssicherheit fest, was den Charakter der Energieversorgungssicherheit als Ziel – und nicht nur als Mittel – deutlich macht. Allerdings wird die Energieversorgungssicherheit in der fünften Erwägung[432] zu Gunsten der Förderung des Wettbewerbs[433] nochmals instrumentalisiert. Also ist der Wettbewerb mittels der Erhöhung des Energieversorgungssicherheitsniveaus

430 Stellungnahme des Ausschusses der Regionen „Der europäische Elektrizitäts- und Erdgasbinnenmarkt: drittes Legislativpaket". ABl. C 172 v. 5.7.2008, S. 55.

431 *Schneider*, In: *ders/Theobald* (Hrsg.), Recht der Energiewirtschaft – Praxishandbuch, 2008, S. 75–76.

432 „Eine gesicherte Stromversorgung ist für das Entstehen einer europäischen Gesellschaft, die Umsetzung einer nachhaltigen Strategie zur Bekämpfung des Klimawandels und die Förderung des Wettbewerbs auf dem Binnenmarkt von entscheidender Bedeutung. Aus diesem Grund sollten grenzüberschreitende Verbindungsleitungen weiter ausgebaut werden, damit den Verbrauchern und der Wirtschaft in der Gemeinschaft alle Energieträger zum wettbewerbsfähigsten Preis bereitgestellt werden können".

433 Beispiel des unerschütterlichen Glaubens an den Markt bietet Erwägungsgrund 56 an: „Die Marktpreise sollten die richtigen Impulse für den Ausbau des Netzes und für Investitionen in neue Stromerzeugungsanlagen setzen".

zu erreichen, was einer Intensivierung des grenzüberschreitenden Energiehandels bedarf.

Die Wichtigkeit einer sicheren Energieversorgung wird auch in Erwägungsgrund 25 betont, der erklärt, dass die Versorgung der Bürger der Union mit Elektrizität von wesentlicher Bedeutung für die öffentliche Sicherheit, die Wettbewerbsfähigkeit der Wirtschaft und das Wohl der Bevölkerung ist und der für den für die Versorgungssicherheit unverzichtbaren Stromübertragungsnetzsektor zusätzliche Schutzmaßnahmen erfordert, „um eine Bedrohung der öffentlichen Ordnung und der öffentlichen Sicherheit in der Gemeinschaft und des Wohlergehens der Bürger der Union zu vermeiden“[434]. Um die Aufrechterhaltung der Energieversorgungssicherheit zu schaffen, ist auch erheblich, dass die Unabhängigkeit des Netzbetriebs, des Grades der Abhängigkeit der Gemeinschaft und einzelner Mitgliedstaaten von Energielieferungen aus Drittländern beobachtet wurde. Zudem vertritt die EltRL 2009 die Auffassung, dass die Energieversorgungssicherheit laut den besonderen Umständen jedes Einzelfalls sowie nach dem Völkerrecht ermessen werden soll.

Wiederholt wurden die für die EltRL2003 oben zitierten Erwägungen über die Überwachung des Gleichgewichts zwischen Angebot und Nachfrage, den Aufbau und Erhalt der Netzinfrastruktur einschließlich der grenzüberschreitenden Netze, den Erlass gemeinsamer Mindestnormen und die Dezentralität der Energieversorgung, die der Sicherstellung der Energieversorgung dienen[435].

2.2.2.2.2 Energieversorgungssicherheit als Grund für rechtliche Beschränkung des Wettbewerbs im Energiebinnenmarkt

Art. 3 Abs. 2 S. 1 EltRL 2003 wird im Art. 3 Abs. 2 S. 1 EltRL 2009 wiederholt mit dem Unterschied, dass neben „Umwelt“ als Hauptthema und Energieeffizienz sowie Klimaschutz als besondere Bereiche auch Energie aus erneuerbaren Quellen Gegenstand einer gemeinwirtschaftlichen Verpflichtung sein könnte. Außerdem wurde die Möglichkeit hinzugefügt, dass die Mitgliedstaaten bezüglich der Versorgungssicherheit – nicht nur zur Energieeffizienz/Nachfragesteuerung und zur Erreichung

434 Richtlinie 2009/72/EG des Europäischen Parlaments und des Rates v. 13. Juli 2009 über gemeinsame Vorschriften für den Elektrizitätsbinnenmarkt und zur Aufhebung der Richtlinie 2003/54/EG. ABl. L 211 v. 14.8.2009, S. 57.

435 Ziele der Richtlinie sind auch der weitere Ausbau der grenzüberschreitenden Verbindungsleitungen (Erwägungsgrund 5), die wirksame Entflechtung der Versorgung und Erzeugung v. Betrieb der Netze (Erwägungsgrund 9–19), die Förderung der dezentralen Energieerzeugung und Energieeffizienz durch Modernisierung der Verteilernetze (Erwägungsgrund 27), die Stärkung der Unabhängigkeit der nationalen Regulierungsbehörde (Erwägungsgrund 33), die Transparenz hinsichtlich des Zugangs von Verbrauchern zu ihren Verbrauchsdaten (Erwägungsgrund 50) und die Einführung intelligenter Messsysteme (Erwägungsgrund 55), *Ohms*, Recht der Erneuerbaren Energien, 2014, S. 30.

der Umweltziele – eine langfristige Planung vorsehen (Art. 3 Abs. 2 S. 3 EltRL 2003, wiederholt in Art. 3 Abs. 2 S. 3 EltRL 2009), sondern auch zu den Zielen für die Energie aus erneuerbaren Quellen. Der analysierte Art. 3 Abs. 7 EltRL 2003 wurde zu Art. 3 Abs. 10 EltRL 2009.

Wie in den vorherigen Richtlinien können die Mitgliedstaaten im Interesse der Energieversorgungssicherheit gemeinwirtschaftliche Verpflichtungen auferlegen, wo es möglich erscheint, dass die freien Marktkräfte ungenügend sind, um dieses gemeinschaftliche Ziel aufrechtzuerhalten und zu gewährleisten (Art. 3 Abs. 2 S. 1 EltRL 2009). Die Vorschrift stellt eine **Beschränkung des Prinzips des freien Markts** dar und beschränkt nur teilweise den freien Wettbewerb, da solche gemeinwirtschaftlichen Verpflichtungen gemäß Art. 3 Abs. 2 S. 2 EltRL 2009 transparent, nichtdiskriminierend und überprüfbar sein müssen sowie den gleichberechtigten Zugang von Elektrizitätsunternehmen in der Europäischen Union zu den nationalen Verbrauchern sicherstellen müssen. Ferner können die Mitgliedstaaten gemäß Art. 3 Abs. 14 beschließen, die Vorschriften der Richtlinie hinsichtlich Genehmigungsverfahren und Ausschreibung für neue Kapazität sowie Zugang Dritter und Direktleitung nicht anzuwenden, wenn ihre Anwendung die Erfüllung der gemeinwirtschaftlichen Verpflichtungen de jure oder de facto verhindern würde. Eine Derogation der Wettbewerbsregeln der EltRL 2009 aufgrund der Energieversorgungssicherheit ist nur schwer vertretbar[436].

Art. 4 betreffend die Beobachtung der Versorgungssicherheit bleibt bestehen. Hier handelt es sich um das *Monitoring* der Versorgungssicherheit, die die systematische und regelmäßig durchgeführte Erfassung, Beobachtung und/oder Überwachung eines Vorgangs mit technischen Hilfsmitteln beschreibt[437]. Das *Monitoring* befasst eine fortlaufende Marktbeobachtung und bezieht sich nicht nur auf die technische Versorgungssicherheit, sondern auch auf die Aspekte der hinreichenden Verfügbarkeit von Primärenergieträgern und Erzeugungskapazitäten[438]. Zweck des Art. 4 der Richtlinie 2009/72/EG ist es, drohende Versorgungslücken mittels der Beobachtung des Verhältnisses zwischen Angebot und Nachfrage, der erwarteten Nachfrageentwicklung, der geplanten zusätzlichen Kapazitäten, der Qualität und des Umfangs der Netzwartung rechtzeitig zu bekämpfen, damit die Zuverlässigkeit der Energieversorgung nicht gefährdet wird[439]. Das *Monitoring* der Versorgungssicherheit trägt somit unmittelbar zur Aufrechterhaltung und Gewährleistung der Energieversorgungssicherheit bei.

---

436 *Cameron*, Competition in energy markets: law and regulation in the European Union, 2007, S. 523. Mehr dazu, s. 3.3.2.1.2.

437 *Säcker/König*, In: Säcker (Hrsg.), Berliner Kommentar zum Energierecht, 2014, S. 2616.

438 *Koenig/Kühling/Rasbach*, Energierecht, 2013, S. 206.

439 *Säcker/König*, In: *Säcker* (Hrsg.), Berliner Kommentar zum Energierecht, 2014, S. 2615; *Sternig*, Versorgungssicherheit im Elektrizitäts- und Erdgasmarkt, 2009, S. 52.

Gegen ungenügende Kräfte des freien Energiemarktes zur Aufrechterhaltung des gewünschten Gemeinwohlstandards einschließlich der Gewährleistung der Energieversorgungssicherheit sieht die EltRL 2009 Schutzmechanismen vor[440], wie beispielweise Art. 7 Abs. 2 lit. a, lit. h und lit. i im Hinblick auf das Genehmigungsverfahren für neue Kapazitäten. Bei der Festlegung von Kriterien für die Erteilung von Genehmigungen zum Bau von Erzeugungsanlagen müssen die Mitgliedstaaten die Sicherheit und Sicherung des elektrischen Netzes der Anlagen und zugehörigen Ausrüstungen (lit. a), spezifische Merkmale des Antragstellers, wie technische, wirtschaftliche und finanzielle Leistungsfähigkeit (lit. h) sowie die Einhaltung der nach Artikel 3 getroffenen Maßnahmen (gemeinwirtschaftliche Maßnahmen einschließlich im Interesse der Versorgungssicherheit) (lit. i) berücksichtigen. Der Richtliniengeber nimmt dann Rücksicht auf die Tatsache, dass ein (noch unvollendeter) freier Energiebinnenmarkt allein das Ziel der Energieversorgungssicherheit nicht erfüllen kann. Diese Schutzmechanismen beschränken sich nicht auf die Erzeugungsebene, sondern erstrecken sich bis in die Netz- (Art. 12 lit. c EltRL 2009[441]) und Verteilerebene (Art. 25 Abs. 1 EltRL 2009[442]).

Art. 7 Abs. 1 EltRL 2003 wurde zu Art. 8 Abs. 1 EltRL 2009, der sich mit dem Ausschreibungsverfahren neuer Kapazitäten beschäftigt. Im Interesse der Versorgungssicherheit müssen die Mitgliedstaaten immer dann ein Ausschreibungsverfahren oder ein ähnliches Verfahren durchsetzen, wenn „die Versorgungssicherheit durch die im Wege des Genehmigungsverfahrens geschaffenen Erzeugungskapazitäten bzw. die getroffenen Energieeffizienz-/Nachfragesteuerungsmaßnahmen allein nicht gewährleistet ist“. Mit dieser Vorschrift verfügen die Mitgliedstaaten über einen rechtlichen Mechanismus, um kurzfristig auf ein Ungleichgewicht zwischen Angebot und Nachfrage reagieren zu können[443]. Die Maßnahme hat dann eine außerordentliche und bleibende Natur. Da das Genehmigungsverfahren marktneutral ist, stellt die Durchsetzung eines (außerordentlichen) Ausschreibungsverfahrens im Interesse der Energieversorgungssicherheit gemäß Art. 8 Abs. 1 EltRL 2009 auch eine **Beschränkung des Wettbewerbs im Energiebinnenmarkt** dar.

---

440 *Koenig/Kühling/Rasbach*, Versorgungssicherheit im Wettbewerb – Ein Vergleich der gemeinschaftsrechtlichen, französischen und deutschen Energierechtsordnungen, ZNER, Heft 1, 2003, S. 6.

441 Art. 12 lit. c lautet: „Jeder Übertragungsnetzbetreiber ist dafür verantwortlich, (...) durch entsprechende Übertragungskapazität und Zuverlässigkeit des Netzes zur Versorgungssicherheit beizutragen“.

442 Art. 25 Abs. 1 lautet: „Der Verteilernetzbetreiber trägt die Verantwortung dafür, auf lange Sicht die Fähigkeit des Netzes sicherzustellen, eine angemessene Nachfrage nach Verteilung von Elektrizität zu befriedigen und in seinem Gebiet unter wirtschaftlichen Bedingungen ein sicheres, zuverlässiges und effizientes Elektrizitätsverteilernetz unter gebührender Beachtung des Umweltschutzes und der Energieeffizienz zu betreiben, zu warten und auszubauen“.

443 *Sternig*, Versorgungssicherheit im Elektrizitäts- und Erdgasmarkt, 2009, S. 55; *Jones*, EU Energy Law – Volume I – The internal energy market, 2006, S. 317.

2.2.2.2.3 *Andere mit Energieversorgungssicherheit verbundene Rechtsregeln*

Andere für die Energieversorgungssicherheit relevante Vorschriften sind Folgende: Art. 9 lit. b EltRL 2003, der die Verantwortung der Betreiber für die Versorgungssicherheit ordnet, die durch entsprechende Übertragungskapazität und Zuverlässigkeit des Netzes zu erreichen ist, wurde zu Art. 12 lit. c EltRL 2009; Art. 11 Abs. 4 EltRL 2003, der Art. 8 Abs. 4 EltRL 1996 wiederholt (s. oben 2.2.2.1.2), wurde zu Art. 15 Abs. 4 EltRL 2009; Art. 28 Abs. 1 lit. c EltRL 2003, der den Gesamtbericht regelt und die Sicherheit der Versorgung in der Gemeinschaft einer des Themen des Gesamtberichtes festlegt, wurde zu Art. 47 Abs. 1 lit. c EltRL 2009. Letztlich bezieht sich Art. 42 EltRL2009 (ex-Art. 24 EltRL 2003) auf Schutzmaßnahmen, die ein Mitgliedstaat in Fällen plötzlicher Marktkrisen im Energiesektor oder der Gefährdung der Sicherheit von Personen, Geräten oder Anlagen oder der Unversehrtheit des Netzes treffen kann.

Obwohl die Energieversorgungssicherheit nicht erwähnt wird, ist auch Art. 6 EltRL 2009, der die **regionale Zusammenarbeit** fördert, für die Sicherstellung der Energieversorgung wertvoll, da einer der Gegenstände die Zusammenarbeit der Mitgliedstaaten hinsichtlich der Entwicklung grenzüberschreitender Netze auf regionaler Ebene ist.

Die Energieversorgungssicherheit gilt immer dann als Parameter errichtet, wenn die Erteilung einer Zertifizierung gemäß Art. 11 EltRL 2009 (auch als „Gazprom clause" benannt), der die Zertifizierung von Übertragungsnetzbetreibern in Bezug auf Drittländer regelt, ein Risiko für die Energieversorgungssicherheit darstellt. Unter Berufung auf die Energieversorgungssicherheit kann die Kommission nach Mitteilung der Regulierungsbehörde die Zertifizierung eines ausländischen Übertragungsnetzeigentümers ablehnen (Art. 11 Abs. 3 lit. b, Abs. 5, Abs. 7 und Abs. 8 EltRL 2009)[444]. Die Ratio der Vorschrift ist im Erwägungsgrund 25 der EltRL 2009 zu finden. Angesichts der Wichtigkeit der Übertragungsnetze für die öffentliche Sicherheit, die Wettbewerbsfähigkeit der Wirtschaft und das Wohl der Bürger der Union darf es „Personen aus Drittländern nur dann gestattet sein, die Kontrolle über ein Übertragungsnetz oder einen Übertragungsnetzbetreiber auszuüben, wenn sie die innerhalb der Gemeinschaft geltenden Anforderungen einer tatsächlichen Trennung erfüllen". Zusätzliche Schutzmaßnahmen (wie Art. 11) sind dann erforderlich, wenn es um die Unabhängigkeit des Netzbetriebs und die Abhängigkeit von Energielieferungen aus Drittländern geht, um die Energieversorgungssicherheit der Union aufrechtzuerhalten. Ziel des Artikels ist, sicherzustellen, dass europäische Übertragungssysteme nicht vom vertikal integrierten Drittlandlieferant kontrolliert werden[445]. Bisher wurde die Vorschrift trotz mehrerer Kommentare nie zur Anwendung gebracht.

---

444 *Schmidt-Preuß*, In: *Säcker* (Hrsg.), Berliner Kommentar zum Energierecht, 2014, S. 43; *Hancher/Salerno*, In: *Biondi/Eeckhout/Ripley*, EU Law after Lisbon, 2012, S. 377; *Talus*, EU Energy Law and Policy, 2013, S. 83–84.

445 *Hancher/Salerno*, In: *Biondi/Eeckhout/Ripley*, EU Law after Lisbon, 2012, S. 377.

Die EltRL 2009 vertieft die Liberalisierung des Energiebinnenmarktes und setzt sich für eine Intensivierung des grenzüberschreitenden Handels ein, da sie unverzichtbare Voraussetzung für einen wahren integrierten europäischen Energiemarkt ist. Anerkannt wurde auch die Wichtigkeit entwickelter grenzüberschreitender Netze für die Energieversorgungssicherheit, was erst erreicht werden kann, wenn die Mitgliedstaaten den reinen Wettbewerb aufgeben und beginnen zu kooperieren. Das bedeutet aber nicht eine Umwandlung des Wettbewerbs zu Gunsten der Kooperation und der Gegenseitigkeit. Vielmehr werden diese zwei Grundsätze vom Spiel des Marktes absorbiert. Es geht noch um das Vertrauen der Preismechanismen und die Liberalisierung des Marktes, aber für seine Vollendung ist laut der EltRL 2009 die Zusammenarbeit der Mitgliedstaaten – und nicht bloße nationale Interessen – notwendig.

Im Vergleich zu der Beschleunigungsrichtlinie 2003 kann gesagt werden, dass die erwähnten schwachen Verbindungen zwischen Energieversorgungssicherheit einerseits und der Nutzung erneuerbaren Energien und dem Umweltschutz andererseits bestehen bleiben, allerdings mit dem Unterschied, dass sich die Verbindung zwischen Energieversorgungssicherheit und den grenzüberschreitenden Verbundnetzen nach der EltRL 2009 verstärkt hat. Anknüpfungspunkt ist die Zusammenarbeit der Mitgliedstaaten (insbesondere Art. 6 EltRL 2009), d. h. **Kooperation, Gegenseitigkeit und Solidarität**, deren Vereinbarkeit und entsprechende Realisierung innerhalb einer liberalisierten Rahmenbedingung, die den Wettbewerb als oberstes Ziel hat, zu untersuchen ist. Auch hervorzuheben sind die legislativen Entwicklungen hinsichtlich der Wichtigkeit des Umweltschutzes gegenüber dem Elektrizitätsmarkt, da die Mitgliedstaaten einen nachhaltigen Strommarkt unter ökologischen Aspekten gemäß Art. 3 Abs. 1 und Art. 7 Abs. 2 der Richtlinie 2009/72/EG gewährleisten müssen[446].

2.2.2.3 Fazit: Gewährleistung der Energieversorgungssicherheit durch den Wettbewerb

Die drei Richtlinien bezüglich des Elektrizitätsbinnenmarkts bestehen aus Vorschriften für die Beseitigung der Monopole bei der Stromerzeugung und der Errichtung von Leitungen und verfolgen die Ziele des freien Verkehrs von Elektrizität und Gas, Versorgungssicherheit und Förderung der Wettbewerbsfähigkeit der strom- und gasverbrauchenden Unternehmen. Es geht um eine Liberalisierung bzw. Öffnung der Märkte. Spezifisch für diese Richtlinien kann angenommen werden, dass das Ziel des freien Wettbewerbs und des offenen Energiemarkts im Vergleich zu dem Ziel der Versorgungssicherheit den Vorrang hat, wie die (Ausnahme-) Schutzmechanismen im Interesse der Energieversorgungssicherheit beweisen.

---

446 *Pomana*, Förderung erneuerbarer Energien in Deutschland und im Vereinigten Königreich im Lichte des Europäischen Wirtschaftsrechts, 2011, S. 169.

Die für die Studie der Energieversorgungssicherheit relevanten Vorschriften der EltRL 1996 bilden eine schwache Verbindung zwischen der Nutzung erneuerbarer Energien und den grenzüberschreitenden Verbundnetzen, die keinen Fortschritt bezüglich der Regulierung der Energieversorgungssicherheit erlauben, wenn die Richtlinie und die Gründungsverträge verglichen werden. Laut der Richtlinie 96/92/EG ist die Versorgungssicherheit eine reine Folge der Liberalisierung des Markts.

Die Beschleunigungsrichtlinie markierte eine Vertiefung des Liberalisierungsprozesses, da es damals einen großen Unterschied hinsichtlich des Grads der Marktöffnung zwischen den Mitgliedstaaten gab. Die EltRL 2003 verfolgte die gleichen Ziele und verwendete die gleichen rechtspolitischen Maßnahmen der EltRL 1996, um die Liberalisierung des Energiebinnenmarktes zu vollenden. Relevant sind das erste Auftreten der **Dezentralität der Energieerzeugung** – obwohl nur in den Erwägungsbestimmungen – als ein Mittel für die Energieversorgungssicherheit und die Wichtigkeit, die der Umwelt(-schutz) gewann. Es scheint, dass der von der Kommission vorgeschlagene Erlass der Versorgungssicherheitsrichtlinien einen Grund für die mangelnde Regulierung der Energieversorgungssicherheit bei der EltRL 2003 darstellt.

Letztlich wurde am 14.08.2009 die Richtlinie 2009/72/EG „über gemeinsame Vorschriften für den Elektrizitätsbinnenmarkt und zur Aufhebung der Richtlinie 2003/54/EG“ veröffentlicht (Teil des dritten Energie-Legislativpakets). Sie bildet eine vertiefende Stufe hinsichtlich des Liberalisierungsprozesses des Elektrizitätsbinnenmarkts, da herausgefunden wurde, dass in vielen Mitgliedstaaten kein echter Wettbewerb bestand.

Es ist zweifellos der Fall, dass die Energieversorgungssicherheit in der EltRL 2009 ein stärkeres Gewicht als zuvor gewann. Allerdings ist dieses Gewicht innerhalb der Logik der Erhöhung des Energieversorgungssicherheitsniveaus als reine Konsequenz der Liberalisierung zu verstehen. Das Vertrauen der Marktkräfte in die Aufrechterhaltung der Energieversorgungssicherheit bleibt bestehen. Der Ausnahmecharakter der Art. 3, Art. 4, Art. 7 und Art. 8 der Richtlinie 2009/72/EG bestätigt dies. Die Beziehung zwischen Versorgungssicherheit und (der Notwendigkeit der Entwicklung von) grenzüberschreitenden Netzen wurde in der EltRL 2009 verstärkt. Versorgungssicherheit ist keine nationale Angelegenheit, und die Entwicklung europäischer Netze muss auf **regionaler Ebene koordiniert** und umgesetzt werden. Ein Beispiel, das darauf hinweist, dass diese Idee befürwortet werden soll, stellt der europäische Stromausfall vom 4.11.06 dar.

Zudem ist fraglich, **welche Bedeutung die energetische Solidarität aufweisen soll und in welchen Situationen dieses Prinzip anzuwenden ist**, da die grenzüberschreitenden Kapazitäten bei Engpässen und anderen Versorgungskrisen als Erstes beschränkt werden.

Bedeutungsvoll ist die oben erwähnte (s. 2.2.2.2.1) Mitteilung der Kommission an den Europäischen Rat und das Europäische Parlament „eine Energiepolitik für Europa“[447] umzusetzen, die die Versorgungssicherheit als eine der Herausforderungen

447 Mehr dazu, s. 3.3.3.2.4.

der europäischen Energiepolitik nannte. Die schon seit langem erfolglos umkämpfte wachsende Erdöleinfuhrabhängigkeit und die noch rückständigen Solidaritätsmechanismen stellen Hürden dar, die überwunden werden müssen. Diese Energiepolitik stützt sich auf drei Säulen, und zwar die Bekämpfung des Klimawandels, die Verringerung der durch die Abhängigkeit von importierten Kohlenwasserstoffen bedingten externe Verwundbarkeit der EU und die Förderung von Beschäftigung und Wachstum. Die Schaffung dieser drei Punkte ist von entscheidender Bedeutung für eine sichere Energieversorgung.

Das energetische Solidaritätsprinzip wird in dem vorgeschlagenen Aktionsplan der Mitteilung mit Energieversorgungssicherheit verbunden, aber es wird erst im Falle einer Energiekrise anwendbar.

Die **Entwicklung erneuerbarer Energien** wird auch als ein wichtiges Werkzeug anerkannt, um die Energieversorgungssicherheit zu gewährleisten, da mit ihnen die Erdöleinfuhrabhängigkeit reduziert werden kann.

Die **Kooperation** zwischen Mitgliedstaaten, Regulierungsbehörden und Übertragungsnetzbetreibern wurde in der Stellungnahme des EWSAs betont und die Förderung der **lokalen und regionalen Energieerzeugung aus erneuerbaren Energieträgen** wurde in der Stellungnahme des Ausschusses der Regionen hervorgehoben.

Die EltRL 2009 berief sich mehrmals auf die Energieversorgungssicherheit, um die Notwendigkeit einer Intensivierung des grenzüberschreitenden Energiehandels und die Entwicklung der erneuerbaren Energien zu rechtfertigen. Durch Art. 6 EltRL 2009 gewann die **regionale Zusammenarbeit** während einer Aufgabe für die Sicherstellung der Energieversorgung an Bedeutung. Die Intensivierung des grenzüberschreitenden Handels und die Entwicklung der grenzüberschreitenden Netze sind dringend geboten, da sie unverzichtbare Voraussetzungen für einen wahren integrierten europäischen Energiemarkt darstellen.

Nach der EltRL 2009 geht es um die Einfügung von Prinzipien in den auf den Wettbewerb gestützten Liberalisierungsprozess wie **Solidarität, Gegenseitigkeit und Kooperation**, die eine Milderung des individualisierten und nur auf die nationale Ebene fokussierten Wettbewerbs darstellen, obwohl das aber keine Umwandlung des Wettbewerbs zu Gunsten der Kooperation und der Gegenseitigkeit bedeutet. Diese beiden Grundsätze werden vom Marktspiel absorbiert.

2.2.3 Richtlinie 2009/28/EG zur Förderung der Stromerzeugung aus erneuerbaren Energiequellen

Die traditionellen Energiequellen Erdöl, -gas und Kohle stellen nur eine begrenzt ausbeutbare Ressource dar, so dass die Union sich um die Förderung alternativer Energiequellen bemühen muss, um die nachhaltige Sicherheit der Energieversorgung zu gewährleisten. Zudem sind auch die Verringerung des Energieverbrauches und die Förderung effizienterer Energieanlagen bedeutungsvoll. Neben der Energieversorgungssicherheit dient die Förderung erneuerbarer Energien auch den Zielen (z. B. Energieeinsparung und Klimaschutz) einer gemeinschaftlichen Klimapolitik.

Es wurde bereits verdeutlicht, dass die Elektrizitätsbinnenmarktrichtlinien – besonders in der EltRL 2009 – einen Anreiz für den Ausbau der erneuerbaren Energien beinhalten und versuchen, eine Verbindung zwischen erneuerbaren Energien und Energieversorgungssicherheit herzustellen, obwohl die erneuerbaren Energien nicht das Hauptthema dieser Richtlinien darstellten.

Allerdings gewannen die erneuerbaren Energien 2001 ihre eigene europäische Regulierung mittels des Erlasses der Richtlinie 2001/77/EG (2.2.3.1), die durch die Richtlinie 2009/28/EG (2.2.3.2) abgelöst wurde. Sie stellt den ersten umfassenden, aber recht unspezifischen und zurückhaltenden Rechtsakt auf der Ebene des Gemeinschaftsrechts dar, die die Stromerzeugung aus erneuerbaren Energien zum Gegenstand hat[448].

Neun Jahre nach der Veröffentlichung der Richtlinie 2001/77/EG und nach Diskussionen und Ideen zur Neuregelung des Rechtrahmens für erneuerbare Energiequellen[449] trat die Richtlinie 2009/28/EG „zur Förderung der Nutzung von Energie aus erneuerbaren Quellen und zur Änderung und anschließenden Aufhebung der Richtlinien 2001/77/EG und 2003/30/EG“[450] in Kraft.

Diese Richtlinie – zusammen mit der Richtlinie über die Abtrennung und geologische Speicherung von CO_2 (CCS-Richtlinie[451]), der Verordnung über CO_2-Emissionen von Neuwagen, der Richtlinie über die dritte Phase des Europäischen Emissionshandelssystems –ETS und der Entscheidung über die Lastenverteilung zwischen den verschiedenen Emissionsquellen – ist Teil des Energie- und Klimaschutzprogramms[452], das für die Bekämpfung des globalen Klimawandels konzipiert wurde. Praktisch wurden vier Ziele entworfen: (i) 10 % aller Kraftstoffe im Verkehrssektor müssen aus erneuerbaren Energien gedeckt werden; (ii) Insgesamt müssen die erneuerbaren Energien bis zum Jahr 2020 20 % des Energieverbrauchs in der EU decken; (iii) Die Emissionen von Treibhausgasen müssen um 20 % gesenkt und (iv) die Energieeffizienz muss um 20 % erhöht werden[453].

448 *Oschmann*, Strom aus erneuerbaren Energien im Europarecht. Die Richtlinie 2001/77/EG des Europäischen Parlaments und des Rates zur Förderung der Stromerzeugung aus erneuerbaren Energiequellen im Elektrizitätsbinnenmarkt, 2002, S. 79; *Knauff*, In: Müller (Hrsg.), 20 Jahre Recht der Erneuerbaren Energien, 2012, S. 418.

449 Mitteilung der Kommission „Förderung von Strom aus erneuerbaren Energiequellen“ v. 7.12.2005. KOM (2005) 627 endg.; Mitteilung der Kommission „Fahrplan für erneuerbare Energien – Erneuerbare Energien im 21. Jahrhundert: Größere Nachhaltigkeit in der Zukunft“ v. 10.01.2007. KOM (2006) 848 endg.

450 ABl. L 140 v. 5.6.2009, S. 16.

451 S. 4.1.1.2.2.2.

452 Mitteilung der Kommission „20 und 20 bis 2020 – Chancen Europas im Klimawandel" v. 23.01.2008. KOM (2008) 30 endg.

453 Für 2030 hat die EU schon ein EU-weites Ziel von mindestens 27 % vereinbart, vgl. Schlussfolgerungen des Europäischen Rates v. 23./24.10.2014, s. 3.3.3.2.7.

2.2.3.1 *Rechtliche Vorgeschichte*

Die Richtlinie 2001/77/EG „zur Förderung der Stromerzeugung aus erneuerbaren Energiequellen im Elektrizitätsbinnenmarkt“[454] vom 27.09.2001 wurde einen Monat später veröffentlicht. Ihr Inkrafttreten stellt den Höhepunkt der Bemühungen des Europäischen Parlaments dar, das die Kommission seit 1991 durch die Entschließung zu Energie und Umwelt aufforderte, zu einer „sorgfältigen Bewertung der technischen und finanziellen Möglichkeiten für eine Ausweitung des Marktanteils erneuerbarer Energien“[455] zu gelangen.

Die Entstehungsgeschichte der Richtlinie 2001/77/EG ist von Meinungsverschiedenheiten der drei wichtigen Akteure – Parlament, Ministerrat und Kommission – der Europäischen Union gekennzeichnet. Bis zur Verabschiedung des Richtlinienvorschlags durch die Kommission am 10.05.2000 traten Diskussionen über mögliche wettbewerbsverzerrende Auswirkungen angesichts des Marktanteils der aus erneuerbaren Energien erzeugten Elektrizität und der Vorschriften hinsichtlich der Mittel für die Entwicklung erneuerbarer Energien – Quotenmodell oder Vergütungsmodell – auf[456].

Trotz weit auseinandergehender Meinungen zwischen Rat und Parlament legte die Kommission ihren Vorschlag „für eine Richtlinie des Europäischen Parlaments und des Rates zur Förderung der Stromerzeugung aus erneuerbaren Energiequellen im Elektrizitätsbinnenmarkt“[457] am 10.05.2000 vor. Hier erhielt der Umweltaspekt deutlichen Vorrang im Vergleich zu den Wettbewerbselementen, die polemisch und umstritten waren[458]. Der Vorschlag betonte die Notwendigkeit eines erheblichen Anstiegs der Erzeugung von Elektrizität aus erneuerbaren Energiequellen in der Europäischen Union, so dass die beim Klimagipfel in Kyoto vereinbarten Verpflichtungen hinsichtlich der Verringerung der Treibhausgasemissionen erfüllt werden könnten. Praktisch bestand das vorgeschlagene Ziel darin, dass der Anteil

---

454 ABl. L 283 v. 27.10.2001, S. 33.

455 ABl. C 91 v. 15.7.91, S. 304.

456 Zu einer detaillierten Entstehungsgeschichte der Richtlinie 2001/77/EG, einschließlich der Diskussionen und Entwürfe vor der Verabschiedung des Richtlinienvorschlags, vgl. *Hirschl*, Erneuerbare Energien-Politik. Eine Multi-Level Policy-Analyse mit Fokus auf den deutschen Strommarkt, 2008, S. 307ff.; Rowlands, The European directive on renewable electricity: conflicts and compromises, Energy Policy, 33, 2005, S. 965–973; *Oschmann*, Strom aus erneuerbaren Energien im Europarecht. Die Richtlinie 2001/77/EG des Europäischen Parlaments und des Rates zur Förderung der Stromerzeugung aus erneuerbaren Energiequellen im Elektrizitätsbinnenmarkt, 2002, S. 80–90.

457 KOM (2000) 279 endg.

458 *Oschmann*, Strom aus erneuerbaren Energien im Europarecht. Die Richtlinie 2001/77/EG des Europäischen Parlaments und des Rates zur Förderung der Stromerzeugung aus erneuerbaren Energiequellen im Elektrizitätsbinnenmarkt, 2002, S. 86.

der erneuerbaren Energieträger am Gesamtenergieverbrauch der EU von 6% (2000) auf 12% im Jahr 2010 verdoppelt wurde.

Das obenerwähnte Ziel dient laut dem Richtlinienvorschlag der Energieversorgungssicherheit, die wegen der Steigerung der Energieeinfuhrabhängigkeit der Europäischen Union immer mehr in Gefahr war[459], und auch dem Umweltschutz und der sozialen und wirtschaftlichen Kohäsion[460].

Relevante Punkte des Richtlinienvorschlags betreffen den vorrangigen Zugang gegenüber den konventionellen Energieanlagen, den die mit erneuerbaren Energiequellen betriebenen Erzeugungsanlagen aufweisen müssen, um ihre Elektrizität einzuspeisen; einen rechtlichen Begriff für „erneuerbare Energiequellen" und „Strom aus erneuerbaren Energiequellen"; die Verpflichtung, der Kommission Berichte vorzulegen, so dass die Richtlinie überprüft werden kann.

Am 28.12.2000 legte die Kommission ihren geänderten Vorschlag „für eine Richtlinie des Europäischen Parlaments und des Rates zur Förderung der Stromerzeugung aus erneuerbaren Energiequellen im Elektrizitätsbinnenmarkt"[461] vor, der Änderungen in der Einführung neuer Bestimmungen und sprachliche und redaktionelle Präzisierungen beinhaltete.

Kurz vorher wurde die Stellungnahme des Wirtschafts- und Sozialausschusses „zu dem Vorschlag für eine Richtlinie des Europäischen Parlaments und des Rates zur Förderung der Stromerzeugung aus erneuerbaren Energiequellen im Elektrizitätsbinnenmarkt"[462] veröffentlicht. Der Ausschuss war generell mit dem Richtlinienvorschlag der Kommission einverstanden, betonte aber u. a. die Notwendigkeit, eine auf europäischer Ebene herrschende langfristige Perspektive für die Entwicklung der erneuerbaren Energien, die sich nicht nur nach der Erreichung der Ziele von Kyoto ausrichtet, festzusetzen.

Letztlich wurde am 24.01.2001 die Stellungnahme des Ausschusses der Regionen „zu dem Vorschlag der Kommission für eine Richtlinie des Europäischen Parlaments und des Rates zur Förderung der Stromerzeugung aus erneuerbaren Energiequellen im Elektrizitätsbinnenmarkt"[463] veröffentlicht, die den Richtlinienvorschlag begrüßte und betreffend die Versorgungssicherheit und im Einklang mit der bei dem Wirtschafts- und Sozialausschuss betonten langfristigen Perspektive die Kommission aufforderte, „eine echte Gesamtstrategie für die zukünftige Energieversorgung zu

459 Energieversorgungssicherheit (zumindest zusammen mit dem Umweltschutz) als oberstes Ziel des Richtlinienvorschlags der Kommission, vgl. *Jones*, In: *Moselle/Padilla/Schmalensee* (Hrsg.), Harnessing renewable energy in electric power systems – Theory, practice, policy, 2010, S. 233.

460 Vorschlag „für eine Richtlinie des Europäischen Parlaments und des Rates zur Förderung der Stromerzeugung aus erneuerbaren Energiequellen im Elektrizitätsbinnenmarkt". KOM (2000) 279 endg., S. 3.

461 KOM (2000) 884 endg.

462 ABl. C 367 v. 20.12.2000, S. 5.

463 ABl. C 22 v. 24.1.2001, S. 27.

entwickeln, damit die Menschheit ihren Energiebedarf decken kann und eine nachhaltige Entwicklung des Planeten in einer sauberen Umwelt möglich ist“[464].

Das Ziel der Richtlinie besteht gemäß Art. 1 darin, eine Steigerung des Anteils erneuerbarer Energiequellen an der Stromerzeugung im Elektrizitätsbinnenmarkt zu fördern und eine Grundlage für einen entsprechenden zukünftigen Gemeinschaftsrahmen zu schaffen. Die Bemühungen um die Verfolgung dieses Ziels liegen grundsätzlich in der Notwendigkeit, die im Protokoll von Kyoto festgesetzten Zielvorgaben zu erreichen, aber sie dienen laut den Erwägungsgründen Nr. 1 und Nr. 2 der Richtlinie auch **der Sicherheit und Diversifizierung der Energieversorgung**[465], dem Umweltschutz sowie dem sozialen und wirtschaftlichen Zusammenhalt.

Als lediglich „wertvolle Orientierungshilfe“, d.h. indikativ aber etwa mehr als suggestiv,[466] wurde die Erhöhung des Anteils erneuerbarer Energien bis 2010 auf 12% des Bruttoinlandsverbrauchs der Gemeinschaft (Erwägungsgrund 7) und auf 22,1% am gesamten Stromverbrauch der Gemeinschaft (Art. 3 Abs. 4 Unterabsatz 2 der Richtlinie) vorgeschlagen, so dass die Art und Mittel zur Erreichung dieses gemeinschaftlichen Ziels Sache der Mitgliedstaaten sind. Die nationalen Maßnahmen waren der Kommission regelmäßig zu berichten (Art. 3 der Richtlinie).

Obwohl das Ziel hinsichtlich der Schaffung einer Grundlage für einen entsprechenden zukünftigen Gemeinschaftsrahmen (Art. 1) nicht ausdrücklich reglementiert wurde, legte Art. 4 Abs. 2 UAbs. 2 Kriterien vor, deren Erfüllung auf eine solche Grundlage hindeutet[467]: Beitrag zur Erreichung der nationalen Richtziele, Vereinbarkeit mit den Prinzipien des Elektrizitätsbinnenmarktes, Zurechenbarkeit bezüglich der Besonderheiten der verschiedenen erneuerbaren Energiequellen und der unterschiedlichen Technologien wie auch der geografischen Unterschiede, wirksame, effizientere und kosteneffizientere Nutzung erneuerbarer Energiequellen, Wahrung des Vertrauens der Investoren durch angemessene Übergangszeiträume für die nationalen Förderregelungen.

Hinsichtlich des Fördersystems traf die Kommission keine Entscheidung weder zugunsten des Einspeisetarifmodells noch des Quotenmodells, obwohl ein

464 Erwägung 29 der Stellungnahme des Ausschusses der Regionen „zu dem Vorschlag der Kommission für eine Richtlinie des Europäischen Parlaments und des Rates zur Förderung der Stromerzeugung aus erneuerbaren Energiequellen im Elektrizitätsbinnenmarkt“. ABl. C 22 v. 24.1.2001, S. 29.

465 Versorgungsargumente spielten schon hier – und heute immer mehr – eine Rolle in der Begründung der rechtlichen Maßnahmen hin zur Implementierung einer (erneuerbaren) europäischen Energiepolitik.

466 *Rowlands*, The European directive on renewable electricity: conflicts and compromises, Energy Policy, 33, 2005, S. 969.

467 *Oschmann*, Strom aus erneuerbaren Energien im Europarecht. Die Richtlinie 2001/77/EG des Europäischen Parlaments und des Rates zur Förderung der Stromerzeugung aus erneuerbaren Energiequellen im Elektrizitätsbinnenmarkt, 2002, S. 92.

einheitliches Fördersystem ihre Absicht war. Allerdings legte Art. 4 Abs. 2 der Richtlinie 2001/77/EG die Pflicht für die Kommission fest, über die Erfahrung der Mitgliedstaaten bei der Implementierung verschiedener Fördersystemen zu berichten, damit eine gemeinsame Förderregelung für Strom aus erneuerbaren Energien implementiert werden könnte (Erwägungsgrund 16 der Richtlinie 2001/77/EG). Der Bericht[468] kam zu dem Schluss, dass Einspeisetarife gegenüber dem Quotenmodell für einen Ausbau der erneuerbaren Energien effektiver waren[469]. Trotz dieses Ergebnisses bekundete die Kommission in ihrem Richtlinienvorschlag vom 23.1.2008 für die Neuregelung des Rechtrahmens erneuerbarer Energien die Absicht, ein Zertifikatssystem zu etablieren, das sich aber nicht durchsetzte[470].

Deutlich ist, dass die Zwecke des Art. 1 der Richtlinie dem Umweltschutz dienen, während Handel, Transparenz und Wettbewerbsfähigkeit als Mittel zur Erreichung dieser Umweltzwecke zu verstehen sind. Die Erhöhung des Anteils erneuerbarer Energien dient auf der anderen Seite der Sicherheit und Diversifizierung der Energieversorgung sowie der Kohäsion und Einhaltung völkerrechtlicher Verpflichtungen, die Fernziele darstellen. Die aber eher schwache und nur orientierende[471] Richtlinie zur Förderung der Stromerzeugung aus erneuerbaren Energiequellen bringt somit eine klare Änderung – im Vergleich zu der am Anfang der Förderung der erneuerbaren Energien den Zielen des europäischen Binnenmarktes untergeordneten Rolle und den Elektrizitätsbinnenmarktrichtlinien – bezüglich des Ziel-Mittel-Verhältnisses zwischen Wettbewerbsfähigkeit, Energieversorgungssicherheit und erneuerbaren Energien. Es geht um (zumindest) eine Gleichberechtigung zwischen Wettbewerbsfähigkeit und Umweltschutz, deren Wahl Auswirkungen auf die Frage der richtigen Rechtsgrundlage mit sich bringt[472]. Diese Gleichberechtigung

---

468 Mitteilung der Kommission „Förderung von Strom aus erneuerbaren Energiequellen“ v. 7.12.2005. KOM (2005) 627 endg.

469 Mehr dazu, s. 4.1.1.2.3.1.

470 *Lehnert/Vollprecht*, Neue Impulse von Europa: Die Erneuerbare-Energien-Richtlinie der EU, ZUR, Heft 6, 2009, S. 312; *Rowlands*, The European directive on renewable electricity: conflicts and compromises, Energy Policy, 33, 2005, S. 971–972. Zu einer detaillierten Beschreibung des Prozesses des Scheiterns der Implementierung eines EU-weiten Fördersystems, das von ideologischen Meinungsverschiedenheiten geprägt wird, vgl. *Lauber/Schenner*, Die neue erneuerbare Energie-Richtlinie der EU von 2009. Zeigt sich der Richtlinie von 2001 ein Umdenken bei der Frage der Fördersysteme?, ZNER, Heft 4, 2009, S. 326ff; Jacobs, Renewable energy policy convergence in the EU, 2012, S. 28–36.

471 *Calliess/Hey*, In: *Müller* (Hrsg.), 20 Jahre Recht der Erneuerbaren Energien, 2012, S. 239; *Sötebier*, Die Richtlinie zur Förderung der Stromerzeugung aus erneuerbaren Energiequellen im Elektrizitätsbinnenmarkt – eine rechtliche Analyse, ZUR, Heft 2, 2003, S. 66.

472 *Oschmann*, Strom aus erneuerbaren Energiem im Europarecht. Die Richtlinie 2001/77/EG des Europäischen Parlaments und des Rates zur Förderung der Stromerzeugung aus erneuerbaren Energiequellen im Elektrizitätsbinnenmarkt, 2002, S. 92–93.

verbindet sich mit der Zieltrias der Energiepolitik (zusammen mit der Energieversorgungssicherheit).

Bemerkenswert ist Art. 7 der Richtlinie, der den Vorrang des Stroms aus erneuerbaren Energien bei der Einspeisung festlegt. Es ist unverzichtbar, dass die erneuerbaren Energien Vorrang gegenüber konventionellen Energien haben, da ihre physikalischen Besonderheiten, nämlich die mangelnde Stetigkeit der Sonnenstrahlung und des Winds, die Übertragung nur möglich machen, wenn der entsprechende Netzzugang gesichert ist. Der Vorrang ist aber durch die „Wahrung der Zuverlässigkeit und Sicherheit des Netzes" und „soweit es der Betrieb des nationalen Elektrizitätssystems zulässt"[473], bedingt (Art. 7 Abs. 1)[474].

2.2.3.2 Richtlinie 2009/28/EG

Spezifisch für erneuerbaren Energien ist die Mitteilung der Kommission „Fahrplan für erneuerbare Energien – Erneuerbare Energien im 21. Jahrhundert: Größere Nachhaltigkeit in der Zukunft"[475] vom 10.01.2007. Der Fahrplan bestimmt eine langfristige Vision für erneuerbare Energiequellen in der EU, deren Bestandteile die definitive Einfügung der erneuerbaren Energiequellen in die Energiepolitik der EU und die Integration der erneuerbaren Energien in die Märkte mittels der Etablierung eines rechtverbindlichen Ziels von 20% umfassen. Zudem wurde ein neuer Rechtsrahmen vorgeschlagen, nämlich die Richtlinie 2009/28/EG. Die Absicht der neuen Richtlinie bestand aus dem Erlass von Vorschriften, die mehr Sicherheit für die Investoren bieten würden, so dass sie „rationale Entscheidungen über Investitionen"[476] treffen könnten. Ziel war auch, eine künftige umweltfreundlichere, sichere und wettbewerbsfähigere Energieversorgung sicherzustellen.

Kritisch aber war die Kommission hinsichtlich der Gründe, weshalb das 10-%-Ziel bis 2010 nicht erreicht wurde. Beispiele hierfür stellen nicht nur die Komplexität, Neuartigkeit und die dezentrale Verfügbarkeit der erneuerbaren Energien dar sowie alle verwaltungstechnischen Probleme, sondern auch die uneinheitlichen und ungleichen Fortschritte aller Mitgliedstaaten wegen der in der Richtlinie 2001/77/EG festgesetzten nationalen Kompetenz, der Art und Mittel zur Erreichung des 10-%-Ziels und die Abwesenheit von auf europäischer Ebene rechtlich bindenden Zielen für erneuerbaren Energien.

Folglich wurde vorgeschlagen, dass die Art und Weise der Förderung erneuerbarer Energien in der EU durch einen gestärkten und ausgebauten Rechtsrahmen – wie z. B. die Festlegung rechtlich bindender Ziele für den Gesamtanteil der erneuerbaren

473 Solche Einschränkung war in dem Richtlinienvorschlag der Kommission nicht beinhaltet.

474 S. mehr dazu 4.1.1.2.1.

475 Mitteilung der Kommission „Fahrplan für erneuerbare Energien – Erneuerbare Energien im 21. Jahrhundert: Größere Nachhaltigkeit in der Zukunft". KOM (2006) 848 endg.

476 Ebenda, S. 3.

Energieträger am EU-Energiemix sowie von verbindlichen Mindestzielen für Biokraftstoffe – geändert werden, damit die erneuerbaren Energiequellen zur Energieversorgungssicherheit und den geringeren Treibhausgasemissionen beitragen können.

Hervorzuheben ist das mehrmals zitierte Merkmal der Dezentralität der aus erneuerbaren Energien stammenden Stromerzeugung, deren Realisierung die Entwicklung regionaler und lokaler Pläne sowie die Koordinierung zwischen lokalen und regionalen Behörden benötigt, um geeignete Standorte für erneuerbare Energien auszuweisen.

Letztlich betonte die Mitteilung der Kommission die Beziehung zwischen der Erhöhung der Versorgungssicherheit und den erneuerbaren Energien, da „der Anteil der im Inland erzeugten Energie steigt, der Brennstoffmix ebenso diversifiziert wird wie die importierten Energieträger und ein größerer Anteil der Energie aus politisch stabilen Regionen stammt“[477]. Allerdings soll unterstrichen werden, dass die Energieversorgungssicherheit ohne weitere Diskussion als Verringerung der Energieeinfuhrabhängigkeit – ungeachtet der Energiequelle – nach Auffassung der Kommission so verstanden wird, als ob es ein natürliches und mechanisches Verhältnis zwischen der **Erhöhung der Energieversorgungssicherheit** und **Verringerung der Energieeinfuhrabhängigkeit** gäbe[478].

Das ist rechtlich relevant, da die künftigen Vorschriften (z. B. Richtlinien) auf solchen politischen Meinungen der Organe der EU basieren. Derartige politische Verständnisse, die in den Vorschriften nicht ausdrücklich erwähnt werden, werden normalerweise durch Richtlinien und andere sekundärrechtliche Instrumente positiviert, ohne dass sie die entsprechenden Spannungsfelder deutlich hervorbringen. Diese Spannungsfelder tauchen aus den rechtlichen Vorschriften schon „gelöst“ und „geklärt“ auf.

Am 23.01.2008 legte die Kommission ihren Vorschlag „für eine Richtlinie des Europäischen Parlaments und des Rates zur Förderung der Nutzung von Energie aus erneuerbaren Quellen“[479] vor. Der Umweltschutz bildet noch das allerhöchste verfolgte Ziel, im Vergleich zu der Wettbewerbsfähigkeit, die die Elektrizitätsbinnenmarktrichtlinien kennzeichnen, da die Kommission erklärte, dass der Vorschlag überwiegend unter Art. 175 Abs. 1 (Umweltpolitik)[480] EGV fällt, obwohl sich der

---

477 Ebenda, S. 16–17.

478 Kritisch über solches Verhältnis vgl. *Moselle*, In: *ders/Padilla/Schmalensee* (Hrsg.), Harnessing renewable energy in electic power systems – Theory, practice, policy, 2010, S. 58 ff.

479 Vorschlag der Kommission „für eine Richtlinie des Europäischen Parlaments und des Rates zur Förderung der Nutzung von Energie aus erneuerbaren Quellen“. KOM (2008) 19 endg.

480 Gemäß dieser Vorschrift „ist die Kommission befugt, zur Erhaltung und zum Schutz der Umwelt sowie zur Verbesserung ihrer Qualität, zum Schutz der menschlichen Gesundheit und zur umsichtigen und rationellen Verwendung natürlicher Ressourcen tätig zu werden“. Vorschlag der Kommission „für eine Richtlinie des

Vorschlag auch auf Art. 95 (Vollendung des Binnenmarktes) EGV wegen möglicher Behinderung bezüglich des Handels mit Biokraftstoffen oder Rohstoffen stützt[481].

Die in dem Energie- und Klimaschutzprogramm entworfenen Ziele (s. 2.2.3), die nun rechtlich verbindlich – und nicht als reine „Orientierungshilfe“ wie Art. 3 Abs. 4 der Richtlinie 2001/77/EG festsetzte – sein müssen, wurden hier nochmals wiederholt und vorgeschlagen. Betont wurde die Relevanz der erneuerbaren Energien für die Förderung der Energieversorgungssicherheit und des Klimaschutzes. Zudem wurde hervorgehoben, dass die wachsende Abhängigkeit der Europäischen Union von den Energieeinfuhren ihre Versorgungssicherheit gefährdet und zu steigenden Preisen führt[482]. Außerdem wurde die Notwendigkeit verteidigt, die Biokraftstoffe zu fördern, um die Abhängigkeit des Verkehrssektors vom Öl zu verringern, „das den größten Unsicherheitsfaktor in der Energieversorgung der EU darstellt“[483].

Gleichzeitig wurden die erneuerbaren Energien als „die“ Lösung für die Folgen des Klimawandels, die wachsende Abhängigkeit von fossilen Brennstoffen und die steigenden Energiepreise vorgestellt, da die Maßnahmen hinsichtlich der Entwicklung der erneuerbaren Energien zur Verringerung der Treibhausgasemissionen und Umweltverschmutzung, der Nutzung der lokalen und dezentralen Energiequellen und der Förderung der technologischen Entwicklungen beitragen können.

Folglich legte der Ausschuss der Regionen seine Stellungnahme zur „Förderung der Nutzung von Energie aus erneuerbaren Quellen“[484] dar, deren wichtigste Punkte darin bestehen, dass „Fördermaßnahmen für Erzeuger erneuerbarer Energie aller Größenordnungen, somit auch für kleine Anlagen, zugänglich sind“ und „die Förderung erneuerbarer Energien mit dem Abbau von Subventionen für die Erzeugung und den Einsatz fossiler Brennstoffe und von Kernkraft“ verbunden sein muss.

Europäischen Parlaments und des Rates zur Förderung der Nutzung von Energie aus erneuerbaren Quellen“. KOM (2008) 19 endg., S. 10.

481 Zur rechtlichen Stützung der Richtlinie vgl. *Schwartz*, Die Wahl der Rechtsgrundlage im Recht der Europäischen Union, 2013, S. 218–224; *Müller/Bitsch*, Die Umweltkompetenz nach Art. 175 Abs. 2 EG. Die geplante Richtlinie zur Förderung Erneuerbarer Energien als erster Anwendungsfall?, EurUP, Heft 5, 2008; *Kahl*, Alte und neue Kompetenzprobleme im EG-Umweltrecht – Die geplante Richtlinie zur Förderung Erneuerbarer Energien, NVwZ, 2009; *Lehnert/Vollprecht*, Neue Impulse von Europa: Die Erneuerbare-Energien-Richtlinie der EU, ZUR, Heft 6, 2009, S. 309. Laut *Pomana*, Förderung erneuerbarer Energien in Deutschland und im Vereinigten Königreich im Lichte des Europäischen Wirtschaftsrechts, 2011, S. 164 ff., wird eine Doppelabstützung nicht nur bei den Vorschriften hinsichtlich einheitlicher Standards im Rahmen der Nachhaltigkeitskriterien für Biokrafstoffe und flüssige Brennstoffe gerechtfertigt, sondern auch im Hinblick auf die Bestimmungen zum Herkunftsnachweissystem oder zum Netzzugang.

482 Vorschlag der Kommission „für eine Richtlinie des Europäischen Parlaments und des Rates zur Förderung der Nutzung von Energie aus erneuerbaren Quellen“. KOM (2008) 19 endg., S. 4.

483 Ebenda, S. 10.

484 ABl. C 325 v. 19.12.2008, S. 12.

Empfohlen wurde auch die Erstellung einer strategischen Zusammenarbeit der lokalen und regionalen Gebietskörperschaften, die zu einer *bottom-up* Entwicklung der erneuerbaren Energien gemäß der Definition der auf lokaler Ebene operativen Instrumente führen kann.

Kurz gesagt verteidigte der Ausschuss der Regionen eine **Regionalisierung, Dezentralisierung und in kleinem Maßstab die aus erneuerbaren Energien stammende Stromerzeugung**.

Auf der anderen Seite legte der Wirtschafts- und Sozialausschuss vor dem Erlass der Richtlinie 2009/28/EG seine Stellungnahme zu dem „Vorschlag für eine Richtlinie des Europäischen Parlaments und des Rates zur Förderung der Nutzung von Energie aus erneuerbaren Quellen“[485] vor.

Ganz wichtig sind die Anmerkungen des Ausschusses zu dem von der Kommission dargelegten Argument der Versorgungssicherheit als Grund für die Entwicklung der erneuerbaren Energien. Obwohl die Biomasse als erneuerbare Energie betrachtet werden kann, so ist es auch wahr, dass erstens eine großflächige Ausdehnung der Bioenergie zu Grünlandumbruch, Waldrodung bzw. einer Intensivierung der Bewirtschaftung der Flächen führt, die zu einer Erhöhung der CO_2- und N_2O-Emissionen beitragen, und es zweitens in der EU nicht viele Ackerflächen und angemessene klimatische Bedingungen gibt, um die benötigten Agro-Kraftstoffe herzustellen, so dass diese Produkte auch außerhalb der EU angebaut und importiert werden müssen, was in der Tat einen reinen Wechsel von der Erdölabhängigkeit zu der Biomasseabhängigkeit bedeutet. Laut dem Ausschuss kann das kein ernsthaftes Ziel einer neuen Energiepolitik der EU sein, da ein solcher Wechsel keine Erhöhung des Energieversorgungssicherheitsniveaus mit sich bringt. Hier ist klargestellt, dass die EU nach der Auffassung des Ausschusses **nicht nur eine Erdöleinfuhrunabhängigkeit verfolgen muss, sondern vielmehr eine komplette Energieeinfuhrunabhängigkeit**.

Laut der Stellungnahme des Ausschusses soll die EU dezentralen, lokalen und regional verfügbaren Quellen den Vorrang geben, um eine sichere Energieversorgung sicherzustellen. Natürlich spielen in diesem Zusammenhang die Bioenergien eine Rolle, die aber nicht mit der Agro-Kraftstoffstrategie vereinbart sind.

Die Richtlinie 2009/28/EG löst das geltende sektorenspezifische Regelsystem ab, das von unterschiedlichen Regelungen für Strom und für Kraftstoff (Verkehr) sowie von der Abwesenheit einer Reglementierung bezüglich der Wärme- und Kälteerzeugung geprägt wurde. Sie setzt gemäß Art. 1 S. 1 der Richtlinie einen gemeinsamen und umfassenden Rahmen für die Förderung von Energie aus erneuerbaren Quellen[486].

485 ABl. C 77 v. 31.3.2009, S. 43.

486 *Czybulka*, Klimaschutz außerhalb des Emissionshandelssystems, EurUP, Heft 3, 2008, S. 114 ff.; *Frenz*, Handbuch Europarecht. Band 6 Institutionen und Politiken, 2011, S. 1366; *Lehnert/Vollprecht*, Neue Impulse von Europa: Die Erneuerbare-Energien-Richtlinie der EU, ZUR, Heft 6, 2009, S. 308.

Bemerkenswert ist auch die Festlegung verbindlicher Mindestanteile erneuerbarer Energien am Endenergieverbrauch, und nicht nur rechtsunverbindliche Richtziele am Stromverbrauch wie bei der Richtlinie 2001/77/EG. Insgesamt geht es mit dem Erlass der Richtlinie 2009/28/EG um eine erhebliche Stärkung zugunsten der Förderung der erneuerbaren Energien im Europarecht[487].

Wichtige Erwägungsgründe für die Energieversorgungssicherheit sind Nr. 1 und Nr. 2, die die Rolle der Förderung der erneuerbaren Energien für die Sicherstellung der Energieversorgung und für die **Verringerung der europäischen Abhängigkeit von Erdöleinfuhr** anerkennen; Nr. 3 bis Nr. 6, die die **Dezentralisation** der Stromerzeugung aus erneuerbaren Energien, die „positiven Auswirkungen auf regionale und lokale Entwicklungsmöglichkeiten, Exportchancen, sozialen Zusammenhalt und Beschäftigungsmöglichkeiten" sowie die „bessere **lokale Energieversorgungssicherheit**, kürzere Transportwege und geringere übertragungsbedingte Energieverluste" betonen.

Erwähnenswert sind auch Erwägungsgründe Nr. 34 und 35 über die Erforderlichkeit, ein auf Energie aus erneuerbaren Quellen gesetztes Energiemodell aufzubauen, eine strategische bilaterale oder multilaterale **Zusammenarbeit (Kooperation)** zwischen regionalen und lokalen Behörden zu gründen, und Erwägungsgründe Nr. 58 und 59 über die **Verbesserung der Energieversorgungssicherheit durch Verbindungsleitungen** zwischen Ländern, die die Einbindung von Strom aus erneuerbaren Energieträger erleichtern.

Die Vorschriften der Richtlinie 2009/28/EG beinhalten wenige Regeln, die direkt die Energieversorgungssicherheit erwähnen. Hervorzuheben sind mehrere Vorschriften über die Zusammenarbeit und gemeinsamen Projekte zwischen den Mitgliedstaaten (z. B. Art. 6 bis 11 und Art. 24), die im Kapitel 4 analysiert werden.

Art. 16 legt großes Gewicht auf das Verhältnis zwischen der Einspeisung der erneuerbaren Energien ins Netz und der Betriebssicherheit des Elektrizitätssystems. Da die Erzeugung von Strom aus erneuerbaren Energien den Vorrang bezüglich der Einspeisung gegenüber konventionellen Energiequellen haben muss (Art. 16 Abs. 2 lit. b i.V.m. lit. c), sollen die Mitgliedstaaten geeignete Maßnahmen ergreifen, um eine solche Einspeisung ohne Gefahr der Sicherheit des Systems zu ermöglichen, „was die Zusammenschaltung zwischen den Mitgliedstaaten sowie zwischen Mitgliedstaaten und Drittstaaten einschließt" (Art. 16 Abs. 1). Wenn den erneuerbaren Energien ohne Gefahr des **nationalen Elektrizitätssystems** und der **Energieversorgungssicherheit** nicht der Vorrang gegeben werden kann, müssen die Mitgliedstaaten sicherstellen, dass „die zuständigen Netzbetreiber diese Maßnahmen der zuständigen Regelungsbehörde melden und angeben, welche Abhilfemaßnahmen sie zu treffen beabsichtigen, um unangemessene Beschränkungen zu vermeiden" (Art. 16 Abs. 2 lit. c).

---

487 *Calliess/Hey*, In: *Müller* (Hrsg.), 20 Jahre Recht der Erneuerbaren Energien, 2012, S. 239.

Art. 16 reglementiert somit das Spannungsfeld zwischen Sicherheit des (nationalen) Systems (und der allgemeinen Energieversorgung) und Einspeisung der erneuerbaren Energien. Wenn die erneuerbaren Energien und ihre entsprechende Einspeisung in das Netz das nationale Energiesystem beeinträchtigen, soll dieser Konflikt zu Gunsten des nationalen Energiesystems gelöst werden. Die Sicherheit (sowohl des nationalen Energiesystems als auch der Energieversorgung) stellt einen limitierenden (aber notwendigen) Faktor der Ausbeutung der erneuerbaren Energien dar[488].

2.2.3.3 *Fazit: Gewährleistung der Energieversorgungssicherheit durch die erneuerbaren Energien*

Die Richtlinien zur Förderung der erneuerbaren Energien stellen einen Teil der Bemühungen der Union dar, um die Sicherheit der Energieversorgung mittels der Befreiung von den nur begrenzt ausbeutbaren Ressourcen Öl, Gas und Kohle zu gewährleisten. Andere wichtige Teile sind die Verringerung des Energieverbrauches und die Förderung effizienterer Energieanlagen, die nicht nur die Energieversorgungssicherheit sicherstellen, sondern auch das Klima schützen.

Diese Richtlinien geben dem Umweltaspekt Vorrang gegenüber den Wettbewerbselementen, da die Erfüllung der beim Klimagipfel in Kyoto vereinbarten Verpflichtungen hinsichtlich der Verringerung der Treibhausgasemissionen von Bedeutung war, und zwar viel mehr als die Lösung polemischer und umstrittener Fragen der Wettbewerbsverzerrungen. Ein Beispiel kann dem Art. 1 der Richtlinie 2001/77/EG, der dem Umweltschutz dient, entnommen werden. Handel und Wettbewerbsfähigkeit sind Mittel zur Erreichung des Umweltschutzes geworden, während die Erhöhung des Anteils erneuerbarer Energien den Fernzielen der Energieversorgungssicherheit und -diversifizierung dient. Im Rahmen der Richtlinie zur Förderung erneuerbarer Energien geht es um einen Wechsel – im Vergleich zu den Elektrizitätsbinnenmarktrichtlinien – bezüglich des Ziel-Mittel-Verhältnisses zwischen Wettbewerbsfähigkeit, Energieversorgungssicherheit und erneuerbaren Energien, so dass erneuerbare Energien hier den Vorrang gewinnen.

Da von der aus erneuerbaren Energien stammenden Stromerzeugung die Rede ist, betonten die Organe der EU mehrmals und in verschiedenen Dokumenten die Notwendigkeit, eine solche Erzeugung durch die Entwicklung regionaler und lokaler Pläne sowie die Koordinierung zwischen lokalen und regionalen Behörden zu dezentralisieren, so dass die erneuerbaren Energien zu einer Erhöhung der Energieversorgungssicherheit führen können. Es handelt sich um eine **regionalisierte, dezentralisierte und in kleinem Maßstab aus erneuerbaren Energien stammende Stromerzeugung**, die zu einer **lokalen Energieversorgungssicherheit** beitragen kann.

488 Mehr dazu s. 4.1.1.2.1.2.

Erheblich ist auch die Annahme, dass die Energieversorgungssicherheit als Verringerung der Energieeinfuhrabhängigkeit verstanden wird, als ob es ein natürliches und mechanisches Verhältnis zwischen der **Erhöhung der Energieversorgungssicherheit** und der **Verringerung der Energieeinfuhrabhängigkeit** gäbe. Bezüglich der Biomasse ist klargestellt, dass die EU **nicht nur eine Erdöleinfuhrunabhängigkeit verfolgen muss, sondern vielmehr eine energiequelleneutrale Energieeinfuhrunabhängigkeit**, so dass es nicht um einen reinen Wechsel von Erdöleinfuhrabhängigkeit zu Biomasseeinfuhrabhängigkeit geht.

Hervorzuheben ist der vielfältige Zweck der erneuerbaren Energien, die die nachteiligen Folgen des Klimawandels, die wachsende Abhängigkeit von fossilen Brennstoffen und die steigenden Energiepreise lösen können. Von Bedeutung ist in diesem Sinn die Festlegung von Mindestanteilzielen für erneuerbare Energien[489].

Ein Spannungsfeld zwischen Sicherheit des (nationalen) Systems (und der allgemeinen Energieversorgung) und Einspeisung der erneuerbaren Energien soll gemäß Art. 16 der Richtlinie 2009/28/EG zu Gunsten des nationalen Energiesystems gelöst werden. Die Sicherheit (sowohl des nationalen Energiesystems als auch der Energieversorgung) stellt einen limitierenden, aber notwendigen Faktor der Ausbeutung der erneuerbaren Energien dar.

Trotz der Festlegung rechtsverbindlicher Mindestanteile erneuerbarer Energien am Endenergieverbrauch werden 2020 zahlreiche Mitgliedstaaten ihre in der Richtlinie enthaltenen Ziele nicht erreichen[490].

2.2.4 Richtlinie 2005/89/EG zur Elektrizitätsversorgungssicherheit

Wie schon erwähnt gewann die Versorgungssicherheit in der europäischen energiepolitischen Debatte immer mehr Gewicht. Im Laufe des Gesetzgebungsverfahrens für die Beschleunigungsrichtlinien entwickelte sich die Versorgungssicherheit zu einem erheblichen Thema, da die europäischen Energieeinfuhrabhängigkeit stärker ins Bewusstsein trat[491]. Problematisch war zudem die Notwendigkeit neuer Investitionen in Infrastruktur, um der Alterung der bestehenden Energieinfrastruktur entgegenzutreten[492]. Bewusst wurde auch die Fähigkeit der

---

489 Eine Änderung der Systematik ist zu erwarten, da die Kommission in der Mitteilung „Ein Rahmen für die Klima- und Energiepolitik im Zeitraum 2020–2030“ v. 22.1.2014 (KOM (2014) 15 final) ein Ziel für erneuerbare Energien auf EU-Ebene von 27% vorschlug. Bis heutiger Stand hat jeder Mitgliedstaat ein Ziel.

490 Mitteilung der Kommission „Maßnahmen im Anschluss an das Grünbuch – Bericht über den Stand der Maßnahmen für die Stromerzeugung aus erneuerbaren Energiequellen“ v. 10.01.2007. KOM (2006) 849 endg.

491 *Schmidt-Preuß*, In: *Baur/Salje/ders* (Hrsg.), Regulierung in der Energiewirtschaft, 2011, Kap. 13, Rn. 2, S. 198.

492 *Cameron*, Competition in energy markets: law and regulation in the European Union, 2007, S. 521.

Versorgungssicherheit, die Erfüllung der gemeinschaftswirtschaftlichen Ziele der Union zu gewährleisten. Die Zusammenarbeit und Koordination zwischen nationalen Übertragungsnetzbetreibern spielen auch im Hinblick auf die Netzsicherheit für die Entwicklung gleicher Wettbewerbsbedingungen eine fundamentale Rolle. Deswegen verteidigte die Kommission die Ansicht, dass eine eigene Richtlinie zur Versorgungssicherheit und eine entsprechende Infrastrukturinvestitionsrahmen erlassen werden müssten.

2.2.4.1 Rechtliche Vorgeschichte

Am 10.12.2003 legte die Kommission ihren Vorschlag für eine „Richtlinie des Europäischen Parlaments und des Rates über Maßnahmen zur Gewährleistung der Sicherheit der Elektrizitätsversorgung und von Infrastrukturinvestitionen"[493] vor. Im Hintergrund beschäftigte sich die Kommission mit der Frage, ob und wenn ja inwieweit die Energieversorgungssicherheit dem Energiemarkt überlassen bleiben kann oder auf den Staat zu übertragen ist[494]. Etwa konkreter zielte der Richtlinienentwurf darauf ab, die Übertragungsnetze auszubauen. Die Investitionen dafür standen im Vordergrund des Vorschlags[495]. Dieser ursprüngliche Vorschlag griff deutlich in die Investitionsfreiheit der Unternehmen ein[496]. Die Idee bestand darin, dass ein stabiler und klarer Rechtsrahmen erstellt wird, einerseits um die richtigen Anreize für die hinsichtlich der Versorgungssicherheit notwendigen energetischen Marktintegration und Investitionen anzubieten und andererseits um den Wettbewerb zu stärken und Stromausfällen vorzubeugen. Im Hintergrund stand die Behauptung, dass **mehr Integration und Verbunde** zu einer größeren Versorgungssicherheit auf europäischer Ebene führen, was riesige Investitionen in Übertragungsnetze (insbesondere grenzüberschreitende) und Verbindungsleitungen voraussetzt, da Versorgungsunterbrechungen und Stromausfälle zu vermeiden sind. Aber weiterhin erwiesen sich die Investitionen in **erneuerbare Energiequellen** und entsprechende Übertragungsnetze, um eine nachhaltige Elektrizitätsversorgung umzusetzen, als von erheblicher Bedeutung, da die Einspeisung von erneuerbaren Energien in das Netz und die Dezentralität ihrer Erzeugung eine Rekonfigurierung

---

493 Vorschlag für eine „Richtlinie des Europäischen Parlaments und des Rates über Maßnahmen zur Gewährleistung der Sicherheit der Elektrizitätsversorgung und von Infrastrukturinvestitionen". KOM (2003) 740 endg.

494 *Ehricke*, Der europäische Regelungsansatz zur Versorgungssicherheit in Bezug auf Stromnetze – zum Richtlinienvorschlag für die Sicherung der Elektrizitätsversorgung, ZNER, Heft 3, 2004, S. 211.

495 *Gruber*, Grenzüberschreitende Stromlieferungen, 2006, S. 65.

496 *Schmidt-Preuß*, In: *Isensee/Kirchhof* (Hrsg.), Handbuch des Staatsrechts – Band IV – Aufgaben des Staates, 2006, S. 944; *Klaue/Loo*, Sicherheit der Energieversorgung der EU, et, Special 1, 2006, S. 11.

der Elektrizitätsnetze erfordert. Beispiele sind die Zunahme von Offshore-Windparks und die für die verteilte Erzeugung notwendigen Niederspannungsnetze[497].

Die Kommission war auch der Auffassung, dass eine (Stärkung der) **Zusammenarbeit** zwischen den Mitgliedstaaten im Bereich der grenzüberschreitenden Stromnetze für die Gewährleistung der Energieversorgungssicherheit wesentlich war, was faktisch bedeutete, dass „feste Kapazitäten, die zwischen den Mitgliedstaaten verfügbar gemacht wurden, nur in Fällen ‚höherer Gewalt' unterbrochen werden dürfen"[498].

In Bezug auf den Vorschlag selbst ist hervorzuheben, dass der Art. 2 zu Lasten der Rechtsklarheit keine Begriffsbestimmung für die Energieversorgungssicherheit bot[499].

Am 20.05.2005 wurde die Stellungnahme des Europäischen Wirtschafts- und Sozialausschusses zu dem „Vorschlag für eine Richtlinie des Europäischen Parlaments und des Rates über Maßnahmen zur Gewährleistung der Sicherheit der Elektrizitätsversorgung und von Infrastrukturinvestitionen"[500] veröffentlicht. Kritisch war der Ausschuss hinsichtlich der Tatsache, dass die Kommission in ihrem Vorschlag die Gründe zur Sorge im Hinblick auf die Energieversorgungssicherheit nicht unmittelbar angesprochen hat. Der Ausschuss nannte dafür drei Gründe: erstens, die unzureichende Erzeugungskapazität einiger Mitgliedstaaten, die dauerhaft von Stromimporten aus angrenzenden und auch weiter entfernten Regionen mit Überkapazitäten abhängig sind. Zweitens besteht ein mangelnder Wettbewerb, weil einige Mitgliedstaaten nicht in der Lage waren, Monopole, Oligopole und marktbeherrschende Positionen von Unternehmen zu bekämpfen. Der dritte Grund liegt in der mangelnden Fähigkeit einiger Übertragungsnetzbetreiber, die Vorschriften betreffend den grenzüberschreitenden Stromhandel umzusetzen[501].

2.2.4.2 Maßnahmen zur Gewährleistung der Energieversorgungssicherheit

Im Vergleich zu dem Richtlinienentwurf wurde eine Reihe von Punkten der erlassenen Richtlinie 2005/89/EG deutlich abgeschwächt. Die Richtlinie 2005/89/EG beschränkt sich auf die Energieversorgungssicherheit und weicht von den Regelungen

---

497 Vorschlag für eine „Richtlinie des Europäischen Parlaments und des Rates über Maßnahmen zur Gewährleistung der Sicherheit der Elektrizitätsversorgung und von Infrastrukturinvestitionen". KOM (2003) 740 endg., S. 2.

498 Ebenda, S. 5.

499 *Ehricke*, Der europäische Regelungsansatz zur Versorgungssicherheit in Bezug auf Stromnetze – zum Richtlinienvorschlag für die Sicherung der Elektrizitätsversorgung, ZNER, Heft 3, 2004, S. 212.

500 ABl. C 120 v. 20.5.2005, S. 119.

501 Stellungnahme des Europäischen Wirtschafts- und Sozialausschusses zu dem „Vorschlag für eine Richtlinie des Europäischen Parlaments und des Rates über Maßnahmen zur Gewährleistung der Sicherheit der Elektrizitätsversorgung und von Infrastrukturinvestitionen", S. 3.

nachfrageseitiger Einsparungen und erneuerbarer Energien ab[502], obwohl im Erwägungsgrund 5 die Wichtigkeit der Förderung der Elektrizitätserzeugung aus erneuerbaren Energiequellen für die Gestaltung einer Reservekapazität zur Erhaltung der Zuverlässigkeit und Sicherheit des Netzes und im Art. 3 Abs. 2 lit. e und Abs. 3 lit. c die Bedeutung der Umsetzung der Richtlinie 2001/77/EG und der Förderung der Nutzung erneuerbaren Energien erwähnt wurde. Außer den Anreizen für die Investitionen in den erneuerbaren Energien ist auch eine angemessene physikalische Verbindungsleitungskapazität Voraussetzung für ein hohes Energieversorgungssicherheitsniveau (Erwägungsgrund 13), was die enge Beziehung zwischen Energieversorgungssicherheit und die Interkonnektion der Netze bestätigt. Andere Aspekte solcher Beziehung werden in Kapitel 5 bearbeitet.

Gemäß Art. 1 der Richtlinie 2005/89/EG dienen die Vorschriften der Festlegung von Maßnahmen zur Gewährleistung der Sicherheit der Elektrizitätsversorgung, damit der Elektrizitätsbinnenmarkt gemäß einem angemessenen Umfang an Erzeugungskapazität (Art. 1 Abs. 1 lit. a), einem Gleichgewicht zwischen Angebot und Nachfrage (lit. b) und einem angemessenen Grad der Zusammenschaltung zwischen Mitgliedstaaten[503] ordentlich funktionieren kann (lit. c). Ziel der Richtlinie besteht darin, einen rechtlichen Rahmen zu bieten, in dem die Mitgliedstaaten transparente, stabile und diskriminierungsfreie Politiken hinsichtlich der Energieversorgungssicherheit erstellen, die mit einem wettbewerbsorientierten Elektrizitätsbinnenmarkt vereinbar sind[504]. Hervorzuheben ist der Aspekt der Zusammenschaltung zwischen Mitgliedstaaten, die vor allem die Errichtung grenzüberschreitender Kuppelstellen sowie interoperabler Stromnetze in der EU erfordert. Zu diesem Zweck erlangt die Verordnung 347/2013/EU hohe Bedeutung, da sie Projekte von europäischem Interesse (die grenzüberschreitend sind bzw. zumindest „erhebliche grenzüberschreitende Auswirkungen“ gemäß Art. 4 Abs. 1 lit. c der Verordnung 347/2013/EU[505] haben) reglementiert, die finanziell von der EU gefördert werden[506].

Wie vorher[507] analysiert wurde, definiert Art. 2 lit. b und lit. c der Richtlinie 2005/89/EG, was unter Sicherheit der Elektrizitätsversorgung zu verstehen ist.

---

502 *Schneider*, In: *ders/Theobald* (Hrsg.), Recht der Energiewirtschaft – Praxishandbuch, 2008, S. 74.

503 Gemäß Art. 3 Abs. 5 der Versorgungssicherheitsrichtlinie sollen die Mitgliedstaaten bei der Gewährleistung eines angemessenen Grades drei Aspekte beachten: (i) die spezifische geografische Lage jedes Mitgliedstaats, (ii) die Aufrechterhaltung eines angemessenen Gleichgewichts zwischen den Kosten für den Bau neuer Verbindungsleitungen und dem Nutzen für die Endverbraucher und (iii) die Sicherstellung einer besonders effizienten Nutzung bestehender Verbindungsleitungen. Mehr dazu s. 5.3.1.2.

504 *Schneider*, EU-Kompetenzen einer Europäischen Energiepolitik, 2010, S. 73.

505 Mehr dazu s. 5.3.1.3.3.

506 *Schmidt-Preuß*, In: *Baur/Salje/ders* (Hrsg.), Regulierung in der Energiewirtschaft, 2011, Kap. 13, Rn. 25, S. 205.

507 S. 1.2.2.3.

Gemeint ist die Fähigkeit eines Elektrizitätssystems, die Endverbraucher mit Elektrizität zu versorgen. Als Elektrizitätssystem ist die gesamte Energiekette zu verstehen, welche Marktteilnehmer – Elektrizitätserzeuger, Betreiber von Übertragungs- und Verteilernetzen, Versorgungsunternehmen und Endverbraucher – im Art. 3 Abs. 1 der Richtlinie 2005/89/EG ausdrücklich genannt sind[508].

Betreffend die Betriebssicherheit – „unterbrechungsfreier Betrieb des Übertragungs- und gegebenenfalls des Verteilungsnetzes unter vorhersehbaren Bedingungen" laut Art. 2 lit. c – berücksichtigen die Mitgliedstaaten die Bedeutung der Gewährleistung einer unterbrechungsfreien Elektrizitätsversorgung (Art. 3 Abs. 2 lit. a). Die Mitgliedstaaten sind ferner verpflichtet, sicherzustellen, dass die Übertragungsnetzbetreiber Mindestbetriebsregeln und -verpflichtungen für die Netzsicherheit festlegen (Art. 4).

Im Bereich des Gleichgewichts zwischen Angebot (Erzeugungskapazität) und (Elektrizitäts-) Nachfrage, das als die Befriedigung der vorhersehbaren Kundenanforderungen in Bezug auf die Nutzung von Strom ohne die Durchsetzung von Maßnahmen zur Verbrauchsreduzierung bezeichnet werden kann[509], müssen die Mitgliedstaaten geeignete Maßnahmen zu seiner Aufrechterhaltung treffen (Art. 5). Sowohl die technische Sicherheit mittels Netzüberlastungen und Frequenzinstabilität als auch die Versorgungssicherheit der Kunden mittels Versorgungsunterbrechungen können gefährdet werden, wenn zu jedem Zeitpunkt ein Ausgleich zwischen Stromerzeugung und Stromverbrauch nicht stattfindet. Die Verpflichtung zum Gleichgewicht erstreckt sich bis auf die Anreize für eine effiziente Energienutzung sowie Anreize zum Markteintritt[510]. Die Mitgliedstaaten verfügen gemäß Art. 5 Abs. 2 über eine Reihe von Maßnahmen, um die Aufrechterhaltung des Gleichgewichts zwischen Angebot und Nachfrage zu gewährleisten, damit die Energieversorgungssicherheit sichergestellt wird[511]. In diesem Sinn können die Mitgliedstaaten: Vorschriften, die neue Erzeugungskapazitäten und den Markteintritt neuer Marktteilnehmer fördern, erlassen (Art. 5 Abs. 2 lit. a); Hindernisse für die Anwendung von Verträgen mit Unterbrechungsklauseln und für den Abschluss von Verträgen variierender Länge für Erzeuger und Kunden abbauen (lit. b und lit. c); die Einführung von Technologien im Bereich der Echtzeit-Nachfragesteuerung und Energieeinsparungsmaßnahmen fördern (lit. d und lit. e); sowie Ausschreibungsverfahren oder gleichwertige Verfahren implementieren (lit. f).

---

508 *Schmidt-Preuß*, In: *Baur/Salje/ders* (Hrsg.), Regulierung in der Energiewirtschaft, 2011, Kap. 13, Rn. 5, S. 199.

509 *Cameron*, Competition in energy markets: law and regulation in the European Union, 2007, S. 530.

510 *Ehricke*, Der europäische Regelungsansatz zur Versorgungssicherheit in Bezug auf Stromnetze – zum Richtlinienvorschlag für die Sicherung der Elektrizitätsversorgung, ZNER, Heft 3, 2004, S. 215.

511 *Sternig*, Versorgungssicherheit im Elektrizitäts- und Erdgasmarkt, 2009, S. 60; *Jones*, EU Energy Law – Volume I – The internal energy market, 2006, S. 323.

Die zweite Säule der Richtlinie 2005/89/EG – nach dem Titel der Richtlinie werden Maßnahmen zur Gewährleistung der Sicherheit der Elektrizitätsversorgung und **von Infrastrukturinvestitionen** geregelt – werden bei den Vorschriften hinsichtlich Investitionen dargestellt. Es geht hier um die Schaffung von Energieversorgungssicherheit durch Investitionen. Sorge wurde für die künftige Sicherheit des Energiesystems getragen, die mittels der Schaffung neuer Energienetze zu überwinden ist[512]. Art. 6 der Richtlinie 2005/89/EG beschäftigt sich konkret damit. Die Mitgliedstaaten müssen einen gesetzlichen Rahmen schaffen, in dem signalisiert wird, dass Investitionen für den Ausbau der Netze und die Deckung der Nachfrage ausgeführt werden (Art. 6 Abs. 1 lit. a). Zusätzlich sollen Übertragungsnetzbetreiber nicht nur in neue Netze und Infrastrukturen investieren, sondern auch in die Erneuerung der Netze (Art. 6 Abs. 1 lit. b). Die Mitgliedstaaten können auch Händler-Investitionen in **Verbindungsleitungen** ermöglichen (Art. 6 Abs. 2). Gezielt wird die Aktivierung von mitgliedstaatlichen Finanzmitteln für den Bau von Interkonnektoren, die unbeschadet der Verordnung 714/2009/EG gilt[513].

Hinsichtlich der Mitteilung der gegenwärtigen und prognostizierten Nachfrage legt die Richtlinie 2005/89/EG eine Berichterstattungspflicht für die Mitgliedstaaten fest, die die Betriebssicherheit der Netze, das prognostizierte Verhältnis zwischen Angebot und Nachfrage für den nächsten Fünfjahreszeitraum, die prognostizierte Sicherheit der Elektrizitätsversorgung für den Zeitraum von 5 bis 15 Jahren nach dem Datum des Berichts und die bekannten Investitionsabsichten der Übertragungsnetzbetreiber oder aller anderen Parteien bearbeiten muss (Art. 7).

Art. 4 (Betriebssicherheit der Netze), Art. 5 (Erhaltung des Gleichgewichts zwischen Angebot und Nachfrage) und Art. 6 (Netzinvestitionen) der Versorgungssicherheitsrichtlinie machen mit der Etablierung von Verpflichtungen gegenüber der Mitgliedstaaten somit deutlich, dass die Kommission der Meinung ist, die Gewährleistung eines sicheren Niveaus an Versorgungssicherheit stelle keinen ausreichenden Wettbewerbsparameter dar und die Marktkräfte alleine seien nicht in der Lage, die europäische Versorgungssicherheit zu gewährleisten[514]. Deswegen stellt die Richtlinie fest, welche Anreize und Investitionen zu favorisieren sind, damit die Energieversorgungssicherheit gewährleistet wird.

2.2.4.3 Fazit: Marktinterventionistische Richtlinie

Die Richtlinie über Maßnahmen zur Gewährleistung der Sicherheit der Elektrizitätsversorgung und von Infrastrukturinvestitionen besteht aus einer Antwort auf die Bedeutung, die die Versorgungssicherheit im Laufe des Liberalisierungsprozesses

512 *Schmidt-Preuß*, In: *Baur/Salje/ders* (Hrsg.), Regulierung in der Energiewirtschaft, 2011, Kap. 13, Rn. 16, S. 203.

513 Ebenda, Rn. 20, S. 204.

514 *Ehricke*, Der europäische Regelungsansatz zur Versorgungssicherheit in Bezug auf Stromnetze – zum Richtlinienvorschlag für die Sicherung der Elektrizitätsversorgung, ZNER, Heft 3, 2004, S. 215.

des Elektrizitätsbinnenmarktes, der Entwicklung grenzüberschreitenden Stromhandels und der Bestrebungen um den Klimaschutz gewonnen hat. Die Richtlinie versucht, einen sicheren und stabilen Rechtsrahmen für Investitionen aufzubauen, der zu der Entwicklung von Übertragungsnetzen – insbesondere grenzüberschreitenden Stromnetzen – und erneuerbaren Energien beiträgt. Tatsächlich kam die Richtlinie bezüglich dieser Themen weniger voran als von der Kommission erwünscht. Sie ist viel allgemeiner und es fehlt an eindeutigen, auf Energieversorgungssicherheit bezogenen Verpflichtungen[515].

Die Richtlinie 2005/89/EG verpflichtet allgemein die Mitgliedstaaten, Maßnahmen hinsichtlich Erzeugungskapazität, Gleichgewicht zwischen Angebot und Nachfrage und Grad der Zusammenschaltung zwischen Mitgliedstaaten anzuwenden. Die Art und Weise dieser Maßnahmen sind weiterhin Angelegenheit eines jedes Mitgliedstaates.

2.2.5 Zwischenergebnisse: Etablierung der Bedingungen für die Sicherstellung der Energieversorgungssicherheit

Wie erwähnt bedarf der Energiesektor wegen zahlreicher Besonderheiten der „Ware" Energie einer Art von Regelungen, die zu spezifisch, technisch und detailliert für das Primärrecht sind. Um die unterschiedlichen und ungleichen wirtschaftlichen, sozialen und ökologischen Bedingungen in den Mitgliedstaaten auszugleichen, kommt das Sekundärrecht in Betracht, dessen Aufgabe darin besteht, die Energie in den Markt einzubeziehen.

Die Verordnungen über die Netzzugangsbedingungen für den grenzüberschreitenden Stromhandel, insbesondere die Verordnung 714/2009, geben eindeutig vor, dass die Entwicklung von grenzüberschreitenden Stromnetzen bzw. -handel ein erhebliches und unverzichtbares Mittel für die Erhöhung und Gewährleistung der Energieversorgungssicherheit darstellt. So umfangreich wie möglich – d. h. so viel, dass die Netzbetriebssicherheit und die Versorgungssicherheit selbst nicht beeinträchtigt werden – soll diese energetische Integration zwischen den Mitgliedstaaten mit Rücksicht auf die nachhaltige Entwicklung und die Anwendung von erneuerbaren Energien durchgeführt werden.

Wichtige Elemente der Energiepolitik für die Energieversorgungssicherheit, die der Verordnung 714/2009 entnommen werden können, betreffen die **regionale Zusammenarbeit (Kooperation)** und die **Eröffnung der Netze für die Bürger**, die zu der Entwicklung der grenzüberschreitenden Stromnetze bzw. des -handels beitragen. Erstens ist fraglich, ob und wenn ja inwieweit **Kooperation und Wettbewerb** zu Gunsten der Energieversorgungssicherheit vereint werden können. In der Tat scheint es so, dass die Verordnung 714/2009 die Möglichkeit verteidigen wollte, dass Kooperationen innerhalb eines wettbewerbsorientierten Umfeldes realisiert werden. Zweitens soll der Tatsache Aufmerksamkeit geschenkt werden, dass die Anwendung

515 *Talus*, EU Energy Law and Policy, 2013, S. 104.

einer lebenswichtigen Ware wie der Elektrizität die Macht hat, die wahre **Demokratie** zu konkretisieren und die Bürger von der Abhängigkeit der Unternehmensmacht und -kraft zu emanzipieren. Hier geht es um die **Autonomie der Bürger** und ihre Vereinbarkeit mit anderen Merkmalen der Energieversorgungssicherheit, wie z. B. die durch Hochspannungsnetze durchgeführte Energiemarktintegration oder die Souveränität des Staates über die Ressourcen.

Hinsichtlich der Elektrizitätsbinnenmarktrichtlinien kann gesagt werden, dass es sich um eine Liberalisierung des Energiemarktes handelt, die gegenüber dem Ziel der Energieversorgungssicherheit den Vorrang erhält und bezüglich der drei Richtlinien immer stärker eine vertiefende Stufe in dem Liberalisierungsprozess des Elektrizitätsbinnenmarkts darstellte, obwohl die Energieversorgungssicherheit in der EltRL 2009 zweifellos ein stärkeres Gewicht als zuvor gewann.

Die Vorschriften der Elektrizitätsbinnenmarktrichtlinien bieten eine schwache Verbindung zwischen Energieversorgungssicherheit und Nutzung erneuerbarer Energien und grenzüberschreitender Verbundnetze. Im Vergleich zu den Gründungsverträgen ergaben die Richtlinien keinen relevanten und erheblichen Fortschritt bezüglich der Regulierung und Formen der Realisierung der Energieversorgungssicherheit. Die Versorgungssicherheit wurde als reine Folge der Liberalisierung des Marktes beschrieben und angenommen.

Allerdings erschien bereits in der Beschleunigungsrichtlinie die **Dezentralität der Energieerzeugung** als wichtiges Mittel für den Umweltschutz und die Gewährleistung der Energieversorgungssicherheit.

Die dritte Elektrizitätsbinnenmarktrichtlinie verstärkte das Verhältnis zwischen Energieversorgungssicherheit und den grenzüberschreitenden Netzen. Es war klargeworden, dass die Versorgungssicherheit keine reine Zuständigkeit der Mitgliedstaaten ist und deswegen muss die Entwicklung europäischer Netze auf **regionaler Ebene koordiniert** und umgesetzt werden, was nicht nur zur Förderung **lokaler und regionaler Energieerzeugung aus erneuerbaren Energieträgern,** sondern auch zu der **Intensivierung des grenzüberschreitenden Energiehandels** beiträgt. Die Schaffung einer solchen Gestaltung stellt einen erheblichen Schritt in Richtung der Umsetzung der oben erwähnten **energetischen Autonomie der Bürger** dar. Sie sind alle unverzichtbare Voraussetzungen für einen wahren integrierten, sicheren europäischen Energiemarkt.

Der Stromausfall von 2006 und die Notwendigkeit einer Koordinierung zwischen den Mitgliedstaaten stellen die **Frage nach der für die Energieversorgungssicherheit wichtigen Bedeutung des Prinzips der energetischen Solidarität** und nach deren rechtlicher Auslegung sowie nach Anwendungsmöglichkeit in der politischen Debatte. Besonders problematisch bezüglich der Ausweitung und Anwendung des Prinzips und der Solidaritätsmechanismen könnte die Entscheidung zwischen dem Schutz nationaler Interessen und der Kontinuität einer koordinierten und integrierten Stromerzeugung und Stromübertragung im Falle von Engpässen und anderen Versorgungskrisen sein, die bis jetzt zur Beschränkung der grenzüberschreitenden Kapazitäten geneigt haben.

Hervorzuheben ist auch die Anerkennung der Wichtigkeit der **Entwicklung der erneuerbaren Energien für die Sicherstellung der Energieversorgung**, da eine solche Entwicklung die Fähigkeit aufweist, die Erdöleinfuhrabhängigkeit zu mildern oder sogar aufzulösen.

Die EltRL 2009 markierte somit die Einfügung von Prinzipien wie **Solidarität, Gegenseitigkeit und Kooperation**, die eine Milderung des individualisierten und nur auf die nationale Ebene fokussierten Wettbewerbs darstellen. Auf der anderen Seite verlangt diese Einfügung eine rechtliche Auslegung solcher Prinzipien, damit ihre Vereinbarkeit und Existenzmöglichkeiten mit dem liberalisierten und auf den Wettbewerb gestützten Energiemarkt geprüft werden kann. Die Absorbierungsfähigkeit solcher Prinzipien, d. h. wie diese Prinzipien in einem liberalisierten Markt gekoppelt werden können, ist zu überprüfen.

Obwohl die Elektrizitätsbinnenmarktrichtlinien der Entwicklung der erneuerbaren Energien eine Relevanz verliehen, ist erst mit den Richtlinien zur Förderung der erneuerbaren Energien deutlich hervorgetreten, dass die Bemühung der Union um die Sicherheit der Energieversorgung mittels der Befreiung von den nur begrenzt ausbeutbaren Ressourcen Öl, Gas und Kohle zu gewährleisten ist. Hierzu tragen auch die Verringerung des Energieverbrauches und die Förderung effizienterer Energieanlagen bei.

Sehr relevant ist der Vorrang der Umweltaspekte gegenüber den Wettbewerbselementen, die diese Richtlinien vorgelegt haben, was einen zumindest partiellen Wendepunkt in der Regulierung der europäischen Energiepolitik darstellt. Die Gründe dafür liegen im Kompromiss hinsichtlich der Erfüllung der Verpflichtungen bezogen auf die Verringerung der Treibhausgasemissionen, die in Kyoto unterzeichnet wurden, um somit die Dringlichkeit der Erdöleinfuhrabhängigkeit zu verringern.

Handel und Wettbewerbsfähigkeit gehen dem Umweltschutz und der Förderung einer Erhöhung des Anteils erneuerbarer Energien nach. Fernziele sind jetzt die Energieversorgungssicherheit und -diversifizierung.

Wie erwähnt wurde, bildet die Dezentralisierung der Energieerzeugung ein inneres Merkmal der aus erneuerbaren Energien stammenden Stromerzeugung. Anerkannt wurde dieses Merkmal von den Organen der EU, die in verschiedenen Dokumenten die Notwendigkeit verteidigten, eine solche Erzeugung durch die Entwicklung regionaler und lokaler Pläne sowie die **Koordinierung zwischen lokalen und regionalen Behörden zu dezentralisieren**, so dass die erneuerbaren Energien zu einer Erhöhung der Energieversorgungssicherheit führen können. Es geht somit um eine **regionalisierte, dezentralisierte und in kleinem Maßstab aus erneuerbaren Energien gewonnene Stromerzeugung**, die zu einer **lokalen Energieversorgungssicherheit** beitragen kann.

Obgleich die Idee, dass die Schaffung einer **Erhöhung des Energieversorgungssicherheitsniveaus erst gemäß einer Verringerung der Energieeinfuhrabhängigkeit** erreichbar ist, in anderen Vorschriften und amtlichen Dokumente mehrmals verbreitet wird, gilt erst nach der Richtlinie zur Förderung der erneuerbaren Energien, dass dieses natürliche und mechanische Verhältnis problematisiert wurde, da die erneuerbaren Energien ein wichtiges Instrument für die europäische Befreiung vom Erdöl darstellen. Allerdings kann kein Zweifel daran bestehen, dass die EU **nicht nur eine Erdöleinfuhrunabhängigkeit verfolgen muss, sondern vielmehr eine komplette Energieeinfuhrunabhängigkeit**, so dass es nicht um einen reinen Wechsel von Erdöleinfuhrabhängigkeit zu Biomasseeinfuhrabhängigkeit geht.

Weiterhin relevant ist folgende Tatsache: Wenn ein Spannungsfeld zwischen der Sicherheit des (nationalen) Systems (und der allgemeinen Energieversorgung) und Einspeisung der erneuerbaren Energien vorliegt, soll es gemäß Art. 16 der Richtlinie 2009/28/EG zu Gunsten des nationalen Energiesystems und der Energieversorgungssicherheit gelöst werden. Die Sicherheit (sowohl des nationalen Energiesystems als auch der Energieversorgung) stellt einen limitierenden Faktor der Ausbeutung der erneuerbaren Energien dar.

Letztlich sind die Merkmale für die Energieversorgungssicherheit aus der Richtlinie über die Maßnahmen zur Gewährleistung der Sicherheit der Elektrizitätsversorgung und von Infrastrukturinvestitionen zu extrahieren. Wichtige Punkte der Richtlinie 2005/89/EG richten sich auf die Feststellung von Verpflichtungen der die Mitgliedstaaten betreffende Maßnahmen hinsichtlich des Umfangs an Erzeugungskapazität, des Gleichgewichts zwischen Angebot und Nachfrage und des Grades der Zusammenschaltung zwischen den Mitgliedstaaten. Gleichwohl sind die Art und Weise dieser Maßnahmen noch Sache jedes Mitgliedstaates.

2.3 Zusammenfassung

Obwohl Energie das Hauptobjekt der Gründungsverträge der europäischen Union darstellt, stand sie in kaum einem anderen Bereich gemeinschaftlicher Politik so vielen Schwierigkeiten bis zur Einigkeit gegenüber. Allerdings ist heute noch fraglich, ob eine echte Einigkeit existiert.

Die europäische Energiepolitik erwarb im Laufe der Gründungsverträge langsam ihre Merkmale. Langsamkeit ist auch das Wort, das den Prozess der Erhöhung der Sorge bezüglich der Energieversorgungssicherheit beschreibt. Bemerkenswerte Fortschritte fanden nach dem EWG-Vertrag statt, als sich die primärrechtlichen Regelungen hinsichtlich des Energierechts in höherem Maße entwickelten. Sekundärrechtliche Richtlinien, Entscheidungen und Entschließungen des Rates stellten im Laufe der Siebzigerjahre bezüglich der Vorratspolitik und der Bekämpfung gegen die Erdölabhängigkeit Maßnahmen dar, die sich an die Erdölkrise richtete. Diese Maßnahmen wurden in den Bereichen der Förderung der Kernenergieprogramme und der Anreize der **Entwicklung der erneuerbaren Energien** sowie der Energieeinsparmaßnahmen implementiert. Wegen der Energiekrise war in Europa vom **Solidaritätsprinzip** die Rede, und aus diesem Zeitraum stammen auch die Bemühungen um einen **integrierten gemeinschaftlichen Energiemarkt**.

Am Anfang der 1990er Jahre fand die Liberalisierung wichtiger wirtschaftlicher Sektoren statt. Produkt dieses Zeitraums ist die Elektrizitätsbinnenmarktrichtlinie, die nur eine schwache Verbindung zwischen der Energieversorgungssicherheit und der Nutzung erneuerbarer Energien und grenzüberschreitender Verbundnetze bot. In Bezug auf die Regulierung und die Formen der Realisierung der Energieversorgungssicherheit brachte die Richtlinie wenig Fortschritte. Die Versorgungssicherheit wurde als reine Folge der Liberalisierung des Marktes beschrieben und angenommen, selbst wenn dem Primärrecht deutlich zu entnehmen ist, dass die Gewährleistung der Energieversorgungssicherheit den Hauptgrund für die Gründung einer europäischen Gemeinschaft darstellte.

Auf der anderen Seite gab es noch rechtliche Fortschritte, die für diese Arbeit nützlich sind und die in der durch die gescheiterte Verfassung für Europa hergestellten Verbindung zwischen **energetischer Integration**, **Energieversorgungssicherheit** und **erneuerbaren Energien** mit der Vollendung des Binnenmarktes und der Erfüllung der Grundsätze der Freiheit und Sicherheit liegen. Obwohl die EU- und AEU-Verträge diese Verbindung beinhalten, kam den energierechtlichen Regelungen erstmalig mit der Verfassung für Europa eine solche Bedeutung zu. Zu unterstreichen ist die Tatsache, dass die Einbindung Einrahmung der Energiepolitik in den **Umweltschutz** und die Vorschriften bezüglich der nachhaltigen Entwicklung die Beziehung zwischen Energie und Umwelt festigen.

Nach dem AEU-Vertrag (Art. 194 Abs. 1) wurden die Forderung der **erneuerbaren Energien** und die Etablierung eines **integrierten Energiemarkts** Ziele der europäischen Energiepolitik. Das **Solidaritätsprinzip** verbindet sich enger mit den energiepolitischen Vorschriften, da es im Energiebereich im AEU-Vertrag explizit benannt wird.

Trotz dieser Fortschritte lässt sich das Verhältnis zwischen Energiepolitik und Energieversorgungssicherheit schwer präzisieren, da nirgendswo erklärt wurde, ob die Energieversorgungssicherheit ein reines Ziel der Energiepolitik darstellt oder ob vielmehr die Energiepolitik gegründet wurde, um die Energieversorgung sicherzustellen. Gemäß der Entstehungsgeschichte der Energieversorgungssicherheit, die sich mit der Geschichte der europäischen Integration mischt, und gemäß der Wichtigkeit, die die Energieversorgungssicherheit in zusehendem Maße gewann, ist aber davon auszugehen, dass die europäische Energiepolitik ein Instrument für die Realisierung und Gewährleistung der Energieversorgungssicherheit darstellt. Ganz früh – obwohl nicht explizit – wurde die Tatsache wahrgenommen, dass ohne eine garantierte Energieversorgung kein Binnenmarkt und kein Gemeinwohl möglich sind.

3. Kapitel: Energieversorgungssicherheit in Art. 194 AEUV und die Beziehung mit anderen Vorschriften des AEUVs

Wie im letzten Kapitel gezeigt wurde, gibt es eine Beziehung zwischen den europarechtlichen Zielen der Energieversorgungssicherheit und der Förderung der erneuerbaren Energien und dem grenzüberschreitenden Stromhandel. Zu beschreiben, wie sie sich primärrechtlich aufeinander beziehen, ist das Ziel dieses Kapitels.

In diesem Kapitel, das sich in fünf Teile aufspaltet, werden zuerst die Zielvorgaben im Einzelnen dargelegt (3.1), danach die Beziehung zwischen dem Ziel der Energieversorgungssicherheit und den Leitprinzipien des Art. 194 AEUVs (3.2) und die Zielkonflikte bzw. Zielkomplementarität sowie die Darstellung von Argumenten zu Gunsten einer Zielpriorisierung im Art. 194 AEUV gegeben (3.3), und folglich die Überschneidungen zwischen dem Ziel der Energieversorgungssicherheit im Art. 194 Abs. 1 lit. b AEUV und den für die Energieversorgungssicherheit sonstigen relevanten Vorschriften des AEUV analysiert (3.4). Zuletzt werden die Schlussfolgerungen des Kapitels präsentiert (3.5).

Untersucht wird, ob von einer Priorisierung des Ziels der Energieversorgungssicherheit gegenüber den anderen Zielen des Art. 194 Abs. 1 AEUV die Rede ist, oder ob es sich um eine Gleichrangigkeit i.S.v. keiner Priorisierung der Ziele handelt.

Da diese Arbeit sich auf die Beziehung zwischen Energieversorgungssicherheit und der Förderung der erneuerbaren Energien und der Interkonnektion der Netze fokussiert, handelt es sich bei diesem Kapitel nicht um eine detaillierte Darstellung des Art. 194 AEUV und der Energiekompetenz der Union im Primärrecht, sondern um eine Analyse der für diese Beziehung relevanten Aspekte[516]. Andere Aspekte und rechtliche Fragen rund um das Thema werden diskutiert und hervorgehoben, soweit sie ein deutliches Verständnis des zentralen Themas der Arbeit ermöglichen.

3.1 Kompetenzbegründende Ziele der europäischen Energiepolitik im Einzelnen

Gemäß Art. 194 Abs. 2 AEUV ist die Union grundsätzlich befugt, die zur Verwirklichung der energiepolitischen Ziele des Art. 194 Abs. 1 AEUV erforderlichen Maßnahmen zu erlassen. Wie schon erwähnt, handelt es sich um eine geteilte[517]

516 Vgl. zu einer ausführlichen Darstellung des Art. 194 AEUV, *Hackländer*, Die allgemeine Energiekompetenz im Primärrecht der Europäischen Union, 2010.

517 Es handelt sich in der Tat um eine konkurrierende Zuständigkeit, da die Mitgliedstaaten ihre Zuständigkeiten nur ausüben dürfen, wenn die Union sie nicht ausgeübt hat. Es gibt eine Sperrwirkung für die Mitgliedstaaten. Union und Mitgliedstaaten regulieren die Themen des Art. 194 AEUV nicht zusammen, also sie

Kompetenz der Union (Art. 4 Abs. 2 lit. i AEUV), die vor der Lissaboner Fassung nicht existierte. Diese Tatsache hinderte die EU-Organe daran, in Übereinstimmung mit einer echten energiepolitischen Kompetenzzuweisung tätig zu werden, da laut dem Einzelermächtigungsprinzip ein Organ der EU nur tätig werden darf, wenn ihm Befugnisse zugewiesen und Ziele gesetzt sind. In der Vergangenheit wurde es dann notwendig, dass die EU-Organe sich auf andere Ziele und Handlungsermächtigungen stützen (etwas wie die binnenmarktbezogene Harmonisierungskompetenz aus Art. 95 EGV), um in dem energiepolitischen Bereich tätig zu werden. Somit sind der Inhalt und die Bedeutung der Ziele des Art. 194 Abs. 1 AEUV für die entsprechende Kompetenz der Union zum Erlass von Rechtsakten entscheidend[518].

Der Art. 194 Abs. 1 AEUV lässt sich in zwei Teile unterteilen, und zwar Ziele und Leitprinzipien. Die Union verfolgt vier Ziele, die in lit. a-d vorgelegt sind: Die Sicherstellung des Funktionierens des Energiemarkts (3.1.1), die Gewährleistung der Energieversorgungssicherheit (3.1.2); die Förderung der Energieeffizienz und von Energieeinsparungen sowie Entwicklung neuer und erneuerbarer Energiequellen (3.1.3) und die Förderung der Interkonnektion der Energienetze (3.1.4). Die laut dem herrschenden Schrifttum vagen[519] vier Ziele lassen sich nach der politischen[520] Erklärung der EU-Organe in drei Kategorien einordnen: Funktionierender Energiemarkt, Versorgungssicherheit und Umweltschutz.

Dazu bringt Art. 194 Abs. 1 AEUV drei Leitprinzipien, deren Auswirkungen auf die vier zitierten Ziele zu überprüfen sind: Geist der Solidarität, Verwirklichung oder Funktionieren des Binnenmarkts und die Notwendigkeit der Erhaltung und Verbesserung der Umwelt.

Das Zusammenwirken der miteinander verknüpften Ziele und Leitprinzipien in der energierechtlichen und -politischen Praxis bringt am Ende vielfältige Zielkonflikte, die gelöst werden müssen.

Wie schon aufgezeigt wurde, sind die Ziele des Art. 194 Abs. 1 lit. a-d AEUV kompetenzbegründend – anders als bei den energiepolitischen Leitprinzipien, die nur mittelbar die Energiegesetzgebung beeinflussen können[521] – und sie legen die Tätigkeit der Union in der Energiepolitik somit den Anwendungsbereich der

---

„teilen" (gleichzeitig) keine Kompetenzen. *Däuper*, In: *Danner/Theobald* (Hrsg.), Energierecht Kommentar – Band 2, 2013, S. 11; *Frenz/Kane*, Die neue europäische Energiepolitik, NuR, n. 32, 2010, S. 467; *Nettesheim*, Das Energiekapitel im Vertrag von Lissabon, JZ, Heft 1, 2010, S. 21.

518 *Ehricke/Hackländer*, Europäische Energiepolitik auf der Grundlage der neuen Bestimmungen des Vertrags von Lissabon, ZeuS, Heft 4, 2008, S. 586.

519 *Calliess*, Die neue Europäische Union nach dem Vertrag von Lissabon, 2010, S. 489.

520 S. 3.3.3.2.

521 *Ehricke*, In: *Frenz/Müggenborg*, EEG – Erneuerbare-Energien-Gesetz – Kommentar, 2013, S. 160.

Vorschrift fest[522]. Obwohl jedes Ziel, wenn es um die Kompetenzen geht, unabhängig voneinander verfolgt werden kann, folgt daraus nicht, dass sie gleichrangig oder ungleichrangig auszulegen sind oder dass ein Ziel auf Kosten von einem anderen Ziel verfolgt werden darf. Die kompetenzbegründende Unabhängigkeit jedes Zieles bedeutet nur, dass eine beliebige Maßnahme sich auf ein einziges Ziel stützen und es realisieren kann, obwohl eine Annäherung der Ziele wünschenswert ist. Allerdings ist zu bemerken, dass der Großteil energiepolitischer Maßnahmen normalerweise zur Realisierung mehrerer Ziele beiträgt, da es im europäischen Energierecht eine Ziel- und Maßnahmenverschränktheit gibt[523]. Ferner stellen die energiepolitischen Ziele rechtsverbindliche Verpflichtungen dar und keinen bloßen politischen Programmsatz[524].

3.1.1 Sicherstellung des Funktionierens des Energiemarkts

Der Energiemarkt umfasst viele Tätigkeiten: Die gesamte Wertschöpfungskette einschließlich der Erzeugung oder Förderung, die Verarbeitung, den Transport sowie die Lagerung oder Speicherung von primären und umgewandelten (sekundären) Energieträgern sowie Energiegewinnung aus Erdöl, Erdgas, Kohle, Wind, Sonne, Erdwärme, Elektrizität und Biokraftstoff. Die Erforschung neuer Technologien und neuer Energieanwendungen sind auch Tätigkeiten des Energiemarkts[525]. Der Bereich der Kernenergie ist im EURATOM-Vertrag geregelt und es bleibt umstritten, ob der Art. 194 AEUV in der Atompolitik irgendeine Anwendung findet[526].

---

522 *Calliess*, In: *ders/Ruffert*, EUV/AEUV Kommentar, 4. Aufl., 2011, Art. 194, Rn. 9, S. 1972.

523 *Breier*, In: *Lenz/Borchardt*, EU-Verträge – Kommentar nach dem Vertrag von Lissabon, 2010, S. 2164; *Calliess*, Die neue Europäische Union nach dem Vertrag von Lissabon, 2010, S. 480–481.

524 *Ruffert*, In: *Calliess/ders*, EUV/EGV Kommentar, 3. Aufl., 2007, Art. 2, Rn. 5, S. 336

525 *Schulenberg*, Die Energiepolitik der Europäischen Union, 2009, S. 379; *Calliess*, In: *ders/Ruffert*, EUV/AEUV Kommentar, 4. Aufl., 2011, Art. 194, Rn. 11, S. 1972; *Hirsbrunner*, In: *Schwarze* (Hrsg.), EU-Kommentar, 3. Aufl., 2012, Art. 194, Rn. 9, S. 1871; *Nettesheim*, Das Energiekapitel im Vertrag von Lissabon, JZ, Heft 1, 2010, S. 20.

526 Ablehnend, vgl. *Trüe*, EU-Kompetenzen für Energierecht, Gesundheitsschutz und Umweltschutz nach dem Verfassungsentwurf, JZ, Heft 5, 2004, S. 783. Aber bejahend, vgl. Ehricke/Hackländer, Europäische Energiepolitik auf der Grundlage der neuen Bestimmungen des Vertrags von Lissabon, ZeuS, Heft 4, 2008, S. 585; bejahend außer speziellen Bereichen, wie die nukleare Sicherheit, *Schulenberg*, Die Energiepolitik der Europäischen Union, 2009, S. 421.

Mit dem Art. 194 Abs. 1 lit. a AEUV versucht die Europäische Union, einen Energiebinnenmarkt[527] herzustellen, auf dem die Ware[528] Energie in einer sicheren und marktförmig strukturierten Energiewirtschaft frei zirkulieren kann[529]. Hindernisse für diese Verwirklichung sind die im Laufe der Entwicklungsgeschichte jedes Mitgliedstaats zunehmend divergierenden Marktöffnungsgrade, der noch unterentwickelte grenzüberschreitende Stromhandel[530] sowie die Unterschiedlichkeit hinsichtlich der Ausgestaltung der Regulierung und der Institutionen in den einzelnen Mitgliedstaaten[531]. Auf Art. 194 Abs. 1 lit. a AEUV stützt sich die Europäische Union, um Maßnahmen zu erlassen, die z.B. die energiebinnenmarktbezogenen Rechts- und Verwaltungsvorschriften der Mitgliedstaaten angleichen.

Der seit Langem in den Texten der Europäischen Gemeinschaft[532] anwesende Glauben, dass nur eine marktwirtschaftlich liberalisierte Struktur die Herausforderungen – etwa die Gewährleistung von stabilen und niedrigen Strompreisen, die Förderung von Investitionen und neuen Technologien usw. – der Energieversorgung überwinden kann, enthält ein derartiges Ziel. Das Stichwort hier ist die „Wettbewerbsfähigkeit" der Energieversorgung, die solche Aspekte wie den Ausgleich von Angebot und Nachfrage und die Preisgünstigkeit der Versorgung betrifft.

Zu unterscheiden ist das Ziel der Sicherstellung des Funktionierens des Energiemarkts vom Leitprinzip der Verwirklichung oder des Funktionierens des Binnenmarkts, welches seine Herkunft in Art. 3 Abs. 3 EUV sowie in Art. 26 Abs. 1 und

527 Zum Unterschied zwischen dem Wortlaut des Art. 194 Abs. 1 lit. a AEUV („Energiemarkts") und dem Begriff „Energiebinnenmarkts" sowie der entsprechenden rechtlichen Auswirkungen für die Tätigkeit der Union insbesondere laut der Tatsache, dass die Mitgliedstaaten der Union energieeinfuhrabhängig sind, vgl. *Ehricke/Hackländer*, Europäische Energiepolitik auf der Grundlage der neuen Bestimmungen des Vertrags von Lissabon, ZeuS, Heft 4, 2008, S. 586f. Ebenso, *Schulenberg*, Die Energiepolitik der Europäischen Union, 2009, S. 378. Zu einer Identifizierung zwischen Ziel („Energiemarkt") und Rahmen („Binnenmarkt"), was für die Frage nach der Schranke der Ziele durch die Rahmen für die Kompetenzzuweisung der Union irrelevant wird, vgl. *Maichel*, In: Hendler/Ibler/Soria (Hrsg.), Für Sicherheit, für Europa – Festschrift für Volkmar Götz zum 70. Geburtstag, 2005, S. 65.

528 Laut dem EuGH sind Strom und Gas Waren. EuGH, Rs. C-6/64, Slg. 1964, I-1251 – Costa/Enel; EuGH, Rs. C-393/92, Slg. 1994, I-1477 (Rn. 47–49) – Almelo; EuGH, Rs. C-159/94, Slg. 1997, I-5815 (Rn. 57) – Kommission/Frankreich; EuGH, Rs. C-157/94, Slg. 1997, I-5699 (Rn. 41, 42) – Kommission/Niederlande; EuGH, Rs. C-158/94, Slg. 1997, I-5789 (Rn. 38ff.) – Kommission/Italien; EuGH, Rs. C-213/96, Slg. 1998, I-1777 – Outukumpu Oy.

529 *Ruffert*, In: Energieversorgung und Umweltschutz, 2010, S. 17f.

530 Die EU verfolgt noch das Ziel von 10% der installierten Erzeugungskapazität für Stromverbundgrad. Mitteilung der Kommission „Ein Rahmen für die Klima- und Energiepolitik im Zeitraum 2020–2030" v. 22.01.2014. KOM (2014) 15 final, S. 14.

531 *Breier*, In: *Lenz/Borchardt*, EU-Verträge – Kommentar nach dem Vertrag von Lissabon, 2010, S. 2164.

532 S. o. 1.1.1.1.

Art. 114 Abs. 1 AEUV hat. Erstens stellt der Energiemarkt nur einen Teil des europäischen Binnenmarkts dar. In diesem Sinn gilt Art. 194 AEUV im Vergleich zu der Binnenmarktkompetenz des Art. 114 AEUV als *lex specialis*[533]. Zweitens ist das Binnenmarktziel, das in Art. 3 Abs. 3 EUV steht, sehr komplex und vielfältig[534] und hat kaum eine bestimmte Bereichsbezogenheit – vielleicht ist nur eine schwache Differenzierung zwischen Innen- und Außenpolitik (Art. 3 Abs. 3 EUV einerseits und Art. 3 Abs. 5 EUV andererseits) möglich. Es geht dann vielmehr um eine Einrahmung des Energiemarkts durch die Verwirklichung oder das Funktionieren des Binnenmarkts, so dass **jede Maßnahme, die zur Sicherstellung des Funktionierens des Energiemarkts beiträgt, gleichzeitig den Binnenmarkt nicht gefährden darf**.

3.1.2 Gewährleistung der Energieversorgungssicherheit

Art. 194 Abs. 1 lit. b AEUV nennt die Gewährleistung der Energieversorgungssicherheit als Ziel der europäischen Energiepolitik. Es handelt sich um die zentrale Bereicherung des Energieartikels und die wichtigste Legitimationsgrundlage für das Tätigwerden der Union in der Energiepolitik[535].

3.1.2.1 Zuständigkeit für innere Maßnahmen

Die Sicherung der Energieversorgung stellt ein für die Mitgliedstaaten hoch kontroverses und sensibles Thema dar, das von Ideologie und nationalen und geopolitischen Interessen geprägt wird (s. Kapitel 1). Obwohl die Themen hinsichtlich der Befriedigung der Nachfrage an Energie sowie der Betriebssicherheit bzw. der Vermeidung oder Beseitigung von Gefährdungs-, Stör- und Notfällen[536] immer Gründe für Sorge der Mitgliedstaaten darstellten, gewann die Energieversorgungssicherheit erst mit dem Vertrag von Lissabon die verdiente rechtliche Relevanz[537], als die reine

---

533 *Calliess*, Die neue Europäische Union nach dem Vertrag von Lissabon, 2010, S. 493; *Kahl*, Die Kompetenzen der EU in der Energiepolitik nach Lissabon, Zeitschrift Europarecht, Heft 5, 2009, S. 617.

534 *Becker*, In: *Schwarze* (Hrsg.), EU-Kommentar, 2012, S. 70.

535 *Ehricke/Hackländer*, Europäische Energiepolitik auf der Grundlage der neuen Bestimmungen des Vertrags von Lissabon, ZeuS, Heft 4, 2008, S. 589; *Fischer*, Energie- und Klimapolitik im Vertrag von Lissabon: Legitimationserweiterung für wachsende Herausforderungen, 2009, S. 57; *Hackländer*, Die allgemeine Energiekompetenz im Primärrecht der Europäischen Union, 2010, S. 159; *Kahl*, Die Kompetenzen der EU in der Energiepolitik nach Lissabon, Zeitschrift Europarecht, Heft 5, 2009, S. 609; *Ruffert*, In: Energieversorgung und Umweltschutz, 2010, S. 22.

536 *Schmidt-Preuß*, In: *Säcker* (Hrsg.), Berliner Kommentar zum Energierecht, 2014, S. 60.

537 Teil der Literatur geht aber davon aus, dass eine Kompetenz der EU im Bereich der Energieversorgungssicherheit nicht erforderlich war und dass die Zuständigkeitsverteilung wie vor dem Vertrag v. Lissabon ausreicht, *Eickhof/Holzer*,

Idee eines Europas mit einer sicheren und preisgünstigen Energieversorgung zum Ziel der europäischen Energiepolitik erhoben wurde, was einen für die Zukunft wichtigen Bestandteil eines vereinigten Europas konstituiert.

Die Schwierigkeiten, einen Begriff für Energieversorgungsicherheit zu bestimmen, und die Wiederspiegelung dieser Schwierigkeiten im Europarecht wurde schon in Kapitel 1 bewiesen. Das Ziel des Art. 194 Abs. 1 lit. b AEUV ist weit zu verstehen, und darunter fallen alle Aspekte der Energieversorgungssicherheit, d.h. sowohl die kurzfristige Verfügbarkeit von Elektrizität als auch die langfristige Sicherung der Energielieferungen aus Drittländern. Nicht nur in diesen Bereichen darf die Union tätig werden, sondern ist sie gemäß lit. b auch verpflichtet, Maßnahmen zu erlassen, die zur Vermeidung technischer Risiken der Energieversorgung und zur Vermeidung einer Bedrohung von Mensch und Umwelt durch die Energieversorgung dienen[538]. Das Ziel der Energieversorgungssicherheit im Energiekompetenztitel des Art. 194 AEUV umfasst den Inhalt der Versorgungssicherheitsrichtlinie, der auf den damaligen Art. 95 EG (jetzt Art. 114 AEUV) gestützt ist. Würde die Richtlinie 2005/89/EG heute verabschiedet, wäre sie auf Art. 194 Abs. 1 lit. b AEUV zu stützen[539].

Die Beziehung zwischen dem Ziel der Energieversorgungssicherheit und dem Leitprinzip der energetischen Solidarität (s. unter 3.2.1.1) findet ihre Grenze in der Ausübung der Souveränität der Mitgliedstaaten durch die entsprechenden Souveränitätsvorbehalte des Art. 194 Abs. 2 Uabs. 2 AEUV, der vorsieht, dass die Europäische Union keine Maßnahmen erlassen darf, die das Recht eines Mitgliedstaats berühren, „die Bedingungen für die Nutzung seiner Energieressourcen, seine Wahl zwischen verschiedenen Energiequellen und die allgemeine Struktur seiner Energieversorgung zu bestimmen".

Selbstverständlich sind einige Aspekte dieses Spannungsverhältnisses einfacher zu lösen als andere, wie z.B. die technischen Sicherheitsaspekte von Anlagen, die Sache der Mitgliedstaaten sind, und die kerntechnischen Anlagen unter dem Regime des EAGV, die in der Kompetenz der Union verbleiben. Auf der anderen Seite könnte künftig fraglich sein, welchen Ermessensspielraum die Union bei der Nutzung ihrer Kompetenz des Art. 194 Abs. 1 lit. b AEUV und unter solidaritätsmotivierte Umständen hat, um in die Hoheitsgewalt der Mitgliedstaaten hinsichtlich seiner Ressourcen und Energieversorgungsstruktur einzugreifen oder diese zumindest zu beeinflussen. Umstritten ist, inwieweit die Europäische Union einen integrierten (und solidarischen) Energiemarkt schaffen kann, wenn die Mitgliedstaaten gewissermaßen noch über ihre Ressourcen souverän sind. In diesem Sinne geht ein Teil

---

Energiepolitische Kompetenzen in der Europäischen Union, Wirtschaftsdienst, Heft 7, 2004, S. 447.

538 *Hackländer*, Die allgemeine Energiekompetenz im Primärrecht der Europäischen Union, 2010, S. 177–78; *Schulenberg*, Die Energiepolitik der Europäischen Union, 2009, S. 381. S. auch 2.4.3 und 2.4.5.

539 *Schmidt-Preuß*, In: *Baur/Salje/ders* (Hrsg.), Regulierung in der Energiewirtschaft, 2011, Kap. 13, Rn. 4, S. 199.

der Literatur von einem „Integrationsbremsen" aus[540], das konkrete Maßnahmen in strategische Bereiche wie die Energieversorgungssicherheit verhindert. Gründe dafür liegen nicht nur in der Unfähigkeit oder fehlender Erfahrung der EU, das Problem hinsichtlich einer mangelnden Energieaußenpolitik anzugehen, sondern auch im Bestreben der Mitgliedstaaten, ihre entsprechenden vorteiligen Beziehungen mit energieerzeugenden Länder nicht zu verlieren[541].

3.1.2.2 Zuständigkeit für die Energieaußenpolitik

Nennenswert ist auch die Relevanz der Errichtung der Energieversorgungssicherheit als Ziel der europäischen Energiepolitik für das Tätigwerden der EU im Bereich Energieaußenpolitik. Eigentlich ist die Energieversorgungssicherheit nur mittels eines internationalen Tätigwerdens der EU gewährleistet[542]. Die geopolitische Komponente des Ziels der Gewährleistung der Energieversorgungssicherheit übersetzt sich in eine „immanente" Ermächtigung der Union, direkt in ihren externen Beziehungen zu handeln, so dass eine explizite Normierung für das internationale Tätigwerden im Art. 194 Abs. 1 lit. b AEUV überflüssig ist[543]. Mit Art. 194 Abs. 1 lit. b AEUV ist die EU auf internationaler Ebene kompetenzfähig und kann aufgrund der Gewährleistung der Energieversorgung völkerrechtliche Verträge abschließen[544], was dazu beiträgt, dass die EU hinsichtlich der energiepolitischen Fragen nach außen mit einer „gemeinsamen Stimme" spricht[545]. Eine solche Möglichkeit ist

---

540 *Kahl*, Die Kompetenzen der EU in der Energiepolitik nach Lissabon, Zeitschrift Europarecht, Heft 5, 2009, S. 610; etwa gleichsinnig *Baumann/Turek*, In: *Weidenfeld* (Hrsg.), Lissabon in der Analyse. Der Reformvertrag der Europäischen Union, 2008, S. 165–166; *Fischer*, Energie- und Klimapolitik im Vertrag von Lissabon: Legitimationserweiterung für wachsende Herausforderungen, 2009, S. 58 und 60–61; *Nettesheim*, Das Energiekapitel im Vertrag von Lissabon, JZ, Heft 1, 2010, S. 25; *Ruffert*, In: *Schwarze/Hatje* (Hrsg.), EU-Beiheft 1/2009, S. 33. Aber zu einer Befürwortung der Souveranitätsvorbehalte, damit noch nationale Spielräume für Experimente verbleiben, vgl. *Calliess*, In: *Joost/Oetker/Paschke* (Hrsg.), Festschrift für Franz Jürgen Säcker zum 70. Geburtstag, 2011, S. 603. Zu gar keinem Souveranitätsvorbehalt, da Art. 192 Abs. 2 UAbs. 1 lit. c AEUV eine Zuständigkeit der Union gerade für diese Bereiche vorsieht, vgl. *Breier*, In: *Lenz/Borchardt*, EU-Verträge – Kommentar nach dem Vertrag von Lissabon, 2010, S. 2167–2168.

541 *Haghighi*, Energy security and the division of competences between the European Community and its Member States, European Law Journal, Vol. 14, Nr. 4, 2008, S. 478.

542 *Woltering*, Die europäische Energieaußenpolitik und ihre Rechtsgrundlagen, 2010, S. 244.

543 *Schulenberg*, Die Energiepolitik der Europäischen Union, 2009, S. 382.

544 *Hackländer*, Die allgemeine Energiekompetenz im Primärrecht der Europäischen Union, 2010, S. 160; *Ruffert*, In: *Energieversorgung und Umweltschutz*, 2010, S. 23.

545 *Schmidt-Preuß*, Energieversorgung als Aufgabe der Außenpolitik? – Rechtliche Aspekte, RdE, 2007, Heft 10–11, S. 283.

wegen der zunehmenden europäischen Energieeinfuhrabhängigkeit von erheblicher Bedeutung für die Gewährleistung der Energieversorgungssicherheit.

Obwohl die Meinung vertreten werden könnte, dass sich die Europäische Union nicht auf Art. 194 AEUV zum Abschluss völkerrechtlicher Verträge stützen könnte,[546] und obwohl Art. 194 AEUV keine ausdrückliche Befugnis zum Abschluss solcher Verträge enthält, könnten die Abschlüsse gemäß der AETR-Doktrin, die Art. 216 Abs. 1 AEUV eingebracht hat, auf solche Kompetenznormen gestützt werden[547].

Die AETR-Doktrin (nach dem AETR-Abkommen – auf Französisch: *Accord Européen sur les Transports Routiers*, auf Deutsch: Europäisches Übereinkommen über die Arbeit des im internationalen Straßenverkehr beschäftigten Fahrpersonals – benannt) besteht aus zwei Dokumenten des Europäischen Gerichtshofs – einem Urteil vom 31.03.1971 und einem Gutachten vom 26.04.1977 –, die beide die Zuständigkeit der Gemeinschaft für auswärtige Verhandlungen setzten. Gemäß der Rs. 22/70 vom 31.03.1971[548] und hinsichtlich der Entwicklung gemeinschaftsinterner Bestimmungen erwirbt die Gemeinschaft auch die Zuständigkeit für auswärtige Verhandlungen, welche die Gemeinschaftsbestimmungen betreffen könnten. In dem Gutachten 1/76 vom 26.04.1977[549] wurde erklärt, dass die Gemeinschaft auch für auswärtige Verhandlungen zuständig war, wenn sie intern für die Erreichung eines bestimmten Ziels die entsprechende Zuständigkeit hatte, und sofern ein solches außenpolitisches Handeln zu diesem Zweck erforderlich war (*implied external power doctrine*). Aber der Europäische Gerichthof beschloss später, dass die Gemeinschaft die externen und internen Zuständigkeiten nicht gleichzeitig nutzen musste, wie Gutachten 1/76 erklärte, da das außenpolitische Handeln der Mitgliedstaaten innerhalb der Gemeinschaft koordiniert werden konnte[550].

Die AETR-Doktrin wurde, wie gezeigt, in den Art. 216 Abs. 1 AEUV im Europarecht integriert. Die Vorschrift lautet: „Die Union kann mit einem oder mehreren Drittländern oder einer oder mehreren internationalen Organisationen eine Übereinkunft schließen, wenn dies in den Verträgen vorgesehen ist oder *wenn der Abschluss einer Übereinkunft im Rahmen der Politik der Union entweder zur Verwirklichung eines der in den Verträgen festgesetzten Ziele erforderlich* oder in einem verbindlichen Rechtsakt der Union vorgesehen ist oder aber gemeinsame

---

546 Da die Vorschrift nur den Energiebinnenmarkt betreffe und die Kompetenzen nur im Innenbereich Geltung fänden.

547 *Gundel*, In: *Joost/Oetker/Paschke* (Hrsg.), Festschrift für Franz Jürgen Säcker zum 70. Geburtstag, 2011, S. 700; *Kahl*, Die Kompetenzen der EU in der Energiepolitik nach Lissabon, Zeitschrift Europarecht, Heft 5, 2009, S. 614.

548 EuGH, Rs. 22/70, Slg. 1971, 263 – Kommission/Rat.

549 Entwurf zu einem Übereinkommen über die Errichtung eines europäischen Stilllegungsfonds für die Binnenschifffahrt, EuGH, Gutachten 1/76, Slg. 1977, S. 741.

550 EuGH, Rs. C-476/98, Slg. 2002, I-9855 – Kommission/Deutschland (*Open Skies*).

Vorschriften beeinträchtigen oder deren Anwendungsbereich ändern könnte". Hier sind die Möglichkeiten für die Nutzung der *implied power* Doktrin mittels der Lockerung der Verbindung zwischen inneren Zielen und äußerem Handeln erweitert[551].

Ferner ist die Tatsache hervorzuheben, dass der Hauptzweck des Energiebinnenmarkts, d.h. die Gewährleistung des freien Handels von erschwinglicher Energie zwischen Mitgliedstaaten, hauptsächlich sowohl von der Energieeinfuhr als auch von preisbezogenen, ausländischen Faktoren abhängt. Die EU kann nicht mehr ignorieren, wie sie das über einen langen Zeitraum hinweg und wegen einer unausgewogenen Sorge um die Liberalisierung des Energiemarkts und einer noch unproblematischen Versorgungslage praktiziert hatte, dass die Sicherstellung des Funktionierens des Energiebinnenmarkts aufgrund der europäischen Energieeinfuhrabhängigkeit erheblich von der äußeren Dimension der Energieversorgungssicherheit abhängt[552]. Eine einstimmige Energieaußenpolitik ist dann nötig, damit sich der europäische Energiebinnenmarkt vollendet.

Künftige Partnerschaftsabkommen[553] mit Russland zur Sicherung von Gaslieferungen[554] könnten auf die im Art. 194 Abs. 1 lit. b AEUV enthaltenen europäischen Vertragsschlusskompetenz gestützt werden, da Art. 194 im Vergleich zu Art. 216 Abs. 1 AEUV als *lex specialis* gilt. Zudem stützt sich der Beschluss des Rates 2010/385/EU auf Art. 194 Abs. 2 i.V.m. Art. 218 Abs. 6 lit. a AEUV[555].

---

551 *Hancher/Salerno*, In: *Biondi/Eeckhout/Ripley*, EU Law after Lisbon, 2012, S. 393.

552 *Haghighi*, Energy security and the division of competences between the European Community and its Member States, European Law Journal, Vol. 14, Nr. 4, 2008, S. 463. Die Kommission bestätigte erst 2007, dass „die Probleme der Versorgungssicherheit und des Klimawandels also nicht von der EG oder ihren Mitgliedstaaten allein bewältigt werden [können]". Mitteilung der Kommission „Eine Energiepolitik für Europa" v. 10.1.2007. KOM (2007) 1 endg., S. 21.

553 Partnerschaftsabkommen, die für die Beziehungen der EU zu den meisten osteuropäischen Staaten charakteristisch sind, regeln die Handels- und Wirtschaftsbeziehungen und eine Vielzahl anderer Aspekte wie beispielweise die entwicklungspolitische Zusammenarbeit sowie die Kooperation im Infrastruktur-, Forschungs- und Umweltsektor, *Woltering*, Die europäische Energieaußenpolitik und ihre Rechtsgrundlagen, 2010, S. 81.

554 Mehr dazu, s. http://ec.europa.eu/energy/en/topics/international-cooperation/russia (Stand: 16.09.2015). Ausführlich zur Energieaußenbeziehung der EU mit Russland, vgl. *Woltering*, Die europäische Energieaußenpolitik und ihre Rechtsgrundlagen, 2010, S. 17–23; Zum heutigen Stand der EU-Russland-Partnerschaft, vgl. *Andoura/Vinois*, From the European Energy Community to the Energy Union, 2015, S. 93–99.

555 Beschluss des Rates 2010/385/EU über den Abschluss der Satzung der Internationalen Organisation für erneuerbare Energien (IRENA) durch die Europäische Union. ABl. L 178 v. 24.06.2010, S. 17.

3.1.3 Förderung der Energieeffizienz und von Energieeinsparungen sowie Entwicklung neuer und erneuerbarer Energiequellen

Art. 194 Abs. 1 lit. c AEUV enthält die umstrittensten Fragen hinsichtlich der energiepolitischen Ziele, sowohl – teils wegen eines Redaktionsversehens der deutschen Fassung – im Einzelnen betrachtet als auch aufgrund von Überschneidungen im Vergleich mit anderen Vorschriften. Das Ziel im lit. c des Art. 194 Abs. 1 AEUV teilt sich in zwei „Teil- oder Unterziele" auf, nämlich die Förderung der Energieeffizienz und von Energieeinsparungen (3.1.3.1) einerseits und die Entwicklung neuer und erneuerbarer Energien (3.1.3.2) andererseits. Die Systematik der Vorschrift spricht jedoch von einem einheitlichen und selbstständigen Ziel, da die Teilziele in einem Aufzählungspunkt eingruppiert sind[556].

Hinter dem Zweck dieser Ziele steht an erster Stelle die Verringerung der Nutzung fossiler Primärenergieträger und zweitens die noch große Unterschiedlichkeit hinsichtlich des Niveaus in der Förderung der Erzeugung von Strom aus erneuerbaren Energien jedes Mitgliedstaates. Dieses Ziel erscheint im Schrifttum oft als eine positivistische Konkretisierung bzw. leistet einen Beitrag zum Umweltschutz[557], der – neben der Versorgungssicherheit[558] und Wettbewerbsfähigkeit – eine der Zieltrias („Zieldreieck") der europäischen Energiepolitik darstellt. Insofern kann die Europäische Union – unbeschadet der auf den Umwelttitel des AEUVs gestützten Maßnahmen – ihrer Tätigkeit im Bereich Umweltschutz durch eine Steigerung der Energieeffizienz, die Förderung erneuerbarer Energien usw. gerecht werden. Hervorzuheben sind zudem auch die technologiepolitischen und volkswirtschaftlichen Dimensionen der Förderung erneuerbarer Energien, wobei einerseits neue Technologien zur Energieerzeugung gefördert werden und andererseits die heimische Wertschöpfung in der Energieversorgung bzw. die Schaffung und Sicherung von Arbeitsplätzen erhöht werden[559].

---

556 *Ehricke*, In: *Frenz/Müggenborg*, EEG – Erneuerbare-Energien-Gesetz – Kommentar, 2013, S. 157; Hackländer, Die allgemeine Energiekompetenz im Primärrecht der Europäischen Union, 2010, S. 179.

557 *Calliess*, In: *Joost/Oetker/Paschke* (Hrsg.), Festschrift für Franz Jürgen Säcker zum 70. Geburtstag, 2011, S. 590; *Ehricke*, In: *Frenz/Müggenborg*, EEG – Erneuerbare-Energien-Gesetz – Kommentar, 2013, S. 157; Schulze-Fielitz/Müller, In: *ders/ders* (Hrsg.), Europäisches Klimaschutzrecht, 2009, S. 17.

558 Klar stützt sich die zunehmende Verwendung von erneuerbaren Energien auch auf das Ziel der Energieversorgungssicherheit, da die Förderung (einheimischer) erneuerbarer Energien zu einer Minimierung der Energieeinfuhrabhängigkeit beiträgt. *Holzer*, Probleme und Lösungsansätze bei der Förderung von Strom aus erneuerbaren Energien im europäischen Binnenmarkt, ZfU, Heft 2, 2006, S. 159.

559 *Pfaffenberger*, In: *Grewe/Flandrich/Ellwanger* (Hrsg.), Energiewirtschaft im Wandel – Dieter Schmitt zum 65. Geburtstag, 2004, S. 225.

3.1.3.1 Energieeffizienz und Energieeinsparungen

Energieeffizienz ist ein Tätigkeitsfeld, das seit Langem[560] die gemeinschaftliche bzw. europäische Energiepolitik integriert. Sie besteht aus einem einflussreichen (und oft gleichzeitigen) Beitrag zu der erheblichen Energieversorgungssicherheit und der Umweltverträglichkeit bzw. dem Klimaschutz (d.h. die Senkung der Treibhausgasen und die Einhaltung des Kyoto Protokolls einerseits und die Verringerung der Abhängigkeit von eingeführten fossilen Energieträger andererseits)[561-562]. Energieeffizienz stellt sogar den primären Fokus des Energiefahrplans 2050 und eine Priorität der europäischen Energiepolitik dar[563].

Der Wortlaut ist nicht hilfreich[564]. Erfasst werden sämtliche Wertschöpfungsstufen von der Energieerzeugung bis zur Energienutzung, einschließlich Gebäude-, Haushalts-, Industrie- und Verkehrsbereich sowie die Energieeffizienz von Produkten und Dienstleistungen. Zur Steigerung der Energieeffizienz sind eine Vielfalt von Instrumenten zu rechnen, wie Verhaltensgebote und -verbote, *Labelling* und Verbraucherberatung, Technologieförderung, Auditings, Partnerschaftsabkommen sowie *White Certificates* und andere Anreizinstrumente[565].

---

560 S. die Entschließung des Rates v. 17.9.1974 zur Steigerung der Energieeffizienz. ABl. C 153 v. 9.7.1975, S. 1.

561 *Calliess*, In: *ders/Ruffert*, EUV/AEUV Kommentar, 4. Aufl. 2011, Art. 194, Rn. 14, S. 1973; *Däuper*, In: *Danner/Theobald* (Hrsg.), Energierecht Kommentar – Band 2, 2013, S. 7; *Ehricke/Hackländer*, Europäische Energiepolitik auf der Grundlage der neuen Bestimmungen des Vertrags von Lissabon, ZeuS, Heft 4, 2008, S. 590; *Hobe*, In: *Schwarze/Hatje* (Hrsg.), *Der Reformvertrag von Lissabon*, EuR Beiheft 1/2009, 2009, S. 228; *Pielow*, Effektives Recht der Energieeffizienz?, ZuR, Heft 3, 2010, S. 116; Ruffert, In: *Energieversorgung und Umweltschutz*, 2010, S. 25.

562 Zur Implikationen einer Stützung auf Art. 194 Abs. 1 lit. c AEUV, um die Umweltverträglichkeit zu verwirklichen, statt auf Art. 193 AEUV, was zu einem Ergebnis führen könnte, indem die Mitgliedstaaten kein höheres Niveau der Energieeffizienz und von Energieeinsparungen erstreben könnten als das von der Europäischen Union errichtete Niveau, vgl. *Britz*, In: *Schulze-Fielitz/Müller* (Hrsg.), Europäisches Klimaschutzrecht, 2009, S. 86 ff. Aber kritisch, *Calliess*, Sinn, Inhalt und Reichweite einer europäischen Kompetenz zu einer kombinierten Umwelt-, Klima- und Energiepolitik, Berliner Online-Beiträge zum Europarecht, Nr. 52, 2009, S. 30; *Frenz/Kane*, Die neue europäische Energiepolitik, NuR, n. 32, 2010, S. 468; *Ruffert*, In: *Energieversorgung und Umweltschutz*, 2010, S. 25–26.

563 Mitteilung der Kommission „Energiefahrplan 2050" v. 15.12.2011. KOM (2011) 885 endg., S. 10. Vgl. auch das Grünbuch „über Energieeffizienz oder Weniger kann mehr sein" v. 22.06.2005. KOM (2005) 265 endg.

564 *Pielow*, Effektives Recht der Energieeffizienz?, ZuR, Heft 3, 2010, S. 118; *Ruffert*, In: *Energieversorgung und Umweltschutz*, 2010, S. 25.

565 *Pielow*, In: *Cremer/ders* (Hrsg.), Probleme und Perspektiven im Energieumweltrecht, 2009, S. 183.

Rechtlich betrachtet sind zudem Energieeffizienz und -einsparungen in der Richtlinie 2012/27/EU über Endenergieeffizienz und Energiedienstleistungen[566] enthalten. Gemäß Art. 2 S. 4 ist Energieeffizienz „das Verhältnis von Ertrag an Leistung, Dienstleistungen, Waren oder Energie zu Energieeinsatz", und gemäß Art. 2 S. 5 ist Energieeinsparung „die eingesparte Energiemenge, die durch Messung und/oder Schätzung des Verbrauchs vor und nach der Umsetzung einer Maßnahme zur Energieeffizienzverbesserung und bei gleichzeitiger Normalisierung der den Energieverbrauch beeinflussenden äußeren Bedingungen ermittelt wird".

Kurz gesagt: Energieeffizienz lässt sich mit einem größeren Ertrag aus dem Energieaufwand erklären, und Energieeinsparung bedeutet lediglich die Verringerung des Energieverbrauchs[567]. Beide stellen einen quantitativen Beitrag zur Energieversorgungssicherheit und Umweltverträglichkeit dar.

Energieeinsparung umfasst eine Reihe von Maßnahmen, darunter die Energieeffizienzmaßnahmen, so dass die Energieeffizienz nicht nur ein Selbstzweck ist, sondern auch einen Beitrag zur Energieeinsparung darstellt. Somit wird aus dem Art. 194 Abs. 1 lit. c AEUV deutlich ersichtlich, dass der europäische Gesetzgeber die Energieeffizienz für ein geeignetes Mittel hält, den Energieverbrauch zu reduzieren[568].

3.1.3.2 Neue und erneuerbare Energien

Genauso wie für die in sekundärrechtlichen Vorschriften definierte Energieeffizienz und Energieeinsparungen bestimmt Art. 2 lit. a der Richtlinie 2009/28/EG – und früher schon die Richtlinie 2001/77/EG – den Begriff der erneuerbaren Energien[569], welche „nichtfossile[n] Energiequellen, das heißt Wind, Sonne, aerothermische, geothermische, hydrothermische Energie, Meeresenergie, Wasserkraft, Biomasse, Deponiegas, Klärgas und Biogas" einschließen. Hier ist die Abgrenzung zu den fossilen Energieträgern klar, etwa z.B. zu Erdöl, Erdgas, Schiefergas und Kohle. Die Sorge um das Ölfördermaximum bzw. die Knappheit fossiler Energieträger

---

566 Richtlinie zur Energieeffizienz, zur Änderung der Richtlinien 2009/125/EG und 2010/30/EU und zur Aufhebung der Richtlinien 2004/8/EG und 2006/32/EG ABl. L 315 v. 14.11.2012, S. 1–56.

567 Ausführlich um den Rechtsbegriff „Energieffizienz", vgl. *Pielow*, Effektives Recht der Energieeffizienz?, ZuR, Heft 3, 2010, S. 118ff.

568 *Hackländer*, Die allgemeine Energiekompetenz im Primärrecht der Europäischen Union, 2010, S. 180.

569 Hier muss unterstrichen werden, dass die deutsche Fassung des Vertrags von Lissabon den Ausdruck „Energiequellen" benutzt statt des einfacheren, deutlicheren und unkomplizierteren Ausdrucks „Energie", wie in der portugiesischen, spanischen, französischen, italienischen und niederländischen Fassungen sowie auch im deutschen Recht. Auch mit der englischen Fassung (*forms of energy*) ist die deutsche Fassung (etwas Ähnliches wäre „Energieformen" und nicht „Energiequellen", d. h. *sources of energy* auf Englisch) nur schwerlich vereinbar. Rechtsproblematisch ist das redaktionelle „Versehen" allein aber nicht.

sowie die zunehmenden Treibhausgasemissionen und das Risiko für die Energieversorgungssicherheit aufgrund von zunehmender Energieeinfuhrabhängigkeit (von „politisch instabilen Ländern" lautet das Argument) begründen die Vorschrift, deren Auflistung nicht abschließend ist.

Inbegriffen im Art. 194 Abs. 1 lit. c AEUV sind neben der Elektrizitätserzeugung Wärme-, Kälte- und Kraftstofferzeugung durch erneuerbare Energien[570].

Auf der anderen Seite beschreibt der Ausdruck „neue Energien" keinen Begriff, der in irgendeiner europäischen Rechtsvorschrift gefunden werden kann. „Neue" ist weit zu verstehen und umfasst sowohl die noch zu entwickelnden Energieträger als auch die konventionellen und bereits bestehenden Energien, die eine Technologie erfordern, die bisher nicht oder kaum genutzt worden ist, wie z. B. Wind- und Wasserkraft, Geothermie, Solarenergie und auch Stirling-Motor, Wasserstoffgewinnungssyteme, Brennstoffzelle usw. Bereits eine **optimierte Nutzung** konventioneller Brennstoffe (also nicht erneuerbare Energiequellen) oder erneuerbarer Energie charakterisieren den Begriff „neu" [571].

3.1.3.2.1 „Neue und erneuerbare" – kumulativ oder alternativ?

Fraglich ist, ob eine Energiequelle gleichzeitig neu und erneuerbar sein muss, um dem Ziel des Art. 194 Abs. 1 lit. c AEUV zu entsprechen. Umstritten ist, welche Bedeutung die „und-Verknüpfung" hat, ob sie eine kumulative Voraussetzung darstellt oder ob eine alleinige Qualifizierung der Energiequelle als neu bzw. erneuerbar ausreicht. Der Wortlaut des Art. 194 Abs. 1 lit. c AEUV ist i.d.S. nicht erklärend.

Diese Frage ist selbstverständlich für die Kompetenzzuweisung von großer Bedeutung. Ferner ist sie auch für das Ziel der Energieversorgungssicherheit wichtig, da die Ziele des Art. 194 Abs. 1 AEUV häufig miteinander kollidieren bzw. konfligieren können und eine Lösung ein deutliches Verständnis der Ziffern benötigt.

Wenn der Zweck dieser Ziele betrachtet wird – der Umweltschutzgedanke: Knappheit fossiler Energieträger und zunehmende Treibhausgasemissionen –, zusammen mit der Meinung, dass alle Teil- oder Unterziele des Art. 194 Abs. 1 lit. c AEUV zum Umwelt- Klimaschutz beitragen[572], dann folgt daraus, dass nur erneuerbare Energien gefördert werden könnten, also das „und" bestände dann aus einer kumulativen Voraussetzung. Infolgedessen könnte eine Maßnahme der Union, die als Ziel hätte, die Ausbeutung von neuen fossilen Energieträger zu fördern, nicht

570 *Hackländer*, Die allgemeine Energiekompetenz im Primärrecht der Europäischen Union, 2010, S. 181.

571 *Calliess*, In: *ders/Ruffert*, EGV/EUV Kommentar, 4. Aufl. 2011, Art. 194, Rn. 14, S. 1973; *Maichel*, In: *Hendler/Ibler/Soria* (Hrsg.), Für Sicherheit, für Europa – Festschrift für Volkmar Götz zum 70. Geburtstag, 2005, S. 66; *Nettesheim*, Das Energiekapitel im Vertrag von Lissabon, JZ, Heft 1, 2010, S. 20; *Ehricke*, In: *Frenz/Müggenborg*, EEG – Erneuerbare-Energien-Gesetz – Kommentar, 2013, S. 159.

572 *Ehricke*, In: *Frenz/Müggenborg*, EEG – Erneuerbare-Energien-Gesetz – Kommentar, 2013, S. 157.

auf Art. 194 Abs. 1 lit. c AEUV gestützt werden, da sie – obwohl sie „neu" wären – aber nicht „erneuerbar" wären (die Möglichkeit, dass diese Maßnahmen auf andere Ziele gestützt werden, wäre natürlich nicht ausgeschlossen[573]).

Wegen drei Gründen ist die Auslegung zu Gunsten der kumulativen Eigenschaften schwer vertretbar. Erstens ist es fraglich, ob eine „neue industrielle Revolution", die innerhalb eines Zusammenhangs umgesetzt wird, der von zunehmendem Energieverbrauch, mangelnden Ressourcen und einer immer häufigeren Konzentration auf einzelne „Energieherren" geprägt wird, ohne fossile Brückentechnologien in Gang gesetzt werden kann und ob sie zumindest kurzfristig auf heimische fossile Energieträger verzichten kann. Zweitens könnte eine solche Auslegung, die heutzutage keinen Raum mehr für fossile Energieträger lässt, zu einer Gefährdung der Energieversorgungssicherheit führen, falls gleichzeitig keine anderen Maßnahmen hinsichtlich der Förderung von Brückentechnologien (wie CCS[574]), der Speicherungsmöglichkeiten und der Verringerung der Unregelmäßigkeit der erneuerbaren Energien dienenden Maßnahmen getroffen werden. Drittens lässt diese Auslegung die erneuerbaren, aber nicht neuen Energien wie z. B. Wasser- und Windkraft außer Acht. Dieses Verständnis läuft dem Sinn und Zweck der Zielvorgabe – Umwelt- und Klimaschutz – zuwider. Obwohl theoretisch noch Raum besteht für eine Berücksichtigung des Potenzials der Mikrowasserkraftwerke und der moderneren und effizienteren Windräder als „neue" Energie i.S.v. Art. 194 Abs. 1 lit. c AEUV, besonders auf technologische Weise (s. 4.1.1.1 unten), ist nicht davon auszugehen, dass der europäische Gesetzgeber beabsichtigte, diese zwei nicht impliziten und geäußerten Ausnahmen festzusetzen.

Vielmehr sollen die Förderung von Energieeffizienz und von Energieeinsparungen einen Beitrag zu einer verbesserten Nutzung fossiler Energieträger darstellen. Diese Teilziele müssen, um Sinn und Zwecke der Vorschrift zu berücksichtigen, als Bremse für die Entwicklung jedweder aus fossilen Brennstoffen betriebenen Technologie funktionieren, die aber keinen Beitrag zur Umweltverträglichkeit leisten. Heutzutage ist kaum vorstellbar, dass die Europäische Union energiepolitische Maßnahmen erlassen würde, ohne die große Hoffnung zu haben, dass solche Maßnahmen die Fähigkeit mit sich bringen, entweder die Treibhausgas-Emissionen zu vermindern oder die Nutzung fossiler Energieressourcen zu verlängern[575]. Aus keinem anderen Grund ist die Berücksichtigung der Umwelt ein Leitprinzip der Energiepolitik.

---

573 Vgl. z. B. Art. 191 Abs. 1, 3. Spiegelstrich AEUV, wo die Rede ist von „umsichtige und rationelle Verwendung der natürlichen Ressourcen". Unter „natürliche[n] Ressourcen" fallen auch fossile Energieträger wie Erdöl, Erdgas und Kohle, *Ehricke*, In: *Frenz/Müggenborg*, EEG – Erneuerbare-Energien-Gesetz – Kommentar, 2013, S. 156.

574 Mehr zu dieser Technologie und ihrem Beitrag zur Energieversorgungssicherheit, s. 4.1.1.2.2.2.

575 *Maichel*, In: *Hendler/Ibler/Soria* (Hrsg.), Für Sicherheit, für Europa – Festschrift für Volkmar Götz zum 70. Geburtstag, 2005, S. 65.

Ein großer Teil des Schrifttums vertritt dann die Meinung, dass im Interesse der Rechtssicherheit sowohl „erneuerbare aber nicht neue“ Energien als auch „nicht erneuerbare aber neue“ Energien berücksichtigt werden sollen, d.h. die „und-Verknüpfung“ im Art. 194 Abs. 1 lit. c AEUV **alternativ** auszulegen ist [576]. Ihre Vereinbarkeit mit der Verfolgung der anderen Ziele und der Einrahmung der Leitprinzipien ist in der Betrachtung einer konkreten Maßnahme, die sich auf Art. 194 Abs. 1 lit. c AEUV stützen könnte, zu prüfen.

3.1.3.2.2 Bedeutung der „Entwicklung“ der Energien im Art. 194 Abs. 1 lit. c AEUV

Eine zweite und komplexere Frage hinsichtlich Bedeutung und rechtlicher Auswirkungen des Art. 194 Abs. 1 lit. c AEUV betrifft den Ausdruck „Entwicklung neuer und erneuerbarer Energiequellen“. Es geht hier um die Frage nach der Abgrenzung[577] zur Umweltkompetenz. Eine EU-Maßnahme, die als Ziel hätte, einen bestimmten erneuerbaren Energieträger zu fördern, könnte theoretisch sowohl auf Art. 191 Abs. 1 i.V.m. Art. 192 Abs. 1[578], auf Art. 192 Abs. 2 UAbs. 1 lit. c AEUV allein[579] als auch auf Art. 194 Abs. 1 lit. c i.V.m. Art. 194 Abs. 2 UAbs. 1 AEUV sowie auf Art. 194 Abs. 1 lit. b AEUV[580] gestützt werden.

Maßnahmen zur Steigerung der Energieeffizienz und der Energieeinsparung fallen unter die energierechtliche Kompetenz. Umstritten ist, ob diese Auslegung auch für die Maßnahme hinsichtlich der Entwicklung der neuen und erneuerbaren Energien gültig ist, d.h., ob eine (generelle und abschließende) **Spezialität**[581] des Art. 194 gegenüber Art. 192 AEUV vorliegt.

---

576 *Ehricke*, In: *Frenz/Müggenborg*, EEG – Erneuerbare-Energien-Gesetz – Kommentar, 2013, S. 159; Hackländer, Die allgemeine Energiekompetenz im Primärrecht der Europäischen Union, 2010, S. 182; *Nettesheim*, Das Energiekapitel im Vertrag von Lissabon, JZ, Heft 1, 2010, S. 20.

577 Zur praktischen Relevanz der Abgrenzungsfrage, vgl. *Kahl*, Die Kompetenzen der EU in der Energiepolitik nach Lissabon, EuR, Heft 5, 2009, S. 616–617; *Gundel*, In: *Ehricke* (Hrsg.), Energiewirtschaftsrecht im Spannungsfeld von marktlicher Freiheit und hoheitlichen Einschränkungen, 2011, S. 71f.

578 *Kahl*, Alte und neue Kompetenzprobleme im EG-Umweltrecht – Die geplante Richtlinie zur Förderung Erneuerbarer Energien, NVwZ, 2009, S. 270.

579 Zu einer Stützung auf Art. 175 Abs. 2 EG, welchem Wortlaut ähnlich wie Art. 192 Abs. 2 UAbs. 1 lit. c AEUV ist, vgl. *Müller/Bitsch*, Die Umweltkompetenz nach Art. 175 Abs. 2 EG. Die geplante Richtlinie zur Förderung Erneuerbarer Energien als erster Anwendungsfall?, EurUP, Heft 5, 2008, S. 226.

580 Da EU-Rechtsakte, die erneuerbare Energien fördern, die EU unabhängiger vom Import fossiler Energieträger machen können, *Karpenstein*, In: *Gerstner* (Hrsg.), Grundzüge des Rechts der erneuerbaren Energien, 2013, S. 30.

581 Ebenso *Ehricke*, In: *Frenz/Müggenborg*, EEG – Erneuerbare-Energien-Gesetz – Kommentar, 2013, S. 158; etwa ähnlich *Hackländer*, Die allgemeine Energiekompetenz im Primärrecht der Europäischen Union, 2010, S. 187; *Trüe*, EU-Kompetenzen

Die präzise Definition der Vorschrift muss aufgrund eines eventuellen Konfliktfalls mit dem Ziel der Energieversorgungssicherheit erklärt werden. Auch für die Entwicklung einer Argumentation zu Gunsten einer kausalen Relation der Ziele, d.h. ein dienendes Verhältnis zwischen den Zielen des Art. 194 Abs. 1 AEUV, ist für die folgende Darstellung der umstrittenen Frage relevant.

Es wird im Schrifttum häufig argumentiert, dass der Ausdruck „Entwicklung" keine umfassende Auslegung erlaubt, sodass Art. 194 Abs. 1 lit. c AEUV eng auszulegen wäre[582]. Es ginge lediglich um eine **technologische** Entwicklung neuer und erneuerbarer Energien.

Das Argument, dass der Ausdruck „Entwicklung" im Art. 194 Abs. 1 lit. c AEUV sich auf den Titel XIX AEUV „Forschung, technologische Entwicklung und Raumfahrt" bezieht und somit von einer „technologischen" Entwicklung auszugehen ist[583], ist nicht überzeugend[584]. Art. 179 ff. AEUV legt die europäischen Maßnahmen bezüglich der Forschung und der wirtschaftlichen und technologischen Entwicklung (FuE abgekürzt) fest. Eine genaue Analyse des AEUVs zeigt, dass der Gesetzgeber die Art der Entwicklung nur ausdrücklich definiert bzw. limitiert[585]. Es ist dann

---

für Energierecht, Gesundheitsschutz und Umweltschutz nach dem Verfassungsentwurf, JZ, Heft 5, 2004, S. 786; *Rodi*, In: *Vedder/Von Heinegg* (Hrsg.), Europäischer Verfassungsvertrag – Handkommentar, 2007, S. 662, der aber später anerkannte, dass „der umweltpolitisch motivierte Förderungsaspekt darüber hinaus [geht] und Raum für die Anwendung der Umweltkompetenz [lässt]". *Rodi*, In: *Vedder/Von Heinegg* (Hrsg.), Europäisches Unionsrecht – Handkommentar, 2012, S. 761. Aber laut *Kahl*, Alte und neue Kompetenzprobleme im EG-Umweltrecht – Die geplante Richtlinie zur Förderung Erneuerbarer Energien, NVwZ, 2009, S. 270, wird die Spezialität des Art. 192 Abs. 2 UAbs. 1 lit. c AEUV gegenüber Art. 194 Abs. 2 UAbs. 1 AEUV ausdrücklich durch Art. 194 Abs. 2 UAbs. 2 AEUV („unbeschadet des Art. 192 Absatz 2 lit. c") angeordnet.

582 Ursprünglich *Kahl*, In: *Schulze-Fielitz/Müller* (Hrsg.), Europäisches Klimaschutzrecht, 2009, S. 60–61; *Kahl*, Die Kompetenzen der EU in der Energiepolitik nach Lissabon, EuR, Heft 5, 2009, S. 618–619; ihm folgend, *Calliess*, Die neue Europäische Union nach dem Vertrag von Lissabon, 2010, S. 490; *Epiney*, Umweltrecht der Europäischen Union, 2013, S. 108.

583 *Kahl*, In: *Schulze-Fielitz/Müller* (Hrsg.), Europäisches Klimaschutzrecht, 2009, S. 60; KAHL, Wolfgang. Die Kompetenzen der EU in der Energiepolitik nach Lissabon, EuR, Heft 5, 2009, S. 618.

584 *Gundel*, In: *Ehricke* (Hrsg.), Energiewirtschaftsrecht im Spannungsfeld von marktlicher Freiheit und hoheitlichen Einschränkungen, 2011, S. 73.

585 Vgl. Art. 4 Abs. 3, Art. 13, Art. 173 Abs. 1 UAbs. 2 4. Spiegelstrich (technologische Entwicklung), Art. 11 (nachhaltigen Entwicklung), Art. 101 Abs. 1 lit. b, Art. 102 UAbs. 2 lit. b (technische Entwicklung), Art. 107 Abs. 3 lit. a, Art. 121 Abs. 3, Art. 191 Abs. 3 4. Spiegelstrich, Art. 198 und Art. 300 Abs. 5 (wirtschaftliche Entwicklung), Art. 175, Art. 176 und Art. 178 (regionale Entwicklung), Art. 191 Abs. 3 4. Spiegelstrich, Art. 198 und Art. 300 Abs. 5 (soziale Entwicklung), Art. 198 (kulturelle Entwicklung), Art. 300 Abs. 5 (demografische Entwicklung).

nicht davon auszugehen, dass der Gesetzgeber mittels Auslassung oder impliziter Äußerung eine Limitierung des Art. 194 Abs. 1 lit. c AEUV auf den technologischen Bereich beabsichtigte.

Auch der Wortlaut des Artikels rechtfertigt eine solche Beschränkung nicht. Obwohl laut lit. c erst die **Energiequellen**[586] entwickelt werden müssen, was nur ein Teilausschnitt des Rechtes der erneuerbaren Energien erfasst – und darauf hindeuten könnte, dass ein anderer Teil dieses Rechtes unter das Umweltkapitel fällt[587] –, ist aber nicht klar, was unter einer Entwicklung der Energiequellen zu verstehen ist.

Wenn die deutsche Fassung des AEUVs mit anderen Fassungen verglichen wird[588], so ist ferner zu beachten, dass die Bedeutung der Vorschrift **erweitert statt beschränkt wird**. Die anderen Fassungen zeigen, dass es um die „Förderung der Entwicklung neuer und erneuerbarer Energien" geht und nicht um die „(technologische) Entwicklung neuer und erneuerbarer Energien"[589]. Problematisch in der deutschen Fassung ist somit die Aufzählung der energiepolitischen Ziele mit Substantiven („Sicherstellung", „Gewährleistung" und „Förderung") statt mit Verben. Da lit. c zwei Teilziele umfasst, ging in der deutschen Fassung die Verbindung zwischen der „Förderung" und dem zweiten Teilziel („Entwicklung neuer und erneuerbarer Energien") „verloren". Es bestehen drei Möglichkeiten, um das redaktionelle Versehen zu korrigieren: Eine Wiederholung des Wortes „Förderung" für das zweite Teilziel[590]; die Nutzung des Genitivs vor „Förderung", damit „Förderung"

---

586 Der nur in der deutschen – und auch in der schwedischen – Fassung benutzte Ausdruck „Energie**quellen**" wirft zwar allein betrachtet keine Rechtsfrage auf, macht aber das Verständnis davon komplizierter, was unter „Entwicklung" zu verstehen ist, da „Quellen" normalerweise „erforscht", „ausgebeutet", „entdeckt" oder „genutzt" und nicht „entwickelt" werden. Was entwickelt werden kann (und muss) ist die Art und Weise der Ausbeutung der Energiequellen. Die Quellen selbst und ihr entsprechendes energetisches Potenzial sind schon vorhanden. Die Mittel, um dieses Potenzial aus den Energiequellen zu nehmen, müssen entwickelt werden. Der Ausdruck „Entwicklung neuer und erneuerbarer Energiequellen" ist aus diesem Grund irreführend und limitierend. Etwa unkomplizierter wäre, wie schon erwähnt, die „Entwicklung neuer und erneuerbarer Energien".

587 *Kahl*, Die Kompetenzen der EU in der Energiepolitik nach Lissabon, EuR, Heft 5, 2009, S. 618.

588 Literatur und EuGH ermutigen zu einem „Auslegungsmechanismus", bei Unklarheiten der Texte die anderen wichtigen Sprachen der EU mit heranzuziehen, *Säcker*, Das Dritte Energiepaket für den Elektrizitätsbereich, 2009, S. 2.

589 „Promote the development of forms of energy" (Englisch), „promouvoir le développement des energies" (französisch), „fomentar el desarrollo de energies" (Spanisch), „promover o desenvolvimento de energias" (portugiesisch), „promuovere lo sviluppo di energie" (Italienisch), „ontwikkeling van nieuwe en duurzame energie te stimuleren" (Niederländisch) usw.

590 Also die „Förderung der Energieeffizienz und von Energieeinsparungen sowie **die Förderung der** Entwicklung neuer und erneuerbarer Energiequellen".

und „Entwicklung" sich verbinden[591]; die Nutzung des Verbes am Ende der Vorschrift, wie in der niederländischen Fassung[592].

Selbst wenn das in der deutschen Fassung gefundene Redaktionsversehen korrigiert würde, bliebe noch unklar, was genau unter „Förderung der Entwicklung neuer und erneuerbarer Energien" zu verstehen wäre. Klar ist nur, dass die Förderung der Entwicklung in einem weiten Sinne zu verstehen ist und nicht nur die wissenschaftliche und technische Entwicklung, sondern auch die Steigerung ihres Einsatzes umfasst[593]. Der Wortlaut ist somit ungenügend, um die Abgrenzung zwischen Art. 194 Abs. 1 lit. c AEUV und Art. 192 Abs. 2 UAbs. 1 lit. c AEUV zu rechtfertigen.

Trotzdem bestehen andere Gründe, die die Ausweitung des Ausdruckes „Entwicklung" einschränken und gegen eine generelle Spezialität sprechen könnten. Insofern spielt die systematische Auslegung eine bedeutende Rolle. Zum einen sieht Art. 194 Abs. 2 UAbs. 1 AEUV vor, dass die Europäische Union Maßnahmen im Energiebereich „unbeschadet der Anwendung anderer Bestimmungen der Verträge" erlässt. Zum anderen würde der Verweis des Art. 194 Abs. 2 UAbs. 2 AEUV[594] seine Bedeutung verlieren. Diese Vorschrift schränkt die Bereiche ein, in denen die EU tätig werden darf, wenn die Wahl der Energiequellen betroffen ist[595]. Es handelt sich hier um eine Ausnahme von den EU-Kompetenzen in der Energiepolitik. Ferner beinhaltet diese Vorschrift eine „Ausnahme der Ausnahme"[596]: **Umweltmotiviert**

---

591 Etwas einfacher, „Förderung der Energieeffizienz und von Energieeinsparungen sowie **der** Entwicklung neuer und erneuerbarer Energiequellen".

592 Also „die Energieeffizienz, Energieeinsparungen sowie die Entwicklung neuer und erneuerbarer Energien **zu fördern**".

593 *Hackländer*, Die allgemeine Energiekompetenz im Primärrecht der Europäischen Union, 2010, S. 183; *Ruffert*, In: *Energieversorgung und Umweltschutz*, 2010, S. 28.

594 Art. 194 Abs. 2 UAbs. 2 AEUV lautet: „Diese Maßnahmen berühren unbeschadet des Artikels 192 Absatz 2 Buchstabe c nicht das Recht eines Mitgliedstaats, die Bedingungen für die Nutzung seiner Energieressourcen, seine Wahl zwischen verschiedenen Energiequellen und die allgemeine Struktur seiner Energieversorgung zu bestimmen".

595 *Calliess/Hey*, In: *Müller*, (Hrsg.), 20 Jahre Recht der Erneuerbaren Energien, 2012, S. 235.

596 Obwohl Art. 194 Abs. 2 UAbs. 2 AEUV und Art. 192 Abs. 2 UAbs. 1 lit. c AEUV von zwei verschiedener Rechtsnatur sind: Art. 192 Abs. 2 UAbs. 1 lit. c AEUV ist eine Verfahrensvorschrift, die die Einstimmigkeit zum Erlass von (umweltmotivierten und erheblich berührenden) Maßnahme fordert, während Art. 194 Abs. 2 UAbs. 2 AEUV eine echte Kompetenzgrenze vorsieht. Hier darf die EU nicht tätig werden, wenn sie (energiepolitisch motivierte) Maßnahmen erlassen will, die „das Recht eines Mitgliedstaats, die Bedingungen für die Nutzung seiner Energieressourcen, seine Wahl zwischen verschiedenen Energiequellen und die allgemeine Struktur seiner Energieversorgung zu bestimmen", berühren. Zu dieser verschiedenen Rechtsnatur, vgl. *Calliess/Hey*, In: *Müller* (Hrsg.), 20 Jahre Recht der Erneuerbaren Energien, 2012, S. 236.

darf die EU sogar dann tätig werden, wenn die Wahl der Energiequellen betroffen ist (Art. 192 Abs. 2 lit. c AEUV). Die Unbeschadetheitsklausel spielte nur eine Rolle, wenn Art. 192 AEUV zusammen mit Art. 194 AEUV ausgelegt würde. Somit könnte der Ausdruck „Förderung der Entwicklung neuer und erneuerbarer Energien" des Art. 194 Abs. 1 lit. c AEUV nicht alle möglichen Maßnahmen bezüglich der neuen und erneuerbaren Energien umfassen, ohne den Zweck des Art. 192 Abs. 2 UAbs. 1 lit. c AEUV zu ignorieren. Demzufolge beschränkte sich die Energiekompetenz nur auf die Förderung technologischer Entwicklung neuer und erneuerbarer Energien, während eine ökonomisch und ökologisch motivierte Förderung auf den Umwelttitel zu stützen wäre[597].

Diesen Argumenten kann entnommen werden, dass es sich jedoch um eine „relative" Spezialität oder eine Spezialität „unter Vorbehalten" handelt, obwohl von einer generellen Spezialität des Energietitels gegenüber dem Umwelttitel nicht die Rede ist, i.S.v. einer absoluten und als isoliert und unsystematisch betrachteten Spezialität. Der Zweck des Art. 192 Abs. 2 UAbs. 1 lit. c AEUV findet seine Herkunft im Art. 191 Abs. 1 3. Spiegelstrich AEUV, der das Ziel einer „umsichtige[n] und rationelle[n] Verwendung der natürlichen Ressourcen" festlegt, was viel breiter und unspezifischer ist als das Ziel des Art. 194 Abs. 1 lit. c AEUV[598].

Außerdem liefert eine systematische Auslegung der Querschnittsklausel in Art. 11 AEUV[599] zusammen mit dem Leitprinzip im Art. 194 Abs. 1 AEUV („unter Berücksichtigung der Notwendigkeit der Erhaltung und Verbesserung der Umwelt") das Verständnis, dass es um eine Einrahmung – also keine Spezialität, sondern eine generelle Orientierung für das Tätigwerden der Union im energiepolitischen Bereich – des Leitprinzips des Umweltschutzes im Bereich der Energiepolitik geht[600]. Kurzgefasst muss die Förderung neuer und erneuerbarer Energien gemäß Art. 194 Abs. 1 lit. c AEUV bei dem Umweltschutzprinzip geführt werden.

Zu berücksichtigen ist aber zudem die Tatsache, dass die Förderung der erneuerbaren Energien mittels einer Verringerung der Energieeinfuhrabhängigkeit und mittels einer Erhöhung der Diversifizierung der Energieträger unmittelbar zur Gewährleistung der Energieversorgungssicherheit, d.h. zu dem **energiepolitischen** Ziel im Art. 194 Abs. 1 lit. b AEUV beiträgt.

---

597 *Calliess*, Die neue Europäische Union nach dem Vertrag von Lissabon, 2010, S. 490.

598 *Ehricke*, In: *Frenz/Müggenborg*, EEG – Erneuerbare-Energien-Gesetz – Kommentar, 2013, S. 158.

599 Art. 11 AEUV lautet: „Die Erfordernisse des Umweltschutzes müssen bei der Festlegung und Durchführung der Unionspolitiken und -maßnahmen insbesondere zur Förderung einer nachhaltigen Entwicklung einbezogen werden". Um eine Vermischung zwischen Querschnittsklausel und einer kompetentiellen Rechtsfrage zu vermeiden, ist zu beachten, dass Art. 11 keine Norm mit kompetenzregelndem Inhalt ist, *Calliess*, In: *ders/Ruffert*, EUV/AEUV Kommentar, 4. Aufl., 2011, Art. 192, Rn. 24, S. 1952.

600 *Nettesheim*, Das Energiekapitel im Vertrag von Lissabon, JZ, Heft 1, 2010, S. 22.

Die Tatsache, dass es – die eng auszulegende[601] – Ausnahmen zum Tätigwerden der Union im energiepolitischen Bereich gibt, erlaubt nicht die Auffassung, dass die Energie kein spezieller Bereich ist. Es geht um eine „maßgeschneiderte Spezialität“ und die dort enthaltenen Vorschriften müssen wie immer systematisch und mit Rücksicht auf andere Vorschriften ausgelegt werden. Da das Energierecht eine „Querschnittmaterie“ ist (s. gleich unten), sind Überschneidungen und unklare Kontaktpunkte mit anderen Bereichen, besonders mit sensibleren wie dem Umweltrecht, vorhanden.

Auch spielt die Tatsache, dass die Schaffung eines originären Kompetenztitels zum Ziel hatte, die Energiepolitik „aus einem Guss“ zu ermöglichen, eine Rolle. Es ist dann davon auszugehen, dass auch die wirtschaftliche Förderung erneuerbarer Energien sich auf Art. 194 Abs. 1 lit. c AEUV stützt[602].

3.1.3.2.3 Zwischenergebnisse

Zwei Aspekte der Frage um die Bedeutung dieses Teilziels sind geklärt, die dem sich auf den Art. 194 Abs. 1 lit. c AEUV stützenden Tätigkeitsbereich der EU erweitert, aber gleichzeitig einschränkt: Erstens geht es um eine Förderung der Entwicklung neuer und erneuerbarer Energien, und nicht lediglich um eine (technologische) Entwicklung solcher Energien; zweitens gibt es gemäß Art. 194 Abs. 2 Uabs. 2 AEUV und Art. 192 Abs. 2 UAbs. 1 lit. c AEUV eine Grenze für diese Förderung bzw. Überschneidungen.

In der Tat kann, wenn Art. 194 Abs. 1 lit. c AEUV im Zusammenhang mit den anderen Vorschriften des Art. 194 Abs. 1 AEUV analysiert wird, daraus entnommen werden, dass lit. c – und lit. d auch – etwa aus dem „wissenschaftlichen bzw. technischen (nicht nur, aber auch technologischen)“ Ziel der europäischen Energiepolitik besteht im Vergleich zu den allgemeineren und umfassenderen Ziele im Art. 194 Abs. 1 lit. a und b AEUV.

Auf Art. 194 Abs. 1 lit. c AEUV gestützt kann die EU-Maßnahme erlassen werden, die die Rahmenbedingung für die Forschung und technologische Entwicklung neuer Technologien, verbesserter Energieerzeugung usw. (*lex specialis* gegenüber Art. 179 ff.) sowie für die (energiepolitisch-)wirtschaftliche Förderung erneuerbarer Energien (*lex specialis* gegenüber Art. 191ff.) darstellt. Hier gibt es Raum für ein breites Tätigwerden der EU – zumindest breiter als die technologisch motivierte Auslegung –, ohne den Inhalt des Art. 192 Abs. 2 UAbs. 1 lit. c AEUV zu vernachlässigen. Es hängt

---

601 *Calliess*, Sinn, Inhalt und Reichweite einer europäischen Kompetenz zu einer kombinierten Umwelt-, Klima- und Energiepolitik, Berliner Online-Beiträge zum Europarecht, Nr. 52, 2009, S. 17; *Calliess*, Die neue Europäische Union nach dem Vertrag von Lissabon, 2010, S. 491.

602 *Bings*, In: *Streinz*, EUV/AEUV, 2. Aufl., Art. 194, Rn. 27, 2012; *Breier*, In: *Lenz/Borchardt*, EU-Verträge Kommentar, 6. Aufl., Art. 194, Rn. 11, 2013; *Ehricke*, In: *Frenz/Müggenborg*, EEG – Erneuerbare-Energien-Gesetz – Kommentar, 2013; *Schulenberg*, Die Energiepolitik der Europäischen Union, 2009, S. 386.

von jedem konkreten Fall ab, welche Begründung für den Erlass einer Maßnahme überzeugender ist.

Die Grenze zwischen technologischer, wirtschaftlicher, wissenschaftlicher, ökonomischer und ökologischer Entwicklung ist häufig schwer definierbar und lässt sich nur mit der Analyse von konkreten Fällen verfeinern. **Immer mehr erscheint die Frage um die Wahl einer bestimmten Energiequelle gleichzeitig als Umwelt- und Energiefrage**. Die Einbeziehung von Umweltaspekten in die Energiepolitik ist seit langem ein erhebliches Thema für die Kommission der EU[603]. Die Einmischung dieses Bereiches spiegelt sich in den Studien um eine Systematisierung des Energieumweltrechts und des Umweltenergierechts[604] (zusammen mit Unterfeldern wie Klimaschutzrecht[605], Immissionsschutzrecht, Recht der Erneuerbaren Energien[606] und Energieeffizienzrecht[607]) wider, die häufig als Querschnittmaterie[608] gekennzeichnet wird. Speziell wird das Recht der Energieeffizienz als „Querschnittmaterie in der Querschnittmaterie"[609] bezeichnet.

Der Gesetzgeber der Europäischen Union hat aber gemäß Art. 194 Abs. 2 UAbs. 2 i.V.m. Art. 194 Abs. 1 lit. c AEUV und Art. 192 Abs. 2 UAbs. 1 lit. c AEUV versucht, eine Trennung zwischen Energie- und Umweltrecht bzw. dem Recht der Erneuerbaren Energien festzulegen, wenn vorgesehen war, dass ein

603 Entschließung des Rates v. 3.3.1975 über Energie und Umweltschutz, ABl. C 168, 1975, S. 2; Mitteilung der Kommission „Förderung der Einbeziehung von Umweltaspekten in die Energiepolitik der Gemeinschaft" v. 14.10.1998, KOM (1998) 571 endg.

604 Vgl. *Calliess*, Die neue Europäische Union nach dem Vertrag von Lissabon, 2010; *Calliess*, Sinn, Inhalt und Reichweite einer europäischen Kompetenz zu einer kombinierten Umwelt-, Klima- und Energiepolitik, Berliner Online-Beiträge zum Europarecht, Nr. 52, 2009; *Knauff*, In: *Müller* (Hrsg.), 20 Jahre Recht der Erneuerbaren Energien, 2012, S. 411–412.

605 *Koch*, In: *Gesellschaft für Umweltrecht*, Dokumentation zur 34. Wissenschaftlichen Fachtagung der Gesellschaft für Umwelt e.V. Leipzg 2010, 2011, S. 41–104; *Schlacke*, In: *dies* (Hrsg.), Umwelt- und Planungsrecht im Wandel – Die Verwaltung. Beiheft 11, 2010, S. 121; *Schulze-Fielitz/Müller*, In: *ders/ders* (Hrsg.), Europäisches Klimaschutzrecht, 2009, S. 9.

606 Vgl. *Ehricke*, In: *Frenz/Müggenborg*, EEG – Erneuerbare-Energien-Gesetz – Kommentar, 2013; *Müller* (Hrsg.), 20 Jahre Recht der Erneuerbaren Energien, 2012. Nach *Kahl*, Die Kompetenzen der EU in der Energiepolitik nach Lissabon, EuR, Heft 5, 2009, S. 618, ist die erneuerbaren Energie eine Querschnittmaterie, die zwischen Energie- und Umweltrecht steht.

607 *Pielow*, In: *Gesellschaft für Umweltrecht*, Umweltschutz im Energierecht, 2006, S. 163 ff.; *Ludwigs*, In: *Brinktrine/ders/Seidel*, Energieumweltrecht in Zeiten von Europäisierung und Energiewende, 2014, S. 175 ff.

608 Klimaschutzrecht als Querschnittmaterie, vgl. *Kahl*, In: *Schulze-Fielitz/Müller* (Hrsg.), Europäisches Klimaschutzrecht, 2009, S. 53; *Schulze-Fielitz/Müller*, In: *ders/ders* (Hrsg.), Europäisches Klimaschutzrecht, 2009, S. 10.

609 *Pielow*, Effektives Recht der Energieeffizienz?, ZuR, Heft 3, 2010, S. 119.

umweltmotivierter (unter Berücksichtigung der Erheblichkeitsklausel) Eingriff in die Souveränität der Mitgliedstaaten bezüglich der Wahl zwischen verschiedenen Energiequellen und der allgemeinen Struktur seiner Energieversorgung zulässig ist. Ein solcher Eingriff ist jedoch unzulässig, wenn die EU energiepolitisch motiviert tätig wird.

3.1.4 Förderung der Interkonnektion der Energienetze

Letztlich – und die jüngste Zielvorgabe, da sie nicht im gescheiterten EVV war, wie die oben zitierten Ziele – soll auch die Interkonnektion der Netze gemäß Art. 194 Abs. 1 lit. d AEUV gefördert werden. Das Ziel, das **flankierenden**[610] **und multifunktionalen**[611] **Charakter** hat und zur physischen Realisierung der anderen Ziele **dient**[612], somit Voraussetzung der energetischen Solidarität ist, erstreckt sich insoweit auf die netzgebundenen Energieträger Elektrizität und Gas.

Die Bedeutung der Energienetze wurde im Erwägungsgrund 25 der Richtlinie 2009/72/EG deutlich hervorgehoben: „Die Versorgung der Bürger der Union mit Elektrizität kann **nur über Netze** erfolgen. Funktionsfähige Strommärkte und **im Besonderen Netze** sowie andere mit der Stromversorgung verbundene Anlagen sind von wesentlicher Bedeutung für die öffentliche Sicherheit, die Wettbewerbsfähigkeit der Wirtschaft und das Wohl der Bürger der Union". Die Energienetze stellen dann ein unverzichtbares Element zur Vollendung des Energiebinnenmarkts dar.

Maßnahmen hinsichtlich des Ausbaus der Netze (auch außerhalb der EU, angesichts der immanenten geopolitischen Komponente der Integration der Energienetze[613]) und Koppelungsstellen einer effizienteren Auslastung der Netzinfrastruktur, der Förderung von *smart grids*, der Koordinierung des Netzbetriebs und der Förderung von Investitionsmitteln tragen zur Verwirklichung dieses Ziels bei[614]. Die Verbindung von weit auseinander liegenden Gunststandorten beseitigt die geographischen, klimatischen und mineralischen Unterschiede zwischen den Mitgliedstaaten – wenn souveränitätsmotivierte Gründe nicht angebracht werden – und bildet ein stabileres und sicheres Netz, das die wachsende Einspeisung intermittierender Energien aufnehmen kann und energiesolidarische Maßnahmen zu Gunsten bislang isolierter Versorgungsgebiete ermöglicht.

Ein größeres Niveau der Interkonnektion der Netze kann auf einer Seite das Risiko tragen, dass das Netz instabiler und funktionsunfähig wird, insbesondere

---

610 *Calliess*, In: *ders/Ruffert*, EUV/AEUV Kommentar, 4. Aufl., 2011, Art. 194, Rn. 16, S. 1974.

611 *Gundel*, In: *Ehricke* (Hrsg.), Energiewirtschaftsrecht im Spannungsfeld von marktlicher Freiheit und hoheitlichen Einschränkungen, 2011, S. 67.

612 *Schulenberg*, Die Energiepolitik der Europäischen Union, 2009, S. 388.

613 Ebenda, S. 388.

614 *Hirsbrunner*, In: *Schwarze* (Hrsg.), EU-Kommentar, 3. Aufl., 2012, Art. 194, Rn. 19, S. 1873.

wenn von einem auf eingespeiste erneuerbare Energien basierendem Netz die Rede ist. Ein höheres Koordinierungsniveau ist dann nötig[615].

„Interkonnektion" bedeutet nicht nur die technische Seite „des Verbunds und der Interoperabilität der einzelstaatlichen Energienetze", sondern auch die ökonomischen Aspekte des Verbundenseins der Netze, d.h. die Entwicklung eines Netzes, das die Funktionsfähigkeit des Marktes nicht einschränkt[616]. „Netze" sind körperliche und virtuelle Verbindungen zwischen verschiedenen Anschluss-, Verbindungs- und Endpunkten, die als Übertragungsweg dienen und die im Zuge der Leistungserbringung erreicht werden müssen[617].

Im Vergleich zu Art. 170 ff. AEUV sieht die EU eine Erweiterung ihre Kompetenzen vor, insbesondere in dem Bereich planerischer Maßnahmen[618]. Außer der koordinierenden Kompetenz darf die EU nun gemäß Art. 194 Abs. 1 lit. d AEUV konkrete eigene Projekte zur Interkonnektion mit expliziter Verpflichtung für die Mitgliedstaaten implementieren[619]. Ferner hat Art. 194 Abs. 1 lit. d AEUV gegenüber Art. 172 AEUV als *lex specialis* Vorrang, da für Art. 172 AEUV nur noch solche Maßnahmen verbleiben, die sich auf sektorübergreifende Infrastrukturmaßnahmen beziehen[620].

3.1.5 Fazit

Die EU erreicht erstmals mit Art. 194 AEUV eine eigenständige Kompetenz für den Bereich der Energiepolitik. Es geht um einen umfassenden Tätigkeitsbereich, auf den die Union sich stützen kann, um energiepolitische Maßnahmen zu erlassen. Obwohl sie schon in der Vergangenheit ohne eine solch präzise Kompetenzzuweisungen tätig geworden ist, ist nun die Entwicklung eines energiepolitischen Gesamtkonzepts „aus einem Guss" zulässig[621]. Zwar handelt es sich um keine generelle i.S.v. absoluter Spezialität des Art. 194 AEUV, aber das Energiekapitel besteht aus einer einheitlichen Rechtsgrundlage[622], die relativ speziell ist.

---

615 Mehr dazu s. 5.3.2.

616 *Calliess*, In: *ders/Ruffert*, EUV/AEUV Kommentar, 4. Aufl., 2011, Art. 194, Rn. 16, S. 1974.

617 *Calliess*, Die neue Europäische Union nach dem Vertrag von Lissabon, 2010, S. 486.

618 Mehr zur Abgrenzung zwischen Art. 170 ff. AEUV und Art. 194 Abs. 1 lit. d AEUV, s. 5.2.

619 *Ruffert*, In: *Energieversorgung und Umweltschutz*, 2010, S. 20.

620 *Calliess*, In: *ders/Ruffert*, EUV/AEUV Kommentar, 4. Aufl., 2011, Art. 194, Rn. 17, S. 1974.

621 *Kahl*, In: *Schulze-Fielitz/Müller* (Hrsg.), Europäisches Klimaschutzrecht, 2009, S. 51.

622 *Calliess*, In: *ders/Ruffert*, EUV/AEUV Kommentar, 4. Aufl., 2011, Art. 194, Rn. 1, S. 1970.

Angesichts der Tatsache, dass nahezu alle Bereiche des Energiesektors unter Art. 194 Abs. 1 AEUV subsumiert werden können, geht ein Teil der Literatur davon aus, dass die energiepolitische Kompetenz der Union „weitgehend" sei bzw. es sich um eine „erhebliche Ausweitung der Kompetenz" handele, ohne Rücksicht darauf, dass schon vor dem Inkrafttreten des AEUVs die EU beispielweise auf Art. 95 und 308 EGV indirekt stützend tätig wurden[623]. Der Wert der Kompetenzen der EU liegt dann auf ihrer organisatorischen und deklaratorischen Relevanz und Kohärenz für die Rechtsklarheit und -sicherheit und für das politische Szenario[624-625]. Die herrschende Meinung spricht von einer Kontinuitätsthese[626], mit Rücksicht auf die Kompetenz**erweiterung** im Bereich der Interkonnektion der Energienetze.

Bemerkenswert sind vier Aspekte des Art. 194 AEUV: Erstens der erweiternde Souveränitätsvorbehalt des Art. 194 Abs. UAbs. 2 AEUV, der als **„Integrationsbremse"** bezeichnet werden kann und demonstriert, wie stark das nationale Interesse im Bereich „Energiemixe" und Energieversorgungssicherheit noch ist. Eine ausgeglichene Betrachtung der Zieltrias der europäischen Energiepolitik – Wettbewerbsfähigkeit, Energieversorgungssicherheit und Umweltverträglichkeit – scheint schwierig realisierbar, solange dieses Ziels noch durch nationale Alleingänge zu verfolgen bleibt[627]. Zweitens die Einfügung des **Solidaritätsprinzip** als Einrahmung für die Verwirklichung der energiepolitischen Ziele, das auch als „Zentralbegriff

623 Nicht ohne eine Diskrepanz zwischen Primärrecht und Wirklichkeit. *Fischer*, Energie- und Klimapolitik im Vertrag von Lissabon: Legitimationserweiterung für wachsende Herausforderungen, 2009, S. 51.

624 Dagegen, *Trüe*, EU-Kompetenzen für Energierecht, Gesundheitsschutz und Umweltschutz nach dem Verfassungsentwurf, JZ, Heft 5, 2004, S. 787.

625 Viel versprechend für die Gewährleistung der Energieversorgungssicherheit ist eine noch abzuwartende Erhöhung der Verhandlungsmacht der Union als einziger Akteur mit einstimmiger Stimme gegenüber Öl- und Gaslieferstaaten, wie Russland und die OPEC-Staaten. Vgl. dazu *Fischer*, Energie- und Klimapolitik im Vertrag von Lissabon: Legitimationserweiterung für wachsende Herausforderungen, 2009, S. 59.

626 *Kahl*, In: *Schulze-Fielitz/Müller* (Hrsg.), Europäisches Klimaschutzrecht, 2009, S. 52; „keine genuin neuen Kompetenzen", *Calliess*, Die neue Europäische Union nach dem Vertrag von Lissabon, 2010, S. 499; „keine ‚Systemrevolution'", *Fischer*, Energie- und Klimapolitik im Vertrag von Lissabon: Legitimationserweiterung für wachsende Herausforderungen, 2009, S. 62; „bloße Bündelung", *Hobe*, In: *Schwarze/Hatje* (Hrsg.), *Der Reformvertrag von Lissabon*, EuR Beiheft 1/2009, 2009, S. 230; „nicht zu einer erheblichen Ausweitung der EU-Kompetenzen", *Ruffert*, In: *Energieversorgung und Umweltschutz*, 2010, S. 28.

627 *Fischer*, Energie- und Klimapolitik im Vertrag von Lissabon: Legitimationserweiterung für wachsende Herausforderungen, 2009, S. 62.

des Energierechts der EU“[628] bezeichnet wird und eine „Neuausrichtung“[629] für die europäische Energiepolitik bedeutet. Drittens die explizite Handlungsermächtigung der Union im Bereich der Energieversorgungssicherheit, was einen **„tatsächlichen Richtungswandel“**[630] darstellt. Viertens die Aufnahme der Förderung der Interkonnektion der Energienetze im Art. 194 Abs. 1 lit. d AEUV, die einen **zusätzlichen, dienenden Aspekt** – technische Voraussetzung[631] – für die Verwirklichung des Energiebinnenmarktes und die Gewährleistung der Energieversorgungssicherheit darstellt.

Letztlich ist der dienende Aspekt der Ziele im Art. 194 Abs. 1 lit. c und d AEUV im Vergleich zu den im Art. 194 Abs. 1 lit. a und b AEUV – wenn nur das Energiekapitel betrachtet wird – hervorzuheben. Während das Funktionieren des Energiebinnenmarktes und die Gewährleistung der Energieversorgungssicherheit als Endziele[632] bezeichnet werden können, da sie nur externen Aspekten des Energiekapitels dienen, wie z. B. das Gemeinwohl, haben auf der anderen Seite die Ziele im lit. c und d AEUV schon innerhalb des Energiekapitels eine dienende Funktion. Die Tatsache, dass sie einen starken physischen bzw. technischen Charakter haben, unterstützt dieses Argument. Diese Beziehung zwischen den Zielen wird im Folgenden betrachtet und vertieft.

3.2 Energieversorgungssicherheit und die Leitprinzipien des Art. 194 AEUV

Art. 194 AEUV bringt für die europäische Energiepolitik die Leitprinzipien (3.2.1), die die Verfolgung und die Realisierung der Ziele einrahmen. Also sind die Ziele (i) im Geiste der Solidarität zwischen den Mitgliedstaaten (3.2.1.1), (ii) im Rahmen der Verwirklichung oder des Funktionierens des Binnenmarkts (3.2.1.2) und (iii) unter Berücksichtigung der Notwendigkeit der Erhaltung und Verbesserung der Umwelt (3.2.1.3) zu verwirklichen. Die Beziehung zwischen dem Ziel der Energieversorgungssicherheit mit den Leitprinzipien ist für diese Arbeit von besonderer Relevanz (3.2.2).

628 *Calliess*, In: *ders/Ruffert*, EUV/AEUV Kommentar, 4. Aufl., 2011, Art. 194, Rn. 5, S. 1971.

629 *Ehricke/Hackländer*, Europäische Energiepolitik auf der Grundlage der neuen Bestimmungen des Vertrags von Lissabon, ZeuS, Heft 4, 2008, S. 600; Anders *Kahl*, In: *Schulze-Fielitz/Müller* (Hrsg.), Europäisches Klimaschutzrecht, 2009, S. 49.

630 *Fischer*, Energie- und Klimapolitik im Vertrag von Lissabon: Legitimationserweiterung für wachsende Herausforderungen, 2009, S. 54.

631 *Calliess*, In: *Joost/Oetker/Paschke* (Hrsg.), Festschrift für Franz Jürgen Säcker zum 70. Geburtstag, 2011, S. 602.

632 Gemeint hier sind nicht die Endziele bzw. die Zieltrias der Energiepolitik: Versorgungssicherheit, Wettbewerbsfähigkeit und Umweltverträglichkeit. Vgl. dazu 3.3.1.

3.2.1 Leitprinzipien der Energiepolitik

Leitprinzipien bzw. -begriffe sind rechtswissenschaftlich schwierig zu definieren, da sie normalerweise unter „nichtjuristische" Kategorien von anderen Bereichen wie Ökonomie und Sozialwissenschaft fallen. Sie finden ursprünglich keine Gliederungspunkte in juristischen Lehrbüchern und gehen über die herkömmliche rechtsdogmatische Begriffsbildung hinaus[633], indem sie einer normativen Ausformung bedürfen[634]. Die positivistische Einbeziehung solcher Begriffe im Recht wirft somit die Frage hinsichtlich ihrer Definition und der Auswirkungen der Begriffe gegenüber anderen Vorschriften auf, wie z. B. die Ziele – wie es der Fall im Art. 194 Abs. 1 AEUV ist.

Das ist für die Leitprinzipien der Energiepolitik im Art. 194 Abs. 1 AEUV zutreffend. Außer der Tatsache, dass sie keine juristische Begriffsbestimmung sind, da Binnenmarkt etwa wirtschaftlich, Umweltschutz etwa wirtschaftsökologisch und Solidarität etwa philosophisch-moralisch motiviert ist, sind sie auch für die Energiepolitik selbst fremd. Die Einbeziehung der Leitprinzipien in die Energiepolitik deutet darauf hin, dass es sich um eine Übertragung der Wertungen externer Sachbereiche – Binnenmarkt, Umweltschutz und Solidarität, d.h. von anderen nicht energiespezifischen Vertragszielen bzw. -grundsätzen – auf das Energiekapitel handelt[635].

Außer ihrer nichtjuristischen Eigenschaft zeichnen sich die Leitprinzipien durch die Streubreite ihres Begriffsumfangs aus. Unter ein Leitprinzip können viele unterschiedliche Sachverhalte fallen. Es ermöglicht kein eindeutiges binäres Ja/Nein oder eine „Alles-oder-nichts-Struktur" i.S.v. Rechtmäßigkeit oder Rechtswidrigkeit, sondern gestattet vielmehr Tendenzaussagen[636], die die Absicht des Gesetzgebers lenken sollen. Also wenn es um Überschneidungen – nicht Konflikt wie bei den Rechtsregeln, da die Leitprinzipien der Energiepolitik Rechtsprinzipien sind – zwischen zwei oder mehrere Leitprinzipien geht, besteht keine Ungültigkeit des Leitprinzips, das den Vorrang gegeben hat. Sie sollen soviel wie möglich optimiert und abgewogen werden.

Etwas konkreter sind Leitprinzipien Grundsätze, die die Union mittels ihrer Gemeinschaftsorgane respektieren bzw. berücksichtigen muss, wenn sie Maßnahmen erlässt, die der Verwirklichung der Ziele dienen. Sie sind nicht kompetenzbegründend und nehmen nur mittelbar Einfluss auf die Energiegesetzgebung. Allerdings sind sie keine reinen Programmsätze und begründen gerichtlich überprüfbare Rechtspflichten[637].

---

633 *Schulze-Fielitz*, In: *Kirchhof/Lehner/Raupach/Rodi* (Hrsg.), Staaten und Steuern – Fertschrift für Klaus Vogel zum 70. Geburtstag, 2000, S. 316.

634 *Kahl*, In: *Bauer/Czybulka/ders/Voßkuhle* (Hrsg.), Umwelt, Wirtschaft und Recht, 2002, S. 128.

635 *Hackländer*, Die allgemeine Energiekompetenz im Primärrecht der Europäischen Union, 2010, S. 103.

636 *Schulze-Fielitz*, In: *Kirchhof/Lehner/Raupach/Rodi* (Hrsg.), Staaten und Steuern – Fertschrift für Klaus Vogel zum 70. Geburtstag, 2000, S. 317.

637 *Hackländer*, Die allgemeine Energiekompetenz im Primärrecht der Europäischen Union, 2010, S. 120.

In der Literatur wird argumentiert, dass die drei Leitprinzipien sich auf die Zieltrias der Energiepolitik beziehen. Dementsprechend betonen die Rahmenbedingung des Binnenmarkts die Wettbewerbsfähigkeit, das Leitprinzip des Umweltschutzes entspricht dem Endziel des Umweltschutzes und die Energiesolidarität verbindet sich mit dem Ziel der Versorgungssicherheit[638]. Eine Gleichrangigkeit der Zieltrias würde eine Gleichrangigkeit der Leitprinzipien bedeuten und umgekehrt. Die These der Gleichrangigkeit ist sinnvoll, denn es kann nicht davon ausgegangen werden, dass der Gesetzgeber ein Leitprinzip zu Gunsten eines anderen privilegiert. Eine derartige Auslegung würde sogar die Eigenschaft der Leitprinzipien als Optimierungs- und Abwägungsgebotevorgaben widersprechen. In der Tat spricht sich die Umstellung des Wettbewerbsprinzips im Vertrag von Lissabon einerseits und die Akzentuierung der (solidarischen) Energieversorgungssicherheit (s. 3.1.2) sowie die sich in dem Vertrag widerspiegelnde globale Relevanz des Umweltschutzes andererseits für die Gleichrangigkeit der Leitprinzipien aus.

Fraglich ist vielmehr, welche Beziehung die drei Leitprinzipien mit den vier Zielen haben[639]. Da es keine explizite Vorschrift darüber gibt, ist es möglich, dass sowohl ein Ziel mehreren Leitprinzipien entspringt, als auch ein Ziel sich direkt und einseitig mit einem Leitprinzip verknüpft. Außer Frage steht die Tatsache, dass die im einleitenden Satz des Art. 194 Abs. 1 AEUV enthaltenen Leitprinzipien für alle im eigenen Unterpunkt aufgezählten Ziele gelten.

3.2.1.1 Energiesolidarität

Die Erwähnung des Solidaritätsprinzips im Art. 194 AEUV besteht aus einer erheblichen Neuerung im Vergleich zu dem gescheiterten Verfassungsvertrag und stimmt mit einer generellen **Stärkung eines solchen Prinzips** im Vertrag von Lissabon überein[640]. Das Solidaritätsprinzip entspricht keinem Politikbereich, obwohl die „Solidaritätsklausel" mehrmals in dem AEUV zitiert wird[641] und eine Wertung auf andere Sachgebiete übertragen werden soll, allerdings ohne eine Systematisierung

---

638 Vgl. *Papenkort/Wellershoff, Der Energietitel im Vertrag von Lissabon – Alter Wein in neuen Schläuchen*, RdE, 2010, S. 77–83; *Hackländer*, Die allgemeine Energiekompetenz im Primärrecht der Europäischen Union, 2010, S. 203.

639 Hier geht noch nicht um die sog. Zielkonflikte. Dieser Punkt wird im 2.3 betrachtet.

640 *Calliess*, In: *ders/Ruffert*, EUV/AEUV Kommentar, 4. Aufl., 2011, Art. 194, Rn. 5, S. 1971.

641 Bei „Solidaritätsklausel" ist in der Tat nur die Solidarität im Art. 222 AEUV zu verstehen. Beispiele von Solidaritätshinweisen sind im Art. 3 Abs. 3 UAbs. 3 (Solidarität zwischen den Mitgliedstaaten) und Art. 3 Abs. 3 UAbs. 2 EUV (Solidarität zwischen den Generationen), Art. 80 (Asyl und Einwanderung), Art. 122 (wirtschaftspolistische Solidarität), Art. 222 AEUV (allgemeine Solidaritätsklausel) zu finden.

und Einigkeit hinsichtlich ihrer Bedeutung. Im Art. 194 AEUV geht es um die „energetische Solidarität“ oder „Energiesolidarität“, die für den Energiebereich Art. 3 Abs. 3 UAbs. 3 EUV konkretisiert wird.

3.2.1.1.1 Solidaritätsfördernde Vorgehensweise

Die Nennung des Solidaritätsprinzips trägt zur rechtlich organisatorischen Kohärenz der europäischen Energiepolitik bei und spielt eine wichtige Rolle für die Anerkennung der Europäischen Union als einzigem gemeinschaftlichen Akteur in den Außenbeziehungen. Die Aufnahme des Solidaritätsprinzips in die Energiepolitik bedeutet, dass der Energiesektor ein Bereich gemeinsamen Interesses ist[642], aber verdeutlicht auch, dass die Marktkräfte allein die Energieversorgungssicherheit nicht gewährleisten können und ein „Korrektivmittel“ erforderlich ist, um das Ziel im Art. 194 Abs. 1 lit. b AEUV zu erreichen[643]. Eine nationale energetische Schwierigkeit soll immer mehr als ein europäisches Problem behandelt werden, so dass die Gewährleistung der Energieversorgung jedes Mitgliedstaates als eine gemeinschaftliche Aufgabe verstanden wird[644]. Alleingängige Maßnahmen machen weniger Sinn, wenn die mitgliedstaatliche Interdependenz immer größer wird und wenn sich ein Fehler eines Mitgliedstaats im Hinblick auf die Einführung angemessener Maßnahmen auf den Betrieb des europäischen Binnenmarktes (und sogar außerhalb der EU) auswirkt. In diesem Sinne wirkt das Solidaritätsprinzip als Katalysator sowohl für die Schaffung eines echten energetisch integrierten Europas (innere Perspektive) als auch für die Schaffung eines stabilen Verhältnisses zwischen einem energieeinfuhrabhängigen Europa und den Energieausfuhrländern (äußere Perspektive).

Die größte Motivation für die Nennung einer energiespezifischen Solidarität liegt in dem Drängen der polnischen Delegation hinsichtlich der Gefahr von Lieferunterbrechungen, die Polens Versorgungssicherheit beeinträchtigen könnte. Einige ost- und mitteleuropäische Staaten sind in hohem Maße von russischem Erdgas abhängig. Außerdem gab es schon konkrete Streitfälle in diesem Bereich, wie die vorübergehenden Erdgasunterbrechungen aus Russland nach Zentraleuropa wegen Meinungsverschiedenheiten mit dem Transitland Ukraine 2007 und 2009 deutlich machten[645]. Vor diesem Hintergrund ist klar, dass der Zweck der Energiesolidarität darin besteht, im Falle von Lieferunterbrechungen und anderen

---

642 Z. B. Mitteilung der Kommission „Energiefahrplan 2050“ v. 15.12.2011. KOM (2011) 885 endg., S. 4.

643 *Talus*, EU Energy Law and Policy, 2013, S. 281.

644 *Hirsbrunner*, In: *Schwarze* (Hrsg.), EU-Kommentar, 3. Aufl., 2012, Art. 194, Rn. 10, S. 1871.

645 *Pahl*, In: *Pernice* (Hrsg.), Der Vertrag von Lissabon: Reform der EU ohne Verfassung?, 2008, S. 207; *Kahl*, Die Kompetenzen der EU in der Energiepolitik nach Lissabon, EuR, Heft 5, 2009, S. 607.

Versorgungsengpässen den Weg hin zu einem hilfspflichtenden Mechanismus zwischen Mitgliedstaaten zu bauen[646].

Dementsprechend findet die energetische Solidarität konkrete Anwendungen bei Maßnahmen zur Gewährleistung der Energieversorgungssicherheit, wie z.B. die Verpflichtung zur Bevorratung von Erdöl und Erdgas[647], Ausbau grenzüberschreitender Netze bzw. Vernetzung[648] sowie Freigabe- und Verteilungsmechanismen. Unter der rechtsverbindlichen Energiesolidarität[649] besteht im Fall einer Versorgungskrise und auch gegenüber der Verwirklichung des energiepolitischen Gemeininteresses eine Verwehrung eines egoistischen und nationalistisch geführten Verhaltens eines Mitgliedstaates gegenüber anderen Mitgliedstaaten[650-651]. Ein rechtlich nicht bindendes Kommissionspapier im Rahmen der Diskussionen um die Richtlinie 2003/54/EG (zweite Elektrizitätsbinnenmarktrichtlinie) hält dazu wörtlich fest, dass „die Interessen der Gemeinschaft, d.h. die Schaffung eines echten Binnenmarktes und ein solidarisches Verhalten der Gemeinschaft, in diesem Fall [Unterbrechung der grenzüberschreitenden Lieferung für einen Mitgliedstaat wegen Zusammenbruchs des Stromnetzes der anderen Mitgliedstaats] hinsichtlich der Versorgungssicherheit importabhängiger Mitgliedstaaten, zweifellos Vorrang vor derart radikalen

---

646 *Ehricke*, In: *Frenz/Müggenborg*, EEG – Erneuerbare-Energien-Gesetz – Kommentar, 2013, S. 159.

647 Beispielweise die Richtlinie 2009/119/EG des Rates v. 14. September 2009 zur Verpflichtung der Mitgliedstaaten, Mindestvorräte an Erdöl und/oder Erdölerzeugnissen zu halten. ABl. L 265 v. 09.10.2009, S. 9.

648 S. die Verordnung Nr. 663/2009 des Europäischen Parlaments und des Rates v. 13. Juli 2009 über ein Programm zur Konjunkturbelebung durch eine finanzielle Unterstützung der Gemeinschaft zugunsten von Vorhaben im Energiebereich. ABl. L 200 v. 31.7.2009, S. 31–45.

649 *Ehricke/Hackländer*, Europäische Energiepolitik auf der Grundlage der neuen Bestimmungen des Vertrags von Lissabon, ZeuS, Heft 4, 2008, S. 596.

650 *Calliess*, In: *ders/Ruffert*, EUV/AEUV Kommentar, 4. Aufl., 2011, Art. 194, Rn. 6, S. 1971; *Calliess*, In: *Joost/Oetker/Paschke* (Hrsg.), Festschrift für Franz Jürgen Säcker zum 70. Geburtstag, 2011, S. 601.

651 Erheblicher Dämpfer für das energiepolitische Solidaritätsprinzip ist Art. 194 Abs. 2 UAbs. 2 AEUV, wie konstatiert *Hoffmeister*, In: *Pernice* (Hrsg.), Der Vertrag von Lissabon: Reform der EU ohne Verfassung?, 2008, S. 154, obwohl die Union nach Art. 3 Abs. 3 UAbs. 3 EUV die Solidarität zwischen den Mitgliedstaaten fördern muss. Dementsprechend geht ein Teil der Literatur davon aus, dass gegenüber den Mitgliedstaaten keine Pflicht besteht, im Krisenfall ihre Reserven teilen zu müssen, vgl. *Hobe*, In: *Schwarze/Hatje* (Hrsg.), Der Reformvertrag von Lissabon, EuR Beiheft 1/2009, 2009, S. 229; *Däuper*, In: *Danner/Theobald* (Hrsg.), Energierecht Kommentar – Band 2, 2013, S. 11. Eine Unterbrechung der Transite, Importe oder Exporte von Strom soll aber zu Recht nicht das erste Mittel sein, um einen drohender Netzzusammenbruch zu bewältigen, da sie für den gemeinsamen Energiebinnenmarkt viel zu beeinträchtigend ist, vgl. *Sternig*, Versorgungssicherheit im Elektrizitäts- und Erdgasmarkt, 2009, S. 67.

Maßnahmen haben, wenn sich herausstellt, das stattdessen weniger drastische Maßnahmen möglich gewesen wären“[652].

Einflussreich ist die Energiesolidarität auch in der Förderung der Interkonnektion der Netze, die Bedingung für die gegenseitige Bereitstellung von Energiereserven zwischen Mitgliedstaaten im Falle einer Versorgungskrise darstellt.

Allerdings ist auf der anderen Seite fraglich, ob Maßnahmen im Bereich der energetischen Solidarität schon auf andere Vorschriften des AEUV gestützt werden könnten. Konsequenz wäre eine mangelnde Rechtswirkung des Leitprinzips der Energiesolidarität[653]. Diese These ist aus zwei Gründen abzulehnen. Erstens machen die Häufigkeit des Begriffs in verschiedenen Vorschriften des AEUVs und die Neuerung des Prinzips in seiner energiepolitischen Dimension deutlich, dass die Energiesolidarität über das allgemeine Solidaritätsprinzip hinausgeht. Zweitens sind die Adressaten unterschiedlich: während die Mitgliedstaaten das allgemeine Solidaritätsprinzip respektieren müssen, ist die Union von der Energiesolidarität des Art. 194 Abs. 1 AEUV betroffen, da es sich um „die Energiepolitik der Union“ im Primärrecht handelt[654].

Undeutlich ist ferner die Beziehung zwischen diesem Leitprinzip und dem Ziel der Sicherstellung des Funktionierens des Energiemarkts (oder dem Leitprinzip der Rahmenbedingung des Binnenmarkts). Art. 194 Abs. 1 lit. a AEUV eröffnet die energiepolitische Dimension eines liberalisierten Markts, auf dem die Ware Energie durch den freien Lauf wirtschaftlicher Prozesse und das individualistische Gewinnstreben frei zirkulieren kann[655]. Auf der anderen Seite ist die Solidarität mit Gegenseitigkeit und Kooperation vereinbar. Dementsprechend soll die Union ab der Einfügung des energetischen Solidaritätsprinzips im Art. 194 AEUV das Ziel eines garantierten und funktionierenden Energiemarkts etwa solidaritätsfördernd verwirklichen. Tatsächlich bedeutet das ein Verbot einer Maximierung der neoliberalistischen Prinzipien, insbesondere des Wettbewerbsprinzips, zu Lasten von Politiken, die Kooperation zwischen Mitgliedstaaten fördern. Das Leitprinzip der Energiesolidarität stellt **ein Optimierungsgebot** dar, das mit den zwei anderen Leitprinzipien ausgeglichen werden muss.

---

652 Vermerk der GD Energie und Verkehr zu den Richtlinien 2003/54/EG und 2003/55/EG über den Elektrizitäts- und Erdgasbinnenmarkt „Maßnahmen zur Sicherung der Stromversorgung“ v. 16.01.2004, S. 9.

653 Zu einem mangelnd normativen Gehalt des „Geistes der Solidarität“, vgl. *Nettesheim*, Das Energiekapitel im Vertrag von Lissabon, JZ, Heft 1, 2010, S. 23.

654 *Hackländer*, Die allgemeine Energiekompetenz im Primärrecht der Europäischen Union, 2010, S. 142. Vgl. auch *Calliess*, Sinn, Inhalt und Reichweite einer europäischen Kompetenz zu einer kombinierten Umwelt-, Klima- und Energiepolitik, Berliner Online-Beiträge zum Europarecht, Nr. 52, 2009, S. 27, der der Meinung ist, dass die Adressaten der energiepolitischen Solidaritätspflicht die Mitgliedstaaten sind.

655 *Ehricke/Hackländer*, Europäische Energiepolitik auf der Grundlage der neuen Bestimmungen des Vertrags von Lissabon, ZeuS, Heft 4, 2008, S. 596.

3.2.1.1.2 *Beispiele Energiesolidarität: Pentalaterales Forum, BEMIP und Beschluss Nr. 994/2012/EG*

Trotz der im Schrifttum gefundenen Meinungsverschiedenheiten hinsichtlich der Adressaten des Prinzips der energetischen Solidarität des Art. 194 Abs. 1 AEUV ist unanzweifelbar, dass sich mehrere Initiativen seitens der Union und der Mitgliedstaaten auf dieses Prinzip stützen.

Hervorzuheben ist erstens die Aufgabe des energetischen Solidaritätsprinzips im internationalen Szenarium. Da die Gewährleistung der europäischen Energieversorgungssicherheit nicht mehr durch mitgliedstaatliche, nationale Alleingänge verfolgt werden soll, muss energiebezogenen, bi- oder multilateralen Abkommen volle Transparenz gegeben werden, damit „EU-negative" Energievereinbarungen, die nur die nationale Energieversorgungssicherheit verfolgen und dabei Schäden an einer europäischen Energieversorgungssicherheit beabsichtigen oder in Kauf nehmen, vermieden werden[656]. Um das Ziel der Energieversorgungssicherheit zu erreichen, ist es sinnvoll, dass die Mitgliedstaaten, auf das Solidaritätsprinzip gestützt, miteinander Informationen über die abgeschlossenen Abkommen im Energiebereich austauschen. Einen Schritt in diese Richtung stellt der Beschluss Nr. 994/2012/EG vom 25.10.2012 zur „Einrichtung eines Mechanismus für den Informationsaustausch über zwischenstaatliche Energieabkommen zwischen Mitgliedstaaten und Drittländern"[657] dar. laut Durch diese Transparenzmaßnahme werden dann solidarische Überprüfungen gegenüber Mitgliedstaaten ermöglicht. Der Beschluss Nr. 994/2012/EG stützt sich auf Art. 194 AEUV und nimmt Rücksicht auf die Tatsache, dass „ein hohes Maß an Transparenz hinsichtlich der Energieabkommen zwischen Mitgliedstaaten und Drittländern es der Union ermöglichen [würde], von Solidarität getragene, koordinierte Maßnahmen zu ergreifen, um sicherzustellen, dass solche Abkommen mit dem Unionsrecht im Einklang stehen und die Energieversorgung wirksam sichern"[658]. Der Beschluss ist somit ein Beispiel für die aktive Rolle des durch den AEUV in das Energiekapitel eingefügten Solidaritätsprinzips.

Ein zweiter Bereich, wo eine auf der energetischen Solidarität basierende Vorgehensweise zu finden ist, betrifft die regionale Zusammenarbeit zwischen Mitgliedstaaten, die sich zusätzlich zu ihrem Realisierungspotenzial auf Art. 6 Abs. 1 der Richtlinie 2009/72/EG stützt. Dieser handelt von einer Zusammenarbeit, „um als ersten Schritt hin zu einem vollständig liberalisierten Binnenmarkt ihre nationalen Märkte auf einer

---

656 *Glachant/Ahner*, In: *Vinois* (Hrsg.), EU Energy Law – Volume VI – The security of energy supply in the European Union, 2012, S. 19.

657 ABl. L 299 v. 27.10.2012, S. 13ff. Eine Bearbeitung der Regelungen hinsichtlich dieses Mechanismus ist geplant, vgl. Mitteilung der Kommission „Paket zur Energieunion – Rahmenstrategie für eine krisenfeste Energieunion mit einer zukunftsorientierten Klimaschutzstrategie" v. 25.02.2015. KOM (2015) 80 final, S. 8.

658 Erwägungsgrund 3 des Beschlusses Nr. 994/2012/EG. Die Kommission wird den Beschluss Nr. 994/2012/EG überarbeiten, Mitteilung der Kommission „Strategie für eine sichere europäische Energieversorgung" v. 28.05.2014. KOM (2014) 330 final, S. 22.

oder mehreren regionalen Ebenen zu integrieren". Hier sind zwei Beispiele zu nennen: das Pentalateral Forum und der *Baltic Energy Market Interconnection Plan* – BEMIP.

Das Pentalateral Forum[659] stellt eine Initiative (politische Kooperation) einiger Mitgliedstaaten[660] dar, um erstens ihre Energiemärkte zu koppeln und zweitens die regionale Energieversorgungssicherheit sicherzustellen. Teilnehmer des Forums sind nicht nur die Regierungen der Mitgliedstaaten, sondern auch die entsprechenden Regulierungsbehörden, Übertragungsnetzbetreiber und Strombörsen. Eine Absichtserklärung wurde am 06.06.2007 unterzeichnet. Ziel des Forums besteht darin, die Ausarbeitung und Implementierung einer Marktkopplung zwischen allen Mitgliedstaaten zu schaffen und die folgenden Maßnahmen in Bezug auf Energieversorgungssicherheit zu ergreifen: die Ausarbeitung einer Vorhersage für die Systemangemessenheit, die Ausarbeitung von harmonisierten Kriterien für die Einteilung der Störfälle, die Gründung einer Plattform für die Zusammenarbeit der Übertragungsnetzbetreiber und die Ausarbeitung eines regionalen Übertragungskapazitätsplans, damit Engpässe effizienter identifiziert und überwunden werden können.

Um dem Risiko einer Versorgungsunterbrechung sowie einer abrupten Erhöhung der Energiepreise in den baltischen Ländern entgegenzutreten, da Estland, Litauen und Lettland in hohem Maß von russischem Gas abhängig sind, wurde der BEMIP[661] 2009 mittels eines Aktionsplans[662] und einer Absichtserklärung[663] „gegründet". Ziel des BEMIPs ist die Gewährleistung der Energieversorgungssicherheit in diesen noch isolierten[664] Gebieten mittels der Erstellung eines gut funktionierenden Energiemarkts sowie der Implementierung von Energieinfrastrukturprojekten, um die Isolation dieser Länder zu beenden. Teilnehmer des BEMIPs sind nicht nur Litauen, Lettland und Estland, sondern auch Finnland, Schweden, Dänemark, Deutschland, Polen und (als

---

659 Abrufbar unter: http://www.benelux.int/fr/cooperation-benelux-et-rhenanie-du-nord-westphalie/ forum-pentalateral-de-lenergie (Stand: 30.10.2015).

660 Belgien, Frankreich, Luxemburg, die Niederlande, Deutschland und späterer Beitritt von Österreich und der Schweiz.

661 Abrufbar unter: https://ec.europa.eu/energy/en/topics/infrastructure/baltic-energy-market-interconnection-plan (Stand: 30.10.2015).

662 Abrufbar unter: https://ec.europa.eu/energy/sites/ener/files/documents/2009_11_25_hlg_report _170609_0.pdf (Stand: 30.10.2015)

663 Abrufbar unter: https://ec.europa.eu/energy/sites/ener/files/documents/2009_bemip_mou_signed.pdf (Stand: 30.10.2015).

664 Eine *Joint Declaration* unter der „*Connecting Europe*" Fazilität hinsichtlich der Finanzierung der Gasinterkonnektor Polen-Litauen wurde zwischen Estland, Litauen, Lettland, Polen und die EU Oktober 2015 unterzeichnet, um die Isolation der baltischen Länder zu beenden. Der Interkonnektor soll bis 2019 in Betrieb sein. Abrufbar unter: https://ec.europa.eu/energy/en/news/first-gas-interconnector-poland-%E2%80%93-lithuania-ends-energy-isolation-baltic-states (Stand: 30.10.2015). Skeptisch gegenüber den Solidaritätsmaßnahmen im Rahmen des BEMIPs, wenn es um Gas geht, *Zsigri*, In: *Vinois* (Hrsg.), EU Energy Law – Volume VI – The security of energy supply in the European Union, 2012, S. 231.

Beobachter) Norwegen. Da alle drei baltischen Länder dieselben Herausforderungen und Prioritäten im Bereich der Energieversorgungssicherheit haben, und da es Komplementaritäten untereinander und mit anderen EU-Mitgliedstaaten gibt, stellt BEMIP eine bedeutsame Gelegenheit für eine solidaritätsfördernde Vorgehensweise dar[665].

Die Verordnung 347/2013/EU nennt den BEMIP ausdrücklich als „vorrangigen Energieinfrastrukturkorridor" (Anhang I), und mehrere Verbindungsleitungen dieses Korridors integrierten schon die erste Unionsliste von Vorhaben von gemeinsamem Interesse – VGI, die durch die Delegierte Verordnung 1391/2013/EU veröffentlicht wurde, und sind laut der Delegierten Verordnung 89/2016/EU, die die Delegierte Verordnung 1391/2013/EU ersetzte, Bestandteile der zweiten Unionsliste. Als VGI erlangen solche Projekte höchste Priorität i.S.v. Genehmigungsverfahren und Finanzierung[666]. Sowohl das EEPR[667] – s. insbesondere Art. 4 lit. c der Verordnung 663/2009/EG, der „die Verminderung der Isolation der am stärksten benachteiligten Gebiete oder Inseln der Gemeinschaft" als Ziel des Finanzierungsprogramms erwähnt – als auch die Fazilität „Connecting Europe"[668] (Verordnung 1316/2013/EU) stellen Finanzierungsinstrumente dar, um die Ziele des BEMIPs zu verwirklichen.

Nach dem Aktionsplan sollten die Energiebinnenmärkte der baltischen Länder bis 2015 völlig liberalisiert und mit der EU integriert sein. Dieses Ziel wurde nicht erreicht, und eine zweite Absichtserklärung[669] wurde 2015 unterzeichnet. Zukünftige Ergebnisse sind zu erwarten, da die Teilnehmer der BEMIP Initiativen geschaffen haben, ein gemeinsames Ziel, nämlich die Gewährleistung der Energieversorgungssicherheit, und die dazu erforderlichen Maßnahmen zu etablieren.

3.2.1.2 Rahmenbedingung des Binnenmarkts

Der Unterschied zwischen „Binnenmarkt" und „Energiemarkt" wurde schon erklärt (s. 3.1.1). Art. 26 Abs. 2 AEUV definiert den Inhalt des Binnenmarkts, der die vier Grundfreiheiten des Waren-, Personen-, Dienstleistungs- und Kapitalverkehrs sowie den Schutz vor Wettbewerbsverfälschungen umfasst[670]. Der Binnenmarkt hat gemäß Art. 26 ff. AEUV seine eigene Politik und ist wichtiges Ziel der Union (Art. 3 Abs. 3 EUV).

Hervorzuheben ist das „Doppelmandat" des Verwirklichens und des Funktionierens des Binnenmarkts, was ein kontinuierlicher Prozess[671] in Richtung auf die

665 *Zsigri*, In: *Vinois* (Hrsg.), EU Energy Law – Volume VI – The security of energy supply in the European Union, 2012, S. 224.

666 Mehr zum VGI, s. 5.3.1.3.

667 S. 5.3.3.1.

668 S. 5.3.3.2.

669 Abrufbar unter: https://ec.europa.eu/energy/sites/ener/files/documents/BEMIP%20 Memorandum%20of%20 Understanding_2015.pdf (Stand: 30.10.2015).

670 *Ehricke/Hackländer*, Europäische Energiepolitik auf der Grundlage der neuen Bestimmungen des Vertrags von Lissabon, ZeuS, Heft 4, 2008, S. 592.

671 *Hackländer*, Die allgemeine Energiekompetenz im Primärrecht der Europäischen Union, 2010, S. 127.

Schaffung eines europäischen Raums, in dem die Waren frei zirkulieren können, darstellt. Dahinter steht die Annahme, dass ein völlig liberalisierter Binnenmarkt noch keine Realität ist und noch „verwirklicht" werden soll.

Es wird diskutiert, ob dieses Leitprinzip eine Begrenzung der Befugnisse der Europäischen Union auf Harmonisierungsmaßnahmen mit Binnenmarktbezug darstellt. Es scheint naheliegend, wenn die (weit formulierten) Ziele der Energiepolitik und die jahrelange Kontroverse über die Einführung der Energiekompetenz in das Primärrecht betrachtet werden, von einem weiteren Verständnis dieses Leitprinzips im Art. 194 Abs. 1 AEUV auszugehen und nicht von einer auf den Ausdruck „Rahmen" gestützte Grenze hinsichtlich des Tätigwerdens der Union[672].

Obwohl der Ausdruck „Rahmen" das Verständnis nahelegen könnte, dass es sich um eine räumliche Begrenzung handele, bedeutet er vielmehr, dass die Union, wenn sie energiepolitisch tätig wird, keine Maßnahme erlassen darf, die das Binnenmarkt**konzept** beeinträchtigt[673]. Es geht ja um eine räumliche Einrahmung, die aber die grenzüberschreitenden Aspekte einiger Maßnahmen, die selbstverständlich der Verwirklichung oder dem Funktionieren des Binnenmarkts dienen müssen, nicht ausschließen. Das Leitprinzip der Verwirklichung und des Funktionierens des Binnenmarkts dient als Gebot der Beachtung von Auswirkungen auf den Binnenmarkt. Wettbewerbsfördernd – wie es der Fall in Art. 26ff. AEUV ist – ist das Leitprinzip nicht. Es stellt nur sicher, dass die Grundelemente des Binnenmarkts vor künftigen energiepolitischen Maßnahmen bewahrt werden.

Diese Auslegung ist mit der Absicht des Verfassungskonvents, über reine Harmonisierungskompetenzen hinauszugehen und die Rechtsgrundlagen zu bündeln, konform[674].

3.2.1.3 Berücksichtigung des Umweltschutzes

Die Vorgabe der „Berücksichtigung der Notwendigkeit der Erhaltung und Verbesserung der Umwelt" im Energiekapitel erkennt die zunehmende und enge Beziehung zwischen beiden Bereichen und verdeutlicht die große Bedeutung einer nachhaltigen Energiepolitik für eine verbesserte Umwelt. Verdeutlicht wird allerdings auch,

---

672 *Ehricke/Hackländer*, Europäische Energiepolitik auf der Grundlage der neuen Bestimmungen des Vertrags von Lissabon, ZeuS, Heft 4, 2008, S. 592; *Hackländer, Die allgemeine Energiekompetenz im Primärrecht der Europäischen Union*, 2010, S. 132; *Hirsbrunner*, In: *Schwarze* (Hrsg.), EU-Kommentar, 3. Aufl., 2012, Art. 194, Rn. 12, S. 1872. Zu einer bloßen deklaratorischen Rechtsnatur des Energiekompetenztitels, vgl. *Papenkort/Wellershoff*, Der Energietitel im Vertrag von Lissabon – Alter Wein in neuen Schläuchen, RdE, 2010, S. 79; *Schmidt-Preuß*, Energiepolitik – jetzt in Brüsseler Hand?, et, 2003, S. 776.

673 *Schulenberg*, Die Energiepolitik der Europäischen Union, 2009, S. 400.

674 *Calliess*, In: *ders/Ruffert*, EUV/AEUV Kommentar, 4. Aufl., 2011, Art. 194, Rn. 7, S. 1972.

dass die auf neoklassische wirtschaftliche Prinzipien beruhenden Maßnahmen zur Liberalisierung des Energiebinnenmarkts immer mehr auch die umweltpolitische Dimension der Energiepolitik berücksichtigen müssen, da das Ziel des Klimaschutzes seit den Verträgen von Maastricht und Amsterdam einen mindestens ebenso hohen Stellenwert gewonnen hat wie die Vollendung des Energiebinnenmarkts[675].

Wie beim Binnenmarkt besteht der Umweltschutz aus einem eigenen Politikbereich der europäischen Union (Art. 191ff.). Das Wort „Berücksichtigung" drückt aus, dass die Wertungen dieses Politikbereiches auf die Energiepolitik übertragen werden und sie beeinflussen. Auf der anderen Seite stellt eine derartige Übertragung die Notwendigkeit einer Integration der Umweltpolitik mit anderen Politiken dar, um ihre Ziele zu verwirklichen[676].

Ferner beinhaltet dies Leitprinzip auch ein „Doppelmandat", so dass die umweltbezogenen energiepolitischen Maßnahmen nicht nur auf konservierende Maßnahmen beschränkt bleiben, sondern auch die Umweltbelastungen bzw. -schäden angreifen und die vorherige Umweltmaßstäbe wiederherstellen[677].

Es geht nicht nur um die Erhaltung des heutigen Standards, sondern auch um eine Verbesserung der Umwelt, die weit zu verstehen ist. In diesem Begriff findet sich der Klimaschutz (s. Art. 191 Abs 1 4. Spiegelstrich AEUV, „Bewältigung globaler Umweltprobleme"), der die Energiepolitik in vielen Bereichen beeinflusst, wie beispielweise die Förderung erneuerbarer Energien[678] und von effizienteren elektrisch betriebenen Produkten.

Da das Klimaschutzrecht ein klassisches Querschnittsrechtsgebiet darstellt[679], und angesichts der Tatsache, dass die Umweltprobleme eng mit der Ausbeutung der (fossilen) Energiequellen verbunden sind, ist die Einrahmung der energiepolitischen Ziele durch dieses Leitprinzip gerechtfertigt. Beim Erlass energiepolitischer Maßnahmen müssen die Umweltauswirkungen beachtet werden. Diese sollen auch möglichst umweltschützend sein. In der Tat ist heute eine Maßnahme im Bereich der Energie kaum vorstellbar, die keine Rücksicht auf die Umwelt nimmt (nehmen soll).

---

675 *Weigt*, Marktintegration erneuerbarer Energien im Lichte europäischer Rahmensetzungen, ZNER, Heft 3, 2009, S. 206.

676 *Hackländer*, Die allgemeine Energiekompetenz im Primärrecht der Europäischen Union, 2010, S. 134.

677 Ebenda, S. 136.

678 Dieses Leitprinzip ist besonders für das Tätigwerden der Union, das sich auf Art. 194 Abs. 1 lit. c AEUV stützt, wichtig. Die Auslegung der „Und-Verknüpfung" als alternativ (s. 3.1.3.2.1), was eine Förderung neuer aber nicht erneuerbarer Energien ermöglicht, soll die Einrahmung des Leitprinzips des Umweltschutzes berücksichtigen. Neue fossile Energien bzw. Energietechnologien sollen somit nur gefördert werden, wenn sie Berücksichtigung der Notwendigkeit der Erhaltung und Verbesserung der Umwelt nehmen.

679 *Ehricke/Hackländer*, Europäische Energiepolitik auf der Grundlage der neuen Bestimmungen des Vertrags von Lissabon, ZeuS, Heft 4, 2008, S. 594; *Schulze-Fielitz/Müller*, In: *ders/ders* (Hrsg.), Europäisches Klimaschutzrecht, 2009, S. 9.

3.2.2 Energieversorgungssicherheit und das Verhältnis mit den Leitprinzipien

Die in der Literatur herrschende Meinung geht davon aus, dass sich das Ziel der Energieversorgungssicherheit und das Leitprinzip der (energetischen) Solidarität eng miteinander verbinden[680], was in der Tat bedeutet, dass die Sicherung der Energieversorgung keine rein mitgliedstaatliche Angelegenheit mehr ist, sondern eine Aufgabe der Union. Der Wortlaut des Art. 194 Abs. 1 lit. b AEUV erlaubt eine solche Auffassung, da die Energieversorgungssicherheit „in der Union“ zu gewährleisten ist[681].

Beispielsweise bedeutet eine solche Wende in der Praxis, dass ein Mitgliedstaat laut der gegenseitigen energiepolitischen Solidarität einerseits das energiepolitische Gemeininteresse unter Berufung auf das eigene Interesse nicht behindern darf [682], und andererseits verpflichtet ist[683], anderen Mitgliedstaat im Fall einer Versorgungskrise Hilfe anzubieten[684]. Dahingegen sind die Auswirkungen auf den freien Wettbewerb zu beachten, was im Laufe eines Abwägungsprozesses zwischen den Leitprinzipien durchgeführt wird[685].

Das ist mit dem in Art. 194 Abs. 1 lit. a AEUV vorgesehenen Ziel der Sicherstellung des Funktionierens des Energiemarktes logisch vereinbar, wenn von einem technischen und rechtlichen liberalisierten Energiemarkt die Rede ist.

---

680 *Calliess*, Sinn, Inhalt und Reichweite einer europäischen Kompetenz zu einer kombinierten Umwelt-, Klima- und Energiepolitik, Berliner Online-Beiträge zum Europarecht, Nr. 52, 2009, S. 27; *Calliess*, In: *ders/Ruffert*, EUV/AEUV Kommentar, 4. Aufl., 2011, Art. 194, Rn. 13, S. 1973; *Hackländer*, Die allgemeine Energiekompetenz im Primärrecht der Europäischen Union, 2010, S. 166; *Ruffert*, In: *Energieversorgung und Umweltschutz*, 2010, S. 22.

681 Zu einer sogar breiteren Auslegung dieses Zusatz, vgl. *Hirsbrunner*, In: *Schwarze* (Hrsg.), EU-Kommentar, 2012, Art. 194, Rn. 16, S. 1872, der davon ausgeht, dass die europarechtlichen Aufgabe der Union nicht nur aus der Gewährleistung der grenzüberschreitenden Versorgung der Union und der Mitgliedstaaten untereinander besteht, sondern auch die Sicherung der Energieversorgung der (peripheren) Regionen der Union.

682 *Calliess*, Die neue Europäische Union nach dem Vertrag von Lissabon, 2010, S. 496; *Calliess*, Sinn, Inhalt und Reichweite einer europäischen Kompetenz zu einer kombinierten Umwelt-, Klima- und Energiepolitik, Berliner Online-Beiträge zum Europarecht, Nr. 52, S. 26–27.

683 Sofern es im Sekundärrecht eine Hilfspflichtmechanismen oder etwas Ähnliches vorliegt, da der Adressat des Art. 194 Abs. 1 AEUV, der „verpflichtet“ ist, nur die Union ist.

684 *Calliess*, In: *Joost/Oetker/Paschke* (Hrsg.), Festschrift für Franz Jürgen Säcker zum 70. Geburtstag, 2011, S. 601.

685 *Hackländer*, Die allgemeine Energiekompetenz im Primärrecht der Europäischen Union, 2010, S. 167.

Obwohl der Ausdruck „in der Union" im Art. 194 Abs. 1 lit. b AEUV die These einer räumlichen Schranke des Tätigwerdens der Union im Einklang mit dem Ausdruck „Rahmen" im Leitprinzip der Verwirklichung und des Funktionierens des Binnenmarkts unterstützen könnte, bedeutet dieser vielmehr – und das soll unterstrichen werden -, dass die Energieversorgungssicherheit seit dem Vertrag von Lissabon Sache der Union ist und sie für die EU-Bürger und Mitgliedstaaten gewährleistet werden muss. Der Ausdruck „in der Union", der den integrierenden Charakter der Gewährleistung der Energieversorgungssicherheit in der Union hervorhebt, beschränkt nicht das „Wie" hinsichtlich der Gewährleistung der Energieversorgungssicherheit, d.h. ob die Energieversorgungssicherheit nur mit unioneuropäischen grenzüberschreitenden Energienetzen oder auch mit Hilfe von Drittländern (durch Einfuhr von Biomasse beispielweise) gewährleistet wird[686].

Bezüglich des Leitprinzips der Rahmenbedingung des Binnenmarkts im Art. 194 Abs. 1 AEUV bildet der Ausdruck „Rahmen", wie oben dargestellt (s. 3.2.1.2), keine geographische Grenze des Tätigwerdens der Union. Diese Auslegung trägt zur Schaffung des Ziels der Energieversorgungssicherheit bei. Gleiches gilt für den Ausdruck „in der Union", der **nicht** bedeutet, dass sich die Maßnahmen der Union für die Gewährleistung der Energieversorgungssicherheit (der Union) auf das Gebiet der Mitgliedstaaten beschränken muss. Kurz gesagt: die Mittel (egal ob Ressourcen, Investitionsmechanismen, Technologieübertragungen usw.), um die europäische Energieversorgungssicherheit zu gewährleisten, müssen nicht nur von den Mitgliedstaaten angeboten werden.

Das Ziel im Art. 194 Abs. 1 lit. b AEUV ist weit zu verstehen und erlaubt, dass die Maßnahme der Union, die beispielweise als Ziel hat, die langfristigen Energielieferungen aus Drittländern zu sichern, auf Art. 194 Abs. 1 lit. b AEUV gestützt wird. Die für die energiepolitischen Außenbeziehungen angewandte AETR-Doktrin unterstützt somit eine solche Auslegung (s. 3.1.2.2).

Die These der erweiterten Auslegung des Ausdruckes „im Rahmen" ist auch mit dem Terminus „transeuropäisch" – im Gegensatz zu „gemeinschaftlich" – im Fall von Art. 170ff. AEUV vereinbar, der bedeutet, dass die Netzwirkung über die Außengrenze der Union hinaus auch die benachbarten Drittstaaten erreichen soll, da eine isolierte Entwicklung der europäischen Energieinfrastruktur weder möglich noch politisch wünschenswert ist. Diesem Umstand wird im Art. 171 Abs. 3 AEUV hinsichtlich der Zusammenarbeit zwischen Union und Drittländern zur Förderung von Vorhaben von gemeinsamem Interesse sowie zur Sicherstellung der Interoperabilität der Netze Rechnung getragen[687].

686 Die Energieaußenpolitik stellt ein erheblicher Teil hin zur Verwirklichung des Energiebinnenmarktes dar. Vgl. Fn. 108, 109 und 110.

687 *Schäfer/Schröder*, In: *Streinz*, EUV/AEUV, 2. Aufl., 2012, Art. 171, Rn. 4, S. 1740; *Calliess*, In: *ders/Ruffert*, EUV/AEUV Kommentar, 4. Aufl., 2011, Art. 171, Rn. 40, S. 1856; *Vormizeele*, In: *Schwarze*, EU-Kommentar, 3. Aufl., 2012, Art. 170, Rn. 2, S. 1773.

Die bereits höhere und noch zunehmende Abhängigkeit europäischer Länder von eingeführten Brennstoffen macht die Verwirklichung und das Funktionieren des Binnenmarkts (nicht nur des Energiebinnenmarkts) ohne auswärtiges Handeln und ohne eine Energieaußenpolitik unmöglich[688]. Ein Verständnis der beiden Ausdrücke als reine geographische Grenze für das Tätigwerden der Union ist somit fern der Realität der Union.

Außerdem besteht eine enge Beziehung zwischen dem Ziel der Energieversorgungssicherheit und dem Leitprinzip der Berücksichtigung der Notwendigkeit der Erhaltung und Verbesserung der Umwelt. Wie erwähnt, gelten die Leitprinzipien als einflussreiche Grundsätze, die der Unionsgesetzgeber berücksichtigen muss, wenn eine energiepolitische Maßnahme erlassen wird. In diesem Sinne soll eine möglichst nachhaltige und umweltschonende Energieversorgungssicherheit verfolgt werden. Infolgedessen kommt die Doppelfunktion der Förderung der erneuerbaren Energien zum Ausdruck, da sie mittels einer Minderung der (auf fossilen Quellen basierenden) Energieeinfuhrabhängigkeit gleichzeitig die Energieversorgungsicherheit erhöht und die Umwelt verbessert. Konflikte zwischen Energieversorgungssicherheit und Umweltschutz können beispielweise im Hinblick auf den Auf- und Ausbau von Infrastrukturmaßnahmen vorliegen[689].

3.2.3 Fazit

Die drei Leitprinzipien der Energiepolitik der Europäischen Union – Rahmenbedingung des Binnenmarkts, Umweltschutz und die Energiesolidarität – sind Gebote, die der Uniongesetzgeber berücksichtigen muss. Sie übertragen die Wertungen anderer Sachbereiche des Vertrages (Binnenmarktpolitik, Umweltpolitik und allgemeines Solidaritätsprinzip) auf das Energiekapitel. Obwohl sie nicht kompetenzbegründend sind (es gäbe viele Überschneidungen gegenüber den Zielen), nehmen sie mittelbar Einfluss auf die Energiegesetzgebung. Dieser Einfluss lässt sich als Präzisierung und Lenkungsrichtung der Ziele übersetzen. In diesem Sinne schränken (delimitieren bzw. verfeinern) die Leitprinzipien eher ein als dass sie die Umsetzung der energiepolitischen Ziele erweitern. Alle vier Ziele müssen im Einklang mit den drei Leitprinzipien sein.

---

688 *Ehricke/Hackländer*, Europäische Energiepolitik auf der Grundlage der neuen Bestimmungen des Vertrags von Lissabon, ZeuS, Heft 4, 2008, S. 587. Das rechtfertigt auch das Argument zur Erstellung eines REES Index, der das mit der Energieeinfuhrabhängigkeit verbundene Risiko einer Versorgungsstörung misst, *Le Coq/Paltseva*, Measuring the security of external energy supply in the European Union, Energy Policy, Vol. 37, 2009, S. 4474.

689 Ausführlich dazu, vgl. *Lecheler*, In: *Schröder* (Hrsg.), Jahrbuch des Umwelt- und Technikrechts 2011, 2011, S. 177ff. Vgl. auch das Dokument der Kommission: *Guidance Document "Streamlining environmental assessment procedures for energy infrastructure 'Projects of Common Interest' (PCIs)"*. Abrufbar unter: http://ec.europa.eu/environment/ eia/pdf/PCI_guidance.pdf (Stand: 02.09.2015).

Ferner müssen sie zusammen betrachtet werden und im Abwägungsprozess optimiert werden, da es eine Gleichrangigkeit zwischen den Leitprinzipien gibt, die sich in der Gleichrangigkeit der Zieltrias der Energiepolitik wiederspiegelt. Eine Maximierung eines Leitprinzips zu Lasten eines anderen wäre dann unzulässig.

Hinsichtlich der Leitprinzipien im Einzelnen liefert der Ausdruck „Rahmen" keine räumliche Schranke. Vielmehr handelt es sich um ein Gebot, das Energiemarktkonzept nicht zu beeinträchtigen. Eine Vereinbarung der energiepolitischen Maßnahmen mit den Grundelementen des Binnenmarkts genügt. In Annahme der Funktion der Leitprinzipien sollen die Auswirkungen energiepolitischer Maßnahmen auf die Verwirklichung und das Funktionieren des Energiebinnenmarkts berücksichtigt werden. Das Leitprinzip des Umweltschutzes konkretisiert die Sorge um die globalen Umweltprobleme und fordert eine umweltschonende Energiepolitik, die nicht nur durch konservierende Maßnahmen zu realisieren ist, sondern auch durch Maßnahmen, die als Ziel haben, die vorherigen Umweltmaßstäbe wiederherzustellen. Letztlich sollen die Ziele des Art. 194 Abs. 1 AEUV „im Geiste der Solidarität" verfolgt werden. Die Aufnahme des Solidaritätsprinzips in die Energiepolitik bedeutet, dass der Energiesektor ein Bereich gemeinsamen Interesses ist, was für das Ziel der Energieversorgungssicherheit besonders relevant ist. Allerdings bezieht sich dieses Leitprinzip auf andere Ziele der Energiepolitik, da die Interkonnektion der Netze Bedingung für die Durchführung der Energiesolidarität ist und sie ein solidaritätsförderndes Tätigwerden der Union zum Erlass von Maßnahmen fordert, die das Funktionieren des Energiemarkts sichern.

Die Leitprinzipien gestalten die Energieversorgungssicherheit (und selbstverständlich die anderen Ziele) in vielfältiger Weise. Erstens muss die Verfolgung der Energieversorgungssicherheit nicht so maximiert werden, dass Prinzipien und Struktur des Binnenmarkts beeinträchtigt werden. Eine Maßnahme im Bereich der Energieversorgungssicherheit, die erhebliche Eingriffe in die Freiheit der Bürger vorsieht, beispielweise eine bestimmte Menge von Elektrizität oder Elektrizität von bestimmten Quellen zu konsumieren, könnte für unzulässig erklärt werden. Das Leitprinzip der Rahmenbedingung des Binnenmarkts begrenzt aber nicht die Verfolgung einer sicheren Energieversorgung auf nur mitgliedstaatliche Mittel. Zweitens geht eine auf die Förderung erneuerbarer Energien gestützte Verfolgung der Energieversorgungssicherheit mit dem Leitprinzip des Umweltschutzes konform. Drittens wird die Energieversorgungssicherheit ab dem Vertrag von Lissabon Sache der Union, und gemeinschaftliche Mechanismen sollen erstellt werden, damit die Energie in Krisenfällen solidarisch zwischen den Mitgliedstaaten behandelt wird. Das Leitprinzip der Energiesolidarität obliegt zwar der Union, aber nicht den Mitgliedstaaten. Eine mitgliedstaatliche Verpflichtung zu irgendeinem Verteilungsmechanismus müsste im Sekundärrecht vorliegen.

3.3 Verhältnis zwischen den Zielen

Die Ziele beziehen sich in vielfältiger Weise aufeinander, wobei das Thema der Zielkonflikte höchst umstritten ist. Die Ziele der europäischen Energiepolitik umfassen grundsätzlich alle möglichen Bereiche der Energiewirtschaft, und somit ist es kaum vorstellbar, dass ein Ziel, wenn es verfolgt wird, mittel- oder unmittelbar nicht andere Ziele beeinflusst. Es ist dann höchstwahrscheinlich und auch erwünscht, dass eine Maßnahme mehrere Ziele abdecken und positive Wirkungen für mehrere Ziele entfalten kann[690]. Wenn das nicht der Fall ist, ist es auf der anderen Seite dann möglich, dass ein Ziel mit einem anderen in Konflikt gerät (oder indifferent ist). Somit bestehen die Zielbeziehungen nicht aus einem Verhältnis der Ausschließlichkeit[691], sondern vielmehr aus einer Zielmaßnahmeverschränktheit[692]. Der bereits erwähnte **dienende Aspekt einiger Ziele** (lit. c und d gegenüber lit. a und b im Art. 194 Abs. 1 AEUV) unterstützt dieses Argument und wird im Folgenden vertieft.

Zielkonflikte liegen vor, wenn ein Ziel nur auf Kosten eines anderen Ziels verwirklicht werden kann, d.h., wenn beide (oder mehrere) Ziele simultan nicht uneingeschränkt erreicht werden können[693]. Das kann geschehen, wenn Maßnahmen zur Verwirklichung eines bestimmten Ziels erlassen werden. Fraglich ist, ob solche Zielkonflikte allein politisch zu lösen sind oder ob es rechtliche Kriterien dafür gibt, z. B. eine Zielhierarchie[694] oder Auslegungsmethoden, die für eine Lösung sprechen.

Hier wird zuerst perspektivisch die Stellung der Ziele der Energiepolitik gegenüber der Zieltrias und die anderen Ziele der Europäischen Union analysiert, da in der Literatur und in den politischen Texten oft eine Vielzahl von Ausdrücken – „Ziele", „Endziele", „Zieltrias", „Zieldreieck", „Hauptziele", „Unterziele", „Oberziele", „Politikziele", „Leitziele" usw. – benutzt werden (3.3.1).

Danach werden die für diese Arbeit relevanten Zielkonflikte bzw. -komplementarität (3.3.2) zwischen Energieversorgungssicherheit einerseits und die Sicherstellung des Funktionierens des Energiemarkts, die Förderung der Energieeffizienz, von -einsparungen und der neuen und erneuerbaren Energien somit die Interkonnektion der Netze andererseits zitiert.

Folglich werden Ansätze zu einer größeren Relevanz des Ziels der Energieversorgungssicherheit gegenüber Art. 194 Abs. 1 lit. c und d AEUV (3.3.3) und letztlich die Zwischenergebnisse (3.3.4) vorgelegt.

---

690 *Calliess*, Die neue Europäische Union nach dem Vertrag von Lissabon, 2010, S. 479.

691 *Hackländer*, Die allgemeine Energiekompetenz im Primärrecht der Europäischen Union, 2010, S. 198.

692 *Calliess*, Die neue Europäische Union nach dem Vertrag von Lissabon, 2010, S. 480 ff.

693 *Büdenbender*, Generelle und energierechtliche Konflikte zwischen Wettbewerb und Umweltschutz, DVBl., 2002, S. 802.

694 *Basedow*, In: *Due/Lutter/Schwarze* (Hrsg.), Festschrift für Ulrich Everling. Band I, 1995, S. 50.

3.3.1 Einordnung der Ziele

Die Begriffsbestimmung hinsichtlich der Ziele ist vielfältig. Obwohl Art. 194 Abs. 1 AEUV den Ausdruck „Ziele" benutzt, um die energiepolitischen Ziele aufzulisten, soll diese Bedeutung geklärt werden, um eine falsche Vorrangigkeit mit anderen Bestimmungen des AEUVs zu vermeiden. Ferner ist diese kleine Untersuchung auch für eine perspektivische Betrachtung der Ziele gegenüber der Zieltrias hilfreich, da es durch die Ziele der Energiepolitik ist, dass Rechtsrahmen und politische Auseinandersetzung sich treffen.

Art. 3 Abs. 1 EUV beinhaltet das **Hauptziel** der Union, wobei alle anderen Ziele des EUVs und des AEUVs gemäß einer „vom Allgemeinen zum Besonderen"-Bewegung ableiten: die Förderung „den Frieden, ihre Werte und des Wohlergehens ihrer Völker". Art. 3 EUV geht weiter und zählt andere Ziele der Union auf, die als **Unterziele** benannt werden können, beispielweise „Raum der Freiheit, Sicherheit und des Rechts ohne Binnengrenzen" (Art. 3 Abs. 2 EUV), die Errichtung eines Binnenmarkts und die Verfolgung der nachhaltigen Entwicklung und der Preisstabilität (Art. 3 Abs. 3 EUV), die Errichtung einer Wirtschafts- und Währungsunion (Art. 3 Abs. 4 EUV) usw. Der Unionsgesetzgeber teilt seine zur Verfolgung und Erreichung der Unterziele und des Hauptziels dienende Tätigkeiten auf systematische Weise in viele Bereiche ein (Art. 3 und Art. 4 AEUV), die die **Subunterziele** strukturieren[695]. Eine andere Einordnung sieht das Hauptziel als **Fernziel** und die Unter- und Subunterziele als **Nahziele**, die instrumentellen Charakter haben. Die Nahziele und die entsprechenden Politiken und Maßnahmen tragen damit zur Verwirklichung des Fernziels[696] bei.

Außer dieser Einordnung bietet die Literatur gemäß dem unterschiedlichen Präzisionsgrad der Ziele andere Einteilungen: **Zustandsziele** und **Richtungsziele**. Zustandsziele sind Ziele, die die Union auf einen Zustand verpflichten. Beispiele sind die Ziele der Sicherstellung des Funktionierens des Energiemarkts und der Gewährleistung der Energieversorgungssicherheit im Art. 194 Abs. 1 lit. a und b AEUV. Richtungsziele dagegen bieten eine Richtung oder Tendenz einer Politik, wie z.B. die Förderung der Energieeffizienz und von Energieeinsparungen sowie der Entwicklung neuer und erneuerbarer Energien sowie auch die Förderung der Interkonnektion der Netze im Art. 194 Abs. 1 lit. c und d AEUV[697-698]. Die Zustandsziele sind im Vergleich zu den Richtungszielen, die (nur) eine Richtung oder Tendenz

---

695 Art. 4 Abs. 2 lit. i sieht die Kompetenz der Union für den Bereich Energie vor.

696 Ähnliches hinsichtlich des EGVs, vgl. *Basedow*, In: *Due/Lutter/Schwarze* (Hrsg.), Festschrift für Ulrich Everling. Band I, 1995, S. 57; *Calliess*, In: *Hiebaum/Koller* (Hrsg.), Politische Ziele und juristische Argumentation, 2003, S. 90.

697 *Hackländer*, Die allgemeine Energiekompetenz im Primärrecht der Europäischen Union, 2010, S. 109.

698 *Basedow*, In: *Due/Lutter/Schwarze* (Hrsg.), Festschrift für Ulrich Everling. Band I, 1995, S. 59f., bringt im Hinblick auf die Ziele der Gemeinschaft nach Art. 3 EGV auch die Bereichsziele, die nur anzeigen, dass die Gemeinschaft

darstellen, präziser und haben somit Vorrang, wenn ein Zielkonflikt besteht[699]. Selbst wenn angenommen wird, dass der Grad der Zielpräzision kein geeignetes Kriterium zur Bestimmung einer Zielhierarchie im Energieartikel anbietet[700], was zu einer Lösung der Zielkonflikte im Konfliktfall beitragen könnte, besteht im Art. 194 Abs. 1 AEUV ein klarer **qualitativer Unterschied zwischen den Zielen** (lit. a und b einerseits und lit. c und d andererseits).

Ein **zweiter qualitativer Unterschied** betrifft die dienenden Aspekte aller Ziele der Energiepolitik. Während die Ziele im Art. 194 Abs. 1 lit. a und b AEUV direkte Voraussetzung für eine funktionierende Volkswirtschaft und für das europäische Gemeinwohl – Ziele außerhalb der Energiepolitik – darstellen, leisten die Ziele im Art. 194 Abs. 1 lit. c und d AEUV unmittelbar einen Beitrag zu der Energiepolitik und nur mittelbar zu anderen Zielen des AEUVs.

Also wenn es sich um die „Ziele" der Energiepolitik handelt, ist vielmehr von „Subunterzielen" oder „Nahzielen" die Rede, wenn sie in einer perspektivisch europarechtlichen Weise betrachtet werden. Selbstverständlich sind sie „Ziele" der Energiepolitik, wenn die Energiepolitik als hermetischer Bereich angenommen wird. Im Inneren existieren nur Leitprinzipien und Ziele. Ob es zwischen den energiepolitischen Zielen eine bestimmte Rangordnung gibt, ist eine andere Frage und wird im Folgenden untersucht (s. 3.3.3).

Noch zur Einordnung der Ziele soll berücksichtigt werden, dass auch der Literatur[701] zu entnehmen ist, wenn sie politische Dokumente der Energiepolitik erwähnt, dass eine Vielzahl von Begriffsbestimmungen zum Ausdruck kommen. Die **Endziele der Energiepolitik**, **Zieltrias**, **Zieldreieck** oder **übergeordnete Ziele** dürfen nicht mit den Zielen der Energiepolitik verwechselt werden. Nur die Energieversorgungssicherheit stimmt ohne weiteres mit dem Endziel der Versorgungssicherheit überein. Hingegen finden der Umweltschutz und die Wettbewerbsfähigkeit kein direktes, zusammenpassendes Paar bei der Aufzählung der Ziele. Vielmehr stellen die (untergeordneten) Ziele im Art. 194 Abs. 1 lit. a, c und d AEUV ein Mittel zu der Erreichung der Endziele der Energiepolitik dar[702] und könnten einen Beitrag zu dem Umweltschutz und der Wettbewerbsfähigkeit – natürlich auch zu der Versorgungssicherheit – leisten, aber die übergeordneten Ziele lassen sich nicht auf diese Ziele reduzieren. Sie betonen lediglich einzelne Aspekte der Zieltrias und sind somit nicht miteinander identisch.

---

in bestimmten Gebieten tätig werden soll. Umwelt- und Energiepolitik waren damals Beispiele.

699 Ebenda, S. 60.

700 *Hackländer*, Die allgemeine Energiekompetenz im Primärrecht der Europäischen Union, 2010, S. 201.

701 Beispielweise „energiepolitische Zieltrias", „magisches Dreieck" oder „Zieldreieck der Energiepolitik", ebenda, S. 111.

702 *Ehricke/Hackländer*, Europäische Energiepolitik auf der Grundlage der neuen Bestimmungen des Vertrags von Lissabon, ZeuS, Heft 4, 2008, S. 597.

Demnach sind Wettbewerbsfähigkeit, Versorgungssicherheit und Umweltverträglichkeit die „Endziele der Energiepolitik“[703], die durch die vier (Zwischen-)Ziele im Art. 194 Abs. 1 AEUV, die hier im Vergleich zu den Endzielen der Energiepolitik als „Mittel“ oder „Instrumente“ verstanden werden könnten, präzisiert wurden und zu realisieren sind[704]. Außerdem umfassen die Ziele im Art. 194 Abs. 1 lit. a und b AEUV wegen des dienenden Verhältnisses vollständig die Ziele des Art. 194 Abs. 1 lit. c und d AEUV[705].

Gemäß der Tatsache, dass Zieltrias und Ziele der Energiepolitik nicht übereinstimmen, folgt aus einer Gleichrangigkeit der Zieltrias der Energiepolitik, wie oben erwähnt, **keine** Gleichrangigkeit der Ziele in Art. 194 Abs. 1 AEUV[706].

3.3.2 Zielkonflikte und -komplementarität zwischen Energieversorgungssicherheit und anderen Zielen

Hier wird eine kleine Untersuchung durchgeführt, um genau zu präzisieren, wie das Ziel der Energieversorgungssicherheit sich mit dem Ziel der Sicherstellung des Funktionierens des Energiemarkts (3.3.2.1), dem Ziel der Förderung der Energieeffizienz und von Energieeinsparungen sowie der Entwicklung neuer und erneuerbarer Energien (3.3.2.2) und mit dem Ziel der Förderung der Interkonnektion der Netze (3.3.2.3) verbindet, mit besonderer Berücksichtigung der Aspekte hinsichtlich der Zielkonflikte und -komplementarität sowie der dienenden Funktion der Ziele im Art. 194 Abs. 1 lit. c und d AEUV gegenüber den Zielen im Art. 194 Abs. 1 lit. b AEUV.

---

703 Vgl. KOM (1995) 659 endg., S. 17 ff.; KOM (2006) 105 endg.; KOM (2007) 1 endg., S. 3 ff.; KOM (2008) 769 endg., S. 3.

704 *Ehricke/Hackländer*, Europäische Energiepolitik auf der Grundlage der neuen Bestimmungen des Vertrags von Lissabon, ZeuS, Heft 4, 2008, S. 597; *Hackländer*, Die allgemeine Energiekompetenz im Primärrecht der Europäischen Union, 2010, S. 111 f.

705 *Hackländer*, Die allgemeine Energiekompetenz im Primärrecht der Europäischen Union, 2010, S. 201.

706 Anders ist die Situation im deutschen Recht, wo genau die Endziele der europäischen Energiepolitik im § 1 EnWG widergespielt wurden, was nicht in Art. 194 Abs. 1 AEUV geschah. Ein Unterschied besteht auch in der Tatsache, dass die Ziele im Art. 194 Abs. 1 AEUV kompetenzbegründend sind. In der europäischen Energiepolitik gibt es keinen direkten Auftrag zur gleichrangigen Verfolgung wie beim deutschen Energierecht. Deswegen ist im deutschen Recht die Annahme der These einer Gleichrangigkeit der Ziele der Energiepolitik viel akzeptabler als im europäischen Recht. Außerdem handelt es sich im deutschen Recht um echte Ziele und nicht um Ziele, die als Instrumente für die Endziele der Energiepolitik erscheinen.

3.3.2.1 Energieversorgungssicherheit und das Funktionieren des Energiemarkts

Das Ziel der Energieversorgungssicherheit ist das einzige Ziel, das mit einem der Ziele der Zieltrias übereinstimmt. Es handelt sich um **eine direkte Übertragung einer auf der politischen Ebene definierten Zieltrias zur im AEUV positivierten Kompetenzzuweisung.** Diese Tatsache verdeutlicht eine besondere Stärkung des Bereiches Energieversorgungssicherheit, der zudem als klassischer Bereich gemeinwohlverpflichteter Dienstleistungserbringung anerkannt wird[707]. Diese Stärkung – auf die energiepolitische Entstehungsgeschichte gestützt – führt zu einer Ausgewogenheit zwischen dem Ziel des Funktionierens des Energiemarkts und dem Ziel der Gewährleistung der Energieversorgungssicherheit (3.3.2.1.1). Hervorzuheben hinsichtlich der Beziehung zwischen diesen Zielen sind auch die Urteile des EuGHs, die für eine Wettbewerbsbeschränkung aufgrund der Aufrechterhaltung bzw. Gewährleistung der Energieversorgungssicherheit sprechen (3.3.2.1.2).

Theoretisch verstärkt eine vermehrte Anzahl von Anbietern unter den Bedingungen des Wettbewerbs die Versorgungssicherheit und die Standards der Versorgungsleistungen[708]. Ein Beispiel für einen Konfliktfall beider Ziele wäre jedoch, wenn die durch eine erlassene Maßnahme erwünschte Preiswürdigkeit[709] – etwa durch die Einspeisung günstiger Elektrizität – gleichzeitig ein Minus an Energieversorgungssicherheit darstellt. Es wird dann angenommen, dass das Ziel der Energieversorgungssicherheit hinter dem Ziel des Funktionierens des Energiemarkts zurücktreten soll, wenn es um Maßnahmen zur Optimierung des Versorgungsstandards geht. Anders ist das Verhältnis, wenn eine Maßnahme erlassen wird, um eine unterbrechungsfreie (und umweltschonende) Energieversorgung zu gewährleisten, wenn mit einer Preiserhöhung zu rechnen ist[710].

Ein Zielkonflikt besteht auch, wenn eine Vorratsregelung für Erdöl und Erdgas erlassen wird, die zwar die Energieversorgungssicherheit verbessert, aber gleichzeitig das Funktionieren des Energiemarkts beeinträchtigen kann.

---

707 *Koenig/Kühling/Rasbach*, Versorgungssicherheit im Wettbewerb – Ein Vergleich der gemeinschaftsrechtlichen, französischen und deutschen Energierechtsordnungen, ZNER, Heft 1, 2003, S. 5.

708 Ebenda, S. 6.

709 Mit der Hervorhebung, dass die Preisgünstigkeit der Versorgung anders als im deutschen Recht kein Ziel der europäischen Energiepolitik ist. Allein betrachtet besteht dann gar kein Zielkonflikt. Erst wenn im konkreten Fall eine Verbindung zwischen Preiswürdigkeit und einer Gefahr für die Sicherstellung des Funktionierens des Energiemarkts („Wettbewerbsfähigkeit" der Energieversorgung) besteht, kann dann von einem Zielkonflikt mit dem Ziel der Energieversorgungssicherheit die Rede sein.

710 *Büdenbender*, Generelle und energierechtliche Konflikte zwischen Wettbewerb und Umweltschutz, DVBl., 2002, S. 800; *Theobald*, In: *Danner/ders* (Hrsg.), Energierecht Kommentar – Band 1, 2013, S. 14.

3.3.2.1.1 Ausgewogenheit zwischen den Zielen

Wie erwähnte, stimmt das Ziel der Energieversorgungssicherheit mit einem der Ziele der Zieltrias überein. Das Ziel der Sicherstellung des Funktionierens des Energiemarkts stellt hingegen nur eine Facette der Widerspiegelung der Annahme des Marktsystems in der Energiepolitik dar, das von Wettbewerbsfähigkeit bzw. Preisgünstigkeit[711] geprägt wird. Obwohl die Gewährleistung des Funktionierens des Wettbewerbsprinzips erstmals eine Zuständigkeit im Art. 3 Abs. 1 AEUV erhalten hat, führt diese Neuerung nicht dazu, dass die Kompetenz sich auf das Funktionieren des Binnenmarkts (ebenso wenig auf den Energiebinnenmarkt) erstreckt. In diesem Sinne betonte die Neuerungen des AEUV im Bereich der Energiepolitik stärker die Energieversorgungssicherheit im Vergleich zur Sicherstellung des Funktionierens des Energiemarkts[712].

Die Ziele der Energieversorgungssicherheit und des Funktionierens des Energiemarkts sind beide Zustandsziele, wie oben dargestellt wurde. In diesem Sinne unterscheiden sie sich von den Zielen im Art. 194 Abs. 1 lit. c und d AEUV. In der Literatur wurden ein paar Spannungsverhältnisse rund um diese Ziele errichtet. Ferner ist auch fraglich, ob zwischen den Zielen ein dienendes Verhältnis oder eine Komplementarität vorliegt.

Ein Spannungsverhältnis besteht zwischen Wettbewerb und Energieversorgungssicherheit, da der Wettbewerb einerseits theoretisch eine optimale Allokation der Ressourcen ermöglicht und die Preise drückt, und die Energieversorgungssicherheit andererseits eine ständige Investition in die Netze verlangt, was zu Preiserhöhungen führen kann. Außerdem ist es teuer, Reserveleistung aufrechtzuerhalten, die *per definitionem* nie oder kaum benutzt wird. Innerhalb eines wettbewerbsorientierten Energiemarkts gibt es dann die natürliche Tendenz, die Reserveleistung und die entsprechenden Kosten zu verringern. Die Energieversorgungssicherheit kann dann gefährdet werden. Dementsprechend darf das Bestreben nach (wirtschaftlicher) Effizienz und Kostendruck die notwendigen Anstrengungen im Bereich der Energieversorgungssicherheit nicht vernachlässigen[713]. Ferner ist somit fraglich, ob der auf erneuerbaren Energien basierende Energiemarkt allein genügende Anreize für

711 Die Preisgünstigkeit ist auch als Bestandteil des Ziels der Energieversorgungssicherheit verstanden, da eine unsichere Energieversorgung, die von hohen Energieeinfuhr abhängig ist, die Preisgünstigkeit gefährden kann. Vgl. Europäische Kommission: Hin zu einer europäischen Strategie für Energieversorgungssicherheit (KOM (2000) 769 endg.), S. 2; *Ehricke*, Der europäische Regelungsansatz zur Versorgungssicherheit in Bezug auf Stromnetze – zum Richtlinienvorschlag für die Sicherung der Elektrizitätsversorgung, ZNER, Heft 3, 2004, S. 212. S. auch 1.1.5.1.

712 *Fischer*, Energie- und Klimapolitik im Vertrag von Lissabon: Legitimationserweiterung für wachsende Herausforderungen, 2009, S. 54–55.

713 *Schmidt-Preuß*, In: *Säcker* (Hrsg.), Berliner Kommentar zum Energierecht, 2014, S. 49–50; *Jones*, EU Energy Law – Volume I – The internal energy market, 2006, S. 315–316. S. auch die Schutzmechanismen im Interesse der Energieversorgungssicherheit gegenüber mangelnder Marktkräfte (2.3.2.1).

Investitionen anbieten kann, damit die Energieversorgungssicherheit nicht beeinträchtigt wird[714]. Markteingriffe, wie beispielweise durch Regelungen zur Netzausbaupflicht und Netzplanung[715], stellen sicher, dass die Energieversorgungssicherheit gewährleistet bleibt.

Ein Spannungsverhältnis bestünde auch zwischen Wettbewerb und dem mit dem Ziel der Energieversorgungssicherheit eng verbundenen Solidaritätsprinzip. Beide Prinzipien tragen zum europäischen Gemeinwohl bei, aber mit dem Unterschied, dass dieses Hauptziel einerseits durch das individualistische Gewinnstreben (Eigennützigkeit) und andererseits mittels einer Gegenseitigkeit (Miteinander) realisiert werden kann[716]. Nach *Calliess* gäbe es gar kein Spannungsverhältnis, da die Adressaten jedes Prinzips unterschiedlich sind: Adressaten der Solidaritätspflicht sind die Mitgliedstaaten und Adressaten des Wettbewerbs sind die Unternehmen der Energiewirtschaft[717].

Hinsichtlich der zweiten Frage, wenn es um das Ziel der Marktintegration – nicht mit dem Ziel des Funktionierens des Energiemarkts, das nur einen Teil des Ziels der Marktintegration darstellt, zu verwechseln – geht, wird häufig angenommen, dass das marktwirtschaftliche Prinzip und das Ziel der Marktintegration – abgesehen von bestimmten Fällen – den Vorrang gegenüber jedem anderen Prinzip bzw. Ziel hätte[718]. Das Argument gewinnt besondere Kraft, wenn demgegenüber Steuerungsmaßnahmen oder -mechanismen im Dienste eines Ziels stehen, wie das der Fall für das Ziel der Energieversorgungssicherheit ist. Solche Maßnahmen dürften erst zum Einsatz kommen, wenn die freie Bewegung des Markts unzureichend wäre, beispielweise um die Störung der Energieversorgung oder die Beeinträchtigung anderer Ziele zu vermeiden oder zu beheben[719].

Die These des Vorrangs der Marktintegration ist wegen der Erweiterung des Zielkanons schon abgemildert. Eine Marktintegration darf nur verfolgt werden, soweit sie den Schutz der von der Union geschützten Gütern nicht beeinträchtigt. In der Auflösung der Zielkonflikte müssen dann aber gute Gründe vorliegen, um eine Derogation der Marktfreiheit zu rechtfertigen (s. gleich unten)[720].

---

714 *Moselle*, In: *ders/Padilla/Schmalensee* (Hrsg.), Harnessing renewable energy in electic power systems – Theory, practice, policy, 2010, S. 65.

715 Mehr dazu, s. Kapitel 5.

716 *Ehricke/Hackländer*, Europäische Energiepolitik auf der Grundlage der neuen Bestimmungen des Vertrags von Lissabon, ZeuS, Heft 4, 2008, S. 596.

717 *Calliess*, Die neue Europäische Union nach dem Vertrag von Lissabon, 2010, S. 497.

718 Zu einer Betrachtung dieses Themas im EGV, vgl. *Basedow*, In: *Due/Lutter/Schwarze* (Hrsg.), Festschrift für Ulrich Everling. Band I, 1995.

719 *Lippert*, Energiewirtschaftsrecht – Gesamtdarstellung für Wissenschaft und Praxis, 2002, S. 677.

720 *Ruffert*, In: *Calliess/ders*, EUV/EGV Kommentar, 3. Aufl., 2007, Art. 2, Rn. 10, S. 337; *Ruffert*, In: *Energieversorgung und Umweltschutz*, 2010, S. 18. Zu einer Beschränkung der Warenverkehrsfreiheit zugunsten des Umweltschutzes, vgl. EuGH,

Wenn dies für das Prinzip der Marktintegration gilt, ist vielmehr eine Ausbalancierung zwischen den Zielen des Art. 194 Abs. 1 lit. a und b AEUV gerechtfertigt. Ferner spricht eine entstehungsgeschichtliche Betrachtung der europäischen regulatorischen Entwicklung der Energieversorgungssicherheit (s. Kapitel 2) gegen die Annahme der These des absoluten Vorrangs des Ziels im Art. 194 Abs. 1 lit. a AEUV. **Die immerwährend herausragende Bedeutung der Energieversorgungssicherheit wurde hier schon betont (s. 3.1.2), und sie ist in der Literatur weithin anerkannt**[721].

Obwohl die Energieversorgungssicherheit seit der Gründung der europäischen Gemeinschaft mittels der EGKS und später der EURATOM das („versteckte") Hauptthema war, wird das Thema erst seit der Ölkrise 1973 nicht mehr nur am Rande behandelt führte zum Erlass echter Maßnahmen, um die Energieversorgung zu gewährleisten. Im Vordergrund stand immer die Bereitstellung eines Raums, in dem Waren frei zirkulieren könnten. Diese regulatorische Richtung hat sich bis Anfang der 90er im Maastrichter Vertrag und in der ersten Energiebinnenmarktrichtlinie widergespiegelt[722].

Rs. C-120/78, Slg. 1979, 649 Tz. 8 – Cassis de Dijon; EuGH, Rs. C-240/83, Slg. 1985, 531 – *Procureur de la République*/ADBHU; EuGH, Rs. 302/86, Slg. 1988, 4607 Tz. 9 – Dänische Pfandflaschen; EuGH, Rs. C-463/01, Slg. 2004, I-11 – Kommission/Deutschland; *Ehricke*, In: *Frenz/Müggenborg*, EEG – Erneuerbare-Energien-Gesetz – Kommentar, 2013, S. 174. Zu einer Betrachtung der Zielkonflikt zwischen Umweltschutz und Marktfreiheit im Rahmen der Richtlinie zur Förderung der erneuerbaren Energien, vgl. *Ehricke*, In: *Schulze-Fielitz/Müller* (Hrsg.), Europäisches Klimaschutzrecht, 2009, S. 112–119.

721 *Calliess/Hey*, In: *Müller* (Hrsg.), 20 Jahre Recht der Erneuerbaren Energien, 2012, S. 228; *Ehricke/Hackländer*, Europäische Energiepolitik auf der Grundlage der neuen Bestimmungen des Vertrags von Lissabon, ZeuS, Heft 4, 2008, S. 590; *Johnston/Block*, EU Energy Law, 2012, S. 239; *Kahle*, Die Elektrizitätsversorgung zwischen Versorgungssicherheit und Umweltverträglichkeit, 2009, S. 88ff; *Ruffert*, In: *Energieversorgung und Umweltschutz*, 2010, S. 22; *Schneider*, In: *ders/Theobald* (Hrsg.), Recht der Energiewirtschaft, 2013, § 2, Rn. 66, S. 79; *Vergoßen*, Das Einspeisemanagement nach dem Erneuerbare-Energien-Gesetz, 2011, S. 27. Zur besonderen, wenn nicht ausschlaggebenden Bedeutung des Ziels der Energieversorgungssicherheit gegenüber der Preisgünstigkeit und Umweltgerechtigkeit im deutschen Recht, vgl. *Schmidt-Preuß*, In: *Isensee/Kirchhof* (Hrsg.), Handbuch des Staatsrechts – Band IV – Aufgaben des Staates, 2006, S. 930. Zu einer trotz immer höheren Gewichte der sozial-, umwelt- und kulturpolitischen Zielsetzungen Präponderanz des Ökonomischen, vgl. *Ruffert*, In: *Calliess/ders*, EUV/EGV Kommentar, 3. Aufl., 2007, Art. 2, Rn. 6, S. 336; Zu keiner Vorrang des Umweltschutzes gegenüber ökonomische Grundsätze, vgl. *Frenz*, Vorrang erneuerbarer Energien im Interesse des Umwelt- und Klimaschutzes in der aktuellen Rezession?, ZNER, Heft 2, 2009, S. 117–118.

722 Zu beachten ist aber auch, dass es schon mit den Verträgen von Maastricht und Amsterdam eine Relativierung der Orientierung der Vertragsziele auf die Wirtschaft gab. Immermehr werden andere Politikbereiche in die Ziele der EU

Die immer zunehmende Energieeinfuhrabhängigkeit Europas verlangte danach einen Richtungswechsel, wobei die Gewährleistung einer Energieversorgungssicherheit stärker betont wurde. In der Tat gibt es ohne eine sichere Energieversorgung keinen Energiemarkt und auch keinen Binnenmarkt, da Elektrizität ein Basisprodukt für die Herstellung von (anderen) Waren ist. Die Kommission hat mehrmals betont, dass eine vollständige Integration der europäischen Energienetze und -systeme – d.h. des Energiemarkts – sowie die weitere Öffnung der Energiemärkte **Voraussetzungen** für die Aufrechterhaltung der Energieversorgungssicherheit sind. Da ein vollendeter Energiebinnenmarkt zur Erfüllung der Hauptanliegen der EU-Bürger, nämlich Wirtschaftswachstum, Arbeitsplätze und sichere Befriedigung der Grundbedürfnisse beiträgt, stellt ein solches Ziel auch keinen Selbstzweck dar[723].

Zudem unterstützt ein prozesstechnisches Argument die Idee einer Ausbalancierung beider Ziele. In der Vergangenheit mussten sich die Maßnahmen im Bereich der Energiepolitik nur auf die allgemeine Harmonisierungskompetenz des Art. 95 EGV stützen, was ein Bestreben vom europäischen Gesetzgeber verlangte, alle Maßnahmen als Maßnahme zur Errichtung und dem Funktionieren des Binnenmarkts gemäß Art. 14 EGV zu bestimmen. Jedwede Maßnahme musste entweder bestehenden Hemmnissen für die Grundfreiheiten oder spürbaren Wettbewerbsverfälschungen dienen[724]. Bis zu jenem Zeitpunkt nahm das marktwirtschaftliche Prinzip also viel Einfluss auf die europäische Energiepolitik, da eine Stützung auf Art. 95 i.V.m. Art. 14 EGV grundsätzlich die einzige Möglichkeit darstellte, diese Politik durchzuführen. Es bestanden keine energiepolitischen Befugnisse. Aber nach dem Vertrag von Lissabon und der formellen Erstellung einer Energiepolitik hat sich die Gestaltung verändert und die Union kann sich vielmehr auf andere Zielvorgaben stützen. Das Prinzip der Marktintegration und sein dementsprechend energiepolitisches Prinzip des Funktionierens des Energiemarkts verlieren somit Einfluss im Vergleich zu den anderen Zielen.

Der Entstehungsgeschichte der europäischen Energiepolitik und der Änderung, bzw. Erweiterung hinsichtlich der Stützung der Gesetzgebungsvorhaben kann entnommen werden, dass es zu einem Wechsel der Gewichtung der beiden Ziele kam, das Ziel der Energieversorgungssicherheit eine besondere energiepolitische Bedeutung gewann und **heute eine Ausgewogenheit zwischen den Zielen (Energieversorgungssicherheit und Funktionieren des Energiemarkts, nicht**

---

eingefügt, *von Bogdandy*, In: *Grabitz/Hilf*, Kommentar zur Europäischen Union, Art. 2 EGV, Rn. 1. 2000, S. 61ff.

723 Beispielweise Mitteilung der Kommission „Energiefahrplan 2050“ v. 15.12.2011. KOM (2011) 885 endg., S. 17; Mitteilung der Kommission „Ein funktionierender Energiebinnenmarkt“ v. 15.11.2012. KOM (2012) 663 final, S. 2.

724 *Calliess*, Sinn, Inhalt und Reichweite einer europäischen Kompetenz zu einer kombinierten Umwelt-, Klima- und Energiepolitik, Berliner Online-Beiträge zum Europarecht, Nr. 52, 2009, S. 11.

der allgemeine Binnenmarkt gemeint) erreicht wurde, die vorher nicht vorhanden war[725].

3.3.2.1.2 Energieversorgungssicherheit als legitimer Wettbewerbsbeschränkungsgrund im EuGH

Wie gezeigt, hat das Ziel der Energieversorgungssicherheit mehrere Berührungspunkte mit dem Prinzip des Wettbewerbs und seinen unterschiedlichen Facetten (Funktionieren des Energiebinnenmarkts, Wettbewerbsfreiheit, Marktintegration usw.). Da die Marktwirtschaft gemäß dem AEUVs das gewählte Mittel zur Erreichung sowohl der Ziele der Energiepolitik als auch anderer Ziele anderer Politiken in der EU ist, müssen unter Umständen bestimmte Gründe vorliegen, damit Wettbewerb und Wettbewerbsfreiheit zu Gunsten der Energieversorgungssicherheit beschränkt werden. Das europäische Energierecht lässt ausdrücklich gemeinwohlmotivierte Wettbewerbsbeschränkungen zu, soweit dies im allgemeinen Interesse einer sicheren und umweltgerechten Energieversorgung zu angemessenen Preisen erforderlich ist[726]. Hier werden die Urteile des EuGHs betrachtet, in denen sich die mit Energieversorgungssicherheit bezogenen Gründe auf die Mitgliedstaaten beziehen.

AEUV bringt keine ausdrückliche Erwähnung der Energieversorgungssicherheit als einem möglichen Derogationsgrund gegenüber einem marktfreiheitsorientierten Ordnungsrahmen. Normalerweise fallen aber die Maßnahmen, die die Energieversorgungssicherheit zum Ziel haben, unter allgemeinere Themen wie „öffentliche Sicherheit" (Art. 36 AEUV) (3.3.2.1.2.1) oder „Dienstleistungen von allgemeinem wirtschaftlichem Interesse" (Art. 106 Abs. 2 AEUV) (3.3.2.1.2.2)[727]. Eine flächendeckende, sichere und preisgünstige Energieversorgung wurde traditionell und

725 Ebenso, *Klaue/Loo*, Sicherheit der Energieversorgung der EU, et, Special 1, 2006, S. 14.

726 *Danwitz*, In: *Löwer* (Hrsg.), Wettbewerb und Versorgungssicherheit, 2007, S. 17.

727 Aufgrund der Energieversorgungssicherheit hat die Kommission auch entschieden, von Art. 101 und Art. 102 AEUV, die sich auf Wettbewerbsregeln beziehen, abzuweichen. Das Thema erregt spezielle Aufmerksamkeit bei den wettbewersbeschränkenden Vereinbarungen im Rahmen von langfristigen Energielieferverträgen. Vgl. Entscheidung der Kommission v. 22. Dezember 1992 betreffend ein Verfahren nach Artikel 85 EWG-Vertrag und Artikel 65 EGKSVertrag – Jahrhundertvertrag. ABl. L 50 v. 02.03.1993, S. 14; Pressemitteilung IP/97/351 v. 25.04.1997 – Electrabel (Abrufbar unter: http://europa.eu/rapid/press-release_IP-97-351_en.htm Stand: 29.10.2015). Die Kommission betonte aber die Wichtigkeit der langfristigen Vertäge für die Gewährleistung der Energieversorgungssicherheit trotz wettbewerbsbeschränkender Auswirkungen. Mitteilung der Kommission „Energiebinnenmarkt: Abgestimmte Maßnahmen im Bereich der Energieversorgungssicherheit" v. 11.09.2002. KOM (2002) 488 endg., S. 20.

schon bald nach Beginn der Elektrifizierung als öffentliches Interesse verstanden, das eine Beschränkung des freien Spiels marktwirtschaftlicher Kräfte legitimierte[728].

3.3.2.1.2.1 Art. 36 AEUV: Energieversorgungssicherheit als öffentliche Sicherheit

Art. 36 AEUV (ex-Art. 30 EG) regelt, dass Einfuhr-, Ausfuhr- und Durchfuhrverbote aufgrund der öffentlichen Sittlichkeit, Ordnung und Sicherheit, zum Schutze der Gesundheit und des Lebens von Menschen, Tieren oder Pflanzen, des nationalen Kulturguts von künstlerischem, geschichtlichem oder archäologischem Wert oder des gewerblichen und kommerziellen Eigentums gerechtfertigt sind, sofern sie weder ein Mittel zur willkürlichen Diskriminierung noch eine verschleierte Beschränkung des Handels zwischen den Mitgliedstaaten darstellen. Aus solchen Gründen darf dann die Wettbewerbsfreiheit beschränkt werden. Der EuGH bestätigte mehrmals, dass die Ausnahmevorschrift des Art. 36 AEUV eng auszulegen ist[729].

Die Leitentscheidung hinsichtlich der Anwendung dieser Vorschrift zur Beschränkung der Marktfreiheit zum Zwecke der Gewährleistung der Energieversorgungssicherheit ist das *Campus Oil*-Urteil[730] aus dem Jahr 1984, in dem der EuGH die Energieversorgungssicherheit als einen Gemeinwohlgrund i.S.d. Art. 30 EG anerkannte[731]. Die irische Regierung erließ eine (staatliche) Anordnung einer Pflicht zur Mindestabnahme von Erdölerzeugnissen von der staatlichen irischen Erdölgesellschaft. Ziel der Maßnahme bestand darin, eine bestimmte Raffineriekapazität in Irland zu sichern und damit die Energieversorgungssicherheit zu erhöhen[732]. Die Erdölerzeuger mussten ungefähr ein Drittel ihrer Produkte von der (einzigen) nationalen Raffinerie kaufen. Die Preise wurden vorab festgelegt, damit die Kosten der Raffinerie gedeckt und ihre wirtschaftliche Lebensfähigkeit aufrechterhalten wurden. Diese Anordnung beschränkte die Warenverkehrsfreiheit, da Erdölerzeuger nicht mehr in der Lage waren, ihre Produkte vollständig selbst herzustellen[733].

Das EuGH verstand aber, dass die Maßnahme notwendig war, um die irische öffentliche Sicherheit mittels der Aufrechterhaltung der Raffineriekapazität sicherzustellen, die für die irische Versorgungssicherheit unentbehrlich war. Laut dem

728 *Danwitz*, In: *Löwer* (Hrsg.), Wettbewerb und Versorgungssicherheit, 2007, S. 18.

729 EuGH, Rs. C-7/61, Slg. 1961, 695 – Kommission/Italien; EuGH, Rs. C-29/72, Slg. 1972, 1309 – Marimex; EuGH, Rs. 113/80, Slg. 1981, 1625 – Kommission/Irland; EuGH, Rs. C-205/89, Slg. 1981, I-1361 – Kommission/Griechenland.

730 EuGH, Rs. C-72/83, Slg. 1984, 2727, Tz. 2751 – Campus Oil.

731 Obwohl Energieversorgungssicherheit im Art. 30 EG (jetzt Art. 36 AEUV) nicht ausdrücklich erwähnt wurde, hat der EuGH im *Cassis de Dijon*-Urteil anerkannt, dass Art. 30 EG auch „ungeschriebene Rechtfertigungsgründe" beinhalte, wie Klimaschutz und Energieversorgungssicherheit. EuGH, Rs. C-120/78, Slg. 1979, 649 Tz. 8 – Cassis de Dijon.

732 *Kühne*, In: *Pielow* (Hrsg.), Sicherheit in der Energiewirtschaft, 2007, S. 141.

733 Mehr dazu, vgl. *Cameron*, Competition in energy markets: law and regulation in the European Union, 2007, S. 546–549.

Campus Oil-Urteil ist die Energieversorgungssicherheit im Begriff „öffentliche Sicherheit" enthalten und ausreichender Grund, um die Warenverkehrsfreiheit zu beschränken. Dieses Verständnis wurde später auch für Mindestölvorräte bestätigt[734], wo klargestellt wurde, dass eine solche Einschränkung der Wettbewerbsfreiheit auf das Verhältnismäßigkeitsprinzip, hier i.S.d. Sicherstellung einer Mindestversorgung, beschränkt ist[735]. Damit mehrere Elemente für eine eventuelle Verhältnismäßigkeitsprüfung zur Verfügung stehen, ist dann erforderlich, Energieversorgungssicherheit und dementsprechende Ziele präzise zu definieren (s. Kap. 1)[736].

Ferner hob der Generalanwalt Cosmas in seinen Schlussanträgen zum *Energiemonopol*-Urteil[737] die engen Grenzen, innerhalb derer Energieversorgungssicherheit als öffentliche Sicherheit verstanden werden konnte, hervor. Die Energieversorgungssicherheit kann die öffentliche Sicherheit nur gefährden, wenn eine wahre und gravierende Bedrohung für ein fundamentales Interesse der Gesellschaft vorliegt. Es geht um das Risiko für die Existenz eines Mitgliedstaats, das eine Versorgungsunterbrechung mit sich bringt. Nur dann und zur Erreichung einer Mindestversorgung darf die Wettbewerbsfreiheit gemäß Art. 36 AEUV aufgrund der als öffentliche Sicherheit verstandenen Energieversorgungssicherheit beschränkt werden.

In den *Energiemonopol*-Urteilen entschied das EuGH, dass die Etablierung eines staatlichen Monopols der griechischen Regierung im Hinblick auf Einfuhr und Handel der Erdölerzeugnisse wegen der geopolitischen Lage des Staates keinen Grund für eine Derogation des Art. 30 EG (jetzt Art. 36 AEUV) darstelle. Es ging hier um eine Diskriminierung gegenüber Erdölausfuhren anderer Mitgliedstaaten, die sich aufgrund der öffentlichen Sicherheit nicht rechtfertigen ließ, da die griechische Regierung die Erforderlichkeit der Maßnahme zur Sicherung einer ständigen Erzeugnisversorgung mit Mindestöl nicht ausreichend bewiesen hatte[738].

Es soll zudem unterstrichen werden, dass Art. 36 AEUV kein Rechtfertigungsgrund für Maßnahmen mit dem Ziel darstellt, bloß bessere Versorgungskondition in Bezug auf die Kosten zu schaffen. Obwohl es unbestreitbar ist, dass eine ununterbrochene, dauerhafte Energieversorgung – Ölversorgung insbesondere – für die Staaten und ihre Volkswirtschaften lebensnotwendig ist, könnte die Berufung des Art. 36 AEUV aus Kostengründen den Anwendungsbereich der Vorschrift stark

734 EuGH, Rs. C-398/98, Slg. 2001, I-7915 – Kommission/Griechenland.

735 EuGH, Rs. C-347/88, Slg. 1990, I-4747 – Kommission/Griechenland; EuGH, Rs. C-398/98, Slg. 2001, I-7915 – Kommission/Griechenland.

736 *Johnston/Block*, EU Energy Law, 2012, S. 241.

737 EuGH, Rs. C-157/94, Slg. 1997, I-5699 – Kommission/Niederlande; EuGH, Rs. C-158/94, Slg. 1997, I-5789 – Kommission/Italien; EuGH, Rs. C-159/94, Slg. 1997, I-5815 – Kommission/Frankreich; EuGH, Rs. 160/94, Slg. 1997, I-5851 – Kommission/Spanien. Ebenso der Schlussantrag des Generalanwalts Jacobs in EuGH, Rs. C-379/98, Slg. 2001, I-2099 – PreussenElektra.

738 Mehr dazu, vgl. *Cameron*, Competition in energy markets: law and regulation in the European Union, 2007, S. 549–550; *Talus*, EU Energy Law and Policy, 2013, S. 164–165.

erweitern[739]. Es bliebe dann viel zu viel Raum, um die Wettbewerbsfreiheit aufgrund der Energieversorgungssicherheit gemäß Art. 36 AEUV zu beschränken. Energieversorgungssicherheit würde dann zu einer „speziellen Ausnahme" des Prinzips der Wettbewerbsfreiheit. Rein wirtschaftliche Gründe rechtfertigen die Anwendung des Art. 36 AEUV nicht[740]. Außerdem wurde der Raum für die Anwendung des Art. 36 AEUV aufgrund der Energieversorgungssicherheit wegen der neueren Regelungen[741] vermindert. In jüngerer Zeit erörterte der Generalanwalt Jacobs im *PreussenElektra*-Urteil, dass es zweifelhaft war, eine auf die Gewährleistung der Energieversorgungssicherheit basierende Derogation des Art. 30 EG (jetzt Art. 36 AEUV) zu rechtfertigen, da schon eine spezifische Richtlinie einige Maßnahmen zur Gewährleistung der Energieversorgungssicherheit beinhaltete[742].

3.3.2.1.2.2 Art. 106 Abs. 2 AEUV: Energieversorgungssicherheit als Dienstleistung von allgemeinem wirtschaftlichen Interesse

Ein zweiter Fall, in dem die Wettbewerbsfreiheit zugunsten der Energieversorgungssicherheit beschränkt werden darf, stellt Art. 106 Abs. 2 AEUV dar, der die Dienstleistungen von allgemeinem wirtschaftlichen Interesse regelt. Laut Art. 106 Abs. 2 AEUV, „für Unternehmen, die mit Dienstleistungen von allgemeinem wirtschaftlichem Interesse betraut sind oder den Charakter eines Finanzmonopols haben, gelten die Vorschriften der Verträge, insbesondere die Wettbewerbsregeln, soweit die Anwendung dieser Vorschriften nicht die Erfüllung der ihnen übertragenen besonderen Aufgabe rechtlich oder tatsächlich verhindert. Die Entwicklung des Handelsverkehrs darf nicht in einem Ausmaß beeinträchtigt werden, das dem Interesse der Union zuwiderläuft". Nach dem Wortlaut des Art. 106 Abs. 2 AEUV („...insbesondere") ist hier nicht nur eine Derogation der Wettbewerbsregeln möglich, sondern auch anderer Regeln des AEUVs. Die Derogation findet aber erst Anwendung, wenn aufgezeigt werden kann, dass die Vorschriften der Verträge die rechtliche oder tatsächliche Erfüllung einer Aufgabe verhindern.

Leitentscheidung ist das *Almelo*-Urteil[743], in dem festgelegt wurde, dass die vom regionalen Energieverteiler (Ijsselmij) auferlegte Anordnung exklusiver

739 *Johnston/Block*, EU Energy Law, 2012, S. 243.

740 Ausnahmsweise, EuGH, Rs. C-503/99, Slg. 2002, I-4809 – Kommission/Belgien, da aber nur strengere, deutliche Bedingungen zur Limitierung der Wettbewerbsfreiheit im Rahmen des Handels des Distrigaz im erlassenen Gesetz ausdrücklich geregelt wurden.

741 S. beispielweise die Erdgasversorgungssicherheitsverordnung (Verordnung 994/2010/EU) und die Ölbevorratungsrichtlinie (Richtlinie 2009/119/EG), die tief und ausführlich sind und die Verhältnismäßigkeitsprüfung einer Derogation der Wettbewerbsfreiheit schwieriger machen.

742 EuGH, Rs. C-379/98, Slg. 2001, I-2099 – PreussenElektra. Theoretisch gibt es aber noch Raum für eine Derogation aufgrund der Energieversorgungssicherheit, s. *Talus*, EU Energy Law and Policy, 2013, S. 167.

743 EuGH, Rs. C-393/92, Slg. 1994, I-1477 – Almelo.

Versorgungs- und Einkaufsverpflichtung gegenüber einem lokalen Energieversorger (die Gemeinde Almelo) unter Art. 86 Abs. 2 EG (jetzt Art. 106 Abs. 2 AEUV) fallen könnte und deswegen gerechtfertigt war, da es eine Aufgabe des Ijsselmij war, die ununterbrochene Stromversorgung für alle Kunden ihres Konzessionsbereiches sicherzustellen, was eine Dienstleistung von allgemeinem wirtschaftlichen Interesse wäre. Art. 81 und Art. 82 EG (jetzt Art. 101 und Art. 102 AEUV), die sich auf die Wettbewerbsfreiheit beziehen, fänden dann keine Anwendung, da sie die Erfüllung solcher Aufgaben verhinderten. Das EuGH urteilte, dass das Berufungsgericht Arnhem hätte analysieren müssen, ob Ijsselmij ausreichend beweisen könne, dass es ohne die Derogation unfähig sei, seine Aufgabe als Energieverteiler zu erfüllen. In der Tat hat Ijsselmij keine ausreichenden Beweise erbracht.

Die *Energiemonopol*-Rechtsfälle[744] demonstrierten auch die Einbeziehung der Energieversorgungssicherheit unter Art. 106 Abs. 2 AEUV. Nach Ansicht der Kommission verstießen einige Mitgliedstaaten, die ausschließlichen Einfuhr- und/oder Ausfuhrrechte einiger Strom- und Gasunternehmen gewährten, gegen Art. 31 EG (jetzt Art. 37 AEUV[745]). Die Kommission war der Meinung, dass erstens Art. 106 Abs. 2 AEUV erst Anwendung finden könnte, wenn die Derogation notwendig wäre, um die wirtschaftliche Existenz der Unternehmen sicherzustellen, und zweitens die Verantwortung in Bezug auf die Verhältnismäßigkeitsprüfung der Gewährung solcher Rechte unter die Mitgliedstaaten fielen. Das EuGH entschied aber, dass eine Anwendung des Art. 106 Abs. 2 AEUV nicht nur für den Fall einer Bedrohung der wirtschaftlichen Existenz der Unternehmen möglich wäre, sondern bereits für die Möglichkeit, das Unternehmen ihre Aufgaben nicht unter wirtschaftlich akzeptablen Bedingungen erfüllen können. Zweitens trug die Kommission die Beweislast hinsichtlich der Entschuldbarkeit der mitgliedstaatlichen Maßnahmen. Erst danach wäre die Verhältnismäßigkeit der nationalen Maßnahmen zu prüfen.

Mit dem Inkrafttreten der Elektrizitäts- und Gasbinnenmarktrichtlinien[746] und angesichts der darin beinhalteten Vorschriften um den Netzzugang Dritter und um das spezifische Derogationsregime[747] ist es viel schwieriger geworden, eine auf Art. 106 Abs. 2 AEUV gestützte Derogation der Wettbewerbsregime zugunsten der Energieversorgungssicherheit zu rechtfertigen[748]. Wie vorher erwähnt, können die Mitgliedstaaten Verpflichtungen im allgemeinen wirtschaftlichen Interesse

744 EuGH, Rs. C-157/94, Slg. 1997, I-5699 – Kommission/Niederlande; EuGH, Rs. C-158/94, Slg. 1997, I-5789 – Kommission/Italien; EuGH, Rs. C-159/94, Slg. 1997, I-5815 – Kommission/Frankreich; EuGH, Rs. 160/94, Slg. 1997, I-5851 – Kommission/Spanien.

745 Art. 37 Abs. 1 AEUV lautet: „Die Mitgliedstaaten formen ihre staatlichen Handelsmonopole derart um, dass jede Diskriminierung in den Versorgungs- und Absatzbedingungen zwischen den Angehörigen der Mitgliedstaaten ausgeschlossen ist".

746 Die ersten Energiebinnenmarktrichtlinien traten in Kraft nach der Entscheidung des EuGHs.

747 EuGH, Rs. C-107/03, Slg. 2005, I-4983 – VEMW.

748 *Johnston/Block*, EU Energy Law, 2012, S. 246.

auferlegen, die sich auf die Energieversorgungssicherheit beziehen (Art. 3 Abs. 2 der Richtlinie 2009/72/EG). Für solche Fälle gilt Art. 86 EG (heute Art. 106 AEUV) uneingeschränkt[749]. Ferner wurde mehrmals in der Richtlinie betont, dass die Mitgliedstaaten sich – einschließlich für den Fall des Art. 3 Abs. 2 AEUV – an die Implementierung des Wettbewerbs halten müssen (Art. 3 Abs. 8 beispielweise).

Art. 106 Abs. 2 AEUV kann aber auch Anwendung finden, um den Regeln des Art. 107ff. AEUV hinsichtlich staatlichen Beihilfen auszuweichen. Damit das Ziel der Gewährleistung der Energieversorgungssicherheit erreicht wird, können die Mitgliedstaaten den Unternehmen wirtschaftliche Anreize bieten, die mit Dienstleistungen von allgemeinem wirtschaftlichen Interesse betraut sind, wie es bei mehreren Energieunternehmen der Fall ist. In der Tat bietet Art. 3 Abs. 10 der Richtlinie 2009/72/EG diese Möglichkeit ausdrücklich. Problematisch für die Mitgliedstaaten ist, dass sie dann die Kommission darüber informieren müssen und die Maßnahme erst nach einem abschließenden Beschluss der Kommission durchführen (Art. 108 Abs. 1 und Abs. 3 AEUV) dürfen, wenn ihre wirtschaftlichen Anreize als staatliche Beihilfe charakterisiert werden. Die Leitlinien für staatliche Umweltschutz- und Energiebeihilfen 2014–2020[750] sehen die staatlichen Beihilfen vor, die mit dem Energiebinnenmarkt vereinbar sind.

Im *Altmark*-Urteil[751] legte das EuGH aber eine Reihe von Kriterien fest, unter denen die wirtschaftlichen Anreize nicht als staatliche Beihilfe betrachtet werden; (i) erstens muss das begünstigte Unternehmen tatsächlich mit der Erfüllung gemeinwirtschaftlicher Verpflichtungen betraut sein, und diese Verpflichtungen müssen klar definiert sein; (ii) zweitens sind die Parameter, anhand derer der Ausgleich berechnet wird, zuvor objektiv und transparent aufzustellen; (iii) drittens darf der Ausgleich nicht über das hinausgehen, was erforderlich ist, um die Kosten der Erfüllung der gemeinwirtschaftlichen Verpflichtungen unter Berücksichtigung der dabei erzielten Einnahmen und eines angemessenen Gewinns aus der Erfüllung dieser Verpflichtungen ganz oder teilweise zu decken; und wenn (iv) viertens die Wahl des Unternehmens, das mit der Erfüllung gemeinwirtschaftlicher Verpflichtungen betraut werden soll, nicht im Rahmen eines Verfahrens zur Vergabe öffentlicher Aufträge erfolgt, so ist die Höhe des erforderlichen Ausgleichs auf der Grundlage einer Analyse der Kosten eines durchschnittlichen, gut geführten Unternehmens zu bestimmen[752].

---

749 Energieversorgungssicherheit als „privilegierungsfähige Aufgabe" gemäß Art. 3 der Richtlinie 2009/72/EG, s. *Kühne*, In: *Pielow* (Hrsg.), Sicherheit in der Energiewirtschaft, 2007, S. 142.

750 Mitteilung der Kommission „Leitlinien für staatliche Umweltschutz- und Energiebeihilfen 2014–2020", ABl. C 200 v. 28.06.2014, S. 1.

751 EuGH, Rs. C-280/00, Slg. 2003, I-7747 – Altmark.

752 EuGH, Rs. C-280/00, Slg. 2003, I-7747, (7839–7840) – Altmark. Im Energiebereich wurde die Kriterien angewandt in der Entscheidung der Kommission "*State Aid N475/2003-Ireland; Public Service Obligation in respect of new electricity generation capacity for security of supply*". K(2003) 4488 v. 16.12.2003, und in der Entscheidung

Während kein Zweifel besteht, dass grundsätzlich Energieversorgungssicherheit als Dienstleistung von allgemeinem wirtschaftlichen Interesse charakterisiert werden kann, sind die Voraussetzungen für eine Wettbewerbsbeschränkung bzw. eine Befreiung wettbewerblicher Vorschriften eher eng. Vielmehr schützen solche Regeln die Energieversorgungssicherheit vor der Anwendung der Wettbewerbsregeln, damit das Ziel einer gesicherten Energieversorgung gegenüber den Vorteilen des freien Wettbewerbs ausgeglichen werden kann[753].

3.3.2.2 Energieversorgungssicherheit und Energieeffizienz, Energieeinsparungen und neue und erneuerbare Energien

Die dienende Stelle der „rationellen Energieverwendung" – die damalige Terminologie – zu Gunsten der Ziele der Energieversorgungssicherheit und Umweltschutz wurde schon wegen der Ölkrise der 70er Jahre 1974[754] in einer Entschließung des Rates zur Steigerung der Energieeffizienz[755] anerkannt. Es gab eine deutliche **Instrumentalisierung** einer Reihe von energietechnischen Maßnahmen – die aber heute **zum Ziel** der Energiepolitik erhoben wurde –, die zur Gewährleistung der Energieversorgungsicherheit und der Realisierung des Umweltschutzes dienen. Entsprechendes gilt für die Förderung der erneuerbaren Energien, eine Politik, die mit der Annahme des Weißbuchs von 1997[756] begann und als Ziel hatte (und noch hat), die CO_2-Emission im Energiesektor zu verringern und die wachsende Abhängigkeit von Importen fossiler Brennstoffe aus politisch instabilen Regionen außerhalb der EU anzugehen[757].

Der dienende Aspekt des Ziels im Art. 194 Abs. 1 lit. c AEUV zu Gunsten der Energieversorgungssicherheit taucht auch in der Literatur[758] auf. Das Vorantreiben

---

der Kommission v. 25. September 2007 über die staatliche Beihilfe, die Polen im Rahmen der langfristigen Strombezugsvereinbarungen gewährt hat, sowie über die staatliche Beihilfe, die Polen im Rahmen der Ausgleichszahlung bei freiwilliger Kündigung der langfristigen Strombezugsvereinbarungen gewähren will. K(2007) 4319. ABl. L 83 v. 28.03.2009, S. 1.

753 *Talus*, Vertical natural gas transportation capacity. Upstream commodity contracts and EU Competition Law, 2011, S. 266–268.

754 *Calliess*, Sinn, Inhalt und Reichweite einer europäischen Kompetenz zu einer kombinierten Umwelt-, Klima- und Energiepolitik, Berliner Online-Beiträge zum Europarecht, Nr. 52, 2009, S. 6; *Pielow*, Effektives Recht der Energieeffizienz?, ZuR, Heft 3, 2010, S. 116; *Pielow*, In: *Cremer/ders* (Hrsg.), Probleme und Perspektiven im Energieumweltrecht, 2009, S. 177.

755 Entschließung des Rates v. 17.9.1974 zur Steigerung der Energieffizienz. ABl. C 153 v. 9.7.1975, S. 1.

756 Mitteilung der Kommission „Energie für die Zukunft – Erneuerbare Energieträger" v. 26.11.1997. KOM (1997) 599.

757 Mitteilung der Kommission „Erneuerbare Energien: Fortschritte auf dem Weg zum Ziel für 2020" v. 31.1.2011. KOM (2011) 31 endg., S. 2.

758 Zum Beispiel *Maichel*, In: *Hendler/Ibler/Soria* (Hrsg.), Für Sicherheit, für Europa – Festschrift für Volkmar Götz zum 70. Geburtstag, 2005, S. 65: „Eigentlich leitet sich

von Energietechnologien und die Förderung der Energieeinsparung und Energieeffizienz bei Erzeugung, Fortleitung und Nutzung der Energiequellen, sowie die Entwicklung neuer und erneuerbarer Energien **dienen** letztendlich der Gewährleistung der Energieversorgungssicherheit[759] – aber auch der Emissionsverringerung und der nachhaltigen Nutzung begrenzt zur Verfügung stehender Ressourcen[760]. Der Beitrag der Energieeinsparung und der Energieeffizienz zur Energieversorgungssicherheit liegt in seiner Fähigkeit, den Energiebedarf zeitlich zu strecken[761]. Sowohl die Energieeffizienz und Energieeinsparungen als auch die neuen und erneuerbaren Energien **sind kein Selbstzweck** und dienen der Energieversorgungssicherheit und dem Umweltschutz[762]. Nach Ansicht der Kommission stellen die Erhöhung der Energieeffizienz zusammen mit dem Umstieg auf erneuerbaren Energien **die zwei Hauptvoraussetzungen** für die Energieversorgungssicherheit dar[763].

Die Energieeffizienz wird häufig als Katalysator typischer *Win-win*-Situation beschrieben. Auf der einen Seite sind die Kosten für die Implementierung einer Energieeffizienzpolitik im Vergleich zu anderen Energiepolitiken günstig. Andererseits

---

die Berechtigung für eine solche Förderung aus den schon aufgeführten Zielen ‚Erhöhung der Versorgungssicherheit' und ‚Erhaltung und Verbesserung der Umwelt' ab". Auch *Schulenberg*, Die Energiepolitik der Europäischen Union, 2009, S. 384; *Calliess*, Sinn, Inhalt und Reichweite einer europäischen Kompetenz zu einer kombinierten Umwelt-, Klima- und Energiepolitik, Berliner Online-Beiträge zum Europarecht, Nr. 52, 2009, S. 6; *Ruffert*, In: *Energieversorgung und Umweltschutz*, 2010, S. 25. Im deutschen Recht werden Energieeffizienz und Energieeinsparung als Elemente der Energieversorgungssicherheit identifiziert, vgl. *Lippert*, In: *Leible/ders/Walter*, Die Sicherung der Energieversorgung auf globalisierten Märkten, 2007, S. 27; *Pomana*, Förderung erneuerbarer Energien in Deutschland und im Vereinigten Königreich im Lichte des Europäischen Wirtschaftsrechts, 2011, S. 118.

759 S. beispielweise der Titel der Mitteilung der Kommission „Energieeffizienz und ihr Beitrag zur Energieversorgungssicherheit und zum Rahmen für die Klima- und Energiepolitik bis 2030" v. 23.07.2014. KOM (2014) 520 final.

760 *Calliess*, Die neue Europäische Union nach dem Vertrag von Lissabon, 2010, S. 480; *Däuper*, In: *Danner/Theobald* (Hrsg.), Energierecht Kommentar – Band 2, 2013, S. 8; *Frenz/Kane*, Die neue europäische Energiepolitik, NuR, n. 32, 2010, S. 467; *Kahl*, Die Kompetenzen der EU in der Energiepolitik nach Lissabon, EuR, Heft 5, 2009, S. 608.

761 *Lippert*, Energiewirtschaftsrecht – Gesamtdarstellung für Wissenschaft und Praxis, 2002, S. 699; *Pittel*, In: *Mayinger/Sinn* (Hrsg.), Die Zukunft der Energieversorgung: Atomausstieg, Versorgungssicherheit und Klimawandel, 2012, S. 129; *Schmidt-Preuß*, In: *Isensee/Kirchhof* (Hrsg.), Handbuch des Staatsrechts – Band IV – Aufgaben des Staates, 2006, S. 926.

762 *Ehricke*, In: *Frenz/Müggenborg*, EEG – Erneuerbare-Energien-Gesetz – Kommentar, 2013, S. 160.

763 Mitteilung der Kommission „Energiefahrplan 2050" v. 15.12.2011. KOM (2011) 885 endg., S. 11.

wird die energieintensive Industrie wettbewerbsfähiger und die Energieversorgung durch die Verringerung der Importabhängigkeit sicher[764].

Das Ziel im Art. 194 Abs. 1 lit. c AEUV stellt eine politische Hervorhebung dar, da Investitionen in diesem Bereich wegen ihrer Fähigkeit, Win-win-Situation herzustellen, äußerst wichtig sind. Selbst wenn fragwürdig ist, ob sich eine Maßnahme im Bereich der Energieeffizienz, Energieeinsparung oder neuer und erneuerbarer Energien auf wirtschaftliche Weise rechtfertigen lässt, d.h. wenn ein Zielkonflikt zwischen Art. 194 Abs. 1 lit a und lit. c AEUV besteht, kann sie sich zusätzlich auf die Energieversorgungssicherheit stützen. Hinsichtlich der neuen fossilen Energien ergibt ihre erst Förderung Sinn, wenn gleichzeitig das Ziel der (nachhaltigen und dauerhaften) Energieversorgungssicherheit im Art. 194 Abs. 1 lit. b AEUV realisiert ist.

Obwohl eine Komplementarität zwischen beiden Ziele besteht[765], kann auch von einem Zielkonflikt zwischen Art. 194 Abs. 1 lit. b und c AEUV die Rede sein, beispielweise mit dem Erlass einer Maßnahme, die die erneuerbaren Energien fördert, aber gleichzeitig wegen der intermittierenden Eigenschaft der erneuerbaren Energien die Energieversorgungssicherheit gefährdet[766], obwohl andererseits selbst die Energieversorgungssicherheit wegen einer Verringerung der Einfuhrabhängigkeit verbessert wird[767].

Nicht unberücksichtigt zu lassen sind die möglichen Zielkonflikte zwischen Umweltschutz und Klimaschutz – etwa bei der Vernichtung von Regenwald zur Gewinnung von Anbauflächen für Ölpalmen[768] oder die Ablehnung einer Genehmigung zur Installierung der Offshore-Windenergieanlagen aus Gründen des Vogelschutzes –, die das schon komplexe Verhältnis mit anderen Zielen der Energiepolitik im konkreten Fall verschärfen können.

Von einem Zielkonflikt zwischen lit. b und c AEUV ist nicht häufig die Rede; vielmehr stehen beide Ziele eher in einem durch die dienenden Aspekte verstärkten Komplementaritätsverhältnis.

3.3.2.3 Energieversorgungssicherheit und die Interkonnektion der Netze

Die enge Beziehung zwischen Interkonnektion der Netze und Energieversorgungssicherheit ist in der Literatur anerkannt[769]. Auf der anderen Seite ist auch bekannt, dass, je integrierter ein Netz ist, es desto komplexer wird und das Risiko hinsichtlich

---

764 *Pielow*, Effektives Recht der Energieeffizienz?, ZuR, Heft 3, 2010, S. 115.

765 Beispiel ist die Richtlinie über die Gesamtenergieeffizienz von Gebäuden, die gleichzeitig hilft, die Klimaschutzziele zu erreichen und die Energieversorgungssicherheit sichert, *Frenz/Kane*, Die neue europäische Energiepolitik, NuR, n. 32, 2010, S. 469.

766 Mehr dazu s. 4.1.1.

767 *Pittel*, In: *Mayinger/Sinn* (Hrsg.), Die Zukunft der Energieversorgung: Atomausstieg, Versorgungssicherheit und Klimawandel, 2012, S. 128.

768 *Ehricke*, In: *Schulze-Fielitz/Müller* (Hrsg.), Europäisches Klimaschutzrecht, 2009, S. 99.

769 *Frenz/Kane*, Die neue europäische Energiepolitik, NuR, n. 32, 2010, S. 467; *Kahl*, Die Kompetenzen der EU in der Energiepolitik nach Lissabon, EuR, Heft 5, 2009, S. 608.

der Netzinstabilität zunimmt[770]. Hier wurde schon erwähnt, dass eine verstärkte Interkonnektion der Netze Bedingung zur Energieversorgungssicherheit im Falle von Engpässen oder Krisen darstellt.

In der Tat trägt der Auf- und Ausbau transeuropäischer Netze – aber nicht nur solcher – zur Umsetzung des Binnenmarktkonzepts[771] einerseits bei, da der Grad der Interkonnektion Aufschluss über die Qualität der Verwirklichung des Binnenmarktes gibt[772], und andererseits zur Gewährleistung der Energieversorgungssicherheit, da ein vernetzteres Europa wenig von Energieeinfuhren abhängt[773] und das Auftreten von Fehlern im Versorgungsnetz, lokale Wetterereignisse sowie räumlich begrenzten verstärkten Bedarf den Ausfall bzw. den höheren Bedarf besser und einfacher kompensieren und decken kann[774].

Die ausreichende, qualitative, hochwertigere und hinreichende Übertragungskapazität der Netze ist vielmehr Grundvoraussetzung für die Energieversorgungssicherheit. Klar ist, dass das Ziel der Interkonnektion der Netze **kein Selbstzweck darstellt und dass es ein dienendes Verhältnis** zwischen Art. 194 Abs. 1 lit. b und d AEUV gibt[775].

---

770 *Hirsbrunner*, In: *Schwartze* (Hrsg.), EU-Kommentar, 3. Aufl., 2012, Art. 194, Rn. 19, S. 1873.

771 Vgl. *Ruffert*, In: *Energieversorgung und Umweltschutz*, 2010, S. 19 ff., der das Ziel der Interkonnektion der Netze (Art. 194 Abs. 1 lit. d AEUV) als eine Komponente des funktionierenden Energiemarkts sieht.

772 *Hackländer*, Die allgemeine Energiekompetenz im Primärrecht der Europäischen Union, 2010, S. 192; s. auch Vorschlag für eine Richtlinie des Europäischen Parlaments und des Rates über Maßnahmen zur Gewährleistung der Sicherheit der Elektrizitätsversorgung und von Infrastrukturinvestitionen v. 10.12.2003, KOM (2003) 740 endg., S. 2.

773 *Ehricke/Hackländer*, Europäische Energiepolitik auf der Grundlage der neuen Bestimmungen des Vertrags von Lissabon, ZeuS, Heft 4, 2008, S. 591.

774 *Ehricke*, Der europäische Regelungsansatz zur Versorgungssicherheit in Bezug auf Stromnetze – zum Richtlinienvorschlag für die Sicherung der Elektrizitätsversorgung, ZNER, Heft 3, 2004, S. 213; *Rostankowski*, Die Ausgleichsmechanismus-Verordnung und der Ausbau erneuerbarer Energien, ZNER, Heft 2, 2010, S. 129.

775 *Schulenberg*, Die Energiepolitik der Europäischen Union, 2009, S. 389; *Ehricke*, Der europäische Regelungsansatz zur Versorgungssicherheit in Bezug auf Stromnetze – zum Richtlinienvorschlag für die Sicherung der Elektrizitätsversorgung, ZNER, Heft 3, 2004, S. 212; *Ehricke/Hackländer*, Europäische Energiepolitik auf der Grundlage der neuen Bestimmungen des Vertrags von Lissabon, ZeuS, Heft 4, 2008, S. 591: „Der Inhalt des Ziels der Interkonnektion der Energienetze lässt sich nur im Zusammenhang mit den anderen Zielen (...) bestimmen. (...) Gleichzeitig leisten die Transeuropäischen Energienetze einen Beitrag zur Gewährleistung der Versorgungssicherheit", und S. 600: „Die Förderung der Interkonnektion der Netze ist der besonderen Bedeutung für das Funktionieren des Energiebinnenmarkts geschuldet und stellt darum ein Ziel dienender, untergeordneter Art dar". *Tremmel*, In: *Mayer*, Kommentar zu EUV und AEUV, 2012, Art. 194, Rn. 14, S. 53: „Die Zielsetzung der lit d ist faktische Grundlage für die Verwirklichung der Ziele gem lit a-c:

3.3.3 Relevanz der Energieversorgungssicherheit gegenüber Art. 194 Abs. 1 lit. c und d AEUV

Wie oben dargestellt wurde, könnten zwischen der Energieversorgungssicherheit und den anderen Zielen (sowie zwischen den anderen Zielen untereinander) Zielkonflikte und -komplementarität bestehen. Außerdem wurde der dienende Aspekt der Ziele im Art. 194 Abs. 1 lit. c und d AEUV schon etwas hervorgehoben. Fraglich ist, wie diese Zielkonflikte in konkreten Fällen zu lösen sind. Zuerst werden die Argumente der spezialisierten Literatur gesammelt (3.3.3.1). In der Folge wird dann die in vielen amtlichen Dokumenten materialisierte politische Auseinandersetzung untersucht, um zu verdeutlichen, wie die vier Ziele betrachtet werden (3.3.3.2), mit besonderer Relevanz für die Energieversorgungsicherheit.

3.3.3.1 Schrifttum zum Argument gegen eine Hierarchisierung der Ziele

Von Anfang an soll die Möglichkeit einer Maximierung eines Ziels auf Kosten eines anderen ausgeschlossen werden. Außer den Leitprinzipien, die die Ziele einrahmen und ein optimierendes Tätigwerden des Uniongesetzgebers fordern, ist vielmehr erwünscht (aber nicht verpflichtend, da es nicht um einen Normbefehl geht[776]), dass eine Maßnahme mehrere Ziele gleichzeitig verfolgt. Auch die breite Kompetenzzuweisung der Energiepolitik spricht zu Gunsten der gleichzeitigen Verwirklichung mehrerer Ziele, so dass kein Ziel isoliert von den anderen erreicht werden kann[777].

Es soll auch geklärt werden, was mit der Aussage einer eventuellen Rangordnung gemeint ist. Eine Rangordnung hat drei Bedeutungen. Erstens geht es nicht um die Herstellung einer festen Hierarchie der Rechtsgüter, sondern um ein materielles Kriterium, um Konflikte zwischen Zielen zu lösen. Zweitens bedeutet eine Rangordnung lediglich, dass ein nachrangiges Ziel nicht auf Kosten eines vorrangigen

---

Die Verbindung und Interoperabilität der Netze ist wesentliche Voraussetzung für das Funktionieren des Energiemarkts, trägt zur Gewährleistung der Versorgungssicherheit bei und hilft, erneuerbare Energien besser zu erschließen".

776 In der deutschen Rechtsprechung hat das OLG Düsseldorf sich mit diesem Thema auf deutscher Ebene (EnWG 2005) beschäftigt und hat ausgeführt: „Weder muss die Festlegung einen bestimmten Mindesterfolg in Bezug auf diese Zwecke erwarten lassen, noch muss sie allen Zwecken zugleich oder gar in optimierter Weise Rechnung tragen. Vielmehr genügt es, wenn die Festlegung der Verwirklichung eines effizienten Netzzugangs und/oder einem oder mehreren Zwecken des § 1 Abs. 1 EnWG dient". OLG Düsseldorf, RdE 2009, 63 Rz. 16. Abzuwägen ist allerdings, dass das EnWG keine Einrahmung der Ziele hat, wie beim Art. 194 Abs. 1 AEUV, was Elemente zu einem optimierungsfördernden Tätigwerden der Union anbietet, obwohl die Ziele teilweise gegenläufig sind.

777 *Calliess*, Die neue Europäische Union nach dem Vertrag von Lissabon, 2010, S. 481; *Ruffert*, In: *Energieversorgung und Umweltschutz*, 2010, S. 16.

Ziels erfüllt werden darf. Drittens bedeutet eine Verwirklichung eines vorrangigen Ziels nicht, dass das nachrangige Ziel unerheblich ist[778].

Es wird in der Literatur die These der Gleichrangigkeit der energiepolitischen Ziele angenommen[779], was bedeutet, dass keine rechtlich gerechtfertigte Hierarchie zwischen den Ziele besteht und die Ausgestaltung der Energiepolitik sowie die Entscheidung von Zielkonflikten dem **politischen Ermessen** bzw. Prozess überantwortet wurden[780]. Das Postulat der Gleichrangigkeit, aus dem nicht automatisch tatsächliche Gleichrangigkeit folgt, trägt somit nicht zur Rechtssicherheit bei und führt zu Harmonisierungsdefiziten, da nicht feststeht, wie die Ziele zu vereinbaren und auszugleichen sind[781]. Die Aufgabe des Abwägungsprozesses ist im Einzelfall nach dem **Prinzip der praktischen Konkordanz** durchzuführen[782].

Demgemäß darf kein Ziel auf Kosten der jeweils anderen Ziele verfolgt werden. Die Grenze eines Ziels ist da zu finden, wo ein anderes Ziel beeinträchtigt wird[783]. Eine Gleichrangigkeit bedeutet aber auch, dass die Ziele theoretisch – praktisch nicht erwünscht oder kaum vorstellbar – unabhängig voneinander verfolgt werden können. Eine Maßnahme kann dann sowohl mehrere als auch einzelne Ziele verfolgen. Beispielweise muss eine Maßnahme zur Steigerung der Energieeffizienz das Ziel der Energieversorgungssicherheit nicht unbedingt verwirklichen.

Allerdings sollen sich die Organe bei dem Erlass von energiepolitischen Maßnahmen trotz Fehlens einer Vorschrift darüber bemühen, einen Ausgleich bzw. eine Optimierung zwischen den Zielen durchzuführen und eine isolierte Durchsetzung

---

778 *Basedow*, In: *Due/Lutter/Schwarze* (Hrsg.), Festschrift für Ulrich Everling. Band I, 1995, S. 67.

779 Auf Einfluss des deutschen Rechts, vgl. *Maichel*, In: *Hendler/Ibler/Soria* (Hrsg.), Für Sicherheit, für Europa – Festschrift für Volkmar Götz zum 70. Geburtstag, 2005, S. 65. Vgl. auch *Calliess*, In: *ders/Ruffert*, EUV/AEUV Kommentar, 4. Aufl., 2011, Art. 194, Rn. 4, S. 1971; *Breier*, In: *Lenz/Borchardt*, EU-Verträge – Kommentar nach dem Vertrag von Lissabon, 2010, S. 2163; *Hirsbrunner*, In: *Schwarze* (Hrsg.), EU-Kommentar, 3. Aufl., 2012, Art. 194, Rn. 7, S. 1871. Nach *Hackländer*, Die allgemeine Energiekompetenz im Primärrecht der Europäischen Union, 2010, S. 199–204, weder die Reiheinfolge der Aufzählung oder die Grad der Zielpräzision sowie die Nähe zu den Zieltrias erlauben eine Hierarchiesierung der energiepolitischen Ziele.

780 *Basedow*, In: *Due/Lutter/Schwarze* (Hrsg.), Festschrift für Ulrich Everling. Band I, 1995, S. 55.

781 *Salje*, In: *Energieversorgung und Umweltschutz*, 2010, S. 58; *Salje*, Energiewirtschaftsgesetz – Kommentar, 2006, S. 127.

782 *Calliess*, In: *ders/Ruffert*, EUV/AEUV Kommentar, 4. Aufl., 2011, Art. 194, Rn. 7, S. 1972; *Säcker/Timmermann*, In: *Säcker* (Hrsg.), Berliner Kommentar zum Energierecht, 2014, S. 227; *Hackländer*, Die allgemeine Energiekompetenz im Primärrecht der Europäischen Union, 2010, S. 206; *Kahle*, Die Elektrizitätsversorgung zwischen Versorgungssicherheit und Umweltverträglichkeit, 2009, S. 133.

783 *Lippert*, Energiewirtschaftsrecht – Gesamtdarstellung für Wissenschaft und Praxis, 2002, S. 194.

eines Ziels auf Kosten eines anderen zu vermeiden. Also soll kein Ziel isoliert, von den anderen getrennt erreicht werden. Eingleisige Zielverfolgungen sind somit wegen der Ziel- und Maßnahmenverschränktheit verboten[784]. **In diesem Sinn spricht die Literatur von keiner Hierarchisierung der energiepolitischen Ziele**.

Beim Zielkonfliktfall soll ein größtmögliches Gleichgewicht durchgeführt werden, um den Konflikt zu lösen[785]. Fraglich ist, welche Argumente die These der Gleichrangigkeit aufrechterhalten. Es wurde schon überprüft, dass Zieltrias und Ziele der Energiepolitik nicht übereinstimmen und somit eine Gleichrangigkeit der Ziele im Art. 194 Abs. 1 AEUV von einer Gleichrangigkeit der Zieltrias nicht abgeleitet werden kann.

Auf der anderen Seite sieht der AEUV keine Gewichtung und Priorisierung der Ziele vor. Die Gründe für die Gleichrangigkeit liegen dann in den politischen Meinungsverschiedenheiten rund um die Versorgungsnöte der mittel- und osteuropäischen Mitgliedstaaten, die unterschiedliche Interessen an der Bekämpfung des Klimawandels und ein unterschiedliches Liberalisierungsniveau der Energiemärkte haben, was eine explizite Prioritätensetzung unmöglich machte. Im konkreten Einzelfall sollte der Uniongesetzgeber seine Präferenz festlegen[786].

Angesichts der Tatsache, dass Elektrizität eine lebensnotwendige Ware ist, könnte vermutet werden, dass es sich beim Ziel der Gewährleistung der Energieversorgungssicherheit grundsätzlich um ein gesellschaftlich höheres Ziel handelt. Folglich könnte festgestellt werden, dass Maßnahmen zur Gewährleistung einer unterbrechungsfreien Energieversorgung der Umweltverträglichkeit und der Wettbewerbsfähigkeit vorgehen, Maßnahmen zur (bloßen) Optimierung des Versorgungssicherheitsstands aber hinter der Umweltverträglichkeit und der Wettbewerbsfähigkeit zurücktreten[787]. Andererseits haben marktwirtschaftliche Instrumente gemäß Art. 3 Abs. 3 EUV und Art. 101 und Art. 107 AEUV grundsätzlich Vorrang[788]. Die Lösung wird aber vom Einzelfall abhängen.

Obwohl die Literatur einerseits die Gleichrangigkeit der Ziele proklamiert, verdeutlicht sie andererseits, wie oben dargestellt, die dienenden Aspekte eines Zieles zu Gunsten des Ziels der Energieversorgungssicherheit. Die These des dienenden Verhältnisses zwischen den Zielen der Energiepolitik steht der These der Gleichrangigkeit nicht entgegen. Während die These der Gleichrangigkeit vermeidet, dass ein Ziel zu Lasten eines anderen Ziels maximiert wird und dass ein Ziel einen

784 *Calliess*, Sinn, Inhalt und Reichweite einer europäischen Kompetenz zu einer kombinierten Umwelt-, Klima- und Energiepolitik, Berliner Online-Beiträge zum Europarecht, Nr. 52, 2009, S. 7.

785 *Däuper*, In: *Danner/Theobald* (Hrsg.), Energierecht Kommentar – Band 2, 2013, S. 10.

786 *Nettesheim*, Das Energiekapitel im Vertrag von Lissabon, JZ, Heft 1, 2010, S. 22.

787 *Kahle*, Die Elektrizitätsversorgung zwischen Versorgungssicherheit und Umweltverträglichkeit, 2009, S. 130.

788 *Säcker/Timmermann*, In: *Säcker* (Hrsg.), Berliner Kommentar zum Energierecht, 2014, S. 228.

aprioristischen Vorrang gegenüber einem Ziel genießt (**abstrakte Gleichrangigkeit**), erkennt die These des dienenden Verhältnisses, dass ein Ziel im Laufe einer aposteriorischen Analyse – praktische Konkordanz im Einzelfall beispielweise – bezüglich eines Zielkonflikts priorisiert werden kann (**konkrete Priorisierung**).

3.3.3.2 Dienendes Verhältnis zwischen den Zielen in der politischen Auseinandersetzung

Bezüglich des Verhältnisses zwischen den Zielen der Energiepolitik wird angenommen, dass es einerseits keine Hierarchie zwischen den Zielen gibt und sie gleichrangig sind, und dass andererseits die Ziele im Art. 194 Abs. 1 lit. c und d AEUV eine dienende Funktion zur Verwirklichung der Ziele im Art. 194 Abs. 1 lit. a und b AEUV leisten.

Hier lassen sich die wichtigsten Texte bzw. Studien der Kommission (Weiß- und Grünbücher sowie Mitteilungen) finden, die für die Betrachtung der Zieltrias und der Verhältnisse zwischen den Zielen relevanter sind, um eine Untersuchung des politischen Diskurses hinsichtlich der in der Literatur hervorgehobenen beiden Aspekte durchzuführen. Die politische Auseinandersetzung gewinnt Bedeutung und spielt eine Rolle, wenn es um die Analyse der energiepolitischen Ziele geht, da die Abwesenheit eines rechtlichen Kriteriums zur Lösung der Zielkonflikte die Normativität der Zielvorgaben schwächt[789]. Es handelt sich um einen politischen Ermessensspielraum auf Kosten der Rechtssicherheit. Die Absicht des Unionsgesetzgebers und der Zweck der Vorschriften sind im politischen Diskurs zu finden, die ihrerseits wichtige Elemente für die Auslegung des Verhältnisses zwischen den energiepolitischen Zielen liefern kann.

Grünbücher sind Diskussionspapiere zu bestimmten Themen, die als Ziel haben, Diskussionen herbeizuführen und politische Ziele im Gang zu setzen. Sie beschäftigen sich mit Ideen und Fragen der Politiken der Union und dienen der Ausarbeitung der Weißbücher. Andererseits enthalten die Weißbücher der Europäischen Kommission indikative und detailliertere Vorschläge und Orientierungen bzw. Arbeitsprogramme für ein gemeinschaftliches Vorgehen in bestimmten Bereichen[790]. Beide, Weiß- und Grünbücher, sind nicht rechtlich verbindlich.

3.3.3.2.1 Weißbuch „Eine Energiepolitik für die Europäische Union" – KOM (1995) 682

Das erste relevante Weißbuch für eine gemeinschaftliche Energiepolitik wurde schon 1995 veröffentlicht, und bereits im Vorwort wurde das notwendige Streben zur Verwirklichung der Zieltrias erwähnt[791]. Die damalige Energiepolitik musste der Wirtschaftspolitik der Gemeinschaft dienen und durfte die effiziente Wirtschaftsweise

789 Ebenda, S. 22.
790 *McGiffen*, The European Union – A critical guide, 2005, S. 34.
791 KOM (1995) 682, S. 1, 14.

nicht außer Acht lassen. In der Tat waren die Erstellung einer stabilen europäischen Volkswirtschaft und einer Währungsunion die Hauptziele der Energiepolitik.

Betont wurde die Globalisierung des Energiemarkts und die Aspekte der Sicherheit der Energieversorgung sowie die Notwendigkeit, ein enges Zusammenspiel zwischen den Zielen der Wettbewerbsfähigkeit und des Umweltschutzes zu entwickeln[792]. Allerdings war die Beziehung zwischen Energieversorgungssicherheit und Umweltschutz nicht präzise und tief betrachtet und in diesem Zusammenhang wurde nur erwähnt, dass alle möglichen Energieoptionen offenzuhalten waren, wenn von Energieversorgungssicherheit die Rede war[793], nur mit Rücksicht (hauptsächlich) auf die Förderkosten (beispielweise für Kohle).

Der dienende Aspekt der Technologie bzw. der Energieeffizienz zu Gunsten der Wettbewerbsfähigkeit und der Energieversorgungssicherheit wurde in dem Weißbuch mehrmals wie in der oben zitierten Literatur anerkannt[794].

Hinsichtlich der Lage der Energieversorgungssicherheit machte die Kommission keinen dringenden Handlungsbedarf geltend, da der Brennstoffmix breit gestreut war, obwohl die Einfuhrabhängigkeit wuchs. Auf der anderen Seite wurde großer Wert auf den Wettbewerb – ein Ziel von „äußerster Wichtigkeit" – und seine Einbeziehung mit dem Ziel des Umweltschutzes gelegt[795]. Diese Ungleichrangigkeit spiegelte sich beispielweise im Bereich der finanziellen Interventionen wider, wo „die Investitionen **erstens der Integration des Marktes und dem Wettbewerb** über die Grenzen hin nicht schaden und [dass] sie zweitens mit den energiepolitischen Zielsetzungen übereinstimmen, insbesondere mit der Diversifizierung der Energiequellen und dem Umweltschutz"[796].

Der derzeitigen politischen Auseinandersetzung kann somit entnommen werden, dass das „erste"[797] Ziel der Liberalisierung des Binnenmarkts – und sein entsprechendes Ziel der Wettbewerbsfähigkeit des Energiemarkts – Vorrang gegenüber den Zielen der Energieversorgungssicherheit und des Umweltschutzes gewann, obwohl die Zieltrias bereits vorhanden war. Während die Schaffung von Wettbewerbsbedingungen in einem völligen liberalisierten Energiemarkt im Mittelpunkt des Weißbuches stand, war es für die Ziele der Versorgungssicherheit und des Umweltschutzes nur Aufgabe der Union, sie „nicht aus dem Blickfeld [zu] verlieren"[798].

---

792 Ebenda, S. 15, 31.

793 Ebenda, S. 23.

794 Ebenda, S. 10 (allgemein), 26 (Verkehr), 33 (allgemein), 36 (Forschung und technologische Entwicklung).

795 Ebenda, S. 15.

796 Ebenda, S. 20.

797 Oft wurde der Vorrang des Prinzips des (Energie)binnenmarkts betont, wie z. B. „primäre Ziel des reibungslosen Funktionierens des Binnenmarkts" (KOM (1995) 682, S. 20), „das Hauptziel bleibt jedoch die Festigung des Binnenmarkts" (KOM (1995) 682, S. 21) und „...um sicherzustellen, dass diese Hilfsmittel mit dem Ziel der Wettbewerbsfähigkeit vereinbar sind" (KOM (1995) 682, S. 33).

798 KOM (1995) 682, S. 20.

3.3.3.2.2 *Grünbuch „Hin zu einer europäischen Strategie für Energieversorgungssicherheit" – KOM (2000) 769 endg*

Das Grünbuch „Hin zu einer europäischen Strategie für Energieversorgungssicherheit"[799] war das erste von der Kommission erlassene Buch, das sich spezifisch mit dem Thema der Energieversorgungssicherheit beschäftigte. Die größte Sorge rund um den drastischen Anstieg der Erdölpreise zwischen März 1999 und Mitte 2000, die Preisgabe der in hohem Maß von Energieeinfuhr abhängigen, strukturellen Energieversorgungsschwächen und die enttäuschenden Ergebnisse der Maßnahmen zur Drosselung des Verbrauchs motivierten die Studie[800]. Das Hauptziel des Grünbuchs bestand darin, die Nachfrageseite vor allem durch Energiesparmaßnahmen im Bau- und im Verkehrswesen besser zu kontrollieren, so dass der Verbrauch nicht zu viel von der Energieeinfuhr abhängt, und infolgedessen die Energieversorgung gewährleistet werden könnte.

Wichtiger Punkt des Grünbuchs, der hervorgehoben werden muss, betrifft die Tatsache, dass es sich bei der Sicherung der Energieversorgung nicht um eine europäische Energieautarkie und um eine Eliminierung der Abhängigkeit handelt, sondern um eine Milderung der mit der Abhängigkeit verbundenen Risiken. Instrumente wären damit der Beitritt der Erzeugerländer zur WTO und die Diversifizierung der verschiedenen Energiequellen[801].

Im Vergleich zum Weißbuch vom 1995 trug das Grünbuch mehr der Tatsache Sorge, welche Energiequellen gefördert werden sollten[802] und welche Kriterien (geopolitische, umweltschonende usw.) bei dem wirtschaftlichen Kriterium mitspielen mussten. In der Tat bestehen die Hindernisse für die Schaffung eines vernetzten und auf erneuerbaren Energien basierten Energiesystems mehr aus politischen bzw. lokalen Problemen als wirtschaftlichen Gründen, da Marktteilnehmer oft bereit sind, in neue Netze zu investieren[803].

Die Lage jeder Energiequelle wurde im Grünbuch mit Rücksicht auf die Notwendigkeit einer sicheren Energieversorgung dargelegt und verglichen. Es gab eine klare Befürwortung der Förderung der erneuerbaren Energien als Katalysator und vorrangige Option der europäischen Energieversorgungssicherheit im Vergleich

---

799 KOM (2000) 769 endg. v. 29.11.2000.

800 Ebenda, S. 3.

801 Ebenda, S. 3 und 11.

802 Während die Kommission in dem Weißbuch der Meinung war, dass „die Kernkraft als eine Option erhalten bleiben sollte" (KOM (1995) 682, S. 24), was mit einem Offenhalten aller Möglichkeiten hinsichtlich der Förderung der Energiequellen übereinstimmt, ging das Grünbuch vielmehr davon aus, dass „ein Zuwachs bei der Kernenergie wohl zum gegenwärtigen Zeitpunkt eher unwahrscheinlich ist" (KOM (2000) 769 endg., S. 18 und auch S. 34 f.).

803 *Ehricke*, Der europäische Regelungsansatz zur Versorgungssicherheit in Bezug auf Stromnetze – zum Richtlinienvorschlag für die Sicherung der Elektrizitätsversorgung, ZNER, Heft 3, 2004, S. 213.

zu den sich erschöpfenden Erdöl- und Erdgasvorräten und der damit verbundenen Preiserhöhung und Gefahr einer neuen Abhängigkeit (diesmal von Erdgaseinfuhr) der technischen Schwierigkeiten im Bereich der Kernenergie und somit von den Umweltproblemen bei der Nutzung der Kohle[804].

Die Interkonnektion der Netze[805] und die Hilfe effizienter Technologien zur Nutzung der erneuerbaren Energien[806] wurden mehrmals im Grünbuch als Mittel für das Funktionieren des Energiemarkts und für die Energieversorgungssicherheit anerkannt[807]. Da die europäische Energieeinfuhrabhängigkeit groß ist[808], ist die Steigerung des Gewichtes der Interkonnektion der Netze zur Gewährleistung der Energieversorgungssicherheit zu rechnen. Schon früh und vor dem Lissaboner Vertrag wurde hier der dienende Aspekt beider Ziele des Art. 194 Abs. 1 lit. c und d AEUV betont. Obwohl es in dem Vertrag keine Elemente gibt, die eine Hierarchisierung oder Priorisierung der Ziele (auf Kosten eines anderen) erlauben, ist doch zumindest ein dienendes Verhältnis zwischen den Zielen auf der politischen Ebene klar. Das Ziel der Energieversorgungssicherheit steht (und stand schon vor dem AEUV) als oberstes Ziel fest, und die Ziele der Förderung der Energietechnologien und erneuerbaren Energien, somit der Interkonnektion der Netze, sollen laut dem politischen Diskurs zu diesem obersten Ziel beitragen.

3.3.3.2.3 Grünbuch „Eine europäische Strategie für nachhaltige, wettbewerbsfähige und sichere Energie“ – KOM (2006) 105 endg

Anfang 2006 wurde ein neues Grünbuch im Bereich der Energiepolitik veröffentlicht, dessen Zweck es war, die Zieltrias in Einklang zu bringen und ein ausgewogenes Verhältnis zwischen ihnen für eine zukünftige Energiepolitik zu etablieren[809]. Die Lage hinsichtlich der Energieeinfuhrabhängigkeit hatte sich im Vergleich zu der Zeit des Erlassens des Grünbuchs von 2000 nicht geändert[810] – d.h. es gab immer noch eine steigende Tendenz –, was die Studie der Kommission motivierte.

Die Kommission wählte sechs Bereiche, die betrachtet werden mussten, um die Endziele der Energiepolitik – Energieversorgungssicherheit, Umweltverträglichkeit und Wettbewerbsfähigkeit – zu schaffen: (i) Vollendung der Binnenmärkte

804 KOM (2000) 769 endg., S. 49.

805 Ebenda, S. 14, 28, 66, 84.

806 Ebenda, S. 22.

807 S. beispielweise ebenda, S. 66 ff.

808 Gemäß dem Grünbuch war die Abhängigkeit der EU 2000 beim Erdöl von 76 % des Bedarfs, beim Erdgas von 40 %, bei der Steinkohle von 50 % und bei der Kernmaterie von 95 %. KOM (2000) 769 endg., S. 24–25.

809 *Baumann/Turek*, In: *Weidenfeld* (Hrsg.), Lissabon in der Analyse. Der Reformvertrag der Europäischen Union, 2008, S. 162.

810 Die europäische Importabhängigkeit nahm zu und nur drei Länder deckten fast die Hälfte des EU-Erdgasverbrauchs. KOM (2006) 105 endg., S. 3.

für Strom und Gas; (ii) Solidarität zwischen den Mitgliedstaaten; (iii) Stärkung des Energieträgermixes; (iv) integrierte Ansätze für den Klimaschutz; (v) Förderung der Energietechnologien; und (vi) eine kohärente Energieaußenpolitik.

Einige Elemente, die sich auf das Verhältnis zwischen den Zielen beziehen, können dem Grünbuch entnommen werden. Die Anerkennung der **Interkonnektion der Netze als Voraussetzung** für die Schaffung eines wettbewerbsfähigen Energiemarkts geschah in zwei Punkten des Grünbuchs. Erwähnt wurde auch die Priorität, die die Modernisierung und den Bau neuer Infrastruktureinrichtungen für die sichere Energieversorgung der EU genießen musste[811]. In diesem Bereich ist nicht nur der Ausbau der Netze wichtig, sondern auch ein vorrangiger Verbundplan[812]. Die Entwicklung von Netz-Kodex und der Aufbau von zusätzlichen Kapazitäten, die „Energieinseln" helfen und die Auswirkungen der Engpässe abmildern bzw. eliminieren können, sind Instrumente für die Vollendung des Energiemarkts. Die Maßnahme hinsichtlich des Aufbaus des europäischen Netzes wurden in den Schlussfolgerungen des Grünbuches sogar als **vorrangig** beschrieben[813]. Davon kann allerdings keine Hierarchie der Ziele im AEUV abgeleitet werden. Vielmehr verdeutlicht die „Vorrangigkeit" dieser Maßnahmen die Dringlichkeit eines vollendeten Energiebinnenmarkts.

Es wurde auch angenommen, dass ein liberalisierter und wettbewerbsfähiger Energiemarkt zur Energieversorgungssicherheit **beiträgt**, da die richtigen Investitionssignale gesetzt werden[814]. Auf der anderen Seite wurde nochmals der **dienende** Aspekt der erneuerbaren Energien und der Energieeffizienz bzw. der Entwicklung der Energietechnologien nicht nur zum Klimaschutz, sondern auch zur Energieversorgungssicherheit betont, damit die wachsende Abhängigkeit der EU von Energieimporten begrenzt würde[815]. Dieses Verhältnis erschien auch in den Schlussfolgerungen des Grünbuches, wo festgestellt wurde, dass die „vermehrte Nutzung wettbewerbsfähiger einheimischer und erneuerbarer Energien" Mittel zur Erreichung der Energieversorgungssicherheit darstellt[816].

Dieses Grünbuch machte deutlich, dass die Sicherung der Energieversorgung durch eine Diversifizierung der Energiequellen und der Energieliefer- und Energieerzeugerländern geschaffen werden soll[817]. Als strategisches Ziel, dass alle drei Hauptziele der europäischen Energiepolitik in ein ausgewogenes Verhältnis zueinander gebracht werden könnten, wurde gewählt, dass sichere und CO_2-arme

---

811 KOM (2006) 105 endg., S. 17.

812 Ebenda, S. 6, 7.

813 Ebenda, S. 21.

814 Ebenda, S. 8.

815 Ebenda, S. 11, 12, 15. Vgl. auch Mitteilung der Kommission „Förderung von Strom aus erneuerbaren Energiequellen" v. 7.12.2005. KOM (2005) 627 endg., S. 3.

816 KOM (2006) 105 endg., S. 20.

817 Die größere Vielfalt bezüglich der Energiequellen, Lieferanten und der Art und Weise des Transports ist im der Die Mitteilung der Kommission „Eine Energiepolitik für Europa" wiederholt. KOM (2007) 1 endg., S. 12.

Energiequellen einen bestimmten Mindestanteil am gesamten Energieträgermix in der EU ausmachen sollten[818].

3.3.3.2.4 Mitteilung der Kommission „Eine Energiepolitik für Europa" – KOM (2007) 1 endg

Anfang 2007 veröffentlichte die Kommission die auf die Kommentare anlässlich des Konsultationsverfahrens nach dem Grünbuch basierende Mitteilung „Eine Energiepolitik für Europa"[819], deren Ausgangspunkt in der Tatsache zu finden war, dass die Zieltrias der Energiepolitik noch nicht geschaffen wurde. Die derzeitige Energiepolitik in der EU war nicht umweltverträglich, die Energieversorgung hing viel zu viel von importierten Energiequellen ab und konnte nicht als gewährleistet betrachtet werden und letztlich genossen die Bürger der EU nicht alle Vorteile von liberalisierten Energiemärkte[820]. Mit dieser Mitteilung versuchte die Kommission, eine neue europäische Energiepolitik zu gründen, die sich zusätzlich mit dem umweltschonenden Ziel der Reduzierung der Emissionen europa- und weltweit verknüpft. Bemerkenswert sind auch drei Entwicklungen, die zu einem Wechsel bzw. Verhärtung des Diskurses der Kommission führen: Der Ölpreis, der von 23 US$/Tonne 2001 auf 126 US$/Tonne 2008 gestiegen ist; die immer deutlicher werdende riesige Energieeinfuhrabhängigkeit von Erdöl und -gas; die Bedrohung des Klimawandels. Diese Lage könnte die Energieversorgungssicherheit erheblich beeinträchtigen[821].

Die Notwendigkeit eines Ansatzes, der die Verschränktheit der Endziele berücksichtigt und die Kohärenz zwischen ihnen nicht vermisst, wurde betont. Jede Maßnahme müsste alle Ziele in ihrer Gesamtheit betrachten. Die Mitteilung konzentrierte sich aber weniger auf die Energieversorgungssicherheit im Vergleich zu den anderen Aspekten der Zieltrias, da viele dachten, dass die Gewährleistung der Energieversorgungssicherheit automatisch aus der Schaffung eines wettbewerblichen und umweltverträglichen Energiemarkts folgt[822].

Da die Energieversorgungssicherheit das einzige Ziel der europäischen Energiepolitik ist, das mit einem Endziel übereinstimmt, **ist in den politischen Texten eine Instrumentalisierung eines Ziels zu Gunsten der Energieversorgungssicherheit häufig zu sehen**. Ein Beispiel ist in dieser Mitteilung der Kommission zu finden, wo feststeht, dass das Bestehen eines echten Energiebinnenmarkts eine wesentliche **Voraussetzung** für die Bewältigung aller drei energiepolitischen Herausforderungen – d.h. Wettbewerbsfähigkeit, Nachhaltigkeit und Versorgungssicherheit – ist.

818 KOM (2006) 105 endg., S. 21.
819 Auch „Erste Überprüfung der Energiestrategie" benannt. Die Zweite Überprüfung ist unten analysiert (s. 3.3.3.2.5).
820 KOM (2007) 1 endg., S. 3, 4.
821 *Jones*, In: *Moselle/Padilla/Schmalensee* (Hrsg.), Harnessing renewable energy in electic power systems – Theory, practice, policy, 2010, S. 234–235.
822 *Vinois* In: *ders* (Hrsg.), EU Energy Law – Volume VI – The security of energy supply in the European Union, 2012, S. 26.

Maßnahme für einen wettbewerblichen Energiebinnenmarkt wie die Entflechtung der Energieunternehmen bieten Anreize, in neue Infrastrukturen zu investieren, damit Engpässe und unnötige Preisanstiege vermieden werden können und die Energieversorgung gewährleistet wird[823]. Andere Beispiele betreffen die **Energieeffizienzmaßnahmen**, die laut der Mitteilung einen „außerordentlich wichtigen Beitrag zu Nachhaltigkeit, Wettbewerbsfähigkeit und Versorgungssicherheit leisten"[824], und die **erneuerbare Energie**, da sie – wie oben erwähnt – „den Anteil der EU-eigenen Produktion [erhöht], für Diversifizierung beim Kraftstoffmix und bei der Herkunft der Energieimporte [sorgt], den Anteil der Einfuhren aus politisch stabilen Regionen [steigert] und neue Arbeitsplätze in Europa [schafft]"[825], was zu einer Erhöhung der Energieversorgungssicherheit beiträgt. Letztlich ist auch der Einsatz der Finanzinstrumente durch „eine verstärkte Zusammenarbeit mit der EIB und der EBRD und dem Aufbau eines Nachbarschafts-Investmentfonds" als Maßnahme zur Gewährleistung der Energieversorgungssicherheit erwähnenswert[826].

Ergebnisse dieser Mitteilung sind die Schlussfolgerungen des Vorsitzes des Europäischen Rates vom März 2007, die die Initiative „20–20-20" lancierten: 20% Reduzierung der Treibhausgasemissionen bis zum Jahr 2020, 20% Steigerung des Anteils erneuerbarer Energieträger am Energieverbrauch und 20% Verbesserung der Energieeffizienz. Die positiven Auswirkungen der Initiative auf den Energiebinnenmarkt wurden aber wegen mehrerer Gründe begrenzt: niedrige CO_2-Preise, nationale Alleingänge bezüglich Fördersysteme erneuerbarer Energien, mangelhafter Ausbau der Energienetze, die Rückkehr der Stein- und Braunkohle sowie die Preissignale für neue Investitionen[827]. Diese Lage forcierte die EU zusammen mit der ansteigenden Energieeinfuhrabhängigkeit und der Besorgnis über den Wettbewerbsfähigkeitsverlust, ein neues, umfassendes Energie- und Klimapaket für 2030 (s. 3.3.3.2.7 gleich) einzuführen: 40% Reduzierung der Treibhausgasemissionen bis zum Jahr 2030 (Mitgliedstaaten-bindend), 27% Steigerung des Anteils erneuerbarer Energieträger am Energieverbrauch (EU-bindend), 27% Verbesserung der Energieeffizienz (indikativ) und 15% bezüglich des Verbundgrads zwischen Mitgliedstaaten (indikativ)[828].

3.3.3.2.5 Mitteilung der Kommission „Zweite Überprüfung der Energiestrategie" – KOM (2008) 781 endg

Die Zweite Überprüfung der Energiestrategie wurde am 6.1.2009 veröffentlicht und beschrieb den EU-Aktionsplan für Energieversorgungssicherheit und -solidarität. Diese Mitteilung platzieren zusammen mit dem Grünbuch „Hin zu einem sicheren,

---

823 KOM (2007) 1 endg., S. 7.
824 Ebenda, S. 13.
825 Ebenda, S. 16.
826 Ebenda, S. 23.
827 *Andoura/Vinois*, From the European Energy Community to the Energy Union, 2015, S. 43.
828 Schlussfolgerungen des Europäischen Rats v. 23./24. Oktober 2014.

nachhaltigen und wettbewerbsfähigen europäischen Energienetz“[829] die Energieversorgungssicherheit im Zentrum der europäischen Energiepolitik[830]. Diese Hervorhebung ist wegen der früheren Vorschläge zum Energiebinnenmarkt (September 2007) und zur Klimaänderung (Januar 2008) gerechtfertigt[831]. Die Bedeutung des Dokumentes liegt in der Tatsache, dass es erklärt, wie die Energieversorgungssicherheit zu erreichen ist. In dieser Mitteilung – weit mehr als ihre vorherige Mitteilung von 2007 – gewann das vorerwähnte Ziel Bedeutung, da die Prognose für die nächsten Jahre verdeutlicht, dass die EU noch über viele Jahre von Energieeinfuhren abhängig bleiben wird und gleichzeitig die einheimische Produktion fossiler Brennstoffe zurückgeht. Zudem gibt es einige Mitgliedstaaten, die hochgradig von einem einzigen Versorger abhängig sind. Zusammen mit der Notwendigkeit, gemeinsame Strategien zur Risikoteilung und -streuung zu gründen, ist die Betrachtung des Themas der Energieversorgungssicherheit in der EU als Ganzes gerechtfertigt[832], obwohl die Versorgungssicherheit noch prinzipiell Sache jedes Mitgliedstaats ist.

In diesem EU-Aktionsplan für Energieversorgungssicherheit und -solidarität gibt es eine klare Instrumentalisierung einiger Ziele – der Energiepolitik laut dem Art. 194 Abs. 1 AEUV – zur Erreichung einer gesicherten Energieversorgung. In diesem Zusammenhang wurden fünf Schwerpunkten vorgeschlagen: (i) Infrastrukturbedarf und Diversifizierung der Energieversorgung; (ii) Außenbeziehungen im Energiebereich; (iii) Öl- und Gasvorräte und Krisenreaktionsmechanismen; (iv) Energieeffizienz und (v) optimale Nutzung eigener Energieressourcen der EU[833].

Mehr oder weniger beziehen sich alle diese zur Erreichung der europäischen Energieversorgungssicherheit wichtigen Schwerpunkte auf die Ziele im Art. 194 Abs. 1 lit. c und d AEUV, was die im politischen Diskurs beinhalteten dienenden Aspekte dieser Ziele klarmacht. Zuerst bestehen fünf von den sechs vorrangigen Infrastrukturmaßnahmen[834] aus Maßnahmen, die die europäischen Elektrizität- und Gasnetze verbinden, d.h. die sich auf das Ziel der Interkonnektion der Netze – wenn die Union selbst sie durchführen – beziehen. Zweitens wird eine stärkere

829 KOM (2008) 782 endg.

830 *Johnston/Block*, EU Energy Law, 2012, S. 240.

831 *Henningsen*, In: *Roggenkamp/Hammer* (Hrsg.), European Energy Law Report VI, 2009, S. 249.

832 KOM (2008) 781 endg., S. 3.

833 Ebenda, S. 4.

834 Die fünf Infrastrukturmaßnahmen sind: Der Ostseeverbundplan, der ermittelt, „welche Infrastrukturen für die wirksame **Anbindung** des Ostseeraums an die übrige EU und für eine sichere und diversifizierte Energieversorgung der Region wesentlich sind“; Ein südlicher Gaskorridor; Ein Mittelmeer-Energierings, „der Europa über Strom- und Gasverbindungen mit den Ländern des südlichen Mittelmeerraums **verbindet**“; Der Nord-Süd-Gas- und -Stromverbund mit Mittel- und Südeuropa; ein Plan für ein Nordsee-Offshorenetz „zum **Verbund** der nationalen Elektrizitätsnetze in Nordwesteuropa und **zur Anbindung** der zahlreichen geplanten Offshore-Windkraftprojekte“.

Integration zwischen der EU und anderen Ländern – z.B. der EU-Norwegen Dialog[835] hinsichtlich der Steigerung der Sicherheit der Gas- und Ölversorgung benötigt sowie die Energiegemeinschaft insbesondere für die Transitstaaten,[836] – die Entwicklung von grenzüberschreitenden Netzen. Drittens bedürfen die Öl- und Gas(not)vorräte und die Krisenreaktionsmechanismen, um wirkungsvoll zu sein, nicht nur aktualisierter Daten zur Menge der verfügbaren Ressourcen jedes Mitgliedstaates, sondern auch integrierter Netze. Viertens ist die Energieeffizienz, die der Energiepolitik laut Art. 194 Abs. 1 lit. c AEUV selbst ein Ziel ist, selbstverständlich für die Erhöhung der Energieversorgungssicherheit verantwortlich, wie mehrmals in dieser Arbeit gezeigt wurde, und eine solche Rolle wurde in der Zweiten Überprüfung der Energiestrategie betont[837]. Letztlich impliziert eine bessere Nutzung einheimischer Energiereserven der EU sowohl die Entwicklung der Nutzung erneuerbarer Energiequellen als auch einen Abstand von den begrenzt (und importiert) fossilen Ressourcen, was zur Energieversorgungssicherheit beiträgt.

Die Mitteilung der Kommission „Zweite Überprüfung der Energiestrategie" ist ein weiteres amtliches Dokument, das die höchste Bedeutung des Ziels der Energieversorgungssicherheit und die dienenden Aspekte der Ziele der Energieeffizienz, der Förderung erneuerbarer Energien und somit der Interkonnektion der Netze implizit anerkennt.

3.3.3.2.6 Mitteilung der Kommission „Energie 2020" – KOM (2010) 639 endg

Auch relevant für eine Betrachtung der energiepolitischen Auseinandersetzung der Kommission ist die Mitteilung vom 10.11.2010 „Energie 2020 – Eine Strategie für wettbewerbsfähige, nachhaltige und sichere Energie"[838], die angesichts der Markturbulenzen der letzten Jahre, der russischen Gasversorgungsunterbrechungen im Januar 2009 und der Nähe des Jahres 2020, die ihrerseits die Frist für die Erreichung der 2020-Ziele darstellt, eine neue Energiepolitik bzw. -strategie begründet. Der Ausgangspunkt für die Gründung einer neuen Energiestrategie liegt, wie bei der Mitteilung der Kommission „Eine Energiepolitik für Europa", in der Tatsache, dass die Zieltrias noch nicht erreicht wurde. Ferner war die Kommission schon 10 Jahre vor 2020 der Meinung, dass die für 2020 gesetzten Ziele nur unwahrscheinlich erreicht werden könnten[839].

Laut der Mitteilung gab (und gibt) es noch „Hemmnisse für einen offenen und fairen Wettbewerb", „Verzögerungen bei Investitionen und beim technologischen Fortschritt", die die Energieversorgungssicherheit unterminiert, enttäuschende Qualität hinsichtlich der nationalen Aktionspläne für Energieeffizienz, einen zu

---

835 *Woltering*, Die europäische Energieaußenpolitik und ihre Rechtsgrundlagen, 2010, S. 23–24.

836 KOM (2008) 781 endg., S. 8–9.

837 Ebenda, S. 13.

838 KOM (2010) 639 endg.

839 Ebenda, S. 3.

langsamen Umstieg auf erneuerbare Energien sowie mangelnde gemeinsame Ansätze im Hinblick auf Partner-, Liefer- oder Transitländer[840].

Erwähnenswert ist die Aussicht der Kommission hinsichtlich der Notwendigkeit eines gemeinsamen Vorgehens der Mitgliedstaaten, um zukünftig die europäische Energieversorgungssicherheit zu schaffen. Es ist Zeit, dass die Energiepolitik der Europäischen Union zu einer „echten" europäischen Energiepolitik wird.

Fünf Schwerpunkte wurden ausgewählt, um den Prozess hin zu einer sicheren, wettbewerbsfähigen und umweltverträglichen Energiepolitik zu beschleunigen: Effiziente Energienutzung, Integration des Energiemarkts, Stärkung der Verbraucherautonomie, Energietechnologien und Innovation und Energieaußenpolitik.

Das Verhältnis zwischen Energieeffizienz und Energieversorgungssicherheit wurde hier wie in den anderen obenerwähnten amtlichen Dokumenten betont[841]. Maßnahmen zur Energieeffizienz schließen Renovierungen von Gebäude, Elektromobilität im Verkehrssektor, Entwicklung der Stromspeicherungsmöglichkeiten und mehrere Finanzierungsinstrumente ein, um die notwendigen Investitionen einzuführen. Unmittelbar wird die Verringerung des Ölverbrauchs im Verkehrssektor und mittelbar die Maßnahme im Bereich Gebäudebestand einen Beitrag zur Energieversorgungssicherheit leisten. Intelligente Netze und Zähler sowie die Errichtung der Energiemanagement-Systeme helfen dabei, Energie einzusparen.

Kritisch war die Kommission hinsichtlich der fehlenden europäischen Netzinfrastruktur, die für die Einspeisung und Übertragung der aus erneuerbaren Energiequellen erzeugten Elektrizität geeignet sein muss[842]. Um das Ziel einer nachhaltigen Energieversorgung zu erreichen, ist von herausragender Bedeutung, dass ein europaweiter Handel mit erneuerbaren Energien geschaffen wird, was eine vernünftige Energieinfrastruktur in ganz Europa benötigt. Immer mehr verbinden sich die Ziele im Art. 194 Abs. 1 lit. c und d AEUV miteinander. Die Zusammenbetrachtung beide Ziele erlaubt die Verfolgung einer nachhaltigen Energieversorgungssicherheit.

An Bedeutung gewann jedoch das Leitprinzip der Energiesolidarität, insbesondere im Bereich der Interkonnektion der Netze[843]. Neu ist dazu die Aussicht der Kommission, die die grenzüberschreitende Infrastruktur außerhalb des europäischen Raums als erhebliches Element für die Verwirklichung dieses Leitprinzips vorsieht. Kurzgefasst: Eine inneneuropäische Energiesolidarität ist ohne eine effektive Energieaußenpolitik nicht möglich. Ein mit seinen Nachbarländern verbundenes Europa kann seine Energieversorgungssicherheit gewährleisten. Zudem ist ein internationaler Handel, der auf das Gewicht der EU als Ganzes Rücksicht nimmt und bloße nationale Initiativen vermeidet, für den Erfolg der Energiepolitik unverzichtbar[844]. Diese Mitteilung bestätigt somit die in der Mitteilung der Kommission

840 Ebenda, S. 3–4.
841 Ebenda, S. 7.
842 Ebenda, S. 11.
843 Ebenda, S. 12.
844 Ebenda, S. 20.

„Zweite Überprüfung der Energiestrategie“ hervorgehobene Wichtigkeit der Energieversorgungssicherheit (sowohl als einziges Ziel als auch gegenüber dem Ziel der Wirtschaftlichkeit)[845].

3.3.3.2.7 Mitteilung der Kommission „Ein Rahmen für die Klima- und Energiepolitik im Zeitraum 2020–2030“ – KOM (2014) 15 final

Aus jüngster Zeit ist die Mitteilung der Kommission „Ein Rahmen für die Klima- und Energiepolitik im Zeitraum 2020–2030“ vom 22.01.2014 zu erwähnen, die neue Ziele für die EU hinsichtlich der Minderung der Treibhausgasemissionen, des Ausbaus des Anteils erneuerbarer Energien und der Verbesserungen der Energieeffizienz sowie ein neues Ziel für den Verbindungsleitungsgrad zwischen den Mitgliedstaaten vorschlägt. Zudem wurde ein neuer Governance-Prozess gegründet, der sich in drei Etappen teilt: Ausarbeitung von Leitlinien zur Funktionsweise des neuen Governance-Prozesses und zum Inhalt der nationalen Pläne; Erstellung der Pläne der Mitgliedstaaten mithilfe eines interativen Prozesses; Prüfung der Pläne und Verpflichtungen der Mitgliedstaaten[846]. Zu bemerken ist die Tatsache, dass erstmalig Energie- und Klimapolitik (zusammen mit dem Grünbuch „Ein Rahmen für die Klima- und Energiepolitik bis 2030“[847]) zusammen betrachtet wurden.

Laut der Mitteilung soll die EU sich verpflichten, die EU-internen THG-Emissionen um 40% gegenüber dem Stand von 1990 zu mindern, 27% Anteil erneuerbarer Energien auf europäischer Ebene (kein mitgliedstaatlich verbindliches Ziel mehr) zu erreichen und die Herstellung von Verbindungsleitungen für mindestens 15% ihrer installierten Erzeugungskapazität zu schaffen.

Die Kommission geht davon aus, dass die Bekämpfung der Steigerung der THG-Emissionen durch eine ehrgeizige Verpflichtung zu ihrer Minderung das Potenzial hat, die Ziele der Erschwinglichkeit, Wettbewerbsfähigkeit, Versorgungssicherheit und Nachhaltigkeit zu realisieren[848]. Die Energieversorgungssicherheit wird durch gemeinsame Maßnahmen, integrierte Märkte, Diversifizierung der Importe, nachhaltige Entwicklung heimischer Energiequellen, Investitionen in die notwendige Infrastruktur, Endenergieeinsparungen sowie die Förderung von Forschung und Innovation verbessert[849].

Das dienende Verhältnis zwischen den Zielen der Energieversorgungssicherheit einerseits und der Förderung erneuerbarer Energien und von Energieeffizienz und Einsparmaßnahmen andererseits wurde auch hier anerkannt, indem festgestellt wurde, dass „eine bessere Energieeffizienz einen wesentlichen Beitrag zu allen

---

845 *Ehricke*, In: *Frenz/Müggenborg*, EEG – Erneuerbare-Energien-Gesetz – Kommentar, 2013, S. 170; *Vinois*, In: *ders* (Hrsg.), EU Energy Law – Volume VI – The security of energy supply in the European Union, 2012, S. 28.

846 KOM (2014) 15 final, S. 14–16.

847 KOM (2013) 169 endg.

848 KOM (2014) 15 final, S. 3.

849 Ebenda, S. 4.

Hauptzielen der EU Klima- und Energiepolitik [leistet]: verbesserte Wettbewerbsfähigkeit, Versorgungssicherheit, Nachhaltigkeit und Übergang zu einer CO_2-armen Wirtschaft", und dass „ein höherer Anteil erneuerbarer Energien und ein effizienteres Energiesystem zur Wettbewerbsfähigkeit wie auch zur Energieversorgungssicherheit beitragen"[850].

Die Strategie zur zukünftigen Aufrechterhaltung der Energieversorgungssicherheit muss einen dreiteiligen Ansatz verfolgen: Die Erzeugung von nachhaltigen, einheimischen Energiequellen; Diversifizierung von Bezugsländern und Versorgungswege für importierte fossile Brennstoffe; Erhöhung der Energieintensität der Wirtschaft sowie Energieeinsparungen und Energieeffizienz von Gebäuden, Produkten und Prozessen. Anerkannt wurde auch, dass der Wettbewerb auf den Energiemärkten effizienter für die Gewährleistung der Energieversorgungssicherheit sein kann als die Förderung heimischer Erzeugungskapazität[851].

3.3.3.2.8 Mitteilung der Kommission „Strategie für eine sichere europäische Energieversorgung" – KOM (2014) 330 final

Letztlich soll die jüngste Mitteilung der Kommission um die Energieversorgungssicherheit erwähnt werden, die auf die noch starke Abhängigkeit von einem einzigen Drittlandlieferanten fokussiert[852]. Um die Energieversorgungssicherheit zu gewährleisten ist ausschlaggebend, dass einerseits ein funktionierender Energiebinnenmarkt implementiert wird, und zwar mittels einer gemeinsamen, von einer stärkeren Zusammenarbeit auf regionaler und europäischer Ebene geprägten Vorgehensweise, die die Entwicklungen der Netze koordiniert, aber dass andererseits gleichzeitig ein kohärenteres auswärtiges Handeln bevorzugt wird[853]. Hier sind nochmal die Ziele im Art. 194 Abs. 1 lit. a und lit. d AEUV als Maßnahme zur Realisierung des Ziels im Art. 194 Abs. 1 lit. b anerkannt.

Die sog. Strategie für eine sichere europäische Energieversorgung beruht auf acht zentralen Säulen, die gemäß dem Grundsatz der Solidarität zu bauen sind: Sofortmaßnahmen hinsichtlich Stresstests und Risikobewertungen von Versorgungsstörungen; Stärkung von Notfall- und Solidaritätsmechanismen; Dämpfung der Energienachfrage; Aufbau eines gut funktionierenden und vollständig integrierten Binnenmarkts; Steigerung der Energieproduktion in der EU; Weiterentwicklung von Energietechnologien; Diversifizierung der Lieferungen aus Drittländern und der damit verbundenen Infrastrukturen; bessere Koordinierung der nationalen Energiepolitiken und geschlossenes Auftreten in der externen Energiepolitik[854]. Hier sind Maßnahmen im Hinblick auf die Dämpfung der Energienachfrage und die Weiterentwicklung von Energietechnologien zu betonen, die sich auf Art. 194 Abs. 1 lit. c

850 Ebenda, S. 9 und S. 16
851 Ebenda, S. 14.
852 Ebenda, S. 2.
853 Ebenda, S. 3.
854 Ebenda, S. 4.

AEUV stützen können und unmittelbar zum Ziel im Art. 194 Abs. 1 lit. b beitragen würden. Das Gleiche gilt für den Aufbau des Energiebinnenmarkts (Art. 194 Abs. 1 lit. a), der zur Gewährleistung der Energieversorgungssicherheit beiträgt.

3.3.3.3 Fazit: Markt als Mittel, Energieversorgungssicherheit als Ziel

Obwohl die „Sicherstellung des Funktionierens des Energiemarkts" als Ziel der europäischen Energiepolitik im Art. 194 Abs. 1 lit. a AEUV anerkannt wurde, sieht die Kommission dies vielmehr **als ein Instrument**, mit dem die Energieversorgungssicherheit kosteneffektiv erreicht wird[855]. Der Markt – und ausnahmsweise die staatlichen Interventionen – ist das gewählte Mittel, um das oberste Ziel der Energieversorgungssicherheit zu realisieren. Eine Instrumentalisierung der „Ziele" der Energiepolitik zu Gunsten des Ziels der Energieversorgungssicherheit liegt zumindest in der politischen Auseinandersetzung vor.

3.3.4 Fazit

Die Ziele der europäischen Energiepolitik sind weit zu verstehen, und die Verschränktheit zwischen ihnen ermöglicht sowohl eine Komplementarität als auch Konflikte. Wenn ein Ziel verfolgt wird, soll es möglichst weitgehend mittel- oder unmittelbar andere Ziele beeinflussen bzw. verwirklichen. Obwohl der AEUV keine Trennung zwischen den Zielen des Art. 194 Abs. 1 macht, sind dennoch einige qualitative Unterschiede zwischen ihnen zu erkennen. Zuerst gibt es die Zustandsziele im Art. 194 Abs. 1 lit. a und b AEUV präziser als die Richtungsziele des Art. 194 Abs. 1 lit. c und d AEUV. Zweitens leisten die zwei ersten Ziele einen Beitrag zu Zielen außerhalb der Energiepolitik, während die Ziele im Art. 194 Abs. 1 lit. c und d AEUV ein dienendes Verhältnis zu Gunsten der Ziele in Art. 194 Abs. 1 lit. a und b AEUV haben.

Die Tatsache, dass die Energieversorgungssicherheit das einzige Ziel der Energiepolitik ist, das mit einem der Zieltrias übereinstimmt, ist bedeutungsvoll und verdeutlicht die Absicht des europäischen Gesetzgebers, die Relevanz der Verwirklichung dieses Ziels zur Energiepolitik zu betonen. Zudem verdeutlicht diese direkte Übertragung auf den AEUV aber auch eine besondere Stärkung des Bereiches der Energieversorgungssicherheit, wenn dieses Ziel entstehungsgeschichtlich betrachtet wird, insbesondere gegenüber dem Ziel der Sicherstellung des Funktionierens des Energiemarkts. Im Rahmen der praktischen Konkordanz beim konkreten Fall soll dies berücksichtigt werden.

Trotzdem ist im AEUV weder von einer Hierarchisierung oder gar einer Priorisierung irgendeines Ziels die Rede (abstrakte Gleichrangigkeit). Auf der anderen Seite besteht, da der AEUV keine Vorschrift in diese Richtung anbietet und da sich eine Gleichrangigkeit der Ziele im Art. 194 AEUV nicht von einer Gleichrangigkeit der Zieltrias der Energiepolitik ableiten lässt, auch die Schwierigkeit, die

855 KOM (2014) 330 final, S. 9.

These der Gleichrangigkeit der Ziele zu rechtfertigen. Vielmehr bestehen politische Gründe und mitgliedstaatliche Verschiedenheiten, die für eine Gleichrangigkeit der Ziele im Art. 194 Abs. 1 AEUV sprechen.

Auch auf der politischen Ebene sind die Antworten und Lösungen von Zielkonflikten durch praktische Konkordanz zu finden. Obwohl die These hinsichtlich einer klaren Hierarchisierung weder in der Literatur noch in der politischen Auseinandersetzung Unterstützung findet, wird in beiden Bereichen – und mit mehreren Beispielen – betont, dass es ein dienendes Verhältnis zwischen den Zielen im Art. 194 Abs. 1 lit. c und d AEUV einerseits und dem Ziel der Energieversorgungssicherheit (Art. 194 Abs. 1 lit. b AEUV) andererseits gibt. Diese Tatsache könnte, abhängend von dem konkreten Fall, für die Lösung von Zielkonflikten hilfreich sein, insbesondere wenn die Entwicklung des politischen Diskurses in Betracht gezogen wird **(konkrete Priorisierung eines Ziels)**.

Der Analyse mehrerer Mitteilungen, Grün- und Weißbücher der Kommission kann entnommen werden, dass im Laufe der Entwicklung der europäischen Energiepolitik ein Wechsel der Gewichtung des Ziels der Energieversorgungssicherheit geschah. Das Ziel der Sicherstellung des Energiemarkts verliert immer mehr an Wichtigkeit – tatsächlich sind alle Ziele der Energiepolitik gleich wichtig – und heute ist klar, dass seine komplette Realisierung in höherem Maß von der Realisierung anderer Ziele der Energiepolitik abhängt. Es geht um eine Ausgewogenheit der Ziele, die mit dem in der Literatur und in der politischen Auseinandersetzung dienenden Aspekt der Ziele im Art. 194 Abs. 1 lit. c und d AEUV im Vergleich zu dem Ziel der Energieversorgungssicherheit nicht unvereinbar ist.

Die Wahl der Energieressourcen wird immer lebenswichtiger und die Sorge um den Umweltschutz größer. Die Energienachfrage steigt, und die begrenzten fossilen Energiequellen nehmen ab. Die Wettbewerbsbedingungen sind ja für das Gemeinwohl und die Bürger erheblich, aber nicht mehr als die Schaffung eines Europas, das über eine gesicherte Energieversorgung verfügen kann. Maßnahmen für die Energieversorgungssicherheit sind gemäß der politischen Auseinandersetzung die Maßnahmen, die sich auf die Ziele in Art. 194 Abs. 1 lit. c und d AEUV beziehen. Es handelt sich um eine **Instrumentalisierung** der Ziele der Energieeffizienz, Energieeinsparung, der Förderung erneuerbarer Energien und der Interkonnektion der Netze zu Gunsten der immer relevanter werdenden Energieversorgungssicherheit. Sie sind **Voraussetzung** dafür. Der Markt – und seine entsprechende Sicherstellung – ist grundsätzlich das gewählte **Mittel**, um die Energieversorgungssicherheit zu gewährleisten.

3.4 Energieversorgungssicherheit und Überschneidungen mit anderen Vorschriften des AEUVs

Nach dem Vertrag von Lissabon und der Einführung der Energiekompetenz nach Art. 194 Abs. 1 und Abs. 2 AEUV tauchte einige Konkurrenzen bzw. Überschneidungen mit anderen Vorschriften des Vertrages auf, die sich auch auf den

Energiebereich beziehen. Viele von diesen Vorschriften bewirken einen direkten Einfluss auf die Gewährleistung der Energieversorgungssicherheit und sollen von der Verfolgung des Ziels der Energieversorgungssicherheit gemäß dem Art. 194 Abs. 1 lit. b AEUV getrennt werden, damit keine Zweifel bestehen, auf welche von zwei einschlägigen Kompetenznormen eine Maßnahme gestützt werden muss. Die in Art. 194 Abs. 2 AEUV enthaltene Formulierung „Unbeschadet der Anwendung anderer Bestimmungen" ist keinesfalls als Anordnung einer formellen Subsidiarität des Energiekompetenztitels zu verstehen[856], sondern expliziert, dass die Auslegung der rechtlichen Fragen hinsichtlich des Themas Energie andere Bestimmungen des Vertrages berücksichtigen muss.

Der Art. 114 AEUV wurde schon hier geklärt und bezieht sich auf die binnenmarktbezogene Harmonisierungskompetenz (3.4.1); Art. 122 AEUV ermöglicht Maßnahmen des Rates im Falle von gravierenden Schwierigkeiten bei der Versorgung von Waren (3.4.2); Art. 196 AEUV reguliert den Schutz von Katastrophen (3.4.3); Art. 216 AEUV sieht die Möglichkeit vor, internationale Übereinkünfte abzuschließen (3.4.4); Art. 222 AEUV bringt die sog. „Solidaritätsklausel" (3.4.5); Auch der Euratom-Vertrag bezieht sich auf das Ziel der Energieversorgungssicherheit (3.4.6), und letztlich wird hier auch die Erklärung n. 35 des AEUVs betrachtet (3.4.7).

3.4.1 Art. 114 AEUV

Die Harmonisierungskompetenz des Art. 114 AEUV erlaubt dem Europäische Parlament und dem Rat, Maßnahmen zu erlassen, die den Rechts- und Verwaltungsvorschriften der Mitgliedstaaten hinsichtlich der Errichtung und dem Funktionieren des Binnenmarkts gleichen. Wie schon oben (3.1.1) dargelegt, ist die Harmonisierungskompetenz nicht mit dem Ziel der Sicherstellung des Funktionierens des Energiemarkts im Art. 194 Abs. 1 lit. a AEUV zu verwechseln, da dieses Ziel – und der Energieartikel als Ganzes – als *lex specialis* gegenüber Art. 114 AEUV wirkt[857].

Im Bereich der Energieversorgungssicherheit könnte aber eine Überschneidung zwischen Art. 114 AEUV und Art. 194 Abs. 1 lit. b AEUV vorliegen, wenn eine erlassene Maßnahme gleichzeitig die Energieversorgungssicherheit gewährleistete und die Rechts- und Verwaltungsvorschriften den Mitgliedstaaten angleiche. Das ist genau der Fall in der Richtlinie 2005/89/EG über „Maßnahmen zur Gewährleistung der Sicherheit der Elektrizitätsversorgung und von Infrastrukturinvestitionen"[858]. Sie stützt sich auf Art. 95 EG (Harmonisierungskompetenz a.F.) und bringt in ihren Art. 4 (Betriebssicherheit der Netze), Art. 5 (Erhaltung des Gleichgewichts zwischen Angebot und Nachfrage) und Art. 6 (Netzinvestitionen) die Angleichungsvorschriften hinsichtlich der technischen Sicherheit der Energieinfrastruktur der

856 *Nettesheim*, Das Energiekapitel im Vertrag von Lissabon, JZ, Heft 1, 2010, S. 24.

857 *Calliess*, Sinn, Inhalt und Reichweite einer europäischen Kompetenz zu einer kombinierten Umwelt-, Klima- und Energiepolitik, Berliner Online-Beiträge zum Europarecht, Nr. 52, 2009, S. 18.

858 ABl. L 33 v. 4.2.2006, S. 22.

Mitgliedstaaten. Problematisch ist jedoch die Tatsache, dass das Verhältnis zwischen dem Funktionieren des Binnenmarkts (nicht des Energiemarkts) und der Energieversorgungssicherheit nicht überzeugend ist[859]. Um diese Verbindungen herzustellen, müsste die Kommission im Erwägungsgrund 1 sowie im Art. 1 Abs. 1 der Richtlinie 2005/89/EG die Gewährleistung der Energieversorgungssicherheit als Grundvoraussetzung für das Funktionieren des Binnenmarkts anerkennen, was der sogar in den Mitteilungen und Büchern der Kommission[860] anerkannte entstehungsgeschichtliche Entwicklung der Energieversorgungssicherheit als Ziel und Zweck in sich widerspricht. Ferner besteht kein direktes Verhältnis zwischen einem Mehr in den für die Mitgliedstaaten angeglichene energiesicherheitlichen Maßnahmen und einem Mehr in dem Funktionieren des Binnenmarkts, das die Stützung der Richtlinie 2005/89/EG auf die Rechtsangleichungskompetenz des Art. 95 EG rechtfertigen könnte.

Wird heute eine solche Regelung erlassen, wäre die nur scheinbare Konkurrenz leicht aufgelöst, da Art. 114 AEUV als *lex generalis* gegenüber Art. 194 Abs. 1 lit. b AEUV gilt. Heute ist die Frage irrelevant, ob der Energiekompetenztitel nur Maßnahmen stützen darf, die als objektiven Schwerpunkt die Gewährleistung der Energieversorgungssicherheit haben, oder ob die Energiekompetenz auch für den Fall nur marginaler Aspekte der Energieversorgungssicherheit – neben wirtschaftlichen Aspekten wie dem Funktionieren des Wettbewerbs – benutzt werden könnte[861]. Wie oben bereits erklärt, besteht gegenüber Art. 114 AEUV nicht nur eine Spezialität des Ziels der Sicherstellung des Funktionierens des Energiemarkts, sondern auch des Ziels der Energieversorgungssicherheit.

3.4.2 Art. 122 Abs. 1 AEUV

Art. 122 Abs. 1 AEUV (sog. Krisenmechanismus) sieht die Möglichkeit vor, dass der Rat im Geiste der Solidarität zwischen den Mitgliedstaaten Maßnahmen erlässt, die gravierende Schwierigkeiten der Versorgung mit bestimmten Waren, **vor allem im Energiebereich**, bekämpfen. Während sich alle anderen Vorschriften, die sich mit dem Energieartikel überschneiden, nicht direkt auf Art. 194 AEUV beziehen, erwähnt Art. 122 Abs. 1 AEUV für den Energiebereich ausdrücklich, was der Beitrag der Energieversorgungssicherheit für die Volkswirtschaft und das Wohl der Bevölkerung bestätigt. Ein Teil der Literatur geht davon aus, dass es sich um eine indirekte Energiekompetenz zusammen mit Art. 352 AEUV handelt[862].

---

859 *Hackländer*, Die allgemeine Energiekompetenz im Primärrecht der Europäischen Union, 2010, S. 174.

860 Vgl. 2.3.3.2 dieser Arbeit.

861 *Hackländer*, Die allgemeine Energiekompetenz im Primärrecht der Europäischen Union, 2010, S. 175.

862 *Kahl*, In: *Schulze-Fielitz/Müller* (Hrsg.), Europäisches Klimaschutzrecht, 2009, S. 47; *Hackländer*, Die allgemeine Energiekompetenz im Primärrecht der Europäischen Union, 2010, S. 168.

Der Wortlaut des Artikels bringt hier einige wichtige Aspekte. Erstens verdeutlicht der Zusatz „vor allem", dass der Energiebereich den Hauptanwendungsfall der Kompetenz des Rates für gravierende Schwierigkeiten hinsichtlich der Versorgung von Waren sein soll. Zweitens geht es nicht um die Gewährleistung der langfristigen Energieversorgungssicherheit, sondern um kürzere und unerwartete Versorgungsunterbrechungen. Um eine Stützung der Maßnahme auf Art. 122 Abs. 1 AEUV zu rechtfertigen, muss dann gemäß dem Ausdruck „gravierende Schwierigkeiten" eine gewisse Dringlichkeit vorliegen. Drittens ist auch der Wortlaut hinsichtlich des Objekts der Vorschrift zu beachten: nur „Waren" sind von dem Zweck der Norm gedeckt. Probleme hinsichtlich unzuverlässiger Energieinfrastrukturen und mangelnder technischer Anlagensicherheit können vom Art. 122 Abs. 1 AEUV nicht reguliert werden[863].

Eine Überschneidung zwischen Art. 122 Abs. 1 und Art. 194 (Abs. 1 lit. b) AEUV könnte dann bestehen, wenn die Auswirkung einer (dringlichen und unerwarteten) Energieverknappung – politische Auseinandersetzungen, Lieferausfälle, Ressourcenverknappung – die Energieversorgungssicherheit der Mitgliedstaaten beeinträchtigt. In diesem Fall könnte sich eine Maßnahme entweder auf Art. 122 Abs. 1 oder auf Art. 194 Abs. 1 lit. b AEUV stützen. Relevant ist die Trennung wegen des unterschiedlichen Erlassprozesses der Maßnahme. Da gravierende Schwierigkeiten in der Versorgung von wichtigen Waren schnell und dringend bekämpft werden müssen, genügt für die auf Art. 122 Abs. 1 AEUV gestützte Maßnahme allein eine Beschlussfassung des Rates, ohne eine Mitwirkung des Europäischen Parlaments, während Art. 194 Abs. 2 AEUV einen durch Rat und Parlament gemeinsamen Erlass von Maßnahmen vorsieht.

Die Tatsache, dass die Schwierigkeiten bei der Energieversorgung den Hauptanwendungsfall des Artikels bilden und dass eine bloße Wiederholung des Ausdruckes „im Geiste der Solidarität" überflüssig wäre, wenn schon allein Art. 194 AEUV den Fall des Art. 122 Abs. 1 AEUV regulieren könnte, spricht für eine eigenständige Bedeutung der Maßnahmekompetenz des Art. 122 Abs. 1 AEUV[864].

Art. 122 Abs. 1 AEUV reguliert einen ganz bestimmten und eng eingegrenzten Aspekt der Energieversorgung und ist somit als *lex specialis* zu beurteilen, wenn es zum Ziel der Energieversorgungssicherheit im Art. 194 Abs. 1 lit. b AEUV verglicht wird. Art. 122 AEUV reguliert eine Reaktionsmaßnahme auf eintretende Versorgungsschwierigkeiten und hat deswegen den Vorrang gegenüber Art. 194 Abs. 1 lit. b AEUV[865]. Zudem spricht das verkürzte Rechtsetzungsverfahren, das die zeitige Erstellung von Reaktionsmechanismen erlaubt, für eine solche Auslegung, während Maßnahmen präventiver Art auf Art. 194 AEUV zu stützen sind[866].

---

863 *Hackländer*, Die allgemeine Energiekompetenz im Primärrecht der Europäischen Union, 2010, S. 167–168.

864 Ebenda, S. 171.

865 *Kahles*, Kooperative Mechanismen im Elektrizitätsbinnenmarkt, 2014, S. 109.

866 *Calliess*, Die neue Europäische Union nach dem Vertrag von Lissabon, 2010, S. 495; *Gundel*, Die energiepolitischen Kompetenzen der EU nach dem Vertrag von Lissabon: Bedeutung und Reichweite des neuen Art. 194 AEUV, EWS, Heft 1–2,

Besonders wichtig ist die Folge der Spezialität des Art. 122 Abs. 1 AEUV, die von der im Art. 194 Abs. 2 UAbs. 2 AEUV beinhaltenen energiepolitischen Schranke abrückt. Im Falle von gravierenden und die Energieversorgungssicherheit der Union beeinträchtigenden Schwierigkeiten gemäß Art. 122 Abs. 1 AEUV findet der Souveränitätsvorbehalt keine Anwendung, damit die Berufung auf das mitgliedstaatliche Recht, die Bedingung für die Nutzung der Energieressourcen zu bestimmen, eine schnelle und effektive Lösung der Versorgungsschwierigkeiten nicht verhindert[867]. Anders als bei dem Energieartikel gibt es im Art. 122 Abs. 1 AEUV keine Regelung, die dem Prinzip der Solidarität entgegenwirken kann. Die Entscheidung zu Gunsten der energetischen Solidarität im Fall von gravierenden Energieversorgungsschwierigkeiten ist deutlicher als im Falle der *bussiness as usual* Lage des Art. 194 AEUV, wo noch ein Souveränitätsvorbehalt besteht. Im Krisenfall gilt aber die gemeinschaftliche Solidarität und nicht eine vom (politischen) Interesse eines Mitgliedstaats abhängige nationale Solidarität.

Der Rat ist somit laut Art. 122 Abs. 1 AEUV zuständig, Maßnahmen zu erlassen, die in dem mitgliedstaatlichen Gebiet hinsichtlich der Nutzung seiner Ressourcen eingreifen.

3.4.3 Art. 196 AEUV

Die Verhütung von Katastrophenschutz oder von vom Menschen verursachten Katastrophen wird im Art. 196 AEUV geregelt und bezieht sich auf den Energieartikel, insbesondere mit dem Ziel der Energieversorgungssicherheit, wenn es um die Sicherheit kerntechnischer Anlagen geht[868]. Atomkraftwerkunfälle und

---

2011, S. 30; *Schulenberg*, Die Energiepolitik der Europäischen Union, 2009, S. 383; *Kahles*, Kooperative Mechanismen im Elektrizitätsbinnenmarkt, 2014, S. 109. Art. 122 Abs. 1 AEUV regelt dann die Möglichkeit, dass **Notmaßnahmen** im Bereich der Energieversorgung erlassen werden. *Nettesheim*, Das Energiekapitel im Vertrag von Lissabon, JZ, Heft 1, 2010, S. 22; *Schmidt-Preuß*, In: *Säcker* (Hrsg.), Berliner Kommentar zum Energierecht, 2014, S. 53. Maßnahmen, die beispielweise die Verpflichtung zu Mindestvorräten an Erdöl oder die Erstellung eines Systems gegen Versorgungsunterbrechungen als Ziel haben, wie die Mineralölbevorratungsrichtlinie (Richtlinie 68/414/EWG), und die Ölbevorratungsrichtlinie (Richtlinie 2009/119/EG), sind künftig auf Art. 194 Abs. 1 lit. b i.V.m. Art. 194 Abs. 2 AEUV zu stützen, da sie keine Notmaßnahmen darstellen, sondern Maßnahmen präventiver Art, obwohl es um die Gewährleistung der kurzfristigen Energieversorgungssicherheit geht. Die Erdgasversorgungssicherheitsverordnung (Verordnung 994/2010/EU) stützt sich schon auf Art. 194 Abs. 2 AEUV. Art. 100 EG könnte damals aber mangels einer Kompetenz für die Energieversorgungssicherheit auch präventiven Charakter haben, *Fischer*, Energieversorgungssicherheit: Was kann Europa leisten?, GWP, Heft 4, 2008, S. 511.

867 *Hackländer*, Die allgemeine Energiekompetenz im Primärrecht der Europäischen Union, 2010, S. 172.

868 Beispiel in ebenda, S. 175.

riskanter Betrieb von nuklearen Anlagen bilden ein Risiko für die Gewährleistung der Energieversorgungssicherheit der von diesen Energiequellen stark abhängigen Mitgliedstaaten.

Unmittelbar kommt das Ziel der Förderung der Energieeffizienz auch im Art. 194 Abs. 1 lit. c AEUV zum Ausdruck, der für die technologische Entwicklung der Sicherheit der Reaktoren und für die Risikoprävention von nuklearen Katastrophen, z. B. für die Entsorgung und Endlagerung abgebrannter Brennelemente und radioaktiver Abfälle, von herausragender Bedeutung ist.

Eine Überschneidung zwischen Art. 194 und Art. 196 AEUV könnte dann entstehen, wenn eine entsprechende Maßnahme in diesem Bereich zu erlassen wäre. Gemäß der Tatsache, dass selbst im Fall einer energiesicherheitlichen Maßnahme die spezifische energiepolitische Maßnahme in Art. 194 AEUV einzuordnen ist, dient Art. 196 AEUV als *lex generalis* gegenüber der Spezialität der Energiekompetenz.

3.4.4 Art. 216 AEUV

Art. 216 AEUV regelt die allgemeine Kompetenz der Union, Übereinkünfte mit einem oder mehreren Drittländern oder mit einer oder mehreren internationalen Organisationen zu schließen. Wie oben bereits festgestellt, wird die Energieversorgungssicherheit für viele Mitgliedstaaten der Union nur durch den Energieimport aus Drittländern gewährleistet, da sie nicht genügend einheimische Energiequelle haben, um ihren Energiebedarf zu decken. Aus diesem Grund gilt im Energiebereich die AETR-Doktrin, und die Union kann sich auf Art. 194 AEUV stützen, um Übereinkünfte zu schließen, deren Hauptthema die Energie ist[869]. Gegenüber Art. 216 AEUV ist somit Art. 194 AEUV für die Energieaußenpolitik speziell.

3.4.5 Art. 222 AEUV

Eine Überschneidung zwischen Art. 194 und Art. 222 AEUV könnte auch darin bestehen, wenn eine Maßnahme erlassen werden müsste, um zu verhindern, dass Terroranschläge, Naturkatastrophen und/oder von Menschen verursachte Katastrophen die Energieversorgungssicherheit gefährden. Eine Überschneidung könnte dann vorliegen, wenn eine unionale Maßnahme erlassen werden müsste, um einen die Energieversorgungssicherheit bedrohenden Tatbestandes des Art. 222 AEUV zu bekämpfen. Fraglich wäre dann, auf „welche“ Solidarität – die energetische Solidarität oder die allgemeine Solidarität – sich die gemeinsame Maßnahme stützen sollte.

Art. 222 AEUV, der als „Solidaritätsklausel“ bezeichnet wird und nicht mit dem Art. 122 AEUV zu verwechseln ist, ist aber breiter auszulegen und hat vielmehr als die Energieressourcen und entsprechende Anlagen den Bevölkerungsschutz zum Ziel. Es handelt sich um eine *lex generalis* gegenüber der energetischen Solidarität

869 S.o. 3.1.2.2.

des Art. 194 AEUVs[870]. Die Erklärung n. 37 zu Art. 222 AEUV, in der sich die Mitgliedstaaten die Kompetenz vorbehalten, ihre Solidaritätspflichterfüllung selbst zu wählen, gilt im Energiebereich nicht[871].

3.4.6 Euratom

Schon in 3.1.1 wurde festgestellt, dass in der Literatur umstritten ist[872], ob der Art. 194 den Bereich der Atompolitik regeln könnte, da die Atompolitik einen ganzen Vertrag für sie hat und EAGV gegenüber AEUV speziell wäre. Es ist jedoch davon auszugehen, dass eine subsidiäre Anwendbarkeit des Energiekompetenztitels in diesem Bereich nicht ausgeschlossen ist[873]. Da die Europäischen Union sich damit beschäftigt, ihre Energieeinfuhrabhängigkeit zu verringern, damit sie nicht so sehr von Drittländern abhängt und die Energieversorgungssicherheit gewährleisten kann, spielt die Ausbeutung ihrer einheimischen Energieressourcen, darunter dem Uran, eine wichtige Rolle. Eine solche Lage wirft die relevante Frage auf um die Überschneidung zwischen den Vorschriften im EAGV und dem Ziel der Energieversorgungssicherheit im Art. 194 Abs. 1 lit. b AEUV für Maßnahmen, die beispielweise dazu dienen, die Energieversorgungssicherheit mittels einer Förderung der Atomenergie zu gewährleisten.

Es ist dann fraglich, welchen Raum dem Art. 30 ff. EAGV für die Anwendung des Energiekompetenztitels im Bereich Atompolitik gelassen wird, obwohl die Auffassung einer Stützung auf Art. 194 Abs. 1 lit. b AEUV wegen der Annahme des Rechtes der technischen Sicherheit als Teilaspekt eines weiten Begriffs der Energieversorgungssicherheit vertretbar ist. Ferner ist das Streben nach Schaffung eines einheitlichen Rechtsrahmens im Bereich Energiepolitik gemäß der Entstehungsgeschichte des Energieartikels zu berücksichtigen[874].

3.4.7 Erklärung n. 35

Letztlich soll auch die Erklärung n. 35 (Erklärung zu Artikel 194 des Vertrags über die Arbeitsweise der Europäische Union) analysiert werden, da sie die Auffassung darlegt, dass „Artikel 194 das Recht der Mitgliedstaaten unberührt lässt, Bestimmungen zu erlassen, die für die Gewährleistung ihrer Energieversorgung unter den Bedingungen des Artikels 347[875] erforderlich sind“. Es handelt sich vielmehr um eine Bestimmung

870 *Calliess*, Die neue Europäische Union nach dem Vertrag von Lissabon, 2010, S. 498; *Kahl*, Die Kompetenzen der EU in der Energiepolitik nach Lissabon, EuR, Heft 5, 2009, S. 613.

871 *Calliess*, Die neue Europäische Union nach dem Vertrag von Lissabon, 2010, S. 498.

872 Vgl. Fn. 526.

873 Vgl. ausführlich darüber *Hackländer*, Die allgemeine Energiekompetenz im Primärrecht der Europäischen Union, 2010, S. 92–107.

874 Ebenda, S. 177.

875 Art. 347 AEUV, der eng auszulegen ist, lautet: „Die Mitgliedstaaten setzen sich miteinander ins Benehmen, um durch gemeinsames Vorgehen zu verhindern,

hinsichtlich eines gemeinsamen Vorgehens im Fall von innerstaatlichen Störungen der öffentlichen Ordnung als eine Vorschrift, die die Energieversorgungssicherheit oder den Energieartikel als Ganzes reguliert. Die Bestimmung in der Erklärung n. 35 sieht die Möglichkeit vor, mitgliedstaatliche Maßnahmen für die Gewährleistung der Energieversorgung zu erlassen, wenn eine innerstaatliche Störung vorliegt, damit das Funktionieren des Binnenmarkts nicht beeinträchtigt wird. Im Fall vom Art. 347 AEUV soll Art. 194 AEUV dieses mitgliedstaatliche Recht unberührt lassen.

Theoretisch dient diese Schutzklausel als *ultima ratio*, und Art. 194 AEUV dürfte die Anwendbarkeit des Art. 347 AEUV nicht sperren[876]. Die Kompetenz der Union im Art. 194 – und ihre Beschränkung im Art. 194 Abs. 2 UAbs. 2 AEUV – existiert zusammen mit der auf der Erklärung n. 35 basierenden mitgliedstaatlichen Kompetenzausübung. Die Erklärung besteht aus einer integrationsbeschränkenden Vereinbarung[877] und ist als ein weiterer von Art. 194 Abs. 2 UAbs. 2 AEUV unabhängiger Souveränitätsvorbehalt der Mitgliedstaaten zu verstehen[878]. Im Falle eines mitgliedstaatlichen Rechtsaktes gegenüber einer Bestimmung zur Gewährleistung der Energieversorgungssicherheit während einer innenstaatlichen Krise (Art. 347 AEUV) findet dann der Souveränitätsvorbehalt des Art. 194 Abs. 2 UAbs. 2 AEUV keine Anwendung. Die mitgliedstaatliche Kompetenz im Fall des eng gefassten Art. 347 AEUV ist somit in der Erklärung n. 35 zu finden und nicht im Souveränitätsvorbehalt des Art. 194 AEUVs.

Dies gilt „theoretisch", da die Erklärungen – anders als bei Protokollen und Anhängen – keine Vertragsbestandteile und aus diesem Grund rechtlich unverbindlich sind. Sie haben jedoch eine herausragende interpretative Funktion und markieren die Diskussionen der Mitgliedstaaten im Laufe des Zustimmungsprozesses des Vertrags von Lissabon. Die Erklärung n. 35 bestand aus einem Versuch, die hinsichtlich einer unionalen Kompetenz im Bereich der Energiepolitik skeptischen Mitgliedstaaten zur Zustimmung des Vertrages zu bewegen, ohne den Inhalt des neuen Energieartikels zu verändern[879]. Die Lösung war dann die Einfügung als Anhang der integrationsbremsenden Erklärung n. 35. Es gibt somit keine Überschneidung bzw. Konkurrenz zwischen der Erklärung n. 35 und dem Art. 194 Abs. 1 lit. b AEUV.

---

dass das Funktionieren des Binnenmarkts durch Maßnahmen beeinträchtigt wird, die ein Mitgliedstaat bei einer schwerwiegenden innerstaatlichen Störung der öffentlichen Ordnung, im Kriegsfall, bei einer ernsten, eine Kriegsgefahr darstellenden internationalen Spannung oder in Erfüllung der Verpflichtungen trifft, die er im Hinblick auf die Aufrechterhaltung des Friedens und der internationalen Sicherheit übernommen hat".

876 *Hackländer*, Die allgemeine Energiekompetenz im Primärrecht der Europäischen Union, 2010, S. 225.

877 *Fischer*, Energie- und Klimapolitik im Vertrag von Lissabon: Legitimationserweiterung für wachsende Herausforderungen, 2009, S. 60.

878 *Calliess*, In: *ders/Ruffert*, EUV/AEUV Kommentar, 4. Aufl., 2011, Art. 194, Rn. 24, S. 1975.

879 *Hackländer*, Die allgemeine Energiekompetenz im Primärrecht der Europäischen Union, 2010, S. 226.

3.5 Zusammenfassung

Die explizite Handlungsermächtigung der Union im Bereich der Energieversorgungssicherheit stellt zusammen mit der entstehungsgeschichtlichen Entwicklung der Idee einer sicheren Energieversorgung gegenüber dem Ziel der Sicherstellung des Energiemarkts einen tatsächlichen Richtungswandel in der Energiepolitik dar. Heute existiert eine Ausgewogenheit der Zieltrias, die vorher nicht vorhanden war. Dieser Richtungswandel ist auch wegen der Änderung bzw. Erweiterung hinsichtlich der Stützung der Gesetzgebungsvorhaben gerechtfertigt – vor dem Lissaboner Vertrag gab es nur die der Errichtung und dem Funktionieren des Binnenmarkts dienende Harmonisierungskompetenz des Art. 95 EGV. Die Energieversorgungssicherheit ist das einzige Ziel der europäischen Energiepolitik, die ohne weiteres mit einer der Zieltrias des politischen Diskurses übereinstimmt. Die anderen Ziele im Art. 194 Abs. 1 lit. a, c und d AEUV sind Mittel zur Erreichung der Endziele des Umweltschutzes und der Wettbewerbsfähigkeit und leisten einen Beitrag dazu, ohne dass sie sich auf diese Ziele reduzieren lassen.

Obwohl es keine im Art. 194 EUV positivierte Hierarchie zwischen den Zielen des Art. 194 Abs. 1 AEUV gibt, die für eine Priorisierung irgendeines Ziels im Falle von Zielkonflikten sprechen könnte, ist diese Tatsache von erheblicher Bedeutung, wenn es um die Auslegung der Kompetenzzuweisung geht. Zum Beispiel hat das Ziel der Energieversorgungssicherheit gegenüber dem Ziel des Funktionierens des Energiemarkts trotz möglicher Preiserhöhung den Vorrang, wenn eine Maßnahme erlassen wird, die eine unterbrechungsfreie und umweltschönende Energieversorgung gewährleistet. Jedoch ist die Beziehung anders, wenn es um eine reine Maßnahme zur Optimierung des Versorgungsstandards geht. Ein anderes Beispiel betrifft den Erlass von Maßnahmen, die neuen fossilen Energien bzw. Energietechnologien gemäß Art. 194 Abs. 1 lit. c AEUV zu fördern. Solche Maßnahmen machen erst dann Sinn, wenn gleichzeitig die Energieversorgungssicherheit gewährleistet wird. Die Lösung von Zielkonflikten hängt vom Fall ab und ist nach dem Prinzip der praktischen Konkordanz durchzuführen.

Außer dem obenerwähnten Argument ist für die Relevanz des Ziels der Energieversorgungssicherheit – trotz einer nur auf politischen Meinungsverschiedenheiten beruhenden Gleichrangigkeit – auch das Verhältnis zwischen den Zielen der Energiepolitik bedeutungsvoll. Nicht nur das Schrifttum, sondern auch die politische Auseinandersetzung gehen davon aus, dass es in Art. 194 Abs. 1 lit. c und d AEUV gegenüber dem Ziel der Energieversorgungssicherheit – und auch gegenüber Art. 194 Abs. 1 lit. a AEUV, da sie beide keine Richtungsziele, aber Zustandsziele sind – ein dienendes Verhältnis der Ziele gibt. Die Ziele im Art. 194 Abs. 1 lit. c und lit. d AEUV, die vor dem Vertrag von Lissabon als „Maßnahme" besser beschrieben werden könnten, stellen keinen Selbstzweck dar und leisten als „wissenschaftliche und technische" Ziele einen Beitrag zum Ziel der Energieversorgungssicherheit.

Jedes Ziel des Art. 194 Abs. 1 AEUV ist kompetenzbegründend und kann voneinander unabhängig verfolgt werden. Wünschenswert ist jedoch, dass die Maßnahmen im Bereich der Energiepolitik mehrere Ziele verwirklichen. Die Beziehung zwischen der Zieltrias, den Leitprinzipien und den Zielen der Energiepolitik verlangt eine Optimierung der erlassenen Maßnahme, sodass eine eingleisige Zielverfolgung wegen der Ziel- und Maßnahmenverschränktheit verboten ist. Deswegen spricht die Literatur von keiner Hierarchisierung der energiepolitischen Ziele. Das dienende Verhältnis zwischen den Zielen im Art. 194 AEUV hilft somit zur vielfachen Zielverfolgung.

Das Ziel der Energieversorgungssicherheit ist das wichtigste Ziel der Energiepolitik für das Tätigwerden der Union. Es ist weit zu verstehen, und Art. 194 Abs. 1 lit. b AEUV umfasst nicht nur die langfristige Sicherung der Energielieferungen, sondern auch die kurzfristige Verfügbarkeit der Elektrizität. Im Bereich der Energieaußenpolitik darf die EU auch auf diese Vorschrift gestützt tätig werden. Ausnahme sind die (kurzfristigen) Notmaßnahmen zur Gewährleistung der Energieversorgungssicherheit, die auf Art. 122 Abs. 1 AEUV zu stützen sind, da Art. 122 Abs. 1 AEUV als *lex specialis* gegenüber Art. 194 gilt. Bei Überschneidungen gegenüber Art. 114, Art. 196, Art. 216 und Art. 222 AEUV hat der Art. 194 Abs. 1 lit. b AEUV den Vorrang.

Art. 122 Abs. 1 AEUV besteht aus der einzigen Möglichkeit, dass die Union bei der Nutzung ihrer Kompetenz im Energiebereich hat – Art. 122 Abs. 1 bringt eine indirekte energiepolitische Kompetenz –, um erheblich in die Hoheitsgewalt der Mitgliedstaaten hinsichtlich ihrer Ressourcen und Energieversorgungsstruktur einzugreifen oder diese zu beeinflussen. Die Union darf aber auch umweltmotiviert und in Anbetracht der Erheblichkeitsklausel gemäß Art. 192 Abs. 2 UAbs. 1 lit. c AEUV Einfluss auf das Recht der Mitgliedstaaten über ihre Ressourcen nehmen.

Der Souveränitätsvorbehalt des Art. 194 Abs. 2 UAbs. 2 AEUV wirft die Frage auf um das Niveau der Solidarität – Leitprinzip der Energiepolitik –, das die Mitgliedstaaten aus Teilen der Europäischen Union wollen. Außer der Kompetenz im Art. 122 Abs. 1 AEUV, die aber einen ganz eng bestimmten Fall regelt, stellt die integrationsbremsende Vorschrift des Art. 194 Abs. 2 UAbs. 2 AEUV sicher, dass keine unionale Maßnahme die Souveränität der Mitgliedstaaten im Bereich der Energieressourcen, der Wahl zwischen verschiedenen Energiequellen und der allgemeinen Struktur der Energieversorgung gefährdet[880]. Eine auf dem Prinzip der energetischen Solidarität basierende gemeinsame und wahre europäische Energiepolitik ist daraus noch ersichtlich und wird kontinuierlich in den Mitteilungen der Kommission unterstützt. Teile der Literatur gehen aber davon aus, dass es keine Vorschrift gibt, die einen Mitgliedstaat selbst im Krisenfall verpflichtet, seine Ressourcen mit einem anderen Mitgliedstaat zu teilen, obwohl das Solidaritätsprinzips im Art. 194 Abs. 1 AEUV ein solidaritätsförderndes Vorgehen der Union verlangt. Wenn die geschichtliche Herkunft der Einfügung des Solidaritätsprinzips im Bereich der Energiepolitik – Drängen der polnischen Delegation hinsichtlich der Gefahr von Lieferunterbrechungen – betrachtet wird, zeigt sich aber deutlich,

---

880 *Andoura/Vinois*, From the European Energy Community to the Energy Union, 2015, S. 29.

dass der Zweck besteht, hilfspflichtende Mechanismen zu errichten, die Lieferunterbrechungen und andere Versorgungsprobleme (wie energetische Inselstaaten) vermeiden können. Eine solche Vorgehensweise kann nur auf europäischer Ebene gewährleistet werden.

Trotzdem liegt ein großer Teil der Verantwortung hinsichtlich der erfolgreichen Verfolgung und Verwirklichung der Zieltrias der Energiepolitik – insbesondere das Endziel der Energieversorgungssicherheit – noch in den Händen der Mitgliedstaaten, obwohl eine entstehungsgeschichtliche Betrachtung der politischen Auseinandersetzung zum Ergebnis geführt hat, dass das Ziel der Energieversorgungssicherheit immer mehr an Bedeutung und Gewicht für die Europäische Union gewinnt, und dass alleiniges nationales Vorgehen nicht wirkungsvoll ist.

Die Nennung des Solidaritätsprinzips als Leitprinzip der Energiepolitik macht einerseits aber deutlich, dass die Energieversorgungssicherheit keine Sache der Mitgliedstaaten mehr ist und erkennt andererseits an, dass die EU der einzige gemeinschaftliche Akteur in den Außenbeziehungen sein soll, sodass die Energiesolidarität die Schaffung eines echten energetisch integrierten Europas vorantreibt.

In den folgenden Kapiteln werden das dienende Verhältnis zwischen der Energieversorgungssicherheit, die sich eng auf das Prinzip der Energiesolidarität bezieht, und den Zielen der Förderung der Energieeffizienz und von Energieeinsparung sowie der Entwicklung der erneuerbaren Energien (Kap. 4) und der Interkonnektion der Netze (Kap. 5) im Sekundärrecht betrachtet.

4. Kapitel: Gewährleistung der Energieversorgungssicherheit mittels der Förderung erneuerbarer Energien im Sekundärrecht

Wie in der Einleitung dieser Arbeit erwähnt wurde, ist eine der aktuellsten Fragen der europäischen Energiepolitik die, wie die Energieversorgungssicherheit bei dem unentbehrlichen Ausbau der erneuerbaren Energien, die schwanken und dezentral sind, gewährleistet werden kann, nicht nur in ihrem netzseitigen bzw. technischen Aspekt, sondern auch in ihrem erzeugungsseitigen Aspekt, d.h. durch ausreichende Stromerzeugungskapazitäten.

In diesem Kapitel wird untersucht, wie sich das in Art. 194 AEUV enthaltene Ziel der Gewährleistung der Energieversorgungssicherheit mit der Förderung der erneuerbaren Energien im Sekundärrecht verhält. Vorher wurde aufgezeigt, dass es eine enge Beziehung bzw. ein dienendes Verhältnis zwischen beiden Zielen der europäischen Energiepolitik gibt. Hier wird dann eingehend betrachtet – aber ohne die entstehungsgeschichtlichen Aspekte der erneuerbaren Energien im Europarecht zu erwähnen, s. dazu Kap. 2 –, welchen Raum der europäische Richtliniengeber für eine Realisierung des Ziels des Art. 194 Abs. 1 lit. b des AEUVs mittels der Förderung der erneuerbaren Energien lässt. Da die Europäische Union und ihre Organe die Entscheidung getroffen haben, sowohl die Treibhausgasemissionen als auch die Energieeinfuhrabhängigkeit zu verringern, ist die Frage hinsichtlich der Fähigkeit, eine von erneuerbaren Energien geprägte Energiematrix auszubauen, die jedoch die Energieversorgungssicherheit gleichzeitig gewährleistet, von erheblichen Bedeutung[881].

---

881 Hier werden nur die sekundärrechtlichen Vorschriften betrachtet, die mittel- oder unmittelbar dies Verhältnis im Kernpunkt haben und sich mit der Frage beschäftigen, wie die europäische Energieversorgungssicherheit mittels der Förderung erneuerbarer Energien zu gewährleisten ist. Es gibt mehrere europarechtliche Vorschriften, die sich mit der Gewährleistung der Energieversorgungssicherheit beschäftigen, die aber keine unbedingte Korrelation mit der Förderung der erneuerbaren Energien haben. Sie wurden in Kapitel 2 dieser Arbeit schon erwähnt. Beispiele sekundärrechtlicher Regelungen, die die Energieversorgungssicherheit als Hauptthema haben, sind Art. 7 Abs. 2 lit. a der Richtlinie 2009/72/EG (Genehmigungsverfahren für neue Kapazitäten), Art. 8 Abs. 1 der Richtlinie 2009/72/EG (Ausschreibung neuer Kapazitäten im Interesse der Versorgungssicherheit), Art. 4 der Richtlinie 2009/72/EG, Art. 7 Abs. 1 der Richtlinie 2005/89/EG (*Monitoring* der Versorgungssicherheit). Zu einer Betrachtung solcher Aspekte der Energieversorgungssicherheit, vgl. ausführlich *Sternig*, Versorgungssicherheit im Elektrizitäts- und Erdgasmarkt, 2009, S. 53–58;

Grundsätzlich teilt sich dies Kapitel in zwei Themenfelder (4.1), die die Merkmale der erneuerbaren Energien normalerweise darstellen: Die Unregelmäßigkeit und die Dezentralität der Stromerzeugung aus erneuerbaren Energien. Es wird angenommen, dass eine Ordnung und Darstellung eines Kapitels, die diese Merkmale berücksichtigen und sie auch in Perspektive betrachten, eine bessere Evaluierung der Beziehung zwischen den hier schon erwähnten Zielen ermöglichen, da die Maßnahme, die die Energieversorgungssicherheit sicherstellen müssen, auch diese Merkmale in Erwägung ziehen müssen. Am Ende des Kapitels werden Schlussfolgerungen präsentiert (4.2).

4.1 Merkmale der erneuerbaren Energien

Die Literatur beachtet zwei Merkmale, wenn von der Erzeugung von Elektrizität aus erneuerbaren Energiequellen die Rede ist. Die Unregelmäßigkeit (4.1.1) beschreibt die intermittierende bzw. fluktuierende Erzeugung von Strom aus Wind und Sonne (meistens) im Vergleich zu der Stromerzeugung aus Erdöl und -gas, die über Vorräte verfügt. Problematisch ist dann die Tatsache, dass der Wind nicht immer weht und die Sonnenstrahlungen nicht immer die Erde erreichen. Die Stromerzeugung aus Wind- und Sonnenenergie ist somit von wetterbedingten und tages- und jahreszeitlichen, natürlichen Schwankungen abhängig, die sich ferner unvorhersehbar einstellen können. Diese Unregelmäßigkeit bringt große Herausforderungen für Stromnetzbetreibern, die sich mit der Einspeisung des aus intermittierenden Energiequellen erzeugten Stroms beschäftigen, da sich im Elektrizitätssektor Angebot und Nachfrage gleichzeitig treffen müssen. Deswegen ist dann fraglich, wie einerseits Stromangebot und -nachfrage sekundenschnell in Einklang gebracht werden können, und ob andererseits ein liberalisierter Energiemarkt fähig ist, genügende Anreize für die Investitionen hinsichtlich der Notwendigkeit einer immer größeren *Back-up*-Stromerzeugung anzubieten[882]. Die Energieversorgungsicherheit ist dann gefährdet, wenn die Unregelmäßigkeit der Energieerzeugung nicht beherrscht werden kann.

Auf der anderen Seite und angesichts der Tatsache, dass der Wind und die Sonnenstrahlung sowie die Geothermie auf der Erdoberfläche zerstreuter sind als Erdöl- und -gasressourcen, wird eine solche Energiequelle als dezentral bezeichnet. Natürlich gibt es verschiedene Streuungsniveaus bzw. Konzentrationen, und eine zentralisierte Stromerzeugung aus Wind und/oder Sonne ist nicht ausgeschlossen, abhängig von der Wind- und der Sonnenstrahlungskonzentration, aber die erneuerbaren Energiequellen sind geographisch weiter verteilt und die Stromerzeugung aus erneuerbaren Energien ist nicht wie andere Energieträger an nur wenigen

auch *Säcker/König*, In: *Säcker* (Hrsg.), Berliner Kommentar zum Energierecht, 2014, S. 2615–2619.

882 *Moselle*, In: *ders/Padilla/Schmalensee* (Hrsg.), Harnessing renewable energy in electic power systems – Theory, practice, policy, 2010, S. 59.

Lagerstätten gebunden[883]. Ferner ermöglichen die entsprechenden Technologien eine effiziente Nutzung der erneuerbaren Energieträger in kleinem Umfang und „vor Ort“, im Gegenteil zu der fossilen Energiequelle. Die Dezentralität (4.1.2) der Stromerzeugung, die unabhängig von Szenarien aufgrund einer vermehrten Erzeugung aus erneuerbaren Energien immer mehr zunimmt[884] und deren Wichtigkeit für die Gewährleistung der Energieversorgungssicherheit erstmalig in der Richtlinie 2003/54/EG schon betont wurde, bringt auch riesige Herausforderungen hinsichtlich der Betriebssicherheit der Netze und der Koordinierung der Stromeinspeisung mit sich, da mehrere Energieerzeuger, die nicht koordiniert sind, die Stromnetze überlasten und die Energieversorgungssicherheit in ihrem technischen Aspekt gefährden können.

4.1.1 Unregelmäßigkeit der Energieerzeugung aus erneuerbaren Energiequellen

Bevor die rechtlichen Aspekte der Unregelmäßigkeit der Energieerzeugung aus erneuerbaren Energien betrachtet werden, ist es wichtig ein paar technische Einzelheiten zu berücksichtigen.

Zuerst muss geklärt werden, was unter dem Begriff „erneuerbare Energien“ zu verstehen ist. Gemäß Art. 2 lit. a der Richtlinie 2009/28/EG ist „Energie aus erneuerbaren Quellen, Energie aus erneuerbaren, nichtfossilen Energiequellen, das heißt Wind, Sonne[885], aerothermische, geothermische, hydrothermische Energie, Meeresenergie, Wasserkraft, Biomasse, Deponiegas, Klärgas und Biogas“[886]. Detaillierend bestimmt die Richtlinie 2009/28/EG, dass aerothermische Energie die Energie ist, die in Form von Wärme in der Umgebungsluft gespeichert ist (Art. 2 lit. b). Ferner ist unter geothermischer Energie die Energie zu verstehen, die in Form von Wärme unter der festen Erdoberfläche gespeichert ist (Art. 2 lit. c). Letztlich ist hydrothermische Energie die Energie, die in Form von Wärme in Oberflächengewässern gespeichert ist (Art. 2 lit. d). Außerdem wird die Elektrizität, die in Pumpspeicherkraftwerken aus zuvor hochgepumptem Wasser erzeugt wird, gemäß Art. 5 Abs. 3 S. 1 und Erwägungsgrund 30 der Richtlinie 2009/28/EG nicht als Elektrizität aus erneuerbaren Energiequellen betrachtet.

---

883 *Volz*, Genossenschaften im Bereich erneuerbarer Energien, 2012, S. 42.

884 Mitteilung der Kommission „Energiefahrplan 2050“ v. 15.12.2011. KOM (2011) 885 endg., S. 9.

885 Unter Sonnen- bzw. Solarenergie ist sowohl die Energie aus Photovoltaikanlagen – die direkte Umwandlung von der Sonnenstrahlung in elektrische Energie – als auch aus solarthermische Kraftwerke – die Umwandlung der Strahlung in Strom mittels Wärme – zu verstehen.

886 Die Liste ist wie in Art. 2 lit. a der Richtlinie 2001/77/EG abschließend, vgl. *Sötebier*, Die Richtlinie zur Förderung der Stromerzeugung aus erneuerbaren Energiequellen im Elektrizitätsbinnenmarkt – eine rechtliche Analyse, ZUR, Heft 2, 2003, S. 69.

Zweitens soll nicht außer Acht gelassen werden, dass nicht alle Formen von erneuerbaren Energiequellen unregelmäßig bzw. fluktuierend sind. Obwohl Wind und Sonnenstrahlung die zwei normalerweise benannten Formen von intermittierenden Energiequelle sind, sind alle anderen Formen vorrätig (z. B. Biomasse, Biogas) bzw. nicht unregelmäßig (z. B. Gezeiten, Wellen, Wasserkraft, Geothermie[887] usw.). Eine Hervorhebung in diesem Sinne ist wichtig, da normalerweise gegen eine stärkere und unangefochtene Förderung der erneuerbaren Energien argumentiert wurde, dass sie wegen der Schwankungen ihrer Stromerzeugung eine Gefahr für das Energiesystem bringen. Vielmehr soll dann eine Unterstützung der Förderung diversifizierter Energieträger verfolgt werden, die sich nicht nur auf Wind und Sonne beschränkt. Folglich wird auch die Energieversorgungssicherheit aufgrund der Diversifizierung der Energiequelle gewährleistet.

Aufgrund des kontinuierlichen Anfalls der Wärme bietet die Geothermie keine großen Schwankungen und sie ist daher grund- und spitzenlastfähig. Daher kann 90% ihrer installierten Leistung jederzeit verfügbar sein. Wasserkraftwerke sind mit 50% bis 90% ihrer installierten Leistung jederzeit verfügbar und auch grund- und spitzenlastfähig. Selbst die solarthermischen Kraftwerke, die von der Sonnenstrahlung abhängig sind, sind mittel- und grundlastfähig, da sie i.d.R. über bei Sonnenstrahlung aufgeheizte Wärmespeicher verfügen und durch den Rückgriff auf die gespeicherte Wärme nach Bedarf Elektrizität erzeugt werden kann[888]. Auf der anderen Seite bietet Biomasse eine Vielfalt von Nutzungsoptionen erneuerbarer Energien (z. B. Rückstände aus Land- und Forstwirtschaft, biologische Abfälle, Holz, Stroh u.a.) und stellt einen flexiblen und grund- bzw. spitzenlastäquivalenten Energieträger dar[889], da sie nur saisonal schwankt und gut speicherbar ist. Daher kann 50% bis 90% der aus Biomasse installierten Leistung jederzeit verfügbar sein[890]. Intermittierende erneuerbare Energieträger i.S.v. einer besorgniserregenden Schwankung sind somit tatsächlich Windkraft- (außer Aufwindkraftwerk) und Photovoltaikanlagen (die aber insgesamt den Brennstoffverbrauch verringert).

887 Obwohl die in der Erde gespeicherte Energie nicht erneuerbar ist, wird die Geothermie als eine langfristige nutzbare Energiequelle beschrieben, *Schumacher*, Innovationsregulierung im Recht der netzgebundenen Elektrizitätswirtschaft, 2009, S. 151; *Quaschning*, Regenerative Energiesysteme, 2007, S. 34.

888 *Schumacher*, Innovationsregulierung im Recht der netzgebundenen Elektrizitätswirtschaft, 2009, S. 154.

889 *Hennicke/Fischedick*, Erneuerbare Energien, 2007, S. 57; *Gerstner*, In: *ders* (Hrsg.), Grundzüge des Rechts der erneuerbaren Energien, 2013, S. 47.

890 *Trieb*, Stromerzeugungstechnologien im Überblick, PHIUZ, Zusatzmaterial, 2011. Abrufbar unter: http://www.wiley-vch.de/berlin/journals/phiuz/11-02/Strom_Webtabelle.pdf (Stand: 28.01.2015).

4.1.1.1 *Fragwürdiger technischer Konsens über die Unregelmäßigkeit der Energieerzeugung*

Selbst wenn angenommen würde, dass die erneuerbaren Energien allgemein betrachtet fluktuierende Energiequellen darstellen, bleibt noch fraglich, wie groß diese Unregelmäßigkeit ist und ob es überhaupt einen Konsens darüber gibt. Wenn berücksichtigt wird, dass fast alle erneuerbaren Energien – außer der Wasserkraft – auf früherem bzw. noch nicht konsolidiertem technischem Stand sind[891], erweitert sich der Raum für solche Fragen.

Erst am Beispiel Wind und Sonne, die teilweise rechtlich als schwankende Energiequellen beschrieben werden, existiert noch reichlich vorhandenes Lernpotential bzw. Lernkurven, und es sind noch technologische Fortschritte hin zu einer Erhöhung der Regelmäßigkeit ihrer Energieerzeugung zu erwarten. Es soll aber zwischen Windenergie und Photovoltaikenergie unterschieden werden: Während die Erzeugung von Strom aus Photovoltaikenergie in Sekundenschnelle variieren kann und somit schwierig vorauszusagen ist, geschehen die Schwankungen der Stromerzeugung aus Windenergie nur stündlich und sind dann einfacher prognostizierbar. Ganz wichtig ist aber auch die Komplementarität zwischen Wind und Sonne, die eine Rolle im Stromspeicherbereich spielt. Da es im Winter stärkere Winde gibt, ist mit einer geringeren Ladungsabweichung der Stromspeicher der umgewandelten Windenergie zu rechnen, während die Speicher für Solarstrom sich in naheliegender Weise im Sommer füllen und im Winter leeren würden. Die Ladungsabweichungen der Sonnenenergie und der Windenergie verhalten sich in Europa gegenläufig, was für eine Kombination der beiden erneuerbaren Energiequellen spricht[892].

Hinsichtlich der Sonnenenergie besteht noch aus technischer Perspektive ein bedeutsames Entwicklungspotenzial im Rahmen der Photovoltaikenergieerzeugung betreffend ihres Wirkungs- und Verbreitungsgrads[893]. Sog. organische Solarzellen, die aus Werkstoffen der organischen Chemie bestehen, können vielversprechend sein, da sie im Vergleich zu den heutigen Solarzellen flexibel und leichter sind, obwohl der Wirkungsgrad noch bei rund 12% liegt[894]. Dazu kommt zudem die

---

891 S. z. B. Mitteilung der Kommission „Energiefahrplan 2050" v. 15.12.2011. KOM (2011) 885 endg., S. 12.

892 *Popp*, Speicher für sicheren Strom aus Wind und Sonne, et, Heft 12, 2011, S. 13.

893 *Schumacher*, Innovationsregulierung im Recht der netzgebundenen Elektrizitätswirtschaft, 2009, S. 153; *Hirschhausen/Kemfert/Kunz/Mendelevitch*, Europäische Stromerzeugung nach 2020: Beitrag erneuerbarer Energien nicht unterschätzen, DIW Wochenbericht, Nr. 29, 2013, S. 10–11.

894 *Hennicke/Fischedick*, Erneuerbare Energien, 2007, S. 34–35; *Solar-Magazin*, Neuer Weltrekord in der Organischen Photovoltaik: Heliatek erreicht 12% Solarzellen-Wirkungsgrad, 2013. Abrufbar unter: http://www.solarserver.de/solar-magazin/nachrichten/archiv-2013/2013/kw03/neuer-weltrekord-in-der-organischen-photovoltaik-heliatek-erreicht-12-solarzellen-wirkungsgrad.html (Stand: 28.01.2015).

Entwicklungen hinsichtlich der Größe der Solarzellen, die 2005 0,3 Millimeter und 2007 0,24 Millimeter dick waren, aber bald nur noch 0,18 Millimeter dick sein werden[895].

Ganz wichtig für die Bekämpfung der Unregelmäßigkeit der Energieerzeugung aus erneuerbaren Energien im Windbereich ist die *Repowering*-Technologie (Dänemark und Deutschland[896] als technologieführende Länder). Obwohl die Technik für die Windenergieanlagen schon konsolidiert ist und unter der Annahme, dass es immer weniger wirtschaftliche und akzeptanzproblemfreie Standorte zur Verfügung gibt, bietet das *Repowering* eine wichtige Lösung. *Repowering* bezeichnet die Windenergieertragssteigerung pro Quadratmeter Fläche durch den Ersatz alter Anlagen durch neue, leistungsstärkere Geräte[897]. Mit der Entwicklung der Technologie im Windenergieanlagenbereich ist die Nabenhöhe immer höher und der Rotordurchmesser immer größer geworden. Während 1980 Windenergieanlagen mit Rotordurchmesser von 15m und Nabenhöhe von 30m gebaut wurden, werden heute Windenergieanlagen mit einem Rotordurchmesser, der größer als 115m ist und einer Nabenhöhe von 120m hat, gebaut. In höheren Schichten weht der Wind beständiger und häufiger. Allerdings ist die Anzahl hinsichtlich der Leistung und des Jahresenergieertrages noch beeindruckender: Von 30 kW Nennleistung 1995 zu 600 kW 2008 und dann heute zu 6 MW, während der Ertrag sogar um das 180-fache gestiegen ist[898]. Die Erzeugung von Strom aus Windenergieanlagen kann zusammen mit den zu erwartenden Fortschritten in der Prognosegenauigkeit der Windstromerträge durch bessere Modelle zur Wetterprognose[899] immer weniger schwanken.

Auch zu berücksichtigen ist der Ausbau von Verbindungskapazitäten und intelligenteren Netzen, die den Bedarf an Speicher-, Reserve- und Grundlastkapazität

---

895 *Janzing*, Kraft von Himmel und Erde, Spiegel Special 1/2007, S. 78.

896 Am Beispiel Deutschlands, vgl. *Schomerus/Stecher*, Mehr Fragen als Antworten – das Repowering nach dem EEG 2009, RdE, Heft 9, 2009, S. 269ff.

897 *Hennicke/Fischedick*, Erneuerbare Energien, 2007, S. 53; *Schumacher*, Innovationsregulierung im Recht der netzgebundenen Elektrizitätswirtschaft, 2009, S. 149–150; *Vahrenholt*, In: *Mayinger/Sinn* (Hrsg.), Die Zukunft der Energieversorgung: Atomausstieg, Versorgungssicherheit und Klimawandel, 2012, S. 35.

898 *Hennicke/Fischedick*, Erneuerbare Energien, 2007, S. 51; ebenso *Jensen/Undeland*, In: *Moe/Midford* (Hrsg.), The political economy of renewable energy and energy security, 2014, S. 141.

899 Der durchschnittliche Prognosefehler bei der Stromerzeugung aus Windenergie liegt unter 10%, *Hoppe-Kilper/Bitsch*, Integration großer Offshore-Windleistungen in die Energieversorgung, FVS Themen, 2002, S. 81. Abrufbar unter: http://www.fvee.de/fileadmin/publikationen/Themenhefte /th2002/th2002_05_02.pdf (Stand: 29.01.2015); *Rohrig/Christoffers*, Prognoseverfahren zur optimalen Nutzung erneuerbarer Energien, FVS Themen, 2001, S. 67. Abrufbar unter: http://www.fvee.de/fileadmin/publikationen /Themenhefte/th2001/th2001_02_07.pdf (Stand: 29.01.2015).

verringern könnte, da Schwankungen der Wind- und Solarstromerzeugung in einigen Gebieten durch erneuerbare Energien in anderen Gegenden Europas ausgeglichen werden können[900].

Ferner ist fraglich, ob die Einführung von erneuerbaren Energien überhaupt zu einer Gefährdung der Energieversorgungssicherheit führt. Eine Studie zeigt am Beispiel Großbritannien, dass keine der mehr als 200 überprüften Studien nahe legte, dass ein Mehr an schwankender erneuerbarer Energie in der Energiematrix zu einer Verringerung der Zuverlässigkeit der Energieversorgung führen müsste[901]. Am Beispiel Deutschland zeigte eine andere Studie, dass die existierende Regelleistung der Spitzenkraftwerke[902] sogar ohne zusätzliche Stromspeicher zum Ausgleich von Bedarfsfluktuationen ausreicht[903]. EU-weit ist das Referenzszenario vorgestellt, wo die Stromerzeugung im Jahr 2020 trotz des Ausbaus schwankender erneuerbarer Energien ausreichen sollte, um die Spitzennachfrage in fast allen Mitgliedstaaten zu decken[904]. Auf jeden Fall sind Zusatzkosten hinsichtlich zusätzlicher Leistungsreserven einzurechnen, die aber keine Frage der Energieversorgungssicherheit darstellen[905].

---

900 Mitteilung der Kommission „Energiefahrplan 2050" v. 15.12.2011. KOM (2011) 885 endg., S. 12.

901 *Gross/Heptonstall/Anderons/Gree/Leach/Skea*, The Costs and Impacts of Intermittency: an assessment of the evidence on the costs and impacts of intermittent generation on the British electricity network, 2006, S. 4. Abrufbar unter: http://www.uwig.org/0604_Intermittency_report_final.pdf. (Stand: 26.01.2015).

902 Hervorzuheben ist zudem, dass der Neubau von mit konventioneller Gas- oder Kohle-Technologie betriebener Spitzenlastkraftwerke wegen sinkender Börsenstrompreise erschwert wird, da sie in einem auf erneuerbaren Energien basierten Energiesystem unrentabel werden (*Missing-Money*-Effekt), *Vogelsang/Vollmert*, Der Ausbau erneuerbarer Energien – Netzstruktur, Systemintegration und Marktdesign, ZfKE, Heft 3, 2012, S. 185–187.

903 *Brischke*, Modell einer zukünftigen Stromversorgung Deutschlands mit hohen Beiträgen regenerativer Energien auf der Basis eines Mehr-Knoten-Netzes, 2005, S. 27. Vgl. auch *Umweltbundesamt*, Energieziel 2050: 100% Strom aus erneuerbaren Quellen, 2010. Abrufbar unter: http://www.umweltbundesamt.de/sites/ default/files/medien/378/publikationen/energieziel_2050.pdf (Stand: 02.02.2015). Ein Teil der Literatur geht aber davon aus, dass ein „Schattenpark" an konventionellen Erzeugungskapazitäten gebaut werden muss, um zu gewährleisten, dass sich in Zeiten geringer Stromerzeugung aus erneuerbaren Energieträgern Angebot und Nachfrage treffen, *Haucap/Klein/Kühling*, Die Marktintegration der Stromerzeugung aus erneuerbaren Energien, 2013, S. 102.

904 Mitteilung der Kommission „Energieinfrastrukturprioritäten bis 2020 und danach – ein Konzept für ein integriertes europäisches Energienetz" v. 17.11.2010. KOM (2010) 677 endg., S. 26.

905 *Moselle*, In: *ders/Padilla/Schmalensee* (Hrsg.), Harnessing renewable energy in electric power systems – Theory, practice, policy, 2010, S. 61.

4.1.1.2 Energieversorgungssicherheit im Spannungsverhältnis mit der Förderung erneuerbarer Energien

Fraglich ist dann, welche rechtlichen Maßnahmen den Mitgliedstaaten zur Verfügung stehen, um die europäische Energieversorgungssicherheit während der Förderung erneuerbarer Energieträgern sicherzustellen, d.h. welche europarechtliche Antwort es für die Möglichkeit der Beherrschung der fluktuierenden Stromerzeugung aus erneuerbaren Energiequellen gibt.

Die Bemühungen zur Entwicklung einer erneuerbaren Energiematrix sind durch die Richtlinie zur Förderung der Stromerzeugung aus Erneuerbaren Energien[906] aus dem Jahr 2001 gekennzeichnet, die später bei der Richtlinie 2009/28/EG „zur Förderung der Nutzung von Energie aus erneuerbaren Quellen und zur Änderung und anschließenden Aufhebung der Richtlinien 2001/77/EG und 2003/30/EG“[907] ersetzt wurde[908]. Die Richtlinie 2001/77/EG nennt die Einführung attraktiver Förderregelungen, den Abbau verwaltungstechnischer Hemmnisse für den Ausbau erneuerbarer Energien, die Gewährleistung eines diskriminierungsfreien Netzzugangs sowie die Ausstellung von Herkunftsnachweisen für erneuerbare Energien als Mittel hin zur Schaffung stabiler Rahmenbedingungen für Investitionen und Ausbau der Stromerzeugung aus erneuerbaren Energien[909].

Die Richtlinie 2009/28/EG beinhaltet die Mehrzahl der regulatorischen Maßnahmen, die notwendig sind, um Energieversorgungssicherheit einerseits und erneuerbare Energien andererseits aufeinander abzustimmen. Von erheblicher Bedeutung ist das in Art. 16 Abs. 2 lit. b beinhaltene Prinzip des Vorrangs des Stroms aus erneuerbaren Energiequellen, das auch in Art. 15 Abs. 4 der Richtlinie 2009/72/EG erwähnt wird (4.1.1.2.1).

Wichtig sind aber auch andere Maßnahmen zur Milderung bzw. Eliminierung der Unregelmäßigkeit der Stromerzeugung aus erneuerbaren Energien (4.1.1.2.2), die nicht unbedingt Teil der Richtlinie 2009/28/EG sind, sowie einige allgemeine Maßnahmen zur Gewährleistung der Energieversorgungssicherheit, die auch mittelbare Auswirkungen auf die erneuerbaren Energiequellen haben (4.1.1.2.3), da eine Förderung der Stromerzeugung aus erneuerbaren Energien für die Erhöhung der Energieversorgungssicherheit durch eine Verringerung der Energieeinfuhrabhängigkeit und eine Diversifizierung der Energiequellen vorteilhaft sein kann, wie schon in dieser Arbeit bewiesen wurde[910]. Nach der Betrachtung dieser regulatorischen Aspekte kann evaluiert werden, ob die Europäische Union auf dem

---

906 ABl. L 283 v. 27.10.2001, S. 33.

907 ABl. L 140 v. 5.6.2009, S. 16.

908 Ausführlich zur legislativen Entwicklung der Regulierung der Förderung der erneuerbaren Energien im Europarecht, s. 2.2.3.

909 *Holzer*, Probleme und Lösungsansätze bei der Förderung von Strom aus erneuerbaren Energien im europäischen Binnenmarkt, ZfU, Heft 2, 2006, S. 161.

910 S. 3.3.2.2.

richtigen Weg ist, um die Energieversorgung mit (schwankenden) erneuerbaren Energien zu sichern (4.1.1.2.4).

4.1.1.2.1 Prinzip des Vorrangs des Stroms aus erneuerbaren Energiequellen

Zurzeit und in Anbetracht mehrerer Faktoren, aber insbesondere wegen der Subventionen für verschiedene Energieträger brauchen die erneuerbaren Energien noch spezielle Anreize (so lautet das in der Literatur zu findende Argument), um ausgebaut zu werden. Solche Anreize dürfen sich nicht nur bis in die finanzielle Förderung erstrecken, sondern auch in die effektive Einspeisung in das Netz des aus erneuerbaren Energien erzeugten Stroms. Dies ist keine Kleinigkeit für die europäische Energiepolitik, sondern vielmehr tatsächlich ein erheblicher Teil eines ganzen Konzepts, das die europäische Energiematrix hin zu einer sauberen Energiematrix umzubauen versucht. Um die Sicherheit der Investoren zu gewährleisten -damit die finanziellen Fördermittel nicht ins Leere laufen – ist es notwendig, dass der erzeugte Strom aus erneuerbaren Energien einen vorrangigen Netzzugang genießt[911]. Die Tatsache, dass der Strom aus erneuerbaren Energien zum großen Teil in kleinen Anlagen erzeugt wird, deren Wirtschaftlichkeit gefährdet wäre, wenn ein vorrangiger Netzzugang nicht gewährleistet wäre, ist ebenso relevant[912]. Zudem spielt die Tatsache auch eine Rolle, dass sich noch ein großer Teil der Netzinfrastruktur in den Händen der vertikal integrierten Nachfolger von ehemaligen Staatsmonopolen befindet. Dies kann den Netzzugang von (kleinen und mit den Monopolisten nicht identischen) Erneuerbare-Energien-Anlagen-Betreibern erschweren, wenn keine Regelung vorliegt, die den Netzzugang sicherstellt[913].

Nicht nur wegen der Investitionsattraktivität muss der Zugang von erneuerbaren Energien ins Netz gewährleistet werden. Zudem ist auch relevant, dass die zwei größeren erneuerbaren Energieträger, nämlich Wind und Sonnenstrahlung, schwanken. Sie sind, wie oben schon diskutiert wurde, fluktuierende bzw. nicht stetige Energiequellen, und das Netz muss immer – d.h. insoweit die Betriebssicherheit nicht gefährdet wird – bereit sein, ihren Strom einzuspeisen. Das Prinzip garantiert dann, dass der Strom aus erneuerbaren Energien sofort verwendet werden kann,

911 *Müschen/Herforth*, In: *Ekardt/Hennig/Unnerstall* (Hrsg.), Erneuerbare Energien – Ambivalenzen, Governance, Rechtsfragen, 2012, S. 76.

912 Vorschlag für eine Richtlinie des Europäischen Parlaments und des Rates zur Förderung der Stromerzeugung aus erneuerbaren Energiequellen im Elektrizitätsbinnenmarkt v. 10.5.2000. KOM (2000) 279 endg., S. 10.

913 *Sötebier*, Die Richtlinie zur Förderung der Stromerzeugung aus erneuerbaren Energiequellen im Elektrizitätsbinnenmarkt – eine rechtliche Analyse, ZUR, Heft 2, 2003, S. 72. Zu einer Analyse der Vereinbarkeit des Prinzips des Vorrangs erneuerbarer Energien *vis-à-vis* des Wettbewerbs am Beispiel des deutschen Rechts, vgl. *Möstl*, Der Vorrang erneuerbarer Energien – Ein Prinzip des Energiewirtschaftsrechts nimmt Gestalt an, RdE, Nr. 4–5, 2003, S. 90ff.

wenn er verfügbar ist[914]. Obwohl Windräder und Solarkraftwerke relativ schnell und kostengünstig ausgeschaltet werden können[915], rechtfertigt somit allein die Tatsache, dass Wind und Sonnenstrahlung nicht immer zur Verfügung stehen, die netzzugangliche Vorrangigkeit[916].

Mit den Vorschriften hinsichtlich des vorrangigen Netzzugangs versucht der Richtliniengeber, die Integration der erneuerbaren Energien im Elektrizitätsbinnenmarkt zu verbessern. Ein solcher vorrangiger Netzzugang leistet auch einen Beitrag zur Energieversorgungssicherheit, da er sicherstellt, dass (immer wenn möglich, aber unbeschadet der Wahrung der Zuverlässigkeit und der Sicherheit des Netzes) der von erneuerbaren Energieträgern zur Verfügung gestellte Strom eingespeist wird. Es geht um eine Optimierung der Erzeugung von Strom aus erneuerbaren Energien im Hinblick auf die Schwankungen, die für die Energieversorgungssicherheit nachteilhaft sind, da das *Management* der Schwankungen erheblich erschwert würde, wenn noch dazu Erneuerbare-Energie-Anlagen mit anderen Anlagenbetreibern um die Einspeisung ins Netz kämpfen müssten.

In zwei verschiedenen Regelungen sieht der europäische Gesetzgeber einen vorrangigen Netzzugang für Strom aus erneuerbaren Energien vor: (i) In Art. 16 Abs. 2 lit. b (4.1.1.2.1.1) und lit. c (4.1.1.2.1.2) der Richtlinie 2009/28/EG; und (ii) In Art. 15 Abs. 3 der Richtlinie 2009/72/EG (Elektrizitätsbinnenmarktrichtlinie) (4.1.1.2.1.3). Sie bestehen aus einem Mindeststandard – zusammen mit den Verwaltungs- (Art. 13 Abs. 1 der Richtlinie 2009/28/EG) und Bauvorschriften (Art. 13 Abs. 3 bis 6) und den technischen Spezifikationen für Geräte und Systeme, die erneuerbare Energien nutzen (Art. 13 Abs. 2) –, den die Mitgliedstaaten sicherstellen **müssen**, um den Ausbau der erneuerbaren Energien in der Europäischen Union zu fördern. Zuletzt werden die Zwischenergebnisse präsentiert (4.1.1.2.1.4).

---

914 *Oschmann*, Strom aus erneuerbaren Energien im Europarecht. Die Richtlinie 2001/77/EG des Europäischen Parlaments und des Rates zur Förderung der Stromerzeugung aus erneuerbaren Energiequellen im Elektrizitätsbinnenmarkt, 2002, S. 97.

915 Anders ist es z. B. bei den Kernkraftwerken, die durch eine teurere und etwas langsamere Abkühlungsphase ausgeschaltet werden. Zudem sind die Stilllegungskosten von Kernkraftwerken, die die Baukosten übersteigen, mit einzurechnen. Sie sind somit für erneuerbare Energien wenig gut geeignet und dem fluktuierenden Bedarf nicht anpassbar, *Trieb*, Strom aus der Wüste, PHIUZ. 2011, 2, S. 86–87. Zudem spricht auch die Tatsache, dass die Kapitalkosten der Kernkraft wegen verschärfter Sicherheitsvorschriften, wechselnder Standards und fehlender Kontinuität beim Kernkraftwerksbau im Laufe der Jahrzehnte gestiegen sind, *Hirschhausen/Kemfert/Kunz/Mendelevitch*, Europäische Stromerzeugung nach 2020: Beitrag erneuerbarer Energien nicht unterschätzen, DIW Wochenbericht, Nr. 29, 2013, S. 7. Kostensteigerung beim Kernkraftwerke als Tendenz, vgl. Mitteilung der Kommission „Energiefahrplan 2050“ v. 15.12.2011. KOM (2011) 885 endg., S. 15.

916 Vgl. Erwägungsgrund 60 der Richtlinie 2009/28/EG.

4.1.1.2.1.1 Art. 16 Abs. 2 lit. b der Richtlinie 2009/28/EG

Schon in der Richtlinie 2001/77/EG gab es eine Regelung hinsichtlich des vorrangigen Netzzugangs für erneuerbare Energien. Art. 7 Abs. 1 S. 2 sah vor, dass die Mitgliedstaaten einen vorrangigen Netzzugang vorsehen **konnten**. Zwar bestand eine Pflicht gegenüber den Mitgliedstaaten gemäß Art. 7 Abs. 1 S. 1, die notwendigen Maßnahmen zu ergreifen, „um sicherzustellen, dass die Betreiber der Übertragungs- und Verteilungsnetze (...) die Übertragung und Verteilung von Strom aus erneuerbaren Energiequellen gewährleisten", eine so explizite Pflicht gab es aber für den Netzzugang nicht[917-918], obwohl die Richtlinie 2001/77/EG aktiver war im Vergleich zu den eher passiven Vorschriften der ersten Elektrizitätsbinnenmarktrichtlinie von 1996 (s. 4.1.1.2.1.3 unter)[919]. In diesem Sinne bringt Art. 16 Abs. 2 der neuen Richtlinie 2009/28/EG eine Innovation, da nunmehr die Mitgliedstaaten **verpflichtet sind**, einen vorrangigen oder garantierten Netzzugang zu gewähren.

Außer seiner Wichtigkeit als Voraussetzung für die Sicherstellung der europäischen Energieversorgungssicherheit ist auch zu bemerken, dass die dauerhafte Aufrechterhaltung der Energieversorgungssicherheit in ihrem technischen Aspekt[920] auch einen limitierenden Faktor für den Ausbau der erneuerbaren Energien darstellt, da alle zu treffenden Maßnahmen hin zu einer Gewährleistung der Erzeugung, Übertragung und Verteilung der Elektrizität aus erneuerbaren Energien, insbesondere der vorrangige oder garantierte Netzzugang sowie die prioritäre Berücksichtigung von Erneuerbaren-Energien-Erzeugungsanlagen „die Wahrung der Zuverlässigkeit und die Sicherheit des Netzes" berücksichtigen müssen (Art. 16 Abs. 2)[921].

Art. 16 Abs. 2 ist jedoch nicht völlig eindeutig, und ein paar Fragen sollten gestellt werden, um den genaueren Sinn der Norm zu begreifen. Erstens ist es fraglich, was

---

917 Zu den entstehungsgeschichtlichen Aspekte der Richtlinie 2001/77/EG, s. 2.2.3.1. Zu einer Auslegung des Art. 7 Abs. 1 der Richtlinie 2001/77/EG, die den fakultativ vorrangigen Netzzugang für Strom aus erneuerbaren Energien (Art. 7 Abs. 1 S. 2) gemäß dem Sinn und Zweck der Netzzugangsregelung als (obligatorisch) unabdingbare Voraussetzung für die vorrangige Übertragung und Verteilung des Strom aus erneuerbaren Energien (Art. 7 Abs. 1 S. 1), vgl. *Oschmann*, Strom aus erneuerbaren Energien im Europarecht. Die Richtlinie 2001/77/EG des Europäischen Parlaments und des Rates zur Förderung der Stromerzeugung aus erneuerbaren Energiequellen im Elektrizitätsbinnenmarkt, 2002, S. 97; *Sötebier*, Die Richtlinie zur Förderung der Stromerzeugung aus erneuerbaren Energiequellen im Elektrizitätsbinnenmarkt - eine rechtliche Analyse, ZUR, Heft 2, 2003, S. 72–73.

918 *Pomana*, Förderung erneuerbarer Energien in Deutschland und im Vereinigten Königreich im Lichte des Europäischen Wirtschaftsrechts, 2011, S. 161.

919 *Möstl*, Der Vorrang erneuerbarer Energien - Ein Prinzip des Energiewirtschaftsrechts nimmt Gestalt an, RdE, Nr. 4–5, 2003, S. 91–92.

920 S. 1.1.3.2.

921 *Pomana*, Förderung erneuerbarer Energien in Deutschland und im Vereinigten Königreich im Lichte des Europäischen Wirtschaftsrechts, 2011, S. 161. Mehr dazu s. auch 3.1.1.3.2.2.

unter dem Begriff „Netzzugang“ zu verstehen ist. Zweitens kann dem Wortlaut nicht deutlich entnommen werden, wo der Unterschied zwischen einem vorrangigen und einem garantierten Netzzugang[922] liegt[923].

Hinsichtlich der ersten umstrittenen Frage bleibt nach dem Wortlaut des Art. 16 offen, ob auch ein Recht auf vorrangigen Netzanschluss gemeint ist, wenn von einem Recht auf vorrangigen Netzzugang die Rede ist.

Während der Netzzugang als die **Möglichkeit**, das Netzsystem zu benutzen, beschrieben werden kann[924], bezeichnet der Netzanschluss die technische **konkrete Anbindung** des Anlagebetreibers an ein Netz[925]. „Netzzugang“ ist ein breiterer Begriff im Vergleich zu „Netzanschluss“ und beschreibt das Recht auf die Nutzung eines Netzes, ungeachtet ob die tatsächliche Nutzung des Netzes durch den Stromfluss geschieht oder nicht. Netzzugangsregeln und Netzanschlussregeln haben verschiedene Gegenstände: Die ersten zielen auf den Transport von Energie über das Netz; die zweiten zielen auf die Bedingungen der physischen Nutzung des Hausanschlusses zur Entnahme von Energie. Der Netzanschluss ist somit erhebliche Voraussetzung für den Netzzugang und die entsprechende Belieferung von Elektrizität[926].

Netzzugang und Netzanschluss sind in verschiedenen Regelungen enthalten und ihr Zusammenhang ist nicht eindeutig. Art. 16 der Richtlinie 2009/28/EG regelt Netzzugang und Betrieb. Abs. 1 verpflichtet die Mitgliedstaaten allgemein, Maßnahmen hinsichtlich des Ausbaus der Übertragungs- und Verteilernetzinfrastruktur, intelligenter Netze, Speicheranlagen und des Elektrizitätssystems zu implementieren, damit somit der Beschleunigung des Genehmigungsverfahrens für Netzinfrastrukturen „während der Weiterentwicklung der Elektrizitätserzeugung aus erneuerbaren Energiequellen, Rechnung getragen wird“. In Abs. 2 geht es um einen konkreteren Befehl, den Vorrang der Elektrizität aus erneuerbaren Energien bei der Einspeisung ins Netz zu gewährleisten. Hier werden die Gewährleistung der Übertragung und Verteilung der Elektrizität aus erneuerbaren Energien (lit. a) und des vorrangigen oder garantierten Netzzugangs (lit. b), somit die Beobachtung von transparenten und nichtdiskriminierenden Kriterien hinsichtlich der Operationalisierung dieses vorrangigen Netzzugangs (lit. c) geregelt. Erst in einem separaten Abs. 3 sieht der

---

922 Art. 16 Abs. 2 lit. c der Richtlinie 2009/28/EG lautet: „...sehen die Mitgliedstaaten außerdem entweder einen vorrangigen Netzzugang oder einen garantierten Netzzugang für Elektrizität aus erneuerbaren Energiequellen vor“.

923 *Lehnert/Vollprecht*, Neue Impulse von Europa: Die Erneuerbare-Energien-Richtlinie der EU, ZUR, Heft 6, 2009, S. 315.

924 Vgl. z. B. im deutschen Recht, § 20 EnWG.

925 Vgl. z. B. im deutschen Recht, § 17 und § 18 EnWG.

926 *Mätzig*, Das Recht der Elektrizitätsversorgungsnetze – Netzbetreiberpflichten zwischen unternehmerischer Eigenverantwortung und staatlicher Steuerung, 2012, S. 243; *Deutscher Bundestag*, Gesetzentwurf der Bundesregierung. Entwurf eines Zweiten Gesetzes zur Neuregelung des Energiewirtschaftsrechts v. 14.10.2004, BT-Drs. 15/3917, S. 59.

europäische Gesetzgeber eine Regelung für den Netzanschluss vor, die sich nur auf die Kosten des Netzanschlusses bezieht. Von einer Gewährleistung eines vorrangigen oder garantierten Netzanschlusses für Elektrizität aus erneuerbaren Energien ist weder hier noch anderswo in der Richtlinie 2009/28/EG die Rede.

Die Tatsache, dass es keine ausdrückliche Vorschrift für eine Vorrangigkeit während des Netzanschlusses gibt, müsste nach einer systematischen Betrachtung des Art. 16 dann zur Antwort führen, dass nur ein vorrangiger oder garantierter Netzzugang gewährleistet werden müsste. Diese Auslegung ist jedoch aus drei Gründen zu verneinen. **Erstens** gäbe es zwei Vorschriften für den Netzzugang, wenn der Ausdruck „Netzzugang" ausgelegt wird, da Art. 16 Abs. 2 lit. c der Richtlinie 2009/28/EG schon vorsieht, dass „die Betreiber der Übertragungsnetze beim Abrufen von Elektrizitätserzeugungsanlagen auf der Grundlage transparenter und nichtdiskriminierender Kriterien Erzeugungsanlagen Vorrang gewähren, in denen erneuerbare Energiequellen eingesetzt werden". Der Anwendungsbereich des Art. 16 Abs. 2 lit. b muss dann ein anderer sein, und zwar der Bereich des Netzanschlusses. **Zweitens** erlaubt eine vergleichende Betrachtung zwischen dem Wortlaut der Richtlinie 2001/77/EG und dem Art. 16 der Richtlinie 2009/28/EG die Auslegung zu Gunsten der Existenz eines **impliziten** vorrangigen oder garantierten Netzanschlusses in der neuen Richtlinie, wenn der vorrangige oder garantierte Netzzugang sicherzustellen ist. **Drittens** ist es kaum logisch, einen Netzzugang, aber nicht den entsprechenden Netzanschluss zu gewährleisten, wenn eine effektive und für den angestrebten Umbau der Energiematrix nützliche Vorrangigkeit der Einspeisung der erneuerbaren Energien gesucht wird, da ein Netzzugang einen Netzanschluss voraussetzt. Eine Trennung zwischen Netzzugang und -anschluss würde der Absicht des Richtliniengebers hinsichtlich der Vollendung des Energiebinnenmarkts und der Gewährleistung der Energieversorgungssicherheit nicht entsprechen[927]. Auch bemerkenswert ist die Tatsache, dass der Titel des Art. 7 der Richtlinie 2001/77/EG „Netzanschluss" lautete, während in Art. 16 „Netzzugang und Betrieb" benutzt wird, was die Einbeziehung des Netzanschlusses unter den größeren und nach der Richtlinie 2009/28/EG verstärkten Begriff „Rechte zum Netzzugang" hindeuten können. Somit ist ein Recht auf (vorrangigen oder garantierten) Netzanschluss in der Netzzugangsvorrangigkeitsregel inbegriffen, damit die Förderung der erneuerbaren Energien die Energieversorgungssicherheit gewährleistet.

Die zweite umstrittene Frage betrifft den Unterschied zwischen einem vorrangigen und einem garantierten Netzzugang. Zuerst soll bemerkt werden, dass der Richtliniengeber von einem vorrangigen *oder* garantierten Netzzugang spricht, was die These ausschließt, dass Vorrangigkeit und Garantie des Netzzugangs für Strom aus erneuerbaren Energien gleichbedeutend sind. Zweitens könnte der Erwägungsgrund

927 *Lehnert/Vollprecht*, Neue Impulse von Europa: Die Erneuerbare-Energien-Richtlinie der EU, ZUR, Heft 6, 2009, S. 315. Ebenso, *Mätzig*, Das Recht der Elektrizitätsversorgungsnetze – Netzbetreiberpflichten zwischen unternehmerischer Eigenverantwortung und staatlicher Steuerung, 2012, S. 242.

60 der Richtlinie 2009/28/EG für die Unterscheidung hilfreich sein. Es scheint, dass der Richtliniengeber versucht hat, eine Unterscheidung gemäß den nationalen Fördersystemen zu etablieren[928], da hervorgehoben wird, dass „die hinsichtlich der Wahrung der Zuverlässigkeit und der Sicherheit des Netzes und hinsichtlich der Einspeisung zu erfüllenden Anforderungen **je nach den Merkmalen des nationalen Netzes und seines sicheren Betriebs** unterschiedlich sein können". Danach begann der Erwägungsgrundtext einen vorrangigen Netzzugang von einem garantierten Netzzugang auszudifferenzieren, demzufolge ein vorrangiger Netzzugang gewährleistet wird, so „dass angeschlossene Erzeuger von Elektrizität aus erneuerbaren Energiequellen in der Lage sind, die Elektrizität aus erneuerbaren Energiequellen nach den Netzanschlussregeln jederzeit, wann immer die Energiequelle verfügbar ist, zu verkaufen und zu übertragen", während, wenn „die Elektrizität aus erneuerbaren Energiequellen in den Spotmarkt integriert ist, der garantierte Netzzugang [gewährleistet], dass die gesamte verkaufte und geförderte Elektrizität Zugang zum Netz erhält, wodurch an das Netz angeschlossene Anlagen eine Höchstmenge an Elektrizität aus erneuerbaren Energiequellen verwenden können"[929].

Zu vermuten wäre dann, dass ein vorrangiger Netzzugang Anwendung im Fördersystem mit Einspeisetarifmodell findet, da die gewöhnlich mit dem Einspeisetarifmodell kombinierte Abnahmeverpflichtung die Vorrangigkeit der Einspeisung der Elektrizität aus erneuerbaren Energien voraussetzt, um tragfähig zu sein. Bei den Systemen ohne Abnahmeverpflichtung reicht es jedoch, dass der Weg der verkauften Energiemenge aus erneuerbaren Energien in das Netz garantiert wird, damit dem kommerziellen Handel (in den Spotmarkt beispielweise) mit einer physikalischen Übertragung und Verteilung der Elektrizität entsprochen wird. Ein garantierter Netzzugang gewährleistet, dass auch die Elektrizität aus erneuerbaren Energien eingespeist wird, selbst wenn es keine Abnahmeverpflichtung gibt. Wenn diese Elektrizität wegen kommerziellen Handels abgenommen wird, dann ist der Netzzugang gewährleistet. Für den Fall eines vorrangigen Netzzugangs ist der garantierte Netzzugang schon gegeben, da es sich um ein Fördersystem mit Abnahmeverpflichtung handelt. Die Vorrangigkeit des Netzzugangs für Elektrizität aus erneuerbaren Energien bedeutet dann ein Plus im Vergleich zum garantierten Netzzugang. Nicht nur ist ein garantierter Netzzugang schon gegeben, sondern im Fall eines Einspeisetarifmodells mit Abnahmeverpflichtung müssen auch Erneuerbare-Energien-Anlagen einen vorrangigen Netzzugang genießen.

Ungeachtet des nationalen Fördersystems für erneuerbare Energien bringt Art. 16 Abs. 2 lit. b der Richtlinie 2009/28/EG somit eine erhebliche Voraussetzung für den effektiven Ausbau der erneuerbaren Energien in der EU und leistet zudem einen Beitrag zur Gewährleistung der Energieversorgungssicherheit.

---

928 Ebenda, S. 315.

929 Erwägungsgrund 60 der Richtlinie 2009/28/EG. ABl. L 140 v. 5.6.2009, S. 22; *Langenheld*, In: *Cremer/Pielow* (Hrsg.), Probleme und Perspektiven im Energieumweltrecht, 2009, S. 18.

4.1.1.2.1.2 Art. 16 Abs. 2 lit. c der Richtlinie 2009/28/EG

Während lit. b des Art. 16 Abs. 2 die Vorrangigkeit des Netzzugangs für Elektrizität aus erneuerbaren Energien vorsieht, setzt lit. c andererseits eine Grenze bzw. eine Limitierung der Anwendung des Prinzips aufgrund der (nationalen) Betriebs- und der Energieversorgungssicherheit.

Laut Art. 16 Abs. 2 lit. c der Richtlinie 2009/28/EG müssen die Mitgliedstaaten sicherstellen, dass die Betreiber der Übertragungsnetze[930] den vorrangigen Netzzugang zu Erneuerbare-Energien-Anlagen gewähren, soweit „der sichere Betrieb des nationalen Elektrizitätssystems dies zulässt". Der Richtliniengeber nimmt Rücksicht auf die Tatsache, dass erstens der Zustand der Netzinfrastruktur und die Netzkapazität nicht in allen Fällen eine einfache Marktintegration des Stroms aus erneuerbaren Energien ermöglichen[931] und zweitens es kein absolutes Verhältnis zwischen einem Plus in der Einspeisung der erneuerbaren Energien und einem Plus in der Energieversorgungssicherheit gibt, sondern vielmehr muss ständig überprüft und evaluiert werden, ob der Ausbau der erneuerbaren Energien die Energieversorgungssicherheit nicht gefährdet. Die Möglichkeit einer Überlastung des Netzes wegen einer unkontrollierten oder mangelhaft koordinierten Einspeisung einiger noch unregelmäßiger erneuerbarer Energiequellen ist theoretisch nicht ausgeschlossen und wird in Richtlinie 2009/28/EG berücksichtigt.

Dennoch besteht für die Mitgliedstaaten zudem die Pflicht, die Beschränkungen der Einspeisung von Elektrizität aus erneuerbaren Energien möglichst gering zu halten. Es geht um kontinuierliche und dauerhafte Bemühungen der Mitgliedstaaten hin zur Entwicklung eines immer besseren Energiesystems, das einen steigenden Anteil von Elektrizität aus erneuerbaren Energien abnehmen kann, ohne dass die Sicherheit des Netzes und die allgemeine Energieversorgungssicherheit gefährdet wird.

Zu beachten ist die Tatsache, dass eine eventuell mangelhafte Netzkapazität keinen Sachverhalt darstellt, der die Anwendung des Prinzips des Vorrangs des Stroms aus erneuerbaren Energien abwenden könnte, denn im Rahmen der Netzkapazität muss der Vorrang gewährleistet werden. Ziel und Zweck des Art. 16 der Richtlinie 2009/28/EG ist, dass Strom aus erneuerbaren Energien sowohl im Normalfall als auch im Konfliktfall (zwischen erneuerbaren Energiequellen und nuklearen oder

---

930 Da es um das Abrufen von Elektrizitätserzeugungsanlagen geht, d.h. lediglich um das Verhältnis zwischen Energieerzeugungsanlagen und Übertragungsnetzbetreiber, werden die Verteilernetzbetreiber von Art. 16 Abs. 2 lit. c der Richtlinie 2009/28/EG natürlich nicht betroffen. Die Limitierung der Betroffenheit auf die Übertragungsnetzbetreiber erlaubt jedoch nicht das Verständnis, dass die Vorrangregelung für die Verteilernetzbetreiber nicht gälte. Vgl. *Oschmann*, Strom aus erneuerbaren Energien im Europarecht. Die Richtlinie 2001/77/EG des Europäischen Parlaments und des Rates zur Förderung der Stromerzeugung aus erneuerbaren Energiequellen im Elektrizitätsbinnenmarkt, 2002, S. 99. Mehr dazu, s. 4.1.1.3.1.3.

931 *Pomana*, Förderung erneuerbarer Energien in Deutschland und im Vereinigten Königreich im Lichte des Europäischen Wirtschaftsrechts, 2011, S. 163.

fossilen Energiequellen) vorrangig behandelt werden muss, ohne die Möglichkeit, den Netzzugang, die Übertragung oder Verteilung von Strom aus erneuerbaren Energien wegen einer Netzerschöpfung zu verweigern[932]. Im Fall des Vorliegens einer Notsituation, wenn die Anwendbarkeit des Prinzips des Vorrangs dann ausgeschlossen ist, trägt der Betreiber der Netze die Beweislast, die auf transparente Weise kommuniziert werden muss[933].

Nach Art. 16 Abs. 2 lit. c der Richtlinie 2009/28/EG ist dann eindeutig, dass im Konfliktfall zwischen dem Ziel der Energieversorgungssicherheit und dem Ziel der Förderung der erneuerbaren Energien der Vorrang zur Gewährleistung der Energieversorgungssicherheit sicherzustellen ist. Die Energieversorgungssicherheit darf nicht namens einer Erhöhung der Einspeisungsmenge in das Netz von Elektrizität aus erneuerbaren Energieträger gefährdet sein[934]. Gegen eine solche Auslegung könnte aber argumentiert werden, dass Art. 16 Abs. 2 lit. c sich auf die nationale Energieversorgungssicherheit bezöge, wenn dann von so einer Wahl zwischen den Zielen des Art. 194 AEUV nicht die Rede wäre, da es in Art. 194 Abs. 2 lit. b AEUV um die europäische Energieversorgungssicherheit geht. Dem Wortlaut der Vorschrift kann jedoch entnommen werden, dass das Adjektiv „nationale" sich nur auf die Betriebssicherheit bezieht und die Energieversorgungssicherheit nicht von dem Adjektiv umfasst wird[935], d.h. es geht um die europäische Energieversorgungssicherheit, die auch im Fall des Art. 16 Abs. 2 lit. c gefährdet werden könnte.

4.1.1.2.1.3 Das Prinzip in der Elektrizitätsbinnenmarktrichtlinie

Interessanterweise wurde schon vor der Richtlinie 2001/77/EG die Möglichkeit vorgesehen, der Elektrizität aus erneuerbaren Energien aus Gründen des Umweltschutzes[936] eine Vorrangigkeit bei der Einspeisung zu geben. Gemäß der Richtlinie

---

932 Hinsichtlich des Art. 7 der Richtlinie 2001/77/EG aber noch aktuell für die Auslegung des Art. 16 der Richtlinie 2009/28/EG, vgl. *Oschmann*, Strom aus erneuerbaren Energien im Europarecht. Die Richtlinie 2001/77/EG des Europäischen Parlaments und des Rates zur Förderung der Stromerzeugung aus erneuerbaren Energiequellen im Elektrizitätsbinnenmarkt, 2002, S. 99; *Sternig*, Versorgungssicherheit im Elektrizitäts- und Erdgasmarkt, 2009, S. 75.

933 *Ehricke*, In: *Schulze-Fielitz/Müller* (Hrsg.), Europäisches Klimaschutzrecht, 2009, S. 112.

934 *Güneysu*, Smart Grids und die Anforderungen des Einspeisemanagements, RdE, Heft 2, 2012, S. 51.

935 Art. 16 Abs. 2 lit. c S. 3 der Richtlinie 2009/28/EG lautet auf deutsch: „...um die Sicherheit des **nationalen** Elektrizitätssystems und die Energieversorgungssicherheit zu gewährleisten", auf Englisch: „...in order to guarantee the security of the **national** electricity system and security of energy supply", Spanisch: „...con objeto de garantizar la seguridad del sistema eléctrico **nacional** y la seguridad del abastecimiento de energía", Französisch: „...en vue de garantir la sécurité du réseau **national** d'électricité ainsi que la sécurité d'approvisionnement énergétique".

936 Laut dem Erwägungsgrund 28 der Richtlinie 96/92/EG. ABl. L 27 v. 30.1.1997, S. 21.

96/92/EG – Art. 8 Abs. 3 für den Betreiber des Übertragungsnetzes und Art. 11 Abs. 3 für den Betreiber des Verteilernetzes – könnten die Mitgliedstaaten den Betreibern zur Auflage machen, dass Elektrizität aus erneuerbaren Energien vorrangig eingespeist wird. Hier sind zwei Aspekte zu bemerken. Erstens trennt die Richtlinie – auch in den neueren Fassungen – zwischen Betreibern des Übertragungsnetzes und Betreibern des Verteilernetzes in zwei Vorschriften, obwohl der Wortlaut gleich ist (in der Richtlinie 96/92/EG und in der Richtlinie 2003/54/EG, nicht gleich aber in der Richtlinie 2009/28/EG, s. unter). Wenn die Richtlinie systematisch betrachtet wird, macht eine solche Trennung Sinn, da sich Kapitel IV (Art. 7 bis Art. 9) und Kapitel V (Art. 10 bis Art. 12) auf den Betrieb des Übertragungsnetzes bzw. den Betrieb des Verteilernetzes beziehen. Wie in der Folge gezeigt wird, wandte die Richtlinie zur Förderung der erneuerbaren Energien eine andere Logik an. Zweitens handelt es sich um eine Möglichkeit für die Mitgliedstaaten und nicht um eine Verpflichtung.

Wenn die zwei aufgehobenen Regelungen, die Richtlinie 2001/77/EG einerseits und die älteste Elektrizitätsbinnenmarktrichtlinie andererseits, verglichen werden, so ist erkennbar, dass Art. 7 Abs. 1 S. 3 der Richtlinie 2001/77/EG mit dem Ausdruck „soweit es der Betrieb des nationalen Elektrizitätssystems zulässt" eine nicht in der vorherigen Richtlinie 96/92/EG beinhaltete Bedingung in die Regulierung der Vorrangigkeit der Elektrizität aus erneuerbaren Energien einfügte. Da Art. 7 Abs. 1 S. 3 der Richtlinie 2001/77/EG sich auf die Betreiber der Übertragungsnetze beschränkte, änderte die neue Regelung den Art. 11 Abs. 3 der Richtlinie 96/92/EG nicht[937].

Bei der Richtlinie 2003/54/EG (sog. Beschleunigungsrichtlinie) wurde der Wortlaut des Artikels nicht geändert. Art. 11 Abs. 3 (Netzbetreiber) und Art. 14 Abs. 4 (Verteilernetzbetreiber) der Richtlinie 2003/54/EG brachten somit auch eine reine Möglichkeit der Institutionalisierung des Prinzips des Vorrangs des Stroms aus erneuerbaren Energiequellen und keine Verpflichtung.

Die Lage hat sich allerdings mit dem Erlass der Richtlinie 2009/28/EG geändert, was den Wortlaut der betreffenden Vorschriften beeinflusste. Art. 15 Abs. 3 der Richtlinie 2009/72/EG (Elektrizitätsbinnenmarktrichtlinie)[938] bezieht sich immer noch lediglich auf den Netzbetreiber, aber die Mitgliedstaaten verpflichten nun (keine reine Möglichkeit mehr) die Netzbetreiber dazu, bei der Inanspruchnahme von Erzeugungsanlagen auf der Grundlage erneuerbarer Energiequellen im Einklang mit Artikel 16 der Richtlinie 2009/28/EG zu handeln. Die reine Möglichkeit

---

937 *Oschmann*, Strom aus erneuerbaren Energien im Europarecht. Die Richtlinie 2001/77/EG des Europäischen Parlaments und des Rates zur Förderung der Stromerzeugung aus erneuerbaren Energiequellen im Elektrizitätsbinnenmarkt, 2002, S. 98.

938 Die Vorrangregelung des Art. 15 Abs. 3 der Richtlinie 2009/72/EG ist von Art. 15 Abs. 4 zu unterscheiden, der wegen Gefahr für die Aufrechterhaltung der Energieversorgungssicherheit **einen vorrangigen Einsatz von einheimischen Primärenergieträgern** bis zu einer Menge von 15% der zur Deckung des gesamten Elektrizitätsverbrauchs des betreffenden Mitgliedstaats notwendigen Primärenergie vorsieht.

besteht nur noch für die Inanspruchnahme von Elektrizität, die nach dem Prinzip der Kraft-Wärme-Kopplung[939] erzeugt wird. Gemäß Art. 15 Abs. 3 der Elektrizitätsbinnenmarktrichtlinie ist Art. 16 der Richtlinie 2009/28/EG im völligen Umfang anzuwenden. Es handelt sich mit dem Wortlaut des Art. 15 Abs. 3 der Richtlinie 2009/72/EG und seiner ausdrücklichen Erwähnung des Art. 16 der Richtlinie 2009/28/EG um eine hervorgehobene Verstärkung der Anwendbarkeit des Prinzips des Vorrangs der Elektrizität aus erneuerbaren Energien.

Allerdings lässt der Richtliniengeber die Vorschrift (Art. 25 Abs. 4 der Richtlinie 2009/72/EG) hinsichtlich der Verteilernetzbetreiber kurioserweise unverändert, **obwohl die Richtlinie 2009/28/EG keinen Unterschied zwischen Übertragungs- und Verteilernetzbetreiber i.S.v. der Gewährleistung des vorrangigen oder garantierten Netzzugangs macht**. Art. 16 Abs. 2 lit. b der Richtlinie 2009/28/EG richtet sich an die Mitgliedstaaten, die verpflichtet sind, dass Elektrizität aus erneuerbaren Energien nicht nur durch das Übertragungsnetz, sondern auch durch das Verteilernetz Vorrangigkeit zu gewährleisten ist. Obwohl Art. 16 der Richtlinie 2009/28/EG nicht in vollem Umfang auf die Verteilernetzbetreiber anzuwenden ist, da es ausschließliche Vorschriften für die Übertragungsnetzbetreiber gibt (z. B. Art. 16 Abs. 2 lit c S. 1), was einen Wortlaut für Art. 25 Abs. 4 der Richtlinie 2009/72/EG, der das Zitieren des Art. 16 der Richtlinie 2009/28/EG und ihre volle Anwendbarkeit wie bei Art. 15 Abs. 3 der Richtlinie 2009/72/EG wiederholte, ausschließt, besteht für die Verteilernetzbetreiber die Verpflichtung (und nicht die reine Möglichkeit), eine vorrangige oder garantierte Einspeisung der Elektrizität aus erneuerbaren Energien zu gewährleisten[940], wobei es irrelevant ist, ob es sich um Verteilernetzbetreiber im zentralisierten oder im verteilten Energieerzeugungssystem handelt. Im ersten Fall wäre es unsinnig, wenn nur eine „Teilvorrangigkeit", d.h. bis zum Übertragungsnetz, gewährleistet wird. Im zweiten Fall arbeitet der Verteilernetzbetreiber „wie" ein Übertragungsnetzbetreiber und muss dann sowieso das Prinzip des Vorrangs der Elektrizität aus erneuerbaren Energien beachten.

Der Sinn und Zweck für die Erwähnung des Art. 16 der Richtlinie 2009/28/EG in Art. 15 Abs. 3 der Richtlinie 2009/72/EG liegt in der Tatsache, dass die (vorrangige) Einspeisung der Elektrizität aus erneuerbaren Energien tatsächlich in der Infrastruktur der Übertragungsnetzbetreiber geschieht. Der vorrangige oder garantierte Netzzugang geschieht im Übertragungsnetz. Die Limitierung hinsichtlich des nationalen Elektrizitätssystems und die Energieversorgungssicherheit spricht vielmehr von einer Limitierung im Übertragungsnetz als im Verteilernetz. Die Erwähnung wollte auch betonen, dass die vorrangige Inanspruchnahme von Erzeugungsanlagen, die erneuerbare Energie erzeugen, „auf der Grundlage transparenter und

939 Die Kraft-Wärme-Kopplung ist i.S.d. Richtlinie 2009/28/EG keine erneuerbaren Energiequellen und für die gemäß diesem Prinzip erzeugte Elektrizität gilt Art. 16 der Richtlinie 2009/28/EG nicht.

940 A.A. vgl. *Pomana*, Förderung erneuerbarer Energien in Deutschland und im Vereinigten Königreich im Lichte des Europäischen Wirtschaftsrechts, 2011, S. 162.

nichtdiskriminierender Kriterien" beruht. Das entspricht dem Sinn und Zweck der auf die reibungslose Marktvollendung gerichteten Elektrizitätsbinnenmarktrichtlinie. Erwähnenswert ist auch die Tatsache, dass in Art. 16 der Richtlinie 2009/28/EG nur Abs. 2 lit. c S. 1 exklusiv für die Übertragungsnetzbetreiber gilt (Art. 16 der Richtlinie 2009/28/EG hat 11 Absätze), während alle andere Vorschriften des Art. 16 auch auf die Verteilernetzbetreiber zielen. Aus diesen Gründen ist die Erwähnung des Art. 16 der Richtlinie 2009/28/EG in der Vorschrift für die Übertragungsnetzbetreiber in der Elektrizitätsbinnenmarktrichtlinie sinnvoll.

Das Spannungsverhältnis zwischen Art. 16 der Richtlinie 2009/28/EG, der keinen Unterschied zwischen Übertragungs- und Verteilernetzbetreiber hinsichtlich der Vorrangigkeit des Netzzugangs von Strom aus erneuerbaren Energien macht, einerseits, und Art. 25 Abs. 4 der Richtlinie 2009/72/EG, der für die Verteilernetzbetreiber nur die reine Möglichkeit einer Vorrangigkeit, aber keine Verpflichtung vorsieht, andererseits, ist somit nicht nur wegen der oben erwähnten Gründe, sondern auch gemäß dem Prinzip des *lex specialis derrogat lex generalis*[941] zugunsten der Verpflichtung einer Gewährleistung der Vorrangigkeit der Elektrizität aus erneuerbaren Energien auch im Rahmen der Verteilernetzbetreiber, wie bei Art. 16 Abs. 2 lit. c der Richtlinie 2009/29/EG, zu lösen.

4.1.1.2.1.4 Zwischenergebnisse: Vorrangigkeitsprinzip als erhebliche Bedingung zur Energieversorgungssicherheit

Das Prinzip der Vorrangigkeit der Einspeisung von Elektrizität aus erneuerbaren Energien stellt einen erheblichen Bestandteil der rechtlichen und wirtschaftlichen Umstrukturierung des europäischen Energiesystems dar, das die Energieversorgungssicherheit in anderer Weise als zuvor gewährleistet werden muss. Während Vorräte fossiler Energieträger in der Vergangenheit genügten, um die Energieversorgungssicherheit sicherzustellen, ist heute vielmehr für die Erreichung des Ziels der Energieversorgungssicherheit (Art. 194 Abs. 1 lit. b AEUV) notwendig, dass die politischen, wirtschaftlichen und rechtlichen Bedingungen für die vorrangige Einspeisung des Stroms aus erneuerbaren Energien vorhanden sind.

Die seit dem Art. 16 Abs. 2 der Richtlinie 2009/28/EG erneuerte Verpflichtung gegenüber den Mitgliedstaaten, einen vorrangigen oder garantierten Netzzugang je nach dem geltenden nationalen Fördersystem im Rahmen der Übertragungs- und Verteilernetzbetreiber zu gewährleisten, ist somit namens der Energieversorgungssicherheit zu begrüßen. Das Recht auf Netzanschluss soll so – um mit dem Sinn und Zweck der Norm kohärent zu bleiben –ausgelegt werden, dass es im Recht auf Netzzugang inbegriffen ist.

Im Konfliktfall zwischen der Förderung der erneuerbaren Energien und der Energieversorgungssicherheit einschließlich der Betriebssicherheit, wenn beispielweise

941 Die Richtlinie 2009/28/EG ist *lex specialis* gegenüber die für den Elektrizitätsmarkt allgemeine Richtlinie 2009/72/EG, *Haucap/Klein/Kühling*, Die Marktintegration der Stromerzeugung aus erneuerbaren Energien, 2013, S. 27.

ein Überschuss erneuerbarer Energien das Netz überlastet, ist Art. 16 Abs. 2 lit. c der Richtlinie 2009/28/EG zu beachten. Aufgrund der Aufrechterhaltung der Energieversorgungssicherheit ist in diesem Fall eine Verweigerung zum Netzzugang gerechtfertigt. Eine Verweigerung des Netzzugangs von Strom aus erneuerbaren Energien während der Gewährleistung des Netzzugangs von Strom aus anderen Energiequellen ist jedoch nicht zulässig. Die Bedingung hinsichtlich des sicheren Betriebs des nationalen Elektrizitätssystems gemäß Art. 16 Abs. 2 lit. c der Richtlinie 2009/28/EG schließt die Anwendbarkeit des Prinzips der Vorrangigkeit nicht aus. Diese Auslegung ist somit mit dem dienenden Verhältnis zwischen den primärrechtlichen Zielen der Gewährleistung der Energieversorgungssicherheit (Art. 194 Abs. 1 lit. b) und der Förderung neuer und erneuerbarer Energien (Art. 194 Abs. 1 lit. c) vereinbar.

4.1.1.2.2 Andere Maßnahmen zur Milderung der Unregelmäßigkeit

Die europarechtliche Rahmenbedingung für die Energiepolitik beinhaltet außer dem Prinzip des Vorrangs des Stroms aus erneuerbaren Energien andere wichtige und für die Schaffung der Energieversorgungssicherheit hilfreiche Vorschriften, die der Unregelmäßigkeit der Erzeugung von Elektrizität aus erneuerbaren Energien entgegenwirken. Diese rechtlichen Maßnahmen haben das Ziel, einen regulatorischen Raum zu schaffen, wo die Rechts- und Investitionssicherheit hinsichtlich der Markteinführung neuer Technologien als positiver Anreiz für Investoren verstanden wird. Sie nehmen Rücksicht auf die Tatsache, dass eine europäische Energiewende, die aber die Energieversorgung gewährleistet, unbedingt zusätzliche neue Technologien braucht. Zwei Beispiele solcher Technologien, die in dieser Arbeit betrachtet werden, sind Speichersysteme (4.1.1.2.2.1) und CCS-Systeme (4.1.1.2.2.2). Wie sie – und andere Technologien bzw. rechtliche Vorschriften (4.1.1.2.2.3) – sich auf die Energieversorgungssicherheit beziehen und ob sie überhaupt einen Beitrag zu diesem Ziel leisten, wird unten bewertet (4.1.1.2.2.4).

4.1.1.2.2.1 Speichersysteme gemäß Art. 16 Abs. 1 der Richtlinie 2009/28/EG

Eine der größten Herausforderungen im Bereich Energie ist das laufende Treffen von Angebot und Nachfrage (in jedem Augenblick) und seine Auswirkungen auf die Netzsicherheit, da ein großer Teil der Nachfrage nicht kurzfristig auf Preise am Strommarkt reagiert[942]. Nicht nur ist eine mangelnde Energielieferung zu vermeiden, sondern auch ein Überangebot an Elektrizität, das das Stromnetz belastet und zu negativen Preisen führen kann. Die Beherrschung dieses Gleichgewichts ist im Rahmen einer aus erneuerbaren Energien basierten Energiematrix immer noch erheblich erschwert, obwohl die Erzeugungsprognosen immer zuverlässiger werden, da die Stromerzeugung von Windenergie- und Photovoltaikanlagen von

942 *Schill*, Systemintegration erneuerbarer Energien: Die Rolle von Speichern für die Energiewende, DIW Berlin. Vierteljahreshefte zur Wirtschaftsforschung. 82. Jahrgang, 2013, S. 62.

meteorologischen Gegebenheiten abhängt und je nach Windverhältnissen bzw. Sonnenstrahlung fluktuiert[943]. Da diese Energieträger schwankend sind, muss die aus Wind und Sonne resultierende Stromerzeugung vorrangig eingespeist werden, um die negativen Effekte der meteorologischen Gegebenheiten zu verringern. Eine solche Ausgestaltung kann jedoch zu einer Lage führen, in der das Übertragungsnetz wegen Netzengpässen und mangelnder Netzinfrastrukturen nicht bereit ist, die ganze Elektrizität zu transportieren, die in Zeiten hoher Erzeugung und/oder ausgeschöpfter Exportmöglichkeiten eingespeist wird[944]. Auf der anderen Seite ist es somit fraglich, wie die Nachfrage in Zeiten niedriger Stromerzeugung aus erneuerbaren Energien gedeckt wird. Der Ausgleich zwischen Stromerzeugung und Last beinhaltet dann drei Aspekte bzw. Dimensionen: (i) Ausgleich zwischen geplanter Erzeugung und erwarteter Last (Frage der Genauigkeit der Prognosen und der Planungssicherheit); (ii) Erhalt der Systemsicherheit in Echtzeit (Frage der Betriebssicherheit der Netze); (iii) räumlicher Ausgleich (Frage der Übertragungs- und Verteilungskapazität der Netze und der Netzsicherheit)[945]. Sie sind miteinander verbunden und spielen eine erhebliche Rolle für die Gewährleistung der Energieversorgungssicherheit.

Um die zeitliche Lücke zwischen kontinuierlicher und gestreuter Nachfrage und schwankendem Angebot zu erfüllen, werden Stromspeicher eine erhebliche Rolle spielen, insbesondere bis zur völligen Entwicklung des Netzausbaus. Stromspeicher sind technische Systeme bzw. Technologien, in die elektrische Energie eingeladen und bei Bedarf (zu einem späteren Zeitpunkt) ausgespeist werden kann[946]. Beispiele verschiedener Speichertechnologien sind: Wasser- oder Druckluft-Speicher, Schwungräder, thermische Speicher bzw. Wärmespeicher[947], Kondensatoren, supraleitende Spulen, Batterien und Wasserstoff[948]. Sie sind somit eine Art „künstlicher“,

---

943 *Lehnert/Vollprecht*, Der energierechtliche Rahmen für Stromspeicher – noch kein maßgeschneiderter Anzug, ZNER, Heft 4, 2012, S. 356; *Schumacher*, Innovationsregulierung im Recht der netzgebundenen Elektrizitätswirtschaft, 2009, S. 168.

944 Beim Ausbau der fluktuierenden erneuerbaren Energien innerhalb kurzer Zeit sind große temporäre Überschüsse zu erwarten. *Schill*, Systemintegration erneuerbarer Energien: Die Rolle von Speichern für die Energiewende, DIW Berlin. Vierteljahreshefte zur Wirtschaftsforschung. 82. Jahrgang, 2013, S. 66–67.

945 Ebenda, S. 63

946 *Mahnke/Mühlenhoff*, In: *Agentur für Erneuerbare Energien* (Hrsg.), Renews Spezial, Ausgabe 57, 2012, S. 6. Abrufbar unter http://www.unendlich-viel-energie.de (Stand: 15.01.2015); *Schill*, Systemintegration erneuerbarer Energien: Die Rolle von Speichern für die Energiewende, DIW Berlin. Vierteljahreshefte zur Wirtschaftsforschung. 82. Jahrgang, 2013, S. 71.

947 Beispiele solcher Wärmespeicher bieten Andasol 1 und 2 in Andalusia, Spanien. Mit einer Kapazität von 50MW kann das Kraftwerk noch bis zu acht Stunden nach Sonnenuntergang Strom mit voller Leistung liefern, *Trieb*, Strom aus der Wüste, PHIUZ. 2011, 2, S. 87.

948 *Schumacher*, Innovationsregulierung im Recht der netzgebundenen Elektrizitätswirtschaft, 2009, S. 168. Mehr dazu, vgl. *Lehnert/Vollprecht*, Der energierechtliche

kontinuierlicher Stromerzeugung, da sich die Einspeisung in das Netz des aufgeladenen Stroms (Ausspeicherung des Stroms) *wie* ein Kraftwerk verhält[949]. Die zeitlich begrenzten meteorologischen Gegebenheiten werden dann durch Stromspeicher gemildert. Zwar sind heute zum Teil noch keine Großspeichersysteme nötig, lokale Speicher können aber, wie beispielweise im Zusammenhang mit Photovoltaik-Generatoren, schon nutzbar sein. Außerdem gibt es keine Speichertechnologie, die für alle Aspekte der Integration erneuerbarer Energien geeignet ist. Vielmehr handelt es sich um eine Palette von Speichermöglichkeiten, die spezifische Vorteile in spezifischen Anwendungsbereichen haben. Nicht ausgeschlossen ist die Möglichkeit einer Konkurrenz zwischen mehreren Technologien. Die Speichertechnologie befindet sich noch zwischen Inventions- und Innovationsphase[950] und es ist noch unklar, wieviel Flexibilität im zukünftigen Stromsystem benötigt wird und welcher Mix von Flexibilitätsoptionen optimal ist, so dass mehr Zeit und finanzielle Mittel benötigt werden, bis die Speichertechnologie einen Platz im Energiemarkt findet[951].

Stromspeicher sind dann nicht nur für die Erzeugung von Strom aus erneuerbaren Energien wichtig, sondern auch für den Netzbetrieb. Sie werden teilweise zum Engpass*management* (sinnvoll zur Aufnahme der täglichen Erzeugung von Strom in der PV-Spitze beispielweise), aber auch zum Ersatz oder zum Aufschub ansonsten nötiger Netzausbauten genutzt[952]. Sie tragen mittelbar zur Energieversorgungssicherheit bei, wenn angenommen wird, dass die Steigerung der Stromerzeugung aus erneuerbaren Energien und die zu ihrer Implementierung notwendigen

---

Rahmen für Stromspeicher – noch kein maßgeschneiderter Anzug, ZNER, Heft 4, 2012, S. 357–359; *Schill*, Systemintegration erneuerbarer Energien: Die Rolle von Speichern für die Energiewende, DIW Berlin. Vierteljahreshefte zur Wirtschaftsforschung. 82. Jahrgang, 2013, S. 70ff. Ausführlich, vgl. *Fuchs/Lunz/Leuthold/Sauer*, Overview on the potential and on the deployment perspectives of electricity storage technologies, Im Auftrag von SEFEP GmbH, 2012, S. 17ff.

949 Eine Besonderheit der Stromspeicher besteht darin, dass die Stromerzeugung nicht im Speicher stattfindet, sondern in einer anderen Anlage. Diese Besonderheit wirft die Frage auf, ob Stromspeicher überhaupt entgeltberechtigt sind, wenn sie Strom in das Netz ausspeisen. Vgl. *Lehnert/Vollprecht*, Der energierechtliche Rahmen für Stromspeicher – noch kein maßgeschneiderter Anzug, ZNER, Heft 4, 2012, S. 366; *Schomerus*, In: *Ekardt/Hennig/Unnerstall* (Hrsg.), Erneuerbare Energien – Ambivalenzen, Governance, Rechtsfragen, 2012, S. 244–249.

950 Z. B. das Großprojekt Pumpspeicherkraftwerk „Atdorf" der Schluchseewerk AG im Südschwarzwald, das sich im Genehmigungsverfahren befindet. Abrufbar unter: http://www.schluchseewerk.de/index.php/projekt-atdorf (Stand: 02.02.2015).

951 *Schumacher*, Innovationsregulierung im Recht der netzgebundenen Elektrizitätswirtschaft, 2009, S. 168; *Schill*, Systemintegration erneuerbarer Energien: Die Rolle von Speichern für die Energiewende, DIW Berlin. Vierteljahreshefte zur Wirtschaftsforschung. 82. Jahrgang, 2013, S. 83.

952 *Schill*, Systemintegration erneuerbarer Energien: Die Rolle von Speichern für die Energiewende, DIW Berlin. Vierteljahreshefte zur Wirtschaftsforschung. 82. Jahrgang, 2013, S. 74.

entsprechenden Technologien (darunter die Stromspeicher) mit der Gewährleistung der Energieversorgungssicherheit eine *Win-win*-Situation schafft, da eine Ausweitung der Nutzung von Stromspeicher die Möglichkeiten, die für die Stromerzeugung aus erneuerbaren Energien notwendige Flexibilität alternativ durch konventionelle Kraftwerke bereitzustellen, verringert. Sie tragen auch unmittelbar zur Energieversorgungssicherheit bei, da der Ausbau von Speicherkapazitäten einen sicheren Betrieb des Elektrizitätsnetzes (technische Energieversorgungssicherheit) ermöglicht. Stromspeicher sind dann erheblicher Bestandteil eines Energiesystems, das von zunehmender fluktuierender Stromerzeugung aus erneuerbaren Energien geprägt wird und das jederzeit die Energieversorgungssicherheit gewährleisten (muss).

Im Europarecht wird das Verhältnis zwischen Speicheranlagen und Betriebssicherheit während der Weiterentwicklung der Stromerzeugung aus erneuerbaren Energien in Art. 16 Abs. 1 der Richtlinie 2009/29/EG (ohne ähnliche Vorschrift in der Richtlinie 2001/77/EG) anerkannt. Hier besteht eine (eher abstrakte und zurückhaltende) Verpflichtung gegenüber den Mitgliedstaaten, geeignete Maßnahmen zu ergreifen, um die Netzsicherheit durch u.a. den Ausbau der Speicheranlagen zu gewährleisten. Die Speicheranlagen werden im Zusammenhang mit dem Ausbau der Übertragungs- und Verteilernetzinfrastruktur, intelligenten Netzen und dem Elektrizitätssystem in Art. 16 Abs. 1 der Richtlinie 2009/28/EG nur auf unterstützende[953] und schüchterne Weise erwähnt, indessen fehlt eine konkrete europarechtliche Rahmenbedingung für die Stromspeicher noch.

Wenig hilfreich zu einer EU-weiten Verbreitung der Speichertechnologie ist zudem Art. 5 Abs. 3 S. 1 und Erwägungsgrund 30 der Richtlinie 2009/28/EG, die die Elektrizität, die in Pumpspeicherkraftwerke aus zuvor hochgepumptem Wasser erzeugt wird, nicht als Elektrizität aus erneuerbaren Energien betrachtet.

4.1.1.2.2.2 Richtlinie 2009/31/EG über die CCS-Technologie

Während die Speichersysteme bzw. -technologien sich unmittelbar auf die Förderung von erneuerbaren Energien beziehen, gibt es andererseits andere Technologien, die nur mittelbar oder kaum eine Beziehung mit erneuerbaren Energien haben. Sie werden normalerweise als „Brückentechnologien" zwischen einem von fossilen Energieträgern geprägten System und dem Erneuerbare-Energie-System bezeichnet. Sie lassen sich rechtfertigen mit dem Argument, dass es noch nicht möglich sei, den Energiebedarf mit erneuerbaren Energien zu decken[954]. Ein Beispiel für eine solche Technologie bietet das CCS-System.

Bei der Abkürzung CCS[955] wird ein technischer Prozess beschrieben, in dem Kohlenstoffdioxid nach Verbrennung eines fossilen Rohstoffes abgesondert und schließlich in unterirdischen Lagerstätten abgelagert wird. Diese Technologie

953 Vgl. Erwägungsgrund 57 der Richtlinie 2009/28/EG.

954 Dies Argument als Strategie für das Verlangsamen des Wechsels, vgl. *Scheer*, Der energetische Imperativ, 2010, S. 99–112.

955 Auch CCTS (*Carbon Capture, Transport and Storage*) gennant.

befindet sich noch im Teststadium bzw. Inventionsphase und ist noch nicht wettbewerbsfähig[956]. Dementsprechend bleibt die mit dem technischen Aspekt der Energieversorgungssicherheit zusammenhängende Frage immer noch offen, ob die CO_2-Ablagerung sicher ist[957]. Gemäß Art. 3 S. 1 der Richtlinie 2009/31/EG beschreibt die geologische Speicherung von CO_2 „die Injektion und damit einhergehende Speicherung von CO_2-Strömen in unterirdischen geologischen Formationen". Hervorzuheben ist, dass „diese Technologie nicht als Anreiz dienen sollte, den Anteil von Kraftwerken, die mit konventionellen Brennstoffen befeuert werden, zu steigern. Die Entwicklung dieser Technologie sollte sowohl bei der Forschung als auch bei der Finanzierung nicht dazu führen, dass die Bemühungen zur Förderung von Energiesparmaßnahmen, von erneuerbaren Energien und von anderen sicheren und nachhaltigen kohlenstoffarmen Technologien verringert werden"[958]. Diese Erwähnung ist zu begrüßen und mit dem Sinn und Zweck der Norm in Art. 194 Abs. 1 lit. c AEUV vereinbar, der die (neue aber) nicht erneuerbare Energie bzw. Technologie fördert, sofern sie zu den Oberzielen des Umweltschutzes und der Energieversorgungssicherheit beiträgt. Trotzdem beinhaltet die Richtlinie 2009/31/EG keine Vorschrift, die z. B. die Verbreitung fossiler Kraftwerke zurückhält (eine solche Vorschrift könnte auch nicht mit dem Primärrecht, insbesondere mit Art. 194 Abs. 2 UAbs. 2 AEUV vereinbar sein), damit noch offen bleibt, ob die rechtswirtschaftlichen Rahmenbedingungen wirklich nicht zu einer Steigerung des Anteils fossiler Kraftwerke führen werden.

Hauptfunktion der CCS-Technologie ist die Dekarbonisierung der Stromerzeugung. Sie trägt dann unmittelbar zum obersten Ziel der Klimarahmenkonvention der Vereinten Nationen, zur Abschwächung des Klimawandels (Art. 1 der Richtlinie 2009/31/EG) sowie zur Reduzierung der Treibhausgasemissionen bei[959]. Deswegen ist sie auf Art. 175 Abs. 1 EGV gestützt, obwohl eine Stützung auf Art. 194 Abs. 1 lit. c AEUV wegen der Auslegung der „und"-Verknüpfung als alternativ (s. 3.1.3.2.1) nicht ausgeschlossen wäre, wenn die Richtlinie nach dem Erlass des AEUVs zu veröffentlichen wäre.

Außerdem trägt die CCS-Technologie **theoretisch mittelbar zur Energieversorgungssicherheit** bei, da sie ermöglicht, dass einheimische fossile Energiequellen – 73% der in der EU verbrauchten Kohle wird innerhalb der EU gefördert[960] – benutzt werden, und das Potenzial bringen, die Energieeinfuhrabhängigkeit zu verringern, mit dem zusätzlichen (und unentbehrlichen) Vorteil, dass die Treibhausgas-Emissionen nicht steigen.

---

956 *Fischer*, Die Neugestaltung der EU-Klimapolitik: Systemreform mit Vorbildcharakter?, IPG, 2009 (2), S. 119.

957 *Hellriegel*, CO_2-Abscheidung und -Ablagerung. Teil 1: Anwendbarkeit und Anforderungen des geltenden Rechts, RdE, Heft 4–5, 2008, S. 112.

958 Erwägungsgrund 4 der Richtlinie 2009/31/EG.

959 Erwägungsgründe 1, 2 und 3 der Richtlinie 2009/31/EG.

960 Mitteilung der Kommission „zur Zukunft der CO_2-Abscheidung und -Speicherung in Europa" v. 27.3.2013. KOM (2013) 180 final, S. 8.

Im Rahmen des Energie- und Klimapakets hat die Kommission den Vorschlag für eine Richtlinie des Europäischen Parlaments und des Rates über die geologische Speicherung von Kohlendioxid vorgelegt[961], der ein (noch unberücksichtigtes) Kernelement des Klimaschutzes und des Ausbaus einer sauberen und nachhaltigen Energiematrix darstellte. Das Ziel des Vorschlags besteht darin, rechtliche Rahmenbedingungen für die Verwendung der Technologie zur Abscheidung und Speicherung von Kohlendioxid (CCS) in Kraftwerken und Industrieanlagen zu schaffen.

Die Richtlinie 2009/31/EG[962] bringt zwar hinsichtlich des Klimaschutzes und der Sicherstellung der Energieversorgungssicherheit kaum relevante und praktische Fortschritte, stellt aber eine unentbehrliche Rechtsgrundlage für den technologischen Schub hin zur notwendigen und noch mangelnden Forschung sowie für die Investitionssicherheit dar, selbst wenn die CCS-Technologie nur als Übergangs- bzw. Brückentechnologie[963] beschrieben wird[964].

Trotz der Bemühungen der Kommission, die sich mit dem Erlass der Richtlinie konkretisieren, trotz optimistischer Schätzungen[965] und trotz der Entscheidung der Mehrzahl der Mitgliedstaaten, die geologische Speicherung von CO_2 zuzulassen[966],

961 Vorschlag für eine Richtlinie des Europäischen Parlaments und des Rates über die geologische Speicherung von Kohlendioxid und zur Änderung der Richtlinien 85/337/EWG und 96/61/EG des Rates sowie der Richtlinien 2000/60/EG, 2001/80/EG, 2004/35/EG, 2006/12/EG und der Verordnung (EG) Nr. 1013/2006 v. 23.1.2008. KOM (2008) 18 endg. Ausführlich zum Richtlinienvorschlag, vgl. *Hellriegel*, CO_2-Abscheidung und -Ablagerung. Teil 2: Richtlinienvorschlag der Europäischen Kommission, RdE, Heft 10–11, 2008, S. 319ff.

962 Richtlinie 2009/31/EG des Europäischen Parlaments und des Rates v. 23. April 2009 über die geologische Speicherung von Kohlendioxid und zur Änderung der Richtlinie 85/337/EWG des Rates sowie der Richtlinien 2000/60/EG, 2001/80/EG, 2004/35/EG, 2006/12/EG und 2008/1/EG des Europäischen Parlaments und des Rates sowie der Verordnung (EG) Nr. 1013/2006. ABl. L 140 v. 05.06.2009, S. 114.

963 Erwägungsgrund 4 der Richtlinie 2009/31/EG.

964 Ausführlich zur Richtlinie 2009/31/EG, s. *Pielow*, In: *Energieversorgung und Umweltschutz*, 2010, S. 160–167.

965 Vgl. Mitteilung der Kommission „Energiefahrplan 2050“ v. 15.12.2011. KOM (2001) 885 endg., S. 21; Erwägungsgrund 5 der Richtlinie 2009/31/EG; Mitteilung der Kommission „Energieinfrastrukturprioritäten bis 2020 und danach – ein Konzept für ein integriertes europäisches Energienetz“ v. 17.11.2010. KOM (2010) 677 endg., S. 8; Mitteilung der Kommission „Ein Rahmen für die Klima- und Energiepolitik im Zeitraum 2020–2030“ v. 22.1.2014. KOM (2014) 15 final, S. 18.

966 Bericht der Kommission über die Durchführung der Richtlinie 2009/31/EG über die geologische Speicherung von Kohlendioxid v. 25.2.2014. KOM (2014) 99 final, S. 4.

ist die CCS-Technologie, einschließlich die CO_2-Transportinsfrastruktur[967], bisher ins Leere gelaufen, da weder die energiewirtschaftlichen Bedingungen vorhanden sind noch die nationalen Regierungen die notwendigen Anstrengungen zur Umsetzung dieser Technologie unternommen haben[968]. Es fehlt bis heute sowohl die wirtschaftliche Perspektive, da die derzeitigen (niedrigen) Emissionshandelssysteme (EHS)-Preise und CO_2-Preise keine Investitionen in CCS-Technologie favorisieren, als auch ein nennenswertes Erfolgsbeispiel oder gar eine Demonstrationsanlage bzw. ein ausreichendes Pilotprojekt[969] in der EU – beides bisher weder gebaut noch durchgeführt[970]. Außerdem ist die Kostendegression von grundlastfähiger CCS-Technologie innerhalb eines vom steigenden Anteil der Einspeisung aus fluktuierenden erneuerbaren Energien geprägten Zusammenhangs unwahrscheinlich. Da die CCS-Technologie 7.000 Nutzungsstunden braucht, um wirtschaftlich realisierbar zu sein, müssen fossile Brennstoffe in einem System mit einem hohen Anteil an erneuerbarer Energie lediglich 3.000 bis 4.000 Stunden genutzt werden. CCS-Anlagen wären somit auch aus diesem Grund wirtschaftlich nicht rentabel[971]. Fraglich ist auch die soziale Akzeptanz solcher Technologie[972].

Es ist dann davon auszugehen, dass die CCS-Technologie mit hoher Wahrscheinlichkeit aus technischen und ökonomischen Gründen keine wichtige Rolle in der zukünftigen Energiematrix der EU spielen[973] und keinen relevanten Beitrag zur Minderung der (negativen) Auswirkungen der Unregelmäßigkeit

---

967 Mitteilung der Kommission „Energieinfrastrukturprioritäten bis 2020 und danach – ein Konzept für ein integriertes europäisches Energienetz“ v. 17.11.2010. KOM (2010) 677 endg., S. 48.

968 Mitteilung der Kommission „zur Zukunft der CO_2-Abscheidung und -Speicherung in Europa“ v. 27.3.2013. KOM (2013) 180 final, S. 4; *Hirschhausen/Kemfert/Kunz/Mendelevitch*, Europäische Stromerzeugung nach 2020: Beitrag erneuerbarer Energien nicht unterschätzen, DIW Wochenbericht, Nr. 29, 2013, S. 4.

969 Das Pilotprojekt in Belchatow (Polen) ist seit März 2013 gescheitert.

970 Weltweit gibt es rund 20 CCS-Projekte im Demonstrationsmaßstab, davon zwei in Norwegen. Es handelt sich um Projekte, die im Industriebereich und nicht im Stromerzegungsbereich Anwendung finden. Vgl. Mitteilung der Kommission „zur Zukunft der CO_2-Abscheidung und -Speicherung in Europa“ v. 27.3.2013. KOM (2013) 180 final, S. 27–29.

971 *Müller-Kraenner/Langsdorf*, Eine Europäische Union für erneuerbare Energien – politische Weichenstellungen für bessere Stromnetze und Fördersysteme, 2012, S. 15; *Scheer*, Der energetische Imperativ, 2010, S. 103–105.

972 Eine Befragung zum Schluss kam, dass nur 23% der Befragten glaubten, dass sie von der CCS-Technologie profitieren würden, *Europäische Kommission*, Special Eurobarometer 364 – Public awareness and acceptance of CO_2 capture and storage, 2011, S. 83, abrufbar unter: http://ec.europa.eu/public_opinion/archives /ebs/ebs_364_en.pdf (Stand: 30.10.2015).

973 *Hirschhausen/Kemfert/Kunz/Mendelevitch*, Europäische Stromerzeugung nach 2020: Beitrag erneuerbarer Energien nicht unterschätzen, DIW Wochenbericht, Nr. 29, 2013, S. 5; *Müller-Kraenner/Langsdorf*, Eine Europäische Union für

der Stromerzeugung aus erneuerbaren Energien und zur Energieversorgungssicherheit leisten wird, obwohl die Kommission immer noch die Ansicht verteidigt, dass „weitere Anstrengungen in den Bereichen Forschung, Entwicklung und Einführung unternommen werden [sollten], um diese Technologie umfassend nutzen zu können“[974].

4.1.1.2.2.3 Nachfrageseitige Maßnahmen

Außer den mit den erneuerbaren Energien bezogenen Speichertechnologien und CCS-Systemen bestehen noch vielfältige weitere Optionen zur Abmilderung bzw. Eliminierung der negativen Auswirkungen einer schwankenden und fluktuierenden Stromerzeugung auf die Energieversorgungssicherheit. Sie können sich unter erzeugungs- und nachfrageseitige Optionen teilen lassen. Beispiele erzeugungsseitiger Maßnahmen sind der Neubau flexibler konventioneller Kraftwerke, die das technische und ökonomische *Must-run* Niveau senken, sowie gesteuerte Stromspeicher, die sich nicht in der Abregelung von Überschüssen erschöpfen muss, sondern auch zur Minderung von Residuallastgradienten führen könnte[975].

Nachfrageseitig sind die Nutzung von Elektrizität – selbstverständlich aus erneuerbaren Energien und nicht auf Primärenergieverbrauch genutzt wie in einem konventionellen Stromsystem – im Wärmebereich (*Power-to-Heat*), die Nutzung von Strom zur Erzeugung von Wasserstoff (*Power-to-Gas*) und die Netzintegration künftiger Elektrofahrzeugflotten (*Power-to-Mobility* und *Vehicle-to-Grid*) zu nennen. Solche Optionen sind insbesondere in Zeiten eines erneuerbaren Stromüberschusses attraktiv[976].

Die sog. Last*management* oder *demand side management*[977], die die Anpassung der Nachfrage an das schwankende Angebot beschreibt, wird auch in einem System mit steigenden Anteilen erneuerbarer Energien eine bedeutende Rolle für die Gewährleistung der Energieversorgungssicherheit spielen, da auch die Nachfrage sich flexibilisieren soll, um extreme Preisspitzen durch die Glättung der Lastkurve zu vermeiden. Die Nutzung von intelligenten Netzen erlaubt die Integration erneuerbarer Energien in die Netze und gleichzeitig die Aufrechterhaltung der Gesamtzuverlässigkeit des Energiesystems. In diesem Sinn sind die sog. intelligenten Zähler bzw. Messsysteme (*Smart Metering*), die in der Regel Bestandteil intelligenter

---

erneuerbare Energien – politische Weichenstellungen für bessere Stromnetze und Fördersysteme, 2012, S. 15.

974 Mitteilung der Kommission „Strategie für eine sichere europäische Energieversorgung“ v. 28.05.2014. KOM (2014) 330 final, S. 15.

975 *Schill*, Systemintegration erneuerbarer Energien: Die Rolle von Speichern für die Energiewende, DIW Berlin. Vierteljahreshefte zur Wirtschaftsforschung. 82. Jahrgang, 2013, S. 72.

976 Ebenda, S. 73.

977 Mehr dazu, s. Kapitel 6.

Netze[978] sind[979] und deren Nutzung durch die Richtlinie 2004/22/EG über Messgeräte[980] reguliert wurde, sehr hilfreich, um die Verbraucher für die Schwankungen der Stromerzeugung und die Volatilität der Strompreise durch last- und tageszeitabhängige Tarife und ständige Informationen zu sensibilisieren[981]. Das *Smart Metering* ermöglicht nicht nur die detaillierte Messung des Stromverbrauchs und des zeitlichen Verlaufs der individuellen Stromnachfrage, sondern auch die Fernsteuerung (Fernabschaltung und Fernfreischaltung von Stromanschlüssen und Manipulationserkennung) des Energieverbrauchs[982]. Da sie das Verhalten und die Handlungen aller daran angeschlossenen Nutzer mittels des Erreichens einer Verringerung des absoluten Verbrauchs einerseits und einer gezielten Verschiebung der Stromnachfrage andererseits[983] effizienter integrieren können, tragen sie unmittelbar zum Ziel der Energieeinsparungen und mittelbar zu einem hohen Niveau an Versorgungssicherheit bei. Die Messsysteme bzw. -geräte können für die unterschiedlichsten Messaufgaben zum Einsatz kommen, wie beispielweise aus Gründen des öffentlichen Interesses, des Gesundheitsschutzes, der öffentlichen Sicherheit und Ordnung, des Umweltschutzes, des Verbraucherschutzes, der Erhebung von Steuern und Abgaben und des lauteren Handels[984]. Die Messgeräte sollen ein hohes Schutzniveau gewährleisten, damit die Betroffenen den Messergebnissen vertrauen können. Diese Messsicherheit teilt sich dann auf in die Messtechnik einerseits und die Sicherheit der Messdaten andererseits, und wird somit von der Betriebssicherheit der Energieversorgung umfasst.

978 Gemäß Art. 2 7. Spiegelstrich der Verordnung 347/2013/EU bezeichnet „intelligentes Stromnetz" ein „Stromnetz, das auf kosteneffiziente Weise das Verhalten und die Handlungen aller daran angeschlossenen Nutzer – einschließlich Erzeuger, Verbraucher und Akteure, die sowohl Erzeuger als auch Verbraucher sind – integrieren kann, damit ein wirtschaftlich effizientes und nachhaltiges Stromnetz mit geringen Verlusten, hoher Qualität, **großer Versorgungssicherheit und hoher technischer Sicherheit** gewährleistet wird".

979 Mitteilung der Kommission „Intelligente Stromnetze: von der Innovation zur Realisierung" v. 12.4.2011. KOM (2011) 202 endg., S. 2.

980 Richtlinie 2004/22/EG des Europäischen Parlaments und des Rates v. 31. März 2004 über Messgeräte. ABl. L 135 v. 30.4.2004, S. 1.

981 *Rostankowski*, Die Ausgleichsmechanismus-Verordnung und der Ausbau erneuerbarer Energien, ZNER, Heft 2, 2010, S. 131; *Vogelsang/Vollmert*, Der Ausbau erneuerbarer Energien – Netzstruktur, Systemintegration und Marktdesign, ZfKE, Heft 3, 2012, S. 190; *Benz*, Energieeffizienz durch intelligente Stromzähler – Rechtliche Rahmenbedingungen, ZUR, Heft 10, 2008, S. 458.

982 *Pielow*, In: *Cremer/ders* (Hrsg.), Probleme und Perspektiven im Energieumweltrecht, 2009, S. 193; *Benz*, Energieeffizienz durch intelligente Stromzähler – Rechtliche Rahmenbedingungen, ZUR, Heft 10, 2008, S. 458.

983 *Benz*, Energieeffizienz durch intelligente Stromzähler – Rechtliche Rahmenbedingungen, ZUR, Heft 10, 2008, S. 458; *Staschus*, In: *Vinois* (Hrsg.), EU Energy Law – Volume VI – The security of energy supply in the European Union, 2012, S. 164.

984 Erwägungsgrund 2 der Richtlinie 2004/22/EG.

Die EU befindet sich noch in der Frühphase der konkreten Realisierung intelligenter Netze, einschließlich der Messsysteme. Es bestehen noch Fragen hinsichtlich der Integration der komplexen intelligenten Netzsysteme, der Wahl kosteneffektiver Technologien, der Geltung technischer Normen und auch hinsichtlich der Akzeptierung des Systems durch die Verbraucher[985]. Die Kommission benannte als Herausforderungen in diesem Bereich: Entwicklung technischer Normen; Gewährleistung des Datenschutzes für Verbraucher; Festlegung eines Regulierungsrahmens zur Schaffung von Anreizen für die Realisierung intelligenter Netze; Gewährleistung eines offenen Wettbewerbsmarkts zum Vorteil der Verbraucher; kontinuierliche Unterstützung von Innovationen für Technologien und Systeme[986].

Trotz der Diskrepanz zwischen den aktuellen und den optimalen Investitionen ist das Thema europarechtlich weit reguliert. Außer der oben zitierten Richtlinie 2004/22/EG über Messgeräte regulieren andere europarechtliche Vorgaben das Thema. Die Richtlinie 2005/89/EG[987] sieht die Möglichkeit (also keine Verpflichtung) vor, dass die Mitgliedstaaten Maßnahmen erlassen, die „Technologien im Bereich der Echtzeit-Nachfragesteuerung wie etwa fortschrittliche Messsysteme" fördern, um das Gleichgewicht zwischen Angebot und Nachfrage aufrechtzuerhalten (Art. 5 Abs. 2 lit. d).

Erwägungsgrund 55 der Richtlinie 2009/72/EG expliziert nunmehr, dass die Einführung intelligenter Messsysteme nach wirtschaftlichen Erwägungen erfolgen können sollte. Die Mitgliedstaaten sind gemäß Art. 3 Abs. 11 i.V.m. Anhang I Punkt 2 der Richtlinie 2009/72/EG aufgefordert, die Elektrizitätsunternehmen bzw. Regulierungsbehörden zu verpflichten, angesichts des Ziels der Erhöhung der Energieeffizienz (Art. 194 Abs. 1 lit. c AEUV) u.a. intelligente Messsysteme einzuführen.

Ferner erwähnt Art. 16 der Richtlinie 2009/28/EG die intelligenten Netze als Bereich, in dem die Mitgliedstaaten geeignete Schritte ergreifen sollen, um sie auszubauen.

Letztlich bestimmt die Richtlinie 2012/27/EG zur Energieeffizienz[988], dass „die Endkunden häufig genug über ihren tatsächlichen Strom- bzw. Gasverbrauch und ihre Strom- bzw. Gaskosten ordnungsgemäß informiert werden müssen, damit sie

---

985 Mitteilung der Kommission „Intelligente Stromnetze: von der Innovation zur Realisierung" v. 12.4.2011. KOM (2011) 202 endg., S. 4–5. Die EU lancierte ein Forum, das das Ziel hat, die Regelwerk- und Technologieforschung und -entwicklung im Bereich Intelligente Netze zu kristallisieren. Mehr dazu, vgl. http://www.smartgrids.eu/ (Stand: 03.03.2015).

986 Mitteilung der Kommission „Intelligente Stromnetze: von der Innovation zur Realisierung" v. 12.4.2011. KOM (2011) 202 endg., S. 6.

987 Richtlinie 2005/89/EG des Europäischen Parlaments und des Rates v. 18. Januar 2006 über Maßnahmen zur Gewährleistung der Sicherheit der Elektrizitätsversorgung und von Infrastrukturinvestitionen.

988 Ausführlich dazu, s. *Nebel*, In: *Brinktrine/Ludwigs/Seidel*, Energieumweltrecht in Zeiten von Europäisierung und Energiewende, 2014, S. 145 ff.

ihren eigenen Strom- bzw. Gasverbrauch regulieren können“[989] (s. vor allem Art. 9 Abs. 1 der Richtlinie 2012/27/EG[990]).

Die Implementierung von Messsystemen bzw. -zählern, die einen erheblichen Bestandteil eines auf flexibler Stromerzeugung basierenden künftigen Energiesystems darstellt, wurde von der EU schon politisch und europarechtlich angenommen, aber ihr tatsächlicher Beitrag zur Energieversorgungssicherheit bleibt noch abzuwarten. Die Vorschriften haben soweit Impulswirkungscharakter und es besteht noch die Frage hinsichtlich der EU-weiten technischen Machbarkeit, finanziellen Vertretbarkeit und potenziellen Energieeinsparungen, wie das der etwas zurückhaltende Art. 9 Abs. 1 der Richtlinie 2012/27/EG widerspiegelt.

4.1.1.2.2.4 Fazit: Noch kein ausreichender Beitrag zur Energieversorgungssicherheit

Trotz der Fachkenntnisse und der seit Langem bekannten Rolle der Speichertechnologie zur Sicherstellung der Energieversorgungssicherheit im Zusammenhang mit der Förderung erneuerbarer Energien fehlt noch die europarechtliche Rahmenbedingung, die die Verbreitung dieser Technologie fördert und gewährleistet. Nur die zurückhaltende Vorschrift in Art. 16 Abs. 1 der Richtlinie 2009/28/EG genügt deutlich nicht, um das Potenzial der Speichertechnologie zu fördern, die Unregelmäßigkeit der Energieerzeugung aus erneuerbaren Energien zu mildern und das Niveau an Energieversorgungssicherheit zu erhöhen.

Interessanterweise bekam schon die aus der Sicht der Investitionssicherheit viel weniger attraktive CCS-Technologie ihre eigene Richtlinie (2009/31/EG), obwohl es noch sehr fragwürdig ist, ob sich die unterirdische CO_2-Speicherung überhaupt wirtschaftlich implementieren lässt und inwieweit damit ein Beitrag zum Umweltschutz und zur Energieversorgungssicherheit geleistet werden kann.

Auch abzuwarten bleibt die EU-weite völlige Realisierung intelligenter Netze einschließlich Messsysteme und der entsprechende Beitrag zur Gewährleistung der Energieversorgungssicherheit. Obwohl die intelligenten Zähler bzw. Netze in einigen der Vorschriften der Richtlinien 2005/89/EG, 2009/28/EG, 2009/72/EG und 2012/27/EG zurückhaltend zitiert werden, gibt es mit der Richtlinie 2004/22/EG eine ausreichende rechtliche Rahmenbedingung für die Implementierung der Messgeräte. Zudem ist Art. 9 Abs. 1 der Richtlinie 2012/27/EG auch wichtig, obwohl dort die Implementierung intelligenter Zähler von der technischen

---

989 Erwägungsgrund 31 de Richtlinie 2012/27/EG.

990 Art. 9 Abs. 1 der Richtlinie 2012/27/EG lautet: „Soweit es technisch machbar, finanziell vertretbar und im Vergleich zu den potenziellen Energieeinsparungen verhältnismäßig ist, stellen die Mitgliedstaaten sicher, dass alle Endkunden in den Bereichen Strom, Erdgas, Fernwärme, Fernkälte und Warmbrauchwasser individuelle Zähler zu wettbewerbsfähigen Preisen erhalten, die den tatsächlichen Energieverbrauch des Endkunden genau widerspiegeln und Informationen über die tatsächliche Nutzungszeit bereitstellen“.

Machbarkeit, finanziellen Vertretbarkeit und potenziellen Energieeinsparungen abhängt. Da diese Technologie die Flexibilisierung der Nachfrage ermöglicht, trägt sie erheblich zur Energieversorgungssicherheit bei, was aber zum heutigen Stand nur theoretisch geschieht.

Die Kommission hat 2014 betont, dass sowohl die EU als auch die Mitgliedstaaten ihren jeweiligen Politikrahmen im Bereich der Speichermöglichkeiten und intelligenten Netze weiterentwickeln müssen, damit „in einem System mit einem hohen Anteil an fluktuierend eingespeisten erneuerbaren Energien die Nachfrage zur Gewährleistung einer sicheren Energieversorgung gesteuert werden kann“[991].

4.1.1.2.3 Art. 3 Abs. 3 der Richtlinie 2009/28/EG und die Gewährleistung der Energieversorgungssicherheit

Obwohl die Richtlinie 2009/28/EG (Anhang 1 Teil A) rechtsverbindliche Ziele für den Anteil erneuerbarer Energien aufstellt, lässt sie für die Mitgliedstaaten die Art und Weise der Erreichung der Ziele frei (wie bei Art. 4 der abgelösten Richtlinie 2001/77/EG)[992]. Art. 3 Abs. 3 der Richtlinie 2009/72/EG nennt lediglich Förderregelungen (lit. a) (4.1.1.2.3.1) und Maßnahmen zur Kooperation[993] zwischen verschiedenen Mitgliedstaaten und mit Drittländern (lit. b) (4.1.1.2.3.2), die aber keine abschließende Möglichkeit zur Erfüllung der nationalen Gesamtziele darstellt, wie der Zusatz „unter anderem“ verdeutlicht[994]. Förderregelungen i.S.d. Richtlinie sind gemäß Art. 2 lit. k Instrumente, Regelungen oder Mechanismen, die die Nutzung von Energie aus erneuerbaren Quellen fördern, damit ihre Kosten gesenkt werden, ihr Verkaufspreis erhöht wird oder seine Absatzmenge durch eine Verpflichtung zur Nutzung erneuerbarer Energie oder auf andere Weise gesteigert wird, beispielweise „Investitionsbeihilfen, Steuerbefreiungen oder -erleichterungen, Steuererstattungen, Förderregelungen, die zur Nutzung erneuerbarer Energiequellen verpflichten, einschließlich solcher, bei denen grüne Zertifikate verwendet werden, sowie direkte Preisstützungssysteme einschließlich Einspeisetarife und Prämienzahlungen“[995].

Neben direkten Förderinstrumenten sind auch „indirekte“ Förderinstrumente zu nennen, die mittels einer Belastung der konventionellen Stromerzeugung zu einer Erhöhung der Erzeugung von Strom aus erneuerbaren Energien führen könnten, wie beispielweise CO_2-Steuer, CO_2-Zertifikate, die Abschaffung von Subventionen

991 KOM (2014) 15 final, S. 8.

992 Erwägungsgrund 25 der Richtlinie 2009/28/EG.

993 Ausführlich dazu, s. *Kahles*, Kooperative Mechanismen im Elektrizitätsbinnenmarkt, 2014.

994 *Ehricke*, In: *Frenz/Müggenborg*, EEG – Erneuerbare-Energien-Gesetz – Kommentar, 2013, S. 165.

995 Wie es der Fall im Art. 3 Abs. 3 der Richtlinie 2009/72/EG ist, handelt es sich auch um beispielhafte Aufzählungen, vgl. *Haucap/Klein/Kühling*, Die Marktintegration der Stromerzeugung aus erneuerbaren Energien, 2013, S. 27.

für fossile Energieträger[996] oder sogar die Abschaffung der Stromerzeugung aus einem bestimmten Energieträger (Atomausstieg in Deutschland z. B.). Im Sinne von Art. 2 lit. k der Richtlinie 2009/28/EG wären solche „indirekten" Förderinstrumente auch als Förderregelungen zu verstehen, da die Kosten der Energie aus erneuerbaren Energien durch ihre Umsetzung gesenkt würden, ihr Verkaufspreis erhöht wird und/oder ihre Absatzmenge gesteigert wird[997].

Sowohl die Ob-Frage, d.h. der Umfang der sektorspezifischen Förderung, als auch die Wie-Frage, d.h. welches Fördersystem, bleiben jedem Mitgliedstaat überlassen[998].

4.1.1.2.3.1 Fördersystem erneuerbarer Energien gemäß Art. 3 Abs. 3 lit. a der Richtlinie 2009/28/EG

Fördersysteme zur Erzeugung von Elektrizität aus erneuerbaren Energien finden ihren Ursprung in dem nordamerikanischen Bundesgesetz *Public Utility Regulatory Policy Act* (sog. PURPA von 1978). Portugal (1988), Deutschland (1990), Dänemark

---

996 Mitteilung der Kommission „Erneuerbare Energien: ein wichtiger Faktor auf dem europäischen Energiemarkt" v. 6.6.2012. KOM (2012) 271 final, S. 4; *Clausen/Hörnicke/Schäfer-Stradowsky*, Wer macht mit bei der Energiewende? – Förderinstrumente für Strom aus erneuerbaren Energien im internationalen Überblick, ZNER, 2013, Heft 6, S. 566. Üblich in der Literatur ist das Argument, dass die erneuerbaren Energien gefördert werden müssen, um wettbewerbsfähig zu sein. Dieses irreführende Argument schließt aber die starken Subventionen aus, die die fossilen Energieträger immer noch bekommen, *Lauber/Schenner*, Die neue erneuerbare Energie-Richtlinie der EU von 2009: Zeigt sich der Richtlinie von 2001 ein Umdenken bei der Frage der Fördersysteme?, ZNER, Heft 4, 2009, S. 326. Vgl. am Beispiel Deutschlands, *Quaschning*, Regenerative Energiesysteme, 2007, S. 325–326. Allein 2004 (EU-15) erhielten die fossilen Brennstoffe das Vierfache an Subventionen, 21,7 Mrd. EUR gegenüber 5,3 Mrd. EUR für erneuerbare Energien. Mitteilung der Kommission „Erneuerbare Energien: Fortschritte auf dem Weg zum Ziel für 2020" v. 31.1.2011. KOM (2011) 31 endg., S. 11. Weltweit erreichten die Subventionen für fossile Brennstoffe 406 Mrd. USD gegenüber 66 Mrd. USD für erneuerbare Energieträger (Stand 2010), *International Energy Agency*, World Energy Outlook 2011: IEA analysis of fossil fuel subsidies, 2011. Zur anderen Beispiele, vgl. *Goldthau/Sovacool*, The uniqueness of the energy security, justice and governance problem, Energy Policy, Vol. 41, 2012, S. 234. Die Mitteilung der Kommission „Fahrplan für ein ressourcenschonendes Europa" v. 20.09.2011. KOM (2011) 571 endg., umfasst ein Etappenziel, wonach spätestens 2020 umweltschädliche Subventionen abgeschafft sein sollen.

997 Hervorzuheben ist auch die Notwendigkeit, eine genauere Abrechnung der externen Kosten der Stromerzeugung aus fossiler Energieträger durchzusetzen, wie die Kosten für Umwelt- und Gesundheitsschäden, die internalisiert werden müssen, *Quaschning*, Regenerative Energiesysteme, 2007, S. 323; Mitteilung der Kommission „Fahrplan für erneuerbare Energien – Erneuerbare Energien im 21. Jahrhundert: Größere Nachhaltigkeit in der Zukunft" v. 10.1.2007. KOM (2006) 848 endg., S. 17–18.

998 *Müller*, In: *Cremer/Pielow* (Hrsg.), Probleme und Perspektiven im Energieumweltrecht, 2009, S. 156.

(1992) und Spanien[999] (1994) waren die ersten europäischen Länder, die ein Fördersystem einführten[1000].

Sehr umstritten (und für diese Arbeit relevant) ist die Implementierung eines EU-weiten Fördersystems erneuerbarer Energien, das nicht nur zum Umweltschutz, sondern auch zur Gewährleistung der Energieversorgungssicherheit sowie zur Vollendung eines verzerrungsfreien Energiebinnenmarkts[1001] in Europa hinsichtlich der erneuerbaren Energien beitragen könnte. Die Europäische Kommission diskutiert das Thema eines harmonisierten Fördersystems seit Mitte der 1990er Jahre[1002]. Es

999 Ausführlich dazu, vgl. *Bechberger*, In: *Mez* (Hrsg.), Green Power Markets, 2007, S. 209–217; ebenso *Jacobs*, Renewable energy policy convergence in the EU, 2012, S. 46.

1000 *Clausen/Hörnicke/Schäfer-Stradowsky*, Wer macht mit bei der Energiewende? – Förderinstrumente für Strom aus erneuerbaren Energien im internationalen Überblick, ZNER, 2013, Heft 6, S. 566.

1001 In der Diskussion hinsichtlich der Vereinbarkeit von nationalem Fördersystem – wie das deutsche EEG, § 2 Nr. 1, vgl. beispielweise *Salje*, EEG 2014, Einführung, S. 171–175 – mit der Warenverkehrsfreiheit (Art. 28 Abs. 1 AEUV) wird häufig argumentiert, dass die Verpflichtung zur Abnahme der **national** erzeugten Energie aus erneuerbaren Energiequellen den Erwerb von Energie aus anderen Mitgliedstaaten bzw. ausländischen Elektrizitätserzeugern beschränken werde. Nationale Förderssysteme beständen dann aus einem Hindernis für die Vollendung des Energiebinnenmarkts und wären mit dem europäischen Primärrecht unvereinbar. Vgl. *Weigt*, Marktintegration erneuerbarer Energien im Lichte europäischer Rahmensetzungen, ZNER, Heft 3, 2009, S. 205; *Karpenstein*, In: *Gerstner* (Hrsg.), Grundzüge des Rechts der erneuerbaren Energien, 2013, S. 17–22. Das EuGH hat sich schon mit dem Thema beschäftigt, vgl. EuGH, Rs. C-379/98, Slg. I 2001, S. 2099 ff. – PreussenElektra; EuGH, Rs. C-573/12 – Ålands Vindkraft; EuGH, Rs. C-204/12 – Essent Belgium; EuGH, Rs. C-262/12 – Vent De Colère!; EuGH, Rs. C-66/13 – Green Network. Ausführlich zum PreussenElektra, vgl. *Johnston/Neuhoff/Fouquet/Ragwitz/Resch*, The proposed new EU Renewables Directive: interpretation, problems and prospects, European Energy and Environmental Law Review. Vol. 17, Nr. 3, 2008, S. 131–137. Ausführlich zur Vereinbarkeit der Förderung erneuerbarer Energien mittels nationalen Fördersysteme mit der Warenverkehrsfreiheit, vgl. *Weigt*, Die Förderung der Stromerzeugung aus erneuerbaren Energien in der Europäischen Union, 2009, S. 142ff, aber solange der gemeinsame Binnenmarkt für Energie nicht wesentlich beeinträchtigt wird, vgl. *Säcker*, Die Europäisierung des Energie-Umweltschutzrechts als nicht länger aufschiebbare Aufgabe, EWeRK, Sonderausgabe, 2011, S. 27. Wie vorher erwähnt (Fn. 719), ist eine Beschränkung des Art. 28 Abs. 1 AEUV zugunsten von Umweltbelangen gerechtfertigt. Zudem ist ein ungestörtes Funktionieren der nationalen Förderregelungen – zumindest in dieser Entwicklungsphase des Ausbaus der Industrie für erneuerbare Energien – zu gewährleisten, vgl. *Lehnert/Vollprecht*, Neue Impulse von Europa: Die Erneuerbare-Energien-Richtlinie der EU, ZUR, Heft 6, 2009, S. 312, obwohl eine Bemühung zugunsten eines EU-weit Fördersystems erforderlich ist.

1002 *Lauber*, In: *Mez* (Hrsg.), Green Power Markets, 2007, S. 11ff; *Jacobs*, Renewable energy policy convergence in the EU, 2012, S. 29.

gibt verschiedene in Anspruch genommene Fördersysteme, wie beispielweise Einspeisetarifmodell, Quotenmodell, Ausschreibungsverfahren und ihre Varianten und Kombinationen sowohl untereinander als auch mit bestimmten Besonderheiten, d.h. mit oder ohne Subventionen, prozentualen Prämien, Marktprämien, Investitionszuschüssen, Steuerbefreiung, Zertifikaten usw., die die Kriterien und die Wahl zwischen Optionen für ein effizientes EU-weites System erschweren. Zudem sind die unterschiedlichen Potenziale im Bereich der erneuerbaren Energien in jedem Mitgliedstaat, die für eine entsprechende Unterschiedlichkeit der Regelung bzw. der Förderansätze und Förderniveaus hinsichtlich des Fördersystems sprechen könnten, nicht unberücksichtigt zu lassen[1003].

Zurzeit stellt die Marktabschottung, deren Auswirkungen kein Grund für eine Verurteilung wegen Vertragsverletzung darstellen[1004], ein zwingendes Merkmal der nationalen Fördersysteme dar, und sie lässt sich – zumindest zum heutigen Stand – rechtfertigen, da die rechtsverbindlichen Anteilziele an erneuerbaren Energien auf nationaler (nicht europäischer) Basis etabliert wurden[1005] und eine Konzentrierung aller Erneuerbaren-Energien-Erzeuger EU-weit auf die großzügigsten Fördersysteme zu verhindern ist (damit nicht nur einige, sondern alle Mitgliedstaaten ihre Ziele erreichen können)[1006], obwohl solche Ausgestaltung mit dem Wünsch der EU-Organe, einen vollständig integrierten EU-Binnenmarkt für Strom zu schaffen, überhaupt nicht vereinbar ist[1007]. Somit ist dann erlaubt, dass ein Mitgliedstaat einem Energieerzeuger verbietet, seinen Strom an Fördersysteme anderer Mitgliedstaaten zu verkaufen[1008]. Die Flexibilitätsmaßnahme der Richtlinie 2009/28/EG ist somit eine Ausnahme von dieser Regel.

1003 Erwägungsgrund 25 der Richtlinie 2009/28/EG. ABl. L 140 v. 5.6.2009, S. 19; *Sötebier*, Die Richtlinie zur Förderung der Stromerzeugung aus erneuerbaren Energiequellen im Elektrizitätsbinnenmarkt – eine rechtliche Analyse, ZUR, Heft 2, 2003, S. 70; *Clausen/Hörnicke/Schäfer-Stradowsky*, Wer macht mit bei der Energiewende? – Förderinstrumente für Strom aus erneuerbaren Energien im internationalen Überblick, ZNER, 2013, Heft 6, S. 566; *Müller*, In: *Cremer/Pielow* (Hrsg.), Probleme und Perspektiven im Energieumweltrecht, 2009, S. 149; *Council of European Energy Regulators – CEER*, Current experience with renewable support schemes in Europe, 2004, S. 13.-14.

1004 *Salje*, EEG 2014, Einführung, S. 176–177.

1005 Diese Lage soll sich ändern, da die Kommission ein Ziel für erneuerbare Energien auf **EU-Ebene** von 27 % vorschlug, damit die Mitgliedstaaten über mehr Flexibilität verfügen, um ihre eigenen auf nationale Weise umgesetzten Ziele zu verfolgen. Zudem wäre die EU auf einem guten Weg, den Energiebinnenmarkt zu vollenden. KOM (2014) 15 final.

1006 *Holzer*, Probleme und Lösungsansätze bei der Förderung von Strom aus erneuerbaren Energien im europäischen Binnenmarkt, ZfU, Heft 2, 2006, S. 161.

1007 *Säcker*, Die Europäisierung des Energie-Umweltschutzrechts als nicht länger aufschiebbare Aufgabe, EWeRK, Sonderausgabe, 2011, S. 27.

1008 *Jones*, In: *Moselle/Padilla/Schmalensee* (Hrsg.), Harnessing renewable energy in electric power systems – Theory, practice, policy, 2010, S. 242; EuGH, Rs. C- 573/12 – Ålands Vindkraft AB.

Die Kommission hat das Problem einer Gründung eines EU-weiten Fördersystems für erneuerbare Energien mehrmals erörtert[1009], fand aber bisher keine befriedigende und reibungslose Lösung[1010]. Art. 4 Abs. 2 S. 3 und S. 4 der Richtlinie 2001/77/EG beinhalteten sogar eine Verpflichtung gegenüber der Kommission, einen „Vorschlag zur Schaffung eines gemeinschaftlichen Rahmens für Regelungen zur Förderung von Strom aus erneuerbaren Energiequellen" vorzulegen. Diese Absicht wurde aber nicht weiter verfolgt, wie die nachfolgende Richtlinie 2009/28/EG zeigt (s. unter). In der Tat ist die Kommission der Meinung, dass es für die Implementierung eines gemeinsamen Fördersystems noch zu früh war und sich die nationalen Fördersysteme im Wettbewerb gegeneinander errichten sollen, was „eine größere Vielfalt von Lösungen und damit auch Nutzeffekte mit sich bringen [dürfte]"[1011]. Ein zweiter Grund für eine mangelnde Totalharmonisierung der Fördersysteme liegt in der Tatsache, dass „Stabilität ein entscheidendes Merkmal eines wirksamen Systems ist, das Investitionen fördert"[1012]. Eine Harmonisierung des Fördersystems könnte die Rechtssicherheit beeinträchtigen und den Markt für erneuerbare Energien stören[1013].

Außerdem ist Art. 23 Abs. 8 lit. c 2. Spiegelstrich der Richtlinie 2009/28/EG hinsichtlich der Berichtspflicht gegenüber der Kommission um eine Bewertung der Umsetzung der Richtlinie, die bis Ende 2014 vorzulegen war, nicht vielversprechend, da sich die Kommissionsvorschläge nicht „auf die Kontrolle der Mitgliedstaaten

---

1009 Vgl. Mitteilung der Kommission „Förderung von Strom aus erneuerbaren Energiequellen" v. 7.12.2005. KOM (2005) 627 endg.; Mitteilung der Kommission „Fortschrittsbericht „Erneuerbare Energien": Bericht der Kommission gemäß Artikel 3 der Richtlinie 2001/77/EG und Artikel 4 Absatz 2 der Richtlinie 2003/30/EG sowie über die Umsetzung des EU-Aktionsplans für Biomasse (KOM(2005) 628) v. 24.4.2009. KOM (2009) 192 endg., S. 5.; Mitteilung der Kommission „Erneuerbare Energien: Fortschritte auf dem Weg zum Ziel für 2020" v. 31.1.2011, S. 11–12. KOM (2011) 31 endg.; Bericht der Kommission „Fortschrittsbericht ‚Erneuerbare Energien'" v. 27.3.2013. KOM (2013) 175 endg., S. 14–15.

1010 *Ehricke*, In: *Frenz/Müggenborg*, EEG – Erneuerbare-Energien-Gesetz – Kommentar, 2013, S. 168; *Weigt*, Marktintegration erneuerbarer Energien im Lichte europäischer Rahmensetzungen, ZNER, Heft 3, 2009, S. 205.

1011 Mitteilung der Kommission „Förderung von Strom aus erneuerbaren Energiequellen" v. 7.12.2005. KOM (2005) 627 endg., S. 12 und S. 18.

1012 Mitteilung der Kommission „Fortschrittsbericht „Erneuerbare Energien": Bericht der Kommission gemäß Artikel 3 der Richtlinie 2001/77/EG und Artikel 4 Absatz 2 der Richtlinie 2003/30/EG sowie über die Umsetzung des EU-Aktionsplans für Biomasse (KOM(2005) 628) v. 24.4.2009. KOM (2009) 192 endg., S. 5; auch Erwägungsgrund 25 der Richtlinie 2009/28/EG. ABl. L 140 v. 5.6.2009, S. 19 und Erwägungsgrund 14 der Richtlinie 2001/77/EG. ABl. L 283 v. 27.10.2001, S. 34.

1013 *Pomana*, Förderung erneuerbarer Energien in Deutschland und im Vereinigten Königreich im Lichte des Europäischen Wirtschaftsrechts, 2011, S. 154. Ausführlich zum Scheitern der Implementierung eines EU-weiten Fördersystems, vgl. *Jones*, In: Moselle/Padilla/Schmalensee (Hrsg.), Harnessing renewable energy in electric power systems – Theory, practice, policy, 2010, S. 241–242.

über nationale Förderregelungen und Maßnahmen der Zusammenarbeit auswirken" dürfen. Die nationale Souveränität der Mitgliedstaaten bei der Wahl des Fördersystems ist von der EU respektiert worden, und gemäß der Richtlinie scheint es, dass ein europaweites Fördersystem zumindest auf kurze Sicht nicht mehr ins Visier genommen wird[1014]. Zudem kommt nochmal Erwägungsgrund 25, der feststellt, dass die Mitgliedstaaten in der Lage sein müssen, die Wirkung und Kosten ihres jeweiligen Fördersystems zu kontrollieren, damit die nationalen Förderregelungen ungestört funktionieren. Diese Kontrolle ermöglicht die Erhaltung des Vertrauens der Investoren und die Konzipierung von Maßnahmen, die sich auf die Erfüllung der (nationalen) Ziele richten.

Ein europaweites Fördersystem erneuerbarer Energien könnte einen Beitrag zur Gewährleistung der Energieversorgungssicherheit leisten. Erstens ist ein gemeinsames Fördersystem mit dem Grundgedanken, der die Gewährleistung der Energieversorgungssicherheit als europarechtliches Ziel und nicht mehr als reine Sache der Mitgliedstaaten (Energiesolidarität) betrachtet, kompatibel. Ein Teil der Literatur geht davon aus, dass ein einseitiges nationales Fördersystem und eine entsprechende Vorrangregelung gegen das in Art. 194 Abs. 1 AEUV beinhaltene Leitziel der solidarischen Zusammenarbeit auf EU-Ebene verstoßen[1015]. Zweitens sind Effizienzgewinne zu erwarten, da die Förderung auf Standorte mit den günstigsten geographischen Vorbedingungen zielt[1016], frei von der Grenze des heutigen nationalen Fördersystems. Zudem ist den niedrigeren Transferkosten für die Verbraucher bei einer gemeinschaftlichen Einspeiseregelung im Vergleich zu einer Optimierung der bestehenden mitgliedstaatlichen Förderinstrumente Rechnung zu tragen[1017]. Drittens – und wegen der Standortorientierung – begünstigt ein gemeinsames Fördersystem den Abbau der Engpässe zwischen den nationalen Netzen und forciert die Bemühungen der Mitgliedstaaten und der EU hin zum Ausbau der grenzüberschreitenden Stromnetze. Ein Mehr in der einheimischen Erzeugung von Strom aus erneuerbaren Energien, das reibungslos durch die Übertragungsnetze der Mitgliedstaaten fließen kann, bedeutet ein Minus in der Importabhängigkeit der EU. Viertens ist für die Energieversorgungssicherheit die Diversifizierung der Energieträger relevanter als die Frage, in welchen Mitgliedstaaten sie stattfindet[1018].

1014 *Calliess/Hey*, In: *Müller* (Hrsg.), 20 Jahre Recht der Erneuerbaren Energien, 2012, S.247–248.

1015 *Säcker*, Die Europäisierung des Energie-Umweltschutzrechts als nicht länger aufschiebbare Aufgabe, EWeRK, Sonderausgabe, 2011, S. 28.

1016 *Jacobs*, Renewable energy policy convergence in the EU, 2012, S. 37.

1017 *Oschmann/Ragwitz/Resch*, Die Förderung von Strom aus erneuerbaren Energien in der Europäischen Union – praktische Erfahrungen und rechtliche Perspektiven, ZNER, Heft 1, 2006, S. 10.

1018 *Holzer*, Probleme und Lösungsansätze bei der Förderung von Strom aus erneuerbaren Energien im europäischen Binnenmarkt, ZfU, Heft 2, 2006, S. 169–170.

4.1.1.2.3.1.1 Vereinbarkeit mit dem Subsidiaritätsprinzip

Fraglich ist zudem, ob die Etablierung einer europaweiten Förderregelung angesichts geringer Effizienzunterschiede überhaupt mit dem Subsidiaritätsprinzip vereinbar wäre. Laut des Subsidiaritätsprinzips, das die gemeinschaftlichen Handlungsmöglichkeiten begrenzt, darf die EU nur tätig werden, sofern und soweit irgendein Ziel besser auf Gemeinschaftsebene erreicht werden **kann** als auf Ebene der Mitgliedstaaten.

Die EU hat sich schon gemeinsam um die Förderung der erneuerbaren Energien und um ein gemeinsames Ausbauziel verpflichtet. Art. 3 Abs. 1 der Richtlinie 2009/28/EG setzt das Ziel fest, bis 2020 mindestens 20% des Bruttoendenergieverbrauchs **der Gemeinschaft** durch Energie aus erneuerbaren Quellen zu decken[1019]. Dieser gemeinschaftliche Mindestanteil muss den im Anhang I Teil A der Richtlinie 2009/28/EG beinhaltenen nationalen Zielen für die einzelnen Mitgliedstaaten entsprechen. Die Frage ist somit nicht (mehr), „ob" die Mitgliedstaaten allein mit den ihnen zur Verfügung stehenden Mitteln den Ausbau der erneuerbaren Energien fördern können, sondern vielmehr „wie" die EU mit ihren Handlungsmöglichkeiten die Mitgliedstaaten beeinflussen kann, erneuerbare Energien zu fördern[1020]. Die Kommission ist der Ansicht, dass „die Erreichung dieses Ziels den Mitgliedstaaten zu überlassen riskant [wäre] und dazu führen [würde], dass die notwendigen Anstrengungen zur Umsetzung des Gesamtziels von 20% ungleich verteilt wären. Auch würden Investoren hinsichtlich der Ziele und der zielführenden Wege verunsichert, wenn jegliche Maßnahmen allein den Mitgliedstaaten überlassen wären"[1021]. Erwägungsgrund 96 der Richtlinie 2009/28/EG beinhaltet solche Auslegung und expliziert, dass die Gemeinschaft gemäß dem Subsidiaritätsprinzip tätig werden kann, „da die allgemeinen Ziele dieser Richtlinie, nämlich den Bruttoendenergieverbrauch von Energie in der Gemeinschaft zu 20% bis 2020 durch Energie aus erneuerbaren Quellen und den Energieverbrauch im Verkehrssektor in den einzelnen Mitgliedstaaten zu 10% aus erneuerbaren Quellen zu decken, auf der Ebene der Mitgliedstaaten nicht ausreichend verwirklicht werden können und daher wegen des Umfangs der Maßnahme besser auf Gemeinschaftsebene zu verwirklichen sind".

Die Ausgestaltung eines EU-weiten Fördersystems könnte ein Verstoß gegen das Subsidiaritätsprinzip darstellen, wenn im konkreten Fall bestätigt würde, dass

---

1019 Vgl. auch Vorschlag für eine Richtlinie des Europäischen Parlaments und des Rates zur Förderung der Nutzung von Energie aus erneuerbaren Quellen v. 23.1.2008. KOM (2008) 19 endg., S. 11.

1020 Die Kommission ist der Ansicht, dass schon die Richtlinie 2001/77/EG zu einer signifikanten Steigerung der Erzeugung von Strom aus erneuerbaren Energien (19% bis 2010) beitrug. Mitteilung der Kommission „Fahrplan für erneuerbare Energien – Erneuerbare Energien im 21. Jahrhundert: Größere Nachhaltigkeit in der Zukunft" v. 10.1.2007. KOM (2006) 848 endg., S. 10.

1021 Vorschlag für eine Richtlinie des Europäischen Parlaments und des Rates zur Förderung der Nutzung von Energie aus erneuerbaren Quellen v. 23.1.2008. KOM (2008) 19 endg., S. 11.

ein Mitgliedstaat allein sein Ziel besser erreichen könnte als über ein gemeinsames Fördersystem. Es wäre aus rechtlicher Perspektive schwierig, ein gemeinsames Quotenmodell durchzusetzen, wenn ein mitgliedstaatliches Einspeisetarifmodell etwa am Beispiel Deutschlands, Spaniens und Dänemarks schon ohne weiteres genügt, um die in der Richtlinie gesetzten Ziele zu erreichen. Zum heutigen Stand und laut Bewertungen der Europäischen Kommission[1022] ist davon auszugehen, dass nur eine Kombination aus Festlegung von rechtsverbindlichen Mindestanteilziele für die Erzeugung bzw. den Verbrauch erneuerbarer Energien zusammen mit den prozeduralen Vorgaben der Aktionspläne gemäß Art. 4 Abs. 1 und der Berichtspflicht gemäß Art. 4 Abs. 2, Art. 22 Abs. 1 und Art. 23 Abs. 3 der Richtlinie 2009/28/EG und dem Vertragsverletzungsverfahren[1023] gemäß Art. 258ff. AEUV, wie heute praktiziert ist, nicht ausreicht (zumindest nicht für die überwiegende

---

1022 Laut der Mitteilung der Kommission „Bericht über den Stand der Maßnahmen für die Stromerzeugung aus erneuerbaren Energiequellen" v. 10.1.2007. KOM (2006) 849 endg., S. 7–10, nur Dänemark, Deutschland und Ungarn (mit Sicherheit) und Finnland, Irland, Luxemburg, Spanien, Schweden und Niederlande (gute Chance) würden die Ziele 2010 erreichen. Aber laut der Mitteilung der Kommission „Erneuerbare Energien: Fortschritte auf dem Weg zum Ziel für 2020" v. 31.1.2011. KOM (2011) 31 endg., S. 4, nur Dänemark, Deutschland, Ungarn, Irland, Litauen, Polen und Portugal würden voraussichtlich ihre für 2010 gesteckten Ziele für den Anteil erneuerbarer Energien an der Stromerzeugung erreichen. Rund die Hälfte aller EU-Mitgliedstaaten haben die Mindestanteilzeile an erneuerbaren Energien nicht erreicht, *Fischer*, Außenseiter oder Spitzenreiter? Das „Modell Deutschland" und die europäische Energiepolitik, ApuZ, 46–47, 2011, S. 20. 15 Mitgliedstaaten haben ihr Richtziel für das Jahr 2010 nicht erreicht: Finnland, Frankreich, Griechenland, Italien, Luxemburg, Malta, Österreich, Polen, Rumänien, Schweden, Slowenien, Slowakei, Tschechische Republik, Vereinigtes Königreich und Zypern. Im Verkehrssektor haben 22 Mitgliedstaaten verfehlt, vgl. Bericht der Kommission „Fortschrittbericht ‚Erneuerbare Energien'" v. 27.03.2013. KOM (2013) 175 final, S. 5. Auf der anderen Seite gibt es Bedenken, ob das Gesamtziel für 2020 erreicht wird, *Hirschhausen/Kemfert/Kunz/Mendelevitch*, Europäische Stromerzeugung nach 2020: Beitrag erneuerbarer Energien nicht unterschätzen, DIW Wochenbericht, Nr. 29, 2013, S. 4. Optimistischer aber, Mitteilung der Kommission „Erneuerbare Energien: ein wichtiger Faktor auf dem europäischen Energiemarkt" v. 6.6.2012. KOM (2012) 271 final, S. 2 und Mitteilung der Kommission „Strategie für eine sichere europäische Energieversorgung" v. 28.05.2014. KOM (2014) 330 final, S. 14. Kritisch, vgl. Bericht der Kommission „Fortschrittbericht ‚Erneuerbare Energien'" v. 27.03.2013. KOM (2013) 175 final, S. 10ff.

1023 Hinsichtlich der aufgehobenen Richtlinie 2001/77/EG leitete die Kommission Vertragsverletzungsverfahren gegen Österreich, Zypern, Griechenland, Irland, Italien und Lettland wegen mangelhafter Umsetzung des Art. 3 (Richtziele), Art. 5 (Herkunftsnachweis), Art. 6 (Verwaltungsverfahren), Art. 7 (Netzzugang) und Art. 9 (Rechts- und Verwaltungsvorschriften) ein.

Mehrzahl der Mitgliedstaaten), um das Gesamtziel bis 2020 zu erreichen[1024], so dass eine **Diskussion** um die rechtliche Implementierung eines gemeinsamen Fördersystems für erneuerbare Energien immerhin rechtzeitig ist. Trotzdem würde die **konkrete Implementierung** wegen der positiven Beispiele einiger Mitgliedstaaten, die bestätigen, dass die Ziele mittels reiner nationaler Förderinstrumente erreicht werden **können**, rechtliche Schwierigkeiten finden, da für das Subsidiaritätsprinzip irrelevant ist, dass die Mehrzahl der Mitgliedstaaten ihre Ziele verfehlen wird[1025]. Der zweite Teil des Erwägungsgrunds 96 der Richtlinie 2009/28/EG erklärt dann im Einklang, dass die Richtlinie auch wegen des Subsidiaritätsprinzips über das für die Erreichung dieser Ziele erforderliche Maß nicht hinausgeht.

Bei der Bewertung des gemeinsamen Förderansatzes gegenüber den bestehenden nationalen Fördersystemen ist jedoch nicht nur die Zielerreichung *vis-a-vis* dem Fördersystem zu berücksichtigen, sondern auch die Effektivität- und Effizienzaspekte hinsichtlich der Kosten[1026]. Es soll beispielweise die Tatsache in Betracht gezogen werden, dass das Einspeisetarifmodell zu geringeren Kosten für Verbraucher führt als das Quotenmodell[1027].

4.1.1.2.3.1.2 Das Einspeisetarifmodell

Zu unterscheiden ist grundsätzlich zwischen dem sog. Einspeisetarifmodell und dem sog. Quotenmodell. Das Einspeisetarifmodell garantiert dem Anlagenbetreiber, der Strom aus erneuerbaren Energien erzeugt, für einen bestimmten festen Zeitraum eine feste Preisgarantie bzw. Einspeisevergütung, deren Höhe von der Art der Energiequelle und anderen Aspekten abhängt. Der Abnahmepreis kann dann auf einem nach Technologie gestaffelten festen Tarif basieren, oder es kann zusätzlich eine vom Marktpreis abhängige (prozentuale Aufschläge) oder feste Prämie etabliert

---

1024 Obwohl sich die Verfehlung der verbindlichen Zielwerte gemäß Art. 5 Abs. 2 der Richtlinie 2009/28/EG nur im Falle höherer Gewalt rechtfertigen lassen darf, der von der Kommission überprüft werden muss.

1025 *Oschmann/Ragwitz/Resch*, Die Förderung von Strom aus erneuerbaren Energien in der Europäischen Union – praktische Erfahrungen und rechtliche Perspektiven, ZNER, Heft 1, 2006, S. 11.

1026 *Holzer*, Probleme und Lösungsansätze bei der Förderung von Strom aus erneuerbaren Energien im europäischen Binnenmarkt, ZfU, Heft 2, 2006, S. 168–169; *Oschmann/Ragwitz/Resch*, Die Förderung von Strom aus erneuerbaren Energien in der Europäischen Union – praktische Erfahrungen und rechtliche Perspektiven, ZNER, Heft 1, 2006, S. 11; *Oschmann/Sösemann*, Erneuerbare Energien im deutschen und europäischen Recht – Ein Überblick, ZUR, Heft 1, 2007, S. 3; *Müller/Bitsch*, Zur Vereinbarkeit einer europaweiten Einspeiseregelung mit dem europäischen Primärrecht – Ergebnisse der Begutachtung des BEE-Modells „EU – FIT", ZNER, Heft 4, 2007, S. 383.

1027 S. u. 4.1.1.2.3.1.5.

werden[1028]. Um Mitnahmeeffekte zu vermeiden, sieht das Einspeisetarifmodell eine zeitliche Degression der Vergütungssätze, eine mengenmäßige Beschränkung des geförderten Stroms pro Anlage oder einen Rang gemäß standortorientierter Kriterien vor. Unterschiedliche Förderzeiträume spielen auch hinsichtlich des guten Funktionierens des Einspeisetarifmodells eine Rolle[1029].

Die Einspeisevergütung – kein zwingender Bestandteil des Einspeisetarifmodell jedoch – geht normalerweise mit einer garantierten vorrangigen Abnahme- bzw. Kaufverpflichtung der Energieversorgungsunternehmen einher[1030]. Die überwiegende Mehrzahl der Mitgliedstaaten wendet ein solches Modell an[1031].

4.1.1.2.3.1.3 Das Quotenmodell

Beim Quotenmodell sind Stromversorger bzw. Letztverbraucher verpflichtet, einen bestimmten Anteil ihres Strombedarfs aus erneuerbaren Energien zu decken[1032]. Da es nicht immer möglich ist, die Gesamtheit des Strombedarfs physikalisch mit der Eigenerzeugung von Strom aus erneuerbaren Energien zu decken, wenden die Mitgliedstaaten, die das Quotenmodell nutzen, auch ein Zertifikatssystem an, womit die Quotenpflicht durch den Erwerb von einem Dritten mittels Grünstromzertifikaten oder Herkunftsnachweisen erreicht werden kann[1033].

1028 *Clausen/Hörnicke/Schäfer-Stradowsky*, Wer macht mit bei der Energiewende? – Förderinstrumente für Strom aus erneuerbaren Energien im internationalen Überblick, ZNER, 2013, Heft 6, S. 566.

1029 *Holzer*, Probleme und Lösungsansätze bei der Förderung von Strom aus erneuerbaren Energien im europäischen Binnenmarkt, ZfU, Heft 2, 2006, S. 163.

1030 *Oschmann*, Strom aus erneuerbaren Energien im Europarecht. Die Richtlinie 2001/77/EG des Europäischen Parlaments und des Rates zur Förderung der Stromerzeugung aus erneuerbaren Energiequellen im Elektrizitätsbinnenmarkt, 2002, S. 67.

1031 21 von 27 Mitgliedstaaten (bis zum Jahr 2011). Mitteilung der Kommission „Erneuerbare Energien: Fortschritte auf dem Weg zum Ziel für 2020" v. 31.1.2011. KOM (2011) 31 endg., S. 11–12. Waren aber 19 von 27 Mitgliedstaaten (bis zum Jahr 2007), *Agentur für Erneuerbare Energien*, Einspeisevergütung und Quotenmodell mit Zertifikatehandel auf dem Prüfstand. Ein Vergleich der Förderinstrumente für erneuerbare Energien am Beispiel von Deutschland und dem Vereinigten Königreich, 2010, S. 18. Die Bedingungen, die diese breite Diffusion des Einspeisetarifmodells begründen, sind hauptsächlich die Investitionssicherheit und die technologisch gezielte Vergütung, *Bechberger/Reiche*, In: *Mez* (Hrsg.), Green Power Markets, 2007, S. 37–38.

1032 *Lehnert/Vollprecht*, Neue Impulse von Europa: Die Erneuerbare-Energien-Richtlinie der EU, ZUR, Heft 6, 2009, S. 311; *Oschmann*, Strom aus erneuerbaren Energien im Europarecht. Die Richtlinie 2001/77/EG des Europäischen Parlaments und des Rates zur Förderung der Stromerzeugung aus erneuerbaren Energiequellen im Elektrizitätsbinnenmarkt, 2002, S. 69.

1033 *Clausen/Hörnicke/Schäfer-Stradowsky*, Wer macht mit bei der Energiewende? – Förderinstrumente für Strom aus erneuerbaren Energien im internationalen

Erfüllungsmöglichkeiten der Quotenpflicht sind dann die eigene Erzeugung von Strom aus erneuerbaren Energien, der Kauf von erneuerbarem Strom und die damit verbundenen Zertifikate oder der Kauf der Zertifikate[1034]. Stromversorger und Eigenerzeuger sind dann verpflichtet, die zugunsten von Stromerzeugern erstellten Zertifikate zu kaufen, damit ihre Quotenpflicht gedeckt wird. Die zertifikatspflichtigen Abnehmer, die ihre erklärte quotenpflichtige Strommenge durch den Kauf von Zertifikaten nicht decken können, müssen dann eine Pflichtabgabe für die fehlende Zertifikatmenge zahlen.

Das Quotenmodell benötigt dann die Einführung eines Systems für die Erstellung und Übertragung von solchen Zertifikaten, bei dem der Anlagenbetreiber für jede erzeugte Megawattstunde Strom eine bestimmte Menge an Zertifikaten erhält, die an der Strombörse vermarktet werden können. Die Verwaltung der Zertifikatenerstellung und des Zertifikatenhandels muss von einer Institution durchgeführt werden. Zudem wird bei dem Quotenmodell die Festlegung von Sanktionen zur Gewährleistung der Quotenerfüllung benötigt.

Der Anreiz zur Erzeugung von Elektrizität aus erneuerbaren Energien und die Attraktivität des Quotenmodells liegt in der Möglichkeit, die Zertifikate zusätzlich zur erzeugten Strommenge zu verkaufen, und nicht in einer fixierten Direktvergütung, wie bei dem Einspeisetarifmodell. Während bei dem Einspeisetarifmodell die Vergütung vorab festgelegt wird, wird jedoch bei dem Quotenmodell eine Quote an Strom fixiert, die zwar steuerbar ist, aber frei am Markt gehandelt werden darf[1035]. Möglich ist auch die Festlegung eines Endes für das Quotenmodell, wann die Quote stetig auf nahezu Null zurückgeführt werden soll[1036]. Wenige Mitgliedstaaten nutzen das Quotenmodell[1037].

Überblick, ZNER, 2013, Heft 6, S. 567. Eine Vereinbarkeitsüberprüfung der nationalen Fördersysteme gegenüber dem europäischen Recht, insbesondere Verstöße gegen die Warenverkehrsfreiheit und das Beihilferecht, ist nicht das Ziel dieser Arbeit und wird hier nicht betrachtet. Für eine solche Darstellung, die oft in der Literatur diskutiert wurde, vgl. am Beispiel Deutschland, *Erk*, Die künftige Vereinbarkeit des EEG mit Verfassungs- und Europarecht, 2008, S. 167ff.

1034 *Holzer*, Probleme und Lösungsansätze bei der Förderung von Strom aus erneuerbaren Energien im europäischen Binnenmarkt, ZfU, Heft 2, 2006, S. 165.

1035 *Clausen/Hörnicke/Schäfer-Stradowsky*, Wer macht mit bei der Energiewende? – Förderinstrumente für Strom aus erneuerbaren Energien im internationalen Überblick, ZNER, 2013, Heft 6, S. 567.

1036 *La Chevallerie/Schweitzer*, Gemeinsamer Handel mit Stromzertifikaten – Förderung erneuerbarer in Schweden und Norwegen, et, Heft 2, 2012, S. 93.

1037 Großbritannien als Beispiel für die Gefahren eines solchen Systems, Schweden aber als erfolgreichstes Modell, jedoch nicht ohne kritische Bewertung, vgl. *Clausen/Hörnicke/Schäfer-Stradowsky*, Wer macht mit bei der Energiewende? – Förderinstrumente für Strom aus erneuerbaren Energien im internationalen Überblick, ZNER, 2013, Heft 6, S. 567–568. Zudem Italien (2002), Belgien (2002), Polen (2004) und Rumänien (2007).

4.1.1.2.3.1.4 Gemeinsame Förderregelung gemäß Art. 11 der Richtlinie 2009/28/EG am Beispiel Norwegens und Schwedens

Obwohl ein EU-weites Fördersystem für erneuerbare Energien immer noch diskutiert wird, ist dank Art. 11 der Richtlinie 2009/28/EG ein erster Schritt hin zu einem harmonisierten Fördersystem gemacht worden, der die Festlegung von Regelungen über die Aufteilung der Energiemengen erlaubt, die in den beiden Mitgliedstaaten erzeugt werden. Es geht um einen im Vergleich zu den statistischen Transfers[1038] unterschiedlichen Koordinierungsmechanismus. Im Fall von Art. 11 kann eine bestimmte Menge an Energie aus erneuerbaren Energien, die in einem Mitgliedstaat erzeugt wird, auf das nationale Ziel eines anderen Mitgliedstaates angerechnet werden. Eine solche gemeinsame Förderregel, die „auf freiwilliger Basis" beschlossen wird, kann auf dem statistischen Transfer des Art. 6 basieren (Art. 11 Abs. 1 lit. a) oder sich auf einer von den teilnehmenden Mitgliedstaaten etablierten Verteilungsregel, die aber zusätzlich gemäß Art. 11 Abs. 1 lit. b S. 2 der Kommission mitzuteilen sein wird. Im Vergleich zum statistischen Transfer, der voraussetzt, dass die Erreichung des nationalen Ziels des Mitgliedstaats, der den Transfer durchführt, nicht beeinträchtigt wird (Art. 6 Abs. 1 S. 2), dürfen die Mitgliedstaaten bei der Etablierung einer Verteilungsregel i.S.v. Art. 11 Abs. 1 lit. b ihre Ziele gemeinsam verfolgen, als ob es sich um einen einzigen Mitgliedstaat handelte. Die Mitgliedstaaten müssen dann nicht warten, bis einer von ihnen einen Überschuss an erneuerbarer Energie hat und seinen Mindestanteilziel erreicht, um die gemeinsame Förderregelung zu gründen und die daraus folgenden Vorteile zu genießen.

Ein Beispiel für eine gemeinsame Förderregelung gibt es ab 01.01.2012 zwischen Norwegen und Schweden, deren Grundlage die Kooperationsmechanismen der Richtlinie 2009/28/EG, insbesondere Art. 11, sind[1039]. Obwohl Norwegen kein EU-Mitgliedstaat ist, wurde die Richtlinie für Norwegen als Mitgliedstaat des Europäischen Wirtschaftsraumes am 19.12.2011 für verbindlich erklärt[1040]. Um den Ausbau der erneuerbaren Energien zu steigern, um die Energieversorgung zu diversifizieren sowie um weniger von Wasserkraft abzuhängen, hat Norwegen sich entschieden, einen verpflichtenden grünen Zertifikatehandel einzuführen und zudem einen gemeinsamen Zertifikatemarkt mit Schweden zu etablieren[1041]. Beide Staaten haben am 29.6.2011 ein verbindliches Abkommen über einen gemeinsamen

1038 Art. 6 der Richtlinie 2009/28/EG.

1039 Ausfürlich zum Abkommen, *Boge*, In: Roggenkamp/Bjørnebye (Hrsg.), European Energy Law Report X, 2014, S. 199–210.

1040 Beschluss des Gemeinsamen EWR-Ausschusses Nr. 162/2011 v. 19. Dezember 2011 zur Änderung von Anhang IV (Energie) des EWR-Abkommens. ABl. L 76 v. 15.03.2012, S. 49.

1041 Ebenda, S. 93.

Stromzertifikathandel[1042] unterschrieben, damit Zertifikate über die Grenze beider Staaten frei handelbar sind. Praktisch bedeutet das, dass das schwedische und das norwegische Zertifikatsystem miteinander verbunden sind. Beide Länder haben damit die Vorreiterrolle für ein gemeinsames Fördersystem übernommen[1043], das als marktwirtschaftlich gekennzeichnet werden kann, im Vergleich zum marktinterventionistischeren Einspeisetarifmodell.

Die Energieversorgungssicherheit wurde in dem Abkommen zweimal erwähnt. Zuerst muss die Energieversorgungssicherheit laut Präambel im Fall einer künftigen Erweiterung des Zertifikatsmarktes berücksichtigt werden. Zweitens wurde festgestellt, dass ein gut funktionierendes Netz notwendig ist, damit ein gemeinsames Zertifikatsystem die Energieversorgungssicherheit gewährleistet.

Ziel des Abkommens ist gemäß Art. 2 Abs. 1 die Stromerzeugung aus erneuerbaren Energien i.H.v. 26,4 TWh im gemeinsamen Zertifikatsystem bis 2020. Die Quotenpflicht in beiden Ländern kann dann sowohl durch norwegische als auch durch schwedische Zertifikate erfüllt werden (Art. 3 Abs. 1 des Abkommens). Das Stromzertifikat ist technologieneutral und die in der Richtlinie 2009/28/EG zitierten Erneuerbare-Energie-Anlagen sind zertifikateberechtigt (Art. 4 Abs. 1 des Abkommens). Ferner dürfen Stromzertifikate mit anderen Fördermaßnahmen der EU (laufende Zuschüsse sowie EU-Subventionen) hinsichtlich der erneuerbaren Energien kombiniert werden (Art. 5 Abs. 1 des Abkommens). Nicht ausgeschlossen ist die Beteiligung von Drittländern am Zertifikatsystem (Art. 13 Abs. 1 des Abkommens) einerseits, und die Implementierung von gemeinsamen Projekten gemäß Art. 7 und Art. 9 der Richtlinie 2009/28/EG zwischen einem der Unterzeichner des Abkommens und einem Mitgliedstaat andererseits, sofern die Pläne hinsichtlich des *joint project* dem anderen Unterzeichner des Abkommens mitgeteilt werden (Art. 13 Abs. 2 des Abkommens).

4.1.1.2.3.1.5 Geeignetheitsprüfung hinsichtlich der Energieversorgungssicherheit

Beide Systeme bzw. Modelle haben Vor- und Nachteile, die entsprechend ein Mehr oder ein Minus zur europäischen Energieversorgungssicherheit beitragen können. Nicht außer Acht zu lassen ist die Tatsache, dass es kein absolutes Verhältnis zwischen der Förderung der erneuerbaren Energien und der Gewährleistung der Energieversorgungssicherheit gibt, sodass die Geeignetheit irgendeines (EU-weiten)

1042 Abrufbar unter: https://www.regjeringen.no/globalassets/upload/oed/pdf_filer_2/elsertifikater/agre ement_on_a_common_market_for_electricity_certificates.pdf (Stand: 26.02.2015).

1043 *Haucap/Kühling*, Marktintegration der Stromerzeugung aus erneuerbaren Energien, Wirtschafts- und rechtwissenschaftliches Gutachten im Auftrag des Sächsischen Staatsministeriums für Wirtschaft, Arbeit und Verkehr. 2012, S. 44; *La Chevallerie/Schweitzer*, Gemeinsamer Handel mit Stromzertifikaten – Förderung erneuerbarer in Schweden und Norwegen, et, Heft 2, 2012, S. 92.

Fördersystems erneuerbarer Energien zur Stützung der Energieversorgungssicherheit mit anderen Kriterien und angesichts anderen Faktoren – die Erhaltung der Betriebssicherheit und die Erstellung einer diversifizierten Energiematrix beispielweise, sowie allgemeine Faktoren wie die ökologische Wirksamkeit, soziale Gerechtigkeit und die Kosten – verglichen werden muss[1044]. Bedeutungsvoll ist allerdings, wie die Erhöhung des Markanteils erneuerbarer Energien erreicht wird.

Zuerst muss hervorgehoben werden, dass ein Einspeisetarifmodell normalerweise dazu tendiert, sich auf das Gebiet des jeweils fördernden Staates zu begrenzen, was eine Internationalisierung bzw. Europäisierung des Tarifmodells erschwert. In diesem Sinn wäre die Etablierung eines europäischen Quotenmodells einfacher, obwohl andere Schwierigkeiten hinsichtlich der mit dem Investitionsrisiko verbundenen Kosten und des Überwachungsaufwands eines Zertifikatesystems diese Umsetzung in Frage stellen könnten.

Nach der ökonomischen Theorie erzeugen die Quotensysteme geringere volkswirtschaftliche Kosten und damit eine entsprechend höhere ökonomische Effizienz im Vergleich zu dem Einspeisetarifmodell. In der Praxis zeigt es sich jedoch, dass Quotensysteme kein überzeugendes Erfolgsbeispiel vorlegten, und dass Einspeisetarife gesamtwirtschaftlich effektiver sind, wenn vom Wachstum erneuerbarer Energien und von den gesamten gesellschaftlichen Kosten die Rede ist[1045].

1044 Eine Vergleichung der Datenmaterialien zwischen mehreren Fördersystemen ist sowohl wegen der unterschiedlichen Basisjahre und Betrachtungszeiträume als auch wegen der Schwierigkeit, alle ressourcenbedingten, ökonomischen und strukturellen Randbedingungen zu berücksichtigen, somit wegen der Eigenheiten der nationalen Regelungen, schwierig, *Oschmann*, Strom aus erneuerbaren Energien im Europarecht. Die Richtlinie 2001/77/EG des Europäischen Parlaments und des Rates zur Förderung der Stromerzeugung aus erneuerbaren Energiequellen im Elektrizitätsbinnenmarkt, 2002, S. 74. Solche Schwierigkeiten werden durch die Entwicklung und Verbreitung der erneuerbaren Energien schon abgemildert.

1045 *Lehnert/Vollprecht*, Neue Impulse von Europa: Die Erneuerbare-Energien-Richtlinie der EU, ZUR, Heft 6, 2009, S. 311; *Oschmann/Ragwitz/Resch*, Die Förderung von Strom aus erneuerbaren Energien in der Europäischen Union – praktische Erfahrungen und rechtliche Perspektiven, ZNER, Heft 1, 2006, S. 8–9; *Oschmann*, Strom aus erneuerbaren Energien im Europarecht. Die Richtlinie 2001/77/EG des Europäischen Parlaments und des Rates zur Förderung der Stromerzeugung aus erneuerbaren Energiequellen im Elektrizitätsbinnenmarkt, 2002, S. 75; *Lauber/Scheener*, Die neue erneuerbare Energie-Richtlinie der EU von 2009: Zeigt sich der Richtlinie von 2001 ein Umdenken bei der Frage der Fördersysteme?, ZNER, Heft 4, 2009, S. 329; Mitteilung der Kommission „Förderung von Strom aus erneuerbaren Energiequellen" v. 7.12.2005. KOM (2005) 627 endg., S. 27–42; *Müller-Kraenner/Langsdorf*, Eine Europäische Union für erneuerbare Energien – politische Weichenstellungen für bessere Stromnetze und Fördersysteme, 2012, S. 22; *Renews Kompakt*, Erfolgreicher Ausbau erneuerbarer Energien dank Einspeisevergütung, 2012, S. 1. Abrufbar unter: http://www.unendlich-viel-energie.de/media/file/81.RenewsKompakt_Foerder systeme_ jun12.pdf (Stand: 27.02.2015).

Das Einspeisetarifmodell, das bestimmte Preise für Elektrizität aus erneuerbaren Energien festlegt, ist am Markt interventionistischer und stärker von politischer Ablenkung abhängig als das Quotenmodell. Gegner eines solchen Modells beschreiben dann die Einspeisetarife mit einer negativen Konnotation als „nicht marktbasiert" und „mit dem liberalisierten Energiemarkt nicht vereinbar"[1046]. Das Modell „könne nach den Grundsätzen des Binnenmarkts angefochten werden"[1047]. Das Risiko einer Überförderung bestimmter Technologien und von Mitnahmeeffekten zugunsten der Anlagenbetreiber besteht dann bei einem solchen Modell, wenn die geförderte Politik und ihre Auswirkungen und Tendenzen auf dem Markt nicht nachvollzogen werden. Zudem könnte ein regelmäßiges Nachjustieren des Modells und der entsprechenden Rechtsanwendung für die Recht- und Investitionssicherheit nachteilhaft sein[1048].

Auf der anderen Seite bringt ein solches Modell ein hohes Maß an Investitions- und Planungssicherheit für Anlagebetreiber, da die Einspeisung der erzeugten erneuerbaren Energien in das Netz und die entsprechende Vergütung gesichert ist, was zu einer Senkung der Kapital- und Transaktionskosten[1049] führt. Die Stromerzeuger müssen dann lediglich die finanziellen Risiken des Anlagenbetriebs tragen, wie z. B. die Funktionsfähigkeit der Anlage und die unwägbaren meteorologischen Faktoren[1050]. In einem Quotenmodell wird das Risiko verdoppelt, da die Erlöse der Anlagenbetreiber nicht nur von der Nachfrage nach Zertifikaten abhängen, sondern auch vom Angebot der Zertifikate, das mit dem von unwägbaren meteorologischen Faktoren abhängig erzeugten Strom verbunden ist. Dieses Investitionsrisiko wird als Zusatzkosten an die Verbraucher weitergegeben und mit den in der Theorie niedrigeren Erzeugungskosten ausgeglichen, was im Vergleich zur Vergütung des Einspeisetarifmodells gesamtwirtschaftlich inneffektiver ist.

Zudem sind die Verwaltungskosten eines Zertifikatssystems hinsichtlich der Genehmigung, Kontrolle und Überwachung der Zertifikatserteilung und der zertifikateberechtigten Stromerzeugungsanlagen zu beachten, die gegen das Quotenmodell sprechen. Insgesamt ist das Einspeisetarifmodell vorteilhafter als das Quotenmodell,

---

1046 *Lauber/Scheener*, Die neue erneuerbare Energie-Richtlinie der EU von 2009: Zeigt sich der Richtlinie von 2001 ein Umdenken bei der Frage der Fördersysteme?, ZNER, Heft 4, 2009, S. 328.

1047 Mitteilung der Kommission „Förderung von Strom aus erneuerbaren Energiequellen" v. 7.12.2005. KOM (2005) 627 endg., S. 4.

1048 *Clausen/Hörnicke/Schäfer-Stradowsky*, Wer macht mit bei der Energiewende? – Förderinstrumente für Strom aus erneuerbaren Energien im internationalen Überblick, ZNER, 2013, Heft 6, S. 566.

1049 Transaktionskosten beschreiben die Kosten hinsichtlich der Marktinfrastruktur oder innerhalb des Unternehmens, die bei den Unternehmen berücksichtigt werden müssen, um sich beispielweise an neue energiepolitische Rahmenbedingungen anzupassen.

1050 *Ragwitz/Held*, In: *Müller* (Hrsg.), 20 Jahre Recht der Erneuerbaren Energien, 2012, S. 323.

wenn von der wirtschaftlichen Stimulierung des Ausbaus der erneuerbaren Energien und den Kosten hinsichtlich der Implementierung des Fördersystems die Rede ist, obwohl politische Schwierigkeiten den Vollzug des Fördersystems beeinträchtigen können.

Das Einspeisetarifmodell ist auch hinsichtlich des Innovationspotenzials vorteilhafter als Quotenmodelle, da das erstgenannte Modell nicht nur die kostengünstigsten erneuerbaren Energien berücksichtigt, sondern jede andere erneuerbare Energie fördert, **was zu einer echten Diversifizierung der Energiequellen führt und zur Gewährleistung der Energieversorgungssicherheit beiträgt**, obwohl dagegen argumentiert wird, dass die garantierte Abnahmepflicht keinen Wettbewerbsdruck zwischen den unterschiedlichen Technologien und Stromerzeugern schafft.

Auf der anderen Seite wird allerdings argumentiert, dass das Einspeisetarifmodell eine sehr gezielte Förderung von Technologien, Anlagegrößen und Anlagenstandorten ermöglicht und konsequenterweise nicht technologieneutral (und „marktneutral") wäre, da die Förderung von der eingesetzten Technologie und der Verfügbarkeit der erneuerbaren Energien abhängt, was genau aufgrund dessen finanziell wenig attraktiv sein könnte und tatsächlich geringere Anreize zur Innovation anböte. In der Tat folgt eine ursprüngliche Attraktivität der Zertifikate in einem Quotenmodell einer Rücknahme ihrer Preise wegen Zertifikatsüberschüssen – wenn der Fluxus in Richtung günstigster Technologien nicht durch Planung- und Umweltschutzauflagen verhindert wird –, was für das Innovationspotenzial nachteilhaft ist und die Attraktivität hin zu einer Förderung der erneuerbaren Energien benachteiligt. Konsequent ist daher, dass weniger effiziente Technologien bzw. Anlagen keinen Platz auf dem Energiemarkt finden und nicht gefördert werden[1051]. Quotenmodelle sind tatsächlich auch nicht technologieneutral, da bei gleichbleibenden Zertifikatspreisen nur die effizientesten Technologien bzw. Anlagen[1052] die Gewinne genießen, obwohl eine hohe Konkurrenz zwischen den Erzeugern geschaffen wird[1053]. Der Unterschied zum Einspeisetarifmodell liegt nur darin, dass im Quotenmodell die Diskriminierung hinsichtlich der Technologien auf dem Markt gegeben wird, während im Einspeisetarifmodell (wenn es geschieht) eine Ausdifferenzierung durch Reglementierung gesetzt wird. Dieser auf verschiedenen Entwicklungsstufen der erneuerbaren Technologien basierender Mechanismus ist somit erwünscht und gestattet jeder Art Technologie eine echte Chance, sich auf dem Energiebinnenmarkt durchzusetzen, was zur Diversifizierung der Energiequelle und folglich zu einer Erhöhung der Energieversorgungssicherheit führt.

1051 Ebenda, S. 324.

1052 D. h. die Anlagen, die Elektrizität mit niedrigeren Grenzkosten als die Konkurrenz erzeugen, Holzer, Probleme und Lösungsansätze bei der Förderung von Strom aus erneuerbaren Energien im europäischen Binnenmarkt, ZfU, Heft 2, 2006, S. 165.

1053 *Clausen/Hörnicke/Schäfer-Stradowsky*, Wer macht mit bei der Energiewende? – Förderinstrumente für Strom aus erneuerbaren Energien im internationalen Überblick, ZNER, 2013, Heft 6, S. 567.

In Anbetracht des Ziels der Energieversorgungssicherheit wäre ein EU-weites Einspeisetarifmodell vorteilhafter als ein auf den ersten Blick einfacher politisch durchsetzendes Quotenmodell, da ein Einspeisetarifmodell zu einer echten Diversifizierung der Energiematrix führt[1054]. Trotzdem muss ein EU-weit starker Anreiz hin zu erneuerbaren Energien sowohl mit einer Erhöhung der Verbindungs- und Handelskapazität als auch mit laufenden Entwicklungen und Monitoring-Maßnahmen hinsichtlich der Betriebssicherheit der Systeme kombiniert werden. Die gemeinschaftsrechtliche Implementierung eines Einspeisetarifmodells, das sich nur nach den Vergütungen richtet, könnte eventuell zu einem Überschuss erneuerbarer Energien führen, der die technische Versorgungssicherheit bzw. die Netzkapazitäten gefährden könnte. Zudem ist die Frage hinsichtlich der Prüfung des Subsidiaritätsprinzips noch zu beantworten.

4.1.1.2.3.1.6 Zwischenergebnisse: ein mangelhaftes gemeinsames Fördersystem beeinträchtigt die Energieversorgungssicherheit

Die Diskussion um die Implementierung eines EU-weiten Fördersystem ist durch den Versuch einer EU-weiten Durchsetzung eines Quotenmodells einerseits und die Verteidigung des nationalen Einspeisetarifmodells andererseits gekennzeichnet. Die Befürworter des Einspeisetarifmodells verteidigen es als erfolgreiches nationales Förderinstrument gegen eine auf einem weniger erfolgreichen Förderinstrument basierende europäische Harmonisierung des Fördersystems[1055]. Aus energieversorgungssicherheitlicher Sicht wäre die Erstellung einer europäischen Preisregelung vorteilhafter, da sie die Fähigkeit bringt, die erneuerbaren Energiequellen und -technologien zu diversifizieren.

Die Kommission ist aber immer noch der Ansicht, dass ein EU-weites Fördersystem das Vertrauen der Investoren in den Energiesektor untergraben könnte, obwohl sie andererseits in einem gewissen Spannungsverhältnis anerkannte, dass unterschiedliche nationale Förderregelungen den grenzüberschreitenden Stromhandel unterbrechen können – und folglich den Energiebinnenmarkt beeinträchtigen[1056]. Eine Teillösung bzw. ein erster Schritt hin zu einem zukünftigen gemeinsamen Fördersystem stellt die von der Kommission geplante **Ausarbeitung von Leitlinien**

1054 Zu einer Gewichtung des besten Modells für Europa, andere Aspekte außer der Energieversorgungssicherheit betrachtet und mit einer leichten Überlegenheit des Quotenmodells, vgl. Holzer, Probleme und Lösungsansätze bei der Förderung von Strom aus erneuerbaren Energien im europäischen Binnenmarkt, ZfU, Heft 2, 2006, S. 174; Aber zugunsten des Einspeisetarifmodells, vgl. *Oschmann/Ragwitz/Resch*, Die Förderung von Strom aus erneuerbaren Energien in der Europäischen Union – praktische Erfahrungen und rechtliche Perspektiven, ZNER, Heft 1, 2006, S. 12; *Jones*, In: *Moselle/Padilla/Schmalensee* (Hrsg.), Harnessing renewable energy in electric power systems – Theory, practice, policy, 2010, S. 243.

1055 *Jacobs*, Renewable energy policy convergence in the EU, 2012, S. 38.

1056 Vgl. beispielweise KOM (2014) 15 final, S. 7–8.

dar, die die besten Praktiken, einschlägigen Erfahrungen sowie erforderlichenfalls die Reformen von Förderregelungen zum Gegenstand haben. Ein solches Vorgehen soll zur Erhöhung der Kohärenz der nationalen Ansätze sowie zur Vermeidung einer Fragmentierung des Energiebinnenmarktes beitragen[1057]. Auch abzuwarten ist die in der Mitteilung der Kommission vom 22.1.2014 versprochene Überarbeitung der Richtlinie 2009/28/EG.

Zu beachten ist die Tatsache, dass einseitige nationale Fördersysteme die Warenverkehrsfreiheit einschränken und die Vollendung der Liberalisierung des europäischen Energiebinnenmarkts verlangsamen. Obwohl ein solches Merkmal sich zum heutigen Stand und momentan rechtfertigen lässt, ist es auf längere Sicht wegen der Gefahr einer vollständigen Abschottung der nationalen Elektrizitätsmärkte rechtlich unhaltbar. Zurzeit besteht ein riesiges Ungleichgewicht zwischen dem Alleingang der Mitgliedstaaten mittels der Etablierung nationaler Fördersysteme für erneuerbare Energien einerseits und den Kooperationsmechanismen zwischen Mitgliedstaaten andererseits (s. u. 4.1.1.2.3.2), das sowohl der Verpflichtung zur solidarischen Zusammenarbeit gemäß Art. 194 AEUV als auch dem Ausbau von Interkonnektoren und transnationalen Netzen gemäß Art. 194 Abs. 1 lit. d AEUV und Art. 170ff AEUV widerspricht[1058].

Eine mangelnde EU-weite Harmonisierung des Fördersystems für erneuerbare Energien bringt zudem ein Risiko für die Gewährleistung der europäischen Energieversorgungssicherheit, da die gesellschaftlichen und wirtschaftlichen Kosten hinsichtlich des Ausbaus der für die Energieversorgungssicherheit notwendigen Infrastruktur bei einem nationalen Alleingang größer sind und die Energiematrix nicht diversifiziert wird.

Eine Förderung von erneuerbaren Energien durch die Implementierung von nationalen Fördersystemen, gleichviel ob auf Art. 194 Abs. 2 UAbs. 2 AEUV oder auf Art. 194 Abs. 1 lit. c AEUV gestützt, darf nicht die obersten Ziele der europäischen Energiepolitik, nämlich die Sicherstellung des Funktionierens des Energiemarkts und die Gewährleistung der Energieversorgungssicherheit (Art. 194 Abs. 1 lit. a und lit. b AEUV) gefährden. Für die zukünftige Aufrechterhaltung der Energieversorgungssicherheit in der EU ist die Ausarbeitung gemeinsamer Fördersysteme für erneuerbare Energien und wünschenswerterweise Preisregelungen von erheblicher Bedeutung.

4.1.1.2.3.2 Gemeinsame Projekte gemäß Art. 3 Abs. 3 lit. b der Richtlinie 2009/28/EG

Art. 6 bis 11 der Richtlinie 2009/28/EG sehen die Möglichkeiten der Zusammenarbeit zwischen den Mitgliedstaaten und zwischen diesen und Drittländern vor (sog. Flexibilitätsmaßnahmen), damit diese ihre jeweiligen nationalen Ziele erreichen. Sie

---

1057 Mitteilung der Kommission „Erneuerbare Energien: ein wichtiger Faktor auf dem europäischen Energiemarkt“ v. 6.6.2012. KOM (2012) 271 final, S. 5–6.

1058 Säcker, Die Europäisierung des Energie-Umweltschutzrechts als nicht länger aufschiebbare Aufgabe, EWeRK, Sonderausgabe, 2011, S. 28.

bestehen grundsätzlich aus Ausnahmen von dem Grundsatz, der festlegt, dass die für die Erreichung des nationalen Ziels aus erneuerbaren Energien erzeugte Energiemenge in dem Mitgliedstaat selbst erzeugt werden muss[1059]. Die Implementierung der Kooperationsmaßnahmen ist somit optional (freiwillig[1060]) und jeder Mitgliedstaat muss grundsätzlich allein sein Mindestanteilziel verfolgen[1061]. Wie erwähnt, beeinträchtigt die Richtlinie 2009/28/EG das Recht der Mitgliedstaaten nicht, die Art und Weise zur Erreichung der Ziele festzulegen. Zudem lässt die Richtlinie die Mitgliedstaaten selbst entscheiden, „in welchem Umfang sie die in einem anderen Mitgliedstaat erzeugte Energie aus erneuerbaren Quellen fördern wollen" (Art. 3 Abs. 3 S. 2 und Erwägungsgrund 25 der Richtlinie 2009/28/EG), obwohl eine Nutzung der Flexibilitätsmaßnahmen ausdrücklich[1062] bestärkt wird. Es besteht somit noch viel Entscheidungsraum für die Mitgliedstaaten hinsichtlich der „Wie"-Frage. Ferner könnten die Flexibilitätsmaßnahmen eine Teillösung hinsichtlich der auf nationalen Förderregimen für erneuerbare Energien basierenden Marktabschottung bieten, damit das Ziel des Strombinnenmarktes nicht völlig verhindert wird, da sie grenzüberschreitende Zusammenarbeit ermöglichen[1063].

Der Grund der auf das Solidaritätsprinzip gestützten Flexibilitätsmaßnahmen, die Teil einer strategischen mitgliedstaatlichen Zusammenarbeit sind und zur Schaffung eines auf erneuerbaren Energien basierenden Energiemodells beitragen[1064], liegt in unterschiedlichen klimatischen und geologischen Potenzialen der jeweiligen Mitgliedstaaten hinsichtlich der erneuerbaren Energieträger[1065]. Sie sind notwendig, da die Mindestanteilziele der Richtlinie 2009/28/EG nicht exklusiv auf Basis des

---

1059 Theoretisch könnten alle Mitgliedstaaten (außer Luxemburg und Belgien) ihre Mindestanteilziele mit einheimischen erneuerbaren Energiequellen erfüllen, obwohl ein Teil solcher Entwicklung mittels internationaler Kooperation wirtschaftlicher sein können, *Johnston/Neuhoff/Fouquet/Ragwitz/Resch*, The proposed new EU Renewables Directive: interpretation, problems and prospects, European Energy and Environmental Law Review. Vol. 17, Nr. 3, 2008, S. 126–127.

1060 *Kühling*, In: *Ehricke* (Hrsg.), Hürden und Grenzen der Liberalisierung im Energiesektor, 2013, S. 70.

1061 *Lehnert/Vollprecht*, Neue Impulse von Europa: Die Erneuerbare-Energien-Richtlinie der EU, ZUR, Heft 6, 2009, S. 313; *Karpenstein*, In: *Gerstner* (Hrsg.), Grundzüge des Rechts der erneuerbaren Energien, 2013, S. 31.

1062 Vgl. Erwägungsgrund 36 der Richtlinie 2009/28/EG: „...Aus diesem Grund sind Flexibilitätsmaßnahmen **erforderlich**...".

1063 *Karpenstein*, In: *Gerstner* (Hrsg.), Grundzüge des Rechts der erneuerbaren Energien, 2013, S. 34; *Müller*, In: *Cremer/Pielow* (Hrsg.), Probleme und Perspektiven im Energieumweltrecht, 2009, S. 171; *Kahles*, Kooperative Mechanismen im Elektrizitätsbinnenmarkt, 2014, S. 181.

1064 Erwägungsgrund 34 der Richtlinie 2009/28/EG.

1065 *Pomana*, Förderung erneuerbarer Energien in Deutschland und im Vereinigten Königreich im Lichte des Europäischen Wirtschaftsrechts, 2011, S. 151; *Müller-Kraenner/Langsdorf*, Eine Europäische Union für erneuerbare Energien – politische Weichenstellungen für bessere Stromnetze und Fördersysteme, 2012, S. 37.

Potentials erneuerbarer Energien der jeweiligen Mitgliedstaaten festgelegt wurden, sondern auch die volkswirtschaftliche Stärke eines Mitgliedstaates berücksichtigen. Zudem kommt auch die Möglichkeit zur Senkung der Kosten für das Erreichen der Ziele in Betracht, wenn die Mitgliedstaaten kooperieren[1066].

Bedeutungsvoll für die Gewährleistung der Energieversorgungssicherheit mittels einer Förderung der erneuerbaren Energien sind gemeinsame Projekte. Das sind konkrete Projekte für die Erzeugung von Elektrizität, Wärme oder Kälte aus erneuerbaren Energieträgern, die von zwei oder mehreren Mitgliedstaaten (4.1.1.2.3.2.1) sowie zwischen einem oder mehreren Mitgliedstaaten und Drittstaaten (4.1.1.2.3.2.2) durchgeführt werden können, um den Mindestanteil erneuerbarer Energien am Energieverbrauch bis 2020 zu erreichen. Sie sind somit Maßnahmen der Kooperation zwischen Mitgliedstaaten und zwischen diesen und Drittstaaten.

Gemeinsame Projekte berücksichtigen die Tatsache, dass es einen Unterschied zwischen den Mitgliedstaaten hinsichtlich beispielweise des Potenzials zum Ausbau der erneuerbaren Energieträger und der zur Verfügung stehenden Finanzmittel gibt, ermöglichen somit die Erreichung des Zieles bei allen Mitgliedstaaten unbeschadet ihrer geographischen und klimatischen Lage und trügen zur Energieversorgungssicherheit bei, da eine Diversifizierung des Ausbaus der Energiequellen und die Entwicklung mehrerer aus erneuerbaren Energien betriebenen Energieanlagen dies erlauben. Zudem ermöglicht die Durchführung gemeinsamer Projekte eine Minderung der Energieeinfuhrabhängigkeit selbst in den Ländern, wo die klimatischen und geologischen Umstände die Förderung erneuerbarer Energien nicht begünstigen[1067].

4.1.1.2.3.2.1 Zwischen Mitgliedstaaten (Art. 7 der Richtlinie 2009/28/EG)

Gemeinsame Projekte zwischen zwei oder mehreren Mitgliedstaaten, wie z. B. zum Bau eines gemeinsamen Kraftwerks, sind in Art. 7 und Art. 8 der Richtlinie 2009/28/EG reglementiert. Sie sind i.S.v. der Richtlinie nur solche Projekte, die nach Inkrafttreten der Richtlinie in Betrieb gegangen sind. Gemäß Art. 7 Abs. 1 ist die Beteiligung an gemeinsamen Projekten auch privaten Betreibern erlaubt. „Gemeinsame Projekte" sind weit zu verstehen und gelten für Strom, Erwärmung und Kühlung.

1066 *Langenheld*, In: *Cremer/Pielow* (Hrsg.), Probleme und Perspektiven im Energieumweltrecht, 2009, S. 16; *Kleßmann/Lamers/Ragwitz/Resch*, Design options for cooperation mechanisms under the new European renewable energy directive, Energy Policy, Vol. 38, 2010, S. 4679–4691.

1067 Anders ist bei den statistischen Transfers gemäß Art. 6 der Richtlinie 2009/28/EG, wo keine physikalische Übertragung von Strom aus erneuerbaren Energien stattfindet, die zwar für die Erreichung des Mindestanteils erneuerbarer Energien hilfreich sein kann, aber neutral hinsichtlich der Energieversorgungssicherheit ist, da sie ermöglicht, dass ein Mitgliedstaat eine bestimmte Menge erneuerbarer Energien empfängt, ohne seine Energiematrix erheblich zu einer saubereren und von Energieeinfuhr weniger abhängigeren zu verändern. Ferner tragen die statistischen Transfers auch nicht zur Annäherung der verschiedenen Fördersysteme bei.

Die Aufteilung der durch die Projekte erzeugten Erneuerbare-Energien-Mengen ist nach von den Mitgliedstaaten bzw. privaten Betreibern gewählten Kriterien durchzuführen, und es besteht für die Beteiligten gemäß Art. 7 Abs 2 die Pflicht, der Kommission den Prozentsatz oder die Menge der Elektrizität, der Wärme oder der Kälte aus erneuerbaren Quellen, die erzeugt wird und für die Zwecke der Erreichung des nationalen Mindestanteilziels zu betrachten ist, mitzuteilen.

Art. 8 der Richtlinie 2009/28/EG regelt Einzelheiten hinsichtlich des Mitteilungsprozess und der Bewertung der Zielerfüllung.

Obwohl bei solchen *joint projects* genauso wie bei den statistischen Transfers gemäß Art. 6 keine reale physikalische Stromübertragung stattfindet[1068], kooperieren beide Mitgliedstaaten aktiver – und nicht nur rund um den überschüssigen Teil der Menge an erneuerbare Energien eines Mitgliedstaates – bei der Implementierung dieser Projekte, und insgesamt betrachtet wird das europäische Energiesystem sauberer und unabhängiger von importierten fossilen Energieträger.

Zum heutigen Stand hat noch kein Mitgliedstaat von diesem Kooperationsmechanismus Gebrauch gemacht. Gründe dafür können in die Tatsache liegen, dass die dadurch finanzierten Anlagen regelmäßig eine längere Laufzeit als bis zum Jahr 2020 aufweisen dürften und ein finanzielles Engagement der beteiligten Mitgliedstaaten die Dauer der jetzigen rechtlichen Rahmenbedingungen überstiege[1069].

4.1.1.2.3.2.2 Zwischen Mitgliedstaaten und Drittstaaten (Art. 9 der Richtlinie 2009/28/EG)

Wie erwähnt wurde, sieht die Richtlinie 2009/28/EG in Art. 9 und Art. 10 die Möglichkeit vor, dass die Mitgliedstaaten gemeinsame Projekte mit Drittstaaten durchführen, um die rechtsverbindlichen Ziele zu erreichen[1070]. Es wird auf die Tatsache Rücksicht genommen, dass es Drittstaaten bzw. Nachbarländer gibt, wo es viel kostengünstiger und effizienter ist, Energie aus erneuerbaren Energiequellen zu erzeugen[1071]. Im Visier war gemäß Erwägungsgrund 39 der Richtlinie 2009/28/EG das Solarenergieprogramm für den Mittelmeerraum[1072].

1068 *Kahles*, Kooperative Mechanismen im Elektrizitätsbinnenmarkt, 2014, S. 182 und 185.

1069 *Kahles*, Kooperative Mechanismen im Elektrizitätsbinnenmarkt, 2014, S. 187.

1070 Im Rahmen der Richtlinie 2001/77/EG gab es keine Möglichkeit, mit Drittstaaten zu kooperieren, um das mitgliedstaatliche Ziel hinsichtlich des Mindestanteils an erneuerbarer Energien zu erreichen. Etwa konkreter könnte die im Ausland ausgestellte Herkunftsnachweise nicht zum Erreichen des Mindestanteilziels eines Mitgliedstaates beitragen. EuGH, Rs. C-66/13, Slg. 2014 – Green Network.

1071 *Lehnert/Vollprecht*, Neue Impulse von Europa: Die Erneuerbare-Energien-Richtlinie der EU, ZUR, Heft 6, 2009, S. 312.

1072 *Karpenstein*, In: *Gerstner* (Hrsg.), Grundzüge des Rechts der erneuerbaren Energien, 2013, S. 36.

Der Richtlinie kann nicht entnommen werden, was unter dem Ausdruck „Drittländer“ zu verstehen ist. Es gibt weder eine Begriffsbestimmung im Art. 2 noch ist der Wortlaut in Art. 9 klar. Fraglich wäre dann, ob auch Drittstaaten, die aber nicht Nachbarländer sind, sich an gemeinsamen Projekten i.S.v. Art. 9 der Richtlinie beteiligen könnten. Entstehungsgeschichtlich wird keine deutliche Antwort geliefert. Obwohl die Kommission in ihrem Vorschlag[1073] mehrmals die Vorteile eines Ausbaus der erneuerbaren Energien in Europa zitierte[1074], ist jedoch nicht klar, welche Rolle die Ersetzung von gemeinsamen Projekte zwischen Mitgliedstaaten und Drittländern haben kann. Die Frage ist relevant, da die Verringerung der Energieeinfuhrabhängigkeit als Mittel für die Gewährleistung der Energieversorgungssicherheit[1075] laut der Kommission einerseits wünschenswert ist, die Implementierung von mehreren gemeinsamen Projekten andererseits zu einer neuen Art von Energieeinfuhrabhängigkeit führen könnte, d.h. eine auf Biomasse, Windenergie oder irgendeiner erneuerbaren Energiequelle basierende Einfuhrabhängigkeit.

Aus teleologischer Perspektive ist die Stellungnahme des Wirtschafts- und Sozialausschusses im Kontext des Vorschlags der Kommission hinsichtlich eines neuen Rechtsrahmens für die Förderung der erneuerbaren Energien immer noch aktuell und für die Lösung der oben gestellten Frage hilfreich, wo erklärt wurde, dass ein reiner Wechsel von Erdöleinfuhrabhängigkeit zu einer Biomasseeinfuhrabhängigkeit kein ernsthaftes Ziel der EU sein kann[1076].

Um die Absicht der Kommission hinsichtlich der Bedeutung von „Drittländern“ zu begreifen, dass die Implementierung von gemeinsamen Projekten zwischen Mitgliedstaaten und Drittstatten gemäß Art. 9 der Richtlinie 2009/28/EG legitimiert und rechtfertigt und gleichzeitig nicht als ein Anreiz zu einer neuen Art von Energieeinfuhrabhängigkeit verstanden wird, muss zudem an das Grünbuch von 2000[1077] erinnert werden. Dort steht wörtlich, dass „Die Sicherung

---

1073 Vorschlag für eine Richtlinie des Europäischen Parlaments und des Rates zur Förderung der Nutzung von Energie aus erneuerbaren Quellen v. 23.1.2008. KOM (2008) 19 endg.

1074 U. a. die Verringerung der Energieeinfuhrabhängigkeit und der Treibhausgasemissionen und die Erhöhung der Energieversorgungssicherheit, vgl. Vorschlag für eine Richtlinie des Europäischen Parlaments und des Rates zur Förderung der Nutzung von Energie aus erneuerbaren Quellen v. 23.1.2008. KOM (2008) 19 endg., S. 4.

1075 Dieses mechanische Verhältnis wurde schon in dieser Arbeit hervorgehoben (s. 2.2.3.2). Vgl. Mitteilung der Kommission „Fahrplan für erneuerbare Energien – Erneuerbare Energien im 21. Jahrhundert: Größere Nachhaltigkeit in der Zukunft“ v. 10.01.2007. KOM (2006) 848 endg., S. 16–17; Vorschlag für eine Richtlinie des Europäischen Parlaments und des Rates zur Förderung der Nutzung von Energie aus erneuerbaren Quellen v. 23.1.2008. KOM (2008) 19 endg., S. 4.

1076 ABl. C 77 v. 31.3.2009, S. 43.

1077 S. 3.3.3.2.2 und vgl. Grünbuch „Hin zu einer europäischen Strategie für Energieversorgungssicherheit“ v. 29.11.2000. KOM (2000) 769 endg.

der Versorgung keineswegs darauf abzielt, ein Höchstmaß an Energieautarkie zu erzielen oder die Abhängigkeit auf das geringstmögliche Niveau zu drosseln, sondern darauf, die mit dieser Abhängigkeit verbundenen Risiken zu mildern"[1078]. Instrumente für eine solche Milderung wäre dann die Implementierung von gemeinsamen Projekten, um Drittländer näherzubringen. In diesem Prozess, bei dem sich Mitgliedstaaten und Drittländer annähern, wird die Energieversorgungssicherheit gewährleistet, da weniger Raum für politische Instabilität bleibt, obwohl eine von anderen Faktoren abhängige politische Instabilität bzw. Krise nicht ausgeschlossen ist.

Angesichts der Tatsache, dass die Kooperationsmaßnahme zwischen Staaten gemäß Art. 9 der Richtlinie 2009/28/EG dazu verhelfen kann, eine Milderung der mit der Energieeinfuhrabhängigkeit verbundenen Risiken zu realisieren, trägt sie jedenfalls zur Gewährleistung der Energieversorgungssicherheit bei und ist somit zu begrüßen.

Im Sinne eines Ausbaus eines freundlichen und sicheren Raums für den Handel von Strom und Energieträgern, der die Energieversorgung sicherstellt, ist es sinnvoll, dass nicht nur Nachbarländer als Drittländer i.S.v. Art. 9 und Art. 10 der Richtlinie 2009/28/EG verstanden werden, sondern auch solche Länder, die keine irdische Grenze mit der EU haben (wie beispielweise die nordafrikanischen Länder). Zudem ist ein Grund, der eine Trennung zwischen Nachbar- und nicht Nachbarländern rechtfertigen könnte, kaum vorstellbar. Teilnehmer der gemeinsamen Projekte mit Mitgliedstaaten kann dann theoretisch jeder Staat sein (einschließlich aber nicht nur die Schweiz, die Mitgliedstaaten des Europäischen Wirtschaftraums und die Mitgliedstaaten der Energiegemeinschaft[1079], die Annahme der Richtlinie 2009/28/EG vorausgesetzt).

Fraglich ist noch, ob die in Art. 9 beinhaltene Möglichkeit, mit Drittstaaten gemeinsame Projekte durchzuführen, um das Mindestanteilziel zu erfüllen, nicht zu einer auf erneuerbaren Energien beruhenden höheren Energieeinfuhrabhängigkeit führen könnte. Das ist aus zwei Gründen zu verneinen. Erstens gibt es keine Hierarchie oder Privilegierung zwischen den verschiedenen Förderregelungen und Maßnahmen, die die Mitgliedstaaten nutzen können, um ihre Ziele zu erreichen, sodass eine übermäßige Inanspruchnahme des Art. 9 der Richtlinie 2009/28/EG unwahrscheinlich ist. Zweitens ist der Gegenstand des Art. 9 Abs. 1 strikter im Vergleich zu dem in Art. 7, da sich die gemeinsamen Projekte zwischen Mitgliedstaaten und Drittländern (mit privaten Betreiber einschließlich) gemäß Art. 9 Abs. 1 nur auf die Erzeugung von Elektrizität – nicht Wärme oder Kälte – aus erneuerbaren Energiequellen erstrecken darf. Damit der in Drittländern erzeugte Strom aus erneuerbaren Energiequellen auf das nationale Gesamtziel eines Mitgliedstaates angerechnet werden kann, müssen die (schärferen) Voraussetzungen der Art. 9

1078 Ebenda, S. 11.

1079 *Glachant/Ahner*, In: *Vinois* (Hrsg.), EU Energy Law – Volume VI – The security of energy supply in the European Union, 2012, S. 16.

und 10 der Richtlinie 2009/28/EG erfüllt werden[1080]. Die Gefahr einer von einer übermäßigen Inanspruchnahme des Art. 9 geführten neuen Art von Energieeinfuhrabhängigkeit, die die europäische Energieversorgungssicherheit gefährden könnte, ist somit höchstwahrscheinlich ausgeschlossen[1081].

Die Voraussetzungen, die erfüllt werden müssen, um die in dem Drittstaat erzeugte Energiemenge anzurechnen, sind folgende: (i) Erzeugung (nur) von Elektrizität aus erneuerbaren Energiequellen in einem Drittland (Art. 9 Abs. 1); (ii) die aus erneuerbaren Energien in einem Drittstaat erzeugte Strommenge muss in der EU verbraucht werden (Art. 9 Abs. 2 lit. a)[1082-1083]; (iii) nur Elektrizität aus neu gebauten Anlagen, die nach dem 25. Juni 2009 in Betrieb genommen wurden, oder mittels der erhöhten Kapazität einer Anlage, die nach Inkrafttreten der Richtlinie umgerüstet wurde, wird berücksichtigt (Art. 9 Abs. 2 lit. b); (iv) Außer Investitionsbeihilfen für die Anlage darf keine andere Beihilfe gewährt werden (Art. 9 Abs. 2 lit. c). Klar ist, dass der Grund für solche strengen Voraussetzungen für Projekte mit Drittländern in der Gewährleistung der europäischen Energieversorgungssicherheit liegt. Projekte mit Drittstaaten können die Diversifizierung der Energieeinfuhr erhöhen und somit die Energieeinfuhrabhängigkeit von fossilen Energien verringern[1084]. Die Implementierung solcher Projekte mit Drittländern macht nur dann Sinn, **wenn die in**

1080 Zudem und nicht nur auf gemeinsame Projekte mit Drittländern (nur für Elektrizität), sondern auch auf gemeinsame Projekte zwischen Mitgliedstaaten, die Biomasse als Gegenstand haben, treffen zusätzlich die Nachhaltigkeitskriterien des Art. 17 Abs. 1 der Richtlinie 2009/28/EG zu. Vgl. dazu *Lehnert/Vollprecht*, Neue Impulse von Europa: Die Erneuerbare-Energien-Richtlinie der EU, ZUR, Heft 6, 2009, S. 316; *Schmeichel*, In: *Gesellschaft für Umweltrecht*, Dokumentation zur 35. Wissenschaftlichen Fachtagung der Gesellschaft für Umwelt e.V. Berlin 2011, 2012, S. 187ff. Die Kommission schlug 2012 vor, die aus Nahrungsmittelpflanzen gewonnenen Biokraftstoffe nach 2020 nicht mehr öffentlich zu fördern. Vorschlag für eine Richtlinie des Europäischen Parlaments und des Rates zur Änderung der Richtlinie 98/70/EG über die Qualität von Otto- und Dieselkraftstoffen und zur Änderung der Richtlinie 2009/28/EG zur Förderung der Nutzung von Energie aus erneuerbaren Quellen v. 17.10.2012. KOM (2012) 595 final.

1081 Obwohl eine Energieeinfuhrabhängigkeit wegen anderen Gründen, europarechtliche Gründe ausgeschlossen, möglich ist (s. u. 4.1.2.3.2.1)

1082 Obwohl eine Verbundleitung für die Erfüllung der Voraussetzung erforderlich ist, ist zwar kein physikalischer Transport der Energie unmittelbar aus der Erneuerbaren-Energien-Anlage in die EU notwendig. Was für die Anrechnung geschehen muss, ist eine gleichzeitige echte (nicht virtuelle) Übertragung von Strommengen, die dem aus erneuerbaren Energien erzeugten Strom entsprechen, *Lehnert/Vollprecht*, Neue Impulse von Europa: Die Erneuerbare-Energien-Richtlinie der EU, ZUR, Heft 6, 2009, S. 313; *Karpenstein*, In: *Gerstner* (Hrsg.), Grundzüge des Rechts der erneuerbaren Energien, 2013, S. 37.

1083 Eine Ausnahme von der Voraussetzung hinsichtlich des Stromverbrauchs in der EU bietet Art. 9 Abs. 3 der Richtlinie 2009/28/EG, s. 4.1.2.3.1.

1084 *Kahles*, Kooperative Mechanismen im Elektrizitätsbinnenmarkt, 2014, S. 191.

einem Drittstaat erzeugte Elektrizität tatsächlich in der EU verbraucht wird, damit eine echte Verringerung der Energieeinfuhrabhängigkeit geschieht.

4.1.1.2.3.2.3 Fazit: unbenutztes Potenzial der Flexibilitätsmechanismen

Bis heute erlangen die Flexibilitätsmechanismen der Richtlinie 2009/28/EG bei den Mitgliedstaaten kaum Akzeptanz. Die Gründe dafür liegen in der Verfügbarkeit von lokalen Energiequellen sowie in der Präferenz der Mitgliedstaaten, lokale Investitionen an Land zu bevorzugen[1085]. Laut der Kommission haben nur Italien und Luxemburg angegeben, Mechanismen der Zusammenarbeit zur Einhaltung ihrer 2020-Ziele einsetzen zu wollen. Zudem könnten 10 Mitgliedstaaten ihren „Überschuss" für andere Mitgliedstaaten bereitstellen[1086]. Selbst mit dem Vorhandensein von Flexibilitätsmechanismen haben die Mitgliedstaaten bisher (nur) eigenständige Lösungen für die Erreichung ihrer Ziele entwickelt. Obwohl diese Mechanismen ausnahmsweise zu nutzen sind, sollte das wirtschaftliche Einsparpotenzial dank eines optimierten Handels nicht unberücksichtigt bleiben.

Angesichts der Pflicht gegenüber den kooperierenden Mitgliedstaaten, bi- oder multilaterale Vereinbarungen bei der Nutzung der Flexibilitätsmechanismen zu schließen, ist auch ein Minus hinsichtlich der Stärkung der EU als politische Institution und des EU-Rechts als rechtlicher Rahmen zur Förderung erneuerbarer Energien zu kalkulieren.

Hervorzuheben ist nur die gemeinsame Förderregelung hinsichtlich eines gemeinsamen Systems handelbarer grüner Zertifikate zwischen Schweden und Norwegen, das Solarenergieprogramm für den Mittelmeerraum, das Solarstromprojekt „Helios" in Griechenland[1087] und die Nordsee Initiative[1088]. Dementsprechend stellt die Unterstützung einer verstärkten Nutzung der Mechanismen der Zusammenarbeit eine der vier wesentlichen Maßnahmen dar, die nach Ansicht der Kommission durchgeführt werden müssen, um den Beitrag der erneuerbaren Energien zum Energiemix weiter zu erhöhen und die Energieversorgungssicherheit zu gewährleisten[1089].

1085 *Müller-Kraenner/Langsdorf*, Eine Europäische Union für erneuerbare Energien – politische Weichenstellungen für bessere Stromnetze und Fördersysteme, 2012, S. 38.

1086 Mitteilung der Kommission „Erneuerbare Energien: ein wichtiger Faktor auf dem europäischen Energiemarkt" v. 6.6.2012. KOM (2012) 271 final, S. 6.

1087 „Helios" ist eine Idee, die das Ziel hat, 10GW in Solarstrom in Griechenland zu erzeugen und weiter an andere Mitgliedstaaten wie Deutschland, Italien und Luxemburg zu übertragen. Griechenland selbst wird nur 1GW verbrauchen, während der Rest des erzeugten Stroms durch Hochspannungsleitungen transportiert wird. Vorteil dieses Projekts ist seine Fähigkeit, die griechischen Schulden gegenüber der EU abzubauen.

1088 S. 4.1.2.3.3.

1089 Mitteilung der Kommission „Erneuerbare Energien: ein wichtiger Faktor auf dem europäischen Energiemarkt" v. 6.6.2012. KOM (2012) 271 final, S. 16; Bericht der

4.1.1.2.3.3 Fazit: Ungleichgewicht zwischen nationalen Fördersystemen und Kooperationsmechanismen

Es kann bestätigt werden, dass es zwischen den Mitgliedstaaten im Bereich Energie doppelt an allgemeiner Solidarität fehlt. Einerseits favorisieren Mitgliedstaaten nationale Lösungen hinsichtlich der Förderung erneuerbarer Energien, und andererseits engagieren sie sich nicht in der Zusammenarbeit. Nicht nur nationale Fördersysteme werden befürwortet, sondern auch die Kooperationsmechanismen bekommen keine Unterstützung. Beide Vorgehensweisen hin zur Schaffung einer auf erneuerbaren Energien basierenden gesicherten Energieversorgung sind nicht gegenseitig ausschließbar. Sinn und Zweck des Richtliniengebers ist vielmehr, den Mitgliedstaaten eine Palette von Möglichkeiten zur Verfügung zu stellen. Die heutige Energiepolitik besteht aus einem Ungleichgewicht zwischen nationalen Fördersystemen und Kooperationsmechanismen hinsichtlich der Förderung der erneuerbaren Energien, die die primärrechtlichen Ziele der Gewährleistung der Energieversorgungssicherheit (Art. 194 Abs. 1 lit. b AEUV) und der Sicherstellung des Funktionierens des Energiemarkts (Art. 194 Abs. 1 lit. a AEUV) sowie das Leitziel der Solidarität beeinträchtigen.

4.1.1.3 Fazit: Auf dem Weg zur Beherrschung der Unregelmäßigkeit zugunsten der Energieversorgungssicherheit

Die europäische Energiepolitik ist auf einem positiven Weg, Energieversorgungssicherheit mit der Förderung erneuerbarer Energien zu vereinbaren. Die Richtlinie 2009/28/EG stellte eine Rahmenbedingung dar, bei der der Anteil erneuerbarer Energien in dem Gesamtverbrauch erhöht wird, ohne dass die Energieversorgungssicherheit gefährdet wird. Je höher der Anteil in der europäischen Energiematrix ist, desto mehr wird die Aufrechterhaltung dieser Lage erschwert. Während alleingängige nationale Fördersysteme alleinverantwortlich für diese Fortschritte sind, brauchen die Mitgliedstaaten für die Zukunft ein Mehr an Solidarität und Zusammenarbeit, damit die Energieversorgungssicherheit koordiniert werden kann. Die Kooperationsmechanismen sind schon rechtlich vorhanden, die Mitgliedstaaten nutzen sie jedoch nicht. Vermutlich wäre die Einführung einer EU-weiten Einspeiseregelung vorteilhafter für die Energieversorgungssicherheit als nationale Fördersysteme und ein EU-weites Quotenmodell, da die erstere zur Diversifizierung der Energiequellen beiträgt.

Obwohl in der Tat nur Wind- und Sonnenenergie unregelmäßige erneuerbare Energiequelle darstellen, und obwohl es noch technologisches Potenzial für die Beherrschung bzw. die Milderung des Schwankens dieser Energieträger gibt, ist die Einführung zusätzlicher Technologien, wie Speicher und intelligente Messsysteme, von erheblicher Bedeutung, da sie im Zusammenhang mit einer flexibilisierten und

---

Kommission „Fortschrittsbericht ‚Erneuerbare Energien'" v. 27.3.2013. KOM (2013) 175 final, S. 15.

variierten Energieerzeugung zur Sicherstellung der Energieversorgung beitragen. Die gültige Rechtsgrundlage dafür genügt jedoch nicht, um diese Aufgabe zu bewältigen, wie vorher gezeigt wurde.

Hervorzuheben ist allerdings das Prinzip des Vorrangs des Stroms aus erneuerbaren Energiequellen des Art. 16 der Richtlinie 2009/28/EG, das in Art. 194 Abs. 1 lit. b AEUV einen Beitrag zum Ziel leistet. Im Konfliktfall zwischen der vorrangigen oder garantierten Einspeisung in das Netz von erneuerbaren Energien und der Aufrechterhaltung der technischen Energieversorgungssicherheit bekommt die letztere den Vorrang. Dieses Ergebnis ist somit mit der im vorherigen Kapitel präsentierten These des dienenden Verhältnisses zwischen den Zielen der Energiepolitik (insbesondere zwischen Art. 194 Abs. 1 lit. b und Art. 194 Abs. 1 lit. c AEUV) vereinbar.

4.1.2 Dezentralität der Energieerzeugung

Wie oben erwähnt wurde, stellt die Dezentralität ein erhebliches Merkmal der Erzeugung von Strom aus erneuerbaren Energien dar. Politisch stehen die Dezentralisierung und ihre Auswirkungen auf die wirtschaftlichen, sozialen und ökologischen Rahmenbedingungen immer mehr im Vordergrund, da ein neuer Ansatz, der das heutige zukunftsunfähige Energiesystem ersetzt kann, vielversprechend ist. Die regionale bzw. lokale Nutzung von erneuerbaren Energien bietet vielfältige Vorteile gegenüber der Stromerzeugung aus fossilen Energieträgern[1090]. Zu nennen sind beispielweise die regionale Wertschöpfung[1091], die Beiträge zum Umweltschutz sowie die Stärkung der regionalen Identität und die Steigerung der Lebensqualität[1092]. Da die Nutzung der erneuerbaren Energiequellen in dieser Ausgestaltung zu einer Diversifizierung der (einheimischen) Energieträger führt, ist auch mit einem Beitrag zur Gewährleistung der Energieversorgungssicherheit zu rechnen.

Bei der Diskussion um die Struktur eines Energiesystems werden normalerweise vier Faktoren berücksichtigt: die Größe der installierten Kapazität der Anlagen zur Stromerzeugung; die Entfernung zwischen dem Ort der Erzeugung und dem Verbrauchsort; die Abhängigkeit des Versorgungssystems von Hochspannungs-Übertragungsleitungen; und die Eigentümerstruktur der Kraftwerke und der Netze[1093]. Vor allem geht es bei der Umstrukturierung des heutigen Energiesystems

1090 Die Debatte bezüglich der Vorteile erneuerbarer Energien gegenüber zentralisierten Energiesysteme ist nicht neu, vgl. *Lovins*, Energy strategy: the road not taken?, Foreign Affairs, Vol. 55, 1976.

1091 Einkommensmöglichkeiten, neue Geschäftsfelder für Finanzdienstleister und Versicherungen, Pacht- und Gewerbesteuereinnahmen, Erlöse aus dem Betrieb von Stadt- und Gemeindewerken, Bereitstellung von Rohstoffen von Land- und Forstwirtschaft, *Volz*, Genossenschaften im Bereich erneuerbarer Energien, 2012, S. 43.

1092 *Brkic*, In: *Kratz* (Hrsg.), Energie der Zukunft, 2007, S. 131.

1093 *Müller-Kraenner/Langsdorf*, Eine Europäische Union für erneuerbare Energien – politische Weichenstellungen für bessere Stromnetze und Fördersysteme, 2012, S. 24.

um einen Paradigmenwechsel[1094], der sich auf das Ausmaß und die Menge der installierten Kapazität bezieht. Wie schon erwähnt, sind die erneuerbaren Energiequellen viel weiter geographisch verteilt als die fossilen Brennstoffe, und die ersteren können mit den entsprechenden Technologien in kleinem Umfang und einfacher ein ausreichendes Effizienzniveau erreichen. Sowohl die Vielfalt der erneuerbaren Energieträger als auch die dezentrale Anlagentechnik ermöglichen den Aufbau kleinteiligerer Erzeuger- und Versorgungsstrukturen „vor Ort"[1095]. Da die Nutzung von erneuerbaren Energien „vor Ort" geschehen kann, machen größere Energieanlagen und größere Energieinfrastrukturen weniger Sinn, obwohl die Frage hinsichtlich der Kriterien zu der Ausdifferenzierung der Größenordnung noch offen bleibt.

Zweitens ermöglicht die Dezentralisierung eine Verringerung der Entfernung zwischen Ort der Stromerzeugung und Ort des Stromverbrauchs. Diese Ausgestaltung, die die Möglichkeit mit sich bringt, eine unabhängige Energieversorgung zu erreichen, wird in ländlichen und dünn besiedelten Regionen favorisiert, während im Fall von Bevölkerungszentren mit hoher Stromnachfrage eine tendenzielle Erhöhung der Entfernung zu erwarten ist.

Drittens ist der Umbau der Stromerzeugung hin zu einem erneuerbaren Energiesystem teilweise von dem Ausbau neuer Übertragungsverbindungen abhängig, z. B. für die Anbindung von Offshore-Windparks und für die Übertragung des Stroms aus der nordafrikanischen Wüste. Soweit es sich von einer reinen Einbeziehung der neuen Logik der erneuerbaren Energien zur alten konsolidierten und von größeren Maßstäben geprägten Logik der fossilen Energieträger handelt, d.h. soweit die Frage der Energiewende nicht als ein Paradigmenwechsel behandelt wird, werden solche Übertragungsstrukturen notwendig sein.

Viertens eröffnet der in kleinem Umfang und dezentral erzeugte Strom aus erneuerbaren Energien die Möglichkeit, dass private Haushalte, Landwirte, lokale Genossenschaften und Kommunen Eigentümer von Energieversorgungsanlagen werden[1096]. Der dezentrale Ansatz wird damit mit der Idee eines SmartGrides assoziiert, was ein intelligentes Stromnetz beschreibt, welches insbesondere durch den Einsatz technischer Vorrichtungen auf Verteilernetze dazu geeignet ist, Strom aus vielen, kleine(re)n, dezentral gelegenen Stromerzeugungsanlagen aufzunehmen und die mit dieser Art der Stromerzeugung verbundenen Fluktuationen durch Eingriffe auf Verbraucherseite und Erzeugerseite auszugleichen[1097].

1094 Zum Spannungsverhältnis zwischen beide Energiesysteme sowie zu den Auswirkungen eines Wechsels zu erneuerbaren Energien vgl. *Scheer*, Der energetische Imperativ, 2010, S. 56–60.

1095 *Volz*, Genossenschaften im Bereich erneuerbarer Energien, 2012, S. 42.

1096 *Müller-Kraenner/Langsdorf*, Eine Europäische Union für erneuerbare Energien – politische Weichenstellungen für bessere Stromnetze und Fördersysteme, 2012, S. 24–25.

1097 *Kistner*, Das Konzept des SuperGrids im Lichte der Verordnung zu Leitlinien für die transeuropäische Energieinfrastruktur (TEN-E-VO), EnWZ, Heft 9, 2014, S. 406.

Vorteile der dezentralen Stromerzeugung, die sich ohne die großen Stromkonzerne mit ihrer Tendenz zur weltweiten Oligopolisierung entfalten können[1098], sind die Stärkung der (lokalen) Energieversorgungssicherheit, die Minderung der Folgen eines terroristischen Anschlages im Vergleich zu zentralen Systemen, die Verminderung der Energieeinfuhrabhängigkeit von fossilen Energiequellen, die Schaffung von Arbeitsplätzen vor Ort und die Erhöhung der regionalen Kaufkraft sowie die ökonomischen Kosten.

Auf der anderen Seite muss die Tatsache hervorgehoben werden, dass Energiesysteme von großen Investitionen stark abhängig sind, was die Abhängigkeit von fossilen Energieträgern verewigt. Zudem erschweren die eigennützigen Interessen der etablierten Energieunternehmen die Einführung von neuen Technologien. Diese „Trägheit" und „Verlangsamung" im Bereich Energie ist wegen der Komplexität und der gesellschaftlich-technologischen Auswirkungen noch stärker[1099].

Unter dem Begriff „Dezentrale Erzeugungsanlagen" sind die verbrauchsnah errichteten Kraftwerke, die Elektrizität nicht in Hochspannungs-, sondern in Mittel- und Niederspannungsverteilnetze einspeisen, zu verstehen. Angesichts dieser Merkmale sind auch die mögliche Reduzierung des notwendigen Umfangs des Transportnetzes und entsprechend die Reduzierung der Übertragungsverluste dazu zu rechnen[1100].

Problematisch ist allerdings, dass die dezentrale Energieerzeugung, wie z. B. Solaranlagen in nördlichen Regionen und Windkraftanlagen im Binnenland, nicht immer wirtschaftlich- und geo-optimale Lösungen bieten, im Vergleich zu Offshore-Windanlagen auf hoher See oder solarthermischen Kraftwerken in Nordafrika[1101]. Angesichts dessen bilden zentralisierte Erneuerbare-Energien-Erzeugungsanlagen zusammen mit ihren entsprechenden Übertragungstechnologien ein Teil von Brücken- bzw. Alternativszenarien. Grundvoraussetzung für die Wahl zwischen der Entwicklung eines zentralisierten oder dezentralisierten Energiesystems stellt aber die Netzinfrastruktur dar. Die Diskussion bezüglich der Implementierung eines SuperGrids ist von einem zentralen Ansatz geprägt, also der Vorstellung, dass Strom künftig vermehrt an zentral gelegenen Orten erzeugt wird, die allerdings fernab von den Verbrauchszentren angesiedelt sind[1102].

Das europäische Recht nimmt Rücksicht auf die Tatsache, dass die dezentralen Erzeugungsanlagen in einigen Mitgliedstaaten schon Realität sind und versucht,

---

1098 *Lauber/Schenner*, Die neue erneuerbare Energie-Richtlinie der EU von 2009: Zeigt sich der Richtlinie von 2001 ein Umdenken bei der Frage der Fördersysteme?, ZNER, Heft 4, 2009, S. 325.

1099 *Goldthau/Sovacool*, The uniqueness of the energy security, justice and governance problem, Energy Policy, Vol. 41, 2012, S. 235; 237–238.

1100 *Schumacher*, Innovationsregulierung im Recht der netzgebundenen Elektrizitätswirtschaft, 2009, S. 143–144.

1101 Ebenda, S. 159.

1102 *Kistner*, Das Konzept des SuperGrids im Lichte der Verordnung zu Leitlinien für die transeuropäische Energieinfrastruktur (TEN-E-VO), EnWZ, Heft 9, 2014, S. 406.

das Thema zu reglementieren (4.1.2.1). Die unabhängig von den europäischen Vorschriften gegründeten Initiativen dezentralisierter Energieerzeugung am Beispiel Deutschlands sind hier zu nennen, die einen Beitrag zur lokalen Energieversorgungssicherheit leisten (4.1.2.2). Trotzdem versuchen die etablierten Akteure des heutigen Energiesystems die neue Rationalität der Erzeugung von Strom, die sich durch eine dezentralisierte Energieerzeugung auszeichnet, in die heutige Energielogik einzubeziehen[1103], d.h. Strom aus erneuerbaren Energien zentral zu erzeugen (4.1.2.3). Ob und wie die beiden Logiken sich einigen lassen und welchen Beitrag zur Energieversorgungssicherheit sie leisten, wird analysiert (4.1.2.4).

4.1.2.1 Erwähnung der Dezentralität in den sekundärrechtlichen Vorschriften

Die Dezentralisierung der Energieerzeugung als ein erhebliches Merkmal einer von einem steigenden Anteil an erneuerbaren Energien geprägten europäischen Energiepolitik wurde erstmalig in der Richtlinie 2003/54/EG (sog. Beschleunigungsrichtlinie) erwähnt. Erwägungsgrund 18 der Richtlinie 2003/54/EG betont die Pflicht gegenüber den nationalen Regulierungsbehörden, die langfristig durch dezentrale Elektrizitätserzeugung und Nachfragesteuerung vermiedenen Netzgrenzkosten bei der Festlegung von Tarifen zu berücksichtigen. Wichtiger ist aber der Erwägungsgrund 23, der das zitierte Merkmal mit der Energieversorgungssicherheit verbindet. **Die dezentrale Energieerzeugung als Bestandteil der Netzinfrastruktur – zusammen mit den Verbundmöglichkeiten – wurde als wichtiges Element der Sicherstellung einer stabilen Energieversorgung anerkannt**. Der Richtliniengeber nimmt Rücksicht auf die Tatsache, dass eine Energiepolitik, die die Energieversorgungssicherheit als Ziel hat und sich auf den Ausbau erneuerbarer Energien stützt, die dezentrale Energieerzeugung und ihre Auswirkungen sowohl auf die Stromeinspeisung selbst (Sicherung der Energieversorgung) als auch auf das Netz (technische Energiesicherheit) berücksichtigen muss.

In der Richtlinie 2009/72/EG, die der Richtlinie 2003/54/EG u.a. ablöste, wird die Dezentralisierung in Erwägungsgrund 24 erwähnt. Die Mitgliedstaaten müssen die Verteilernetze so modernisieren („unterstützen" laut der Richtlinie), dass dezentrale Stromerzeugung und Energieeffizienz gefördert werden. Diese Pflicht richtet sich gemäß Art. 25 Abs. 7 der Richtlinie 2009/72/EG an die Verteilernetzbetreiber, die bei der Planung des Verteilernetzausbaus die dezentrale Energieerzeugung berücksichtigen müssen. Erwägungsgrund 36 wiederholte Erwägungsgrund 18 der Richtlinie 2003/54/EG (s. auch Art. 36 lit. d der Richtlinie 2009/72/EG zu den Aufgaben der mitgliedstaatlichen Regulierungsbehörde) und Erwägungsgrund 44 der Richtlinie 2009/72/EG, den Erwägungsgrund 23 der Richtlinie 2003/54/EG.

Auf der anderen Seite sind in der für die Förderung der erneuerbaren Energien konzipierten Richtlinie 2001/77/EG interessanterweise weder Überlegungen noch

---

1103 Ausführlich dazu, vgl. *Scheer*, Der energetische Imperativ, 2010, S. 133–153.

Vorschriften über die Dezentralisierung der Energieerzeugung zu finden. Erst in den Erwägungsgründen 3 und 6 der Richtlinie 2009/28/EG wurde das Merkmal berücksichtigt. Erwägungsgrund 3 erkennt einerseits von Anfang an, dass die Stromerzeugung aus erneuerbaren Energieträger oft lokal bzw. regional geschieht und andererseits, dass die mitgliedstaatliche Berücksichtigung einer solchen gesellschaftlichen Ausgestaltung mittels Investitionen und Förderung in die lokale und regionale Produktion von Energie aus erneuerbaren Quellen Wachstumschancen und Beschäftigungsmöglichkeiten ermöglicht. Erwägungsgrund 6 machte deutlich, dass dezentrale Technologien unterstützt werden müssen, damit eine Entwicklung hin zu einer dezentralisierten Energieerzeugung geschaffen wird, die mehrere Vorteile mit sich bringt, z. B. „die Nutzung vor Ort verfügbarer Energiequellen, eine bessere **lokale Energieversorgungssicherheit**, kürzere Transportwege und geringere übertragungsbedingte Energieverluste". Damit ist klar, dass eine Stromerzeugung aus erneuerbaren Energien, die regionalisiert, und dezentralisiert ist und in kleinem Maßstab stattfindet und zur (lokalen) Energieversorgungssicherheit beiträgt, Unterstützung von der Kommission bekam, obwohl gleichzeitig auch zentralisierte Lösungen wie z. B. das Solarenergieprogramm für den Mittelmeerraum berücksichtigt wurden (s. Erwägungsgrund 39 der Richtlinie 2009/28/EG)[1104].

Die Dezentralisierung ist somit ein erheblicher Teil für die Gewährleistung der zukünftigen Energieversorgungssicherheit, was von der Kommission anerkannt wurde.

4.1.2.2 Beispiele dezentralisierter Energieerzeugung

In 4.1.1 wurde erklärt, was unter dem Begriff „erneuerbare Energien" gemäß Art. 2 lit. a der Richtlinie 2009/28/EG zu verstehen ist. Der Begriff beschreibt die Erzeugung von Strom aus erneuerbaren Energien weder als unregelmäßig noch als dezentral. Beide Merkmale sind vielmehr allgemein akzeptierte technische Eigenschaften solcher Energieträger. Trotzdem existiert kein direktes Verhältnis zwischen beiden Merkmalen, d.h. eine unregelmäßige Energiequelle wie Wind- und Sonnenenergie ist nicht unbedingt dezentral. Gleichfalls werden nicht alle regelmäßigen Energiequellen (Biomasse z. B.) zentral ausgebeutet. Beispiele dezentraler erneuerbarer Energien sind die Onshore-Windenergie, die Geothermie, die Biomasse und -gas, die Photovoltaik und die Hydroenergie (die Meeresströmung-Kraftwerke ausgeschlossen, da sie standortabhängig sind). Folglich wird die dezentralisierte Energieerzeugung aus erneuerbaren Energien und ihr Beitrag zur (lokalen) Energieversorgungssicherheit sowie zu einer Erhöhung der

---

1104 Zur Dezentralisierung der Stromerzeugung und ihre Auswirkungen, s. auch Erwägungsgrund 12 (Beitrag der Biogasanlagen zur nachhaltigen Entwicklung), Erwägungsgrund 43 (einfacheres Genehmigungsverfahren für kleine dezentralisierte Anlagen, Art. 13 Abs. 1 lit. f), Erwägungsgrund 62 (Berücksichtigung der dezentralen Anlagen bei der Berechnung der Anschlusskosten) der Richtlinie 2009/28/EG.

Demokratisierung der Stromerzeugung gegenüber den größeren Stromkonzernen am Beispiel der deutschen Kommunen (4.1.2.2.1)[1105] und anderen (4.1.2.2.2) analysiert. Letztlich ist auch das Problem der Schaffung der lokalen Akzeptanz im Bereich der Dezentralisierung der Stromerzeugung zu erwähnen (4.1.2.2.3), die eng mit der lokalen Energieversorgungssicherheit zusammenhängt.

4.1.2.2.1 Deutsche Kommunen

Das Beispiel des deutschen EEG und der entsprechenden gesetzlichen Implementierung in den deutschen Kommunen wird in der Literatur oft als erfolgreichste Geschichte einer dezentralen Initiative hin zur Energiewende erwähnt[1106]. Im Vordergrund steht der Umbau einer zentral organisierten fossil-atomaren Energieversorgung hin zu einem auf die Selbstverwaltungsgarantie des Art. 28 Abs. 2 GG gestützten dezentralen Energiesystem, das auf einheimischen, regionalen und diversifizierten erneuerbaren Energien beruht. Stichworte hier sind „Energieregionen" und „Energieautarkie" bzw. „Energieautonomie", die aber nicht als eine Abkopplung von dem Energiesystem zu verstehen sind, sondern als eine Ausgleichung in der Jahresbilanz zwischen dem erzeugten Strom aus lokalen Energieträgern und dem in der Region verbrauchten Strom beschreibt[1107]. Die Kommunen bzw. Gemeinden, die autark sind, bleiben noch an das übergeordnete Netz angeschlossen und nutzen es als Puffer.

2012 stammte 47% (oder 34GW) der installierten Leistung erneuerbarer Energien in Deutschland von sog. „Bürgerenergie", die die Energie beschreibt, die zumindest unter teilweiser finanzieller Eigenkapitalbeteiligung von Privatpersonen (in Form von Eigenheim-Solardach, Landwirt mit Biogasanlage, Energiegenossenschaften[1108], gemeinschaftlich errichteten Windparks usw.) bereitgestellt wird. Nahezu die Hälfte aller Kapazitäten befindet sich also in Hand von Einzeleigentümern, Bürgerenergiegesellschaften und Bürgerbeteiligungen[1109].

Nach dem deutschen Modell spielen die konstituierten oder neu gegründeten Stadtwerke, die sich im kommunalen Besitz befinden, eine erhebliche Rolle, da

---

1105 Es ist nicht die Absicht dieser Arbeit, die Vereinbarkeit der kommunalen Energieversorgung mit dem deutschen Recht zu überprüfen. Ausführlich dazu, vgl. *Longo*, Neue örtliche Energieversorgung als kommunale Aufgabe, 2009.

1106 Vgl. *Scheer*, Desertec und Supergrid: Rechtliche und strategische Bewertung, ZNER, Heft 5, 2011, S. 469; *Rosenkranz*, Energiewende 2.0 – Aus der Nische zum Mainstream, 2014, S. 7.

1107 *Kunze*, Soziologie der Energiewende, 2012, S. 32-.33.

1108 Hier ist die Begriffsdefinition „Energiegenossenschaften" allgemein benutzt und beschreibt die Elektrizitätsgenossenschaften, deren Aufgabe darin bestehen, Strom für ländlichen Raum zu erzeugen und zu verteilen. Detaillierend dazu, vgl. *Volz*, Genossenschaften im Bereich erneuerbarer Energien, 2012, S. 6ff.

1109 *Renews Kompakt*, Großteil der Erneuerbaren Energien kommt aus Bürgerhand, 2014, S. 1. Abrufbar unter: http://www.unendlich-viel-energie.de/media/file/284.AEE_RenewsKompakt_Buergerenergie.pdf. (Stand: 26.02.2015).

sie u.a. dem Kunden nah sind und deswegen ein „Vertrauensbonus“ genießen[1110]. Mittels der Gründung von Genossenschaften, deren Rechtsform die demokratische Struktur der Bürgerbeteiligung sichert, werden Energiekunden der Stadtwerke Miteigentümer mit Sitz, Stimmen und bestimmten Mitsprache- und Vetorechten. Es geht um eine Beteiligung an den Stadtwerken, die mittels der Dezentralisierung der Stromerzeugung aus erneuerbaren Energien zum Hauptziel der Demokratisierung der Energieversorgung beiträgt[1111].

Einige Beispiele sind folgend zu nennen, um die Energieautarkie bzw. -autonomie der Bürger in solchen Kommunen zu demonstrieren[1112]. Zuerst kommt der Ort Mauenheim, der als ein Bioenergiedorf[1113] beschrieben werden kann, der seine Energieeinfuhrunabhängigkeit mittels der Verknüpfung einer Biogasanlage und einer Holzhackschnitzelheizung, der Errichtung eines über 4km langen Nahwärmenetzes sowie den Bau mehrerer Solarkraftwerke geschaffen hat. Er ist sowohl strom- als auch wärmeseitig komplett mit einheimischen erneuerbaren Energien autonom versorgt[1114]. Feldheim (Süd-West-Brandenburg) wird auch als Bioenergiedorf bezeichnet, da die Wärme für 45 der 50 Haushalte im Dorf aus der Gülle der benachbarten Ställe kommt. Außerdem wird in der Nähe des Dorfes ein großer Windpark mit derzeit 43 Windrädern betrieben, wovon ein kleiner Teil ausreicht,

---

1110 Zur Vorteile des Stadtwerkes, vgl. *Müller*, In: *Dratwa/Ebers/Pohl/Spiegel/Strauch*, Energiewirtschaft in Europa – Im Spannungsfeld zwischen Klimapolitik, Wettbewerb und Versorgungssicherheit, 2010, S. 50–51.

1111 Beispiel eines solchen Modells ist die BürgerEnergieGenossenschaft Wolfhagen. Jeder Energiekunde der Stadtwerke Wolfhagen GmbH kann sich im Rahmen einer Kapitalaufstockung der Stadtwerke mit bis zu 20 Anteilen à 500,- Euro an der BürgerEnergieGenossenschaft beteiligen. Das Ziel ist, die Energiekunden von Wolfhagen mit 100% erneuerbaren Energien aus regionaler Erzeugung zu versorgen. In diesem Fall ist die Realisierung eines eigenen Windparks geplant. Abrufbar unter: http://www.beg-wolfhagen.de/ (Stand: 11.02.15).

1112 Eine detaillierte Analyse der verschiedenen Ausgestaltung der Bürgerbeteiligung in Deutschland ist nicht das Ziel dieser Arbeit und kann nicht unternommen werden. Zu verschiedener Erfahrungen und Perspektiven, vgl. *Keppler/Walk/Töpfer/Dienel* (Hrsg.). Erneuerbare Energien ausbauen!, 2009; Vgl. auch *Kunze*, Soziologie der Energiewende, 2012. Zu einer kompletten Darstellung der deutschen Kommunen, die die Entscheidung getroffen haben, energieautarkisch zu werden, vgl. http://www.kommunal-erneuerbar.de/de/kommunalatlas/kommunalatlas.html; http://www.100-ee.de/projekt/ (Stand: 27.02.2015).

1113 Ein Bioenergiedorf deckt seinen Energiebedarf (Strom und Wärme) mindestens zu 50% aus regional erzeugter Bioenergie. Die Bürger werden in die Entscheidungsprozesse eingebunden und tragen den Gedanken des Bioenergiedorfs aktiv mit. Abrufbar unter: http://www.wege-zum-bioenergiedorf.de/bioenergiedoerfer/was-ist-ein-bioenergiedorf/ (Stand: 11.03.2015).

1114 *Müller*, In: *Dratwa/Ebers/Pohl/Spiegel/Strauch*, Energiewirtschaft in Europa – Im Spannungsfeld zwischen Klimapolitik, Wettbewerb und Versorgungssicherheit, 2010, S. 48.

um das ganze Dorf mit Elektrizität zu versorgen, ebenso ein Solarpark mit 96 Photovoltaikanlagen. Feldheim ist seit Beginn 2010 energieautark[1115]. Weiterhin zu nennen ist das Dorf Roseln, das seit 2010 mittels einer völligen Strom- und Wärmeversorgung seiner 47 Haushalte energieautarkisch ist[1116]. Hier wurden zwar nur drei Beispiele genannt, aber in Deutschland existieren mehrere Bioenergiedörfer[1117].

Hervorzuheben ist auch das Forschungsprojekt „100%-Erneuerbare-Energie-Regionen", das vom Bundesministerium für Umwelt, Naturschutz und Reaktorsicherheit – BMU[1118] gefördert und vom Umweltbundesamt – UBA fachlich betreut wird und das Ziel hat, „Regionen und Kommunen zu identifizieren, begleiten und vernetzen, die ihre Energieversorgung auf lange Sicht vollständig auf erneuerbare Energien umstellen wollen". Mehr als 130 Landkreise, Gemeinden, Regionalverbünde und Städte verfolgen das Ziel einer erneuerbaren Energieautarkie[1119].

Gefördert werden auch andere Programme in Deutschland, mit dem Ziel, regionalisierte bzw. lokale Energiesysteme zu gründen[1120].

4.1.2.2.2 Andere Beispiele

Nicht nur Deutschland bietet Beispiele dezentraler Energieerzeugung aus erneuerbaren Energien. Auch andere Mitgliedstaaten haben sich die Energieautarkie zum Ziel gesetzt.

Schon in den neunziger Jahren beschäftigten sich die österreichischen Akteure, die auf eine Tradition regionaler Ansätze zurückgreifen können[1121], mit dem Thema „Energieregion". Das Umweltmotiv und die Erhöhung der Wertschöpfung sind die Hauptgründe für die Etablierung der „Energieregionen", obwohl die Verringerung der Energieeinfuhrabhängigkeit mittels des Ersatzes von Erdgasversorgung zur Nahwärmeversorgung auf der Basis von Biomasse auch nennenswert ist[1122]. Gefördert wurden die Energieregionen durch eine Reihe von Forschungs- und Technologieprogrammen der österreichischen Regierung, wie z. B. „Energiesysteme der Zukunft", „Energie der Zukunft" des Bundesministeriums für Verkehr, Innovation und Technologie, „klima:aktiv-Programm" des Bundesministeriums für Land- und Forstwirtschaft sowie das Klimabündnis europäischer Städte und das e5-Programm

---

1115 Abrufbar unter: http://www.kommunal-erneuerbar.de/de/kommunalatlas/kommunalatlas.html (Stand: 25.02.2015).

1116 *Kunze*, Soziologie der Energiewende, 2012, S. 59.

1117 Vgl. http://www.wege-zum-bioenergiedorf.de/bioenergiedoerfer/liste/ (Stand: 11.03.2015).

1118 Am 17.12.2013 wurde das BMU in Bundesministerium für Umwelt, Naturschutz, Bau und Reaktorsicherheit (BMUB) umbenannt.

1119 Abrufbar unter: http://www.100-ee.de/projekt/ (Stand: 02.02.2015).

1120 Zu den Beispielen, vgl. *Schomerus*, In: *Ekardt/Hennig/Unnerstall* (Hrsg.), Erneuerbare Energien – Ambivalenzen, Governance, Rechtsfragen, 2012, S. 232–234.

1121 *Alber*, In: *Keppler/Walk/Töpfer/Dienel* (Hrsg.), Erneuerbare Energien ausbauen!, 2009, S. 131.

1122 Ebenda, S. 132.

für energieeffiziente Gemeinden. Erfolgreiche Beispiele in Österreich stellen die Bezirke Güssing (Burgenland), Bruck an der Leitha/Auland-Carnuntum (Niederösterreich) und der Bezirk Murau (Steiermark) dar. Güssing war bereits 2001 energieautark; Bruck an der Leitha 2004; Murau hat sich entschieden, bis 2015 energieautark zu sein[1123-1124].

4.1.2.2.3 *Lokale Akzeptanz*

Sehr problematisch für den Ausbau von dezentralen Erneuerbare-Energien-Anlagen ist der Widerstand von Anwohnern gegenüber den Eigentümern solcher Anlagen[1125]. Obwohl die ökologischen Auswirkungen der intensiven Nutzung der natürlichen Ressourcen und die globalen Klimaschutzziele in der Öffentlichkeit weit verbreitet werden, gibt es dennoch kaum Handlungsansätze für ein gezieltes und nachhaltiges Engagement der Öffentlichkeit beim Ausbau der erneuerbaren Energien[1126]. Eine Lösung[1127] dafür wäre dann die Erhöhung des Anteils lokaler Eigentümer zusätzlich zu nicht-lokalen und oft privaten Eigentümern von erneuerbaren Energien, damit Eigentümerinteressen gleichzeitig lokalen Interessen entsprechen[1128]. Das Modell des „lokalen Eigentums", das zur Stromerzeugung aus dezentralisierten erneuerbaren Energien beiträgt, besteht aus der finanziellen Beteiligung von lokalen Gemeinschaften an der Investition in das Projekt, damit sie im Gegenzug billigeren Strom erhalten oder sich am Gewinn des Projekts beteiligen[1129]. Folglich werden die Verbraucher dank einer weit verbreiteten dezentralen Stromerzeugung gleichzeitig auch zu Erzeugern, was zur Entwicklung eines Gefühls der Eigenverantwortung

1123 Ebenda, S. 135–140.

1124 Zu anderen Beispielen hinsichtlich der Bürgerbeteiligung bei der dezentralisierten Stromerzeugung aus erneuerbaren Energien Europaweit, vgl. *Jeulin/Delbosc*, Le role des collectivités territoriales dans le soutien public aux énergies renouvelables – Exemples en Europe et en France, Étude Climat, Nr. 30, 2011, S. 10ff. In Griechenland wird angesichts des Gewinns der linkorientierten Partei Syriza an der Wahl 2013 die Gelegenheit einer demokratischen Energiewende hervorgehoben, *Sweeney*, Energy democracy in Greece, 2015.

1125 Oft als NIMBY-Politik (*Not in my backyard*) oder Sankt-Florian-Prinzip („*verschon' mein Haus, zünd' and're an!*") bezeichnet.

1126 *Walk/Dienel*, In: *Keppler/Walk/Töpfer/Dienel* (Hrsg.), Erneuerbare Energien ausbauen!, 2009, S. 151.

1127 Andere Arten von partizipativen Verfahren sind Bürgerausstellung, Konsensuskonferenz, Umweltmediation, Bürgerforen im Internet, *Community Organizing*, Anwaltsplanung u.a. vgl. dazu *Walk/Dienel*, In: *Keppler/Walk/Töpfer/Dienel* (Hrsg.), Erneuerbare Energien ausbauen!, 2009, S. 156–166.

1128 *Müller-Kraenner/Langsdorf*, Eine Europäische Union für erneuerbare Energien – politische Weichenstellungen für bessere Stromnetze und Fördersysteme, 2012, S. 30.

1129 Mitteilung der Kommission „Erneuerbare Energien: Fortschritte auf dem Weg zum Ziel für 2020" v. 31.1.2011. KOM (2011) 31 endg., S. 12.

und der Kontrolle über ihren Energieverbrauch beiträgt[1130]. Ein solches Modell von lokalem und regionalem Eigentum erhöht die öffentliche Akzeptanz und Unterstützung für erneuerbare Energien[1131]. Beispiel eines solchen Modells stellt die Reshare Initiative von der Rebelgroup Advisory[1132] dar, die mittels der Implementierung von Mechanismen hinsichtlich des *Benefit Sharing* versucht, im Gegenzug lokale Akzeptanz zu erhalten. Die Mechanismen sind nicht nur eine Reduzierung des Strompreises oder die Beteiligung an Projekten, sondern auch Entschädigungen, Sachbezüge, lokale Beschäftigung, Einstellungen u.a.

Damit sich das Modell der lokalen Eigentümerschaft EU-weit implementieren kann, könnten noch Anreize durch Förderungsinstrumente wie z. B. Zulagen oder Steuerbefreiungen erforderlich sein, die in einfacher und transparenter Weise mitgeteilt werden müssen. Bereits im Jahr 1999 förderte die Europäische Union im Rahmen des Altener Programms Konzepte für „100% Renewable Communities". Ziel war es, die Marktdurchdringung erneuerbarer Energien zu beschleunigen, um eine Kostendegression zu erreichen. Auch das Programm „Sustainable Energy Communities" des Energieprogramms „Intelligent Energy Europe" förderte 15 Projekte[1133]. Im „Concerto"-Programm werden Konzepte, Beteiligung, Kampagnen und Technologie- und Demonstrationsprojekte im Bereich Kommunen gefördert.

4.1.2.2.4 Zwischenergebnisse: Lokale Energieversorgungssicherheit

Die zitierten Beispiele zeigen, dass die Dezentralität der Stromerzeugung aus erneuerbaren Energien, die für eine regionale Wirtschaftsweise spricht, den Bürgern mehrere Vorteile bringt, die sich aber nicht nur auf den Bereich Energie erstrecken, sondern auch bis in die Bereiche Wirtschaft, Demokratie und Wohlfahrt gehen. Eine solche Dezentralität orientiert sich an im Vergleich zu zentralen Energiesystemen unterschiedlichen Strukturprinzipien wie Selbsthilfe, Selbstverwaltung,

---

1130 Mitteilung der Kommission „Erneuerbare Energien: ein wichtiger Faktor auf dem europäischen Energiemarkt" v. 6.6.2012. KOM (2012) 271 final, S. 11.

1131 *Müller-Kraenner/Langsdorf*, Eine Europäische Union für erneuerbare Energien – politische Weichenstellungen für bessere Stromnetze und Fördersysteme, 2012, S. 31.

1132 www.reshare.nu. *Case studies* sind: Svartsengi, Cruach Mhor, Texel Energie, Middelgrunden, Lake Ostrowo Wind Farm, Eastgate Renewable Energy Village, Barba (Lecce) PV power plant, Samso Renewable Energy Island, Solar Park Rothernburg, Surano Nursey School, El Hierro 100% Renewable Island, Varese Ligure Sustainable Community, Altahullion Wind Farm, Koepel Windenergie NOP, Evolis 1, Le haut les Ailes, Estinnes, Hydro Projects, Amareleja, PV Soundless, Bouin (Frankreich), O_2 (Schweden).

1133 2011 wurden im Rahmen des Energieprogramms „Intelligent Energy Europe" rund 58 Millionen Euro auf die Förderung von lokaler Stromerzeugung aus erneuerbaren Energien gerichtet, *Jeulin/Delbosc*, Le role des collectivités teritoriales dans le soutien public aux énergies renouvelables – Exemples en Europe et en France, Étude Climat, Nr. 30, 2011, S. 24.

Selbstverantwortung, Energiedemokratie, Identitätsprinzip usw.[1134], die eine andere Ausgestaltung von Stromerzeugung, -übertragung, -versorgung und -verbrauch bilden.

Die Dezentralisierung der Energieerzeugung erfordert ferner die Entwicklung regionaler und lokaler Pläne sowie eine Koordinierung zwischen lokalen und regionalen Behörden, sodass es nicht nur um eine Dezentralisierung der Energieerzeugung geht, sondern auch um eine Dezentralisierung der Planung. Eine solche Dezentralisierung verfügt somit über die Potenz, die Entscheidungsgewalt hinsichtlich der Art und Weise der Energieerzeugung vom Staat und den Energieunternehmen auf die Bürger zu übertragen.

Letztendlich wird auch eine andere Art von Energieversorgungssicherheit geschaffen, die lokal und eng mit der Realisierung des Gemeinwohls im Bereich Energie verbunden ist. Europarechtliche Impulse in diese Richtung sind aber noch notwendig.

4.1.2.3 Beispiele zentralisierter regenerativer Mega-Kraftwerke

Es wurde in dieser Arbeit schon hervorgehoben, dass nicht alle Formen von erneuerbaren Energien unregelmäßig sind. Ebensowenig muss die Erzeugung von Strom aus erneuerbaren Energien unbedingt immer dezentral geschehen. Während Onshore-Windenergie, Geothermie, Solarenergie[1135], Wasserkraft, Biomasse und -gas sowie Brennstoffzellen laut dem oben genannten Begriff als dezentrale Energiequellen bezeichnet werden **können**, ist es auch wahr, dass nicht nur sie, sondern auch zusätzlich die Offshore-Windenergie, die durch die Errichtung von großen Parks mit zwei- bis dreistelligen MW-Leistungsbereich erzeugt wird und unmittelbar durch das Hochspannungsnetz übertragen werden muss[1136], und die Meeresströmungsenergie **zentralmäßig** genutzt werden können. Dann obwohl der Strom aus erneuerbaren Energien dezentral erzeugt wird, gibt es ein paar Beispiele von zentralisierter und erneuerbare Energiequellen nutzender Stromerzeugung, die: Die Desertec Initiative[1137] (4.1.2.3.2) und die Nordsee Initiative (4.1.2.3.3).

Die Richtlinie 2009/28/EG hat nicht die Absicht, die Fälle von zentralisierter Erzeugung von Elektrizität aus erneuerbaren Energien zu regulieren, bietet aber rechtlichen Raum für die Implementierung solcher Projekte, die von großer Vorlaufzeit

---

1134 *Beuthien/Dierkes/Wehrheim*, Die Genossenschaft – mit der Europäischen Genossenschaft, 2008, S. 158f.

1135 Im Vergleich zu Photovoltaikanlagen haben solarthermische Kraftwerke höhere Betriebs- und Wartungskosten, erfordern eine bestimmte Mindestgröße und sind nur in sonnenreichen Regionen wirtschaftlich, was einen zentralisierten Ansatz favorisiert.

1136 *Schumacher*, Innovationsregulierung im Recht der netzgebundenen Elektrizitätswirtschaft, 2009, S. 160.

1137 Die Desertec Industrie Initiative – DII, hier nur Desertec Initiative benannt.

gekennzeichnet sind, da die Stromerzeugung solcher Projekte unter bestimmten Voraussetzungen auch zur Erfüllung des mitgliedstaatlichen Mindestanteilziels aus erneuerbaren Energien beitragen dürfen (4.1.2.3.1).

4.1.2.3.1 Art. 9 Abs. 3 der Richtlinie 2009/28/EG

Wie oben erwähnt, bezieht sich Art. 9 der Richtlinie 2009/28/EG auf die Möglichkeit, gemeinsame Projekte zwischen Mitgliedstaaten und Drittländern zu gründen, um das nationale Gesamtziel an erneuerbarer Energie zu erreichen. Voraussetzung dafür ist, dass der aus erneuerbaren Energien erzeugte Strom in der EU verbraucht wird. Art. 9 Abs. 3 der Richtlinie 2009/28/EG bringt trotzdem eine zeitlich beschränkte Ausnahme, die für gemeinsame Projekte mit einer „sehr langen Vorlaufzeit" Anwendung findet, und den aufwändigen Ausbau von Verbundfernleitungen voraussetzt. Gemäß Art. 9 Abs. 3 kann die in einem Drittstaat erzeugte und verbrauchte Energiemenge auf die Zielwerte eines Mitgliedstaates angerechnet werden, wenn (und sofern) die Erneuerbare-Energie-Anlage langfristig für die Energieversorgung der EU gedacht ist und die erzeugte Elektrizität wegen einer zu langen Vorlaufzeit des Baus der entsprechenden Fernleitung noch nicht bis zur EU übertragen werden kann.

Erste Voraussetzung dafür ist die Beantragung bei der Kommission. Zudem müssen die folgenden Bedingungen erfüllt werden: Der Bau der Verbindungsleitung muss bis zum 31.12.2016 begonnen worden sein; die Verbindungsleitung darf erst ab 31.12.2020 und spätestens bis zum 31.12.2022 in Betrieb genommen werden; nach der Inbetriebnahme wird die Verbindungsleitung für die Elektrizitätsausfuhr aus erneuerbaren Energien in die Gemeinschaft genutzt; das gemeinsame Projekt muss den Kriterien von Art. 9 Abs. 2 lit. b und lit. c entsprechen[1138].

Die Richtlinie 2009/28/EG bringt in dem Erwägungsgrund 39 somit ausdrücklich einen Anwendungsfall: Das „Solarenergieprogramm für den Mittelmeerraum"[1139], das von großem europäischem Interesse ist und aus dem Bau solarthermischer Kraftwerke in Nordafrika besteht. Das Solarenergieprogramm für den Mittelmeerraum besteht aus drei Phasen: Erstellung einer institutionellen Struktur, die Entwicklung einer Studie und die Implementierung des Programms bis 2020. Andere Projekte, die auch unter Art. 9 Abs. 3 der Richtlinie 2009/28/EG gehören könnten, sind die Desertec und die Nordsee Initiative.

1138 S. 4.1.1.2.3.2.2.

1139 Das Solarenergieprogramm für den Mittelmeerraum stellt ein der 6 Projektbereiche der auf Initiative Frankreichs am 13. Juli 2008 gegründete Union für den Mittelmeerraum (*Euro-Mediterranean Partnership* – EUROMED) dar. Mitglieder der UfM sind die EU-27, Albanien, Algerien, Ägypten, Israel, Jordanien, Libanon, Marokko, Palästinensische Gebiete, Syrien, Tunesien, Türkei, Mauretanien, Bosnien und Herzegowina, Kroatien, Monaco, Montenegro und Libyen als Beobachter. Mehr dazu, vgl. *Woltering*, Die europäische Energieaußenpolitik und ihre Rechtsgrundlagen, 2010, S. 41–56.

4.1.2.3.2 Desertec Initiative

Die Desertec Foundation ist eine Initiative[1140] des *Club of Rome*, des Hamburger Klimaschutz-Fonds und des Jordanischen Nationalen Energieforschungszentrums auf dem Gebiet der erneuerbaren Energien und wurde von der Trans-Mediterranean Renewable Energy Cooperation (TREC)[1141] geleitet. 2007 wurde die erste Version des Weißbuchs um ein Desertec-Konzept für Energie-, Wasser- und Klimasicherheit[1142], das Vorschläge zur Umsetzung des Desertec-Konzepts in der EU-MENA Region[1143] beinhaltet, im Europäischen Parlament vorgelegt. Ergebnis der Gespräche zwischen dem Vertreter des Desertec-Konzepts und den französischen Ministerien mit Unterstützung Deutschlands ist der Solarplan für den Mittelmeerraum unter Einbeziehung der Länder Nordafrikas. Gegründet wurde die Desertec Foundation 2009 als eine zivilgesellschaftliche Organisation[1144].

TREC hatte das Ziel, mittels der Erzeugung von Strom aus standortvorteilhaften erneuerbaren Energien einen Beitrag zur europäischen Energieversorgungssicherheit zu leisten. Bis 2050 sollten in den Ländern Südeuropas, Nordafrikas und des Mittleren Ostens Kraftwerke gebaut werden, die den Eigenbedarf der Länder mit erneuerbaren Energien decken und zusätzlich 15 bis 20% des europäischen Stromverbrauchs decken könnten[1145]. Hauptenergieanlagen, die für die Schaffung dieses Konzepts verantwortlich sind, waren die solarthermischen Kraftwerke, aber auch Windparks, Geothermie- und Biomasseanlagen wurden ins Visier genommen. Während die europäische Strommatrix im Jahr 2000 aus fünf Energieträgern stammten, von denen die meisten endlich sind, war für das Jahr 2050 und mit der Implementierung des Desertec-Konzepts eine Strommatrix mit zehn in der Mehrzahl erneuerbaren Energieträgern zu rechnen[1146]. Diese diversifizierte Palette von Energieträgern trägt tatsächlich zur Erhöhung der Energieversorgungssicherheit bei.

Auf der anderen Seite stellt die Implementierung von Hochspannungs-Gleichstromübertragungsnetzen – HGÜ eine unentbehrliche Voraussetzung für den Erfolg

1140 Die Idee, Solarstrom aus der Sahara nach Europa zu transportieren, ist sechzig Jahre alt und wurde von Marcel Perrot und seinem Solarforschungsinstitut in Algier entwickelt, *Scheer*, Der energetische Imperativ, 2010, S. 141.

1141 *Trans-Mediterranean Renewable Energy Cooperation "TREC" for development, climate stabilization and good neighborhood.* Das TREC Gründungsdokument ist abrufbar unter: http://www.desertec.org/fileadmin/downloads/media/TREC_Amman_2003.pdf. (Stand: 21.01.2015).

1142 Weißbuch *Clean Power from Deserts. The DESERTEC concept for energy, water and clima security.* 4. Aufl., 2009. Abrufbar unter: http://www.desertec.org/fileadmin/downloads/DESERTEC-WhiteBook_en_small.pdf. (Stand: 21.01.2015).

1143 Europa, Naher Osten und Nordafrika.

1144 Mehr dazu unter: http://www.desertec.org/de/globale-mission/meilensteine/. (Stand: 21.01.2015).

1145 *Trieb*, Strom aus der Wüste, PHIUZ. 2011, 2, S. 84.

1146 Ebenda, S. 88.

eines solchen Konzepts dar, da der im Nahen Osten und Nordafrika erzeugte Strom ab 2020 bis nach Europa übertragen werden sollte.

Ganz wichtig für die Energieversorgungssicherheit ist die Möglichkeit einer dauerhaften und stabilen Versorgung mit solarthermischen Kraftwerken, die die Aufgabe der Mittellastsicherung erfüllt, da durch die Sonnenstrahlung ein Äquivalent von 3000 kWh/a auf (einen unbesiedelten Teil) Nordafrika fällt, während die Werte für die Mitgliedstaaten des Mittelmeers bei 2000 kWh/a und für Mitteleuropa bei nur 700 kWh/a liegen. Theoretisch brauchten die Mitgliedstaaten der Europäischen Union zur Deckung ihres Strombedarfs eine Fläche von 110 km^2 (von 3,49 Millionen km^2 der Länder Marokko, Algerien, Tunesien, Libyen und Ägypten)[1147]. Die Desertec-Initiative hatte das Ziel, bis 2050 2.400 TWh/a zu erzeugen, von denen durch 20 HGÜ-Kabeln (jedes Kabel mit 5GW Übertagungskapazität) 700 TWh nach Europa übertragen werden sollten[1148].

Aus technischer Sicht sind die Investions- und Teile der Innovationsphase bereits überwunden und das Konzept befand sich auf dem Übergang zur Marktreife. Solarthermische Kraftwerke, Windparktechnologien und die HGÜ-Leitungen[1149] sind schon technisch vorhanden. Problematisch sind sowohl die wirtschaftlichen Aspekte, insbesondere die Erzeugungskosten, die gesenkt werden müssen, damit der Solarstrom aus der MENA Region wettbewerbsfähig würde[1150], als auch die Einbeziehung eines von zentralisierten Energieerzeugung geprägten Konzepts in ein Energiesystem, das immer mehr mit zunehmender Effizienz lokaler Gewinnung erneuerbarer Energien rechnet[1151].

4.1.2.3.2.1 Bewertung des Konzepts

Oben wurde der Beitrag der Desertec-Initiative zur Energieversorgungssicherheit wegen der Diversifizierung der Energiequellen hervorgehoben. Das Hauptargument dahinter liegt in der Minderung der Energieeinfuhrabhängigkeit, da die europäischen

---

1147 *Schumacher*, Innovationsregulierung im Recht der netzgebundenen Elektrizitätswirtschaft, 2009, S. 164. Marokko alleine könnte theoretisch genügend Standorte zur Deckung des Weltstrombedarfs bieten, *Hennicke/Fischedick*, Erneuerbare Energien, 2007, S. 47.

1148 *Trieb/O'Sullivan/Pregger/Schillings/Krewitt*, Characterisation of Solar Electricity Import Corridors from MENA to Europe, DLR, 2009, S. 5.

1149 Zur technischen Einzelheiten der Hochspannungs-Gleichstrom-Übergangstechnik, vgl. *Schumacher*, Innovationsregulierung im Recht der netzgebundenen Elektrizitätswirtschaft, 2009, S. 178ff. Üblich in der Literatur ist auch der Ausdruck „Supergrid", der ein von Hochspannungsgleichstromübertragung und Hochspannunswechselstromübertragung gekennzeichnetes Netz beschreibt, das erneuerbare Energien im großen Stil integriert. Vgl. *Hirschhausen*, In: *Moselle/Padilla/Schmalensee* (Hrsg.), Harnessing renewable energy in electric power systems – Theory, practice, policy, 2010, S. 181–183.

1150 *Schumacher*, Innovationsregulierung im Recht der netzgebundenen Elektrizitätswirtschaft, 2009, S. 166–167.

1151 Ebenda, S. 192.

Mitgliedstaaten bei einer erfolgreichen Implementierung des Desertec-Konzepts weniger von Brennstoffen wie Uran, Erdgas und -Öl abhängen würden, die sich auf wenige (und politisch instabilen) Länder konzentrieren. Ferner wird argumentiert, dass es in vielen Ländern geeignete Standorte für solarthermische Kraftwerke gibt, deren Vernetzung eine übermäßige Abhängigkeit vermeiden könnte[1152]. Fraglich ist jedoch, ob ein solches Konzept, das von Zentralisierung der Stromerzeugung geprägt wird und standortabhängig ist, die Mitgliedstaaten nicht in eine neue Art von Einfuhrabhängigkeit, nämlich von Elektrizität aus den Wüsten, versetzt. Zudem sind auch die mittelbaren Aspekte einer solchen Energieeinfuhrabhängigkeit zu berücksichtigen, die die Energieversorgungssicherheit in Frage stellt, wie beispielweise die räumliche Konzentration der Stromerzeugung und die entsprechende unternehmerische Konzentration der Kapitalakkumulation, sowie die räumliche Konzentration der Wertschöpfung[1153].

Erstens soll erwähnt werden, dass es nicht um eine europäische Energieautarkie ging, da 15% des europäischen Strombedarfs bis zum Jahr 2050 gemäß der bei der ersten Jahrestagung der Desertec-Initiative am 26.10.2010 vorgestellten Planung durch die Solarenergieeinfuhr aus Nordafrika gedeckt werden sollte. Jedoch bleibt noch offen, ob diese Anzahl nach 2050 steigen wird und inwieweit dieser Prozentsatz die heutige auf Erdöl basierte Energieeinfuhrabhängigkeit direkt ersetzt. Wenn keine direkte Ersetzung von der Erdöl- und Erdgaseinfuhrabhängigkeit zur theoretisch weniger gefährlichen Abhängigkeit von Strom aus der nordafrikanischen Wüste geschieht, wird die EU doppelt abhängig, und die europäische Energieversorgungssicherheit könnte in erheblichem Maß gefährdet werden.

Zweitens gab es ein paar politische Hürden, die überwunden werden müssten, um die Umsetzung des Desertec-Konzepts zu schaffen. Zu bemerken ist die Tatsache, dass es sich um eine politische Kooperation nicht nur zwischen den Mitgliedstaaten, sondern auch zwischen diesen und den Staaten der MENA Region handelte, die sich mit mehreren Aspekten hinsichtlich Planung, Ausschreibungsprozesse, Bau und Betrieb der Energieanlagen und des HGÜ-Netzes beschäftigte. Mehrere Sitzungen, Gespräche, Abkommen, Genehmigungen, Anhörungen usw. wären erforderlich, um eine einzige Stimme über das Konzept zu schaffen. Einige afrikanische Energieexperten vertreten die Meinung, dass ein Konzept, das sich durch eine riesige Menge an Stromexport auszeichnet, die Entwicklung dezentraler Stromerzeugung durch Photovoltaik und Windräder in den afrikanischen Staaten verhindern könnte[1154]. Rechtspolitisch ist auch fraglich, wie das Thema von der

---

1152 *Holznagel/Schumacher*, Wüstenstrom aus der Sahara für die finnische Sauna, NuR, Heft 3, 2009, S. 165; *Schumacher*, Innovationsregulierung im Recht der netzgebundenen Elektrizitätswirtschaft, 2009, S. 165–166.

1153 *Scheer*, Der energetische Imperativ, 2010, S. 140.

1154 Vgl. z. B. *Fritsche*, Integrierte Ansätze zur Einführung solarer Energieversorgungssysteme in Afrika: Welcher Mix aus erneuerbaren Quellen ist für welche Gebiete jeweils angemessen?, Dokumentation der Tagung „Globale Solarwirtschaft: Eine Chance für Afrika?", 2003. Abrufbar unter: http://www.loccum.de/material/natur/

Bevölkerung der verschiedenen Staaten Akzeptanz erhalten könnte, wie ein Konsens zwischen den Interessengruppen zu erreichen ist und letztlich auch, wie die Desertec-Initiative europarechtlich reglementiert würde. Ferner ist auch fragwürdig, inwieweit es sich um stabile Länder handelt im Vergleich zu den Ländern, von denen die Europäische Union versucht, weniger abzuhängen (z. B. Russland)[1155]. Zudem wäre noch die Korruption in der MENA Region zu berücksichtigen[1156], die die Akquirierung der finanziellen Mittel für die Implementierung des Konzepts erschwert und die Bauzeit der Anlagen verlangsamt. Es ist zumindest denkbar, dass es ein Verhältnis zwischen der Erhöhung der Energieeinfuhrabhängigkeit und der Erhöhung des Risikos von politischer Instabilität gibt, da die Energieanlagen und die entsprechenden Stromnetze im Fall von Spannungen erpressbar werden könnten[1157]. Es wäre nicht überraschend, wenn konstatiert würde, dass die europäische Energieeinfuhrabhängigkeit (und im Fall von afrikanischen Länder die Energie**ausfuhr**abhängigkeit) selbst der Hauptverantwortliche für die (politische und gesellschaftliche) Instabilität der afrikanischen Länder der MENA Region wäre. Kurz gesagt: Genau die Energieeinfuhrabhängigkeit würde zu politischer Instabilität führen. Das Argument, dass es sich im Fall von Desertec um eine gegenseitige Abhängigkeit handeln würde, da die nordafrikanischen Länder den erzeugten Strom nur an Europa liefern könnten[1158], ist nicht überzeugend. Es gibt nicht außer Acht zu lassende Auswirkungen eines solchen Projekts auf den Ausbau einer erneuerbaren Energiematrix für Afrika wie z.B. die Verhältnisse hinsichtlich des Ausbaus der dezentralen Erneuerbare-Energie-Anlagen. Es war zweifelhaft, ob sich z.B. Marokko finanziell an Desertec beteiligen würde, während die finanziellen Mittel hin zu dem Ausbau von marokkanischen Erneuerbare-Energie-Anlagen fließen[1159]. Selbst wenn angenommen würde, dass Nordafrika wegen eines mangelhaften Industrieparks

afrisolar/fritsche.pdf (Stand: 22.01.2015). Etwa ähnlich, *Nganga/Wohlert/Woods*, Powering Africa through feed-in tariffs, 2013, S. 84.

1155 *Eiselt*, Dezentrale Energiewende. Chancen und Herausforderungen, 2012, S. 29. Ein Beispiel politischer Instabilität stellt aktuell der arabische Frühling dar, bei dem in mehreren Ländern in Nordafrika und im Nahen Osten Massenproteste gegen Machthaber (Zine el-Abidine Ben Ali in Tunesien, Husni Mubarak in Ägypten, Muammar al-Gaddafi in Libyen und Muhammad VI in Marokko) stattfanden.

1156 *Scheer*, Desertec und Supergrid: Rechtliche und strategische Bewertung, ZNER, Heft 5, 2011, S. 470. Laut dem Korruptionswahrnehmungsindex (Stand 2015) des *Transparency International* stehen die MENA Länder auf den folgenden Stellen (von 168 Ländern): Tunesien – 76, Marokko – 88, Algerien – 88, Ägypten – 88 und Libyen – 161. Abrufbar unter: http://www.transparency.org/cpi2015 (Stand: 15.02.2016).

1157 *Schumacher*, Innovationsregulierung im Recht der netzgebundenen Elektrizitätswirtschaft, 2009, S. 167.

1158 *Schilling*, Neue Wege zu Europas Energiesicherheit, Europäische Rundschau. 38. Jahrgang, Nr. 4, 2010, S. 89.

1159 *Scheer*, Desertec und Supergrid: Rechtliche und strategische Bewertung, ZNER, Heft 5, 2011, S. 470.

nicht in der Lage ist, die erzeugte Elektrizität zu verbrauchen, bleibt die Möglichkeit einer künftigen Nachfrage nicht völlig ausgeschlossen. Laut Äußerungen mehrerer Vertreter des Ausbaus erneuerbarer Energien in den MENA-Ländern warten sie nicht auf die Desertec-Initiative, und einige Länder planen und bauen Erneuerbare-Energie-Anlagen unabhängig von jeglicher europäischen Initiative aus, wie beispielweise das Kuraymat-Hybridgaskraftwerk (150MW Leistung, schon in Betrieb) und die im weit fortgeschrittenen Planungsstadium befindlichen anderen Solarthermie-Kraftwerke mit rund 1000 MW Leistung, die sich von Marokko bis nach Jordanien erstrecken, zeigen[1160]. Es ist somit deutlich, dass die MENA-Länder die Souveränität über ihre erneuerbaren Ressourcen nicht aufgeben und mehrere Bemühungen hinsichtlich der Kooperationsbereitschaft und der Rechtsstaatlichkeit der betreffenden sonnenreichen Länder noch erforderlich wären, bevor die Desertec-Initiative und ihre positive Auswirkung auf die Gewährleistung der Energieversorgungssicherheit Realität würde[1161].

Drittens wäre, je vielversprechender und wichtiger das Projekt für Europa würde, die Gefahr eines terroristischen Anschlags auf die wenigen HGÜ-Verbindungen nicht völlig ausgeschlossen[1162].

Viertens wären die wirtschaftlichen und gesellschaftlichen Kosten für die Implementierung des Konzepts (einschließlich der HGÜ-Verbindungen) nicht nur riesig, sondern auch unberechenbar, da keine Studie mit Sicherheit voraussehen kann, wie Entscheidungsprozesse verlaufen, wie viele Widerstände es geben wird, welche Interessenkonflikte auftreten und welche unvermeidlichen Umsetzungsfehler passieren werden[1163].

4.1.2.3.2.2 Zwischenergebnisse: Kein Beitrag zur Energieversorgungssicherheit

Die Desertec-Initiative, wie sie am Anfang konzipiert wurde, ist im Oktober 2014 gescheitert. Die meisten der beteiligten Gesellschafter sind wegen fehlender Investitionen, der falschen Struktur, der Unterschätzung der Auswirkungen der Förderung

---

1160 *Löfken*, Afrika entdeckt die Sonne, Technology Review, Juni 2011, S. 27. Abrufbar unter: http://www.heise.de/tr/artikel/Afrika-entdeckt-die-Sonne-1247528.html (Stand: 28.01.2015). S. auch http://www.sonnenseite.com/de/energie/marokko-treibt-energiewende-voran.html?utm_source=::%20Sonnense ite%20Newsletter%2013.%20 Februar%202016%20::&utm_medium=E-Mail&utm_campaign=Newsletter (Stand: 16.02.2016).

1161 *Scheer*, Desertec und Supergrid: Rechtliche und strategische Bewertung, ZNER, Heft 5, 2011, S. 470.

1162 *Holznagel/Schumacher*, Wüstenstrom aus der Sahara für die finnische Sauna, NuR, Heft 3, 2009, S. 170.

1163 *Scheer*, Der energetische Imperativ, 2010, S. 143.

erneuerbarer Energien in Europa sowie des Interesseverlusts an der Region ausgestiegen[1164].

Die Desertec-Initiative spannt das schon schwierige und gegensätzliche Verhältnis zwischen dem von Zentralisierung und Netzabhängigkeit geprägten etablierten Energiesystem einerseits und dem neuen Energiesystem, das andererseits als dezentralisiert und autonomer gekennzeichnet werden kann. Sie ist technokratisch konzipiert und berücksichtigt die soziologischen Faktoren nicht[1165]. Viele Hürden mehrerer Art müssten noch überwunden werden, bis das Projekt Realität würde.

Es ist bis zum heutigen Stand noch nicht sicher, ob die Implementierung des Desertec- Konzepts tatsächlich zu einer Diversifizierung der Energiequellen führen und zur Verringerung der europäischen Energieeinfuhrabhängigkeit (von fossilen Brennstoffen) beitragen würde. Obwohl die Implementierung des Konzepts aus technischer Sicht möglich ist, setzt diese Implementierung die wirtschaftlichen und rechtlichen Grundlagen sowie die politische Einigkeit voraus, die aber fehlte. Der Ausbau einer hinreichenden Infrastruktur für die Stromerzeugung in der MENA-Region und Stromübertragung nach Europa stellt eine Aufgabe dar, die auf nationalstaatlicher Ebene nicht zu lösen ist und ein riesiges Niveau an Koordination und Zusammenarbeit voraussetzt. Die HGÜ-Verbindungen erstrecken sich über Landesgrenzen hinweg. Bis zum heutigen Stand existiert kein europarechtliches Förderinstrument für die Kraftwerke in der MENA-Region, damit die wirtschaftliche Hürde hinsichtlich des Ausbaus der notwendigen Infrastrukturen überwinden werden könnte. Es fehlen auch die europarechtlichen Grundlagen, die eine solche Infrastruktur favorisieren und ermöglichen. Die Erwähnung der Solarenergie aus Nordafrika in den rechtlichen Texten und amtlichen Dokumenten als ein Projekt von „großem Interesse" zusammen mit der begünstigten Möglichkeit der Anrechnung zugunsten eines Mitgliedstaates des in einem Drittstaat erzeugten Stroms gemäß Art. 9 Abs. 3 der Richtlinie 2009/28/EG reichen jedoch nicht aus, um die notwendige Investitionssicherheit sicherzustellen.

Das Gleiche gilt für die HGÜ-Verbindungen, der es trotz der koordinierenden Funktion gemäß Art. 170ff. AEUV und trotz expliziter Erwähnung der HGÜ-Infrastruktur in Art. 17 der Verordnung 714/2009 sowie in dem Anhang I (Achse El. 9[1166]) und in dem

---

1164 Vgl. dazu die Nachrichtenmedien, abrufbar unter: http://www.tagesschau.de/wirtschaft/desertec-aus-101.html (Stand: 19.06.2015) und http://www.welt.de/wirtschaft/energie/article133207028/Drei-Gruende-warum-Desertec-scheitern-musste.html (Stand: 19.06.2015).

1165 *Scheer*, Der energetische Imperativ, 2010, S. 147.

1166 Ausbau der Stromverbundkapazitäten zwischen den Mittelmeeranrainer-Mitgliedstaaten und Marokko-Algerien-Tunesien-Libyen-Ägypten-Länder des Nahen Ostens-Türkei. Einschließlich des folgenden Vorhabens von europäischem Interesse: Stromleitung zur Verbindung von Tunesien und Italien.

Punkt 4 des Anhanges III[1167] der durch die Verordnung 347/2013[1168] aufgehobene Entscheidung Nr. 1364/2006/EG an einer effektiven Harmonisierung und Koordinierung eines Netzausbaus mangelt. Aus diesen Gründen und wegen seines Scheiterns trägt das Desertec-Konzept nicht zur europäischen Energieversorgungssicherheit bei.

4.1.2.3.3 Nordsee Initiative

Offshore-Windenergieanlagen bieten eine Möglichkeit, das Mindestanteilziel an erneuerbaren Energien in Mitgliedstaaten, wo die Ausbaukapazitäten von Windenergieanlagen im Binnenland erschöpft sein dürften (z. B. Dänemark[1169] und bald Deutschland), zu erreichen. Theoretisch stehen große Flächen mit einem höheren Windangebot zur Verfügung als auf dem Festland, und somit spielt die Offshore-Windenergie eine bedeutende Rolle bei der Erreichung des EU-2020-Ziels hin zur Steigerung des Anteils an erneuerbaren Energien sowie bei der internationalen Verpflichtung zur CO_2-Reduktion[1170] und damit mittelbar hin zur Gewährleistung der Energieversorgungssicherheit. Vorteilhaft ist der Offshore-Strom auch für die Integration der Netze der Nordseeanrainerstaaten, die zum Ziel der Vollendung des Energiebinnenmarkts beiträgt[1171].

Die Idee hinter der Nordsee-Initiative besteht darin, Offshore-Windparks und die entsprechenden Netzstrukturen in der Nordsee zu entwickeln, die die Stromnetze von Großbritannien, die nordwestlichen europäischen Mitgliedstaaten und Skandinavien besser miteinander verbinden, damit die Erzeugung von Strom aus Windenergie vereinfacht wird und die negativen Auswirkungen der schwankenden Windverfügbarkeit mittels der Ausdehnung der Netze verringert werden[1172].

1167 Vorhaben von gemeinsamem Interesse u.a.: 4.12 (Unterseekabelverbindung zwischen Südspanien und Marokko), 4.22 (Neuanbindungen an den Mittelmeerring: Frankreich – Spanien – Marokko – Algerien – Tunesien – Libyen – Ägypten – Länder des Nahen Ostens – Türkei – Griechenland – Italien), 4.23 (Unterseekabelverbindung zwischen Südspanien und Nordwestalgerien).

1168 Verordnung Nr. 347/2013 des Europäischen Parlaments und des Rates v. 17. April 2013 zu Leitlinien für die transeuropäische Energieinfrastruktur und zur Aufhebung der Entscheidung Nr. 1364/2006/EG und zur Änderung der Verordnungen Nr. 713/2009, Nr. 714/2009 und Nr. 715/2009. ABl. L 115 v. 25.4.2013, S. 39.

1169 Die erste dänische Offshore-Windenergieanlage wurde schon 1991 an der dänischen Küste (Vindeby, 5MW Leistung) installiert, *Meyer*, In: *Mez* (Hrsg.), Green Power Markets, 2007, S. 258.

1170 *Schumacher*, Innovationsregulierung im Recht der netzgebundenen Elektrizitätswirtschaft, 2009, S. 159–160.

1171 *Säcker/König/Scholz*, Der regulierungsrechtliche Rahmen für ein Offshore-Stromnetz in der Nordsee, 2014, S. 9.

1172 *Hirschhausen*, In: *Moselle/Padilla/Schmalensee* (Hrsg.), Harnessing renewable energy in electric power systems – Theory, practice, policy, 2010, S. 189; *Müschen/*

Sie können nicht als dezentrale Erzeugungstechnologien beschrieben werden, da ihre Wirtschaftlichkeit[1173] standortabhängig ist. Da Seekabel für einzelne Anlagen unerschwinglich teuer sind, müssen Offshore-Anlagen im Verbund und auf einmal erstellt werden[1174]. Deswegen begegnen solche Energieanlagen denselben technischen Herausforderungen wie konventionelle Großkraftwerke, wie der Stromtransport bis zum Endverbraucher und die miteinzubeziehenden Stromübertragungsverluste. Außerdem tragen sie nicht wie im Fall bei der lokalen Stromerzeugung aus erneuerbaren Energien zur Demokratisierung der Stromerzeugung bei. Dazu kommen atypische technische Probleme, die sich auf die Ausgestaltung der Anbindung des Offshore-Windparks an das Netz, die Verlegung von Seekabeln[1175] sowie auf Maßnahmen hinsichtlich des Schutzes des Meereslebens beziehen. Bemerkenswert ist auch das Verhältnis zu anderen Bereichen wie Sicherheit und Routen des Schiffverkehrs, die Fischereipolitik, das Aufsuchen und die Gewinnung von Bodenschätzen, die den Regelungen um das Recht auf Ausübung hinsichtlich der AWZ jeder Mitgliedstaat und der internationalen Hoheitsrechte unterliegen[1176]. Energie- und technisch-wirtschaftlich wird gezeigt, dass die Offshore-Windenergieanlagen sich in der Pionierphase befinden[1177] und ihre Ausbreitung auf den Energiemarkt noch abzuwarten bleibt[1178].

Herforth, In: *Ekardt/Hennig/Unnerstall* (Hrsg.), Erneuerbare Energien – Ambivalenzen, Governance, Rechtsfragen, 2012, S. 77.

1173 Um wirtschaftlich zu sein, muss sich die Mehrzahl des geplanten Pilotwindparks am Beispiel Deutschlands fernab der Küste und in tiefem Wasser befinden und mit ca. 5MW Leistung implementiert werden, *Schumacher*, Innovationsregulierung im Recht der netzgebundenen Elektrizitätswirtschaft, 2009, S. 161.

1174 *Scheer*, Der energetische Imperativ, 2010, S. 149.

1175 Ein Teil der Literatur spricht von Kapazitätsengpässen bei der Spitzentechnologie für Seekabelverbindungen, da es nur drei Kabelanbieter auf dem Markt gibt, die die HGÜ-Technik anbieten können, *Müller-Kraenner/Langsdorf*, Eine Europäische Union für erneuerbare Energien – politische Weichenstellungen für bessere Stromnetze und Fördersysteme, 2012, S. 23; *Säcker/König/Scholz*, Der regulierungsrechtliche Rahmen für ein Offshore-Stromnetz in der Nordsee, 2014.

1176 Zum Thema, vgl. *Chang*, Marine renewable energy – the essential legal considerations, Journal of World Energy Law and Business. Vol. 8, Nr. 1, 2015, S. 26; *Säcker/König/Scholz*, Der regulierungsrechtliche Rahmen für ein Offshore-Stromnetz in der Nordsee, 2014, S. 21–27.

1177 *Vahrenholt*, In: *Mayinger/Sinn* (Hrsg.), Die Zukunft der Energieversorgung: Atomausstieg, Versorgungssicherheit und Klimawandel, 2012, S. 35; *Müschen/Herforth*, In: *Ekardt/Hennig/Unnerstall* (Hrsg.), Erneuerbare Energien – Ambivalenzen, Governance, Rechtsfragen, 2012, S. 77; *Säcker/König/Scholz*, Der regulierungsrechtliche Rahmen für ein Offshore-Stromnetz in der Nordsee, 2014, S. 5.

1178 Zu einer detaillierten Darstellung der Herausforderungen vgl. *Schumacher*, Innovationsregulierung im Recht der netzgebundenen Elektrizitätswirtschaft, 2009, S. 161–162.

4.1.2.3.3.1 Bewertung des Konzepts

Zu beachten ist, dass die Auswirkungen dieser Herausforderungen und ihre Beherrschbarkeit die europäische Energieversorgungssicherheit beeinflussen. Nach der Aussicht der Kommission trägt die Offshore-Windenergie erheblich zur Gewährleistung der Energieversorgungssicherheit bei[1179].

Die Kommission hat 2008 geäußert, dass ein Plan für ein Nordsee-Offshorenetz zum Verbund der nationalen Elektrizitätsnetze in Nordwesteuropa und zur Anbindung der zahlreichen geplanten Offshore-Windkraftprojekte entwickelt werden sollten[1180]. Im Dezember 2009 wurde eine „Politische Erklärung" hinsichtlich der Offshore-Netz-Initiative der Nordseeländer (*North Seas Countries Offshore Grid Initiative* – NSCOGI) von Belgien, den Niederlanden, Luxemburg, Deutschland, Frankreich, Dänemark, Schweden, dem Vereinigten Königreich, Irland und Norwegen unterzeichnet, um die Entwicklung der Offshore-Windkraft und der entsprechenden Infrastruktur in den nördlichen Meeren zu koordinieren[1181]. Sie „stützt" sich auf Art. 1 lit. b sowie Art. 12 bis Art. 16 der Verordnung 663/2009/EG[1182], die die Belebung der Konjunktur in der Gemeinschaft, **die Bewältigung der Anforderungen an die Energieversorgungssicherheit** und die Minderung der Treibhausgasemissionen durch Ausgabensteigerungen in bestimmten strategischen Sektoren als Ziele hatte[1183]. Die Absichtserklärung wurde am 3.12.2010 unterzeichnet. Die „Politische Erklärung" ist von Ausdrücken wie „*cross-border cooperation*", „*multilateral coordination*", „*collaborative Initiatives*", „*joint initiative*" usw. geprägt[1184], die die Notwendigkeit eines koordinierten Ansatzes verdeutlichen.

Hervorzuheben ist auch die explizite Nennung des Offshore-Netzes der nördlichen Meere („NSOG") als vorrangige Stromkorridore i.S.v. Anhang I der Verordnung 347/2013/EU[1185], damit die Projekte als Vorhaben von gemeinsamem Interesse – VGI ausgewiesen werden und von einem einfachen Zugang zu den (europäischen[1186]) Investitionsmitteln und schnellen Genehmigungsverfahren profitieren können. Die Offshore-Projekte der nördlichen Meere, die das *status* eines VGI bekommen,

---

1179 S. beispielweise der Erwägungsgrund 6 der Verordnung 663/2009.

1180 Mitteilung der Kommission „Zweite Überprüfung der Energiestrategie" v. 13.11.2008. KOM (2008) 781 endg., S. 6.

1181 Mitteilung der Kommission „Energieinfrastrukturprioritäten bis 2020 und danach – ein Konzept für ein integriertes europäisches Energienetz" v. 17.11.2010. KOM (2010) 677 endg., S. 28.

1182 Verordnung 663/2009/EG v. 13.07.2009 über ein Programm zur Konjunkturbelebung durch eine finanzielle Unterstützung der Gemeinschaft zugunsten von Vorhaben im Energiebereich. ABl. L 200 v. 31.7.2009, S. 31ff. Mehr dazu, s. 5.3.3.1.

1183 Erwägungsgrund 22 der Verordnung 663/2009.

1184 Abrufbar unter: http://www.benelux.int/files/2714/0921/0355/Political_declaration_on_the_North_Seas_Countries_Offshore_Grid_Initiative.pdf (Stand: 09.02.2015).

1185 Ausführlich, s. 2.2.1.2.4 und 5.3.1.3.

1186 S. „*Connecting Europe*" Fazilität, 5.3.3.2.

müssen in die nationalen Netzentwicklungspläne (Art. 22 der Richtlinie 2009/72/EG) einbezogen werden und gewinnen dann höchste Priorität bei ihrer Realisierung (Art. 3 Abs. 6 der Verordnung 347/2013/EU). Die Delegierte Verordnung 1391/2013/EU der Kommission fügte Anhang VII in die Verordnung 347/2013/EU ein und listete die ersten Projekte, die als VGI ausgewiesen wurden, auf. 27 Projekte, insbesondere (nicht nur inländische) Verbindungsleitungen aber auch *Offshore-hubs*, Pumpspeicher und Druckluftenergiespeicher, waren Teil der Unionsliste gemäß Art. 3 Abs. 4 der Verordnung 347/2013/EU. Die Delegierte Verordnung 89/2016/EU ersetzt die Delegierte Verordnung 1391/2013/EU und veröffentlichte die sog. zweite Unionsliste, die 19 Projekte im Rahmen des NSOG-Korridors beinhaltet.

Hervorzuheben ist zudem der zusätzliche Bericht (Offshore Transmission Technology Report), den der ENTSO-E im Rahmen des gemeinschaftsweiten Netzentwicklungsplans exklusiv für die Nordsee ausarbeitet[1187].

Beide Maßnahmen sind zu begrüßen und tragen erheblich zur Implementierung der Nordsee-Initiative bei. Schaffung von Investitionen und Planung sind zwei Aspekte, die berücksichtigt werden müssen, wenn es um die Realisierung solch eines finanziell und technisch risikobehafteten Projektes geht. Trotzdem bestehen noch andere regulierungsrechtliche Hürden, die erst unbedingt überwinden werden müssen, damit eine optimale Lösung für die Nordsee geschaffen wird[1188]. Obwohl die Richtlinie 2009/72/EG, die Richtlinie 2009/28/EG und die Verordnung 714/2009/EG gemeinsame Regelungen hinsichtlich Netzzugangs, Netzanschlusses und Netzsicherheit bringen, lässt das europäische Sekundärrecht den Mitgliedstaaten erhebliche Umsetzungsspielräume. Es besteht noch keine Einigkeit über die Frage, wie der Netzzugang und der Netzanschluss vorrangiger erneuerbarer Energien, einschließlich des Offshore-Stroms, des Art. 16 Abs. 2 der Richtlinie 2009/28/EG zu gewährleisten wäre. Uneinheitlich sind auch die Fördersysteme für die Einspeisung erneuerbarer Energien[1189] sowie die Anreizsysteme für Investitionen in Offshore-Netzinfrastruktur[1190]. Hinsichtlich des Engpassmanagements grenzüberschreitender Energienetze, das in Art. 16 der Verordnung 714/2009/EG geregelt ist, sieht die Vorschrift keine Lösung für den Fall vor, dass Offshore-Energieanlagen sich direkt mit Interkonnektoren verbinden (Direktanschluss bzw. *tee-in conection*). Auch ein vorrangiger Netzzugang ist für diesen Fall nicht geregelt[1191]. Letztlich ist auch erforderlich, dass ein höherer Grad an Koordinierung und Zusammenarbeit

---

1187 Abrufbar unter: https://www.entsoe.eu/fileadmin/user_upload/_library/publications/entsoe/ SDC/European_offshore_grid_-_Offshore_Technology_-_FINALversion.pdf (Stand: 02.11.2015).

1188 Ausführlich zum Thema, *Säcker/König/Scholz*, Der regulierungsrechtliche Rahmen für ein Offshore-Stromnetz in der Nordsee, 2014.

1189 Die Etablierung eines koordinierten, gemeinsamen, nationalen Fördersystems ist gemäß Art. 11 der Richtlinie 2009/28/EG erlaubt und unterstützt.

1190 *Säcker/König/Scholz*, Der regulierungsrechtliche Rahmen für ein Offshore-Stromnetz in der Nordsee, 2014, S. 128–129.

1191 Ebenda, S. 133.

zwischen den nationalen Regulierungsbehörden, die sich auf Art. 38 Abs. 3 der Richtlinie 2009/72/EG – Kooperationsvereinbarungen – stützen, geschaffen wird[1192].

4.1.2.3.3.2 Zwischenergebnisse: Auf dem Weg zur Überwindung der Hemmnisse

Trotz solcher gemeinschaftlicher Bemühungen fördern zurzeit die (nationalen) rechtlichen Rahmenbedingungen ausschließlich Punkt-zu-Punkt-Lösungen („NordNed" und „BritNed" Unterseekabeln, sowie die geplante „NorGer", „Nemo" und „Cobra Cable" Unterseekabeln[1193]), und die Initiative ist von nationalen Alleingängen zu Lasten einer Optimierung über die Grenzen hinweg geprägt, obwohl in der „Politischen Erklärung" der Nordseeanrainerstaaten hervorgehoben wurde, dass eine multilaterale Kooperation für die effektive Entwicklung der Offshoreinfrastruktur in der Nordsee wesentlich ist. In der „NSCOGI 2013/2014 Progress Report"[1194] wurde betont, dass eine regulatorische Rahmenbedingung, die Investitionen anreizt und Handel durch hybride Offshore-Infrastrukturen erleichtert, noch fehlt. Diese Vorgehensweise berücksichtigt das Leitziel der energetischen Solidarität (Art. 194 Abs. 1 AEUV) nicht und kann die Gewährleistung der europäischen Energieversorgungssicherheit beeinträchtigen. Als Folge werden die Chancen, mittels eines regionalen Ansatzes eine integrierte Offshore- und Onshore-Infrastruktur zu entwickeln, nicht genutzt[1195].

Zu begrüßen sind aber andererseits die regulatorische Entwicklung in Bezug auf die Schaffung der Investitionssicherheit und eines schnelleren Genehmigungsverfahrens mittels der Ausweisung der Offshore-Infrastruktur in der Nordsee als VGI sowie die spezielle Betrachtung der Nordsee-Initiative und entsprechende Projekte in Planung und Berichte des ENTSO-E. Solche Elemente deuten darauf hin, dass die Nordsee Initiative eine Erfolgschance hat, wenn die anderen regulatorischen Fragen gelöst werden.

4.1.2.4 Fazit: Rechtliche Fortschritte noch erforderlich

Abschließend kann festgestellt werden, dass es zumindest eine Konkurrenz zwischen dem dezentralen Versorgungssystem einerseits und der Entwicklung zentraler Innovationen andererseits wie die Solareinfuhr aus der MENA Region, die Umsetzung von Offshore-Windparks[1196] und die Fortschritte in der konventionellen

1192 Ebenda, S. 139.
1193 Ebenda, S. 2.
1194 Abrufbar unter: http://www.benelux.int/files/9814/0922/7026/NSCOGI_2013_2014.pdf (Stand: 09.02.2015).
1195 Mitteilung der Kommission „Energieinfrastrukturprioritäten bis 2020 und danach – ein Konzept für ein integriertes europäisches Energienetz" v. 17.11.2010. KOM (2010) 677 endg., S. 31.
1196 Selbst zwischen der Desertec-Initiative und irgendeinem Projekt in der Nordsee kann eine Konkurrenz geschehen, wenn beide Projekte nicht zusammen betrachtet

Stromerzeugung aus fossilen Energieträgern gibt, die die Umwandlung des europäischen Energiesystems hin zu einem sauberen und von Stromeinfuhr weniger abhängigen Energiesystem verlangsamen bzw. behindern[1197]. Das Verlangsamen der Umwandlung stellt eine erhebliche Beeinträchtigung in der Gewährleistung der europäischen Energieversorgungssicherheit dar, da die zentralen Innovationen langwierig, kostspielig und noch fragwürdig sind. Die Fähigkeit der zentralisierten Stromerzeugung aus erneuerbaren Energien, die Energieversorgungssicherheit mittels einer Erhöhung in der Diversifizierung der Stromquellen und in der einheimischen Stromerzeugung sicherzustellen, wurde noch nicht geprüft und es lässt sich bis zum heutigen Tag noch nicht damit rechnen.

Hervorzuheben ist auch die Tatsache, dass Studien, die die Herausforderungen hinsichtlich der Entwicklungen eines SuperGrids analysieren, immer mehr zu den Ergebnissen kommen, die einen dezentralisierten und regionalisierten Ansatz bevorzugen[1198].

Rechtswissenschaftlich bieten die Vorschriften der Europäischen Union weder eine klare Bevorzugung noch eine Lösung für Konflikte (Finanzmittelteilung, betriebssicherheitliche Probleme, gesellschaftliche und politische Akzeptanz usw.) zwischen verschiedenen Technologien. Vielmehr ist von einer Palette von Möglichkeiten die Rede und es scheint, dass das Stromnetz der Zukunft auf jene bestehenden Strukturen und Ausbauszenarien reagieren muss und dementsprechend sowohl smarte Elemente sowie Elemente eines SuperGrids in sich vereinen muss[1199]. In diesem Sinn ist es erheblich, dass in der Rechtssetzung und -anwendung ein gewisses Maß an Innovations- und Revisionsoffenheit für die künftigen technischen Entwicklungen gewahrt wird[1200]. Noch zu schaffen sind stabile regulatorische Rahmenbedingungen, die von gemeinsamen institutionellen Plattformen geprägt werden und die Investitionen und finanzielle Mittel hin zur Entwicklung solch großer Projekte anziehen, falls sie zu befürworten sind. Die Fazilität „Connecting Europe" und das rechtliche Regime des Vorhabens von gemeinsamem Interesse, die sowohl „intelligente Netze" als auch „Stromautobahnen" als vorrangige thematische Gebiete bzw. Energieinfrastrukturkategorien einordnet[1201], stellen wichtige Schritte dar. In Europa ist eine rechtliche und institutionelle Rahmenbedingung für die Entwicklung

werden, *Hirschhausen*, In: *Moselle/Padilla/Schmalensee* (Hrsg.), Harnessing renewable energy in electric power systems – Theory, practice, policy, 2010, S. 197.

1197 *Scheer*, Der energetische Imperativ, 2010, S. 139.

1198 *Hirschhausen*, In: *Moselle/Padilla/Schmalensee* (Hrsg.), Harnessing renewable energy in electric power systems – Theory, practice, policy, 2010, S. 181.

1199 *Kistner*, Das Konzept des SuperGrids im Lichte der Verordnung zu Leitlinien für die transeuropäische Energieinfrastruktur (TEN-E-VO), EnWZ, Heft 9, 2014, S. 406.

1200 *Schumacher*, Innovationsregulierung im Recht der netzgebundenen Elektrizitätswirtschaft, 2009, S. 193.

1201 Keine Bevorzugung eines Ansatzes *Kistner*, Das Konzept des SuperGrids im Lichte der Verordnung zu Leitlinien für die transeuropäische Energieinfrastruktur (TEN-E-VO), EnWZ, Heft 9, 2014, S. 409.

eines pan-europäischen Stromnetzes nicht vorhanden[1202]. Es fehlt aber noch eine klare rechtliche Unterstützung einer dezentralen und regionalen Vorgehensweise, die über reine Erwähnungen in den Erwägungsgründen der Richtlinien und in den amtlichen Dokumenten der EU-Organe hinaus gehen und den heute realisierbaren dezentralisierten Ansatz, der eine energietechnokratische Steuerung von einer reduzierten Zahl von Akteuren vermeidet, rechtlich ermöglichen, damit die lokale Energieversorgungssicherheit gewährleistet wird. Nicht ausgeschlossen und vorteilhaft ist (oder sein kann) aber auch eine solche Ausgestaltung, in der zentralisiert erzeugter Offshore-Strom eingespeist wird und zur Gewährleistung der Energieversorgungssicherheit sowie zur Vollendung des Energiebinnenmarkts mittels der Interkonnektion der mitgliedstaatlichen Energienetze beiträgt.

4.2 Zusammenfassung

Weder die Unregelmäßigkeit noch die Dezentralisierung der Energieerzeugung sind *per se* unüberwindliche Hindernisse hin zur Schaffung einer sauberen, von importierten fossilen Energieträgern weniger abhängigen und sicheren Energiematrix. Nicht nur die Vielfalt von (regelmäßigen und mittel- und grundlastfähigen) erneuerbaren Energiequellen und die technologischen Fortschritte in den konsolidierten Energieanlagen sowie die zusätzlichen Technologien (wie z. B. Stromspeicher) bestätigen diese These, sondern auch die präsentierten Beispiele dezentralisierter Ansätze und entsprechender Maßnahmen zur Schaffung solcher Vorgehensweisen.

Mehrere Maßnahmen im Bereich erneuerbare Energie tragen mittels einer Milderung der Unregelmäßigkeit bei zur Gewährleistung der Energieversorgungssicherheit. Die wichtigste ist das Prinzip des Vorrangs von Strom aus erneuerbaren Energien gemäß Art. 16 der Richtlinie 2009/28/EG. Auch zu nennen sind die Stromspeicher und die Maßnahmen hinsichtlich der Flexibilisierung der Stromnachfrage, die jedoch mehrere rechtliche Entwicklungen brauchen. Ganz wichtig für die Erreichung des primärrechtlichen Ziels des Art. 194 Abs. 1 lit. b AEUV ist auch die Förderung erneuerbarer Energien mittels Förderinstrumenten und Kooperationsmechanismen gemäß Art. 3 Abs. 3 lit. a und lit. b der Richtlinie 2009/28/EG, die aber in einer unausgeglichenen Weise von den Mitgliedstaaten benutzt sind. Weder nationale alleingängige Fördersysteme noch die Vermeidung von Zusammenarbeit tragen zur Energieversorgungssicherheit bei, die sich eng mit dem Leitziel des energetischen Solidaritätsprinzips verbindet. Hinsichtlich eines EU-weiten Fördersystems erneuerbarer Energien, dessen Implementierung sich dringender als je zeigt, wäre eine Einspeiseregelung von mehreren Aspekten für die Energieversorgungssicherheit vorteilhafter. Eine Überförderung der erneuerbaren Technologien wäre allerdings wegen der Gefahr für die Betriebssicherheit zu beachten. Die Ausarbeitung von Leitlinien ist somit in diesem Zusammenhang zu begrüßen.

1202 *Hirschhausen*, In: *Moselle/Padilla/Schmalensee* (Hrsg.), Harnessing renewable energy in electric power systems – Theory, practice, policy, 2010, S. 196–198.

Die Kooperationsmechanismen liefern nur ein Beispiel, nämlich die Integration des Zertifikatsmarkts zwischen Schweden und Norwegen, und ein riesiges Potenzial zur Erhöhung der Stromerzeugung aus erneuerbaren Energien bleibt bis zum heutigen Stand unbenutzt.

Abschließend fehlen aber noch europarechtliche Vorschriften, die einerseits das Prinzip der Solidarität im Bereich der Förderung erneuerbarer Energien vollziehen und andererseits die Technologie der Stromspeicher und des *Lastmanagements* definitiv unterstützen, damit sich das Niveau an Energieversorgungssicherheit erhöht.

Auf der anderen Seite und laut wirtschaftlicher Hürden leistet die CCS-Technologie keinen Beitrag zum Ziel der Energieversorgungssicherheit.

Hinsichtlich der Dezentralisierung der Energieerzeugung aus erneuerbaren Energien ist der Richtliniengeber nicht undeutlich. Die Vorteile eines dezentralisierten Ansatzes werden mehrmals begrüßt und hervorgehoben, was sich aber nicht in rechtlich vollstreckbare Maßnahmen niedergeschlagen hat. Hier besteht noch eine Distanz zwischen politischer Diskurs und rechtlichen Vorschriften. Vielmehr bevorzugen die Richtliniengeber einen allgemeinen Ansatz, der Raum sowohl für dezentralisierte als auch für zentralisierte Projekte lässt. Einerseits bestehen Fördermittel für „erneuerbare Städte", andererseits genießen große Projekte die begünstigte Möglichkeit der Anrechnung zugunsten eines Mitgliedstaates des in einem Drittstaat erzeugten Stroms gemäß Art. 9 Abs. 3 der Richtlinie 2009/28/EG. Es ist noch unklar, inwieweit Projekte von „großem Interesse" wie die Desertec und die Nordsee- Initiative sowie das Solarenergieprogramm für den Mittelmeerraum konkret zur Gewährleistung der europäischen Energieversorgungssicherheit beitragen würden. Sie sind auf jeden Fall gute Ideen, deren Implementierung noch mehrere regulierungsrechtliche Hürden überwinden muss.

Dem Kapitel kann allerdings entnommen werden, dass die Förderung der erneuerbaren Energien sekundärrechtlich zur Gewährleistung der Energieversorgungssicherheit beiträgt. Das dienende Verhältnis zwischen den Zielen der Energiepolitik gemäß Art. 194. Abs. 1 lit. b und lit. c AEUV wurde auch hier aufgezeigt. Ob und wie das Ziel der Energieversorgungssicherheit eine sekundärrechtliche Beziehung mit dem Ziel der Interkonnektion der Netze hat, wird im folgenden Kapitel gezeigt.

5. Kapitel: Gewährleistung der Energieversorgungssicherheit mittels der Interkonnektion der Netze im Sekundärrecht

Nach der Analyse der Beziehung zwischen der Gewährleistung der Energieversorgungssicherheit und der Förderung erneuerbarer Energien wird in diesem Kapitel analysiert, welche rechtlichen Mittel im Bereich der Interkonnektion der Netze (Ziel der Energiepolitik gemäß Art. 194 Abs. 1 lit. d AEUV) im Europarecht existieren, um die Energieversorgungssicherheit sicherzustellen. Die Frage der Energieversorgungssicherheit ist nach dem Solidaritätsprinzip grenzüberschreitend zu lösen, und dafür ist eine enge Zusammenarbeit zwischen Mitgliedstaaten und Übertragungsnetzbetreibern erforderlich.

Die Notwendigkeit, die Menge eingespeisten Stroms und die Menge verbrauchten Stroms (zuzüglich des Übertragungsverlustes) auszugleichen, stellt nicht nur eine bloße kommerzielle Frage dar, sondern auch eine sicherheitliche Anforderung. Eine solche Balance vermeidet Stromausfälle. Ein stark vernetztes System ist erforderlich, um ein hohes Niveau an Zuverlässigkeit und Sicherheit im europäischen Energiesystem aufrechtzuerhalten. Ein ausgelastetes Netz kann zu Versorgungsunterbrechungen führen. Erwägungsgrund 44 der Richtlinie 2009/72/EG stellt klar, dass der Aufbau und der Erhalt der erforderlichen Netzinfrastruktur, einschließlich der Verbundmöglichkeiten, zu einer stabilen Elektrizitätsversorgung beitragen sollen. Es ist Aufgabe der nationalen Regulierungsbehörden, die bestehenden Beschränkungen des Elektrizitätshandels zwischen den Mitgliedstaaten aufzuheben, einschließlich des Aufbaus geeigneter grenzüberschreitender Übertragungskapazitäten im Hinblick auf die Befriedigung der Nachfrage und die Förderung der Integration der nationalen Märkte zur Erleichterung der Elektrizitätsflüsse innerhalb der Gemeinschaft (Art. 36 lit. c der Richtlinie 2009/72/EG).

Der Auf- und Ausbau der Energienetze, einschließlich ihrer Interkonnektion, leistet zudem wichtige Beiträge zum Klimaschutz. Die Kommission ist der Ansicht, dass „die EU ihre Klimaschutz- und Energieziele ohne neue und verbesserte Netze nicht erreichen wird. Den Energienetzen muss ein höherer Stellenwert bei der Konzipierung und Umsetzung der Energiepolitik zukommen“[1203].

Ferner existiert kein vollendeter Energiebinnenmarkt ohne die grenzüberschreitenden Netze. Die Kommission hat im Rahmen der Analyse über den Stand der Öffnung des Elektrizitätsmarkts Maßnahmen zur Erreichung der Vollendung des Energiebinnenmarkts vorgeschlagen, darunter die Beseitigung von Engpässen auf

1203 Grunbüch „Hin zu einem sicheren, nachhaltigen und wettbewerbsfähigen europäischen Energienetz“ v. 13.11.2008. KOM (2008) 782 endg., S. 15.

grenzüberschreitenden Übertragungsleitungen[1204]. Zudem behindern grenzüberschreitende Engpässe, dass Endverbraucher vom günstigeren Stromerzeugungspreis, der durch das Markteintreten ausländischer Stromerzeuger mit geringeren variablen Kosten und der darauffolgenden Verschiebung der *Merit-Order*-Kurve verursacht wird, profitieren.

Hinsichtlich der zunehmenden Einspeisung erneuerbarer Energien erfordert das europäische Netz vielmehr eine Umwandlung als einen bloßen Ausbau, da es auf die Bedürfnisse fossiler und nuklearer Brennstoffe ausgerichtet wurde und sich deswegen auf die „Grundlast-Logik" beruft. Eine Logik für die Einspeisung erneuerbarer Energien, die schwankend ist, erfordert entsprechend neue Energienetze[1205].

Die Interkonnektion der Netze stellt den Bereich *par excellence* dar, wo sich Zusammenarbeit und eine von Solidarität geprägte Vorgehensweise als notwendig erweisen. Hier wird nicht mehr die Frage nach ausreichenden Stromerzeugungskapazitäten (auch nicht danach, *welche* Energiequellen zu nutzen sind), sondern nach der Art und Weise der Übertragung dieser Elektrizität durch die europäischen Netze (und darüberhinausgehend durch die EU und die Drittländer) gestellt.

Im Vergleich zum Verhältnis zwischen Energieversorgungssicherheit und erneuerbaren Energien erregt das Thema der Interkonnektion der Netze und ihr Beitrag zur Energieversorgungssicherheit weder von den Organen der EU, noch in der Literatur besonders viel Aufmerksamkeit. In den letzten Jahren wurde viel in erneuerbare Energien investiert, aber wenig in den Ausbau der Netze, was einige Mitgliedstaaten vor beispielweise das Problem der Isolation stellt (Energieinseln, wie die baltischen Länder, die iberische Halbinseln und Inseln wie Malta und Zypern) oder einige Länder (z.B. Deutschland) vor Stromüberschüsse, die wegen mangelnder Übertragungsnetze in ihrem Hoheitsgebiet den aus erneuerbaren Energien erzeugten Strom an die Nachbarländer übertragen müssen[1206]. Es besteht dann das Risiko einer Überlastung der Netze der Nachbarländer und die Gefahr für die Aufrechterhaltung der Energieversorgungssicherheit.

Nur 20 bis 30 % der Engpasserlöse (Art. 16 Abs. 6 der Verordnung 714/2009/EG) wurden im Zeitraum 2001–2005 in neue Interkonnektoren investiert[1207].

1204 Vgl. Mitteilung der Kommission „Die jüngsten Fortschritte bei der Schaffung eines Elektrizitätsbinnenmarktes" v. 16.05.2000. KOM (2000) 297 endg.; Mitteilung der Kommission „Vollendung des Energiebinnenmarktes" v. 13.03.2001. KOM (2001) 125 endg.; Mitteilung der Kommission „Fortschritte auf dem Weg zur Vollendung des Energiebinnenmarktes" v. 13.10.2014. KOM (2014) 634 final, S. 4 und S. 7–9.

1205 *Müller-Kraenner/Langsdorf*, Eine Europäische Union für erneuerbare Energien – politische Weichenstellungen für bessere Stromnetze und Fördersysteme, 2012, S. 42.

1206 Wie die Medien berichteten. Abrufbar unter: http://www.politico.eu/article/strong-winds-in-germany-a-problem-in-central-europe/ und http://www.welt.de/wirtschaft/energie/article139783904/Mini-Strommasten-sollen-die-Energiewende-retten.html (Stand: 05.08.2015).

1207 *DG Competition Report on Energy Sector Inquiry* v. 10.01.2007. SEK (2006) 1724, S. 179. Art. 6 Abs. 6 der Verordnung 1228/2003/EG (heute Art. 16 Abs. 6 der Verordnung

500 Mrd. Euro sind laut der Kommission für den Auf- und Ausbau der Energienetze notwendig, um die Energie- und Klimaziele zu erreichen. Rund 200 Mrd. allein für Energietransportnetze[1208].

Aus zahlreichen Gründen konnte sich ein genügendes Niveau an Verbundgrad[1209] zwischen den Mitgliedstaaten noch nicht durchsetzen. Eine Europäisierung der Netze bis 2014, wie vom Europäischen Rat angefordert[1210], liegt noch nicht vor. Zum heutigen Stand liegt der durchschnittliche Verbundgrad bei rund 8 % und angesichts der Bedeutung der Verbindungsleitungen für die Stärkung der Energieversorgungssicherheit schlägt die Kommission vor, das aktuelle Verbundziel von 10 % für 2030 auf 15 % zu erhöhen[1211]. Rechtswissenschaftlich wurden Beziehung und Synergien zwischen beiden Ziele noch nicht tief systematisiert und analysiert.

Für dieses Kapitel wird gemäß Art. 194 Abs. 1 lit. d AEUV angenommen, dass ein vernetztes Europa zu schaffen ist, womit sich die Frage stellt, ob mehr Integration und ein höherer Verbundgrad zwischen den Mitgliedstaaten besser ist als ein mitgliedstaatlicher Alleingang, was jedoch in dieser Arbeit nicht beantwortet wird. Die Kommission vertritt seit mehreren Jahren die Ansicht der Interkonnektion[1212]. Angesichts der These des dienenden Verhältnisses zwischen den Zielen der europäischen Energiepolitik wird hier untersucht ob, und wenn ja, inwieweit, die existierenden Vorschriften hinsichtlich eines vernetzten Europas zum Ziel der Gewährleistung der Energieversorgungssicherheit gemäß Art. 194 Abs. 1 lit. b AEUV beitragen.

714/2009/EG) versuchte diese Lage zu ändern, wobei festgelegt wurde, dass die Einnahmen aus der Vergabe von Verbindungen (Auktionserlöse) zweckgebunden (Gewährleistung der tatsächlichen Verfügbarkeit der vergebenen Kapazität und/oder Erhaltung oder Ausbau von Verbindungskapazitäten) verwendet werden.

1208 Mitteilung der Kommission „Energieinfrastrukturprioritäten bis 2020 und danach – ein Konzept für ein integriertes europäisches Energienetz“ v. 17.11.2010. KOM (2010) 677 endg., S. 9; s. auch Mitteilung der Kommission „Eine Investitionsoffensive für Europa“ v. 26.11.2014. KOM (2014) 903 final/2.

1209 Seit 2002 versuchten die EU-Organe, das Ziel für den Elektrizitätsverbund zwischen Mitgliedstaaten i.H.v. 10% ihrer installierten Produktionskapazität zu implementieren und zu erreichen, vgl. Mitteilung der Kommission „Europäische Energieinfrastruktur“ v. 20.12.2001. KOM (2001) 775 endg.; Schlussfolgerungen des Vorsitzes des Europäischen Rates v. 15. und 16.03.2002 (Barcelona), S. 15, aber bis zum heutigen Stand erfolglos, vgl. die im Rahmen des Pakets zur Energieunion veröffentlichte Mitteilung der Kommission „Erreichung des Stromverbundziels von 10 %“ v. 25.02.2015. KOM (2015) 82 final.

1210 Schlussfolgerungen des Europäischen Rates, Tagung v. 04.02.2011, S. 2.

1211 Mitteilung der Kommission „Strategie für eine sichere europäische Energieversorgung“ v. 28.05.2014. KOM (2014) 330 final, S. 12; Mitteilung der Kommission „Erreichung des Stromverbundziels von 10%“ v. 25.02.2015. KOM (2015) 82 final, S. 14.

1212 Vgl. z.B. Mitteilung der Kommission „Europäische Energieinfrastruktur“ v. 20.12.2001. KOM (2001) 775 endg. und Mitteilung der Kommission „Erreichung des Stromverbundziels von 10%“ v. 25.02.2015. KOM (2015) 82 final.

Ein Raum ohne Binnengrenzen, in dem der freie Verkehr von Waren, Personen, Dienstleistungen und Kapital gewährleistet ist, setzt den reibungslosen Verlauf der Raumüberwindung der Energie u.a. auch über größere Entfernungen voraus[1213]. Da die Vollendung des Energiebinnenmarkts und die Gewährleistung der Energieversorgungssicherheit von dem Auf- und Ausbau der Stromnetze und der entsprechenden Interkonnektion zwischen den Mitgliedstaaten abhängen, ist die Frage nach der Durchführbarkeit einer solchen Ausgestaltung, nämlich die höchsten Ziele der Energiepolitik zu realisieren, von erheblicher Bedeutung.

Grundsätzlich teilt sich dieses Kapitel in vier Teilen. Zuerst werden die Vorteile einer regionalen Vorgehensweise präsentiert, ohne die Entscheidung der Kommission und der anderen Organe der EU hinsichtlich der Bemühung hin zu einem integrierteren Europa zu bewerten (5.1). Folglich ist die umstrittene Frage hinsichtlich der Überschneidung zwischen Art. 194 Abs. 1 lit. d AEUV und Art. 170ff. AEUV zu beantworten, damit klar wird, welche Kompetenz zu welcher Vorschrift gehört (5.2). Danach werden die mit der Interkonnektion der Netze verbundenen rechtlichen Grundlagen untersucht, die zur Gewährleistung der Energieversorgungssicherheit beitragen können (5.3). Am Ende des Kapitels steht eine Zusammenfassung (5.4).

Was in diesem Kapitel nicht untersucht wird, sind die Aspekte der Energienetze, die im vorherigen Kapitel schon detailliert betrachtet wurden, wie z.B. die Netz- bzw. Betriebssicherheit. Sie werden nur nochmal betrachtet, wenn es für die Erklärung und Erläuterung der Beziehung zwischen Energieversorgungssicherheit und Interkonnektion der Netze notwendig ist. Schwerpunkt wird auf grenzüberschreitende Netze gelegt und nicht auf innenstaatliche Energienetze.

5.1 Regionale Integration als Vorgehensweise zur Energieversorgungssicherheit

Um das Thema der Interkonnektion der Netze einzuführen, sollen – um den regionalen Ansatz zur Gewährleistung der Energieversorgungssicherheit hervorzuheben – zunächst die Gründe betrachtet werden, wenn es um die Integration der Energienetze zwischen Staaten geht. Während der grenzüberschreitende Stromhandel in der Vergangenheit hauptsächlich für *back-up* der Energieversorgung im Versorgungsunterbrechungen nachfolgenden Notfall etabliert wurde[1214], existieren heute mehrere Gründe, die einen regionalen, integrierten Ansatz befürworten[1215].

1213 *Vormizeele*, In: *Schwarze*, EU-Kommentar. 3. Aufl., 2012, Art. 170, Rn. 2, S. 1773.

1214 *Moel/Melchior*, In: *Roggenkamp/Hammer* (Hrsg.), European Energy Law Report VIII, 2011, S. 22.

1215 Vgl. Mitteilung der Kommission „Erreichung des Stromverbundziels von 10 % – Vorbereitung des europäischen Stromnetzes auf 2020“ v. 25.02.2015. KOM (2015) 82 final, S. 3–4.

Grundsätzlich müssen Nachfrage und Stromerzeugung immer in einem Gleichgewicht erfolgen. Bei Energiesystemen ist aber wegen des Kirchhoffschen Gesetzes[1216] nicht zu ermitteln, wessen Strom genau bei welchem Kunden angekommen ist. Dieses Verhalten des Stroms hat zur Folge, dass die Einspeisung des Stroms in ein Netz Kapazitätsprobleme bei verbundenen Netzen auslösen kann (das *Loop-Flow*-Prinzip). Damit solche Kapazitätsprobleme schnell kompensiert bzw. vermieden werden können, sind Netze erforderlich, die mehrere Kraftwerke und Verbraucher miteinander verknüpfen. Dadurch wird die Frequenzhaltung stabilisiert und Ausfälle besser überwacht. Zudem müssen einzelne Verbundteilnehmer keine großen Reservehaltungen bereitstellen[1217].

Vorteilhaft ist die Interkonnektion der Netze erstens zur Einbindung von Strom aus erneuerbaren Energien, da einerseits die Schwankungen geglättet werden, und andererseits die Kosten für den Ausgleich von Mengenabweichungen gesenkt werden können. Die Stabilität des Energiesystems wird dann erreicht, wenn die Schwankungen in lokale Wind- und Sonnenenergieerzeugung durch ein großes geographisches Gebiet ausgeglichen werden[1218]. Konsequenterweise wird wahrer Wettbewerb gefördert und niedrigere Preise geschaffen. Da die Verbindungsleitungen eine optimale Nutzung der Übertragungskapazität ermöglichen, wird ein übermäßiger Bedarf an neuen Kapazitäten vermieden, was Kosten spart. Die negativen Effekte einer schwankenden Erzeugung von Strom aus erneuerbarer Energie werden dann minimiert, wenn der Strom durch ausreichende Verbindungsleitungen effektiver zugeteilt wird[1219]. Zusätzliche Investitionen sind dann erforderlich, um einerseits Erzeugung und Nachfrage auszugleichen und zu gewährleisten, dass das Netz zunehmende unvorhergesehene Stromflüsse behandeln kann. Für die bessere Identifizierung und Signalisierung solcher Investitionen ist der regionale Ansatz und der zwischenstaatliche Informationsaustausch vonnöten.

Zweitens – und auch als Folge der Energieerzeugung aus Wind und Sonne – besteht heute eine Ausweitung der grenzüberschreitenden Stromflüsse. Obwohl der Verbundgrad noch extrem niedrig ist (nach dem ersten Liberalisierungspaket bleibt der Verbundgrad durchschnittlich bei weniger als 10 %), wird wegen des (zunehmenden) Abstandes zwischen dem Ort der Energieerzeugung und dem Ort des Verbrauchs ein Anstieg des Verbundgrades erwartet[1220]. Mangelhafte Interkonnektionen erlauben nicht, dass Energiemärkte mit Überkapazität die Energiemärkte mit knapperen Ressourcen treffen. Eine bessere Zusammenarbeit zwischen Übertragungsnetzbetreibern, insbesondere hinsichtlich der Infrastrukturplanung, sowie

1216 Elektrizität sucht den Weg des kleinsten Widerstandes.

1217 *Vrana*, Interkonnektoren im Europäischen Binnenmarkt, 2012, S. 27–28.

1218 *Bernaerts*, In: *Vinois* (Hrsg.), EU Energy Law – Volume VIII – The energy infrastructure policy of the European Union, 2014, S. 25.

1219 Erwägungsgrund 59 der Richtlinie 2009/28/EG. ABl. L 140 v. 05.06.2009, S. 22.

1220 *Dobbeni/Staschus/Casterman/Mendiola/Minciuna*, In: *Vinois* (Hrsg.), EU Energy Law – Volume VIII – The energy infrastructure policy of the European Union, 2014, S. 39.

des Auf- und Ausbaus von Energienetzen ist somit erforderlich, damit beispielweise Strom aus den Offshore-Windparks in der Nordsee europaweit verteilt und vermarktet werden kann.

Drittens nehmen wegen der betrieblichen Herausforderungen und der Neuerungen auf dem Energiemarkt die Kosten hinsichtlich der Aufrechterhaltung der Balance zwischen Erzeugung und Nachfrage zu. Die Energiepreise folgen diesen Tendenzen und riskieren die Gewährleistung einer erschwinglichen Energieversorgung. Eine regionale Kooperation kann dann mit der Feststellung von gemeinsamen Regelungen wie z.B. Netzkodizes, die den Marktinvestoren signalisieren, welche Produkte und Leistungen erforderlich sind, einen Beitrag dazu leisten[1221]. Aus der Perspektive der Wirtschaft kann der Fortschritt mit der Integration der Netze dem BIP ein Mehr zwischen 0,6 % und 0,8 % hinzufügen.

Viertens fordert die Vielzahl von verteilten Energieerzeugern ein hohes Niveau an Koordinierung und Kooperation zwischen den Netzbetreibern, da die Operation des gesamten Energiesystems wegen schwierigerer Vorhersage des Verhaltens dieser auf Wind- und Sonnenenergie bezogenen Energieerzeuger komplexer wird. Dazu müssen die Infrastruktur vereinheitlicht und eine Europäisierung der *Standards* hinsichtlich des Netzbetriebs geschaffen werden. Divergierende nationale Standards im Bereich der technischen Infrastruktur wirken sich auf die Dienstleistungsfreiheit hemmend aus[1222] und gefährden die technische Energieversorgungssicherheit.

Kurz gesagt: effiziente, vernetzte, moderne Energienetze stellen einen Schlüsselfaktor dar, um die Energieversorgungssicherheit und die Diversifizierung der Energiequellen zu gewährleisten, die Wettbewerbsfähigkeit der EU und innerhalb der EU zu erhöhen, die Klimaänderung zu bekämpfen und letztlich die Umwandlung der EU hin zu einer ressourcenschonenden, CO_2-armen Wirtschaft zu erlauben[1223].

5.2 Überschneidung zwischen Art. 194 Abs. 1 lit. d AEUV und Art. 170 ff. AEUV

Da diese Arbeit sich mit dem Verhältnis zwischen dem Ziel der Energieversorgungssicherheit einerseits und den anderen Zielen der Energiepolitik andererseits und insbesondere mit den Zielen hinsichtlich der Förderung erneuerbarer Energien und der Interkonnektion der Netze beschäftigt, muss geklärt werden, was genau unter dem Ziel der Interkonnektion der Netze zu verstehen ist. Das wurde schon in Punkt 3.1.4 und 3.3.2.3 unternommen. Was aber noch fehlt, ist die Analyse der Frage der Zuständigkeit der EU zum Erlass von Maßnahmen, die die Interkonnektion der

---

1221 Ebenda, S. 40.

1222 *Frey*, Grundrechtliche Probleme bei einem beschleunigten Ausbau der transeuropäischen Energienetze, ZeuS, Heft 1, 2013, S. 27.

1223 *Sikow-Magny*, In: *Vinois* (Hrsg.), EU Energy Law – Volume VI – The security of energy supply in the European Union, 2012, S. 61.

Netze zum Ziel haben. Wie es beim Ziel der Förderung der erneuerbaren Energien der Fall ist, dessen Maßnahmen zu seiner Realisierung laut Teilen der Literatur nicht auf Art. 194 Abs. 1 lit. b AEUV zu stützen wären, sondern auf den Umwelttitel des AEUVs (s. 3.1.3.2.2), existiert im Fall der Interkonnektion der Netze auch eine Überschneidung, diesmal mit Art. 170ff. AEUV (Infrastrukturpolitik bzw. transeuropäische Netze), deren Lösung in der Literatur strittig ist.

Laut Art. 170ff. AEUV regulieren die transeuropäischen Netze also nicht nur die Energienetze, sondern auch die Verkehrs- und Telekommunikationsnetze. Ebensowenig sind Bestandteil dieser Artikel die ganze Energie-, Verkehrs- und Telekommunikationspolitik noch die ganze Energie-, Verkehrs- und Telekommunikationskette, sondern nur die betreffenden Netze.

Zweck der Artikel ist es, zur Schaffung eines Raums ohne Binnengrenzen beizutragen. Der Auf- und Ausbau der Netze dient somit zur Verwirklichung des Binnenmarkts (Art. 26 AEUV) und der Aufrechterhaltung bzw. Schaffung der wirtschaftlichen, sozialen und territorialen Kohäsion (Art. 174 AEUV). Die Netze stellen dann Voraussetzung für das effektive Funktionieren des Binnenmarkts dar und können andererseits die unterschiedlichen Entwicklungsgrade der verschiedenen Regionen verringern[1224]. Etwa konkreter normiert Art. 170 Abs. 2 AEUV, dass der Verbund und die Interoperabilität der einzelstaatlichen Netze sowie der Zugang zu den Netzen gefördert werden sollen. Spezielle Aufmerksamkeit soll der Verbindung insularer, eingeschlossener und am Rande gelegener Gebiete mit zentralen Gebieten der Union geschenkt werden[1225].

Auf der anderen Seite wurde vorher erwähnt, dass die EU mit dem Ziel der Interkonnektion der Netze in Art. 194 Abs. 1 lit. d AEUV eine Erweiterung ihrer Kompetenzen vorsieht, insbesondere im Bereich planerischer Maßnahmen. Außer der koordinierenden Kompetenz darf die EU konkrete eigene Projekte zur Interkonnektion mit expliziter Verpflichtung für die Mitgliedstaaten implementieren[1226]. Es geht nun um eine wahre europäische Energienetzpolitik.

Obwohl deutlich wird, dass von einer Erweiterung der Kompetenzen der EU hinsichtlich der Energienetze auszugehen ist, und trotz der relativen Klarheit im Hinblick auf die rechtliche Möglichkeit für Implementierung eigener Projekte, existiert aber eine überlappende Zone zwischen Art. 194 Abs. 1 lit. d AEUV und Art. 170ff. AEUV.

1224 *Calliess*, In: *ders/Ruffert, EUV/AEUV Kommentar*, 4. Aufl., 2011, Art. 170, Rn. 15, S. 1841.

1225 Mehr zum Art. 170ff., s. *Calliess*, In: *ders/Ruffert*, EUV/AEUV Kommentar, 4. Aufl., 2011, S. 1838–1857; *Schäfer/Schröder*, In: *Streinz*, EUV/AEUV, 2. Aufl., 2012, S. 1738–1758; *Vormizeele*, In: *Schwarze*, EU-Kommentar, 3. Aufl., 2012, S. 1771–1784; *Lecheler*, In: *Grabitz/Hilf/Nettesheim*, Das Recht der Europäischen Union – Band II EUV/AEUV, 2014, Art. 170ff.; *Zeleny*, In: *Mayer*, Kommentar zu EUV und AEUV, 2010, Art. 170ff.

1226 *Ruffert*, In: *Energieversorgung und Umweltschutz*, 2010, S. 20; *Bings*, In: *Streinz*, EUV/AEUV, 2. Aufl., 2012, Art. 194, Rn. 30, S. 1895.

Ein Teil der Literatur geht von einer Spezialität der Art. 170ff. AEUV aus, insbesondere im Vergleich zum Art. 114 AEUV (Harmonisierungskompetenz)[1227], Art. 90 AEUV (Verkehrspolitik) und Art. 174 AEUV (Kohäsion)[1228]. Am Beispiel der Abgrenzung zwischen Art. 170ff. und Art. 90 AEUV gelte das Gleiche für die Energiepolitik des Art. 194 AEUV, obwohl zu unterscheiden ist, dass im Primärrecht vor der Einführung des Titels über die TEN nur die Verkehrspolitik im Gegensatz zu den Sachbereichen Energie und Telekommunikation geregelt war[1229]. Maßnahmen hinsichtlich der europäischen Energienetze wären auf Art. 172 anstatt Art. 194 AEUV zu stützen, da Interoperabilität einen Unterfall der Interkonnektion darstellt[1230].

Zu bemerken ist jedoch die Tatsache, dass der Titel XVI des AEUVs über eine Spezialität und gleichzeitig über eine Generalität verfügt: während eine Spezialität hinsichtlich des Gegenstandes des Artikels (Maßnahmenziele) besteht, d.h. die transeuropäischen Netze, besteht auch eine Generalität hinsichtlich der betreffenden Politiken (Sachbereiche), d.h. Art. 170ff. gelten für die Netze im Bereich des Verkehrs, Energie und Telekommunikation. Art. 170ff. AEUV sind zwar spezieller gegenüber Art. 114 und Art. 174 AEUV, da sie Regeln für einen Themenbereich vorsehen, Art. 194 Abs. 1 lit. d AEUV ist jedoch im Vergleich zu den Art. 170ff noch spezieller, da im Energiekapitel nur die Energienetze – und nicht alle Netze, wie es der Fall beim Titel XVI AEUV ist – betroffen sind. Aus diesem Grund und wegen der Absicht der Kommission, die Synergien zwischen den Netzen zu erforschen[1231], geht ein anderer Teil der Literatur zu Recht davon aus, dass für Art. 170ff. AEUV nur noch solche Maßnahmen verbleiben, die sektorübergreifende Infrastrukturmaßnahmen vorsehen, und dass Art. 194 AEUV *lex specialis* gegenüber Art. 172 AEUV ist[1232].

1227 Vgl. auch EuGH, Rs. C-271/94, Slg. 1996, I-1689 (Rn. 33) – Edicom.

1228 *Vormizeele*, In: *Schwarze*, EU-Kommentar, 3. Aufl., 2012, Art. 170, Rn. 18–20, S. 1776–1777; *Schäfer/Schröder*, In: *Streinz*, EUV/AEUV, 2. Aufl., 2012, Art. 170, Rn. 8–14, S. 1741–1742; *Lecheler*, In: *Grabitz/Hilf/Nettesheim*, Das Recht der Europäischen Union – Band II EUV/AEUV, 2014, Art. 170, Rn. 29, S. 7.

1229 *Hackländer*, Die allgemeine Energiekompetenz im Primärrecht der Europäischen Union, 2010, S. 195.

1230 *Calliess*, In: *ders/Ruffert*, EUV/AEUV Kommentar, 4. Aufl., 2011, Art. 171, Rn. 14, S. 1847.

1231 Mitteilung der Kommission „Transeuropäische Netze: Entwicklung eines integrierten Konzepts“ v. 21.03.2007. KOM (2007) 135 endg., S. 8–9; Mitteilung der Kommission „Ein Haushalt für ‚Europe 2020‘ – Teil II: Politikbereiche im Überblick“ v. 29.06.2011. KOM (2011) 500 endg., S. 61. S. auch *Momot*, In: *Vinois* (Hrsg.), EU Energy Law – Volume VIII – The energy infrastructure policy of the European Union, 2014, S. 204. Laut Art. 2 Nr. 19 der Verordnung 1316/2013/EU sind Synergien „das Vorliegen ähnlicher oder einander ergänzender Maßnahmen in mindestens zwei der drei Sektoren Verkehr, Telekommunikation und Energie, was dank der Zusammenführung finanzieller, technischer oder personeller Mittel eine Optimierung der Kosten oder der Ergebnisse ermöglichen kann“.

1232 *Calliess*, In: *ders/Ruffert*, EUV/AEUV Kommentar, 4. Aufl., 2011, Art. 194, Rn. 17, S. 1974, Art. 171, Rn. 14, S. 1848–1849; *Calliess*, Die neue Europäische Union nach

Andere Argumente widersprechen der These einer Spezialität des Art. 170ff AEUV gegenüber Art. 194 Abs. 1 AEUV. Erstens spielt die teleologische Auslegung der Gründung des Energiekapitels eine Rolle. Die Entwicklung des energiepolitischen Gesamtkonzepts „aus einem Guss“ ist wegen ihrer organisatorischen und deklaratorischen Relevanz und Kohärenz für die Rechtsklarheit und -sicherheit sowie für das politische Szenario wertvoll. Seit mehreren Jahrzenten und im Laufe der verschiedenen Fassungen der Verträge versuchte die Union (vorher die Gemeinschaft), ein Energiekapitel zu gründen, um einstimmig zu sprechen und konkrete und deutliche Ziele zu verfolgen[1233]. Von Konkretisierung hinsichtlich der Politik um die Energieinfrastruktur zeugt die Tatsache, dass es nicht mehr um die Entwicklung der Energienetze als nationale Prärogative und die Interkonnektion eines Flickwerkes nationaler Netze geht, wie das in den 90er Jahren der Fall war, sondern um eine Vorgehensweise, die den Zielen der EU-Politik im Hinblick auf eine wahre europäische Energienetzepolitik entspricht[1234].

Der Sinn und Zweck des Energieartikels besteht dann darin, eine Kompetenz für Energie zu gründen und zu organisieren. Alle Bemühungen in dieser Richtung wären erfolglos, wenn eine zur Realisierung eines beliebigen Ziels der Energiepolitik dienende Maßnahme auf einen anderen Artikel des AEUVs gestützt werden könnte. Die ausdrückliche Einfügung einer der entscheidenden Aspekte der Energieinfrastrukturpolitik (Interkonnektion der Netze, Art. 194 Abs. 1 lit. d AEUV) in den Energieartikel nach dem Inkrafttreten des AEUVs verdeutlicht die gesetzgeberische Entscheidung zu Gunsten der Anwendung des Art. 194 AEUV[1235].

Eine systematische Betrachtung der Vorschriften, die eventuell mit Art. 194 kollidieren könnten, verdeutlicht auch, dass die Lösungen der Überschneidungen von einer Spezialität des Art. 194 AEUV (s. 3.4) sprechen. Selbstverständlich hat Art. 170ff. AEUV für den Energiebereich noch eine Funktion, die aber wegen der Neuerung eines Energiekapitels im AEUV abgeschwächt wird.

Zweitens leistet die Union im Fall von Art. 170ff. AEUV nur einen **Beitrag** (Art. 170 Abs. 1 lautet: „Um einen Beitrag...“), während die Union die Ziele der Energiepolitik im Art. 194 AEUV **verfolgt**. Im Art. 170ff. AEUV verbleibt die Hauptverantwortung für die Planung, Finanzierung und den Auf- und Ausbau aller Netze bei den

---

dem Vertrag von Lissabon, 2010, S. 493; *Kahl*, In: *Schulze-Fielitz/Müller* (Hrsg.), Europäisches Klimaschutzrecht, 2009, S. 60; *Trüe*, EU-Kompetenzen für Energierecht, Gesundheitsschutz und Umweltschutz nach dem Verfassungsentwurf, JZ, Heft 5, 2004, S. 786; *Hackländer*, Die allgemeine Energiekompetenz im Primärrecht der Europäischen Union, 2010, S. 195.

1233 *Nettesheim*, In: *Grabitz/Hilf/ders*, Das Recht der Europäischen Union – Band II EUV/AEUV, 2014, Art. 194, Rn. 42, S. 15.

1234 *Sikow-Magny*, In: *Vinois* (Hrsg.), EU Energy Law – Volume VI – The security of energy supply in the European Union, 2012, S. 62.

1235 *Hackländer*, Die allgemeine Energiekompetenz im Primärrecht der Europäischen Union, 2010, S. 195.

Mitgliedstaaten[1236], während die Ziele der Energiepolitik gemäß Art. 194 AEUV der Verantwortung der Union obliegen[1237]. Die Hauptadressaten der Vorschriften wären somit unterschiedlich (Mitgliedstaaten in Art. 170ff. AEUV, Union in Art. 194 AEUV) und es wäre deswegen zumindest fraglich, ob es überhaupt einen Konflikt bzw. eine Überschneidung zwischen beiden Zuständigkeiten gäbe. Also ist somit nicht nur mit einer Erweiterung der Kompetenzen der Union im Bereich der europäischen Energienetze zu rechnen, wie in Kapitel 3 gezeigt wurde, sondern auch mit einem Mehr an Intensität des Eingriffs gemäß Art. 194 Abs. 1 lit. d AEUV. Nach diesem Argument ist es die Intensität des Eingriffs der Union im Bereich der Interkonnektion der Netze, die die anwendbare Vorschrift des AEUVs bestimmt, und die wiederum folglich die erlassene Maßnahme rechtfertigt. Die Intensität des Eingriffs, und nicht die Spezialität des Gegenstandes der Vorschriften wäre das Kriterium, um die Kompetenzausübung der Union zu definieren. Konkrete[1238], also eingriffsintensive Maßnahmen hinsichtlich Planungen und Verfahren, die beispielweise als Ziel hätten, den Verbundgrad zwischen Mitgliedstaaten zu erhöhen bzw. zu verbessern, wären auf Art. 194 Abs. 1 lit. d AEUV zu stützen, während allgemeine Regelungen in diesem Bereich für die Art. 170ff AEUV verbleiben[1239]. Diese Auslegung wäre mit der mehrmals hervorgehobenen Dringlichkeit der Erhöhung des Verbundgradniveaus zwischen den Mitgliedstaaten vereinbar und trüge der Tatsache Rechnung, dass das Ziel der Interkonnektion der Netze wegen dieser Dringlichkeit und zunehmenden Aufmerksamkeit erst im AEUV – in der gescheiterten Verfassung für Europa verfügte Art. III-256 nur über die ersten drei Ziele des Art. 194 AEUV – einen Platz in der Energiepolitik gewann[1240].

Letztlich soll der Tatsache Rechnung getragen werden, dass es in der Praxis der EU-Organe die **Tendenz** zu sein scheint, die energiespezifische Zuständigkeit des Art. 194 AEUV als einheitliche Rechtsgrundlage zu nutzen, wie es der Fall ist in der Richtlinie 2012/27/EU zur Energieeffizienz[1241], der Richtlinie 2010/30/EU[1242],

1236 Nach h.M., vgl. u.a. *Calliess*, In: *ders/Ruffert*, EUV/AEUV Kommentar, 4. Aufl., 2011, Art. 171, Rn. 3, S. 1839; *Strobel*, Die Verordnung zu Leitlinien für die transeuropäische Energieinfrastruktur: Primärrechtliche Einordnung und genehmigungsrechtliche Implikationen, ZEuS, Heft, 2, 2013, S. 172.

1237 *Hirsbrunner*, In: *Schwartze* (Hrsg.), EU-Kommentar, 3. Aufl., 2012, Art. 194, Rn. 119, S. 1873.

1238 *Bings*, In: *Streinz*, EUV/AEUV, 2. Aufl., 2012, Art. 194, Rn. 30, S. 1895.

1239 Bejahend zu den leichteren Befugnissen der Union, *Schäfer/Schröder*, In: *Streinz*, EUV/AEUV, 2. Aufl., 2012, Art. 170, Rn. 29, S. 1744; A.A. *Gundel*, Die energiepolitischen Kompetenzen der EU nach dem Vertrag von Lissabon: Bedeutung und Reichweite des neuen Art. 194 AEUV, EWS, Heft 1–2, 2011, S. 30. Die Verordnung 347/2013/EU (insbesondere Anhang VII), die sich auf Art. 172 AEUV stützt, sieht aber die Ausweisung als VGI für ganz konkrete Projekte vor.

1240 *Nettesheim*, In: *Grabitz/Hilf/ders*, Das Recht der Europäischen Union – Band II EUV/AEUV, 2014, Art. 194, Rn. 20, S. 8.

1241 ABl. L 315 v. 14.11.2012, S. 1.

1242 Richtlinie 2010/30/EU des Europäischen Parlaments und des Rates v. 19. Mai 2010 über die Angabe des Verbrauchs an Energie und anderen Ressourcen durch

der Richtlinie 2010/31/EU[1243], der Verordnung 994/2010/EU über Maßnahmen zur Gewährleistung der sicheren Erdgasversorgung[1244], und des Beschlusses 994/2012/EU[1245], die sich alle auf Art. 194 Abs. 2 AEUV stützen. Eine solche Tendenz wird auch im Bereich der Finanzierung der Energieinfrastrukturen bestätigt, da sich die Verordnung 663/2009/EG über ein Programm zur Konjunkturbelebung[1246] seltsamerweise auf Art. 156 (transeuropäische Netze) und Art. 175 Abs. 1 (Umwelt) stützte, während sich die Verordnung 1233/2010/EU[1247], die die Verordnung 663/2009/EG im Bereich der Finanzierung von Projekten für erneuerbare Energien änderte, schon auf Art. 194 Abs. 1 lit. c AEUV stützt.

Ausnahmen von dieser Tendenz, und trotz der schleppenden Praxis bei dem auf Art. 156 EGV gestützten Ausbau der TEN-E[1248] stellen einerseits die Verordnung 1316/2013/EU zur Schaffung der Fazilität „Connecting Europe"[1249] und andererseits die Verordnung 347/2013/EU zu Leitlinien für die transeuropäische Energieinfrastruktur[1250] dar, die sich trotz stärkerer Eingriffe in die Verwaltungsrechte der Mitgliedstaaten (Art. 8 bis 10 der Verordnung 347/2013EU) auf Art. 172 AEUV stützte. Da aber die überwiegende Mehrzahl der Vorschriften der Verordnung organisatorische

---

energieverbrauchsrelevante Produkte mittels einheitlicher Etiketten und Produktinformationen. ABl. L 153 v. 18.06.2010, S. 1.

1243 Richtlinie 2010/31/EU des Europäischen Parlaments und des Rates v. 19. Mai 2010 über die Gesamtenergieeffizienz von Gebäuden. ABl. L 153 v. 18.06.2010, S. 13.

1244 ABL. L 295 v. 12.11.2010, S. 1. Diese Verordnung für Gasversorgungssicherheit stellt das erste rechtsverbindliches Instrument dar, das sich auf Art. 194 AEUV gestützt. Das Solidaritätsprinzip durchdringt die Verordnung.

1245 Beschluss Nr. 994/2012/EU des Europäische Parlaments und des Rates v. 25. Oktober 2012 zur Einrichtung eines Mechanismus für den Informationsaustausch über zwischenstaatliche Energieabkommen zwischen Mitgliedstaaten und Drittländern. ABl. L 299 v. 27.10.2012, S. 13.

1246 Verordnung 663/2009 v. 13.07.2009 über ein Programm zur Konjunkturbelebung durch eine finanzielle Unterstützung der Gemeinschaft zugunsten von Vorhaben im Energiebereich. ABl. L 200 v. 31.7.2009, S. 31.

1247 Verordnung 1233/2010/EU des Europäischen Parlaments und des Rates v. 15. Dezember 2010 zur Änderung der Verordnung (EG) Nr. 663/2009 über ein Programm zur Konjunkturbelebung durch eine finanzielle Unterstützung der Gemeinschaft zugunsten von Vorhaben im Energiebereich. ABl. L 346 v. 30.12.2010, S. 5.

1248 *Meier-Weigt*, Die Vorhaben von europäischem Interesse nach den Transeuropäischen Energienetze-TEN-E Leitlinien und ihre Umsetzung in den europäischen Mitgliedstaaten, IR, Heft 1, 2007, S. 7.

1249 ABl. L 348 v. 20.12.2013, S. 129. S. unter 5.3.3.3. Hier zu Recht auf Art. 170ff. AEUV gestützt, da die Finanzierung transeuropäischer Netze (in den Bereichen Verkehr, Energie und Telekommunikation) sektorübergreifenden Charakter hat. Zum Mehrwert eines gemeinsamen Rahmens, vgl. Vorschlag für Verordnung des Europäischen Parlaments und des Rates zur Schaffung der Fazilität „Connecting Europe" v. 19.10.2011. KOM (2011) 665 endg., S. 9.

1250 ABl. L 115 v. 25.04.2013, S. 39.

Rechtsnatur haben und die Union nur eine stützende Rolle bei der Finanzierung von Vorhaben von gemeinsamem Interesse hat (Art. 14 der Verordnung 347/2013/EU), sowie angesichts der beim EuGH entwickelten Schwerpunkttheorie, leistet die Union in diesem Fall nur einen Beitrag[1251] zum Auf- und Ausbau der transeuropäischen Energienetze, so dass sich die Stützung auf Art. 172 AEUV trotz der oben erwähnten Tendenz rechtfertigen könnte. Eine Stützung auf Art. 194 Abs. 1 lit. d AEUV könnte stattdessen die Frage hinsichtlich der Nutzung von Leitlinien und angesichts der in Rechte der Mitgliedstaaten eingreifenden Vorschriften zur Beschleunigung des Genehmigungsverfahrens von Projekten im Bereich Energieinfrastruktur[1252] vermeiden und wäre dann einfacher zu legitimieren[1253].

Da das Ziel dieses Kapitels nicht in einer Zuständigkeitsanalyse jeder energieinfrastrukturrechtlichen Maßnahme besteht, sondern in dem Beitrag solcher Maßnahmen zum Ziel der Energieversorgungssicherheit, werden sie ungeachtet der gewählten Kompetenz betrachtet.

5.3 Maßnahmen zur Schaffung eines sicheren, energieintegrierten Europas

Die Beziehung zwischen Interkonnektion der Netze und Energieversorgungssicherheit wird in mehreren sekundärrechtlichen Vorschriften gefunden. Die wichtigsten Normen sind die Verordnung 347/2013/EU, die Leitlinien für die transeuropäische Energieinfrastruktur festlegen (s. 2.2.1.2), die Verordnung 714/2009/EG über die Netzzugangsbedingungen für den grenzüberschreitenden Stromhandel (s. 2.2.1.1), die Richtlinie 2009/72/EG (s. 2.2.2.2) und die Versorgungssicherheitsrichtlinie (s. 2.2.4).

Innerhalb des Beitrags der Durchführung der Interkonnektion der Netze zum Ziel der Energieversorgungssicherheit sind drei Themenfelder hervorzuheben: Maßnahmen, die als unmittelbares bzw. mittelbares Ziel haben, die Energieversorgungssicherheit aufrechtzuerhalten (5.3.1), die Dimension der Zusammenarbeit[1254] mittels

---

1251 *Giesberts/Tiedge*, Die Verordnung zu Leitlinien für die transeuropäische Energieinfrastruktur, NVwZ, Heft 13, 2013, S. 840.

1252 S. Fn. 375.

1253 *Pielow*, In: *Faßbender/Köck* (Hrsg.). Versorgungssicherheit in der Energiewende – Anforderungen des Energie-, Umwelt- und Planungsrechts, 2014, S. 69. Etwa ähnlich, *Strobel*, Die Verordnung zu Leitlinien für die transeuropäische Energieinfrastruktur: Primärrechtliche Einordnung und genehmigungsrechtliche Implikationen, ZEuS, Heft, 2, 2013, S. 217.

1254 Die Zusammenarbeit (zwischen Übertragungsnetzbetreibern, Mitgliedstaaten, zwischen diesen und den Organen der EU sowie zwischen Mitgliedstaaten, Agentur und ENTSO-E) wird mehrmals im europäischen Recht reguliert bzw. gefördert. Beispiele sind die Zusammenarbeit zwischen Übertragungsnetzbetreibern, um einen angemessenen Grad der Betriebssicherheit des Netzes aufrechtzuerhalten (Art. 4 Abs. 1 lit. d der Richtlinie 2005/89/EG), zwischen Mitgliedstaaten für die

der Etablierung der ENTSO-E und ACER (5.3.2) und die Dimension der europäischen Finanzierung von Infrastrukturmaßnahmen als Mittel zur Gewährleistung der Energieversorgungssicherheit (5.3.3).

5.3.1 Maßnahmen zur Aufrechterhaltung der Energieversorgungssicherheit

Vier rechtliche Maßnahmen sind im Bereich der Interkonnektion der Netze zu nennen, die zur Gewährleistung bzw. Aufrechterhaltung der Energieversorgungssicherheit beitragen können: die Netzausbaupflicht (5.3.1.1.), das Engpassmanagement, um Engpässen entgegenzutreten (5.3.1.2), die Ermittlung von Vorhaben von gemeinsamem Interesse gemäß der Verordnung 347/2013/EU (5.3.1.3) und die Gewährleistung des angemessenen Grades der Zusammenschaltung zwischen Mitgliedstaaten gemäß Art. 3 Abs. 5 der Versorgungssicherheitsrichtlinie (5.3.1.4). Diese Maßnahmen zielen darauf ab, die Energieversorgungssicherheit trotz (und mittels) des Auf- und Ausbaus der Energienetze sicherzustellen.

5.3.1.1 Netzausbaupflicht

Einerseits nimmt die europäische Stromnachfrage immer noch zu und andererseits existieren noch Energieinseln, die eine (baltische Länder) oder keine (Malta, Zypern) Verbindungsleitung mit dem europäischen Energiesystem haben. Eine solche Lage birgt das Risiko, dass die Gewährleistung der Energieversorgungssicherheit gefährdet wird, wenn keine neuen Netze aus- bzw. aufgebaut werden. Zudem ist noch mit der Umgestaltung des Energiesystems zu rechnen, das immer mehr größere Mengen erneuerbarer Energien zu transportieren vermag. Der Ausbau der grenzüberschreitenden Verbindungsleitungen muss befürwortet werden, damit eine gesicherte Energieversorgung zum Entstehen der europäischen Gesellschaft beiträgt (Erwägungsgrund 5 der Richtlinie 2009/72/EG).

Trotz der Assoziierung der Regeln hinsichtlich der Netzausbaupflicht mit der Schaffung eines Energiebinnenmarkts ohne Wettbewerbsverzerrungen mittels der Sicherstellung eines diskriminierungsfreien Netzzugangs Dritter (s. beispielweise Erwägungsgrund 8 der Richtlinie 2009/72/EG) stellt der Auf- und Ausbau der

---

Ausarbeitung und Implementierung von gemeinsamen Projekten gemäß Art. 7 der Richtlinie 2009/28/EG (s. 4.1.1.2.3.2.1) oder die Zusammenarbeit zwischen nationalen Regulierungsbehörden und ACER (Art. 37 Abs. 1 lit. c der Richtlinie 2009/72/EG) sowie hinsichtlich eines Regulierungssystems für grenzüberschreitende Aspekte (Art. 38 der Richtlinie 2009/72/EG). Andere Arten von Zusammenarbeit unternehmen die Übertragungsnetzbetreiber gemäß Art. 12 der Verordnung 714/2009/EG (s. 5.3.2.1.2). In diesem Teil der Arbeit werden nur die geregelten Kooperationsmöglichkeiten analysiert, die sich auf die Interkonnektion der Netze beziehen und die auf diese Weise zur Gewährleistung der Energieversorgungssicherheit beitragen.

Energienetze ein unentbehrliches Mittel dar, um auch ein zweites Ziel der Energiepolitik, nämlich die Energieversorgungssicherheit, aufrechtzuerhalten. Ohne ausreichende Investitionen in Energienetze werden die bestehenden Netze überlastet und ein sicherer Netzbetrieb verhindert. Da aber nicht alle Investitionen, die für die Gewährleistung der Energieversorgungssicherheit erforderlich sind, aus marktwirtschaftlicher Sicht rentabel sind, zusammen mit der Tatsache, dass der Netzzugang in einem liberalisierten Energiemarkt (mit Ausnahmen bei Netzengpässen und gemäß Art. 17 der Verordnung 714/2009/EG) allen Petenten garantiert werden muss, sollen dann andere Mittel zur Verfügung stehen, um die Ziele der Energiepolitik zu realisieren. Dementsprechend wurde die Netzausbaupflicht rechtlich etabliert, die einen Auf- und Ausbau der Energienetze forciert. Die daraus resultierenden Rechtsregeln werden im Folgenden analysiert.

Hervorzuheben ist die subsidiäre Natur des europäischen gesetzgeberischen Eingriffs in die Entscheidungsfreiheit der Übertragungsnetzbetreiber in Bezug auf Planung und Investition in die Netze. Der europäische Gesetzgeber übernahm einen Ansatz, bei dem die eigentumsrechtliche Entflechtung theoretisch und grundsätzlich ausreichen soll, um den bedarfsgerechten Netzausbau zu realisieren. Erst wenn innerhalb eines vertikal integrierten Unternehmensverbundes Interessenkonflikte bestehen, und wenn ein solcher Unternehmensverbund von Engpässen profitieren würde, wären Regelungen hinsichtlich der Netzausbaupflicht erforderlich. Problematisch ist aber, dass eigentumsrechtliche Entflechtung zwar das Risiko einer diskriminierenden Netzbewirtschaftung beseitigt, den Netzbetreibern aber keine Anreize bietet, die Gewinnung von Zusatzrenditen mittels künstlicher Verknappung der Kapazitäten aufzugeben[1255]. Die Netzausbaupflicht würde dann ungeachtet des adoptierten Entflechtungsmodells (*Ownership Unbundling*, *Independent Transmission Operator – ITO* oder *Independent System Operator – ISO*) Anwendung finden.

5.3.1.1.1 Verpflichtung zum Netzausbau gegenüber den Übertragungsnetzbetreibern

Im europäischen Sekundärrecht ist die Bedeutung des Netzausbaus betont, damit die Ziele der Energiepolitik realisiert werden können. Diesbezüglich brachte das Dritte Energiepaket 2009 wichtige Regelungen. Fraglich ist aber, ob sich von diesen Vorschriften eine Netzausbaupflicht wird ableiten lassen. Verpflichtet wären dann nicht nur die Übertragungsnetzbetreiber, sondern auch die Mitgliedstaaten bzw. ihre Regulierungsbehörden.

1255 *Kühling/Pisal*, Investitionspflichten beim Ausbau der Energieinfrastruktur zwischen staatlicher Regulierung und nachfrageorientierter Netzbewirtschaftung, ZNER, Heft 1, 2011, S. 18.

5.3.1.1.1.1 Art. 2 Nr. 4 der Richtlinie 2009/72/EG

Erstens ist die rechtliche Definition für Übertragungsnetzbetreiber in Art. 2 Nr. 4 der Richtlinie 2009/72/EG zu erwähnen. Laut der Richtlinie bezeichnet „Übertragungsnetzbetreiber“ „eine natürliche oder juristische Person, die verantwortlich ist für den Betrieb, die Wartung sowie erforderlichenfalls den Ausbau des Übertragungsnetzes in einem bestimmten Gebiet und gegebenenfalls der Verbindungsleitungen zu anderen Netzen sowie für die Sicherstellung der langfristigen Fähigkeit des Netzes, eine angemessene Nachfrage nach Übertragung von Elektrizität zu decken“.

Die Richtlinie 2009/72/EG stellt dann klar, dass dem Übertragungsnetzbetreiber nicht nur eine Verantwortung für Betrieb und Wartung der Übertragungsnetze obliegt, sondern auch eine Verantwortung in Bezug auf den Ausbau der Netze. Diese Verantwortung stellt ein intrinsisches Element dar, das einen Übertragungsnetzbetreiber i.S.d. Richtlinie 2009/72/EG charakterisiert. Ein Übertragungsnetzbetreiber, der keine Verantwortung hinsichtlich des Ausbaus der Übertragungsnetze übernimmt, ist für die Richtlinie gar kein Übertragungsnetzbetreiber. Der Ausdruck „erforderlichenfalls“ verdeutlicht aber, dass die Ausbaupflichten nicht grenzenlos bestehen[1256]. Selbstverständlich geht es im Fall der Investitionen zur Sicherstellung der Energieversorgung um eine Teilung der Kosten und Mitverantwortung, da die Netzentgelte nicht immer ausreichen, den Netzausbau zu finanzieren.

Zu bemerken ist andererseits, dass die Definition keinen Unterschied macht zwischen innenstaatlichen Übertragungsnetzbetreibern und Übertragungsnetzbetreibern, die grenzüberschreitende Netze betreiben. Beide sind für den Ausbau ihrer entsprechenden Energienetze verantwortlich. Der Ausdruck „gegebenenfalls“ nimmt einfach Rücksicht auf die Tatsache, dass es Übertragungsnetzbetreiber gibt, die nicht über Grenzen zwischen Mitgliedstaaten operieren. Für solche Marktakteure besteht keine Verantwortung zum Ausbau der grenzüberschreitenden Netze.

Ferner ist der Übertragungsnetzbetreiber verantwortlich für die Sicherstellung der langfristigen Fähigkeit des Netzes, die Nachfrage zu decken, was angesichts der zunehmenden Nachfrage nur durch Ausbau der Netze zu schaffen ist.

5.3.1.1.1.2 Generelle Netzausbaupflicht gemäß Art. 12 lit. a der Richtlinie 2009/72/EG

Diese Verantwortungen sind im Art. 12 der Richtlinie 2009/72/EG etwas ausführlicher beschrieben. Es ist u.a. Aufgabe der Übertragungsnetzbetreiber, „auf lange Sicht die Fähigkeit des Netzes sicherzustellen, eine angemessene Nachfrage nach Übertragung von Elektrizität zu befriedigen, unter wirtschaftlichen Bedingungen und unter gebührender Beachtung des Umweltschutzes sichere, zuverlässige und leistungsfähige Übertragungsnetze zu betreiben, zu warten und auszubauen“. Dieser Artikel regelt eine generelle Netzausbaupflicht, die vorher im Art. 9 der Richtlinie 2003/54/EG nicht so klar formuliert wurde.

1256 *Vrana*, Interkonnektoren im Europäischen Binnenmarkt, 2012, S. 158.

Zu bemerken ist erstens, dass die Verantwortungen im Art. 12 lit. a der Richtlinie 2009/72/EG, darunter die Verantwortung zum Netzausbau, wegen ihrer Stelle (erstes *litera* des Artikels) eine hohe Priorität genießen. Die Netze müssen auf lange Sicht betriebsfähig sein und die zunehmende Nachfrage muss befriedigt werden. Diese Aufgabe kann nur erfüllt werden, wenn die Übertragungsnetzbetreiber in Netze investieren. Der Ausdruck „unter wirtschaftlichen Bedingungen" verdeutlicht im Einklang mit Art. 2 Nr. 4 der Richtlinie 2009/72/EG, dass es Grenzen für die Netzausbauinvestitionen gibt, die für eine Mitverantwortung im Bereich Investitionen sprechen.

Zweitens wurde der Netzausbau der Verbindungsleitungen zu anderen Netzen in Art. 12 lit. a nicht erwähnt. Der Aspekt der grenzüberschreitenden Netze berücksichtigt nur Art. 12 lit. d (Verantwortung um die Regelung der Stromübertragung durch das Netz unter Berücksichtigung des Austauschs mit anderen Verbundnetzen) und Art. 12 lit. e (Verantwortung um die Bereitstellung ausreichender Information für den Betreiber eines anderen Netzes, um den koordinierten Ausbau sicherzustellen). Dem lit. e ist allerdings ein Ausbau grenzüberschreitender Netze zu entnehmen, da eine Sicherstellung des koordinierten Ausbaus vermutlich auch (oder hauptsächlich) für den Ausbau der grenzüberschreitenden Netze Sinn macht. Im Allgemein stellt der Auf- und Ausbau der grenzüberschreitenden Netze den Hauptgrund für eine Koordinierung zwischen Übertragungsnetzbetreibern dar. Nirgendwo ergibt sich der Schluss, dass eine Ausbaupflicht der Netze, wie sie in Art. 12 lit. a der Richtlinie 2009/72/EG geregelt ist, die Ausbaupflicht der grenzüberschreitenden Netze nicht beinhaltet.

5.3.1.1.1.3 Art. 22 Abs. 2 der Richtlinie 2009/72/EG

Art. 22 der Richtlinie 2009/72/EG stellt im Vergleich zur Richtlinie 2003/54/EG ein Novum dar. Seitdem besteht für die Übertragungsnetzbetreiber die Pflicht, den Regulierungsbehörden jedes Jahr einen zehnjährigen Netzentwicklungsplan vorzulegen, der sich auf die derzeitige Lage und die Prognosen im Bereich von Angebot und Nachfrage stützen muss. Inhalt des Netzentwicklungsplans sind Maßnahmen zur Gewährleistung der Angemessenheit des Netzes und der Versorgungssicherheit (Art. 22 Abs. 1). Es geht hier um die Pflicht, gegenüber den Übertragungsnetzbetreibern, Netzentwicklungspläne auszuarbeiten und vorzulegen, nicht um die Netzausbaupflicht.

Eine Netzausbaupflicht regelt aber Art. 22 Abs. 2 der Richtlinie 2009/72/EG, in dem der Zweck des zehnjährigen Netzentwicklungsplans aufgeführt wird. Dieser Plan dient dazu, den Marktteilnehmern Angaben darüber zu liefern, welche wichtigen Übertragungsinfrastrukturen in den nächsten zehn Jahren errichtet oder ausgebaut werden müssen (lit. a), alle bereits beschlossenen Investitionen aufzulisten und die neuen Investitionen zu bestimmen, die in den nächsten drei Jahren durchgeführt werden müssen (lit. b) und einen Zeitplan für alle Investitionsprojekte vorzugeben (lit. c). Es wäre aus Sicht der Marktsignalisierung sinnlos und für die Schaffung der Rechts- und Investitionssicherheit kontraproduktiv, wenn schon alleine lit. a und lit.

b nur orientierende Natur hätten, aber keine Pflicht bestimmten. Lit. b verdeutlicht aber ausdrücklich, dass die im zehnjährigen Netzentwicklungsplan beinhalteten Investitionen durchgeführt werden müssen (nicht, dass sie durchgeführt werden können). Für eine Netzausbaupflicht gegenüber den Übertragungsnetzbetreibern spricht die Tatsache, dass bei Unterlassung bzw. Nichterfüllung des Art. 22 Abs. 2 lit. b der Mitgliedstaat gemäß Art. 22 Abs. 7 der Richtlinie 2009/72/EG tätig werden muss (s. gleich 5.3.1.1.2.1).

Zusammengefasst sieht Art. 22 nicht nur eine Verpflichtung hinsichtlich der Ausarbeitung eines zehnjährigen Netzentwicklungsplans vor, sondern auch eine Verpflichtung in Bezug auf die Durchführung der darin enthaltenen Investitionen im Netzausbau[1257]. Die Verknüpfung beider Verpflichtungen leistet einen wichtigen Beitrag zur Aufrechterhaltung der Energieversorgungssicherheit, da Investitionen im Netzausbau zur Zuverlässigkeit der Energienetze und Vermeidung von Engpässen beitragen.

5.3.1.1.2 Verpflichtung zum Netzausbau gegenüber den Mitgliedstaaten

Im Rahmen der Mitverantwortung hinsichtlich des Auf- und Ausbaus der Energienetze werden auch die Mitgliedstaaten tätig, wie Art. 22 Abs. 7 (5.3.1.1.2.1) und die Netzausbauanordnungspflicht der Richtlinie 2009/72/EG (5.3.1.1.2.2) zeigen. Nach dem Erwägungsgrund 8 der Richtlinie 2009/72/EG sollen sowohl die Mitgliedstaaten als auch die Regulierungsbehörden den „grenzüberschreitenden Zugang“ begünstigen.

5.3.1.1.2.1 Art. 22 Abs. 7 der Richtlinie 2009/72/EG

Wenn der Übertragungsnetzbetreiber aus anderen als zwingenden, von ihm nicht zu beeinflussenden Gründen eine Investition nicht durchführt, die nach dem zehnjährigen Netzentwicklungsplan in den folgenden drei Jahren durchgeführt werden musste (Netzausbaupflicht des Art. 22 Abs. 2 lit. b), dann müssen die Mitgliedstaaten laut Art. 22 Abs. 7 der Richtlinie 2009/72/EG sicherstellen, dass die Regulierungsbehörde verpflichtet ist, Maßnahmen zu ergreifen, um die Durchführung der betreffenden Investition zu gewährleisten.

Die Maßnahmen müssen nicht kumulativ durchgeführt werden, wie der Wortlaut der Vorschriften („mindestens eine der folgenden Maßnahmen“ und die Nutzung von „oder“ in der Auflistung) verdeutlicht. Hier besteht eine Pflicht für die Mitgliedstaaten und eine Pflicht für die Regulierungsbehörde: die Mitgliedstaaten verpflichten sich sicherzustellen, dass die Regulierungsbehörden Maßnahmen ergreifen. Die Regulierungsbehörde ihrerseits verpflichtet sich, den Übertragungsnetzbetreiber zur Durchführung der betreffenden Investition aufzufordern (Art. 22 Abs. 7 UAbs. 1 lit. a), ein Ausschreibungsverfahren zur Durchführung der betreffenden Investition einzuleiten, das allen Investoren offensteht (Art. 22 Abs. 7 UAbs. 1 lit. b) oder den Übertragungsnetzbetreiber zu zwingen, einer Kapitalerhöhung im Hinblick auf die

1257 Ablehnend, *del Guayo/Pielow*, In: *Roggenkamp/Barrera-Hernández/Zillman/del Guayo* (Hrsg.), Energy networks and the Law, 2012, S. 359.

Finanzierung der notwendigen Investitionen zuzustimmen und unabhängigen Investoren eine Kapitalbeteiligung zu ermöglichen (Art. 22 Abs. 7 UAbs. 1 lit. c). Der Wortlaut deutet darauf hin, dass die Maßnahmen alternativ und schrittweise umgesetzt werden sollen. Es geht um ein gestuftes Implementierungsverfahren[1258]. Zunächst soll eine Aufforderung zur Umsetzung der Investitionen (für am wenigsten eingreifende Maßnahmen) formuliert werden, und die Regulierungsbehörde muss nur dann, falls diese nichts bewirkt, das Ausschreibungsverfahren durchführen. Zuletzt (für die am meisten eingreifenden Maßnahmen) verpflichtet sich die Regulierungsbehörde dem Übertragungsnetzbetreiber gegenüber zu einer Kapitalerhöhung[1259].

Im Fall des Ausschreibungsverfahrens kann die Regulierungsbehörde den Übertragungsnetzbetreiber dazu verpflichten, eine oder mehrere der folgenden Maßnahmen zu akzeptieren: Finanzierung durch Dritte, Errichtung durch Dritte, Errichtung der betreffenden neuen Anlagen durch diesen selbst, Betrieb der betreffenden neuen Anlagen durch diesen selbst (Art. 22 Abs. 7 UAbs. 2).

Das Tätigwerden der Mitgliedstaaten stellt keine Netzausbaupflicht dar, d.h. Art. 22 Abs. 7 der Richtlinie 2009/72/EG handelt **nicht** von einer Netzausbaupflicht gegenüber den Mitgliedstaaten. Der Befehl bezieht sich auf die Pflicht der Mitgliedstaaten, in die Investitionsentscheidungen der Übertragungsnetzbetreiber einzugreifen. Allerdings stehen den Mitgliedstaaten mehrere Mittel zur Verfügung, um die Realisierung aller für die Energieversorgungssicherheit erforderlichen Investitionen zu gewährleisten. Gefordert wird somit nicht nur die Ausarbeitung des Netzentwicklungsplans, sondern auch dessen strenge Umsetzung zusammen mit der Zuweisung von Aufgaben seitens der Mitgliedstaaten und der Regulierungsbehörde hinsichtlich ihrer Durchsetzung[1260].

5.3.1.1.2.2 Netzausbauanordnungspflicht gemäß Art. 3 der Richtlinie 2009/72/EG

Obwohl es keine Netzausbaupflicht direkt gegenüber den Mitgliedstaaten gibt, zeigen einzelne Normen, dass ein Mitgliedstaat diese unternehmerischen Pflichten durchzusetzen hat. Die Einwirkungsmöglichkeiten der Mitgliedstaaten werden hier analysiert.

1258 *Schmidt-Preuß*, In: *Säcker* (Hrsg.), Berliner Kommentar zum Energierecht, 2014, S. 68.

1259 *Vrana*, Interkonnektoren im Europäischen Binnenmarkt, 2012, S. 162. Die letzte Handlungsoption stellt aber keine echte Alternative zu den Möglichkeiten in lit. a und lit. B dar, da eine Kapitalerhöhung erst durchzuführen ist, wenn die vorgesehene Investition aufgrund einer fehlenden Kapitalausstattung nicht durchgeführt werden kann, *Kühling/Pisal*, Investitionspflichten beim Ausbau der Energieinfrastruktur zwischen staatlicher Regulierung und nachfrageorientierter Netzbewirtschaftung, ZNER, Heft 1, 2011, S. 18. Zur Unverhältnismäßigkeit dieser Maßnahme, da es um einen „massiven Eingriff“ in die Unternehmens-, Eigentums- und Vereinigungsfreiheit geht, vgl. *Schmidt-Preuß*, In: *Säcker* (Hrsg.), Berliner Kommentar zum Energierecht, 2014, S. 68.

1260 *Vrana*, Interkonnektoren im Europäischen Binnenmarkt, 2012, S. 161.

Art. 3 der Richtlinie 2009/72/EG beschäftigt sich mit den gemeinwirtschaftlichen Verpflichtungen und dem Schutz der Kunden. Hauptziel des Artikels besteht darin, dass die Mitgliedstaaten eine wettbewerbsbestimmte, sichere, unter ökologischen Aspekten nachhaltige und diskriminierungsfreie Lage für die Elektrizitätsunternehmen gewährleisten (Art. 3 Abs. 1). Wenn aber (und nur wenn) der Energiebinnenmarkt nicht reibungslos und auf befriedigende Weise die Ziele der Energiepolitik, insbesondere Versorgungssicherheit, einschließlich Regelmäßigkeit, Qualität und Preis, und Umweltschutz, einschließlich Energieeffizienz, Energie aus erneuerbaren Quellen und Klimaschutz, realisieren kann[1261], können (müssen nicht) die Mitgliedstaaten den Elektrizitätsunternehmen im allgemeinen wirtschaftlichen Interesse Verpflichtungen auferlegen, die u.a. dazu dienen, den gleichberechtigten Zugang von Elektrizitätsunternehmen der Gemeinschaft zu den nationalen Verbrauchern sicherzustellen (Art. 3 Abs. 2). Es besteht kein Zweifel, dass der Ausbau bestimmter Netze unter den Begriff „Verpflichtungen" gehört, die zur Aufrechterhaltung der Energieversorgungssicherheit dienen können. Fraglich wäre nur die Rechtfertigung eines Mitgliedstaates, um solche markteingreifenden Mittel zu nutzen. Zu prüfen wäre, ob es um eine Verpflichtung geht, die ein allgemeines wirtschaftliches Interesse realisiert; ob sie zur Verwirklichung eines der Ziele dient; sowie ob die gewählte Maßnahme geeignet, erforderlich und angemessen ist (Verhältnismäßigkeitsprüfung)[1262]. Das Tätigwerden des Mitgliedstaats, nämlich die Auferlegung des Netzausbaus, muss klar festgelegt, transparent, nichtdiskriminierend und überprüfbar sein, sowie den gleichberechtigten Zugang von Elektrizitätsunternehmen der Gemeinschaft zu den nationalen Verbrauchern sicherstellen.

Ferner ist Art. 3 Abs. 4 hinsichtlich des Rechts der Kunden, einen Stromlieferanten zu wählen, eindeutig. Dieses Recht gilt unabhängig davon, in welchem Mitgliedstaat dieser als Lieferant zugelassen ist. Zur Gewährleistung eines solchen Rechts müssen die Mitgliedstaaten alle notwendigen Maßnahmen ergreifen, „damit durch die Verwaltungsverfahren keine Versorgungsunternehmen diskriminiert werden, die bereits in einem anderen Mitgliedstaat als Lieferant zugelassen sind". Der Befehl verdeutlicht, dass es nicht um eine bloße rechtliche Möglichkeit geht, die die Mitgliedstaaten je nach Lage nutzen können (wie es bei der Auferlegung von Verpflichtung im allgemeinen wirtschaftlichen Interesse der Fall ist), sondern um eine Pflicht gegenüber den Mitgliedstaaten, mittels des Ausbaus der Verbindungsleitungskapazitäten ein vernetztes Europa zu schaffen. Alle europäischen Kunden haben das Recht, ihren Stromlieferanten europaweit zu wählen. Die technische Möglichkeit zur Verwirklichung dieses Rechts muss dann vorliegen, damit

1261 *Jones*, EU Energy Law – Volume I – The internal energy market, 2010, S. 395; *Johnston/Block*, EU Energy Law, 2012, S. 163.

1262 Solche Verpflichtungen müssen zudem zeitlich begrenzt sein und sich zu dem Punkt erstrecken, an dem das Ziel des Verbraucherschutzes gewährleistet wird, vgl. EuGH Rs. C-265/08, Slg. 2010 (Rn. 33–47) – Federutility.

dieses Recht nicht ins Leere läuft[1263]. Die Mitgliedstaaten müssen sicherstellen, dass dieses Recht realisiert bzw. nicht beeinträchtigt wird. Unter dem Ausdruck „alle notwendigen Maßnahmen“ ist somit der Ausbau der (grenzüberschreitenden) Energienetze zu verstehen. Im Art. 3 Abs. 4 besteht zwar keine explizite Netzausbauanordnungspflicht, sondern eine Pflicht der Mitgliedstaaten, das Wahlrecht der Kunden hinsichtlich ihres Lieferanten zu realisieren, das aber nur durch den Ausbau der Netze verwirklicht werden kann.

Letztlich müssen die Mitgliedstaaten gemäß Art. 3 Abs. 10 der Richtlinie 2009/72/EG auch Maßnahmen ergreifen, um die Ziele des sozialen und wirtschaftlichen Zusammenhalts sowie das Ziel des Umweltschutzes zu erreichen. Darunter sind u.a. auch Maßnahmen für die Versorgungssicherheit zu verstehen. Wenn der Unionsgeber bestimmt, dass Maßnahmen für die Gewährleistung der Energieversorgungssicherheit zu Maßnahmen zur Erreichung der Ziele des sozialen und wirtschaftlichen Zusammenhalts gehören (Art. 3 Abs. 10 S. 1), wird nichts anderes als die Tatsache erkannt, dass die europäische Energieversorgungssicherheit zur europäischen Kohäsion beiträgt. Europäischer Zusammenhalt besteht erst dann, wenn alle Bürger und Unternehmen gleichberechtigten Zugang zu einer sicheren und erschwinglichen Energieversorgung haben. Darauffolgend erklärt Art. 3 Abs. 10 S. 2, dass derartige Maßnahmen die Schaffung geeigneter wirtschaftlicher Anreize für den Aufbau und den Erhalt der erforderlichen Netzinfrastruktur, einschließlich der Verbindungsleitungskapazitäten, umfassen können. Für den sozialen und wirtschaftlichen Zusammenhalt der EU ist es erforderlich, dass die Netzinfrastrukturen, insbesondere die grenzüberschreitenden Netze, aufgebaut bzw. erhalten werden. Nur eine Zusammenschaltung der Netze kann gewährleisten, dass man das Problem der Energieinseln in den Griff bekommt und alle Mitgliedstaaten die Vorteile eines integrierten Netzes, darunter die Versorgungssicherheit und die Erschwinglichkeit, genießen können. Eine Pflicht der Mitgliedstaaten, auf den Ausbau mit verwaltungsrechtlichen Maßnahmen einzuwirken, liegt damit hier laut dem Wortlaut der Vorschriften („Die Mitgliedstaaten ergreifen Maßnahmen...“) vor[1264].

5.3.1.1.3 Netzausbaupflicht hinsichtlich grenzüberschreitender Leitungen?

Fraglich könnte aber sein, ob die Netzausbaupflicht gegenüber den Übertragungsnetzbetreibern einerseits und die Netzausbauanordnungspflicht gegenüber den Mitgliedstaaten und den Regulierungsbehörden andererseits auch den Ausbau grenzüberschreitender Energienetze umfasst. Ein Teil der Literatur geht davon aus, dass das nicht der Fall ist, da sich die gemäß Art. 22 der Richtlinie 2009/72/EG verpflichtende Ausarbeitung des zehnjährigen Netzentwicklungsplans lediglich auf nationale Netzentwicklungen und innerstaatliche Netze bezöge[1265]. Die nicht bindende Rechtsnatur des gemeinschaftsweiten Netzentwicklungsplans des ENTSO-E

1263 *Vrana*, Interkonnektoren im Europäischen Binnenmarkt, 2012, S. 211.
1264 *Vrana*, Interkonnektoren im Europäischen Binnenmarkt, 2012, S. 208.
1265 Ebenda, S. 162 und 210.

(s. unten 5.3.2.1.1) würde auch die These befürworteten, dass es keine Netzausbaupflicht hinsichtlich grenzüberschreitender Leitungen gibt.

Die Argumente sind jedoch nicht überzeugend. Zuerst muss eine Ausdifferenzierung durchgeführt werden, um die Frage besser zu beleuchten. Für den Fall der grenzüberschreitenden Energienetze und dem entsprechenden Netzausbau sind fünf Verpflichtungen erkennbar: Verpflichtung zur Ausarbeitung eines zehnjährigen Netzentwicklungsplans und dessen Vollzug; Verpflichtung zur Ausarbeitung eines gemeinschaftsweiten Netzentwicklungsplans und dessen Vollzug; Verpflichtung zum Ausbau grenzüberschreitender Energienetze.

Wie Art. 22 Abs. 1 der Richtlinie 2009/72/EG verdeutlicht, sind die Übertragungsnetzbetreiber verpflichtet, jedes Jahr einen zehnjährigen Netzentwicklungsplan auszuarbeiten und den Regulierungsbehörden vorzulegen. Die Übertragungsnetzbetreiber müssen diese Pläne ausarbeiten. Zudem stellen die zehnjährigen Netzentwicklungspläne ein rechtsverbindliches Instrument dar, wie den Art. 22 Abs. 2 lit. b (Investitionen müssen durchgeführt werden) und Art. 22 Abs. 7 (s. 5.3.1.1.2.1 oben) entnommen werden kann. Eine Pflicht zum Vollzug der Pläne liegt hier vor. Fraglich ist hier dann **erstens**, ob grenzüberschreitende Netze Teil des zehnjährigen Netzentwicklungsplans sind. Wenn dies der Fall wäre, dann bestände auch eine Ausbaupflicht hinsichtlich solcher Netze. Dies wird gleich geprüft.

Hinsichtlich der Verpflichtung zur Ausarbeitung eines gemeinschaftsweiten Netzentwicklungsplans erlaubt Art. 8 Abs. 3 lit. b i.V.m. Art. 8 Abs. 10 der Verordnung 714/2009/EG keinen Zweifel: Der ENTSO-E ist verpflichtet, den gemeinschaftsweiten Netzentwicklungsplan auszuarbeiten. Es geht aber hier um ein nicht bindendes Instrument, wie der Wortlaut im Art. 8 Abs. 3 lit. b vorsieht, das den Vollzug des Planes in Frage stellt. In der Tat müssen die Übertragungsnetzbetreiber die im gemeinschaftsweiten Netzentwicklungsplan beinhalteten Netzausbauten trotz der Ausarbeitungspflicht des Planes nicht unbedingt durchführen. Diese Ausgestaltung führt aber nicht zum direkten Schluss, dass es dementsprechend – und an die fünfte Frage der Verpflichtungen anschließend – keine Ausbaupflicht hinsichtlich der grenzüberschreitenden Energienetze gäbe. Zu untersuchen ist dann **zweitens**, ob außer dem nicht bindenden gemeinschaftsweiten Netzentwicklungsplan andere rechtliche Instrumente zur Verfügung stehen, die eine Ausbaupflicht für grenzüberschreitende Netze charakterisieren könnten.

Einleitend zu dieser Frage soll erklärt werden, dass es keine explizite, absichtliche Trennung zwischen „innerstaatlichen" Netzen und grenzüberschreitenden Netzen einerseits und den Rechtsrahmen, denen sie angehören, andererseits gibt. Die Richtlinie 2009/72/EG bezieht sich nicht exklusiv auf innenstaatliche Netze, und die Verordnung 714/2009/EG bezieht sich nicht nur auf grenzüberschreitenden Stromhandel. Beispielweise umfasst Art. 32 Abs. 1 der Richtlinie 2009/72/EG, der ein System für den Netzzugang Dritter vorsieht, auch den grenzüberschreitenden Netzzugang[1266]. In der Tat scheint es naheliegend, dass der sekundärrechtliche

1266 *König*, Engpassmanagement in der deutschen und europäischen Elektrizitätsversorgung, 2013, S. 196.

Unionsgeber nicht wollte, eine Trennung zwischen innerstaatlichen und grenzüberschreitenden Netzen zu implementieren. In Bezug auf den Netzausbau geschieht genau das Gegenteil. Art. 2 Nr. 4 der Richtlinie 2009/72/EG, der den Übertragungsnetzbetreiber definiert, expliziert die Verantwortung hinsichtlich des Ausbaus der „Verbindungsleitungen zu anderen Netzen". Art. 3 Abs. 4 der Richtlinie 2009/72/EG sieht vor, dass alle Kunden das Recht haben müssen, von einem Lieferanten mit Strom versorgt zu werden, „unabhängig davon, in welchem Mitgliedstaat dieser als Lieferant zugelassen ist". Für die Realisierung eines solchen Rechts müssen die Mitgliedstaaten alle notwendigen Maßnahmen ergreifen, damit keine „Versorgungsunternehmen diskriminiert werden, die bereits in einem anderen Mitgliedstaat als Lieferant zugelassen sind". Art. 3 Abs. 10 der Richtlinie 2009/72/EG, der sich mit der Verpflichtung der Mitgliedstaaten zur Erreichung der Ziele des sozialen und wirtschaftlichen Zusammenhalts sowie des Umweltschutzes bezieht, verdeutlicht, dass die Maßnahmen in diesem Bereich „einschließlich die Verbindungskapazitäten" umfassen. Schon von diesen Vorschriften könnte eine mittelbare Pflicht zum Ausbau der grenzüberschreitenden Netze abgeleitet werden.

Hinsichtlich der ersten Frage, ob grenzüberschreitende Netze Teil des zehnjährigen Netzentwicklungsplans sind, kann aus Art. 22 Abs. 1 der Richtlinie 2009/72/EG, der den zehnjährigen Netzentwicklungsplan vorsieht, keine ausdrückliche Verpflichtung zum Ausbau grenzüberschreitender Netze abgeleitet werden. Die Übertragungsnetzbetreiber müssen gemäß Art. 22 Abs. 3 bei der Erarbeitung des zehnjährigen Netzentwicklungsplans die Entwicklung u.a. des Stromaustauschs mit anderen Ländern berücksichtigen. Ferner überprüft die Regulierungsbehörde, ob die Kohärenz zwischen dem zehnjährigen Netzentwicklungsplan und dem gemeinschaftsweiten Netzentwicklungsplan des Art. 8 Abs. 3 lit. b der Verordnung 714/2009/EG gewahrt ist (Art. 22 Abs. 5, s. unten 5.3.2.1.1.2). Mehr zum Thema der grenzüberschreitenden Netze beim zehnjährigen Netzentwicklungsplan reguliert die Richtlinie 2009/72/EG nicht.

Hilfreich zur dieser Frage ist Art. 3 Abs. 6 der Verordnung 347/2013/EU. Dort wird festgestellt, dass die Vorhaben von gemeinsamem Interesse zu einem festen Bestandteil der entsprechenden regionalen Investitionspläne nach Art. 12 der Verordnung 714/2009/EG sowie der entsprechenden nationalen Zehnjahresnetzentwicklungspläne nach Art. 22 der Richtlinien 2009/72/EG werden. Diese Vorhaben erhalten innerhalb dieser Pläne die höchstmögliche Priorität. Die Vorhaben von gemeinsamem Interesse haben gemäß Art. 4 Abs. 1 lit. c der Verordnung 347/2013/EU grenzüberschreitenden Charakter oder zumindest „erhebliche grenzüberschreitende Auswirkungen" (mehr dazu s. 5.3.1.1). Da ein Energieinfrastrukturprojekt, das gemäß der Verordnung 347/2013/EU als Vorhaben von gemeinsamem Interesse ausgewiesen wird, fester Bestandteil des zehnjährigen Netzentwicklungsplans sein muss, und da eine Pflicht zum Vollzug des Planes vorliegt, **besteht dann eine Ausbaupflicht hinsichtlich der grenzüberschreitenden Energienetze**, die den *Status* eines Vorhabens haben.

Zudem macht es weniger Sinn, nur innerstaatliche Netze auf- bzw. auszubauen, wenn die Vollendung des Energiebinnenmarkts zu leisten und das Recht der

Energiekunden auf ausländische Energieversorgung zu gewährleisten ist. Die Erreichung dieser Ziele kann ohne den Ausbau grenzüberschreitender Netze nicht geschehen. Mehrmals betonte die Kommission die Wichtigkeit und Notwendigkeit, die grenzüberschreitenden Netze zu entwickeln (s. 5.1). Aus teleologischer Sicht wäre dann zuzustimmen, dass die grenzüberschreitenden Netze ausgebaut werden müssen. Die Tatsache, dass der Richtliniengeber keine absichtliche Trennung zwischen innerstaatlichen und grenzüberschreitenden Netze wollte, unterstützt diese Auslegung. Art. 22 Abs. 1 der Richtlinie 2009/72/EG stellt nicht ausdrücklich fest, dass **nur** innenstaatliche Netze Teile des zehnjährigen Netzentwicklungsplans sein müssen. Grenzüberschreitende Netze sind dann nicht von den zehnjährigen Netzentwicklungsplänen ausgeschlossen, was bedeutet, dass eine Ausbaupflicht in Bezug auf die grenzüberschreitenden Netze besteht, wenn sie in diesen Netzplänen eventuell wegen Ausweisung als Vorhaben von gemeinsamem Interesse beinhaltet werden.

Eine Ausbaupflicht grenzüberschreitender Energienetze – und hinsichtlich der zweiten Frage – könnte ferner auch mittels anderer Regelungen vorliegen.

5.3.1.1.3.1 Erlöse aus Engpässen gemäß Art. 16 Abs. 6 der Verordnung 714/2009/EG

Art. 16 der Verordnung 714/2009/EG regelt die Grundsätze für das Engpassmanagement, d.h. die Mechanismen, die durchgeführt werden müssen, damit ein Engpass vermieden bzw. behoben werden kann. Es geht nicht um Maßnahmen des Netzausbaus, die sich mit der strukturellen Beseitigung von Netzengpässen befassen. Engpassmanagement umfasst die Maßnahmen, die zur Gewährleistung des Netzzugangs im Falle von kurz- oder langfristigen Netzengpässen durchgeführt werden[1267]. Das Engpassmanagement ändert nichts an dem Hauptproblem der unzureichenden grenzüberschreitenden Energienetze. Es beantwortet nur die Frage, wie die begrenzte grenzüberschreitende Netzkapazität gerecht verteilt wird[1268] (s. 5.3.1.2).

Im Hinblick auf die Netzausbaupflicht regelt aber Art. 16 Abs. 6 UAbs. 1 der Verordnung 714/2009/EG, dass die Einnahmen aus der Vergabe von Verbindungen (Erlöse aus dem Engpassmanagement) zur Gewährleistung der tatsächlichen Verfügbarkeit der vergebenen Kapazität (lit. a) und/oder zur Erhaltung oder Ausbau von Verbindungskapazitäten insbesondere durch Investitionen in die Netze, insbesondere in neue Verbindungsleitungen (lit. b) zu verwenden sind. Erst wenn keine effiziente Nutzung der Erlöse für neuen Verbindungskapazitäten erfolgen kann, darf das Entgelt vermindernd in die Netzentgelttarife einfließen (Art. 16 Abs. 6 UAbs. 2)[1269]. Verdeutlicht wird hier, dass die Vollendung des Energiebinnenmarkts

1267 *König*, Engpassmanagement in der deutschen und europäischen Elektrizitätsversorgung, 2013, S. 44.

1268 *Vrana*, Interkonnektoren im Europäischen Binnenmarkt, 2012, S. 70.

1269 *Vrana*, Interkonnektoren im Europäischen Binnenmarkt, 2012, S. 166–167; *Kühling/Pisal*, Investitionspflichten beim Ausbau der Energieinfrastruktur zwischen

mittels des Ausbaus der grenzüberschreitenden Energienetze wichtiger ist als die Schaffung sinkender Netzentgelte. Eine solche Regelung verhindert, dass die bei der Kapazitätsvergabe generierten Einnahmen zu einem Anreiz zur Verringerung der grenzüberschreitenden Übertragungskapazität – statt zu einer Erweiterung – werden[1270].

Die Übertragungsnetzbetreiber müssen dann die Erlöse für den Ausbau von Verbindungskapazitäten nutzen, insbesondere von neuen Verbindungsleitungen. Den Übertragungsnetzbetreibern obliegt eine (mittelbare) Ausbaupflicht grenzüberschreitender Energienetze, wenn es um die Nutzung der Erlöse i.S.d. Art. 16 Abs. 6 UAbs. 1 der Verordnung 714/2009/EG geht[1271].

5.3.1.1.3.2 Anreize zum Netzausbau gemäß Art. 17 der Verordnung 714/2009/EG

Letztlich bringt Art. 17 der Verordnung 714/2009/EG eine Ausnahmeregelung hinsichtlich des Prinzips des freien Netzzugangs und der Entflechtung (Art. 16 Abs. 6 der Verordnung 714/2009/EG und Art. 9, Art. 32 und Art. 37 Abs. 6 und Abs. 10 der Richtlinie 2009/72/EG)[1272]. Diese Vorschriften können unter Erfüllung bestimmter Voraussetzungen (Art. 17 Abs. 1 der Verordnung 714/2009/EG) im Fall von Investitionen in neue grenzüberschreitende Verbindungsleitungen keine Anwendung finden, damit diese Investitionen die Anreize bekommen, die für ihre Realisierung erforderlich sind. Diese Investitionsanreize mittels einer Ausnahmeregelung haben die Verringerung des Risikos eines Baus von Verbindungsleitungen zum Ziel. Damit grenzüberschreitende Energienetze rentabel sein können, ist es erforderlich, dass zwischen den verbundenen Regionen eine Preisdifferenz besteht. Diese Preisdifferenz soll für längere Zeit vorliegen – und nicht nur zum Zeitpunkt der Investitionsentscheidung –, damit die Wirtschaftlichkeit des Projekts gewährleistet wird[1273].

---

staatlicher Regulierung und nachfrageorientierter Netzbewirtschaftung, ZNER, Heft 1, 2011, S. 16; kritisch dazu, vgl. *Tödtmann/Kaluza*, Versteigerung von Stromdurchleitungskapazitäten an Staatsgrenzen: Ein Vertoß gegen die europarechtliche Warenverkehrsfreiheit und das Zollverbot?, RdE, Heft 8, 2011, S. 241.

1270 *Kaiser*, Verordnete Regulierung? Die Bedeutung der Stromhandelsverordnung – Verordnung (EG) Nr. 1228/2003 – und der Gashandelverordnung – Verordnung (EG) Nr. 1775/2005 – für den europäischen Energiebinnenmarkt, 2007, S. 82; *König*, Engpassmanagement in der deutschen und europäischen Elektrizitätsversorgung, 2013, S. 277.

1271 *Vrana*, Interkonnektoren im Europäischen Binnenmarkt, 2012, S. 167.

1272 Ausführlich dazu, vgl. *Wegner*, Regulierungsfreistellungen für neue Elektrizitäts- und Erdgasinfrastrukturen gemäß Art. 17 der Verordnung (EG) Nr. 714/2009 und gemäß Art. 36 der Richtlinie 2009/73/EG, 2010, S. 167–283.

1273 *Jones*, EU Energy Law – Volume I – The internal energy market, 2010, S. 466; *Kaiser*, Verordnete Regulierung? Die Bedeutung der Stromhandelsverordnung – Verordnung (EG) Nr. 1228/2003 – und der Gashandelverordnung – Verordnung (EG) Nr. 1775/2005 – für den europäischen Energiebinnenmarkt, 2007, S. 84.

Die Derogation wird im Einzelfall verwendet und hat nicht nur die Wirtschaftlichkeit des Projektes zu berücksichtigen, sondern auch die Ziele des Funktionierens des Energiebinnenmarkts und der Gewährleistung der Energieversorgungssicherheit.

Die zeitlich begrenzte Befreiung vom Prinzip des freien Netzzugangs dient als Anreiz zum Netzausbau und könnte damit einen Beitrag zur Energieversorgungssicherheit leisten. Die niedrige Nutzung der Ausnahmeregelung – sechs Interkonnektoren[1274] – deutet aber daraufhin, dass dieser Anreiz tatsächlich wenig zum Netzausbau beiträgt[1275].

5.3.1.1.4 Fazit

Die Netzausbaupflicht und die Netzausbauanordnungspflicht gegenüber den Übertragungsnetzbetreibern bzw. den Mitgliedstaaten und den Regulierungsbehörden sind unentbehrliche Voraussetzung dafür, die Energieversorgungssicherheit im Rahmen der zunehmenden Einspeisung erneuerbarer Energien aufrechtzuerhalten. Eine konstante Anpassung bzw. Entwicklung der europäischen Energienetze muss geschehen, damit die rasche Steigerung erneuerbarer Energien die Energieversorgungssicherheit nicht gefährdet.

Nach einer Untersuchung der europarechtlichen Regeln ist klar, dass die rechtliche Netzausbaupflicht – sowohl für innenstaatliche als auch für grenzüberschreitende Energienetze – zur Verfügung steht, damit eine sichere Energieversorgung gewährleistet wird. Hinsichtlich der grenzüberschreitenden Netze spielen die Vorhaben von gemeinsamem Interesse, die in die zehnjährigen Netzentwicklungspläne einzufügen und zu implementieren sind, eine erhebliche Rolle.

5.3.1.2 Grenzüberschreitende Engpässe und Energieversorgungssicherheit

Idealerweise reicht die Übertragungskapazität der Energienetze aus, um Angebot und Nachfrage kontinuierlich zu befriedigen. Eine Belastung der Netze kann aber geschehen, wenn es einen Unterschied zwischen Einspeise- und Entnahmeverhalten gibt. Ein Engpass besteht, wenn der Leistungsfluss einer Leitung die unter Beziehung des (n-1)-Kriteriums zur Verfügung stehenden technischen Kapazitäten übersteigt[1276]. Eine Situation, bei der die Übertragungskapazität einzelner Betriebsmittel kleiner ist als die zu übertragende elektrische Leistung, kann als Netzengpass

---

1274 „EstLink Project" zwischen Estland und Finnland (April 2005), die Leitung „BritNED" zwischen den Niederlanden und Großbritannien (Oktober 2007), die Leitung „East-West-Cable" zwischen Irland und Großbritannien (Dezember 2008), die Leitung „Arnoldstein/Tarvisio" zwischen Österreich und Italien (Oktober 2010), das „ElecLink" Projekt zwischen Frankreich und Großbritannien (Juli 2014) und die „SI-IT" Interkonnektoren zwischen Slowenien und Italien (Dezember 2014). Abrufbar unter: http://ec.europa.eu/energy/sites/ener/files/documents/exemption_decisions_15.pdf (Stand: 22.10.2015).

1275 *Vrana*, Interkonnektoren im Europäischen Binnenmarkt, 2012, S. 172.

1276 *Sternig*, Versorgungssicherheit im Elektrizitäts- und Erdgasmarkt, 2009, S. 69.

beschrieben werden[1277]. Da die Überlastung der Energienetze die Gefahr von technischen Ausfällen wichtiger Netzelemente mit sich bringt, ist die dauerhafte, ununterbrochene Gewährleistung der Energieversorgungssicherheit durch Engpässe bedroht[1278]. Eine Belastung der Grenzkuppelstellen beeinträchtigt auch den Stromhandel zwischen Mitgliedstaaten, da die Übertragungsnetzbetreiber den Netzbetrieb beschränken müssen. Eine solche Lage steht im Konflikt mit dem Ziel der Vollendung des Energiebinnenmarkts.

Netzengpässe sind auch rechtlich bestimmt. Art. 2 Abs. 2 lit. c der Verordnung 714/2009/EG beschreibt (grenzüberschreitende) Netzengpässe als eine Situation, „in der eine Verbindung zwischen nationalen Übertragungsnetzen wegen unzureichender Kapazität der Verbindungsleitungen und/oder der betreffenden nationalen Übertragungsnetze nicht alle Stromflüsse im Rahmen des von den Marktteilnehmern gewünschten internationalen Handels bewältigen kann". Gemäß Art. 2 Nr. 5 der Verordnung 347/2013/EU bezeichnet „Energieinfrastrukturengpass" „die Beeinträchtigung der Lastflüsse in einem Energiesystem aufgrund unzureichender Übertragungskapazitäten, die unter anderem auf nicht vorhandene Infrastrukturen zurückzuführen sind".

Das Auftreten von Engpässen ist dann indikativ, wenn die Netze am Limit der Betriebssicherheit betrieben werden und wenn die Netzkapazität erschöpft ist. Ausfälle wichtiger Stromleitungen bzw. Netzbestandteile können zu großflächigen Stromversorgungsunterbrechungen führen.[1279] Bei der Beherrschung bzw. Eliminierung von Engpässen geht es um die Gewährleistung einer sicheren, unterbrechungsfreien und dauerhaften Stromversorgung. Netzengpässe können grundsätzlich erst mit dem Aufbau neuer Netze bzw. Ausbau der bestehenden Netze **strukturell** beherrscht werden.

Allerdings stehen mehrere technische und marktwirtschaftliche Methoden zur Verfügung, um Engpässe zu reduzieren bzw. diesen zu begegnen: Verschiebung bzw. Regelung des Leistungsflusses mittels Sonderschaltungen, Längsdrosseln, regelbare Transformatoren, Netztrennungen, Begrenzung der Netzkapazitäten an den Verbindungsleitungen zu den Nachbarländern, Marktteilung mit Auktion der begrenzten Austauschkapazität, Veränderung des Kraftwerkeinsatzes (sog. *Re-dispacth*)[1280]. Diese Maßnahmen, die zur Eindämmung der negativen Auswirkungen dienen, formen das Engpassmanagement (*congestion management*)[1281]. Sie finden erst Anwendung, wenn die Entstehung von Netzengpässen nicht mittels präventiver Maßnahmen,

---

1277 *Erbring/Kuring/Ruge*, In: *Säcker* (Hrsg.), Handbuch zum deutsch-russischen Energierecht, 2010, Rn. 166, S. 122.

1278 *König*, Engpassmanagement in der deutschen und europäischen Elektrizitätsversorgung, 2013, S. 29.

1279 Ebenda, S. 29–30.

1280 *Dummer/Popelka*, Engpassmanagement im hoch ausgelasteten Übertragungsnetz von Verbund-Austrian Power Grid, e&i, Heft 11, 2004, S. 421.

1281 Ausführlich zum Engpassmanagement, vgl. *König*, Engpassmanagement in der deutschen und europäischen Elektrizitätsversorgung, 2013.

wie beispielweise Netzausbau, verhindert werden kann. Das Engpassmanagement ist zwar ein effektives Mittel, eine diskriminierungsfreie und möglichst effiziente Netznutzung zu gewährleisten, bietet aber für die Bewältigung des Problems der unzureichenden Übertragungskapazität keine Lösung. Das ist eine Frage des Netzausbaus.

Das Engpassmanagement ist im Art. 16 der Verordnung 714/2009/EG geregelt. Den Netzengpässen muss mit nichtdiskriminierenden, marktorientierten Lösungen begegnet werden (Art. 16 Abs. 1), damit alle Marktteilnehmer, die die unzureichende Netzkapazität nutzen wollen, in gerechter Weise an solchen Lösungen (z.B. Auktionen) teilhaben können. Da die Netzkapazität ohne Gefahr für die Netzsicherheit nicht alle Netznutzungswünsche erfüllen kann, muss mittels des Engpassmanagements eine Entscheidung darüber getroffen werden, wer die begrenzten Netzkapazitäten nutzen darf und wem der Netzzugang verweigert wird[1282]. Um die Netzsicherheit sicherzustellen, müssen die Übertragungsnetzbetreiber gemäß Art. 15 Abs. 1 der Verordnung 714/2009/EG ein Koordinierungs- und Informationsaustauschverfahren im Rahmen des Engpassmanagements einrichten. In diesem Zusammenhang muss der Übertragungsnetzbetreiber zwar den Marktteilnehmern die maximale Kapazität der Verbindungsleitungen und/oder der die grenzüberschreitenden Stromflüsse betreffenden Übertragungsnetze zur Verfügung stellen, aber auch die Sicherheitsstandards für den sicheren Netzbetrieb beachten (Art. 16 Abs. 3), damit die Energieversorgungssicherheit nicht durch Netzüberlastung gefährdet wird.

Das Engpassmanagement ist somit nur ein mittelbares Mittel, um die Energieversorgungssicherheit während des Auftretens von Netzengpässe zu gewährleisten. Nur in diesem Zusammenhang ist es dienlich, die Energieversorgungssicherheit aufrechtzuerhalten. Eine dauerhafte, strukturelle Sicherstellung der Energieversorgung kann erst mit präventiven Maßnahmen geschaffen werden (beispielweise durch Netzausbau, Netzpläne usw.), selbst wenn angenommen wird, dass das Engpassmanagement von einem Instrument für Ausnahmesituationen zu einem Standardinstrument wird[1283].

5.3.1.3 Vorhaben von gemeinsamem Interesse aufgrund der Energieversorgungssicherheit gemäß der Verordnung 347/2013/EU

Neben der Netzausbaupflicht und dem Engpassmanagement hat der Verordnungsgeber andere Mittel entwickelt, um die Energieversorgungssicherheit durch einen grenzüberschreitenden Netzausbau sicherstellen zu können.

Die Verordnung 347/2013/EU zu Leitlinien für die transeuropäische Energieinfrastruktur[1284] etabliert die Maßnahmen, die durchgeführt werden müssen, um

1282 Ebenda, S. 45.

1283 *König*, Engpassmanagement in der deutschen und europäischen Elektrizitätsversorgung, 2013, S. 32.

1284 S. 2.2.1.2.

den Auf- und Ausbau der europäischen Energienetze bzw. Energieinfrastruktur zu beschleunigen bzw. zu entwickeln. Anhang I der Verordnung legt transeuropäische Energieinfrastrukturkorridore und -gebiete fest, die ihre Rechtfertigung für ihre Gründung in den bedeutsamen Unterschieden und Herausforderungen – einseitige Gaseinfuhrabhängigkeit im Osteuropa, Einbeziehung erneuerbarer Energien im Westeuropa – zwischen den Regionen und in dem Bedarf eines regionellen Ansatzes finden[1285]. Unter Beachtung dessen werden gemäß Art. 3 Abs. 1 der Verordnung zwölf regionale Gruppen gegründet, deren Mitglieder die Mitgliedstaaten und die Kommission je nach dem jeweiligen vorrangigen Korridor und Gebiet und dem jeweils dazugehörigen geografischen Gebiet sind und die zum Ziel haben, eine regionale Liste zu erstellen, in der die **Vorhaben von gemeinsamem Interesse – VGI** vorgeschlagen werden (Art. 3 Abs. 3 UAbs. 1 der Verordnung 347/2013/EU). Die Realisierung von VGI ist laut der Kommission das effizienteste Mittel, um das Verbundziel zu erreichen[1286]. Diese Kooperation zwischen Kommission und Mitgliedstaaten realisiert teilweise den Art. 171 Abs. 2 AEUV, der den Mitgliedstaaten auferlegt, untereinander in Verbindung mit der Kommission die Politiken zu koordinieren, die „sich erheblich auf die Verwirklichung der Ziele des Artikels 170 auswirken können".

Die Kommission wird eine Unionsliste der Vorhaben von gemeinsamem Interesse erstellen, die die bei der regionalen Listen vorgeschlagenen VGI beinhaltet (Art. 3 Abs. 4 i.V.m. Art. 16)[1287]. Bei der Annahme der regionalen Listen und Erstellung der Unionsliste stellt die Kommission sicher, dass die Kriterien für VGI gemäß Art. 4 erfüllt werden und dass eine überregionale Kohärenz besteht. Ferner soll die Kommission die Stellungnahmen der Mitgliedstaaten berücksichtigen und sich dahingehend bemühen, dass die Gesamtzahl an VGI auf der Unionsliste überschaubar bleibt und bewältigt werden kann (Art. 3 Abs. 5). Diese Unionslisten sind alle zwei Jahre als Anhang der Verordnung zu veröffentlichen (Art. 3 Abs. 4 UAbs. 2). Folglich werden die in die Unionsliste aufgenommenen VGI zum festen Bestandteil der entsprechenden regionalen Investitionspläne gemäß Art. 12 der Verordnung 714/2009/EG und der Verordnung 715/2009/EG sowie der entsprechenden nationalen Zehnjahresnetzentwicklungspläne gemäß Art. 22 der Richtlinie 2009/72/EG und der Richtlinie 2009/73/EG (Art. 3 Abs. 6). Der Sinn und Zweck der Vorschrift besteht darin, diesen Vorhaben innerhalb dieser Pläne die höchstmögliche Priorität zu geben. Zudem stellt die Ausweisung als VGI Voraussetzung für eine finanzielle

1285 *Zsigri/Siefken*, In: *Vinois* (Hrsg.), EU Energy Law – Volume VIII – The energy infrastructure policy of the European Union, 2014, S. 169.

1286 Mitteilung der Kommission „Erreichung des Stromverbundziels von 10 % – Vorbereitung des europäischen Stromnetzes auf 2020" v. 25.02.2015. KOM (2015) 82 final, S. 6.

1287 Ausführlich zum Auswahlverfahren der VGI, *Strobel*, Europäische Bedarfsermittlung nach der TEN-E-VO – Zugleich zur Unionsliste der VGI 2013, EnWZ, Heft 7, 2014, S. 299.

Unterstützung seitens der Union gemäß Art. 171 Abs. 1 3. Spiegelstrich AEUV i.V.m. Art. 14 Abs. 1 der Verordnung 347/2013/EU dar.

Die erste Unionsliste ist am 10.01.2014 mittels der Delegierten Verordnung 1391/2013/EU der Kommission[1288] in Kraft getreten. Sie fügte der Verordnung 347/2013/EU den Anhang VII hinzu. Im Einklang mit dem Erwägungsgrund 23 der Verordnung 347/2013/EU, der erwähnt, dass die Gesamtzahl der VGI nicht erheblich über 220 liegen soll, wurden rund 250 VGI in die erste Unionsliste aufgenommen. Die zweite Unionsliste, die die erste Unionsliste ersetzte, wurde am 27.01.2016 mittels der Delegierten Verordnung 89/2016/EU der Kommission[1289] veröffentlicht und beinhaltet rund 220 VGI.

5.3.1.3.1 Begriffsbestimmung „Vorhaben von gemeinsamem Interesse"

Diese Vorhaben von gemeinsamem Interesse, deren *Status* von den Mitgliedstaaten durch ihre Einfügung in die regionale Liste gegeben werden und die darauffolgend in die Unionsliste aufgenommen werden, finden ihre rechtliche Ermittlungsmöglichkeit im Art. 171 Abs. 1 2. Spiegelstrich AEUV. Leitlinien sind das gewählte Rechtsinstrument, um VGI auszuweisen. Das Verfahren und die Identifizierung von VGI stellen den Kern der Leitlinien dar, da die Unionsziele erst durch die Ausführung dieser VGI erreicht werden[1290].

Weder beschreibt noch definiert der AEUV „Vorhaben von gemeinsamem Interesse". Ein Teil der Literatur vertritt die Ansicht, dass VGI nicht abstrakt definiert werden können, da sie vielmehr von den entsprechenden Sekundärrechtsakten und von dem Ausweis von Kriterien für ihre Bestimmung festgelegt werden[1291]. Angesichts der Position der Erwähnung des Ausdruckes im Titel XVI des AEUVs, d.h. zusammen mit dem Spiegelstrich hinsichtlich der Aufstellung von Leitlinien, kann aber abgeleitet werden, dass ein Projekt im Energieinfrastrukturbereich als VGI beschrieben werden kann, wenn es den Zielen des Art. 170 AEUV besonders förderlich ist, vor allem der Verwirklichung des Binnenmarktes und der Kohäsion, aber auch dem effizienteren Verbund der einzelstaatlichen Netze[1292]. Ferner müssen

1288 Delegierte Verordnung (EU) Nr. 1391/2013 der Kommission v. 14. Oktober 2013 „zur Änderung der Verordnung (EU) Nr. 347/2013 des Europäischen Parlaments und des Rates zu Leitlinien für die transeuropäische Energieinfrastruktur in Bezug auf die Unionsliste der Vorhaben von gemeinsamem Interesse". ABl. L 349 v. 21.12.2013. S. 28.

1289 Delegierte Verordnung (EU) 2016/89 der Kommission v. 18. November 2015 „zur Änderung der Verordnung (EU) Nr. 347/2013 des Europäischen Parlaments und des Rates in Bezug auf die Unionsliste der Vorhaben von gemeinsamem Interesse". ABl. L 19 v. 27.01.2016, S. 1.

1290 *Calliess*, In: *ders/Ruffert*, EUV/AEUV Kommentar, 4. Aufl., 2011, Art. 171, Rn. 10, S. 1847.

1291 *Lecheler*, In: *Grabitz/Hilf/Nettesheim*, Das Recht der Europäischen Union – Band II EUV/AEUV, 2014, Art. 171, Rn. 3, S. 2.

1292 *Schäfer/Schröder*, In: *Streinz*, EUV/AEUV, 2. Aufl., 2012, Art. 171, Rn. 12, S. 1748.

die Vorhaben weitesgehend mit den einzelnen Zielen, Prioritäten und Grundzügen der Leitlinie übereinstimmen. Zudem müssen sie laut Art. 171 Abs. 1 UAbs. 2 AEUV wirtschaftlich lebensfähig sein.

Laut der Kommission sollen ein VGI (i) auf zwei oder mehr mitgliedstaatliche Energiemärkte **einwirken**; (ii) den Wettbewerb auf Energiemärkten erhöhen; (iii) die Energieversorgungssicherheit wegen Diversifizierung der Energiequellen bzw. -routen verbessern; und (iv) einen Beitrag hin zu den energetischen und klimatischen Zielen leisten[1293].

Art. 2 4. Spiegelstrich der Verordnung 347/2013/EU beschreibt VGI als „ein Vorhaben, das für die Realisierung der in Anhang I aufgeführten vorrangigen Energieinfrastrukturkorridore und -gebiete erforderlich ist und das Bestandteil der in Artikel 3 genannten Unionsliste der Vorhaben von gemeinsamem Interesse ist". Die Beschreibung in der Verordnung bietet kein Element, das für eine begriffliche Definition hilfreich sein könnte. Allerdings handelt es sich um eine Beschreibung der Bedingungen eines Vorhabens (Erforderlichkeit hinsichtlich der Realisierung vorrangiger Strukturen und Zugehörigkeit hinsichtlich der Unionsliste).

5.3.1.3.2 Bedeutung des Ausdruckes „von gemeinsamem Interesse"

Der Ausdruck „Vorhaben von **gemeinsamem"** Interesse liefert das Verständnis, dass diese sowohl für die Union als auch für die einzelnen Mitgliedstaaten nützlich sind. Es geht nicht um Vorhaben von „gemeinschaftlichem" oder „unionalem" Interesse[1294]. Der Begriff des gemeinsamen Interesses ist umfassend zu verstehen und erfasst entsprechend der Zielsetzung der Infrastrukturpolitik sowohl öffentliche als auch private Belange[1295].

Nationale Energienetze bzw. -infrastrukturen, die aber nicht dem gemeinsamen Interesse entsprechen, und/oder die keine positive Wirkung auf das Ziel der Interkonnektion der Netze (Art. 194 Abs. 1 lit. d AEUV) bzw. des Verbunds und der Interoperabilität (Art. 170 Abs. 2 AEUV) haben, dürfen nicht als VGI ausgewiesen werden. Art. 4 der Verordnung 347/2013/EU, der Kriterien für VGI festlegen, normiert u.a., dass für den Fall von Projekten, die sich **im Hoheitsgebiet eines einzelnen Mitgliedstaats** befinden, die Kriterien für VGI nur erfüllen, wenn sie „erhebliche grenzüberschreitende Auswirkungen" haben (Art. 4 Abs. 1 lit. c ii). Laut Anhang IV Nr. 1 der Verordnung 347/2013/EU kann ein solches Vorhaben (für Stromübertragung) die Kriterien des Art. 4 erfüllen, wenn es „die Übertragungskapazität des Netzes oder die für kommerzielle Lastflüsse verfügbare Kapazität an der Grenze dieses Mitgliedstaats zu einem oder mehreren

---

1293 Abrufbar unter: http://ec.europa.eu/energy/en/topics/infrastructure/projects-common-interest (Stand: 29.07.2015).

1294 *Schäfer/Schröder*, In: *Streinz*, EUV/AEUV, 2. Aufl., 2012, Art. 171, Rn. 12, S. 1748; *Calliess*, In: *ders/Ruffert*, EUV/AEUV Kommentar, 4. Aufl., 2011, Art. 171, Rn. 10, S. 1848.

1295 *Vormizeele*, In: *Schwarze*, EU-Kommentar, 3. Aufl., 2012, Art. 171, Rn. 5, S. 1778.

anderen Mitgliedstaaten oder an jeder anderen relevanten Stelle desselben Übertragungskorridors und damit auch die grenzübergreifende Übertragungskapazität des Netzes um mindestens 500 Megawatt gegenüber der Situation ohne die Inbetriebnahme des Vorhabens" erhöht.

Art. 4 der Verordnung 347/2013/EU zusammen mit ihrem entsprechenden Anhang IV bestimmen bzw. detaillieren, was unter dem Begriff „gemeinsames Interesse" gemäß Art. 170ff. AEUV zu verstehen ist. Selbst wenn es nicht um „transeuropäische Netze" geht, d.h. wenn das Netz bzw. die Energieinfrastruktur nicht grenzüberschreitend ist, kann ein Projekt, das nicht über einen Mitgliedstaat hinausreicht, das aber eine „transeuropäische Wirkung" i.S.v. der Realisierung der Vollendung des Energiebinnenmarkts hat[1296], den Status ein VGI bekommen. Der sekundärrechtliche Gesetzgeber nimmt Rücksicht auf die Tatsache, dass mitgliedstaatliche Energieinfrastrukturen existieren, die unmittelbar zur Schaffung des Auf- und Ausbaus künftiger transeuropäischer Energienetze und folglich zur Vollendung des Energiebinnenmarkts und zur Gewährleistung der Energieversorgungssicherheit beitragen. Solche auf das Hoheitsgebiet eines Mitgliedstaats begrenzte Energieinfrastrukturen, die gemäß Art. 4 Abs. 1 lit. c ii der Verordnung 347/2013/EU als Vorhaben mit „erheblichen grenzüberschreitenden Auswirkungen" beschrieben werden können, sind für die transeuropäischen Netze sinnvoll, da sie ermöglichen, dass die Energieflüsse, die über die unbevölkerten, nicht energieintensiven Grenzen geschehen, das energieintensivere Lastzentrum jedes Mitgliedstaats erreichen[1297]. Als Beispiel kämen laut Anhang VII der Verordnung 347/2013/EU die inländische Verbindungsleitung zwischen Lixhe und Herderen in Belgien, die Teil des *Clusters* Belgien-Deutschland ist, und u.a die inländische Verbindungsleitung zwischen Brunsbüttel und Niebüll, beide in Deutschland, die Teil des *Clusters* Dänemark-Deutschland ist, in Betracht. Ferner ist die Möglichkeit ins Auge zu fassen, dass ein Projekt, das grenzüberschreitend ist, Verstärkungen in verschiedenen Teilen der (nationalen) Netze fordert, damit sich alle Vorteile des grenzüberschreitenden Projekts auf das gesamte Energiesystem auswirken[1298]. Solche mit dem grenzüberschreitenden Projekt verbundenen Verstärkungen erfüllen auch den Begriff „gemeinsames Interesse".

5.3.1.3.3 Auf Energieversorgungssicherheit bezogene Kriterien für VGI

Art. 4 der Verordnung 347/2013/EU legt die Kriterien für VGI fest, die erfüllt werden müssen, damit Projekte den Status des VGI erhalten können. Im Vergleich zu den vorherigen Entscheidungen zu Leitlinien für die transeuropäische Energieinfrastruktur ist Art. 4 viel detaillierter und ordentlicher. Die Vorschrift bringt Kriterien, die alle VGI erfüllen müssen (Abs. 1), spezifische Kriterien je nach dem Vorhaben

1296 *Neumann*, In: *Lenz/Borchardt*, EU-Verträge Kommentar, 6. Aufl., 2012, Art. 170, Rn. 7, S. 2063.

1297 Ebenso, *Schulenberg*, Die Energiepolitik der Europäischen Union, 2009, S. 388.

1298 *Zsigri/Siefken*, In: *Vinois* (Hrsg.), EU Energy Law – Volume VIII – The energy infrastructure policy of the European Union, 2014, S. 180.

(Abs. 2), Verweis auf die Indikatoren in Anhang IV der Verordnung, wenn es um die Bewertung von Strom-, Gas- und Erdölvorhaben geht (Abs. 3), sowie die Vorgehensweise zur Bewertung der Vorhaben bei den regionalen Gruppen (Abs. 4). Das Wichtigste ist die grenzüberschreitende Erheblichkeit des Projektes.

Gemäß Art. 4 Abs. 1 müssen alle VGI für mindestens einen bzw. eines der vorrangigen Energieinfrastrukturkorridore und -gebiete erforderlich sein (lit. a), sein potenzieller Gesamtnutzen muss seine Kosten übersteigen (lit. b) und eines der folgenden Kriterien erfüllen: das Vorhaben überquert direkt die Grenze zweier oder mehrerer Mitgliedstaaten, die Grenze von mindestens einem Mitgliedstaat und einem Staat des Europäischen Wirtschaftsraums oder befindet sich im Hoheitsgebiet eines Mitgliedstaats und hat erhebliche grenzüberschreitende Auswirkungen (lit. c).

Art. 4 Abs. 4 der Verordnung setzt Aspekte fest, die bei der Bewertung von VGI berücksichtigt werden müssen. Energieversorgungssicherheitlich relevant ist lit. a, wobei die regionalen Gruppen „die Dringlichkeit eines jeden vorgeschlagenen Vorhabens im Hinblick auf die Erfüllung der energiepolitischen Unionsziele der Marktintegration, unter anderem durch die Beseitigung der Isolation mindestens eines Mitgliedstaats, und des Wettbewerbs, der Nachhaltigkeit und der **Versorgungssicherheit**“ u.a. berücksichtigen müssen.

Art. 4 Abs. 2 setzt spezifische Kriterien fest. Das Ziel besteht darin, den Umfang des Beitrags die wahlfähigen Projekte zur Zieltrias der Energiepolitik – Wettbewerbsfähigkeit, Energieversorgungssicherheit und Nachhaltigkeit – und zu den Zielen der vorrangigen Energieinfrastrukturkorridore und -gebiete zu bestimmen[1299]. Beispiele wären eine Gasrohrleitung in Osteuropa, die zur Diversifizierung der Energiequellen bzw. Energielieferungswege und folglich zur Energieversorgungssicherheit beiträgt oder die Verbesserung eines Übertragungsnetzes oder der Aufbau einer Speicheranlage, um die schwankende Stromerzeugung aus erneuerbaren Energien aufzunehmen, was zur Nachhaltigkeit beiträgt. Art. 4 Abs. 2 teilt sich in fünf Teile, die sich je nach Art des Vorhabens u.a. auf die Gewährleistung der Energieversorgungssicherheit beziehen und folgendes festlegen: Stromübertragungs- und -speichervorhaben (5.3.1.3.3.1), Gasvorhaben (5.3.1.3.3.2), Vorhaben für intelligente Stromnetze (5.3.1.3.3.3), Erdöltransportvorhaben (5.3.1.3.3.4) und Kohlendioxidtransportvorhaben (5.3.1.3.3.5).

Art. 4. Abs. 3 erwähnt die Indikatoren in Anhang IV Nummern 2 bis 5, die bei den Bewertungen der Kategorien Strom, Gas und Erdöl beachtet werden müssen, damit sie als VGI eingeordnet werden können. Da die Indikatoren sich auf mehrere Aspekte mit verschiedenen Dimensionen (z. B. Netzbetriebssicherheit und Netzengpässe) der Energieversorgungssicherheit beziehen, werden sie auch demgemäß analysiert (5.3.1.3.3.6).

1299 *Zsigri/Siefken*, In: *Vinois* (Hrsg.), EU Energy Law – Volume VIII – The energy infrastructure policy of the European Union, 2014, S. 173.

5.3.1.3.3.1 Art. 4 Abs. 2 lit. a Punkt iii für Stromübertragungs- und -speichervorhaben

Zusätzlich zu den **allgemeinen** Kriterien des Art. 4 Abs. 1 sieht Art. 4 Abs. 2 für VGI innerhalb von spezifischen Energieinfrastrukturkategorien **spezifische** Kriterien vor. Die Energieinfrastrukturkategorie „Strom“ spaltet sich in fünf Kategorien: Hochspannungsfreileitungen, sofern sie für eine Spannung von mindestens 220kV ausgelegt wurden, sowie Erd- und Seekabel, sofern sie für eine Spannung von mindestens 150kV ausgelegt wurden; Stromautobahnen[1300], d.h. jede materielle Ausrüstung, die auf der Hoch- und Höchstspannungsebene ausgelegt ist, um große Strommengen mit großen Stromverbrauchszentren zu verbinden; Stromspeicheranlagen, sofern sie direkt an Hochspannungsübertragungsleitungen angeschlossen sind, die für eine Spannung von 110kV oder mehr ausgelegt sind; jede Ausrüstung oder Anlage, die für den sicheren und effizienten Betrieb der oben zitierten Systeme unentbehrlich ist; jede Ausrüstung oder Anlage, die grundsätzlich als intelligentes Stromnetz bezeichnet werden kann. Diese letzte Kategorie gewann aber ein *littera* (Art. 4 Abs. 2 lit. c) für sich selbst (s. unter 5.3.1.1.3.3).

Die vier Kategorien, die unter Art. 4 Abs. 2 lit. a fallen, müssen zu mindestens einem der spezifischen Kriterien erheblich beitragen, um als VGI ausgewiesen zu werden. Das erste Kriterium ist Marktintegration, unter anderem durch die Beseitigung der Isolation eines Mitgliedstaates und die Verringerung der Energieinfrastrukturengpässe, sowie Wettbewerb und Systemflexibilität (Punkt i des lit. a). Das zweite Kriterium berücksichtigt die Nachhaltigkeit, unter anderem durch die Einspeisung erneuerbarer Energie in das Netz und die Übertragung von erneuerbar erzeugtem Strom zu großen Verbrauchszentren und Speicheranlagen (Punkt ii des lit. a). Und das dritte Kriterium ist die Versorgungssicherheit, unter anderem durch Interoperabilität, angemessene Verbindungen und einen sicheren und zuverlässigen Netzbetrieb. Diese drei Kriterien ähneln der Zieltrias der Energiepolitik – Wettbewerbsfähigkeit, Nachhaltigkeit und Energieversorgungssicherheit – und verdeutlichen, dass das im Art. 194 Abs. 1 lit. d AEUV befindliche Ziel der Interkonnektion der Netze den anderen Zielen im Art. 194 Abs. 1 lit. a und b AEUV dient. Diese Auslegung kann dem Ausdruck „durch (...) die Verringerung der Energieinfrastrukturengpässe“ im Art. 4 Abs. 2 lit. a Punkt i der Verordnung 347/2013/EU sowie „durch Interoperabilität, angemessene Verbindungen (...)“ im Art. 4 Abs. 2 lit. a Punkt iii der Verordnung 347/2013 entnommen werden.

Energieversorgungssicherheit wurde dann nach Ansicht des Verordnungsgebers als Kriterium gewählt, das alternativ zu Marktintegration und/oder Nachhaltigkeit

1300 Stromautobahn ist eine Stromübertragungsleitung, deren Stromtransportkapazität sowohl hinsichtlich der übertragenen Strommenge als auch der Übertragungsdistanz erheblich größer ist als bei den vorhandenen Hochspannungsnetzen. Mitteilung der Kommission „Energieinfrastrukturprioritäten bis 2020 und danach – ein Konzept für ein integriertes europäisches Energienetz“ v. 17.11.2010. KOM (2010) 677 endg., S. 46.

(„... zu mindestens einem der folgenden spezifischen Kriterien...") erfüllt werden muss, damit Stromübertragungs- und -speicherstrukturen als VGI ausgewiesen werden können. Wünschenswert ist vielmehr die Erfüllung mehrerer Kriterien.

Das Kriterium der Versorgungssicherheit ist als erfüllt betrachtet, wenn das Vorhaben potenziell die Interoperabilität, die angemessene Verbindungen und den sicheren und zuverlässigen Netzbetrieb ermöglicht bzw. verbessert. Der Ausdruck „unter anderem" bedeutet aber, dass die Reihe von Maßnahmen, die das Kriterium der Versorgungssicherheit erfüllt, nicht abschließend ist (die drei Kriterien sind jedoch taxativ).

Interoperabilität und angemessene Verbindungen gemäß Art. 4 Abs. 2 lit. a Punkt iii der Verordnung 347/2013/EU beziehen sich deutlich auf die konkreten Ziele – Verbund und Interoperabilität – des Art. 170 Abs. 2 AEUV, die den Kern der EU-Tätigkeit in diesem Bereich darstellen. Verbund liegt vor, wenn Engpässe und Lückenschluss beseitigt werden können sowie wenn Schnittstellen ausgebaut werden, damit die entsprechenden Teile der Energienetze mit Sicherheit und problemlos für die Leistungsfähigkeit des Gesamtnetzes miteinander verknüpft werden können[1301]. Beispiele wären der Neubau von Verbindungslinien oder der Ausbau vorhandener Verbindungen zwischen zwei Mitgliedstaaten sowie der Neubau oder die Aufrüstung von Umspannwerken. Die Verbindung soll angemessen sein. In der Verordnung fehlt eine Definition für „angemessen" aber darunter wären die Kosten und die Auswirkungen des Ausbaus der Energieinfrastruktur auf die Umwelt zu berücksichtigen.

Interoperabilität wird im Teil der Literatur als Sonderfall der technischen Verbundfähigkeit beschrieben. Ziel der Interoperabilität ist es, die technischen Zugangs- und Betriebsbedingungen der Mitgliedstaaten zu vereinheitlichen oder miteinander zu vereinbaren, damit die einzelstaatlichen Netze im grenzüberschreitenden Verbundbetrieb kompatibel werden[1302]. Es geht hier um die Beseitigung von technischen Inkompatibilitäten der nationalen Netze, damit die nationalen Systeme sich integrieren und der Strom reibungslos durch die transeuropäischen Netze fließt. Eine Maßnahme zu Gunsten der Interoperabilität wäre der Ausbau von speziellen Energieinfrastrukturen (z.B. Umspanner, Phasenschieber), der die Spannungsunterschiede der Stromdurchleitung zwischen zwei Mitgliedstaaten lösen könnte.

Letztlich erfüllt ein Projekt bzw. eine Energieinfrastruktur auch das Kriterium der Versorgungssicherheit, wenn bei seiner bzw. ihrer Durchführung ein sicherer und zuverlässiger Netzbetrieb ermöglicht wird. Was sicher und was zuverlässig ist, ist umstritten und wird im Kapitel 1 dieser Arbeit gezeigt. Ein sicherer und zuverlässiger Netzbetrieb bezieht sich auf die technische Dimension der Energieversorgungssicherheit und bedeutet grundsätzlich, dass Strom gefährdungsfrei und

1301 *Schäfer/Schröder*, In: *Streinz*, EUV/AEUV, 2. Aufl., 2012, Art. 170, Rn. 19, S. 1742.

1302 Ebenda, S. 1742; *Vormizeele*, In: *Schwarze*, EU-Kommentar, 3. Aufl., 2012, Art. 170, Rn. 15, S. 1776.

unterbrechungsfrei geliefert werden muss[1303]. Beispielweise dienen Maßnahmen bzw. Energieinfrastrukturen zur Haltung von Frequenz, Spannung und Stabilität dem sicheren und zuverlässigen Netzbetrieb.

5.3.1.3.3.2 Art. 4 Abs. 2 lit. b Punkt ii für Gasvorhaben

Auch bei Gasvorhaben stellt Versorgungssicherheit u.a. ein Kriterium dar, das etwas zum Vorhaben beizutragen hat. Art. 4 Abs. 2 lit. b nennt vier Kriterien: Marktintegration (Punkt i), Versorgungssicherheit (Punkt ii), Wettbewerb (Punkt iii) und Nachhaltigkeit (Punkt iv). Der Ausdruck „unter anderem" zeigt sich auch hier anwesend. Im Vergleich zum lit. a wurde das Kriterium Wettbewerb vom Kriterium Marktintegration getrennt. Zudem dienen Maßnahmen hinsichtlich der Interoperabilität bei Gasvorhaben der Marktintegration und nicht der Versorgungssicherheit, wie es der Fall bei Stromvorhaben ist. Ferner ist die Diversifizierung der Versorgungsquellen, Lieferanten und Versorgungswege in ihrem Doppelbeitrag sowohl zur Versorgungssicherheit als auch zum Wettbewerb anerkannt. Der Beitrag eines Projekts zur Gewährleistung bzw. Verbesserung einer „angemessenen Verbindung" kann auch bei Gasvorhaben demonstriert werden, um die Erfüllung des Kriteriums Versorgungssicherheit zu beweisen.

Beim Art. 4 Abs. 2 lit. b Punkt ii der Verordnung 347/2013/EU ist die geopolitische Dimension der Gasversorgungssicherheit hervorzuheben, da das Hauptziel hinsichtlich der unterbrechungsfreien, sicheren und dauerhaften Gewährleistung der Versorgung eines Energieträgers, der erschöpfbar ist und aus politisch instabilen Ländern kommt (so ist die Sicht der Kommission), wie bei der Gasversorgung, die Diversifizierung der Versorgungsquellen, Lieferanten und Versorgungswege sein muss. Damit die europäische Energieeinfuhrabhängigkeit von russischem Gas verringert wird, wäre es notwendig, andere Partnerschaften mit Gaslieferländern auszubauen (politische, wirtschaftliche Dimension) sowie andere Routen bzw. Versorgungswege (technische Dimension) aufzuzeichnen und zu implementieren. Um diese Diversifizierung zu erreichen, die zur Energieversorgungssicherheit beiträgt, spielen die Gasvorhaben eine bedeutende Rolle. Sie werden in vier Gaskorridore aufgeteilt, die vorrangig zu betrachten sind: Nord-Süd-Gasverbindungsleitungen in Westeuropa, Nord-Süd-Gasverbindungsleitungen in Mittelosteuropa und Südosteuropa, Südlicher Gaskorridor und Gasverbundplan für den Energiemarkt im Ostseeraum.

Die wichtigsten Gasvorhaben, die in der Delegierten Verordnung 89/2016/EU ausgewiesen wurden, sind einerseits allgemein LNG-Terminals, Fernleitungen und der Gastransport in Gegenflussrichtung, und andererseits spezifisch die Erdgasfernleitungen und assoziierten Energieinfrastrukturen, die „für den Transport von mindestens 10 Mrd. m³ Erdgas jährlich aus neuen Quellen in der kaspischen Region [erforderlich sind], die Aserbaidschan, Georgien und die Türkei durchqueren, bis in

1303 Mehr dazu s. 1.1.3.2.

die EU-Märkte Griechenland und Italien reichen“[1304]. Die europäische Versorgung mit kaspischem Erdgas stellt ein deutliches Beispiel der Maßnahme dar, die zur Erhöhung der Energieversorgungssicherheit mittels der Diversifizierung (hier: der Versorgungswege und Lieferanten) beiträgt.

5.3.1.3.3.3 Art. 4 Abs. 2 lit. c Punkt iii für Vorhaben für intelligente Stromnetze

Art. 4 Abs. 2 lit. c iii der Verordnung 347/2013/EU bringt die Kriterien, die Projekte für intelligente Stromnetze erfüllen müssen, um den Status des VGI zu bekommen. Das Vorhaben für intelligente Stromnetze muss zu den spezifischen Kriterien beitragen: Einbeziehung und Beteiligung von Netznutzern mit neuen technischen Anforderungen an ihre Stromversorgung und Stromnachfrage (Punkt i); Effizienz und Interoperabilität der Stromübertragung und -verteilung im täglichen Netzbetrieb (Punkt ii); Netzsicherheit, Systemsteuerung und Qualität der Versorgung (Punkt iii); Optimierte Planung künftiger kosteneffizienter Netzinvestitionen (Punkt iv); Funktionieren des Markts und Kundenbetreuung (Punkt v); Beteiligung der Nutzer an der Steuerung ihrer Energienutzung (Punkt vi). Hervorzuheben ist die Tatsache, dass die Vorhaben für intelligente Stromnetze zu allen sechs Kriterien beizutragen haben („zu allen“ wird hier benutzt statt „unter anderem“ wie bei Stromübertragungs- und -speichervorhaben und Gasvorhaben) und nicht nur zu (mindestens) einem der spezifischen Kriterien.

Hier gilt, was zum Verhältnis zwischen der Energieversorgungssicherheit (insbesondere in ihrer technischen Dimension) und den intelligenten Stromnetzen im vorherigen Teil dieser Arbeit angesprochen wurde[1305]. Da die intelligenten Netze bzw. Systeme eine Steuerung und Flexibilisierung der Nachfrage im Rahmen eines von der progressiven Einspeisung erneuerbarer Energien abhängigen Energiesystems ermöglichen, tragen sie zur Aufrechterhaltung der Energieversorgungssicherheit bei und verdienen somit die vorrangige Betrachtung als VGI. Die intelligenten Stromnetze, die auf eine bidirektionale digitale Kommunikation in Echtzeit oder echtzeitnah und auf eine interaktive, intelligente Überwachung und Steuerung von Stromerzeugung, -übertragung, -verteilung und -verbrauch innerhalb eines Stromnetzes abzielen, d.h. die auf effiziente Weise das Verhalten und die Handlungen aller daran angeschlossenen Nutzer integrieren[1306], leisten grundsätzlich einen Beitrag zur Netzsicherheit bzw. zur Energieversorgungssicherheit, da sie die Aufrechterhaltung der Gesamtzuverlässigkeit des Energiesystems auf optimale, effiziente Weise erlauben.

Wie erwähnt wurde, stellt die Realisierung intelligenter Netze keine Energieinfrastrukturkorridore, sondern ein vorrangig thematisches Gebiet dar. Das Hauptziel dieses Gebiets besteht darin, „das Verhalten und die Handlungen aller an das

---

1304 ABl. L 19 v. 27.01.2016, S. 17.

1305 S. 4.1.1.2.2.3.

1306 Anhang II der Verordnung 347/2013/EU. ABl. L 115 v. 25.04.2013, S. 64.

Stromnetz angeschlossenen Nutzer auf effiziente Weise zu integrieren, insbesondere die Erzeugung großer Strommengen aus erneuerbaren oder dezentralen Energiequellen und die Reaktion auf der Nachfrageseite durch die Kunden“[1307]. Laut der Delegierten Verordnung 89/2016/EU integrieren drei Projekte die zweite Unionsliste für VGI: (i) das *North Atlantic Green Zone Project*, das Irland und Vereinigtes Königreich/Nordirland betrifft und auf die geringere Beschneidung der Windenergienutzung durch Kommunikationsinfrastrukturen, bessere Netzsteuerung und -verbindung sowie Entwicklung (grenzüberschreitender) Protokolle für das *Demand-Side-Management* abzielt; (ii) das *Green-Me Project* zwischen Frankreich und Italien, das als Ziel hat, die Integration erneuerbarer Energien durch Automatisierungs-, Steuerungs- und Überwachungssysteme in Hochspannungs-(HV-) und HV/MV-Umspannwerken zu verbessern, sowie die Kommunikation mit den Erzeugern von Strom aus erneuerbaren Energiequellen und Speicherung in primären Umspannwerken und zusätzlicher Datenaustausch mit dem Ziel eines besseren grenzübergreifenden Verbindungsmanagements zu implementieren; (iii) das *SINCRO.GRID* zwischen Slowenien und Kroatien mit folgenden Zielen: Lösung von Problemen in Bezug auf die Netzspannung, die Frequenzregelung und Engpässe, um einen weiteren Ausbau der Nutzung erneuerbarer Energien und den Ersatz konventioneller Kraftwerke zu ermöglichen, wozu neue aktive Elemente in den Übertragungs- und Verteilernetzen in das virtuelle grenzübergreifende Kontrollzentrum integriert werden sollen; die Grundlage hierfür bilden ein fortschrittliches Datenmanagement, eine gemeinsame Systemoptimierung und Prognosen unter Beteiligung zweiter benachbarter ÜNB und der zwei benachbarten VNB[1308]. Im Vergleich zu den anderen Kategorien von VGI, in denen mehrere Projekte in der Unionsliste ausgewiesen wurden, scheint es, dass noch rechtliche und wirtschaftliche Anreize erforderlich wären, bis sich die intelligenten Stromnetze und die entsprechenden positiven Auswirkungen verbreiten könnten.

5.3.1.3.3.4 Art. 4 Abs. 2 lit. d Punkt i für Erdöltransportvorhaben

Die vorletzte Kategorie für VGI betrifft gemäß Art. 4 Abs. 2 lit. d der Verordnung 347/2013/EU die Erdöltransportvorhaben. Alle Erdöltransportvorhaben müssen nur zu den Erdölversorgungsleitungen in Mittelosteuropa beitragen, da es in der Verordnung nur Erdölkorridore für diese Region gibt. Die betroffenen Mitgliedstaaten sind Deutschland, Kroatien, Österreich, Polen, Slowakei, Tschechische Republik und Ungarn. Andere Erdölversorgungsleitungen, die aber nicht diese Mitgliedstaaten durchqueren, können dann nicht als VGI ausgewiesen werden.

Bemerkenswert sind die Begriffe, die in der Verordnung benutzt werden, wenn es um Erdölvorhaben geht. Art. 4 Abs. 2 lit. d spricht von „Erdöl**transport**vorhaben“ und sein entsprechender Anhang I verwendet den Begriff „Erdöl**versorgungsleitungen**“. Beide Begriffe beziehen sich auf einen Teil der Erdölkette, nämlich die

1307 Anhang I der Verordnung 347/2013/EU. ABl. L 115 v. 25.04.2013, S. 63.
1308 ABl. L 19 v. 27.01.2016, S. 19.

Erdölübertragung. Nur auf diese Begriffe gestützt und auf eine engere Auslegung des Ausdruckes „transeuropäische Energieinfrastruktur" – Gegenstände der Leitlinien der Verordnung 347/2013/EU, die sich ihrerseits auf Art. 170ff AEUV, die (nur) die transeuropäischen **Netze** reglementieren, stützt – könnte beispielweise der Bau des Öl**hafen**s in Gdánsk, Polen[1309], nicht als VGI ausgewiesen werden. Allerdings beschreibt Art. 2 1. Spiegelstrich der Verordnung 347/2013/EU „Energieinfrastruktur" als jede materielle Ausrüstung oder Anlage, die unter die Energieinfrastrukturkategorien fällt und sich in der Union befindet oder die Union mit einem oder mehr als einem Drittland verbindet. Laut des Anhangs II der Verordnung 347/2013/EU fallen unter die Energieinfrastrukturkategorie „Erdöl": Rohrleitungen für den Transport von Rohöl, sowie Pumpstationen und Speicheranlagen, die für den Betrieb der Rohölrohrleitungen erforderlich sind und **alle Ausrüstungen und Anlagen**, die für den ordnungsgemäßen, sicheren und effizienten Betrieb des betreffenden Systems unentbehrlich sind, einschließlich Schutz-, Überwachungs- und Steuerungssysteme. Fraglich ist dann, ob den Bau eines Ölhafens (nicht der Bau der mit einem bereits existierenden Ölhafen verbundenen Fernleitung) von Grund auf unter eine der Kategorien fällt. Das Gleiche gilt auch für Stromspeicheranlagen und LNG-Terminals.

Es liegt nahe, dass der Verordnungsgeber eine breite Auslegung von Energieinfrastrukturen geben wollte, damit alle für die Schaffung der transeuropäischen Energienetze erforderlichen Ausrüstungen und Anlagen (Verteilungsnetze ausschließlich) auch in Betracht gezogen werden, obwohl sich die Verordnung auf eine sachbegrenzte Vorschrift des AEUVs (Art. 170ff. – transeuropäische Netze) stützt. Eine Stützung auf Art. 194ff. AEUV (sachlich weite, nur politikbegrenzte Vorschriften) wäre stattdessen mit den Gegenständen der Verordnung 347/2013/EU, die sich nicht nur mit der Ausweisung von Projekten in der Energieübertragungskette als VGI bezieht, problemlos vereinbar.

Bei Erdöltransportvorhaben müssen die Vorhaben drei Kriterien kumulativ („zu allen...") erfüllen: Versorgungssicherheit zur Verringerung der Abhängigkeit von einer einzigen Versorgungsquelle oder Versorgungsroute (Punkt i), effiziente und nachhaltige Nutzung von Ressourcen durch die Vermeidung von Umweltrisiken (Punkt ii) und Interoperabilität (Punkt iii), die hier als einziges Kriterium zu betrachten ist und nicht als Aspekt der Versorgungssicherheit, wie bei Stromübertragungs- und -speichervorhaben.

Hauptsorge der EU hinsichtlich der Erdölversorgung ist selbstverständlich die große Abhängigkeit von Drittländern dar sowie die Abhängigkeit von wenigen Erdöllieferländern. Mit der Verfolgung des Ziels der Diversifizierung der Versorgungsroute und -länder vermeidet die EU, Gegenstand einer energetischen Erpressung (*energy weapon problem*) zu werden. Das Kriterium der Versorgungssicherheit bei Erdöltransportvorhaben nimmt das zweite Problem in Angriff, da nur Projekte, die Alternativen zu den bereits etablierten Versorgungsquellen oder Versorgungsrouten

---

1309 Wie ist der Fall laut der Delegierten Verordnung 1391/2013/EU. ABl. L 349 v. 21.12.2013, S. 43.

bieten, als VGI auszuweisen sind. Beispiele sind die sechs VGI für den vorrangigen Korridor „Erdölversorgungsleitungen in Mittelosteuropa", die sich grundsätzlich (aber nicht nur) auf den Ausbau von Fernleitungen beziehen[1310].

5.3.1.3.3.5 Art. 4 Abs. 2 lit. e Punkt i für Kohlendioxidtransportvorhaben

Die letzte Energieinfrastrukturkategorie des Art. 4 der Verordnung 347/2013/EU betrifft die Vorhaben für Kohlendioxidtransport. Vorher wurde in dieser Arbeit gezeigt, dass die CCS-Technologie trotz des Erlasses der Richtlinie 2009/31/EG noch nicht wettbewerbsfähig ist und sich im Teststadium bzw. in der Inventionsphase befindet[1311]. Die Möglichkeit, dass auch diese Technologie Gegenstand eines Vorhabens sein kann, dient der Förderung, die sich als notwendig erweist, damit sie, einschließlich der CO_2-Transportinsfrastruktur, wettbewerbsfähig ist und implementiert wird. Das grenzüberschreitende Kohlendioxidnetz, das alle Mitgliedstaaten betrifft, stellt wie die Realisierung intelligenter Netze ein vorrangiges thematisches Gebiet dar, dessen Ziel darin besteht, eine Infrastruktur für den Transport von Kohlendioxid zwischen den Mitgliedstaaten und benachbarten Drittländern im Hinblick auf die Realisierung der Kohlendioxidabscheidung und -speicherung zu entwickeln[1312].

Kohlendioxidinfrastrukturen sind gemäß dem Anhang II der Verordnung 347/2013/EU in drei gespaltet: spezielle Rohrleitungen, Anlagen für die Verflüssigung und Pufferspeicherung von Kohlendioxid im Hinblick auf dessen weiteren Transport und alle Ausrüstungen und Anlagen, die für den ordnungsgemäßen, sicheren und effizienten Betrieb des betreffenden Systems unentbehrlich sind, einschließlich der Schutz-, Überwachungs- und Steuerungssysteme[1313].

Art. 4 Abs. 2 lit e der Verordnung 347/2013/EU nennt drei Kriterien, die kumulativ erfüllt werden müssen, damit ein Projekt in diesem Bereich als VGI ausgewiesen wird: Vermeidung von Kohlendioxidemissionen unter Aufrechterhaltung der Energieversorgungssicherheit (Punkt i), Stärkung der Belastbarkeit und der Sicherheit des Kohlendioxidtransports (Punkt ii) und effiziente Ressourcennutzung dadurch, dass die Verbindung vieler Kohlendioxidquellen und -speicheranlagen über eine gemeinsame Infrastruktur ermöglicht wird sowie die Umweltbelastung und Umweltrisiken minimiert werden (Punkt iii).

Die Aufrechterhaltung der Energieversorgungssicherheit stellt in Punkt i eine Voraussetzung für die Bestrebungen zur Vermeidung von Kohlendioxidemissionen dar. Die Vermeidung von CO_2-Emissionen, die entweder mittels der CO_2-Abscheidungs- und -speicherungsinfrastrukturen oder mittels der Stilllegung der Kraftwerke durchgeführt werden kann, darf nicht die Energieversorgungssicherheit im Rahmen eines zeitlichen Szenarios, bei dem Elektrizitäts- und Wärmeerzeugung aus fossilen Energieträgern immer noch notwendig ist, gefährden.

1310 ABl. L 349 v. 21.12.2013, S. 43.
1311 S. 4.1.1.2.2.2.
1312 ABl. L 115 v. 25.04.2013, S. 63.
1313 ABl. L 115 v. 25.04.2013, S. 64.

Weder die Delegierte Verordnung 1391/2013/EU noch die Delegierte Verordnung 89/2016/EU, die die Unionsliste der VGI veröffentlichten, brachten Kohlendioxidtransportvorhaben, und es bleibt noch abzuwarten, ob diese Technologien tatsächlich eine Zukunft haben.

5.3.1.3.3.6 Die auf Energieversorgungssicherheit bezogenen Indikatoren des Anhangs IV der Verordnung 347/2013/EU

Wie oben erwähnt, wendet sich Art. 4 Abs. 3 der Verordnung 347/2013/EU im Fall von Strom-, einschließlich intelligenter Netze, Gas- und Erdölvorhaben – für Kohlendioxidtransportvorhaben bestehen keine Indikatoren – an die Indikatoren des Anhangs IV der Verordnung, demgemäß die Kriterien des Art. 4 Abs. 2 zu bewerten sind. Die Indikatoren stellen zwar eine wichtige Orientierungshilfe dar, haben aber keine bloß erklärende Wirkung auf die Bewertung der Kriterien. Vielmehr müssen die Mitgliedstaaten, wenn sie mit der Erstellung der regionalen Listen für VGI beschäftigt sind, den Indikatoren folgen und nach ihnen die Aufnahme oder den Ausschluss eines Projekts in oder aus der Liste rechtfertigen.

Das Kriterium „Versorgungssicherheit, Interoperabilität und sicherer Netzbetrieb" bei Stromübertragungs- und -speichervorhaben (Art. 4 Abs. 2 lit. a iii) muss folgendermaßen gemessen werden: berücksichtigt werden müssen die Auswirkungen des Vorhabens auf die Unterbrechungserwartung sowohl in den Mitgliedstaaten, in deren Hoheitsgebiet das VGI gebaut werden soll, als auch in den Drittländern, auf die das VGI erhebliche Auswirkungen hat. Zu messen sind die Erzeugungsdefizite hinsichtlich der Angemessenheit der Erzeugung und Übertragung für eine Reihe charakteristischer Lastzeiträume. Nicht außer Acht zu lassen sind die Änderungen des Klimas und deren Folgen für die Belastbarkeit der Infrastruktur. Der Indikator der Energieversorgungssicherheit verdeutlicht, dass die Mitgliedstaaten bei der Wahl und Bewertung von Projekten, die zu den regionalen Listen gehören, die Aufrechterhaltung bzw. Erhöhung der Zuverlässigkeit des Energiesystems berücksichtigen müssen. Hier sind die auf die technische Energieversorgungssicherheit bezogenen Aspekte hervorzuheben, wie die Dauer und Häufigkeit von Unterbrechungen und die Angemessenheit der Stromübertragung, und wie das vorgeschlagene Vorhaben auf positive Weise zum Ausbau eines sicheren und zuverlässigen Netzbetriebs beiträgt.

Bei Gasvorhaben wird die Gasversorgungssicherheit anhand anderer Indikatoren bewertet. Das Vorhaben muss die kurz- und langfristige Belastbarkeit des Gasnetzes erhöhen und die Flexibilität des Netzes hinsichtlich der Bewältigung von Versorgungsunterbrechungen verbessern. Es wird von dem Gasvorhaben erwartet, dass es eine zusätzlich bereitgestellte Kapazität ermöglicht, die auf regionaler Ebene gemäß Art. 6 Abs. 3 der Verordnung 994/2010/EU[1314] (Infrastrukturstandardregel) zu messen ist.

1314 Verordnung 994/2010/EU des Europäischen Parlaments und des Rates v. 20. Oktober 2010 über Maßnahmen zur Gewährleistung der sicheren Erdgasversorgung und zur Aufhebung der Richtlinie 2004/67/EG des Rates. ABl. L 295 v. 12.11.2010, S. 1.

Bei Vorhaben für intelligente Netze kommt andererseits die Qualität der Versorgung als Aspekt der Energieversorgungssicherheit in Betracht. Laut dieses Indikators müssen mehrere Verhältnisse mit- und gegeneinander gemessen werden, wie die Zuverlässigkeit und Verfügbarkeit der Erzeugungskapazität, einschließlich zur Befriedigung der Spitzennachfrage, der Anteil erneuerbarer Energien an der Stromerzeugung, die Stabilität des Stromnetzes, die Dauer und Häufigkeit von Unterbrechungen pro Kunde, sowie die Spannungsqualität. Dieser Indikator expliziert dann, dass ein intelligentes Energiesystem, das die Messung und die in Echtzeit oder echtzeitnahe Informierung von auf den Stromverbrauch bezogenen, mehreren Aspekten der Energieversorgung ermöglicht, einen erheblichen Beitrag zur Aufrechterhaltung der Energieversorgungssicherheit leistet.

Letztlich wird die Erdölversorgungssicherheit bei Erdöltransportvorhaben ähnlich wie bei der Gasversorgungssicherheit gemessen, d.h. gemäß dem Mehrwert zur Belastbarkeit und Flexibilität des Netzes.

5.3.1.3.4 Fazit

Das Ziel der Gewährleistung der Energieversorgungssicherheit wird bei den Vorschriften hinsichtlich der Ermittlung von Vorhaben von gemeinsamem Interesse berücksichtigt. Die Aspekte der Energieversorgungssicherheit wie Interoperabilität, Diversifizierung der Lieferanten bzw. Versorgungsroute sowie Sicherheit des Netzbetriebs müssen in unterschiedlicher Weise je nach dem Energieträger oder der Energieinfrastruktur in Betracht gezogen werden. In dieser Form wird es vom sekundärrechtlichen Gesetzgeber vorausgesetzt.

Diese enge Beziehung zwischen dem Ziel und der Ermittlung von VGI verdeutlicht, dass die VGI ein wichtiges, starkes Instrument, das die Union in Zusammenarbeit mit den Mitgliedstaaten hat, für die Aufrechterhaltung der Energieversorgungssicherheit mittels des Auf- und Ausbaus der europäischen Energienetze bzw. -infrastrukturen darstellen. Die VGI erleichtern die Aufgabe, beide Ziele der Energiepolitik (Energieversorgungssicherheit und Interkonnektion der Netze, Art. 194 Abs. 1 lit. b und d AEUV) gleichzeitig und auf ausgeglichene, nicht kollidierende Weise zu vollbringen, und sind somit zu begrüßen. Welche konkreten Auswirkungen die VGI auf die Aufrechterhaltung der Energieversorgungssicherheit produzieren, hängt von jedem von dem konkreten VGI betroffenen Mitgliedstaat und von jedem Energieträger ab und bleiben noch zu abzuwarten. Ferner wird erwartet, dass in allen Mitgliedstaaten der 10% Verbundgrad erreicht wird, wenn alle in der Delegierten Verordnung 1391/2013/EU bzw. Delegierten Verordnung 89/2016/EU beinhalteten VGI realisiert werden[1315].

1315 *Zsigri/Siefken*, In: *Vinois* (Hrsg.), EU Energy Law – Volume VIII – The energy infrastructure policy of the European Union, 2014, S. 182.

5.3.1.4 Gewährleistung des angemessenen Grades der Zusammenschaltung gemäß Art. 3 Abs. 5 der Versorgungssicherheitsrichtlinie

Die Versorgungssicherheitsrichtlinie (Richtlinie 2009/89/EG) nennt drei Bereiche, in denen die Leistung der Mitgliedstaaten zur Gewährleistung der Energieversorgungssicherheit von wesentlicher Bedeutung ist. Dementsprechend müssen die Mitgliedstaaten zusammen mit den Regulierungsbehörden und den Marktakteuren gemäß Art. 1 Abs. 2 der Richtlinie 2005/89/EG einen angemessenen Umfang an Erzeugungskapazität (lit. a), ein angemessenes Gleichgewicht zwischen Angebot und Nachfrage (lit. b) und einen angemessenen Grad der Zusammenschaltung zwischen Mitgliedstaaten (lit. c) sicherstellen. Hinsichtlich der Interkonnektion der Netze wurde ihre Wichtigkeit für die Energieversorgungssicherheit und die Vollendung des Energiebinnenmarkts bereits vor dem Erlass des AEUV in der Richtlinie 2005/89/EG erkannt.

Art. 3 Abs. 5 beschreibt ausführlich, welche Aspekte bei der Realisierung des angemessenen Grades der Zusammenschaltung zwischen Mitgliedstaaten zu beachten sind: die spezifische, geografische Lage jedes Mitgliedstaates (lit. a), die Aufrechterhaltung eines angemessenen Gleichgewichts zwischen den Kosten für den Bau und den Nutzen für die Endverbraucher (lit. b) und die Sicherstellung einer besonders effizienten Nutzung bestehender Verbindungsleitungen (lit. c). Der Ausdruck „besondere Aufmerksamkeit" deutet darauf hin, dass die Aufzählung des Art. 3 Abs. 5 nicht abschließend ist und andere Aspekte im Rahmen der Erfüllung dieses Ziels betrachtet werden können.

5.3.1.4.1 Spezifische, geografische Lage jedes Mitgliedstaates (lit. a)

Erstens fordert ein angemessener Grad der Zusammenschaltung zwischen Mitgliedstaaten, dass die geografischen Merkmale und Besonderheiten der Mitgliedstaaten berücksichtigt werden. Gemeint sind einerseits die Energiequellen, welche die Ausbeutung einer bestimmten Lage favorisieren bzw. ermöglichen. Ein Mitgliedstaat soll dann berücksichtigen, ob seine Nachbarn Windenergie erzeugen oder über fossile Energiequelle verfügen. Eine höhere Einspeisung erneuerbarer Energien bringt signifikante Auswirkungen auf die Netze und dementsprechend auf die Interkonnektoren mit sich, wie beispielweise Überlastungen in Zeiten ständiger Winde oder Sonneneinstrahlungen. Je nach der erzeugten Energiequelle, die ihrerseits von der geografischen Lage abhängt, und je nach der erzeugten Energiemenge wird ein bestimmter Grad der Interkonnektion der Netze der Mitgliedstaaten notwendig, damit die Energieversorgungssicherheit garantiert bleibt.

Andererseits hebt Art. 3 Abs. 5 lit. a der Richtlinie 2005/89/EG hervor, dass der Ort und die Übertragungsnetztrasse von Bedeutung sind. Beim Bau und Betrieb eines Netzes, das zwei oder mehrere Mitgliedstaaten durchquert, müssen nicht nur die wirtschaftlichen und finanziellen Aspekte betrachtet werden, sondern auch (und grundsätzlich) die physischen und umweltbezogenen Aspekte. Eine bestimmte

Trasse kann zwar hinsichtlich der Kosten angemessen sein, aus technisch-physischer Sicht aber nicht durchsetzbar. Je nach der Lage eines Mitgliedstaats werden bestimmte Technologien erforderlich sein, die mit einer oder mehreren geografischen Eigenschaften im Einklang stehen.

Ein angemessener Grad an grenzüberschreitenden Netzen kann nur erreicht werden, wenn sichergestellt wird, dass keine geografische Bedingung, einschließlich einer klimatischen, den Betrieb der Interkonnektoren und der Netze gefährden kann.

5.3.1.4.2 Aufrechterhaltung eines angemessenen Gleichgewichts zwischen den Kosten für den Bau und dem Nutzen für die Endverbraucher (lit. b)

Zweitens liegt ein angemessener Grad der Zusammenschaltung zwischen Mitgliedstaaten nur vor, wenn ein Gleichgewicht zwischen den Baukosten und dem Nutzen für die Endverbraucher besteht. Angesichts der Tatsache, dass die Sicherstellung der Energieversorgungssicherheit erschwinglich sein muss und sie nicht zu jedem Preis verfolgt werden kann und unter Berücksichtigung der Rolle der Interkonnektion der Netze für das Ziel der Energieversorgungssicherheit liegt es nahe, dass auch der Bau der grenzüberschreitenden Übertragungsnetze erschwinglich sein muss.

Es muss eine Kosten-Nutzen-Analyse durchgeführt werden, die die Kosten und Risiken (einer Versorgungsunterbrechung oder eines *brown-out* wegen fehlender Interkonnektoren) einerseits und die Vorteile und den Mehrwert (sauberer Strom aus dem Ausland, Erhöhung der Versorgungssicherheit, Einsparung beim Bau neuer Kapazitäten usw.) andererseits berücksichtigen und vergleichen, um große oder zumindest ungerechtfertigte Belastungen für Endverbraucher zu vermeiden.

5.3.1.4.3 Sicherstellung einer besonders effizienten Nutzung bestehender Verbindungsleitungen (lit. c)

Letztlich bezieht sich Art. 3 Abs. 5 lit. c der Richtlinie 2005/89/EG nicht auf die zukünftigen Energienetze, sondern auf die bestehenden Infrastrukturen. Bei der Zusammenschaltung müssen die Mitgliedstaaten auch die Instandhaltung der Interkonnektoren und der grenzüberschreitenden Netze in den Blick nehmen, damit sie noch auf effiziente Weise betrieben werden. Ineffiziente Netze führen zu höheren Stromübertragungsverlusten und höheren Kosten für die Endverbraucher.

Gemeint hier ist nicht der Aufbau neuer Netze wie im Fall beim Art. 3 Abs. 5 lit. a und lit. b der Richtlinie 2005/89/EG, sondern vielmehr der Um- und Ausbau bestehender Netze mittels Verbesserungen, Nutzung modernerer, effizienterer Technologien und Ersetzung alter Bestandteile. Die Mitgliedstaaten müssen dafür sorgen, dass eine effiziente Zusammenschaltung auch mittels des Betriebs bestehender Netze aufrechterhalten wird. Erst dann wird ein angemessener Grad der Interkonnektion der Netze zwischen Mitgliedstaaten gewährleistet und die grenzüberschreitende Energieversorgungssicherheit sichergestellt.

5.3.1.5 *Fazit*

Es bestehen mehrere sekundärrechtliche Vorschriften, die zur Aufrechterhaltung der Energieversorgungssicherheit im Rahmen der grenzüberschreitenden Interkonnektion der Netze beitragen können. Nicht nur Übertragungsnetzbetreiber, sondern auch Mitgliedstaaten und Regulierungsbehörden sind auf verschiedene Weise und Intensitäten verpflichtet, das Ziel der Gewährleistung der Energieversorgungssicherheit mittels der Interkonnektion der Netze zu realisieren, ohne dass die zunehmende und rasche Einspeisung erneuerbarer Energien dieses Ziel beeinträchtigt.

Netzausbaupflicht, Engpassmanagement, Regelungen hinsichtlich der Gewährleistung des angemessenen Grades der Zusammenschaltung und die Ausweisung von Energieinfrastrukturprojekten als Vorhaben von gemeinsamem Interesse stellen eine Konstellation von mächtigen Instrumenten dar, die unentbehrlich sind, um die Ziele der europäischen Energiepolitik gemäß Art. 194 Abs. 1 AEUV, insbesondere die Energieversorgungssicherheit, zu verwirklichen.

Trotzdem finden immer noch niedrige Verbundgrade zwischen den Mitgliedstaaten statt. Es bleibt noch zu schätzen, ob die VGI, die speziellen *Status* in Bezug auf das Genehmigungsverfahren und die Finanzierung haben, in den nächsten Jahren die erwarteten Ergebnisse liefern können.

5.3.2 Zusammenarbeit und Planung hinsichtlich der Interkonnektion der Netze als Vorgehensweise zur Energieversorgungssicherheit

Die Einfügung ausführlichen Vorschriften hinsichtlich der Planung der Energienetze in die europäischen Richtlinien und Verordnungen stellt eine bemerkenswerte Neuentwicklung des EU-Rechts dar[1316]. Abgesehen von dem nur partiellen betriebssicherheitsbezogenen Markteingreifen der Richtlinie 2005/89/EG wurde erst 2009 und mittels des Dritten Energiepakets angenommen, dass die Marktkräfte nicht allein die für die Gewährleistung der nachhaltigen Energieversorgungssicherheit notwendigen Energieinfrastrukturen und Energieinvestitionen in einem von natürlichen Monopolen in den Infrastrukturen geprägten Markt liefern können, so dass andere Instrumente erforderlich waren, um den Energiebinnenmarkt zu vollenden und den bei diesem natürlichen Monopol hergestellten negativen Auswirkungen entgegenzutreten. Beispiele für solche Instrumente sind die betriebliche und organisatorische Entflechtung (*unbundling*[1317]) gemäß Art. 9 der Richtlinie 2009/72/EG, die Gründung von neuen Einrichtungen, wie ENTSO-E (5.3.2.1) und ACER

1316 *Del Guayo/Pielow*, In: *Roggenkamp/Barrera-Hernández/Zillman/del Guayo* (Hrsg.), Energy networks and the Law, 2012, S. 353.

1317 Eigentumsrechtliche Entflechtung der Übertragungs- und Fernleitungsnetze als das „wirksamste Instrument“, um Investitionen zu schaffen, Erwägungsgrund 11 der Richtlinie 2009/72/EG. Die Eigentumsentflechtung als kein ausreichendes Mittel, damit der Energiebinnenmarkt wettbewerbsverzerrendfrei funktionieren

(5.3.2.2) sowie andere Maßnahmen hinsichtlich Zusammenarbeit, Koordinierung und Planung. Außerdem hängt die Effektivität des Energiemarkts von genügender Übertragungskapazität ab, die auch die Fähigkeit, auf koordinierte Weise Energiesysteme zu betreiben, beeinflusst. Die Mitgliedstaaten sollen dann die Integration ihrer nationalen Märkte und die Zusammenarbeit der Übertragungsnetzbetreiber auf Gemeinschafts- und regionaler Ebene fördern[1318]. Die Planung ermöglicht dann, dass die Übertragungskapazität rechtzeitig auf- und ausgebaut wird[1319].

Ziel der Zusammenarbeit ist nicht nur die Gewährleistung der Interoperabilität der nationalen Energiesysteme. Diese Zusammenarbeit fand bereits vor dem Dritten Energiepaket statt und rechtfertigt eine Verstärkung der Vorschriften in diesem Bereich nicht[1320]. Vielmehr dient diese Zusammenarbeit der Vollendung und Funktionieren des Energiebinnenmarkts und des grenzüberschreitenden Stromhandels sowie der optimalen Verwaltung, dem koordinierten Betrieb und der sachgerechten technischen Weiterentwicklung des europäischen Stromübertragungsnetzes (Art. 4 der Verordnung 714/2009/EG).

In welchen Maß Planung und Zusammenarbeit zur Gewährleistung der Energieversorgungssicherheit beitragen, zeigte beispielweise der von fehlenden Investitionen in grenzüberschreitenden Übertragungsnetzen verursachte Stromausfall in Italien 2003. Ein regionaler Stromausfall beeinträchtigt die Bequemlichkeit und die Produktivität der Bürger auf verschiedene Weise, wie z.B. Probleme hinsichtlich Verkehrsmittel, Internet, Banking, Telekommunikation, Tankstellen, Lebensmittelkühlung usw. Da die Planung ein Signal an die Marktakteure sendet, ermöglicht sie, dass unter Berücksichtigung der räumlichen und quantitativen Entwicklung der Energienachfrage rechtzeitige, ordnungsmäßige Investitionen in Anlagen und Ausrüstungen unternommen werden, damit die Energieversorgungssicherheit aufrechterhalten wird. Netzpläne sind hilfreiche Mechanismen, um Überlastungen zu verringern, Märkte und erneuerbare Energien zu integrieren und die Energieversorgungssicherheit zu verbessern.

Die Ausgestaltung der verschiedenen EU-Organe und Institutionen (Kommission, ACER) und die Beziehungen zwischen diesen untereinander und mit den privaten Akteuren und Einrichtungen und mit der Gesellschaft (ENTSO-E, *stakeholders*, NGOs, Genossenschaften) sowohl auf vertikale als auch auf horizontale Sicht verdünnt die Macht und lädt zur Zusammenarbeit ein. Gegenwärtig existiert keine zentrale, obere Instanz, die alle beherrscht und kontrolliert, sondern mehrere

---

kann, vgl. *Pielow*, Erfolgsstory „Ownership Unbundling"? Anmerkungen aus rechtsvergleichender Sicht, RdE, Heft 12, 2008, S. 345 ff.

1318 Erwägungsgrund 58 der Richtlinie 2009/72/EG, sowie Art. 3 Abs. 2 lit. c der Richtlinie 2005/89/EG.

1319 *Dobbeni/Staschus/Castermans/Mendiola/Minciuna*, In: *Vinois* (Hrsg.), EU Energy Law – Volume VIII – The energy infrastructure policy of the European Union, 2014, S. 49.

1320 *Bernaerts*, In: *Vinois* (Hrsg.), EU Energy Law – Volume VIII – The energy infrastructure policy of the European Union, 2014, S. 21.

Instanzen, die zusammenarbeiten müssen, damit die Ziele der europäischen Energiepolitik erreicht werden können. Geändert werden nicht nur die Ausgestaltung der Institutionen und Organe, sondern auch die Produkte, die sie erlassen. Die kooperative Vorgehensweise nutzt neben den Zwangsmaßnahmen auch Maßnahmen, die organisatorische, anreizende und erleichternde Natur haben[1321]. Die Zusammenarbeit verlangt dann u.a. den Austausch und die Teilung von Informationen, Studien und Projekten, die zu Gunsten einer gemeinschaftlichen (und nicht nur nationalen) Energieversorgungssicherheit sprechen. Sie stützt sich auf das Solidaritätsprinzip und trägt zur Idee bei, dass die Gewährleistung der Energieversorgungssicherheit keine Sache der Mitgliedstaaten mehr ist.

Die Gewährleistung der Energieversorgungssicherheit ist das Hauptziel – nicht aber das einzige – der neuen Planungspolitik in der EU, die einen hohen Grad an Zusammenarbeit zwischen den Mitgliedstaaten (untereinander, einerseits) und den Organen der EU (andererseits) erfordert. Je energieintegrierter die Mitgliedstaaten werden und je näher sie an der Erreichung des Ziels der Vollendung des Energiebinnenmarkts sind, desto komplexer wird das europäische Energiesystem und desto schwieriger wird die rationelle Operationalisierung der Stromeinspeisung, einschließlich der aus schwankenden erneuerbaren Energien, so dass die Zusammenarbeit notwendig ist. Mehrere Tätigkeiten der Übertragungsnetzbetreiber können am besten oder nur mittels Kooperation durchgeführt werden. Genau aus diesem Grund stellt Art. 6 Abs. 3 der Richtlinie 2009/72/EG fest, dass die Mitgliedstaaten dafür sorgen müssen, dass die Übertragungsnetzbetreiber zum Zwecke der Kapazitätsvergabe und **der Überprüfung der Netzsicherheit** auf regionaler Ebene über ein oder mehrere integrierte Systeme verfügen, die sich auf einen oder mehrere Mitgliedstaaten erstrecken. Die nationale Netzsicherheit muss dann unter Berücksichtigung ihres Funktionierens und Verhaltens mit anderen mitgliedstaatlichen Energiesystemen überprüft werden. Diese Vorgehensweise kann nur mittels Zusammenarbeit erfolgen. Damit die Kooperation reibungslos funktionieren kann, ist im Sekundärrecht mehrmals die Verpflichtung etabliert, Informationen über den Betrieb der Netze zwischen zusammengeschalteten Übertragungsnetzbetreibern auszutauschen bzw. bereitzustellen (z.B. Art. 4 Abs. 1 lit. e der Richtlinie 2005/89/EG, Art. 15 Abs. 1 und Abs. 2 der Verordnung 714/2009/EG).

In der Tat **stellt das Ziel der Interkonnektion der Netze den Treffpunkt dar, an dem sich Planung und Zusammenarbeit treffen**[1322]. Ins Visier genommen sind die ordentlichen, optimalen und rechtzeitigen Investitionen im Hinblick auf den Auf- und Ausbau der Energienetze und entsprechenden Ausrüstungen, damit der Strom jede Nachfrage physisch reibungslos und wettbewerbsverzerrungsfrei decken kann. Planung muss allerdings, insbesondere im Fall von

---

1321 *Del Guayo/Pielow*, In: *Roggenkamp/Barrera-Hernández/Zillman/del Guayo* (Hrsg.), Energy networks and the Law, 2012, S. 363.

1322 Grenzüberschreitende Projekte als naturelle Sache der Koordinierung, vgl. *Calliess*, In: *ders/Ruffert*, EUV/AEUV Kommentar, 4. Aufl., 2011, Art. 171, Rn. 38, S. 1855.

grenzüberschreitenden Stromübertragungskapazitäten, Effizienzkriterien berücksichtigen, die sich nicht nur auf die Sicherstellung der Energieversorgungssicherheit beziehen, sondern auch auf Wettbewerb und Erschwinglichkeit. Überflüssige Kosten sollen dann in der Verfolgung des Energieversorgungssicherheitsziels vermieden werden. Alle Ziele der Energiepolitik sind miteinander verflochten und müssen ausgeglichen werden. Es geht nicht um Energieversorgungssicherheit um jeden Preis. Allerdings ist zu beachten, dass das Risiko eines Stromausfalls in einer Region durch Energieeinfuhr aus anderen Regionen abgemildert werden kann. Ausfuhrregionen können zwar in diesem Fall höhere Energiepreisen erfahren, das Niveau an Energieversorgungssicherheit steigt aber insgesamt[1323]. Die Solidarität als Leitprinzip der Energiepolitik stützt eine solche Vorgehensweise. Die langfristige Planung dient dann der Gewährleistung des rationellen und optimalen Kostenaufwands. Deswegen bestätigt Erwägungsgrund 9 der Verordnung 714/2009/EG, dass der Netzentwicklungsplan des ENTSO-E nicht nur die für die Versorgungssicherheit notwendigen regionalen Verbindungen berücksichtigen muss, sondern auch die für den Handel[1324].

In mehreren Regelungen wurde die planerische und koordinierende Dimension der Energiepolitik berücksichtigt: Richtlinie 2009/72/EG und Richtlinie 2009/73/EG (die Energiebinnenmarktrichtlinien), Verordnung 713/2009/EG zur Gründung einer Agentur für die Zusammenarbeit der Energieregulierungsbehörden, Verordnung 714/2009/EG und Verordnung 715/2009/EG um den grenzüberschreitenden Gas- und Stromhandel sowie die Verordnung 994/2010/EG und die Richtlinie 2005/89/EG hinsichtlich Gas- und Stromversorgungssicherheit. Hier sind nicht alle planerischen und koordinierenden Maßnahmen berücksichtigt, sondern nur solche Maßnahmen, die sich auf das Ziel der Interkonnektion der Netze beziehen.

5.3.2.1 Gründung des ENTSO-E gemäß Art. 4 und 5 der Verordnung 714/2009/EG

Die Zusammenarbeit der Übertragungsnetzbetreiber ist nicht neu. Seit 1951 kooperieren sie auf freiwilliger Basis mittels verschiedener Verbundssytem-Verbände miteinander, wie NORDEL, *Baltic Transmission System Operators* – BALTSO, *UK Transmission System Operators Association* – UKTSOA, *Association of the Transmission System Operators of Ireland* – ATSOI, *European Transmission System Operators* – ETSO. Durch die Gründung des ENTSO-E, der sechs Vorgänger hat, wie die *Union for the Coordination of Production and Transmission of Electricity* – UCPTE und die *Union for the Coordination of Transmission of Electricity* – UCTE, konzentrierte sich die Zusammenarbeit auf einen Verband. Bereits vor dem Erlass der Verordnung

1323 *Staschus*, In: *Vinois* (Hrsg.), EU Energy Law – Volume VI – The security of energy supply in the European Union, 2012, S. 150.

1324 *Del Guayo/Pielow*, In: *Roggenkamp/Barrera-Hernández/Zillman/del Guayo* (Hrsg.), Energy networks and the Law, 2012, S. 365.

714/2009/EG wurde der ENTSO-E als ein Verband nach belgischem Recht gegründet und war im Juli 2009[1325] voll betriebsfähig.

Seit 2009 besteht aber gemäß Art. 4 und 5 der Verordnung 714/2009/EG gegenüber allen Übertragungsnetzbetreibern eine **Kooperierungspflicht** und eine Pflicht, die Koordinierung zu erhöhen. Es geht weder um eine bloße Empfehlung noch um ein moralisches Gebot, sondern um eine rechtliche Pflicht. Die Tatsache, dass eine Menge von Entscheidungen nur durch ein kooperatives Verfahren umgesetzt werden können, bestätigt die rechtsverpflichtende Natur zur Zusammenarbeit[1326], die sich ferner auf die regionale Ebene erstrecken muss. Die Netzbetreiber sind dann gemäß Art. 12 der Verordnung 714/2009/EG auch verpflichtet, innerhalb des ENTSO-E eine „regionale Zusammenarbeit zu etablieren“[1327].

Diese Zusammenarbeit erfolgt durch das Europäische Netz der Übertragungs- bzw. Fernleitungsnetzbetreiber (*European Network of Transmission System Operators for Electricity* – ENTSO-E). Gemeint ist ein Netzwerk im Sinne einer europäischen Organisation, die Kooperationsaufgaben wahrnimmt, und nicht ein Netzbetreiber mit eigenem, operativem Geschäft[1328]. Die Vertretung des Übertragungsnetzbetreibers innerhalb des ENTSO-E stellt laut dem Art. 17 Abs. 2 lit. b der Richtlinie 2009/72/EG eine der Aufgaben der Geschäftstätigkeit der Elektrizitätsübertragung dar. 41 Übertragungsnetzbetreiber aus 34 Ländern (nicht alle sind Mitgliedstaaten der EU[1329]) sind Teilnehmer der ENTSO-E.

Gemäß Art. 4 der Verordnung 714/2009/EG arbeiten sie zusammen, „um die Vollendung und das Funktionieren des Elektrizitätsbinnenmarkts und des grenzüberschreitenden Handels zu fördern und die optimale Verwaltung, den koordinierten Betrieb und die sachgerechte technische Weiterentwicklung des europäischen Stromübertragungsnetzes zu gewährleisten“. Art. 5 der Verordnung 714/2009/EG bestimmt den Zeitplan hinsichtlich der Vorlegung der Satzung, der Liste der Mitglieder

---

1325 Die Verordnung 714/2009/EG wurde erst am 14.08.2009 veröffentlicht.

1326 *Del Guayo/Pielow*, In: *Roggenkamp/Barrera-Hernández/Zillman/del Guayo* (Hrsg.), Energy networks and the Law, 2012, S. 363.

1327 S. 5.3.2.1.3 unter.

1328 *Schulte-Beckhausen*, In: *Ehricke* (Hrsg.), Energierecht im Wandel, 2009, S. 98.

1329 Die Tatsache, dass nicht nur Mitgliedstaaten an der ENTSO-E teilnehmen, sondern auch Nachbarländer, erklärt sich in drei Punkten: Erstens müssen alle Akteuren, die vernetzte Energiesysteme synchron betreiben, ungeachtet ihrer Mitgliedschaft in der EU die für die grenzüberschreitende Sicherheit relevanten technischen Regeln beobachten und befolgen; zweitens ist aus marktwirtschaftlicher Sicht davon auszugehen, dass große Teile des europäischen Energiebinnenmarkts ohne dieselben marktwirtschaftlichen Grundlagen für nichteuropäische Mitglieder nicht funktionieren können; drittens kann ein optimales Niveau an Integration erneuerbarer Energien in der EU erst mit dem Engagement aller Übertragungsnetzbetreiber geschehen. *Moel/Melchior*, In: *Roggenkamp/Hammer* (Hrsg.), European Energy Law Report VIII, 2011, S. 33.

und des Entwurfs der Geschäftsordnung sowie die Pflicht zur Stellungnahme seitens der Kommission und der Agentur hinsichtlich dieser Unterlagen.

Die Übertragungsnetzbetreiber sollen durch Zusammenarbeit regionale Strukturen schaffen, damit die Fortschritte, die sich von diesem Ansatz ableiten, erzielt werden können. Die Ergebnisse dieses Ansatzes müssen aber mit den auf Gemeinschaftsebene festgelegten Netzkodizes und mit den nicht verbindlichen zehnjährigen Netzentwicklungsplänen vereinbar sein. Die Zusammenarbeit der Übertragungsnetzbetreiber soll von den Mitgliedstaaten gefördert und die Wirksamkeit des Netzes auf regionaler Ebene beobachtet werden[1330].

Der ENTSO-E hat gemäß Art. 8 der Verordnung 714/2009/EG sieben Aufgaben: (i) Ausarbeitung von Netzkodizes, Verabschiedung von (ii) gemeinsamen Instrumenten zur Koordinierung des Netzbetriebs sowohl im Normalbetrieb als auch in Notfällen, einschließlich eines gemeinsamen Systems zur Einstufung von Störfällen, sowie Forschungspläne; (iii) einen nicht bindenden gemeinschaftsweiten zehnjährigen Netzentwicklungsplan, einschließlich einer europäischen Prognose zur Angemessenheit der Stromerzeugung (alle zwei Jahre zu veröffentlichen); (iv) Empfehlungen zur Koordinierung der technischen Zusammenarbeit zwischen der Gemeinschaft und den Übertragungsnetzbetreibern in Drittstaaten; (v) einem Jahresarbeitsprogramm[1331]; (vi) einem Jahresbericht[1332]; und (vii) jährlichen Sommer- und Winterprognosen zur Angemessenheit der Stromerzeugung[1333].

Die für die Gewährleistung der Energieversorgungssicherheit relevantesten Aufgaben sind der gemeinschaftsweite Netzentwicklungsplan (5.3.2.1.1) und die Ausarbeitung von Netzkodizes (5.3.2.1.2.). Zusätzlich wird die regionale Zusammenarbeit gemäß Art. 12 der Verordnung 714/2009/EG analysiert (5.3.2.1.3).

5.3.2.1.1 Gemeinschaftsweiter Netzentwicklungsplan gemäß Art. 8 Abs. 3 lit. b der Verordnung 714/2009/EG

Im Rahmen der Zusammenarbeit zwischen den Übertragungsnetzbetreibern muss der ENTSO-E alle zwei Jahre einen nicht bindenden gemeinschaftsweiten zehnjährigen Netzentwicklungsplan („gemeinschaftsweiter Netzentwicklungsplan") skizzieren, der Kommission und ACER zur Stellungnahme vorlegen und daraufolgend umsetzen und veröffentlichen (Art. 8 Abs. 3 lit. b der Verordnung 714/2009/EG). Der erste Vorausnetzentwicklungsplan wurde schon im Juni 2010, d.h. vor der

1330 Erwägungsgrund 7 der Verordnung 714/2009/EG. ABl. L 211 v. 14.08.2009, S. 16.

1331 Abrufbar unter: https://www.entsoe.eu/Documents/Publications/ENTSO-E%20general%20publications/150 401_ENTSO-E_Annual_Work_Programme_2014-15.pdf (Stand: 19.08.2015).

1332 Abrufbar unter: https://www.entsoe.eu/Documents/Publications/ENTSO-E%20general%20publications/ ENTSO-E%20AR%202014.pdf (Stand: 19.08.2015).

1333 Abrufbar unter: https://www.entsoe.eu/Documents/SDC%20documents/SOAF/150527%20SOR15% 20report%28draft%29.pdf (Stand: 24.08.2015).

Veröffentlichung der Verordnung 714/2009/EG, veröffentlicht. Der erste „offizielle" Netzentwicklungsplan wurde 2012 veröffentlicht.

Trotz der Verpflichtung, einen zehnjährigen Netzentwicklungsplan zu erfassen, analysiert der gemeinschaftsweite Netzentwicklungsplan Version 2014 die Netzentwicklung für den Zeitraum bis 2030, d.h. für sechszehn Jahre. Angesichts der Natur der Planung, die von einer langfristigen Vision der Netzentwicklung spricht, und angesichts der Komplexität des Energiesystems, das von großer Kapitalbindung, einer langfristigen Abschreibungsperiode und langen Aufbauzeit geprägt wird, liegt es somit nahe, dass Art. 8 Abs. 3 lit. b der Verordnung 714/2009/EG eine Mindestzeitspanne von zehn Jahre festlegt. Die Möglichkeit, die Netzentwicklung für eine längere Zeitspanne zu planen, ist aber bei Art. 8 Abs. 3 lit. b nicht ausgeschlossen.

Inhaltlich hebt der gemeinschaftsweite Netzentwicklungsplan den Haupttreiber der Netzentwicklung hervor und identifiziert, wo die Engpässe der europäischen Übertragungsnetze sind oder geschehen könnten und – davon ausgehend – die notwendigen Energieinfrastrukturen für die kommenden Jahrzehnte, die aufgebaut werden müssen. Angesichts des Anstiegs hinsichtlich der Energieerzeugungskapazität (die Mehrzahl davon ist der Entwicklung erneuerbarer Energien zu verdanken) kann der Netzentwicklungsplan die Bereiche identifizieren, wo ein Risiko für die Energieversorgungssicherheit besteht, falls keine Übertragungskapazität verbessert oder eine lokale Energieerzeugung entwickelt wird. Dementsprechend werden Projekte für das Übertragungssystem ihrer Fähigkeit gemäß, die identifizierten Engpässe aufzulösen, empfohlen.

Der gemeinschaftsweite Netzentwicklungsplan ist gültig für zehn Jahre, muss aber alle zwei Jahre überarbeitet und in Bezug auf die letzten Entwicklungen und Tendenzen der Nachfrage und auf die Umstände des Stromnetzes aktualisiert und ihnen angepasst werden. Ferner geht es um ein nicht bindendes Instrument des ENTSO-E, was tatsächlich bedeutet, dass der Auf- und Ausbau der Stromnetze und die dafür notwendigen Investitionen dem gemeinschaftsweiten Netzentwicklungsplan nicht unbedingt entsprechen muss. Es besteht für der ENTSO-E eine Bearbeitungspflicht des Planes, die aber nicht mit einer Pflicht zum Vollzug des Planes zu verwechseln ist.

Während des Prozesses der Bearbeitung des gemeinschaftsweiten Netzentwicklungsplanes muss ein hohes Niveau an Transparenz[1334] und Öffentlichkeit gewährt werden, damit sich alle für die Arbeit des ENTSO-E interessierenden Marktakteure informieren und zum Auf- und Ausbau der Stromnetze beitragen können. Effektive

1334 S. die Verordnung (EU) Nr. 543/2013 der Kommission v. 14. Juni 2013 über die Übermittlung und die Veröffentlichung von Daten in Strommärkten und zur Änderung des Anhangs I der Verordnung (EG) Nr. 714/2009 des Europäischen Parlaments und des Rates. ABl. L 163 v. 15.06.2013, S. 1. Die Übertragungsnetzbetreiber sollen die Erhebung, Überprüfung und Verarbeitung der Daten erleichtern und der ENTSO-E soll die Daten über eine zentrale Informationstransparenzplattform der Öffentlichkeit zur Verfügung stellen. Ferner soll der ENTSO-Strom bestimmte Informationen von Dritten zwecks Veröffentlichung erhalten können (Erwägungsgrund 12).

Konsultationen sind für die Bearbeitung des Netzentwicklungsplanes unerlässlich[1335]. Die transparente und nichtdiskriminierende Beteiligung der Öffentlichkeit im Zusammenhang mit dem Verfahren hinsichtlich des Netzentwicklungsplanes bedeutet aber nicht, dass die Marktteilnehmer einerseits und ENTSO-E, die nationalen Regulierungsbehörden, Kommission und ACER andererseits i.S.d. Verordnung 714/2009/EG und der Richtlinie 2009/72/EG zusammenarbeiten. Adressaten der Vorschriften um Kooperation sind nur die EU-Organe und private Organisationen, die ausdrücklich zur Zusammenarbeit verpflichtet sind, wie der ENTSO-E durch die Mitgliedsübertragungsnetzbetreiber (s. Art. 4 der Verordnung 714/2009/EG).

Da Energieversorgungssicherheit erst dann erreicht wird, wenn die angemessenen und erforderlichen Investitionen für neue Infrastrukturen getätigt werden, stellt die Energieversorgungssicherheit das Hauptziel des gemeinschaftsweiten Netzentwicklungsplanes dar[1336]. Die enge Verbindung zwischen Investitionen und Energieversorgungssicherheit zeigt sich in der Richtlinie 2005/89/EG über Maßnahmen zur **Gewährleistung der Sicherheit der Elektrizitätsversorgung** und von **Infrastrukturinvestitionen**[1337], der Verordnung 994/2010/EG über Maßnahmen zur Gewährleistung der sicheren Erdgasversorgung und zur Aufhebung der Richtlinie 2004/67/EG des Rates (z.B. Erwägungsgrund 15), und der Verordnung 347/2013/EU zu Leitlinien für die transeuropäische Energieinfrastruktur, die die Gewährleistung der Energieversorgungssicherheit u.a. als entscheidendes Kriterium wählt, um einem Projekt den *Status* eines VGI zu geben[1338].

5.3.2.1.1.1 Art. 8 Abs. 10 der Verordnung 714/2009/EG

Art. 8 Abs. 10 UAbs. 1 der Verordnung 714/2009/EG beschreibt detailliert den Inhalt des gemeinschaftsweiten Netzentwicklungsplanes. Vier Themen müssen vom ENTSO-E bearbeitet werden: die Modellierung des integrierten Netzes, die Entwicklung von Szenarien, eine Bewertung der Belastbarkeit des Systems und letztlich eine europäische Prognose zur Angemessenheit der Stromerzeugung.

Wie erwähnt muss dieser Plan alle zwei Jahre veröffentlicht werden. Angesichts der Wichtigkeit und erhöhten Bedeutung der Prognosen hat aber der ENTSO-E als „internen *Standard*" entschieden, den Bericht alljährlich zu veröffentlichen[1339]. Der gemeinschaftsweite Netzentwicklungsplan hat sich in die folgenden zwei wichtigsten Dokumente gespalten: den zehnjährigen gemeinschaftsweiten

1335 Erwägungsgründe 8 und 9 der Verordnung 714/2009/EG. ABl. L 211 v. 14.08.2009, S. 16.

1336 *Del Guayo/Pielow*, In: *Roggenkamp/Barrera-Hernández/Zillman/del Guayo* (Hrsg.), Energy networks and the Law, 2012, S. 364.

1337 S. 2.2.4.

1338 S. 2.2.1.2.4 und 5.3.1.1.3.

1339 ENTSO-E. *Scenario Outlook & Adequacy Forecasts*. Belgium: ENTSO-E, 2015, S. 5. Abrufbar unter: https://www.entsoe.eu/Documents/SDC%20documents/SOAF/150630_SOAF_2015_publication_wcover.pdf (Stand: 19.08.2015)

Netzentwicklungsplan[1340] (alle zwei Jahre zu veröffentlichen) und das *Scenario Outlook & Adequacy Forecast* (alljährlich)[1341]. Die Prognose zur Angemessenheit der Stromerzeugung wird im *Scenario Outlook & Adequacy Forecast* analysiert, und der Netzentwicklungsplan beinhaltet die anderen drei Themen.

Im *Scenario Outlook & Adequacy Forecast* – sowie in den jährlichen Sommer- und Winterprognosen zur Angemessenheit der Stromerzeugung – werden ausführliche Dateien hinsichtlich Erzeugungskapazität, erwartete forcierte und wegen Instandsetzung geplante Stromausfälle, Spitzenlasten, Systemdienstleistungsreserven u.a. analysiert, gemessen und geordnet. Der Ausgleich dieser Dateien wird Restkapazität (*remaining capacity*) benannt, und es ist Aufgabe des *Outlooks* und *Forecasts* anzugeben, welches Niveau an Restkapazität für jeden Mitgliedstaat ausreichend ist, um die Energieversorgungssicherheit zu gewährleisten. Die Berücksichtigung dieser Ergebnisse mit der verfügbaren Übertragungskapazität unterstützt die Analysen der regionalen Energieversorgungssicherheit. Diese *Outlooks* und *Forecasts* stellen damit wichtige Inputs für den gemeinschaftsweiten Netzentwicklungsplan dar[1342].

5.3.2.1.1.1.1 Inhalt des gemeinschaftsweiten Netzentwicklungsplans

Trotz der intrinsischen Verschränktheit der Themen expliziert die Verordnung nur den Inhalt der Prognose zur Angemessenheit. Sie „erstreckt sich auf die Gesamtangemessenheit des Stromsystems zur Deckung des bestehenden und des für den nächsten Fünfjahreszeitraum sowie des für den Zeitraum zwischen 5 und 15 Jahren nach dem Berichtsdatum zu erwartenden Bedarfs". Eine mittel- und langfristige Vision hinsichtlich der Angemessenheit des gesamten europäischen Energiesystems zur Deckung der Nachfrage ist dann nach der Ansicht des sekundärrechtlichen Gesetzgebers zur Sicherstellung der Energieversorgungssicherheit erforderlich. Ferner stellen die Prognosen seitens der einzelnen Übertragungsnetzbetreiber die Basis zur Bearbeitung der europäischen Prognose zur Angemessenheit dar (Art. 8 Abs. 4).

Die Bewertung der Belastbarkeit des Systems – d.h. die Fähigkeit eines Systems, sich den Entwicklungen und Neuerungen, die dieses System beeinflussen bzw. stören, anzupassen – ist ein unerlässlicher Teil des Netzentwicklungsplans, da der Auf- und Ausbau von Stromnetzen, insbesondere Hochspannungsnetzen,

1340 Gemeinschaftsweiter Netzentwicklungsplan 2014 ist abrufbar unter: https://www.entsoe.eu/Documents/TYNDP%20documents/TYNDP%202014/141031%20TYNDP%202014%20Report_.pdf (Stand: 19.08.2015).

1341 Die Prognose zur Angemessenheit der Stromerzeugung 2015 ist abrufbar unter: https://www.entsoe.eu/Documents/SDC%20documents/SOAF/150630_SOAF_2015_publication_wcover.pdf (Stand: 19.09.2015).

1342 *Staschus*, In: *Vinois* (Hrsg.), EU Energy Law – Volume VI – The security of energy supply in the European Union, 2012, S. 153–154. Ausfürhlich zum *Scenario Outlook & Adequacy Forecast*, vgl. *Dobbeni/Staschus/Castermans/Mendiola/Minciuna*, In: *Vinois* (Hrsg.), EU Energy Law – Volume VIII – The energy infrastructure policy of the European Union, 2014, S. 57–62.

außerordentliche Investitionen erfordert, mehrere Jahre dauert und die Szenarien und Standards für kommende, abhängige Projekte festlegt. Daher ist die Evaluierung der Belastbarkeit des Stromsystems – und der einzelnen Projekte – notwendig, um versunkene Kosten zu vermeiden und die Nachfrage rechtzeitig und auf optimale Weise zu decken.

Die Entwicklung von Szenarien erfordert vom ENTSO-E die Ausarbeitung von Prognosen hinsichtlich der Zukunft des europäischen Energiesystems. Es geht laut dem Wortlaut des Art. 8 Abs. 10 UAbs. 1 der Verordnung 714/2009/EG nicht um ein einziges Szenario, sondern um Szenarien. Der ENTSO-E muss daher mehrere Ansichten bezüglich der Stromnetze skizzieren bzw. vorstellen und untereinander vergleichen, um der Öffentlichkeit eine breite Vision anzubieten. Um mögliche Szenarien zu erstellen, nimmt der ENTSO-E Rücksicht auf die Inputs des *stakeholders*, *feedbacks* von Workshops und Konsultationen, vorhandene und künftige EU-Regulationen sowie verschiedene wirtschaftliche Annahmen. Der gemeinschaftsweite Netzentwicklungsplan 2014 bietet vier Visionen, die mehr die Grenze möglicher außergewöhnlicher Szenarien setzen als lockere Prognosen bestimmen. Die vier Visionen für 2030 („*Slow Progress*", „*Money Rules*", „*Green Transition*" und „*Green Revolution*") berücksichtigen die folgenden Elemente: CO_2- und Primärenergieträgerpreise, günstige oder ungünstige Wirtschaftsbedingungen, Verstärkung der nationalen oder der europäischen Energiepolitiken und europäische oder konkurrierende nationale F&E Pläne[1343].

Die Modellierung des integrierten Netzes bedeutet nichts anderes als die Darstellung und Beschreibung der europäischen Stromnetze. Es ist dann Aufgabe des ENTSO-E, im gemeinschaftsweiten Netzentwicklungsplan zu veröffentlichen, wie die Stromnetze im europäischen Raum auszusehen haben. Dazu ist es aber erforderlich, mögliche Modelle, Studien und Netzkonfigurationen zu simulieren, die das Verhalten der Übertragungsnetze sowohl im Normalbetrieb als auch in Notfällen und unter Berücksichtigung verschiedener Vermutungen – beispielweise der Auswirkung der zunehmenden Erzeugungskapazität erneuerbarer Energien, Spitzennachfrage, Wetterbedingungen – bewerten[1344].

5.3.2.1.1.1.2 Erfüllung von Anforderungen beim gemeinschaftsweiten Netzentwicklungsplan

Außer den vier Themen, die der gemeinschaftsweite Netzentwicklungsplan beachten muss, erfüllt der Plan gemäß Art. 8 Abs. 10 UAbs. 2 die folgenden Anforderungen: er muss auf den nationalen (s. 5.3.2.1.1.2 unter) und regionalen Investitionsplänen

---

1343 Mehr dazu, s. *ENTSO-E*, 10-Year Network Development Plan 2014, 2014, S. 36–55. Abrufbar unter: https://www.entsoe.eu/Documents/TYNDP%20documents/TYNDP%202014/141031%20TYNDP%202014%2 0Report_.pdf (Stand: 19.08.2015).

1344 *ENTSO-E*, 10-Year Network Development Plan 2014, 2014, S. 32–35. Abrufbar unter: https://www.entsoe.eu/Documents/TYNDP%20documents/TYNDP%20 2014/141031%20TYNDP%202014%20Report_.pdf (Stand: 19.08.2015).

(s. 5.3.2.3 gleich) sowie auf den gemeinschaftlichen Aspekten der Netzplanung beruhen, einschließlich der Leitlinien für die transeuropäischen Energienetze gemäß der Verordnung 347/2013/EU (lit. a); er muss sich auch auf die angemessenen Bedürfnisse verschiedener Netznutzer hinsichtlich der grenzüberschreitenden Verbindungsleitungen stützen sowie langfristige Verpflichtungen von Investoren nach Artikel 8 sowie nach den Artikeln 13 und 22 der Richtlinie 2009/72/EG einschließen (lit. b); und der Plan muss Investitionslücken aufzeigen, insbesondere in Bezug auf grenzüberschreitende Kapazitäten (lit. c).

Hauptziel solcher Anforderungen ist die Kohärenz, die zwischen den verschiedenen Plänen auf unterschiedlichen Ebenen vorhanden sein muss, damit durch Anreize, die nicht verwirren, optimale Investitionen geschafft werden. Kohärenz muss auch hinsichtlich des Auf- und Ausbaus der grenzüberschreitenden Stromnetze bestehen, um die sich daraus ergebenden vorteilhaften Synergien zu nutzen.

Vier Punkte sollen hier noch betrachtet werden. Erstens sind die Anforderungen, die beim ENTSO-E mit dem gemeinschaftsweiten Netzentwicklungsplan erfüllt werden müssen, nicht abschließend, wie die Bezeichnung „insbesondere folgende Anforderungen“ verdeutlicht. Also ist im Art. 8 Abs. 10 UAbs. 2 gemeint, dass bei der Bearbeitung des gemeinschaftsweiten Planes alle anderen Pläne berücksichtigt werden, um konkurrierende, gegensätzliche, nicht optimale Ansätze zum Auf- und Ausbau der Energienetze und die Sendung von doppelten, irreführenden Signalen an die Investoren zu vermeiden.

Zweitens ist die Betonung auf den grenzüberschreitenden Aspekt der Anforderungen hervorzuheben. Die Beschreibungen „gemeinschaftliche Aspekte der Netzplanung“ (lit. a), „grenzüberschreitende Verbindungsleitungen“ (lit. b) und „grenzüberschreitende Kapazitäten“ (lit. c) signalisieren und machen klar, dass die Interkonnektion der Netze ein wichtiger Inhalt der Planung ist. Damit in Einklang steht der Erwägungsgrund 9 der Verordnung 714/2009/EG von „regionalen Verbindungen“, die in dem gemeinschaftsweiten Netzentwicklungsplan verzeichnet sein sollen. Eine Analyse der Hemmnisse für die Erhöhung der grenzüberschreitenden Netzkapazitäten infolge unterschiedlicher Genehmigungsverfahren oder -praktiken kann hinsichtlich Art. 8 Abs. 10 UAbs. 2 lit. c dem gemeinschaftsweiten Netzentwicklungsplan beigefügt werden (Art. 8 Abs. 10 UAbs. 3 der Verordnung 714/2009/EG).

Drittens muss der gemeinschaftsweite Netzentwicklungsplan die bereits genehmigten bzw. freigegebenen langfristigen Investitionen berücksichtigen. Im Rahmen der Ausarbeitung des Planes beim ENTSO-E können bereits Verpflichtungen gegenüber Investoren bestehen. Solche Verpflichtungen stammen von einer eventuellen Ausschreibung neuer Kapazitäten im Interesse der Versorgungssicherheit (Art. 8), von der Finanzierung durch den Eigentümer des Übertragungsnetzes der vom unabhängigen Netzbetreiber beschlossenen und von der Regulierungsbehörde genehmigten Investitionen oder von der Erteilung seiner Zustimmung zur Finanzierung durch eine andere interessierte Partei (Art. 13 Abs. 5 lit. b), sowie der bereits beschlossenen Investitionen, die in den zehnjährigen Netzentwicklungsplänen der Übertragungsnetzbetreiber beinhaltet sind

(Art. 22 Abs. 2 lit. b der Richtlinie 2009/72/EG). Der gemeinschaftsweite Netzentwicklungsplan des ENTSO-E handelt zwar von einem Plan für die Zukunft, der aber die gegenwärtige Lage beachten muss, damit Investoren- und Rechtssicherheit gewährt bleiben.

Viertens muss der gemeinschaftsweite Netzentwicklungsplan gemäß Art. 8 Abs. 10 UAbs. 2 lit. a der Verordnung 714/2009/EG auch auf den gemeinschaftlichen Aspekten der Verordnung 347/2013/EU beruhen, was in der Tat bedeutet, dass die VGI, die grenzüberschreitenden Charakter haben, Inhalt des gemeinschaftsweiten Netzentwicklungsplans sein müssen. Es ist allerdings kaum vorstellbar, dass der ENTSO-E bei der Ausarbeitung des Netzentwicklungsplans ein oder mehrere VGI außer Acht lässt, da jedes Vorhaben einen grenzüberschreitenden Charakter oder zumindest „erhebliche grenzüberschreitende Auswirkungen" gemäß Art. 4 Abs. 1 lit. c der Verordnung 347/2013/EU haben muss. Diese Auslegung ist zu befürworten, selbst wenn angenommen würde, dass die Nutzung des Ausdruckes „gegebenenfalls" in Art. 8 Abs. 10 UAbs. 2 lit. a der Verordnung 714/2009/EG im Hinblick auf die Betrachtung der Leitlinien für die transeuropäischen Energienetze bei der Ausarbeitung des gemeinschaftsweiten Netzentwicklungsplans auf eine Erleichterung gegenüber der Pflicht um Erfüllung solcher Anforderung hindeuten könnte. Keine Rolle spielt die Tatsache, dass Art. 3 Abs. 6 der Verordnung 347/2013/EU festlegt, dass die VGI, die in die Unionsliste eingefügt werden, fester Bestandteil (nur) der regionalen Investitionspläne gemäß Art. 12 der Verordnung 714/2009/EG und der nationalen Zehnjahresnetzentwicklungspläne nach Artikel 22 der Richtlinien 2009/72/EG und 2009/73/EG sein müssen, aber nicht des gemeinschaftsweiten Netzentwicklungsplans, da Art. 12 der Verordnung 714/2009/EG andererseits festlegt, dass eine regionale Zusammenarbeit im Rahmen des ENTSO-E zu gründen ist, die als Ziel hat, einen Beitrag zur erfolgreichen Erfüllung der Tätigkeiten des Art. 8 Abs. 1, Abs. 2 und Abs. 3 der Verordnung 714/2009/EG – also einschließlich der Ausarbeitung des gemeinschaftsweiten Netzentwicklungsplans – zu leisten. Die regionalen Investitionspläne, die Objekte einer solcher regionalen Zusammenarbeit darstellen und die die VGI beinhalten müssen, stützen den Netzentwicklungsplan. Ferner ist gemäß dem Anhang III, Nr. 2 Ziff. 3 der Verordnung 347/2013/EU zu beachten, dass die auszuwählenden VGI ab der zweiten Unionsliste Teil des letzten verfügbaren gemeinschaftsweiten Netzentwicklungsplan des ENTSO-E (also Version 2016) sein müssen[1345]. Letztlich ist der ENTSO-E laut Art. 11 der Verordnung 347/2013/EU verpflichtet, für eine harmonisierte energiesystemweite Kosten-Nutzen-Analyse auf Unionsebene eine für die Ermittlung von VGI grundlegende Methode, die die Netz- und Marktmodellierung einschließt, zu veröffentlichen. Diese Methoden kommen bei der Ausarbeitung des gemeinschaftsweiten Netzentwicklungsplans zur

1345 S. auch *ENTSO-E*, 10-Year Network Development Plan 2014, 2014, S. 17–18. Abrufbar unter: https://www.entsoe.eu/Documents/TYNDP%20documents/TYNDP%20 2014/141031%20TYNDP%202014%2 0Report_.pdf (Stand: 20.08.2015).

Anwendung[1346]. Die Zuweisung der Aufgabe hinsichtlich der Erstellung und Veröffentlichung einer Kosten-Nutzen-Analyse an den ENTSO-E bedeutet im Rahmen des gemeinschaftsweiten Netzentwicklungsplans, dass eine der Hauptvoraussetzung zur Ermittlung von VGI im Netzentwicklungsplan zu finden ist. Die VGI haben somit ihre Wurzeln im Netzentwicklungsplan des ENTSO-E[1347]. Eine engere Verbindung zwischen den gemeinschaftlichen Aspekten der Netzplanung und dem gemeinschaftsweiten Netzentwicklungsplan i.S.d. Art. 8 Abs. 10 UAbs. 2 lit. a der Verordnung 714/2009/EG könnte nicht hergestellt werden.

5.3.2.1.1.2 Beziehung zum Netzentwicklungsplan der nationalen Übertragungsnetzbetreiber

Der sog. gemeinschaftsweite Netzentwicklungsplan, dessen Ausarbeitung alle zwei Jahre Aufgabe des ENTSO-E ist, ist nicht mit dem zehnjährigen Netzentwicklungsplan des Art. 22 der Richtlinie 2009/72/EG[1348] zu verwechseln, den jeder Übertragungsnetzbetreiber jährlich auszuarbeiten und den die Regulierungsbehörde nach Konsultationen mit allen tatsächlichen und potenziellen Netzbenutzern zu bestätigen hat. Letztere müssen gemäß Art. 22 Abs. 1 der Richtlinie 2009/72/EG wirksame Maßnahmen zur Gewährleistung der Angemessenheit des Netzes und der Versorgungssicherheit enthalten und dienen dazu, den Marktteilnehmern die wichtigen Übertragungsinfrastrukturen zu signalisieren, die bereits beschlossenen Investitionen aufzulisten und die neuen Investitionen zu bestimmen sowie einen Zeitplan für alle Investitionsprojekte vorzugeben (Art. 22 Abs. 2). Ziel des Planes ist die langfristige Energieversorgungssicherheit, die mittels der langfristigen Investitionsplanung[1349] im Bereich grenzüberschreitender Netze u.a. zu erreichen ist.

Die Tatsache, dass **jedes Jahr** ein **zehnjähriger** Netzentwicklungsplan vorzulegen ist, verdeutlicht die Notwendigkeit einer kontinuierlichen Anpassung des Planes an die technischen und wirtschaftlichen Umstände des Stromnetzes.

Obwohl es um die Planung – oder die Planungen, da ein einzelner Mitgliedstaat mehrere Übertragungsnetzbetreibern haben kann, wie z.B. Deutschland,

---

1346 Anhang V der Verordnung 347/2013/EU bringt die Grundsätze der Methode für eine harmonisierte energiesystemweite Kosten-Nutzen-Analyse für Vorhaben von gemeinsamem Interesse. ABl. L 115 v. 25.04.2013, S. 71.

1347 Ebenso, *Magny/Nyitrai/Siefken*, In: *Vinois* (Hrsg.). EU Energy Law – Volume VIII – The energy infrastructure policy of the European Union, 2014, S. 157: „The starting point for the identification of concrete projects [of common interest] are the European-wide TYNDPs, prepared by the ENTSO for electricity and gas".

1348 Zu einer weiteren Analyse des Art. 22 der Richtlinie 2009/72/EG, vgl. *Del Guayo/Pielow*, In: *Roggenkamp/Barrera-Hernández/Zillman/del Guayo* (Hrsg.), Energy networks and the Law, 2012, S. 356–361.

1349 Art. 2 25. Spiegelstrich der Richtlinie 2009/72/EG definiert „langfristige Planung" als die „langfristige Planung des Bedarfs an Investitionen in Erzeugungs-, Übertragungs- und Verteilungskapazität zur Deckung der Elektrizitätsnachfrage des Netzes und zur Sicherung der Versorgung der Kunden".

Großbritannien und Österreich, und in der Folge mehrere Netzentwicklungspläne – auf nationaler Ebene geht, weist Art. 22 der Richtlinie 2009/72/EG eine paar Berührungspunkte mit der Zusammenarbeit zwischen Mitgliedstaaten (5.3.2.1.1.2.1) und dem gemeinschaftsweiten Netzentwicklungsplan des Art. 8 der Verordnung 714/2009/EG (5.3.2.1.1.2.2) auf, die nach Kommentaren verlangen.

5.3.2.1.1.2.1 Art. 22 Abs. 3 der Richtlinie 2009/72/EG

Bei der Erarbeitung des zehnjährigen Netzentwicklungsplans müssen die Übertragungsnetzbetreiber eines Mitgliedstaats die Energiesysteme anderer (nicht nur Nachbarländer) Mitgliedstaaten berücksichtigen. Also nicht nur die Entwicklung der Erzeugung, der Versorgung und des Verbrauchs sollen beachtet werden, sondern auch die Entwicklung des Stromaustauschs mit anderen Ländern. Sinn und Zweck der Norm besteht darin, einerseits individualistische Vorgehensweisen, die zur Überlastung der Netze des Nachbarlandes und zu wirtschaftlich und betrieblich suboptimalen Lösungen führen, zu vermeiden und andererseits zu solidarischen Handlungen anzureizen, damit die Synergien der integrierten europäischen Übertragungsnetze erschlossen werden können. Sie (die Norm) lädt mittelbar die Mitgliedstaaten zur Kooperation ein.

Ferner zu berücksichtigen sind auch die Investitionspläne für regionale und gemeinschaftsweite Netze, was tatsächlich bedeutet, dass die Planung auf niedrigerer Ebene (lokal und regional) die Planung auf höherer Ebene (national, EU-weit) beachten muss und andersherum. Adressaten sind immer noch die Übertragungsnetzbetreiber. Das Adjektiv „regionale" bedeutet nicht die Region eines Mitgliedstaats, sondern vielmehr mehrere Mitgliedstaaten (d.h. eine Region Europas) und betont den grenzüberschreitenden Aspekt der Vorschrift. Beispiel eines Investitionsplanes für regionale und gemeinschaftsweite Netze wäre der gemeinschaftsweite Netzentwicklungsplan selbst gemäß Art. 8 Abs. 3 lit. b der Verordnung 714/2009/EG. Die Vorschrift ist selbstverständlich nicht abschließend, und andere Pläne müssen berücksichtigt werden.

5.3.2.1.1.2.2 Art. 22 Abs. 5 der Richtlinie 2009/72/EG

Es muss eine Kohärenz zwischen dem zehnjährigen Netzentwicklungsplan der Übertragungsnetzbetreiber und dem gemeinschaftsweiten Netzentwicklungsplan des ENTSO-E vorliegen. Verantwortlich für die Prüfung dieser Kohärenz sind nicht die Übertragungsnetzbetreiber, sondern die Regulierungsbehörden, die von den Übertragungsnetzbetreibern Änderungen eines zehnjährigen Netzentwicklungsplans verlangen können. Wenn Zweifel an der Kohärenz zwischen den Plänen bestehen, konsultiert die Regulierungsbehörde die Agentur für die Zusammenarbeit der Energieregulierungsbehörden (*Agency for the Cooperation of Energy Regulators* – ACER).

Aus Art. 22 Abs. 5 der Richtlinie 2009/72/EG kann nicht entnommen werden, was unter dem Begriff „Kohärenz" zu verstehen ist. In Betracht käme die Vermeidung von Investitionen an konkurrierende Projekte, d.h. Projekte, die die Existenz eines anderen Projekts beeinträchtigen, oder Projekte, die eine optimale Nutzung der Investitionen hindern.

5.3.2.1.2 Festlegung von Netzkodizes

Wie vorher erwähnt, brachte das Dritte Energiepaket erhebliche Neuerungen im Hinblick auf die Zusammenarbeit zwischen den Übertragungsnetzbetreibern. Die Ausarbeitung von Netzkodizes[1350] sind Ergebnisse der in der Verordnung 714/2009/EG beinhalteten Verstärkung der Rolle der Übertragungsnetzbetreiber und des ENTSO-E. Mit dem Erlass von durch die Kommission angeforderten Netzkodizes ist der ENTSO-E in das europäische Gesetzgebungsverfahren miteinbezogen. Die Ausarbeitung von Netzkodizes stellt die normierende Dimension der Zusammenarbeit der Übertragungsnetzbetreiber dar[1351]. Der Beitrag, den die sich mit den transeuropäischen Netzen verbindenden Netzkodizes leisten, ist bemerkenswert. Sie dienen dazu, die technische Verbundfähigkeit der einzelstaatlichen Netze aufrechtzuerhalten bzw. herzustellen, damit das Ziel der Interoperabilität gemäß Art. 170 Abs. 2 i.V.m. Art. 171 Abs. 1 2. Spiegelstrich AEUV mittels der Harmonisierung von technischen Normen realisiert wird. Der Erlass von Netzkodizes ermöglicht dann die Vereinheitlichung der technischen und vertraglichen Voraussetzung der Nutzung grenzüberschreitender Netze[1352].

Die Notwendigkeit von Netzkodizes ergibt sich daraus, dass seit dem Liberalisierungsprozess eine riesige Menge von Akteuren am Energiemarkt teilgenommen hat, während es andererseits in der Vergangenheit eine (oft nationale) Monopolstruktur gab, die für die Gewährleistung der Energieversorgungssicherheit verantwortlich war. Vertragliche Rahmenordnungen zwischen benachbarten Mitgliedstaaten bzw. Übertragungsnetzbetreibern genügten, um *common practices* zu erleichtern und einen (damals kleinen) reibungslosen grenzüberschreitenden Betrieb zu ermöglichen[1353]. Heute ist die Verantwortung um die Aufrechterhaltung der Energieversorgungssicherheit zwischen hunderten von Akteuren zersplittert, selbst wenn angenommen wird, dass die Übertragungsnetzbetreiber laut Art. 12 lit. a und lit. c der Richtlinie 2009/72/EG die (Haupt-)Verantwortung für die Sicherheit des Energiesystems

---

1350 Verschiedene, ausführliche Informationen zu den Netzkodizes können auf http://networkcodes.entsoe.eu/ gefunden werden (Stand: 26.08.2015). Ausführlich zu den Diskussionen und Meinungsverschiedenheiten hinsichtlich der Einfügung des Netzkodizesverabschiedungsverfahrens im Dritten Energiepaket, vgl. *Jevnaker*, Pushing administrative EU integration: the path towards European network codes for electricity, Journal of European Public Policy, Vol. 22, Nr. 7, 2015, S. 934–938.

1351 *Schulte-Beckhausen*, In: *Ehricke* (Hrsg.), Energierecht im Wandel, 2009, S. 99.

1352 *Pritzsche*, In: *Baur/Salje/Schmidt-Preuß* (Hrsg.), Regulierung in der Energiewirtschaft, 2011, Kap. 15, Rn. 36, S. 255.

1353 *Jevnaker*, Pushing administrative EU integration: the path towards European network codes for electricity, Journal of European Public Policy, Vol. 22, Nr. 7, 2015, S. 932.

als Ganzes tragen[1354]. Da Übertragungsnetzbetreiber sich einerseits zwischen Erzeugern und Verteilern und andererseits zwischen Verbrauchern befinden, und angesichts ihrer Fachkenntnis zwar eine privilegierte Stellung besitzen und auch unter Berücksichtigung des Energieaustausches mit anderen internationalen Verbundnetzen erheblich zur Aufrechterhaltung der Energieversorgungssicherheit beitragen können, leisten jedoch andere Akteure einen wichtigeren Beitrag dazu. In diesem Zusammenhang spielen nicht nur Erzeuger, Überträger und Verteiler eine Rolle, sondern auch Händler und Verbraucher, die mit dem Aufbau intelligenter Netze zu Prosument werden. Bloße Verträge und Vereinbarungen zwischen einigen Akteuren genügen heute nicht, um die erforderliche Operationalität und Interoperabilität der Netze sicherzustellen. Die Energieversorgungssicherheit wäre dann gefährdet, wenn keine Einigkeit hinsichtlich des Betriebs der Netze und der damit verbundenen Tätigkeiten bestünde. Für die Errichtung dieser Einigkeit ist daher die Gesetzeskraft erforderlich. Folglich legt die Verordnung 714/2009/EG die Verpflichtung fest, Netzkodizes auszuarbeiten, die mittels Komitologieverfahren[1355] gebilligt oder auf

1354 Während Art. 12 der Richtlinie 2009/72/EG die Verantwortungen der Übertragungsnetzbetreiber hinsichtlich der Aufrechterhaltung der Energieversorgungssicherheit ausführlich reguliert, verpflichtet Art. 25 Abs. 1 der Richtlinie 2009/72/EG den Verteilernetzbetreiber ganz pauschal, „ein sicheres, zuverlässiges und effizientes Elektrizitätsverteilernetz unter gebührender Beachtung des Umweltschutzes und der Energieeffizienz zu betreiben, zu warten und auszubauen", *Sternig*, Versorgungssicherheit im Elektrizitäts- und Erdgasmarkt, 2009, S. 64.

1355 Das Komitologieverfahren ist gemäß Art. 23 Abs. 2 der Verordnung 714/2009/EG eines der gewählten Mittel, um Netzkodizes zu billigen und zu veröffentlichen. Der Beschluss 1999/468/EG des Rates v. 28.06.1999 (ABl. L 184 v. 17.7.1999, S. 23) regelt vier Verfahrensarten der Komitologie, unter denen das Regelungsverfahren, das gemäß Art. 23 Abs. 2 der Verordnung 714/2009/EG zum Erlass von Leitlinien hinsichtlich Netzkodizes benutzt werden kann. Der Beschluss überträgt der Kommission die Durchführungsbefugnisse des Rates, bestimmte Vorschriften zu erlassen. Hinsichtlich der Erarbeitung von Netzkodizes wird ein aus der Kommission und den Experten von jedem Mitgliedstaat zusammengesetzter Ausschuss nach einer intensiven Interaktion zwischen der Europäischen Kommission, ACER und ENTSO-E gegründet, um eine Stellungnahme über einen Netzkodex zu begutachten. Das Europäische Parlament analysiert dann die Stellungnahme des Ausschusses und wenn eine positive Entscheidung vorliegt, wird eine Entscheidung der Kommission hinsichtlich des Netzkodexes adoptiert. Diese Entscheidung ist EU-rechtlich sofort anwendbar, was tatsächlich bedeutet, dass jeder Mitgliedstaat seine einzigen Netzkodizes behalten werden darf, die aber mit den europäischen Netzkodizes übereinstimmen müssen. Vgl. *Pototschnig*, In: *Vinois* (Hrsg.), EU Energy Law – Volume VIII – The energy infrastructure policy of the European Union, 2014, S. 140–141; *Fischerauer*, Zwischen Regulierung und Selbstregulierung – Zur Ausarbeitung europäischer Netzkodizes im Energiesektor, ZNER, Heft 5, 2012, S. 458; *ENTSO-E*, Network Codes development process, 2012. Abrufbar unter: https://www.entsoe.eu/fileadmin/user_upload/_library/Association/120217_Network_Codes_Development_Process.pdf (Stand: 25.08.2015). Ausführlich zum

dem Verfahrensweg des Art. 6 der Verordnung 714/2009/EG erlassen werden (Art. 8 Abs. 1 und Abs. 2 der Verordnung 714/2009/EG).

Die Netzkodizes erlauben dann den Wandel hin zu kosteneffizienten und sicheren CO_2-armen Energiesystemen und stellen wesentliche Werkzeuge dar, um die Herausforderungen hinsichtlich der regionalen Integration erneuerbarer Energien und der Gewährleistung einer europäischen Energieversorgungssicherheit, die nachhaltig und erschwinglich ist, zu überwinden[1356]. Netzkodizes sind dann ein Mittel zur stärkeren Zusammenarbeit und Koordinierung zwischen den Übertragungsnetzbetreibern und dienen zur Schaffung eines transparenten, nichtdiskriminierenden Zugangs zu den Übertragungsnetzen über die Grenzen hinweg (Erwägungsgrund 6 der Verordnung 714/2009/EG). Sie gelten für Angelegenheiten der grenzüberschreitenden Netze und der Marktintegration und berühren nicht das Recht der Mitgliedstaaten, nationale Netzkodizes aufzustellen, die den grenzüberschreitenden Handel nicht betreffen (Art. 8 Abs. 7 der Verordnung 714/2009/EG).

5.3.2.1.2.1 Rechtsnatur der Netzkodizes

Umstritten ist, welche Rechtsnatur die Netzkodizes haben. Ein Teil der Literatur geht ohne Weiteres von einer Rechtsverbindlichkeit aus[1357]. Nirgendwo in der Verordnung 714/2009/EG ist jedoch die Rechtsnatur eindeutig geklärt. Im Schrifttum wird auch die Meinung vertreten, dass die Netzkodizes nicht rechtsverbindlich seien, es handele sich trotz des formalisierten Verfahrens unter Beteiligung der ENTSO-E, der Agentur und der Kommission um *soft law*[1358] bzw. um ein übereinstimmendes Betreiben der Netze nach den Netzkodizes[1359].

Das Argument, das die These der Rechtsunverbindlichkeit stützt und sich auf den Wortlaut des Erwägungsgrundes 6 der Verordnung 714/2009/EG bezieht, der erklärt, dass die Übertragungsnetzbetreiber ihre Netze nach den Netzkodizes betreiben **sollen**, aber nicht müssen[1360], ist nicht überzeugend. Die Nutzung des Verbs „sollen" statt „müssen" oder „dürfen" ist überall in den Erwägungsgründen der Verordnung 714/2009/EG – und auch der anderen sekundärrechtlichen Regulierungen

Komitologieverfahren, vgl. *Weiß*, In: *Baur/Salje/Schmidt-Preuß*, (Hrsg.), Regulierung in der Energiewirtschaft, 2011, Kap. 19, Rn. 1–26, S. 350ff.

1356 *Bernaerts*, In: *Vinois* (Hrsg.), EU Energy Law – Volume VIII – The energy infrastructure policy of the European Union, 2014, S. 36; *Dobbeni/Staschus/Castermans/Mendiola/Minciuna*, In: *Vinois* (Hrsg.), EU Energy Law – Volume VIII – The energy infrastructure policy of the European Union, 2014, S. 41.

1357 *Dobbeni/Staschus/Castermans/Mendiola/Minciuna*, In: *Vinois* (Hrsg.), EU Energy Law – Volume VIII – The energy infrastructure policy of the European Union, 2014, S. 40.

1358 *Gundel/Germelmann*, Kein Schlussstein für die Liberalisierung der Energiemärkte: Das Dritte Binnenmarktpaket, *EuZW, Heft 21, 2009, S. 768.*

1359 *Schulte-Beckhausen*, In: *Ehricke* (Hrsg.), Energierecht im Wandel, 2009, S. 99.

1360 *Ludwigs*, In: *Baur/Salje/Schmidt-Preuß* (Hrsg.), Regulierung in der Energiewirtschaft, 2011, Kap. 39, Rn. 46, S. 558.

der Union – zu finden und deutet vielmehr auf den redaktionellen Stil der Erwägungsgründe hin. Die Erwägungsgründe, die keine Rechtswirkung bzw. Rechtsverbindlichkeit haben, manifestieren, was mit der erlassenen Regulierung erwünscht und erwartet wird, nicht, wie das Thema zu regulieren ist. Beispielweise nutzt Erwägungsgrund 7 der Verordnung 714/2009/EG auch das Verb „sollen", wenn es um die Gründung des ENTSO-E und die Aufgaben des ENTSO-E unter Einhaltung der Wettbewerbsvorschriften der Gemeinschaft geht. Trotzdem besteht kein Zweifel, dass der ENTSO-E gegründet werden müssen und dass der ENTSO-E die Wettbewerbsvorschriften respektieren muss[1361].

Auf der anderen Seite spricht für eine rechtliche Bindungswirkung die Tatsache, dass ein Netzkodex nach dem Komitologieverfahren (Art. 6 Abs. 12 i.V.m. Art. 23 Abs. 2 der Verordnung 714/2009/EG), das die Teilnahme der Kommission – die die vom Rat übertragenen Befugnisse angenommen hat – und des Europäischen Parlaments einbezieht, als Verordnung der Kommission[1362] veröffentlicht werden kann. Allerdings spricht für die Einordnung als *soft law*, dass für die im regulären Verfahren gemäß Art. 6 der Verordnung 714/2009/EG erarbeiteten Regelwerke kein Formales Komitologieverfahren durchzuführen ist. Zweitens ähnelt das Verfahren des Art. 6 den *Good Practice Guidelines*[1363], die nur faktische Bindungswirkung hatten. Ferner legt die Agentur gemäß Art. 6 Abs. 2 der Verordnung 714/2009/EG eine Rahmenrichtlinie vor, die aber laut Wortlaut der Vorschrift „nicht bindend" ist[1364].

Auszudifferenzieren wäre dann zwischen den Netzkodizes, die nach dem Komitologieverfahren erlassen wurden, von denen, die nach dem Verfahren des Art. 6 der Verordnung 714/2009/EG veröffentlicht wurden. Die ersteren Netzkodizes sind rechtsverbindlich; die letzteren nicht. Die Netzkodizes, die laut Art. 6 Abs. 11 der Verordnung 714/2009/EG bei der Kommission „von sich aus" und als *ultimum refugium*[1365] und mittels des Komitologieverfahrens erlassen werden, entfalten auch rechtliche Bindungswirkung. Nicht ausgeschlossen ist auch die Möglichkeit, Netzkodizes im regulären Verfahren gemäß Art. 6 der Verordnung 714/2009/EG

1361 Vgl. auch Erwägunsgründ 9 um die Verpflichtung hinsichtlich der Ausarbeitung des gemeinschaftsweiten Netzentwicklungsplans trotz der Nutzung des Verbs „sollte".

1362 S. Verordnung 2015/1222/EU der Kommission v. 24. Juli 2015 zur Festlegung einer Leitlinie für die Kapazitätsvergabe und das Engpassmanagement. ABl. L 197 v. 25.07.2015, S. 24. Verordnungen als bestes Instrument für Netzkodizes, vgl. *Vlachou*, The adoption of network codes in the field of energy: availability of judicial review in a multi-stage procedure, 2012, S. 11.

1363 *Good Practice Guidelines* wurden das *soft law* Instrument gewählt, um Mindeststandards für den Netzzugang zu etablieren.

1364 *Fischerauer*, Zwischen Regulierung und Selbstregulierung – Zur Ausarbeitung europäischer Netzkodizes im Energiesektor, ZNER, Heft 5, 2012, S. 455.

1365 *Vlachou*, The adoption of network codes in the field of energy: availability of judicial review in a multi-stage procedure, 2012, S. 7.

erarbeiten zu lassen und anschließend über das Komitologieverfahren zu verrechtlichen. In diesem Fall hätten die Netzkodizes auch rechtliche Bindungswirkung[1366].

5.3.2.1.2.2 Bereiche der Netzkodizes gemäß Art. 8 Abs. 6 der Verordnung 714/2009/EG

Gemäß Art. 8 Abs. 6 der Verordnung 714/2009/EG erstrecken sich die Netzkodizes auf zwölf Bereiche: Regeln für Netzsicherheit und -zuverlässigkeit einschließlich der Regeln für technische Übertragungsreservekapazitäten zur Sicherstellung der Netzbetriebssicherheit (lit. a); Regeln für den Netzanschluss (lit. b); Regeln für den Netzzugang Dritter (lit. c); Regeln für den Datenaustausch und die Abrechnung (lit. d); Regeln für die Interoperabilität (lit. e); operative Verfahren bei Notfällen (lit. f); Regeln für Kapazitätsvergabe und Engpassmanagement (lit. g); Regeln für den Handel in Bezug auf die technische und operative Bereitstellung der Netzzugangsdienste und den Austausch von Ausgleichsenergie zwischen Netzen (lit. h); Transparenzregeln (lit. i); Regeln für den Austausch von Ausgleichsenergie, einschließlich netzbezogener Regeln für die Reserveleistung (lit. j); Regeln für harmonisierte Übertragungsentgeltstrukturen, die ortsabhängige Preissignale einbeziehen, und Regeln für den Ausgleich zwischen den Übertragungsnetzbetreibern (lit. k); Energieeffizienz bei Stromnetzen (lit. l). Sie beziehen sich trotz der Einschränkung auf die Angelegenheiten der grenzüberschreitenden Netze gemäß Art. 8 Abs. 7 der Verordnung 714/2009/EG nicht nur auf technische Fragen, sondern auch auf marktbezogene Regeln.

Obwohl es fraglich sein könnte, ob die Übertragungsnetzbetreiber tatsächlich marktbezogene Netzkodizes ausarbeiten können, die diskriminierungs- und wettbewerbsverzerrungsfrei sind, muss berücksichtigt werden, dass die Übertragungsnetzbetreiber entflochten werden und nicht zugleich auch Vertriebs- und Handelsinteressen verfolgen. Ferner werden die Tätigkeiten der Übertragungsnetzbetreiber im Rahmen des ENTSO-E von der Agentur und der Kommission *ex ante* (Art. 6 und Art. 8 Abs. 2 der Verordnung 714/2009/EG) und *ex post* (Art. 9 Abs. 1 der Verordnung 714/2009/EG) kontrolliert[1367], was eine marktbeherrschende Rolle seitens der Übertragungsnetzbetreiber erschwert.

Zu beachten ist, dass Art. 8 Abs. 6 nicht die Netzkodizes nennt, sondern die Bereiche bestimmt, auf die sich die Netzkodizes erstrecken. In der Tat muss ein Netzkodex mit dem Titel „Netzzugang Dritter“ (lit. c) oder „Energieeffizienz bei Stromnetzen“ (lit. l) nicht unbedingt vorliegen, damit Art. 8 Abs. 6 respektiert wird. Zwischen den Bereichen der *littera* des Art. 8 Abs. 6 der Verordnung 714/2009/EG und den Netzkodizes muss keine wortlautliche Übereinstimmung bestehen.

1366 *Ludwigs*, In: *Baur/Salje/Schmidt-Preuß* (Hrsg.), Regulierung in der Energiewirtschaft, 2011, Kap. 39, Rn. 46, S. 558; *Fischerauer*, Zwischen Regulierung und Selbstregulierung – Zur Ausarbeitung europäischer Netzkodizes im Energiesektor, ZNER, Heft 5, 2012, S. 455.

1367 *Fischerauer*, Zwischen Regulierung und Selbstregulierung – Zur Ausarbeitung europäischer Netzkodizes im Energiesektor, ZNER, Heft 5, 2012, S. 454.

5.3.2.1.2.3 Jährliche Prioritätenliste gemäß Art. 6 Abs. 1 der Verordnung 714/2009/EG

Die Kommission hat laut Art. 6 Abs. 1 der Verordnung 714/2009/EG eine jährliche Prioritätenliste zu veröffentlichen, in der die zwölf Bereiche des Art. 8 Abs. 6 aufgeführt werden. Die erste Prioritätenliste wurde 2012 durch den Beschluss 2012/413/EU der Kommission vom 19.07.2012[1368] veröffentlicht und beinhaltete im Strombereich Regeln zur Kapazitätszuweisung und zum Engpassmanagement, Regeln für die längerfristige Kapazitätszuweisung, Regeln hinsichtlich des Netzbetriebs, Ausgleichsregeln, Regeln für harmonisierte Übertragungsentgeltstrukturen und/oder Investitionsanreize und Regeln für den Netzanschluss, die sich in drei spalten: Netzregeln zum Erzeuger-Netzanschluss, Netzkodex zum Anschluss von Verteilernetzbetreibern und industriellen Lasten und Netzkodex für den Anschluss von Hochspannungs-Gleichstrom-Übertragungsnetzen (Art. 1 des Beschlusses).

2013 wurde eine zweite Prioritätenliste durch den Beschluss 2013/442/EU der Kommission vom 21.08.2013[1369] veröffentlicht. Im Vergleich zur ersten Prioritätenliste wurden die Regeln hinsichtlich des Netzbetriebs in zwei geteilt: Regeln zur Betriebssicherheit und Regeln zur Betriebsplanung. Die Restlichen in der Prioritätenliste bleiben erhalten.

Letztlich erließ die Kommission den Beschluss 2014/713/EU vom 13.10.2014[1370] hinsichtlich einer dritten Prioritätenliste. Die Regeln für den Netzanschluss sind immer noch in drei gespalten, aber mit dem Unterschied, dass jetzt die Kommission von „Anschluss von Verbrauchern“ statt von „Anschluss von Verteilernetzbetreibern und industriellen Lasten“ spricht. Die Regeln für den Netzbetrieb sind diesmal in vier geteilt: Regeln zur Last-Frequenz-Steuerung und zu Reserven, Regeln zu Anforderungen und Verfahren in Notfällen, Regeln zur Betriebssicherheit und Regeln zur betrieblichen Planung und zu Fahrplänen. Zusätzlich zu diesen zwei Gruppen lässt sich eine dritte Gruppe erkennen: Regeln für die Kapazitätsvergabe und das Engpassmanagement, Ausgleichregeln, Regeln für die längerfristige Kapazitätsvergabe und Regeln hinsichtlich harmonisierter Übertragungsentgeltstrukturen.

1368 Beschluss der Kommission v. 19. Juli 2012 zur Aufstellung jährlicher Prioritätenlisten für die Ausarbeitung von Netzkodizes und Leitlinien für 2013. ABl. L 192 v. 20.07.2012, S. 32.

1369 Beschluss der Kommission v. 21. August 2013 zur Erstellung jährlicher Prioritätenlisten für die Ausarbeitung von Netzkodizes und Leitlinien für 2014. ABl. L 224 v. 22.08.2013, S. 14.

1370 Beschluss der Kommission v. 13. Oktober 2014 zur Erstellung jährlicher Prioritätenlisten für die Ausarbeitung von Netzkodizes und Leitlinien für 2015. ABl. L 296 v. 14.10.2014, S. 28.

5.3.2.1.2.4 Netzkodizes im Einzelnen und ihr Beitrag zur Energieversorgungssicherheit

Nicht alle Netzkodizes stehen im unmittelbaren Verhältnis zur Gewährleistung der Energieversorgungssicherheit, obwohl alle zumindest mittelbar zur Aufrechterhaltung der (technischen) Energieversorgungssicherheit beitragen. Diese Beziehung wird nachfolgend analysiert.

Trotz der Veröffentlichung der ersten Prioritätenliste bereits 2013 befinden sich die Netzkodizes noch in der Ausarbeitungsphase. Bis zum heutigen Stand wurde nur ein Netzkodex veröffentlicht: die Verordnung 2015/1222/EU der Kommission vom 24. Juli 2015 zur Festlegung einer Leitlinie für die Kapazitätsvergabe und das Engpassmanagement[1371], die sich auf Art. 8 Abs. 6 lit. g der Verordnung 714/2009/EG bezieht. Der Gegenstand der Verordnung 2015/1222/EU besteht gemäß Art. 1 daraus, Leitlinien für die Vergabe grenzüberschreitender Kapazitäten und für das Engpassmanagement auf dem *Day-Ahead*-Markt und dem *Intraday*-Markt festzulegen.

In Übereinstimmung mit dem Beschluss 2014/713/EU wurden die Netzkodizes vom ENTSO-E in drei (große) Bereiche aufgeteilt, die die Bereiche des Art. 8 Abs. 6 der Verordnung 714/2009/EG umfassen: auf den Anschluss bezogene Netzkodizes, auf das Betriebssystem bezogene Netzkodizes und marktbezogene Netzkodizes[1372]. Die Netzkodizes, die sich auf den Anschluss beziehen, sind der Netzkodex um Erzeuger-Netzanschluss, Netzkodex zum Anschluss von Verbrauchern und Netzkodex für den Anschluss von Hochspannungs-Gleichstrom-Übertragungsnetzen. Sie fokussieren auf Investitionsanforderungen, die von großer Kapitalbindung und langfristigen Abschreibungsperioden geprägt werden. Dementsprechend wird den Netznutzern signalisiert, welche Befähigungen von ihnen erwartet werden, damit sie durch den Anschluss an das Netz zur System- und Betriebssicherheit beitragen[1373]. Die Netzkodizes zu den Netzanschlüssen stellen sicher, dass Erzeugungs- und Verteilungssysteme sich auf eine bestimmte mit dem Übertragungssystem Weise verknüpfen, damit das Ziel der Energieversorgungssicherheit erreicht wird[1374]. Alle drei Kodizes tragen mittelbar zur Energieversorgungssicherheit bei, da sie überflüssige, suboptimale Investitionen in Energieinfrastrukturen verhindern und die Einspeisung erneuerbarer Energien in das Netz (insbesondere der Netzkodex zum Anschluss von

---

1371 ABl. L 197 v. 25.07.2015, S. 24.

1372 *ENTSO-E*, An introduction to Network Codes and the links between Codes. 2014, S. 6. Abrufbar unter: https://www.entsoe.eu/Documents/Network%20codes%20documents/General%20NC%20documents/1404_introduction_to_network_codes_Website_version.pdf (Stand: 26.08.2015).

1373 *Dobbeni/Staschus/Castermans/Mendiola/Minciuna*, In: *Vinois* (Hrsg.), EU Energy Law – Volume VIII – The energy infrastructure policy of the European Union, 2014, S. 42.

1374 *Staschus*, In: *Vinois* (Hrsg.), EU Energy Law – Volume VI – The security of energy supply in the European Union, 2012, S. 148.

Verbrauchern) mittels der Reduzierung der Hürden im Hinblick auf die Teilnahme der Verbraucher am Energiemarkt erleichtern.

Die Netzkodizes, die Regeln hinsichtlich des Betriebssystems festlegen, sind vier, wie vorher erwähnt: Regel zur Last-Frequenz-Steuerung und zu Reserven, Regel zu Anforderungen und Verfahren in Notfällen, Regel zur Betriebssicherheit und Regel zur betrieblichen Planung und zu Fahrplänen[1375]. Die Netzkodizes zum Betriebssystem haben eine unmittelbare Beziehung zu der Aufrechterhaltung der europäisch vernetzten Energieversorgungssicherheit. Wenn ein EU-weites Energiesystem zu schaffen ist, ohne dass die Energieversorgungssicherheit gefährdet wird, dann ist es erforderlich, dass Praktiken und Verfahren für den Netzbetrieb harmonisiert bzw. standardisiert werden. Hier geht es um die Etablierungen der Verfahren und Standards, die notwendig sind, um die auf die Anschlussnetzkodizes bezogenen Befähigungen zu nutzen. Beispielweise ordnet der Netzkodex zur Betriebssicherheit Mindestanforderungen für Echtzeitbetriebssicherheit des vernetzten EU-weiten Energiesystems an, damit ein ununterbrochener Betrieb gewährleistet wird. Festgelegt werden gemeinsame Anforderungen und Prinzipien, die die Koordinierung des Betriebssystems fördern[1376]. Andererseits beschäftigt sich der Netzkodex zu betrieblicher Planung und Fahrplänen mit der Planungsphase des Betriebs, d.h. im Gegensatz zur Echtzeitbetriebssicherheit. Das Ziel dieses Netzkodexes besteht darin, mittels der Festlegung der Rollen und Verantwortungen der Übertragungs- und Verteilungsnetzbetreiber und anderer Netznutzer im Hinblick auf betriebliche (*planning and scheduling*) Planungsverfahren und Datenaustausch zur Betriebssicherheit beizutragen[1377]. Ferner ist auch die Aufrechterhaltung eines europaweiten, hohen Niveaus an qualitätsvoller Frequenz (auf 50Hz standardisiert), die mittels eines Netzkodexes, der gemeinsame Anforderungen für bereitgestellte Reserven und Verfahren zur Steuerung der Last-Frequenz bestimmt, zu erreichen sein wird, erheblicher Bestandteil der technischen Energieversorgungssicherheit[1378].

Letztlich sind die marktbezogenen Kodizes drei: Netzkodex für die Kapazitätsvergabe und das Engpassmanagement, Netzkodex hinsichtlich Ausgleichregeln und Netzkodex für die längerfristige Kapazitätsvergabe. Wie oben gezeigt, wurde nur der Netzkodex für die Kapazitätsvergabe und das Engpassmanagement erlassen (Verordnung 2015/1222/EU der Kommission vom 24. Juli 2015). Art. 3 lit. c und

---

1375 2015 entschieden die Kommission, ENTSO-E und ACER, die drei Netzkodizes um Regel zur Last-Frequenz-Steuerung und zu Reserven, Regel zur Betriebssicherheit und Regel zur betrieblichen Planung und zu Fahrplänen zu einer gesamten Leitlinie um den Systembetrieb zu verschmelzen, abrufbar unter: https://www.entsoe.eu/major-projects/network-code-development/system-operation/Pages/default.aspx (Stand: 03.03.2016).

1376 *Dobbeni/Staschus/Castermans/Mendiola/Minciuna*, In: *Vinois* (Hrsg.), EU Energy Law – Volume VIII – The energy infrastructure policy of the European Union, 2014, S. 43.

1377 Ebenda, S. 44.

1378 S. 1.1.3.2.

lit. g stellen fest, dass die Verordnung u.a. auf die „Gewährleistung der Betriebssicherheit“ und den „Beitrag zum effizienten langfristigen Betrieb und Ausbau des Übertragungsnetzes und Stromsektors in der Union“ abzielt. Die marktbezogenen Kodizes zielen darauf ab, verbindliche Marktregeln einzuführen, damit der Wettbewerb verbessert und das Energiesystem auf effiziente Weise ausgeglichen wird. Gemeinsame Marktregeln tragen dazu bei, Risiken und Kosten zu minimieren[1379]. Einen unmittelbaren Beitrag zur Gewährleistung der Energieversorgungssicherheit und zur Erschwinglichkeit leistet der Netzkodex für Ausgleichregeln, da er sich an die Echtzeitbalance zwischen Erzeugung und Nachfrage richtet. Damit Übertragungsnetzbetreiber die Abweichungen zwischen Erzeugung und Nachfrage in ihrem entsprechenden Einsatzgebiet ausgleichen können, müssen Regeln für den EU-weiten Zugang zu Ressourcen erlassen werden[1380]. Wenn kein Ausgleich geschieht, wird die Energieversorgungssicherheit gefährdet, da Verbraucher vom Netz abgeschaltet werden können. Es geht hier um die kommerzielle, marktwirtschaftliche Seite des Netzkodex zur Steuerung der Last-Frequenz (seinerseits mehr technisch-physisch), die sich mit der effektiven Balance der Ressourcen zwischen den Mitgliedstaaten beschäftigt.

5.3.2.1.2.5 Fazit

Es ist extrem innovativ, eine privatrechtliche Einrichtung wie die ENTSO-E mit der Verantwortung hinsichtlich der Ausarbeitung eines Entwurfs eines EU-Rechtteils zu betrauen[1381]. Mit der Ausarbeitung der Netzkodizes sind die Übertragungsnetzbetreiber mittels des ENTSO-E in das europäische Gesetzgebungsverfahren miteinbezogen. Die Netzkodizes, die durch Komitologieverfahren erlassen werden, gelten dann als EU-Recht und sind für die Mitgliedstaaten bindend. Für Drittstaaten, deren Übertragungsnetzbetreiber Mitglieder des ENTSO-E sind, sind die erlassenen Netzkodizes erst mittels vertraglicher Vereinbarungen oder Abkommen, wie beispielweise die Europäische Gemeinschaft, rechtlich bindend.

Die Harmonisierung technischer Regeln stellt einen wichtigen Bestandteil der Zusammenarbeit und Koordinierung der Übertragungsnetzbetreiber und der Organe der EU – Kommission und ACER – dar. Ohne einen standardisierten Betrieb der europäischen Netze wird die Energieversorgungssicherheit gefährdet. Alle Netzkodizes tragen erheblich zumindest zur technischen Energieversorgungssicherheit bei, dienen somit der Realisierung dieses Ziels der Energiepolitik und sind deswegen zu begrüßen.

1379 *Dobbeni/Staschus/Castermans/Mendiola/Minciuna*, In: *Vinois* (Hrsg.), EU Energy Law – Volume VIII – The energy infrastructure policy of the European Union, 2014, S. 42.

1380 S. auch http://networkcodes.entsoe.eu/market-codes/electricity-balancing/ (Stand: 27.08.2015).

1381 *Moel/Melchior*, In: *Roggenkamp/Hammer* (Hrsg.), European Energy Law Report VIII, 2011, S. 38.

5.3.2.1.3 Regionale Zusammenarbeit gemäß Art. 12 der Verordnung 714/2009/EG

Angesichts der Tatsache, dass erhebliche Fortschritte hinsichtlich des Auf- und Ausbaus der Energienetze und der Gewährleistung der Energieversorgungssicherheit meistens auf regionaler Ebene gewonnen werden können, da Investitionsentscheidungen von lokalen Einrichtungen einfacher getroffen werden, wo sie vonnöten sind, und angesichts der Tatsache, dass eine Zunahme des Energiehandels durch Fernübertragungsnetze, der Integration und Einspeisung erneuerbarer Energien sowie des Abstandes zwischen Erzeugungsort und Verbrauchsort geschieht, verpflichtet Art. 12 der Verordnung 714/2009/EG, basierend auf den ERGEG Regionalinitiativen[1382] und im Rahmen der regionalen Zusammenarbeit[1383], die Übertragungsnetzbetreiber zur Gründung regionaler Strukturen. Die Analyse von Betriebssicherheit und -planung erfordert, dass die Übertragungsnetzbetreiber über ihre individuelle Regelzone hinausschauen[1384]. Der Austausch von Daten im Hinblick auf Energieerzeugung, Last und Handel ist dann nicht nur für kurzfristige Betriebssicherheit erforderlich, sondern auch für Netz- und Anschlussplanung sowie für die Zusammenstellung der für die *Adequacy Forecasts* notwendigen Informationen[1385].

Der ENTSO-E etablierte mithin sechs Regionen[1386]: *Continental South West*[1387], *Continental Central South*[1388], *Continental South East*[1389], *Continental Central East*[1390],

1382 Mehr dazu: http://www.ceer.eu/portal/page/portal/EER_HOME/EER_ACTIVITIES/EER_INITIATIVES (Stand: 03.09.2015); vgl. auch *Jones*, EU Energy Law – Volume I – The internal energy market, 2010, S. 532–533.

1383 Nicht mit der Zusammenarbeit des Art. 6 Abs. 1 der Richtlinie 2009/72/EG zu verwechseln, da die Adressaten die Mitgliedstaaten sind. Die Mitgliedstaaten müssen zusammenarbeiten, um „ihre nationalen Märkte auf einer oder mehreren regionalen Ebenen zu integrieren". Sie fördern und vereinfachen die Zusammenarbeit der Übertragungsnetzbetreiber auf regionaler Ebene (s.o. 3.2.1.1.2). Ferner ergibt sich eine Koordinierungspflicht zwischen den Mitgliedstaaten im Bereich transeuropäische Netze aus Art. 171 Abs. 2 AEUV.

1384 *Staschus*, In: *Vinois* (Hrsg.), EU Energy Law – Volume VI – The security of energy supply in the European Union, 2012, S. 148.

1385 Ebenda, S. 149.

1386 Island und Zypern sind „*isolated areas*" und Albanien und die Ost-Ukraine sind „*additional contributing control areas*". Vgl. Punkt 3.2 des Anhangs I der Verordnung 714/2009/EG, ABl. L 211 v. 14.08.2009, S. 31. Vgl. auch die Landkarte des ENTSO-E. Abrufbar unter: https://www.entsoe.eu/PublishingImages/ TYNDP%20 images/TYNDP_large.png (Stand: 20.08.2015).

1387 Portugal, Spanien und Frankreich.

1388 Frankreich, Deutschland, Schweiz, Italien, Österreich und Slowenien.

1389 Italien, Slowenien, Kroatien, Hungarn, Bosnien und Herzegowina, Rumänien, Serbien, Montenegro, Mazedonien, Griechenland und Bulgarien.

1390 Deutschland, Österreich, Slowenien, Kroatien, Hungarn, Slowakei, Rumänien, Tschechische Republik und Polen.

Baltic Sea[1391] und *North Sea*[1392]. Mehrere Mitgliedstaaten integrieren zwei oder mehrere Regionen, was erlaubt ist (Art. 12 Abs. 3 S. 2 der Verordnung 714/2009/EG).

Mitgliedstaaten müssen dann die Kooperation zwischen ihren Übertragungsnetzbetreibern fördern und die Funktionsfähigkeit der Energienetze auf regionaler Ebene überwachen, damit Energieversorgungssicherheit gewährleistet wird. Die Ergebnisse auf regionaler Ebene müssen dem gemeinschaftsweiten Netzentwicklungsplan entsprechen[1393].

Zusätzlich zum *Scenario Outlook & Adequacy Forecast* veröffentlicht der ENTSO-E alle zwei Jahre sechs regionale Investitionspläne für die sechs etablierten Regionen. Sie sind gemäß Art. 12 der Verordnung 714/2009/EG eines der wichtigsten Produkte des ENTSO-E und konkretisieren die regionale Zusammenarbeit der Übertragungsnetzbetreiber. Die regionalen Investitionspläne sind auch alle zwei Jahre zu veröffentlichen und dienen als Grundlage, um die Investitionsentscheidungen der Übertragungsnetzbetreiber zu rechtfertigen (Art. 12 Abs. 1). Angesichts der Besonderheiten jeder Region werden je nach Region verschiedene Marktsimulationsmodelle benutzt.

Wie oben erwähnt (s. 5.3.1.1) werden die VGI gemäß Art. 3 Abs. 6 der Verordnung 347/2013/EU zu einem festen Bestandteil der regionalen Investitionspläne. Wenn gegenüber den Übertragungsnetzbetreibern und mittelbar den nationalen Regulierungsbehörden keine Pflicht zur Einbeziehung der VGI in die regionalen Investitionspläne vorliegen würde, bestünde das Risiko, dass die gewählten Projekte keine Unterstützung bekommen. Obwohl die regionalen Investitionspläne nicht rechtlich bindend sind, verstärkt die Einbeziehung von VGI ihren Vollzug, da die Vorhaben innerhalb dieser Pläne die höchstmögliche Priorität erhalten.

5.3.2.2 ACER und ihr Beitrag zur Energieversorgungssicherheit

Eine zweite Institution, die mittels der Zusammenarbeit und Planung zur Energieversorgungssicherheit beiträgt, ist die im Rahmen des Dritten Energiepakets und durch die Verordnung 713/2009/EG[1394] gegründete Agentur für die Zusammenarbeit der Energieregulierungsbehörden (*Agency for the Cooperation of Energy*

1391 Dänemark, Deutschland, Polen, Litauen, Lettland, Estland, Finnland, Schweden und Norwegen.

1392 Ireland, Großbritannien, Frankreich, Deutschland, Luxemburg, Belgien, Niederlande und Dänemark.

1393 *Del Guayo/Pielow* In: *Roggenkamp/Barrera-Hernández/Zillmann/del Guayo* (Hrsg.), Energy networks and the Law, 2012, S. 369.

1394 Verordnung (EG) Nr. 713/2009 des Europäischen Parlaments und des Rates v. 13. Juli 2009 zur Gründung einer Agentur für die Zusammenarbeit der Energieregulierungsbehörden. ABl. L 211 v. 14.08.2009, S. 1.

Regulators – ACER)[1395], die eine Europäisierung der Energieaufsicht darstellt[1396]. Erwägungsgrund 15 der Verordnung stellt deutlich fest, dass ACER zu den Bemühungen zur Verbesserung der Energieversorgungssicherheit beitragen soll. Etwas weiter formuliert, bestimmt Art. 1 Abs. 2, dass die Unterstützung der mitgliedstaatlichen Regulierungsbehörden, die Erfüllung der Regulierungsaufgabe auf Gemeinschaftsebene und die Koordinierung der Maßnahmen dieser Behörden Zwecke der Agentur sind. Laut Art. 37 Abs. 1 lit. c der Richtlinie 2009/72/EG muss die Regulierungsbehörde der Mitgliedstaaten mit der Agentur in grenzüberschreitenden Angelegenheiten zusammenarbeiten. Dementsprechend trägt die ACER zur Energieversorgungssicherheit durch diese Zwecke bei.

Bemerkenswert ist die Aufgabe der ACER bezüglich der Modalitäten für den Zugang zu grenzüberschreitenden Infrastrukturen und für deren Betriebssicherheit. Art. 8 Abs. 1 der Verordnung 713/2009/EG nennt die Agentur als Instanz für die Entscheidung über die Regulierungsfragen hinsichtlich grenzüberschreitender Infrastrukturen und entsprechender Betriebssicherheit, wenn innerhalb eines Zeitraums von sechs Monaten ab dem Tag, an dem sich die letzte der Regulierungsbehörden mit der Angelegenheit befasst hat, keine Einigung erzielen werden konnte (lit. a) oder aber auf gemeinsamen Antrag der zuständigen nationalen Regulierungsbehörden (lit. b). Die Agentur hat sechs Monate Zeit, um eine Entscheidung für den Fall zu treffen, kann aber gemäß Art. 8 Abs. 3 lit. b eine Zwischenentscheidung erlassen, „damit die Versorgungssicherheit oder die Betriebssicherheit der fraglichen Infrastruktur sichergestellt ist".

Im Hinblick auf die Zusammenarbeit und Planung übt die ACER eine ganz wichtige Rolle aus. Sie muss gemäß Art. 6 Abs. 2 der Verordnung 714/2009/EG i.V.m. Art. 4 lit. e der Verordnung 713/2009/EG innerhalb einer angemessenen Frist von höchstens sechs Monaten eine nicht bindende Rahmenleitlinie[1397] vorlegen,

---

1395 Hier werden nur die Aspekte der Agentur betrachtet, die sich auf die für die Gewährleistung der Energieversorgungssicherheit relevanten Zusammenarbeit beziehen. Ausführlich zur Agentur, vgl. *Tišler*, The Agency for the Cooperation of Energy Regulators (ACER) and the Liberalisation of the Energy Markets, ZeuS, Heft 3, 2014, S. 377ff.; *Jones*, EU Energy Law – Volume I – The internal energy market, 2010, S. 257–326.

1396 *Däuper*, Aller guten Dinge sind drei? Die Weiterentwicklung des energiewirtschaftlichen Regulierungsrahmens durch das dritte EG-Energiepaket, N&R, Heft 4, 2009, S. 218, der wegen der institutionellen Ausgestaltung der Agentur als fraglich berücksichtigt, ob ACER ein Kooperationsgremium der nationalen Regulierer oder vielmehr der verlängerte Arm der Kommission ist. Ähnlicher Ansicht, aber noch kein wahrer europäischer Regulierer, *Ehricke*, Die geplante EU-Agentur für die Zusammenarbeit der Energieregulierungsbehörden (Teil 2), IR, Heft 7, 2008, S. 149; *Weiß*, In: *Baur/Salje/Schmidt-Preuß* (Hrsg.), Regulierung in der Energiewirtschaft, 2011, Kap. 40, Rn. 46, S. 585.

1397 Zur Rechtsnatur der Rahmenleitlinie sowie zur Möglichkeit ihrer Normenkontrolle, vgl. *Moel/Melchior*, In: *Roggenkamp/Hammer* (Hrsg.), European Energy Law

die präzise und objektive Grundsätze für die Entwicklung von Netzkodizes für die in der Prioritätenliste aufgeführten Bereiche enthält. Bei der Ausarbeitung der Rahmenleitlinie lässt die Agentur sich vom Art. 8 Abs. 7 der Verordnung 714/2009/EG leiten.

Zudem unterbreitet sie Stellungnahmen gemäß Art. 6 Abs. 3 lit. a der Verordnung 713/2009/EG i.V.m. Art. 8 Abs. 2 S. 2 der Verordnung 714/2009/EG zum Entwurf der Netzkodizes einerseits, und zum Entwurf des gemeinschaftsweiten Netzentwicklungsplans gemäß Art. 6 Abs. 3 lit. b der Verordnung 713/2009/EG i.V.m. Art. 9 Abs. 2 der Verordnung 714/2009/EG andererseits. Spezielle Aufmerksamkeit muss die Agentur den Zielen der Nichtdiskriminierung, des wirksamen Wettbewerbs und des effizienten und sicheren Funktionierens des Elektrizitätsbinnenmarkts schenken. Ferner kann die Agentur laut Art. 6 Abs. 4 der Verordnung 713/2009/EG begründete Empfehlungen an den ENTSO-E, das Europäische Parlament, den Rat und die Kommission richten, wenn sie der Auffassung ist, dass der Entwurf des Jahresarbeitsprogramms oder des gemeinschaftsweiten Netzentwicklungsplans[1398] „keinen ausreichenden Beitrag zur Nichtdiskriminierung, zu einem wirksamen Wettbewerb und dem effizienten Funktionieren des Marktes oder einem ausreichenden Maß an grenzüberschreitenden Verbindungsleitungen, die Dritten offen stehen, leistet oder nicht im Einklang steht mit den einschlägigen Bestimmungen der Richtlinie 2009/72/EG und der Verordnung (EG) Nr. 714/2009 oder der Richtlinie 2009/73/EG und der Verordnung (EG) Nr. 715/2009". Bei der Evaluierung des gemeinschaftsweiten Netzentwicklungsplans besitzt ACER einen ziemlich großen Ermessensspielraum[1399].

Report VIII, 2011, S. 37; *Vlachou*, The adoption of network codes in the field of energy: availability of judicial review in a multi-stage procedure, 2012.

1398 In der deutschen Fassung besteht im Art. 6 Abs. 4 der Verordnung 713/2009/EG ein redaktionelles Versehen, da dort „Entwurf des Jahresarbeitsprogramms oder der gemeinschaftsweite Netzentwicklungsplan" geschrieben steht. Dieser Wortlaut führt zum falschen Verständnis der Vorschrift, als ob nur die bearbeitete, endgültige Version des gemeinschaftsweiten Netzentwicklungsplans – und nicht der Entwurf, wie es logischerweise der Fall beim Jahresarbeitsprogramm ist – Objekt der Stellungnahme und Empfehlungen der Agentur sein könnte. Es wäre kontraproduktiv und kaum nützlich, wenn die Agentur erst nach der Bearbeitung des Netzentwicklungsplans Stellungnahmen oder Empfehlungen unterbreiten könnte. Die englische Fassung für den Art. 6 Abs. 4 der Verordnung 713/2009/EG lautet: „where it considers that the **draft** annual work programme or the **draft** Community-wide network development plan submitted"; auf Französisch: „si elle estime que le **projet** de programme de travail annuel ou le **projet** de plan de développement du réseau dans l'ensemble de la Communauté"; auf Spanisch: „cuando considere que el **proyecto** de programa de trabajo anual o el **proyecto** de plan de desarrollo de la red de ámbito comunitário".

1399 *Pototschnig*, In: *Vinois* (Hrsg.), EU Energy Law – Volume VIII – The energy infrastructure policy of the European Union, 2014, S. 137.

ACER muss auch die Durchführung der Aufgaben des ENTSO-E bezüglich der Ausarbeitung der Netzkodizes, des gemeinschaftsweiten Netzentwicklungsplans und der in Art. 8 Abs. 3 der Verordnung 714/2009/EG zitierten anderen Dokumente bzw. Studien[1400] beobachten (Art. 9 Abs. 1 der Verordnung 714/2009/EG). Für die Erfüllung solcher Aufgaben stellt der ENTSO alle Informationen zur Verfügung, die die Agentur benötigt (Art. 8 Abs. 9 der Verordnung 714/2009/EG).

Gemäß Art. 8 Abs. 11 der Verordnung 714/2009/EG muss ACER eine Stellungnahme zu den nationalen zehnjährigen Netzentwicklungsplänen vorlegen, damit deren Vereinbarkeit mit dem gemeinschaftsweiten Netzentwicklungsplan geprüft wird. Stellt die Agentur Unvereinbarkeiten zwischen dem gemeinschaftsweiten Netzentwicklungsplan und einem nationalen zehnjährigen Netzentwicklungsplan fest, kann sie die Änderung entweder des nationalen oder des gemeinschaftsweiten Netzentwicklungsplans empfehlen. Wie erwähnt, stellt der gemeinschaftsweite Netzentwicklungsplan ein nicht verbindliches Instrument dar und hat damit keinen Vorrang gegenüber den nationalen zehnjährigen Netzentwicklungsplänen. Deswegen ist es nicht Aufgabe von ACER, den nationalen Netzentwicklungsplan zu korrigieren, sondern es können beide Pläne Objekt der Korrekturempfehlungen der Agentur sein. Die Empfehlung der Agentur ist aber nicht bindend.

5.3.2.3 Zusammenarbeit mit Drittstaaten

Laut Art. 171 Abs. 3 AEUV kann die Union zur Förderung von Vorhaben von gemeinsamem[1401] Interesse sowie zur Sicherstellung der Interoperabilität der Netze mit dritten Ländern zusammenarbeiten. Diese Ermächtigung, die nur im Bereich der Netze gilt, nimmt einerseits Rücksicht auf die Wichtigkeit der externen Dimension der europäischen Energiepolitik und verdeutlicht andererseits, dass die transeuropäischen Energienetze über die Grenzen der Union hinausreichen können[1402]. Zu Recht wurde angenommen, dass Engpässe und Lücken an der Außengrenze das Funktionieren des Energiebinnenmarkts beeinträchtigen können. Diese Förderung kann von der technischen bis zur finanziellen Seite eines Vorhabens gehen.

Die Union muss bei den Verhandlungen mit Drittstaaten die Mitgliedstaaten miteinbeziehen. Ihrerseits dürfen die Mitgliedstaaten laut der Loyalitätspflicht (Art. 4. Abs. 3 AEUV) gegenüber der Union deren Netzpolitik nicht durch bilaterale

1400 S. 5.3.2.1.

1401 Gemeint ist Vorhaben von gegenseitigem Interesse. Auf englisch wird der Ausdruck „*mutual*" im Gegensatz zu „*common*" benutzt, *Schäfer/Schröder*, In: *Streinz*, EUV/AEUV, 2. Aufl., 2012, Art. 171, Rn. 48, S. 1755. „Gegenseitiges" Interesse berücksichtigt das Interesse der Drittstaaten und steht mit dem Sinn und Zweck der Vorschrift im Einklang. Andere Fassungen (französisch, spanisch, italienisch, portugiesisch und niederländisch) unterscheiden auch nicht zwischen „*mutual*" und „*common*".

1402 *Zeleny*, In: *Mayer*, Kommentar zu EUV und AEUV, 2010, Art. 171, Rn. 24, S. 28.

Infrastruktur-Abkommen unterlaufen[1403]. Der Beschluss Nr. 994/2012/EG zur „Einrichtung eines Mechanismus für den Informationsaustausch über zwischenstaatliche Energieabkommen zwischen Mitgliedstaaten und Drittländern"[1404] hilft zur Vermeidung gegenläufiger Maßnahmen. Die Interaktion zwischen Union, Mitgliedstaaten und Drittstaaten trägt zu einer sicheren, ununterbrochenen und kostengünstigen Energieversorgung bei.

In diesem Zusammenhang wurde die Europäische Nachbarschaftspolitik – ENP gegründet[1405]. Im Bereich der Energiepolitik zielt sie vorrangig darauf ab, die Länder des ehemaligen Ostblocks und die Mittelmeeranrainerstaaten zu vernetzen[1406]. Koordinierungsbemühungen finden auch mit den EWR-Staaten und der Schweiz statt[1407]. Beispiele solcher Interaktion zwischen Mitgliedstaaten und Drittländern sind die Energiegemeinschaft[1408] sowie die Beteiligung der EU in der *Baltic Sea Region Energy Co-Operation – BASREC* oder in der *International Renewable Energy Agency – IRENA*. Etwas konkreter ist die Verbindungsleitung zwischen Spanien und Marokko und das Gleichstrom-Seekabel zwischen Tunesien und Italien, das bis 2017 in Betrieb gehen soll, zu nennen[1409].

5.3.2.4 Fazit

Das dritte Energiepaket institutionalisiert die Kooperation zwischen den Übertragungsnetzbetreibern mittels der Gründung des ENTSO-E und zwischen diesen und ACER. Die Kommission, ACER, ENTSO-E sowie die nationalen Regulierungsbehörden arbeiten zusammen, um einerseits die technische Sicherheit durch die Ausarbeitung von Netzkodizes aufrechtzuerhalten, und um andererseits die Investitionen in grenzüberschreitende Energieinfrastrukturen mittels der Planung der europäischen Netze zu gewährleisten.

1403 *Schäfer/Schröder*, In: *Streinz*, EUV/AEUV, 2. Aufl., 2012, Art. 171, Rn. 48, S. 1756.

1404 S. 3.2.1.1.

1405 Vgl. Mitteilung der Kommission „Europäische Nachbarschaftspolitik – Strategiepapier" v. 12.05.2004. KOM (2004) 373 endg.; Mitteilung der Kommission „über die Stärkung der Europäischen Nachbarschaftspolitik" v. 04.12.2006. KOM (2006) 726 endg.; Mitteilung der Kommission „Für eine starke Europäische Nachbarschaftspolitik" v. 05.12.2007. KOM (2007) 774 endg. Mehr dazu, s. http://ec.europa.eu/energy/en/topics/international-cooperation (Stand: 16.09.2015).

1406 *Woltering*, Die europäische Energieaußenpolitik und ihre Rechtsgrundlagen, 2010, S. 128.

1407 *Calliess*, In: *ders/Ruffert*, EUV/AEUV Kommentar, 4. Aufl., 2011, Art. 171, Rn. 40, S. 1856; *Schäfer/Schröder*, In: *Streinz*, EUV/AEUV, 2. Aufl., 2012, Art. 171, Rn. 49, S. 1756.

1408 Vertrag zur Gründung der Energiegemeinschaft. ABl. L 198 v. 20.07.2006, S. 18.

1409 Mitteilung der Kommission „Energieinfrastrukturprioritäten bis 2020 und danach – ein Konzept für ein integriertes europäisches Energienetz" v. 17.11.2010. KOM (2010) 677 endg., S. 32.

Die Ausarbeitung von Netzkodizes stellt die innovativste Besonderheit im Hinblick auf die kooperierende Vorgehensweise dar. Sie schaffen Abhilfe für den mangelnden grenzüberschreitenden Rahmen und fördern die Marktintegration. Durch Komitologieverfahren werden die bei einer privatrechtlichen Einrichtung (ENTSO-E) ausgearbeiteten Netzkodizes bindend und gelten als EU-Recht.

Das dritte Energieparket eröffnete zudem eine Art von Planung, die von einer regulierten Selbstregulation (*regulated self-regulation*) bzw. Ko-Regulierung (*Co-Regulation*) geprägt wird: der gemeinschaftsweite Netzentwicklungsplan ist ein nicht verbindlicher Plan, der von den Übertragungsnetzbetreibern übernommen wird. Die Übertragungsnetzbetreiber sind keine Einrichtungen der Regierung, sondern private Konzerne, die sich um den ENTSO-E gruppieren und durch die nationalen Regulierungsbehörden und ACER regulatorisch beaufsichtigt werden. Diese Selbstregulierung, die die Ausarbeitung von Netzentwicklungsplänen und Netzkodizes umfasst, erfolgt unter Aufsicht der Agentur und der Kommission, wobei diese Letztere die Normsetzung selbst übernehmen kann, wenn die Selbstregulierung nicht zu den gewünschten Ergebnissen führt[1410].

Die Dimensionen der Planung und der Harmonisierung der auf die technische Sicherheit bezogenen Regeln legen somit fest, dass eine kooperative Vorgehensweise, einschließlich mit Drittstaaten, unentbehrlich ist, wenn es um die Schaffung einer europäischen Energieversorgungssicherheit geht.

5.3.3 Europäische Finanzierung von Energieinfrastrukturen als Mittel zur Gewährleistung der Energieversorgungssicherheit

Letztlich stellen die Förderung der Interkonnektion der Netze (Art. 194 Abs. 1 lit. d AEUV) sowie die Realisierung von VGI (Art. 170ff. AEUV) auch eine Frage der Finanzierung[1411] dar. Projektfinanzierung – zusammen mit Projektgenehmigung – sind nach Ansicht der Kommission die wichtigsten Themen, die im Rahmen einer neuen EU-Energieinfrastrukturpolitik behandelt werden mussten[1412]. Das Hauptziel der EU-Energieinfrastrukturpolitik besteht nunmehr darin, die VGI rechtzeitig durchzuführen[1413]. In diesem Sinn spielt die europäische Finanzierung eine erhebliche

1410 *Fischerauer*, Zwischen Regulierung und Selbstregulierung – Zur Ausarbeitung europäischer Netzkodizes im Energiesektor, ZNER, Heft 5, 2012, S. 453; *Del Guayo/Pielow*, In: *Roggenkamp/Barrera-Hernández/Zillman/del Guayo* (Hrsg.), Energy networks and the Law, 2012, S. 370; Andoura/Vinois, From the European Energy Community to the Energy Union, 2015, S. 51.

1411 Hinsichtlich der Finanzierung und Investitionen in die Energienetze durch die Netzbetreiber, s. Art. 13 Abs. 2 lit. c der Richtlinie 2009/72/EG.

1412 Mitteilung der Kommission „Energieinfrastrukturprioritäten bis 2020 und danach – ein Konzept für ein integriertes europäisches Energienetz“ v. 17.11.2010. KOM (2010) 677 endg., S. 5.

1413 Mitteilung der Kommission „Strategie für eine sichere europäische Energieversorgung“ v. 28.05.2014. KOM (2014) 330 final, S. 11.

Rolle, da sie dazu beiträgt, die notwendige Infrastruktur da zu liefern, wo rein marktbasierte Finanzmittel unzureichend sind. Netzinvestitionen stellen einen unentbehrlichen Bestandteil der Bemühungen hin zur Überwindung der Hindernisse für die Integration der nationalen Energiemärkte und für die Sicherstellung der europäischen Energieversorgung dar. Mit verzögerten Netzinvestitionen werden die existierenden Netze überlastet, die Transportkapazitäten knapp gehalten und der Markteintritt konkurrierender Unternehmen verhindert[1414].

Die grenzüberschreitenden Energienetze sind *par excellence* die Strukturen, die teilweise mit europäischen Mitteln finanziert werden sollen, da sie meist Randgebiete der Mitgliedstaaten betreffen, die kaum Aufmerksamkeit vom betreffenden Mitgliedstaat bekommen. Art. 170 Abs. 2 S. 2 AEUV legt somit fest, dass die Tätigkeit der Union der Verbindung insularer, eingeschlossener und am Rande gelegener Gebiete mit den zentralen Gebieten der Union Rechnung trägt. Solchen Investitionen steht eine unsichere betriebswirtschaftliche Rentabilität gegenüber, die private Investoren abschreckt[1415]. Die Projekte, die den *Status* des VGI bekommen, sind aus zwei Gründen riskanter als Projekte, die nicht grenzüberschreitend sind: Erstens benötigen sie mehrere Genehmigungen und laufen durch mehrere Einrichtungen[1416], bis sie implementiert werden können; zweitens tendieren sie, großangelegt zu sein und innovative Technologie zu nutzen[1417]. Es soll verhindert werden, dass das Streben nach sofortiger Rentabilität zu Lasten von Investitionen in kapitalintensiven Bereichen geht, wie das bei den grenzüberschreitenden Energieinfrastrukturprojekten der Fall ist. Hilfreich sind die europäischen Finanzmittel auch für Mitgliedstaaten, die hauptsächlich eine Transitfunktion haben[1418]. Ferner spielt die Finanzierung auch eine Rolle im Hinblick auf die Ausbalancierung zwischen nationalorientierter Vorgehensweise und einer europäischen Vorgehensweise, die die nationalen Netze verbindet. Bei der finanziellen Unterstützung der EU geht es nicht um eine Umwandlung der Finanzierung der Energieinfrastrukturen, die marktwirtschaftlich zu schaffen ist, sondern vielmehr um einen zusätzlichen Beitrag der Union zu bestimmten Schlüsselprojekten.

Hervorzuheben ist demgemäß, dass nur in den Leitlinien ausgewiesene VGI laut Art. 171 Abs. 1 3. Spiegelstrich AEUV von der Union unterstützt werden

---

1414 *Däuper*, Aller guten Dinge sind drei? Die Weiterentwicklung des energiewirtschaftlichen Regulierungsrahmens durch das dritte EG-Energiepaket, N&R, Heft 4, 2009, S. 221.

1415 *Schäfer/Schröder*, In: *Streinz*, EUV/AEUV, 2. Aufl., 2012, Art. 171, Rn. 35, S. 1753.

1416 Die Straffung des Genehmigungsverfahrens wird durch Art. 8 der Verordnung 347/2013/EU implementiert, wenn möglich („One-Stop-Shop"-Ansatz).

1417 *Meeus/Keyaerts*, The role of the EU and ACER to ensure an adequate regulatory framework for projects of common interest, 2014, S. 2. Ebenso, *Momot*, In: *Vinois* (Hrsg.), EU Energy Law – Volume VIII – The energy infrastructure policy of the European Union, 2014, S. 212.

1418 *Calliess*, In: *ders/Ruffert*, EUV/AEUV Kommentar, 4. Aufl., 2011, Art. 171, Rn. 15, S. 1849.

können. Laut dem Wortlaut der Art. 170 und 171 AEUV, die von „Beitrag" und „Unterstützung" der Union redet, beschränkt sich die Hilfe der Union auf eine Anreiz- und Anschubfinanzierung. Es geht hier um eine subsidiäre Finanzierung. Deswegen ist eine auf Art. 171 gestützte volle Finanzierung des Baus oder des Betriebs eines Projekts rechtswidrig[1419]. Andererseits besteht kein Zweifel, dass „Förderung der Interkonnektion der Netze" auch die Förderung von Investitionsmitteln umfasst und die Union eigene auf Art. 194 Abs. 1 lit. d AEUV gestützte Projekte finanzieren darf.

Art. 171 Abs. 1 3. Spiegelstrich AEUV nennt drei Formen von Unterstützung: Durchführbarkeitsstudien, Anleihebürgschaften und Zinszuschüsse. Nach dem Wortlaut der Vorschrift („insbesondere") ist dieser Katalog nicht abschließend. Die Finanzierungsinstrumente werden im Art. 2 lit. p der Verordnung 966/2012/EU[1420] ausdrücklich beschrieben. Sie sind „Maßnahmen der Union zur finanziellen Unterstützung eines oder mehrerer konkreter politischer Ziele der Union, die als Komplementärfinanzierung aus dem Haushalt bereitgestellt werden". Sie nehmen die Form von Beteiligungsinvestitionen und beteiligungsähnlichen Investitionen, Darlehen, Bürgschaften oder anderen Risikoteilungsinstrumenten an und können gegebenenfalls mit Finanzhilfen kombiniert werden. Europarechtlich ausdrücklich erwähnt werden auch die Kohäsionfonds[1421] des Art. 177 AEUV, die finanziell zu spezifischen Verkehrsinfrastrukturvorhaben in den Mitgliedstaaten beitragen. In Betracht kämen auch die Europäischen Fonds für regionale Entwicklung – EFRE[1422] des Art. 176 AEUV sowie Darlehen der Europäischen Investitionsbank – EIB[1423] und des Europäischen Investitionfonds – EIF[1424].

1419 Ebenda, Rn. 16, S. 1849; *Schäfer/Schröder*, In: *Streinz*, EUV/AEUV, 2. Aufl., 2012, Art. 171, Rn. 37, S. 1753.

1420 Verordnung (EU, EURATOM) Nr. 966/2012 des Europäischen Parlaments und des Rates v. 25. Oktober 2012 über die Haushaltsordnung für den Gesamthaushaltsplan der Union und zur Aufhebung der Verordnung (EG, Euratom) Nr. 1605/2002 des Rates. ABl. L 298 v. 26.10.2012, S. 1.

1421 Verordnung 1300/2013/EU des Europäischen Parlaments und des Rates v. 17. Dezember 2013 über den Kohäsionsfonds und zur Aufhebung der Verordnung (EG) Nr. 1084/2006. ABl. L 347 v. 20.12.2013, S. 281.

1422 2 Mrd. EUR werden daraus für große Strom- und Gasinfrastrukturen bereitgestellt werden, Mitteilung der Kommission „Erreichung des Stromverbundziels von 10 % – Vorbereitung des europäischen Stromnetzes auf 2020" v. 25.02.2015. KOM (2015) 82 final, S. 11.

1423 Im Zeitraum 2007–2009 belief sich der Finanzrahmen für Stromprojekte auf 3,4 Mrd. EUR. Bericht der Kommission „über die Realisierung der transeuropäischen Energienetze im Zeitraum 2007–2009" v. 04.05.2010. KOM (2010) 203 endg., S. 5.

1424 *Schäfer/Schröder*, In: *Streinz*, EUV/AEUV, 2. Aufl., 2012, Art. 171, Rn. 41, S. 1754.

5.3.3.1 *Verordnung 663/2009/EG über ein Programm zur Konjunkturbelebung*

Angesichts der finanziellen Krise 2009, die die Investitionen allgemein, aber insbesondere die Investitionen in Energieinfrastrukturen gefährdete, und in Anbetracht der Realisierung der Ziele der europäischen Energiepolitik, wurde ein außerordentliches Programm mit dem Ziel vorgeschlagen, neue Energieinfrastrukturen in Europa zu fördern: Das Europäische Energieprogramm zur Konjunkturbelebung – EEPR (*European Energy Programme for Recovery*), das durch die Verordnung 663/2009/EG[1425] erlassen wurde. Die EEPR-Mittel waren nur für Projekte bestimmt, die die negativen Folgen für die Energieversorgungssicherheit, das künftige Wirtschaftswachstum, sowie für die Beschäftigung und für die Einbeziehung erneuerbarer und CO_2-armer Technologien wegen der Rücknahme der Kreditzusagen hätten absorbiert werden müssen[1426]. Das war das erste Mal, dass die Europäische Union EU-weite Projekte finanziell unterstützte. Dementsprechend wurden 4 Mrd. EUR für *Offshore*-Windenergieprojekte in Nord- und Ostsee, für CCS-Projekte, Gasverbindungsleitungen, LNG-Tanker und Gasspeicheranlagen sowie Stromübertragungsnetze bereitgestellt (Art. 3 der Verordnung 663/2009/EG).

Energieversorgungssicherheit ist das Hauptziel des Programms[1427], wie Art. 4 der Verordnung 663/2009/EG, der die fünf Ziele nennt, die mittels der Vorhaben im Bereich der Gas- und Strominfrastrukturen erreicht werden müssen, verdeutlicht: Sicherheit und Diversifizierung der Energiequellen, Versorgungswege und Lieferquellen (lit. a), Optimierung der Energienetzkapazität und Integration des Energiebinnenmarkts, insbesondere hinsichtlich der grenzüberschreitenden Abschnitte (lit. b), Ausbau des Netzes zur Stärkung des wirtschaftlichen und sozialen Zusammenhalts durch die Verminderung der Isolation der am stärksten benachteiligten Gebiete oder Inseln der Gemeinschaft (lit. c), Anbindung und Integration erneuerbarer Energiequellen (lit. d) und Sicherheit, Zuverlässigkeit und Interoperabilität der zusammengeschalteten Energienetze (lit. e). Alle Ziele beziehen sich unmittel- (lit. a, lit. b und lit. e) bzw. mittelbar (lit. c und lit. d) auf die Gewährleistung der Energieversorgungssicherheit.

Etwas allgemeiner formuliert sind dies die im Art. 5 festgelegten Prioritäten des EEPR. Bei der umgehenden Anpassung und Weiterentwicklung der Energienetze wird das Funktionieren des Energiebinnenmarkts zwar unterstützt, dient das EEPR aber laut dem Wortlaut „insbesondere" zur Erhöhung der Verbindungskapazität, Sicherheit und Diversifizierung der Versorgung, sowie zur Überwindung der

---

1425 Verordnung 663/2009 v. 13.07.2009 über ein Programm zur Konjunkturbelebung durch eine finanzielle Unterstützung der Gemeinschaft zugunsten von Vorhaben im Energiebereich. ABl. L 200 v. 31.7.2009, S. 31ff.

1426 Bericht der Kommission „über die Realisierung der transeuropäischen Energienetze im Zeitraum 2007–2009" v. 04.05.2010. KOM (2010) 203 endg., S. 5–6.

1427 *Vinois*, In: *ders* (Hrsg.), EU Energy Law – Volume VI – The security of energy supply in the European Union, 2012, S. 31.

ökologischen, technischen und finanziellen Hemmnisse. Es scheint, dass die Verordnung eine spezielle Betonung hinsichtlich des mit der Gewährleistung der (unionsweiten) Energieversorgungssicherheit verbundenen Aspekts der Diversifizierung signalisieren wollte, um den Energieinseln entgegenzuwirken. Die Ziele im Art. 4 lit. a, lit. b und lit. c nennen die Diversifizierung der Energiequellen, Versorgungswege und Lieferquellen, die Integration des Energiemarkts und die Verminderung der Isolation der Energieinseln. Dazu ist gemäß Art. 5 S. 2 der Verordnung 663/2009/EG vorrangig, dass eine besondere (und auf Solidarität basierende[1428]) Unterstützung der Gemeinschaft dort geschieht, „wo nur eine geringe Diversifizierung bei den Versorgungswegen und Lieferquellen besteht". Die Verordnung 663/2009/EG erkennt, dass finanzielle Investitionen zur Überwindung des Risikos eines Engpasses oder Stromausfalls erforderlich sind, und zwar in den Mitgliedstaaten, die nur über einen Versorgungsweg bzw. eine Lieferquelle verfügen, damit dort die Energieversorgungssicherheit mittels der Diversifizierung der Energiewege und der Energiequellen gewährleistet wird. Gleichzeitig tragen die durch das EEPR finanzierten Projekte auch zum 10 %-Verbundgradziel bei[1429].

Die Verordnung 1233/2010/EU[1430] änderte die Verordnung 663/2009/EG, damit die in der Verordnung 663/2009/EG aufgeführten Mittel, die bis Ende 2010 nicht gebunden werden können, genutzt werden. Diese Fazilität i.H.v. 146 Mio. Euro zielt darauf ab, die Entwicklung von Vorhaben im Bereich Energieeffizienz und erneuerbare Energien einerseits und andererseits die Finanzierung von Investitionsvorhaben lokaler, regionaler und nationaler Behörden in den Bereichen Energieeffizienz und erneuerbare Energien, vor allem in Städten, zu unterstützen (Erwägungsgrund 4 der Verordnung 1233/2010/EU).

1428 Wenn die Kommission die Vorschläge von finanzieller Unterstützung der Gemeinschaft gemäß Art. 8 Abs. 1 der Verordnung 663/2009/EG bewertet, muss sie zusammen mit der „Fundiertheit und technischer Angemessenheit des Konzepts", die „Solidität des Finanzierungspakets für die gesamte Investitionsphase der Maßnahme" berücksichtigen.

1429 Die im Rahmen des EEPR finanzierten Projekte sind: EstLink 2 zwischen Estland und Finnland, NordBalt zwischen Schweden und Litauen, Verbindungsleitung Österreich-Ungarn (Wien-Györ), Verbindungsleitung Spanien-Frankreich (Sta. Llogaia-Baixas), Verbindungsleitung Malta-Italien (Pembroke-Marina di Ragusa), Verbindungsleitung Vereinigtes Königreich-Irland (Deeside-Meath), Verstärkung des Stromnetzes zwischen der Region Douro, Portugal, und der spanischen Grenze bei Aldeadavila und letztlich das Projekt, das zur Modernisierung und zum Ausbau der portugiesischen Stromnetzes beiträgt, s. Mitteilung der Kommission „Erreichung des Stromverbundziels von 10 % – Vorbereitung des europäischen Stromnetzes auf 2020" v. 25.02.2015. KOM (2015) 82 final.

1430 Verordnung 1233/2010/EU des Europäischen Parlaments und des Rates v. 15. Dezember 2010 zur Änderung der Verordnung (EG) Nr. 663/2009 über ein Programm zur Konjunkturbelebung durch eine finanzielle Unterstützung der Gemeinschaft zugunsten von Vorhaben im Energiebereich. ABl. L 346 v. 30.12.2010, S. 5.

5.3.3.2 Verordnung 1316/2013/EU zur Schaffung der Fazilität „Connecting Europe"

Ein Beitrag der transeuropäischen Energienetze zur Erreichung der 20-20-20-Ziele und allgemeinen der Ziele der Energiepolitik kann erst geschehen, wenn die dafür erforderlichen finanziellen Mittel vorhanden sind. Wie vorher erwähnt, sind grenzüberschreitende Energieinfrastrukturen aus privater Sicht nicht attraktiv, so dass die finanzielle Unterstützung der EU und die sich daraus ergebende Hebelwirkung vonnöten sind, damit die strategischen Netze, die unentbehrliche Voraussetzung für die Gewährleistung der Energieversorgungssicherheit und die Vollendung des Energiebinnenmarkts darstellen, auf- bzw. ausgebaut werden können. 2011 war das erste Mal, dass die Fazilität „Connecting Europe" – CEF als Teil des Vorschlags der Kommission hinsichtlich des *EU Multiannual Financial Framework* für den Zeitraums 2014–2020 vorgestellt wurde[1431]. Die europäische Vorgehensweise ist nicht nur durch die niedrige Attraktivität der grenzüberschreitenden Projekte für private Investoren gerechtfertigt, sondern auch durch die Komplexität der europäischen Netze, die eine wirksame Koordinierung auf europäischer Ebene erfordert. Vorgeschlagen wurde dann die Schaffung eines neuen integrierten Instruments für Investitionen in vorrangige EU-Infrastrukturvorhaben in den Bereichen Verkehr, Energie und Telekommunikation. In diesem Sinn stellt die CEF einen sektorübergreifenden Infrastrukturfund dar, der durch einen einzigen Rechtsrahmen der EU finanzielle Unterstützung bereitstellt und die darauf auftauchenden Synergien ausbeutet[1432]. Der Plan bzw. die Fazilität „Connecting Europe" sah vor, 50 Mrd. Euro in den Ausbau der transeuropäischen Netze zu investieren. Der Finanzzuschuss für den Ausbau der Energienetze betrug für den Zeitraum zwischen 2014–2020 9,1 Mrd. Euro aus dem EU-Haushalt. Die CEF litt aber unter einer erheblichen Verringerung ihres Budgets und beträgt bis zum heutigen Stand nur 27,4 Mrd. Euro, von denen 4,7 Mrd. Euro für den Ausbau der Energienetze sind[1433].

Hinsichtlich der Energieversorgungssicherheit hat die Erfahrung mit dem EEPR gezeigt, dass ein höherer Kofinanzierungsanteil nötig war, um Projekte zur Verbesserung der Versorgungssicherheit auf den Weg zu bringen. Während in der Regel ein Kofinanzierungsanteil von bis zu 30 % erforderlich ist, um eine Investitionsentscheidung herbeizuführen, muss die EU bis zu 80 % kofinanzieren, wenn es um Projekte für die Verbesserung der Energieversorgungssicherheit oder für die Minderung der Isolation bestimmter Mitgliedstaaten geht[1434]. Für solche Projekte

---

1431 Mitteilung der Kommission „Ein Haushalt für ‚Europe 2020' – Teil II: Politikbereiche im Überblick" v. 29.06.2011. KOM (2011) 500 endg., S. 61.

1432 *Momot*, In: *Vinois* (Hrsg.), EU Energy Law – Volume VIII – The energy infrastructure policy of the European Union, 2014, S. 204.

1433 Abrufbar unter: https://ec.europa.eu/inea/en/connecting-europe-facility (Stand: 15.09.2015).

1434 Mitteilung der Kommission „Ein Haushalt für ‚Europe 2020' – Teil II: Politikbereiche im Überblick" v. 29.06.2011. KOM (2011) 500 endg., S. 62.

werden die Fragen gestellt, ob es sich noch um einen „Beitrag“ der EU zum Auf- und Ausbau der Energienetze i.S.v. Art. 170 und Art. 171 Abs. 1 3. Spiegelstrich AEUV handele, oder ob die Finanzierung solcher Projekte schon auf Art. 194 Abs. 1 lit. b und lit. d AEUV zu stützen wäre.

Anschließend schlug die Kommission vor, eine Verordnung zu erlassen, die die Bestimmungen für die CEF enthielt[1435]. Diese Finanzierungsstrategie verfolgt drei Ziele: Gewährleistung der kosteneffektiven und fristgemäßen Realisierung vorrangiger Netzinfrastrukturen mittels der Maximierung der Synergien und kohärenten Politikstrategie; Steigerung der Hebelwirkung der EU-Mittel bei der Mobilisierung anderer öffentlicher oder privater Mittel; Gewährleistung einer optimalen Auswahl, Nachverfolgung und Überwachung von Vorhaben[1436]. Vorgeschlagen wurde ein koordinierter Ansatz, der Verfahren vereinfachen (die CEF ist zentral geführt) und Bürokratie und Kosten mittels der Implementierung eines gemeinsamen verfahrensrechtlichen Rahmens reduzieren soll[1437].

Der Vorschlag der Kommission für die Bestimmung der CEF wurde von drei anderen Vorschlägen[1438] begleitet und ist in diesem Zusammenhang zu verstehen. Dementsprechend wurde die auf Art. 172 AEUV gestützte Verordnung 1316/2013/EU zur Schaffung der Fazilität „Connecting Europe“[1439] veröffentlicht. Sie wurde konzipiert, um die für die Schaffung eines vernetzten Europas benötigten Schlüsselprojekte zu realisieren, obwohl die CEF keine Projekte bestimmt (Gegenstand der Verordnung 347/2013/EU hinsichtlich Energieinfrastrukturprojekte). Im Bereich Energie sind Schlüsselprojekte diejenigen, die für den europäischen Energiebinnenmarkt relevant sind, die vorrangige Netze unterstützen und bis 2020 verwirklicht werden müssen[1440]. Sie sind heute diejenige, die als VGI gemäß der Delegierten Verordnung 89/2016/EU ausgewiesen wurden. Die CEF stellt 5,8 Mrd. EUR bereit, damit die als VGI ausgewiesenen Projekte implementiert werden.

Gegenstand der Verordnung 1316/2013/EU ist laut Art. 1 die Schaffung einer Fazilität für die Bereitstellung finanzieller Unterstützung der EU für transeuropäische Netze (nicht nur Energienetze). Die Unterstützung von VGI ist ins Visier geraten. Im Energiebereich sind laut Art. 7 Abs. 3 der Verordnung 1316/2013/EU die VGI, die vorrangige Korridore und Gebiete gemäß Teil II des Anhangs I der Verordnung 1316/2013/EU betreffen und die die Bedingungen gemäß Art. 14 der Verordnung 347/2013/EU erfüllen, förderfähig. Vier energiebezogene Aspekte sind in

1435 Vorschlag für Verordnung des Europäischen Parlaments und des Rates zur Schaffung der Fazilität „Connecting Europe“ v. 19.10.2011. KOM (2011) 665 endg.

1436 Ebenda, S. 8–9.

1437 *Momot*, In: *Vinois* (Hrsg.), EU Energy Law – Volume VIII – The energy infrastructure policy of the European Union, 2014, S. 205.

1438 Vorschläge für Verordnungen zu Leitlinien für die transeuropäische Energie-, Telekommunikations- und Verkehrsnetze bzw. -infrastrukturen.

1439 ABl. L 348 v. 20.12.2013, S. 129.

1440 Mitteilung der Kommission „Ein Haushalt für ‚Europe 2020‘ – Teil II: Politikbereiche im Überblick“ v. 29.06.2011. KOM (2011) 500 endg., S. 61.

der Verordnung 1316/2013/EU geregelt: das Budget im Zeitraum 2014–2020 für den Beitrag von CEF zum Energiesektor (Art. 5 Abs. 1 lit. c: knapp 6 Mrd. Euro), die Art der finanziellen Unterstützung (Finanzhilfen – Art. 8, Finanzierungsinstrumenten – Art. 14 bis Art. 16 und Vergabe öffentlicher Aufträge – Art. 13), die spezifischen Ziele der finanziellen Unterstützung durch CEF (Art. 4 Abs. 3) und die maximalen Kofinanzierungsanteile (Art. 10 Abs. 3). Diese zwei letzten Aspekte werden unten betrachtet (5.3.3.3.1 und 5.3.3.2).

5.3.3.2.1 Energiebezogene Ziele der finanziellen Unterstützung

Allgemein wie im Art. 4 Abs. 2 der Verordnung 347/2013/EU[1441] beziehen sich die spezifischen Ziele für die Unterstützung durch die CEF laut Art. 4 Abs. 3 UAbs. 1 der Verordnung 1316/2013/EU auf die Zieltrias der Energiepolitik: Wettbewerbsfähigkeit (lit. a), Energieversorgungssicherheit (lit. b) und Nachhaltigkeit (lit. c). Diese Annäherung stellt keinen Zufall dar, wie Art. 15 der Verordnung 347/2013/EU verdeutlicht: Die Kriterien des Art. 4 Abs. 2 und die Indikatoren des Art. 4 Abs. 2 der Verordnung 347/2013/EU dienen als Richtwerte bei der Festlegung von Kriterien für die Gewährung der finanziellen Unterstützung der Union. Der Unterschied liegt in der Tatsache, dass Art. 4 Abs. 2 der Verordnung 347/2013/EU Kriterien für die Auswahl von VGI festlegt, während die Indikatoren im Art. 4 Abs. 3 UAbs. 1 der Verordnung 1316/2013/EU lediglich zur *Ex-post*-Messung des Erreichens der Ziele dienen. Welche Voraussetzungen und Bedingungen vorliegen müssen, damit ein Projekt als VGI ausgewiesen wird und grundsätzlich förderfähig ist, regelt Art. 4 bzw. Art. 14 der Verordnung 347/2013/EU. Diesen Unterschied erklärt Art. 4 Abs. 3 UAbs. 2 und UAbs. 3 der Verordnung 1316/2013/EU ausdrücklich. Die Verordnung 1316/2013/EU regelt nur, wie die finanziellen Unterstützung durch die CEF stattzufinden hat, nicht aber welche Projekte als VGI auszuweisen sind.

Die Wettbewerbsfähigkeit soll durch die Förderung der weiteren Integration des Energiebinnenmarkts und der grenzübergreifenden Interoperabilität der Strom- und Gasnetze verstärkt werden. Die Indikatoren, deren Erfüllung das Erreichen dieses Ziels darstellt, sind die Anzahl der Vorhaben zur tatsächlichen Zusammenschaltung der Netze von Mitgliedstaaten und zur Beseitigung interner Hindernisse; die Verringerung oder Beseitigung der Isolierung der Mitgliedstaaten; der Prozentsatz der grenzüberschreitenden Stromübertragungsleistung im Verhältnis zur vorhandenen Erzeugungskapazität; die Preiskonvergenz auf den Gas- und/oder Strommärkten; und der Prozentsatz der Spitzennachfrage der beiden betreffenden Mitgliedstaaten, der durch umkehrbare Gasflussverbindungen gedeckt wird.

Die Steigerung der Energieversorgungssicherheit andererseits wird folgendermaßen gemessen: Anzahl der VGI, die eine Diversifizierung der Versorgungsquellen, Lieferanten und Versorgungswege ermöglichen; Anzahl der VGI zur Erhöhung der Speicherkapazität; Netzbelastbarkeit unter Berücksichtigung der Anzahl der Versorgungsunterbrechungen und der Unterbrechungsdauer; Umfang der vermiedenen

1441 S. 5.3.1.1.3.

Einschränkungen bei erneuerbarer Energie; Anbindung isolierter Märkte an stärker diversifizierte Versorgungsquellen; und optimale Nutzung der vorhandenen Energieinfrastruktur.

Die finanzielle Unterstützung durch die CEF muss auch einen Beitrag zur nachhaltigen Entwicklung und zum Umweltschutz leisten, unter anderem durch die Integration von Energie aus erneuerbaren Quellen in die Übertragungsnetze und durch die Entwicklung von intelligenten Energienetzen und Kohlendioxidnetzen. Dies Ziel wird anhand folgender Kriterien gemessen: Umfang der Übertragung von regenerativ erzeugtem Strom vom Ort der Erzeugung zu größeren Verbrauchszentren und Speicherorten; Umfang der vermiedenen Einschränkungen bei erneuerbarer Energie; Zahl der eingeleiteten VGI im Bereich der intelligenten Netze, denen die CEF zugute gekommen ist, und die durch sie ermöglichte Reaktion auf der Nachfrageseite; und Umfang der CO_2-Emissionen, die durch die VGI, denen die CEF zugute gekommen ist, vermieden wurden.

5.3.3.2.2 Erhöhung der Finanzierungssätze gemäß Art. 10 Abs. 3 aufgrund der Energieversorgungssicherheit

Art. 10 der Verordnung 1316/2013/EU regelt die Finanzierungssätze hinsichtlich der finanziellen Unterstützung der Union. Wie erwähnt, leistet die Union gemäß Art. 170 Abs. 1 und Art. 171 Abs. 1 3. Spiegelstrich AEUV nur einen Beitrag zum Auf- und Ausbau der transeuropäischen Netze und eine komplette europäische Finanzierung eines Projektes kann sich nicht auf diese Vorschriften, wie sie der Fall in der Verordnung 1316/2013/EU sind, stützen. Bei der finanziellen Unterstützung von Projekten spielt die Union eine subsidiäre bzw. ergänzende Rolle.

Im Energiebereich stellt Art. 10 Abs. 3 S. 1 der Verordnung 1316/2013/EU fest, dass die finanzielle Unterstützung der Union höchstens 50 % der förderfähigen Kosten von Studien und/oder Arbeiten beträgt. Was unter „Studien“ und „Arbeiten“ zu verstehen ist, wird im Art. 2 Nr. 5 und 6 der Verordnung 1316/2013/EU erklärt[1442]. Somit ist klar, dass die Union nicht jede Art von Kosten von finanziert, sondern nur die Kosten, die sich auf „Studien“ und „Arbeiten“ beziehen und auf 50 % begrenzt sind.

1442 „‚Arbeiten‘ bezeichnet den Kauf, die Lieferung und den Einsatz von Komponenten, Systemen und Dienstleistungen, einschließlich Software, die Durchführung der ein Vorhaben betreffenden Entwicklungs-, Bau- und Herstellungsaktivitäten, die Bauabnahme und die Inbetriebnahme eines Vorhabens; ‚Studien‘ bezeichnet die zur Vorbereitung der Durchführung eines Vorhabens erforderlichen Tätigkeiten, wie Vorstudien, Kartierung, Durchführbarkeits-, Bewertungs-, Prüf- und Validierungsstudien, einschließlich in Form von Software, und jede andere technische Unterstützungsmaßnahme, einschließlich der Vorarbeiten zur Festlegung und Entwicklung eines Vorhabens und für die Entscheidungen über die Finanzierung, wie etwa Erkundung der betreffenden Standorte und Vorbereitung des Finanzierungspakets“.

Art. 10 Abs. 3 S. 2 der Verordnung 1316/2013/EU sieht aber eine Ausnahme vor, wobei die Finanzierungssätze auf höchstens 75 % erhöht werden können. Das gilt nur für Maßnahmen, die einen hohen Grad an regionaler oder unionsweiter Versorgungssicherheit bieten oder die Solidarität der Union stärken oder hochinnovative Lösungen umfassen. VGI, die mit Unterstützung solcher Finanzierungssätze implementiert werden können, sind nur Stromvorhaben, ausschließlich Vorhaben für Pumpspeicherkraftwerke und intelligente Netze, und Gasvorhaben (Art. 14 Abs. 2 der Verordnung 347/2013/EU). Erdöl- und Kohlendioxidtransportvorhaben sind damit auch von der Ausnahmeregelung ausgeschlossen. Damit die Finanzierungssätze auf bis 75 % erhöht werden können, ist es erforderlich, dass ein hoher Grad an regionaler oder unionsweiter Energieversorgungssicherheit, oder die Stärkung der energetischen Solidarität oder die Implementierung hochinnovativer Lösungen mittels der Kosten-Nutzen-Analyse gemäß Art. 11 und Art. 12 Abs. 3 lit. a der Verordnung 347/2013/EU demonstriert wird. Laut dem Wortlaut des Art. 10 Abs. 3 S. 2 der Verordnung 1316/2013/EU (...„oder"...„oder"...) müssen nicht alle drei Aspekte kumulativ geprüft werden bzw. vorliegen, damit die Finanzierungssätze erhöht werden.

Fraglich ist, was unter „Maßnahmen" zu verstehen ist. Art. 10 Abs. 3 S. 1 der Verordnung 1316/2013/EU spricht von „Studien" und „Arbeiten", während Art. 10 Abs. 3 S. 2 schon etwa allgemeine „Maßnahmen" erwähnt. Die Erhöhung der Finanzierungssätze basiert laut dem Wortlaut des Art. 10 Abs. 3 S. 2 aber „auf der Grundlage der in Art. 14 Abs. 2 der Verordnung 347/2013/EU genannten Sachlage". Art. 14 Abs. 2 der Verordnung 347/2013/EU beschränkt sich seinerseits auf die finanzielle Unterstützung in Form von Finanzhilfen für Arbeiten. Finanzhilfen für Studien können gemäß Art. 14 Abs. 1 der Verordnung 347/2013/EU für Strom-, einschließlich Vorhaben für Pumpspeicherkraftwerke und intelligente Netze, Gas- und Kohlendioxidtransportvorhaben geboten sein. Für Finanzhilfen für Studien müssen die VGI keine bestimmten Kriterien erfüllen, wie es der Fall für VGI ist, die Finanzhilfen für Arbeiten bekommen können (Art. 14 Abs. 2 lit. a bis lit. c der Verordnung 347/2013/EU). Fraglich ist dann, ob „Maßnahmen" sowohl „Studien" als auch „Arbeiten" umfassen oder ob, um die Erhöhung der Finanzierungssätze zu rechtfertigen, „Maßnahmen" sich auf „Arbeiten" beschränken, da Art. 10 Abs. 3 S. 2 der Verordnung 1316/2013/EU sich auf Art. 14 Abs. 2 der Verordnung 347/2013/EU stützt, der nur von „Arbeiten" spricht.

Es liegt nahe, dass Art. 10 Abs. 3 S. 2 etwa enger bzw. restriktiver formuliert wurde als Art. 10 Abs. 3 S. 1 der Verordnung 1316/2013/EU, da es um eine Ausnahmeregelung geht, die extrem hohe Finanzierungssätze (bis 75 %) seitens der Union vorsieht. Betrachtet wird dann nur die finanzielle Unterstützung der Union in Form von Finanzhilfen für Arbeiten. Wenn die Finanzierungssätze auch wegen Maßnahmen im Bereich Studien erhöht werden könnten, wäre die ausdrückliche Erwähnung des Art. 14 Abs. 2 der Verordnung 347/2013/EU im Art. 10 Abs. 3 S. 2 der Verordnung 1316/2013/EU sinnlos. Art. 14 Abs. 2 der Verordnung 347/2013/EU ist doppelt einschränkend, da einerseits nur Finanzhilfen für Arbeiten geregelt werden und andererseits nicht alle VGI Recht auf solche Finanzhilfen haben können (und solche Vorhaben sämtliche Kriterien erfüllen müssen[1443]). Damit diese „einschränkende Absicht" des sekundärrechtlichen Gesetzgebers in der Verordnung 1316/2013/EU widerhallt, soll der Art. 10 Abs. 3 S. 2 hinsichtlich der Erhöhung der Finanzierungssätze nur für Finanzhilfen für Arbeiten gelten. Zur Unterstützung einer derartigen Auslegung kommt Art. 10 Abs. 2 der Verordnung 1316/2013/EU in Betracht, der die finanzielle Unterstützung im Verkehrsbereich regelt und den Ausdruck „Maßnahmen" nur bei den Finanzhilfen für Arbeiten benutzt (Art. 10 Abs. 2 lit. b).

Etwas komplizierter, da die Lösung je nach konkretem Fall abhängt, ist die Frage der Erhöhung der Finanzierungssätze aufgrund der Energieversorgungssicherheit. Es ist fraglich, ob ein Finanzierungssatz von 75 % noch als reiner „Beitrag" der Union i.S.v. Art. 170ff. AEUV betrachtet werden kann. Zu beachten ist jedoch, dass Art. 10 Abs. 3 S. 2 der Verordnung 1316/2013/EU sich auf Finanzhilfen für Arbeiten beschränkt. Bei der Implementierung von VGI kommen mehrere Kosten in Betracht, die sich nicht nur unter „Arbeiten" zusammenfassen lassen. Kurz gesagt: eine finanzielle Unterstützung der Union i.H.v. 75 % für die Abdeckung der Kosten hinsichtlich Arbeiten bedeutet nicht unbedingt, dass 75 % der gesamten Kosten für die Implementierung des Vorhabens gedeckt werden. In Wirklichkeit kann eine solche Ausgestaltung der Kosten eher selten geschehen.

Allerdings existiert weder eine genaue Bestimmung für „Beitrag", noch ist der Begriff rechtlich definiert. Eine sichere, zweifellose Rechtswidrigkeit gegenüber Art. 170ff. AEUV kann nur befürwortet werden, wenn es um eine volle finanzielle Unterstützung der Union (nicht nur Finanzierung von Maßnahmen im Bereich „Arbeiten") geht. Eine Erhöhung der Finanzierungssätze aufgrund einer bewiesenen Erhöhung der regionalen oder unionsweiten Energieversorgungssicherheit gemäß Art. 10 Abs. 3 S. 2 der Verordnung 1316/2013/EU folgt nicht automatisch einem Verstoß gegen Art. 170ff. AEUV. Das soll je nach konkretem Fall beurteilt werden. Eine volle (oder mehr als ein reiner „Beitrag") finanzielle Unterstützung der Union könnte sich dennoch immerhin auf Art. 194 Abs. 1 lit. d (i.V.m. Art. 194 Abs. 1 lit. b) AEUV stützen.

5.3.3.3 Fazit

Neben spezifischen Regeln zur Aufrechterhaltung der grenzüberschreitenden Energieversorgungssicherheit sowie Planung und Zusammenarbeit kommt der Dimension der europäischen Finanzierung in Bezug auf den Auf- und Ausbau der grenzüberschreitenden Energienetze eine hohe Bedeutung zu. Sie trägt erheblich zur Erfüllung der Investitionslücke bei, indem strategische Infrastrukturen kein

---

1443 Klar ist, das eine Trennung zwischen Finanzhilfen für Studien und Finanzhilfen für Arbeiten implementiert wurde. Es wird angenommen, dass eine finanzielle Unterstützung der Union in Form von Finanzhilfen für Arbeiten ein hohes Niveau an Engagement und Verantwortung erfordert und nur in Frage kommen kann, wenn einige (nicht alle) VGI bestimmte Kriterien erfüllen.

bzw. wenig Interesse von den Energiemarktakteuren bekommen. Finanziert werden können im Energiebereich nur die gemäß der Verordnung 347/2013/EU und der Delegierten Verordnung 89/2016/EU der Kommission ausgewiesenen VGI. Die finanzielle Unterstützung der Union, die sich bis zum heutigen Stand auf Art. 170ff. AEUV stützte, muss zwar laut des Wortlauts des Artikels auf einen „Beitrag" begrenzt werden, der aber nicht rechtlich definiert bzw. präzisiert ist. Eine volle finanzielle Unterstützung könnte sich nur auf Art. 194 Abs. 1 AEUV stützen, nicht jedoch auf Art. 170ff. AEUV.

5.4 Zusammenfassung: Eine auf Zusammenarbeit, Planung und europäische Finanzierung basierende energetische Integration trägt zur Energieversorgungssicherheit bei

Zusammenfassend und angesichts des dienenden Verhältnisses zwischen den Zielen der europäischen Energiepolitik tragen die Interkonnektion der Netze und ihre entsprechenden im Sekundärrecht festgestellten Mittel zum Ziel der Gewährleistung der Energieversorgungssicherheit gemäß Art. 194 Abs. 1 lit. b AEUV bei. Es stehen mehrere Maßnahmen zur Verfügung, um diese Interaktion durchzuführen, die sich in drei Themenfelder teilen lassen: Maßnahmen, die als unmittelbares bzw. mittelbares Ziel haben, die Energieversorgungssicherheit aufrechtzuerhalten; Maßnahmen hinsichtlich der Zusammenarbeit mittels der Etablierung der ENTSO-E und ACER und Maßnahmen in Bezug auf die europäische Finanzierung von Energieinfrastrukturprojekten.

Verschiedene Vorschriften beschäftigen sich mit der Frage, wie der Auf- und Ausbau der grenzüberschreitenden Energienetze positive Auswirkungen auf die Aufrechterhaltung der Energieversorgungssicherheit haben kann. Erstens wurde sekundärrechtlich eine Netzausbaupflicht gegenüber den Übertragungsnetzbetreibern und eine Netzausbauanordnungspflicht gegenüber den Mitgliedstaaten bzw. den Regulierungsbehörden etabliert. Diese Verpflichtung beschränkt sich nicht auf die innerstaatlichen Netze, sondern erstreckt sich auf die grenzüberschreitenden Leitungen. Diese Verpflichtung muss im Rahmen der nationalen zehnjährigen Netzentwicklungspläne vollzogen werden. Vorhaben von gemeinsamem Interesse, die grenzüberschreitende Natur bzw. grenzüberschreitende Auswirkung haben, sind laut der Verordnung 347/2013/EU erhebliche Bestandteile solcher Pläne. Zweitens, und wenn die Netzengpässe nicht durch Netzausbau bewältigt werden können, wurde den Übertragungsnetzbetreibern erlaubt, den Netzzugang mittels Engpassmanagement zu begrenzen. Das Thema ist im Art. 16 der Verordnung 714/2009/EG reguliert und den Betriebssicherheitsstandards muss im Rahmen des Engpassmanagements spezielle Aufmerksamkeit geschenkt werden. Zu beachten ist aber, dass nur ein planmäßiger Netzausbau die Netzengpässe strukturell überwinden kann. Drittens ist die Kombination zwischen der Ausweisung von Vorhaben von gemeinsamem Interesse und der Allokation von europäischen Finanzmittel für solche

Projekte ein effizienter Mechanismus hin zur Schaffung einer Energieversorgungssicherheit, die von der Integration der nationalen Energiesysteme geprägt wird. Das enge Verhältnis zwischen VGI und Energieversorgungssicherheit demonstriert Art. 4 Abs. 2 der Verordnung 347/2013/EU. Die Effektivität eines solchen Mechanismus bleibt aber noch abzuwarten. Viertens etabliert Art. 3 Abs. 5 der Richtlinie 2005/89/EG die Bedingungen, unter denen ein angemessener Grad der Zusammenschaltung zwischen den Mitgliedstaaten gewährleistet wird.

Das größte Potenzial für einen solidaritätsbasierten Beitrag zum Ziel der Gewährleistung der Energieversorgungssicherheit befindet sich im Bereich der Zusammenarbeit und Planung hinsichtlich des Auf- und Ausbaus der grenzüberschreitenden Energienetze. Ein Teil der Literatur geht sogar davon aus, dass es kein Besseres als Planung zwischen mehreren Instrumenten gibt, um auf einem liberalisierten Markt ein hinreichendes Niveau an Investition zu erreichen[1444]. Produkte der planerischen Dimension der Zusammenarbeit sind die gemeinschaftsweiten Netzentwicklungspläne des ENTSO-E, die zwar keine Rechtsverbindlichkeit haben, aber alle zwei Jahre neu ausgearbeitet werden müssen. Seit dem dritten Energiepaket besteht eine Kooperierungspflicht gegenüber den Übertragungsnetzbetreibern. Diese Kooperation findet am meisten im Rahmen des ENTSO-E und den Regionalen Initiativen gemäß Art. 12 der Verordnung 714/2009/EG statt, aber ACER und die Kommission leisten daneben wichtige Beiträge dazu. Wichtig ist einerseits auch eine Zusammenarbeit mit Drittländern, die Rücksicht auf die Wichtigkeit der externen Dimension der europäischen Energiepolitik nimmt, und andererseits verdeutlicht, dass die transeuropäischen Energienetze über die Grenzen der Union hinausreichen können. Diese Art Zusammenarbeit ist ein Mittel für die Implementierung der europäischen Energieaußenpolitik. Unentbehrliche Produkte der Zusammenarbeit zwischen den Übertragungsnetzbetreibern – mit Beteiligung der Kommission und der ACER – sind die durch Komitologieverfahren erlassenen rechtsverbindlichen Netzkodizes, die die technischen und kommerziellen Regeln hinsichtlich der bzw. der grenzüberschreitenden Stromübertragung und des -handels harmonisieren. Die Netzkodizes ermöglichen, dass Strom reibungslos durch europäische Netze fließen kann. Die Effektivität der Netzkodizes bleibt noch abzuwarten, da bis zum heutigen Stand nur der Netzkodex für die Kapazitätsvergabe und das Engpassmanagement (Verordnung 2015/1222/EU der Kommission vom 24. Juli 2015) erlassen wurden. Ohne gemeinschaftsweite Netzpläne und ohne harmonisierte technische und kommerzielle Regeln können keine rechtzeitigen, optimierten Investitionen und keine Interkonnektionen der Netze stattfinden. Die Vollendung des Energiebinnenmarkts stellt aber noch keine Realität dar, und nationale Alleingänge prägen das europäische Szenario[1445].

1444 *Del Guayo/Pielow*, In: *Roggenkamp/Barrera-Hernández/Zillman/del Guayo* (Hrsg.), Energy networks and the Law, 2012, S. 370.

1445 *Andoura/Vinois*, From the European Energy Community to the Energy Union, 2015, S. 14.

Letztlich ist die Finanzierung der Energieinfrastrukturprojekte erheblicher Bestandteil der Energiepolitik. Die grenzüberschreitenden Energienetze stellen die Strukturen dar, die mit europäischen Mittel teilweise finanziert werden sollen. Die Schaffung von Finanzmitteln für die Implementierung von Verbindungsleitungen ist das Hauptziel der EU-Energieinfrastrukturpolitik. Diese europäischen Finanzmittel erlauben, dass die allerwichtigsten VGI implementiert werden. Hervorzuheben ist, dass die Finanzierung der Union, die sich auf Art. 171 Abs. 1 3. Spiegelstrich AEUV stützt, sich auf einen „Beitrag" bzw. „Unterstützung" begrenzen lässt. Es geht hier um eine subsidiäre Finanzierung, also eine Anreiz- und Anschubfinanzierung. Trotzdem darf die Union eigene auf Art. 194 Abs. 1 lit. d AEUV gestützte Projekte finanzieren. Zu bemerken ist zudem, dass Projekte, die zur Verbesserung der Energieversorgungssicherheit tendieren, einen höheren Kofinanzierungsanteil der EU benötigen. Art. 10 Abs. 3 der Verordnung 1316/2013/EU reglementiert die Erhöhung der Finanzierungssätze aufgrund der Energieversorgungssicherheit. Die Finanzierung von grenzüberschreitenden Energienetzen, die von der in den Netzentwicklungsplänen beinhaltenen Investitionssignalisierung abhängt, stellt – zusammen mit Zusammenarbeit und Planung – einen unentbehrlichen Bestandteil des Systems für Implementierung von Verbindungsleitungen dar und trägt erheblich zur Aufrechterhaltung und langfristigen Gewährleistung der Energieversorgungssicherheit bei.

6. Kapitel: Ausblick bezüglich der Unterbrechbarkeit der Energieversorgung durch die Nachfrageflexibilisierung am Beispiel des deutschen Energierechts

Die europäische Energieversorgungssicherheit wird erst durch die sichere Energieversorgung aller Mitgliedstaaten gewährleistet. Problematisch ist allerdings, dass jeder Mitgliedstaat seine eigene Ausgestaltung des Energiesystems hat, was das Konzept für Energieversorgungssicherheit beeinflusst. Dementsprechend haben beispielweise Polen und Spanien oder Deutschland und Frankreich unterschiedliche Ideen hinsichtlich der technischen und rechtswirtschaftlichen Instrumente, die lanciert werden sollen, um die Energieversorgung sicherzustellen. Da Deutschland größere Herausforderungen mit höherer Einspeisung erneuerbarer Energien in das Netz hat, während Frankreich noch viel von Kernkraftwerken abhängt und die baltischen Länder wegen mangelnder grenzüberschreitender Verbindungsleitung als Energieinseln betrachtet werden, bedeutet das, dass die Wahl der Maßnahmen zur Realisierung des Ziels des Art. 194 Abs. 1 lit. b AEUV sowie das Konzept der Energieversorgungssicherheit selbst mitgliedstaatlich variieren.

Angesichts dessen und unter Berücksichtigung der für die Erreichung der Klimaschutzziele erforderlichen sich verändernden Entwicklung der mitgliedstaatlichen Energiesysteme, was Fragen hinsichtlich der Gewährleistung der Energieversorgung aufwirft, ist es für diese Arbeit bedeutungsvoll, ein Blick auf die Vereinbarkeit zwischen dem europarechtlichen Begriff der Energieversorgungssicherheit und dem Konzept – sowie den Maßnahmen zur Gewährleistung – einer sicheren Energieversorgung laut den Rechtsvorschriften eines Mitgliedstaates zu werfen. Das deutsche Energierecht beschäftigt sich seit einigen Jahren mit dem Thema des Spannungsverhältnisses zwischen der Gewährleistung der Energieversorgungssicherheit und der Förderung erneuerbarer Energien und stellt ein geeignetes Beispiel für den Zweck dieses Kapitels dar. Die höhere Einspeisung wetterbedingter, schwankender erneuerbarer Energien stellt die Netzstabilität und dementsprechend die (technische) Energieversorgungssicherheit des deutschen Energiesystems in Frage. Die zur Beseitigung dieser Gefährdung[1446] erforderlichen rechtlichen Maßnahmen müssen dem

1446 § 13 Abs. 3 EnWG bestimmt, dass eine Gefährdung der Sicherheit und Zuverlässigkeit des Elektrizitätsversorgungssystems in der jeweiligen Regelzone vorliegt, wenn örtliche Ausfälle des Übertragungsnetzes oder kurzfristige Netzengpässe zu besorgen sind oder zu besorgen ist, dass die Haltung von Frequenz, Spannung

Ziel im Art. 194 Abs. 1 lit. b AEUV und dem europäischen Begriff der Energieversorgungssicherheit entsprechen bzw. damit vereinbar sein.

Die rechtlichen Maßnahmen im Bereich der Nachfrageflexibilisierung (Definition, die etwa beim Lastmanagement, Laststeuerung[1447] oder *demand-side-management* umgefasst wird), die mit dem Ziel der Gewährleistung einer unterbrechungsfreien Energieversorgung konfligieren können, sind für diese Arbeit besonders relevant, da sie als Idee hinsichtlich der Energieversorgungssicherheit der Zukunft betrachtet werden können. Zudem führen die Durchdringung von Informations- und Kommunikationstechnologien – IKT[1448] und die hiermit verbundenen Veränderungen im Energiesystem zu einem energie- und rechtswirtschaftlichen Paradigmenwechsel[1449], der sich auf die Auffassung einer gesicherten Energieversorgung auswirkt.

Unter Lastmanagement ist der Prozess zu verstehen, bei dem der Netzbetreiber die genaue Engpassbelastung und den für eine Entlastung notwendigen Anpassungsbedarf sowie die dafür geeigneten Verbrauchsanlagen ermittelt. Zunächst wird geeigneten Anlagenbetreibern mitgeteilt, in welchem Umfang sie ihren Stromverbrauch verringern oder erhöhen sollen[1450].

Das Kapitel ist auf die nachfrageseitigen Maßnahmen[1451], die sich auf die technische Sicherheit beziehen, begrenzt. Ziel des Kapitels ist es nicht, eine ausführende Darstellung des deutschen Rechts der Energieversorgungssicherheit durchzuführen, sondern **den speziellen Aspekt der Flexibilisierung der Nachfrage und ihren Einfluss auf den Begriff der Energieversorgungssicherheit**, wie das europäische Energierecht ihn konzipiert, zu untersuchen. Hier nicht berücksichtigt werden daher die Erzeugungssicherheit im Allgemeinen und noch die der Netzstabilität

---

oder Stabilität durch die Übertragungsnetzbetreiber nicht im erforderlichen Maße gewährleistet werden kann.

1447 Laut des Arbeitsdokuments der Kommissionsdienststellen v. 05.11.2013 (SWD (2013) 442 final), S. 3, ist die „Laststeuerung" eine **freiwillige** Abweichung des Endverbrauchers von seinem üblichen Stromverbrauchsmuster als Reaktion auf Marktsignale (etwa zeitabhängige Strompreise oder Anreizzahlungen) oder nach der Annahme von verbraucherseitigen Angeboten (einzeln oder gebündelt) dafür, dass sie ihre Bereitschaft, zu einem bestimmten Zeitpunkt die Stromnachfrage zu verändern, auf organisierten Strommärkten **verkaufen**. Entsprechend **sollte die Laststeuerung weder unfreiwillig noch unentgeltlich erfolgen**.

1448 Zu den Messsystemen im EU-Recht, s. 4.1.1.2.2.3 in dieser Arbeit sowie der Bericht der Kommission „Die Einführung intelligenter Verbrauchsmesssysteme in der EU-27 mit Schwerpunkt Strom im Vergleich" v. 17.06.2014. KOM (2014) 356 final.

1449 *Angenendt/Boesch/Franz*, Der energierechtliche Rahmen einer Implementierung von Smart Grids, RdE, Heft 4–5, 2011, S. 117.

1450 *König*, Engpassmanagement in der deutschen und europäischen Elektrizitätsversorgung, 2013, S. 453.

1451 Objekt des Kapitels ist die Analyse der nachfrageseitigen Maßnahmen des deutschen Energierechts. Bezüglich des europäischen Energierechts, s. 4.1.1.2.2.3.

dienenden erzeugungsseitigen Maßnahmen[1452], wie z. B. *Redispatch*[1453] und *Countertrading*[1454]. Es wird hier angenommen, dass die Steuerung der Nachfrage durch Flexibilisierungsmaßnahmen für die Veränderung der Landschaft der Energieversorgungssicherheit entscheidend ist und einen Ausblick verdient. Zurzeit bestehen neue anspruchsvolle Versorgungsaufgaben, veränderte Erzeugungssituationen sowie neue Netzkonzepte und technologische Ansätze, die Auswirkungen auf den energie- und energiewirtschaftsrechtlichen Rahmen mit sich bringen[1455]. Wie diese neue „Energielandschaft" die Idee der Energieversorgungssicherheit, wie sie heute verstanden wird, beeinflusst, wird hier bezüglich der Nachfrageflexibilisierung untersucht. Die rechtlich normierte Möglichkeit, die Stromversorgung vorübergehend durch freiwillige vertragliche Vereinbarungen zwischen Verteilernetzbetreibern und Verbrauchern zu unterbrechen bzw. zwischenzeitlich abzuschalten (s. u. 6.3.), erfordert eventuell, dass der Begriff der Energieversorgungssicherheit oder zumindest der Begriff der Unterbrechung neu gefasst werden muss.

6.1 Probleme bezüglich der Aufrechterhaltung der technischen Sicherheit im deutschen Energiesystem

Am 28. September 2010 gründete die Bundesregierung ein Energiekonzept für eine umweltschonende, zuverlässige und bezahlbare Energieversorgung. Hauptziel des Energiekonzepts besteht darin, bis zum Jahr 2050 den Anteil der Stromerzeugung aus erneuerbaren Energien von etwa 20 % auf 80 % zu steigern. Dazu kommt die Katastrophe in Fukushima, die zudem den Ausstieg aus der Kernenergie beschleunigte (s. § 7 Abs. 1a AtG[1456]).

Das deutsche Energiesystem, das durch „deutliche Überkapazitäten" gekennzeichnet ist und dessen Zuverlässigkeit für die Endkunden als „hoch" bewertet wurde[1457],

1452 Zur deutschen Energieversorgungssicherheit, vgl. *Moser*, Versorgungssicherheit im liberalisierten Energiemarkt, 2006; *Säcker/König*, In: *Säcker* (Hrsg.)., Berliner Kommentar zum Energierecht, 2014.

1453 Ausführlich dazu, *König*, Engpassmanagement in der deutschen und europäischen Elektrizitätsversorgung, 2013, S. 152–158; s. auch *Franke*, In: *Faßbender/Köck* (Hrsg.), Versorgungssicherheit in der Energiewende – Anforderungen des Energie-, Umwelt- und Planungsrechts, 2014, S. 23–25.

1454 *König*, Engpassmanagement in der deutschen und europäischen Elektrizitätsversorgung, 2013, S. 151; 465 ff; *Erbring/Kuring/Ruge*, In: *Säcker* (Hrsg.), Handbuch zum deutsch-russischen Energierecht, 2010, Rn. 231, S. 124.

1455 *Angenendt/Boesch/Franz*, Der energierechtliche Rahmen einer Implementierung von Smart Grids, RdE, Heft 4–5, 2011, S. 118.

1456 BGBl. I v. 15.07.1985, S. 1565.

1457 *BMWi*, Monitoring-Bericht zur Versorgungssicherheit im Bereich der leitungsgebundenen Versorgung mit Elektrizität, 2014, S. 3. Im Zusammenhang mit den Nachbarländern ist die deutsche Energieversorgung bis 2025 mit sehr hoher Wahrscheinlichkeit von nahezu 100 % gesichert, vgl. *Consentec/r2b*,

da im Jahr 2014 die durchschnittliche Unterbrechungsdauer je angeschlossenem Letztverbraucher bei 12,28 Minuten (sog. SAIDI) lag[1458], basiert grundsätzlich auf Braun- und Steinkohle (44 % an der Brutto-Stromerzeugung) einerseits, und auf erneuerbaren Energien (24 % an der Brutto-Stromerzeugung) andererseits[1459]. Kernenergie trägt zwar mit 15 % zur Stromerzeugung bei, ihr Anteil wird aber wegen der Atomausstiegsentscheidung in den nächsten Jahren stufenweise sinken (und durch einen Anstieg des Anteils erneuerbarer Energien kompensiert werden).

Obwohl in Deutschland die erzeugungsseitige Energieversorgungssicherheit, d. h. die Sicherheit bezüglich der ausreichenden Erzeugung von Strom, der für die Deckung der Nachfrage erforderlich ist, gewährleistet wird, birgt die höhere Einspeisung wetterabhängiger erneuerbarer Energien das Risiko, dass das Energienetz belastet wird mit der Folge, dass die Netzsicherheit bzw. -stabilität nicht mehr gewährleistet werden kann. Eine höhere und gleichzeitige Stromeinspeisung in das Netz kann zu Netzspitzen führen, da ein elektrisches Netz im Wesentlichen eine fixe Kapazitätsgrenze hat, die wegen bestimmter zusätzlicher Anforderungen an Kapazität grundsätzlich erst durch einen Ausbau des Netzes erhöht werden kann[1460]. Wegen jahreszeitbedingt hoher Einspeisung aus den Windenergieanlagen[1461] finden zwischen Oktober und April in Deutschland regelmäßig starke Belastungen in das Übertragungsnetz statt, die momentan erst durch Redispatchmaßnahmen und, falls diese unzureichend sind, durch Reservekraftwerke konterkariert werden können. Die Zuverlässigkeit der Stromversorgung liegt trotzdem bei 99,998 % und ist noch in großem Maß gesichert[1462].

Allerdings ist die Tatsache hervorzuheben, dass eine kontinuierliche Zunahme der Anzahl der ergriffenen Maßnahmen nach § 13 Abs. 1 und Abs. 2 EnWG festzustellen ist, was bedeutet, dass sich der Systembetrieb an einer wachsender Anzahl von Tagen in einem angespannten Zustand befindet[1463]. Die Lage, in der das Netz belastet und die technische Sicherheit gefährdet wird, könnte u.a. gegen die Grundsätze des § 1 Abs. 1 und Abs. 2 EnWG verstoßen, die festlegen, dass der Zweck des Gesetzes eine möglichst **sichere**, preisgünstige, verbraucherfreundliche, effiziente und umweltverträgliche leitungsgebundene Energieversorgung ist und dass u.a. das Ziel des Gesetzes die Sicherung eines langfristig angelegten leistungsfähigen und **zuverlässigen Betriebs** von Energieversorgungsnetzen ist.

Versorgungssicherheit in Deutschland und seinen Nachbarländern: länderübergreifendes Monitoring und Bewertung, 2015.

1458 *Bundesnetzagentur*, Monitoringbericht 2015, 2015, S. 20.

1459 Ebenda, S. 9.

1460 *Franz/Boesche*, In: *Säcker* (Hrsg.), Berliner Kommentar zum Energierecht, 2014, S. 1014.

1461 *Bundesnetzagentur*, Monitoringbericht 2015, 2015, S. 65.

1462 Ebenda, S. 70. Deutschland international betrachtet, vgl. *Praktiknjo*, Sicherheit der Elektrizitätsversorgung, 2013, S. 6–7.

1463 *BMWi*, Monitoring-Bericht zur Versorgungssicherheit im Bereich der leitungsgebundenen Versorgung mit Elektrizität, 2014, S. 23.

Das Ziel der Energieversorgungssicherheit (sowohl erzeugungsseitig als auch technisch) wird durch die §§ 11 ff. und 49 ff. EnWG und die dazu ergangenen Rechtsverordnungen sowie durch das Energiesicherungsgesetz (EnSiG[1464]) konkretisiert[1465]. Die Übertragungsnetzbetreiber haben gemäß § 11 Abs. 1 und § 12 Abs. 3 (Systemverantwortung) die Aufgabe, eine ausgeglichene Systembilanz sicherzustellen und das n-1-Kriterium zu gewährleisten, um kaskadenartige Zusammenbrüche zu vermeiden[1466]. Sie sind dann für die Sicherstellung der Fähigkeit der Netze, die Befriedigung der Nachfrage nach Übertragung von Strom verantwortlich. Ferner tragen sie durch Übertragungskapazität und Zuverlässigkeit der Netze zur Energieversorgungssicherheit bei. Die Netzsteuerung bietet dann die Möglichkeit, durch geduldete und über ein gemindertes Entgelt entlohnte Eingriffe in Kundenanlagen durchzuführen, um die Auswirkungen solcher Netzentlastungen bzw. -spitzen zu vermeiden. Für die Implementierung einer flexibleren Abstimmung zwischen Erzeugung und Nachfrage ist zudem ein intelligentes Einspeisemanagement notwendig, damit die technische Energieversorgung gesichert bleibt[1467].

Ferner ist die Zuverlässigkeitsanforderung kein absoluter Maßstab, da die Ziele im § 1 Abs. 1 und Abs. 2 EnWG harmonisierend zu realisieren sind. Das Ziel einer zuverlässigen Energieversorgungssicherheit soll dann die Verfolgung des Ziels einer preisgünstigen Energieversorgung berücksichtigen. Beim Maßstab der Zuverlässigkeit der Energienetze geht es um ein Optimierungsgebot[1468]. Der Ausdruck „möglichst" bezieht sich nicht nur auf den Stand der Technik, um die Ziele des § 1 Abs. 1 und Abs. 2 EnWG zu verwirklichen, sondern hebt auch hervor, dass es kein absolutes Ziel gibt, welche Verfolgung anderer Ziele unberücksichtigt lassen darf. Es wäre dann eine möglichst sichere Energieversorgung zu schaffen, d.h. sobald sie die Preisgünstigkeit der Energieversorgung nicht erheblich beeinträchtigen[1469].

6.1.1 Einspeisung erneuerbarer Energien

Die installierten Gesamterzeugungskapazitäten in Deutschland stiegen zum 31. Dezember 2014 auf 196,2 GW an. Insgesamt gab es einen Kapazitätszuwachs von 6,5 GW im Bereich der erneuerbaren Energien. Hiervon sind 106,2 GW den nicht erneuerbaren Energieträgern und 90,0 GW den erneuerbaren Energieträgern

1464 Ausführlich dazu, s. *Schulte-Beckhausen*, In: *Danner/Theobald* (Hrsg.), Energierecht – Kommentar, Band 3, 2015.

1465 *Säcker/Timmermann*, In: *Säcker* (Hrsg.), Berliner Kommentar zum Energierecht, 2014, S. 226.

1466 Ebenda, S. 230.

1467 *Güneysu*, Smart Grids und die Anforderungen des Einspeisemanagements, RdE, Heft 2, 2012, S. 47; *Salje*, Energiewirtschaftsgesetz – Kommentar, 2006, S. 468.

1468 *Hermes*, In: *Marburger*, Energieversorgung und Umweltschutz, 2010, S. 94–95.

1469 Ausführlich zu den Kosten von Versorgungsunterbrechungen und den entsprechenden Methoden zur Bestimmung von Unterbrechungskosten, *Praktiknko*, Sicherheit der Elektrizitätsversorgung, 2013, S. 27 ff.

(Onshore-Windenergie mit 38,56 GW und Sonnenenergie mit 38,85 GW sind die zwei bedeutungsvollen Energieträger) zuzuordnen[1470]. Hinsichtlich der Stromerzeugung findet ein Rückgang (-4,6 %) der Erzeugung aus nicht erneuerbaren Energieträgern und gleichzeitig eine Steigerung (5,7 %) der Erzeugung aus erneuerbaren Energieträgern statt[1471]. Mit einer Tendenz zur Erhöhung der Einspeisung erneuerbarer Energien ist somit in den nächsten Jahren zu rechnen.

Wie vorher in dieser Arbeit erwähnt[1472], sind Sonnen- und Windenergie schwankend, was tatsächlich bedeutet, dass die Einspeisung des davon erzeugten Stroms wetterbedingt und nicht ganz genau vorhersehbar ist. Windrichtung, Windgeschwindigkeit, Sonnenscheindauer sowie Bewölkungsgrad stellen meteorologische Bedingungen dar, die Prognosen erschweren. Es gibt keine „Windvorräte", wie das für Erdöl oder Steinkohle der Fall ist, deren Verfügbarkeit messbar ist. Da– europaweit als auch national – das Ziel verfolgt wird, einen höheren Anteil an erneuerbarer Energien bei Stromerzeugung und -verbrauch zu schaffen (§ 1 Abs. 1 Hs. 2 EnWG fordert, dass die Versorgung „zunehmend auf erneuerbaren Energien beruht"), müssen die erneuerbaren Energien vorrangig in das Netz eingespeist werden, wenn die Wetterbedingungen es erlauben. Das Prinzip des Vorrangs der Einspeisung erneuerbarer Energien, das nicht nur im Europarecht[1473], sondern auch im deutschen Recht gemäß § 5 Abs. 1 und § 11 EEG etabliert wurde, gewährleistet dann, dass der Strom aus erneuerbaren Energien sofort verwendet werden kann, wenn er verfügbar ist[1474]. Es geht um eine wetterbedingte Energiequelle und nicht ganz um eine „nachfragebedingte". Eine Diskrepanz zwischen wetterbedingtem Angebot und Nachfrage muss wegen der Frequenzhaltung harmonisiert werden[1475].

Es gibt aber am Tag einige Stunden, an denen die Einspeisung erneuerbarer Energien, insbesondere von Onshore-Windenergie und PV-Anlagen, so hoch ist, dass das für eine solche Ausgestaltung nicht dimensionierte Stromnetz überlastet wird. Vielmehr ist das Netz technisch für eine stabile und ständige Stromeinspeisung dimensioniert und ist mit der flexibilisierten Stromeinspeisung erneuerbarer Energien (noch) inkompatibel. Eine höhere, gleichzeitige Einspeisung erneuerbarer Energien kann zu Netzüberlastungen und letztendlich zum Stromausfall führen, da die Haltung von Frequenz, Spannung und Stabilität nicht mehr gewährleistet werden kann. Problematisch ist dann in diesem Fall nicht das Risiko, dass die Nachfrage nicht gedeckt wird, sondern dass es sowohl keine angemessenen, betriebsfähigen Netzleitungen als auch Verbrauch gibt, um während der wind- und sonnenstärkeren

1470 *Bundesnetzagentur*, Monitoringbericht 2015, 2015, S. 19.

1471 Ebenda, S. 48.

1472 S. 4.1.1.

1473 S. 4.1.1.2.1.

1474 *Oschmann*, Strom aus erneuerbaren Energien im Europarecht. Die Richtlinie 2001/77/EG des Europäischen Parlaments und des Rates zur Förderung der Stromerzeugung aus erneuerbaren Energiequellen im Elektrizitätsbinnenmarkt, 2002, S. 97.

1475 *Praktiknjo*, Sicherheit der Elektrizitätsversorgung, 2013, S. 17.

Stunden des Tages den Strom aus erneuerbarer Energien aufzunehmen. Hier besteht ein Ungleichgewicht des Energiesystems „zu Lasten" der Einspeisung.

Auf der anderen Seite und angesichts des fluktuierenden Charakters der Stromerzeugung aus Wind- und Sonnenenergie kann aber auch eine Lage entstehen, in der nicht ausreichender Strom erzeugt wird, um die Nachfrage zu decken. Eine solche Lage ist nicht nur für die Stromkunden riskant, da sie für die täglichen Aktivitäten des Haushalts keinen Strom haben werden, sondern auch für die Netzstabilität. Das ist insbesondere für den Zeitpunkt der Höchstlast von Bedeutung, hat aber auch in Zeiten von „normaler" Last Auswirkungen, die sich wegen ungünstiger Wetterbedingungen trotzdem nicht decken lassen. Hier besteht ein Ungleichgewicht des Energiesystems zu Lasten der Nachfrage.

Die technische Energieversorgungssicherheit wird als eine unterbrechungsfreie Energieversorgung, die die Nachfrage jederzeitig befriedigen kann, verstanden. Das bedeutet, dass keine größeren Netzinstabilitäten geschehen können. Deswegen müssen technische Lösungen implementiert werden, um die technische Energieversorgungssicherheit trotz höherer Einspeisung erneuerbarer Energien und trotz zeitgleicher Höchstlast aufrechtzuerhalten. Es geht hier um das typische Spannungsverhältnis zwischen Energieversorgungssicherheit und der Förderung erneuerbarer Energien. Fraglich ist dann, wie viel Strom aus erneuerbarer Energien in das Netz eingespeist werden kann, ohne die technische Sicherheit der Netze zu beeinträchtigen, sowie welche rechtlichen Maßnahmen zur Verfügung stehen, um das Spannungsverhältnis kostengünstiger und optimaler zu lösen.

6.1.2 50,2-Hertz-Problematik und die Frequenzhaltung der Netze

Obwohl es bei der sog. 50,2-Hertz-Problematik nicht um ein nachfrageseitiges Problem geht, bezieht es sich auf die Stromkunden, die Strom in das Netz einspeisen (sog. Prosumenten, die PV-Dachanlagen haben). Die Problematik und die Maßnahmen zu ihrer Beseitigung sind zwar erzeugungsseitig und haben keinen „steuernden Charakter", illustrieren aber die technische Komplexität eines auf höherer Einspeisung erneuerbarer Energien basierenden Energiesystems und verdienen deswegen einen kurzen Blick.

Die gleichzeitige Einspeisung erneuerbarer Energien in einem bestimmten kleinräumigen Gebiet ist für die Netzstabilität eine Herausforderung, wie es in einem Niederspannungsnetz der Fall ist. Das scheint auf erste Sicht als ein rein erzeugungsseitiges Problem, bezieht sich aber auf die Netzstabilität, die gefährdet werden kann, da das Netz für eine gleichzeitig höhere Einspeisung nicht dimensioniert ist.

Die gleichzeitige höhere Einspeisung erneuerbarer Energien unter der Prämisse des durch das EEG garantierten Einspeisevorrangs tritt insbesondere bei den PV-Anlagen auf. Abgesehen von Verschattungsphänomenen sind die PV-Anlagen eines kleinräumigen Gebiets gleichzeitig und vergleichsweise gleichmäßig von der Sonneneinstrahlung betroffen, was zu einer „Erzeugungsspitze" (Angebotsmaximum) führen kann. Problematisch ist dann, dass die Leistung einer PV-Dachanlage höher sein kann als die durchschnittliche Nachfragelast eines Haushalts. Diese Tatsachen führen zusammen mit dem erhöhten Gleichzeitigkeitsfaktor der Stromeinspeisung von PV-Anlagen zu einer Lage, in der der von den Prosumenten erzeugte Strom nicht in der Niederspannung bleibt, sondern aus der Niederspannung in Richtung der höheren Netzebene fließen muss (Überspeisung der Netzebene), was kritische Netzelemente überlasten bzw. Spannungsprobleme mit sich bringen kann, die allein mit Regelenergieleistung nicht korrigiert werden kann[1476].

In der Vergangenheit sahen technische Normen vor, dass PV-Anlagen bei einer Netzfrequenz von 50,2 Hertz automatisch abgeregelt bzw. abgeschaltet werden müssten, um die Netzstabilität aufrechtzuerhalten. Diese Maßnahme hatte korrigierende Auswirkung und vermied eine Überfrequenz in das Netz. Zurzeit sind aber in Deutschland PV-Anlagen mit einer Gesamtleistung von ca. 38 GW installiert[1477]. Wenn eine gleichzeitig höhere Einspeisung von Strom aus PV-Anlagen geschieht, kann die automatische Abschaltung von Erzeugungsanlagen zur Netzinstabilität führen, da der Erzeugungsüberschuss schlagartig – ca. 9 GW Leistung würden sich gleichzeitig abschalten – zum Erzeugungsdefizit wird[1478]. Um eine solche Netzstörung zu lösen, wurde mittels der Systemstabilitätsverordnung (SysStabV)[1479] vom 26.07.2012[1480] eine Nachrüstung – grundsätzlich wird nur eine neue *Software* für den Wechselrichter installiert – eines Teils der Bestandsanlagen vorgesehen, damit die Abschaltung von PV-Anlagen nicht mehr automatisch auftritt bzw. eingestuft wird und das 50,2-Hertz-Problem beseitigt wird[1481]. Der Nachrüstungsprozess ist noch nicht abgeschlossen und die gemäß § 10 SysStabV von Netzbetreibern vorgenommenen Nachrüstungen führten in den Jahren 2013–2015 zu Kosten (d.h. Belastungen in den Netzentgelten) i.H.v. 126 Mio. Euro[1482].

6.1.3 Nachteile einer Maximierung des Netzausbaus

Es könnte die Ansicht vertreten werden, dass der Ausbau der Netze Raum für eine größere Einspeisung erneuerbarer Energien erlaubt. Sie lässt sich teilweise rechtfertigen, da die Erzeugungsorte von Strom aus erneuerbaren Energien von den Verbrauchszentren entfernt sind und die bestehende Infrastruktur darauf ausgelegt

---

1476 *Franz/Boesche*, In: *Säcker* (Hrsg.), Berliner Kommentar zum Energierecht, 2014, S. 1015.

1477 *Bundesnetzagentur*, Monitoringbericht 2015, 2015, S. 44.

1478 *König*, In: *Säcker* (Hrsg.), Berliner Kommentar zum Energierecht, 2014, S. 830.

1479 Ausführlich dazu, s. *Held/Seidel*, Die Systemstabilitätsverordnung (SysStabV) – Mit Systembruch zu mehr Stromversorgungssicherheit?, RdE, Heft 1, 2013, S. 8ff.

1480 BGBl. I v. 25.07.2012, S. 1635.

1481 Auch bei einem Absinken der Netzfrequenz auf 49,5 Hz schalten sich automatisch Anlagen mit einer installierten Leistung von insgesamt ca. 27 GW ab, *BMWi*, Monitoring-Bericht zur Versorgungssicherheit im Bereich der leitungsgebundenen Versorgung mit Elektrizität, 2014, S. 26.

1482 *Bundesnetzagentur*, Monitoringbericht 2015, 2015, S. 117.

ist, dass sich konventionelle Erzeuger in relativer Nähe zu den Verbrauchern befinden[1483]. In Deutschland ist es somit erforderlich, die Übertragungsnetze auszubauen, damit der an geeigneten Standorten in Norddeutschland erzeugte Strom aus Windkraft in Richtung Westen und Süden fließen kann[1484]. In Zeiten höherer Stromeinspeisung müssen erzeugungsseitige Maßnahmen durchgeführt werden, wie *Redispatch*[1485], um das Netz zu entlasten und das n-1-Kriterium zu gewährleisten. Andererseits und angesichts der Stromeinspeisung erneuerbarer Energien in die niedrigen Spannungsebenen, die eine bidirektionale Versorgung fordert, ist auch von einem Ausbau der Verteilernetze auszugehen[1486]. Weitgehender Konsens besteht dann darüber, dass ein bedarfgerechter Netzausbau dringend notwendig ist, um die deutschen Netze an die neuen Herausforderungen (steigender Anteil erneuerbarer Energien, Verlagerung von Kraftwerkstandorten, steigende Stromtransite) und Ausgestaltung des Energiesystems (regionale Konzentration der Windenergiekraftwerke) anzupassen[1487].

Die Ansicht eines weiten Netzausbaus ist somit logisch, bringt allerdings erhebliche Kosten – und eventuell negative Auswirkungen auf die Umwelt (z.B. mehrere Freileitungen) mit sich. Obwohl ein relativ weiter Netzausbau notwendig ist, führt die Verfolgung eines absoluten Netzausbaus um jeden Preis zu keiner optimalen Lösung. Laut § 11 Abs. 1 EnWG[1488] (wie § 12 Abs. 1 S. 1 EEG) ist es Aufgabe der Betreiber von Energieversorgungsnetzen, nicht nur das Netz auszubauen, sondern es auch zu optimieren und zu verstärken, soweit es wirtschaftlich zumutbar ist. Hier besteht kein Vorrangverhältnis zwischen Optimierung, Ausbau und Verstärkung, sondern eine Gleichzeitigkeit der Pflichten der Übertragungs- und Verteilernetzbetreiber.

Insbesondere führt eine uneingeschränkte Bereitstellung der erforderlichen Netzkapazität bzw. -leistungsfähigkeit in ländlichen Stromverteilnetzen in bestimmten Situationen zu steigenden Netzkosten, die wiederum wegen der geringen Zahl der betroffenen Anschlussnehmer und Anschlussnutzer zu höheren Entgelten führen[1489]. Eine Alternative zu den Netzausbauten bietet dann der Netz**um**bau mittels der

---

1483 *Praktiknjo*, Sicherheit der Elektrizitätsversorgung, 2013, S. 19.

1484 Ausführlich dazu, s. *Kment*, In: *Brinktrine/Ludwigs/Seidel* (Hrsg.), Energieumweltrecht in Zeiten von Europäisierung und Energiewende, 2014, S. 43 ff.

1485 Die Redispatchmaßnahmen der Übertragungsnetzbetreiber sind unter anderem wegen des fehlenden Netzausbaus im Vergleich zum Jahr 2013 um 6% auf 8.453 Stunden angestiegen (Stand 2014). Redispatchmaßnahmen wurden an 330 Tagen des Jahres 2014 durchgeführt, um das n-1-Kriterium zu gewährleisten, *Bundesnetzagentur*, Monitoringbericht 2015, 2015, S. 102.

1486 *Praktiknjo*, Sicherheit der Elektrizitätsversorgung, 2013, S. 20.

1487 *Hermes*, In: *Marburger*, Energieversorgung und Umweltschutz, 2010, S. 96–97.

1488 Ausführlich dazu, *Hermes*, In: *Marburger*, Energieversorgung und Umweltschutz, 2010, S. 97–112.

1489 *Angenendt/Boesche/Franz*, Der energierechtliche Rahmen einer Implementierung von Smart Grids, RdE, Heft 4–5, 2011, S. 120.

Implementierung von intelligenten Netztechniken. Die Entscheidung zwischen einem Netzausbau oder einem intelligenten Netzumbau lässt sich aber wegen der Kostentragung und -wälzung nicht so einfach lösen, da sich die Entwicklung der intelligenten Netztechniken noch in Gang befindet[1490]. Eine Studie zeigt aber, dass der Netzausbaubedarf nur durch Engpassmanagement bzw. Abregelung der Einspeisung aus Windenergie- und PV-Anlagen reduziert werden kann. Die Zusatzkosten bezüglich des Netzausbaus könnten um 15 % gesenkt werden. Die Kosten könnten aber noch weiter reduziert werden, wenn dieses Erzeugungsmanagement mit intelligenten Netzen kombiniert werden würde[1491]. Sicher ist aber, dass eine Logik „je mehr, desto besser" bezüglich des Netzausbaus sowohl die Vorteile einer Optimierung der Ausgestaltung der Energienetze als auch das Problem der gleichzeitigen Stromeinspeisung erneuerbarer Energien vermissen lässt.

Da die Kapazität eines Stromnetzes erst mittels seines Ausbaus erweitert werden kann, und angesichts der dafür notwendigen Kosten, wird u.a. versucht, die Nachfrage zu steuern[1492], um kapazitätserweiternde Netzausbauten zu unterlassen. Die Steuerung der Nachfrage ermöglicht, die zeitgleiche Höchstlast[1493] zu beeinflussen, da vertraglich induziert wird, bestimmte Verbrauchseinrichtungen zeitlich zu verlagern, so dass ihre Nutzung nicht im Zeitpunkt der Höchstlast, sondern davor oder danach stattfindet und die Netzinfrastruktur entlastet wird. Wichtig für die Netzbelastung ist nicht, wie viel Strom ein Kunde in einem bestimmten Zeitraum aus dem Netz bezogen hat, sondern vielmehr wie viel Leistung (in Watt

1490 *Pielow*, In: *Faßbender/Köck* (Hrsg.), Versorgungssicherheit in der Energiewende – Anforderungen des Energie-, Umwelt- und Planungsrechts, 2014, S. 62. Im Jahr 2014 wurden von 808 Verteilernetzbetreiber ca. 478 Mio. Euro in Mess- und Steuereinrichtungen, sowie Kommunikationsinfrastruktur investiert. Ferner sind die Maßnahmen zur Optimierung im Vergleich zum Jahr 2014 leicht zurückgegangen ebenso wie die Maßnahmen zum Netzausbau, während hingegen die Maßnahmen zur Netzverstärkung leicht gestiegen sind, *Bundesnetzagentur*, Monitoringbericht 2015, 2015, S. 90–93. Das BMWi geht davon aus, dass sich der Einbau intelligenter Messsysteme wohl nicht rentiert, *BMWi*, Baustein für die Energiewende: 7 Ecktpunkte für das „Verordnungspaket Intelligente Netze", 2015, S. 4.

1491 *IAEW*, Moderne Verteilernetze für Deutschland. Studie im Auftrag des BMWi, 2014, S. 65 ff.

1492 Erzeugungsseitige Maßnahmen mit dem Ziel einer Verschiebung des Netzausbaus schließen das Engpassmanagement, *Redispatch*, *Countertrading* u.a. ein. U.a. Regelbare Trafos stellen zusätzlich eine technische Maßnahme dar, um die Kapazitätsgrenze auszuweiten.

1493 Das Netz und die Netzelemente sind für die zu erwartende zeitgleiche Höchstlast dimensioniert und nicht für die Summe der potenziellen Volllast aller angeschlossenen Kunden, da nicht davon auszugehen ist, dass alle angeschlossenen Kunden ihren Tag an demselben Zeitpunkt beginnen oder an Teilen des Tages alle elektrischen Einrichtungen gleichzeitig benutzt werden. Es geschieht dann eine **Durchmischung der Nachfrage**, die einen kostensenkenden Effekt in der Netzinfrasturktur hat.

bemessen) und Kapazität er in dem Moment genutzt hat, in dem auch alle anderen Kunden die höchste Anforderung an das Netz gestellt haben[1494]. Eine Kombination zwischen dem Einsatz von Informations- und Kommunikationstechnologien und vorübergehenden Einschränkungen von Netznutzern, die erst mit solchen Technologien realisierbar ist, ermöglicht die Gewährleistung der Netzleistungsfähigkeit[1495].

Aus ökonomischer Sicht ist es nicht sinnvoll, das Stromnetz mit dem Ziel kostenintensiv auszubauen, Kapazitäten für Stromeinspeisung aus erneuerbaren Energien bereitzuhalten, die aufgrund höherer Sonnenstrahlung nur an wenigen Tagen des Jahres und nur ausnahmsweise genutzt werden. In diesem Sinn stellt die Netzausbaupflicht laut § 9 Abs. 1 EEG bei Auftreten von Netzengpässen keinen effektiven Ansatz für ein funktionierendes *Smart Grid* dar, da eine Maximierung des Netzausbaus nicht mit einer Optimierung der Netznutzung gleichzusetzen ist[1496]. Um eine kostengünstige Energieversorgungssicherheit zu gewährleisten, ist ein intelligentes, flexibleres Netz erforderlich.

Die Implementierung von *Smart Grids* ist dann bedeutungsvoll, wenn sie einen dauerhaften Balanceakt zwischen Einspeisung und Verbrauch erlaubt. Dafür ist aber notwendig, dass die *Smart Grids* nicht als reines Notfallinstrument betrachtet wird, das das Netz erst nach dem Auftreten höherer Stromeinspeisung und erst nach der Konstatierung einer potenzialen Gefährdung entlastet, sondern vielmehr als frühzeitiges, flexibles Steuerungsinstrument, das es ermöglicht, die Einspeiseleistung von erneuerbaren Energien vorausschauend zu steuern, um die Netzüberlastung zu vermeiden[1497].

Damit muss ein Gleichgewicht zwischen dem unentbehrlichen Ausbau bestimmter Netze und einem optimierten Netzumbau gefunden werden, sodass die Energieversorgungssicherheit und die Netzstabilität kostengünstig gewährleistet werden können und auch das Ziel der Preisgünstigkeit realisiert wird. Hervorzuheben ist zudem, dass ein Netzausbau „bedarfsgerecht" sein muss, um sich zu rechtfertigen. Diese Voraussetzung kann nicht immer als erfüllt betrachtet werden, wenn die Nachfrage noch durch kostengünstigere Optimierungsmaßnahmen befriedigt werden kann. Eine generelle und nicht-qualifizierte Netzausbauverpflichtung, die das Optimierungspotenzial unberücksichtigt lässt, führt zu einer Verteuerung von

---

1494 *Franz/Boesche*, In: *Säcker* (Hrsg.), Berliner Kommentar zum Energierecht, 2014, S. 1015.

1495 *Angenendt/Boesche/Franz*, Der energierechtliche Rahmen einer Implementierung von Smart Grids, RdE, Heft 4–5, 2011, S. 123.

1496 *Güneysu, Smart Grids und die Anforderungen des Einspeisemanagements*, RdE, Heft 2, 2012, S. 50.

1497 Ebenda, S. 50. Mehr zum Smart Grids und Messsysteme, vgl. *Wengeler*, Intelligente Messsysteme und Zähler vor dem Pflicht-Roll-Out, EnWZ, Heft 11, 2014, S. 500 ff.; *Schäfer-Stradowsky/Boldt*, Energierechtliche Anmerkungen zum Smart Meter-Rollout, EnWZ, Heft 8, 2015, S. 349 ff.

Energieinfrastrukturen und realisiert nur schwerlich das Ziel der preisgünstigen Energieversorgungssicherheit gemäß § 1 Abs. 1 EnWG[1498].

6.1.4 Fazit

Das deutsche Energiesystem steht vor mehreren Herausforderungen, die sich mit einer einzigen einfachen Lösung nicht bewältigen lassen. Die höhere Einspeisung erneuerbarer Energien baut bezüglich der Netzstabilität und des Stromverbrauchs mehrere Spannungen auf. Eine gleichzeitig höhere Einspeisung sowie eine gleichzeitig schlagartige Abschaltung mehreren PV-Anlagen können zur Netzstörung führen. Allerdings wird nicht nur die Energieversorgungssicherheit gefährdet, sondern auch das Ziel der Preisgünstigkeit gemäß § 1 Abs. 1 EnWG beeinträchtigt. Einerseits stellen weder eine Rückkehr zur Kernenergie noch der Ausbau fossiler Energieträger[1499] eine politische, umweltverträgliche Möglichkeit dar. Andererseits bietet ein zwangsläufiger, nicht-qualifizierter Netzausbau, der im Netz Platz für die höhere Einspeisung erneuerbarer Energien schaffen könnte, keine kostengünstige und optimierte Lösung. Dazwischen erscheinen das notfallmäßige Erzeugungs- bzw. Einspeisemanagement einerseits, und die durch die Implementierung von Informations- und Kommunikationstechnologien ermöglichte Nachfrageflexibilisierung bzw. -steuerung (Lastmanagement) andererseits (eventuell zusammen mit Stromspeichern[1500]) als die geeignetsten Ansätze, um eine nachhaltige und preisgünstige Energieversorgung zu gewährleisten[1501].

6.2 Unterbrechbarkeit laut europäischem Recht

Wie in den vorherigen Kapiteln gezeigt wurde, sind die Vorschriften zur Gewährleistung der Energieversorgungssicherheit auf mehrere Verordnungen und Richtlinien verstreut. Primärrechtlich wird das Ziel im Art. 194 Abs. 1 lit. b AEUV nicht definiert. Sekundärrechtlich wird die Frage, **was** Energieversorgungssicherheit ist, nicht so klar beantwortet wie die Frage, **wie** Energieversorgungssicherheit zu gewährleisten ist. Auch die politische Auseinandersetzung ist dazu unpräzise. Die unterschiedliche Entwicklung jedes Energiesystems der Mitgliedstaaten erschwert auch die Bildung eines Konsenses rund um eine greifbare Definition der Energieversorgungssicherheit. Deswegen definiert weder eine Richtlinie beispielweise die Unterbrechungsdauer bei der Stromversorgung der Mitgliedstaaten[1502], noch avanciert die Kommission im Bereich der Grenzsetzung von Werten, die einem

1498 *Angenendt/Boesche/Franz*, Der energierechtliche Rahmen einer Implementierung von Smart Grids, RdE, Heft 4–5, 2011, S. 121.

1499 Ebenso, *Praktiknjo*, Sicherheit der Elektrizitätsversorgung, 2013, S. 17.

1500 Ebenda, S. 18.

1501 Ebenso, *BMWi*, Monitoring-Bericht zur Versorgungssicherheit im Bereich der leitungsgebundenen Versorgung mit Elektrizität, 2014, S. 18.

1502 S. Fn. 147.

akzeptablen und angemessenen Niveau an Energieversorgungssicherheit bzw. an Zuverlässigkeit der Energieversorgung entsprechen.

Der Abschnitt 1.2 dieser Arbeit beschäftigt sich mit der Identifizierung und Analysierung der Definition für Energieversorgungssicherheit sowohl in der politischen Auseinandersetzung der europäischen Organe als auch in den sekundärrechtlichen Vorschriften. 1993 und im Rahmen der Veröffentlichung der ersten Richtlinie für den Elektrizitätsbinnenmarkt (Richtlinie 96/92/EG[1503]) legte der Wirtschafts- und Sozialausschuss der Kommission seine Stellungnahme vor[1504]. In der Stellungnahme ist ein abgelehnter Änderungsantrag zu finden, in dem eine Definition der Energieversorgungssicherheit vorgeschlagen wurde: „Elektrische Energie – außer unter sehr außergewöhnlichen Umständen – steht immer zur Verfügung, wenn jemand, der sie nutzen will, sie einschaltet". Weder ist klar, was unter „sehr außergewöhnlichen Umständen" zu verstehen ist, noch scheint diese Definition zukünftig realisierbar, insbesondere wenn die Kosten einer knapp hundertprozentig unterbrechungsfreien Energieversorgung, die auf der höheren Einspeisung erneuerbarer Energien basiert, betrachtet werden. Neben den Kosten soll auch die Gefährdung einer höheren Einspeisung wetterbedingter Energieträger für die Netzstabilität berücksichtigt werden (s. 6.1.1).

Die Kommission nahm 2000 einen umfassenden Begriff für Energieversorgungssicherheit im Grünbuch „Hin zu einer europäischen Strategie für Energieversorgungssicherheit" an[1505]: „die kurz- und längerfristige Verfügbarkeit eines breiten Spektrums von Energieprodukten für alle Verbraucher (Industrie und Privathaushalte) innerhalb der EU zu erschwinglichen Preisen und unter Berücksichtigung des Umweltschutzes"[1506]. Aktueller – und zurückhaltender – definierte die Kommission Energieversorgungssicherheit als eine Sicherstellung einer kontinuierlichen und angemessenen Versorgung mit Energie aus allen Quellen für alle Nutzer[1507].

6.2.1 Art. 2 lit. c der Richtlinie 2005/89/EG im Einzelnen

Wie schon gezeigt (s. 1.2.2) ist die „Sicherheit der Elektrizitätsversorgung" nur in der Richtlinie 2005/89/EG[1508] definiert. Während „Sicherheit der Elektrizitätsversorgung" als die Fähigkeit eines Elektrizitätssystems, die Endverbraucher gemäß der Richtlinie 2005/89/EG mit Elektrizität zu versorgen, bedeutet (Art. 2 lit. b), ist die „Betriebssicherheit des Netzes" als der unterbrechungsfreie Betrieb des

1503 S. 2.2.2.1.1.

1504 ABl. C 73 v. 15.3.1993, S. 31.

1505 KOM (2000) 769 endg. v. 29.11.2000.

1506 Ebenda, S. 89.

1507 Mitteilung der Kommission „Ein Rahmen für die Klima- und Energiepolitik im Zeitraum 2020–2030" v. 22.01.2014. KOM (2014) 15 final, S. 13.

1508 Richtlinie 2005/89/EG des Europäischen Parlaments und des Rates vom 18. Januar 2006 „über Maßnahmen zur Gewährleistung der Sicherheit der Elektrizitätsversorgung und von Infrastrukturinvestitionen". ABl. L 33 v. 04.02.2006, S. 33.

Übertragungs- und gegebenenfalls des Verteilungsnetzes unter vorhersehbaren Bedingungen zu verstehen (Art. 2 lit. c). Für dieses Kapitel relevant, da hier geprüft werden soll, ob die im deutschen Recht regulierte Steuerung der Nachfrage zu Gunsten der Netzstabilität mit dem EU-Recht vereinbar ist, ist die Definition der Betriebssicherheit bzw. technischen Energieversorgungssicherheit der Netze, unter die die Eigenschaft der Unterbrechbarkeit fällt.

Die europarechtliche Definition für Betriebssicherheit ist aber auslegungsbedürftig, da sie subjektive bzw. offene Ausdrücke beinhaltet. Fraglich ist dann, wie „unterbrechungsfreier Betrieb" und „vorhersehbare Bedingungen" europarechtlich auszulegen sind, um ein Verständnis bezüglich der europäischen Betriebssicherheit erfassen zu können, das als Referenzpunkt für das Ziel dieses Kapitels (Vereinbarkeit des deutschen Rechts mit dem EU-Recht) dienen kann.

6.2.1.1 „Unterbrechungsfreier Betrieb"

Zu unterscheiden ist zuerst zwischen einem unterbrechungsfreien Betrieb und einer unterbrechungsfreien Versorgung, wie die Ausdrücke normalerweise in der Literatur benutzt werden. Ein unterbrechungsfreier Betrieb bezieht sich auf die technische Fähigkeit der Energienetze, Strom unterbrechungsfrei zu transportieren und zu liefern. Es geht um die Zuverlässigkeit der Netze[1509]. Ein Energienetz bzw. -system ist technisch sicher, wenn die Haltung von Frequenz, Spannung und Stabilität durch die Übertragungsnetzbetreiber gewährleistet werden kann[1510]. Zuverlässigkeit der Energieversorgung ist somit das Vorhandensein mengenmäßig ausreichender, hinreichend verknüpfter und qualitativ hochwertiger Übertragungskapazitäten[1511]. Andererseits bedeutet eine unterbrechungsfreie Versorgung, dass erzeugungsseitig die verfügbaren Energieträger genügen, um die Nachfrage unterbrechungsfrei zu decken[1512]. Hier besteht das Interesse nur am unterbrechungsfreien Stromfluss durch das Energienetz.

Fraglich ist, ob es um einen hundertprozentig unterbrechungsfreien Betrieb geht, oder ob diese Definition eine gewisse bzw. mitgliedstaatsregulierte Spanne für eine bestimmte Dauer und einen bestimmten Abstand von Stromunterbrechungen lässt. Fraglich ist dann, ob der Richtliniengeber irgendwelche Grenzen – kostenbezogene, technische und/oder technologische – hinsichtlich des Niveaus an die Unterbrechungsdauer bzw. -häufigkeit definiert. Weiter oben in dieser Arbeit wurde

---

1509 S. 1.1.3.2.1.

1510 *Moser*, Versorgungssicherheit im liberalisierten Energiemarkt, 2006, S. 53.

1511 *Ehricke*, Der europäische Regelungsansatz zur Versorgungssicherheit in Bezug auf Stromnetze – zum Richtlinienvorschlag für die Sicherung der Elektrizitätsversorgung, ZNER, Heft 3, 2004, S. 212.

1512 S. beispielweise die Beschreibung der Unterbrechung der Versorgung im Grünbuch „Hin zu einer europäischen Strategie für Energieversorgungssicherheit", die sich nur auf Ressourcenverfügbarkeit und Reserven begrenzt, KOM (2000) 769 endg. v. 29.11.2000, S. 91.

schon erwähnt, dass eine völlig unterbrechungsfreie Elektrizitätsversorgung aus wirtschaftlichen Gründe undurchführbar ist. Zu untersuchen ist jetzt, ob sich im Sekundärrecht erläuternde Elemente für die Definition eines „unterbrechungsfreien Betriebs“ finden lassen, da der Begriff selbst keine zufriedenstellende Antwort liefert.

6.2.1.1.1 Erwägungsgründe der Richtlinie 2005/89/EG

Im Rahmen der Förderung erneuerbarer Energien und angesichts der oben dargestellten Fragen der höheren Einspeisung von Strom aus erneuerbaren Energien gewinnt die Zuverlässigkeit der Energienetze eine höhere Bedeutung. Die Richtlinie 2005/89/EG lässt dieses Verhältnis nicht unberücksichtigt, wenn im Erwägungsgrund 5 erwähnt wird, dass „bei der Förderung der Elektrizitätserzeugung aus erneuerbaren Energiequellen sicherzustellen [ist], dass die damit verbundene Reservekapazität zur Erhaltung der Zuverlässigkeit und Sicherheit des Netzes zur Verfügung steht“. Der Erwägungsgrund gibt einen leichten Hinweis darauf hin, dass bei der Stromeinspeisung erneuerbarer Energien Probleme bezüglich der Aufrechterhaltung der Netzsicherheit auftreten könnten, die spezielle Maßnahmen erfordern, wie beispielweise den Einsatz von Reservekapazität. Ob die Nutzung dieser Maßnahmen einer hundertprozentigen oder nur einer möglichst sicheren Energieversorgung dienen, kann daraus nicht hergeleitet werden.

Erwägungsgrund 8 bezüglich der Zusammenschaltung der (grenzüberschreitenden) Netze ist auch nicht erläuternd, da dort empfohlen wurde, „den notwendigen unterbrechungsfreien Betrieb des Netzes bei einem Systemausfall an einer oder mehreren Stellen im Netz aufrechtzuerhalten und die durch das Auffangen einer solchen Versorgungsunterbrechung entstehenden Kosten auf ein Minimum zu beschränken“, ohne das Niveau an Unterbrechungsfreiheit zu präzisieren.

Für die Absicht dieses Kapitels hilfreicher ist Erwägungsgrund 9 der Richtlinie 2005/89/EG, der die Verpflichtung für Übertragungs- und Verteilernetzbetreiber erwähnt, bezüglich der Häufigkeit und Dauer von Versorgungsunterbrechungen hochwertige Dienstleistungen für den Endverbraucher zu erbringen. Der Erwägungsgrund 9 ist aus zwei Gründen erklärend. Einerseits erkennt er mittelbar, dass es Aufgabe jedes mitgliedstaatlichen Übertragungs- und Verteilernetzbetreibers ist und nicht der EU, die Häufigkeit und Dauer von Unterbrechungen zu bestimmen (und die entsprechenden Daten den Stromkunden mitzuteilen) und zu beseitigen. Den Übertragungs- und Verteilernetzbetreibern wird ein Ermessensspielraum bezüglich der Dienstleistungen, die zum Entgegenwirken der Unterbrechung der Stromversorgung dienen, zugewiesen. Andererseits erkannt der Richtliniengeber (auch mittelbar) mittels der Erwähnung der Verpflichtung zum Angebot hochwertiger Dienstleistungen bezüglich der Häufigkeit und Dauer der Stromversorgungsunterbrechungen an, dass eine hundertprozentige Unterbrechungsfreiheit nicht möglich ist (sein kann). Also ist mit einem bestimmten Grad an Häufigkeit und Dauer der Unterbrechungen zu rechnen, **deren Festlegung von jedem Mitgliedstaat abhängt**. Welche Dienstleistungen dem Endverbraucher anzubieten sind, um die Häufigkeit und Dauer der Unterbrechungen auf einem niedrigen Niveau zu halten, wird nicht bestimmt. Sie müssen allerdings gemäß dem Wortlaut des Erwägungsgrundes 9 „hochwertig“ sein.

6.2.1.1.2 Vorschriften der Richtlinie 2005/89/EG

Laut Art. 2 lit. c der Richtlinie 2005/89/EG bezeichnet „Betriebssicherheit des Netzes“ einen unterbrechungsfreien Betrieb. Zu untersuchen sind die Vorschriften der Richtlinie, die diese Unterbrechungsfreiheit besser definieren.

Art. 3 Abs. 2 lit. a der Richtlinie stellt fest, dass die Mitgliedstaaten bei der Gewährleistung der Energieversorgungssicherheit die Bedeutung der Gewährleistung einer unterbrechungsfreien Elektrizitätsversorgung berücksichtigen müssen. Der Richtliniengeber überlässt den Mitgliedstaaten die Aufgabe, eine unterbrechungsfreie Energieversorgung zu gewährleisten. Ein Ermessensspielraum hinsichtlich des „Wie“ (wie wird die Unterbrechungsfreiheit gewährleistet) lässt sich von der Norm herleiten. Art. 3 Abs. 2 lit. f der Richtlinie bestätigt diese Auslegung, wenn festgestellt wird, dass die Mitgliedstaaten bei der Sicherstellung der Energieversorgung „die Notwendigkeit der Gewährleistung ausreichender Übertragungs- und Erzeugungskapazitätsreserven für einen stabilen Betrieb“ berücksichtigen müssen.

Art. 4 der Richtlinie 2005/89/EG handelt von der Betriebssicherheit der Netze und legt Verpflichtungen gegenüber den Mitgliedstaaten fest, um diese zu garantieren. Art. 4 Abs. 1 lit. a S. 1 der Richtlinie verpflichtet die Mitgliedstaaten oder die zuständigen Behörden, dass die Übertragungsnetzbetreiber Mindestbetriebsregeln und -verpflichtungen für die Netzsicherheit festlegen. Auf europäischer Ebene kommt beispielweise der sich noch in Bearbeitungsphase befindliche Netzkodex für Betriebssicherheit[1513], der Teil der zu veröffentlichenden Leitlinie zum Systembetrieb ist, in Betracht. In solche Mindestbetriebsregeln und -verpflichtungen können beispielweise Standards bezüglich der Häufigkeit und Dauer der Versorgungsunterbrechung einbezogen werden, die beachtet werden müssen, damit die technische Sicherheit gewährleistet wird, ebenso wie das n-1-Kriterium zu beachten ist. Im deutschen Energierecht regelt § 49 Abs. 1 EnWG, dass die technische Sicherheit gewährleistet wird, wenn die „allgemein anerkannten Regeln der Technik“ beachtet werden. Zur Messung der Versorgungsqualität verfügt die Bundesnetzagentur über den SAIDI-Index[1514], der die durchschnittliche Versorgungsunterbrechung je angeschlossenem Letztverbraucher innerhalb eines Kalenderjahres widerspiegelt. Ferner haben die Mitgliedstaaten gemäß Art. 4 Abs. 1 lit. c der Richtlinie 2005/89/EG sicherzustellen, dass die Übertragungs- und gegebenenfalls Verteilungsnetzbetreiber die Mindestbetriebsregeln und -verpflichtungen für die Netzsicherheit einhalten. Art. 4 Abs. 1 lit. d S. 1 der Richtlinie lässt den Mitgliedstaaten einen

---

1513 https://www.entsoe.eu/fileadmin/user_upload/_library/resources/OS_NC/130924-AS-NC_OS_2nd_Edition_ final.pdf (Stand: 03.03.2016).

1514 *System Average Interruption Duration Index.* Vgl. dazu, *Praktiknjo*, Sicherheit der Elektrizitätsversorgung, 2013, S. 6.

großen Raum, das Niveau an Betriebssicherheit zu bestimmen, da dort nur geregelt wird, dass die Mitgliedstaaten die Übertragungsnetzbetreiber verpflichten, einen **angemessenen Grad** der Betriebssicherheit des Netzes aufrechtzuerhalten. Der Norm kann gemäß Art. 4 Abs. 1 lit. d S. 2 nur entnommen werden, dass die Haltung von angemessenen technischen Übertragungskapazitätsreserven und die Zusammenarbeit zwischen den Übertragungsnetzbetreibern zur Angemessenheit der Betriebssicherheit beitragen sollen. Letztlich verpflichtet Art. 4 Abs. 2 der Energieversorgungssicherheitsrichtlinie die Mitgliedstaaten oder die zuständigen Behörden zur Gewährleistung einer Festlegung und Einhaltung bei den Übertragungs- und Verteilungsnetzbetreibern von Leistungszielen bezüglich der Versorgungsqualität und der Netzsicherheit. Der Richtlinienvorschlag hebt hervor, dass „diese Ziele den betreffenden Unternehmen Anreize dafür [geben], das Netz in Stand zu halten und beim Betrieb keine Qualitätsabstriche zu machen". Zudem bestätigt der Vorschlag, dass „das tatsächliche Niveau der Ziele nach dem Ermessen der Mitgliedstaaten festgelegt werden [sollte]"[1515]. Damit wird deutlich, dass die Richtlinie selbst das Thema der Unterbrechbarkeit bzw. Unterbrechungsdauer und -häufigkeit nicht bestimmt, sondern den Mitgliedstaaten die Verantwortung überlässt, ein angemessenes Niveau an Unterbrechungsdauer und -häufigkeit zu etablieren und durch ihre Behörden zu gewährleisten. Wie viele (und wie häufige) Unterbrechungen noch als eine angemessene technische Betriebssicherheit betrachtet werden können, hängt von jedem Mitgliedstaat ab.

6.2.1.2 „Vorhersehbare Bedingungen"

Art. 2 lit. c der Richtlinie 2005/89/EG legt fest, dass die Übertragungs- und Verteilungsnetze unterbrechungsfrei „unter vorhersehbaren Bedingungen" betrieben werden müssen. Bei der Aufrechterhaltung eines angemessenen Grades der Betriebssicherheit der Netze müssen die Mitgliedstaaten das Maß an vorhersehbaren Umständen in den Vorschriften für die Betriebssicherheit der Netze festlegen (Art. 4 Abs. 1 lit. d S. 3). Die Richtlinie lässt dann den Mitgliedstaaten einen großen Ermessensspielraum, um zu definieren, unter welchen Bedingungen bzw. Umständen die Energieversorgung unterbrechungsfrei zu gewährleisten ist.

6.2.1.3 Zwischenergebnisse

Durch die Richtlinie 2005/89/EG wird deutlich gemacht, dass die Regulierung der Unterbrechbarkeit der Energieversorgung während einer Gefährdung oder Störung der technischen Energiesicherheit Sache der Mitgliedstaaten ist. Die Richtlinie lässt den Mitgliedstaaten mehr Raum, um Dauer, Häufigkeit und andere Elemente der Versorgungsunterbrechung zu bestimmen. Angesichts dessen ist nicht davon auszugehen,

1515 Vorschlag für eine „Richtlinie des Europäischen Parlaments und des Rates über Maßnahmen zur Gewährleistung der Sicherheit der Elektrizitätsversorgung und von Infrastrukturinvestitionen" v. 10.12.2003. KOM (2003) 740 endg., S. 3.

dass ein „unterbrechungsfreier Betrieb“ der Energienetze eine hundertprozentige Energieversorgung bedeutet. Die Festlegung von Leistungszielen hinsichtlich der Versorgungsqualität ist gemäß der Richtlinie 2005/89/EG Sache der Mitgliedstaaten. Bereits im Vorschlag für die Richtlinie hat die Kommission erkannt, dass „auch wenn kein System absolut zuverlässig sein kann, die Elektrizitätskunden doch erwarten, dass derartige Störungen so selten wie möglich vorkommen“[1516]. Dementsprechend ist von einem „**möglichst** unterbrechungsfreien Betrieb“ auszugehen.

6.2.2 Gleichgewicht zwischen Angebot und Nachfrage gemäß Art. 2 lit. d der Richtlinie 2005/89/EG

Außer der Begriffsbestimmung im Art. 2 lit. c der Richtlinie 2005/89/EG und anderen damit in Beziehung stehenden Vorschriften bietet die Richtlinie im Art. 2 lit. d eine Begriffsbestimmung für das Gleichgewicht zwischen Angebot und Nachfrage, die sich auf die Unterbrechungsfreiheit der Stromversorgung bezieht und deswegen hilfreich sein kann, um die europarechtliche Idee eines „unterbrechungsfreien Betriebs“ zu erläutern bzw. zu präzisieren.

Laut dem Wortlaut bezeichnet das Gleichgewicht zwischen Angebot und Nachfrage „die Deckung des vorhersehbaren Bedarfs der Endverbraucher an Elektrizität, ohne dass Maßnahmen zur Senkung des Verbrauchs durchgesetzt werden müssen“. Die (vorhersehbare) Nachfrage muss dann gedeckt werden, ohne dass dieses Ziel mittels Verbrauchbeschränkungsmaßnahmen erreicht wird. Fraglich ist dann, was unter „Maßnahmen zur Senkung des Verbrauchs“ zu verstehen ist, da je nach der Fassung des europarechtlichen Begriffes die Maßnahmen zur Flexibilisierung der Nachfrage des deutschen Energierechts mit dem Europarecht in Konflikt geraten könnten.

Gemäß Art. 3 Abs. 3 lit. c der Richtlinie können (müssen aber nicht) die Mitgliedstaaten bei der Gewährleistung der Energieversorgungssicherheit die „Bedeutung der Förderung der Energieeffizienz und die Einführung neuer Technologien, **insbesondere für die Bedarfssteuerung**, zur Nutzung erneuerbarer Energietechnologien sowie für die dezentrale Erzeugung“ berücksichtigen. Wenn beide Normen systematisch zusammen betrachtet werden, wird deutlich, dass „Maßnahmen zur Senkung des Verbrauchs“ nicht die Bedarfssteuerungsmaßnahmen umfassen, da solche nachfragebezogenen Maßnahmen das Ziel haben, zum Gleichgewicht zwischen Angebot und Nachfrage und zur Systembilanz beizutragen. Ferner wird für den Fall des Vertrages über zu- und abschaltbare Lasten im deutschen Recht weiter unten dargelegt, dass es bei solchen Maßnahmen nicht um eine Stromeinsparung geht, sondern um eine temporäre Verlagerung der Nachfrage[1517]. Eine Steuerung der

1516 Vorschlag für eine „Richtlinie des Europäischen Parlaments und des Rates über Maßnahmen zur Gewährleistung der Sicherheit der Elektrizitätsversorgung und von Infrastrukturinvestitionen“ v. 10.12.2003. KOM (2003) 740 endg., S. 2.

1517 Beim Lastmanagement geht es grundsätzlich um eine Verlagerung der Stromflüsse, nicht um eine Reduktion der insgesamt im Netz vorhandenen Strommenge, *König*,

Nachfrage dient nicht zur Senkung des Stromverbrauchs[1518], sondern zu ihrer temporären Verlagerung bzw. Verschiebung. Nachfrageflexibilisierungsmaßnahmen sind durch die Richtlinie 2005/89/EG nicht verboten und dürfen dann durchgeführt werden, um das Gleichgewicht zwischen Angebot und Nachfrage und die Netzsicherheit zu gewährleisten. Ferner bestätigt Art. 5 Abs. 2 lit. d der Richtlinie diese Auslegung, da die Richtlinie den Mitgliedstaaten im Rahmen der Erhaltung des Gleichgewichts zwischen Angebot und Nachfrage erlaubt, Maßnahmen zu treffen, mit denen die Einführung von Technologien im Bereich der Echtzeit-Nachfragesteuerung, wie etwa fortschrittliche Messsysteme, gefördert werden. Sogar Energieeinsparungsmaßnahmen, die als Ziel haben, den Stromverbrauch zu senken, werden in der Richtlinie (Art. 5 Abs. 2 lit. e) gefördert, so dass davon auszugehen ist, dass sich „Maßnahmen zur Senkung des Verbrauchs" i.S.v. Art. 2 lit. d der Richtlinie 2005/89/EG nur auf drastische bzw. notfallmäßige Maßnahmen beziehen, wie beispielweise Energierationierung.

Ferner können die Mitgliedstaaten zur Aufrechterhaltung des Gleichgewichts zwischen der Elektrizitätsnachfrage und der vorhandenen Erzeugungskapazität Maßnahmen erlassen, die die Hindernisse für die **Anwendung von Verträgen mit Unterbrechungsklauseln** abbauen (Art. 5 Abs. 2 lit. b). Der Richtliniengeber erkennt an, dass es mitgliedstaatliche Rechtsrahmen gibt, die den Abschluss von für bestimmte Endverbraucher günstigere, attraktiveren Verträgen mit Unterbrechungsklauseln verhindern. Die Nachfragesteuerungsmaßnahmen mit Auswirkungen auf die Unterbrechungsfreiheit der Endkunden wird in der Richtlinie 2005/89/EG nicht nur nicht verboten, sondern in gewissem Maße sogar gefördert.

6.2.3 Andere europarechtlichen Vorschriften

Andere europarechtlichen Vorschriften unterstützen die Möglichkeit, dass Mitgliedstaaten über Maßnahmen verfügen, um die Nachfrage mittels Unterbrechbarkeit der Energieversorgung zu steuern, wenn die technische Energiesicherheit gefährdet wird. Im Hintergrund steht die Annahme, dass eine hundertprozentige Unterbrechungsfreiheit weder technisch möglich noch wirtschaftlich erwünscht ist. Im Vordergrund andererseits wird deutlich, dass die Kommission das Thema der Unterbrechbarkeit nicht im Einzelnen regelt und den Mitgliedstaaten einen

---

Engpassmanagement in der deutschen und europäischen Elektrizitätsversorgung, 2013, S. 453.

1518 Beide Begriffe wurden aber irrtümlicherweise in dem Richtlinievorschlag benutzt. Im Rahmen der Schaffung „politischer Konzepte zur Beherrschung des Nachfrageanstiegs" vertrat die Kommission die Meinung, dass „die Bedarfssteuerung in der Versorgungssicherheitspolitik aller Mitgliedstaaten die zentrale Rolle einnehmen [musste]", Vorschlag für eine „Richtlinie des Europäischen Parlaments und des Rates über Maßnahmen zur Gewährleistung der Sicherheit der Elektrizitätsversorgung und von Infrastrukturinvestitionen" v. 10.12.2003. KOM (2003) 740 endg., S. 4.

Ermessensspielraum bezüglich der (nachfrageseitigen) Maßnahmen lässt, die adoptiert werden müssen, damit die technische Sicherheit in Zeiten hoher Nachfrage und möglicher Netzbelastungen trotzdem sichergestellt wird.

6.2.3.1 Unterbrechbarkeit und Nachfragesteuerung in der Richtlinie 2009/72/EG

Im diesen Sinn definiert Art. 2 Nr. 29 der Richtlinie 2009/72/EG „Energieeffizienz/Nachfragesteuerung“ als ein globales oder integriertes Konzept zur Steuerung der Höhe und des Zeitpunkts des Elektrizitätsverbrauchs, das den Primärenergieverbrauch senken und Spitzenlasten verringern soll, indem Investitionen zur Steigerung der Energieeffizienz oder andere Maßnahmen **wie unterbrechbare Lieferverträge** Vorrang vor Investitionen zur Steigerung der Erzeugungskapazität eingeräumt wird, wenn sie unter Berücksichtigung der positiven Auswirkungen eines geringeren Energieverbrauchs auf die Umwelt und der damit verbundenen Aspekte einer größeren Versorgungssicherheit und geringerer Verteilungskosten die wirksamste und wirtschaftlichste Option darstellen.

Gemäß Art. 4 der Richtlinie 2009/72/EG müssen die Mitgliedstaaten bzw. die Regulierungsbehörden die Aufgabe der Beobachtung der Versorgungssicherheit durch u.a. Analyse der Entwicklung und des Verhältnisses zwischen Angebot und Nachfrage, Analyse der erwarteten Nachfrageentwicklung, Beobachtung der Qualität der Netzwartung sowie Anwendung von Maßnahmen zur Bedienung von Nachfragespitzen und zur Bewältigung von Ausfällen eines oder mehrerer Versorger erfüllen. Andererseits gewährleistet der Richtliniengeber zugunsten der Mitgliedstaaten gemäß Art. 5 der Richtlinie 2009/72/EG einen großen Ermessensspielraum bezüglich der Wahl der Kriterien zur Gewährleistung und Aufrechterhaltung der technischen Betriebssicherheit.

Es ist gemäß Art. 12 lit. a und lit. c bzw. Art. 25 Abs. 1 Aufgabe der Übertragungs- und Verteilernetzbetreiber, u.a. die Fähigkeit des Netzes sicherzustellen und eine angemessene (nicht eine verantwortungslose, wirtschaftlich und im Sinne der Betriebssicherheit untragbare!) Nachfrage nach Übertragung und Verteilung von Elektrizität zu befriedigen. Sie tragen zur Versorgungssicherheit durch Übertragungskapazität und Zuverlässigkeit des Netzes bei.

Die Richtlinie 2009/72/EG griff kaum in das Thema der Unterbrechungsfreiheit ein. Vielmehr bestätigte sie die in der Richtlinie 2005/89/EG gegründete Logik, nach der die Regulierung der Unterbrechbarkeit und der Nutzung von Rechtsinstrumenten zur Sicherstellung der Netzstabilität mittels Nachfragesteuerungsmaßnahmen Sache der Mitgliedstaaten ist. Hervorzuheben ist allerdings die Erwähnung im Art. 2 Nr. 29 der Richtlinie 2009/72/EG von unterbrechbaren Lieferverträgen als vorrangiges Instrument gegenüber Investitionen zur Steigerung der Erzeugungskapazität.

6.2.3.2 *Laststeuerung gemäß der Richtlinie 2012/27/EU zur Energieeffizienz*

Die Richtlinie 2012/27/EU zur Energieeffizienz[1519] bezieht sich auf die Förderung von Energieeffizienzmaßnahmen und ist somit für die Energieeinsparung von Bedeutung, für die reine Verlagerung des Stromverbrauchs aber nicht sehr relevant. Trotzdem sind ein paar Vorschriften zu nennen, die sich mit dem Thema der Laststeuerung beschäftigen.

Art. 15 Abs. 8 S. 1 der Richtlinie 2012/27/EU verpflichtet die Mitgliedstaaten, bei den nationalen Regulierungsbehörden darauf hinzuwirken, dass nachfrageseitige Ressourcen wie etwa die Laststeuerung neben den Versorgern an den Großhandels- und Einzelhandelsmärkten teilnehmen. Zudem sorgen die Mitgliedstaaten dafür, dass Anbieter aus dem Bereich Laststeuerung – darunter auch Aggregatoren[1520] – von den Übertragungs- und Verteilernetzbetreibern bei der Erfüllung der Anforderungen für Ausgleichs- und Hilfsleistungen ausgehend von ihren technischen Fähigkeiten und diskriminierungsfrei behandelt werden (Art. 15 Abs. 8 S. 2 der Richtlinie 2012/27/EU). Letztlich fördern die Mitgliedstaaten in Bezug auf Märkte für Ausgleichsleistungen, Reservedienste und andere Systemdienste den Marktzugang und die Marktteilnahme von Laststeuerungs-Dienstleistern, unter anderem, indem sie verlangen, dass die nationalen Regulierungsbehörden oder, falls dies in ihren nationalen Regulierungssystemen vorgesehen ist, die Übertragungs- und Verteilernetzbetreiber in enger Zusammenarbeit mit den Laststeuerungs-Dienstleistern und Verbrauchern technische Modalitäten für die Teilnahme an diesen Märkten auf der Grundlage der technischen Anforderungen dieser Märkte und der Laststeuerungsmöglichkeiten festlegen (Art. 15 Abs. 8 S. 3 der Richtlinie 2012/27/EU).

6.2.4 Fazit

Den sekundärrechtlichen Vorschriften bezüglich der Unterbrechungsfreiheit der Energieversorgung kann entnommen werden, dass es um einen „möglichst unterbrechungsfreien" Betrieb der Energienetze geht. Das Energierecht der EU reguliert das Thema der Unterbrechbarkeit der Energieversorgung nicht und lässt stattdessen den Mitgliedstaaten einen großen Ermessensspielraum, um Dauer und Häufigkeit der Unterbrechungen zu bestimmen sowie um die Maßnahmen zu implementieren, mit denen die Netzbelastungen bzw. -instabilität erfolgreich beseitigt wird.

Ferner erkennt die EU das mit der höheren Einspeisung erneuerbarer Energien verbundene Problem der Netzfrequenzhaltung, das durch nachfrageseitige Maßnahmen partiell gelöst werden kann. Also ist die Laststeuerung keine Neuigkeit für die Kommission; sie wird europarechtlich ermöglicht und im Rahmen

1519 ABl. L 315 v. 14.11.2012, S. 1.

1520 „Aggregator" ist gemäß Art. 2 Nr. 45 der Richtlinie 2012/27/EU ein Lastmanagement-Dienstleister, der verschiedene kurzfristige Verbraucherlasten zwecks Verkauf oder Auktion in organisierten Energiemärkten bündelt.

des politischen Diskurses gefördert, obwohl der Fortschritt eines solchen nachfragegesteuerten Ansatzes noch langsam geschieht[1521]. Die Kommission vertritt die Ansicht, dass „Veränderte Verbrauchsmuster aufgrund von Energieeffizienz, lokalen Energiequellen und Lösungen, die auf der Nachfrageseite ansetzen, eine Flexibilität [der Energienetze] bewirken [können] und für eine wirksame Abstimmung von Angebot und Nachfrage künftig von entscheidender Bedeutung sein [werden][1522]. Für die Entwicklung von Laststeuerungsmaßnahmen wird ein abgestimmtes Vorgehen von Versorgungsunternehmen, Anbietern von Dienstleistungen für die Laststeuerung, Stromversorgern sowie Anbietern von IKT erforderlich, das auf die Vermeidung bzw. Verschiebung staatlicher Interventionen auf der Angebotsseite abzielt. Die Synergien mit dem IKT-Sektor sollen mit dem Ziel einer Hervorbringung von kostengünstigen und effizienten Laststeuerungssystemen gefördert werden[1523]. Zusammenfassend beabsichtigte die Kommission, dass die Nachfrage eine bedeutungsvolle Rolle zur Flexibilisierung des Elektrizitätssystems spielt[1524].

Die Fixierung von Mindeststandards bezüglich des Betriebes der Energienetze, die sich auch auf die Unterbrechbarkeit beziehen könnte, bleibt Sache der Mitgliedstaaten. Zukünftig ist die Möglichkeit zu erwarten, dass die Kommission zusammen mit den Mitgliedstaaten „eine Reihe akzeptabler Standards für zu erwartende *ungewollte* Abtrennungen der Verbraucher vom Netz festsetzt, bei denen die Kosten unvorhergesehener Versorgungsunterbrechungen für Wirtschaft und Gesellschaft berücksichtigt werden“[1525]. Eine ausführliche Regulierung des Themas auf europarechtlicher Ebene fehlt noch – fraglich ist dennoch, ob das Thema überhaupt europarechtlich „regulierbar“ sein kann – und europarechtliche Schranken bezüglich der Unterbrechbarkeit existieren nicht. Nur aus der politischen Auseinandersetzung[1526] ist zu entnehmen, dass die Laststeuerung sowohl Freiwilligkeit bezüglich der Abweichung des Endverbrauchers von seinem üblichen Stromverbrauchsmuster als auch Entgeltlichkeit voraussetzt. Eine Verpflichtung gegenüber den Mitgliedstaaten zur Beachtung dieser Prinzipien sieht der sekundärrechtliche Rahmen jedoch nicht vor.

1521 Vgl. Arbeitsdokument der Kommissionsdienststellen zur Laststeuerung v. 05.11.2013 (SWD (2013) 442 final), S. 6; 8.

1522 Mitteilung der Kommission „Vollendung des Elektrizitätsbinnenmarktes und optimale Nutzung staatlicher Interventionen“ v. 05.11.2013. KOM (2013) 7243 final, S. 6.

1523 Ebenda, S. 9–10.

1524 Ebenda, S. 20.

1525 Mitteilung der Kommission „Einleitung des Prozesses der öffentlichen Konsultation zur Umgestaltung des Energiemarkts“ v. 15.07.2015. KOM (2015) 340 final, S. 16.

1526 Arbeitsdokument der Kommissionsdienststellen zur Laststeuerung v. 05.11.2013 (SWD (2013) 442 final), S. 3.

6.3 Flexibilisierung der Nachfrage als Vorgehensweise zur Vermeidung von Netzinstabilitäten im deutschen Recht

Da der Richtliniengeber weder das Thema der Unterbrechbarkeit noch die Nachfragesteuerungsmaßnahmen reguliert, sondern angesichts des weiten Begriffes bezüglich des sicheren Betriebs der Netze einen Ermessensspielraum zugunsten der Mitgliedstaaten einräumt, der für einen möglichst unterbrechungsfreien Betrieb spricht, verliert die Frage der Vereinbarkeit zwischen EU-Recht und deutschem Recht bezüglich der Unterbrechbarkeit der Nachfrage zur Beseitigung von Netzbelastungen bzw. -instabilitäten an sinnvoller Bedeutung.

Trotzdem kann eine Untersuchung der Nachfragesteuerungsmaßnahmen des deutschen Energierechts relevant sein, da sie einen Ausblick auf das künftige Verständnis der Energieversorgungssicherheit bietet. Die vom deutschen Recht angebotenen Lösungen für die Gewährleistung der technischen Energieversorgungssicherheit bezüglich schwankender und mit der Nachfrage nicht immer ausgeglichener Stromeinspeisung aus erneuerbaren Energien haben Auswirkungen auf die Lage der Gewährleistung der Energieversorgung. Diese Gewährleistung hängt nicht nur von der ausreichenden Ressourcenverfügung ab, sondern auch vom Verhalten der Stromkonsumenten, das sich sowohl auf das *Wie* bezüglich des Stromverbrauchs als auch auf die Stromeinspeisung der Prosumenten bezieht, deren Verbrauch sich flexibilisieren muss, damit die Zuverlässigkeit der Energienetze und letztendlich die Energieversorgungssicherheit aufrechterhalten werden kann.

Wie schon vorher erwähnt, ist eine hundertprozentige Unterbrechungsfreiheit weder wirtschaftlich noch technisch tragbar. Eine Nachfrageflexibilisierung ist dementsprechend wegen der Gleichrangigkeit der Ziele des § 1 EnWG, insbesondere zwischen Preiswürdigkeit und Energieversorgungssicherheit, erforderlich.

Die Logik hinsichtlich der Vermarktung bzw. Verhandlung der Unterbrechbarkeit der Stromversorgung liegt in der Tatsache, dass eine vom Netzbetreiber vergütete Abschaltung in Situationen extremer Netzbelastung für viele Netznutzer (wirtschaftlich) attraktiver sein kann als eine hundertprozentige Unterbrechungsfreiheit der Stromversorgung[1527].

Für die Nachfrageflexibilisierung ist es erforderlich, dass die Netze mit moderner Steuerungstechnik ausgestattet werden. Zudem sind in naher Zukunft intelligente Messsysteme für die Stromverbraucher im Kommen, die es zulassen, den Stromverbrauch zu flexibilisieren[1528]. Die Verbrauchsmesssysteme müssen u.a. die

---

1527 *Säcker/Timmermann*, In: *Säcker* (Hrsg.), Berliner Kommentar zum Energierecht, 2014, S. 231.

1528 Ebenda, S. 231. Vgl. auch der Entwurf eines Gesetzes zur Digitalisierung der Energiewende, BT-Drs. 18/7555 v. 17.02.2016.

Möglichkeiten für die Laststeuerung und andere Energiedienstleistungen offen halten[1529].

6.3.1 § 13 Abs. 1 Nr. 2 EnWG

Das Einspeisemanagement laut § 14 EEG stellt eine aufgrund der Gewährleistung der technischen Sicherheit der Netze gerechtfertigte, temporäre Limitierung des Prinzips der vorrangigen Einspeisung erneuerbarer Energien dar[1530]. Dementsprechend soll erst eine **möglichst** höhere Einspeisung erneuerbarer Energien geschehen, wobei die technische Energieversorgungssicherheit aufrechtzuerhalten ist[1531]. Eine Förderung erneuerbarer Energien findet da ihre Grenze, wo die Energieversorgungssicherheit gefährdet wird oder aus technischer Sicht, wenn das n-1-Kriterium wegen höherer Einspeisung erneuerbarer Energien nicht mehr gewährleistet werden kann (s. § 13 Abs. 2a EnWG[1532]). Die Herausforderung besteht dann darin, diese Grenze zugunsten der technisch gesicherten Einspeisung erneuerbarer Energien zu verschieben.

Neben dem Einspeisemanagement des EEGs sieht auch das EnWG Mechanismen vor, um die Einspeiseleistung von Strom aus EEG- und KWK-Anlagen zu reduzieren. Diese Mechanismen werden in Ausübung der Systemverantwortung von Übertragungs- und Verteilernetzbetreiber[1533] gemäß § 13 Abs. 1 und Abs. 2 EnWG zur Aufrechterhaltung der „Sicherheit oder Zuverlässigkeit des Elektrizitätsversorgungssystems in der jeweiligen Regelzone" durchgeführt. Die Systemverantwortung des § 13 EnWG knüpft an Art. 12 der Richtlinie 2009/72/EG an, die die Aufgaben der Übertragungsnetzbetreiber zur Gewährleistung der Energieversorgungssicherheit festlegt.

1529 Bericht der Kommission „Die Einführung intelligenter Verbrauchsmesssysteme in der EU-27 mit Schwerpunkt Strom im Vergleich" v. 17.06.2014. KOM (2014) 356 final, S. 7.

1530 Solche Limitierung bedeutet nicht, dass die Einspeisung nicht-erneuerbarer Energien aufgrund des Einspeisemanagements den Vorrang hat, sondern nur, dass die Einspeisung erneuerbarer Energien aufgrund eines höherrangigen Interesses – wie die technische Energiesicherheit – temporär gesteuert werden soll. Das Einspeisemanagement stellt eine Ausnahme bezüglich der Abnahmeverpflichtung nach § 11 Abs. 1 EEG dar, die ihrerseits als Dauerverpflichtung konzipiert worden ist, *Salje*, EEG 2014, § 14, Rn. 2.

1531 Zur Regulierung des Themas im EU-Recht, s. 4.1.1.2.1.2.

1532 Vgl. *Schumacher*, Die Neuregelungen zum Einspeise- und Engpassmanagement, ZUR, Heft 1, 2012, S. 19; *Sötebier*, In: *Britz/Hellermann/Hermes*, Energiewirtschaftsgesetz Kommentar, 2015, S. 490; *König*, In: *Säcker* (Hrsg.), Berliner Kommentar zum Energierecht, 2014, S. 960.

1533 Laut § 14 EnWG gelten die Vorschriften des §§ 12 und 13 EnWG für Betreiber von Elektrizitätsverteilernetzen im Rahmen ihrer Verteilungsaufgaben entsprechend, soweit sie für die Sicherheit und Zuverlässigkeit der Elektrizitätsversorgung in ihrem Netz verantwortlich sind.

Hervorzuheben ist, dass der Anwendungsbereich der sog. netz- und marktbezogenen Maßnahmen des § 13 Abs. 1 und Abs. 2 EnWG weiter ist als das Einspeisemanagement des § 14 EEG, da sich die für die Beseitigung der Gefährdungen oder Störungen der Energieversorgungssicherheit etablierte Systemverantwortung der Übertragungs- und Verteilernetzbetreiber nicht nur auf die erneuerbaren Energien begrenzen lässt.

Während § 13 Abs. 1 Nr. 1 EnWG die Netzschaltungen[1534] als netzbezogene Maßnahme beispielhaft und nicht abschließend nennt[1535], erwähnt § 13 Abs. 1 Nr. 2 EnWG die marktbezogenen Maßnahmen, bei denen[1536] die Möglichkeit besteht, vertraglich abschaltbare und zuschaltbare Lasten zu vereinbaren (s. 6.3.1.1), was für dieses Kapitel relevant ist. § 13 Abs. 2 EnWG regelt die als *ultima ratio* geltenden Anpassungsmaßnahmen bezüglich sämtlicher Stromeinspeisungen, -transite oder -abnahmen in der Regelzone, die durchgeführt werden müssen, wenn die netz- und marktbezogenen Maßnahmen des § 13 Abs. 1 Nr. 1 und Nr. 2 EnWG unzureichend sind, um die Gefährdung oder Netzstörung zu beseitigen oder rechtzeitig zu beseitigen (s. 6.3.2).

Einerseits beziehen sich die netzbezogenen Maßnahmen auf beim Übertragungsnetzbetreiber in einer Regelzone durchgeführte Maßnahmen, die den technischen Netzbetrieb betreffen. Da solche Maßnahmen grundsätzlich mit keinen bzw. dem geringsten Eingriff in die Rechte der Netznutzer verbunden sind, müssen sie vorrangig

---

1534 Netzschaltungen sind Abschaltungen von Netzteilen sowie mögliche Entlastungsschaltungen durch Heranziehung von sonst nicht mehr benutzten Netzsträngen, um den Lastfluss im Netz umzulenken und dadurch eine Entlastung gefährdeter oder gestörter Netzelemente zu erreichen, *Salje*, Energiewirtschaftsgesetz – Kommentar, 2006, S. 467; *König*, In: *Säcker* (Hrsg.), Berliner Kommentar zum Energierecht, 2014, S. 928.

1535 Andere netzbezogene Maßnahmen sind die Topologiemaßnahmen, die die Lastflüsse im Netz durch Schaltungen beeinflussen, sowie die Ausnutzung betrieblich zulässiger Toleranzbänder für Spannung und Strom, *Weyer*, Systemverantwortung und Verträge über abschaltbare Lasten, RdE, Heft 8, 2010, S. 233; *Erbring/Kuring/Ruge*, In: *Säcker* (Hrsg.), Handbuch zum deutsch-russischen Energierecht, 2010, Rn. 174–175, S. 114.

1536 Andere marktbezogenen Maßnahmen schließen den Einsatz von Regelenergie, Information über Engpässe und Management von Engpässen sowie Mobilisierung zusätzlicher Reserven ein. Das Engpassmanagement wird ausdrücklich im § 13 Abs. 1 Nr. 2 EnWG aufgeführt und ein marktbezogener Vertrag im Rahmen der Systemverantwortung zwischen Anlagen- und Netzbetreiber zur Reduzierung der Abnahme erneuerbarer Energien widerspricht dem Prinzip des Vorrangs erneuerbarer Energien nicht, da § 11 Abs. 3 EEG ein Abweichungsgebot aufgrund der „besseren Integration der Anlage in das Netz“, wie eine marktbezogene Maßnahme gemäß § 14 Abs. 1 Nr. 2 EnWG rechtfertigen kann, vorsieht. Dazu, s. *Güneysu*, Smart Grids und die Anforderungen des Einspeisemanagements, RdE, Heft 2, 2012, S. 51.

durchgeführt werden[1537]. Andererseits erfordern marktbezogene Maßnahmen die Beteiligung von Netznutzern, um die Netzstörung zu beseitigen, und sind dann nachrangig gegenüber netzbezogenen Maßnahmen durchzuführen. Die Nutzungsrechte des Netzes eines Netznutzers werden vorübergehend und zugunsten der vielen anderen Netznutzer eingeschränkt. Ihre Teilnahme an diesem Mechanismus ist freiwillig (Ausnahme: Art. 13 Abs. 1a EnWG)[1538], und der Netznutzer erhält dafür im Gegenzug eine Vergütung[1539]. Dafür sind zuvor abgeschlossene vertragliche Vereinbarungen zwischen Netzbetreibern und geeigneten Netznutzern erforderlich, die jedoch eine konkrete Gefährdung und nicht eine rein theoretische bzw. unvorhersehbare Gefährdung behandeln müssen[1540].

Zusammenfassend stellt die Systemverantwortung der Übertragungs- und Verteilernetzbetreiber eine Reihe von Maßnahmen dar, die auf zumutbare Weise durchgeführt werden müssen, um Gefährdungen und Störungen der Energienetze zu beseitigen. Gegenüber den Anschluss-, Abnahme- und Vergütungspflichten des EEGs limitieren die Vorschriften des EnWG hinsichtlich der Systemverantwortung ihre Anwendung nur aufgrund der Gewährleistung der technischen Energiesicherheit[1541]. Bei der Durchführung der netz- und marktbezogenen Maßnahmen des § 13 Abs. 1 Nr. 1 und Nr. 2 EnWG sowie der Notfallmaßnahmen des § 13 Abs. 2 EnWG ist der Einspeisevorrang erneuerbarer Energien zu beachten. Obwohl § 13 Abs. 4a und Abs. 4b (6.3.1.1) sowie § 14a (6.3.3) und § 13 Abs. 2 EnWG (6.3.2) bestimmte Lastmanagementmöglichkeiten regeln, ist es gemäß § 13 Abs. 1 Nr. 2 EnWG auch möglich, Vereinbarungen über zu- und abschaltbare Lasten zu schließen, die nicht in den Anwendungsbereich dieser Vorschriften fallen[1542].

6.3.1.1 Vertrag über zu- und abschaltbare Lasten

Wie oben erwähnt, zitiert § 13 Abs. 1 Nr. 2 EnWG den Vertrag über zu- und abschaltbare Lasten als marktbezogene Maßnahme, um die Netzstabilität bei Gefährdungen aufrechtzuerhalten. Solche Verträge verdanken ihre Relevanz und energiewirtschaftliche Wichtigkeit ihrem Potenzial, Ungleichgewichte zwischen Einspeisung und Nachfrage im Falle der Untereinspeisung, d.h. die Nachfrage wird

---

1537 *Weise/Hartmann/Wöldeke*, Energiewende und Netzstabilität – die neuen rechtlichen Rahmenbedingungen für Übertragungs- und Verteilernetzbetreiber nach §§ 13, 14 EnWG, RdE, Heft 6, 2012, S. 183.

1538 *König*, In: *Säcker* (Hrsg.), Berliner Kommentar zum Energierecht, 2014, S. 930.

1539 *Sötebier*, In: *Britz/Hellermann/Hermes*, Energiewirtschaftsgesetz Kommentar, 2015, S. 465. Ausführlich dazu *König*, Die Vergütung abschaltbarer Lasten, EnWZ, Heft 5, 2013, S. 201.

1540 *König*, Engpassmanagement in der deutschen und europäischen Elektrizitätsversorgung, 2013, S. 483.

1541 *Güneysu*, Smart Grids und die Anforderungen des Einspeisemanagements, RdE, Heft 2, 2012, S. 52.

1542 *König*, In: *Säcker* (Hrsg.), Berliner Kommentar zum Energierecht, 2014, S. 951.

nicht ausreichend durch den eingespeisten Strom gedeckt, zu bewältigen[1543]. Relevant sind solche Verträge darüber hinaus für die Bewältigung von Netzengpässen. Lokale Lastabschaltungen ermöglichen Anpassungen an das Netz und vermeiden Störungen oder Gefährdungen der Netzsicherheit[1544]. Es geht um Stromausspeisungen, also um die Stromabnahme einzelner Stromverbraucher, und nicht um ein Stromeinspeisungsmanagement, das die Stromerzeuger berührt[1545].

Wie § 13 Abs. 1 EnWG klar macht, besteht gegenüber den Übertragungsnetzbetreibern eine Verpflichtung bezüglich der Anwendung netz- und marktbezogener Maßnahmen, sofern die Sicherheit oder Zuverlässigkeit des Elektrizitätsversorgungssystems in der jeweiligen Regelzone gefährdet oder gestört ist. Die Tatsache, dass die Gefährdung allein – eine tatsächliche Netzstörung muss nicht vorliegen – die Übertragungsnetzbetreiber verpflichtet, Maßnahmen durchzuführen, deutet auf den vorsorglichen Charakter solcher Maßnahmen hin. Fraglich wäre dann, ob die Übertragungsnetzbetreiber verpflichtet wären, solche Verträge über zu- und abschaltbare Lasten mit energieintensiven Unternehmen zu schließen, da eine Flexibilisierung dieser Nachfrage erheblich zur Aufrechterhaltung der Zuverlässigkeit der Energienetze beitragen kann[1546]. Aus der Verpflichtung zur Beseitigung von Gefährdungen und Netzstörungen lässt sich zumindest aus drei Gründen **keine** Verpflichtung zum Abschluss solcher Verträge unmittelbar herleiten.

Erstens beschränkt sich die Definition von Gefährdungen im § 13 Abs. 3 EnWG trotz des weiten Wortlauts („zu besorgen") nur auf konkrete Gefährdungen. Der reine Abschluss eines Vertrages über abschaltbare Lasten ist nicht geeignet, konkreten Gefährdungen entgegenzuwirken; vielmehr stellt erst die auf seiner Grundlage erfolgende Anpassung oder Abschaltung der Last geeignete Maßnahmen dar, um „örtliche Ausfälle des Übertragungsnetzes oder kurzfristige Netzengpässe" zu beseitigen[1547]. Der Abschluss von Verträgen aufgrund theoretischer, unwahrscheinlicher oder nicht vorhersehbarer Gefährdungen findet keine Stützung auf § 13 Abs. 1 Nr. 2 EnWG (noch auf § 13 Abs. 3 EnWG). Eine gewisse Wahrscheinlichkeit muss vorliegen, die sich aber nicht abstrakt mathematisch genau festlegen lässt[1548]. Dieses Verständnis bedeutet aber nicht, dass die Netzbetreiber erst nach Eintritt der Engpasssituation Vereinbarungen über marktbezogene Maßnahmen abschließen

---

1543 *Weyer*, Systemverantwortung und Verträge über abschaltbare Lasten, RdE, Heft 8, 2010, S. 235; *Weise/Hartmann/Wöldeke*, Energiewende und Netzstabilität – die neuen rechtlichen Rahmenbedingungen für Übertragungs- und Verteilernetzbetreiber nach §§ 13, 14 EnWG, RdE, Heft 6, 2012, S. 185.

1544 TransmissionCode 2007, S. 12.

1545 *König*, In: *Säcker* (Hrsg.), Berliner Kommentar zum Energierecht, 2014, S. 944.

1546 *Weyer*, Systemverantwortung und Verträge über abschaltbare Lasten, RdE, Heft 8, 2010, S. 233.

1547 Ebenda, S. 233.

1548 *Sötebier*, In: *Britz/Hellermann/Hermes*, Energiewirtschaftsgesetz Kommentar, 2015, S. 461; *König*, In: *Säcker* (Hrsg.), Berliner Kommentar zum Energierecht, 2014, S. 964.

müssen, da solche Vereinbarungen sehr wahrscheinlich zu spät kämen[1549]. Konkrete Gefährdungen sind solche, die ein sorgfältiger Netzbetreiber auf der Grundlage der ihm zur Verfügung stehenden Informationen und gemessen an allgemein gültigen technischen Anforderungen prognostizieren kann[1550].

Zweitens verletzt eine Verpflichtung zum Abschluss des Vertrages über zu- und abschaltbare Lasten die rechtliche Systematik bezüglich der Aufgaben von Übertragungsnetzbetreibern. Einerseits muss die Tatsache berücksichtigt werden, dass die netz- und marktbezogenen Maßnahmen die Pflichten der Übertragungsnetzbetreiber nach § 11 Abs. 1 und § 12 Abs. 1 und Abs. 3 EnWG konkretisieren. Im Vorfeld gelten dann die Optimierung, Verstärkung und Ausbau der Energienetze, um Gefährdungen der technischen Sicherheit von vornherein auszuschließen[1551]. Erst danach und erst wegen unzureichender Ergebnisse finden die netz- und marktbezogenen Maßnahmen Anwendung. Andererseits besteht eine Stufenfolge zwischen § 13 Abs. 1 Nr. 1 (netzbezogene Maßnahmen) und § 13 Abs. 1 Nr. 2 EnWG (marktbezogene Maßnahmen) (und auch § 13 Abs. 2 EnWG[1552])[1553]. Ein Abschluss eines Vertrages über zu- und abschaltbare Lasten ohne das Auftreten einer konkreten Gefährdung würde der Stufenfolge widersprechen. Marktbezogene Maßnahmen wie vertragliche Vereinbarung über zu- und abschaltbare Lasten greifen in die Rechte der Netznutzer stärker ein und sollen deswegen erst Anwendung finden, wenn die in die Rechte anderer Marktakteure weniger eingreifenden netzbezogenen

---

1549 *König*, Engpassmanagement in der deutschen und europäischen Elektrizitätsversorgung, 2013, S. 484.

1550 *Tüngler*, In: *Kment* (Hrsg.), Energiewirtschaftsgesetz, 2015, S. 299–300.

1551 *Weyer*, Systemverantwortung und Verträge über abschaltbare Lasten, RdE, Heft 8, 2010, S. 234.

1552 Die Stufenfolge lässt sich aus dem Wortlaut des § 13 Abs. 2 EnWG ausdrücklich herleiten: „Lässt sich eine Gefährdung oder Störung durch Maßnahmen nach Absatz 1 nicht oder nicht rechtzeitig beseitigen…". Das bedeutet aber nicht, dass einer Gefährdung oder Störung in jedem Fall zuerst mit dem Einsatz netz- oder marktbezogener Maßnahmen begegnet werden muss. Es kann Situationen geben, für die schon im Voraus prognostiziert werden kann, dass netz- und marktbezogene Maßnahmen nicht erfolgsversprechend sind, so dass Notfallmaßnahmen sofort benutzt werden müssen („nicht rechtzeitig beseitigen…"), *Tüngler*, In: *Kment* (Hrsg.), Energiewirtschaftsgesetz, 2015, S. 305; *Sötebier*, In: *Britz/Hellermann/Hermes*, Energiewirtschaftsgesetz Kommentar, 2015, S. 484; *König*, In: *Säcker* (Hrsg.), Berliner Kommentar zum Energierecht, 2014, S. 928.

1553 BT-Drs. 15/3917, S. 57; BT-Drs. 16/8148, S. 47; *Salje*, Energiewirtschaftsgesetz – Kommentar, 2006, S. 466; *König*, In: *Säcker* (Hrsg.), Berliner Kommentar zum Energierecht, 2014, S. 927–928; *Theobald/Zenke/Dessau*, In: *Schneider/ders* (Hrsg.), Recht der Energiewirtschaft, 2013, S. 907; *Tüngler*, In: *Kment* (Hrsg.), Energiewirtschaftsgesetz, 2015, S. 304; *Erbring/Kuring/Ruge*, In: *Säcker* (Hrsg.), Handbuch zum deutsch-russischen Energierecht, 2010, Rn. 158, S. 110; *Sötebier* In: *Britz/Hellermann/Hermes*, Energiewirtschaftsgesetz Kommentar, 2015, S. 464 ff.

Maßnahmen nicht ausreichen, die Gefährdung zu beseitigen bzw. die Netzsicherheit aufrechtzuerhalten[1554].

Drittens wären Teile von § 13 Abs. 4a und Abs. 4b EnWG sowie § 1 AbLaV, die von einer Verpflichtung vertraglicher Vereinbarungen sprechen, überflüssig, wenn sich schon aus den Vorschriften des § 13 EnWG eine Pflicht zum Abschluss von Vereinbarungen über marktbezogene Maßnahmen ergäbe[1555]. Zusammenfassend ist davon auszugehen, dass sich eine Verpflichtung zum Abschluss von Vereinbarungen nicht unmittelbar mit einer Verpflichtung zur Beseitigung von Gefährdungen und Netzstörungen begründen lässt.

6.3.1.1.1 § 13 Abs. 4a EnWG

Verträge über zu- und abschaltbare Lasten sind Verträge, die die Möglichkeit öffnen, im Falle von Netzengpässen und anderen Gefährdungssituationen die Stromausspeisungen von Stromverbrauchern an die Bedürfnisse der Netzsicherheit anzupassen[1556]. Durch die Vereinbarung von Abschaltung von Lasten auf freiwilliger Basis werden andere Letztverbraucher in gewissem Umfang davor geschützt, bei einem notwendigen Lastabwurf zwangsweise abgeschaltet zu werden und dadurch Schaden zu erleiden. Vermieden werden dadurch potentielle Kosten durch unfreiwillige Unterbrechungen der Versorgung anderer Letztverbraucher[1557].

Das Thema wird vom Dritten Gesetz zur Neuregelung energiewirtschaftsrechtlicher Vorschriften v. 20. Dezember 2012 eingeführten § 13 Abs. 4a und Abs. 4b EnWG sowie in der Verordnung über Vereinbarungen zu abschaltbaren Lasten (AbLaV)[1558] geregelt.

Gemäß § 13 Abs. 4a S. 1 EnWG muss die Beschaffung von Ab- und Zuschaltleistung über vertraglich vereinbarte ab- und zuschaltbare Lasten in einem diskriminierungsfreien und transparenten Ausschreibungsverfahren erfolgen, bei dem die Anforderungen, die die Anbieter von Ab- oder Zuschaltleistungen für die Teilnahme erfüllen müssen, soweit dies technisch möglich ist, zu vereinheitlichen sind. § 13 Abs. 4a S. 1 EnWG etabliert keine Verpflichtung zur Kontrahierung von Ab- und Zuschaltleistung, vielmehr sieht er lediglich vor, dass die Verträge über Ab- und Zuschaltleistung, wenn sie erforderlich sind, sich über ein Ausschreibungsverfahren anbahnen müssen[1559]. Die Betreiber von Übertragungsnetzen müssen für

---

1554 *Weyer*, Systemverantwortung und Verträge über abschaltbare Lasten, RdE, Heft 8, 2010, S. 233–234; Ebenso, *Erbring/Kuring/Ruge*, In: *Säcker* (Hrsg.), Handbuch zum deutsch-russischen Energierecht, 2010, Rn. 183, S. 116.

1555 *König*, Engpassmanagement in der deutschen und europäischen Elektrizitätsversorgung, 2013, S. 485.

1556 Ebenda, S. 454.

1557 *Sötebier*, In: *Britz/Hellermann/Hermes*, Energiewirtschaftsgesetz Kommentar, 2015, S. 476.

1558 BGBl. I v. 28.12.2012, S. 2998.

1559 *König*, In: *Säcker* (Hrsg.), Berliner Kommentar zum Energierecht, 2014, S. 945.

die genannte Ausschreibung eine gemeinsame Internetplattform einrichten, die der Regulierungsbehörde anzuzeigen ist (§ 13 Abs. 4a S. 2 und S. 3 EnWG). Die Betreiber von Übertragungsnetzen sind laut § 13 Abs. 4a S. 4 EnWG unter Beachtung ihrer jeweiligen Systemverantwortung verpflichtet, zur Senkung des Aufwandes für Ab- und Zuschaltleistung unter Berücksichtigung der Netzbedingungen zusammenzuarbeiten. Ferner können die Einzelheiten des Beschaffungsverfahrens von Ab- und Zuschaltleistungen in einer von der Bundesregierung erlassenen Rechtsverordnung gemäß § 13 Abs. 4a S. 5–8 EnWG geregelt werden. Gegenstände der Verordnung können die technischen Anforderungen an Ab- oder Zuschaltleistung, Präqualifikation zur Teilnahme am Ausschreibungsverfahren, das Verfahren der Angebotserstellung, die Zuschlagserteilung, der Abruf der Ab- oder Zuschaltleistung sowie die Aufstellung von Meldepflichten sein.

Die Bundesregierung hat die Kompetenzzuweisung des § 13 Abs. 4a und 4b EnWG genutzt und die AbLaV (s.u. gleich) veröffentlicht.

6.3.1.1.2 § 13 Abs. 4b EnWG

Mit dem Ziel, Anreize für die vertraglichen Vereinbarungen über ab- und zuschaltbare Lasten gemäß § 13 Abs. 1 Nr. 2 EnWG zu schaffen, wurde am 04.08.2011 die EnWG-Novelle v. 26. Juli 2011 der § 13 Abs. 4a a.F. im EnWG eingeführt. Der Anreiz besteht darin, die Rechtsfolgen nach § 13 Abs. 4 EnWG auszuschließen, wenn technisch und wirtschaftlich sinnvolle Vereinbarungen für Ab- und Zuschaltungen nicht abgeschlossen wurden.

§ 13 Abs. 4 EnWG regelt, dass die Haftungs- und Entschädigungsfreistellung bei Notfallmaßnahmen gemäß § 13 Abs. 2 EnWG gewährleistet werden. Laut § 13 Abs. 4a EnWG a.F. verloren die Netzbetreiber ihre Haftungsbeschränkung, soweit sie nicht ihnen angebotene technische und wirtschaftlich sinnvolle Vereinbarungen über zu- und abschaltbare Lasten ohne hinreichenden Grund ausgeschlossen hatten[1560].

Was technisch und wirtschaftlich sinnvoll ist, definiert § 13 Abs. 4b S. 3 und S. 4 EnWG n.F. Wirtschaftlich sinnvoll sind Angebote zum Erwerb der Lasten bis zur Dauer von einem Jahr, für die eine Vergütung zu zahlen ist, die die Kosten für die Versorgungsunterbrechungen nicht übersteigt, zu denen es ohne die Nutzung der zu- oder abschaltbaren Lasten kommen könnte. Andererseits sind Angebote über ab- und zuschaltbare Lasten technisch sinnvoll, durch die Ab- und Zuschaltungen für eine Mindestleistung von 50 Megawatt innerhalb von 15 Minuten herbeigeführt werden können und die geeignet sind, zur Sicherheit und Zuverlässigkeit des Elektrizitätsversorgungssystems in der jeweiligen Regelzone beizutragen.

§ 13 Abs. 4a EnWG a.F. enthielt keine Verpflichtung zum Abschluss von Vereinbarungen über zu- und abschaltbare Lasten, sondern eine Obliegenheit, deren Einhaltung allein im eigenen Interesse geboten war. Ohne den Abschluss solcher

---

1560 *König*, Engpassmanagement in der deutschen und europäischen Elektrizitätsversorgung, 2013, S. 454.

Vereinbarung bestand nur die Gefahr einer größeren Haftung, da die Freistellung nicht mehr abgerufen werden konnten[1561].

Das Dritte Gesetz zur Neuregelung energiewirtschaftsrechtlicher Vorschriften v. 20. Dezember 2012 hat § 13 Abs. 4a EnWG a.F. wegen unzureichendem Verwirklichungspotenzial aufgehoben und es durch § 13 Abs. 4a und Abs. 4b EnWG n.F. ersetzt. § 13 Abs. 4b EnWG bezweckt die weitere Ausweitung des Einsatzes von Ab- und Zuschaltleistungen aus ab- und zuschaltbaren Lasten[1562].

Laut § 13 Abs. 4b EnWG kann die Bundesregierung die Übertragungsnetzbetreiber nunmehr durch Rechtsverordnungen mit Zustimmung des Bundestages **verpflichten**, Ausschreibungen nach Absatz 4a Satz 1 für wirtschaftlich und technisch sinnvolle Angebote wiederholend oder für einen bestimmten Zeitraum durchzuführen und auf Grund der Ausschreibungen eingegangene Angebote zum Erwerb von Ab- oder Zuschaltleistung aus ab- oder zuschaltbaren Lasten bis zu einer Gesamtab- oder Zuschaltleistung von jeweils 3.500 MW anzunehmen.

6.3.1.1.3 AbLaV

Die Anforderungen von § 13 Abs. 4a und Abs. 4b EnWG hinsichtlich abschaltbarer Lasten hat die Bundesregierung bereits durch die Verordnung über Vereinbarungen zu abschaltbaren Lasten – AbLaV[1563] konkretisiert. Anfänglich sollte die Verordnung gemäß § 19 S. 2 AbLaV am 01.01.2016 außer Kraft gesetzt werden. Die Geltung der Verordnung wurde aber bis zum 30.06.2016 verlängert. Eine Regelung über Vereinbarung zu **zu**schaltbaren Lasten existiert bisher nicht.

Gegenüber den Betreibern der Übertragungsnetze besteht gemäß § 1 AbLaV eine **Verpflichtung**, Angebote zum Erwerb von Abschaltleistung aus abschaltbaren Lasten bis zu einer Gesamtabschaltleistung von 3.000 MW auszuschreiben. Die Verpflichtung zum Abschluss von Vereinbarungen über zu- und abschaltbare Lasten ergibt sich aus der Verordnung und nicht aus § 13 Abs. 1 Nr. 2 EnWG. Hervorzuheben ist zudem, dass es um eine Verpflichtung gegenüber den Betreibern der Übertragungsnetze geht (und nicht gegenüber den Stromverbrauchern), die abschaltbare Lasten anzubieten haben. Ihre Teilnahme am Ausschreibungsverfahren zum Erwerb von Abschaltleistungen ist **freiwillig**. Andererseits erhalten die Teilnehmer, die erfolgreich Abschaltleistungen im Rahmen des Ausschreibungsverfahrens angeboten haben, eine Vergütung für die Bereitstellung solcher Abschaltleistung gemäß § 4 AbLaV (**Entgeltlichkeit**).

Durch die AbLaV reguliert wurden auch die Anforderungen an Verträge über den Erwerb von Abschaltleistungen (§ 5), die Kriterien für wirtschaftlich und technisch sinnvolle Angebote (§ 3); das Verfahren der Ausschreibung (§ 8); der Abruf der Abschaltleistung (§ 13) und die Vergütung abschaltbarer Lasten (§ 4).

1561 Ebenda, S. 455.

1562 *Tüngler*, In: *Kment* (Hrsg.), Energiewirtschaftsgesetz, 2015, S. 299.

1563 BGBl. I v. 28.12.2012, S. 2998.

Abschaltbare Lasten gemäß § 2 AbLaV sind Anlagen zum Verbrauch elektrischer Energie (Verbrauchseinrichtungen), die Strom aus dem Netz der allgemeinen Versorgung oder aus einem geschlossenen Verteilernetz mit einer Spannung von mindestens 110 kV entnehmen und deren Verbrauchsleistung auf Anforderung der Übertragungsnetzbetreiber zuverlässig um eine bestimmte Leistung reduziert werden kann (Abschaltleistung).

Gemäß § 11 AbLaV müssen die Übertragungsnetzbetreiber eine Gesamtabschaltleistung von 3.000 MW ausschreiben, davon jeweils die Hälfte aus sofort abschaltbare Lasten[1564] und aus schnell abschaltbare Lasten[1565]. Wirtschaftlich sinnvoll sind gemäß § 3 Abs. 1 AbLaV vertragliche Vereinbarungen, die die Vergütungsgrundsätze des § 4 AbLaV beachten. Die Vergütungen für die Bereitstellung abschaltbarer Lasten[1566] teilen sich zwischen einem Leistungspreis (vereinbarter Zeitraum) und einem Arbeitspreis (jeder Abruf der Abschaltleistung) (vgl. § 4 Abs. 1 AbLaV). Der monatliche Leistungspreis beträgt 2.500 Euro pro MW (§ 4 Abs. 2 AbLaV), während der Arbeitspreis mindestens 100 und höchstens 400 Euro pro MWh betragen muss (§ 4 Abs. 3 AbLaV). Beide Preise hängen nicht voneinander ab, d.h. der Leistungspreis ist bei einer Vereinbarung über Abschaltleistung zu bezahlen, selbst wenn keine Abschaltleistung abgerufen wird (§ 4 Abs. 4 AbLaV). Die genauen Arbeitspreise werden in der Ausschreibung gemäß §§ 8–11 AbLaV ermittelt. Andererseits sind vertragliche Vereinbarungen gemäß § 3 Abs. 2 AbLaV technisch sinnvoll, wenn die abschaltbaren Lasten, die Gegenstand der jeweiligen Vereinbarungen sind, den technischen Anforderungen der §§ 5–7 genügen. Dort wird u.a. geregelt, dass eine Mindestleistung von 50 MW angeboten werden muss (§ 5 Abs. 1 Nr. 1 AbLaV), die aber mittels einer Zusammenlegung mehrerer Verbrauchseinrichtungen erreicht werden kann (§ 6 AbLaV).

Zudem müssen bestimmten Regeln bezüglich Dauer und zeitlichem Abstand der Abschaltleistung (§ 5 Abs. 1 Nr. 3–5 AbLaV) beachtet werden. Die Abschaltleistung darf für die Dauer von mindestens jeweils 15 Minuten zu einem beliebigen Zeitpunkt mehrmals am Tag in beliebigen Abständen erfolgen. Obere Grenze ist die Dauer von einer Stunde pro Tag mindestens viermal die Woche. Zwischen den Abschaltungen an zwei Folgetagen müssen mindestens zwölf Stunden liegen (§ 5 Abs. 1 Nr. 3 lit. a AbLaV). Eine andere Möglichkeit ist der Abruf der Abschaltleistung für mindestens vier Stunden am Stück zu einem beliebigen Zeitpunkt einmal alle sieben Tage, wobei zwischen den Abschaltungen mindestens 48 Stunden liegen

---

1564 § 5 Abs. 1 Nr. 2 lit. a AbLaV definiert „sofort abschaltbare Lasten“ als Lasten, die innerhalb von einer Sekunde automatisch frequenzgesteuert bei Unterschreiten einer vorgegebenen Netzfrequenz und unverzögert ferngesteuert durch den Betreiber des Übertragungsnetzes herbeigeführt werden können.

1565 § 5 Abs. 1 Nr. 2 lit. b AbLaV definiert „schnell abschaltbare Lasten“ als Lasten, die innerhalb von 15 Minuten ferngesteuert durch den Betreiber des Übertragungsnetzes herbeigeführt werden können.

1566 Ausführlich dazu, *König*, Engpassmanagement in der deutschen und europäischen Elektrizitätsversorgung, 2013, S. 534 ff.

müssen (§ 5 Abs. 1 Nr. 3 lit. b AbLaV). Ferner gilt eine Unterbrechungsdauer von mindestens acht Stunden am Stück zu einem beliebigen Zeitpunkt einmal alle 14 Tage, wobei zwischen den Abschaltungen mindestens sieben Tage liegen müssen (§ 5 Abs. 1 Nr. 3 lit. c AbLaV). Obere Grenze ist die Abschaltleistung bis auf maximal vier Tage pro Monat, in denen sie nicht zur Verfügung stehen darf (§ 5 Abs. 1 Nr. 5 AbLaV) (technische Mindestverfügbarkeit). Der Abruf muss nachweisbar für mindestens 16 Stunden im Erbringungszeitraum herbeigeführt werden können (§ 5 Abs. 1 Nr. 4 AbLaV). Diese Anforderungen an technische Mindestverfügbarkeit, Dauer und Häufigkeit von Abschaltungen schränken den Teilnehmerkreis des Ausschreibungsverfahrens ein[1567].

Hervorzuheben ist aber, dass die Übertragungsnetzbetreiber Angebote zum Abschluss von Vereinbarungen ablehnen können, selbst wenn sie zwar gemäß der AbLaV technisch sinnvoll sind, jedoch gemäß § 13 Abs. 4b S. 1 und S. 4 EnWG i.V.m § 9 Abs. 3 S. 1 AbLaV[1568] ungeeignet, zur Sicherheit und Zuverlässigkeit des Elektrizitätsversorgungssystems in der jeweiligen Regelzone beizutragen[1569].

6.3.1.2 Zwischenergebnisse

Das Thema der Unterbrechbarkeit von Lasten im Bereich der Hochspannung ist schon etwas weit reguliert. Nicht nur öffnen § 13 Abs. 1 Nr. 2 EnWG i.V.m. § 13 Abs. 4a und Abs. 4b EnWG die Möglichkeit, abschaltbare Lasten zugunsten der technischen Energieversorgungssicherheit zu steuern, sondern die AbLaV reguliert das Thema im Einzelnen.

Fraglich könnte nur sein, ob die (nur) in der politischen Auseinandersetzung der Kommission gefundenen Voraussetzungen der Freiwilligkeit des Stromverbrauches bezüglich der Teilnahme an einem solchen Mechanismus und der Entgeltlichkeit beachtet wurden. Das ist im Fall der AbLaV zu bejahen. Ferner und angesichts des weiten Ermessensspielraums der Mitgliedstaaten hinsichtlich der Regulierung der Unterbrechbarkeit und angesichts der Tatsache, dass die Zuverlässigkeit der deutschen Stromversorgung bei 99,998 % liegt[1570], liegt es nahe, dass die Dauer und der Abstand der Abschaltleistung gemäß § 5 Abs. 1 Nr. 3–5 AbLaV europarechtlich konform sind.

1567 *König*, In: *Säcker* (Hrsg.), Berliner Kommentar zum Energierecht, 2014, S. 948.

1568 § 9 Abs. 3 S. 1 AbLaV lautet: „Die Betreiber von Übertragungsnetzen legen zusätzlich zu den in dieser Verordnung genannten Anforderungen weitere für alle Anbieter gleichermaßen geltende Anforderungen fest, die zur Einbindung abschaltbarer Lasten in die Netzbetriebsführung nach dieser Verordnung zur Gewährleistung der Sicherheit oder Zuverlässigkeit des Elektrizitätsversorgungssystems erforderlich sind.

1569 *König*, Engpassmanagement in der deutschen und europäischen Elektrizitätsversorgung, 2013, S. 459; *Sötebier*, In: *Britz/Hellermann/Hermes*, Energiewirtschaftsgesetz Kommentar, 2015, S. 476.

1570 *Bundesnetzagentur*, Monitoringbericht 2015, 2015, S. 70.

6.3.2 § 13 Abs. 2 EnWG und die Anpassung von Stromabnahmen

Die radikalste und intensivste Maßnahme zur Beseitigung einer Gefährdung oder Störung der Netze und auch den größten Eingriff in die Rechte der betroffene Netznutzer stellt die Verpflichtung gegenüber den Übertragungsnetzbetreibern gemäß § 13 Abs. 2 EnWG zu sämtlichen Anpassungen von Stromeinspeisungen, Stromtransiten und Stromabnahmen in ihren Regelzonen dar. Wenn die Gefährdung oder Störung nicht oder nicht rechtzeitig durch die Durchführung von **geeigneten** netz- oder marktbezogenen Maßnahmen gemäß § 13 Abs. 1 Nr. 1 und Nr. 2 EnWG beseitigt werden kann, sind die Übertragungsnetzbetreiber verpflichtet, nicht nur Stromeinspeisung oder Stromtransite anzupassen, sondern verfügen auch über die Möglichkeit, ein notfallmäßiges Lastmanagement mittels Stromausspeisung durchzuführen. Der Begriff der Anpassung ist weit zu verstehen und beschränkt sich erst auf das Maß, das notwendig ist, um die Gefahr oder Störung zu beheben[1571].

Sinn und Zweck der Norm besteht darin, eine trotz weitreichenden Eingriffs in die Stromabnahmen kontrollierte Abschaltung von Verbrauchern durch die Übertragungsnetzbetreiber notfallmäßig zu ermöglichen, um Stromausfälle zu vermeiden. In der Praxis stellt sich in der Regel eine gezielte Abschaltung von Großverbrauchern vor, da solche Abschaltungen den größten netzentlastenden Effekt aufweisen[1572]. Im Vordergrund steht dann mehr die schnelle und effiziente Beseitigung der Gefährdung oder Störung des Elektrizitätsversorgungssystems und weniger die Rücksichtnahme auf die Erfüllung im Normalzustand bestehender Pflichten[1573]. Liegen die Voraussetzungen für die Notfallmaßnahmen vor, ruhen gemäß § 13 Abs. 4 EnWG alle betroffenen Leistungspflichten und die Maßnahmen erfolgen ohne Entschädigungs- und Vergütungszahlungen[1574].

Notfallmaßnahmen kommen nur selten zum Einsatz (und kaum bzw. überhaupt nicht, wenn es um Anpassungen der Stromabnahme geht). Im Jahr 2014 hat ein Übertragungsnetzbetreiber eine Reduzierung der Stromeinspeisung i.H.v. 245 MWh an einem Tag über 2,5 Stunden vorgenommen. Verteilernetzbetreiber haben auch die Stromeinspeisung an 46 Tagen über 448 Stunden (konventionelle Anlagen) und 2.000 Stunden (EEG-Anlagen) auf eine Arbeit von knapp 5.800 MWh bzw. 3.000 MWh reduziert[1575]. Während rund 9 GWh durch Anpassungsmaßnahmen gemäß § 13 Abs. 2 EnWG nicht eingespeist wurden, beträgt die Gesamtmenge an

1571 *Sötebier*, In: *Britz/Hellermann/Hermes*, Energiewirtschaftsgesetz Kommentar, 2015, S. 485.

1572 *König*, Engpassmanagement in der deutschen und europäischen Elektrizitätsversorgung, 2013, S. 483.

1573 *Tüngler*, In: *Kment* (Hrsg.), Energiewirtschaftsgesetz, 2015, S. 305.

1574 *Sötebier*, In: *Britz/Hellermann/Hermes*, Energiewirtschaftsgesetz Kommentar, 2015, S. 484; 486 ff.

1575 *Bundesnetzagentur*, Monitoringbericht 2015, 2015, S. 108.

Redispatchmaßnahmen 5.197 GWh[1576]. Keine auf § 13 Abs. 2 EnWG gestützte Anpassung der Strom**abnahme** wurde 2014 durchgeführt.

6.3.3 § 14a EnWG und die Steuerung unterbrechbarer Verbrauchseinrichtungen

Eine andere Lösung zum Lastmanagement bietet der im Rahmen der Novellierung des EnWG von Juli 2011[1577] aufgenommene § 14a EnWG[1578] durch eine zwischen Betreiber von Elektrizitätsverteilernetzen und Lieferanten oder Letztverbrauchern vereinbarte kontrollierte Abschaltung von unterbrechbaren Verbrauchseinrichtungen. Diese der Vermeidung von Netzentlastung dienende Abschaltung stellt (bisher) nur eine **Notfallmaßnahme** dar, d.h. es handelt sich um eine Vorschrift, die Ausnahmecharakter hat[1579] bzw. eine Sonderregelung ist[1580]. Die Regelung ist aber eine erste Voraussetzung für eine sog. intelligente Netzsteuerung im Bereich der Verteilernetze[1581]. Die Vereinbarung über abschaltbare Verbrauchseinrichtungen stellt einen wichtigen Anwendungsfall für intelligente Messsysteme dar, da zum einen eine Abrechnung nach individuellen Zeiträumen ermöglicht und zum anderen eine zuverlässige Steuerbarkeit von Verbrauchseinrichtungen erforderlich wird[1582]. Bereits bei der Planung des Verteilernetzausbaus haben Betreiber von Elektrizitätsverteilernetzen gemäß § 14 Abs. 2 S. 1 EnWG die Möglichkeiten von Energieeffizienz- und **Nachfragesteuerungsmaßnahmen** und dezentralen Erzeugungsanlagen zu berücksichtigen[1583].

Die Vorschrift, die **nur im Bereich der Niederspannung**[1584] Anwendung findet, ähnelt § 13 Abs. 1 Nr. 2 EnWG, der als marktbezogene Maßnahme bezüglich der Gewährleistung der Sicherheit und Zuverlässigkeit des Elektrizitätsversorgungssystems in den Übertragungsnetzen u. a. „vertraglich vereinbarte abschaltbare und zuschaltbare Lasten“ nennt. § 14a EnWG ist somit als marktbezogene Maßnahme – im Gegensatz zu den netzbezogenen Maßnahmen des § 13 Abs. 1 Nr. 1 EnWG – zu betrachten.

1576 Ebenda, S. 100.
1577 BGBl. I v. 26.07.2011, S. 1554.
1578 Zur Entstehungsgeschichte, vgl. *Tüngler*, In: *Kment* (Hrsg.), Energiewirtschaftsgesetz, 2015, S. 328–329.
1579 *Franz/Boesche*, In: *Säcker* (Hrsg.), Berliner Kommentar zum Energierecht, 2014, S. 1010.
1580 *König*, Engpassmanagement in der deutschen und europäischen Elektrizitätsversorgung, 2013, S. 462.
1581 BT-Drs. 17/6072, S. 73.
1582 BT-Drs. 18/7555, S. 137.
1583 S. auch Art. 25 Abs. 7 der Richtlinie 2009/72/EG.
1584 Niederspannungsnetze, die mit Spannungen zwischen 230V/400V üblicherweise aber auch bis 1000V betrieben werden, sind Teil des Stromnetzes zur Stromverteilung für Endverbraucher.

Laut § 14a EnWG sind die Verteilernetzbetreiber gegenüber denjenigen Lieferanten und Letztverbrauchern (Netzkunden), mit denen sie Netznutzungsverträge abgeschlossen haben, **verpflichtet**, ein reduziertes Netzentgelt zu berechnen, wenn die Steuerung von vollständig unterbrechbaren Verbrauchseinrichtungen, die über einen separaten Zählpunkt verfügen, zum Zweck der Netzentlastung gestattet wird. Die Verpflichtung besteht gegenüber den Verteilernetzbetreibern darin, ein Netzentgelt zugunsten der Netzkunden zu berechnen. Eine Verpflichtung zum Abschluss einer Vereinbarung über unterbrechbare Verbrauchseinrichtungen sieht § 14a EnWG nicht vor, sondern vielmehr wird mit der Vorschrift versucht, Anreize für die Beteiligung zu solchen Vereinbarungen zu schaffen[1585].

Ziel der Norm ist dann, **das Netz während eines höheren Stromverbrauchs zu entlasten**. Eine Nachfragesteuerung einer unterbrechbaren Verbrauchseinrichtung, die nicht „zum Zweck der Netzentlastung“ durchgeführt würde, wäre unzulässig und könnte sich nicht auf § 14a EnWG stützen. Die Norm öffnet die rechtliche Möglichkeit, dass Netzkunden **freiwillig** und vertraglich entscheiden, im Notfall **nicht unterbrechungsfrei** versorgt zu werden. Für die „Überlassung“ der Flexibilität der Netzkunden werden sie im Gegenzug über ein vermindertes **Entgelt** entlohnt[1586] (Entgeltlichkeit). Lieferanten können dann den Verbrauchern, insbesondere mit unterbrechbaren Verbrauchseinrichtungen – beschränkt auf Abschaltungen und Reduzierungen bei der Leistungsaufnahme in Fällen fehlender Durchleitungskapazitäten – interessante Verträge bzw. attraktive Tarife für die Belieferung von Strom anbieten[1587]. Solche Verträge sind auch im Rahmen des § 40 Abs. 5 S. 1 EnWG zu verstehen, der den Lieferanten verpflichtet, „soweit technisch machbar und wirtschaftlich zumutbar, für Letztverbraucher von Elektrizität einen Tarif anzubieten, der einen Anreiz zu Energieeinsparung oder Steuerung des Energieverbrauchs setzt“[1588]. Intelligente Messsysteme bietet für diese Regelung eine Wirkungsbasis, da sie eine eigenverantwortliche Lastverlagerung ermöglichen[1589]. Die Unterbrechungsfreiheit der Stromversorgung wird letztendlich zu einem Energiemarktprodukt, über deren „Kauf“ die Verbraucher aber freiwillig entscheiden.

Diese Rechtsgrundlage stellt die Idee einer durch den Staat (als letzte Instanz) gewährleisteten unterbrechungsfreien Stromversorgung in Frage, da ein Teil der Gewährleistungsverantwortung des Staates bezüglich der unterbrechungsfreien Stromversorgung mittels einer Zuweisung der Entscheidungsmacht bezüglich der Energieversorgungssicherheit an den Kunden übertragen wird. Der Netznutzer (Stromverbraucher) verzichtet freiwillig (aber nur teil-, ausnahmsweise, temporär

---

1585 *König*, In: *Säcker* (Hrsg.), Berliner Kommentar zum Energierecht, 2014, S. 950.

1586 *Franz/Boesche*, In: *Säcker* (Hrsg.), Berliner Kommentar zum Energierecht, 2014, S. 1010.

1587 Ebenda, S. 1023.

1588 *Sötebier*, In: *Britz/Hellermann/Hermes*, Energiewirtschaftsgesetz Kommentar, 2015, S. 538.

1589 *Schäfer-Stradowsky/Boldt*, Energierechtliche Anmerkungen zum Smart Meter-Rollout, EnWZ, Heft 8, 2015, S. 353.

und notfallmäßig) zum Zweck der Netzentlastung auf das Recht, möglichst unterbrechungsfrei versorgt zu werden.

Was in dieser Norm reguliert wird, ist die Netzsteuerung zur Vermeidung von Netzbelastungen und letztendlich zur Beeinträchtigung der technischen Energieversorgungssicherheit. Netzsteuerung bedeutet hier die Eingriffe in das Verhalten bestimmter, dedizierter Verbraucher mit dem Ziel (und nur zur Erreichung dieses Ziels ist eine eingreifende Netzsteuerung i.S.v. § 14a EnWG zulässig), das Netz zu entlasten. Die Definition ist eng auszulegen, da es sich einerseits um eine Notfallmaßnahme handelt und andererseits um einen akzeptablen Eingriff in das Eigentum des Stromverbrauchers (marktbezogene Maßnahme). Das Eingriffsrecht lässt sich nicht unmittelbar von § 14a EnWG ableiten, der nur einen Anreiz zum Abschluss von Vereinbarungen über die Steuerung von unterbrechbaren Verbrauchseinrichtungen darstellt, sondern ergibt sich erst nach Abschluss entsprechender Vereinbarungen (§§ 13 Abs. 1 Nr. 2, 14 Abs. 1 S. 1 EnWG)[1590]. § 14a EnWG verpflichtet den Netzbetreiber nicht zum Abschluss solcher Verträge. Nicht alle Verbrauchseinrichtungen können abgeschaltet werden (ein separater Zählpunkt, der die Menge des Stroms eindeutig bestimmbar macht, ist erforderlich) und nicht alle Stromverbraucher können ihre Last steuern bzw. abschalteten (vorausgesetzt ist ein Netznutzungsvertrag und die freiwillige Entscheidung jedes Netzkunden). Noch bezüglich der Verbrauchseinrichtungen ist hervorzuheben, dass die für den Zweck der Norm geeigneten Verbrauchseinrichtungen nur diejenigen sind, die in einen gewissen zeitlichen Rahmen verlagert werden können, ohne dass die Funktion der Einrichtung gestört wird[1591].

Die vollständig unterbrechbaren Verbrauchseinrichtungen können u.a. Wärmepumpe, Warmwasserspeicher, Nachtspeicherheizungen, Kühl- und Gefriergeräte, Klima- und Lüftungsanlagen sowie Elektromobile (diese letzte ist im § 14a S. 2 EnWG ausdrücklich erwähnt[1592]) sein. Eigentlich stellt die unterbrechbare Versorgung von Elektromobilen das Leitbild dieser Regelung dar, da die Verteilernetze beim Zubau der Elektromobilität überlastet werden können, wenn viele Elektromobile gleichzeitig aufzuladen sind [1593]. Wenn die Lastspitze nicht durch flexiblere Verteilung der Aufladezeiträume vermieden werden kann, d.h. wenn die Nachfrage nicht optimiert gesteuert werden kann, müssten die betroffenen Verteilernetze gemäß § 11 Abs. 1 EnWG ausgebaut werden[1594]. Angesichts der Tatsache, dass es für die Verbraucher

1590 *König*, Engpassmanagement in der deutschen und europäischen Elektrizitätsversorgung, 2013, S. 462.

1591 Ebenda, S. 538.

1592 Einerseits haben Elektromobile das Potenzial, durch Aufladen das Netz zu entlasten. Andererseits ist eine temporäre Abschaltung von Elektromobilen gemäß § 14a S. 2 EnWG sinnvoll, da ein gleichzeitiges Aufladen einer Mehrzahl von Elektromobilen im Laufe der Nacht für die Netzstabilität gefährlich sein kann.

1593 BT-Drs. 17/6072, S. 73.

1594 *Sötebier*, In: *Britz/Hellermann/Hermes*, Energiewirtschaftsgesetz Kommentar, 2015, S. 537.

nicht entscheidend ist, wann genau ihre Elektroautos nachts aufgeladen werden, solange gewährleistet ist, dass sie am nächsten Morgen einsatzbereit sind, kann die Steuerung des § 14a EnWG einen erheblichen Beitrag zur Aufrechterhaltung der Netzstabilität leisten, da die Ladezyklen zeitlich gestaffelt werden[1595].

Die Unterbrechbarkeit muss ferner vollständig sein, d.h. es muss möglich sein, die Verbrauchseinrichtung gesamthaft vom Netz zu trennen oder zumindest zu gewährleisten, dass die Verbrauchseinrichtung keine Elektrizität aus dem Netz bezieht (Abschaltung)[1596]. Zu beachten ist zudem, dass die Möglichkeit einer vertraglich vereinbarten Unterbrechung der Stromversorgung den notfallmäßig, ausnahmsweise auftretenden Netzspitzen dient. Die Unterbrechung muss dann trotz ihrer Vollständigkeit temporären Charakter haben. § 14a EnWG lässt der Frage keinen Raum, wie viel Strom die betroffene Verbrauchseinrichtung aus dem Netz beziehen darf, sondern nur, ob sie komplett – aber temporär – abgeschaltet werden soll oder nicht. In diesem Sinne geht es eigentlich nicht um ein *Management* (im Sinne des Wortes) der Last der bestimmten Verbrauchseinrichtung, sondern vielmehr um deren Abschaltung. Eine Netzsteuerung durch Modulation des Stromverbrauchs bestimmter Verbrauchseinrichtungen, die die Unterbrechung der Stromversorgung vermeidet, ist mithilfe von smarten Komponenten und intelligenten Messsystemen[1597] technisch möglich (und auch künftig nützlich), findet jedoch im § 14a EnWG keine rechtliche Stützung.

Auch im § 14a EnWG ist die Möglichkeit der Zuschaltung nicht reguliert, d.h. die ferngesteuerte Aktivierung von Lasten in Zeit von gleichzeitig höherer Stromerzeugung bzw. -einspeisung mit dem Ziel, die Überlastung des Netzes zu verhindern und Spannungsprobleme zu mildern. Ein Elektroauto, das in der Garage eines PV-Dachanlagen teilweise „angetriebenen" Hauses geparkt ist, könnte beispielweise mittels ferngesteuerter Netzkomponenten in Zeiten hoher Stromerzeugung Strom aus dem Netz nehmen, d.h. aufgeladen werden. Zur Begründung zum § 14a EnWG wurde aber klargestellt, dass „Zuschaltungen und ähnliche Maßnahmen (...) dem Netzbetreiber vorenthalten und dem wettbewerblichen Bereich vorbehalten bleiben [sollen]"[1598]. Der Gesetzgeber ist der Ansicht, dass die Stromabnahme durch Zuschaltung im Rahmen des § 40 EnWG bezüglich des Angebots von variablen Tarifen belohnt werden soll[1599]. Eine koordinierte Zuschaltung wäre aber sinnvoll, um Lastspitzen bei der (jetzt „ungesteuerten") Wiederaufnahme der temporär verlagerten

---

1595 Ebenda, S. 537.

1596 *Franz/Boesche*, In: *Säcker* (Hrsg.), Berliner Kommentar zum Energierecht, 2014, S. 1012; *Tüngler*, In: *Kment* (Hrsg.), Energiewirtschaftsgesetz, 2015, S. 329.

1597 Die Grundsätze bezüglich Messsystemen sind in den §§ 21b-i EnWG geregelt. Ab 2017 soll der Einbau intelligenter Messsysteme bei Verbrauchern, die an dem Flexibilitätsmechanismus des § 14a EnWG teilnehmen, verpflichtend sein, *BMWi*, Baustein für die Energiewende: 7 Ecktpunkte für das „Verordnungspaket Intelligente Netze", 2015, S. 5.

1598 BT-Drs. 17/6072, S. 73.

1599 Ebenda, S. 74.

Elektrizität zu vermeiden[1600]. Allerdings ist hervorzuheben, dass im Entwurf eines Gesetzes zur Digitalisierung der Energiewende[1601] eine redaktionelle Änderung des § 14a EnWG geplant ist. Der Gegenstand des Artikels müsste erweitert werden, um auch die Steuerung von Zuschaltungen zu ermöglichen. Denn statt „der Steuerung von vollständig unterbrechbaren Verbrauchseinrichtungen" würde sich § 14a EnWG im Wortlaut auf „die netzdienliche Steuerung von steuerbaren Verbrauchseinrichtungen" beziehen[1602]. Der Gesetzgeber rechtfertigt solche Änderungen aufgrund der Gewährleistung eines „noch breiteren Flexibilitätsansatzes über eine Rechtsverordnung nach § 14a EnWG". Dementsprechend „können nunmehr neben unterbrechbaren ganz allgemein steuerbare (also nicht nur abschaltbare) Verbrauchseinrichtungen stehen"[1603]. Es bleibt aber noch abzuwarten, ob sich diese Möglichkeit konkretisiert.

§ 14a EnWG ermöglicht es, die Nachfrage bei hoher Last zu verschieben (nicht einzusparen), damit das Netz entlastet wird. Es geht um eine **nachfrageseitige Steuerungsmaßnahme,** und eine Steuerung von Erzeugungsanlagen beabsichtigt § 14a EnWG ausdrücklich nicht. Die Norm beschäftigt sich aber mit einem sensiblen Thema der Energieregulierung und ist konkretisierungsbedürftig. Offen geblieben ist beispielweise die Frage nach der Höhe der Netzentgeltreduzierung und dem genauen Zeitpunkt, zu dem ein Schuldverhältnis zustande kommt. Dementsprechend wurde die Bundesregierung gemäß § 14a S. 4 EnWG ermächtigt, durch Rechtsverordnung mit Zustimmung des Bundesrates die Verpflichtungen der Verteilernetzbetreiber und andere Bestimmungen nach § 21i Abs. 1 Nr. 9 EnWG[1604] zu regeln. Eine Verordnung zum intelligenten Lastmanagement in der Niederspannung wird dann regeln, wie steuerbare Verbrauchseinrichtungen zum Ausgleich schwankender Einspeisung genutzt werden können. Die Rollen des Netzbetreibers, des Lieferanten und des Verbrauchers müssen klar definiert werden, damit das

1600 *Franz/Boesche*, In: *Säcker* (Hrsg.), Berliner Kommentar zum Energierecht, 2014, S. 1016; *Sötebier*, In: *Britz/Hellermann/Hermes*, Energiewirtschaftsgesetz Kommentar, 2015, S. 540.

1601 BT-Drs. 18/7555 v. 17.02.2016. Zum Referentenentwurf des Bundeswirtschaftsministeriums, vgl. *Dinter*, Das Gesetz zur Digitalisierung der Energiewende – Startschuss für Smart Meter?, ER, Heft 6, 2015, S. 229 ff.

1602 BT-Drs. 18/7555 v. 17.02.2016, S. 77.

1603 Ebenda, S. 165.

1604 Laut § 21i Abs. 1 Nr. 9 EnWG ist eine Rechtsverordnung zu erlassen, die die Verpflichtung für Betreiber von Elektrizitätsverteilernetzen aus § 14a konkretisiert, insbesondere einen Rahmen für die Reduzierung von Netzentgelten und die vertragliche Ausgestaltung vorsieht sowie Steuerungshandlungen benennt, die dem Netzbetreiber vorbehalten sind, und Steuerungshandlungen benennt, die Dritten, insbesondere dem Lieferanten, vorbehalten sind, wie auch Anforderungen an die kommunikative Einbindung der unterbrechbaren Verbrauchseinrichtung aufstellt und vorgibt, dass die Steuerung ausschließlich über Messsysteme i.S.v. § 21d und § 21e zu erfolgen hat.

Potenzial steuerbarer Verbrauchseinrichtungen für die Netzstabilisierung optimal genutzt werden kann[1605]. Es ist allerdings derzeit nicht absehbar, wie viele Anlagen an diesem Mechanismus teilnehmen werden[1606].

§ 14a EnWG, der erst Notfallcharakter hat und die Grundversorgung der Stromverbraucher im Bereich der Niederspannung überhaupt nicht beeinträchtigt, gewährleistet sowohl die Freiwilligkeit der Netzkunden als auch die Entgeltlichkeit der Nachfragesteuerungsmaßnahmen und ist somit zu begrüßen. Seine europarechtliche Konformität liegt nahe.

6.3.4 Fazit

Das deutsche Energierecht sieht einige Maßnahmen vor, um die durch höhere Einspeisung von wetterbedingten erneuerbaren Energien verursachte Netzinstabilität durch Nachfrageflexibilisierung zu beseitigen. Sowohl im Bereich der Hochspannung als auch in der Niederspannung kommen Nachfragesteuerungsmaßnahmen in Betracht, die eine zeitliche, notfallmäßige Verlagerung der Nachfrage ermöglichen. Es geht nicht um Energieeinsparungsmaßnahmen, sondern um Maßnahmen zur Staffelung der Nachfrage, um netzbelastenden Spitzenzeiten entgegenzuwirken, die die technische Energieversorgungssicherheit gefährden bzw. stören könnte.

Während eine Verpflichtung gegenüber den Übertragungsnetzbetreiber zur Ausschreibung von Abschaltleistung mittels der AbLaV vorgesehen ist, besteht noch keine solche Verpflichtung für die Verteilernetzbetreiber, da eine Verordnung, die die Einzelheiten des § 14a EnWG normiert, noch nicht erlassen wurde.

Im Zusammenhang mit dem europäischen Energierecht ist davon auszugehen, dass die Maßnahmen bezüglich der nachfrageseitigen Steuerung europarechtskonform sind, selbst wenn die nur im Arbeitsdokument der Kommissionsdienststellen beinhaltete Freiwilligkeit der Stromkunden und die Entgeltlichkeit als Voraussetzung für diese Maßnahmen angenommen würden.

6.4 Zusammenfassung

Die Landschaft der Energieversorgungssicherheit ändert sich sehr schnell mit der steigenden Einspeisung erneuerbarer Energien und der Einführung „smarterer" Technologien für energieintensive Unternehmen und Haushaltskunden. Gleichzeitig wird immer deutlicher, dass ein „Netzausbaufetischismus" wirtschaftlich und technisch untragbar ist, denn er würde einen optimierten Netzumbau erfordern. In diesem Zusammenhang gewinnt die Aufrechterhaltung der Energieversorgungssicherheit durch nachfrageseitige Steuerungsmaßnahmen an Bedeutung, wie die im deutschen Energierecht vorgesehenen Vereinbarungen über zu- und abschaltbare

1605 *BMWi*, Eckpunktepapier Weiterentwicklung der Rahmenbedingungen für eine zukunftsfähige Energieinfrastruktur v. 30.04.2012, 2012, S. 5–6.

1606 BT-Drs. 18/7555 v. 17.02.2016, S. 13.

Lasten und die Vereinbarungen über die Steuerung unterbrechbarer Verbrauchseinrichtungen zeigen, da sie durch zeitlich begrenzte Versorgungsunterbrechungen ermöglichen, die Nachfrage zu flexibilisieren. Angesichts ihres Beitrages zur Gewährleistung der technischen Sicherheit sind sie somit zu begrüßen.

Fraglich sein könnte jedoch, ob derartige Unterbrechungen überhaupt europarechtskonform wären, da die Versorgung von Elektrizität zum Endverbraucher u.a. unterbrechungsfrei sein muss. Nach der oben geführten Analyse wurde aber deutlich, dass es um eine **möglichst** unterbrechungsfreie Energieversorgung bzw. einen möglichst unterbrechungsfreien Betrieb der Energienetze geht, der Raum für die mitgliedstaatliche Etablierung nachfrageseitiger Unterbrechbarkeit lässt. Aus europarechtlicher Sicht stellt die Laststeuerung keine Neuigkeit dar und sie wird im politischen Diskurs gefördert, obwohl ein umfassender Rechtsrahmen noch fehlt. Es ist dann von einem (eher großen) **Ermessensspielraum** zugunsten der Mitgliedstaaten auszugehen. Aus Sicht des deutschen Energierechts beeinträchtigen die Maßnahmen des § 13 Abs. 4a und Abs. 4b und § 14a EnWG sowie der AbLaV nicht das Ziel, eine möglichst unterbrechungsfreie Energieversorgung sicherzustellen. Die Nachfragesteuerung im deutschen Energierecht hat Ausnahmecharakter bzw. ist eine Sonderregelung, die erst in Zeiten kritischer Netzbelastung Anwendung finden. Sie ist zeitlich begrenzt und verpflichtet den Endverbraucher nicht. Die im deutschen Energierecht gefundenen nachfrageseitigen Steuerungsmaßnahmen sind somit europarechtskonform.

Zukünftig wird es notwendig sein, das Thema auf europäischer Ebene zu regulieren, damit der Schutz der Stromverbraucher und ihrer Daten gewährleistet wird. Der deutsche Gesetzgeber hat schon in der AbLaV die Dauer und Häufigkeit von freiwillig vereinbarten Unterbrechungen sowie die technische Mindestverfügbarkeit im Bereich der Hochspannung geregelt, ohne dass die EU vergleichsweise das Thema reguliert. Ferner ist unentbehrlich, dass die Teilnahme der Stromkunden an diesen Mechanismen der Nachfrageflexibilisierung freiwillig und entgeltlich bleibt, wie im Arbeitsdokument der Kommissionsdienststellen zur Laststeuerung hervorgehoben wurde.

7. Schlussfolgerungen

Die Geschichte der europäischen Energiepolitik ist eine Geschichte zur Schaffung der europäischen Energieversorgungssicherheit. Der Weg bis zum Art. 194 AEUV hat gezeigt, dass Energie und die Maßnahmen bezüglich ihrer Gewährleistung für das Gemeinwohl der Bürger und das Wirtschaftswachstum die Hauptgründe für eine europäische Integration darstellten. Selbst wenn mehrere Momente in der Geschichte der europäischen Energiepolitik hervorzuheben sind, in denen die Erstellung und Vollendung eines liberalisierten Energiebinnenmarkts als Hauptziel des Gemeinschafts- bzw. Uniongesetzgebers erscheint, steckte dahinter immer das Ziel der Energieversorgungssicherheit. Vielmehr gab es in solchen Momenten eine Betonung der gewählten Mittel, um die Energieversorgungssicherheit als eine Betonung des Hauptziels selbst sicherzustellen. Mit der Energiekrise der Siebzigerjahre wurde verdeutlicht, dass es ohne Elektrizität keinen Markt gibt, so dass der Markt, der als ein Raum, wo die Ware frei zirkulieren kann, charakterisiert werden kann, ein Mittel – und nicht das allerhöchste Ziel – für die Gewährleistung der Energieversorgungssicherheit ist. Die Europäische Union hat die Marktwirtschaft (Art. 3 EUV) als das Mittel zur Sicherstellung der Energieversorgung gewählt. Sie ist auch Voraussetzung für die Energieversorgungssicherheit. Nicht ausgeschlossen sind aber die in den Energiemarkt eingreifenden Maßnahmen, die für die Realisierung der Ziele der Energiepolitik notwendig sind, wenn die Marktkräfte dafür nicht ausreichen. Ein solcher Eingriff in den Energiemarkt wurde zwar erstens mittels der Energieversorgungssicherheitsrichtlinie (2005) deutlich gemacht, ist aber nach dem Dritten Energiepaket (2009) und jetzt sogar noch mehr als eine Spannung zwischen Marktfreiheit und staatlichem bzw. unionsrechtlichem Dirigismus zu betrachten. Angesichts des *Status* der Versorgungssicherheit als höherrangiges Rechtsgut darf der Wettbewerb dessen Verwirklichung nicht entgegenstehen. Markteingreifende Maßnahmen sind beispielweise im Bereich Entflechtung, Förderung erneuerbarer Energien, Planung, Koordination und Zusammenarbeit, Netzaus- und -aufbau zu finden. Sie dienen im Endeffekt der Gewährleistung der Energieversorgungssicherheit und sind somit zu begrüßen.

Problematisch ist allerdings, dass sich theoretisch fast alle auf das europäische Energierecht bezogenen Maßnahmen unter dem Begriff der Energieversorgungssicherheit subsumieren lassen. Eine pragmatische, objektive Evaluierung der Realisierung eines solchen Ziels wäre dann erschwert, wenn sich keine funktionsfähige Definition diesen Maßnahmen entgegensetzt. Zudem stellt die Energieversorgungssicherheit einem legitimen Grund dar, die Wettbewerbsfähigkeit zu beschränken. Das Problem der mangelnden Definition taucht auch auf, wenn eine europarechtliche Maßnahme sich auf Art. 194 Abs. 1 lit. b AEUV stützt oder wenn die Vorschriften mit anderen Artikeln des AEUVs kollidieren. Nach Durchsicht des Schrifttums wurde eine Definition bearbeitet, die die europäische Energieversorgungssicherheit „als die möglichst dauerhafte, unterbrechungs-, gefahrenfreie Versorgung von

Elektrizität zum Endverbraucher, die aus kurzer und langfristiger Sicht umweltfreundlich und erschwinglich ist" versteht. Mehrere Elemente sind messbar und für fordernd die Kommission und die Mitgliedstaaten dazu heraus, einen Konsens um das Niveau der Dauerhaftigkeit, Dauer der Unterbrechungszeit und um das etwaige Niveau zu schaffen, das zur Sicherzustellung einer gefahrenfreien Versorgung, die eine sichere Energieversorgung charakterisiert, erreicht werden soll. Das EU-Recht regelt das Thema im Einzelnen nicht und lässt den Mitgliedstaaten einen großen Ermessensspielraum, um die Unterbrechungsfreiheit zu gewährleisten bzw. mit der Netzstabilität zu balancieren. Erschwinglichkeit und Umweltfreundlichkeit nehmen Rücksicht auf die Zieltrias der europäischen Energiepolitik und dürfen wegen der Ausgewogenheit zwischen den Zielen nicht außer Acht gelassen werden. Mit der zunehmenden Erdölknappheit und der Dringlichkeit, die CO_2-Emissionen zu verringern, sowie der Notwendigkeit, ein angemessenes Niveau an Energieeinfuhrunabhängigkeit zu schaffen, wird immer deutlicher, dass Erschwinglichkeit und Umweltfreundlichkeit – sowie die Schaffung einer langfristigen Energieversorgung – erst dann bestehen werden können, wenn die Energieversorgungssicherheit auf die Erzeugung von Strom aus erneuerbaren Energien basiert, was aus Sicherheitsgründen die Integration der mitgliedstaatlichen Netze erfordert.

Es besteht noch kein breiter Konsens zwischen den Mitgliedstaaten bezüglich der Frage, was Energieversorgungssicherheit in Europa bedeutet. Die Fähigkeit, nur mit einer Stimme zu sprechen, ist trotz der relativ frischen Erkenntnis der Wichtigkeit der Energieaußenpolitik noch nicht völlig entwickelt. Obwohl relative Einigkeit besteht, dass eine Diversifizierung der Energiequellen für die Gewährleistung der Energieversorgungssicherheit erforderlich ist, finden immer noch für die europäische Energieversorgungssicherheit gefährliche Alleingänge statt – beispielweise Deutschland und Großbritannien hinsichtlich der Verlegung von Unterseekabeln in der Nordsee oder Deutschland hinsichtlich des Aufbaus der Ostseepipeline[1607] sowie der Atomausstiegentscheidung. Uneinheitlich – und bis einem Punkt auch marktwirtschaftswidrig – sind auch die nationalen Fördersysteme erneuerbarer Energien. Alleingänge sind auch insgesamt kostspielig und suboptimal. Das energetische Solidaritätsprinzip des Art. 194 Abs. 1 AEUV, die Kooperationsmechanismen der Richtlinie 2009/28/EG sowie die sekundärrechtlichen Netzausbaupflichten, die auch für die grenzüberschreitenden Interkonnektoren gilt, können zwar einen erheblichen Beitrag zur Schaffung eines solchen Konsensus leisten, haben aber bis zum heutigen Stand kaum Anwendung in der Praxis gefunden. Solidarität ist nur im Pentalateral Forum und in der BEMIP zu finden; ein Kooperationsmechanismus besteht nur zwischen Norwegen und Schweden; der Grad des Integrationsverbunds liegt durchschnittlich noch unter 10 %, und Engpässe stellen strukturelle Hemmnisse in den grenzüberschreitenden Netzen dar. Regionale Kooperation existiert aber bis zum heutigen Stand nur als *ad-hoc* Mittel zur Erreichung der Ziele der

1607 *Müller-Kraenner*, Energiesicherheit – Die neue Vermessung der Welt, 2007, S. 126; *Percebois*, In: *Koopmann/Martens* (Hrsg.), Das kommende Europa, 2008, S. 340.

Energiepolitik[1608]. Auf der anderen Seite sind wichtige regulierungsrechtliche Neuerungen zu nennen, die zum Ausbau eines Konsensus hilfreich sind, wie die Harmonisierung der technischen Regeln durch Ausarbeitung von Netzkodizes, die Ausarbeitung von nationalen und gemeinschaftsweiten Netzentwicklungsplänen, die Ausweisung von Vorhaben von gemeinsamem Interesse für Energieinfrastrukturprojekte, die grenzüberschreitend sind und erheblich zur Zieltrias der Energiepolitik beitragen, sowie die Teilnahme der EU an der Finanzierung von Projekten, die die Integration der mitgliedstaatlichen Energiesysteme fördern.

Eine politische und rechtliche Hürde für die Schaffung einer einstimmigen, gemeinsamen europäischen Energieversorgungssicherheit stellt Art. 194 Abs. 2 UAbs. 2 AEUV dar, die sog. Souveranitätsvorbehaltsklausel. Obwohl es noch Raum gab, verbindliche Mindestziele für die Erzeugung von Strom aus erneuerbaren Energien mittels der Richtlinie 2009/28/EG festzusetzen, bleibt es fraglich, bis wann die EU Maßnahmen erlassen darf, die nicht gegen Art. 194 Abs. 2 UAbs. 2 AEUV verstoßen. Die europarechtliche Verpflichtung zum Netzausbau sowie zur Ausarbeitung von Netzplänen beeinträchtigt nicht das Recht eines Mitgliedstaates, souverän über sein Energieversorgungssystem zu entscheiden. Trotzdem ist fraglich, wie das Ziel der Vollendung des Energiebinnenmarkts und der Gewährleistung der Energieversorgungssicherheit zu erreichen ist, wenn es solche „*Last-Resort*"-Vorbehalte gibt. Zu beachten ist ein Widerspruch zwischen der Souveranitätsvorbehaltsklausel und dem politischen Diskurs der Kommission, die ein Mehr an Integration der Energienetze und an solidaritäts- und kooperationsfördernder Vorgehensweisen (einschließlich in Krisenzeiten) fordert. Angesichts dieser Hürden und da die EU die nationalen Energiesysteme bzw. die nationalen Energiepolitiken in hohem Maße weder beeinflussen noch kontrollieren kann, hat sie sich auf die Erleichterung von Investitionen und auf die Koordinierung der nationalen Bemühungen fokussiert, um Energieversorgungssicherheit zu gewährleisten[1609].

Wie vorher gezeigt wurde, ist die Energieversorgungssicherheit das einzige Ziel des Art. 194 Abs. 1 AEUV, das mit der Zieltrias der Energiepolitik – Versorgungssicherheit, Umweltschutz und Wettbewerbsfähigkeit – übereinstimmt. Dies spielt eine Rolle hinsichtlich der Auslegung der im Art. 194 Abs. 1 AEUV beinhalteten Ziele – Sicherstellung des Funktionierens des Energiemarkts, Gewährleistung der Energieversorgungssicherheit, Förderung der Energieeffizienz und von Energieeinsparungen sowie der Entwicklung neuer und erneuerbarer Energiequellen, und Förderung der Interkonnektion der Energienetze –, obwohl deutlich ist, dass es keine Hierarchie zwischen den energiepolitischen Zielen gibt. Im Rahmen der praktischen Konkordanz muss bei Auftauchen von Zielkonflikten die Tatsache berücksichtigt werden, dass die Gewährleistung der Energieversorgungssicherheit einerseits und die Ziele im Art. 194 Abs. 1 lit. c und lit. d AEUV andererseits in einem dienenden

1608 *Andoura/Vinois*, From the European Energy Community to the Energy Union, 2015, S. 52.

1609 *Talus*, EU Energy Law and Policy, 2013, S. 105.

Verhältnis stehen. Diese Auslegung, die keine Hierarchisierung der Ziele rechtfertigt, die aber auf die Wichtigkeit des Ziels in Art. 194 Abs. 1 lit. b AEUV hindeutet, befindet sich mit der Entstehungsgeschichte des Ziels der Energieversorgungssicherheit im Europarecht im Einklang und wird sowohl in der Literatur als auch in der politischen Auseinandersetzung anerkannt.

Zwei große Bereiche von Maßnahmen tragen dann zur Gewährleistung der europäischen Energieversorgungssicherheit bei: Förderung erneuerbarer Energien und Förderung der Interkonnektion der Energienetze. Sie stehen miteinander in engem Zusammenhang, da laut der Kommission massive Investitionen in die Übertragungs-/Fernleitungs- und Verteilernetze, einschließlich grenzüberschreitender Infrastruktur, noch notwendig sind, um die erneuerbaren Energien aufnehmen zu können[1610].

Im Hinblick auf den ersten Bereich soll erst hervorgehoben werden, dass Unregelmäßigkeit und Dezentralität zwei Eigenschaften sind, die die sichere Energieversorgung gefährden können. Mehrere Mechanismen müssen dann zum Einsatz kommen, damit die schwankende Stromerzeugung aus erneuerbaren Energien sowie die Vielzahl von Erzeugern das Netz nicht überlasten und die Energieversorgung nicht beeinträchtigt wird. Eine unentbehrliche Rolle spielt laut dem Art. 16 der Richtlinie 2009/28/EG das Prinzip des Vorrangs von Strom aus erneuerbaren Energien bei der Einspeisung ins Netz. Ein vorrangiger Zugang zum Netz dient nicht nur als Investitionsanreiz für diese Technologie, sondern gewährleistet auch, dass erneuerbarer Strom eingespeist immer dann wird, wenn – d.h. insoweit die Betriebssicherheit nicht gefährdet wird – die klimatischen Bedingungen es so erlauben. Eine sofortige Einspeisung des verfügbaren Stroms aus erneuerbaren Energien ermöglicht, die negativen Auswirkungen und Risiken einer fluktuierenden Stromerzeugung zur Sicherstellung der Energieversorgungssicherheit zu minimieren. Die Richtlinie 2009/28/EG stellt aber andere regulatorische Mechanismen fest, um die Energieversorgungssicherheit mittels der Förderung erneuerbaren Energien zu gewährleisten, die leider momentan kaum benutzt werden. Art. 6 bis Art. 11 sehen die Möglichkeit vor, Kooperationsmaßnahmen zwischen den Mitgliedstaaten zu errichten. Die Tatsache, dass es kaum Beispiele bezüglich der Nutzung solcher Maßnahmen gibt, verdeutlicht, dass die Mitgliedstaaten immer noch eine individualistische Vorgehensweise bevorzugen, wenn es um die Entwicklung der nationalen Energiesysteme geht. Diese Vorgehensweise wird auch durch die in Kraft getretenen nationalen Fördersysteme erneuerbarer Energien bestätigt, die wettbewerbsbeschränkend sind und die Schaffung einer gemeinsamen Energieversorgungssicherheit erschweren. Dringend ist somit die Etablierung eines gemeinsamen Fördersystems, das durch Auf- und Ausbau grenzüberschreitender Netze unterstützt und ermöglicht wird. Auch hilfreich für die Implementierung eines nachhaltigen Energiesystems wären Maßnahmen, die zum Ziel haben, die Unregelmäßigkeit der

---

1610 Grünbuch „Ein Rahmen für die Klima- und Energiepolitik bis 2030" v. 27.03.2013. KOM (2013) 169 final, S. 7.

Stromerzeugung aus Wind und Sonne zu mildern, wie Speichersysteme (Art. 16 Abs. 1 der Richtlinie 2009/28/EG), CCS-Technologie (Richtlinie 2009/31/EG) und nachfrageseitige Maßnahmen. Für das Speichersystem ist aber die Technologie noch nicht marktreif und es fehlt ein regulatorischer Rechtsrahmen, der für die Schaffung eines sicheren Investitionsklimas vorteilhaft sein könnte. CCS-Technologie ist noch weniger marktreif als Speichersysteme, aber verfügt schon über eine spezielle Richtlinie. Trotzdem bleibt abzuwarten, ob die Brücken-Technologie eine Rolle spielen wird. Vielversprechend sind die nachfrageseitigen Maßnahmen, wie intelligente Netze und *Smart-Metering*, die die Nachfrage flexibilisieren und dem Endverbraucher seinen Konsum und die Schwankungen der Stromerzeugung sowie die Volatilität der Strompreise bewusst machen. Trotz der Richtlinie 2004/22/EG über Messgeräte und anderer Vorschriften in mehreren Richtlinien befindet sich diese Technologie in der Entwicklungsphase, und es bleibt fraglich, welcher konkrete Beitrag zur Gewährleistung der Energieversorgungssicherheit damit geleistet werden wird. Die Einbeziehung der intelligenten Netze in der Verordnung 347/2013/EU als vorrangiges Gebiet und die Ausweisung von zwei Projekten als VGI (Delegierte Verordnung 1391/2013/EU) liefert aber Hoffnung, dass diese Technologie eine Zukunft haben kann.

Spezifisch zur Dezentralität der Stromerzeugung aus erneuerbaren Energien wurde gezeigt, dass die erneuerbaren Energien einen dezentralisierten, regionalen, kleinmaßstabigen Ansatz erfordern. Mehrere erfolgreiche Beispiele zeigen, wie die erneuerbaren Energien zur lokalen Energieversorgungssicherheit beitragen. Auf der anderen Seite stehen Megaprojekte wie Desertec und Nordsee Initiativen, die immer noch auf der Logik des etablierten Energiesystems basieren, das von großen Energiekonzernen und Zentralismus geprägt ist. Obwohl die Desertec Initiative gescheitert ist, sieht die NSCOGI eine große Erfolgschance, da die Interessen nicht gegenseitig sind, wie es der Fall zwischen Europa und den Ländern Nordafrikas war. Allerdings sollen mehrere regulatorischen Hemmnisse – im Bereich Netzzugang und -anschluss, Investitionen und Kooperationsvereinbarungen – überwunden werden, und Alleingänge müssen sofort gebremst werden, damit eine wahre grenzüberschreitende Integration in der Nordsee geschieht. Die Einbeziehung der sich in der Nordsee befindlichen Projekte in die nationalen und gemeinschaftsweiten Netzentwicklungspläne stellt schon einen erheblichen Fortschritt dar.

Bezüglich der Förderung der Interkonnektion der Energienetze wurden trotz der späteren regulatorischen Aufmerksamkeit und des niedrigen Verbundgrads zwischen den Mitgliedstaaten die größeren Fortschritte konstatiert. Für die Schaffung des von der Kommission festgesetzten Ziels der Vollendung des Energiebinnenmarkts ist es unentbehrlich, dass grenzüberschreitende Energienetze auf- und ausgebaut werden, damit der Strom reibungslos über die mitgliedstaatlichen Grenzen hinaus fließen kann. Zurzeit bestehen noch strukturelle – also keine kurzfristigen, seltenen – Engpässe in Grenzkuppelstellen, die grundsätzlich nur durch den Auf- und Ausbau der Energienetze beherrscht werden. Engpassmanagement, das im Art. 16 der Verordnung 714/2009/EG reguliert ist, stellt zwar ein ungenügendes Mittel dafür dar, bietet aber eine Lösung hinsichtlich der diskriminierungsfreien und möglichst effizienten Netznutzung der begrenzten Netzkapazität. Es dient zur Eindämmung der negativen Auswirkungen eines überlasteten Netzes und trägt somit zur Aufrechterhaltung der Energieversorgungssicherheit bei. Damit die notwendigen Energieinfrastrukturen, die von erheblicher Bedeutung für die Ziele der Energiepolitik sind, rechtzeitig auf- und ausgebaut werden können, müssen sie von einem optimalen und raschen Genehmigungsverfahren sowie von leichtem Zugang zu Finanzmitteln profitieren. Das regulatorische Regime des VGI positiviert (Verordnung 347/2013/EU) einen solchen Ansatz und ist somit zu begrüßen. Die Dimensionen der Zusammenarbeit zwischen den Akteuren des europäischen Energiesystems (Kommission, Übertragungsnetzbetreiber, nationale Regulierungsbehörden, ENTSO-E und ACER) und der Planung kommen zusammen. Koordination und Kooperation ermöglichen, dass nicht nur Europa mit einer Stimme spricht, sondern auch, dass die verschiedenen Energiesysteme harmonisiert werden, was im Endeffekt zur technischen Energieversorgungssicherheit beiträgt. Dafür stellen Netzkodizes kraftvolle Werkzeuge dar. Daneben schafft die EU ohne die Ausarbeitung einer umfassenden Planung keinen höheren Grad an Energieintegration. Die Investitionssicherheit – und konsequenterweise die Investitionen selbst – hängt vollständig davon ab. Das Dreibein, das die verschiedenen Dimensionen der Interkonnektion der Netze zugunsten der Gewährleistung der Energieversorgungssicherheit stützt, wäre ohne die Dimension der Finanzierung nicht vollständig. Die EU verfügt über Finanzmittel, um einen letzten Schub hin zur Implementierung der bedeutendsten Energieprojekte anzubieten. Das EEPR und die Fazilität „Connecting Europe“ gewährleisten, dass die grenzüberschreitenden Energieinfrastrukturprojekte eine Erfolgschance haben, selbst wenn die Marktkräfte alleine die notwendigen Investitionen nicht unternehmen.

Da die Integration der Energienetze keine erhebliche Umwandlung in der Versorgungsstruktur jedes Mitgliedstaats darstellt, wie es der Fall bei der zunehmenden Einspeisung von Strom aus erneuerbaren Energien ist, spielt sie in jedem der nationalen Energiesysteme nur eine sekundäre Rolle und ist somit einfacher durchzusetzen. Zusammenarbeit, Planung und Finanzierung, ergeben zusammen mit der Ausweisung von VGI eine Reihe von Maßnahmen, die zu einer vernetzten Energieversorgungssicherheit beitragen. In diesem Bereich existiert schon ein gemeinsames Denken. Das gilt nicht für die Förderung erneuerbarer Energien und damit verbundene Maßnahmen, die noch von einer nationalistischen Mentalität geprägt sind. Abzuwarten sind weitere regulatorische Entwicklungen in diesem Bereich, die sich mit dem Prinzip des Vorrangs erneuerbarer Energien verbinden könnten, damit die Förderung erneuerbaren Energien Teil der Lösung für das Problem dauerhafter und nachhaltiger Gewährleistung der Energieversorgungssicherheit sein kann.

Literaturverzeichnis

Acharya, Amitav. *Human security: east vs. west.* In: International Journal, Vol. 56, Nr. 3, 2001.

Agentur für Erneuerbare Energien. Einspeisevergütung und Quotenmodell mit Zertifikatehandel auf dem Prüfstand. Ein Vergleich der Förderinstrumente für erneuerbare Energien am Beispiel von Deutschland und dem Vereinigten Königreich, 2010.

Alber, Gotelind. Energieregionen in Österreich. In: *Keppler*, Dorothee/ *Walk*, Heike/ *Töpfer*, Eric/*Dienel*, Hans-Liudger (Hrsg.). *Erneuerbare Energien ausbauen!* München, 2009.

Andoura, Sami/*Hancher*, Leigh/*van der Woude*, Marc. *Towards a European Energy Community: a policy proposal.* Notre Europe, Studies & Research 76, 2010.

Andoura, Sami/*Vinois*, Jean-Arnold. *From the European Energy Community to the Energy Union.* Notre Europe, Studies & Reports 107, 2015.

Angenendt, Nicole/*Boesche*, Katharina Vera/*Franz*, Oliver Helge. *Der energierechtliche Rahmen einer Implementierung von Smart Grids.* In: RdE, Heft 4–5, 2011.

Armand, Louis/*Etzel*, Franz/*Giordani*, Francesco. *Ziele und Aufgaben für Euratom.* Bericht im Auftrag der Regierungen Belgiens, der Bundesrepublik Deutschlands, Frankreichs, Italiens, Luxemburgs und der Niederlande, 1957.

Armbrecht, Stefanie. *Infrastrukturplanung auf europäischer Ebene – Entwurf einer Verordnung zu Leitlinien für die transeuropäische Energieinfrastruktur.* In: DVBl, Heft 8, 2013.

Aubin, Bernhard. *Daseinvorsorge und Universaldienst.* Tübingen, 2013.

Barton, Barry/*Redgwell*, Catherine/*Rønne*, Anita/*Zillman*, Donald N. *Energy security: managing risk in a dynamic legal and regulatory environment.* Oxford, 2004.

Basedow, Jürgen. Zielkonflikte und Zielhierarchien im Vertrag über die Europäische Gemeinschaft. In: *Due*, Ole/*Lutter*, Marcus/*Schwarze*, Jürgen (Hrsg.). *Festschrift für Ulrich Everling. Band I.* Baden-Baden, 1995.

Bastian, Katrian. *Die Europäische Union und Russland. Multilaterale und bilaterale Dimensionen in der europäischen Außenpolitik.* Wiesbaden, 2006.

Baumann, Florian/*Turek*, Jürgen. Die europäische Energiepolitik im Vertrag von Lissabon. In: *Weidenfeld*, Werner (Hrsg.). *Lissabon in der Analyse. Der Reformvertrag der Europäischen Union.* Baden-Baden, 2008.

Bechberger, Mischa. Why renewables are not enough: Spain's discrepancy between renewables growth and energy (in)efficiency. In: *Mez*, Lutz (Hrsg.). *Green Power Markets.* Großbritannien, 2007.

Bechberger, Mischa/*Reiche*, Danyel. Diffusion of renewable feed-in tariffs in the EU-28. In: *Mez*, Lutz (Hrsg.). *Green Power Markets.* Großbritannien, 2007.

Becker, Ulrich. In: *Schwarze*, Jürgen (Hrsg.). *EU-Kommentar*. 3. Aufl. Baden-Baden, 2012.

Beckerath, Gerhard von. *Ordnungspolitik in der Montanunion – erläutert am Beispiel der Kohlenwirtschaft*. Köln und Opladen, 1960.

Benz, Steffen. *Energieeffizienz durch intelligente Stromzähler – Rechtliche Rahmenbedingungen*. In: ZUR, Heft 10, 2008.

Berié, Hermann/*Miller*, Rudolf. *Gemeinsamer Markt und Euratom. Die Verträge von Rom vom 25. März 1957 mit sämtlichen Anhängen und Anlagen*. 2. Aufl. Herne-Berlin, 1959.

Bernaerts, Inge. The third internal market package and its implications for electricity and gas infrastructure in the EU and beyond. In: *Vinois*, Jean-Arnold (Hrsg.). *EU Energy Law – Volume VIII – The energy infrastructure policy of the European Union*. Niederlande, 2014.

Beuthien, Volker/*Dierkes*, Stefan/*Wehrheim*, Michael. *Die Genossenschaft – mit der Europäischen Genossenschaft*. Berlin, 2008.

Bielecki, Janusz. *Energy security – Is the wolf at the door?* In: The Quarterly Review of Economics and Finance, Vol. 42, Issue 2, 2002.

Bings, Sophie. In: *Streinz*, Rudolf. *EUV/AEUV*. 2. Aufl. 2012.

Bjørnbye, Henrik. The Grid Connection Code as an EU internal market measure. In: *Roggenkamp*, Martha/*Bjørnbye*, Henrik (Hrsg.). *European Energy Law Report X*. Cambridge, 2014.

BMWi, Eckpunktepapier Weiterentwicklung der Rahmenbedingungen für eine zukunftsfähige Energieinfrastruktur v. 30.04.2012, 2012.

–. Monitoring-Bericht zur Versorgungssicherheit im Bereich der leitungsgebundenen Versorgung mit Elektrizität, 2014.

–. Baustein für die Energiewende: 7 Eckpunkte für das „Verordnungspaket Intelligente Netze", 2015.

Bogdandy, Armin von. In: *Grabitz*, Eberhard/*Hilf*, Meinhard. *Kommentar zur Europäischen Union*. 2000.

Boge, Olav. The Norwegian-Swedish Electricity Certificates Market. In: *Roggenkamp*, Martha/*Bjørnbye*, Henrik (Hrsg.). *European Energy Law Report X*. Cambridge, 2014.

Bohi, Douglas R./*Toman*, Michael A./*Walls*, Margaret A. *The economics of energy security*. Boston, 1996.

Böske, Johannes. *Zur Ökonomie der Versorgungssicherheit in der Energiewirtschaft*. Berlin, 2007.

Breier, Siegfried. In: *Lenz*, Carl Otto/*Borchardt*, Klaus-Dieter. *EU-Verträge – Kommentar nach dem Vertrag von Lissabon*. 5. Aufl. Köln, 2010.

Brischke, Lars-Avid. *Modell einer zukünftigen Stromversorgung Deutschlands mit hohen Beiträgen regenerativer Energien auf der Basis eines Mehr-Knoten-Netzes.* Düsseldorf: VDI Fortschritt-Bericht, Reihe 6, Nr. 530, 2005.

Britz, Gabriele. Klimaschutzmaßnahmen der EU und der Mitgliedstaaten im Spannungsfeld von Klimaschutz und Binnenmarkt. In: *Schulze-Fielitz*, Helmuth/*Müller*, Thorsten (Hrsg.). *Europäisches Klimaschutzrecht.* 2009.

Brkic, Zeljko. Nachhaltige kommunale Energieversorgung: Eine Chance zur Wiederbelebung der Lokale Agenda 21-Prozesse in deutschen Kommunen? In: *Kratz*, Sabine (Hrsg.). *Energie der Zukunft.* Marburg, 2007.

Büdenbender, Ulrich/*Heinegg*, Wolff Heintschel von/*Rosin*, Peter. *Energierecht I – Recht der Energieanlagen.* Berlin, 1999.

Büdenbender, Ulrich. *Generelle und energierechtliche Konflikte zwischen Wettbewerb und Umweltschutz.* In: DVBl., 2002.

Bundesnetzagentur. Monitoringbericht 2015, 2015.

Calliess, Christian. Kollektive Ziele und Prinzipien im Verfassungsrecht der EU – Bestandaufnahme, Wirkungen und Perspektiven. In: *Hiebaum*, Christian/*Koller*, Peter (Hrsg.). *Politische Ziele und juristische Argumentation.* Stuttgart, 2003.

–. *Sinn, Inhalt und Reichweite einer europäischen Kompetenz zu einer kombinierten Umwelt-, Klima- und Energiepolitik.* In: Berliner Online-Beiträge zum Europarecht, Nr. 52, 2009.

–. *Die neue Europäische Union nach dem Vertrag von Lissabon.* Tübingen, 2010.

–. In: *Calliess*, Christian/*Ruffert*, Matthias. *EUV/AEUV Kommentar.* 4. Aufl. 2011.

–. Auf dem Wege zu einer einheitlichen europäischen Energiepolitik? In: *Joost*, Detlev/*Oetker*, Hartmut/*Paschke*, Marian (Hrsg.). *Festschrift für Franz Jürgen Säcker zum 70. Geburtstag.* München, 2011.

Calliess, Christian/*Hey*, Christian. Erneuerbare Energien in der Europäischen Union und das EEG: Eine Europäisierung „von unten“? In: *Müller*, Thorsten (Hrsg.). *20 Jahre Recht der Erneuerbaren Energien.* Baden-Baden, 2012.

Cameron, Peter. *Competition in energy markets: law and regulation in the European Union.* 2. Aufl. Großbritannien, 2007.

–. Energy: efficiency, security and the environment. In: *Dougan*, Michael/*Currie*, Samantha (Hrsg.). *50 years of the European Treaties. Looking back and thinking forward.* Oxford und Portland, 2009.

–. The EU and energy security: a critical review of the legal issues. In: *Antoniadis*, Antonis/*Schütze*, Robert/*Spaventa*, Eleanor (Hrsg.). *The European Union and global emergencies – A Law and Policy analysis.* Oxford, 2011.

Chang, Yen-Chiang. *Marine renewable energy – the essential legal considerations.* In: Journal of World Energy Law and Business. Vol. 8, Nr. 1, 2015.

Checchi, Ariann/*Behrens*, Arno/*Egenhofer*, Christian. *Long-term energy security risks for Europe: a sector-specific approach.* Centre for European Policy Studies. Working Document Nr. 309, 2009.

Chevalier, ean-Marie. *Security of energy supply for the European Union.* In: European Review of Energy Markets, Vol. 1, issue 3, 2006.

Clausen, Fabian/*Hörnicke*, Johannes/*Schäfer-Stradowsky*, Simon. *Wer macht mit bei der Energiewende? – Förderinstrumente für Strom aus erneuerbaren Energien im internationalen Überblick.* In: Zeitschrift für Neues Energierecht – ZNER, 2013.

Clingendael International Energy Programme. Security of supply in the run-up to the post-2020 period. CIEP Paper 2014/04. Den Haag: 2014.

CNA. Powering America's defense: energy and the risks to national security. CNA Analysis & Solutions. 2009.

Comission des Communautés Européennes. Recueil des textes législatifs et des actes relatifs au domaine de l'Energie. Luxembourg, 1988.

Consentec/r2b, Versorgungssicherheit in Deutschland und seinen Nachbarländern: länderübergreifendes Monitoring und Bewertung. Untersuchung im Auftrag des BMWi. Berlin, 2015.

Constantinesco, Léontin-Jean. *Das Recht der Europäischen Gemeinschaften I.* Baden-Baden, 1977.

Cottrell, Fred. *Energy and society – the relation between energy, social change and economic development.* New York, 1955.

Council of European Energy Regulators – CEER. Current experience with renewable support schemes in Europe. 2004.

Czybulka, Detlef. *Klimaschutz außerhalb des Emissionshandelssystems.* In: Zeitschrift für Europäisches Umwelt- und Planungsrecht – EurUP, Heft 3, 2008.

Danner, Wolfgang/*Theobald*, Christian. *Energierecht – Kommentar.* Band 1. München, 2014.

Danwitz, Thomas von. Der europäische Elektrizitätsbinnenmarkt zwischen Wettbewerbsorientierung und Wettbewerbsbeschränkung. In: *Löwer*, Wolfgang (Hrsg.). *Wettbewerb und Versorgungssicherheit.* Bonner Gespräch zum Energierecht, Band 2. Bonn, 2007.

Däuper, Olaf. *Aller guten Dinge sind drei? Die Weiterentwicklung des energiewirtschaftlichen Regulierungsrahmens durch das dritte EG-Energiepaket.* In: Netzwirtschaften & Recht – N&R, Heft 4, 2009.

–. In: *Danner*, Wolfgang/*Theobald*, Christian (Hrsg.). *Energierecht Kommentar – Band 2.* München, 2013.

Defeyes, Kenneth S. *Hubbert's Peak: the impending world oil shortage.* USA, 2001.

Del Guayo, Iñigo/*Pielow*, Johann-Christian. Electricity and gas infrastructure planning in the European Union. In: *Roggenkamp*, Martha M./*Barrera-Hernández*,

Lila/*Zillman*, Donald N./*del Guayo*, Iñigo (Hrsg.). *Energy networks and the Law.* Oxford, 2012.

Deshpande, Prabhakar. *OPEC vs OPIC – A case for formation of Organization of Petroleum Importing Countries (OPIC).* Abrufbar unter: http://ssrn.com/abstract=439680.

Deubner, Christian. *Die Atompolitik der westdeutschen Industrie und die Gründung von Euratom.* Frankfurt/New York, 1977.

Deutscher Bundestag. Gesetzentwurf der Bundesregierung. Entwurf eines Zweiten Gesetzes zur Neuregelung des Energiewirtschaftsrechts v. 14.10.2004. BT-Drs. 15/3917.

Dichgans, Hans. *Montanunion – Menschen und Institutionen.* Düsseldorf, 1980.

Dinter, Jan. *Das Gesetz zur Digitalisierung der Energiewende – Startschuss für Smart Meter?* In: ER, Heft 6, 2015.

Dobbeni, Daniel/*Staschus*, Konstantin/*Castermans*, Bart/*Mendiola*, Jesus/*Minciuna*, Irina. The elaboration of the electricity network codes and of the ten year network development plan. In: *Vinois*, Jean-Arnold (Hrsg.). *EU Energy Law – Volume VIII – The energy infrastructure policy of the European Union.* Niederlande, 2014.

Dummer, Andrea/*Popelka*, Herbert. *Engpassmanagement im hoch ausgelasteten Übertragungsnetz von Verbund-Austrian Power Grid.* In: Elektrotechnik und Informationstechnik – e&i, Heft 11, 2004.

Dyer, Hugo/*Trombetta*, Maria Julia. The concept of energy security: broadening, deepening, transforming. In: *Dyer*, Hugo/*Trombetta*, Maria Julia. *International Handbook of Energy Security.* Cheltenham, 2013.

Ehricke, Ulrich. *Der europäische Regelungsansatz zur Versorgungssicherheit in Bezug auf Stromnetze – zum Richtlinienvorschlag für die Sicherung der Elektrizitätsversorgung.* In: ZNER, Heft 3, 2004.

–. *Die geplante EU-Agentur für die Zusammenarbeit der Energieregulierungsbehörden (Teil 2).* In: Infrastrukturrecht – IR, Heft 7, 2008.

–. Europäische Regulierung der Energieinfrastruktur im Kontext von Liberalisierung und Klimaschutz am Beispiel des Vorschlags für eine Richtlinie zur Förderung der Nutzung von Energie aus erneuerbaren Quellen. In: *Schulze-Fielitz*, Helmuth/*Müller*, Thorsten (Hrsg.). *Europäisches Klimaschutzrecht.* Baden-Baden, 2009.

–. Europäisches Recht der erneuerbaren Energien. In: *Frenz*, Walter/*Müggenborg*, Hans-Jürgen. *EEG – Erneuerbare-Energien-Gesetz – Kommentar.* 3. Aufl. Berlin, 2013.

Ehricke, Ulrich/*Hackländer*, Daniel. *Europäische Energiepolitik auf der Grundlage der neuen Bestimmungen des Vertrags von Lissabon.* In: Zeitschrift für Europarechtliche Studien – ZeuS, Heft 4, 2008.

Eickhof, Norbert/*Holzer*, Verena L. *Energiepolitische Kompetenzen in der Europäischen Union.* In: Wirtschaftsdienst, Heft 7, 2004.

Eiselt, Jürgen. *Dezentrale Energiewende. Chancen und Herausforderungen.* Wiesbaden, 2012.

ENTSO-E. Network Codes development process. Belgien: ENTSO-E, 2012.

–. *10-Year Network Development Plan 2014.* Belgien: ENTSO-E, 2014.

Epiney, Astrid. *Umweltrecht der Europäischen Union.* 3. Aufl. Baden-Baden, 2013.

Erbring, Hans-Peter/*Kuring*, Matthias/*Ruge*, Reinhard. Die operative Steuerung der Elektrizitätsnetze. In: *Säcker*, Franz Jürgen (Hrsg.). *Handbuch zum deutsch-russischen Energierecht.* München, 2010.

Erk, Claudia. *Die künftige Vereinbarkeit des EEG mit Verfassungs- und Europarecht.* Baden-Baden, 2008.

Errera, J./*Symon*, E./*van der Meulen*, J./*Vernaeve*, L. *Euratom – Analyse et commentaires du Traité.* Brussels, 1958.

Esakova, Nataliya. *European energy security. Analysing the EU-Russia energy security regime in terms of interdependence theory.* Wiesbaden, 2012.

Eurelectric. Security of electricity supply. Discussion Paper. Working Group Security of Electricity Supply. November 2004.

Europäische Gemeinschaft für Kohle und Stahl. Kohle und Energie in Europa. Bruxelles, 1958.

Europäische Kommission. Energie in Europa. Der Binnenmarkt für Energie. Luxemburg, 1988.

–. *Weißbuch „Eine Energiepolitik für die Europäische Union“.* KOM (1995) 682.

–. *Mitteilung der Kommission „Energie für die Zukunft – Erneuerbare Energieträger“* v. 26.11.1997. KOM (1997) 599.

–. *Mitteilung der Kommission „Förderung der Einbeziehung von Umweltaspekten in die Energiepolitik der Gemeinschaft“* v. 14.10.1998. KOM (1998) 571 endg.

–. *Vorschlag „für eine Richtlinie des Europäischen Parlaments und des Rates zur Förderung der Stromerzeugung aus erneuerbaren Energiequellen im Elektrizitätsbinnenmarkt“* v. 10.05.2000. KOM (2000) 279 endg.

–. *Geänderter Vorschlag „für eine Richtlinie des Europäischen Parlaments und des Rates zur Förderung der Stromerzeugung aus erneuerbaren Energiequellen im Elektrizitätsbinnenmarkt“* v. 28.12.2000. KOM (2000) 884 endg.

–. *Grünbuch „Hin zu einer europäischen Strategie für Energieversorgungssicherheit“.* KOM (2000) 769 endg. Luxemburg, 2001.

–. *Mitteilung der Kommission zur „Vollendung des Energiebinnenmarktes“* v. 13.03.2001. KOM (2001) 125 endg.

–. *1952–2002: 50 jahre Kohleforschung der EGKS.* Luxemburg, 2002.

–. *Mitteilung der Kommission „Energiebinnenmarkt: Abgestimmte Maßnahmen im Bereich der Energieversorgungssicherheit“* v. 11.09.2002. KOM (2002) 488 endg.

–. *Vorschlag für eine „Richtlinie des Europäischen Parlaments und des Rates über Maßnahmen zur Gewährleistung der Sicherheit der Elektrizitätsversorgung und von Infrastrukturinvestitionen“* v. 10.12.2003. KOM (2003) 740 endg.

–. *Mitteilung der Kommission „Europäische Nachbarschaftspolitik – Strategiepapier“* v. 12.05.2004. KOM (2004) 373 endg.

–. *Mitteilung der Kommission „Schutz kritischer Infrastrukturen im Rahmen der Terrorismusbekämpfung“* v. 20.10.2004, KOM (2004) 702 endg.

–. *Grünbuch „über Energieeffizienz oder Weniger kann mehr sein“* v. 22.06.2005. KOM (2005) 265 endg.

–. *Mitteilung der Kommission „Förderung von Strom aus erneuerbaren Energiequellen“* v. 7.12.2005. KOM (2005) 627 endg.

–. *Grünbuch „Eine europäische Strategie für nachhaltige, wettbewerbsfähige und sichere Energie“* v. 08.03.2006. KOM (2006) 105 endg.

–. *Mitteilung der Kommission „über die Stärkung der Europäischen Nachbarschaftspolitik“* v. 04.12.2006. KOM (2006) 726 endg.

–. *Mitteilung der Kommission „Aussichten für den Erdgas- und den Elektrizitätsbinnenmarkt“* v. 10.01.2007. KOM (2006) 841 endg.

–. *Mitteilung der Kommission „Fahrplan für erneuerbare Energien – Erneuerbare Energien im 21. Jahrhundert: Größere Nachhaltigkeit in der Zukunft“* v. 10.01.2007. KOM (2006) 848 endg.

–. *Mitteilung der Kommission „Maßnahmen im Anschluss an das Grünbuch – Bericht über den Stand der Maßnahmen für die Stromerzeugung aus erneuerbaren Energiequellen“* v. 10.01.2007. KOM (2006) 849 endg.

–. *Mitteilung der Kommission „Untersuchung der europäischen Gas- und Elektrizitätssektoren gemäß Artikel 17 der Verordnung (EG) Nr. 1/2003“* v. 10.01.2007. KOM (2006) 851 endg.

–. *Mitteilung der Kommission „Eine Energiepolitik für Europa“* v. 10.01.2007. KOM (2007) 1 endg.

–. *Mitteilung der Kommission „Für eine starke Europäische Nachbarschaftspolitik“* v. 05.12.2007. KOM (2007) 774 endg.

–. *Vorschlag für eine Richtlinie des Europäischen Parlaments und des Rates über die geologische Speicherung von Kohlendioxid und zur Änderung der Richtlinien 85/337/EWG und 96/61/EG des Rates sowie der Richtlinien 2000/60/EG, 2001/80/EG, 2004/35/EG, 2006/12/EG und der Verordnung (EG) Nr. 1013/2006* v. 23.1.2008. KOM (2008) 18 endg.

–. *Vorschlag der Kommission „für eine Richtlinie des Europäischen Parlaments und des Rates zur Förderung der Nutzung von Energie aus erneuerbaren Quellen“* v. 23.01.2008. KOM (2008) 19 endg.

–. *Mitteilung der Kommission „20 und 20 bis 2020 – Chancen Europas im Klimawandel“* v. 23.01.2008. KOM (2008) 30 endg.

–. *Mitteilung der Kommission „zur Richtlinie 2004/67/EG vom 26. April 2004 über Maßnahmen zur Gewährleistung der sicheren Erdgasversorgung“* v. 13.11.2008. KOM (2008) 769 endg.

–. *Mitteilung der Kommission „Zweite Überprüfung der Energiestrategie“ – EU-Aktionsplan für Energieversorgungssicherheit und -solidarität* v. 13.11.2008. KOM (2008) 781 endg.

–. *Grünbuch „Hin zu einem sicheren, nachhaltigen und wettbewerbsfähigen Europäischen Energienetz“* v. 13.11.2008. KOM (2008) 782 endg.

–. *Mitteilung der Kommission „Fortschrittsbericht „Erneuerbare Energien“: Bericht der Kommission gemäß Artikel 3 der Richtlinie 2001/77/EG und Artikel 4 Absatz 2 der Richtlinie 2003/30/EG sowie über die Umsetzung des EU-Aktionsplans für Biomasse (KOM(2005) 628)* v. 24.4.2009. KOM (2009) 192 endg.

–. *Vorschlag für eine Verordnung des Europäischen Parlaments und des Rates über Maßnahmen zur Gewährleistung der sicheren Erdgasversorgung und zur Aufhebung der Richtlinie 2004/67/EG* v. 16.07.2009. KOM (2009) 363 endg.

–. *Bericht der Kommission über die Realisierung der transeuropäischen Energienetze im Zeitraum 2007–2009* v. 04.05.2010. KOM (2010) 203 endg.

–. *Mitteilung der Kommission „Energie 2020“ – Eine Strategie für wettbewerbsfähige, nachhaltige und sichere Energie* v. 10.11.2010. KOM (2010) 639 endg.

–. *Mitteilung der Kommission „Energieinfrastrukturprioritäten bis 2020 und danach – ein Konzept für ein integriertes europäisches Energienetz“* v. 17.11.2010. KOM (2010) 677 endg.

–. *Mitteilung der Kommission „Erneuerbare Energien: Fortschritte auf dem Weg zum Ziel für 2020“* v. 31.1.2011. KOM (2011) 31 endg.

–. *Mitteilung der Kommission „Intelligente Stromnetze: von der Innovation zur Realisierung“* v. 12.4.2011. KOM (2011) 202 endg.

–. *Mitteilung der Kommission „Ein Haushalt für ‚Europe 2020‘ – Teil II: Politikbereiche im Überblick“* v. 29.06.2011. KOM (2011) 500 endg.

–. *Mitteilung der Kommission „Fahrplan für ein ressourcenschonendes Europa“* v. 20.09.2011. KOM (2011) 571 endg.

–. *Vorschlag für Verordnung des Europäischen Parlaments und des Rates zu Leitlinien für die transeuropäische Energieinfrastruktur und zur Aufhebung der Entscheidung Nr. 1364/2006/EG* v. 19.10.2011. KOM (2011) 658 endg.

–. *Vorschlag für Verordnung des Europäischen Parlaments und des Rates zur Schaffung der Fazilität „Connecting Europe“* v. 19.10.2011. KOM (2011) 665 endg.

–. *Mitteilung der Kommission „Energiefahrplan 2050“* v. 15.12.2011. KOM (2011) 885 endg.

–. *Mitteilung der Kommission „Erneuerbare Energien: ein wichtiger Faktor auf dem europäischen Energiemarkt“* v. 6.6.2012. KOM (2012) 271 final.

–. *Vorschlag für eine Richtlinie des Europäischen Parlaments und des Rates zur Änderung der Richtlinie 98/70/EG über die Qualität von Otto- und Dieselkraftstoffen und zur Änderung der Richtlinie 2009/28/EG zur Förderung der Nutzung von Energie aus erneuerbaren Quellen* v. 17.10.2012. KOM (2012) 595 final.

–. *Mitteilung der Kommission „Ein funktionierender Energiebinnenmarkt"* v. 15.11.2012. KOM (2012) 663 final.

–. *Grünbuch „Ein Rahmen für die Klima- und Energiepolitik bis 2030"* v. 27.03.2013. KOM (2013) 169 final.

–. *Bericht der Kommission „Fortschrittsbericht ‚Erneuerbare Energien'"* v. 27.3.2013. KOM (2013) 175 endg.

–. *Mitteilung der Kommission „zur Zukunft der CO_2-Abscheidung und -Speicherung in Europa"* v. 27.3.2013. KOM (2013) 180 final.

–. *Mitteilung der Kommission „Vollendung des Elektrizitätsbinnenmarktes und optimale Nutzung staatlicher Interventionen"* v. 05.11.2013. KOM (2013) 7243 final.

–. *Mitteilung der Kommission „Ein Rahmen für die Klima- und Energiepolitik im Zeitraum 2020–2030"* v. 22.01.2014. KOM (2014) 15 final.

–. *Bericht der Kommission über die Durchführung der Richtlinie 2009/31/EG über die geologische Speicherung von Kohlendioxid* v. 25.2.2014. KOM (2014) 99 final.

–. *Mitteilung der Kommission „Strategie für eine sichere europäische Energieversorgung"* v. 28.05.2014. KOM (2014) 330 final.

–. *Bericht der Kommission „Die Einführung intelligenter Verbrauchsmesssysteme in der EU-27 mit Schwerpunkt Strom im Vergleich"* v. 17.06.2014. KOM (2014) 356 final.

–. *Mitteilung der Kommission „Energieeffizienz und ihr Beitrag zur Energieversorgungssicherheit und zum Rahmen für die Klima- und Energiepolitik bis 2030"* v. 23.07.2014. KOM (2014) 520 final.

–. *Mitteilung der Kommission „Fortschritte auf dem Weg zur Vollendung des Energiebinnenmarktes"* v. 13.10.2014. KOM (2014) 634 final.

–. *Mitteilung der Kommission „Eine Investitionsoffensive für Europa"* v. 26.11.2014. KOM (2014) 903 final/2.

–. *Mitteilung der Kommission „Paket zur Energieunion – Rahmenstrategie für eine krisenfeste Energieunion mit einer zukunftsorientierten Klimaschutzstrategie"* v. 25.02.2015. KOM (2015) 80 final.

–. *Mitteilung der Kommission „Erreichung des Stromverbundziels von 10 % – Vorbereitung des europäischen Stromnetzes auf 2020"* v. 25.02.2015. KOM (2015) 82 final.

–. *Mitteilung der Kommission „Einleitung des Prozesses der öffentlichen Konsultation zur Umgestaltung des Energiemarkts"* v. 15.07.2015. KOM (2015) 340 final.

–. *Mitteilung der Kommission „Bericht zur Lage der Energieunion 2015"* v. 18.11.2015. KOM (2015) 572 final.

–. *Vorschlag für eine Verordnung des Europäischen Parlaments und des Rates über Maßnahmen zur Gewährleistung der sicheren Gasversorgung und zur Aufhebung der Verordnung (EU) Nr. 994/2010* v. 16.02.2016. KOM (2016) 52 final.

Europäische Kommission/Generalsekretär/Hohe Vertreter für den Europäischen Rat. Papier „Eine Außenpolitik zur Förderung der EU-Interessen im Energiebereich" (S160/06). 2006.

Europäischer Parlament. Bericht des Europäischen Parlaments über den Zweiten Bericht der Kommission an den Rat und das Europäische Parlament über den Stand der Liberalisierung der Energiemärkte vom 22.7.2000, A5–0180/2000 endg., PE 286.082.

–. *Entschließung des Europäischen Parlaments zum Zweiten Bericht der Kommission an den Rat und das Europäische Parlament über den Stand der Liberalisierung der Energiemärkte* vom 6.7.2000, A5–0180/2000 endg., PE 286.082.

Europäischer Rat. Entschließung des Rates v. 17.9.1974 zur Steigerung der Energieeffizienz. ABl. C 153 v. 9.7.1975.

–. *Entschließung des Rates v. 3.3.1975 über Energie und Umweltschutz,* ABl. C 168, 1975.

–. *Beschluss des Rates 2010/385/EU über den Abschluss der Satzung der Internationalen Organisation für erneuerbare Energien (IRENA) durch die Europäische Union.* ABl. L 178 v. 24.06.2010

Fermann, Gunnar. What is strategic about energy? De-simplifying energy security. In: *Moe*, Espen/*Midford*, Paul. *The political economy of renewable energy and energy security.* Großbritannien, 2014.

Fischer, Hans Georg. *Europarecht.* 3. Aufl., München, 2001.

Fischer, Severin. *Energieversorgungssicherheit: Was kann Europa leisten?* In: Gesellschaft – Wirtschaft – Politik – GWP, Heft 4, 2008.

–. *Energie- und Klimapolitik im Vertrag von Lissabon: Legitimationserweiterung für wachsende Herausforderungen.* Integration 1/2009.

–. *Die Neugestaltung der EU-Klimapolitik: Systemreform mit Vorbildcharakter?* In: Internationale Politik und Gesellschaft – IPG, 2009.

–. *Energiesicherheit im Klimawandel.* In: Zeitschrift für Internationale Politik, 2010.

–. *Außenseiter oder Spitzenreiter? Das „Modell Deutschland" und die europäische Energiepolitik.* In: Aus Politik und Zeitgeschichte – ApuZ, 46–47, 2011.

Fischerauer, Sven. *Zwischen Regulierung und Selbstregulierung – Zur Ausarbeitung europäischer Netzkodizes im Energiesektor.* In: Zeitschrift für Neues Energierecht – ZNER, Heft 5, 2012.

Forsthoff, Ernst. *Die Verwaltung als Leistungsträger.* Stuttgart, 1938.

Franke, Peter. In: *Faßbender*, Kurt/*Köck*, Wolfgang (Hrsg.). *Versorgungssicherheit in der Energiewende – Anforderungen des Energie-, Umwelt- und Planungsrechts.* Baden-Baden, 2014.

Franz, Oliver/*Boesche*, Katharina Vera. In: *Säcker*, Franz Jürgen (Hrsg.). *Berliner Kommentar zum Energierecht.* 3 Aufl. Frankfurt am Main, 2014.

Frenz, Walter. *Vorrang erneuerbarer Energien im Interesse des Umwelt- und Klimaschutzes in der aktuellen Rezession?* In: Zeitschrift für Neues Energierecht – ZNER, Heft 2, 2009.

–. *Handbuch Europarecht. Band 6 Institutionen und Politiken.* Berlin, 2011.

Frenz, Walter/*Kane*, Anna-Miriam. *Die neue europäische Energiepolitik.* In: Natur und Recht – NuR, n. 32, 2010.

Frey, Christopher. *Grundrechtliche Probleme bei einem beschleunigten Ausbau der transeuropäischen Energienetze.* In: Zeitschrift für Europarechtliche Studien – ZeuS, Heft 1, 2013.

Fritsche, Uwe. *Integrierte Ansätze zur Einführung solarer Energieversorgungssysteme in Afrika: Welcher Mix aus erneuerbaren Quellen ist für welche Gebiete jeweils angemessen?* In: Dokumentation der Tagung „Globale Solarwirtschaft: Eine Chance für Afrika?“. Ev. Akademie Loccum, 2003.

Frohnmeyer, Albrecht. In: *Grabitz*, Eberhard/*Hilf*, Meinhard. *Das Recht der Europäischen Union.* Art. 129b-d Rdnr. 3. München, 1999.

Fuchs, Georg/*Lunz*, Benedikt/*Leuthold*, Matthias/*Sauer*, Dirk Uwe. *Overview on the potential and on the deployment perspectives of electricity storage technologies.* Im Auftrag von Smart Energy for Europe Platform GmbH (SEFEP), 2012.

Gaedke, Jürgen. *Das Recht der Europäischen Gemeinschaft für Kohle und Stahl.* München, 1954.

Geiger, Rudolf. *EG-Vertrag – Kommentar zu dem Vertrag zur Gründung der Europäischen Gemeinschaft.* München, 1993.

Georgescu-Roegen, Nicholas. *The entropy law and the economic process.* Cambridge, 1971.

–. *Energy and economic myths.* Southern Economic Journal, Tennessee, v. 41, nº 3, 1975.

Gerstner, Stephan. Energieträger. In: *Gerstner*, Stephan (Hrsg.). *Grundzüge des Rechts der erneuerbaren Energien.* Berlin, 2013.

Giesberts, Ludger/*Tiedge*, Andreas. *Die Verordnung zu Leitlinien für die transeuropäische Energieinfrastruktur.* In: Neue Zeitschrift für Verwaltungsrecht – NVwZ, Heft 13, 2013.

Glachant, Jean-Michel/*Ahner*, Nicole. Is energy security the objective of EU energy policy? In: *Vinois*, Jean-Arnold (Hrsg.). *EU Energy Law – Volume VI – The security of energy supply in the European Union.* Niederlande, 2012.

Gnansounou, Edgard. *Assessing the energy vulnerability: case of industrialised countries.* In: Energy Policy, Vol. 36, 2008.

Goldthau, Andreas/*Sovacool*, Benjamin K. *The uniqueness of the energy security, justice and governance problem.* In: Energy Policy, Vol. 41, 2012.

Groeben, Hans von der. *Aufbaujahre der Europäischen Gemeinschaft. Das Ringen um den Gemeinsamen Markt udn die Politische Union (1958–1966).* Baden-Baden, 1982.

Gross, Kilian. Die Energiepolitik der EU – Herausforderungen und Chancen. In: *Ehricke*, Ulrich (Hrsg.). *Hürden und Grenzen der Liberalisierung im Energiesektor.* Baden-Baden, 2013.

Gross, Robert/*Heptonstall*, Philip/*Anderson*, Dennis/*Green*, Tim/*Leach*, Matthew/*Skea*, Jim. *The Costs and Impacts of Intermittency: an assessment of the evidence on the costs and impacts of intermittent generation on the British electricity network.* UK Energy Research Centre, 2006.

Grubb, Michael/*Butler*, Lucy/*Tworney*, Paul. *Diversity and security in UK electricity generation-the influence of low-carbon objectives.* In: Energy Policy, Vol. 34, 2006.

Gruber, Thomas. *Grenzüberschreitende Stromlieferungen.* Wien, 2006.

Grunwald, Jürgen. Energiepolitik. In: *Röttinger*, Moritz/*Weyringer*, Claudia (Hrsg.). *Handbuch der europäischen Integration: Strategie – Struktur – Politik der Europäischen Union.* 2. Aufl. Wien, 1996.

Gundel, Jörg/*Germelmann*, Claas Friedrich. *Kein Schlussstein für die Liberalisierung der Energiemärkte: Das Dritte Binnenmarktpaket.* In: *Europäische Zeitschrift für Wirtschaftsrecht – EuZW, Heft 21, 2009.*

Gundel, Jörg. Die Energieaußenpolitik der EU: (Zwischen-)bilanz und Perspektiven nach dem Vertrag von Lissabon. In: *Joost*, Detlev/*Oetker*, Hartmut/*Paschke*, Marian (Hrsg.). *Festschrift für Franz Jürgen Säcker zum 70. Geburtstag.* München, 2011.

–. *Die energiepolitischen Kompetenzen der EU nach dem Vertrag von Lissabon: Bedeutung und Reichweite des neuen Art. 194 AEUV.* In: Europäisches Wirtschafts- und Steuerrecht – EWS. Heft 1–2, 2011.

–. Probleme des neuen Energiekompetenztitels in Art. 194 AEUV. In: *Ehricke*, Ulrich (Hrsg.). *Energiewirtschaftsrecht im Spannungsfeld von marktlicher Freiheit und hoheitlichen Einschränkungen.* Baden-Baden, 2011.

Güneysu, Sindy. *Smart Grids und die Anforderungen des Einspeisemanagements.* In: RdE, Heft 2, 2012.

Hackländer, Daniel. *Die allgemeine Energiekompetenz im Primärrecht der Europäischen Union.* Frankfurt am Main, 2010.

Haghighi, Sanam S. *Energy security: the external legal relations of the European Union with major oil and gas supplying countries.* Oxford, 2007.

–. *Energy security and the division of competences between the European Community and its Member States.* In: European Law Journal, Vol. 14, Nr. 4, 2008.

Haltern, Ulrich. *Europarecht – Dogmatik im Kontext.* Tübingen, 2005.

Hancher, Leigh/*Salerno*, Francesco Maria. Energy Policy after Lisbon. In: *Biondi*, Andrea/*Eeckhout*, Piet/*Ripley*, Stefanie. *EU Law after Lisbon*. Oxford, 2012.

Haucap, Justus/*Kühling*, Jürgen. *Marktintegration der Stromerzeugung aus erneuerbaren Energien*. Wirtschafts- und rechtwissenschaftliches Gutachten im Auftrag des Sächsischen Staatsministeriums für Wirtschaft, Arbeit und Verkehr. 2012.

Haucap, Justus/*Kühling*, Jürgen/*Klein*, Carolin. *Die Marktintegration der Stromerzeugung aus erneuerbaren Energien*. Baden-Baden, 2013.

Heinberg, Richard. *The party's over: oil, war, and the fate of industrial societies*. Kanada, 2003.

Heinloth, Klaus. Energie im. 21. Jahrhundert – Zukunftsperspektiven. In: *Rebhan*, Eckhard (Hrsg.). *Energiehandbuch: Gewinnung, Wandlung und Nutzung von Energie*. Berlin, 2002.

Held, Joachim/*Seidel*, Lisa. *Die Systemstabilitätsverordnung (SysStabV) – Mit Systembruch zu mehr Stromversorgungssicherheit?* In: RdE, Heft 1, 2013.

Hellriegel, Mathias. *CO_2-Abscheidung und -Ablagerung. Teil 1: Anwendbarkeit und Anforderungen des geltendes Rechts*. In: RdE, Heft 4–5, 2008.

–. *CO_2-Abscheidung und -Ablagerung. Teil 2: Richtlinienvorschlag der Europäischen Kommission*. In: RdE, Heft 10–11, 2008.

Hennicke, Peter/*Fischedick*, Manfred. *Erneuerbare Energien*. München, 2007.

Henningsen, Jørgen. Second Strategic Energy Review and energy security: an assessment. In: *Roggenkamp*, Martha M./*Hammer*, Ulf (Hrsg.). *European Energy Law Report VI*. Cambridge, 2009.

Henssen, Hermann/*Schwarz*, Dietrich. Wechselwirkungen der Energieversorgung mit der Kultur von Gesellschaften. In: *Rebhan*, Eckhard (Hrsg.). *Energiehandbuch: Gewinnung, Wandlung und Nutzung von Energie*. Berlin, 2002.

Hermes, Georg. Sicherheit, Zuverlässigkeit und Ausbau der Leitungsnetze. In: *Marburger*, Peter. *Energieversorgung und Umweltschutz*. Berlin, 2010.

Herrmann, Joachim. *Europäische Vorgaben zur Regulierung der Energienetze – Eine Analyse der „Beschleunigungsrichtlinien" zur Vollendung des Energiebinnenmarktes*. Baden-Baden, 2005.

Hildingsson, Roger/*Stripple*, Johannes/*Jordan*, Andrew. Renewable energies: a continuing balancing act? In: *Jordan*, Andrew/*Huitema*, Dave/*Asselt*, Harro van/*Rayner*, Tim/*Berkhout*, Frans (Hrsg.). *Climate Change Policy in the European Union*. Großbritannien, 2010.

Hirsbrunner, Simon. In: *Schwarze*, Jürgen (Hrsg.). *EU-Kommentar*. 3. Aufl., 2012.

Hirschhausen, Christian von. Developing a Supergrid. In: *Moselle*, Boaz/*Padilla*, Jorge/*Schmalensee*, Richard (hrsg.). *Harnessing renewable energy in electric power systems – Theory, practice, policy*. Washington, 2010.

Hirschhausen, Christian von/*Kemfert*, Claudia/*Kunz*, Friedrich/*Mendelevitch*, Roman. *Europäische Stromerzeugung nach 2020: Beitrag erneuerbarer Energien nicht unterschätzen.* In: DIW Wochenbericht, Nr. 29, 2013.

Hirschl, Bernd. *Erneuerbare Energien-Politik. Eine Multi-Level Policy-Analyse mit Fokus auf den deutschen Strommarkt.* Wiesbaden, 2008.

Hobe, Stephan. Energiepolitik. In: *Schwarze*, Jürgen/*Hajte*, Armin (Hrsg.). Der Reformvertrag von Lissabon. Europarecht – EuR Beiheft 1/2009. Baden-Baden, 2009.

Hoffmeister, Frank. Das Prinzip der Solidarität zwischen den Mitgliedstaaten im Vertrag von Lissabon. In: *Pernice*, Ingolf (Hrsg.). *Der Vertrag von Lissabon: Reform der EU ohne Verfassung?* Baden-Baden, 2008.

Holzer, Verena Leïla. *Probleme und Lösungsansätze bei der Förderung von Strom aus erneuerbaren Energien im europäischen Binnenmarkt.* In: Zeitschrift für Umweltpolitik & Umweltrecht – ZfU, Heft 2, 2006.

Holznagel, Bernd/*Schumacher*, Pascal. *Wüstenstrom aus der Sahara für die finnische Sauna.* In: Natur und Recht – NuR, Heft 3, 2009.

Hoppe-Kilper, Martin/*Bitsch*, Rainer. *Integration großer Offshore-Windleistungen in die Energieversorgung.* Stuttgart, 2002.

IAEW, Moderne Verteilernetze für Deutschland. Studie im Auftrag des BMWi, 2014.

IHS Cera. Caspian Development Corporation. Final Implementation Report, 2010.

International Energy Agency. World Energy Outlook – Assessing today's supplies to fuel tomorrow's growth. Paris, 2001.

–. *World Energy Outlook.* Paris, 2010.

–. *World Energy Outlook 2011.* Paris, 2011.

–. *World Energy Outlook 2011: IEA analysis of fossil fuel subsidies.* Paris, 2011.

Jacobs, David. *Renewable energy policy convergence in the EU.* Großbritannien, 2012.

Jansen, Jaap C./*Seebregts*, Ad J. *Long-term energy services security: what is it and how can it be measured and valued?* In: Energy Policy, Vol. 38, 2010.

Janzing, Bernward. *Kraft von Himmel und Erde.* In: Spiegel Special 1/2007.

Jarass, Hans D. *Europäisches Energierecht: Bestand – Fortentwicklung – Umweltschutz.* Berlin, 1996.

Jasper, Maren. *Der Verfassungsentwurf des europäischen Konvents und mögliche Konsequenzen für das Energie- bzw. Atomrecht.* Zeitschrift für Neues Energierecht – ZNER, Heft 3, 2003.

Jensen, Bogi Bech/*Undeland*, Tore. Technologies for electricity generation in wind turbines. In: *Moe*, Espen/*Midford*, Paul (Hrsg.). *The political economy of renewable energy and energy security.* Großbritannien, 2014.

Jerusalem, Franz W. *Das Recht der Montanunion.* Berlin und Frankfurt, 1954.

Jeulin, Marion/*Delbosc*, Anaïs. *Le role des collectivités teritoriales dans le soutien public aux énergies renouvelables – Exemples en Europe et en France.* In: Étude Climat, Nr. 30, 2011.

Jevnaker, Torbjørg. *Pushing administrative EU integration: the path towards European network codes for electricity.* In: Journal of European Public Policy, Vol. 22, Nr. 7, 2015.

Johnston, Angus/*Neuhoff*, Karsten/*Fouquet*, Dörte/*Ragwitz*, Mario/*Resch*, Gustav. *The proposed new EU Renewables Directive: interpretation, problems and prospects.* In: European Energy and Environmental Law Review. Vol. 17, Nr. 3, 2008.

Johnston, Angus/*Block*, Guy. *EU Energy Law.* Oxford, 2012.

Jones, Christopher W. *EU Energy Law – Volume I – The internal energy market.* 3. Aufl. Niederlande, 2010.

–. The European Union's Policy on the development of renewable energy. In: *Moselle*, Boaz/*Padilla*, Jorge/*Schmalensee*, Richard (Hrsg.). *Harnessing renewable energy in electric power systems – Theory, practice, policy.* Washington, 2010.

Joskow, Paul. *The U.S. energy sector: prospects and challenges, 1972–2009.* In: Dialogue, Vol. 17, Nr. 2, 2009.

Kahl, Wolfgang. Der Nachhaltigkeitsgrundsatz im System der Prinzipien des Umweltrechts. In: *Bauer*, Hartmut/*Czybulka*, Detlef/*Kahl*, Wolfgang/*Voßkuhle*, Andreas (Hrsg.). *Umwelt, Wirtschaft und Recht.* Tübingen, 2002.

–. *Alte und neue Kompetenzprobleme im EG-Umweltrecht – Die geplante Richtlinie zur Förderung Erneuerbarer Energien.* In: Neue Zeitschrift für Verwaltungsrecht – NVwZ, 2009.

–. Energie und Klimaschutz – Kompetenzen und Handlungsfelder der EU. In: *Schulze-Fielitz*, Helmuth/*Müller*, Thorsten (Hrsg.). *Europäisches Klimaschutzrecht.* Baden-Baden, 2009.

–. *Die Kompetenzen der EU in der Energiepolitik nach Lissabon.* In: Zeitschrift Europarecht – EuR, Heft 5, 2009.

Kahle, Christian. *Die Elektrizitätsversorgung zwischen Versorgungssicherheit und Umweltverträglichkeit.* Baden-Baden, 2009.

Kahles, Markus. *Kooperative Mechanismen im Elektrizitätsbinnenmarkt.* Baden-Baden, 2014.

Kaiser, Julia. *Verordnete Regulierung? Die Bedeutung der Stromhandelsverordnung – Verordnung (EG) Nr. 1228/2003 – und der Gashandelverordnung – Verordnung (EG) Nr. 1775/2005 – für den europäischen Energiebinnenmarkt.* Baden-Baden, 2007.

Kalicki, Jan H./*Goldwyn*, David L (Hrsg.). *Energy & Security. Toward a new foreign policy strategy.* Washington, 2005.

Karlsson-Vinkhuyzen, Sylvia I./*Jollands*, Nigel. Human security and energy security: a sustainable energy system as a public good. In: *Dyer*, Hugo/*Trombetta*, Maria Julia. *International Handbook of Energy Security.* Cheltenham, 2013.

Karpenstein, Ulrich. Europarechtliche Rahmenbedingungen. In: *Gerstner*, Stephan (Hrsg.). *Grundzüge des Rechts der erneuerbaren Energien.* Berlin, 2013.

Kepler, Jan Horst. *International relations and security of energy supply: risks to continuity and geopolitical risks.* Energy Program of the French Institute for International Relations, 2007.

Keppler, Dorothee/ *Walk*, Heike/ *Töpfer*, Eric/ *Dienel*, Hans-Liudger (Hrsg.). *Erneuerbare Energien ausbauen!* München, 2009.

Kistner, Petra. *Das Konzept des SuperGrids im Lichte der Verordnung zu Leitlinien für die transeuropäische Energieinfrastruktur (TEN-E-VO).* In: Zeitschrift für das gesamte Recht der Energiewirtschaft – EnWZ, Heft 9, 2014.

Klare, Michael T. Energy security. In: *Williams*, Paul D. (Hrsg.). *Security studies: an introduction.* 2. Aufl. New York, 2012.

Klaue, Helmut/ *Loo*, Kai van de. *Sicherheit der Energieversorgung der EU.* In: Energiewirtschaftliche Tagesfragen – et, Special 1, 2006.

Kleßmann, Corinna/ *Lamers*, Patrick/ *Ragwitz*, Mario/ *Resch*, Gustav. *Design options for cooperation mechanisms under the new European renewable energy directive.* In: Energy Policy, Vol. 38, 2010, S. 4679–4691.

Kment, Martin. Netzintegration erneuerbarer Energien als Baustein der Energiewende. In: *Brinktrine*, Ralf/ *Ludwigs*, Markus/ *Seidel*, Wolfgang (Hrsg.). *Energieumweltrecht in Zeiten von Europäisierung und Energiewende.* Berlin, 2014.

Knauff, Matthias. Die Entwicklung eines europäischen Rechts der erneuerbaren Energien im Kontext des europäischen Umweltenergierechts. In: *Müller*, Thorsten (Hrsg.). *20 Jahre Recht der Erneuerbaren Energien.* Baden-Baden, 2012.

Koch, Hans-Joachim. Klimaschutzrecht – Ziele, Instrumente und Strukturen eines neuen Rechtsgebiets. In: Gesellschaft für Umweltrecht. *Dokumentation zur 34. Wissenschaftlichen Fachtagung der Gesellschaft für Umwelt e.V. Lepzig 2010.* Berlin, 2011.

Koenig, Christian/ *Kühling*, Jürgen/ *Rasbach*, Winfried. *Versorgungssicherheit im Wettbewerb – Ein Vergleich der gemeinschaftsrechtlichen, französischen und deutschen Energierechtsordnungen.* In: Zeitschrift für Neues Energierecht – ZNER, Het 1, 2003.

–. *Energierecht.* 3. Aufl. Baden-Baden, 2013.

Kohnstamm, Max. Das Atom und die europäische Energielücke. In: *Europa-Union Deutschland* (Hrsg.). Euratom – Wirtschaftliche, politische und ethische Probleme der Atomenergie. Experten-Vorträge der Informationstagungen in Königswinter, Hamburg und Nürnberg einberufen von der Europa-Union. Bonn, 1957.

König, Carsten. *Engpassmanagement in der deutschen und europäischen Elektrizitätsversorgung.* Baden-Baden, 2013.

–. *Die Vergütung abschaltbarer Lasten.* In: Zeitschrift für das gesamte Recht der Energiewirtschaft – EnWZ, Heft 5, 2013.

–. In: *Säcker*, Franz Jürgen (Hrsg.). *Berliner Kommentar zum Energierecht.* 3 Aufl. Frankfurt am Main, 2014.

Kopp, Sandu-Daniel. *Politics, markets and EU gas supply security: case studies of the UK and Germany.* Wiesbaden, 2015.

Kramer, Heinz. *Nuklearpolitik in Westeuropa und die Forschungspolitik der Euratom.* Köln, 1976.

Kruyt, Bert/*Vuuren*, D. P. van/*Vries*, H. J. M. de/*Groenenberg*, H. *Indicators for energy security.* In: Energy Policy, Vol. 37, 2009.

Kühling, Jürgen/*Pisal*, Ruben. *Investitionspflichten beim Ausbau der Energieinfrastruktur zwischen staatlicher Regulierung und nachfrageorientierter Netzbewirtschaftung.* In: Zeitschrift für Neues Energierecht – ZNER, Heft 1, 2011.

Kühling, Jürgen. Die EEG-Förderung im Zuge der Energiewende – Hemmnis des liberalisierten Binnenmarktes? In: *Ehricke*, Ulrich (Hrsg.). *Hürden und Grenzen der Liberalisierung im Energiesektor.* Baden-Baden, 2013.

Kühne, Gunther. Versorgungssicherheit – Erscheinungsformen und Abwägungskonstellationen. In: *Pielow*, Johann-Christian (Hrsg.). *Sicherheit in der Energiewirtschaft.* Stuttgart, 2007.

Kunze, Conrad. *Soziologie der Energiewende.* Stuttgart, 2012.

Kurze, Kristina. *Europas fragile Energiesicherheit.* Berlin, 2009.

Küsters, Hanns Jürgen. *Die Gründung der Europäischen Wirtschaftsgemeinschaft.* Baden-Baden, 1982.

La Chevallerie, Annika von/*Schweitzer*, Katja. *Gemeinsamer Handel mit Stromzertifikaten – Förderung erneuerbarer in Schweden und Norwegen.* In: Energiewirtschaftliche Tagesfragen – et, Heft 2, 2012.

Langenheld, Alexandra. Das Klima- und Energiepaket der Europäischen Union – Richtlinie zur Förderung der Nutzung von Energie aus erneuerbaren Quellen. In: *Cremer*, Wolfgang/*Pielow*, Johann-Christian (Hrsg.). *Probleme und Perspektiven im Energieumweltrecht.* Stuttgart, 2009.

Lauber, Volkmar. The politics of European Union Policy on support schemes for electricity from renewable energy sources. In: *Mez*, Lutz (Hrsg.). *Green Power Markets.* Großbritannien, 2007.

Lauber, Volkmar/*Schenner*, Elisa. *Die neue erneuerbare Energie-Richtlinie der EU von 2009: Zeigt sich der Richtlinie von 2001 ein Umdenken bei der Frage der Fördersysteme?* In: Zeitschrift für Neues Energierecht – ZNER, Heft 4, 2009.

Le Coq, Chloe/*Paltseva*, Elena. *Common energy policy in the EU: the moral hazard of the security of external supply.* Swedish Institute for European Policy Studies. 2008.

–. *Measuring the security of external energy supply in the European Union.* In: Energy Policy, Vol. 37, 2009.

Lecheler, Helmut/*Gundel*, Jörg. *Ein weiterer Schritt zur Vollendung des Energie-Binnenmarktes: Die Beschleunigungs-Rechtsakte für den Binnenmarkt für Strom und Gas*. In: Europäische Zeitschrift für Wirtschaftsrecht, Heft 20, 2003.

Lecheler, Helmut. Das ungeklärte Verhältnis zwischen der unionsrechtlichen Verpflichtung zur Gewährleistung der Versorgungssicherheit und der unionsrechtlichen Pflicht zum Schutz der Umwelt – dargestellt anhand von Kollisionen beim Leitungsbau. In: *Schröder*, Meinhard (Hrsg.). *Jahrbuch des Umwelt- und Technikrechts 2011*. Berlin, 2011.

–. In: *Grabitz*, Eberhard/*Hilf*, Meinhard/*Nettesheim*, Martin. *Das Recht der Europäischen Union – Band II EUV/AEUV*. 2014.

Lefèvre, Nicholas. *Measuring the energy security implications of fossil fuel resource concentration*. In: Energy Policy, Vol. 38, 2010.

Leggett, Jeremy. *Peak oil. Die globale Energiekrise, die Klimakatastrophe und das Ende des Ölzeitalters*. Köln, 2006.

Lehnert, Wieland/*Vollprecht*, Jens. *Neue Impulse von Europa: Die Erneuerbare-Energien-Richtlinie der EU*. In: Zeitschrift für Umweltrecht – ZUR, Heft 6, 2009.

–. *Der energierechtliche Rahmen für Stromspeicher – noch kein maßgeschneiderter Anzug*. In: Zeitschrift für Neues Energierecht – ZNER, Heft 4, 2012.

Len, Christopher/*Chew*, Alvin (Hrsg.). *Energy and security cooperation in Asia*. Challenges and prospects. Schweden: Institute for Security and Development Policy, 2009.

Lieb-Dóczy, Enese/*Börner*, Achim-Rüdiger/*Mackeron*, Gordon. *Who secures the security of supply? European perspectives on security, competition and liability*. In: The Electricity Journal, 2003.

Lippert, Michael. *Energiewirtschaftsrecht – Gesamtdarstellung für Wissenschaft und Praxis*. Köln, 2002.

–. Sicherheit der Energieversorgung – Renaissance eines energierechtlichen Leitziels? In: *Leible*, Stefan/*Lippert*, Michael/*Walter*, Christian. *Die Sicherung der Energieversorgung auf globalisierten Märkten*. Tübingen, 2007.

Löfken, Jan Oliver. *Afrika entdeckt die Sonne*. In: Technology Review, Juni 2011.

Lomborg, Bjørn. *The skeptical environmentalist: measuring the real state of the world*. New York, 2007.

Longo, Fabio. *Neue örtliche Energieversorgung als kommunale Aufgabe*. Baden-Baden, 2009.

Löschel, Andreas/Moslener, Ulf/*Rübbelke*, Dirk. *Indicators of energy security in industrialised countries*. In: Energy Policy, Vol. 38, 2010.

Lovins, Amory. *Energy strategy: the road not taken?* In: Foreign Affairs, Vol. 55, 1976.

Luciani, Giacomo. *Security of Supply for Natural Gas Markets – What is it and what is it not?* Centre for European Policy Studies - CEPS, INDES Working Papers, Nr. 2, 2004.

Ludwigs, Markus. In: *Baur*, Jürgen F./*Salje*, Peter/*Schmidt-Preuß*, Matthias (Hrsg.). *Regulierung in der Energiewirtschaft*. Köln, 2011.

–. Das deutsche und europäische Energieeffizienzrecht – Ein Rechtsgebiet im Werden? In: *Brinktrine*, Ralf/*Ludwigs*, Markus/*Seidel*, Wolfgang (Hrsg.). *Energieumweltrecht in Zeiten von Europäisierung und Energiewende*. Berlin, 2014.

Mabro, Robert. *On the security of oil supplies, oil weapons, oil nationalism and all that*. In: OPEC Energy Review, Vol. 32, Nr. 1, 2008.

Magny, Catharina Sikow/*Nyitrai*, Kitti/*Siefken*, Nabi. The Regulation (EU) 347/2013 on guidelines for trans-European energy infrastructure. In: *Vinois*, Jean-Arnold (Hrsg.). *EU Energy Law – Volume VIII – The energy infrastructure policy of the European Union*. Niederlande, 2014.

Mahnke, Eva/*Mühlenhoff*, Jörg. Strom speichern. In: *Agentur für Erneuerbare Energien* (Hrsg.). *Renews Spezial*. Berlin: Ausgabe 57, 2012.

Maichel, Gert. Das Energiekapitel in der Europäischen Verfassung – mehr Integration oder mehr Zentralismus für die leitungsgebundene Energiewirtschaft Europas? In: *Hendler*, Reinhard/*Ibler*, Martin/*Soria*, José Martinéz (Hrsg.). *Für Sicherheit, für Europa – Festschrift für Volkmar Götz zum 70. Geburtstag*. Göttingen, 2005.

Manig, Wolfgang. *Die Änderung der Versorgungs- und Sicherheitsvorschriften des Euratom-Vertrages durch die nachfolgende Praxis*. Baden-Baden, 1993.

Marín-Quemada, José María/*García-Verdugo*, Javier/*Escribano*, Gonzalo (hrsg.). *Energy security for the EU in the 21st century. Markets, geopolitics and corridors*. London, 2012.

Markandya, Anil/*Costantini*, Valeria/*Gracceva*, Francesco/*Vicini*, Giorgio. *Security of energy supply: comparing scenarios from a European perspective*. Fondazione Eni Enrico Mattei. Nota di Lavoro 89, 2005.

Mathijsen, Pierre. *Problems connected with the creation of Euratom*. In: Law and Contemporary Problems, vol. 26, Nr. 3, European Regional Communities, 1961.

Mätzig, Karoline. *Das Recht der Elektrizitätsversorgungsnetze – Netzbetreiberpflichten zwischen unternehmerischer Eigenverantwortung und staatlicher Steuerung*. Essen, 2012.

McGiffen, Steven P. *The European Union – A critical guide*. 2. Aufl. London, 2005.

Meadows, Dennis/*Meadows*, Donella/*Zahn*, Erich/*Milling*, Peter. *Die Grenzen des Wachstums. Bericht des Club of Rome zur Lage der Menschheit*. Stuttgart, 1972.

Meeus, Leonardo/*Keyaerts*, Nico. *The role of the EU and ACER to ensure an adequate regulatory framework for projects of common interest*. Florence School of Regulation: Policy Brief, Issue 5, 2014.

Meier-Weigt, Bernhard. *Die Vorhaben von europäischem Interesse nach den Transeuropäischen Energienetze-TEN-E Leitlinien und ihre Umsetzung in den europäischen Mitgliedstaaten.* In: Infrastrukturrecht – IR, Heft 1, 2007.

Meyer, Niels I. Development of Danish wind power market. In: *Mez*, Lutz (Hrsg.). *Green Power Markets.* Großbritannien, 2007.

Meyer-Cording, Ulrich. Europa und der Euratomvertrag. In: *Europa-Union Deutschland* (Hrsg.). Euratom – Wirtschaftliche, politische und ethische Probleme der Atomenergie. Experten-Vorträge der Informationstagungen in Königswinter, Hamburg und Nürnberg einberufen von der Europa-Union. Bonn, 1957.

Metz, Andreas. *Die Außenbeziehungen der Europäischen Union nach dem Vertrag über eine Verfassung für Europa. Eine Untersuchung aus kompetenzrechtlicher Sicht – mit Erläuterungen zu den Außenkompetenzen nach dem Vertrag von Nizza.* Berlin, 2007.

Mills, Robin M. *The myth of the oil crisis: overcoming the challenges of depletion, geopolitics and global warming.* Westport, 2008.

Mitchell, John V. *Renewing energy security.* The Royal Institute of International Affairs, 2002.

Mittendorf, Marcus. *Begriffe im Zentrum der Versorgungssicherheit.* In: Magazin für die Energiewirtschaft – ew, Heft 14–15, 2005.

Moel, Steven de/*Melchior*, Florence. Cooperation between TSOs: background, organisation and netcodes. In: *Roggenkamp*, Martha M./*Hammer*, Ulf (Hrsg.). *European Energy Law Report VIII.* Cambridge, 2011.

Mombaur, Peter M. EU-Kompetenzen – Daseinvorsorge (Art. 36 GRC/Art. 16, 86 EGV/Art. II-6 EU-Verfassungsentwurf). Beispiel: Regulierung der Energiemärkte. In: *Stern*, Klaus/*Tettinger*, Peter J. (Hrsg.). *Europäische Verfassung im Werden.* Berlin, 2006.

Momot, Milosz. Financing of projects of common interest under the Connecting Europe Facility. In: *Vinois*, Jean-Arnold (Hrsg.). *EU Energy Law – Volume VIII – The energy infrastructure policy of the European Union.* Niederlande, 2014.

Moselle, Boaz. Renewable generation and security of supply. In: *Moselle*, Boaz/*Padilla*, Jorge/*Schmalensee*, Richard (hrsg.). *Harnessing renewable energy in electric power systems – Theory, practice, policy.* Washington, 2010.

Moser, Michael. *Versorgungssicherheit im liberalisierten Energiemarkt.* Göttingen, 2006.

Möstl, Markus. *Der Vorrang erneuerbarer Energien – Ein Prinzip des Energiewirtschaftsrechts nimmt Gestalt an.* In: Recht der Energiewirtschaft – RdE, Nr. 4–5, 2003.

–. *Verfassung für Europa. Einführung und Kommentierung mit vollständigen Verfassungstext.* München, 2005.

Mükusch, Caroline. *Vernetzte Energiesicherheit.* Wiesbaden, 2011.

Mulder, Machiel/*Cate*, Arie ten/*Zwart*, Gijsbert. *The economics of promoting security of energy supply*. EIB Papers, Vol. 12, Nr. 2, 2007.

Müller, Bene. Erneuerbare Energien und regionale Wertschöpfung. In: *Dratwa*, Friederike Anna/*Ebers*, Malko/*Pohl*, Anna Kristina/*Spiegel*, Björn/*Strauch*, Gunnar. *Energiewirtschaft in Europa – Im Spannungsfeld zwischen Klimapolitik, Wettbewerb und Versorgungssicherheit*. Berlin, 2010.

Müller, Friedemann. Strategische Bedingungen für die Nutzung der Weltenergiereserven: Energiesicherheit und internationale Sicherheitspolitik. In: *Leible*, Stefan/*Lippert*, Michael/*Walter*, Christian. *Die Sicherung der Energieversorgung auf globalisierten Märkten*. Tübingen, 2007.

Müller, Thorsten/*Bitsch*, Christian. *Zur Vereinbarkeit einer europaweiten Einspeiseregelung mit dem europäischen Primärrecht – Ergebnisse der Begutachtung des BEE-Modells „EU – FIT"*. In: Zeitschrift für Neues Energierecht – ZNER, Heft 4, 2007.

–. *Die Umweltkompetenz nach Art. 175 Abs. 2 EG. Die geplante Richtlinie zur Förderung Erneuerbarer Energien als erster Anwendungsfall?* In: Zeitschrift für Europäisches Umwelt- und Planungsrecht – EurUP, Heft 5, 2008.

Müller, Thorsten. Neujustierung des europäischen Umweltenergierechts im Bereich erneuerbarer Energien? – Zur Richtlinie zur Förderung der Nutzung von Energie aus erneuerbaren Quellen. In: *Cremer*, Wolfgang/*Pielow*, Johann-Christian (Hrsg.). *Probleme und Perspektiven im Energieumweltrecht*. Stuttgart, 2009.

Müller-Kraenner, Sascha. *Energiesicherheit – Die neue Vermessung der Welt*. München, 2007.

Müller-Kraenner, Sascha/*Langsdorf*, Susanne. *Eine Europäische Union für erneuerbare Energien – politische Weichenstellungen für bessere Stromnetze und Fördersysteme*. Belgien, 2012.

Müschen, Klaus/*Herforth*, Christian. Integration der erneuerbaren Energien in den Energiemarkt, Versorgungssicherheit, Wertschöpfung. In: *Ekardt*, Felix/*Hennig*, Bettina/*Unnerstall*, Herwig (Hrsg.). *Erneuerbare Energien – Ambivalenzen, Governance, Rechtsfragen*. Marburg, 2012.

Nagy, Károly. *The additional benefits of setting up an energy security centre*. In: Energy, Vol. 34, 2009.

Nebel, Julian Asmus. Energieeffizienzrichtlinie: „Papiertiger" oder Meilenstein für die Entwicklung des Energieumweltrechts? In: *Brinktrine*, Ralf/*Ludwigs*, Markus/*Seidel*, Wolfgang (Hrsg.). *Energieumweltrecht in Zeiten von Europäisierung und Energiewende*. Berlin, 2014.

Nettesheim, Martin. *Das Energiekapitel im Vertrag von Lissabon*. In: Juristenzeitung – JZ, Heft 1, 2010.

–. In: *Grabitz*, Eberhard/*Hilf*, Meinhard/*Nettesheim*, Martin. *Das Recht der Europäischen Union – Band II EUV/AEUV*. 2014.

Neumann, Katja. In: *Lenz*, Carl Otto/*Borchardt*, Klaus-Dieter. *EU-Verträge Kommentar.* 6. Aufl., 2012.

Neveling, Stefanie. *Der europäische Verfassungsentwurf – Grundlage für eine erweiterte Energiepolitik der Europäischen Union?* Energiewirtschaftliche Tagesfragen, Heft 5, 2004.

Nganga, Joseph/ *Wohlert*, Marc/ *Woods*, Matt. *Powering Africa through feed-in tariffs.* Studie im Auftrag von Heinrich-Böll Stiftung, Friends of the Earth und World Future Council, 2013.

Nickel, Dietmar. Zur Revision des Euratomvertrages. In: *Bieber*, Roland/*Nickel*, Dietmar (Hrsg.). *Das Europa der zweiten Generation: Gedächtnisschrift für Christoph Sasse.* Baden-Baden, 1981.

Nicolaysen, Gert. *Europarecht I – Die Europäische Integrationsverfassung.* 2. Auflage. Baden-Baden, 2002.

Nottebohm, Christian. *Die rechtlichen Mittel des Kapitel VI „Versorgung" im Euratom-Vertrag.* Göttingen, 1990.

Ohms, Martin J. *Recht der Erneuerbaren Energien.* Berlin, 2014.

Ölz, Samantha/*Sims*, Ralf/*Kirchner*, Nicolai. *Contribution of renewables to energy security.* IEA Information Paper, 2007.

Oppermann, Thomas/*Classen*, Claus Dieter/*Nettesheim*, Martin. *Europarecht – Ein Studienbuch.* 5. Aufl. München, 2011.

Oschmann, Volker. *Strom aus erneuerbaren Energiem im Europarecht. Die Richtlinie 2001/77/EG des Europäischen Parlaments und des Rates zur Förderung der Stromerzeugung aus erneuerbaren Energiequellen im Elektrizitätsbinnenmarkt.* Baden-Baden, 2002.

Oschmann, Volker/*Ragwitz*, Mario/*Resch*, Gustav. *Die Förderung von Strom aus erneuerbaren Energien in der Europäischen Union – praktische Erfahrungen und rechtliche Perspektiven.* In: Zeitschrift für Neues Energierecht – ZNER, Heft 1, 2006.

Oschmann, Volker/*Sösemann*, Fabian. *Erneuerbare Energien im deutschen und europäischen Recht – Ein Überblick.* In: Zeitschrift für Umweltrecht – ZUR, Heft 1, 2007.

Pahl, Marc-Oliver. Umwelt, Energie und Landwirtschaft. In: *Pernice*, Ingolf (Hrsg.). *Der Vertrag von Lissabon: Reform der EU ohne Verfassung?* Baden-Baden, 2008.

Papenkort, Katja. *Der Euratom-Vertrag im Lichte des Vertrags über eine Verfassung für Europa.* Baden-Baden, 2008.

Papenkort, Katja/ *Wellershoff*, Jan-Kristoff. *Der Energietitel im Vertrag von Lissabon – Alter Wein in neuen Schläuchen.* In: RdE, 2010.

Pastowski, Andreas. Möglichkeiten und Grenzen entropietheoretisch begründeter Folgerungen für die Wirtschafts-, Umwelt- und Energiepolitik. In: *Beckenbach*, Frank/*Diefenbacher*, Hans (Hrsg.). *Zwischen Entropie und Selbstorganisation: Perspektiven einer ökologischen Ökonomie.* Marburg, 1994.

Percebois, Jacques. Die Energiepolitik der EU: Wie lassen sich Versorgungssicherheit und Wettbewerb miteinander in Einklang bringen? In: *Koopmann*, Martin/*Martens*, Stephan (Hrsg.). *Das kommende Europa.* Baden-Baden, 2008.

Perovic, Jeronim/*Orttung*, Robert W./*Wenger*, Andreas (hrsg.). *Russian energy power and foreign relations. Implications for conflict and cooperation.* London, 2009.

Pfaffenberger, Wolfgang. Förderung der erneuerbaren Energieträger – Bewertung aus energiewirtschaftlicher und volkswirtschaftlicher Sicht. In: *Grewe*, Joachim/*Flandrich*, Dirk/*Ellwanger*, Niels (Hrsg.). *Energiewirtschaft im Wandel – Dieter Schmitt zum 65. Geburtstag.* Münster, 2004.

Pielow, Johann-Christian. *Grundstrukturen öffentlicher Versorgung.* Tübingen, 2001.

–. Rechtliche Ansätze für verbesserte Energieeffizienz beim Endverbraucher. In: Gesellschaft für Umweltrecht. *Umweltschutz im Energierecht.* Berlin, 2006.

–. *Erfolgsstory „Ownership Unbundling"? Anmerkungen aus rechtsvergleichender Sicht.* In: Recht der Energiewirtschaft – RdE, Heft 12, 2008.

–. Wie effizient ist das Regelwerk zur Energieeffizienz? In: *Cremer*, Wolfgang/*Pielow*, Johann-Christian (Hrsg.). *Probleme und Perspektiven im Energieumweltrecht.* Stuttgart, 2009.

–. Rechtsfragen der Abscheidung und Speicherung von CO_2 – „Carbon Capture and Storage (CCS)". In: *Marburger*, Peter. *Energieversorgung und Umweltschutz.* Berlin, 2010.

–. *Effektives Recht der Energieeffizienz?* In: Zeitschrift für Umweltrecht – ZuR, Heft 3, 2010.

–. Die Energiewende auf dem Prüfstand des Verfassungs- und Europarechts. In: *Faßbender*, Kurt/*Köck*, Wolfgang (Hrsg.). *Versorgungssicherheit in der Energiewende – Anforderungen des Energie-, Umwelt- und Planungsrechts.* Baden-Baden, 2014.

Pirani, Simon/*Stern*, Jonathan/*Yafimava*, Katja. *The Russo-Ukrainian gas dispute of January 2009: a comprehensive assessment.* Oxford Institute for Energy Studies, 2009.

Pittel, Karen. Das energiepolitische Zieldreieck und die Energiewende. In: *Mayinger*, Franz/*Sinn*, Hans-Werner (Hrsg.). *Die Zukunft der Energieversorgung: Atomausstieg, Versorgungssicherheit und Klimawandel.* München, 2012.

Pomana, Andrea. *Förderung erneuerbarer Energien in Deutschland und im Vereinigten Königreich im Lichte des Europäischen Wirtschaftsrechts.* Baden-Baden, 2011.

Popp, Matthias. *Speicher für sicheren Strom aus Wind und Sonne.* In: Energiewirtschaftliche Tagesfragen – et, Heft 12, 2011.

Pototschnig, Alberto. The role of the Agency for the Cooperation of Energy Regulators (ACER) in the development of common rules for the internal energy markets and of the European energy networks. In: *Vinois*, Jean-Arnold (Hrsg.). *EU Energy Law – Volume VIII – The energy infrastructure policy of the European Union.* Niederlande, 2014.

Praktiknjo, Aaron. *Sicherheit der Elektrizitätsversorgung. Das Spannungsfeld von Wirtschaftlichkeit und Umweltverträglichkeit.* Wiesbaden, 2013.

Pritzsche, Kai Uwe. In: *Baur*, Jürgen F./*Salje*, Peter/*Schmidt-Preuß*, Matthias (Hrsg.). *Regulierung in der Energiewirtschaft.* Köln, 2011.

Quaschning, Volker. *Regenerative Energiesysteme.* 5. Aufl. München, 2007.

Ragwitz, Mario/*Held*, Anne. Einspeiseregelungen als effizienter Weg zum Ausbau der erneuerbaren Energien. In: *Müller*, Thorsten (Hrsg.). *20 Jahre Recht der Erneuerbaren Energien.* Baden-Baden, 2012.

Rat der Europäischen Union. Europäische Sicherheitsstrategie. Ein sicheres Europa in einer besseren Welt. Luxemburg, 2009.

Rebhan, Eckhard. Prinzipielles zur Energie, zu ihren Formen, ihrer Umformung und Nutzung. In: *Rebhan*, Eckhard (Hrsg.). *Energiehandbuch: Gewinnung, Wandlung und Nutzung von Energie.* Berlin: Springer-Verlag, 2002.

Renews Kompakt. Erfolgreicher Ausbau erneuerbarer Energien dank Einspeisevergütung. 2012.

–. *Großteil der Erneuerbaren Energien kommt aus Bürgerhand.* 2014.

Rodi, Michael. In: *Vedder*, Christoph/*von Heinegg*, Wolff Heintschel (Hrsg.). *Europäischer Verfassungsvertrag – Handkommentar.* 1. Aufl. Baden-Baden, 2007.

–. In: *Vedder*, Christoph/*von Heinegg*, Wolff Heintschel (Hrsg.). *Europäisches Unionsrecht – Handkommentar.* 1. Aufl. Baden-Baden, 2012.

Roggenkamp, Martha M./*Redgwell*, Catherine/*del Guayo*, Iñigo/*Rønne*, Anita. *Energy Law in Europe. National, EU and International Regulation.* 2. Aufl., 2007.

Roggenkamp, Martha M. Protecting energy infrastructure in the EU: the impact of external damages on supply security. In: *Roggenkamp*, Martha M./*Barrera-Hernández*, Lila/*Zillman*, Donald N./*del Guayo*, Iñigo (Hrsg.). *Energy networks and the Law.* Oxford, 2012.

Rohrig, Kurt/*Christoffers*, Dirk. *Prognoseverfahren zur optimalen Nutzung erneuerbarer Energien.* Stuttgart, 2001.

Rosenkranz, Gerd. *Energiewende 2.0 – Aus der Nische zum Mainstream.* Berlin, 2014.

Rostankowski, Anke. *Die Ausgleichsmechanismus-Verordnung und der Ausbau erneuerbarer Energien.* In: Zeitschrift für Neues Energierecht – ZNER, Heft 2, 2010.

Rowlands, Ian H. *The European directive on renewable electricity: conflicts and compromises.* In: Energy Policy, 33, 2005.

Rufffert, Matthias. In: *Calliess*, Christian/*Ruffert*, Matthias. *EUV/EGV Kommentar.* 3. Aufl. München, 2007.

–. *Institutionen, Organe und Kompetenzen – des Abschluss eines Reformprozess als Gegenstand der Europarechtwissenschaft.* In: *Schwarze*, Jürgen/*Hatje*, Armin (Hrsg.). EU-Beiheft 1/2009.

–. Vorgaben des Europarechts und nationale Gestaltungsspielräume. In: *Energieversorgung und Umweltschutz.* Berlin, 2010.

Säcker, Franz Jürgen. *Das Regulierungsrecht im Spannungsfeld von öffentlichem und privatem Recht.* In: Archiv des Öffentlichen Rechts – AÖR, Band 130, Nr. 2, 2005.

–. *Das Dritte Energiepaket für den Elektrizitätsbereich.* Frankfurt am Main, 2009.

–. *Die Europäisierung des Energie-Umweltschutzrechts als nicht länger aufschiebbare Aufgabe.* In: Zeitschrift des Instituts für Energie- und Wettbewerbsrecht in der Kommunalen Wirtschafft e.V. – EWeRK, Sonderausgabe, 2011.

Säcker, Franz Jürgen/*König*, Carsten. Monitoring der Versorgungssicherheit. In: *Säcker*, Franz Jürgen (Hrsg.). *Berliner Kommentar zum Energierecht.* 3 Aufl. Frankfurt am Main, 2014.

Säcker, Franz Jürgen/*Timmermann*, Andreas. In: *Säcker*, Franz Jürgen (Hrsg.). *Berliner Kommentar zum Energierecht.* 3 Aufl. Frankfurt am Main, 2014.

Säcker, Franz Jürgen/*König*, Carsten/*Scholz*, Lydia. *Der regulierungsrechtliche Rahmen für ein Offshore-Stromnetz in der Nordsee.* Frankfurt am Main, 2014.

Salje, Peter. *Energiewirtschaftsgesetz – Kommentar.* Köln, 2006.

–. Versorgungssicherheit, Preisgünstigkeit und Umweltverträglichkeit als zentrale Forderungen des Energiewirtschaftsrechts – Wettbewerbsfähigkeit? In: *Energieversorgung und Umweltschutz.* Berlin, 2010.

–. *EEG 2014.* 7 Aufl. Köln, 2015.

Schäfer, Peter/*Schröder*, Meinhard. In: *Streinz*, Rudolf. *EUV/AEUV.* 2. Aufl. 2012.

Schäfer-Stradowsky, Simon/*Boldt*, Benjamin. *Energierechtliche Anmerkungen zum Smart Meter-Rollout.* In: EnWZ, Heft 8, 2015.

Scheepers, Martin/*Seebregts*, Ad/*Jong*, Jacques de/*Maters*, Hans. *EU standards for energy security of supply.* Energy Research Centre of Netherlands – ECN and Clingendael International Energy Programme – CIEP, 2006.

Scheer, Hermann. *Der energetische Imperativ.* München, 2010.

Scheer, Nina. *Desertec und Supergrid: Rechtliche und strategische Bewertung.* In: Zeitschrift für Neues Energierecht – ZNER, Heft 5, 2011.

Scheimann, Lawrence. *Euratom: nuclear integration in Europe.* In: International Conciliation, Nr. 563, Mai 1967.

Schill, Wolf-Peter. *Systemintegration erneuerbarer Energien: Die Rolle von Speichern für die Energiewende.* In: Deutsches Institut für Wirtschaftsforschung – DIW Berlin. Vierteljahreshefte zur Wirtschaftsforschung. 82. Jahrgang, 2013.

Schilling, Walter. *Neue Wege zu Europas Energiesicherheit.* In: Europäische Rundschau. 38. Jahrgang, Nr. 4, 2010.

Schlacke, Sabine. Klimaschutzrecht – ein Rechtsgebiet? Begriffliches, Systematik und Perspektiven. In: *Schlacke*, Sabine (Hrsg.). Umwelt- und Planungsrecht im Wandel – Die Verwaltung. Beiheft 11. Berlin, 2010.

Schmeichel, Andrea. Nachhaltigkeitskriterien der Erneuerbare-Energien-Richtlinie unter besonderer Berücksichtigung von Importen aus Drittländern. In: Gesellschaft für Umweltrecht. *Dokumentation zur 35. Wissenschaftlichen Fachtagung der Gesellschaft für Umwelt e.V. Berlin 2011.* Berlin, 2012.

Schmidt-Preuß, Matthias. *Energiepolitik – jetzt in Brüsseler Hand?* In: Energiewirtschaftliche Tagesfragen, Heft 12, 2003.

–. Energieversorgung. In: *Isensee*, Josef/*Kirchhof*, Paul (Hrsg.). *Handbuch des Staatsrechts – Band IV – Aufgaben des Staates.* 3. Aufl. Heidelberg, 2006.

–. *Energieversorgung als Aufgabe der Außenpolitik? – Rechtliche Aspekte.* In: Recht der Energiewirtschaft – RdE, 2007, Heft 10–11.

–. In: *Säcker*, Franz Jürgen (Hrsg.). *Berliner Kommentar zum Energierecht.* 3 Aufl. Frankfurt am Main, 2014.

–. In: *Baur*, Jürgen F./*Salje*, Peter/*Schmidt-Preuß*, Matthias (Hrsg.). *Regulierung in der Energiewirtschaft.* Köln, 2011.

Schneider, Almut Madlen. *EU-Kompetenzen einer Europäischen Energiepolitik.* Baden-Baden, 2010.

Schneider, Jens-Peter. Vorgaben des europäischen Energierechts. In: *Schneider*, Jens-Peter/*Theobald*, Christian (Hrsg.). *Recht der Energiewirtschaft.* 4. Aufl. München, 2013.

Scholz, Hans-Eike von. Die Energiepolitik der Europäischen Gemeinschaften. In: *Groeben*, Hans von der/*Boeckh*, Hans von/*Thiesing*, Jochen/*Ehlermann*, Claus-Dieter (Hrsg.). *Kommentar zum EWG-Vertrag.* Band 2. 3 Aufl. Baden-Baden, 1983.

Schomerus, Thomas/*Stecher*, Michaela. *Mehr Fragen als Antworten – das Repowering nach dem EEG 2009.* In: Recht der Energiewirtschaft – RdE, Heft 9, 2009.

Schomerus, Thomas. Regionalisierung der Energieversorgung und Förderung von Energiespeichern. In: *Ekardt*, Felix/*Hennig*, Bettina/*Unnerstall*, Herwig (Hrsg.). *Erneuerbare Energien – Ambivalenzen, Governance, Rechtsfragen.* Marburg, 2012.

Schulenberg, Sebastian. *Die Energiepolitik der Europäischen Union.* Baden-Baden, 2009.

Schulte-Beckhausen, Sabine. Netzkooperationen: Regulierung, politische Vorgaben, Szenarien. In: *Ehricke*, Ulrich (Hrsg.). *Energierecht im Wandel.* Baden-Baden, 2009.

–. In: *Danner*, Wolfgang/*Theobald*, Christian. *Energierecht – Kommentar.* Band 3. München, 2015.

Schulze-Fielitz, Helmut. Rationalität als rechtstaatliches Prinzip für den Organisationsgesetzgeber. In: *Kirchhof*, Paul/*Lehner*, Moris/*Raupach*, Arndt/*Rodi*, Michael (Hrsg.). *Staaten und Steuern – Festschrift für Klaus Vogel zum 70. Geburtstag.* Heidelberg, 2000.

Schulze-Fielitz, Helmut/*Müller*, Thorsten. Auf dem Wege zu einem Klimaschutzrecht – Eine einleitende Problemskizze. In: *Schulze-Fielitz*, Helmut/*Müller*, Thorsten (Hrsg.). *Europäisches Klimaschutzrecht.* Baden-Baden, 2009.

Schumacher, Hanna. *Die Neuregelungen zum Einspeise- und Engpassmanagement.* In: ZUR, Heft 1, 2012.

Schumacher, Pascal. *Innovationsregulierung im Recht der netzgebundenen Elektrizitätswirtschaft.* Baden-Baden, 2009.

Schwartz, Christina. *Die Wahl der Rechtsgrundlage im Recht der Europäischen Union.* Baden-Baden, 2013.

Schweitzer, Heike. *Daseinvorsorge, service public, Universaldienst.* Baden-Baden, 2002.

Schweitzer, Michael/*Hummer*, Waldemar. *Europarecht: Das Recht der Europäischen Gemeinschaften (EGKS, EWG, EAG) – mit Schwerpunkt EWG.* 4. Aufl. Berlin, 1993.

Secretariat of UCTE. UCPTE – UCTE. The 50 Year Success Story – Evolution of a European Interconnected Grid. Brussels, 2009.

Sieferle, Rolf Pieter. *Der unterirdische Wald: Energiekrise und Industrielle Revolution.* München, 1982.

Sikow-Magny, Catharina. The energy infrastructures, the backbone of the internal market. In: *Vinois*, Jean-Arnold (Hrsg.). *EU Energy Law – Volume VI – The security of energy supply in the European Union.* Niederlande, 2012.

Solar-Magazin. Neuer Weltrekord in der Organischen Photovoltaik: Heliatek erreicht 12% Solarzellen-Wirkungsgrad. 2013.

Sötebier, Jan. *Die Richtlinie zur Förderung der Stromerzeugung aus erneuerbaren Energiequellen im Elektrizitätsbinnenmarkt – eine rechtliche Analyse.* In: Zeitschrift für Umweltrecht - ZUR, Heft 2, 2003.

–. In: *Britz*, Gabriele/*Hellermann*, Johannes/*Hermes*, Georg. *Energiewirtschaftsgesetz Kommentar.* 3 Aufl. München, 2015.

Sovacool, Benjamin K. *Evaluating energy security in the Asia pacific: towards a more comprehensive approach.* In: Energy Policy, Vol. 39, 2011.

–. *The methodological challenges of creating a comprehensive energy security index.* In: Energy Policy, Vol. 48, 2012.

–. *An international assessment of energy security performance.* In: Ecological Economics, Vol. 88, 2013.

Staschus, Konstantin. The active role of TSOs and their association ENTSO E to ensure, today and tomorrow, the security of electricity supply of 532 million citizens. In: *Vinois*, Jean-Arnold (Hrsg.). *EU Energy Law – Volume VI – The security of energy supply in the European Union.* Niederlande, 2012.

Steeg, Helga. *Risiken in der Energieversorgungssicherheit – Ursachen und Strategien zu ihrer Minderung.* In: Recht der Energiewirtschaft - RdE, Heft 9, 2002.

Steinberg, Rudolf/*Britz*, Gabriele. *Die Energiepolitik im Spannungsfeld nationaler und europäischer Regelungskompetenzen.* In: Die Öffentliche Verwaltung, Heft 8, April 1993.

Stern, Jonathan. *Security of European natural gas supplies: the impact of import dependence and liberalization*. Royal Institute for International Affairs, 2002.

–. *The Russian-Ukrainian gas crisis of January 2006*. Oxford Institute for Energy Studies, 2006.

Sternig, Beate. *Versorgungssicherheit im Elektrizitäts- und Erdgasmarkt*. Wien, 2009.

Strobel, Tobias. *Die Verordnung zu Leitlinien für die transeuropäische Energieinfrastruktur: Primärrechtliche Einordnung und genehmigungsrechtliche Implikationen*. In: Zeitschrift für Europarechtliche Studien – ZEuS, Heft, 2, 2013.

–. *Europäische Bedarfsermittlung nach der TEN-E-VO – Zugleich zur Unionsliste der VGI 2013*. In: Zeitschrift für das gesamte Recht der Energiewirtschaft – EnWZ, Heft 7, 2014.

Sweeney, Sean. *Energy democracy in Greece*. New York, 2015.

Talus, Kim. *Vertical natural gas transportation capacity. Upstream commodity contracts and EU Competition Law*. Alphen aan den Rijn, 2011.

–. *EU Energy Law and Policy*. Oxford, 2013.

Tettinger, Peter (Hrsg.). *Strukturen der Versorgungswirtschaft in Europa*. Bochumer Beiträge zum Berg- und Energierecht. Stuttgart, 1996.

–. *Zum Thema „Sicherheit" im Energierecht*. In: Recht der Energiewirtschaft – RdE, Heft 9, 2002.

Theobald, Christian. In: *Danner*, Wolfgang/*Theobald*, Christian (Hrsg.). *Energierecht Kommentar – Band 1*. München, 2013.

Theobald, Christian/*Zenke*, Ines/*Dessau*, Christian. Netzarten, Netzbetrieb und Netzzugang. In: *Schneider*, Jens-Peter/*Theobald*, Christian (Hrsg.). *Recht der Energiewirtschaft*. 4. Aufl. München, 2013.

Tišler, Vesna. The Agency for the Cooperation of Energy Regulators (ACER) and the Liberalisation of the Energy Markets. In: Zeitschrift für Europarechtliche Studien – ZeuS, Heft 3, 2014.

Tödtmann, Ulrich/*Kaluza*, Anna-Lena. *Versteigerung von Stromdurchleitungskapazitäten an Staatsgrenzen: Ein Vertoß gegen die europarechtliche Warenverkehrsfreiheit und das Zollverbot?* In: RdE, Heft 8, 2011.

Tremmel, Ernst. In: *Mayer*, Heinz. *Kommentar zu EUV und AEUV*. Wien, 2012.

Trieb, Franz/*O'Sullivan*, Marlene/*Pregger*, Thomas/*Schillings*, Christoph/*Krewitt*, Wolfram. *Characterisation of Solar Electricity Import Corridors from MENA to Europe*. Stuttgart, 2009.

Trieb, Franz. *Strom aus der Wüste*. In: Physik in Unserer Zeit – PHIUZ. 2011.

–. *Stromerzeugungstechnologien im Überblick*. In: Physik in Unserer Zeit – PHIUZ, Zusatzmaterial, 2011.

Triola, Larry C. *Energy & national security: an exploration of threats, solutions and alternative futures*. In: IEEE Energy 2030, 2008.

Trüe, Christiane. *EU-Kompetenzen für Energierecht, Gesundheitsschutz und Umweltschutz nach dem Verfassungsentwurf.* In: Juristenzeitung – JZ, Heft 5, 2004.

Tüngler, Stefan. In: *Kment*, Martin (Hrsg.). *Energiewirtschaftsgesetz.* Baden-Baden: 2015.

Umbach, Frank. *Globale Energiesicherheit: strategische Herausforderung für die europäische und deutsche Außenpolitik.* München, 2003.

Umweltbundesamt. Energieziel 2050: 100% Strom aus erneuerbaren Quellen. Dessau-Roßlau, 2010.

United Nations. Human security now. Commission on Human Security. New York, 2003.

United Nations Development Programme. Human development report 1994. New York, 1994.

Vahrenholt, Fritz. Wettbewerbsfähigkeit von erneuerbaren Energien. In: *Mayinger*, Franz/*Sinn*, Hans-Werner (Hrsg.). *Die Zukunft der Energieversorgung: Atomausstieg, Versorgungssicherheit und Klimawandel.* München, 2012.

Vedder, Hans. EU Law and the financing of new energy infrastructure – EU and national funding and the balance between the level playing field and energy goals. In: *Roggenkamp*, Martha/*Bjørnbye*, Henrik (Hrsg.). *European Energy Law Report X.* Cambridge, 2014.

Vergoßen, Judith. *Das Einspeisemanagement nach dem Erneuerbare-Energien-Gesetz.* Baden-Baden, 2011.

Vinois, Jean-Arnold. The security of energy supply, one of the three pillars of the European energy policy. In: *Vinois*, Jean-Arnold (Hrsg.). *EU Energy Law – Volume VI – The security of energy supply in the European Union.* Niederlande, 2012.

Vivoda, Vlado. *Evaluating energy security in the Asia-Pacific region: A novel methodological approach.* In: Energy Policy, Vol. 38, 2010.

Vlachou, Charikleia. *The adoption of network codes in the field of energy: availability of judicial review in a multi-stage procedure.* EUI Working Paper RSCAS 2012/39, 2012.

Vogelsang, Michael/*Vollmert*, Sindy. *Der Ausbau erneuerbarer Energien – Netzstruktur, Systemintegration und Marktdesign.* In: Zeitschrift für KMU und Entrepreneurship – ZfKE, Heft 3, 2012.

Vogt, Matthias/*Maaß*, Volker. *Leitlinien für die transeuropäische Energieinfrastruktur – Netzausbau die Zweite.* In: In: Recht der Energiewirtschaft – RdE, Heft 4–5, 2013.

Volz, Richard. *Genossenschaften im Bereich erneuerbarer Energien.* Stuttgart-Hohenheim, 2012.

Vormizeele, Phillip Voet van. In: *Schwarze*, Jürgen. *EU-Kommentar.* 3. Aufl. 2012.

Vrana, Nina. *Interkonnektoren im Europäischen Binnenmarkt.* Baden-Baden, 2012.

Walk, Heike/*Dienel*, Hans-Liudger. Methoden der partizipativen und aktivierenden Akzeptanzforschung im Bereich erneuerbare Energien. In: *Keppler*, Dorothee/ *Walk*, Heike/*Töpfer*, Eric/*Dienel*, Hans-Liudger (Hrsg.). *Erneuerbare Energien ausbauen!* München, 2009.

Walter, Christian. Gewährleistungs- und Erfüllungsverantwortung auf globalen Energiemärkten – Brauchen wir eine „Rohstoffbeschaffungsverantwortung"? In: *Leible*, Stefan/*Lippert*, Michael/*Walter*, Christian. *Die Sicherung der Energieversorgung auf globalisierten Märkten.* Tübingen, 2007.

Wegner, Matthias. *Regulierungsfreistellungen für neue Elektrizitäts- und Erdgasinfrastrukturen gemäß Art. 17 der Verordnung (EG) Nr. 714/2009 und gemäß Art. 36 der Richtlinie 2009/73/EG.* Tübingen, 2010.

Weigt, Jürgen. *Die Förderung der Stromerzeugung aus erneuerbaren Energien in der Europäischen Union.* Frankfurt Am Main, 2009.

–. *Marktintegration erneuerbarer Energien im Lichte europäischer Rahmensetzungen.* In: Zeitschrift für Neues Energierecht – ZNER, Heft 3, 2009.

Weilemann, Peter. *Die Anfänge der Europäischen Atomgemeinschaft – Zur Gründungsgeschichte von Euratom 1955–1957.* Baden-Baden, 1983.

Weise, Michael/*Hartmann*, Thies Christian/ *Wöldeke*, Frank. *Energiewende und Netzstabilität – die neuen rechtlichen Rahmenbedingungen für Übertragungs- und Verteilernetzbetreiber nach §§ 13, 14 EnWG.* In: Recht der Energiewirtschaft – RdE, Heft 6, 2012.

Weiß, Wolfgang. In: *Baur*, Jürgen F./*Salje*, Peter/*Schmidt-Preuß*, Matthias (Hrsg.). *Regulierung in der Energiewirtschaft.* Köln, 2011.

Weizsäcker, Carl-Christian von. Wettbewerb und Versorgungssicherheit. In: *Löwer*, Wolfgang (Hrsg.). *Wettbewerb und Versorgungssicherheit.* Bonner Gespräch zum Energierecht, Band 2. Bonn, 2007.

Wengeler, Fritz. *Intelligente Messsysteme und Zähler vor dem Pflicht-Roll-Out.* In: EnWZ, Heft 11, 2014.

Weyer, Hartmut. *Systemverantwortung und Verträge über abschaltbare Lasten.* In: Recht der Energiewirtschaft – RdE, Heft 8, 2010.

Williams, Paul D. (Hrsg.). *Security studies: an introduction.* 2. Aufl. New York, 2012.

Winzer, Christian. *Conceptualizing energy security.* EPRG Working Paper 1123, 2011.

Woltering, Tobias. *Die europäische Energieaußenpolitik und ihre Rechtsgrundlagen.* Frankfurt am Main, 2010.

Youngquist, Walter. *Geodestinies: the inevitable control of Earth resources over nations and individuals.* USA, 1997.

Youngs, Richard. *Energy security – Europe's new foreign policy challenge.* New York, 2009.

–. *Climate change and European security.* New York, 2015.

Zeleny, Klaus. In: *Mayer*, Heinz. *Kommentar zu EUV und AEUV*. 2010.

Zeniewski, Peter/*Martínez-Anido*, Carlo Brancucci/*Pearson*, Ivan L. G. Framing new threats: the internal energy security of gas and electricity networks in the European Union. In: *Dyer*, Hugo/*Trombetta*, Maria Julia. *International Handbook of Energy Security*. Cheltenham, 2013.

Zsigri, Monika. The Baltic Energy Market Interconnection Plan – a laboratory for energy solidarity. In: *Vinois*, Jean-Arnold (Hrsg.). *EU Energy Law – Volume VI – The security of energy supply in the European Union*. Niederlande, 2012.

Zsigri, Monika/*Siefken*, Nabi. The projects of common interest: the evaluation process and lessons learned from the first exercise held in 2012–2013. In: *Vinois*, Jean-Arnold (Hrsg.). *EU Energy Law – Volume VIII – The energy infrastructure policy of the European Union*. Niederlande, 2014.

Veröffentlichungen des Instituts für deutsches und europäisches Wirtschafts-, Wettbewerbs- und Regulierungsrecht der Freien Universität Berlin

Herausgegeben von Franz Jürgen Säcker

Band 1 Franz Jürgen Säcker (Hrsg.): Deutsch-russisches Energie- und Bergrecht im Vergleich. Ergebnisse einer Arbeitstagung vom 31. März / 1. April 2006. 2007.

Band 2 Franz Jürgen Säcker / Walther Busse von Colbe (Hrsg.): Wettbewerbsfördernde Anreizregulierung. Zum Anreizregulierungsbericht der Bundesnetzagentur vom 30. Juni 2006. 2007.

Band 3 Dirk Zschenderlein: Die Gleichbehandlung der Aktionäre bei der Auskunftserteilung in der Aktiengesellschaft. Zum Problem der Zulässigkeit der Weitergabe von Informationen an einzelne Aktionäre und Dritte. 2007.

Band 4 Simone Kirchhain: Die Anwendung der Vertikal-GVO auf innerstaatliche Wettbewerbsbeschränkungen nach der 7. GWB-Novelle. 2007.

Band 5 Franz Jürgen Säcker: Der Independent System Operator. Ein neues institutionelles Design für Netzbetreiber? 2007.

Band 6 Stefanie Otto: Allgemeininteressen im neuen UWG. § 1 S. 2 UWG und die wettbewerbsfunktionale Auslegung. 2007.

Band 7 Jochen Eichler: Vertragliche Dritthaftung. Eine Auseinandersetzung mit der Frage der Dritthaftung von sogenannten Experten und anderen Auskunftspersonen im Rahmen des § 311 Abs. 3 BGB. 2007.

Band 8 Markela Stamati: Die Anforderungen der operationellen Entflechtung nach den Beschleunigungsrichtlinien der Europäischen Kommission. Umsetzung in Deutschland und Griechenland. 2008.

Band 9 Franz Jürgen Säcker: The Concept of the Relevant Product Market. Between Demand-Side Substitutability and Supply-Side -Substitutability in Competition Law. 2008.

Band 10 Renate Rabensdorf: Die Durchgriffshaftung im deutschen und russischen Recht der Kapitalgesellschaften. Eine rechtsvergleichende Untersuchung. 2009.

Band 11 Franz Jürgen Säcker: Der beschleunigte Ausbau der Höchstspannungsnetze als Rechtsproblem. Erläutert am Beispiel der 380-kV-Höchstspannungsleitung Lauchstädt – Redwitz – Grafenrheinfeld mit Querung des Rennsteigs im Naturpark Thüringer Wald. 2009.

Band 12 Helen Mahne: Eigentum an Versorgungsleitungen. 2009.

Band 13 Franz Jürgen Säcker (Hrsg.): Russisches Energierecht - Gesetzessammlung. 2009.

Band 14 Franz Jürgen Säcker / Maik Wolf: Integrierte Energieversorgung in geschlossenen Verteilernetzen. Zum Gestaltungsspielraum des Gesetzgebers zur Neuregelung des § 110 EnWG im Lichte des Dritten EG-Energiepakets. 2009.

Band 15 Franz Jürgen Säcker (Hrsg.): Das Dritte Energiepaket für den Gasbereich. Deutsch-Englische Textausgabe mit einer Einführung. 2009.

Band 16 Franz Jürgen Säcker (Hrsg.): Das Dritte Energiepaket für den Elektrizitätsbereich. Deutsch-Englische Textausgabe mit einer Einführung. 2009.

Band 17 Thomas Dörmer: Die Unternehmenspacht. Rechtsstellung der Vertragsparteien unter besonderer Berücksichtigung der Pflicht des Unternehmenspächters zur ordnungsgemäßen Unternehmensführung sowie der Rechtslage bei Vertragsbeendigung. 2010.

Band 18 Klaas Bosch: Die Kontrolldichte der gerichtlichen Überprüfung von Marktregulierungsentscheidungen der Bundesnetzagentur nach dem Telekommunikationsgesetz. 2010.

Band 19 Geng-Sook Leem: Einheitliche Corporate Governance-Grundsätze für die Europäische Aktiengesellschaft (SE). Eine rechtsvergleichende Untersuchung anhand der Ausgestaltung der SE im deutschen und britischen Recht. 2010.

Band 20 Wiebke Gebhardt: Gentechnik und Koexistenz nach der Gesetzesnovelle von 2008: Zivilrechtliche Haftung im Vergleich Deutschland und USA. 2010.

Band 21 Cathrin Isenberg: Die Geruchsmarke als Gemeinschaftsmarke. Schutzfähigkeit und Einsatzmöglichkeiten. 2010.

Band 22 Franz Jürgen Säcker / Jochen Mohr / Maik Wolf: Konzessionsverträge im System des europäischen und deutschen Wettbewerbsrechts. 2011.

Band 23 Judith Antonia Loeck: Die unzumutbare Belästigung nach der UWG Novelle 2008 und dem Gesetz zur Bekämpfung unerlaubter Telefonwerbung und zur Verbesserung des Verbraucherschutzes bei besonderen Betriebsformen. 2011.

Band 24 Jörg Jaecks: Konzernverrechnungsklauseln und verwandte einseitige Verrechnungsbefugnisse im Mehrpersonenverhältnis. 2011.

Band 25 Franz Jürgen Säcker: Marktabgrenzung, Marktbeherrschung, Markttransparenz und Machtmissbrauch auf den Großhandelsmärkten für Elektrizität. 2011.

Band 26 Susanne Wende: Die einheitliche Auslegung von Beihilfen- und Vergaberecht als Teilgebiete des europäischen Wettbewerbsrechts. 2011.

Band 27 Leonie Kempel: Die Anwendung von Art. 102 AEUV auf geistiges Eigentum und Sacheigentum. Die Voraussetzungen des Kontrahierungszwangs nach Art. 102 AEUV und der Essential-Facility-Doktrin unter besonderer Berücksichtigung der Unterschiede zwischen geistigem Eigentum und Sacheigentum. 2011.

Band 28 Christoph Schuldt: Werbejingles – schützenswerte Kompositionen!? Die urheberrechtliche und markenrechtliche Schutzfähigkeit von Werbejingles vor unbefugter Nachahmung. 2012.

Band 29 Lydia Scholz: Die Rechtfertigung von diskriminierenden umweltpolitischen Steuerungsinstrumenten. Eine Untersuchung der Reichweite der Warenverkehrsfreiheit und ihrer Begrenzung durch den Umweltschutz als Vertragsziel am Beispiel der deutschen Energiefördergesetze EEG und KWKModG. 2012.

Band 30 Franz Jürgen Säcker: Investitionen in Kraftwerke zur Sicherung einer zuverlässigen Elektrizitätsversorgung nach der Energiewende. Rechtliche und ökonomische Rahmenbedingungen. 2012.

Band 31 Florian Leib: Kartellrechtliche Durchsetzungsstrategien in der Europäischen Union, den USA und Deutschland. Eine rechtsvergleichende Darstellung. 2012.

Band 32 Holger Hoch: Marktverschlusseffekte und Effizienzen vertikaler Zusammenschlüsse. Kartellrechtliche Beurteilung nach europäischem und deutschem Recht. 2012.

Band 33 Sebastian Kemper: Gasnetzzugang in Deutschland und in Spanien. 2012.

Band 34 Elena Timofeeva: Unbundling in der russischen Elektrizitätswirtschaft im Vergleich zum deutschen und europäischen Energierecht. 2012.

Band 35 Gisela Drozella / Harald Krebs: Marktbeherrschung im Bereich Stromerzeugung / Stromgroßhandel. Eine kritische Analyse der neueren Sicht des Bundeskartellamts. 2013.

Band 36 Christian Rehm: Die Einzel- und Gesamtverantwortung der Vorstandsmitglieder der Aktiengesellschaft. Die Verantwortung für die Leitung und Geschäftsführung im mehrköpfigen Vorstand in der unabhängigen und der herrschenden AG. 2013.

Band 37 Ann-Christin Richter: Mengen- und umsatzbezogene Rabatte marktbeherrschender Unternehmen in den Grenzen des Art. 102 AEUV. 2013.

Band 38 Nikolaos Pitsos: Die erhebliche Behinderung des wirksamen Wettbewerbs (SIEC-Test) im Fusionskontrollrecht. Zugleich ein Beitrag zur Problematik der oligopolistischen Marktbeherrschung unter Vergleich mit dem amerikanischen SLC-Test. 2013.

Band 39 Mirko Heinemann: Das Markenzeichen als Anknüpfungspunkt des Markenimages. 2013.

Band 40 Sylvia Lorenz: Der Immaterialgüterschutz virtueller Ladengeschäfte. Ein Vorschlag für die rechtliche Erfassung virtueller Güter. 2014.

Band 41 Anke Reimers: Wettbewerbsrechtliche und regulatorische Analyse der Kapazitätenvergabe an Grenzkuppelstellen im Elektrizitätsbinnenmarkt. 2014.

Band 42 Franz Jürgen Säcker / Carsten König / Lydia Scholz: Der regulierungsrechtliche Rahmen für ein Offshore-Stromnetz in der Nordsee. 2014.

Band 43 David Preisendanz: Der Humor in der vergleichenden Werbung. 2014.

Band 44 Martin Gerig: Vollendung des EU-Energiebinnenmarktes vs. nationale Marktabschottungen. Europarechtskonformität mitgliedstaatlicher Fördermaßnahmen und Kapazitätsmärkte am Beispiel Deutschlands. 2014.

Band 45 Jan Patrick Ehinger: Dritthaftung für Kunstexpertisen und Aufnahmebestätigungen in den Catalogue raisonné. Ein Beitrag zur Expertenhaftung. 2014.

Band 46 Julia Gerzen: Das Recht der Gesellschafter-Fremdkapitalfinanzierung. Rechtsvergleichende Analyse der Behandlung von Gesellschafterdarlehen vor und in der Insolvenz der GmbH nach deutschem und russischem Recht. 2014.

Band 47 Laura Börger: Die gerichtliche Kontrolldichte bei der Überprüfung von Entscheidungen der Europäischen Kommission auf dem Gebiet der Fusionskontrolle. 2014.

Veröffentlichungen des Instituts für Energie- und Regulierungsrecht Berlin

Band 48 Daniel Simon Travers: Kopplungsangebote. Eine Studie zum Vertrags- und Lauterkeitsrecht. 2015.

Band 49 Anna Olbryś-Sobieszuk: EU-rechtliche Schranken der Glücksspielwerbung in Deutschland, Großbritannien und Polen. 2015.

Band 50 Franz Jürgen Säcker/Lydia Scholz/Thea Sveen: Renewable Energy Law in Europe. Challenges and Perspectives. 2015.

Band 51 Lina Berezgova: Festlegung von Stromnetzentgelten in Deutschland und Russland. Eine rechtsvergleichende Untersuchung der anreizbasierten Regulierungsvorgaben. 2015.

Band 52 Fengliang Jin: Aufgreifkriterien in der Fusionskontrolle. Eine rechtsvergleichende Untersuchung des europäischen (Art. 3 FKVO), deutschen (§ 37 GWB), taiwanesischen (§ 6 FHG) und festlandchinesischen (§ 20 AMG) Rechts. 2015.

Band 53 Vasileios Triantafyllidis: Die Einordnung der Passing-On-Defense in das allgemeine Schadensersatzrecht. Eine rechtsvergleichende, dogmatische Studie. 2015.

Band 54 Peipei Liu: Die Inhaltskontrolle von Allgemeinen Geschäftsbedingungen und formularmäßigen Vertragsklauseln im deutsch-chinesischen Vergleich. 2016.

Band 55 Evelyn Kozak: Zur Notwendigkeit eines arbeitsrechtlichen und haftungsrechtlichen Whistleblowerschutzes. 2016.

Band 56 Genevieve Baker: Der bereicherungsrechtliche Nutzungsanspruch. 2017.

Band 57 Maria Zaykova: Der rechtliche Rahmen für den bergbaulichen Zugang zu den Erdöl- und Erdgaslagerstätten in der Russischen Föderation im Vergleich zum deutschen Bergrecht. 2017.

Band 58 Qian Luan: Geldschöpfungsprozess und Geld als abstraktes Schuldversprechen. Die europäisch-verwaltungsrechtliche Betrachtung des Geldschöpfungsprozesses der EZB und die Rechtsnatur von Zentralbankgeld und Geschäftsbankengiralgeld. 2017.

Band 59 Sára Gabriella Hoffman: Regulation of Cloud Services under US and EU Antitrust, Competition and Privacy Laws. 2017.

Band 60 Matthias Schöpf: Das neue Planungsrecht der Übertragungsnetze: Vorgaben des deutschen und europäischen Rechts. 2017.

Band 61 İpek Çevik: Eine vergleichende Untersuchung der Joint Ventures – Gemeinschaftsunternehmen – nach europäischem, türkischem und deutschem Wettbewerbsrecht. Die Analyse von wettbewerbsrechtlichen Auswirkungen bei Gründung der konzentrativen und/oder kooperativen Gemeinschaftsunternehmen. 2017.

Band 62 Raffaele Mazza: Verbotsirrtum und Vertrauen auf Rechtsrat im europäischen Kartellrecht. Eine rechtsvergleichende Analyse des europäischen, des deutschen und des französischen Kartellrechts. 2017.

Band 63 Stavroula Antoniou: Die Kontrolle einseitiger Preisanpassungsrechte in Dauerschuldverhältnissen am Beispiel langfristige Energielieferverträge. Eine rechtsvergleichende Untersuchung nach deutschem und griechischem Recht. 2018.

Band 64 Lucas Noura de Moraes Rêgo Guimarães: Energieversorgungssicherheit im Europarecht mittels der Förderung erneuerbarer Energien und der Interkonnektion der Netze. 2018.

www.ingramcontent.com/pod-product-compliance
Ingram Content Group UK Ltd.
Pitfield, Milton Keynes, MK11 3LW, UK
UKHW041828290926
8980IPUK00002B/130

9 783631 735008